2026 최신개정

名品
필기 과년도, CBT 모의고사
종자 기사 · 산업기사

권현준 저

과년도 필기

BEST
명품강의 보러가기
www.kisa.co.kr

실시간 카톡문의
@kisa
1544-8509

PREFACE

이 문제집에서는 종자기사·산업기사 자격증을 취득하기 위해 치러야 하는 필기시험의 지난 수 년 동안의 출제되었던 문제를 다루고 있습니다. 종자기사·산업기사시험의 준비는 관련 이론을 학습한 후 과년도 기출문제를 풀어 학습한 이론에서 문제가 어떻게 적용되어 나오는지 확인하는것이 반드시 필요합니다. 또한 종자기사·산업기사 시험의 특성상 일정한 비율의 기출문제를 동일하게 출제하는 경향이 있고 특히나 최근 기사·산업기사 시험이 CBT방식으로 바뀌었기 때문에 기출문제의 중요성은 좀 더 높아지고 있는 추세입니다.

앞으로 종자분야는 사람들의 생활에 있어 식량문제를 해결하는 중요한 학문이 될것이고 이것을 인지하고 있기에 관련 법규도 개설하여 운영을 하고 있습니다.

지금부터 이 책을 통해 많은 분들이 자격증 합격 뿐만 아니라 종자의 발전과 본인의 행복한 미래를 위한 밑거름이 되길 기원합니다.

지은이

자격시험안내

01 개요

농업생산성을 증가시키고 농가소득을 증대시키기 위한 정책적 배려에서 작물재배가 크게 장려되어 우수한 작물품종의 개발 및 보급이 요구되었다. 이에 전문적인 지식과 일정한 자격을 갖춘 사람으로 하여금 작물의 육종, 채종과 종자검사, 관리업무를 수행하도록 하기위하여 자격제도 제정.

02 시행기관 및 원서접수

한국산업인력공단(www.q-net.or.kr)

03 진로 및 전망

- 국립종자원, 작물시험장, 원예시험장, 종자생산업체, 작물재배농장, 자영농, 종자거래상, 농촌진흥청 등의 관련분야 공무원으로 진출할 수 있다. 「종자산업법」에 따라 종자관리사로 진출할 수 있다.
- 종자는 증식용 또는 재배용으로 쓰이는 씨앗, 버섯종묘 또는 영양체를 말한다. 종자를 육성, 증식, 생산, 조제, 양도, 대여, 수출, 수입 또는 전시하는 것을 업으로 영위하고자 하는 자는 종자관리사 1인 이상을 두어 종자 보증업무를 하도록 되어 있다. 최근 응시자와 합격자수가 증가하는 추세이다.

04 시험과목 및 검정방법

구분	종자기사	종자산업기사
필기	① 종자생산학 ② 식물육종학 ③ 재배원론 ④ 식물보호학 ⑤ 종자관련법규	① 종자생산과 법규 ② 육종 ③ 재배 ④ 작물보호

05 합격기준

구분	종자기사	종자산업기사
필기	100점을 만점으로 하여 과목당 40점 이상, 전 과목 평균 60점 이상	
실기(필답형)	100점을 만점으로 하여 60점 이상	

06 응시절차

1	필기원서접수	• Q-net를 통한 인터넷 원서접수 • 필기접수 기간 내 수험원서 인터넷 제출 • 사진(6개월 이내에 촬영한 3.5×4.5cm 칼라사진, 수수료 전자결제 • 수험표 본인 선택(선착순)
2	필기시험	수험표, 신분증, 필기구(흑색 싸인펜 등), 공학용계산기 지참
3	합격자 발표	• Q-net를 통한 합격확인(마이페이지 등) • 응시자격(기술사, 기능장, 산업기사, 서비스 분야 일부종목) • 제한종목은 합격예정자 발표일부터 8일 이내에(토, 공휴일 제외) • 응시자격서류를 제출하여 합격처리된 사람에 한하여 실기접수가 가능
4	실기원서 접수	• 실기접수기간 내 수험원서 인터넷(www.Q-net.or.kr)제출 • 사진(6개월 이내에 촬영한 반명함판 사진파일(JPG), 수수료(정액) • 시험일시, 장소, 본인 선택(선착순) 　단, 기술사 면접시험은 시행 10일 전 공고
5	실기시험	수험표, 신분증, 필기구, 공학용 계산기, 수험자 지참준비물(작업형 시험한정) 지참
6	최종합격자 발표	Q-net를 통한 합격확인(마이페이지 등)
7	자격증 발급	• (인터넷) 인터넷 신청 후 우편 배송 • (방문수령) 여권규격사진 및 신분확인 서류

모두 바르게 빨리 **올배움** 한다.

이러닝교육기관 올배움이 특별한 이유!

01 SINCE 1997 국가기술자격증 이러닝교육기관 올배움
02 고객이 신뢰하는 브랜드대상 수상기관
03 합격생이 인정하는 최고의 명품강의

올배움 www.kisa.co.kr 1544-8509 카톡 ID : kisa

07 전국 한국산업인력공단 안내

기관명	주소	연락처
서울지역본부	(02512)서울 동대문구 장안벚꽃로 279(휘경동 49-35)	02-2137-0590
서울서부지사	(03302)서울 은평구 진관3로 36(진관동 산100-23)	02-2024-1700
서울남부지사	(07225)서울시 영등포구 버드나루로 110(당산동)	02-876-8322
서울강남지사	(06193)서울시 강남구 테헤란로 412 알레르망타워 15층(대치동)	02-2161-9100
인천지사	(21634)인천시 남동구 남동서로 209(고잔동)	032-820-8600
경인지역본부	(16626)경기도 수원시 권선구 호매실로 46-68(탑동)	031-249-1201
경기동부지사	(13313)경기 성남시 수정구 성남대로 1214 광우빌딩(1~7층)	031-750-6200
경기서부지사	(14488) 경기도 부천시 길주로 463번길 69(춘의동)	032-719-0800
경기남부지사	(17561)경기 안성시 공도읍 공도로 51-23	031-615-9000
경기북부지사	(11801)경기도 의정부시 바대논길 21 해인프라자 3~5층(고산동)	031-850-9100
강원지사	(24408)강원특별자치도 춘천시 동내면 원창 고개길 135(학곡리)	033-248-8500
강원동부지사	(25440)강원특별자치도 강릉시 사천면 방동길 60(방동리)	033-650-5700
부산지역본부	(46519)부산시 북구 금곡대로 441번길 26(금곡동)	051-330-1910
부산남부지사	(48518)부산시 남구 신선로 454-18(용당동)	051-620-1910
경남지사	(51519)경남 창원시 성산구 두대로 239(중앙동)	055-212-7200
경남서부지사	(52733)경남 진주시 남강로 1689(초전동 260)	055-791-0700
울산지사	(44538)울산광역시 중구 종가로 347(교동)	052-220-3277
대구지역본부	(42704)대구시 달서구 성서공단로 213(갈산동)	053-580-2300
경북지사	(36616)경북 안동시 서후면 학가산 온천길 42(명리)	054-840-3000
경북동부지사	(37580)경북 포항시 북구 법원로 140번길 9(장성동)	054-230-3200
경북서부지사	(39371)경상북도 구미시 산호대로 253(구미첨단의료 기술타워 2층)	054-713-3000
광주지역본부	(61008)광주광역시 북구 첨단벤처로 82(대촌동)	062-970-1700
전북지사	(54852)전북특별자치도 전주시 덕진구 유상로 69(팔복동)	063-210-9200
전북서부지사	(54098)전북특별자치도 군산시 공단대로 197번지 풍산빌딩 2층(수송동)	063-731-5500
전남지사	(57948)전남 순천시 순광로 35-2(조례동)	061-720-8500
전남서부지사	(58604)전남 목포시 영산로 820(대양동)	061-288-3300
대전지역본부	(35000)대전광역시 중구 서문로 25번길 1(문화동)	042-580-9100
충북지사	(28456)충북 청주시 흥덕구 1순환로 394번길 81(신봉동)	043-279-9000
충북북부지사	(27480)충북 충주시 호암수청2로 14 (호암동) 충주농협 호암행복지점 3~4층	043-722-4300
충남지사	(31081)충남 천안시 서북구 상고1길 27(신당동)	041-620-7600
세종지사	(30128)세종특별자치시 한누리대로 296(나성동)	044-410-8000
제주지사	(63220)제주 제주시 복지로 19(도남동)	064-729-0701

08 출제기준

종자기사

직무분야	농림어업	중직무분야	농업	자격종목	종자기사	적용기간	2024.1.1.~2028.12.31.

○ 직무내용
농작물의 새로운 품종개발을 위해서 교배, 돌연변이 유발, 형질전환, 선발 등의 육종행위를 수행하고, 선발된 신품종의 가장 적합한 재배조건과 번식방법을 확립하며, 우수한 성능을 가진 품종의 종자를 효율적으로 생산·번식시키며, 종자검사 및 종자보증 등의 종자관리를 수행하는 직무이다.

필기검정방법	객관식	문제수	100	시험시간	2시간 30분

필기과목명	문제수	주요항목
종자생산학	20	1. 종자의 형성과 발달　　2. 채종기술 3. 수확 후 종자관리　　4. 종자발아와 휴면 5. 종자의 수명과 퇴화　　6. 포장검사와 종자검사
식물육종학	20	1. 육종의 기초　　2. 변이 3. 생식　　4. 유전 5. 육종방법　　6. 특성 및 성능의 검정방법 7. 품종의 유지 증식 및 보급　　8. 생명공학 기술이용
재배원론	20	1. 재배의 기원과 현황　　2. 재배환경 3. 작물의 내적균형과 식물호르몬 및 방사선 이용 4. 재배기술　　5. 각종 재해 6. 수확, 건조 및 저장과 도정
식물보호학	20	1. 작물보호의 개념　　2. 식물의 병해 3. 식물 해충　　4. 잡초 5. 농약(작물보호제)
종자관련법규	20	1. 종자관련법규

종자산업기사

직무 분야	농림어업	중직무 분야	농업	자격 종목	종자산업기사	적용 기간	2023.1.1.~2026.12.31.

○ 직무내용
　농작물의 새로운 품종 개발을 위해서 교배, 돌연변이 유발, 선발 등의 육종 행위를 수행하고 우수한 성능을 가진 품종의 종자 및 작물을 효율적으로 보호·생산·번식을 수행하는 직무이다.

필기검정방법	객관식	문제수	80	시험시간	2시간

필기과목명	문제수	주요항목	
종자생산과 법규	20	1. 종자의 발달 3. 보증종자의 검사	2. 종자생산체계
육종	20	1. 육종의 기초 3. 특성 및 성능검정	2. 육종기술
재배	20	1. 작물현황분석 3. 재배 기술	2. 재배 환경
작물보호	20	1. 작물보호의 기초 3. 작물보호제(농약)	2. 작물 병·해충 및 잡초관리

CONTENTS

PART 1 종자기사 과년도문제

1. 종자기사 출제문제

2012년 제1회	2
제2회	20
제3회	37
2013년 제3회	55
2014년 제1회	73
제3회	90
2015년 제1회	109
제3회	126
2016년 제1회	143
제3회	161
2017년 제1회	180
제3회	197
2018년 제1회	214
제2회	231
제3회	247
2019년 제1회	263
제2회	280
제3회	297
2020년 제1·2회	315
제3회	331
제4회	348
2021년 제1회	364
제2회	381
제3회	398
2022년 제1회	414
제2회	431
CBT 모의고사 제1회	447
CBT 모의고사 제2회	462
CBT 모의고사 제3회	478
CBT 모의고사 제4회	494
CBT 모의고사 제5회	511

PART 2 종자산업기사 과년도문제

1. 종자산업기사 출제문제

2012년 제1회	530
2014년 제3회	543
2015년 제1회	557
제3회	570
2016년 제1회	583
2017년 제1회	597
제3회	610
2018년 제3회	623
2019년 제1회	637
제3회	650
CBT 모의고사 제1회	663
CBT 모의고사 제2회	676
CBT 모의고사 제3회	689
CBT 모의고사 제4회	702
CBT 모의고사 제5회	715

PART 1

기사 과년도문제

2012 제1회 종자기사

제1과목 종자생산학

01 종자의 저장과 관련된 설명 중 틀린 것은?
① 균이 활동하기 위한 저장고의 사대습도의 범위는 65-70%이다.
② 상대습도 40%와 평형을 이루는 수분함량조건에서는 곤충이 발생하기 어렵다.
③ 전분종자는 수분을 쉽게 흡수하고 잘 내보내지 않기 때문에 수분함량이 많다.
④ 수수종자는 양파종자보다 저장하기 어렵다.

해설
양파는 종자의 수명이 1~2년에 해당되는 단명종자로 수수종자보다 저장하기 어렵다.

02 다음의 품종 중 그 육성방법이 다른 하나는?
① 밀양콩 ② 진품콩
③ 제초제저항성콩 ④ 남해콩

해설
유전자 변형 육종을 통해 해충, 제초제, 바이러스에 저항성을 가진 작물을 개발하고 있다.

03 배추과(십자화과) 채소의 채종재배 시 격리거리는?
① 500m이상 ② 1km 이상
③ 1.5km 이상 ④ 2km 이상

해설
배추과의 채종재배 시 격리거리는 1km 이상이다.

04 신장하는 화분관 속에는 몇 개의 핵이 존재하는가?
① 2개의 영양핵과 1개의 정핵
② 1개의 영양핵과 1개의 정핵
③ 2개의 영양핵과 2개의 정핵
④ 1개의 영양핵과 2개의 정핵

해설
3개의 핵을 갖는 화분관은 1개의 영양핵과 2개의 정핵이 있다

05 반수체가 생성될 수 없는 생식법은?
① apogamy ② 단위생식
③ 무핵란생식 ④ 영양생식

해설
영양생식은 모체와 같은 형질을 이어 받기에 반수체가 생성될 수 없다

정답 01 ④ 02 ③ 03 ② 04 ④ 05 ④

06 검사용 종자표본 추출방법 중 설명이 틀린 것은?

① 표본추출봉을 사용하여 손이 미치지 않는 깊숙한 곳까지 골고루 추출한다.
② 종자가 수많은 작은 용기에 소량씩 들어 있을 때에는 용기에서 다시 종자를 꺼내어 표본을 추출한다.
③ 종자를 재분할 때에는 균분기를 사용한다.
④ 재분할 할 때에는 무의식적으로 돌이나 줄기 및 기타 상한 종자나 잡초종자를 제거해서는 안 된다.

해설
종자가 수많은 작은 용기에 소량 들어 있을 경우 각각의 용기에 다시 종자를 꺼내 표본을 추출하지 않고 임의로 종자용기를 선택하여 용기 내 종자 전량을 표본으로 한다.

07 채종 포장의 파종에서 종자의 수확량을 결정하는데 중요하여 반드시 지켜야 할 사항이 아닌 것은?

① 종자 열의 간격유지
② 단위면적당 파종할 종자량
③ 파종심도의 균일성
④ 포장 심경

해설
파종 시 종자열의 간격을 유지하고 단위면적당 파종량을 조절하며 파종의 심도의 균일성을 유지해야 한다.

08 다음 중 옥수수 종자의 수분함량과 건조온도를 바르게 나타낸 것은? (단, 젖은 종자의 수분함량 : 25-40%마른 종자의 수분함량 : 25%이하, 고온 : 40°C, 저온 : 35°C 이다.)

① 젖은 종자는 고온, 마른 종자는 저온에 건조 시킨다.
② 젖은 종자와 마른 종자 모두 고온에 건조 시킨다.
③ 젖은 종자와 마른 종자 모두 저온에 건조 시킨다.
④ 젖은 종자는 저온, 마른 종자는 고온에 건조 시킨다.

해설
수분 25% 이하의 종자는 약 40°C에서 건조하며 수분함량이 25% 이상의 젖은 종자는 약 35°C 조건에서 건조하도록 한다.

09 채종포의 시비방법으로 적절한 것은?

① 질소시비량만 늘린다.
② 질소시비량만 줄인다.
③ 질소시비량은 일반포장과 같이 하고, 인산과 칼리를 줄인다.
④ 질소시비량은 일반포장과 같이 하고, 인산과 칼리를 늘린다.

해설
채종포의 경우 질소시비량의 과용을 피하고 일반포장과 유사하게 공급한다. 인산과 칼리를 충분히 공급하도록 한다.

정답 06 ② 07 ④ 08 ④ 09 ④

10 저장된 건조종자는 저장고 내의 대기 중 상대습도가 높아지면 수분을 흡수할 수 있다. 종자의 구성물질 중 수분을 가장 쉽게 흡수하는 성분은?
① 전분 ② 단백질
③ 지방질 ④ 무기물

[해설]
단백질 함량이 높은 종자는 전분종자, 지방종자 보다 흡습성이 높다

11 성숙 종자 중 배유가 배의 무게보다 훨씬 큰 작물로만 짝지어진 것은?
① 참외, 무, 참깨
② 콩, 완두, 녹두
③ 밀, 옥수수, 보리
④ 벼, 수박, 오이

[해설]
배유가 배의 무게보다 큰 작물은 배유종자로 밀, 옥수수, 보리, 벼, 당근, 토마토 등이 있다

12 다음 발아와 관련된 용어 설명 중 옳은 것은?
① 발아시 : 총 발아수를 총 조사일수로 나눈 수치
② 발아율 : 종자의 대부분(약 80%)이 발아한 비율
③ 발아기 : 총발아수를 총 조사일수로 나눈 값
④ 발아세 : 치상 후 중간조사일까지 발아한 종자의 비율

[해설]
• 발아시 : 파종된 종자 중 최초 1개체가 발아한 날
• 발아율 : 정해진 기간과 조건에서 정상묘로 분류되는 종자의 숫자 비율
• 발아기 : 전체 종자수의 약 50%가 발아한 날

12 채소종자의 저장조직에 들어있는 지방이 호흡의 기질로 될 때 호흡계수는?
① 1이다. ② 1보다 적다.
③ 1-1.5 사이이다. ④ 1.5보다 크다.

[해설]
호흡계수는 유기산은 1.0~1.5, 지방 0.7~0.8, 전분 1.0 이다.

14 종자의 표준발아 검사 시 치상하는 종자수와 반복수는 얼마인가?
① 50립씩 2반복 ② 50립씩 3반복
③ 100립씩 2반복 ④ 100립씩 4반복

[해설]
순도검사를 마친 정립종자를 최소한 무작위로 400립 추출하여 100립씩 4반복 치상한다.

15 벼 종자의 정선과정으로 옳은 것은?
① 대략정선 → 건조 → 정밀정선 → 비중정선 → 소독 → 포장
② 대략정선 → 정밀정선 → 비중정선 → 소독 → 건조 → 포장
③ 대략정선 → 소독 → 건조 → 비중정선 → 정밀정선 → 포장
④ 대략정선 → 비중정선 → 정밀정선 → 건조 → 소독 → 포장

[해설]
종자를 정선할 때는 보통 대략정선, 건조, 정밀정선, 비중정선, 소독, 포장의 순서로 실시한다.

16 표준발아검사에서 정상묘의 범주에 해당되는 것은?
① 경미한 결함묘
② 기본조직이 손상된 묘
③ 불균형하게 발육된 묘
④ 1차감염의 부패묘

해설
완전묘, 경미한 결함묘(경 결함묘), 2차 감염묘는 정상묘에 해당된다.

17 발아할 때 종자의 양분저장기관이 지하에 남는 것은?
① 강낭콩   ② 녹두
③ 완두   ④ 콩

해설
자엽 및 양분저장기관이 지하에 남고 유아는 지상으로 나온 것을 지하발아라 하며 벼, 보리, 옥수수, 팥, 완두, 잠두 등이 있다.

18 수정에 대한 설명으로 옳은 것은?
① 한 개의 정핵은 두 번씩 수정하는 중복수정을 한다.
② 정핵(n)은 난세포(n)과 만나 배(2n)을 형성한다.
③ 영양핵(n)은 극핵(2n)과 만나 배유(3n)를 형성한다.
④ 정핵이 핵분열을 하여 수정하는 경우는 다수의 종자가 형성된다.

해설
피자식물의 중복수정에서 정핵(n)과 난핵(n)이 합치면서 배는 2n 으로 나타난다.

19 다음 종자 중 물 속에서도 발아가 잘되는 것은?
① 가지   ② 멜론
③ 상추   ④ 담배

해설
수중에서도 발아가 잘되는 수종이 있는데 대표적으로 벼, 상추, 당근, 셀러리 등이 있다. 반대로 수중에서 발아가 잘 안되는 종자에는 밀, 콩, 무, 귀리, 양배추, 가지, 고추 등이 있다.

20 아주 미세한 종자를 종자코팅물질과 혼합하여 반죽을 만들고 이를 일정한 크기의 구멍으로 압축하여 원통형 일정크기로 잘라 건조 처리한 종자는?
① 테이프종자   ② 매트종자
③ 피막종자   ④ 장환종자

해설
장환종자는 코팅 종자로 일정 크기의 구멍으로 압출하여 원통형으로 절단한 종자이다.

제2과목 식물육종학

21 체세포분열의 4단계 중 그 기간이 가장 짧은 것은?
① 전기   ② 후기
③ 종기   ④ 중기

해설
중기는 세포의 양극에 방추사가 형성되고 방추사가 동원체에 부착하여 염색체가 적도판에 배열되는데 분열 주기 중에서 가장 짧다.

정답 16 ① 17 ③ 18 ② 19 ③ 20 ④ 21 ④

22 이수성에 관한 설명으로 가장 적합한 것은?
① 게놈이 서로 다른 것
② 정상의 염색체세트에 1개 또는 그 이상의 염색체 추가 또는 손실이 있는 것
③ ♀,♂의 염색체 수가 서로 다른 것
④ 교배조합이 서로 다른 것

해설
배우자가 정상적인 n 상태의 배우자와 수정되어 수정된 개체가 2n+1 이나 2n-1 인 염색체가 되는 경우로 염색체가 추가 혹은 손실이 되는 것을 이수성이라 한다.

23 다음 중 유전하는 변이는?
① 일시적 변이   ② 교배변이
③ 장소 변이   ④ 환경변이

해설
유전적 변이는 돌연변이, 교배변이, 생물의 유성생식 과정 등에서 발생한다.

24 1대 잡종 채종시 자가불화합성을 가장 많이 이용하는 작물은?
① 양파   ② 당근
③ 옥수수 ④ 배추

해설
잡종강세를 나타내는 작물의 1대잡종(F_1) 종자를 대량 생산할 수 있어 국내의 경우 무, 배추, 양배추 종자 생산에 이용된다.

25 조합능력을 올바르게 설명한 것은?
① 교배조합에 따른 유전자와 환경의 상호작용
② 교배조합에 따른 F_1의 잡종강세를 일으킬 수 있는 정도
③ 교배조합에 따른 잡종세대의 유전력의 크기
④ 교배조합에 따른 유전분리비

해설
잡종 F_1이 나타내는 잡종강세 정도를 조합능력이라 하고 일반조합능력과 특정조합능력이 있다.

26 신품종의 특성을 유지하기 위해서 실시하는 사항 중 옳지 않은 것은?
① 격리재배를 한다.
② 주변 농가에서 먼 곳에 심는다.
③ 유사 품종의 기계적 혼입을 막는다.
④ 그 작물의 주산지에 다른 품종과 인접하여 심는다.

해설
다른 품종과 인접하여 심으면 다른 품종의 혼입 가능성이 있기에 격리 혹은 거리를 이격하여 재배하도록 한다.

27 꽃가루의 인공적 배양을 하는 가장 중요한 목적은?
① 현재 존재하지 않는 완전히 새로운 작물을 만들기 위하여
② 4배체 식물을 만들어 과실의 크기를 크게 하기 위하여
③ 씨 없는 과실을 만들기 위해서
④ 동형접합율이 높은 계통을 단시일에 얻기 위하여

해설
꽃가루를 인공배양하여 동형접합률이 높은 계통을 얻어 결실률과 품질이 높일수 있다.

정답 22 ② 23 ② 24 ④ 25 ② 26 ④ 27 ④

28 식량작물의 종자갱신체계로 맞는 것은?
① 보급종 → 원종 → 원원종 → 기본종
② 기본종 → 원원종 → 원종 → 보급종
③ 원종 → 원원종 → 기본종 → 보급종
④ 원원종 → 원종 → 보급종 → 기본종

해설
작물의 종자생산 관리 및 증식체계는 기본식물, 원원종, 원종, 채종포(보급종), 농가의 순이다.

29 인위 동질배수체의 일반적 특성이 아닌 것은?
① 핵과 세포의 증대
② 영양기관의 생육증진
③ 감수분열의 이상
④ 임성의 증대

해설
동질배수체는 임성이 저하되고 착과성이 감퇴하며 발육이 지연 된다.

30 2개의 형질을 지배하는 2개의 유전자좌가 매우 근접해 있을 때 이를 분리하여 재조합형을 얻는데 가장 효과적인 방법은?
① 방사선처리   ② 교잡
③ 고온처리   ④ 저온처리

해설
2개의 서로 다른 두 세포의 유전자를 방사선 처리로 분리하여 재조합하여 새로운 형질전환세포를 만들 수 있다.

31 다음 중 양적형질의 유전과 가장 거리가 먼 것은?
① 2쌍 이상의 유전자가 관여하여 정규곡선과 같은 변이분포를 나타낸다.
② 폴리진이 폴리진계로서 존재하여 변이에 관여한다.
③ 주로 수량에 관여하는 형질에 대하여 연속적 변이를 나타낸다.
④ 꽃 색깔과 같이 대립변이로 나타난다.

해설
양적변이는 길이, 무게, 수량 등 측정형질을 숫자로 표현하나 꽃 색깔과 같은 것은 숫자로 표현할수 없는 질적변이로 분류된다. 꽃 색깔은 대립변이, 불연속변이로 나타난다.

32 여교배 육종에서 교배방향에 관하여 설명 중 옳지 않은 것은?
① 반복친을 자방친으로 사용하면 교배의 성공여부를 확인하는데 유리다.
② 반복친을 자방친으로 사용하면 언제든지 교배할 수 있는 이점이 있다.
③ 원연품종간 조합의 여교배에서는 F_1을 자방친으로 하는 것이 유리하다.
④ F_1을 자방친으로 하면 자식을 구별하기는 어려우나 임성회복에는 더 유리하다.

해설
F_1을 자방친으로 사용하면 교배종자를 얻기 쉬우나 완전한 임성회복을 위해서는 반복친을 자방친으로 하는 것이 유리하다.

33 유전자 전환에 의한 형질전환 육종과정이 옳은 것은?

① 플로토플라스트 융합 - 유전자클로닝 - 벡터에 도입 - 식물체 재분화 - 형질전환품종육성
② 플로토플라스트 융합 - 형질전환캘러스선발 - 벡터에 도입 - 형질전환품종육성
③ 유전자클로닝 - 벡터에 도입 - 형질전환캘러스선발 - 식물체 재분화 - 형질전환품종육성
④ 유전자클로닝 - 형질전환캘러스선발 - 벡터에 도입 - 식물체 재분화 - 형질전환품종육성

해설
유전자 클로닝은 생물체 게놈에 한 특정 유전자나 특정 DNA 절편을 분리하여 세균이나 박테리오파지의 복제기구를 이용하여 대량 복제하는 기술이다. 클로닝될 유전자를 가진 DNA 단편을 벡터라 불리는 원형의 DNA 내부에 삽입한다. 유용 유전자가 도입된 형질전환체는 조직배양 방법을 통해 선발과정과 재분화 과정을 거친 다음 완전한 형질전환식물체가 된다.

34 기상요인에 의한 재해저항성과 토양요인에 의한 재해저항성을 옳게 표시한 것은?

① 기상요인 - 내냉성, 내염성, 내습성
  토양요인 - 내탈립성, 저온발아성, 내산성
② 기상요인 - 내풍성, 내냉성, 내서성
  토양요인 - 내염성, 내산성, 내습성
③ 기상요인 - 내탈립성, 저온발아성, 내도복성
  토양요인 - 내서성, 내풍성, 내비성
④ 기상요인 - 내비성, 내도복성, 내산성
  토양요인 - 내서성, 내음성, 내하고성

해설
기상요인에는 내품성, 내랭성, 내서성이 있으며 토양요인에는 내염성, 내산성, 내습성이 있다.

35 배추, 툴립, 히아신스와 같은 작물에서 인공교배를 하기 위하여 개화기를 조절하고자 할 때 가장 효율적으로 이용되는 방법은?

① 단일처리 ② 환상박피
③ 춘화처리 ④ 비배법

해설
맥류, 채소류, 툴립, 히아신스 등의 작물을 인공교배하기 위해 개화기를 조절하는데 저온의 춘화처리를 이용한다.

36 다음 중 유전적 변이를 만들 수 있는 생식과정에 해당하는 것은?

① 영양번식 ② 감수분열
③ 무성생식 ④ 아포믹시스

해설
감수분열은 배우자 형성을 위해 암수의 생식기관에서 생식모세포의 염색체 수가 반감되는 세포분열을 말한다. 이러한 과정을 통해 감수분열은 다양성을 지니면서 유전적 변이를 만들 수 있다.

37 다음 교배(AABB × AAbb)에 의해 F_2세대에서 AABB를 선발할 확률은? (단, 두 유전자는 완전우열성이다.)

① 계통육종과 반수체육종 모두 1/9이다.
② 계통육종과 반수체육종 모두 1/4이다.
③ 계통육종에서는 1/4이고, 반수체육종에서는 1/2이다.
④ 계통육종에서는 1/9이고, 반수체육종에서는 1/4이다

해설
계통육종은 AABB × AAbb 이기에 AABB, AABb, AAbb, AAbb 로 1/4 이고, 반수체육종은 AB×Ab 이기에 AABB, AAbb 로 1/2 이다.

정답 33 ③ 34 ② 35 ③ 36 ② 37 ③

38 배우자에 의한 불화합성에서 $S_1S_1(♀) \times S_1S_2(♂)$를 교배하여 얻을 수 있는 개체의 유전자형은?

① $S_1S_2 \times S_2S_3$ ② $S_1S_1 \times S_1S_3$
③ S_1S_3 ④ S_1S_2

해설

자방친의 불화합유전자 S_1 과 화분의 불화합유전자 S_1 이 같기에 화분의 S_1 의 불화합은 $S_1S_1(♀) \times S_1S_2(♂) \to S_1S_2$ 이다

39 육종 기술에 있어서 가장 적합하지 않은 것은?

① 방황변이의 수집 육성
② 유전적 변이의 탐구와 창성
③ 변이의 선택과 고정
④ 신종의 증식과 보급

해설

육종기술은 변이의 탐구와 창성, 변이의 선택과 고정, 신품종의 증식과 보급의 3단계로 구성된다.

40 AABB × aabb 교잡에서 F_2세대의 표현형은 몇 개인가? (단, A와 B는 a와 b에 대하여 각각 완전 우성이고, 서로 독립적이다.)

① 9 ② 4
③ 2 ④ 3

해설

n 쌍의 대립유전자는 2^n 만큼의 표현형을 가지기에 2개의 대립유전자가 있으므로 2^2=4 개이다.

제3과목 재배원론

41 화학적 생리적으로 염기성 비료에 속하는 것은?

① $(NH_4)_2SO_4$ ② 용성인비
③ $CO(NH_2)_2$ ④ K_2SO_4

해설

생석회, 소석회, 탄산칼륨, 용성인비 등은 염기성 비료에 속한다.

42 감자의 위축병을 매개하는 해충은?

① 선충 ② 진딧물
③ 명나방 ④ 응애류

해설

감자의 위축병을 발생하는 바이러스를 매개하는 해충은 진딧물이다.

43 파이토크롬의 설명으로 틀린 것은?

① 광흡수색소로서 일장효과에 관여한다.
② Pr은 호광성종자의 발아를 억제한다.
③ 파이토크롬은 적색광과 근적외광을 가역적으로 흡수할 수 있다.
④ 굴광현상을 나타내는 호르몬의 일종으로 식물 생육에 필수적인 물질이다.

해설

식물에 존재하는 색소단백질인 파이토크롬(phytochrome)은 특정 파장을 흡수하여 광가역 반응을 일으킨다.

정답 38 ④ 39 ① 40 ② 41 ② 42 ② 43 ④

44 버널리제이션에 대한 설명으로 옳은 것은?
① 추파성 정도가 높은 식물일수록 장기 저온처리를 해야 효과가 있다.
② 버널리제이션에 감응하는 부위는 잎이다.
③ 버널리제이션에 산소의 공급은 필요하지 않다.
④ 최아한 봄밀을 1-2°C에서 저온처리 했을 때 개화촉진 효과가 나타나는 것을 말한다.

해설
추파성이 높은 식물은 춘화처리(저온처리)를 적용하여 추파성을 춘파성으로 변화시킬수 있다.

45 목초의 하고 원인에 대한 설명으로 옳은 것은?
① 한지형 목초는 고온에서 생육이 왕성하여 하고현상이 덜하다.
② 한지형 목초는 요수량이 작아 건조에 견디는 힘이 적어서 하고가 심하다.
③ 월동목초는 대부분 장일식물이며 초여름의 장일조건에 의해서 생식생장이 촉진되어 하고현상을 조장한다.
④ 고온다습한 상태는 병충해의 발생이 억제되어 하고현상이 덜하다.

해설
하고현상은 내한성이 강하여 월동을 하는 북방형 목초가 여름철과 같은 고온으로 인하여 생육장해를 일으키는 현상을 말한다.

46 관리가 편리하고 통풍, 통광이 양호하나 결과수가 적어지는 결점이 있는 정지법은?
① 원추형　② 변칙주간형
③ 배상형　④ 울타리형

해설
배상형은 수형이 술잔 모양이 되게 하는 정지법으로 관리가 편리하고 수관내로의 통풍 및 통광이 좋다. 그러나 가지가 늘어지기 쉽고 과실의 수가 적어지는 단점이 있다.

47 논의 담수관개 효과로 거리가 먼 것은?
① 온도의 조절 작용
② 풍식의 방지와 재식밀도 조절
③ 생리적으로 필요한 수분의 공급
④ 유해물질의 제거와 잡초발생의 억제

해설
논의 담수를 통해 온도 조절, 비료분 분해조절, 양분의 천연공급, 토양의 침식 방지, 수분의 공급, 유해물질의 제거, 잡초발생의 억제 등의 효과가 있다.

48 종자가 발아력을 보유하고 있는 기간을 종자의 수명이라 한다. 다음 중 벼, 보리, 밀이 속하는 것은?
① 단명종자　② 상명종자
③ 장명종자　④ 영명종자

해설
벼, 밀, 보리, 무, 완두 등을 상명종자(중명종자)라 한다.

49 토양이 과습할 때 생성되는 황화수소에 의한 호흡억제 과정을 무엇이라 하는가?
① 전자전달과정　② 해당과정
③ Acetyl CoA　④ TCA회로

해설
과습으로 토양의 산소가 부족하면 환원화가 진행되어 황산의 환원에 의해 황화수소가 발생한다. 이러한 전자의 연쇄적 산화, 환원의 이동을 전자전달과정이라 한다.

정답　44 ①　45 ③　46 ③　47 ②　48 ②　49 ①

50 인공상토의 구성재료에 대한 설명으로 틀린 것은?
① 펄라이트나 버미큘라이트는 중성-약알칼리성으로 pH에 미치는 영향이 적다.
② 코코피트는 코코넛 야자열매의 껍질섬유를 가공한 것이다.
③ 펄라이트는 양이온교환용량이 작고 완충능력이 낮다.
④ 피트모스는 중성이며 pH에 미치는 영향이 적다.

해설
피트모스는 산성이며 pH에 영향을 준다.

51 기체성 식물호르몬인 것은?
① 사이토키닌 ② 옥신
③ 지베렐린   ④ 에틸렌

해설
에틸렌은 과실의 성숙을 촉진하는 물질로 주로 기체상태로 존재한다.

52 작물의 내동성 증대요인이 아닌 것은?
① 원형질 단백질에 -SH(thiol)기가 많아야 한다.
② 지유함량이 높아야 한다.
③ 당분함량이 높아야 한다.
④ 전분함량이 높아야 한다.

해설
전분함량이 적을수록 내동성이 증가한다.

53 작물의 내적 균형 지표로 활용할 수 없는 것은?
① C/N율   ② T/R율
③ G-D균형 ④ GDD

해설
C/N율, T/R율, G-D 균형은 작물의 생리적, 형태적 균형 및 비율을 나타내는 지표로 활용된다.

54 담수표면직파에서 종자에 과산화석회를 분의하여 파종하는 가장 큰 목적은?
① 종자에 산소공급 ② 종자의 무게증대
③ 조류의 피해방지 ④ 종자에 보온효과

해설
과산화석회는 물과 반응하면 산소를 발생시키기에 담수표면직파에서 종자의 초기생장에 도움을 준다.

55 식물체의 정아우세현상을 발현하는 식물호르몬은?
① 옥신   ② 지베렐린
③ 사이토키닌 ④ 아브시스산

해설
옥신은 식물의 신장에 관여하는 호르몬으로 줄기나 뿌리의 선단부에서 만들어져 세포의 신장촉진에 도움을 주며 측아의 발달을 억제하는 기능을 하는 정아우세 현상이 나타난다.

56 두류에서 도복의 위험이 가장 큰 시기는?
① 개화기로부터 약 10일간
② 개화기로부터 약 20일간
③ 개화기로부터 약 30일간
④ 개화기로부터 약 40일간

해설
두류는 줄기가 급속히 자라는 개화기부터 약 10일간 도복의 위험성이 높다.

57 벼의 여러 가지 기상 생태형 중에서 저위도 지대에 분포하는 품종의 생태형은?
① 기본 영양생장성과 감온성이 작고 감광성이 큰 감광형
② 기본 영양생장성과 감광성이 작고 감온성이 큰 감온형
③ 감온성과 감광성이 작고 기본영양생장성이 큰 기본영양생장형
④ 감광성이 작고 감온성과 기본영양생장성이 큰 감온·기본 영양생장형

해설
저위도 지방은 기본영양생장형이 분포한다. 기본영양생장형은 감온성과 감광성이 모두 작고 기본영양생장이 커서 생육기간이 주로 기본영양생장성에 지배된다.

58 벼 도정시 정곡환산율은 중량과 용량으로 각각 몇 %인가?
① 42%, 80%   ② 52%, 70%
③ 62%, 60%   ④ 72%, 50%

해설
도정에 의한 벼 정곡환산율은 중량 72%, 용량 50%이다.

59 학자와 관련 업적이 서로 잘못 짝지어진 것은?
① Liebig – 무기영양설
② J. De Vries - 돌연변이설
③ Kogl – GA발견
④ J.W. Cornforth -ABA발견

해설
지베렐린(GA)는 일본 생물학자 구로사와가 발견하였다.

60 맥류재배에서 바람에 의한 도복방지책으로 가장 알맞은 것은?
① 배토   ② 지주
③ 결속   ④ 복토

해설
배토, 토입, 답압 등은 도복을 방지한다.

제4과목 식물보호학

61 음성 주광성을 지닌 곤충은?
① 나비   ② 바퀴
③ 파리   ④ 나방

해설
구더기, 바퀴 등은 음성주광성이다.

62 다음 해충 중에서 식물병을 전파하는 매개충이 아닌 것은?
① 애멸구   ② 복숭아혹진딧물
③ 끝동매미충   ④ 벼총채벌레

해설
애멸구는 벼 줄무늬마름병, 복숭아혹진딧물은 감자 잎말이병 및 각종 바이러스, 끝동매미충은 벼 오갈병의 매개충이다.

63 다음 해충 중 불완전변태 하는 것은?
① 이화명나방   ② 콩가루벌레
③ 갓노랑비단벌레   ④ 완두굴파리

해설
콩가루벌레는 매미목으로 불완전변태를 한다. 나비목, 파리목, 벌목, 딱정벌레목 등은 완전변태를 한다.

정답 57 ③ 58 ④ 59 ③ 60 ① 61 ② 62 ④ 63 ②

64 노린재목(매미목)이 아닌 것은?
① 벼메뚜기 ② 벼멸구
③ 애멸구 ④ 끝동매미충

해설
벼메뚜기는 메뚜기목에 속하며 진딧물, 멸구, 매미충, 깍지벌레 등은 매미목에 속한다.

65 곤충의 신경계에 대한 설명으로 옳은 것은?
① 유병체는 사회성 곤충이 비사회성 곤충보다 크다.
② 중대뇌는 꼬리신경절과 연결되어 있다.
③ 뇌는 6쌍의 분절신경이 융합해 있다.
④ 곤충의 신경계에는 뉴런이 없다.

해설
곤충의 뇌에 있는 유병체는 기억과 학습에 관한 다양한 역할을 담당한다. 특히 사회성 곤충의 유병체는 다른 곤충에 비해 상대적으로 크다.

66 다음 곤충 중에서 날개가 없는 것은?
① 하루살이목 ② 노린재목
③ 총채벌레목 ④ 톡톡기목

해설
날개가 없는 무시아강에는 톡토기목, 낫발이목, 좀목 등이 있다.

67 생태계에서 그 지위가 분해자의 역할을 하는 부식성 해충은?
① 송장벌레 ② 명주잠자리유충
③ 땅강아지 ④ 개미사돈

해설
다른 동물의 사체를 먹는 시식성, 부식성 해충에는 송장벌레과, 반날개과, 풍뎅이붙이과가 있다.

68 나비목에 대한 설명으로 옳은 것은?
① 성충의 날개가 막으로 덮혀 있다.
② 성충의 큰 턱은 거의 퇴화되어 있다.
③ 유충은 대부분 부식성이다.
④ 불완전변태를 한다.

해설
나비목은 완전변태하며 성충의 입틀은 작은턱이 길게 발달한다.

69 나용을 만들지 않는 것은?
① 딱정벌레목 ② 나비목
③ 벼룩목 ④ 벌목

해설
나용은 벼룩목, 부채벌레목, 대부분의 딱정벌레목과 벌목, 파리목의 일부에서 그 예를 볼 수 있다. 나비목의 경우 피용이 관찰된다.

70 나머지 셋과 다른 식흔을 보이는 것은?
① 멸구류 ② 진딧물류
③ 메뚜기류 ④ 깍지벌레류

해설
메뚜기류는 저작구형이며 멸구류, 진딧물류, 깍지벌레류는 자흡구형이다.

71 곤충체벽의 구성부위가 아닌 것은?
① 표피층 ② 진피층
③ 하피층 ④ 기저막

해설
곤충체벽의 구성부위는 표피층, 원표피, 진피층, 기저막 등이 있다.

정답 64 ① 65 ① 66 ④ 67 ① 68 ② 69 ② 70 ③ 71 ③

72 밤바구미 방제에 가장 효과가 없는 약제는?
① 펜토에이트분제
② 에톡사졸액상수화제
③ 클로티아니딘액상수화제
④ 티아클로프리드액상수화제

해설
에톡사졸액상수화제는 응애 방제를 위한 살비제이다.

73 해충의 기계적 방제법이 아닌 것은?
① 유살 ② 포살
③ 차단 ④ 천적이용

해설
천적을 이용하는 것은 생물적 방제법에 해당한다.

74 곤충의 외부형태의 설명으로 옳은 것은?
① 모두 내골격으로 구성된다.
② 몸 전체가 여러 마디로 되어 있다.
③ 자루마디는 냄새를 맡는 감각기가 많다.
④ 체외기생성 이는 뒷다리가 발달되어 있다.

해설
곤충은 머리, 가슴, 배 3부분으로 구분되며 각 부위는 여러 환절로 구성되어 있다.

75 곤충이 마지막 유충기를 지나면 번데기가 되는데, 이 현상을 무엇이라 하는가?
① 용화 ② 부화
③ 우화 ④ 탈피

해설
용화는 일종의 번데기가 되는 현상으로 이때 번데기의 형태에 의해 나용, 피용, 위용, 전용 등으로 분류한다.

76 진딧물은 곤충 분류학상 어디에 속하는가?
① 노린재목 ② 매미목
③ 파리목   ④ 잠자리목

해설
진딧물은 매미목에 속한다.

77 보균식물의 한 예로써 종자 또는 유묘기에 이미 감염되어 있으나 개화, 결실기에 이르러 자방 속에 침입하여 발병하는 병해는?
① 붉은별무늬병 ② 깜부기병
③ 화상병   ④ 도깨비집병

해설
뚜렷한 병징은 보이지 않으나 기주식물이 병원체를 가진 경우 보균식물이라 한다. 맥류 깜부기병은 개화기에 병원균의 포자가 형성되기 전까지 감염여부를 판별하기 어렵다.

78 벼 키다리병에 관한 설명으로 맞는 것은?
① 병원균은 Gibberella zeae이다.
② 육묘기 때는 발생하지 않는다.
③ 벼가 웃자라는 것은 Fusaric acid 때문이다.
④ 대표적인 종자전염성 병해로 종자소독이 주요한 방제법이다.

해설
벼 키다리병은 종자를 통해 전염되기에 종자소독을 통해 방제가 가능하다.

79 곤충의 분산과 이동에 관계하는 것으로 가장 거리가 먼 것은?
① 환경요인 ② 먹이
③ 짝찾기   ④ 휴면

해설
곤충의 휴면은 불리한 환경 조건을 극복하고자 발육을 일시적으로 정지하는 현상으로 곤충의 분산 및 이동과는 관련이 적다.

정답 72 ② 73 ④ 74 ② 75 ① 76 ① 77 ② 78 ④ 79 ④

80 곤충의 체적증가와 관련이 있는 것은?
① 미모 ② 탈피
③ 구기 ④ 경화

해설
체벽은 탈피를 통해 체적증가를 한다.

제5과목 종자관련법규

81 종자산업법 시행규칙에서 정한 보증표시 사항이 아닌 것은? (단, 채종단계별 구분을 요하는 원원종 종자이다.)
① 발아율(%) ② 수량(g)
③ 이품종별(%) ④ 생산년도

해설
보증표시 항목에는 분류번호, 종명, 품종명, lot 번호, 발아율(%), 이품종별(%), 유효기간, 수량(g), 포장일자, 보증기관 등이 있다.

82 K농가의 A농민이 볍씨 종자생산 대행자격을 얻고자 한다면 몇 년 이상 벼농사의 경험이 필요한가?
① 2년 ② 3년
③ 4년 ④ 5년

해설
해당 작물 재배에 3년 이상의 경험이 있는 농업인 또는 농업법인으로서 농림축산식품부장관이 정하여 고시하는 확인 절차에 따라 특별자치시장·특별자치도지사·시장·군수 또는 자치구의 구청장(이하 "시장·군수·구청장"이라 한다)이나 관할 국립종자원 지원장의 확인을 받은 자는 종자생산 대행자격을 얻을수 있다.

83 종자산업법 시행규칙상 품종성능 심사기준에 해당되지 않는 것은?
① 유통의 안정성 ② 재배시험지역
③ 평가형질 ④ 평가기준

해설
품종성능 심사기준에는 재배시험기간, 재배시험지역, 평가형질, 평가기준 등이 있다.

84 종자산업법에서 정한 종자보증서에 기재할 사항으로 맞는 것은?
① 육성자의 성명 ② 종자로트번호
③ 종자의 생산지 ④ 종자의 생산자

해설
보증서의 기재사항으로 번호, 작물의 종류, 품종명칭, 채종단계, 종자로트번호, 보증 유효기간 등이 있다.

85 다음 중 종자위원회의 기능으로 맞는 것은?
① 국유품종보호권의 처분에 관한 심의
② 품종보호권의 보호 및 품종목록제도 등에 관한 농림수산식품부장관의 자문
③ 거절사정 결과에 대하여 불복하는 경우의 심판
④ 국립종자원의 운영계획·평가에 관한 심의

해설
종자위원회
· 품종보호권의 보호에 관한 농림축산식품부장관 또는 해양수산부장관의 자문에 대한 조언
· 통상실시권 설정에 관한 재정의 심의
· 품종보호권 침해분쟁의 조정

정답 80 ② 81 ④ 82 ② 83 ① 84 ② 85 ②

86 공무원의 직무상 육성에 관한 설명으로 맞는 것은?
① 공무원의 직무상 육성에 관하여는 보상 규정이 없다.
② 공무원의 직무상 육성에 관하여는 필요한 사항을 대통령령으로 정한다.
③ 공무원의 직무상 육성은 종자산업법이 적용되지 않는다.
④ 공무원의 직무상 육성에 관하여는 필요한 사항을 국무총리령으로 정하고 시·도지사에게 신고한다.

해설
공무원의 직무상 육성에 보상에 필요한 사항은 대통령령으로 정한다.

87 대통령령으로 정하는시설을 갖춘 자는 종자업 등록을 누구에게 하여야 하는가?
① 농림수산식품부장관
② 국립종자원장
③ 시·도지사
④ 시장·군수

해설
종자업을 하려는 자는 대통령령으로 정하는 시설을 갖추어 시장·군수·구청장에게 등록하여야 한다.

88 벼 포장검사 시 18000주의 표본을 조사한 결과 도열병 54주, 키다리병 36주, 깨씨무늬병 36주, 선충심고병 72주가 조사되었다. 이 때 특정병의 비율은?
① 0.2% ② 0.4%
③ 0.6% ④ 1.1%

해설
벼의 특정병은 키다리병, 선충심고병으로 키다리병 36주, 선충심고병 72주를 총 표본 18,000 주에 대한 비율을 구하면 다음과 같다.
$$\frac{36+72}{18000} \times 100 = 0.6(\%)$$

89 종자산업법과 동법 시행령 및 동법 시행규칙에 의한 "종자관리요강"의 과수 규격묘의 규격기준으로 틀린 것은?
① 사과(이중접목묘) 묘목의 길이: 120cm이상
② 복숭아 묘목의 길이 : 100cm이상
③ 감 묘목의 길이 : 80cm이상
④ 매실 묘목의 길이 : 80cm이상

해설
감 묘목의 길이는 100cm 이상이다.

90 농림수산식품부장관이 품종목록 등재를 취소할 수 있거나 취소해야 할 경우에 해당하지 않는 것은?
① 같은 품종이 둘 이상의 품종명칭으로 중복하여 등재되었을 경우 가장 먼저 등재된 품종의 등재를 취소한다.
② 해당 품종의 재배로 인하여 환경에 위해가 발생하였을 때 등재를 취소할 수 있다.
③ 품종의 성능이 품종성능의 심사기준에 미달되었을 때 등재를 취소할 수 있다.
④ 거짓으로 품종목록 등재를 받았을 때 등재를 취소한다.

해설
같은 품종이 둘 이상의 품종명칭으로 중복하여 등재되었을 경우 가장 먼저 등재된 품종은 제외한다.

91 종자산업법에 의한 국제종자검정기관에 해당되지 않는 것은?
① 국제종자검정협회
② 국제종자검정가협회
③ 농림수산식품부장관이 정하여 고시하는 외국의 종자검정기관
④ 대통령령이 정하는 국제기구

해설
대통령령으로 정하는 국제종자검정기관은 국제종자검정협회의 회원기관, 국제종자검정가협회의 회원기관, 그 밖에 농림축산식품부장관이 정하여 고시하는 외국의 종자검정기관 등이다.

정답 86 ② 87 ④ 88 ③ 89 ③ 90 ① 91 ④

92 종자산업법에서 규정하고 있는 용어의 정의로 틀린것은?

① "작물"이란 농산물, 임산물 또는 수산물의 생산을 위하여 재배되거나 양식되는 모든 식물을 말한다.
② "품종보호권자"란 품종보호권을 가진 자를 말한다.
③ "종자업자"란 이 법에 따른 자격을 갖춘 사람으로서 종자업자가 생산하여 판매·수출하거나 수입하려는 종자를 보증하는 사람을 말한다.
④ "실시"란 보호품종의 종자를 증식·생산·조제·양도·대여·수출 또는 수입하거나 양도 또는 대여의 청약(양도 또는 대여를 위한 전시를 포함한다. 이하 같다)을 하는 행위를 말한다.

해설
종자업자는 종자산업법에 따라 종자업을 경영하는 자를 말한다.

93 종자산업법시행규칙상 농림수산식품부령으로 정하는 유통종자의 품질표시 사항으로 맞지 않는 것은?

① 품종의 명칭
② 묘목의 규격묘 표시
③ 종자의 무게
④ 품종의 내병성

해설
국가보증 대상이 아닌 종자나 자체보증을 받지 아니한 종자를 판매하거나 보급하려는 자는 자의 생산연도 또는 포장 연월, 종자의 발아(發芽) 보증시한, 그 밖에 농림축산식품부령으로 정하는 사항을 표시한다.

94 포장검사 및 종자검사의 검사기준 중 용어의 정의가 틀린 것은?

① 이형주 : 동일품종 내에서 유전적 형질이 그 품종 고유의 특성을 갖지 아니한 개체를 말한다.
② 1차시료 : 소집단의 한부분으로부터 얻어진 적은 양의 시료를 말한다.
③ 검사시료 : 검사실에서 제출시료로부터 취한 분할 시료로 품위검사에 제공되는 시료이다.
④ 분할시료 : 검정기관에 제출된 시료를 말하며 최소한 관련 요령에서 정한 양 이상이어야 하며 합성시료의 전량 또는 합성시료의 분할 시료이어야 한다.

해설
분할시료는 합성시료 또는 제출시료로부터 규정에 따라 축분하여 얻어진 시료이다.

95 종자산업법상 [보기]와 같이 정의된 권리는?

> 종자산업법에 따른 품종보호를 받을 수 있는 권리를 가진 자에게 주는 권리를 말한다.

① 품종성능권   ② 품종실시권
③ 품종보호권   ④ 품종보증권

해설
품종보호권의 설정등록을 받으려는 자는 품종보호료를 내야 한다.

96 다음중 종자업자에 대한 행정처분의 세부 기준으로 틀린 것은?

① 위반행위가 둘 이상이 경우로서 그에 해당하는 각각의 처분기준이 다른 경우에는 그 중 무거운 처분기준에 따른다.
② 위반행위의 횟수에 따른 행정처분의 기준은 최근 2년간 같은 위반행위로 행정처분을 받은 경우에 적용한다.
③ 처분권자는 위반행위에 대한 처분기준이 자격정지인 경우 그 위반행위의 동기, 내용, 횟수 및 위반의 정도 등을 고려하여 처분기준의 3분의 1의 범위에서 감경할 수 있다.
④ 관련 조항에 따른 보호품종의 실시 여부 보고 등의 명령에 따르지 아니한 경우 1회 위반시 영업정지 7일이다.

[해설]
처분기준이 모두 영업정지인 경우 무거운 처분 기준의 2분의 1 범위에서 가중할 수 있으나 각 처분기준을 합산한 기간 및 6개월을 초과할 수 없다.

97 밀 1품종은 국가품종목록의 등제 유효기간 연장신청을, 벼2품종, 보리 3품종은 국가품종목록에 신규 등재하고자 신청서를 제출하였다. 이 때 수수료는 모두 얼마인가?

① 5만원　　② 7만 5천원
③ 19만원　　④ 21만원

[해설]
국가품종목록의 등재 유효기간 연장신청 수수료는 품종당 2만원이며 국가품종목록의 등재신청수수료는 품종당 3만8천원이다. 밀1품종 2만원과 벼2품종, 보리3품종의 총 5품종에 대한 19만원을 합산하여 총 수수료는 21만원이 된다.

98 국가품종목록에 등재한 품종은 당해 품종이 등재된 사실을 품종보호공보에 게재하여 공고하여 한다. 이 경우 공고하는 내용이 아닌 것은?

① 품종이 속하는 작물의 학명 및 일반명
② 품종보호 출원에 관한 세부사항
③ 품종의 성능 및 시험성적
④ 품종육성과정의 설명

[해설]
※ 품종목록 등재품종의 공고
· 품종목록 등재신청인의 성명 및 주소(법인의 경우에는 그 명칭, 대표자의 성명 및 영업소의 소재지를 말한다)
· 품종목록 등재신청인의 대리인 성명 및 주소 또는 영업소의 소재지(대리인을 통하여 제출하는 경우만 해당한다)
· 품종 육성자의 성명 및 주소(육성자와 품종목록 등재신청인이 다른 경우만 해당한다)
· 품종이 속하는 작물의 학명 및 일반명
· 품종의 명칭
· 품종육성 과정의 설명
· 품종의 성능 및 시험성적
· 재배적응지역
· 품종목록 등재번호 및 품종목록 등재 연월일
· 품종목록 등재의 유효기간

99 종자의 발아 보증시한이 경과된 종자를 판매 또는 보급한자의 과태료 기준은?

① 500만원 이하　　② 200만원 이하
③ 100만원 이하　　④ 50만원 이하

[해설]
종자의 발아 보증시한이 경과된 종자를 판매 또는 보급한자는 200만원 이하의 과태료를 부과한다.

정답 96 ③　97 ④　98 ②　99 ②

100 종자산업법에 따라 양도의 경우에도 신규성을 갖춘 것으로 보는 경우에 해당되지 않는 것은?

① 도용한 품종의 종자를 양도한 경우
② 품종보호를 받을 수 있는 권리를 이전하기 위하여 해당품종의 종자를 양도한 경우
③ 종자를 증식하기 위하여 해당 품종의 종자를 양도하여 그 종자를 증식하게 한 후 그 종자를 이용을 목적으로 재양도한 경우
④ 품종 평가를 위한 포장시험, 품질검사 또는 소규모 가공시험을 하기 위하여 그 품종의 수확물을 양도한 경우

해설

종자를 증식하기 위하여 해당 품종의 종자나 그 수확물을 양도하여 그 종자를 증식하게 한 후 그 종자나 수확물을 육성자가 다시 양도받은 경우 신규성을 갖춘 것으로 본다.

※ 신규성을 갖춘 경우
1. 도용한 품종의 종자나 그 수확물을 양도한 경우
2. 품종보호를 받을 수 있는 권리를 이전하기 위하여 해당 품종의 종자나 그 수확물을 양도한 경우
3. 종자를 증식하기 위하여 해당 품종의 종자나 그 수확물을 양도하여 그 종자를 증식하게 한 후 그 종자나 수확물을 육성자가 다시 양도받은 경우
4. 품종 평가를 위한 포장시험, 품질검사 또는 소규모 가공시험을 하기 위하여 해당 품종의 종자나 그 수확물을 양도한 경우
5. 생물자원의 보존을 위한 조사 또는 「종자산업법」 제15조에 따른 국가품종목록(이하 "품종목록"이라 한다)에 등재하기 위하여 해당 품종의 종자나 그 수확물을 양도한 경우
6. 해당 품종의 품종명칭을 사용하지 아니하고 제3호부터 제5호까지의 어느 하나의 행위로 인하여 생산된 부산물이나 잉여물을 양도한 경우

정답 100 ③

2012 제2회 종자기사

제1과목　종자생산학

01 종자처리에 대한 설명 중 옳지 않은 것은?
① 필름코팅처리(film coating)는 수용성 중합체를 이용하며 색소나 살균제 등을 같이 처리하는 것이다.
② 종자단립처리(seed pelleting)는 형태가 불균일한 종자에 물질을 덧붙여 기계파종을 용이하게 한다.
③ 종자피복처리(seed encrustment)는 동일 종자에서 단립처리(seed pelleting)보다 크기가 더 크다.
④ 필름코팅은 종자에 따라서 과다한 초기 수분 흡수를 억제하여 병 발생을 감소시키기도 한다.

해설
피복처리한 종자는 단립처리한 팰릿종자보다 크기가 작다.

02 배(胚)의 발생법칙이 아닌 것은?
① 질량의 법칙　② 절약의 법칙
③ 기원의 법칙　④ 수의 법칙

해설
배의 발생법칙에는 절약의 법칙, 기원의 법칙, 수의 법칙, 목적지불변의 법칙이 있다.

03 채종에 관한 설명 중 옳지 않은 것은?
① 벼 종자는 평야지보다 분지에서 생산된 것이 임실이 좋아서 종자가치가 높다.
② 평지(유채)에서는 가을재배를 하면 퇴화를 경감할 수 있다.
③ 씨감자의 퇴화를 방지하려면 고랭지에서 생산해야 한다.
④ 콩은 따뜻한 남부에서 생산된 종자가 서늘한 지역에서 생산된 것보다 충실하다.

해설
콩은 해발고도가 높은 서늘한 지역에서 생산된 종자가 충실하다.

04 종자의 표준발아 검사에 쓰이는 종자시료를 바르게 설명한 것은?
① 제출시료에서 무작위로 추출하여 사용한다.
② 제출시료에서 육안으로 보아 건전한 종자를 골라서 사용한다.
③ 순도검사를 마친 정립을 대상으로 한다.
④ 순도검사 후 이물(異物)을 제외하고 나머지 종자를 혼합하여 사용한다.

해설
순도검사를 마친 정립종자를 최소한 무작위로 400립 추출하여 100립씩 4반복 치상한다.

정답　01 ③　02 ①　03 ④　04 ③

05 겉씨(裸子)식물에서 수정 후 종자의 핵상으로 옳은 것은?
① 종피 : 2n, 배유 : 3n, 배 : 2n
② 종피 : 3n, 배유 : 3n, 배 : 2n
③ 종피 : 2n, 배유 : 2n, 배 : 3n
④ 종피 : 2n, 배유 : 1n, 배 : 2n

해설
겉씨식물의 수정은 정핵(n)과 난핵(n)이 배(2n)를 만들고 배낭세포(n)이 배유(n)으로 나타난다.

06 발아세의 뜻은 무엇인가?
① 파종된 총 종자개체수에 대한 발아종자 개체수의 비율
② 파종기부터 발아기까지의 일수 콩
③ 치상 후 일정한 시일 내의 발아율
④ 종자의 대부분이 발아한 날

해설
발아세는 치상 후 일정기간까지의 발아율 또는 표준발아검사에서 중간발아조사일까지의 발아율을 말한다.

07 종자 순도분석 검사시료(또는 반량시료)의 중량이 1g 이상~10g 미만일 때 충중량 및 구성요소 중량의 칭량 시 소수점 이하 자릿수는 얼마인가?
① 한 자리   ② 두 자리
③ 세 자리   ④ 네 자리

해설
1미만의 경우 소수점 이하의 자릿수는 네자리이다.

08 작물의 화아분화를 촉진하는데 가장 영향력이 큰 것은?
① 온도, 수분   ② 수분, 질소
③ 일장, 수분   ④ 온도, 일장

해설
화아분화를 촉진하는데 온도 및 일장의 외적조건에 영향을 많이 받는다.

09 감자의 휴면타파법이 되지 못하는 것은?
① 박피절단법
② Maleic Hydrazide(MH) 처리
③ ethylene chlorohydrin 처리
④ 지베렐린 처리

해설
감자의 휴면타파법에는 최아법, 박피절단법, 지베렐린 처리(GA처리), 에틸렌-클로로하이드린 처리를 한다.

10 종자의 발아과정에서 유근(幼根, 어린뿌리)은 어떤 경로를 거쳐 출현하는가?
① 배유합성, 광합성 개시
② 광합성 개시, 세포신장
③ 세포신장, 세포분열
④ 세포분열, 광합성 개시

해설
세포의 신장, 세포의 분열을 통해 유근이나 유아, 자엽 등의 생장이 일어난다

11 1개의 화분모세포에서는 몇 개의 화분(소포자)이 생기는가?
① 1개   ② 2개
③ 4개   ④ 8개

해설
화분모세포에는 4개의 화분이 생성된다.

정답 05 ④ 06 ③ 07 ③ 08 ④ 09 ② 10 ③ 11 ③

12 잡종강세로 원인을 핵 내 유전자의 작용에 있다고 보는 내용과 관련이 없는 것은?
① 비대립 유전자 간의 상호작용
② 대립유전자 간의 상호작용
③ 세포질과 핵 내 유전자의 상호작용
④ 부분형질 간의 상호작용

해설
잡종강세로 원인에는 비대립 유전자 간의 상호작용, 대립유전자 간의 상호작용, 부분형질 간의 상호작용 등이 있다.

13 과실이 영(潁)에 싸여 있는 것은?
① 밀 ② 옥수수
③ 귀리 ④ 시금치

해설
밀, 옥수수, 시금치는 과피와 종피가 밀착되어 있다.

14 종자건조에 대한 설명 중 간접열에 의한 건조방법에 해당 하는 것은?
① 건조속도가 느려 수 주일이 소요된다.
② 자연상태의 공기를 이용한 건조방법이다.
③ 시설비가 적게 들고 연료비가 들지 않는다.
④ 종자더미에 수분이 응결될 위험성이 있다.

해설
간접열에 의한 종자 건조는 인공열을 이용하며 건조속도가 자연상태보다 빠르다. 일정 시설비 및 연료비가 필요한데 건조를 심하게 할 경우 종자의 활력이 저하되기도 한다.

15 종자의 건열처리(乾熱處理)에 대한 설명으로 옳지 않은 것은?
① 진균류를 구제할 수 있다.
② 처리된 종자의 저장력이 저하된다.
③ 처리시 종자수분 함량이 높아야 한다.
④ 바이러스(CGMMV 등)를 불활성화 시킬 수 있다.

해설
종자의 건열 처리 시 종자수분을 충분히 건조시켜야 한다.

16 다음 중 종자의 퇴화에 관한 설명 중 틀린 것은?
① 종자의 저장관리를 잘하면 퇴화의 속도를 어느 정도 줄일 수 있다.
② 퇴화된 종자라도 인위적인 처리로 다시 건전한 종자로 만들 수 있다.
③ 같은 품종 중에서도 수확한 장소에 따라 저장성이 다를 수 있다.
④ 한 개체에서 수확한 종자라도 개개 종자에 따라 저장력이 다를 수 있다.

해설
퇴화된 종자라도 인위적 처리를 통해 다시 건전한 종자로 만들 수 없다.

17 표준종자의 순도검사에 대한 설명으로 잘못된 것은?
① 표본종자의 구성내용을 합계한 중량의 백분율로 구한다.
② 다른 종자와 이물을 동정하는 검사이다.
③ 순도의 검사뿐만 아니라 발아 능력의 평가도 포함한다.
④ 순수종자는 해당작물의 고유 특성을 지닌 종자로 미숙립, 주름진립, 소형립 등이 포함된다.

해설
순도분석의 목적은 품종의 동일성과 종자에 섞여 있는 이물질을 확인하는데 있다.

정답 12 ③ 13 ③ 14 ④ 15 ③ 16 ② 17 ③

18 인공교배시 양친의 개화기를 일치시키기 위해서 취하는 방법만 모아 놓은 것은?

① 춘화처리, 큐어링
② 큐어링, 프라이밍
③ 프라이밍, 일장처리
④ 일장처리, 춘화처리

해설
개화기 조절을 위한 방법에는 파종기 조절, 일장처리, 저온처리, 춘화처리 등의 방법이 있다.

19 잡종(F_1)종자를 적은 비용으로 대량생산하기 위해서 널리 사용하고 있는 방법만으로 되어 있는 것은?

① 자가불화합성 이용, 이면교배법 이용
② 이면교배법 이용, 고온춘화성 이용
③ 고온춘화성 이용, 웅성불임성 이용
④ 웅성불임성 이용, 자가불화합성 이용

해설
1대 잡종 종자의 생산에는 잡종강세, 자가불화합성, 웅성불임성 등을 이용한다.

20 곡물과 상추 종자에서 단백질을 다량 함유하고 발아기간 동안 배유를 분해하는 효소를 합성하는 곳은?

① 중배축 ② 호분층
③ 종피   ④ 과피

해설
성숙한 배젖은 호분층에 단백질 성분을 저장한다.

제2과목 식물육종학

21 원연간 교배에서 수정된 배주를 퇴화하기 전 태좌에 붙인 채로 기내 배지에서 배양하거나 수정된 배주를 태좌로부터 분리 배양하여 식물체를 얻는 방법은?

① 배배양   ② 배주배양
③ 자방배양 ④ 경정배양

해설
배주배양은 종속 간 교잡에서 수정 직후 배의 퇴화가 일어나기 전 배주를 꺼내 인공배지에서 배양하는 방법이다.

22 영양번식을 하는 작물의 신품종 육성에 관한 기술 중 가장 옳은 것은?

① 한번 만들기만 하면 고정할 필요가 없다.
② 고정시킨 다음에 신품종이 된다.
③ 계속해서 선발하여야 균일하다.
④ 종자식물 번식과 마찬가지로 한다.

해설
영양번식을 이용하면 모계의 특성을 그대로 이어받기에 한번 만들면 고정할 필요가 없다.

23 계통육종의 육종과정 중 지역적응성 검정시험에서 적응성을 평가받게 될 계통은?

① 생산력검정 본 시험에서 표준품종보다 우수한 특성을 가진 것으로 평가된 계통
② 농가실증 시험에서 현 재배품종과 비슷한 특성을 가졌다고 평가된 계통
③ 생산력 검정 예비시험 1년차 평가에서 표준품종보다 우수하다고 평가된 계통
④ 3세대 동안 집단재배와 집단선발을 통해서 선발된 유전분리 된 혼합계통

해설
생산력 검정 본시험에 선발된 우량계통에 대해 여러 환경 조건에서 적응성과 변이 정도를 검토할 목적으로 환경이 다른 시험지에 실시하는 수량검정시험이다.

24 동질배수체의 작성에 관련된 내용 중 옳지 않은 것은?
① 일반적으로 콜히친을 이용하여 배수체를 작성한다.
② 식물체에 콜히친을 처리하면 키메라 현상이 나타난다.
③ 인위배수체는 임성이 높아서 종자도 크다.
④ 콜히친은 분열하지 않는 세포에서는 염색체 수를 배가 시키지 못한다.

해설
인위배수체는 임성이 저하된다.

25 유전력에 대한 설명이 옳은 것은?
① 유전력이 낮을수록 유전자형의 효과가 크다.
② 유전력이 높을수록 선발효율이 떨어진다.
③ 같은 형질이라도 집단과 환경에 따라 유전력에 차이가 있다.
④ 상가적 유전분산이 낮을수록 좁은 의미의 유전력이 높아진다.

해설
유전력은 다음 대에 유전되는 정도를 나타내는 것으로 집단 및 환경에 영향을 받는다.

26 유전력이 높은 형질에 대한 분리세대에서의 선발에 관한 설명 중 옳지 않은 것은?
① 조기세대에서 선발을 시작할 수 있다.
② 개체 선발의 효과가 크다.
③ 선발의 강도를 높일 수 있다.
④ 환경의 영향을 크게 받는다.

해설
유전력이 높으면 선발효율이 높고, 유전력이 낮으면 환경요인에 의한 영향으로 선발효율이 낮다.

27 동질배수체의 일반적인 특성으로 알맞지 않은 것은?
① 영양기관의 생육증진
② 저항성의 증대
③ 개화기 촉진
④ 핵과 세포의 거대성

해설
동질배수체는 핵과 세포가 커지고, 영양기관의 발육이 왕성하여 거대화하고, 화서 및 종자가 대형화한다. 또한 임성이 저하되고 착과성이 감퇴하며 발육이 지연 된다.

28 다음 중 신품종의 퇴화 요인으로 가장 거리가 먼 것은?
① 돌연변이 ② 기계적 혼입
③ 유전자의 분리 ④ 자가불화합

해설
신품종의 유전적 퇴화요인으로 돌연변이, 자연교잡, 이형유전자의 분류, 근교약세, 기회적 부동, 이형종자의 기계적 혼입, 역도태 등이 있다.

29 종속간 교잡을 하면 수정이 되더라도 배가 완전 발육을 못하고 중도에서 정지되거나 또는 배유의 발육불량으로 종자가 발아하지 못한다. 이러한 경우 잡종을 얻을 수 있는 방법은?
① 배배양 ② 배주배양
③ 자방배양 ④ 경정배양

해설
배배양은 수정이 되더라도 배가 완전 발육을 못하고 중도에서 정지하는 경우 적당한 배지에서 성장시키는 배양방법이다.

30 다음 중 그 성격상 연속변이에 가장 가까운 것은?
① 질적변이 ② 양적변이
③ 대립변이 ④ 꽃색변이

해설
양적변이는 연속변이, 방황변이에 해당된다.

31 유전자원 중 장기보존하는 종자(base collection)의 저장조건은?
① 종자수분을 10^{-15}%로 한 후 4°C 저온에 저장
② 종자수분을 10^{-15}%로 한 후 –18°C 저온에 저장
③ 종자수분을 5-7%로 한 후 4°C 저온에 저장
④ 종자수분을 5-7%로 한 후 -18°C 저온에 저장

해설
국내의 농촌진흥청 농업유전자원센터에서 안정적인 유전자원 보존을 위해 4°C에서 30년간 유전자원을 보관하는 중기저장고와 영하 18°C에서 100년간 보관하는 장기저장고가 있다. 이때 종자 수분은 10~15%, 저장고의 상대습도는 40% 내외로 한다.

32 양적형질을 개량하고자 할 때 그 형질의 유전력을 알고 있는 것은 육종상 매우 중요하다. 어떤 형질의 표현형 분산이 50이고 유전분산이 30일 때의 유전력은 얼마인가?
① 37.5% ② 60%
③ 80.7% ④ 150%

해설
표현형 분산이 50에 대한 유전분산 30의 비를 광의의 유전력이라 하며 < $\frac{30}{50} \times 100 = 60(\%)$ >

33 자연교잡에 의한 품종퇴화를 방지하기 위하여 어떤 조치가 필요한가?
① 격리재배 ② 계통재배
③ 원원종재배 ④ 촉성재배

해설
품종의 특성을 유지하기 위한 방법에는 개체집단선발법, 계통집단선발법, 주보존재배, 격리재배, 종자갱신 등의 방법이 있다. 격리재배는 품종의 순도를 높이기 위해 채종포는 일반 포장과 격리하여 재배한다.

34 몇 개의 품종 또는 계통을 tester로 준비하여 검정하려는 계통 모두와 교잡하여 F_1을 만들어 검정하는 방법을 무엇이라 하는가?
① 단교잡검정법 ② 톱교잡검정법
③ 다교잡검정법 ④ 3면교배검정법

해설
톱교배검정은 자유수분하는 품종을 검정친으로 하여 여러 자식계들의 일반조합능력을 검정한다.

35 단립계통육종(single seed descent breeding) 과정의 F_5 각 계통에 대한 내용 중 맞는 것은?
① F_5 각 계통은 F_1에서 선발된 개체의 1립에서 유래한 것이다.
② F_5 각 계통은 F_2 각 개체의 1립에서 유래한 것이다.
③ F_5 각 계통은 F_2 종자를 일정비율로 혼합하여 파종한 F_3 각 개체의 1립에서 유래한 것이다.
④ F_5 각 계통은 교배모본의 1립에서 유래한 것이다.

해설
$F_2 \sim F_4$ 세대에서 매 세대 모든 개체로부터 1립씩 채종하여 집단재배를 하고 F_4 각 개체별로 F_5 계통재배를 한다. F_5 각 계통은 F_2 개체로부터 유래한 것이다.

정답 30 ② 31 ② 32 ② 33 ① 34 ② 35 ②

36 종자산업법상 새로운 품종이 갖추어야 할 조건이 아닌 것은?
① 신규성　② 구별성
③ 균일성　④ 저항성

해설
품종보호 요건은 신규성, 구별성, 균일성, 품종명칭 등이 있다.

37 춘화처리의 설명으로 옳은 것은?
① 개화를 촉진하기 위하여 일정기간 저온처리만 하는 것 이다.
② 개화를 촉진하기 위하여 일정기간 저온처리를 하는 작물도 있고, 고온처리 할 수도 있다.
③ 화훼류에 대하여는 저온처리를 하고, 채소류에 대해서는 고온처리를 한다.
④ 춘화처리는 종자에 하고, 어린 식물에는 장일 처리만 한다.

해설
춘화처리는 보통 저온처리가 가장 효과적인데 예외적으로 고온에서 개화가 촉진되는 식물도 있다.

38 내병성, 내한성을 검정하기 위하여 필요한 조치는?
① 작물재배의 최적 조건을 조성한다.
② 이상환경과 특수한 환경을 조성한다.
③ 작물 재배관리를 철저히 한다.
④ 촉성재배나 억제재배를 한다.

해설
내병성 및 내한성의 특성이 잘 나타날 수 있는 이상환경에서 특성검정을 실시한다.

39 인위적으로 단위결과를 유도할 수 있는 방법만으로 나열된 것은?
① 꽃가루의 자극이용, 배수성 이용
② 배수성 이용, 중복수정 이용
③ 중복수정 이용, 꽃가루배양 이용
④ 교잡이용, 꽃가루의 자극 이용

해설
단위결과는 수정이 되고 종자가 생기지 않아도 과실이 형성되는 경우로서 꽃가루의 자극이용, 배수성 이용한다.

40 다음 중 자식성 작물은?
① 수박　② 콩
③ 옥수수　④ 메밀

해설
자가수정작물(자식성작물)에는 벼, 보리, 밀, 귀리, 조, 콩, 담배, 토마토, 가지, 고추, 상추, 완두 등이 있다.

제3과목 재배원론

41 작물의 습해(濕害)에 대한 설명으로 옳은 것은?
① 뿌리조직이 목화(木化)하면 습해에 약해진다.
② 부정근(不定根)의 발생력이 크면 습해에 약하다.
③ 잎이 지하의 줄기에 착생하면 내습성이 커진다.
④ 습해발생시 비료는 심층시비 하는 것이 좋다.

해설
뿌리 외피 세포막의 목화 정도가 심하거나 근계가 얕게 발달하거나 부정근의 발근력이 큰 작물은 내습성이 강하다.

정답 36 ④　37 ②　38 ②　39 ①　40 ②　41 ③

42 다음 중 작물과 저항성의 연결이 알맞은 것은?
① 밭벼 - 내건성 작물
② 수수 - 내습성 작물
③ 감자 - 내산성 작물
④ 고구마 - 내염성 작물

해설
내산성 작물에는 감자, 벼 등이 있다.

43 토양의 대소 공극이 고루 섞여 작물생육에 가장 알맞은 토양구조는?
① 입단(粒團)구조   ② 이상(泥狀)구조
③ 단립(單粒)구조   ④ 사양토

해설
입단구조는 떼알구조라 하며 식물이 생육하기에 수분 및 공기의 유동에 적합한 구조이다.

44 논에 암모니아태질소를 시용하여 질화작용이 발생하는 경우에 대한 설명으로 옳은 것은?
① 탈질작용과 관계가 없다.
② 암모니아화성균에 의해서 일어난다.
③ 질산태 질소는 토양교질에 흡착되지 않는다.
④ 암모니아태 질소를 환원층에 시용시 일어난다.

해설
암모늄태질소를 사용하면 산화층에서 질산균과 아질산균에 의해 질화작용으로 질산이 되면서 질산태 질소는 토양교질에 흡착되지 않는다.

45 기원지가 지중해 연안인 작물로 짝지어진 것은?
① 배추, 콩, 자운영
② 양배추, 상추, 티머시
③ 고추, 토마토, 땅콩
④ 수박, 참외, 수수

해설
기원지가 지중해 연안지구에는 밀, 양배추, 상추, 클로버, 티머시 등이 있다.

46 작물의 초형(Plant type)과 군락의 수광상태를 개선하기 위한 재배적 방안으로 적합하지 않은 것은?
① 벼에서 규산과 칼리를 충분히 사용하여 잎을 직립으로 만든다.
② 맥류에서 드릴파 재배보다 광파 재배를 하는 것이 수광 태세가 좋아지고 지면증발량도 적어진다.
③ 재식밀도와 비배관리는 초형과 수광 태세에 영향을 미치므로 적절히 관리한다.
④ 벼와 콩에서 밀식을 할 때에는 줄사이를 넓히고, 포기사이를 좁게 한다.

해설
맥류에는 광파재배보다 드릴파재배(다조파재배)를 하는 것이 수광 태세가 좋아진다.

47 작물품종의 도복저항성에 대한 설명 중에서 잘못된 것은?
① 도복지수는 간장, 수중, 줄기의 강도로 계산한다.
② 도복지수를 낮추기 위하여 좌절중을 작게 해야 한다.
③ 도복지수가 작은 품종은 내도복성이 크다.
④ 도복지수를 낮추기 위하여 무조건 단간종을 육성하면 기계수확이 곤란해진다.

해설
도복지수를 낮추기 위하여 좌절중을 크게 해야 한다
※ 도복지수.
$$도복지수 = \frac{지상부 줄기의 길이 \times 지상부 무게}{줄기의 좌절중}$$

48 육묘 중 상토의 EC가 낮게 나타날 때의 원인이나 대책이 아닌 것은?
① 원인 - 관수량이 적어 식물체의 무기염 흡수가 많아질 때
② 원인 - 시비량이 지나치게 부족할 때
③ 대책 - 시비량을 늘린다.
④ 대책 - 시비 횟수를 늘린다.

해설
관수량이 적어 식물체의 무기염 흡수가 많아지면 염류가 누적되어 EC 는 높아지게 된다.

49 작물의 개화기 조절과 관계가 먼 것은?
① 일장효과   ② 버널리제이션
③ 감온성   ④ T/R율

해설
T/R 율은 생육상태에 대한 지표가 될 수 있으며 생장량은 생체나 건물의 중량으로 표시한다. 작물의 개화기를 조절하는데 영향을 주는 것으로 일장효과, 버널리제이션(춘화처리), 감온성 등이 있다.

50 지온상승에 가장 효과가 큰 광 파장은?
① 300 ~ 400nm   ② 400 ~ 500nm
③ 500 ~ 600nm   ④ 770nm

해설
770nm 이상의 적외선은 지온의 상승 효과가 나타난다.

51 도복의 유발조건을 바르게 설명한 것은?
① 키가 작은 품종은 대가 튼튼해도 도복이 심하다.
② 칼륨, 규산이 부족하면 도복이 유발된다.
③ 토양환경과 도복은 상관이 없다.
④ 밀식은 도복을 적게 한다.

해설
칼륨이나 규산이 부족하면 식물이 전체적으로 연약해지면서 도복이 발생한다.

52 다음과 같은 종자 발아조사에서 발아속도의 값은?

파종부터의 일수	1	2	3	4	5	6	7
발아수	0	0	21	40	30	60	0

① 3.5   ② 16.2
③ 24.0   ④ 97.0

해설
발아속도는 조사일의 정상묘의 수를 조사일수로 나눈 값들의 합으로 다음과 같이 구할수 있다
$$발아속도 = \frac{21}{3} + \frac{40}{4} + \frac{30}{5} + \frac{6}{6}$$
$$= 7 + 10 + 6 + 1 = 24$$

정답 47 ② 48 ① 49 ④ 50 ④ 51 ② 52 ③

53 수분이 부족할 때 내건성을 증대시키는 식물호르몬은?
① Auxin   ② gibberellin
③ cytokinin   ④ abscissic acid

해설
ABA(Abscisic acid)은 대표적인 생장억제물질이다. ABA를 작물에 적용시 낙엽을 촉진, 휴면의 유도, 발아 억제, 화성 촉진, 내건성 증대 등의 효과가 나타난다.

54 지베렐린의 재배적 이용과 관계가 먼 것은?
① 발아촉진   ② 화성의 유도
③ 경영의 신장촉진   ④ 과실의 후숙촉진

해설
지베렐린을 작물에 적용시 발아촉진, 화성유도, 생장촉진, 수량의 증대 효과를 기대할 수 있다. 과실의 후숙촉진은 에틸렌의 효과에 해당된다.

55 벼의 냉해를 줄이기 위한 방법은?
① 질소비료 증시, 물떼기
② 만기재배, 만식재배
③ 다주밀식, 중간낙수
④ 심수관개, 보온육묘

해설
심수관개를 통해 감수분열기에 저온 피해가 발생할 때 생장점을 물에 잠기게 하여 물의 비열로 냉해를 방지할 수 있다. 보온육묘는 인공적인 가열 혹은 자연적인 태양열 등을 이용하여 냉해를 방지하는 육묘 방식이다.

56 밀의 일장 감응형은?
① LL식물   ② II식물
③ IL식물   ④ SI식물

해설
밀은 분화전 중일성, 분화후 장일성으로 IL 식물로 분류된다.

57 다음 중 배유종자로만 나열된 것은?
① 콩, 땅콩, 보리   ② 벼, 보리, 옥수수
③ 벼, 보리, 팥   ④ 옥수수, 콩, 팥

해설
배유종자에는 벼, 보리, 밀, 옥수수, 양파, 당근, 토마토 등이 있다.

58 동·상해의 피해를 줄이기 위한 응급대책이 아닌 것은?
① 연소법   ② 피복법
③ 살수빙결법   ④ 경화법

해설
동상해의 응급대책에는 관개법, 송풍법, 발연법, 피복법, 연소법, 살수빙결법 등이 있다.

59 저위도 지방에서 가장 다수성을 가져올 수 있는 기상생태형은?
① 감온형
② 감광형
③ 기본영양생장형
④ 세 기상상태 모두 안된다.

해설
감온성과 감광성이 모두 작고 기본영양생장이 커서 생육기간이 주로 기본영양생장성에 지배되며 저위도 지방은 기본영양생장형이 분포한다.

정답 53 ④ 54 ④ 55 ④ 56 ③ 57 ② 58 ④ 59 ③

60 파종기를 결정하는 요인을 잘못 설명한 것은?

① 맥류에서 추파성 정도가 높은 품종은 만파하는 것이 좋다.
② 감자는 평지에서 이른 봄에 파종되나 고랭지에서는 늦봄에 파종된다.
③ 봄채소는 조파하는 것이 한해가 경감된다.
④ 출하기를 조절하기 위해 촉성재배나 억제재배를 한다.

해설
맥류에서 추파성 정도가 높은 품종은 조파를 하는 것이 좋고 낮은 품종은 만파를 한다.

제4과목 식물보호학

61 해충과 동일한 종의 곤충을 이용하여 해충을 방제하는 방법은?

① 천적의 이용   ② 불임해충의 이용
③ 호르몬의 이용 ④ Pheromne의 이용

해설
수컷을 불임화하여 암컷이 무정란을 낳게 하여 해충을 밀도를 조절 및 방제한다.

62 다음 중 곤충의 소화기관이 아닌 것은?

① 소낭   ② 발효실
③ 기낭   ④ 중장

해설
기낭은 호흡기관에 해당된다.

63 파밀라(papilla) 돌기물이 나타나 병원균 침입에 저항하는 저항성 기구는?

① 동적 저항성   ② 화학적 저항성
③ 수직 저항성   ④ phtoalexin

해설
병원균 침입 후 작용하는 저항성을 동적저항성 혹은 능동적저항성이라 한다.

64 해충의 가해양식을 설명한 것으로 옳지 않은 것은?

① 풍뎅이류는 씹기에 알맞은 입을 가져 가해한다.
② 딸기잎벌레는 주둥이가 주사 바늘처럼 생겨 흡즙한다.
③ 하늘소류는 산란할 때 피해를 준다.
④ 진딧물은 식물병을 매개하여 피해를 준다.

해설
딸기잎벌레는 잎을 갉아 먹어 피해를 준다.

65 곤충에서 앞창자신경계와 협동하여 변태호르몬을 분비하며, 머릿속에 있는 한 쌍의 신경구 모양의 조직은?

① 지방체   ② 알라타체
③ 편모세포   ④ 진피세포

해설
알라타체는 성충으로 발육을 억제하는 유충호르몬(변태호르몬)을 생성한다.

정답 60 ① 61 ② 62 ③ 63 ① 64 ② 65 ②

66 다음 중 불완전변태(不完全變態)를 하는 해충은?
① 노린재목 해충　② 딱정벌레목 해충
③ 나비목 해충　　④ 파리목 해충

해설
노린재목, 잠자리목, 총채벌레목 등은 불완전변태를 한다.

67 원시적인 곤충으로서 날개가 없고 일반적으로 무변태인 곤충목은?
① 톡토기목　　② 갈로와벌레목
③ 강도래목　　④ 메뚜기목

해설
무변태는 불완전변태의 일종으로 부화 당시 성충과 같은 모양을 하고 있으며 톡토기목에서 관찰된다.

68 식물병원 바이러스(virus)의 설명으로 옳지 않은 것은?
① 단백질로 된 외피를 가지고 있다.
② 핵산으로 구성되어 있다.
③ 인공배지에서 증식이 가능하다.
④ 생물에 기생하며 병을 일으킨다.

해설
바이러스는 인공배양이 어렵다.

69 매미목에 속하지 않는 곤충은?
① 말매미　　　　② 벼멸구
③ 조팝나무진딧물　④ 청실잠자리

해설
청실잠자리는 잠자리목이다.

70 유시충이 나타난 최초의 시기는?
① 트라이아스기　② 데본기
③ 석탄기　　　　④ 캄브리아기

해설
석탄기에 최초의 유시충이 출현하였다.

71 곤충이 지구상에 번성하게 된 원인 중 그 내용이 옳지 않은 것은?
① 날개의 발달
② 완전변태를 함
③ 외골격이 퇴화하여 수분 손실 억제
④ 몸의 구조적 적응력이 발달

해설
곤충의 번성 원인 중 하나로 키틴질로 강한 외골격을 지니면서 몸을 보호하기 용이해졌다.

72 합성 페로몬을 이용한 해충방제에 있어서 고려해야 할 사항은?
① 환경에 대한 오염
② 저항성 또는 내성 개체 출현
③ 천적 및 인축에 대한 독성
④ 식물에 대한 약해

해설
합성 페로몬을 통해 수컷을 유인하여 박멸하는 방법이나 이에 대한 저항성 및 내성 개체가 출현하게 되면 효과가 떨어지게 된다.

73 성충과 약충이 작물을 가해하고, 벼의 오갈병을 매개하는 해충은?
① 벼멸구　　　② 애멸구
③ 끝동매미충　④ 흰등멸구

해설
끝동매미충은 국내 남부지방에서는 오갈병을 매개하는 매개충이며 출수기에 직접 이삭을 가해하여 임실율이 저하되고 그을음병을 유발한다.

정답 66 ① 67 ① 68 ③ 69 ④ 70 ③ 71 ③ 72 ② 73 ③

74 작물별 잡초방제 한계기간이 가장 긴 것은? (단, 파종 후 일수를 기준으로 한다.)
① 양파　② 수도(직파)
③ 콩　　④ 옥수수

해설
잡초경합한계기간의 예로 녹두는 21~35일, 벼는 30~40일, 콩은 42일, 옥수수는 49일, 양파는 56일 정도이다.

75 곤충 소화관 가운데 중장과 후장의 경계부위에 개구되어 노폐물을 장속으로 배설하는 기관은?
① 침샘　② 횡연합기관간
③ 배혈관　④ 말피기관

해설
말피기관은 곤충의 중장, 후장 사이에 있으며 배설작용을 돕는다.

76 생물적 방제가 아닌 것은?
① BT균을 이용하여 솔나방을 방제한다.
② 트랩을 설치하여 바퀴를 방제한다.
③ 거미를 이용하여 벼멸구를 방제한다.
④ 먹좀벌을 이용하여 솔잎혹파리를 방제한다.

해설
트랩을 설치하는 것은 기계적 방제법에 해당한다.

77 곤충의 고유종이란?
① 특정한 장소 및 지역에 한정되어 살고 있는 종
② 세계 각지에 분포되어 있고, 그 환경에 알맞게 적응한 종
③ 현재에는 멸종되었으나 과거에는 생존하였던 종
④ 어느 특정인이 소유하고 있는 종

해설
고유종은 지리적으로 한정된 지역 혹은 특정 지역에 서식하는 생물 분류군을 말한다.

78 다음 중 식물의 즙액을 빨아먹는 해충은?
① 벼잎벌레　② 심식충
③ 가루깍지벌레　④ 배추흰나비

해설
가루깍지벌레, 노린재류, 응애류, 진딧물류 등은 흡즙성 해충에 해당한다.

79 곤충의 형태를 설명한 것으로 옳지 않은 것은?
① 머리는 겹눈, 홑눈, 더듬이, 입틀로 이루어진다.
② 유시충은 앞가슴과 뒷가슴에 각각 한 쌍의 날개를 갖는다.
③ 배는 대개는 10~11마디이고, 마지막 몇 마디에 생식기가 있다.
④ 표피의 주성분은 키틴(chitin)질이다.

해설
유시충은 날개를 가지고 있으나 퇴화되어 없거나 날개를 접을 수 없는 고시류와 날개를 접을수 있는 신시류가 있다.

80 곤충의 복부에 있는 기관이 아닌 것은?
① 기문   ② 항문
③ 생식기   ④ 날개

해설
날개는 곤충의 가운데가슴과 뒷가슴에 한쌍의 날개가 있다.

제5과목 종자관련법규

81 종자보증을 위한 포장검사에 대한 설명 중 맞는 것은?
① 채종단계별 포장검사의 기준, 방법, 절차 등에 관한 사항은 농림수산식품부령으로 정한다.
② 국가보증이나 자체보증을 받는 종자를 생산하려는 자는 농촌진흥청장으로부터 3회 이상 포장검사를 받아야 한다.
③ 재검사를 받으려는 자는 종자검사 결과를 통지받은 다음 날로부터 15일 이내에 신청서에 종자검사 결과통지서를 첨부하여 검사기관의 장 또는 종자관리사에게 제출하여야 한다.
④ 재검사 신청을 받은 검정기관의 장은 그 신청서를 받은 날부터 30일 이내에 재검사를 실시하여야 한다.

해설
채종 단계별 포장검사의 기준, 방법, 절차 등에 관한 사항은 농림축산식품부령으로 정한다.

82 종자산업법상의 심판과 관련된 설명으로 틀린 것은?
① 심판위원은 직무상 독립하여 심판한다.
② 심판은 5명의 심판위원으로 구성되는 합의체에서 한다.
③ 심판위원회의 구성·운영 등은 대통령령으로 정한다.
④ 심판위원회에 품종보호심판위원회 위원장과 품종보호심판위원을 두되, 심판위원 중 1명은 상임으로 한다.

해설
심판은 3명의 심판위원으로 구성되는 합의체에서 한다.

83 감자의 포장격리거리 기준으로 틀린 것은?
① 원원종의 경우 불합격 포장, 비채종 포장으로부터 50m이상 격리되어야 한다.
② 원종의 경우 불합격 포장, 비채종 포장으로부터 30m이상 격리되어야 한다.
③ 채종포의 경우 비채종 포장으로부터 5m이상 격리 되어야 한다.
④ 망실재배를 하는 원원종포, 원종포 또는 채종포의 경우 격리거리를 각각 포장 격리기준의 1/10로 단축할 수 있다.

해설
원종의 경우 불합격 포장, 비채종 포장으로부터 20m 이상 격리되어야 한다.

84 다음 중 품종보호 대상 작물을 정하고 있는 규정은?
① 종자산업법
② 종자선업법 시행령
③ 식물신품종보호법
④ 종자산업법에 따른 수수료 및 품종보호료 징수규칙

해설
식물신품종보호법에 따라 품종보호를 받을 수 있는 대상을 모든 식물로 한다.

정답 80 ④ 81 ① 82 ② 83 ② 84 ③

85 다음 중 종자관리사를 보유하지 않아도 종자업 등록을 할 수 있는 것은?
① 장미 등 절화류 종자를 생산하고자 하는 자
② 파 종자를 생산하고자 하는 자
③ 벼 종자를 생산하고자 하는 자
④ 국가품종 목록등재 등재 대상작물의 종자를 생산하고자 하는자

해설
화훼는 종자관리사 보유에 해당되지 않는 예외 작물이다.

86 국가품종목록 등재 대상 작물의 종자를 수입하고자 하는 자는 종자수출수입신고서와 함께 어떤 서류를 국립종자원장에게 제출하여야 하는가?
① 품종의 특성 설명서
② 품종의 육성경위 설명서
③ 수입적응성시험 확인서
④ 수입신용장 또는 수입계약서 부본

해설
국가품종목록 등재 대상 작물의 종자를 수입하고자 하는 자는 종자수출수입신고서와 함께 수입적응성시험 확인서를 제출하여야 한다.

87 종자회사가 정당한 사유없이 1년 이상 계속 휴업을 하여 2010년 3월 10일 종자업 등록이 취소되었다. 종자업 재등록이 가능한 최초 시기는?
① 2012년 3월 10일 이후
② 2013년 3월 10일 이후
③ 2014년 4월 10일 이후
④ 2015년 4월 10일 이후

해설
종자업 등록이 취소된 자는 취소된 날부터 2년이 지나지 아니하면 종자업을 등록할수 없다.

88 다음 (보기)의 ( )안에 알맞은 것은?

거짓이나 그 밖의 부정한 방법으로 품종보호 결정 또는 심결을 받은 자는 (㉠)년 이하의 징역 또는 (㉡)만원 이하의 벌금에 처한다.

① ㉠ : 2, ㉡ : 2000
② ㉠ : 3, ㉡ : 3000
③ ㉠ : 4, ㉡ : 4000
④ ㉠ : 7, ㉡ : 10,000

해설
거짓이나 그 밖의 부정한 방법으로 품종보호결정 또는 심결을 받은 자는 7년 이하의 징역 또는 1억원 이하의 벌금에 처한다.

89 다음 중 출원품종에 대해 품종보호 요건을 심사함에 있어 재배시험을 통하지 않고 판단할 수 있는 것은?
① 구별성   ② 균일성
③ 신규성   ④ 안정성

해설
품종보호 요건을 심사함에 있어 구별성, 균일성, 안정성으로 구분하여 판정한다.

90 농림수산식품부 장관이 정하는 작물에 대한 사후관리 시험의 검사항목이 아닌 것은?
① 종자의 전염병   ② 토양전염병
③ 품종의 진위성   ④ 품종의 순도

해설
사후관리시험의 검사항목은 품종의 순도, 품종의 진위성, 종자전염성이 있다.

정답 85 ① 86 ③ 87 ① 88 ④ 89 ③ 90 ②

91 종자업자가 보리종자를 생산보급 하고자 할 때 무슨 보증을 받아야 하는가?
① 국가보증
② 종자관리사가 행하는 자체보증
③ 국가보증이나 자체보증 중 종자업자가 임의로 선택
④ 종자생산 책임자가 행하는 자체보증

해설
시·도지사, 시장·군수·구청장, 농업단체등 또는 종자업자가 품종목록 등재대상작물의 종자를 생산하는 경우 자체보증의 대상으로 한다.

92 유통종자의 조사를 위하여 관계공무원은 수거대상 종자시료를 시료제공자의 입회 하에 시료제공자 보관용과 검사용으로 각각 나누어 2봉투 봉인하도록 하고 있는데 그 분할비율은?
① 보관용 : 5분지 1, 검사용 : 5분지 4
② 보관용 : 5분지 2, 검사용 : 5분지 3
③ 보관용 : 2분지 1, 검사용 : 5분지 1
④ 보관용 : 5분지 3, 검사용 : 5분지 2

해설
관계공무원은 수거대상 종자시료를 시료제공자의 입회하에 시료제공자 보관용 5분지 1, 검사용 5분지 4 로 분할하여 봉인하도록 한다.

93 종자산업법 시행규칙상에서 정하는 유통 종자의 품질표시 사항이 아닌 것은?
① 품종의 명칭
② 종자의 무게 또는 입수
③ 종자의 생산지역
④ 종자의 발아율

해설
국가보증 대상이 아닌 종자나 자체보증을 받지 아니한 종자를 판매하거나 보급하려는 자는 자의 생산연도 또는 포장 연월, 종자의 발아(發芽) 보증시한, 그 밖에 농림축산식품부령으로 정하는 사항을 표시한다.

94 선서한 증인, 감정인 또는 통역인이 심판위원회에 대하여 거짓으로 진술, 감정 또는 통역을 하였을 경우 해당되는 벌칙을?
① 5년 이하의 징역 또는 1천만원 이하의 벌금
② 5년 이하의 징역 또는 2천만원 이하의 벌금
③ 3년 이하의 징역 또는 3천만원 이하의 벌금
④ 3년 이하의 징역 또는 4천만원 이하의 벌금

해설
선서한 증인, 감정인 또는 통역인이 심판위원회에 대하여 거짓으로 진술, 감정 또는 통역을 하였을 때에는 5년 이하의 징역 또는 5천만원 이하의 벌금에 처한다.

95 품종목록 등재를 취소할 수 있는 경우가 아닌 것은?
① 품종성능의 심사기준에 미달될 때
② 당해 품종의 재배가 주변환경과 어울리지 않을 때
③ 당해 품종의 재배로 인하여 환경에 위해가 발생하였을 때
④ 등록된 품종명칭이 취소되었을 때

해설
품종목록 등재의 취소 : 아래의 해당하는 경우 해당 품종의 품종목록 등재를 취소할 수 있다
· 품종성능의 심사기준에 미치지 못하게 될 경우
· 해당 품종의 재배로 인하여 환경에 위해(危害)가 발생하였거나 발생할 염려가 있을 경우
· 등록된 품종명칭이 취소된 경우
· 거짓이나 그 밖의 부정한 방법으로 품종목록 등재를 받은 경우
· 같은 품종이 둘 이상의 품종명칭으로 중복하여 등재된 경우(가장 먼저 등재된 품종은 제외한다)

정답 91 ② 92 ① 93 ③ 94 ① 95 ②

96 종자산업법상 품종등록 등재의 유효기간으로 맞는 것은?

① 등재한 날로부터 5년 까지
② 등재한 날로부터 8년 까지
③ 등재한 날의 다음 해부터 10년 까지
④ 등재한 날의 다음 해부터 15년 까지

[해설]
품종등록 등재의 유효기간은 등재한 날의 다음 해부터 10년 까지로 한다.

97 품종보호권의 효력이 적용되지 않는 품종은?

① 보호품종으로부터 기본적으로 유래된 품종
② 유래된 품종으로부터 채종된 종자
③ 보호품종과 제14종(구별성)의 규정에 따라 명확하게 구별되지 아니하는 품종
④ 보호품종을 반복하여 사용하여야 종자생산이 가능한 품종

[해설]
보호품종(기본적으로 다른 품종에서 유래된 품종이 아닌 보호품종만 해당한다)으로부터 기본적으로 유래된 품종은 품종보호권의 효력이 적용된다.

98 다음 중 거짓표시에 해당되지 않는 것은?

① 품종보호권이 없는 품종을 품종보호된 품종이라고 광고하였다.
② 품종보호 출원될 품종을 품종보호된 품종이라고 표시하였다.
③ 품종보호 출원중인 품종을 품종보호 출원중이라고 전단을 만들어 배포하였다.
④ 품종보호 출원할 계획을 가지고 품종보호 출원하였다고 선전하였다.

[해설]
품종보호출원 중인 품종을 품종보호 출원중이라고 영업용 광고, 표찰, 거래서류 등에 표시할 수 있다.

99 품종보호에 관한 다음 설명 중 맞는 것은?

① 종자산업법에서는 품종보호 출원의 접수일을 품종보호 출원일로 본다.
② 품종보호 출원인은 언제든지 품종보호 출원서를 보정할 수 있다.
③ 품종보호 출원인은 제93조에 따른 거절결정에 대한 심판을 청구한 경우 그 청구일로부터 60일 이내에 그 품종보호 출원서를 보정할 수 있다.
④ 우선권을 주장한 자는 최초의 품종보호 출원일로부터 2년 까지 당해 품종출원에 대한 심사의 연기를 농림수산식품부장관에게 요청할 수 있다.

[해설]
종자산업법 제32조 품종보호 출원의 접수일은 품종보호 출원일로 본다.

100 감자종서의 보증일자가 2010년 2월 10일이다. 유효기간은 언제까지 인가?

① 2010년 3월 10일
② 2010년 4월 10일
③ 2010년 8월 10일
④ 2011년 2월 10일

[해설]
감자의 보증 유효기간은 2개월이다.

정답 96 ③ 97 ② 98 ③ 99 ① 100 ②

2012 제3회 종자기사

제1과목 종자생산학

01 종자 정선 시 액체친화성을 이용한 선별이 효과적인 작물은?
① 티머시   ② 클로버
③ 벼   ④ 콩

해설
종자 정선에서 표면조직에 의한 선발에는 알팔파, 새삼 등이 적합하고 완충력을 이용한 선발에는 티머시, 액체친화성을 이용한 선발에는 클로버가 있다.

02 중복수정이란 무엇과 무엇이 결합하는 현상인가?
① 난핵 1개와 정핵 2개
② 난핵 1개와 정핵 1개, 극핵 2개와 정핵 1개
③ 극핵 2개와 정핵 2개
④ 난핵과 극핵, 조세포핵과 정핵

해설
중복수정은 배와 배유의 형성이 한 배낭 내에서 동시에 이루어지는 것으로 아래와 같은 결과가 나타난다.
- 정핵(n)+난핵(n) → 배(2n)
- 정핵(n)+2개 극핵(2n) → 배젖(3n)

03 다음 중 종자의 생리적 휴면에 해당하는 것은?
① 배휴면(胚休眠)
② 종피휴면(種皮休眠)
③ 후숙(後熟)
④ 타발휴면(他發休眠)

해설
배휴면이 배 자체의 생리적 휴면에 해당한다.

04 다음 중 경실종자의 휴면타파를 위하여 가장 많이 이용하는 방법은?
① 저온처리   ② 습윤처리
③ 건조처리   ④ 종피파상

해설
종피파상법은 경실의 휴면 타파를 통해 발아를 촉진시키기 위한 방법으로 종피에 상처를 내는 방법이다.

05 종자를 실온에 저장했을 때 그 수명이 상대적으로 짧은 작물만으로 짝지어진 것은?
① 토마토, 상추   ② 수박, 콩
③ 당근, 가지   ④ 땅콩, 고추

해설
양파, 파, 콩, 땅콩, 당근, 메밀, 고추, 상추, 우엉 등은 단명종자로 수명이 짧은 편이다.

06 다음 국제종자보증과 검사에 대한 설명 중 맞지 않은 것은?

① 시료채취와 검사가 국제종자검사협회(ISTA) 공인검정기관에 의하여 이루어지면 등황색증명서로 표시한다.
② 표본이 비공인으로 채취되고 검사만 ISTA 공인검정기관에서 이루어지면 청색증명서로 표시된다.
③ 우리나라는 OECD 회원국으로서 종자공인검정기관이지만 ISTA 국제종자검정 기관은 아니다.
④ 경제협력개발기구(OECD)의 보증표지는 유전적인 순도에 대한 보증이다.

해설
국내의 국제종자검정협회(ISTA)로부터 인증실험실을 획득하고 국제종자분석증명서를 발급하는 기관은 국립종자원이다.

07 다음 화성유도에 관한 설명 중 맞는 것은?

① 월년생 식물의 다수는 생장점이 일정기간 추위에 노출되어야 개화한다.
② 1년생 식물의 다수는 일장에 반응하여 개화하는데 이를 중일성 식물이라 부른다.
③ 무한형 식물은 영양생장을 계속하다가 개화자극이 있을 때 모든 생장점이 화기로 바뀐다.
④ 유한형 식물은 개화감응을 받은 후에도 영양생장을 계속하고 일부만 화기로 바뀐다.

해설
작물의 화성유도를 위해서는 저온처리를 통한 온도의 자극으로 생장점이나 세포분열을 왕성하게 한다.

08 종자의 저장력이 높은 작물로만 짝지어진 것은?

① 수수, 사탕무
② 귀리, 콩
③ 땅콩, 벼
④ 양파, 수수

해설
보기에서 콩, 땅콩, 양파는 단명종자로 종자의 수명이 짧아 저장력이 낮은편이다.

09 종자소독법으로서 옳지 않은 것은?

① 약제에 침지처리
② 저온처리
③ 약제에 분의 처리
④ 온탕처리

해설
저온처리는 개화기 조절 및 종자의 휴면타파 등에 활용하는 방법이다.

10 종자 저장고 내의 습도와 종자의 함수량과의 관계를 옳게 설명한 것은?

① 습도가 높아지면 종자 함수량도 비례하여 높아진다.
② 습도가 높아져도 종자 함수량은 높아지지 않는다.
③ 습도는 온도에 따라 변하므로 종자 함수량과는 관계가 없는 것이다.
④ 습도가 높아도 온도가 낮을 때는 관계가 없고 온도가 높을 때는 종자 함수량이 높아진다.

해설
상대습도가 높아지면 종자의 함수량도 비례하여 높아지는데 상대습도와 종자함수량은 비례관계에 있다.

정답 06 ③ 07 ① 08 ① 09 ② 10 ①

11 오이의 암꽃 착생을 촉진하는 것은?

① 고온 처리
② 에테폰(에스렐) 처리
③ 질산은 처리
④ 지베렐린 처리

해설
오이의 암꽃 착생을 촉진하는 것에는 에스렐, 2,4-D, NAA 등이 있다.

12 단일성 식물끼리 짝지은 것은?

① 보리·밀　　② 양파·당근
③ 상추·유채　④ 담배·들깨

해설
단일성 식물에는 콩, 옥수수, 벼, 딸기, 국화, 코스모스, 들깨, 샐비어, 담배 등이 있다.

13 종자의 휴면타파에 효과가 인정되고 있는 화학물질을 나열한 것은?

① 지베렐린, KNO_3
② HNO_3, PEG(Polyethylene glycol)
③ PEG, K_3PO_4
④ K_3PO_4, 지베렐린

해설
종자의 휴면타파에 영향을 주는 화학물질에는 지베렐린, 시토키닌, 에틸렌, 질산칼륨(KNO_3) 등이 있다

14 다음 웅성불임에 대한 설명 중 옳은 것은?

① 웅성불임은 미토콘드리아의 DNA와 핵 내의 유전자에 의하여 지배된다.
② 세포질적 웅성불임은 화분친의 유전자 구성에 따라 임성이 결정된다.
③ 세포질 유전자적 웅성불임은 핵 내의 임성회복 유전자가 있어도 불임이다.
④ 유전자적 웅성불임은 화분친의 유전자 구성에 따라 비멘델식 유전을 한다.

해설
웅성불임은 미토콘드리아의 DNA와 핵 내의 유전자에 지배되며 미토콘드리아의 DNA를 교정해 웅성불임을 유도하면 수확량을 늘리거나 내병성을 향상시킬 수 있다.

15 다음 중 휘묻이로 주로 번식하는 것은?

① 구즈베리　② 앵두나무
③ 커런트　　④ 모과나무

해설
식물의 줄기를 휘어서 끝을 땅속에 묻어 뿌리가 나오게 하는 영양번식법으로 모과나무에 적용 가능하다.

16 광발아종자에서 발아를 촉진시키는 파장의 범위로 가장 적절한 것은?

① 700~760nm　② 400~440nm
③ 660~700nm　④ 500~560nm

해설
발아를 촉진시키는 파장은 660~700nm의 적색부분이다.

17 다음 중 1차 감염묘를 바르게 설명한 것은?

① 배지에서 감염된 묘
② 병해묘로부터 감염된 묘
③ 종묘 자체에서 발병된 묘
④ 취급수분에서 감염된 묘

해설
1차 감염묘는 종자 자체에서 발병한 묘를 말한다.

18 표준발아검사시 치상하는 종자수를 바르게 나타낸 것은?
① 50립씩 2반복 ② 50립씩 3반복
③ 100립씩 2반복 ④ 100립씩 4반복

해설
순도검사를 마친 정립종자를 최소한 무작위로 400립 추출하여 100립씩 4반복 치상한다.

19 자연교잡률이 10% 정도인 식물은?
① 자가수정 식물 ② 타가수정 식물
③ 부분타식성 식물 ④ 내혼계 식물

해설
자연교잡률을 보면 자가수정작물은 4% 이하, 타가수정작물은 5% 이하로 부분타식성작물이 10% 정도이다.

20 테트라졸리움(Tetrazolium)검사 시 종자에 나타나는 붉은색 물질은 무엇인가?
① Bromide ② Formazan
③ Methylbromide ④ Red Tetrazolium

해설
포마잔(Formazan)은 테트라졸륨염을 탈수소 효소와 환원 효소로 환원시키면 생기는 붉은색 색소 물질이다.

제2과목 식물육종학

21 하나의 유전자가 2개 이상의 형질발현에 관여하는 경우를 (   )이라고 한다. (   )안에 들어갈 말은?
① 유전자의 위치 효과 영향
② 변경유전자 작용
③ 유전자의 다면적 발현
④ 중복유전자 작용

해설
한 개의 유전자가 여러 형질을 발현하는 경우 다면발현(유전자의 다면적 발현)이라 한다.

22 기존의 유전자원 중에서 찾을 수 없는 형질 또는 유전자를 얻기 위하여 널리 이용되고 있는 육종법은?
① 순계분리 육종법 ② 돌연변이 육종법
③ 여교잡 육종법 ④ 집단 선발법

해설
돌연변이육종법은 인위적으로 돌연변이를 유발하여 새로운 품종을 육성하는 방법이다.

23 자식성 식물의 순계 내 선발은 효과가 없다는 순계설을 제안한 사람은?
① 요한센(Johannsen)
② 멘델(Mendel)
③ 다윈(Darwin)
④ 뮐러(Moller)

해설
순계는 동일한 유전자형으로 구성된 집단으로 순계 내에서의 선발은 효과가 없다는 것이 요한센(Johannsen)의 순계설이다.

24 순계분리법을 가장 효과적으로 적용할 수 있는 육종재료는?
① 자식성 작물의 재래종
② 타식성 작물의 재래종
③ 자가불화합성이 강한 재래종
④ 웅성불임성이 강한 재래종

해설
순계분리법은 기본 집단에서 우수한 형질을 가진 개체를 계속 선발하여 우수한 순계를 선발하는 방법으로 자가수정작물에 이용된다.

정답 18 ④ 19 ③ 20 ② 21 ③ 22 ② 23 ① 24 ①

25 고위도 지역으로 작물 재배 한계를 확대할 수 있게 한 가장 중요한 육종의 성과는?
① 품질 개선　② 내충성 강화
③ 저온 내성 강화　④ 내염성 강화

해설
저온에 대한 내성이 강해지면 날씨가 추운 고위도 지역에서 작물의 재배 한계를 확대할수 있다.

26 자식성 집단과 타식성 집단의 유전적 특성에 대한 설명이 옳은 것은?
① 자식을 계속한 m세대 집단의 동형집합체의 빈도는 $(1/2)^{m-1}$이다.
② 농가에서 오랫동안 재배해 온 벼, 보리, 콩 등 자식성 작물의 지방종은 여러 가지 유전자형을 포함한 이형접합성 집단이다.
③ 타식성 식물집단의 유전자형의 빈도는 집단의 크기에 상관없이 하디-바인베르크의 법칙을 따른다.
④ 타식성 집단의 근교약세의 원인은 근친교배에 의해 동형접합체로 되고, 이형접합체에 잠재해 있던 열성유전자가 분리되기 때문이다.

해설
근교약세는 잡종 F_1에서 나타났던 잡종강세가 자식 혹은 근계교배를 계속함에 따라 현저하게 생활력이 감퇴되는 현상으로 자식약세라 하며 주로 타가수정 작물에서 나타난다
① 자식을 계속한 m세대 집단의 동형집합체의 빈도는 $1-(1/2)^{m-1}$이다.
② 농가에서 오랫동안 재배해 온 벼, 보리, 콩 등 자식성 작물의 지방종은 여러 가지 유전자형을 포함한 동형접합성 집단이다.
③ 타식성 식물집단의 유전자형의 빈도는 집단의 크기에 관련되며 무작위 교배가 일어나는 하디-바인베르크의 법칙을 따른다.

27 교배와 상관없이 한 번 나타난 변이가 대를 계속해서 나타나는 유전적 변이는?
① 방황변이　② 돌연변이
③ 환경변이　④ 개체변이

해설
유전적 변이는 돌연변이, 교배변이, 생물의 유성생식 과정 등에서 발생한다.

28 분리육종법과 교잡육종법의 근본적 차이는?
① 분리육종법은 환경변이를 이용하고, 교잡육종법은 유전변이를 이용한다.
② 분리육종법은 유전변이를 작성하여 이용하고, 교배육종법은 이미 존재하는 변이를 이용한다.
③ 분리육종법은 유전변이를 이용하고, 교잡육종법은 환경변이를 이용한다.
④ 분리육종법은 이미 존재하는 변이를 이용하고, 교잡육종법은 유전변이를 작성하여 이용한다.

해설
분리육종법은 지방종, 재래종 혹은 재배품종을 이용하고, 교잡육종법은 육종의 소재가 되는 변이를 교잡을 통해 얻는 방법이다.

29 세포질·유전자적 웅성불임성을 이용하여 옥수수 1대 잡종 종자를 대량으로 채종하기 위해서 육종가 또는 육종기관은 어떤 종류의 계통을 세트로 유지하고 있어야 하는가?
① 웅성불임계통, 내충성계통, 근동질유전자계통
② 근동질유전자계통, 웅성불임유지계통, 다수성계통
③ 내충성계통, 다수성계통, 임성회복유전자계통
④ 임성회복유전자계통, 웅성불임유지계통, 웅성불임계통

해설
세포질 유전자적 웅성불임으로 잡종강세를 이용하기 위해서 웅성불임친과 그 웅성불임성을 유지해 주는 유지친, 웅성불임친의 임성을 회복시켜 주는 회복인자친이 있어야 한다.

30 주연효과(周緣效果)에 대한 설명으로 맞는 것은?
① 파종량이 많을수록 주연효과가 커진다.
② 파종량이 적을수록 주연효과가 커진다.
③ 파종량과 주연효과는 상관이 없다.
④ 파종작물의 종류, 장소 등의 영향을 받지 않는다.

해설
주연효과는 시험구 주위의 식물이 시험구 내부의 식물에 비해 생육이 다른 것으로 파종량이 많을수록 밀집 정도가 높아지면서 주연효과는 커지게 된다.

31 멘델의 유전법칙이 아닌 것은?
① 지배의 법칙 ② 대립의 법칙
③ 독립의 법칙 ④ 분리의 법칙

해설
멘델의 유전법칙에는 지배의 법칙, 분리의 법칙, 독립의 법칙이 있다.

32 변이를 감별하는 방법은?
① 타가수정 ② 후대검정
③ 영양번식 ④ 격리

해설
변이의 감별은 후대검정 및 특성검정, 변이의 상관 비교 등이 이용된다.

33 인공교배를 시키기 위해서 양친의 개화기를 일치시켜야 한다. 교배친의 개화기 조절 방법으로 가장 많이 사용하는 것은?
① 춘화처리, 파종기 조절, 일장처리
② 콜히친 처리, 온탕침지 처리, 파종기 조절
③ 일장처리, 콜히친 처리, 방사선 처리
④ 방사선 처리, 춘화처리, 온탕침지 처리

해설
개화기 조절을 위한 방법에는 파종기 조절, 일장처리, 저온처리, 춘화처리 등의 방법이 있다.

34 보통재배 시보다 채종재배 시 주의할 내용으로 가장 부적합한 것은?
① 시비를 하지 말아야 한다.
② 포장은 교잡의 우려가 없는 곳에서 재배하여야 한다.
③ 불량주는 도태하여야 한다.
④ 병충해 방제에 힘써야 한다.

해설
채종재배는 종자를 충실히 하기 위해 질소질 비료의 과용을 피하고 인산 및 칼륨을 증량하여 시비한다.

정답 29 ④ 30 ① 31 ② 32 ② 33 ① 34 ①

35 유전력(遺傳率)에 대한 설명 중 옳지 않은 것은?

① 전체분산에 대한 유전분산의 비율은 광의의 유전력이다.
② 유전력이 높은 형질일수록 초기세대에서 선발효과가 크다.
③ 형질의 유전력은 대상집단이나 환경에 따라 달라질 수 있다.
④ 자식성 작물 잡종 후대에서는 개체보다 계통의 유전력이 작다.

[해설]
개체의 유전력은 계통 평균치의 유전력보다 낮다. 자식성식물은 잡종집단에 후기세대에서 homo 개체가 증가할수록 유전력이 높아진다.

36 무와 같은 자가불화합성인 작물의 자식종자를 얻는 방법은?

① 다른 품종을 섞어 심는다.
② 개화기를 조절한다.
③ 수분수(授粉樹)를 심는다.
④ 뇌수분(蕾受粉)에 의한다.

[해설]
뇌수분의 경우 자가수정률이 높아 자가불화합성을 일시적으로 타파할수 있어 양배추, 배추, 무 등에 적용하기 적합하다.

37 세포질에 들어 있는 유전 물질을 자칭하는 것은?

① 키아스마
② 플라스마진
③ 상위유전자
④ 삼염색체(Trisomic)

[해설]
세포질유전에 관여하는 유전적 요소를 플라스마진(plasmagene)이라 한다.

38 수량에 대한 유의성 검정은 3계통 이상인 경우 F검정을 이용한 분산 분석에 의하는데 다음의 어떤 검정에 의하여 계통 간 유의차를 검정하는가?

① L, S, D(Least Significant Difference) 검정
② 회귀계수(Regression Coefficient)에 의한 검정
③ T-검정
④ √x(chi-square) 검정

[해설]
LSD는 최소유의차 값을 기준값으로 사용하여 평균들의 가능한 모든 짝을 비교하는 방법이다. 평균의 짝 비교는 두 평균의 차이를 기준값과 비교한다.

39 이배체(二倍體) 나자식물(裸子植物)의 수정을 거친 배와 배유세포의 염색체 조성은?

① 배 2n+배유 1n   ② 배 2n+배유 2n
③ 배 2n+배유 3n   ④ 배 1n+배유 3n

[해설]
나자식물은 2개의 정핵 중에서 1개만이 난핵과 결합하여 배가 되고 배젖은 수정을 거치지 않고 배낭세포에서 유래한다.
- 핵(n)+난핵(n) → 배(2n)
- 배낭세포 → 배젖(n)

정답 35 ④ 36 ④ 37 ② 38 ① 39 ①

40 분자표지를 이용한 선발에 대하여 잘못 설명한 것은?
① 꽃, 종자, 과실 등 생육 후기에 발현되는 형질도 생육 초기에 선발할 수 있다.
② 목적 형질에 관여하는 유전자가 열성인 경우에는 분자 표지를 이용해도 후대검정이 필요하다.
③ 분자표지를 이용하면 선발의 효율성을 높이고 육종연한을 단축할 수 있다.
④ 병이나 해충 저항성 연관표지는 접종과 같은 어려운 검정 작업이 없이도 목적개체를 선발할 수 있다.

> 해설
> 분자표지는 특정 유전자 확인이 가능하며 유전자원 및 품종의 분류, 종자순도의 검정, 분자표지를 이용한 선발, 양적 형질 유전자좌의 선발에 유용하게 활용된다. 이러한 과정으로 후대검정이 필요하지는 않다.

제3과목 재배원론

41 다음의 종자 품질을 결정하는 여러 가지 조건 중에서 내적 조건에 해당하는 것은?
① 종자의 순도
② 종자의 수분함량
③ 종자의 색택과 냄새
④ 종자의 발아력

> 해설
> 종자 품질 조건에서 내적 조건은 유전성, 발아력, 병해충이 있으며 외적조건에는 순도, 크기, 무게, 색택, 냄새, 수분함량 등이 있다.

42 풍해의 기계적 장해에 해당되는 것은?
① 벼에서 수분 및 수정이 저해되어 불임립(不稔粒)이 발생하고, 상처에 의해 각종 병 등이 발생한다.
② 상처가 나면 호흡이 증대되어 체내의 양분 소모가 증대된다.
③ 증산이 커져서 식물이 건조해진다.
④ 기공이 닫혀 광합성이 감소한다.

> 해설
> 풍해에 의해 물리적, 기계적 장해가 발생하는데 수분 및 수정의 저해가 발생하고 도복과 상처로 인해 식물병이 발생할수 있다.

43 종자 저온 춘화처리의 과정과 효과가 맞지 않는 것은?
① 산소의 공급이 필요하다.
② 종자가 건조하지 말아야한다.
③ 광에 노출시키지 않아야 한다.
④ 생장점에 탄수화물이 공급되어야 한다.

> 해설
> 춘화처리과정에서 산소의 공급이 필수적이며 광의 유무와 관련이 없다.

44 가장 높은 적산온도를 필요로 하는 작물은?
① 밀   ② 옥수수
③ 벼   ④ 메밀

> 해설
> 작물별로 적산온도의 경우 메밀은 1000~1200℃, 감자는 1300~3000℃, 추파맥류는 1700~2300℃, 완두는 2100~2800℃, 콩은 2500~3000℃, 담배는 3200~3600℃ 벼는 3500~4500℃ 정도이다.

정답 40 ② 41 ④ 42 ① 43 ③ 44 ③

45 다음 중에서 생육 최저온도가 가장 낮은 작물은?
① 밀   ② 호밀
③ 보리   ④ 귀리

해설
작물이 생육가능한 최저온도는 호밀 1~2℃ 정도로 보기 중 생육 최저온도가 가장 낮다.

46 다음 중 광의 보상점이 가장 높은 식물은?
① 단풍나무   ② 너도밤나무
③ 소나무   ④ 측백나무

해설
양지식물의 광보상점이 높은데 소나무의 경우 양수 수종으로 보기 중에서 광의 보상점이 가장 높다.

47 생력재배에 크기 공헌한 제초제로 처음으로 사용된 생장조절제는?
① 옥신(Auxin)
② 지베렐린(Gibberellin)
③ 시토키닌(Cytokinin)
④ 아브시스산(Abscissic acid)

해설
합성옥신 제초제는 처음으로 사용된 식물생장조절제이다.

48 감자의 휴면타파를 위한 지베렐린의 처리 방법은?
① 절단 후 250~500ppm 지베렐린 수용액에 24시간 침지
② 절단 후 250~500ppm 지베렐린 수용액에 30~60분 침지
③ 절단 후 2~5ppm 지베렐린 수용액에 24시간 침지
④ 절단 후 2~5ppm 지베렐린 수용액에 30~60분 침지

해설
절단 후 2~5ppm 지베렐린 수용액에 30~60분 침지 후 그늘에서 자연바람으로 말려 휴면을 타파한다.

49 방사성 동위원소가 방출하는 방사선 중에서 가장 현저한 생물적 효과를 가지는 것은?
① 알파선   ② 베타선
③ 감마선   ④ 엑스선

해설
감마선(γ선)은 방사성 동위원소가 방출하는 방사선 중에서 생물학적 효과가 가장 크게 나타난다.

50 수해(水害)에 관한 설명이 바른 것은?
① 수수와 옥수수는 침수에 강한 작물이다.
② 동진벼와 추정벼는 침수에 강한 품종이다.
③ 벼의 수잉기~출수개화기에는 침수에 강하다.
④ 벼가 관수될 때 수온이 낮으면 높은 경우보다 피해가 더 크다.

해설
피, 수수, 옥수수 등은 침수에 강한 편이다.

정답 45 ② 46 ③ 47 ① 48 ④ 49 ③ 50 ①

51 혼파의 이점이 될 수 없는 것은?
① 화본과 목초와 콩과 목초가 섞이면 가축의 영양상 유리하다.
② 상번초와 하번초가 섞이면 공간을 효율적으로 이용할 수 있다.
③ 혼파에 의해서 토양의 비료성분을 더욱 효율적으로 이용할 수 있다.
④ 화본과목초가 고정한 질소를 콩과 목초가 이용하므로 질소 비료가 절약된다.

해설
콩과목초가 고정한 질소를 화본과목초가 이용하기에 질소 비료가 절약되는 것이다.

52 어느 작물의 요수량이 500이라면 단위중량 1g의 건물(乾物)을 생산하는 데 소비된 물의 양은?
① 0.5kg   ② 5kg
③ 50kg   ④ 500kg

해설
요수량의 정의는 건물 1g 을 생산하는데 소요되는 수분량으로 요수량이 500 이라면 소비된 물의 양은 0.5kg(500g)이다.

53 토양 통기를 조장하기 위한 재배적 조치가 아닌 것은?
① 답전윤환 재배를 실시한다.
② 객토를 한다.
③ 중·습답에서는 휴립재배를 한다.
④ 파종할 때 미숙퇴비를 종자위에 두껍게 덮지 않는다.

해설
객토는 토양을 개량하는 방법으로 토양처리에 해당된다.

54 $1m^2$의 현미 무게가 1kg이고 이때 현미의 수분함량이 17%이다. 수분함량이 15%일 때 10a의 현미수량은?
① 약 293kg   ② 약 488kg
③ 약 512kg   ④ 약 976kg

해설
수분함량이 17% 인 경우 나머지 현미 수량은 83% 이며 수분함량이 15% 의 경우 현미 수량은 85% 이다. 이때 현미수량은 83/85= 약 0.976 이기에 현미 1kg 당 0.976kg 이 된다. 10a 는 $1000m^2$ 이므로 10a 당 현미수량은 0.976×1000=976kg 이 된다.

55 재배기간 동안 상토의 pH에 영향을 주는 주요 요인이 아닌 것은?
① 상토와 상토 구성분 자체에 포함된 석회석과 같은 식재 전 물질
② 관개수의 알칼리도
③ 재배기간 동안 사용된 비료의 산도/염기도
④ 재배기간 동안의 평균 기온

해설
재배기간 동안의 평균 기온과 pH 는 관련이 없다.

56 벼의 생육기간 중 냉해에 의해 출수가 가장 크게 지연되는 시기는?
① 활착기   ② 분얼기
③ 유수형성기   ④ 출수기

해설
벼는 유수형성기에 냉해를 만나면 출수가 가장 지연된다.

정답 51 ④ 52 ① 53 ② 54 ④ 55 ④ 56 ③

57 다음 작물 중 땅속줄기(地下莖)를 종묘로 이용하는 것은?

① 생강 ② 토란
③ 마늘 ④ 마

해설
땅속줄기(지하경)을 이용하는 것으로 생강, 연, 박하, 호프 등이 있다.

58 토양보호와 관련된 작물분류를 올바르게 한 것은?

① 수식성작물 - 콩과 목초
② 토양수탈작물 - 채소
③ 토양조성작물 - 과수
④ 토양보호작물 - 목초

해설
목초는 일종의 토양 피복작물로 토양보호작물이다.
- 수식성작물 - 재배하는 동안 토양침식을 조장하는 작물, 옥수수, 담배, 목화, 채소, 과수
- 토양수탈작물 - 토양 양분만 가져가 비료분을 공급해야 하는 작물, 화곡류
- 토양조성작물 - 지력증진에 도움이 되는 작물, 콩과식물

59 일반적으로 과수재배에서 환상박피를 하는 원리로 가장 적당한 것은?

① 전류작용의 촉진
② 수분 공급의 조절
③ C-N율의 증대
④ 내병성의 증대

해설
환상박피를 통해 지상부의 탄수화물 축적이 많아지면서 개화 및 결실이 촉진된다.

60 경운(耕耘)의 효과에 대한 설명으로 옳은 것은?

① 건토효과는 밭보다 논에서 크게 나타나기 쉽다.
② 유기물 함량이 높은 점질토양은 추경(秋耕)을 하지 않는 것이 좋다.
③ 강수량이 많은 사질토양은 추경을 하는 것이 유리하다.
④ 자갈논에서는 천경(淺耕)보다 심경(深耕)하는 것이 좋다.

해설
건토효과는 토양의 건조로 나타나는 효과이다. 논토양을 경운하여 충분히 건조하였다가 담수하는 것으로 건조과저에서 토양의 일부 미생물은 주고 나머지 살아있는 미생물이 번식하여 토양 중에 유기물을 분해하고 비료분을 분해하여 암모니아태 질소가 생성되어 논토양의 비옥도를 높이는 방법이다. 일반적으로 담수를 하는 논토양에서 크게 나타나기 쉽다.

제4과목 식물보호학

61 다음은 어떤 해충에 대한 설명인가?

- 벼를 가해한다.
- 우리나라에서는 연 2회 발생한다.
- 부화한 유충이 벼의 잎집을 파고 들어간다.
- 제2회 발생기에 피해를 받은 벼는 백수현상이 나타난다.

① 이화명나방 ② 벼멸구
③ 흑명나방 ④ 벼물바구미

해설
이화명나방의 기주는 벼, 기장, 사탕수수 등 이다. 1년에 2회 발생하고 노숙유충으로 월동하며 월동은 볏짚 줄기 속에 대부분 월동하고 벼 그루터기에도 일부 월동한다.

정답 57 ① 58 ④ 59 ③ 60 ① 61 ①

62 식물병의 원인 중 생물성 병원이 아닌 것은?
① 농약에 의한 약해
② 파이토플라스마
③ 균류
④ 원생동물

해설
농약에 의한 약해는 비생물성 원인에 해당된다.

63 많은 비로 침수된 곳이나 폭풍우 후에 심히 발생되며 Xanthomonas oryzae pv. oryzae 에 의해 발생되는 것은?
① 벼 흰잎마름병   ② 벼 모썩음병
③ 벼 키다리병   ④ 벼 도열병

해설
벼 흰잎마름병은 세균인 Xanthomonas oryzae 에 의해 발생하고 세균이 수공이나 상처를 통해 침입하며 도관에서 증식하는 것이 특징이다. 배수가 나쁘고 습한 곳에서 주로 발생하며 강우가 많은 여름철 주로 발생한다.

64 불완전 변태를 하는 목은?
① 나비목   ② 파리목
③ 벌목   ④ 바퀴목

해설
유시아강은 불완전변태를 하는 외시류와 완전변태를 하는 내시류로 구분한다. 바퀴목은 여기서 외시류에 해당된다.

65 흡즙형(Sucking Type)의 입틀을 갖는 해충으로 맞게 짝지어진 것은? (단, 성충의 입틀을 기준으로 한다.)
① 메뚜기, 나방   ② 딱정벌레, 파리
③ 노린재, 진딧물 ④ 바퀴, 나비

해설
노린재류, 방패벌레류, 응애류, 진딧물류, 총채벌레류 등은 흡즙형 입틀을 가지고 있다.

66 냉해의 생리적 원인에 해당하지 않는 것은?
① 증산 과잉
② 호흡저하
③ 단백질 분해 촉진
④ 광합성 작용의 과잉

해설
냉해의 피해로 광합성 작용의 저해가 발생한다.

67 약제 저항성이 발달된 병해충의 화학적 방제방법으로 가장 적합한 것은?
① 약제를 추천농도보다 진하게 타서 뿌린다.
② 저항성이 생긴 약제에는 전착제를 섞어 뿌린다.
③ 사용해오던 약제를 바꾸어 계통이 다른 약제를 살포한다.
④ 약제의 뿌리는 양을 평소보다 늘려서 뿌린다.

해설
동일한 약제의 연용으로 사용시 약제에 대한 저항성이 생겨 가능하면 다른계통의 약제를 살포하여 저항성을 줄여 방제효과를 높이도록 한다.

정답 62 ① 63 ① 64 ④ 65 ③ 66 ④ 67 ③

68 밭에서 발생하는 주요 화본과 잡초가 아닌 것은?
① 바랭이 ② 돌피
③ 강아지풀 ④ 참방동사니

해설
참방동사니는 1년생 방동사니과 잡초이다.

69 식물병이 성립하기 위한 3요소가 아닌 것은?
① 병원체 ② 부생체
③ 감수성 식물 ④ 적당한 환경

해설
식물병에 직접적인 요인을 주인, 주인을 도와 발병을 촉진 및 확산시키는 요인들을 유인이라 하며 유인은 주로 환경적 요인이 대표적이 예이다.즉 주인에는 병원체, 유인에는 감수성식물, 환경적 요인에는 적당한 환경이 해당된다.

70 우리나라 전역에 발생하고 있는 주요 논잡초로 방동사니과의 영양번식성 다년생 잡초는?
① 알방동사니 ② 올방개
③ 물달개비 ④ 강피

해설
올방개는 우리나라 전역에 발생하는 논잡초로 논에서도 점유율이 높은 우점잡초로 분류된다. 올방개는 다년생 방동사니과 잡초로 영양번식을 한다.

71 페로몬을 이용한 해충 방제기술을 잘못 설명한 것은?
① 집합페로몬의 경우 집단 유살을 꾀할 수 있다.
② 교미교란을 통해 암컷 불임을 유발시킬 수 있다.
③ 특정 해충의 발생을 모니터링해서 약제 방제 적기를 알려준다.
④ 이종 간의 교신물질로서 천적을 유인하여 해충방제효과를 높이게 된다.

해설
페로몬은 같은 종간의 다른 성의 정보전달을 목적으로 한다.

72 작물피해의 주요 원인 중 생물요소에 해당하는 것은?
① 냉해에 의한 피해
② 오염된 물에 의한 피해
③ 병원균에 의한 피해
④ 농약혼용 잘못에 의한 피해

해설
병원균에 의한 피해는 전염성, 기생성을 가진 생물요소에 해당된다.

73 유기인계 유제 50%를 1,000배로 희석해서 10a당 20L를 살포하여 해충을 방제하려고 할 때 소요되는 약량은?
① 20ml ② 200ml
③ 10ml ④ 100ml

해설
$$소요약량 = \frac{단위면적당사용량}{소요희석배수}$$
$$= \frac{20}{1000} = 0.02L = 20ml$$

정답 68 ④ 69 ② 70 ② 71 ④ 72 ③ 73 ①

74 세계적으로 주요한 잡초 종수를 과별로 구분할 때 다음 중 가장 비율이 높은 잡초는?
① 화본과 잡초   ② 십자화과 잡초
③ 사초과 잡초   ④ 마디풀과 잡초

해설
보기 중에서 화본과가 약 10,000 여종 정도가 있으며 차례로 사초과 4,000종, 십자화과 3,200종, 마디풀과 1,100 종으로 화본의 종수 비율이 높다.

75 뿌리 및 줄기의 물관부가 침해되어 물이 올라가지 못하므로 잎이나 줄기가 마르는 Fusarium에 의한 병은?
① 오갈병   ② 점무늬병
③ 시들음병 ④ 빗자루병

해설
시들음병은 Fusarium 에 의해 발생하며 불완전균류에 해당된다. 시들음병의 세균이 물관으로 침입하여 증식을 하면 수분의 상승이 저해되면서 잎, 줄기가 마르고 심하면 고사한다.

76 저장 중인 곡물이나 마른 잎 그리고 줄기를 가해하며, 건조한 식물질(植物質)에 기생할 수 있는 해충은?
① 화랑곡나방   ② 감자나방
③ 노린재   ④ 담배나방

해설
화랑곡나방은 저장중인 곡식에 피해를 주는데 성충은 어두운 곳을 좋아하고 낮에는 쉬고 밤에 활동하는 특징을 가진다.

77 유기인계 살충제에 대한 설명으로 옳은 것은?
① 살충력이 강하다.
② 적용 해충의 범위가 좁다.
③ 분해가 느리다.
④ 광선에 대해 안정하다.

해설
유기인계 살충제는 살충력이 강하고 적용 가능한 해충의 종류가 많으며 대량생산이 가능하다. 야외 살포의 경우 광선 및 외부 환경조건에 의해 분해가 빨라 손실되기 쉽다.

78 액체인 맹독성 농약의 경피독성 LD_{50} (mg/kg) 기준은?
① 5미만   ② 10미만
③ 20미만 ④ 40미만

해설
급성경피독성에서 I급(맹독성)의 기준은 고체 10 미만, 액체 40 미만이다.

79 잡초해의 요인이 아닌 것은?
① 기생   ② 경쟁
③ 병해충의 억제 ④ 인축에 유해

해설
잡초는 해충의 서식처 역할을 하면서 병해충을 유도한다.

정답 74 ① 75 ③ 76 ① 77 ① 78 ④ 79 ③

80 나비목에서 주로 볼 수 있으며 더듬이, 다리, 날개 등이 몸에 꼭 붙어있는 번데기의 형태는?

① 나용(裸蛹) ② 피용(被蛹)
③ 위용(圍蛹) ④ 전용(前蛹)

해설
피용은 곤충번데기의 한 형태로 전체의 체표가 심하게 경화하고 촉각, 다리, 날개가 체부에 밀착되어 있는 것을 말한다. 대부분의 나비목, 파리목의 사각류에서 관찰된다.

제5과목 종자관련법규

81 장미에 대한 보증종자의 유효기간은?

① 2년 ② 1개월
③ 6개월 ④ 1년

해설
장미에 대한 보증종자의 유효기간은 1년이다. 채소, 버섯, 감자, 콩, 맥류 등을 제외한 일반 작물 종자의 보증 유효기간은 1년으로 한다.

82 종자관리요강의 포장검사 및 종자검사의 검사기준 용어 설명이 틀린 것은?

① 격리망실 : 출입문 시건장치와 진딧물 등의 해충을 완전히 차단할 수 있는 시설이 구비되어 있는 망실을 의미하며, 망실의 그물망 격자 크기는 0.5×0.7mm 이하이어야 한다.
② 발아율 : 일정한 기간과 조건에서 정상묘로 분류되는 종자의 숫자비율을 말한다.
③ 원원종 : 품종 고유의 특성을 보유하고 종자의 증식에 기본이 되는 종자를 말하며, "원원종포"라 함은 원원종의 생산포장을 말한다.
④ 합성시료 : 소집단의 한 부분으로부터 얻어진 적은 양의 시료를 말한다.

해설
합성시료(composite sample)는 소집단에서 추출한 모든 1차시료를 혼합하여 만든 시료를 말한다.

83 공무원이 육성하거나 발견하여 개발한 품종으로서 그 성질상 국가 또는 지방자치단체의 업무범위에 속하고, 그 품종을 육성하게 된 행위가 공무원의 현재 또는 과거의 직무에 속하는 경우 이를 무엇이라 하는가?

① 자체보증품종 ② 직무육성품종
③ 보호품종 ④ 육성품종

해설
직무육성품종이 품종보호결정이 되었을 때에는 지체 없이 국가명의로 품종보호권의 설정등록을 하여야 한다.

84 수입적응성시험의 대상 작물이 아닌 것은?

① 벼 ② 보리
③ 옥수수 ④ 기장

해설
수입적응성시험의 대상 작물에서 벼, 보리, 콩, 옥수수, 감자, 밀, 호밀, 조, 수수, 메밀, 팥, 녹두, 고구마 등은 식량작물로 분류된다.

85 종자업을 영위하고자 하는 경우에 종자관리사를 1인 이상 보유하여야 하는 작물은?

① 감자 ② 무화과
③ 라이그라스 ④ 포인세티아

해설
종자업을 하려는 자는 종자관리사를 1명 이상 두어야 한다. 다만, 대통령령으로 정하는 작물의 종자를 생산·판매하려는 자의 경우에는 그러하지 아니하다. 품종목록에 등재할 수 있는 대상작물은 벼, 보리, 콩, 옥수수, 감자와 그 밖에 대통령령으로 정하는 작물로 한다. 다만, 사료용은 제외한다.

정답 80 ② 81 ④ 82 ④ 83 ② 84 ④ 85 ①

86 선출원과 관련된 설명 중 옳은 것은?

① 같은 품종에 대하여 품종보호 출원을 타인보다 2일 정도 늦게 하여도 사실만 입증되면 품종보호를 받을 수 있다.
② 같은 품종에 대하여 같은 날에 2인이 품종보호 출원을 하였을 경우 2인이 모두 품종보호를 받을 수 있다.
③ 같은 품종에 대하여 같은 날에 2인이 품종보호 출원을 하였을 경우는 출원인 간에 협의하여 정한 자만이 그 품종에 대하여 품종보호를 받을 수 있다.
④ 같은 품종에 대하여 같은 날에 2인이 품종보호 출원을 하였을 경우 출원 간에 협의가 이루어지지 않을 경우 농림수산식품부장관의 직권으로 1명을 지정할 수 있다.

해설
같은 품종에 대하여 같은 날에 둘 이상의 품종보호 출원이 있을 때에는 품종보호를 받으려는 자(이하 "품종보호 출원인"이라 한다) 간에 협의하여 정한 자만이 그 품종에 대하여 품종보호를 받을 수 있다. 이 경우 협의가 성립하지 아니하거나 협의를 할 수 없을 때에는 어느 품종보호 출원인도 그 품종에 대하여 품종보호를 받을 수 없다.

87 품종보호권의 존속기간에 대한 기준으로 맞는 것은?

① 품종보호권이 설정등록된 날부터 10년이며 임목은 22년이다.
② 품종보호권이 설정등록된 날부터 20년이며 과수는 25년이다.
③ 품종보호권이 설정등록된 다음 날부터 모두 25년이다.
④ 품종보호 출원 후 모두 25년이다.

해설
품종보호권의 존속기간은 품종보호권이 설정등록된 날부터 20년으로 한다. 다만, 과수와 임목의 경우에는 25년으로 한다.

88 수출입 종자의 국내유통 제한사유가 아닌 것은?

① 기존의 국내 생태계를 심각히 파괴시킬 우려가 있는 경우
② 잡초 종자가 농림수산식품부장관이 정하는 기준 이하로 포함된 경우
③ 수입된 종자의 재배로 인하여 특정 병해충이 확산될 우려가 있는 경우
④ 국내 유전자원보존에 심각한 지장을 초래할 우려가 있는 경우

해설
수입된 종자에 유해한 잡초종자가 농림축산식품부장관이 정하여 고시하는 기준 이상으로 포함되어 있는 경우 국내유통을 제한할 수 있다.

89 농림축산식품부장관을 대행하여 국가품종목록에 등재된 품종의 종자를 생산할 수 있는 자로 맞는 것은?

① 사단법인 한국종자협회
② 사단법인 한국낙농육우협회
③ 농림수산식품부령으로 정하는 농어민
④ 농작물 재배 경험이 2년 경험이 있는 종자업자

해설
농림축산식품부장관을 대행하여 국가품종목록에 등재된 품종의 종자를 생산할 수 있는 자는 농림축산식품부령으로 정하는 종자업자 또는 「농어업경영체 육성 및 지원에 관한 법률」 제2조제3호에 따른 농업경영체이다.

90 종자검사수수료는 포장검사 합격통지를 받은 날부터 며칠 이내에 납부해야 하는가?

① 15일
② 30일
③ 50일
④ 60일

해설
종자검사수수료는 포장검사 합격통지를 받은 날부터 15일 이내 납부해야 한다.

91 종자산업법에서 정하는 품종보호요건에 해당하지 아니하는 것은?
① 품질이 우수하여야 한다.
② 품종내에서는 균일하여야 한다.
③ 다른 품종과 구별이 되어야 한다.
④ 연차 간에도 품종의 고유특성이 발현되어야 한다.

해설
품종보호 요건은 신규성, 구별성, 균일성, 품종명칭 등이 있다.

92 대한민국 국민에게 품종보호 출원에 대한 우선권을 인정하는 국가의 국민이 그 국가에 1999년 8월 1일에 출원한 후 동일 품종을 대한민국에 1999년 10월 1일에 출원하면서 우선권을 주장하는 때에 적용되는 품종보호 출원일로 맞는 것은?
① 1999년 8월 1일   ② 1999년 9월 1일
③ 1999년 10월 1일 ④ 1999년 12월 1일

해설
품종보호 출원한 날을 대한민국에 품종보호 출원한 날로 본다. 즉 품종보호 출원에 대한 우선권을 인정하는 국가의 국민이 그 국가에 1999년 8월 1일에 출원하였기에 출원일은 1999년 8월 1일이다.

93 보증서를 거짓으로 발급한 종자관리사의 벌칙은?
① 2년 이하의 징역 또는 3백만원 이하의 벌금에 처한다.
② 1년 이하의 징역 또는 3천만원 이하의 벌금에 처한다.
③ 1년 이하의 징역 또는 1천만원 이하의 벌금에 처한다.
④ 2년 이하의 징역 또는 5백만원 이하의 벌금에 처한다.

해설
보증서를 거짓으로 발급한 종자관리사는 1년 이하의 징역 또는 1천만원 이하의 벌금에 처한다.

94 종자의 보증을 받아야 할 대상이 아닌 것은?
① 시장·군수가 벼 종자를 생산 보급할 때
② 농협이 감자 종자를 생산 보급할 때
③ 도지사가 벼 종자를 연구 목적으로 쓸 때
④ 도지사가 옥수수 종자를 생산 보급할 때

해설
종자가 시험 및 연구 목적으로 사용되는 경우 보증을 받지 않는다.

95 다음 중 고소가 있어야 공소를 제기할 수 있는 죄는?
① 품종보호권 또는 전용실시권을 침해한 죄
② 심판위원회에 허위로 진술, 감정 또는 통역을 한 죄
③ 품종보호에 관한 내용을 허위로 표시한 죄
④ 수입적응성시험을 받지 않고 종자를 수입한 죄

해설
품종보호권 또는 전용실시권을 침해한 자에 따른 죄는 고소가 있어야 공소를 제기할 수 있다.

96 종자의 보증과 관련하여 종자생산포장 및 종자검사에 관한 국제적인 기준이나 규정을 제정하는 국제기구와 관련이 없는 것은?
① OECD   ② AOSA
③ ISTA   ④ FAO

해설
종자의 보증과 관련하여 경제협력개발기구(OECD), 국제종자검정가협회(AOSA), 국제검정협회(ISTA)가 있다. 세계식량농업기구(FAO)는 개발도상국의 기근과 빈곤을 제거하기 위해 설립된 국제기구이다.

정답 91 ① 92 ① 93 ③ 94 ③ 95 ① 96 ④

97 종자관리사에 대한 행정처분 중 자격정지 6개월에 해당하는 위반사항은?

① 종자보증과 관련하여 고의로 타인에게 손해를 가한 경우
② 종자관리사 자격과 관련하여 1회 이중취업을 한 경우
③ 종자관리사 자격과 관련하여 3회 이중취업을 한 경우
④ 자격정지처분기간 종료 후 3년 이내에 자격정지처분에 해당하는 행위를 한 경우

해설
종자보증과 관련하여 고의 또는 중대한 과실로 타인에게 손해를 입힌 경우 업무정지 6개월의 행정처분을 받는다.

98 다음 종자산업법상의 유통종자의 분쟁 및 보상청구 등에 관한 설명으로 맞는 것은?

① 유통 중인 종자에 관하여 분쟁이 발생한 경우에는 그 분쟁당사자는 해당 품종의 종자를 보증한 농림수산식품부장관이나 종자관리사에게 해당 품종의 종자보증에 관한 자료를 요구할 수 있다.
② 종자의 결함으로 인한 피해에 대한 보상을 청구하고자 하는 농업인은 기획재정부장관이 정하는 바에 따라 산출한 보상금을 종자업자에게 청구할 수 있다.
③ 보상청구를 받은 종자업자는 보상청구를 받은 날로부터 10일 이내에 당해 보상청구에 대한 수락 여부를 결정하여야 한다.
④ 종자산업법에 의한 보상합의는 법원에서의 화해와 같은 효력을 가진다.

해설
유통 중인 종자에 관하여 분쟁이 발생한 경우에는 그 분쟁당사자는 해당 품종의 종자를 보증한 농림수산식품부장관이나 종자관리사에게 해당 품종의 종자보증에 관한 자료를 요구할 수 있다.

99 품종보호의 요건 중 안정성을 갖춘 것으로 볼 수 있는 것은?

① 품종의 본질적 특성이 차대에 나타나는 경우
② 품종의 본질적 특성이 반복적으로 증식된 후에도 그 품종의 본질적 특성이 변하지 아니하는 경우
③ 품종의 가변 특성이 반복적으로 증식된 후에도 변화하지 아니하는 경우
④ 1대 잡종의 경우 자가증식 주기 종료 후에도 가변특성이 나타나는 경우

해설
품종의 본질적 특성이 반복적으로 증식된 후(1대 잡종 등과 같이 특정한 증식주기를 가지고 있는 경우에는 매 증식주기 종료 후를 말한다)에도 그 품종의 본질적 특성이 변하지 아니하는 경우에는 그 품종은 안정성을 갖춘 것으로 본다.

100 국가품종목록에 등재된 품종 중 등재 취소와 관련된 설명으로 틀린 것은?

① 동일 품종이 2개 이상의 품종명칭으로 중복된 경우 2품종 모두 취소
② 농림수산식품부령이 정하는 품종성능의 심사기준에 미달한 때 취소
③ 해당 품종의 재배로 인하여 환경에 위해가 발생하였거나 발생할 염려가 있을 때 취소
④ 거짓이나 그 밖의 부정한 방법으로 품종목록 등재를 받은 때 취소

해설
같은 품종이 둘 이상의 품종명칭으로 중복하여 등재된 경우(가장 먼저 등재된 품종은 제외한다) 등재를 취소하여야 한다.

정답 97 ① 98 ① 99 ② 100 ①

2013 제3회 종자기사

제1과목 종자생산학

01 층적저장(stratification)과 가까운 의미를 갖는 것은?
① 발아억제를 위한 건조처리
② 휴면타파를 위한 저온처리
③ 발아율향상을 위한 후숙처리
④ 발아촉진을 위한 생장조절제 처리

해설
층적처리는 나무상자나 나무통에 습기가 있는 모래 혹은 톱밥과 종자를 층을 만들어 종자를 넣어 저온저장고에 보관한다.

02 종자코팅방법 중 필름코팅 처리와 종자단립(Seed pelleting)처리에 대한 설명으로 옳은 것은?
① 필름코팅 : 종자에 여러 가지 물질을 두껍게 덧붙임
  종자단립 : 삼투압용액에 종자를 3일정도 침지함
② 필름코팅 : 삼투압 용액에 종자를 일정기간 침지함.
  종자단립 : 고형물질을 종피에 침투시켜줌
③ 필름코팅 : 수용성 중합체를 종피 표면에 얇게 덧씌움
  종자단립 : 종자에 여러 가지 물질을 두껍게 덧씌움
④ 필름코팅 : 고형물질을 종피에 침투시켜 줌
  종자단립 : 삼투액용액에 종자를 일정기간 침지함

해설
필름코팅은 수용성 중합체를 종피 표면에 얇게 덧씌워 색소나 살균제 등을 같이 처리하여 병의 발생을 감소시킨다. 종자단립은 종자에 여러 물질을 두껍게 덧씌워 기계파종을 용이하게 한다.

03 종자 프라이밍의 주목적으로 옳은 것은?
① 종피에 함유된 발아억제물질의 제거
② 종자전염 병원균 및 바이러스 방제
③ 유묘의 양분흡수 촉진
④ 종자발아에 필요한 대사과정 촉진

해설
종자 프라이밍은 발아 촉진과 발아 후 생육 촉진, 발아 균일성 향상을 목적으로 한다.

04 종자의 표면으로부터 수분 증산속도를 결정하는 가장 중요한 요소는?
① 종자의 수분함량, 온도
② 온도, 공기의 상대습도
③ 공기의 상대습도, 종자의 중량
④ 종자의 중량, 종자의 수분함량

해설
종자 표면에서 수분 증산속도를 결정하는 요인에는 상대습도, 온도, 바람, 종자의 중량, 광 등이 있으며 보기에서 주요한 요소로는 대기중의 상대습도와 종자 자체의 중량이다.

정답 01 ② 02 ③ 03 ④ 04 ②

05 여름재배 시금치 종자는 수입종이 많고, 국산의 경우 해외 채종을 많이 한다. 그 주된 이유는?
① 풍매화이므로 국내 채종은 채산성이 맞지 않는다.
② 봄, 여름에 걸쳐 개화하는 대표적인 장일성 식물로 우리나라 일장조건이 부적합하다
③ 산성토양을 싫어하는데 우리나라는 산성토양이 많다.
④ 자웅이주이기 때문에 우리나라 장마철 채종에 적합하지 않다.

해설
국내에서 시금치는 여름철에 고온 및 장마 등으로 품질이 낮고 생육이 저조하여 재배가 어렵다. 또한 장일성으로 국내의 일장조건에는 부적합하다.

06 영양번식 작물을 종자로 번식할 경우 유전적으로 심한 헤테로성을 나타낸다. 이러한 특성을 육종에 이용하는 대표적 작물은?
① 감자 ② 베고니아
③ 튤립 ④ 뽕나무

해설
감자는 괴경의 영양번식으로 번식할 경우 심한 헤테로성이 나타나며 품질 및 수량의 저하를 보인다.

07 종자생산포의 포장검사방법에 대한 설명으로 틀린 것은?
① 포장검사는 달관검사와 표본검사 및 재관리 검사로 구분하여 실시한다.
② 표본검사는 달관검사 결과 불합격 범위에 속하는 포장에 대하여 실시한다.
③ 재관리검사는 표번검사 결과 규격 미달 포장이라도 재관리하면 합격이 가능한 포장에 대하여 실시한다.
④ 검사단위는 필지별로 하되 동일인이 등급이상의 동일품종을 인접 경계 필지에 재배할 때에는 동일 필지 포장으로 간주할 수 있다.

해설
표본검사는 달관검사 결과 합격 범위에 속하는 포장에 대해 실시한다.

08 맥류 종자의 휴면타파에 가장 효과가 큰 것은?
① 비터타놀 수화제
② 카복신, 티람 분제
③ H_2O_2
④ $KClO_3$

해설
맥류 종자의 경우 0.5~1% 과산화수소용액(H_2O_2)에 24시간 침지 후 저온(5~10℃) 조건에서 처리한다.

09 식물의 개화반응에 무한형 또는 무한생장형 식물의 특성으로 틀린 것은?
① 장기간 개화하면서 종자가 성숙된다.
② 종자의 성숙이 불균일하며 양질의 종자 생산이 어렵다.
③ 개화감응이 일어난 후에는 영양생장을 중단한다.
④ 덩굴성 작물의 대부분이 이에 속한다.

해설
무한생장형 식물은 개화 및 영양생장이 동시에 진행된다.

정답 05 ② 06 ① 07 ② 08 ③ 09 ③

10 인공수분 시 개화전날 화분친으로 쓰일 수꽃에도 봉지를 씌우는 이유는?
① 개화기 조절을 위해
② 화분오염을 방지하기 위해
③ 활력 높은 신선한 화분을 얻기 위해
④ 화분이 마르기 때문에

해설
봉지를 씌우는 것은 물리적으로 자연교배를 차단하기 위해서이다.

11 종자의 저장능력과 가장 밀접하게 관계되는 성질을 검사하는 것은?
① 포장검사   ② 발아검사
③ 수분검사   ④ 병해검사

해설
수분검사는 종자가 가진 수분함량을 검사하는 것으로 종자 저장시 매우 중요한 부분이다.

12 토마토 종자전염성 병해가 아닌 것은?
① 탄저병   ② 담배모자이크병
③ 세균성점무늬병 ④ 배꼽썩음병

해설
토마토 배꼽썩음병은 양분 부족 및 석회질 성분의 부족으로 발생한다.

13 종자의 저장방법 중에서 과수류나 정원수목에 많이 쓰이며 모래나 톱밥을 층층이 쌓아 저장하는 방법은?
① 밀봉저장   ② 토중저장
③ 냉건저장   ④ 층적저장

해설
층적저장은 모래 혹은 톱밥과 종자를 층을 만들어 종자를 넣어 저온저장고에 보관한다.

14 채종재배 시 붕소의 요구도가 가장 큰 작물은?
① 벼   ② 콩
③ 파   ④ 무

해설
무, 배추 등은 붕소가 결핍되면 개화가 불균일하고 잎이 위축되는 등의 문제가 발생하기에 붕소의 요구도가 높은 작물에 해당된다.

15 단일성식물(短日性植物)을 야간조파(夜間照破)처리하면 어떤 반응이 나타나는가?
① 화아분화가 촉진되며 개화가 빨라진다.
② 화아분화가 촉진되며 개화는 느려진다.
③ 화아분화가 지연되며 개화가 늦어진다.
④ 화아분화가 지연되며 개화는 빨라진다.

해설
단일식물을 야간조파하면 개화가 억제되고 장일식물의 개화는 촉진된다.

16 종자의 생성없이 과실이 자라는 현상은?
① 단위결과   ② 단위생식
③ 무배생식   ④ 영양결과

해설
수정이 되고 종자가 생기지 않아도 과실이 형성되는 경우가 있는데 이를 단위결과라 한다.

17 종자 순도검사를 위한 검사시료 60g 중 정립 56.4g, 이종종자 2.7g, 이물 0.9g일때의 정립비율(순종자율)은?
① 56.4%   ② 59.1%
③ 90.0%   ④ 94.0%

해설
$$\text{순도} = \frac{\text{순정종자 중량}}{\text{전체 중량}} \times 100$$
$$= \frac{56.4}{60} \times 100 = 94(\%)$$

18 암배우체(雌性配偶子) 형성과정에 대한 설명으로 틀린 것은?

① 정상기능을 가진 대포자는 3회에 걸쳐 핵분열을 한다.
② 암배우체는 8개의 반수체 핵을 갖는다.
③ 암배우체는 2개의 극핵이 융합하여 9개의 세포로 구성된다.
④ 암배우체의 한 쪽 끝에 1개의 난핵, 2개의 조세포가 배치된다.

해설
배낭은 배주(밑씨)속 배낭모세포(2n)가 감수분열을 통해 4개의 배낭세포(n)를 만드는데 3개는 퇴화되고 1개만 성숙하게 된다. 연속되어 3회의 핵분열을 거치게 되면서 8개의 핵(n)을 갖는 배낭이 형성되는데 1개는 알세포(n), 2개 조세포, 2개의 극핵(2n), 3개의 반족세포가 나타난다.

19 일장이 개화에 영향하는 것은 낮시간의 길이보다는 밤시간의 길이인데, 이때 관여하는 물질은?

① 피토크롬(phytochrome)
② 티아민(thiamine)
③ 지베렐린(gibberellin)
④ 옥신(auxin)

해설
식물에 존재하는 색소단백질인 파이토크롬은 특정 파장을 흡수하여 광가역 반응을 일으킨다. 광가역 반응을 통해 종자의 발아 및 화아유도 등의 생리적 조절에 관여한다.

20 벼(禾本)과 종자에서 초엽(coleoptile)의 기능은?

① 양분의 저장
② 배(胚)에 양분전달
③ 발아시 유아(幼芽)의 보호
④ 발아 후 광합성 작용

해설
벼과 종자에 발아시 초엽은 유아를 보호하는 기능이 있다.

제2과목 식물육종학

21 작물의 진화과정에서 새로운 유전질의 변이가 생성되는 기작이 아닌 것은?

① 교배 ② 배수체
③ 돌연변이 ④ 환경변이

해설
유전적 변이에는 교배변이, 돌연변이, 배수체 등이 관련되나 환경변이는 비유전적 원인에 의한 변이에 해당되기에 새로운 유전질의 변이가 생성되는 기작은 아니다.

22 양적형질의 유전에 대한 설명으로 옳은 것은?

① 양적형질의 유전에는 폴리진이 관여하는 경우가 많다.
② 양적형질의 유전분산은 항상 환경분산보다 크다.
③ 양적형질은 불연속변이를 보이므로 유전분석이 용이하다.
④ 양적형질의 표현형은 주동유전자의 작용에 의해서만 결정된다.

해설
양적형질은 복수유전자나 폴리진(polygene)계에 의해 지배된다.

정답 18 ③ 19 ① 20 ③ 21 ④ 22 ①

23 순계의 내용과 관계 없는 것은?
① 동일한 유전자형을 갖는 homo개체의 집단이다.
② 선발효과가 없다.
③ 완전히 자가수정하는 동형접합체의 1개체에서 불어난 자손의 총칭이다.
④ 영양번식작물에서 주로 나타난다.

해설
완전히 자가수정하는 작물의 한 개체에서 나온 자손을 순계라 하며 순계는 유전적으로 동형접합체이다.

24 내병성 품종의 육성을 효과적으로 수행하기 위한 필요조치로서 적합하지 않은 것은?
① 가장 병에 약한 계통을 일정한 간격으로 섞어 심는다.
② 문제되는 병이 가장 많이 발생하는 계절에 선발해야 한다.
③ 병원균을 인공접종 한다.
④ 살균제를 정기적으로 살포해 준다.

해설
내병성 품종 육성을 위해 병원균을 인공적으로 접종하여 유도하기에 살균제 및 살충제 등의 약제 살포를 하지 않도록 한다.

25 유전자지도와 물리지도에 대하여 바르게 설명한 것은?
① 유전자지도는 표현형으로 나타나는 유전자표지 및 분자표지 간에 재조합 빈도에 기초하여 만들어지며 지도 단위는 bp로 나타난다.
② 물리지도는 재조합 빈도에 의존하지 않고 염색체를 구성하는 DNA 단편을 연결하여 만들어진다.
③ 유전자지도 작성에 사용되는 분자표지는 물리지도 작성에 활용되기 어렵다.
④ 유전자지도의 거리와 물리지도의 거리는 항상 일치하며 유전적 거리를 알면 물리적 거리를 예측할 수 있다.

해설
① 지도 단위는 센티모건(cM)으로 한다.
③ 분자표지는 물리지도 작성에 활용 가능하다.
④ 유전자지도의 거리와 물리지도의 거리는 항상 일치하지 않는다.

26 신품종의 3대 구비조건인 D.U.S는 각각 무엇을 나타내는가?
① D : 신규성, U : 균일성, S : 광지역성
② D : 신규성, U : 안정성, S : 광지역성
③ D : 구별성, U : 균일성, S : 경제성
④ D : 구별성, U : 균일성, S : 안정성

해설
신품종 3대 구비조건의 D.U.S 는 구별성(Distinctness), 균일성(Uniformity), 안정성(Stability)을 말한다.

정답 23 ④ 24 ④ 25 ② 26 ④

27 도입육종의 활용에 대한 설명으로 가장 거리가 먼 것은?
① 먼 곳에서 도입된 것은 순화시키는데 힘써야 한다.
② 유전질을 가져와 육종재료로 이용한다.
③ 돌연변이의 재료로 품종을 도입한다.
④ 도입품종을 그대로 실용재배에 제공한다.

해설
도입육종은 외지에서 들여온 수종으로서 생산의 증진을 꾀하는 육종방법으로 돌연변이의 재료로 도입하지는 않는다.

28 변이 중 유전하지 않는 변이는?
① 아조변이 ② 교배변이
③ 장소변이 ④ 돌연변이

해설
장소변이는 비유전적 변이로 유전하지 않는 변이이다.

29 자가불화합성에 대한 설명으로 틀린 것은?
① 후손간의 변이를 크게 한다.
② F_1품종 채종에 쓰인다.
③ 자웅이주인 식물에 많다.
④ 타가수정율을 높게 한다.

해설
자가불화합성은 유전적으로 유사한 배우자 간의 수정을 억제하고 유전적으로 서로 다른 배우자간의 수정을 유도하여 후손의 유전적 변이를 크게 한다. 자가불화합성은 자연에서 식물의 타가수정율을 높여주는 역할을 한다.

30 쌍자엽식물의 형질전환에 가장 널리 이용되고 있는 유전자 운반체는?
① E. coli
② 바이러스의 외투단백질
③ Ti – plasmid
④ 제한효소

해설
Ti - plasmid 는 쌍자엽식물의 형질 전환에 사용되는 유전자 운반체이다.

31 동질 3배체의 특징으로 옳은 것은?
① 3가 염색체가 균등분리하여 임성이 매우 높다.
② 종자없는 과일을 생산한다.
③ 동질 3배체 식물은 종자번식을 한다.
④ 인위적인 동질 3배체는 2배체와 반수체를 교배하여 만든다.

해설
동질3배체 식물은 종자가 없는 과일 생산이 가능하다.

32 농작물 육종의 성과로 볼 수 없는 것은?
① 고추 비닐피복 재배의 확대보급
② 배추의 연중 재배가능
③ 왜성사과의 보급
④ 대륜 국화의 보급

해설
비닐피복 재배의 경우 육종의 성과가 아닌 물리적인 식물병 방제법에 해당된다.

정답 27 ③ 28 ③ 29 ③ 30 ③ 31 ② 32 ①

33 3계 교잡종의 일반적인 설명으로 옳은 것은?
① 단교잡종에 비하여 종자생산량이 적다.
② 복교잡종에 비하여 균일성이 낮다.
③ 단교잡종에 비하여 종자가격이 비싸다.
④ 복교잡종에 비하여 종자생산성이 낮다.

해설
3계교잡은 복교잡종에 비하여 종자생산성이 낮다. 복교잡의 경우 품질의 균일성은 단교잡보다 낮으나 채종량이 많고 종자가 크다.

34 3성잡종의 F_2에 분리되는 표현형의 종류수는? (단, 3 유전자 모두 완전 우열성이다.)
① 2   ② 4
③ 8   ④ 16

해설
3쌍의 대립유전자의 표현형 종류수는 $2^3=8$ 이다

35 식물의 화분모세포(花粉母細胞)는 성숙분열 후 몇 개의 딸세포가 되는가?
① 1개   ② 2개
③ 3개   ④ 4개

해설
식물의 화분모세포는 2회의 분열이 발생하면서 염색체 수가 체세포의 반으로 줄어들고 4개의 딸세포가 나타난다.

36 호박 1개에 종자 200개가 결실하려면 화분 몇 개가 필요한가? (단, 화분은 100% 수정된다.)
① 1개   ② 100개
③ 200개   ④ 400개

해설
화분은 100% 수정됨을 가정하면 종자 200개가 결실하기 위해 화분 200개가 필요하다.

37 게놈분석의 원리에 대한 설명으로 틀린 것은?
① 상동염색체가 없어도 2가염색체가 생긴다.
② 상동이 아닌 염색체간에는 대합(對合)이 일어나지 않는다.
③ 같은 게놈 내의 염색체간에는 접합이 일어나지 않는다.
④ 상동염색체는 정상의 2가염색체를 만든다.

해설
상동염색체 한쌍이 대합하여 2가염색체를 형상한다.

38 5개 품종을 난괴법 3반복으로 포장 설계했다면 분산분석에서 오차의 자유도는?
① 5   ② 6
③ 7   ④ 8

해설
오차의 자유도 = 장소수×(품종수-1)×(반복수-1)
= (5-1)×(3-1)=8

39 신품종의 특성을 유지하기 위하여 취해야 할 조치가 아닌 것은?
① 원원종 재배
② 영양번식에 의한 보존재배
③ 격리재배
④ 개화기 조절

해설
개화기 조절은 신품종의 특성 유지보다 교잡이나 인공수분 등을 위한 조치사항이다.

40 반수체 육종에 대한 설명으로 틀린 것은?
① 반수체식물은 배우자의 염색체수를 가진다.
② 반수체를 염색체 배가하면 동형접합체를 얻을 수 있다.
③ 반수체 육종을 하는 가장 큰 의의는 육종 연한을 단축시키는 것이다.
④ 반수체는 생장점을 배양하여 얻는 것이 가장 효율적이다.

해설
반수체는 화분이나 약배양하는 것이 효율적이다.

제3과목 재배원론

41 토양이 pH 5 이하로 변할 경우 가급도가 감소되는 원소로만 나열한 것은?
① P, N, Mg ② Ca, Zn, Mg
③ Al, Cu, Mn ④ P, Mg, Mn

해설
산성화로 인하여 작물에 이로운 이온들이 용출되면서 결핍증상이 발생하는데 주로 질소, 인, 칼슘, 마그네슘 등의 필수미량원소들이 산성조건에서 용해도가 줄어 결핍되게 된다.

42 지하수의 탐색 및 제방의 누수개소의 발견을 위하여 흔히 사용하는 방사선 동위원소는?
① ^{14}C ② ^{32}P
③ ^{24}Na ④ ^{60}Co

해설
^{24}Na를 이용하여 지하수의 탐색 및 제방의 누수개소의 발견, 유속 측정 등을 한다.

43 속성비료이고, 화학적 중성비료이며 생리적 산성비료의 조합은?
① 요소, 과린산석회
② 요소, 석회질소
③ 황산가리, 염화가리
④ 용성인비, 염화가리

해설
화학적 반응에 따른 비료에서 중성비료이면서 생리적 산성비료에는 황산칼륨(황산가리), 염화칼륨(염화가리)이 있다.

44 우리나라 작물재배의 특색 중 작부체계와 초지농업이 발달하지 못한 가장 큰 이유는?
① 경영규모가 영세하여 고투입 집약농업으로 발달해 왔기 때문이다.
② 농가소독증대에 도움이 되는 작물만을 집약적으로 재배해 왔기 때문이다.
③ 화곡류 위주의 약탈식 집약농업을 해온 관계로 토양의 비옥도가 낮기 때문이다.
④ 사계절이 뚜렷하고 기상재해가 커서 다양한 작부방식이나 초지농업의 작용이 어려웠기 때문이다.

해설
농가소득 증대를 목적으로 작물을 재배하면서 작부체계 및 초지농업이 발달하지 못하였다.

45 작물생육의 유해가스인 아황산가스의 피해에 상대적으로 저항성이 높은 작물은?
① 오이 ② 시금치
③ 담배 ④ 고추

해설
아황산가스에 저항성이 강한 작물에는 오이, 양파, 단옥수수 등이 있다.

정답 40 ④ 41 ① 42 ③ 43 ③ 44 ② 45 ①

46 광부족에 적응하지 못하는 작물로만 나열된 것은?

① 벼, 조
② 당근, 비트
③ 목화, 목초
④ 감자, 강낭콩

해설
벼, 조, 기장 등은 광포화점이 높아 광이 부족할 경우 생육이 어렵다.

47 도복의 대책에 대한 설명으로 틀린 것은?

① 칼리, 인, 규소의 시용을 충분히 한다.
② 키가 작은 품종을 선택한다.
③ 벼의 유효분얼종지기에 옥신을 처리한다.
④ 맥류는 복토를 깊게 한다.

해설
옥신은 신장촉진에 도움을 주는 물질로 옥신을 처리하면 도복이 증가하게 된다.

48 오이의 화아분화에 대한 설명으로 틀린 것은?

① 본엽이 1~2매 전개될 무렵 화아분화가 일어나며 성(性)의 분화는 환경의 영향을 받는다.
② 대개 자웅동주로 성(性)의 결정은 유전적 특성이지만 환경의 영향을 크게 받아 저온과 단일조건은 암꽃의 착색마디를 낮추고 암꽃 수를 증가시킨다.
③ 저온과 단일조건에서는 지베렐린의 생성이 증가하여 암꽃이 증가한다.
④ 저온과 단일에 대한 감응은 자엽 때부터 가능하나 본엽이 1~4매 전개되었을 때 화아분화되고 성이 결정된다.

해설
오이에 지베렐린은 암꽃이 아닌 수꽃의 착생에 관여한다.

49 포도 델라웨어(Delaware)품종의 무핵과 만들기에 지베렐린이 많이 이용된다. 다음 중 적용 방법으로 옳은 것은?

① 만개전 14일 및 만개후 10일경에 각각 100ppm처리
② 만개전 14일 및 만개후 10일경에 각각 1000ppm처리
③ 만개전 20일 및 만개후 14일경에 각각 100ppm처리
④ 만개전 20일 및 만개후 14일경에 각각 1000ppm처리

해설
포도 델라웨어(Delaware)품종의 무핵과 만들기에 지베렐린 처리는 만개전 13일, 만개후 10일경에 100ppm 처리한다.

50 연풍(軟風)의 이점이 아닌 것은?

① 수발아(穗發芽)의 조장
② 광합성(光合成)의 조장
③ 수정, 결실의 조장
④ 병해의 경감

해설
수발아 조장은 강풍에 의해 발생된다.

정답 46 ① 47 ③ 48 ③ 49 ① 50 ①

51 채소류 작물의 화아분화에 대한 설명으로 틀린 것은?
① 엽근채류는 화아분화가 생식생장으로 전환점이 되며 화아분화가 되면 영양기관의 발육이 정지되기 때문에 매우 불리하고, 화아분화는 환경의 영향을 크게 받지 않는다.
② 과채류는 영양생장과 생식생장이 동시에 이루어지고, 적극적으로 화아 분화를 유도하며, 화아분화에 미치는 환경의 영향이 엽근채류에 비하여 크지 않다.
③ 화아분화의 내적요인으로는 유전적인 요인, 화성호르몬 그리고 C/N율이 있으며, 외적요인으로는 일장과 온도환경이 있다.
④ 일장에 의하여 화아분화가 유도되는 현상을 광주성 또는 일장효과라고 한다.

해설
화아분화는 환경의 영향을 많이 받는다.

52 채소류 작물의 육묘기간에 대한 설명으로 틀린 것은?
① 육묘기간은 작물의 종류, 육묘방법, 재배방식 등에 따라 달라진다.
② 육묘일수가 길어 모종이 크면 수확은 늦어지지만 정식 후에 활착이 빠른 편이다.
③ 어린묘는 발근력이 강하고 흡비 흡수가 왕성하여 정식 후 환경조건이 나쁘더라도 활착이 빠르다.
④ 저온에 감응하여 화아 분화가 일어나는 양배추, 배추, 셀러리와 같은 것은 묘상에서 충분한 엽수를 확보하여 정식하는 것이 중요하다.

해설
모종이 크면 정식 후에 뿌리가 많으면서 제대로된 활착이 이루어지지 않는다.

53 고구마를 재배할 때 T/R율이 증대되는 것은?
① 적기이식재배   ② 질소 다비재배
③ 토양의 수분부족 ④ 토양의 통기 양호

해설
질소 공급이 늘어나면 단백질 합성이 왕성해지고 탄수화물이 적어지면서 지하부의 뿌리 생장이 상대적으로 감소되어 T/R 율은 커진다.

54 채소작물의 육묘시 묘의 생육조절을 위한 방법이 아닌 것은?
① 상토내 수분과 양분의 조절을 통한 방법
② 생장조절제를 이용한 방법
③ 높은 EC의 양액을 엽면살포하는 방법
④ 주야간의 온도조절(DIF)을 통한 방법

해설
높은 EC 양액을 공급하면 토양의 염류농도가 높아지면서 작물의 생육이 불량해진다.

55 작물의 생육에 있어서 여러 가지 기관이 양적(量的)으로 증대하는 것을 무엇이라 하는가?
① 발아(germination)
② 신장(elongation)
③ 생장(growth)
④ 발육(development)

해설
생장은 영양기관이 양적으로 증대되는 것을 의미한다.

정답 51 ① 52 ② 53 ② 54 ③ 55 ③

56 토양내 석회가 과다하면 흡수가 저해되는 성분은?
① 마그네슘, 철   ② 질소, 칼륨
③ 황, 망간   ④ 인산, 구리

해설
토양 내 석회가 과다하면 토양이 염기성을 띠게 되면서 마그네슘, 철, 아연 등의 가급도가 낮아지게 되고 식물에서 흡수가 저해된다.

57 십자화과 작물의 성숙과정으로 옳은 것은?
① 녹숙-백숙-갈숙-고숙
② 백숙-녹숙-갈숙-고숙
③ 녹숙-백숙-고숙-갈숙
④ 백숙-녹숙-고숙-갈숙

해설
십자화과 작물의 성숙과정은 <백숙기→녹숙기→갈숙기→고숙기> 이다.

58 작물의 내동성에 관여하는 생리적 요인을 바르게 기술한 것은?
① 원형질의 수분투과성이 크면 내동성이 증대된다.
② 지방함량이 많으면 내동성이 약하다.
③ 당분함량이 적을수록 내동성이 강하다.
④ 세포의 수분함량이 많으면 내동성이 높아진다.

해설
원형질의 친수성콜로이드가 많고 수분투과성이 크면 내동성이 증가한다.

59 작물의 수량을 최대화하기 위한 재배이론의 3요인으로 옳은 것은?
① 비옥한 토양, 우량종자, 충분한 일사량
② 비료 및 농약의 확보, 종자의 우수성, 양호한 환경
③ 자본의 확보, 생력화기술, 비옥한 토양
④ 종자의 우수한 유전성, 양호한 환경, 재배기술의 종합적 확립

해설
일정 면적에 작물의 수량을 최대화하기 위해 좋은 환경조건에 유전성이 우수한 작물을 선정하여 적합한 재배기술을 적용해야 한다.

60 벼의 생육단계중 한해(旱害)에 가장 강한 시기는?
① 분얼기   ② 수잉기
③ 출수기   ④ 유숙기

해설
벼의 생육단계에서 한해에 가장 약한 시기는 감수분열기이고 가장 강한시기는 분얼기이다.

제4과목 식물보호학

61 오존(O_3)에 의해 피해를 입은 식물체에 나타나는 증상이 아닌 것은?
① 황화   ② 반점
③ 얼룩   ④ 암종

해설
오존에 의해 잎이 황백화되고 암갈색의 반점이 발생하면서 심할 경우 식물이 괴사한다.

62 곤충의 피부를 크게 3부분으로 나누는데, 그 중에서 가장 바깥쪽 부분을 무엇이라 하는가?
① 외표피 ② 원표피
③ 진피세포 ④ 기저막

해설
곤충의 피부 가장 바깥쪽을 외표피라 하며 단백질과 지질로 구성된 얇은 층으로 수분의 증발을 억제한다.

63 잡초의 분류에 있어서 생활형에 따른 분류는?
① 일년생, 월년생, 다년생
② 여름형, 겨울형
③ 수생, 습생, 건생
④ 화본과, 방동사니과, 광엽류

해설
잡초의 생활형에 따른 분류에는 일년생, 월년생, 다년생이 있다.

64 훈증제 농약은?
① 메틸브로마이드 ② 카보퓨란
③ 프로클로라즈 ④ 이프로벤포스

해설
훈증제의 종류로 메틸브로마이드, 클로로피크린, 알루미늄포스파이드, 시안화수소 등이 있다.

65 벼 오갈병을 매개하는 가장 중요한 수단은?
① 곤충 ② 인축
③ 진균 ④ 세균

해설
벼 오갈병을 매개하는 곤충은 끝동매미충이다.

66 강피, 너도동방사니, 올미가 주로 발생하는 곳은?
① 밭 ② 논
③ 잔디밭 ④ 과수원

해설
강피, 너도방동사니, 올미는 논에서 많이 발생하는 논잡초이다.

67 담자균 문에 속하는 병원균으로 담자기에 격벽이 없는 균은?
① 보리 깜부기병균 ② 뽕나무 버섯균
③ 밀 줄기녹병균 ④ 잣나무 털녹병균

해설
뽕나무 버섯균은 격벽(격막)이 없는 곤봉 모양의 형태를 띠고 있다.

68 감자 바이러스병 진단에 사용되는 방법으로서 미리 싹을 틔어 병징을 발현시켜 발병 유무를 진단하는 법은?
① 병징음폐제거 ② 혐촉반응
③ 괴경지표법 ④ 지표식물

해설
싹을 틔워 병징을 발현, 발생유무를 관찰하는 방법으로 괴경지표법(최아법)이라고도 한다.

69 표징에 의해 이름 지어진 병은?
① 빗자루병 ② 점무늬병
③ 깜부기병 ④ 모자이크병

해설
깜부기병은 환부에 검은가루(포자)가 날리는 표징이 나타난다.

정답 62 ① 63 ① 64 ① 65 ① 66 ② 67 ② 68 ③ 69 ③

70 보조제(補助劑, supplemintal agent)가 아닌 것은?
① 접촉제 ② 유화제
③ 증량제 ④ 전착제

해설
보조제에는 살균제, 제초제 등과 같은 농약의 효과 증진을 도와주는 약제로 전착제, 증량제, 용제, 유화제, 협력제가 있다.

71 논 잡초 중 피 방제를 위한 선택성 제초제는?
① 디캄바 액제
② 글리포세이트 액제
③ 티오벤카브 입제
④ 글루포시네이트암모늄 액제

해설
티오벤카브는 티오카바메이트계 제초제로 1년생 잡초인 피를 처리하는데 효과가 있다.

72 애멸구가 매개하는 벼의 병은?
① 줄무늬잎마름병, 검은줄무늬오갈병
② 오갈병, 줄무늬잎마름병
③ 도열병, 오갈병
④ 흰잎마름병, 도열병

해설
애멸구는 줄무늬잎마름병, 검은줄무늬오갈병 등의 식물병을 매개하는 매개충이다.

73 병원체가 기주작물에 병을 일으킬 수 있는 능력을 무엇이라고 하는가?
① 감수성 ② 저항성
③ 병원성 ④ 면역성

해설
병원성은 병원체가 기주작물에 병을 일으킬 수 있는 능력을 의미한다.
• 감수성 : 식물이 병에 대해 민감한 정도
• 저항성 : 식물이 병에 감염을 억제하는 것
• 면역성 : 식물이 병에 걸리지 않도록 하는 것

74 어떤 병에 대하여 식물이 전혀 병에 걸리지 않는 특성은?
① 감수성 ② 저항성
③ 내병성 ④ 면역성

해설
식물이 병에 걸리지 않도록 하는 것을 면역성이라 한다.

75 곰팡이의 대사산물에서 분리된 항곰팡이성 항생물질은?
① 포리옥신(polyoxin)
② 그리세오풀빈(griseofulvin)
③ 부라에스(Bla - S)
④ 가스가마이신(kasugamin)

해설
그리세오풀빈은 곰팡이에 의해 생성되는 항생물질로 항생작용을 한다.

정답 70 ① 71 ③ 72 ① 73 ③ 74 ④ 75 ②

76 유충이 잎을 가해하며, 1년에 2~3회 발생하고, 성충은 주광성이 강한 대표적인 임업 해충은?

① 솔잎혹파리 ② 미국흰불나방
③ 박쥐나방   ④ 도둑나방

해설
미국흰불나방은 1년에 2~3회 발생하며 나무 껍질 혹은 지피물 밑에서 번데기 형태로 월동한다. 성충은 주광성이 강해 빛에 민감하게 반응을 한다.

77 농약의 과용으로 생기는 부작용으로 관계 없는 것은?

① 약제저항성 해충의 출현
② 잔류독에 의한 환경오염
③ 생물상의 다양화
④ 자연계의 평형파괴

해설
농약의 과용으로 생태계가 파괴되면서 생물상이 단순화될수 있다.

78 잡초방제는 작물별로 잡초경합한계기간에 실시하는 것이 중요하다. 잡초경합한계기간을 바르게 설명한 것은?

① 잡초와 경쟁하기 시작하는 초관 형성기까지이다.
② 작물의 생식생장기부터 수확시까지를 말한다.
③ 잡초와의 경쟁으로 작물의 피해가 비교적 적은 기간을 말한다.
④ 잡초와의 경합이 심한 시기로 초관형성기부터 생식생장기의 초기단계까지이다.

해설
잡초 경합 한계기간은 잡초와 경합을 하여 작물에 치명적인 손실을 가장 많이 입는 기간으로 작물 전생육기간의 첫 1/3~1/2 기간이나 1/4~1/3 기간에 해당된다.

79 개체군에 대한 설명으로 옳은 것은?

① 개체군의 특성은 종의 특성과 일치한다.
② 개체군의 크기는 주로 개체군의 내재적 요인에 의해서 변동된다.
③ 개체군의 특성으로 유전적 구성, 연령 구성, 공간 분포 양식등이 있다.
④ 개체군 변동에는 밀도 의존적 요인이 작용하지 않는다.

해설
개체군은 일정 서식처에 집단을 이루어 생활하는 생물집단으로 유전적 구성, 연령 구성, 공간 분포 양식 등이 있다.

80 다음이 설명하는 해충은?

- 성충은 잎의 엽육을 갉아먹어 벼 잎에 가는 흰색 선이 나타나며, 특히 어린 모에서 피해가 심하다.
- 유충은 뿌리를 갉아먹어 뿌리가 끊어지게 되고 피해를 받은 포기는 키가 크지 못하고 분얼이 되지 않는다.

① 벼밤나방   ② 벼물바구미
③ 벼혹나방   ④ 멸강나방

해설
벼물바구미는 성충이 잎에 피해를 주면 흰색으로 나타나고 유충은 흙속으로 파고들어가 기생을 한다. 유충이 성충보다 섭식량이 많아 더 큰 피해를 주게 된다.

정답 76 ② 77 ③ 78 ④ 79 ③ 80 ②

제5과목 종자관련법규

81 품종목록 등재의 취소 사유로 옳지 않은 것은?
① 품종의 성능이 심사기준에 미치지 못하게 될 경우
② 거짓이나 그 밖의 부정한 방법으로 품종목록 등재를 받은 경우
③ 해당품종의 재배로 인하여 환경에 위해(危害)가 발생하였을 경우
④ 같은 품종이 둘 이상의 품종명칭으로 중복하여 등재된 경우(해당품종 모두 품종목록등재 취소)

[해설]
같은 품종이 둘 이상의 품종명칭으로 중복하여 등재된 경우(가장 먼저 등재된 품종은 제외)

82 종자관련법상 품종성능의 심사기준 항목에 해당되지 않는 것은?
① 표준품종 ② 재배시험기간
③ 포장의 토양조건 ④ 평가형질

[해설]
품종성능 심사기준 항목에는 재배시험기간, 재배시험지역, 표준품종, 평가형질, 평가기준 등이 있다.

83 종자관련법상 보증서 발급에 관한 설명 중 맞는 것은?
① 보증서 발급수수료는 국문일 경우 품종당 3천원이다.
② 보증서는 발급신청인에 의해 국문으로 작성할 수 있다.
③ 보증서를 허위로 발급한 종자관리사에게는 50만원 이하의 과태료에 처한다.
④ 종자관리사는 보증표시를 한 보증종자에 대하여 검사받은 자가 보증서 발급을 요구하면 공동부령으로 정하는 보증서를 발급하여야 한다.

[해설]
종자관리사는 보증표시한 보증종자에 대하여 검사를 받는 자가 보증서 발급을 요구하면 보증서를 발급하여야 한다.

84 타인의 품종보호권을 침해한 자에 대한 벌칙기준으로 옳은 것은?
① 5년 이하의 징역이나 2천만원 이하의 벌금
② 7년 이하의 징역이나 1억원 이하의 벌금
③ 1년 이하의 징역이나 1천만원 이하의 벌금
④ 3년 이하의 징역이나 2천만원 이하의 벌금

[해설]
식물신품종보호관련법상 품종보호권 또는 전용실시권을 침해한 자는 7년 이하의 징역 또는 1억원 이하의 벌금에 처한다.

정답 81 ④ 82 ③ 83 ④ 84 ②

85 다음 중 종자업의 정의로 옳은 것은?
① 신품종 육성을 업으로 하는 것
② 종자의 성능평가를 업으로 하는 것
③ 유전자원의 수집 및 보존을 업으로 하는 것
④ 종자를 생산, 가공 또는 다시 포장하여 판매하는 행위를 업으로 하는 것

해설
"종자업"이란 종자를 생산·가공 또는 다시 포장(包裝)하여 판매하는 행위를 업(業)으로 하는 것을 말한다.

86 포장검사 병주 판정기준에서 고구마의 특정병은?
① 풋마름병 ② 흑반병
③ 역병   ④ 후사리움위조병

해설
포장검사 병주 판정기준에서 고구마의 특정병 흑반병, 마이코프라스마병이 있다.

87 종자관리사를 보유하지 않아도 종자업 등록을 할 수 있는 자는?
① 보리종자를 생산하고자 하는 자
② 목초종자를 생산하고자 하는 자
③ 영지버섯을 생산하고자 하는 자
④ 고추종자를 생산하고자 하는 자

해설
종자관리사 예외 작물은 화훼, 사료작물, 목초작물, 특용작물, 뽕, 임목, 해조류 등이 있다.

88 종자보증의 유효기간이 옳지 않는 것은?
① 채소 : 2년   ② 버섯 : 1개월
③ 맥류, 콩 : 1년 ④ 고구마 : 2개월

해설
맥류와 콩의 유효기간은 6개월이다.

89 다음중 품종보호 요건이 아닌 것은?
① 신규성   ② 구별성
③ 안정성   ④ 영역성

해설
품종보호 요건은 신규성, 구별성, 균일성, 품종명칭 등이 있다.

90 종자관련법상 벌칙규정 중 50만원 이하의 과태료 처분에 해당하지 않는 것은?
① 임시보호권을 침해한 자
② 품종보호권 실시 보고 명령에 따르지 아니한 자
③ 품종보호권, 전용실시권의 상속이나 그 밖의 일반승계의 취지를 신고하지 아니한 자
④ 「특허법」에 따라 심판위원회로부터 증거조사나 증거보전에 관하여 서류나 그 밖의 물건의 제출을 받은 사람으로서 정당한 사유 없이 따르지 아니한 사람

해설
임시보호에 따른 권리를 침해한 자는 7년 이하의 징역 또는 1억원 이하의 벌금에 처한다.

91 국가품종등록등재대상작물이 아닌 것은?
① 벼   ② 보리
③ 사료용 감자 ④ 옥수수

해설
품종목록에 등재할 수 있는 대상작물은 벼, 보리, 콩, 옥수수, 감자와 그 밖에 대통령령으로 정하는 작물로 한다. 다만, 사료용은 제외한다.

92 공무원이 육성하거나 발견하여 개발한 품종으로서 그 성질상 국가 또는 지방자치단체의 업무범위에 속하고, 그 품종을 육성하게 된 행위가 공무원의 현재 또는 과거의 직무에 속하는 경우 이를 무엇이라 하는가?
① 자체보증품종 ② 직무육성품종
③ 보호품종 ④ 육성품종

해설
직무육성품종이 품종보호결정이 되었을 때에는 지체 없이 국가명의로 품종보호권의 설정등록을 하여야 한다.

93 종자관리사의 자격기준으로 맞지 않는 것은?
① 종자기술사 자격을 취득한 사람
② 종자기사 자격을 취득한 사람으로서 자격 취득 전후의 기간을 포함하여 종자업무에 1년 이상 종사한 사람
③ 종자산업기사 자격을 취득한 사람으로서 자격 취득 전후의 기간을 포함하여 종자업무에 2년이상 종사한 사람
④ 임업종묘기능사 자격을 취득한 사람으로서 자격 취득 전후의 기간을 포함하여 종묘업무에 3년 이상 종사한 사람

해설
종자업무 또는 이와 유사한 업무에 3년이상 종사한 종자기능사 또는 버섯종균기능사 자격을 취득한 자

94 다음 중 공동부령으로 정하는 유통종자의 품질표시 사항이 아닌 것은?
① 버섯종균의 종균 접종일
② 재배시 특히 주의할 사항
③ 종자의 무게 또는 입수(粒數)
④ 농림축산식품부장관이 정하는 병해충의 유무

해설
국가보증 대상이 아닌 종자나 자체보증을 받지 아니한 종자를 판매하거나 보급하려는 자는 종자의 용기나 포장에 다음 사항이 모두 포함된 품질표시를 하여야 한다.
· 종자의 생산 연도 또는 포장 연월
· 종자의 발아(發芽) 보증시한(발아율을 표시할 수 없는 종자는 제외한다)
· 등록 및 신고에 관한 사항 등

95 품종보호료의 면제 대상이 아닌 것은?
① 국가 공무원이 직무와 상관없이 품종보호권의 설정등록을 받기 위하여 품종보호료를 납부하여야 하는 경우
② 국가나 지방자치단체가 품종보호권의 설정등록을 받기 위하여 품종보호료를 납부하여야 하는 경우
③ 국가나 지방자치단체가 품종보호권의 존속기간 중에 품종보호료를 납부하여야 하는 경우
④ 「국민기초생활 보장법」 제5조에 따른 수급권자가 품종보호권의 설정등록을 받기 위하여 품종보호료를 납부하여야 하는 경우

해설
국가나 지방자치단체가 품종보호권의 설정등록을 받기 위하여 품종보호료를 납부하여야 하는 경우 종보호료를 면제한다.

정답 92 ② 93 ④ 94 ④ 95 ①

96 다음 중 감자의 수출·수입신고가 면제되지 않는 종자의 품종당 종자수량은?
① 5kg   ② 10kg
③ 25kg ④ 60kg

97 식물신품종보호관련법상 품종보호권의 효력이 적용되는 것은?
① 영리 외의 목적으로 자가소비(自家消費)를 하기위한 품종
② 실험이나 연구를 하기 위한 품종
③ 다른 품종을 육성하기 위한 품종
④ 보호품종을 반복하여 사용하여야 종자생산이 가능한 품종

해설
품종보호권의 효력이 적용되는 것으로 호품종(기본적으로 다른 품종에서 유래된 품종이 아닌 보호품종만 해당한다)으로부터 기본적으로 유래된 품종, 보호품종을 반복하여 사용하여야 종자생산이 가능한 품종 등이 있다.

98 품종명칭등록 이의신청을 한 자(이하 "품종명칭등록 이의 신청인" 이라 한다)는 품종명칭등록 이의신청기간이 경과한 후 며칠이내에 품종명칭등록 이의 신청서에 적은 이유 또는 증거를 보정할 수 있는가?
① 10일   ② 30일
③ 60일   ④ 90일

해설
품종명칭등록 이의신청을 한 자는 품종명칭등록 이의신청기간이 지난 후 30일 이내에 품종명칭등록 이의신청서에 적은 이유 또는 증거를 보정할 수 있다.

99 품종목록 등재의 유효기간은 등재한 날이 속한 해의 다음해부터 몇 년까지로 하는가?
① 5   ② 10
③ 15   ④ 20

해설
품종목록 등재의 유효기간은 등재한 날이 속한 해의 다음 해부터 10년까지로 한다.

100 선서한 증인, 감정인 또는 통역인이 심판위원회에 대하여 거짓으로 진술, 감정 또는 통역을 한 때의 벌칙은?
① 5년 이하의 징역 또는 3천만원 이하의 벌금
② 5년 이하의 징역 또는 5천만원 이하의 벌금
③ 3년 이하의 징역 또는 1천만원 이하의 벌금
④ 1년 이하의 징역 또는 1천만원 이하의 벌금

해설
선서한 증인, 감정인 또는 통역인이 심판위원회에 대하여 거짓으로 진술, 감정 또는 통역을 하였을 때에는 5년 이하의 징역 또는 5천만원 이하의 벌금에 처한다.

정답 96 ④ 97 ④ 98 ② 99 ② 100 ②

2014 제1회 종자기사

제1과목 종자생산학

01 충분히 건조된 종자의 저장용기로서 가장 좋은 재료는?
① 캔 ② 종이
③ 면 ④ 폴리에스테르

해설
종자의 저장용기로 캔과 같은 알루미늄 철제용기는 수분함량을 유지하는데 효과적이다.

02 종자의 휴면타파 방법으로 식물 생장조절제를 이용하는 경우가 있는데 이와 관련이 적은 것은?
① gibberellin ② ABA
③ cytokinin ④ ethylene

해설
ABA(아브시스산)은 생장억제물질로 휴면을 유도하거나 발아를 억제하는 효과가 있다.

03 피토크롬(phytochrome)을 가장 잘 설명한 것은?
① 개화를 촉진하는 호르몬이다.
② 광을 수용하는 색소 단백질이다.
③ 광합성에 관여하는 색소 중의 하나이다.
④ 호흡조절에 관여하는 단백질이다.

해설
피토크롬(파이토크롬)은 식물에 존재하는 색소단백질로 광가역 반응을 일으킨다.

04 종자의 발아를 촉진시키는데 가장 효과적인 광은?
① 녹색광 ② 적색광
③ 청색광 ④ 초적색광

해설
가시광선 파장영역에서 600~700nm 의 적색광 파장영역은 휴면을 타파시키고 발아를 촉진한다.

05 광합성 산물이 종자로 전류되는 이동형태는?
① amylose ② stachyose
③ sucrose ④ raffinose

해설
광합성산물의 종자로 전류는 수크로스(sucrose) 로 이루어진다.

06 채종포 선정에 대한 설명 중 가장 적합한 것은?
① 종자생산 포장은 같은 작물의 다른 품종을 재배하였던 곳은 무방하다.
② 종자생산 재배지역이 역사적으로 재배가 성행했던 곳이 좋다.
③ 콩과작물은 개화기에 다소 고온 및 건조하여도 종자 결실에 지장이 없다.
④ 종자생산은 한 지역에서 단일 품종을 집중적으로 재배하는 것은 좋지 않다.

해설
종자생산 재배지역은 재배가 성공한 곳이 기후가 적합한 경우로 채종포 선정 기준에 부합한다.

정답 01 ① 02 ② 03 ② 04 ② 05 ③ 06 ②

07 식물의 화아가 유도되는 생리적 변화에 영향을 미치는 요인으로 가장 거리가 먼 것은?
① 춘화처리 ② 일장효과
③ 토양수분 ④ C/N율

해설
화아분화에 영향을 주는 요인으로 일장, 온도(춘화처리 등), 습도 등의 외부환경요인이 있으며 내적요인으로는 식물의 성숙도, 영양상태(C/N율 등), 식물호르몬 등이 있다.

08 복 2배체 육종법의 설명으로 틀린 것은?
① 고정이 가능하다.
② 2배체와의 교잡으로 2차적 육종이 가능하다.
③ 자연상태에서 육성된다.
④ 인공적으로 육성되지 않는다.

해설
복이배체(복2배체)는 이질배수체라 하며 서로 다른 종류의 게놈이 배가되어 배수체를 만든 것으로 인공적으로 육성된다.

09 발아 시 자엽이나 또는 자엽처럼 양분을 저장하고 있는 기관을 지하에 남아 있게 하는 식물이 아닌 것은?
① 완두 ② 콩
③ 옥수수 ④ 벼

해설
콩은 지상발아형으로 자엽이 지반 외부로 나와 생장점에 양분이 공급한다.

10 찰벼를 화분친으로 하고 메벼를 자방친으로 하여 교배한 F_1 종자의 배와 배유의 유전자형은? (단, 메벼는 WxWx, 찰벼는 wxwx 이다.)
① 배 Wxwx, 배유 wxwxWx
② 배 Wxwx, 배유 WxWxwx
③ 배 WxWxwx, 배유 Wxwx
④ 배 wxwxWx, 배유 Wxwx

해설
메벼 WxWx 와 찰벼 wxwx 의 교배시 배(2n, Wxwx)와 배유(3n, WxWxwx)가 나타난다.

11 밀봉용기 내에 종자와 같이 넣어 저장하면 종자의 수명을 연장시킬 수 있는 것은?
① 지베렐린 ② 염화석회
③ 질산칼륨 ④ 황산마그네슘

해설
종자의 저장을 위한 건조제에는 실리카겔, 염화칼슘(염화석회), 생석회, 나뭇재 등이 활용된다.

12 F_1 종자생산과 관련하여 웅성불임성에 대한 설명으로 옳은 것은?
① 웅성불임성의 육안적 판별은 불가능하다.
② 세포질적 웅성불임은 멘델식 유전을 한다.
③ 고추의 F_1 종자생산에는 세포질적 웅성불임계를 모계로 쓴다.
④ 웅성불임계를 이용한 고추의 F_1 종자생산시 부계로는 반드시 임성회복계통을 써야 한다.

해설
웅성불임계 품종을 모계로 하여 조합능력이 높은 다른 품종을 부계로 하면 제웅 등의 교배 작업이 없어도 1대 잡종 종자를 얻을수 있다.

정답 07 ③ 08 ④ 09 ② 10 ② 11 ② 12 ④

13 식물의 종자를 구성하고 있는 기관은?
① 전분, 단백질, 배유
② 배, 전분, 초엽
③ 종피, 배유, 배
④ 단백질, 종피, 초엽

해설
종자는 종피와 배, 저장양분을 함유한 배유 등으로 구성되어 있다.

14 자연조건에서 종자의 수명이 가장 짧은 작물로 나열된 것은?
① 양파, 벼 ② 땅콩, 수박
③ 벼, 수박 ④ 양파, 상추

해설
양파, 파, 콩, 땅콩, 당근, 메밀, 고추, 상추, 우엉 등은 수명이 짧은 단명종자이다.

15 후작용(after effect)에 의한 품종퇴화의 설명으로 옳은 것은?
① 콩을 동일장소에서 재배, 채종을 계속하면 자실(子實)이 소립(小粒)이 되고, 차대식물의 생육도 떨어진다.
② 가을 뿌림 양배추를 여름 뿌림으로 채종을 계속하여 나가면 조기 추대 종자로 변하기 쉽다.
③ 백합에서 목자(木子) 대신 실생으로 번식하면 생육이 좋아진다.
④ 타식성 작물에서 채종 개체수가 너무 적을 때는 차대의 유전자형에 편향이 생겨 품종퇴화를 초래할 수 있다.

해설
콩과 같은 작물을 동일장소에서 재배, 채종을 반복하면 토양의 동일 양분이 소실되면서 다음 콩 작물의 수량이 감소하고 자실이 소립되게 된다.

16 종자 코팅의 목적과 거리가 먼 것은?
① 종자의 휴면타파를 위함이다.
② 기계 파종 시 취급이 유리하다.
③ 종자소독이 가능하다.
④ 종자의 품위를 향상시킬 수 있다.

해설
종자코팅은 종자피복이라고도 하는데 종자의 보호나 발아, 생육을 조장하기 위해 농약이나 필요한 재료를 종자의 외부에 바르는 작업을 말한다.

17 티머시 보급종의 정립의 최저한도는 얼마인가?
① 92.0% ② 95.0%
③ 97.0% ④ 99.0%

해설
티머시 보급종 정립 최저한도는 97% 한다.

18 종피가 되는 기관은?
① 제(臍) ② 주피
③ 주공 ④ 봉선

해설
종피는 배주를 싸고 있는 주피가 변화한 것이다.

19 종피파상법(種皮破傷法)으로 휴면타파를 해야 하는 경우는?
① 종피가 두꺼운 종자
② 암상태에서 발아하지 않는 종자
③ 생장조절제를 생성하지 못하는 종자
④ 저온조건에서 발아하지 않는 종자

해설
종피가 두꺼운 경우 휴면 타파를 위해 종피에 상처를 내는 방법을 종피파상법이라 한다.

20 종자보급체계에서 보급종(普及種)이란?

① 육성자가 유지하고 있는 종자
② 기본식물에서 1세대 증식된 종자
③ 원원종에서 1세대 증식된 종자
④ 원종에서 1세대 증식된 종자

해설
원종 또는 원원종에서 1세대 증식하여 농가에 보급하는 종자를 보급종이라 한다.

제2과목 식물육종학

21 양파의 웅성불임인자의 유전기구와 가장 관계가 깊은 것은?

① 핵 유전자와 특수한 세포질의 상호관계에 의해서 일어난다.
② 불임계통을 모본(母本)으로 하면 항상 웅성불임이 생긴다.
③ 세포질과는 관계없이 열성핵유전자에 의해 지배된다.
④ 단일 조건에서는 세포질에 의해서 장일 조건에서는 열성 핵유전자에 의해 지배된다.

해설
세포질적 웅성불임은 세포질 요인에 의해서만 발생하며 F_1 개체는 화분이 생기지 않고 항상 불임의 F_1 종자만 생산되어 종실이 수확대상이 되는 작물에서 이용할 수 없고 영양체를 이용하는 사료용 유채, 양파 등에서 실용화 될 수 있다.

22 1대잡종 종자 채종시 웅성불임성을 이용하는 화본과 작물은?

① 벼   ② 배추
③ 토마토   ④ 오이

해설
벼는 유전자적 웅성불임을 이용한 화본과 작물이다.

23 식물육종의 성과로서 부정적인 것은?

① 생산성 증가   ② 품질 향상
③ 환경적응성 증대 ④ 재래종 감소

해설
작물육종의 성과에는 신품종 출현, 품질의 개선, 재배안정성증대, 재배한계의 확대, 경영의 합리화 등이 있다.

24 신품종 증식을 위한 채종재배시 지켜야 할 사항으로만 바르게 나열된 것은?

① 불량주 도태, 단일처리
② 단일처리, 우량모본의 양성
③ 우량모본의 양성, 열성중성자 처리
④ 불량주 도태, 우량모본의 양성

해설
채종재배시 우량모본 양성, 격리재배, 비배관리, 이형주 및 불량주의 도태 등을 지켜야 한다.

25 타식성 식물에서 순계선발을 이용한 육종을 하지 않는 이유는?

① 자식이 불가능하기 때문이다.
② 순계선발을 하면 우성유전자들이 소실되기 때문이다.
③ 근교약세가 심하게 나타나기 때문이다.
④ 유전자재조합을 방지하여 유전형질을 안정화하기 위해서이다.

해설
타식성 식물은 자식을 계속하면 후대의 세력이 약해지면서 자식약세 현상이 나타난다.

26 작물 육종법 중 시대적으로 가장 먼저 이용된 방법은?

① 잡종강세육종 ② 교잡육종
③ 돌연변이육종 ④ 분리육종

해설
분리육종은 지방종, 재래종 혹은 재배품종을 대상으로 서로 다른 개체나 개체군을 분리하고 그로부터 우량 형질을 가진 것을 골라 새로운 품종으로 고정하는 육종방법으로 시대적으로 가장 먼저 이용되었다.

27 변이의 창성과 관련이 없는 것은?

① 교차
② 콜히친
③ 형질전환
④ 하디-바인베르크의 법칙

해설
하디-바인베르크 법칙은 무작위적 교배가 일어나고 있는 집단에서 유전자를 변화시키는 외부 힘이 작용하지 않는 한 우성 유전자와 열성 유전자의 비율은 세대를 거듭하여도 변하지 않고 유전적 평형을 이룬다는 내용으로 변이가 없어야 함을 전제로 한다.

28 육종에서 후대까지 유용하게 이용할 수 있는 변이가 아닌 것은?

① 환경변이
② 돌연변이
③ 염색체의 조환에 의한 변이
④ 염색체의 교차에 의한 변이

해설
환경변이는 비유전적 원인에 의한 변이에 해당된다.

29 감수분열 과정 중 재조합이 일어나 후대의 변이가 확대되는 단계는?

① 제1감수분열 전기, 제2감수분열 후기
② 제1감수분열 중기, 제2감수분열 중기
③ 제1감수분열 전기, 제1감수분열 중기
④ 제2감수분열 전기, 제2감수분열 중기

해설
제1감수분열은 이형분열이라 하며 염색체 수가 2n에서 n 으로 반으로 줄고 유전물질의 양은 간기에 2배로 늘어나지만 후기에 다시 반으로 줄어들어 원래의 수가 된다. 이러한 과정 중 재조합 및 후대 변이가 확대되는 경우를 제1감수분열 전기, 중기에 해당된다.

30 TTGG × ttgg 사이의 F_1을 얻었을 때 이 F_1으로부터 형성되는 배우자형은 몇 종류인가?

① 1종류   ② 2종류
③ 3종류   ④ 4종류

해설
대립유전자의 쌍이 2개 이므로 F_1 세대는 2n=4 이다.

31 종·속간 잡종에서는 게놈구성이 다르므로 어려움이 따른다. 이에 대한 설명으로 틀린 것은?

① 복이배체를 인위적으로 만들 수 없다.
② 교잡종자를 얻기 어렵다.
③ 잡종식물의 생육이 좋지 않다.
④ 후대의 유전현상이 복잡하다.

해설
복이배체(복2배체)라 하며 서로 다른 종류의 게놈이 배가되어 배수체를 만든 것으로 인위적으로 만들 수 있다.

32 돌연변이체의 선발시기는?
① M_1 세대 이후 ② M_2 세대 이후
③ M_4 세대 이후 ④ M_6 세대 이후

해설
돌연변이육종은 M_1 세대에서 양성하고 M_2세대에서 선발하여 계통재배한 다음 M_3세대에서 돌연변이 고정도를 조사하고 M_4 세대에서 생산력을 검정한다.

33 자연교잡에 의한 신품종의 퇴화를 방지하는데 사용되는 방법으로 가장 실용적인 것은?
① 밀식재배법 ② 주보존재배법
③ 격리재배법 ④ 다비재배법

해설
자연교잡에 의해 품종이 퇴화하는 경우도 있기에 격리재배를 통해 이를 방지하기도 한다.

34 수량성을 늘리기 위한 육종방법(다수성 육종)에 대한 설명으로 틀린 것은?
① 수량성은 주로 폴리진(polygene)이 관여하는 전형적인 양적 형질이다.
② 환경의 영향을 많이 받기 때문에 유전력이 높은 편이다.
③ 다수성 육종에서는 계통육종법보다 집단육종법이 유리하다.
④ 수량성의 선발은 개체선발보다 계통선발에 중점을 둔다.

해설
수량성 개념의 양적형질은 많은 유전자가 관여하고 환경의 영향을 받기 때문에 유전력이 낮은 편이다.

35 자가불화합성과 웅성불임성은 육종과정 중 어느 단계에서 활용되는가?
① 변이의 창성
② 인위적 선발
③ 생산성 및 지역 적응성 검정
④ 종자 및 묘목의 증식

해설
자가불화합성과 웅성불임성은 잡종강세를 나타내는 작물의 1대잡종 종자를 대량생산할 수 있기에 종자 및 묘목의 증식에 활용된다.

36 종속이 다른 작물간 교배에 의하여 새로운 작물을 육성해내는데 사용될 수 있는 가장 적절한 방법은?
① 생장점 배양 ② 배 배양
③ 단위생식 유도법 ④ 웅성불임 유도법

해설
배 배양법은 종, 속간 잡종 등 원연간의 잡종에서는 수정 후 배의 인공배양이 필요하다.

37 임성회복유전자가 존재하는 웅성불임성은?
① 유전자웅성불임성
② 세포질웅성불임성
③ 임성회복웅성불임성
④ 세포질유전자웅성불임성

해설
세포질 유전자적 웅성불임으로 잡종강세를 이용하기 위해서 웅성불임친과 그 웅성불임성을 유지해 주는 유지친, 웅성불임친의 임성을 회복시켜 주는 회복인자친이 있어야 한다.

정답 32 ② 33 ③ 34 ② 35 ④ 36 ② 37 ④

38 농작물 육종 과정 중 세대 촉진 및 생육기간 단축을 위하여 쓰이는 방법으로 가장 알맞은 것은?

① 접목, 일장처리
② 일장처리, 자연도태
③ 자연도태, 검정교잡
④ 검정교잡, 접목

해설
접목 및 일장처리는 식물의 화아분화 및 개화에 영향을 준다.

39 약배양(約培養)에 의하여 새 품종을 육성하려면 다음세대 중 어느 것으로부터 약을 채취하는 것이 바람직한가?

① 순계   ② F_1
③ F_2 ④ F_3

해설
약배양은 양친을 교배한 F_1 식물체에 형성되는 화분이나 자방의 유전자형은 반수체이다. 이 반수체를 염색체 배가시키면 순계가 유전적으로 고정되어 품종으로 분리할 수 있다.

40 유전자지도 작성의 기초가 되는 유전현상은?

① 염색체 배가
② 연관과 교차
③ 유전자 분리
④ 비대립 유전자의 상위성

해설
연관과 교차는 조환가를 기준으로 염색체 위에 유전자들의 상대적 위치를 정하여 표시한 것으로 연관지도라고 한다.

제3과목　재배원론

41 C/N율과 작물의 생육, 화성, 결실과의 관계를 잘못 설명한 것은?

① 작물의 양분이 풍부해도 탄수화물의 공급이 불충분할 경우 생장이 미약하고 화성 및 결실도 불량하다.
② 탄수화물의 공급이 풍부하고, 무기양분 중 특히 질소의 공급이 풍부하면 생육이 왕성할 뿐만 아니라 화성 및 결실도 양호하고 빨라진다.
③ 탄수화물의 공급이 질소공급보다 풍부하면 생육은 다소 감퇴하나 화성 및 결실은 양호하다.
④ 탄수화물의 증대를 저해하지는 않으나, 질소의 공급이 더욱 감소될 경우 생육 감퇴 및 화아 형성도 불량해진다.

해설
탄수화물의 공급이 풍부하고, 무기양분 중 특히 질소의 공급이 풍부하면 생육이 왕성하지만 화성 및 결실이 불량해진다.

42 질소농도가 0.2%인 수용액 20L를 만들어서 엽면시비를 하려할 때, 필요한 요소비료의 양은? (단, 요소비료의 질소함량은 46%이다.)

① 약 3.96g   ② 약 8.70g
③ 약 40.0g   ④ 약 86.96g

해설
20L 는 20,000ml(20,000g) 으로 나타낼수 있고 <0.2% × 20,000g = 40g> 이므로 <요소비료×0.46 = 40g> 으로 환산되기에 요소비료는 약 86.96g 임을 알수 있다.

정답　38 ①　39 ②　40 ②　41 ②　42 ④

43 기후가 불순하여 흉년이 들 때에 조, 기장, 피 등과 같이 안전한 수확을 얻을 수 있어 도움이 되는 재배작물을 무엇이라고 불렀는가?
① 보호작물 ② 대용작물
③ 구황작물 ④ 포착작물

해설
불리한 환경(흉년)에 수확량이 상당한 작물을 구황작물이라 하며 조, 기장, 메밀, 피, 고구마 등이 해당된다.

44 토양수분의 수주 높이가 1000cm 일 때 pF 값과 기압은 각각 얼마인가?
① pF0, 0.001기압 ② pF1, 0.01기압
③ pF2, 0.1기압   ④ pF3, 1기압

해설
pF = log H (H : 수조 높이, 단위 : cm) 이므로 수주 높이가 1000cm 이면 10^3 으로 pF = 3 이며 1기압(1 atm) 이라 한다.

45 수발아를 방지하기 위한 대책으로 옳은 것은?
① 수확을 지연시킨다.
② 지베렐린을 살포한다.
③ 만숙종보다 조숙종을 선택한다.
④ 휴면기간이 짧은 품종을 선택한다.

해설
수발아는 벼, 맥류 등이 수확기가 되었을 때 장마철 도복이나 장기간 비로 인하여 젖은 땅에 오래 접촉할 경우 이삭에서 싹이 트는 현상이다. 이러한 수발아의 방지 대책으로 조기 수확, 도복 방지, 조숙종의 선택 등이 있다.

46 묘상을 갖추되 가온하지 않고 태양열만을 유효하게 이용하여 육묘하는 방법은?
① 온상(溫床)   ② 노지상(露地床)
③ 냉상(冷床)   ④ 묘상(苗床)

해설
인공 가온 없이 태양열만을 이용하는 방법을 보온육묘(냉상육묘)라 한다.

47 제초제로서 처음 사용한 약제는?
① MCP   ② MH
③ 2,4-D ④ 2,4,5-T

해설
식물호르몬 중에서 2,4-D 는 생합성 옥신 제초제로 가장 먼저 알려진 약제이다.

48 내건성(耐乾性)이 강한 작물의 특성으로 옳은 것은?
① 세포액의 삼투압이 낮다.
② 작물의 표면적/체적 비가 크다.
③ 원형질막의 수분투과성이 크다.
④ 잎 조직이 치밀하지 못하고 울타리조직의 발달이 미약하다.

해설
내건성 작물은 원형질의 점성이 높고 원형질막의 수분투과성이 크다.

정답 43 ③ 44 ④ 45 ③ 46 ③ 47 ③ 48 ③

49 토양구조에 관한 설명으로 옳은 것은?
① 식물이 가장 잘 자라는 구조는 이상구조이다.
② 단립(單粒)구조는 점토질 토양에서 많이 볼 수 있다.
③ 수분과 양분의 보유력이 가장 큰 구조는 입단구조이다.
④ 이상구조는 대공극이 많고 소공극이 적다.

해설
입단구조는 여러 입자들이 하나의 단체를 만들고 단체끼리 모여 입단을 만드는 구조로 통기성이 좋고 적정량의 수분을 보유한다.

50 작물재배의 광합성 촉진 환경으로 거리가 먼 것은?
① 공기의 흐름이 높을수록 광합성이 촉진된다.
② 공기습도가 높지 않고 적당히 건조해야 광합성이 촉진된다.
③ 최적온도에 이르기까지는 온도의 상승에 따라서 광합성이 촉진된다.
④ 광합성 증대의 이산화탄소 포화점은 대기중 농도의 약 7~10배(0.21~0.3%)이다.

해설
공기의 흐름이 적당한 연풍의 바람의 경우 작물에 이로운 영향을 주지만 너무 강할 경우 기공이 닫히고 광합성량이 감소하게 된다.

51 식물체 수분포텐셜을 측정하는 방법이 아닌 것은?
① 가압상법
② 중성자 산란법
③ Chardakov 방법
④ 노점식 방법(증기압측정법)

해설
중성자 산란법은 토양의 수분함량 측정방법이다.

52 작물 재배에서 도복을 유발시키는 재배조건으로 가장 적합한 것은?
① 밀식과 질소다용(多用)
② 소식과 이식재배
③ 토입과 배토
④ 칼륨과 규산질 증시(增施)

해설
밀식조건과 질소를 많이 공급할 경우 도복을 유발한다.

53 비료의 3요소 중 칼륨의 흡수비율이 가장 높은 작물은?
① 고구마   ② 콩
③ 옥수수   ④ 보리

해설
고구마와 같은 작물은 칼륨의 흡수비율이 높은 편인데 칼륨이 양분을 지하부로 이동하는 것을 촉진하여 덩이뿌리가 굵어지도록 도와주는 역할을 한다.

54 재배조건과 T/R율과의 관계가 틀린 것은?
① 일사량이 부족하면 T/R율이 증대함
② 질소 다비재배는 T/R율이 증대함
③ 토양수분이 부족하면 T/R율이 증대함
④ 토양 통기가 나쁘면 T/R율이 증대함

해설
토양 내 수분이 많을 경우 T/R 율이 증대한다.

55 대기 오염물질 중에 오존을 생성하는 것은?
① 아황산가스(SO_2) ② 이산화질소(NO_2)
③ 일산화탄소(CO)   ④ 불화수소(HF)

해설
이산화질소는 대기 중 일산화질소의 산화에 의해 발생하고 휘발성 유기화합물과 반응하여 오존을 생성하는 전구물질이다.

정답 49 ③ 50 ① 51 ② 52 ① 53 ① 54 ③ 55 ②

56 벼농사 육묘방법 중 기계이앙을 위한 방법은?
① 물못자리 ② 밭못자리
③ 상자육묘 ④ 절충형못자리

해설
기계이앙 육묘는 상자육묘를 한다.

57 작물의 습해(濕害)에 대한 설명으로 틀린 것은?
① 근계가 얕게 발달하거나, 부정근의 발생이 큰 것이 내습성을 강하게 한다.
② 뿌리의 피층세포가 직렬로 되어 있는 것은 사열로 되어 있는 것보다 내습성이 강하다.
③ 채소류에서 꽃양배추, 토마토, 피망 등은 양상추, 가지에 비하여 내습성이 강한 것으로 알려져 있다.
④ 춘・하계 습해는 토양 산소 부족뿐만 아니라 환원성 유해물질 생성에 의해 피해가 더욱 크다.

해설
꽃양배추, 토마토, 피망 등은 양상추, 가지에 비하여 내습성이 약하다.

58 식물생장조절물질의 역할에 대한 설명으로 옳은 것은?
① 2,4-DNC는 강낭콩의 키를 작게 한다.
② BOH는 파인애플의 줄기신장을 촉진한다.
③ Rh-531은 볏모의 신장을 촉진한다.
④ CCC는 절간신장을 촉진한다.

해설
보기의 BOH는 파인애플의 개화유도제이며 Rh-531 및 CCC는 생장억제물질이다.

59 식물 유전의 돌연변이설을 주장한 사람은?
① 멘델(Mendel)
② 다윈(Darwin)
③ 드브리스(De Vries)
④ 파스퇴르(Pasteur)

해설
작물 유전의 돌연변이설을 주장한 드브리스(De vries)는 달맞이꽃을 재배하여 새로운 변종들이 무작위로 생기는 것을 통해 학설을 주장하였다.

60 일반적으로 종자량이 많이 소요되는 파종양식의 순서로 옳은 것은?
① 산파 > 조파 > 적파 > 점파
② 산파 > 적파 > 점파 > 조파
③ 조파 > 산파 > 점파 > 적파
④ 조파 > 산파 > 적파 > 점파

해설
산파는 포장 전면에 종자를 흩어 뿌리면서 종자량이 가장 많이 소요된다. 조파는 줄지어 뿌리기에 산파와 같이 줄을지어 흩어 뿌리는 개념으로 종자소요량이 많다. 적파는 점파와 유사하나 한곳에 여러개를 파종하며 점파는 일정 간격으로 수개만 파종하기에 가장 적게 소요된다.

제4과목 식물보호학

61 고형시용제 중 농약 살포도중에 비산이 적다는 의미의 제형은?
① 분제 ② 수화제
③ DL분제 ④ FD제

해설
저비산분제(DL분제)는 살포 후 대기 중 약제의 알갱이가 응집되도록 하여 약제의 비산을 방지한다.

정답 56 ③ 57 ③ 58 ① 59 ③ 60 ① 61 ③

62 화학적 잡초방제법에 속하는 것은?
① 비산 종자의 관리
② 약제 방제
③ 피복처리
④ 식물 병원균의 이용

해설
화학적 잡초방제법은 화학약제를 이용하는 방법이다.

63 각종 피해로부터 작물을 보호하기 위한 방법으로 틀린 것은?
① 재배방법의 개선
② 다비밀식재배
③ 저항성품종의 육성
④ 병해충의 발생예찰

해설
다시 밀식 재배를 하게 되면 작물의 도복이 일어나 병해충에 피해를 받게 된다.

64 잡초로 인한 피해의 형태가 아닌 것은?
① 작물의 수확량 감소
② 경지의 이용 효율 감소
③ 조류(鳥類)에 의한 피해 증가
④ 해충과 병의 방제에 드는 비용 증대

해설
잡초는 야생동물에게 먹이 및 서식처를 제공하는 장점이 있다.

65 양성주화성과 가장 관계가 먼 것은?
① 호랑나비는 탱자나무에 산란한다.
② 매미나방의 암컷은 성페로몬을 방출하여 수컷을 유인한다.
③ 유아등으로 끝동매미충을 유살한다.
④ 당밀채집법으로 여러 가지 곤충을 채집한다.

해설
주화성은 화학물질에 유인되는 현상을 말하며 유아등을 이용하는 개념은 주광성에 대한 내용이다.

66 흰가루병에 대한 설명으로 틀린 것은?
① 순활물기생균으로 일반적으로 인공배양을 할 수 없다.
② 광합성이 증가되고, 호흡과 증산이 증가하므로 식물의 생장이 저해되어 수량이 감소된다.
③ 감수율이 경우에 따라 20~40%가 되는 경우도 있다.
④ 병든 식물체에서는 백색 또한 회백색의 점 또는 얼룩이 나타난다.

해설
흰가루병은 표면 잎에 흰가루와 같은 백색의 반점이 발생하여 광합성이 감소하게 된다.

67 번데기가 위용(圍蛹)인 곤충은?
① 파리목
② 나비목
③ 벌목
④ 딱정벌레목

해설
위용은 유충이 번데기가 된 이후 피부가 경화되어 그 속에서 나용이 만들어진 형태로 파리목의 일부에서 관찰된다.

정답 62 ② 63 ② 64 ③ 65 ③ 66 ② 67 ①

68 곤충의 순환계에 대한 설명으로 틀린 것은?

① 혈액의 적절한 순환을 돕기 위해 펌프할 수 있는 구조로 되어 있다.
② 폐쇄 순환계이다.
③ 혈액은 혈장과 혈구세포로 구성되어 있다.
④ 등횡경막과 배횡경막이 있다.

해설
곤충은 개방 순환계이다.

69 곤충성장조절제(Insect Growth Regulator : IGR)가 아닌 것은?

① 성페로몬
② 키틴합성억제제
③ 유약호르몬 유사체
④ 탈피호르몬 유사체

해설
페로몬의 경우 곤충이 방출하는 일종의 화학물질로서 종 특이적으로 작용한다.

70 약제 살포 방법 중 분무법에 비해서 작업이 간편하고 노력이 적게 들며 용수가 필요치 않은 이점이 있으나, 단위면적에 대한 주제의 소요량이 많고 방제효과가 비교적 떨어지는 약제 살포 방법은?

① 액체 살포법　② 미스트법
③ 살분법　　　④ 연무법

해설
살분법은 분제 농약을 살포하는 방법으로 다공 호스를 이용한 파이프더스터(Pipe duster)법이 주로 이용된다. 분무법과 비교하여 작업이 간단하나 약제가 많이 들고 효과가 낮은 것이 단점이다.

71 유기인계 살충제의 성질과 관계가 먼 것은?

① 신경독이다.
② 적용해충의 범위가 좁다.
③ 알칼리에 분해되기 쉽다.
④ 일반적으로 잔효성이 짧다.

해설
유기인계 살충제는 살충력이 강하고 적용 가능한 해충의 종류가 많으며 대량생산이 가능하다.

72 완두콩바구미의 연발생 횟수와 월동태는?

① 연 1회 발생, 성충
② 연 2~3회 발생, 성충
③ 연 4~5회 발생, 유충
④ 연 1회 발생, 번데기

해설
완두콩바구미는 콩, 완두에 피해를 주며 1년에 1회 발생하고 성충으로 월동한다.

73 곤충을 분류할 때 무시아류에 속하는 곤충의 분류 목이 아닌 것은?

① 톡톡이목　　② 좀붙이목
③ 강도래목　　④ 낫발이목

해설
강도래목은 유시아강에 해당한다.

74 밭에서 문제가 되고 있는 광발아 잡초는?

① 바랭이　　② 냉이
③ 광대나물　④ 별꽃

해설
광발아 종자의 종류로는 바랭이, 쇠비름, 향부자, 강피, 소리쟁이 등이 있다.

75 식물 병원균이 분비하는 어떤 대사물질 중 기주식물의 세포벽을 파괴하는 것은?
① 효소   ② 독소
③ 병소   ④ 병원

해설
식물 병원균이 침입시 분비하는 효소에 의해 세포벽이 분해된다. 효소의 종류에 따라 각각 분해가능한 세포벽층이 다르며 큐틴, 펙틴, 셀룰로오스, 리그닌 등의 세포벽 구성성분을 분해하여 침입하게 된다.

76 병해 방제방법 중 농민의 입장에서 가장 확실하고 값이 싼 방제법은?
① 법적 방제법   ② 저항성품종 재배
③ 생물적 방제법   ④ 재배적 예방법

해설
저항성품종 재배는 별도의 경비를 소요하지 않고 농약 등의 활용이 없어 친환경적인 방제법이다.

77 살충제 Bt제의 작용점은?
① 대사과정   ② 중장세포
③ 호르몬샘   ④ 키틴합성회로

해설
미생물 살충제(BT제)에서 합성하는 단백질이 곤충의 체내로 침입할 경우 중장에 있는 특정 수용체와 결합하여 독성을 만들어내고 이때 만들어진 독소는 중장세포의 ATP 합성을 저해하여 곤충을 죽게 한다.

78 식물병원 세균의 특징으로 옳은 것은?
① 내생포자를 만든다.
② 균사가 있다.
③ 상처를 통하여 침입한다.
④ 인공배양이 잘 되지 않는다.

해설
세균은 세포벽을 가지고 있으나 핵막이 없고 이분법에 의해 증식하는데 주로 상처를 통해 침입한다.

79 다음은 어느 오염물질에 대한 설명인가?

- 자동차 배기가스에 의해 많이 생긴다.
- 침엽수에서는 주로 잎끝마름 증상을 나타낸다.
- 활엽수의 잎에는 잎맥 사이의 황화나 괴저를 일으킨다.
- 활엽수의 만성피해는 잎 크기가 작아지고 일찍 단풍이 든다.

① 아황산가스   ② 에틸렌
③ 암모니아   ④ 염소

해설
아황산가스는 공장 등 인위적인 요소에 의해 발생되는 아황산가스는 독성이 매우 강한 편이며 아황산가스의 피해는 대기 중 농도에 고농도의 경우 급성피해와, 저농도의 경우 만성피해로 분류 할수 있다.

80 벼의 병해 중에서 병원균이 세균인 것은?
① 잎집무늬마름병   ② 오갈병
③ 흰잎마름병   ④ 깨씨무늬병

해설
흰잎마름병은 세균에 의해 발생하며 수공이나 상처를 통해 침입하며 도관에서 증식하는 것이 특징이다.

정답 75 ① 76 ② 77 ② 78 ③ 79 ① 80 ③

제5과목 종자관련법규

81 직무상 알게 된 품종보호출원 중인 품종에 관한 비밀을 누설하거나 도용한 때에 해당되는 벌칙은?
① 1년 이하의 징역 또는 1천만원 이하의 벌금
② 2년 이하의 징역 또는 2천만원 이하의 벌금
③ 3년 이하의 징역 또는 3천만원 이하의 벌금
④ 5년 이하의 징역 또는 5천만원 이하의 벌금

해설
심판위원회 직원 또는 그 직위에 있었던 사람이 직무상 알게 된 품종보호 출원 중인 품종에 관하여 비밀을 누설하거나 도용하였을 때에는 5년 이하의 징역 또는 5천만원 이하의 벌금에 처한다.

82 종자관리사의 자격기준으로 옳지 않은 것은?
① 「국가기술자격법」에 따른 종자기술사 자격 취득자
② 「국가기술자격법」에 따른 종자기사 자격취득자로 종자 업무 또는 이와 유사한 업무에 1년이상 종사한 사람
③ 「국가기술자격법」에 따른 종자산업기사 자격취득자로 종자업무 또는 이와 유사한 업무에 2년이상 종사한 사람
④ 「국가기술자격법」에 따른 버섯종균기능사 자격취득자로 종자업무 또는 이와 유사한 업무에 2년 이상 종사한 사람

해설
종자업무 또는 이와 유사한 업무에 3년 이상 종사한 종자기능사 또는 버섯종균기능사 자격을 취득한 자

83 보증종자의 사후관리 시험의 항목에 해당되지 않는 것은?
① 검사항목
② 검사시기
③ 검사횟수
④ 검사수량

해설
보증종자 사후관리 시험 항목에는 검사항목, 검사시기, 검사횟수, 검사방법 등이 있다.

84 국가품종목록 등재 대상 작물의 종자를 수입하고자 하는 자는 종자수출수입신고서와 함께 어떤 서류를 국립종자원장에게 제출하여야 하는가?
① 품종의 특성 설명서
② 품종의 육성경위 설명서
③ 수입적응성시험 확인서
④ 수입신용장 또는 수입계약서 부본

해설
국가품종목록 등재 대상 작물의 종자를 수입하고자 하는 자는 종자수출수입신고서와 함께 수입적응성시험 확인서를 제출하여야 한다.

85 국가품종목록 등재신청 시 절차로 옳은 것은?
① 신청 → 심사 → 등재 → 공고
② 신청 → 심사 → 공고 → 등재
③ 신청 → 공고 → 심사 → 등재
④ 신청 → 등재 → 심사 → 공고

해설
국가품종목록 등재신청 시 절차는 신청, 품종성능 심사, 품종목록 등재, 해당 품종이 속하는 작물 종류, 명칭, 등재 유효기간 등을 공고하는 순서로 진행된다.

86 종자산업법 상의 규정에 의한 발아보증시한이 경과된 종자를 진열·보관한 자에 대한 벌칙으로 1회 위반시 과태료는?
① 1만원   ② 10만원
③ 100만원   ④ 1000만원

해설
발아보증시한이 경과된 종자를 진열·보관한 자는 1회 위반시 10만원, 2회 30만원, 3회 50만원, 4회 70만원, 5회 100만원의 과태료가 청구된다.

87 품종보호 임시보호권리를 침해한 경우 처벌할 수 있는 벌칙기준으로 옳은 것은? (단, 당해 품종은 품종보호권이 설정등록 되었으며, 피해자의 고소가 있었다.)
① 3년 이하의 징역 또는 7천만원 이하의 벌금
② 7년 이하의 징역 또는 1억원 이하의 벌금
③ 3년 이하의 징역 또는 1억원 이하의 벌금
④ 7년 이하의 징역 또는 7천만원 이하의 벌금

해설
식물신품종보호관련법상 품종보호권 또는 전용실시권을 침해한 자는 7년 이하의 징역 또는 1억원 이하의 벌금에 처한다.

88 품종보호출원을 한 직무육성품종에 대하여 품종보호권의 설정등록을 했을 때 품종보호권자는?
① 대한민국
② 국립종자원장
③ 해양수산부장관
④ 농림축산식품부장관

해설
농림축산식품부장관은 품종보호 출원을 한 직무육성품종이 품종보호결정이 되었을 때에는 그 직무육성품종에 대하여 지체 없이 국가 명의로 품종보호권의 설정등록을 하여야 한다.

89 품종보호에 관한 설명으로 옳은 것은?
① 품종보호를 받을 수 있는 권리는 이를 이전 할 수 없다.
② 품종보호를 받을 수 있는 권리는 질권의 목적으로 할 수 없다.
③ 품종보호를 받을 수 있는 권리는 공유자의 동의 없이 양도 할 수 있다.
④ 품종보호를 받을 수 있는 권리를 상속할 경우 자치단체장에게 신고하여야 한다.

해설
① 품종보호를 받을 수 있는 권리는 이를 이전 할 수 있다.
③ 품종보호를 받을 수 있는 권리는 공유자의 동의 없이 양도 할 수 없다.
④ 품종보호를 받을 수 있는 권리를 상속할 경우 농림축산식품부장에게 신고해야 한다.

90 종자의 보증에서 재검사를 받으려는 자는 종자검사 결과를 통지받은 날부터 며칠 이내에 재검사신청서에 종자검사 결과 통지서를 첨부하여 검사기관의 장에게 제출하여야 하는가?
① 15일   ② 20일
③ 30일   ④ 35일

해설
재검사신청 등에서 재검사를 받으려는 자는 종자검사 결과를 통지받은 날부터 15일 이내에 재검사신청서에 종자검사 결과 통지서를 첨부하여 검사기관의 장 또는 종자관리사에게 제출하여야 한다.

정답 86 ② 87 ② 88 ① 89 ② 90 ①

91 종자산업법이 다루고 있는 내용으로 옳지 않은 것은?
① 종자의 보증
② 종자의 유통관리
③ 종자 기금의 관리
④ 종자산업의 육성 및 지원

해설
종자산업법은 종자와 묘의 생산·보증 및 유통, 종자산업의 육성 및 지원 등에 관한 사항을 규정함으로써 종자산업의 발전을 도모하고 농업 및 임업 생산의 안정에 이바지함을 목적으로 한다.

92 종자업자에 대한 행정처분의 세부 기준에서 거짓이나 그 밖의 부정한 방법으로 종자업 등록을 한 경우, 1회 위반 시 행정처분은?
① 영업정지 7일
② 영업정지 15일
③ 영업정지 30일
④ 등록취소

해설
거짓 및 부정한 방법으로 종자업을 등록한 경우 등록을 취소한다.

93 종자산업의 기반 조성에 대한 내용이다. ( )에 가장 적절한 내용은?

> 농림축산식품부장관은 종자산업의 안정적인 정착에 필요한 기술보급을 위하여 ( )에게 종자 및 묘 생산과 관련된 기술의 보급에 필요한 정보수집 및 교육 사업을 수행하게 할 수 있다.

① 식품의약품안전처장
② 농촌진흥청장
③ 환경부장관
④ 지방자치단체의 장

해설
농림축산식품부장관은 종자산업의 안정적인 정착에 필요한 기술보급을 위하여 지방자치단체의 장에게 종자 및 묘 생산과 관련된 기술의 보급에 필요한 정보 수집 및 교육 사업을 수행하게 할 수 있다.

94 수입적응성시험의 심사기준으로 옳지 않은 것은?
① 표준품종은 국내 품종 중 널리 재배되고 있는 품종 1개 이상으로 한다.
② 목적형질의 발현, 기후적응성, 내병충성에 대해 평가하여 국내적응성 여부를 판단한다.
③ 재배시험기간은 2작기 이상으로 하되 실시기관의 장이 필요하다고 인정하는 경우에는 재배시험기간을 단축 또는 연장할 수 있다.
④ 평가대상 형질은 작물별로 품종의 목표형질을 필수형질과 추가형질을 정하여 평가하며, 신청서에 기재된 추가사항이 있는 경우에는 이를 포함한다.

해설
표준품종은 국내외 품종 중 널리 재배되고 있는 품종 1개 이상으로 한다.

95 식물신품종보호법에서 정하는 양벌규정이 적용되는 위반행위에 해당하지 않는 것은?
① 위증죄
② 거짓표시의 죄
③ 전용실시권 침해의 죄
④ 품종보호권 침해의 죄

해설
법인의 대표자나 법인 또는 개인의 대리인, 사용인, 그 밖의 종업원이 그 법인 또는 개인의 업무에 관하여 침해죄, 거짓표시의 죄, 전용실시권 침해의 죄의 위반행위를 하면 그 행위자를 벌하는 외에 그 법인 또는 개인에게도 해당 조문의 벌금형을 과(科)한다.

96 국가품종목록등재 대상작물로 옳은 것은?
① 인삼 ② 보리
③ 고추 ④ 참깨

해설
품종목록에 등재할 수 있는 대상작물은 벼, 보리, 콩, 옥수수, 감자와 그 밖에 대통령령으로 정하는 작물로 한다. 다만, 사료용은 제외한다.

97 종자산업법에서 사용하는 "종자산업"에 대한 용어 정의로 옳은 것은?
① 종자를 육성·증식·생산·수입 또는 전시 등을 하거나 이와 관련된 사업을 말한다.
② 종자를 육성·증식·생산·조제·대여 또는 전시 등을 하거나 이와 관련된 사업을 말한다.
③ 종자를 육성·증식·생산·조제·수출·수입 또는 전시 등을 하거나 이와 관련된 사업을 말한다.
④ 종자를 연구개발·육성·증식·생산·가공·유통·수출·수입 또는 전시 등을 하거나 이와 관련된 사업을 말한다.

해설
"종자산업"이란 종자와 묘를 연구개발·육성·증식·생산·가공·유통·수출·수입 또는 전시 등을 하거나 이와 관련된 산업을 말한다.

98 보증종자 보증표시 사항으로 옳지 않은 것은?
① 생산지 ② 품종명
③ 발아율 ④ 이종품률

해설
보증표시 항목에는 분류번호, 종명, 품종명, lot 번호, 발아율(%), 이품종별(%), 유효기간, 수량(g), 포장일자, 보증기관 등이 있다.

99 종자의 사후관리시험의 기준 및 방법 중 검사항목으로 옳지 않은 것은?
① 품종의 순도 ② 품종의 진위
③ 종자 영속성 ④ 종자 전염병

해설
사후관리시험의 기준 및 방법 중 검사항목은 품종의 순도, 품종의 진위성, 종자전염병 등이 있다.

100 농림수산식품부장관이 국가품종목록에 등재된 품종의 종자를 생산하고자 할 때 대행시킬 수 있는 종자업자 또는 농어업인 민의 필요한 해당 농작물 재배경험으로 옳은 것은?
① 1년 이상 ② 2년 이상
③ 3년 이상 ④ 4년 이상

해설
해당 작물 재배에 3년 이상의 경험이 있는 농업인 또는 농업법인으로 관련기관의 확인을 받은 자는 종자의 생산을 대행할 수 있다.

정답 96 ② 97 ④ 98 ① 99 ③ 100 ③

2014 제3회 종자기사

제1과목 종자생산학

01 보리종자의 단백질함량에 미치는 환경의 영향을 옳게 설명한 것은?
① 종자의 단백질함량은 종자발달의 초기에 주로 축적된다.
② 종자의 단백질함량은 종자발달의 후기에 주로 축적된다.
③ 종실의 발달기간에 환경조건이 좋으면 단백질 농도가 증가한다.
④ 종실의 발달기간에 환경조건이 나쁘면 단백질 농도가 증가한다.

해설
종실의 발달기간에 환경조건이 나쁘면 단백질 수량은 감소하지만 단백질 농도는 증가한다.

02 종자휴면에 대한 설명으로 틀린 것은?
① 배 휴면을 하는 종자의 휴면타파를 위하여 저온처리 할 때 0~6℃의 온도가 적당하다.
② gibberellin은 cytokinin과 ABA를 함께 사용했을 때 ABA의 억제작용을 상쇄하는 제3의 호르몬 역할을 한다.
③ 수확전 종자의 발달과 성숙기간동안의 환경요인들은 배의 휴면기간에 영향을 끼친다.
④ 경실종자는 자연조건과 유사한 휴면타파방법으로서 고온처리법과 변온처리법이 있다.

해설
cytokinin은 gibberellin과 ABA를 함께 사용하면 ABA의 억제 작용을 상쇄하는 제3의 호르몬 역할을 한다.

03 발아검사 결과 재시험을 해야 할 경우에 해당하지 않는 것은?
① 4반복의 반복 간 차이가 최대 허용범위를 벗어났을 때
② 휴면종자가 많았을 때
③ 발아세가 낮았을 때
④ 발아상(床)에 1차감염이 심했을 때

해설
발아세는 하나의 검사결과로서 발아세나 낮다고 하여 재시험을 실시하지 않는다.

04 종묘회사에서 해외채종을 하게 되는 가장 주된 이유는?
① 채종포 격리가 쉽다.
② 병충해 감염의 우려가 적다.
③ 기후조건이 채종에 유리하다.
④ 원산지에서의 모본선발이 유리하다.

해설
해외채종이 국내와 비교하여 고품질 종자를 생산하는데 유리하다.

05 중복수정에서 배유가 형성되는 것은?
① 정핵과 극핵   ② 정핵과 난핵
③ 화분관핵과 정핵 ④ 극핵과 화분관핵

해설
피자식물 중복수정으로 정핵과 2개의 극핵을 통해 배유가 나타난다.

정답 01 ④ 02 ② 03 ③ 04 ③ 05 ①

06 여름철 재배되는 시금치 품종의 채종적지로 알맞은 곳은?

① 해발이 높은 고냉지대
② 강우가 적은 건조지대
③ 장일조건이 되는 고위도지대
④ 고온조건인 적도에 가까운 지대

해설
시금치는 장일식물이고 저온에서 발아를 하는 종자로 장일조건이 되는 고위도지대가 채종적지이다

07 종자검사시료의 추출방법으로 적합하지 않은 것은?

① 균분기 이용 ② 표본방법
③ 무작위 컵방법 ④ 균분격자방법

해설
종자검사시료의 추출방법에는 균분기 방법, 무작위 컵 방법, 균분격자병법, 스푼방법 등이 있다.

08 옥신 1M을 만들려면 물 1L에 얼마의 옥신이 필요한가? (단, 옥신의 분자량은 175.18로 한다.)

① 1.7518g ② 17.518g
③ 175.18g ④ 1751.8g

해설
분자량은 분자 1M 과 같으므로 물 1L 에 옥신은 175.18g 필요하다.

09 배추나 양배추에서 뇌수분을 하는 궁극적인 목적은?

① 종자휴면을 타파할 때
② 자가불화합성 양친의 자식계통을 얻을 때
③ F_1교잡종자를 채종할 때
④ 웅성불임계통을 유지할 때

해설
뇌수분의 경우 자가수정률이 높은 편이며 양배추, 무 등의 식물에 적합하다. 배추 F_1 의 원종 채종 시 뇌수분을 실시하는 이유도 개화 시에 자가불화합성이 나타나기 때문이다.

10 채소작물 채종에서 웅성불임 개체를 찾으려고 노력하는 이유는?

① 재배하기 쉽다.
② 병충해에 강하다.
③ 과실당 채종량을 높일 수 있다.
④ 인공교배작업을 생략할 수 있다.

해설
웅성불임성은 육종적으로 활용가능한데 웅성불임 품종을 모계로 하고 조합능력이 높은 다른 품종을 부계로 하여 제웅(자가수정 방지를 위한 작업) 등의 교배작업 없이 1대 잡종 종자를 얻을수 있다.

11 오이의 암꽃착생비율을 증가시키는 식물생장조절물질은?

① GA ② CPA
③ ethylene ④ cytokinin

해설
오이의 암꽃 착생 비율을 증가시키는 방법에는 저온단일, 2,4-D, 에틸렌 등의 처리를 통해 촉진된다.

정답 06 ③ 07 ② 08 ③ 09 ② 10 ④ 11 ③

12 종자 훈증제의 구비조건이 되지 못하는 것은?
① 공기보다 가벼워야한다.
② 불연성이고 비폭발성이어야 한다.
③ 종자의 활력에 영향을 주지 말아야 한다.
④ 가격이 싸고 사용할 때 증발이 쉬워야 한다.

해설
종자 훈증제는 공기보다 무거워야 효과가 나타난다.

13 작물이 영양생장에서 생식생장으로 전환되는 시점은?
① 종자발아기 ② 화아분화기
③ 감수분열기 ④ 개화기

해설
화아분화(꽃눈의 분화)는 식물의 생장점이나 엽맥에 꽃으로 발달할 원기가 생기는 것으로 영양생장에서 생식생장으로 전환하는 것을 말한다.

14 주로 자가불화합성을 활용한 채종체계가 확립된 대표적 작물은?
① 박과 작물 ② 콩과 작물
③ 가지과 작물 ④ 배추과 작물

해설
무, 배추, 양배추 등의 배추과 작물은 자가불화합성을 이용한다.

15 작물병의 진단요소가 아닌 것은?
① 병원체 ② 표징
③ 병환 ④ 병징

해설
병환은 기주식물에 형성된 병원체가 새로운 기주식물에 감염되어 병을 일으키는 기생성 식물병이 한번 발생되었다가 일정 기간 후 다시 되풀이 되는 과정을 말하며 작물병의 진단요소는 아니다.

16 상추종자를 채종한 후 상온 하에서 휴면타파를 위한 저장방법은?
① 건조 저장 ② 다습 저장
③ 고온 저장 ④ 저온 저장

해설
종자의 휴면타파를 위해서는 건조, 광처리, 생장조절제처리, 온도 처리 등이 있다.

17 종자저장을 위해 사용되는 건조제로 적당하지 않은 것은?
① SO_2 ② H_2SO_4
③ HNO_3 ④ CaO

해설
종자의 저장을 위한 건조제에는 실리카겔, 염화칼슘(염화석회), 생석회, 나뭇재, 황산 등이 활용된다.

18 경실종자의 휴면타파 방법으로 효과가 가장 낮은 것은?
① 질산칼륨처리
② 끓는 물에 담금
③ 산으로 상처내기
④ 종피에 기계적 상처내기

해설
질산칼륨처리를 통해 보통종자의 휴면타파는 가능하지만 경실 종자의 경우 물리적으로 종피에 상처를 주는 방법 등이 효과적이다.

19 농약과 색소를 혼합하여 접착제(polymer)로 종자표면에 얇게 코팅처리를 하는 것은?
① 종자펠릿 ② 필름코팅
③ 장환종자 ④ 피막종자

해설
필름코팅은 농약, 색소를 혼합하여 접착제로 종자 표면에 코팅 처리를 한다.

20 생식세포의 접합에 의하여 생성된 배유의 염색체 조성은?
① 1n ② 2n
③ 3n ④ 4n

해설
피자식물 중복수정으로 정핵(n)과 2개의 극핵(2n)을 통해 배유(3n)이 나타난다.

제2과목 식물육종학

21 유전자 재조합과 관계없이 어떤 원인에 의하여 유전물질 자체에 변화가 일어나 발생되는 변이는?
① 양적변이 ② 교배변이
③ 방황변이 ④ 돌연변이

해설
유전적 변이가 교잡에 의해 나타나는 경우 교잡변이라 하며 교잡이 아닌 다른 원인에 의한 경우 돌연변이라 한다.

22 순계분리(純系分離) 육종법에 대한 설명으로 틀린 것은?
① 타식성 작물에 적용되는 육종법으로 내병성 작물 육종에 많이 적용되는 육종법이다.
② 자연 상태에서 잡박한 여러 순계가 혼합되어 있을 때에 효과가 있다.
③ 동일한 순계 내에서 자연돌연변이가 일어나지 아니할 때는 효과가 없다.
④ Johannsen의 순계설에 이론적 근거를 두었다.

해설
순계분리법은 기본 집단에서 우수한 형질을 가진 개체를 계속 선발하여 우수한 순계를 선발하는 방법으로 자가수정작물에 이용된다.

23 유전적 평형집단에서 A 유전자의 빈도를 0.7, a 유전자의 빈도를 0.3이라고 했을 때 집단 내에서 AA, Aa, aa의 유전자형의 빈도는?
① AA: 0.7, Aa: 0.21, aa: 0.3
② AA: 0.49, Aa: 0.42, aa: 0.09
③ AA: 0.09, Aa: 0.42, aa: 0.49
④ AA: 0.7, Aa: 0, aa: 0.3

해설
Aa 를 자식하면 AA : 2Aa : aa 로 유전자형 빈도는 AA: 0.49, Aa: 0.42, aa: 0.09 로 나타난다.

24 내병성 육종과정에 대한 설명으로 틀린 것은?
① 대상되는 병이 많이 발생하는 계절에 선발한다.
② 튼튼하게 키우기 위하여 농약살포를 충분히 한다.
③ 대상되는 병에 대해 제일 약한 품종을 일정한 간격으로 심는다.
④ 병원균을 인위적으로 살포하여 준다.

해설
식물병에 대한 저항성을 가진 내병성 육종과정에서 농약을 살포하면 식물병이 없어지면서 내병성 육종이 제대로 이루어지지 않는다.

25 식물조직배양 기술 중 배주(胚珠)배양이나 배(胚)배양은 주로 어떤 경우에 적용하는가?
① 품질이 우수한 품종을 육성코자 할 때
② 여교배에 의하여 동질 유전자계통을 육성코자 할 때
③ 종속간 교배에 의한 유용한 유전자 도입을 목표로 할 때
④ 수량이 많은 합성품종을 육성코자 할 때

해설
배주배양, 배배양은 종속간 교배에 의한 유용 유전자 도입을 목표로 할 때 이용된다.

26 종속간 교잡육종법의 장점은?
① 교잡을 하기 쉽다.
② 종자의 임실율이 높아진다.
③ 변이의 폭을 확대할 수 있다.
④ 적은 수의 유전자를 집적하는 방법이다.

해설
교잡육종법은 육종의 소재가 되는 변이를 교잡을 통해 얻는 방법이다. 품종간, 종속간 교잡에 의해 유전적 변이를 작성하여 그 중에 우량 계통을 선발하여 신품종으로 육성하는 것으로 변이의 폭을 확대할 수 있다.

27 토마토 과실 하나 안에 종자가 500개 생겼을 때에 그 생성 과정을 바르게 설명한 것은?
① 한 개의 난세포와 한 개의 화분에 의해 생긴 한 개의 접합자가 분열하여 500개의 종자를 생산하였다.
② 한개의 난세포가 500개의 화분에 의해 수정되어 종자로 발육하였다.
③ 500개의 난세포가 하나의 화분에 의해 수정되어 종자로 발육하였다.
④ 500개의 난세포가 각각 다른 화분에 의해 수정되어 종자로 발육하였다.

해설
토마토 과실 하나 안에 종자가 500개 생겼을 경우 화분 속의 정핵과 밑씨 속의 난세포가 수정하여 종자가 만들어진 것이기에 500개의 난세포가 각각 다른 화분에 의해 수정되어 종자로 발육한 것이다.

28 다음 중 일대잡종을 가장 많이 이용하는 작물은?
① 벼   ② 옥수수
③ 밀   ④ 콩

해설
일대잡종은 가격이 비싸고 매년 바꾸어야 하는 단점이 있지만 품질, 균일성, 내병성 등이 좋다. 옥수수, 해바라기, 가지, 고추, 오이, 호박, 배추 등이 있다.

29 배우체형 자가불화합성과 포자체형 자가불화합성의 차이를 옳게 설명한 것은?
① 불화합성이 배우체형은 화주 내에서, 그리고 포자체형은 주두의 표면에서 발현된다.
② 불화합성 관련 대립유전자 간에 배우체형은 우열관계, 포자체형은 공우성 관계가 성립된다.
③ 주두 표면의 특성 비교 시 배우체형 식물의 주두는 건성이고, 포자체형 식물의 주두는 습성(점성)이다.
④ 불화합성에 관련된 유전자가 배우체형은 한 쌍이고, 포자체형은 여러 쌍이다.

해설
배우체형 자가불화합성은 화분과 체세포로 이루어진 암술의 암술머리나 암술대간의 상호작용에 의해서 나타나며 주로 화주 내에서 이루어진다. 포자체형 자가불화합성은 주두의 표면에서 발현이 된다.

30 육성계통의 생산력 검정을 위한 포장시험에서 주의해야 할 사항으로 가장 거리가 먼 것은?
① 토양의 균일성 유지
② 품종 및 계통의 임의 배치
③ 반복실험
④ 일장처리

해설
생산력 검정에서 검정포장의 토양의 균일성을 유지해야 하고 시험구의 반복횟수가 증가하면 오차를 줄일 수 있다.

31 유전자(gene)를 가장 바르게 표현한 것은?
① plasmagene
② 핵산과 단백질로 구성된 물질
③ 질소를 가진 염기 3개로 구성된 RNA절편
④ 단백질 합성을 위한 완전한 염기코드를 가진 DNA절편

해설
유전자는 개개의 유전형질을 발현시키는 인자로 유전체 DNA 유전물질로 단백질 합성을 위한 정보를 담고있다.

32 품종퇴화를 방지하고 품종의 특성을 유지하는 방법으로 틀린 것은?
① 개체집단선발법 ② 계통집단선발법
③ 방임 수분 ④ 격리재배

해설
품종의 특성을 유지하기 위한 방법에는 개체집단선발법, 계통집단선발법, 주보존재배, 격리재배, 종자갱신 등의 방법이 있다.

33 주로 타가수정 작물에 적용하는 육종방법으로 개체 또는 계통의 집단을 대상으로 선발을 거듭하는 방법은?
① 계통분리법 ② 인공교배법
③ 도입육종법 ④ 단위생식 이용법

해설
계통분리법은 자가수정작물의 채종에서 단기간에 순수한 집단을 얻을 수 있어 품종의 특성을 유지하는 데 적합하다.

34 원연종간의 유전질 조합방법으로 체세포를 이용하는 것은?
① 복교잡 ② 원형질체 융합
③ 3계교잡 ④ 배배양

해설
원형질체 융합은 교잡에 의해 수정이 되지 않아 종자를 얻을 수 없는 식물을 대상으로 하여 원형질체를 융합하여 체세포 잡종을 얻는 방법이다.

35 벼 농사의 녹색 혁명과 관련이 있는 기관은?
① USDA ② CIMMYT
③ IRRI ④ AVRDC

해설
국제미작연구소(IRRI)는 벼에 관한 연구 및 교육을 담당하는 기관으로 유전자 수집, 보존, 기록, 평가, 정보관리 등의 업무를 수행한다.

36 육종을 위한 교배친 선정시 고려할 사항으로 틀린 것은?
① 교배친으로 사용한 실적을 참고, 우량품종을 육성한 실적이 많은 계통을 교배친으로 사용한다.
② 목표형질 이외에 자방친과 화분친의 유전적 조성이 다를수록 좋다.
③ 대상지역의 주요품종과 주요품종의 결점을 보완할 수 있는 품종을 교배친으로 선정하는 것이 바람직하다.
④ 여러 지역에서 수집한 자원은 같은 장소에서 특성을 조사해야하며, 양적형질은 여러 해 반복해서 조사해야한다.

해설
육종을 위한 교배친 선정시 목표형질 이외에 자방친과 화분친의 유전적 조성이 유사한 것이 좋다.

정답 31 ④ 32 ③ 33 ① 34 ② 35 ③ 36 ②

37 장벽수정(hercogamy)의 대표적 식물은?
① 양파   ② 복숭아
③ 붓꽃   ④ 국화

해설
장벽수정은 암술과 수술의 위치상 수정이 불가능한 것으로 붓꽃이 있다.

38 냉이의 삭과형에서 부채꼴 × 창꼴의 F_1은 부채꼴이고, F_2에서는 부채꼴과 창꼴이 15:1로 분리된다면, 이러한 유전인자는?
① 보족유전자   ② 억제유전자
③ 중복유전자   ④ 변경유전자

해설
동일 방향으로 작용한 유전자는 누적효과가 없는 경우 중복유전자라 하고 F_2의 분리비는 15:1 이다.

39 자식성 작물의 변이집단에서 개체선발 효과를 알기 위한 척도가 되는 것은?
① 유전력   ② 표현형 지배가
③ 잡종강세 현상   ④ 자식약세 현상

해설
자식성 작물의 변이집단에서 개체선발 효과는 유전력이 척도가 되며 유전력이 높으면 선발효율이 높음을 의미하고 유전력이 낮으면 선발효율이 낮음을 의미한다.

40 자식열세 현상의 설명으로 옳은 것은?
① 자가수정 작물이나 타가수정 작물 모두에서 나타난다.
② 열성유전자의 동형화에 의하여 불량형질이 나타난다.
③ 자식열세 현상은 세대를 거듭하여도 거의 일정한 비율로 나타난다.
④ 자식열세 현상은 자식 초기에는 적지만 자식 후기에는 크다.

해설
자식열세 현상은 이형접합체에 잠재하는 열성유전자가 동형화(homo)하여 분리되면서 불량형질이 나타난다.

제3과목 재배원론

41 감자나 고구마의 파종기나 이식기가 늦어졌을 때 T/R율이 커지는 이유로 옳은 것은?
① 탄수화물의 축적이 지하부에서 더 빨리 진행되기 때문이다.
② 지하부의 중량감소가 지상부의 중량감소보다 커지기 때문이다.
③ 지하부의 생장보다 지상부의 생장이 더 크게 저해되기 때문이다.
④ 지하부에 질소집적이 많아지고 단백질 합성이 왕성해지기 때문이다.

해설
감자, 고구마는 파종기나 이식기가 늦어지면 지하부의 생장보다 지상부 생장이 커지면서 지상부/지하부 비율인 T/R 율이 커지게 된다.

정답 37 ③ 38 ③ 39 ① 40 ② 41 ②

42 작물의 냉해에 대한 설명으로 틀린 것은?
① 병해형 냉해는 단백질의 합성이 증가되어 체내에 암모니아 축적이 적어지는 형의 냉해이다.
② 혼합형 냉해는 지연형 냉해, 장해형 냉해, 병해형 냉해가 복합적으로 발생하여 수량이 급감하는 형의 냉해이다.
③ 장해형 냉해는 유수형성기부터 개화기까지, 특히 생식세포의 감수분열기에 냉온으로 불임현상이 나타나는 형의 냉해이다.
④ 지연형 냉해는 생육초기부터 출수기에 걸쳐서 여러 시기에 냉온을 만나서 출수가 지연되고, 이에 따라 등숙이 지연되어 후기의 저온으로 인하여 등숙 불량을 초래하는 냉해이다.

해설
병해형 냉해는 단백질 합성이 저해되어 체내 질소화합물의 축적이 증대된다.

43 우량종자가 갖추어야 할 조건으로 틀린 것은?
① 발아력이 좋아야 한다.
② 초기신장성이 좋아야 한다.
③ 유전적으로 다양해야 한다.
④ 병, 해충에 감염되지 않아야 한다.

해설
우량종자는 유전적으로 순수해야 한다.

44 목초의 하고현상(夏枯現象)에 대한 설명으로 옳은 것은?
① 일년생 남방형 목초가 여름철에 많이 발생한다.
② 다년생 북방형 목초가 여름철에 많이 발생한다.
③ 여름철의 고온, 다습한 조건에서 많이 발생한다.
④ 월동목초가 단일(短日) 조건에서 많이 발생한다.

해설
하고현상은 내한성이 강하여 월동을 하는 북방형 목초가 여름철과 같은 고온으로 인하여 생육장해를 일으키는 현상을 말한다.

45 나팔꽃 대목에 고구마 순을 접목하여 개화를 유도하는 이론적 근거로 가장 적합한 것은?
① C/N율   ② G-D균형
③ L/W율   ④ T/R율

해설
나팔꽃 대목에 고구마 순을 접목하면 지상부에 탄수화물 축적이 많아져 C/N 율이 높아지면서 개화 및 결실이 조장된다.

46 1년생 가지에서 결실하는 과수로만 나열된 것은?
① 복숭아-감   ② 사과-밤
③ 감-밤   ④ 복숭아-사과

해설
1년생 가지에서 결실하는 것으로 포도, 감, 밤, 감귤, 무화과 등이 있다.

47 작물의 내열성에 대한 설명으로 옳은 것은?

① 어린 잎이 늙은 잎보다 내열성이 크다.
② 세포내의 점성이 높으면 내열성이 증대한다.
③ 세포내의 유리수가 많으면 내열성이 증대된다.
④ 세포내의 단백질 함량이 많으면 내열성이 감소한다.

해설
원형질의 점성이 높을수록, 원형질막의 수분투과성이 클수록 내열성이 크다.

48 비선택성의 파종 전 처리 제초제로서 제초효과가 높고 값이 싸 널리 이용되었으나, 음독 농약으로 사회적 물의를 일으키는 등 문제됨에 따라 최근 사용금지된 것은?

① simazine   ② paraquat
③ alachlor   ④ bentazon

해설
파라쿼트 디클로라이드(Paraquat dichloride)는 토양에 강하게 흡착되며 물에 반응시 잘 용해되어 양이온 형태로 식물에 흡수되는 비선택성 접촉형 제초제로 가격이 저렴하고 제초효과가 뛰어났으나 최근에는 사용금지된 약품이다.

49 기지의 원인이 되는 토양전염병이 아닌 것은?

① 완두 모잘록병   ② 인삼 뿌리썩음병
③ 사과적진병   ④ 토마토 풋마름병

해설
사과적진병은 망간 함량이 높아 발생하는 병이다.

50 식물의 생장을 억제하는 물질이 아닌 것은?

① B-nine(B-9)
② CCC(Cycocel)
③ MH(maleic hydrazide)
④ NAA(1-naphthaleneacetic acid)

해설
NAA 는 옥신의 한 종류로 식물의 생장을 촉진하는 물질이다.

51 토양수분과 작물 생육과의 관계를 옳게 설명한 것은?

① 포장용수량의 pF는 2.5~2.7 정도이다.
② 작물생육에 적합한 수분함량은 pF 3.0~4.7 정도이다.
③ 작물이 주로 이용하는 수분은 중력수와 토양입자 흡습수이다.
④ 초기위조점에 달한 식물은 수분을 공급해도 살아나기 어렵다.

해설
포장용수량은 최대용수량에 중력수가 제거 되고 모세관의 수분 함량 기준으로 pF는 2.5~2.7 정도이며 넓게는 pF 1.7~2.7 정도로 보기도 한다.

52 바람이 작물에 미치는 영향을 설명한 것으로 옳은 것은?

① 냉풍은 작물체온을 저하시키거나 냉해를 유발시키지 않는다.
② 강한바람으로 기공이 열려 이산화탄소의 흡수가 증가되므로 광합성을 조장한다.
③ 강한 바람에 의해서 상처가 나면 호흡이 증대하여 체내양분의 소모가 증대한다.
④ 일반적으로 벼의 백수현상은 습도 60%에서는 풍속 10m/s에서도 발생하지 않는다.

해설
연풍은 바람의 세기는 풍속 4~6km/h 정도로 작물에 이로운 영향을 준다. 가벼운 바람으로 인해 대기오염 물질이 확산되어 피해를 줄여주며 바람에 의해 잎이 움직여 그늘에 가려지는 잎들까지 채광이 충분히 공급되어 광합성량을 높여준다. 바람이 너무 강할 경우 기공이 닫히지만 연풍조건의 경우 기공이 열려 증산이 활발하게 이루어지며 이산화탄소 흡수량 역시 증가한다.

53 미숙한 상태의 종자에 이 처리를 하게 되면 배가 더 성숙하여 실제 파종 시 발아율이 향상된다. 즉, 저장중의 종자를 일시적으로 약간의 수분을 흡수하게 했다가 다시 건조하여 종자를 보관하는 종자처리 방법은?

① 침종(seed soaking)
② 펠렛팅(pelleting)
③ 프라이밍(priming)
④ 지베렐린(gibberellin) 처리

해설
종자프라이밍은 일정 조건에서 종자에 삼투압 용액이나 수용성 화합물을 흡수시켜 종자 내 대사 작용이 진행되지만 발아하지 않도록 처리하는 기술로 발아 촉진과 발아 후 생육 촉진을 목적으로 한다.

54 접목 육묘 시 활착률을 높이기 위해 필요한 검토사항으로 적절하지 않은 것은?

① 접목시 가능한 상처 면적을 줄이기 위해 절단면을 작게한다.
② 대목과 접수의 접목친화성이 낮으면 대승현상이나 대부현상 등이 발생하여 생육이 왕성한 시기에 접목부위를 통한 양수분의 이동이 적어져 말라죽는다.
③ 접목시기는 대부분 겨울철로 저온과 낮은 상대습도로 인해 활착이 늦어지고 활착률이 떨어지므로 접목상 내는 저온이 되지 않도록 하고 가습장치를 이용하여 상대습도가 지나치게 낮지 않도록 해야 한다.
④ 이병주 접목에 따른 연쇄적인 병 발생 방지를 위해 접목도구의 소독문제를 고려해야한다.

해설
접수와 대목의 형성층이 제대로 활착하기 위해서는 일정 크기의 절단면이 필요하다.

55 습해의 대책으로 적합하지 않은 것은?

① 배수시설을 설치한다.
② 밭에서는 휴립휴파 재배를 한다.
③ 과산화석회(CaO_2)를 종자에 분의하여 파종한다.
④ 미숙 유기물과 황산근 비료를 사용하여 입단형성을 촉진시킨다.

해설
습해의 대책으로 완숙유기물을 이용하면 입단형성이 촉진되어 통기성과 투수성이 좋아지지만 미숙 유기물을 사용할 경우 입단형성 효과가 떨어진다.

정답 52 ③ 53 ③ 54 ① 55 ④

56 oryza sativa L 은 어떤 작물의 학명인가?
① 밀
② 토마토
③ 벼
④ 담배

해설
oryza sativa L 은 벼의 학명이다.

57 요수량에 대한 설명으로 틀린 것은?
① 건물생산의 속도가 낮은 생육초기의 요수량이 크다.
② 토양수분의 과다 및 과소, 척박한 토양 등의 환경 조건은 요수량을 크게 한다.
③ 수수·기장·옥수수 등이 크고, 알팔파·클로버 등이 적다.
④ 광 부족, 많은 바람, 공기습도의 저하, 저온과 고온은 요수량을 크게한다.

해설
요수량이 큰 식물로 알팔파, 클로버, 완두 등이 있으며 요수량이 적은 식물로 수수, 기장, 옥수수 가 대표적이다.

58 엽록소 형성에 가장 효과적인 광파장은?
① 황색광 영역
② 자외선과 자색광 영역
③ 녹색광 영역
④ 청색광과 적색광 영역

해설
광합성은 650~700nm 적색부분과 400~500nm 의 청색 부분에서 가장 효과적이다.

59 스위스의 식물학자로 산야에서 채취한 과실을 먹고 던져둔 종자에서 똑같은 식물이 자라는 것을 보고 파종이라는 관념을 배웠을 것으로 추정한 사람은?
① A.P. De Candolle
② G. Allen
③ H.J.E. Peake
④ P. Dettweiler

해설
A.P. De Candolle 은 산야에서 채취한 자연식물의 과실을 먹고, 집 근처에 던져 둔 종자에서 똑같은 야생식물이 자라는 것을 보고 파종이라는 관념을 배웠을 것이며 과실을 구하여 산야를 헤매다가 그 식물을 집 근처로 옮겨 심으면 편리하리라고 생각한 끝에 이식이라는 관념을 배웠을 것으로 추정하였다.

60 작물과 온도와의 관계를 바르게 설명한 것은?
① 고등식물의 열사 온도는 대략 80~90°C 이다.
② 밤이나 그늘의 작물체온은 기온보다 높아지기 쉽다.
③ 고구마는 변온보다 항온조건에서 덩이뿌리의 발달이 촉진된다.
④ 혹서기에 토양온도는 기온보다 10°C 이상 높아질 수 있다.

해설
혹서기에는 지온의 온도가 기온보다 높게 유지될 수 있다
① 고등식물의 열사 온도는 대략 50~60°C 이다.
② 밤이나 그늘의 작물체온은 기온보다 낮다.
③ 고구마는 변온조건에서 덩이뿌리의 발달이 촉진된다.

정답 56 ③ 57 ③ 58 ④ 59 ① 60 ④

제4과목 식물보호학

61 보호살균제에 해당하는 것은?
① 석회보르도액
② 페나리몰 유제
③ 스트렙토마이신 수화제
④ 가스가마이신 액제

해설
보호살균제에는 석회보르도액, 구리 분제, 유기유황제, 석회유황합제 등이 있다.

62 광엽잡초에 해당하는 것은?
① 피　　　② 쇠뜨기
③ 뚝새풀　　④ 왕바랭이

해설
광엽잡초에는 1년생인 물달개비, 물옥잠, 사마귀풀, 여뀌, 마디꽃, 자귀풀 등과 다년생의 가래, 개구리밥, 미나리, 올미, 좀개구리밥, 쇠뜨기 등이 있다.

63 약제가 해충의 먹이와 함께 소화관으로 들어가서 해충을 죽일 수 있는 것은?
① 독제　　② 접촉제
③ 훈증제　　④ 기피제

해설
소화중독제(식독제)는 해충이 약제를 섭취하면 소화기관에서 중독을 일으켜 해충을 죽이게 된다.

64 사과나무 부란병의 증세에 대한 설명으로 옳은 것은?
① 기주교대를 보이는 병이다.
② 균사형태로 전염되는 병이다.
③ 잡초에 병원체가 월동하며, 토양으로 전염되는 병이다.
④ 주로 빗물에 의해 전파되며, 발병부위에 알콜냄새가 난다.

해설
사과나무 부란병은 감염 부위는 주로 줄기이며 수침상 병무늬가 생기고 알코올냄새가 나는 것으로 판별이 가능하다.

65 농약제조용 증량제에 대한 설명으로 옳지 않은 것은?
① 증량제의 강도가 너무 강하면 농약 살포 때 살분기의 마모가 심하다.
② 증량제 입자의 크기는 분제의 분산성, 비산성, 부착성에 영향을 미친다.
③ 농약의 저장 중 증량제에 의해 유효성분이 분해되지 않고 안정성이 유지되어야 한다.
④ 증량제의 수분함량 및 흡습성이 높으면 살포된 농약의 응집력이 증대되어 분산성이 향상된다.

해설
증량제는 주성분의 농도를 낮추는 약제로 분말도, 분산성, 비산성, 부착성 등이 높아야 한다. 증량제의 종류에는 규조토, 탈크, 벤토나이트 등이 있다.

정답 61 ① 62 ② 63 ① 64 ④ 65 ④

66 해충의 종합적방제를 위한 방안으로 해충의 발생밀도조사 방법 중 주광성을 이용한 해충의 발생시기, 발생량, 발생장소 등을 조사하기 위한 방법은?
① 페로몬 조사법 ② 수반조사법
③ 예찰등 조사법 ④ 포충망 조사법

해설
예찰등은 해충의 활동을 조사하기 위해 설치한 불빛 등으로서 주광성을 가진 해충의 발생시기, 발생량, 발생장소 등을 조사하는데 활용한다.

67 잡초의 생태적 방제법 중 작물의 경합력 증진을 위한 재배조치로 경합특성 이용법에 해당하는 것은?
① 윤작, 재식밀도 ② 피복, 예취
③ 시비, 열처리 ④ 경운, 침수처리

해설
경합특성 이용하는 방법은 다음과 같다
- 작물의 경합력 증진을 위한 방법 선택
- 작부체계의 개선(윤작 등)
- 재식밀도를 높여 초관형성을 촉진한다.
- 경합력이 큰 작물을 선택한다.
- 유묘의 생장력이 강하고 발아율이 좋은 작물을 선택한다.

68 다알리아, 튤립, 글라디올러스 등에 발생하는 바이러스병의 가장 중요한 1차 전염원은?
① 상토 ② 곤충
③ 양액 ④ 구근

해설
다알리아, 튤립, 글라디올러스 등은 구근(알뿌리)이 바이러스에 1차 전염원으로 감염되면 회복이 어려워 즉시 제거해야 한다.

69 가장 바람직한 작물병의 방제방법은?
① 화학약제의 충분한 사용
② 저항성 품종의 재배
③ 질소질 비료의 충분한 시비
④ 포장 청결

해설
저항성품종 재배는 별도의 경비를 소요하지 않고 농약 등의 활용이 없어 친환경적인 방제법이다.

70 완전변태 곤충의 유리한 점은?
① 유충과 성충의 형태가 거의 같아서 분류에 용이하다.
② 유충과 성충의 먹이와 서식처의 경합이 생기지 않는다.
③ 유충과 성충이 먹이가 같으므로 먹이 찾는데 유리하다.
④ 유충과 성충이 같은 곳에 살 수 있어서 서식 공간 확보에 유리하다.

해설
완전변태에서 유충과 성충의 발생시기가 달라 먹이와 서식처의 경합이 생기지 않는다.

71 특정 품종의 기주식물을 침해할 뿐, 다른 품종은 침해하지 못하는 집단은?
① 클론 ② 품종
③ 레이스 ④ 스트레인

해설
병원균의 한종이나 한 분화형 혹은 변종 중에서 기주의 품종에 대한 기생성이 다른 개체군을 레이스 또는 계통이라 한다. 레이스는 기주식물을 침해할 뿐 다른 품종은 침해하지 못한다.

72 노균병, 역병을 일으키는 난균류(Oomycetes)의 특징으로 옳은 것은?

① 격벽이 있는 긴 균사체이다.
② 일반적으로 분생포자와 후막포자를 형성한다.
③ 장정기와 장란기의 결합으로 유주포자를 생성한다.
④ 균사체는 주로 글루칸과 셀룰로스로 이루어져 있다.

해설
난균류는 균사는 잘 발달하여 분지가 많다. 세포벽은 셀룰로오스, 글루칸으로 이루어지며 유주자에 의해 무성생식한다.

73 적절한 해충방제방법으로 볼 수 없는 것은?

① 예찰을 통해 적기에 방제한다.
② 해충밀도가 zero상태가 될 때까지 주기적으로 농약을 살포함으로써 해충 발생을 사전에 예방한다.
③ 동일한 작용기작의 농약은 연속하여 사용하지 않는다.
④ 내충성 품종이나 작물을 재배한다.

해설
주기적 농약 살포로 환경오염이 발생할 수 있고 해충들의 저항성이 높아지면서 방제의 효과가 낮아지게 된다.

74 다음 설명하는 해충은?

- 성충은 긴 주둥이로 열매에 구멍을 내고 산란한다.
- 부화유충은 과실 내부를 가해하고 똥을 외부로 배출하지 않아 피해 과실을 구별하기 어렵다.

① 밤나무순혹벌   ② 복숭아명나방
③ 거위벌레   ④ 밤바구미

해설
밤바구미는 밤나무, 참나무의 종실을 가해한다. 1년 1회 발생하고 노숙유충이 땅속 깊은 곳에서 월동하며 유충이 배설물을 외부로 배출하지 않아 피해 식별이 어렵다.

75 작물 피해의 주요 원인 중 생물요소인 것은?

① 진균   ② 풍해
③ 오염된 물 ④ 영양장애

해설
작물 피해에 원인이 되는 생물성 병원에는 진균, 세균, 바이러스 등이 있다.

76 잡초방제를 위한 제초제의 살포에 있어 살포액의 부착성이 뛰어나고 중복살포나 살포되지 않는 부분이 없도록 살포하기에 가장 접합한 살포방법은?

① 스프링클러(sprinkler)법
② 미스트(mist spray)법
③ 폼스프레이(form spray)법
④ 분무(spray)법

해설
폼스프레이법은 살포 희석액에 기포제를 첨가하여 특수 제작한 노즐로 공기와 함께 살포한다.

77 식물병 삼각형의 요인이 아닌 것은?
① 병원체　② 저항성
③ 감수체　④ 환경

해설
식물병 삼각형의 요인에는 원인이 되는 병원체와 감수성이 있는 식물인 감수체, 그리고 환경적 요인이 있다.

78 복숭아심식나방에 대한 설명으로 틀린 것은?
① 일반적으로 연 2회 발생한다.
② 부화유충은 과실내부에 침입하여 식해한다.
③ 방제를 위해 봉지씌우기를 하면 효과적이다.
④ 월동태는 유충태로 나무껍질 속에서 겨울을 보낸다.

해설
복숭아심식나방은 노숙유충이 겨울고치를 짓고 그 속에서 월동을 한다.

79 제초제의 선택성 중 작물과 잡초간의 연령 차이와 공간적 차이에 의해 잡초만을 방제하는 유형은?
① 생리적 선택성　② 생화학적 선택성
③ 형태적 선택성　④ 생태적 선택성

해설
생태적 선택성은 작물과 잡초 간의 시간, 공간적 차이에 의한 선택성으로 생육시기, 공간이 다를 때 나타난다.

80 유기인계 농약에 대한설명으로 틀린 것은?
① 많은 주요 살충제가 유기인 화합물에서 개발되어 왔다.
② 인(P)을 중심으로 각종 원자나 원자단이 결합되어 있다.
③ Streptomycin, polyoxin이 속한다.
④ 식물체내에서는 분해가 빠르며 축적작용이 없다.

해설
스트렙토마이신(Streptomycin)은 농용항생제이며 polyoxin 은 살균제에 해당한다.

제5과목　종자관련법규

81 식물신품종보호관련법상 품종보호권 또는 전용실시권을 침해한 자는 어떠한 처벌을 받는가?
① 3년 이하의 징역 또는 5백만원 이하의 벌금에 처한다.
② 5년 이하의 징역 또는 1천만원 이하의 벌금에 처한다.
③ 7년 이하의 징역 또는 1억원 이하의 벌금에 처한다.
④ 9년 이하의 징역 또는 2억원 이하의 벌금에 처한다.

해설
식물신품종보호관련법상 품종보호권 또는 전용실시권을 침해한 자는 7년 이하의 징역 또는 1억원 이하의 벌금에 처한다.

정답　77 ②　78 ④　79 ④　80 ③　81 ③

82. 종자산업법에서 정의된 '종자'로 옳지 않은 것은?

① 재배용 볍씨
② 약제용 당귀 뿌리
③ 양식용 버섯의 종균
④ 증식용 튤립의 구근

해설
"종자"란 증식용 또는 재배용으로 쓰이는 씨앗, 버섯 종균(種菌), 묘목(苗木), 포자(胞子) 또는 영양체(營養體)인 잎·줄기·뿌리 등을 말한다.

83. 다음 중 수입적응성 시험의 대상작물이 아닌 것은?

① 호박   ② 국화
③ 수수   ④ 버들송이

해설
화훼류는 수입적응성시험 대상작물에서 제외된다.

84. 종자산업법규상 종자보증과 관련하여 형의 선고를 받은 종자관리사에 대한 행정처분의 기준으로 맞는 것은?

① 등록취소   ② 업무정지 1년
③ 업무정지 6월 ④ 업무정지 3월

해설
종자보증과 관련하여 형을 선고받은 경우 행정처분의 기준은 등록취소이다.

85. 국유품종보호권의 정의로 옳은 것은?

① 국가가 구입한 품종 보호권
② 국가 간에 거래되는 품종보호권
③ 국가 명의로 등록된 품종보호권
④ 국가가 생산·공급하는 종자의 품종보호권

해설
국유품종보호권은 국가 명의로 등록된 품종보호권을 의미한다.

86. 식물신품종보호관련법상 품종보호권의 효력이 적용되는 것은?

① 영리 외의 목적으로 자가소비(自家消費)를 하기위한 품종
② 실험이나 연구를 하기 위한 품종
③ 다른 품종을 육성하기 위한 품종
④ 보호품종을 반복하여 사용하여야 종자생산이 가능한 품종

해설
품종보호권의 효력이 적용되는 것으로 호품종(기본적으로 다른 품종에서 유래된 품종이 아닌 보호품종만 해당한다)으로부터 기본적으로 유래된 품종, 보호품종을 반복하여 사용하여야 종자생산이 가능한 품종 등이 있다.

87. 품종목록 등재의 유효기간에 관한 설명으로 옳은 것은?

① 품종목록 등재한 날부터 10년
② 품종목록 등재한 날부터 15년
③ 품종목록 등재한 날이 속한 해의 다음 해부터 10년
④ 품종목록 등재한 날이 속한 해의 다음 해부터 15년

해설
품종목록 등재의 유효기간은 등재한 날이 속한 해의 다음 해부터 10년까지로 한다.

정답 82 ② 83 ② 84 ① 85 ③ 86 ④ 87 ③

88 종자관련법상 "종자의 보증 효력을 잃은 것"에 해당하지 않은 것은?
① 보증표시를 하지 아니하거나 보증표시를 위조 또는 변조하였을 때
② 보증의 유효기간이 지났을 때
③ 거짓이나 그 밖의 부정한 방법으로 보증을 받았을 때
④ 해당 종자를 종자관리사의 감독에 따라 분포장(分包裝)했을 때

해설
포장한 보증종자의 포장을 뜯거나 열었을 때, 종자의 보증 효력을 잃은 것으로 본다. 다만, 해당 종자를 보증한 보증기관이나 종자관리사의 감독에 따라 분포장(分包裝)하는 경우는 제외한다는 단서에 따라 분포장한 종자의 보증표시는 분포장 하기 전에 표시되었던 해당 품종의 보증표시와 같은 내용으로 하여야 한다.

89 국가품종목록의 등재 대상으로 옳지 않은 것은?
① 사료용 옥수수는 국가 품종목록 등재 대상에서 제외한다.
② 대통령으로 국가품종목록 등재 대상작물을 추가하여 정할 수 있다.
③ 국가품종목록에 등재할 대상작물은 벼·보리·콩·옥수수·감자이다.
④ 국가품종목록 등재는 작물의 품종성능관리를 위하여 모든 작물에 실시한다.

해설
품종목록에 등재할 수 있는 대상작물은 벼, 보리, 콩, 옥수수, 감자와 그 밖에 대통령령으로 정하는 작물로 한다. 다만, 사료용은 제외한다. 즉, 모든 작물에 실시하는 것은 아니다.

90 품종보호를 받지 아니하거나 품종보호 출원 중이 아닌 품종의 종자가 용기나 포장에 품종보호를 받았다는 표시 또는 품종보호 출원 중이라는 표시를 하거나 이와 혼동하기 쉬운 표시를 하는 행위를 한 자가 받는 벌칙은?
① 3년 이하의 징역 또는 2천만원 이하의 벌금에 처한다.
② 2년 이하의 징역 또는 2천만원 이하의 벌금에 처한다.
③ 1년 이하의 징역 또는 1천만원 이하의 벌금에 처한다.
④ 1년 이하의 징역 또는 5백만원 이하의 벌금에 처한다.

해설
품종보호를 받지 아니하거나 품종보호 출원 중이 아닌 품종의 종자의 용기나 포장에 품종보호를 받았다는 표시 또는 품종보호 출원 중이라는 표시를 하거나 이와 혼동되기 쉬운 표시를 하는 행위는 3년 이하의 징역 또는 2천만원 이하의 벌금에 처한다.

91 다음 중 거짓표시에 해당되지 않는 것은?
① 품종보호권이 없는 품종을 품종보호된 품종이라고 광고하였다.
② 품종보호 출원될 품종을 품종보호된 품종이라고 표시하였다.
③ 품종보호 출원중인 품종을 품종보호 출원중이라고 전단을 만들어 배포하였다.
④ 품종보호 출원할 계획을 가지고 품종보호 출원하였다고 선전하였다.

해설
품종보호출원 중인 품종을 품종보호 출원중이라고 영업용 광고, 표찰, 거래서류 등에 표시할 수 있다.

정답 88 ④ 89 ④ 90 ① 91 ③

92 종자산업법에서 "작물"의 정의로 옳은 것은?

① 농산물 또는 수산물의 생산을 위하여 재배되는 일부 특정 식물
② 농산물 또는 수산물의 생산을 위하여 재배되는 모든 식물과 동물
③ 농산물, 임산물 또는 수산물의 생산을 위하여 재배되는 모든 식물과 동물
④ 농산물, 임산물 또는 수산물의 생산을 위하여 재배되거나 양식되는 모든 식물

해설
"작물"이란 농산물 또는 임산물의 생산을 위하여 재배되는 모든 식물을 말한다.

93 품종보호 출원시 심판청구수수료로 옳은 것은?

① 품종당 5만원 ② 품종당 7만원
③ 품종당 10만원 ④ 품종당 15만원

해설
품종보호 출원 등에 관한 수수료에서 심판청구수수료는 품종당 10만원이다.

94 식물신품종보호법상 품종의 보호요건으로만 묶인 것은?

① 구별성, 균일성, 안전성
② 상업성, 구별성, 안정성
③ 신규성, 상업성, 안전성
④ 안정성, 균일성, 신규성

해설
품종보호 요건은 신규성, 구별성, 균일성, 품종명칭 등이 있다.

95 종자관련법상에서 유통종자의 품질표시 사항으로 틀린 것은?

① 품종의 명칭
② 종자의 포장당 무게 또는 낱알 개수
③ 수입 연월 및 수입자명(수입종자의 경우에 해당하며, 국내에서 육성된 품종의 종자를 해외에서 채종하여 수입하는 경우도 포함한다.)
④ 종자의 발아율(버섯종균의 경우에는 종균 접종일)

해설
수입 연월 및 수입자명[수입종자의 경우로 한정하며, 국내에서 육성된 품종의 종자를 해외에서 채종(採種)하여 수입하는 경우는 제외한다]

96 농림축산식품부장관이 국가목록등재 품종의 종자를 생산하고자 할 때 그 생산을 대행하게 할 수 없는 자는?

① 산림청장 ② 마포구청장
③ 서울특별시장 ④ 해양항만청장

해설
농촌진흥청장 또는 산림청장, 특별시장·광역시장·특별자치시장·도지사 또는 특별자치도지사, 대통령령으로 정하는 농업단체 또는 임업단체, 농림축산식품부령으로 정하는 종자업자는 품종목록에 등재한 품종의 종자 또는 농산물의 안정적인 생산에 필요하여 고시한 품종의 종자를 생산할 경우에는 그 생산을 대행하게 할 수 있다. 이 경우 농림축산식품부장관은 종자생산을 대행하는 자에 대하여 종자의 생산·보급에 필요한 경비의 전부 또는 일부를 보조할 수 있다.

정답 92 ④ 93 ③ 94 ④ 95 ③ 96 ④

97 식물신품종보호법상 죄를 범한 자가 자수를 한 때에 그 형을 경감 또는 면제받을 수 있는 죄로 맞는 것은?
① 위증죄 ② 침해죄
③ 비밀 누설죄 ④ 허위 표시의 죄

해설
위증죄는 죄를 지은 사람이 사건의 결정 또는 심결 확정 전에 자수하였을 때에는 그 형을 경감하거나 면제할 수 있다.

98 포장검사 또는 종자검사를 받으려는 자는 별지 서식의 검사신청서를 누구에게 제출하여야 하는가?
① 국립종자원장
② 농촌진흥청장
③ 산림과학원장
④ 농림축산식품부장관

해설
포장검사 또는 종자검사를 받으려는 자는 별지 서식의 검사신청서를 산림청장, 국립종자원장, 종자관리사 에게 제출하여야 한다.

99 종자의 수출·수입을 제한하거나 수입된 종자의 국내유통을 제한할 수 있는 경우로 옳은 것은?
① 국내유전자원 보존에 심각한 지장을 초래할 우려가 있는 경우
② 국내에서 육성된 품종의 종자가 수출되어 복제될 우려가 크다고 판단될 경우
③ 지나친 수입으로 국내종자 산업발전에 막대한 지장을 초래할 우려가 있는 경우
④ 지나친 수출로 해당 작물의 생산이 크게 부족하여 해당 농산물의 자급률이 크게 악화 될 우려가 있는 경우

해설
농림축산식품부장관은 국내 생태계 보호 및 자원 보존에 심각한 지장을 줄 우려가 있다고 인정하는 경우에는 대통령령으로 정하는 바에 따라 종자의 수출·수입을 제한하거나 수입된 종자의 국내 유통을 제한할 수 있다.

100 종자검사 항목 중에서 정립에 속하는 것은?
① 이물 ② 주름진립
③ 잡초종자 ④ 이종종자

해설
정립은 이종종자, 잡초종자 및 이물을 제외한 종자를 말하며 다음의 것을 포함한다.
• 미숙립, 발아립, 주름진립, 소립
• 원래크기의 1/2이상인 종자쇄립
• 병해립(맥각병해립, 균핵병해립, 깜부기병해립 및 선충에 의한 충영립을 제외한다)
• 목초나 화곡류의 영화가 배유를 가진 것

정답 97 ① 98 ① 99 ① 100 ②

2015 제1회 종자기사

제1과목 종자생산학

01 자연 교잡률이 5~25% 정도인 식물은?
① 자가수정 식물 ② 타가수정 식물
③ 부분타식성 식물 ④ 내혼계 식물

해설
자가수분이 원칙이나 타가수분도 가능한 부분타식성 식물의 경우 자연교잡률이 5~25% 이다.

02 화분모세포 10개가 정상적으로 감수분열 하면 몇 개의 화분(소포자)을 만들게 되는가?
① 10개 ② 20개
③ 40개 ④ 50개

해설
화분모세포 2회의 감수분열로 4개의 화분이 형성되기에 10개의 화분모세포는 40개의 화분이 만들어지게 된다.

03 시금치의 개화성과 채종에 대한 설명으로 옳은 것은?
① F_1채종의 원종은 뇌수분으로 채종한다.
② 자가불화합성을 이용하여 F_1채종을 한다.
③ 자웅이주(雌雄異株)로서 암꽃과 수꽃이 각각 따로 있다.
④ 장일성 식물로서 유묘기 때 저온처리를 하면 개화가 억제된다.

해설
자웅이주는 암꽃과 수꽃이 따로 있는 것을 말한다.

04 한천배지검정에서 Sodium Hypochlorite (NaOCl)를 이용한 종자의 표면 소독시 적정농도와 침지시간으로 가장 적당한 것은?
① 1%, 1분 ② 10%, 1분
③ 20%, 30분 ④ 40%, 30분

해설
한천배지검정에서 NaOCl 이용한 종자의 표면 소독시 1% 용액에 1분 동안 침지한다.

05 배휴면(胚休眠)을 하는 종자를 습한 모래 또는 이끼와 교대로 층상으로 쌓아 두고, 그것을 저온에 두어 휴면을 타파시키는 방법을 무엇이라 하는가?
① 밀폐처리 ② 습윤처리
③ 층적처리 ④ 예냉

해설
층적처리는 휴면의 타파 뿐만 아니라 발아력 저하방지, 발아억제물질 제거, 후숙 방지 등의 효과가 있다. 층적처리는 나무상자나 나무통에 습기가 있는 모래 혹은 톱밥과 종자를 층을 만들면서 넣어 저온저장고에 보관한다.

정답 01 ③ 02 ③ 03 ③ 04 ① 05 ③

06 종자의 저장성에 대한 설명으로 옳은 것은?

① 종자의 저장성은 저장고에 입고 당시 종자의 질과 저장 전 종자의 생육단계에 의하여 지배된다.
② 종자가 생리적 성숙기에 도달하면 곧바로 기계로 수확하여 저장하는 것이 종자 저장성 향상에 좋다.
③ 저장 중 종자의 퇴화율은 동일 작물이라면 소집단별 또는 개체별로 차이를 나타내지 않는다.
④ 좋은 저장환경을 갖춘 저장고에 종자를 저장하면 종자의 질이 월등히 향상된다.

해설
종자의 저장성 및 수명은 저장고 입고 당시 종자의 상태인 내부요인, 수분함량, 유전성 등에 영향을 받는다.

07 종자세의 평가방법에 대한 설명으로 틀린 것은?

① 저온검사법은 옥수수나 콩에 보편적으로 이용되고 있다.
② 저온발아검사법은 목화에 보편적으로 이용되고 있다.
③ 노화촉진검사법은 흡습시키지 않은 종자를 고온·다습한 조건에 처리한 후 적합한 조건에서 발아시키는 방법이다.
④ 삼투압검사법은 높은 삼투용액에서는 발아속도가 빨라지고 유근보다 유아가 더 빠르게 출현하는 것을 이용한다.

해설
높은 삼투압 조건에서는 침윤이 어렵게 되어 발아가 억제된다.

08 상추의 특성을 바르게 설명한 것은?

① 발아온도는 25℃가 알맞다.
② 생육시 30℃ 전후의 고온을 좋아한다.
③ 장일조건에서 추대가 촉진된다.
④ 20℃ 이하가 되어야 개화한다.

해설
상추는 장일식물로 장일조건에서 추대 및 개화가 촉진된다.

09 일대잡종 종자생산을 위한 인공교배에서 제웅이란?

① 개화 전 양친의 암술을 제거하는 작업이다.
② 개화 전 자방친의 꽃밥을 제거하는 작업이다.
③ 개화 직후 화분친의 암술을 제거하는 작업이다.
④ 개화 직후 양친의 꽃밥을 제거하는 작업이다.

해설
제웅은 자가수정을 방지하기 위해 꽃망울 상태에서 모계의 수술을 제거해 주는 것으로 제웅 시 꽃가루가 일부 남아 있으면 자식(自殖)이 될 수 있어 꽃밥을 완전 제거하도록 한다.

10 종자의 발아시험에 쓰이지 않는 온도 조건은?

① 25℃ 항온
② 35℃ 항온
③ 15~25℃의 변온
④ 20~30℃의 변온

해설
종자의 발아시험에서는 변온을 통해 자극을 주어 진행한다.

11 종자의 발아검사에 대한 설명으로 옳지 않은 것은?

① 순도분석이 끝난 정립(pure seed)을 이용한다.
② 검사시료는 잘 혼합된 시료에서 무작위로 채취한다.
③ 100립 4반복으로 치상하는 것이 통례이다.
④ 평균 발아율은 소수점이하 한자리까지 나타낸다.

해설
평균 발아율은 반올림으로 정수로 나타낸다.

12 화곡류에서 질소의 과다사용에 의한 피해로 옳지 않은 것은?

① 병에 걸리기 쉽다.
② 종자의 휴면성을 증가시킨다.
③ 과도한 영양생장과 도복의 원인이 된다.
④ 종자의 등숙율을 저하시킨다.

해설
종자의 휴면성은 질소 과다사용과는 관련이 없으며 종피의 불투수성, 기계적 저항, 발아 억제 물질의 존재, 배의 미숙 등에 의해 발생한다.

13 다음 종자의 발육환경 중 일장에 의한 영향은 어떤 것인가?

① 수확 전 발아나 조기발아의 문제가 발생한다.
② 상추종자는 광 휴면성이 둔감해 진다.
③ 질소의 용탈과 탈질현상이 일어난다.
④ 콩과작물의 경우 경실성과 관련이 있다.

해설
콩과작물은 일장의 조건에 따라 경실종자가 발생하기도 한다.

14 수확적기로 벼의 수확 및 탈곡시에 기계적 손상을 최소화 할 수 있는 종자 수분함량은?

① 14% 이하   ② 17~23%
③ 24~30%   ④ 31% 이상

해설
벼, 보리의 수확적기 종자 수분함량은 17~23% 이며 이때 탈곡 시 기계적 손상을 최소화 할 수 있다.

15 종자퇴화(種子退化)의 증상이 아닌 것은?

① 발아율 저하
② 유리지방산 증가
③ 종자 침출물 증가
④ 호흡 증가

해설
종자퇴화의 증상은 호흡이 증가하는 것이 아니라 감소한다.

16 종자 발아시 지베렐린이나 적색광과 더불어 상승제적(相乘劑的) 역할을 하는 식물호르몬으로 과실의 성숙이나 눈의 휴면과도 가장 관련 있는 것은?

① 옥신   ② 과산화수소
③ 에틸렌   ④ 시토키닌

해설
에틸렌은 과실의 성숙을 촉진하는 물질이며 눈의 휴면, 잎의 이층 형성 현상도 나타난다.

17 다음 중 종자의 수명이 가장 긴 종자는?

① 토마토   ② 상추
③ 당근   ④ 고추

해설
토마토는 장명종자로 보기중에서 가장 수명이 길다.

18 정상묘로만 나열된 것은?
① 부패묘, 경 결함묘
② 경 결함묘, 2차 감염묘
③ 완전묘, 기형묘
④ 기형묘, 부패묘

해설
완전묘, 경미한 결함묘(경 결함묘), 2차 감염묘는 정상묘에 해당된다.

19 종자의 자엽 부위에 양분을 저장하는 무배유(無胚乳)작물로만 나열된 것은?
① 벼, 밀　　② 벼, 콩
③ 밀, 팥　　④ 콩, 팥

해설
무배유작물에는 콩, 완두, 팥, 녹두, 클로버 등이 있다.

20 종자 퇴화의 직접적인 원인으로 가장 거리가 먼 것은?
① 저장 양분의 고갈
② 저장 단백질의 과다
③ 유해 물질의 축적
④ 지질의 자동 산화

해설
종자의 퇴화에는 종자 저장 양분의 과다가 아닌 고갈이 원인이 된다.

제2과목　식물육종학

21 자연계에서 종작물의 생식방법과 유전변이 출현과의 관계를 가장 바르게 설명한 것은?
① 유성생식 작물은 유전변이를 기대하기 어렵다.
② 타식성 작물이 자식성 작물보다 더 다양한 유전변이가 출현된다.
③ 자식성 작물이 타식성 작물보다 더 다양한 유전변이가 출현된다.
④ 무성생식 작물은 감수분열과 수정을 통해서 다양한 유전변이가 생긴다.

해설
타식성 식물에 관여하는 유전자 범위가 넓고 잡종개체들 간 자유로운 수분이 이루어지기에 자식성 식물보다 더 다양한 유전변이가 출현된다.

22 다음 (　)안에 가장 적합한 용어는?

> 유전자원의 특성을 평가할 때 (　)은(는) 환경변이가 크기 때문에 3차적 특성으로 취급한다.

① 개화기　　② 수량성
③ 종자색깔　　④ 병해충저항성

해설
수량성이나 품질은 환경변이가 크기 때문에 3차적 특성으로 취급한다.

23 벼 유전자원을 수집하는 국제기관은?
① ILRI　　② CIP
③ IRRI　　④ CIMMYT

해설
국제미작연구소(IRRI)는 벼에 관한 연구 및 교육을 담당하는 기관으로 유전자 수집, 보존, 기록, 평가, 정보관리 등의 업무를 수행한다.

정답　18 ②　19 ④　20 ②　21 ②　22 ②　23 ③

24 변이를 일으키는 원인에 따라서 3가지로 구분할 때 가장 옳은 것은?
① 방황변이, 개체변이, 일반변이
② 장소변이, 돌연변이, 교배변이
③ 돌연변이, 유전변이, 비유전변이
④ 대립변이, 양적변이, 정부변이

해설
변이를 일으키는 원인은 크게 유전적 원인, 비유전적 원인에 의해 장소변이, 돌연변이, 교배변이 등으로 구분된다.

25 아포믹시스(Apomixis)에 대한 설명이 바른 것은?
① 웅성불임에 의해 종자가 만들어진다.
② 수정과정을 거치지 않고 배가 만들어져 종자를 형성한다.
③ 자가불화합성에 의해 유전분리가 심하게 일어난다.
④ 세포질불임에 의해 종자가 만들어진다.

해설
아포믹시스는 수정 없이 발생하는 생식으로 무수정 생식이라 한다.

26 돌연변이 유발원으로 γ선과 X선을 주로 사용하는 이유는?
① 잔류방사능이 있지만 돌연변이가 많이 나오기 때문이다.
② 처리가 까다롭지만 돌연변이 빈도가 높기 때문이다.
③ 처리가 쉽고 잔류방사능이 없기 때문이다.
④ 처리가 쉽고 에너지가 낮기 때문이다.

해설
방사선을 이용한 돌연변이육종법에서는 γ선(감마선)이 가장 많이 이용되는데 이는 처리가 간단하고 잔류방사능이 거의 없기 때문이다.

27 체세포로부터 식물체가 재생되는 현상을 적절하게 설명한 것은?
① 식물의 세포분화능을 이용하는 것이다.
② 세포의 탈분화능을 이용하는 것이다.
③ 식물의 기관형성능을 이용하는 것이다.
④ 세포의 전체형성능을 이용하는 것이다.

해설
식물은 하나의 기관이나 조직, 세포하나라도 적정조건이 되면 모체와 동일한 유전형질을 갖는 완전한 식물체로 발달하는 전체형성능(totipotency)이라는 재생능력을 갖는다.

28 순계에 대한 설명으로 옳지 않은 것은?
① 순계내의 개체들은 모두 동일한 유전자형을 갖는다.
② 순계내의 개체들은 모두 동형접합체이다.
③ 순계내에서의 선발은 효과가 없다.
④ 순계내에서의 변이는 유전변이와 환경변이로 구성된다.

해설
순계 내에 변이는 환경에 의해 방황변이로 선발의 효과가 없다.

29 비대립유전자 간 상호작용으로 한 유전자의 작용효과가 다른 자리에 위치한 유전자형의 영향을 받아서 변하는 효과는?
① 상위성 효과   ② 초우성 효과
③ 부분우성 효과 ④ 상가적 효과

해설
비대립유전자 내에서 상호작용은 상위성으로 표현하며 관여 유전자는 상위유전자, 하위유전자로 구분된다.

30 포자체형 자가불화합성 식물에서 자가불화합성 관련유전자 조성이 S_1S_3인 식물을 자방친으로 하고 S_1S_2를 화분친으로 하여 교배했을 때 불화합이 되는 경우는?

① 유전자 S_1이 유전자 S_3에 대하여 우성이고, S_2가 S_1에 대하여 우성일 때
② 유전자 S_1이 유전자 S_3와 S_2에 대하여 각각 열성일 때
③ 유전자 S_1이 유전자 S_3와 S_2에 대하여 각각 우성일 때
④ 유전자 S_1이 유전자 S_3와 공우성(共優性)이고, S_1이 S_2에 대하여 열성일 때

해설
포자체형 자가불화합성 식물에서 S_1S_3인 식물을 자방친으로 하고 S_1S_2를 화분친으로 하여 교배했을 때 유전자 S_1이 유전자 S_3와 S_2에 대하여 각각 우성이면 불화합이 발생한다.

31 동질배수체와 이질배수체의 차이점을 가장 잘 설명한 것은?

① 동질배수체 : 동일한 염색체수가 1~2개 증가한 것
　이질배수체 : 체세포의 염색체가 1~2개 감소한 것
② 동질배수체 : 염색체수가 동일 게놈단위로 증가한 것
　이질배수체 : 다른 게놈의 염색체 1~2개가 첨가된 것
③ 동질배수체 : 동일 게놈이 배가되어 있는 배수체
　이질배수체 : 다른 게놈이 결합되어 있는 배수체
④ 동질배수체 : 동일한 염색체수가 1~2개 증가한 것
　이질배수체 : 다른 게놈의 염색체 1~2개가 첨가된 것

해설
동일 종류의 게놈이 증가되는 경우 동질배수체라 하며 이종 게놈이 첨가되어 배수성을 되는 경우를 이질배수체라 한다.

32 독립유전하는 양성잡종 AaBb 유전자형의 개체를 자식시켰을 때 동형접합 개체의 비율?

① 100%　② 50%
③ 25%　④ 12.5%

해설
AaBb 유전자형의 개체를 자식하면 AABB, AAbb, aaBB, aabb 가 나타나며 동형접합 개체의 비율은 25%로 나타난다.

33 다음 중 피자식물(속씨식물)의 성숙한 배낭에서 중복수정에 참여하여 배유를 생성하는 것은?

① 난세포　② 조세포
③ 반족세포　④ 극핵

해설
피자식물의 중복수정은 2개의 정핵 중 1개는 난핵과 결합하여 배가 되고 다른 1개는 2개의 극핵과 결합해서 배젖(배유)이 된다.

34 우리나라의 녹색혁명을 주도한 벼 품종은?

① IR 8　② 통일벼
③ 일품벼　④ 대립벼 1호

해설
통일벼는 1970년대 국내에 보급된 벼 품종으로 식량 자급을 이루게 한 녹색혁명의 주품종이다.

정답　30 ③　31 ③　32 ④　33 ④　34 ②

35 체세포의 염색체 구성이 2n+1 일 때 이를 무엇이라 하는가?
① 일염색체(monosomic)
② 삼염색체(trisomic)
③ 이질배수체
④ 동질배수체

해설
2n+1 의 경우 3염색체라 한다.

36 녹색혁명(green revolution)에 관한 설명 중 옳지 않은 것은?
① 작물 중 밀과 벼에서 최초로 시작되었다.
② 작물의 다수성 품종을 보급하여 획기적으로 생산성이 증대된 것이다.
③ 과거 품종보다 키가 커지면서 수량이 증가하게 되었다.
④ 다수성 품종들은 높은 생산성을 올리기 위해서 과거 품종보다 더 많은 화학제를 필요로 하게 되었다.

해설
녹색혁명에 관련된 품종들의 경우 간장이 짧고 군락상태에서 수광태세가 좋은 특성을 가진 단간직립형 품종들로서 키는 상대적으로 작은편이다.

37 채소류의 채종재배에서 수확 적기는?
① 황숙기   ② 유숙기
③ 갈숙기   ④ 녹숙기

해설
물류의 채종적기는 황숙기이며 십자화과작물(채소류)는 갈숙기에 적기이다.

38 식물병에 대한 진정 저항성과 동일한 뜻을 가진 저항성은?
① 질적 저항성   ② 포장 저항성
③ 양적 저항성   ④ 수평 저항성

해설
질적저항성과 동일한 뜻의 저항성의 종류에는 수직저항성, 진정저항성 등이 있다.

39 4배체인 AAAA × aaaa의 교잡에서 A가 완전유성이라 할 때 F_2에서 우성형질과 열성형질의 분리비는?
① 3 : 1   ② 15 : 1
③ 9 : 7   ④ 35 : 1

해설
F_2 의 유전자 분리비는
<AAAA:AAAa:AAaa:Aaaa:aaaa=1:8:18:8:1>
이므로 <우성:열성=35:1> 로 나타난다.

40 육종목표를 효율적으로 달성하기 위한 육종방법을 결정할 때 고려해야 할 사항은?
① 미래의 수요예측
② 농가의 경영규모
③ 목표형질의 유전양식
④ 품종보호신청 여부

해설
육종방법은 육종의 소재가 되는 변이의 작성방법, 선발방법, 작물의 번식법 등에 따라 달라진다. 육종목표와 육종재료 및 목표형질의 유전양식에 따라 육종의 목표 및 규모가 결정된다.

정답 35 ② 36 ③ 37 ③ 38 ① 39 ④ 40 ③

제3과목 재배원론

41 벼의 생육 중 냉해에 의한 출수가 가장 지연되는 생육단계는?
① 유효분얼기 ② 유수형성기
③ 감수분열기 ④ 출수기

해설
벼는 유수형성기에 냉해를 만나면 출수가 가장 지연된다.

42 벼에서 백화묘(白化苗)의 발생은 어떤 성분의 생성이 억제되기 때문인가?
① 옥신 ② 카로티노이드
③ ABA ④ NAA

해설
백화묘는 벼가 강한 햇볕과 낮은 온도 조건에서 엽록소가 형성되지 않아서 나타나는 현상으로 이때 카로티노이드가 엽록소 파괴를 방지해주는데 카로티노이드의 성분이 적거나 억제되면 백화 현상이 심해진다.

43 작물의 채종을 목적으로 재배할 때 작물 퇴화방지를 위한 격리 거리가 가장 먼 것은?
① 벼 ② 콩
③ 보리 ④ 배추

해설
무, 배추, 양배추 등은 채종재배 격리거리 1km 이상을 기준으로 한다.

44 작물의 내열성을 올바르게 설명한 것은?
① 세포내의 유리수가 많으면 내열성이 증대된다.
② 어린 잎보다 늙은 잎이 내열성이 크다.
③ 세포의 유지함량이 증가하면 내열성이 감소한다.
④ 세포의 단백질 함량이 증가하면 내열성이 감소한다.

해설
작물의 내열성은 늙은 잎이 어린 잎보다 내열성이 크다. 유리수가 적을수록 내열성이 커지며 당분, 단백질, 염류 등이 증가할수록 내열성이 증대한다.

45 작물에 대한 수해의 설명으로 옳은 것은?
① 화본과 목초, 옥수수는 침수에 약하다.
② 벼 분얼초기는 다른 생육단계보다 침수에 약하다.
③ 수온이 높은 것이 낮은 것에 비하여 피해가 심하다.
④ 유수가 정체수보다 피해가 심하다.

해설
작물의 수해는 수온이 높을수록 심하게 나타난다.
① 화본과 목초, 옥수수는 침수에 강하다.
② 벼 분얼초기는 다른 생육단계보다 침수에 강하다.
④ 정체수가 유수보다 피해가 심하다.

46 개량삼포식농법에 해당하는 작부방식은?
① 자유경작법
② 콩과작물의 순환농법
③ 이동경작법
④ 휴한농법

해설
개량삼포식은 지력유지에 매우 효과적인 방법으로 휴한하는 대신 지력증진작물(콩과목초)을 함께 재배하는 방법으로 삼포식보다 더 개량된 방법이다.

정답 41 ② 42 ② 43 ④ 44 ② 45 ③ 46 ②

47 토양수분의 수주 높이가 100cm일 경우 pF 값과 기압은 각각 얼마인가? (순서대로 pF, 기압)

① pF 1, 기압 0.01　② pF 2, 기압 0.1
③ pF 3, 기압 1　　　④ pF 4, 기압 10

해설
pF = logH(H : 수주높이, cm) 이므로
$log10^2$ = pF 2 이며 기압은 0.1 기압이다

48 다음 중 T/R율에 관한 설명으로 올바른 것은?

① 감자나 고구마의 경우 파종기나 이식기가 늦어질수록 T/R율이 작아진다.
② 일사가 적어지면 T/R율이 작아진다.
③ 질소를 다량시용하면 T/R율이 작아진다.
④ 토양함수량이 감소하면 T/R율이 감소한다.

해설
토양함수량이 감소하면 지하부에 비해 지상부의 생육이 나빠지면서 T/R 율이 감소하게 된다. 반대로 토양함수량이 증가하면서 토양의 수분이 많아지게 되면 지상부에 비해 지하부 생육이 나빠지게 되면서 T/R 율이 커진다.

49 일반 토양의 3상에 대하여 올바르게 기술한 것은?

① 기상의 분포 비율이 가장 크다.
② 고상의 분포는 50%정도 이다.
③ 액상은 가장 낮은 비중을 차지한다.
④ 고상은 액체와 기체로 구성된다.

해설
보통 토양3상의 구성비는 고상 50%, 액상 25%, 기상 25% 로 구성되어 있다.

50 다음 중에서 중경제초의 이로운 점과 거리가 먼 것은?

① 토양수분의 증발을 경감시킨다.
② 비료의 효과를 증진시킬 수 있다.
③ 풍식과 동상해를 경감시킬 수 있다.
④ 재배방식의 개선과 농자재 사용을 줄 일 수 있어서 소득이 향상된다.

해설
중경의 장점은 발아조장, 토양의 통기성 양호, 토양의 수분 증발의 억제 등의 효과가 있으나 동상해가 조장되는 단점이 있다.

51 우리나라의 벼농사는 대부분이 기계화되어 있는데, 이러한 기계화의 가장 큰 장점은?

① 유기농 재배가 가능하다.
② 농업 노동력과 인건비가 크게 절감된다.
③ 화학비료나 농약의 사용을 크게 줄일 수 있다.
④ 재배방식의 개선과 농자재 사용을 줄 일 수 있어서 소득이 향상된다.

해설
농업의 기계화를 통해 노동력 및 인건비가 절감되고 작업효율이 높아진다.

52 작물의 내습성에 관여하는 요인을 잘못 설명한 것은?

① 뿌리의 피층세포가 사열로 되어 있는 것은 직렬로 되어 있는 것 보다 내습성이 약하다.
② 목화한 것은 환원성 유해물질의 침입을 막아서 내습성이 강하다.
③ 부정근이 발생력이 큰 것은 내습성이 약하다.
④ 뿌리가 황화수소 등에 대하여 저항성이 큰 것은 내습성이 강하다.

해설
부정근이 발생력이 큰 것은 내습성이 강하다.

정답 47 ② 48 ④ 49 ② 50 ③ 51 ② 52 ③

53 고추의 기원지로 알려진 곳은?
① 중국 ② 인도
③ 중앙아시아 ④ 남아메리카

해설
남아메리카지구가 기원지인 작물은 고추, 감자, 담배 등이 있다.

54 두류에서 도복의 위험이 가장 큰 시기는 개화기로부터 얼마인가?
① 약 10일간 ② 약 20일간
③ 약 30일간 ④ 약 40일간

해설
두류는 줄기가 급속하게 자라는 개화기로부터 약 10일간 도복의 위험성이 크다.

55 다음 중에서 배유종자가 아닌 작물은?
① 보리 ② 율무
③ 옥수수 ④ 녹두

해설
배유종자에는 벼, 보리, 밀, 옥수수, 양파, 당근, 토마토 등이 있다. 녹두의 경우 무배유종자에 해당한다.

56 화학적 생리적으로 염기성 비료에 속하는 것은?
① $(NH_4)_2SO_4$ ② 용성인비
③ $CO(NH_2)_2$ ④ K_2SO_4

해설
생석회, 소석회, 탄산칼륨, 용성인비 등은 염기성 비료에 속한다.

57 식물의 광합성 속도에는 이산화탄소의 농도 뿐 아니라 광의 강도도 관여를 하는데, 다음 중 광이 약할 때에 일어나는 일반적인 현상은?
① 이산화탄소 보상점과 포화점이 다 같이 낮아진다.
② 이산화탄소 보상점과 포화점이 다 같이 높아진다.
③ 이산화탄소 보상점이 높아지고 이산화탄소 포화점은 낮아진다.
④ 이산화탄소 보상점이 낮아지고 이산화탄소 포화점은 높아진다.

해설
광이 약할 경우 이산화탄소 보상점이 높아지고 이산화탄소 포화점은 낮아지게 된다.

58 식물체의 부위 중 내열성이 가장 약한 곳은?
① 눈(芽) ② 유엽(幼葉)
③ 완성엽(完成葉) ④ 중심주(中心柱)

해설
식물체의 부위 중에서 미성엽과 중심주의 내열성아 가장 약하다.

59 다음 중 단일상태에서 화성이 유도·촉진되는 식물은?
① 보리 ② 감자
③ 배추 ④ 들깨

해설
단일상태에서는 단일식물이 개화하며 콩, 옥수수, 벼, 딸기, 국화, 코스모스, 들깨, 샐비어, 담배 등이 있다.

60 옥신의 사용 설명으로 틀린 것은?
① 국화 삽목 시 발근을 촉진한다.
② 앵두나무 접목시 접수와 대목의 활착을 촉진한다.
③ 파인애플의 화아분화를 촉진한다.
④ 사과나무의 과경 이층(離層)형성을 촉진한다.

> **해설**
> 옥신의 경우 사과나무 과경 이층 형성을 억제하는 역할을 한다.

제4과목 식물보호학

61 각 작물에 있어서 수확량에 관계없는 잡초의 존재와 양을 가리키는 용어는?
① 잡초의 허용한계 ② 잡초의 군락진단
③ 잡초의 진단기준 ④ 잡초의 방제체계

> **해설**
> 잡초허용한계밀도는 잡초의 밀도가 증가하면 양분의 손실 등으로 작물의 수량이 감소하는 밀도이다.

62 접촉형 제초제에 대한 설명으로 옳지 않은 것은?
① 시마진, PCP 등이 있다.
② 효과가 곧바로 나타난다.
③ 주로 발아 후의 잡초를 제거하는데 사용된다.
④ 약제가 부착된 곳의 살아있는 세포가 파괴된다.

> **해설**
> 시마진의 경우 이행성 제초제이다.

63 병해충 발생 예찰을 위한 조사방법 중 정점조사의 목적으로 옳지 않은 것은?
① 방제 적기 결정
② 방제 범위 결정
③ 방제 여부 결정
④ 연차간 발생장소 비교

> **해설**
> 병해충의 발생예찰을 위한 정점조사의 목적은 방제 여부, 방제 시기, 연차간 발생장소 비교 등 이다.

64 다음 ( ) 안에 들어갈 내용으로 옳은 것은?

> 병징은 나타나지 않지만 식물 조직 속에
> • 병원균이 있는 것은 (ⓐ)이다.
> • 바이러스에 의해 감염된 것은 (ⓑ)이다.

① ⓐ 기생식물, ⓑ 감염식물
② ⓐ 보균식물, ⓑ 보독식물
③ ⓐ 감염식물, ⓑ 잠재감염
④ ⓐ 은화식물, ⓑ 기주식물

> **해설**
> 뚜렷한 병징은 보이지 않으나 기주식물이 병원체를 가진 경우 보균식물이라 하고 바이러스를 가진 경우 보독식물이라 한다.

65 배추 흰무늬병에 대한 설명으로 옳지 않은 것은?
① 공기로 전염한다.
② 시비량의 부족은 병 유발을 촉진한다.
③ 병원균은 주로 포자상태로 지표면에서 월동한다.
④ 잎에 발생하고 잎 표면에 갈색반점이 생기며 나중에 회백색, 백색 병반을 형성한다.

> **해설**
> 배후 흰무늬병의 병원균은 병든 잎의 조직 내에서 균사체로 월동하고 분생포자를 형성하여 공기.전염한다

정답 60 ④ 61 ① 62 ① 63 ② 64 ② 65 ③

66 잡초와 작물의 경쟁요인이 아닌 것은?
① 광선 ② 양분
③ 토양수분 ④ 토양산도

해설
경합은 생물간에 있어 양분, 산소, 수분, 광선, 공간 등의 경쟁을 말한다.

67 1차 전염원에 대한 설명으로 옳은 것은?
① 균류에만 해당하는 용어이다.
② 병원성이 가장 강한 전염원이다.
③ 도전 바이러스에 앞서 감염된 바이러스이다.
④ 월동이 끝난 병원체가 최초로 감염하는 전염원이다.

해설
1차 전염원은 1차감염을 일으키는 것으로 병든 식물체나 토양에 균핵 및 식물에 휴면하고 있는 균사 등 최초 감염하는 전염원을 말한다.

68 맥류 줄기녹병에 대한 설명으로 옳은 것은?
① 종자 전염한다.
② 병원균의 race가 있다.
③ 불완전균류에 의한 병이다.
④ Gymnosporangium 속균에 의하여 발생한다.

해설
맥류 줄기녹병의 경우 race 분화 연구를 통해 분포를 확인하였다
① 중간기주를 통해 전염된다.
③ 진균(담자균)에 의한 병이다.
④ Puccinia graminis 에 의해 발생한다.

69 유충기에 땅 속에서 수목 뿌리나 부식물을 먹고 자라며, 성충이 되어 지상에 나와 밤나무 잎이나 농작물 새싹을 가해하는 해충은?
① 응애류 ② 매미류
③ 하늘소류 ④ 풍뎅이류

해설
풍뎅이류는 유충이 뿌리를 가해하고 성충이 되면 개화기의 과수나 어린잎에 피해를 준다.

70 생활사에 따른 잡초의 분류에서 1년생 잡초는?
① 쇠털골 ② 바늘골
③ 토끼풀 ④ 쇠뜨기

해설
바늘골, 강피, 마디꽃, 알방동사니 등은 1년생 잡초에 속한다.

71 25% 농도의 유제를 1000배로 희석해서 10a당 300L를 살포하여 해충을 방제하려고 할 때의 유제의 소요량은?
① 75mL ② 200mL
③ 300mL ④ 333mL

해설
$$소요약량 = \frac{단위면적당사용량}{소요희석배수}$$
$$= \frac{300}{1000} = 0.3L = 300ml$$

72 다음 중 종자소독제가 아닌 것은?
① 테부코나졸 유제
② 프로클로라즈 유제
③ 디노테퓨란 수화제
④ 베노밀·티람 수화제

해설
디노테퓨란은 해충을 방제하는 살충제로 활용된다.

73 완전변태를 하는 곤충으로 나열된 것은?
① 바퀴목 – 매미목
② 파리목 – 나비목
③ 메뚜기목 – 풀잠자리목
④ 총채벌레목 – 딱정벌레목

해설
나비목, 파리목, 벌목, 딱정벌레목 등은 완전변태를 한다.

74 곤충의 배설태인 요산을 합성하는 장소는?
① 지방체   ② 알라타체
③ 편도세포   ④ 앞가슴샘

해설
톡토기와 같이 말피기씨관이 없는 곤충에서 배설태인 요산을 합성하는 지방체가 발달된다.

75 잡초의 발생시기에 따른 분류로 옳은 것은?
① 봄형 잡초   ② 2년형 잡초
③ 여름형 잡초   ④ 가을형 잡초

해설
잡초의 발생시기에 따라 여름잡초, 겨울잡초로 분류한다.

76 침입에 대한 설명으로 옳지 않은 것은?
① 맥류 흰가루병균은 기공침입을 한다.
② 고구마 무름병균은 상처침입만 한다.
③ 토마토 모자이크병은 각피침입을 한다.
④ 오이 덩굴쪼김병균은 뿌리의 각피를 뚫고 침입한다.

해설
토마토 모자이크병은 바이러스에 의해 발생하며 전염 경로는 즙액에 의해서이다.

77 컨테이너로 수입된 농산물의 검역과정에서 해충이 발견되었다. 발견된 해충을 박멸하기 위해 사용하는 약제의 가장 적합한 종류는?
① 훈증제   ② 접촉제
③ 유인제   ④ 소화중독제

해설
훈증제는 약제를 가스화하여 해충을 죽이기에 컨테이너와 같은 밀폐된 곳에 활용하게 적합하다.

78 벌레혹(충영)을 만드는 해충으로 옳지 않은 것은?
① 솔잎혹파리   ② 밤나무혹벌
③ 아까시잎혹파리   ④ 복숭아혹진딧물

해설
벌레혹을 만드는 해충에는 솔잎혹파리, 밤나무혹벌, 아까시잎혹파리 등이 있으며 복숭아혹진딧물은 벌레혹을 형성하지는 않으며 부화한 약충은 겨울기주 어린 잎의 즙액을 흡즙하고 신초에 피해를 준다.

79 병원체가 생성한 독소에 감염된 식물을 사람이나 동물이 섭취한 경우 독성을 유발할 수 있는 병은?
① 벼 도열병
② 고추 탄저병
③ 채소류 노균병
④ 맥류 붉은곰팡이병

해설
맥류 붉은곰팡이병은 동물 및 사람이 섭취한 경우 중독증상을 일으킨다.

정답 73 ② 74 ① 75 ③ 76 ③ 77 ① 78 ④ 79 ④

80 벼 도열병균을 생장단계별로 볼 때에 약제에 대한 저항력이 가장 강한 시기는?
① 균사 시기
② 부착기 형성기
③ 분생포자 발아시기
④ 분생포자 형성기

해설
벼 도열병균은 균사 시기에 약제에 대한 저항력이 가장 강하다.

제5과목 종자관련법규

81 대통령령이 정하는 시설을 갖추어 주된 생산시설의 소재지에 종자업을 등록하려고 한다. 다음 중 등록신청서 제출 대상으로 옳지 않은 것은?
① 군수
② 구청장
③ 도지사
④ 특별자치시장

해설
종자업을 하려는 자는 대통령령으로 정하는 시설을 갖추어 시장, 군수, 구청장에게 등록하여야 한다.

82 국가품종목록의 등재 대상 작물에 해당되지 않는 것은?
① 벼
② 콩
③ 고구마
④ 보리

해설
품종목록에 등재할 수 있는 대상작물은 벼, 보리, 콩, 옥수수, 감자와 그 밖에 대통령령으로 정하는 작물로 한다. 다만, 사료용은 제외한다.

83 '종자산업'의 범주에 속하지 않는 것은?
① 종자의 폐기
② 종자의 육성
③ 종자의 유통
④ 종자의 전시

해설
"종자산업"이란 종자와 묘를 연구개발·육성·증식·생산·가공·유통·수출·수입 또는 전시 등을 하거나 이와 관련된 산업을 말한다.

84 품종보호권 또는 전용실시권을 침해하였을 경우에 해당하는 벌칙 기준은?
① 3년 이하의 징역 또는 1천만원 이하의 벌금
② 4년 이하의 징역 또는 2천만원 이하의 벌금
③ 5년 이하의 징역 또는 3천만원 이하의 벌금
④ 7년 이하의 징역 또는 1억원 이하의 벌금

해설
품종보호권 또는 전용실시권을 침해한 자는 7년 이하의 징역 또는 1억원 이하의 벌금에 처한다.

85 종자관리사의 자격기준에 맞지 않는 것은?
① 종자기술사 자격취득자
② 종자기사 자격을 취득한 사람으로서 자격 취득 전후의 기간을 포함하여 종자업무 또는 이와 유사한 업무에 1년 이상 종사자
③ 종자산업기사 자격을 취득한 사람으로서 자격 취득 전후의 기간을 포함하여 종자업무 또는 이와 유사한 업무에 2년 이상 종사자
④ 버섯종균기능사 자격을 취득한 사람으로서 자격 취득 전후의 기간을 포함하여 버섯 종균업무 또는 이와 유사한 업무에 5년 이상 종사자

해설
버섯종균기능사 자격을 취득한 사람으로서 자격 취득 전후의 기간을 포함하여 버섯 종균업무 또는 이와 유사한 업무에 3년 이상 종사자.

정답 80 ① 81 ③ 82 ③ 83 ① 84 ④ 85 ④

86 시장·군수는 종자업 등록을 취소하거나 6개월 이내의 기간을 정하여 그 영업의 정지를 명할 수 있다. 그 중 등록을 취소하여야 하는 경우에 해당되는 것은?
① 종자업자가 종자관리사를 두지 아니한 경우
② 거짓이나 그 밖의 부정한 방법으로 종자업 등록을 한 경우
③ 수출·수입이 제한된 종자를 수출·수입하거나, 수입되어 국내유통이 제한된 종자를 국내에 유통한 경우
④ 종자업 등록을 한 날부터 1년 이내에 사업을 시작하지 아니하거나 정당한 사유 없이 1년 이상 계속하여 휴업한 경우

해설
거짓 및 부정한 방법으로 종자업을 등록한 경우 등록을 취소한다.

87 수입적응성시험을 실시하는 기관으로 옳지 않은 것은?
① 한국생약협회
② 농업협동조합중앙회
③ 전국버섯생산자협회
④ 농업기술실용화재단

해설
수입적응성시험을 실시하는 기관에는 한국생약협회, 농업협동조합중앙회, 전국버섯생산자협회, 한국종균생산협회, 한국종자협회 등이 있다.

88 일반인에게 알려져 있는 품종에 해당하지 않는 것은?

관련 법령에 따른 품종보호 출원일 이전(우선권을 주장하는 경우에는 최초의 품종보호 출원일 이전)까지 일반인에게 알려져 있는 품종과 명확하게 구별되는 품종은 구별성을 갖춘 것으로 본다.

① 품종보호를 받고 있는 품종
② 품종목록에 등재되어 있는 품종
③ 농민이 채종하여 사용하는 품종
④ 유통되고 있는 품종

해설
일반인에게 알려져 있는 품종과 명확하게 구별되는 품종에는 유통되고 있는 품종, 보호품종, 품종목록에 등재되어 있는 품종, 공동부령으로 정하는 종자산업과 관련된 협회에 등록되어 있는 품종이 있다.

89 포장검사 및 종자검사에 대한 설명으로 옳지 않은 것은?
① 포장검사에 따른 종자검사 방법은 전수조사로만 실시한다.
② 국가보증이나 자체보증 종자를 생산하려는 자는 종자검사의 결과에 대하여 이의가 있으면 재검사를 신청할 수 있다.
③ 국가보증이나 자체보증 종자를 생산하려는 자는 다른 품종 또는 다른 계통의 작물과 교잡되는 것을 방지하기 위한 공동부령으로 정하는 포장 조건을 준수하여야 한다.
④ 국가보증이나 자체보증을 받는 종자를 생산하려는 자는 농림축산식품부장관, 해양수산부장관 또는 종자관리사로부터 채종 단계별로 1회 이상 포장검사를 받아야 한다.

해설
포장검사에 따른 종자검사 방법은 전수조사 또는 표본추출 검사 방법에 따른다.

90 품종명칭으로 등록 가능한 것은?
① 숫자로만 표시
② 기호로만 표시
③ 당해 품종의 수확량만을 표시
④ 당해 품종의 육성자 이름을 표시

해설
보기 ①, ②, ③ 항목들은 품종명칭 등록을 받을수 없다.

91 종자관련법상에서 유통종자의 품질표시 사항으로 틀린 것은?
① 품종의 명칭
② 종자의 포장당 무게 또는 낱알 개수
③ 수입 연월 및 수입자명(수입종자의 경우에 해당하며, 국내에서 육성된 품종의 종자를 해외에서 채종하여 수입하는 경우도 포함한다.)
④ 종자의 발아율(버섯종균의 경우에는 종균 접종일)

해설
수입 연월 및 수입자명[수입종자의 경우로 한정하며, 국내에서 육성된 품종의 종자를 해외에서 채종(採種)하여 수입하는 경우는 제외한다]

92 품종보호권자는 그 품종보호권의 존속기간 중에서 농림축산식품부장관 또는 해양수산부장관에게 품종보호료를 얼마 주기로 납부하여야 하는가?
① 6개월마다 ② 매년
③ 2년마다   ④ 3년마다

해설
품종보호권자는 그 품종보호권의 존속기간 중에서 농림축산식품부장관 또는 해양수산부장관에게 품종보호료를 매년 납부하여야 한다.

93 다음 [보기]의 설명에 해당하는 용어는?

> 보호품종의 종자를 증식·생산·조제·양도·대여·수출 또는 수입하거나 양도 또는 대여의 청약을 하는 행위를 말한다.

① 집행 ② 실시
③ 실행 ④ 성능

해설
"실시"란 보호품종의 종자를 증식·생산·조제(調製)·양도·대여·수출 또는 수입하거나 양도 또는 대여의 청약(양도 또는 대여를 위한 전시를 포함한다. 이하 같다)을 하는 행위를 말한다.

94 감자 종자검사 기준 중 특정병에 해당하는 것은?
① 역병   ② 무름병
③ 둘레썩음병 ④ 줄기마름병

해설
감자의 특정병에는 바이러스, 둘레썩음병, 풋마름병, 갈쭉병이 있다.

95 경기도가 생산하는 종자용 보리에 해당하는 보증은?
① 민간보증
② 농협보증
③ 지방자치단체 보증
④ 국가보증 또는 자체보증

해설
시·도지사, 시장·군수·구청장, 농업단체등 또는 종자업자가 품종목록 등재대상작물의 종자를 생산하는 경우 자체보증의 대상으로 한다.

정답 90 ④ 91 ③ 92 ② 93 ② 94 ③ 95 ④

96 과태료 처분대상에 해당하지 않는 것은?
① 종자업 등록을 하지 아니하고 종자업을 한 자
② 종자의 보증과 관련된 검사서류를 보관하지 아니한 자
③ 신고되지 않은 품종명칭을 사용하여 종자를 판매하거나 보급한 경우
④ 유통중인 종자에 대한 관계공무원의 조사 또는 수거를 거부·방해 또는 기피한 자

해설
종자업 등록을 하지 아니하고 종자업을 한자는 1년 이하의 징역 또는 1천만원 이하의 벌금에 처한다.

97 종자산업법에서 정의한 "종자"가 아닌 것은?
① 증식용 씨앗   ② 산업용 화훼
③ 재배용 묘목   ④ 양식용 영양체

해설
"종자"란 증식용 또는 재배용으로 쓰이는 씨앗, 버섯 종균(種菌), 묘목(苗木), 포자(胞子) 또는 영양체(營養體)인 잎·줄기·뿌리 등을 말한다.

98 종자관리사의 행정처분에 관하여 옳은 것은?
① 직무를 게을리 한 경우 2년 이내의 기간을 정하여 자격을 정지시킬 수 있다.
② 직무를 게을리 한 경우 3년 이내의 기간을 정하여 자격을 정지시킬 수 있다.
③ 위반행위에 대하여 정상 참작사유가 있는 경우 업무정지 기간의 3분의 1까지 경감하여 처분할 수 있다.
④ 위반행위가 둘 이상인 경우로서 그에 해당하는 각각의 처분기준이 다른 경우에는 그 중 무거운 처분기중을 적용한다.

해설
종자산업법에서 종자관리사에 대한 행정처분의 세부기준에 의거 위반행위가 둘 이상인 경우로서 그에 해당하는 각각의 처분기준이 다른 경우에는 그 중 무거운 처분기준을 적용한다.

99 품종목록 등재서류의 설명 중 (   )안에 적합한 것은?

> 농림축산식품부장관 또는 해양수산부장관은 품종목록에 등재한 각 품종과 관련된 서류를 관련법에 따른 해당 품종의 품종목록 등재 (   )보존하여야 한다.

① 유효기간 동안
② 유효기간 만료 후 6개월까지
③ 유효기간 만료 후 1년까지
④ 유효기간 만료 후 3년까지

해설
농림축산식품부장관은 품종목록에 등재한 각 품종과 관련된 서류를 해당 품종의 품종목록 등재 유효기간 동안 보존하여야 한다.

100 품종보호권을 침해한 자에 대하여 품종보호권자 또는 전용실시권자가 취할 수 있는 법적 수단으로 옳지 않은 것은?
① 침해금지 청구   ② 무효심판 청구
③ 손해배상 청구   ④ 신용회복 청구

해설
품종보호권을 침해한 자에 대하여 품종보호권자 또는 전용실시권자가 취할 수 있는 법적 수단에는 권리침해에 대한 금지청구권, 손해배상청구권, 과실의 추정, 품종보호권자 등의 신용회복, 보호품종의 표시, 거짓표시의 금지가 있다.

정답 96 ① 97 ② 98 ④ 99 ① 100 ②

2015 제3회 종자기사

제1과목 종자생산학

01 종자의 테트라졸리움(tetrazolium)검사에서 종자에 나타나는 붉은색 물질은 무엇인가?
① bromide   ② carmine
③ formazan ④ methylbromide

해설
formazan 는 종자의 테트라졸리움검사에서 종자의 호흡으로 발생하는 탈수소효소와 테트라졸리움용액이 결합하면서 붉은색을 띤다.

02 다음 중 제(臍)가 종자의 끝에 있는 것은?
① 콩   ② 시금치
③ 상추   ④ 쑥갓

해설
종자의 배병이나 태좌에 붙어있던 흔적인 제(배꼽)은 식물의 종류에 따라 위치가 다르다. 배추, 시금치는 종자의 끝에 위치하고 상추, 쑥갓은 종자의 기부에 위치한다. 콩의 경우 종자의 뒷면에 위치하는 것이 특징이다.

03 다음 채소 중 자연 상태에서 자가 수정 능률이 가장 높은 것은?
① 완두   ② 양파
③ 시금치   ④ 호프

해설
자가수정작물인 완두는 자가수정능률이 높으며 타가수정작물인 양파, 시금치 등은 낮은 편이다.

04 다음 작물 중 배(胚)가 낫 모양을 하고 있는 종자는?
① 토마토   ② 명아주
③ 쇠비름   ④ 시금치

해설
무, 토마토 등의 종자의 배가 낫 모양을 하고 있다.

05 종자 수확 후 저장을 위한 조치로서 가장 유의해야 할 사항은?
① 종자의 건조   ② 종자의 소독
③ 종자의 정선   ④ 종자의 포장

해설
종자의 수분함량이 높으면 저장시 부패의 확률이 높기에 종자의 건조가 중요하다.

06 다음 중 실리카겔(silica gel)의 작용은?
① 영양제   ② 종자분석
③ 수분흡수 ④ 발아억제

해설
실리카겔, 염화칼슘(염화석회), 생석회, 나뭇재 등은 종자의 조정을 위한 수분흡수의 목적인 건조제로 활용된다.

정답 01 ③ 02 ② 03 ① 04 ① 05 ① 06 ③

07 식물의 자가수정이 이루어지는 원인에 해당하는 것은?
① 폐화수정 ② 웅성불임
③ 자가불화합 ④ 자웅이주

해설
꽃이 피기 전의 봉오리 상태일 때 일어나는 자가수정을 폐화수정이라 하며 자가수분이 용이하게 이루어진다.

08 종자의 지하발아에 관한 내용 중 옳은 것은?
① 대부분의 화본과 식물은 지하발아 종자이다.
② 콩은 지하발아 종자이다
③ 보통 유근보다 유아가 먼저 나온다.
④ 하배축이 급속도로 신장한다.

해설
지하발아는 자엽 및 양분저장기관이 지하에 남고 유아는 지상으로 나오는데 벼, 보리, 옥수수 및 대부분의 화본과 작물이 지하발아 종자이다.

09 특정한 양친의 일정 수만을 심어 그들 간에 교배만 일어나도록 하는 것은?
① 합성종 ② 혼성종
③ 복합종 ④ 혼합종

해설
특정한 양친의 일정 수만을 심어 그들 간에 교배만 일어나도록 하는 것을 합성종이라 한다.

10 타식성 작물 채종 시 격리재배를 강조하는 가장 큰 이유는?
① 양분경합에 의한 생리적 퇴화 방지
② 자연교잡에 의한 유전적 퇴화 방지
③ 돌연변이에 의한 유전적 퇴화 방지
④ 근교약세에 따른 생리적 퇴화 방지

해설
자연교잡에 의해 품종이 퇴화하는 경우도 있기에 격리재배를 통해 이를 방지하기도 한다.

11 식물의 수정에 관한 설명으로 틀린 것은?
① 수정은 자성배우자와 웅성배우자가 완전히 성숙했을 경우에 가능하다.
② 피자식물은 중복수정을 한다.
③ 나자식물에서 배유의 염색체수는 2n이다.
④ 피자식물에서는 3n인 배유세포가 만들어진다.

해설
나자식물(겉씨식물)은 2개의 정핵 중에서 1개만이 난핵과 결합하여 배(2n)가 되고 배젖(n)은 수정을 거치지 않고 배낭세포에서 유래한다.

12 다음 중 (   )에 알맞은 것은?

> Pfr는 (   )의 합성에 관여한다. (   )은 많은 광발아 종자의 휴면타파에 광대체효과가 있다고 하는데, Phytocrome은 (   )의 합성을 증진시키기 때문으로 해석하고 있다.

① 지베렐린 ② 옥신
③ ABA ④ 에틸렌

해설
태양에 의해 파이토크롬은 Pfr 형태로 전환되고 지베렐린 합성에 관여한다.

13 F₁ 종자를 생산하기 위하여 주로 자가불화합성을 이용하는 작물은?
① 옥수수 ② 배추
③ 토마토 ④ 보리

해설
자가불화합성을 이용하여 잡종강세를 나타내는 무, 배추 등의 1대 잡종 종자의 대량 생산이 가능하다.

14 다음 중 교배에 앞서 제웅이 필요 없는 작물은?
① 수수 ② 호박
③ 토마토 ④ 가지

해설
교배 전 제웅이 필요 없는 것으로 오이, 호박, 수박 등이 있다.

15 다음 중 종자의 형상이 방패형인 종자는?
① 아주까리 ② 양파
③ 콩 ④ 밀

해설
파, 양파, 부추 등은 종자의 모양이 방패형이다.

16 웅성불임성에 대한 설명으로 틀린 것은?
① 화분이 형성되지 않는다.
② 수정능력이 없기 때문에 종자를 만들지 못한다.
③ 온도, 일장 등에 의하여 임성을 회복할 수 있다.
④ 웅성불임에 관여하는 유전자가 핵과 세포질 모두에 있어야 작용한다.

해설
웅성불임에 관여하는 유전자가 핵과 세포질 모두있는 경우, 세포질만 있는 경우, 핵만 있는 경우로 구분된다.

17 다음 중 종자의 생리적 휴면에 해당하는 것은?
① 배휴면 ② 종피휴면
③ 타발휴면 ④ 후숙

해설
배휴면은 배 자체의 원인에 의한 생리적 휴면이다.

18 다음 중 ( )에 알맞은 내용은?

오이에 ( )을/를 살포하면 암꽃분화가 억제되고 수꽃마디가 증가하며, 대부분 50~100ppm이상의 처리로 감응한다.

① NAA ② ABA
③ GA ④ B-9

해설
오이에 지베렐린(GA)를 살포하면 암꽃분화가 억제되고 수꽃마디가 증가한다.

19 발아 중인 종자에서 단백질은 가수분해하여 어떠한 가용성 물질로 변화하는가?
① 지방산 ② 맥아당
③ 아미노산 ④ 만노스

해설
단백질은 아미노산으로 분해되어 이용된다.

20 토양에 어떤 성분이 부족할 때 콩과작물들이 떡잎의 내부 표면에 갈색의 괴사조직이 있는 괴저증 종자를 생산하는가?
① 망간 ② 붕소
③ 마그네슘 ④ 질소

해설
망간이 결핍되면 황화현상이 발생하다 갈변 하고 괴사 형태가 진행된다.

정답 13 ② 14 ② 15 ② 16 ④ 17 ① 18 ③ 19 ③ 20 ①

제2과목　식물육종학

21 재배식물과 그 기원지의 연결이 옳지 않은 것은?
① 벼-인도, 중국
② 콩-중앙아메리카, 멕시코
③ 고구마-멕시코, 중앙아메리카
④ 수수-중앙아프리카, 에티오피아

해설
콩은 중앙아시아지구가 기원지이다.

22 자식 또는 근친교배로 인한 근교(자식)약세가 더 이상 진행되지 않는 수준을 무엇이라 하는가?
① 우성설　　② 초우성설
③ 잡종강세　④ 자식극한

해설
근교약세는 잡종 F_1에서 나타났던 잡종강세가 자식 혹은 근계교배를 계속함에 따라 현저하게 생활력이 감퇴되는 현상으로 자식약세라 하며 주로 타가수정 작물에서 나타난다.

23 피자식물의 극핵, 조세포, 반족세포, 난세포 수의 총 합은?
① 7　　② 8
③ 9　　④ 10

해설
피자식물의 배낭에서 8개의 핵에서 3개의 반족세포, 2개의 극핵, 1개의 난세포와 2개의 조세포가 있다.

24 다음 중 ( )에 알맞은 것은?

> 토마토의 유전자웅성불임성 중에는 ( )을 살포하면 수술이 정상적으로 발육하여 자식 종자를 채종할 수 있다고 알려져 있다.

① 에틸렌　　② 사이토카이닌
③ 옥신　　　④ 지베렐린

해설
지베렐린은 꽃눈 형성 및 개화를 촉진하기에 토마토 유전자웅성불임성 중에 공급하면 수술이 정상적으로 발육하여 자식 종자를 채종할 수 있다.

25 동형접합이거나 반수접합일 때에만 표현형으로 나타나는 것은?
① 우성 돌연변이　② 열성돌연변이
③ 인위 돌연변이　④ 가시 돌연변이

해설
열성돌연변이는 동형접합이나 반수접합일 때 표현형으로 나타난다.

26 여교배 세대에 따른 반복친과 1회친의 비율에서 BC_1F_1일 때 반복친의 비율은?
① 50%　　② 75%
③ 87.5%　④ 93.75%

해설
- $1-(1/2)^{n+1}$, n : 여교잡 횟수
- $1-(1/2)^{n+1} = 1-(1/2)^{1+1}$
  $= 1-(1/2)^2 = 75(\%)$

27 다음 중 ( )에 알맞은 내용은?

> 엽이가 있는 보리에서 염기치환으로 돌연변이된 무엽이 계통에 돌연변이 유발원을 처리하면 다시 염기치환이 일어나 아주 낮은 빈도지만 엽이를 가진 개체가 나타나는데 이것을 ( )라 한다.

① 점돌연변이 ② 복귀돌연변이
③ 트랜스포존 ④ 염색체돌연변이

해설
복귀 돌연변이는 돌연 변이를 일으킨 유전자가 다시 변이를 일으켜 원상으로 되돌아가는 돌연변이이다.

28 타식성 식물집단의 유전변이가 자식성 식물집단보다 큰 이유는?

① 화분친이 제한되어 있지 않다.
② 화분친의 선택교배가 이루어진다.
③ 순계가 빨리 이른다.
④ 돌연변이체가 많다.

해설
타식성 식물집단은 유전적 특성은 이형접합성이 높고 화분친의 제한이 거의 없기에 유전변이가 크다.

29 다음 중 ( )에 알맞은 내용은?

> 통일벼는 반왜성 유전자를 가졌다. 반왜성 유전자를 가진 식물체는 ( )에 이파리가 곧게 서고 경사진 초형으로 광합성 효율이 높으며 이러한 ( )초형을 ( )이라고 한다.

① 작은 키, 단간직립, 다수성 초형
② 작은 키, 장간직립, 다수성 초형
③ 큰 키, 단간직립, 다수성 초형
④ 큰 키, 장간직립, 다수성 초형

해설
반왜성 유전자를 가진 식물체는 작은 키에 이파리가 곧게 서고 경사진 초형으로 광합성 효율이 높으며 이러한 단간직립초형을 다수성 초형이라 한다.

30 인위적으로 반수체 식물을 만들기 위해 주로 사용하는 조직배양 방법은?

① 배배양 ② 약배양
③ 생장점배양 ④ 원형질체배양

해설
식물체의 화분이나 약을 채취 및 배양하여 반수체, 반수체성 배를 생산하는 방법을 약배양육종법이라 한다.

31 개화기를 앞당기기 위하여 단일처리를 할 때 효과가 가장 작은 식물은??

① 나팔꽃 ② 코스모스
③ 양귀비 ④ 담배

해설
단일처리를 할 때 효과가 있는 식물을 단일식물이라 하며 콩, 옥수수, 벼, 딸기, 국화, 코스모스, 들깨, 샐비어 등이 있다.

32 두 쌍의 대립유전자가 중복유전자일 때 F_2 분리비는?

① 15:1 ② 9:6:1
③ 9:7 ④ 3:13

해설
동일 방향으로 작용한 유전자는 누적효과가 없는 경우 중복유전자라 하고 F_2의 분리비는 15:1 이다.

33 유전자형이 Aa인 이형접합체를 지속적으로 자기수정 하였을 때 후대집단의 유전자형 변화는?

① Aa 유전자형 빈도가 늘어난다.
② 동형접합체와 이형접합체 빈도의 비율이 1:1이 된다.
③ Aa 유전자형 빈도가 변하지 않는다.
④ 동형접합체 빈도가 계속 증가한다.

해설
연속적으로 자가수정한 자식성 집단은 세대가 진전함에 따라 동형접합체가 증가한다.

정답 27 ② 28 ① 29 ① 30 ② 31 ③ 32 ① 33 ④

34 다른 종류의 게놈을 복수로 가지고 있는 이질배수체는?
① 반수체 ② 복2배체
③ 동질3배체 ④ 동질4배체

해설
복이배체(복2배체)라 하며 서로 다른 종류의 게놈이 배가되어 배수체를 만든 것이다. 복2배체의 이용성이 높으며 육성초기 높은 불임성을 가진다.

35 다음 중 (　　)에 알맞은 것은?

> 한 꽃 속에서 암술의 화주가 길고 수술의 화사는 짧은 (　　)와 그 반대인 (　　)는 자가수정이 이루어지지 않는다.

① 장주화, 장주화 ② 장주화, 단주화
③ 단주화, 단주화 ④ 중주화, 중주화

해설
이이형화주 자가불화합성은 하나의 번식기관 내에 장주화와 단주화 등 2종류 꽃이 존재한다. 한 꽃 속에서 암술의 화주가 길고 수술의 화사는 짧은 장주화와 반대인 단주화는 자가수분으로 종자가 형성되지 않고 장주화는 단주화의 화분에 의해 생성된다. 단주화는 장주화의 화분에 의해서만 수정이 된다.

36 씨 없는 수박의 육종과정이 바른 것은?
① 3배체 작성→3배체 선발→3배체(♀)×2배체(♂)
② 3배체 작성→3배체 선발→3배체(♀)×3배체(♂)
③ 4배체 작성→4배체 선발→4배체(♀)×2배체(♂)
④ 4배체 작성→4배체 선발→4배체(♀)×4배체(♂)

해설
2배체 수박에 콜히친 처리로 염색체를 배가시켜 4배체를 만들고 4배체의 암술에 2배체 꽃가루를 수분하여 3배체의 수박을 만든다.

37 과채류와 과실류의 후숙성에 큰 영향을 미치는 특성은?
① 외관특성 ② 소비특성
③ 가공특성 ④ 유통특성

해설
후숙은 미숙과실을 일정기간 보관을 통해 성숙시키는 것으로 보관 방법 및 시간 등의 유통특성에 영향을 미친다.

38 지구상에서 유전자 자원이 침식(손실)되는 가장 보편적인 원인은?
① 돌연변이로 인한 진화에 의하여 유전자원이 침식한다.
② 우량 품종이 육성, 보급됨에 따라 유전적으로 다양한 재래종 집단이 손실된다.
③ 유전자원의 탐색에 의하여 유전자원을 수집, 보존하기 때문이다.
④ 유전자원이 육종에 이용되기 때문이다.

해설
재래종과 같이 생산성은 낮지만 소규모로 다양하게 재배되어 오던 품종이 우수한 신품종의 출현과 새로운 재배법이 개발되면서 유전자원이 점차 사라지는 것을 유전적 침식이라 한다.

39 종자로 번식시키면 원래의 특성과 다른 식물체를 얻게 될 수 있기 때문에 종자보존으로 적당하지 않은 작물로만 짝지은 것은?
① 딸기, 감자 ② 고구마, 귀리
③ 벼, 고추 ④ 밀, 보리

해설
감자의 경우 씨감자를 생산해서 심는 것이 효과적이다.

40 다음 중 기존의 우수한 계통에 웅성불임성이나 병저항성 등 단일유전자에 의해 지배되는 형질을 도입하려 할 때 효과적인 육종방법은?
① 여교배 육종법 ② 순환선발 육종법
③ 순계분리 육종법 ④ 배수성 육종법

해설
특정 유전자를 도입하고자 할때는 여교배 육종법이 효과적이다. 여교잡육종법은 양친의 제1대 잡종에 양친 중 한쪽의 유전자형을 가진 개체를 교잡하고 이것을 수세대 반복하여 우량개체를 선발하는 방법이다.

제3과목 재배원론

41 토양 수분 중 작물이 흡수할 수 없는 수분은?
① 결합수 ② 모관수
③ 중력수 ④ 지하수

해설
결합수와 흡습수는 식물이 사용할 수 없는 수분이고 주로 모관수가 작물에 이용된다.

42 다음 중 변온에 대한 설명으로 옳은 것은?
① 가을에 결실하는 작물은 대체로 변온에 의해서 결실이 억제된다.
② 동화물질의 축적은 어느 정도 변온이 큰 조건에서 많이 이루어진다.
③ 모든 종자는 변온조건에서 발아가 촉진된다.
④ 일반적으로 작물의 생장에는 변온이 큰 것이 유리하다.

해설
식물에서 가진 탄수화물 동화물질의 축적은 변온조건과 같은 자극에 의해 많이 이루어진다.

43 광합성에서 산소발생을 수반하는 광화학반응에 촉매작용을 하는 무기원소는?
① 코발트 ② 마그네슘
③ 염소 ④ 규소

해설
식물에서 염소(Cl)는 광합성과정에서 산소발생과 광인산화작용에 관여한다.

44 우리나라 작물재배 특색을 가장 잘 나타낸 것은?
① 고소득 작물의 도입 등 작부체계가 발달하였다.
② 최근 질소질 비료의 감축 등으로 친환경 농업이 크게 발달하였다.
③ 쌀의 비중이 커서 미곡(米穀)농업이라 할 수 있다.
④ 치산치수가 잘 되어 기상재해가 적은 편이다.

해설
국내의 곡물자급도는 약 27% 정도이며 쌀의 경우 98% 정도로 쌀의 비중이 커서 미곡농업이라 할 수 있다.

45 비료 및 시비에 대한 설명으로 맞는 것은?
① 요소 비료는 생리적 산성비료이다.
② 용성인비의 인산성분은 17~21%이다.
③ 질산태 질소는 시비시 토양에 잘 흡착된다.
④ 뿌리를 수확하는 작물은 칼륨보다 질소질 비료의 효과가 크다.

해설
인산질비료인 용성인비는 생리적 염기성 비료이기도 하며 인산의 성분은 17~21% 정도 함유하고 있으며 평균적으로 18~19% 정도 수준이다.

정답 40 ① 41 ① 42 ② 43 ③ 44 ③ 45 ②

46 종자의 발아와 휴면에 대하여 올바르게 기술한 것은?

① 벼는 종자무게의 5%의 수분을 흡수하여야 발아한다.
② 환경이 불리하여 발아하지 않는 것을 자발적 휴면이라 한다.
③ 수발아가 잘 되는 품종은 휴면성이 약하다.
④ 수중에서 발아가 감퇴하지 않는 종자는 귀리, 밀, 콩 등이다.

해설
수발아는 종자의 휴면과 관계가 있으며 수발아가 잘 되는 품종은 휴면성이 약하다.

47 다음 중 하고현상을 일으키지 않는 목초는?

① 알팔파 ② 브롬그라스
③ 수단그라스 ④ 스위트클로버

해설
하고현상이 상대적으로 적은 종류에는 라이그라스, 화이트클로버, 오처드그라스, 수단그라스 등이 있다.

48 식물 생장조절제 에틸렌(ethylene)의 농업적 이용이 아닌 것은?

① 옥수수, 당근, 양파 등 작물 생육억제 효과가 있다.
② 오이, 호박 등에서 암꽃의 착생수를 증대시킨다.
③ 사과, 자두 등의 과수에서 적과의 효과가 있다.
④ 양상추, 땅콩 종자의 휴면을 연장하여 발아를 억제한다.

해설
에틸렌은 과실의 성숙 및 발아촉진, 낙엽 촉진 등의 효과가 있으나 휴면을 연장하거나 발아를 억제하는 효과는 없다.

49 토양의 양이온치환용량(CEC)에 대한 설명으로 맞는 것은?

① CEC는 토양 교질 입자가 많으면 작아진다.
② CEC는 토양 화학성을 나타내는 의미 면에서 염기치환용량과 전혀 다른 개념이다.
③ CEC가 커지면 비효가 오래 지속된다.
④ CEC가 커지면 토양의 완충능력이 작아진다.

해설
양이온치환용량(CEC)이 크다는 것은 비옥한 토양을 의미한다.

50 세포분열을 촉진하는 물질로서 잎의 생장 촉진, 호흡억제, 엽록소와 단백질의 분해억제, 노화방지 및 저장 중의 신선도 증진 등의 효과가 있는 물질은?

① ABA ② auxin
③ cytokinin ④ NAA

해설
시토키닌(사이토키닌, cytokinin)은 주로 뿌리에서 합성되며 옥신과 함께 작용하여 세포분열을 촉진한다. 작물에 적용시 발아촉진, 생장촉진, 기공의 개폐 촉진 등의 효과를 보인다.

51 식물체의 붕소 결핍 증상이 아닌 것은?

① 분열조직이 괴사한다.
② 식물의 키가 커져서 도복하기 쉽다.
③ 사탕무의 속썩음병이 발생한다.
④ 알팔파의 황색병이 발생한다.

해설
질소가 과다하게 공급되면 식물의 생장이 빨라져 도복하기 쉽다.

정답 46 ③ 47 ③ 48 ④ 49 ③ 50 ③ 51 ②

52 우리나라 밭 토양의 양이온치환용량은 10.5이고 K⁺은 0.4, Ca²⁺은 3.5, Mg²⁺은 1.4me/100이었다. 우리나라 밭 토양의 평균 염기포화도는?

① 5.7% ② 15.8%
③ 50.5% ④ 53.0%

해설
염기포화도는 양이온치환용량에서 수소이온과 알루미늄이온을 제외한 치환성염기의 함유비율로 (0.4+3.5+1.4)/10.5 = 50.47(%) 이다.

53 작물의 일반분류에서 잡곡에 해당하지 않는 것은?

① 기장 ② 귀리
③ 수수 ④ 옥수수

해설
귀리, 보리, 밀 등은 맥류에 속한다.

54 식물체 내의 수분포텐셜을 올바르게 설명한 것은?

① 삼투포텐셜, 압력포텐셜, 매트릭포텐셜, 토양수분보유력으로 구성된다.
② 매트릭포텐셜과 압력포텐셜이 같으면 팽만상태가 된다.
③ 수분포텐셜과 삼투포텐셜이 같으면 팽만상태가 된다.
④ 삼투포텐셜과 압력포텐셜이 같으면 팽만상태가 된다.

해설
삼투포텐셜과 압력포텐셜이 같으면 세포의 수분포텐셜이 0 이 되면서 팽만상태가 된다.

55 재배종과 야생종의 특징을 바르게 설명한 것은?

① 야생종은 휴면성이 약하다.
② 재배종은 대립종자로 발전하였다.
③ 재배종은 단백질 함량이 높아지고 탄수화물 함량이 낮아지는 방향으로 발달하였다.
④ 성숙시 종자의 탈립성은 재배종이 크다.

해설
재배종은 생장에너지가 다량 함유된 대립종자에서 발전하였다.

56 개화유도물질(A)과 발아억제물질(B)이 각각 올바르게 연결된 것은?

① A : 버날린, B : 플로리겐
② A : 오옥신, B : 지베렐린
③ A : 플로리겐, B : 블라스토콜린
④ A : 피토크롬, B : 블라스타닌

해설
개화유도물질인 플로리겐은 생장점에서 만들어져 잎으로 이동한다. 발아억제물질인 블라스토콜린은 종자의 발아를 억제한다.

57 종자의 퇴화와 채종에 대한 설명으로 옳은 것은?

① 감자는 남부의 평야지에서 우량 종서를 생산할 수 있다.
② 콩은 서늘한 지역에서 생산한 종자가 양호하다.
③ 옥수수의 격리재배는 100m 정도로 한다.
④ 배추, 무의 격리재배는 1,000cm 이상이다.

해설
콩은 해발고도가 높은 서늘한 지역에서 생산된 종자가 충실하다.

정답 52 ③ 53 ② 54 ④ 55 ② 56 ③ 57 ②

58 다음 중 토양 반응의 미산성에 해당하는 pH범위는?
① 4.9~5.2 ② 5.3~5.8
③ 6.1~6.5 ④ 6.8~7.5

해설
pH 7 은 중성이며 pH 7 보다 낮은 수가 산성이므로 미산성은 pH 6.1 ~ 6.5 이다.

59 다음 중 식물학상 종자에 해당되는 것은?
① 벼 ② 옥수수
③ 호프 ④ 오이

해설
식물학상 종자에 해당되는 것으로 무, 배추, 오이, 토마토 등이다.

60 환경에 의한 변이는 유전하지 않으나 원인불명이지만 유전하는 변이도 있는데 이것을 돌연변이라 한다. 이 학설을 주장한 사람은?
① De Vries ② Mendel
③ Johannsen ④ Darwin

해설
작물 유전의 돌연변이설을 주장한 드브리스(De vries)는 달맞이꽃을 재배하여 새로운 변종들이 무작위로 생기는 것을 통해 학설을 주장하였다.

제4과목 식물보호학

61 광합성 저해에 의하여 살초 작용하는 제초제가 아닌 것은?
① urea ② uracil
③ triazine ④ chlorsulfuron

해설
광합성의 저해 관련 제초제의 종류로 우라실계, 벤조티아디아졸계(bentazone), 트리아진계(simazine, atrazine), 요소계(linuron, methabenzthiazuron), 아마이드계(propanil) 등이 있다.

62 다음은 어떤 해충에 대한 설명인가?

- 벼를 가해한다.
- 우리나라에서는 년 2회 발생한다.
- 부화한 유충이 벼의 잎집을 파고 들어간다.
- 제2회 발생기에 피해를 받은 벼는 백수현상이 나타난다.

① 벼멸구 ② 혹명나방
③ 이화명나방 ④ 벼물바구미

해설
이화명나방의 기주는 벼, 기장, 사탕수수 등이며 1년에 2회 발생하고 노숙유충으로 월동한다. 1세대는 잎 뒷면에서 부화한 유충이 잎집으로 이동해 볏대 속에 구멍을 뚫고 피해를 주는데 한 마리의 유충이 여러 잎을 가해하여 피해가 큰편이다. 2세대는 유충이 줄기 속을 가해하여 이삭줄기 전체가 하얗게 말라 죽는 백수 현상이 일어난다.

63 Erwinia속 무름병의 가장 대표적인 병징은?
① 기형 ② 악취
③ 점무늬 ④ 시들음

해설
Erwinia속은 무름병의 진전이 빠르고 악취가 난다. 세균성무름병의 경우도 식물 표면에 반점이 생기고 병든 부위로 변형이 생기고 악취가 난다.

64 토양전염성 식물병으로 옳은 것은?
① 벼 오갈병 ② 사과 탄저병
③ 인삼 모잘록병 ④ 맥류 겉깜부기병

해설
인삼모잘록병, 시들음병, 오이류 덩굴쪼김병 등은 토양전염성 식물병이다.

65 잡초를 방제하기 위해 제초제나 생물을 사용하지 않는 물리적 방제법으로 옳지 않은 것은?
① 소각 ② 윤작
③ 솔라리제이션 ④ 극초단파 이용

해설
윤작은 경종적 방제법에 해당한다.

66 곤충의 신경 중 전대뇌에 연결되어 있는 것은?
① 전위 ② 시신경
③ 더듬이 ④ 윗입술 신경

해설
곤충의 전대뇌는 시신경(광감각)에 연결되어 있다.

67 다음 설명에 해당하는 것은?

> 병원체가 식물과 만나 기생자가 되어 침입력과 발병력에 의하여 식물을 침해하는 힘을 발휘하는 성질

① 회복 ② 감염
③ 감수체 ④ 병원성

해설
병원성은 병원체가 기주작물에 병을 일으킬 수 있는 능력을 의미한다.

68 다음 중 항생제 계통이 아닌 것은?
① 가스가마이신 액제
② 포스티아제이드 액제
③ 스트렙토마이신 수화제
④ 옥시테트라사이클린 수화제

해설
항생제의 종류로는 가스가마이신, 발리다마이신에이, 스트렙토마이신, 블라스티시딘에스, 폴리옥신비, 폴리옥신디, 옥시테트라사이클린 등이 있다.

69 파필라(papilla) 돌기물이 나타나 병원균 침입에 저항하는 형태는?
① 화학적 방어반응 ② 형태적 방어반응
③ 물리적 방어반응 ④ 유전적 방어반응

해설
병원균의 침입에 대한 식물 세포 내에서의 형태적 저항성 반응은 파필라와 과민감 반응이 있다. 파필라(papilla)는 각피를 통해 침입하는 병원균이 기주에 접촉하여 침입행동을 개시하면 기주의 침입 세포벽이 안쪽에 돌기를 말한다.

70 배나무 붉은병무늬병균에 관한 설명으로 옳은 것은?
① 자낭균에 속한다.
② 여름포자세대가 없다.
③ 중간기주는 소나무이다.
④ 병원균은 Cronartium ribicola이다.

해설
배나무 붉은별무늬병균은 겨울포자, 소포자, 녹병포자, 녹포자를 형성하나 여름포자는 형성하지 않는다.

71 다음 중 완전변태류가 아닌 것은?
① 벌목 ② 나비목
③ 메뚜기목 ④ 딱정벌레목

해설
진딧물류, 잠자리목, 메뚜기목 등은 불완전변태를 한다.

72 농약관리법에 정의된 잔류성에 의한 농약의 구분으로 옳지 않은 것은?
① 종자전염성농약 ② 작물잔류성농약
③ 토양잔류성농약 ④ 수질오염성농약

해설
농약관리법상 잔류성에 의한 농약의 분류로 작물잔류성농약, 토양잔류성농약, 수질오염성농약이 있다..

정답 65 ② 66 ② 67 ④ 68 ② 69 ② 70 ② 71 ③ 72 ①

73 작물에 대한 잡초의 피해 요인이 아닌 것은?
① 작물에 기생하여 직접적으로 영양분을 탈취한다.
② 작물이 필요한 영양분과 생육환경에 경쟁한다.
③ 작물에 발생하는 병해충의 중간기주로 작용한다.
④ 작물이 생육하는 데 중요한 토양습도를 상승시킨다.

해설
잡초는 토양에 유기물을 공급하여 토질을 개선시키는 유용성이 있다.

74 농약의 형태 중 입제의 입자 크기는 대체로 어느 정도인가?
① 8~60 메시(mesh)
② 80~130 메시(mesh)
③ 100~180 메시(mesh)
④ 250 메시(mesh) 이상

해설
입제의 입자크기는 8~60mesh(0.5~2.5mm) 범위의 지름을 가진다.

75 창고에 보관중인 100kg의 콩에 살충제를 10ppm 농도로 처리하려고 할 때 살충제의 소요약량은? (단, 살충제는 50% 유제이며, 비중은 1이다.)
① 0.02mL   ② 0.2mL
③ 2mL   ④ 20mL

해설
소요약량(ppm 살포)
$= \dfrac{추천농도(ppm) \times 살포대상량(kg) \times 100}{1,000,000 \times 비중 \times 원액 농도}$
$= \dfrac{10 \times 100 \times 100}{1,000,000 \times 1 \times 50}$
$= 0.002L = 2ml$

76 여름철 밭작물에 발생하는 1년생 화본과 잡초가 아닌 것은?
① 개기장   ② 바랭이
③ 강아지풀   ④ 나도겨풀

해설
나도겨풀은 다년생 화본과 논잡초이다.

77 곤충의 유충과 번데기 시기 사이에 의용의 시기가 존재하는 것으로 딱정벌레목의 가뢰과에서 볼 수 있는 것은?
① 과변태   ② 반변태
③ 점변태   ④ 증절변태

해설
가뢰과는 곤충에서 딱정벌레목으로 <알→유충→의용→용→성충>의 과정을 거치는 과변태를 한다.

78 각종 피해 원인에 대한 작물의 피해를 직접피해, 간접피해 및 후속피해로 분류할 때 간접적인 피해에 해당하는 것은?
① 수확물의 질적 저하
② 수확물의 양적 감소
③ 수확물 분류, 건조 및 가공비용 증가
④ 2차적 병원체에 대한 식물의 감수성 증가

해설
간접피해에는 수확의 어려움이 발생하는 것으로 수확물을 분류하거나 건조 및 가공에 비용이 증가하게 된다.

79 세포벽에 섬유소를 함유하는 균류는?
① 난균류   ② 병꼴균류
③ 자낭균류   ④ 담자균류

해설
난균류는 균사는 잘 발달하여 분지가 많다. 세포벽은 셀룰로오스, 글루칸으로 이루어지며 유주자에 의해 무성생식한다.

80 주로 풍매전반을 하는 병은?
① 배추 무사마귀병
② 배나무 붉은별무늬병
③ 오이 모자이크바이러스병
④ 식물의 모잘록병

해설
바람에 의한 전반은 배나무 붉은별무늬병균, 도열병균, 잣나무 털녹병균, 감자 역병균 등이 있다.

제5과목 종자관련법규

81 다음 설명의 ( )에 알맞은 것은?

> 품종목록 등재의 유효기간은 등재한 날이 속한 해의 다음 해부터 ( )년까지로 한다.

① 5 ② 10
③ 15 ④ 20

해설
품종목록 등재의 유효기간은 등재한 날이 속한 해의 다음 해부터 10년까지로 한다.

82 다음 중 품종보호료 면제사유에 해당하지 않는 것은?
① 국가가 품종보호권의 설정등록을 받기 위하여 품종보호료를 납부하여야 하는 경우
② 지방자치단체가 품종보호권의 설정등록을 받기 위하여 품종보호료를 납부하여야 하는 경우
③ 국가가 품종보호권의 존속기간이 끝난 후 품종보호료를 납부하여야 하는 경우
④ 국민기초생활보장법에 따른 수급권자가 품종보호권의 설정등록을 받기 위하여 품종보호료를 납부 하여야 하는 경우

해설
국가나 지방자치단체가 품종보호권의 설정등록을 받기 위해 또는 품종보호권의 존속기간 중에 품종보호료를 내야 하는 경우 품종보호료를 면제한다.

83 종자의 자체보증 대상인 것은?
① 국제종자검정협회(ISTA)가 보증한 종자
② 종자업자가 품종목록 등재대상 작물의 종자를 생산한 종자
③ 국제종자검정가협회(AOSA)가 보증한 종자
④ 농림축산식품부장관이 정하는 외국의 종자검정기관이 보증한 종자

해설
시·도지사, 시장·군수·구청장, 농업단체등 또는 종자업자가 품종목록 등재대상작물의 종자를 생산하는 경우 자체보증의 대상으로 한다.

84 수입종자에 대하여 수입적응성시험을 받지 아니하고 종자를 수입한 자에 대한 벌칙 기준은?
① 500만원 이하의 벌금
② 1500만원 이하의 벌금
③ 1년 이하의 징역 또는 1,000만원 이하의 벌금
④ 2년 이하의 징역 또는 2,000만원 이하의 벌금

해설
수입적응성시험을 받지 아니하고 종자를 수입한 자는 1년 이하의 징역 또는 1천만원 이하의 벌금에 해당한다.

85 다음 중 정립이 아닌 것은?
① 발아립
② 소립
③ 이물
④ 목초나 화곡류의 영화가 배유를 가진 것

해설
정립에서 이종종자, 잡초종자 및 이물 등은 제외된다.

정답 80 ② 81 ② 82 ③ 83 ② 84 ③ 85 ③

86 직무육성품종과 관련된 설명으로 옳은 것은?
① 농민이 육성하거나 발견하여 개발한 품종으로서 미래 농업의 직무에 속한 것
② 농민이 육성하거나 발견하여 개발한 품종으로서 품종보호권이 주어진 품종일 것
③ 공무원이 육성하거나 발견하여 개발한 품종으로서 미래농업의 직무에 속한 것
④ 공무원이 육성하거나 발견하여 개발한 품종으로서 그 성질상 국가 또는 지방자치단체의 업무범위에 속한 것

<u>해설</u>
공무원이 육성한 품종이 성질상 국가나 지방자치단체의 업무범위에 속하고, 그 품종을 육성한 행위가 공무원의 현재 또는 과거의 직무에 속하는 육성일 경우에는 그 품종에 대한 품종보호를 받을 수 있는 해당 공무원의 권리는 국가나 지방자치단체가 승계한다.

87 보증의 유효기간이 틀린 것은?
① 채소 : 2년   ② 버섯 : 1개월
③ 감자 : 2개월 ④ 콩 : 1년

<u>해설</u>
콩의 보증기간은 6개월이다.

88 다음 중 상추종자를 생산하기 위하여 종자업을 등록하고자 할 때 철재하우스가 갖추어야 할 종자업의 시설기준으로 맞는 것은?
① 100m² 이상   ② 1,000m² 이상
③ 330m² 이상   ④ 3,330m² 이상

<u>해설</u>
종자업의 시설기준 중 채소는 철재하우스 330m² 이상, 육종포장은 3,000m² 이상으로 한다.

89 품종보호등록을 위해 품종이 갖추어야 할 요건에 해당하는 것은?
① 구별성, 균일성, 안정성
② 구별성, 우수성, 균일성
③ 안정성, 우량성, 균일성
④ 우수성, 우량성, 안정성

<u>해설</u>
품종보호 요건은 신규성, 구별성, 균일성, 품종명칭 등이 있다.

90 다음 중 유통종자의 품질표시사항으로 맞는 것은?
① 종자의 포장당 무게 또는 낱알 개수
② 농림축산식품부장관이 정하는 병충해의 유무
③ 자체순도 검정확인 표시
④ 수입종자인 경우에는 수입적응성시험 확인대장 등재번호

<u>해설</u>
유통 종자 및 묘의 품질표시 사항에서 유통 종자는 품종의 명칭, 종자의 발아율, 종자의 포장당 무게 또는 낱알 개수, 재배 시 특히 주의할 사항, 종자업 등록번호(종자업자의 경우로 한정한다) 등이 있다.

91 벼의 포장검사 규격에 따른 검사대상 항목이 아닌 것은?
① 품종순도   ② 이종 종자수
③ 찰벼 출현율 ④ 병주의 특정성

<u>해설</u>
포장검사항목은 포장격리, 포장조건, 품종순도, 이종종자주, 이품종주, 잡초, 병주, 작황 등을 검사한다.

92 다음 중 포장검사 신청서에 기재할 사항은?
① 포장신청 면적
② 포장관리인의 성명 및 주소
③ 육성자의 성명 및 주소
④ 위탁생산자의 성명 및 주소

해설
포장검사 신청서는 검사 신청 면적, 검사 희망일, 포장 소재지 등을 기재한다.

93 국내에 처음으로 수입되는 품종의 종자를 판매하기 위해 수입하고자 하는 자가 신청하는 수입적응성시험을 실시하는 기관으로 맞는 것은?
① 농업기술센터
② 한국종자협회
③ 국립종자원
④ 국립농산물품질관리원

해설
수입적응성시험기관에는 농업기술실용화재단, 한국종자협회, 한국종균생산협회, 국립산림품종관리센터, 한국생약협회, 농업협동조합중앙회가 있다.

94 "품종"의 정의로 가장 잘 설명한 것은?
① 식물학에서 통용되는 최저분류 단위의 식물군으로서 유전적으로 발현되는 특성 중 한 가지 이상의 특성이 다른 식물군과 구별되고 변함없이 증식될 수 있는 것
② 식물학에서 통용되는 하위 단위의 식물군으로 유전적으로 발현되는 특성 중 두 가지 이상의 특성이 다른 식물군과 구별되고 변함없이 증식될 수 있는 것
③ 식물학에서 통용되는 최저분류 단위의 식물군으로 유전적으로 발현되는 특성 중 두 가지 이상의 특성이 다른 식물군과 구별되고 변함없이 증식될 수 있는 것
④ 식물학에서 통용되는 상위 단위의 식물군으로 유전적으로 발현되는 특성 중 한 가지 이상의 특성이 다른 식물군과 구별되고 변함없이 증식될 수 있는 것

해설
"품종"이란 식물학에서 통용되는 최저분류 단위의 식물군으로서 품종보호 요건을 갖추었는지와 관계없이 유전적으로 나타나는 특성 중 한 가지 이상의 특성이 다른 식물군과 구별되고 변함없이 증식될 수 있는 것을 말한다.

95 다음 중 (   )에 알맞은 내용은?

> 종자산업법에서 "보증종자"란 이 법에 따라 해당 품종의 (   )과 해당 품종 종자의 품질이 보증된 채종(採種)단계별 종자를 말한다.

① 구별성   ② 안정성
③ 진위성   ④ 우수성

해설
"보증종자"란 이 법에 따라 해당 품종의 진위성(眞僞性)과 해당 품종 종자의 품질이 보증된 채종(採種)단계별 종자를 말한다.

정답 92 ① 93 ② 94 ① 95 ③

96 다음 중 국가품종목록 등재서류의 보존기간은?

① 당해 품종의 품종목록 등재 유효기간 동안 보존
② 당해 품종의 품종목록 등재 유효기간이 경과 후 1년간 보존
③ 당해 품종의 품종목록 등재 유효기간이 경과 후 3년간 보존
④ 당해 품종의 품종목록 등재 유효기간이 등재한 날부터 5년간 보존

해설
농림축산식품부장관은 품종목록에 등재한 각 품종과 관련된 서류를 해당 품종의 품종목록 등재 유효기간 동안 보존하여야 한다.

97 다음 중 국가품종목록에 등재하여 품종의 생산보급이 가능한 작물은?

① 밀   ② 콩
③ 호밀   ④ 고구마

해설
품종목록에 등재할 수 있는 대상작물은 벼, 보리, 콩, 옥수수, 감자와 그 밖에 대통령령으로 정하는 작물로 한다. 다만, 사료용은 제외한다.

98 종자산업법의 제정 목적으로 맞지 않는 것은?

① 종자산업의 발전 도모
② 농업생산의 안정
③ 종자산업의 육성 및 지원
④ 종자산업 관련 법규의 규제 강화

해설
종자산업법은 종자와 묘의 생산·보증 및 유통, 종자산업의 육성 및 지원 등에 관한 사항을 규정함으로써 종자산업의 발전을 도모하고 농업 및 임업 생산의 안정에 이바지함을 목적으로 한다.

99 품종보호와 관련하여 심판을 청구하고자 할 경우 심판청구서에 작성할 내용으로 맞지 않는 것은?

① 심판청구자의 성명과 주소, 품종의 명칭을 기재하여야 한다.
② 심판청구서에는 청구의 취지 및 이유가 기재되어야 한다.
③ 품종보호 출원일자 및 품종보호 출원번호는 기재하지 않아도 된다.
④ 심사관이 품종보호를 결정한 일자를 기재한다.

해설
심판을 청구하려는 자는 공동부령으로 정하는 심판청구서에 다음 사항을 적어 심판위원회 위원장에게 제출하여야 한다.
· 당사자 및 대리인의 성명과 주소(법인인 경우에는 그 명칭, 대표자 성명 및 영업소 소재지)
· 품종명칭
· 품종보호 출원일 및 품종보호 출원번호
· 심사관의 거절결정일, 품종보호결정일 또는 취소결정일
· 청구의 취지 및 그 이유

정답 96 ① 97 ② 98 ④ 99 ③

100 다음 중 품종보호에 관한 설명으로 옳지 않은 것은?

① 동일 품종에 대하여 다른 날에 둘 이상의 품종보호 출원이 있을 때에는 가장 먼저 출원한 자만이 그 품종에 대하여 품종보호를 받을 수 있다.
② 품종보호를 받을 수 있는 권리가 공유인 경우에는 공유자 전원이 공동으로 품종보호 출원을 하여야한다.
③ 출원공개가 있는 때에는 누구든지 해당 품종이 품종보호를 받을 수 없다는 취지의 정보를 증거와 함께 농림축산식품부장관에게 제공할 수 있다.
④ 우선권을 주장하고자 하는 자는 최초의 품종보호 출원일 다음 날부터 2년 이내에 품종보호 출원을 하여야 한다.

해설
우선권을 주장하려는 자는 최초의 품종보호 출원일 다음 날부터 1년 이내에 품종보호 출원을 하지 아니하면 우선권을 주장할 수 없다.

2016 제1회 종자기사

제1과목 종자생산학

01 인공교배하기 전에 제웅이 필요 없는 작물 만으로 나열된 것은?
① 수박, 오이 ② 오이, 토마토
③ 토마토, 벼 ④ 콩, 보리

해설
교배에 앞서 제웅이 필요한 것으로 벼, 보리, 토마토, 가지, 귀리 등이 있으며 교배 전 제웅이 필요 없는 것으로 오이, 호박, 수박 등이 있다.

02 다음 중 바이러스에 의해 발병하는 것은?
① 콩 오갈병 ② 보리 겉깜부기병
③ 벼 흰빛잎마름병 ④ 벼 이삭누룩병

해설
바이러스에 의해 발생되는 병에는 오갈병, 잎말림병, 모자이크병 등이 있다.

03 종자전염성 식물병으로 병원이 바이러스인 것은?
① 옥수수 맥각병
② 옥수수 노균병
③ 콩 회색줄기마름병
④ 오이 녹반모자이크병

해설
종자전염성 식물병에는 담배 둥근무늬모자이크병, 콩 줄무늬 모자이크병, 오이 녹반모자이크병 등이 있다.

04 종자처리 방법 중 건열처리의 주 목적은?
① 어린 식물체의 양분 흡수 촉진
② 종자전염 바이러스 제거
③ 종자의 수분흡수 증대
④ 종자발아에 필요한 대사과정 촉진

해설
건열처리는 종자를 60~80°C 온도에 일정기간 처리하여 종자에 있는 병원균이나 바이러스를 제거하는 방법이다.

05 화아유도에 가장 효과가 큰 광파장은?
① 430nm ② 550nm
③ 660nm ④ 730nm

해설
종자의 경우 발아를 촉진하는 광파장은 적색부분(660~700nm)이며 660~670nm 파장에서 가장 활성화된다.

06 종자 휴면의 진정한 의미는?
① 양·수분의 흡수불능으로 생육의 쇠퇴현상이다.
② 발아에 적당한 조건이 갖추어져도 발아하지 않는 상태이다.
③ 일사량 부족으로 인한 휴식현상이다.
④ 차세대의 번식을 위한 양분저장을 위한 휴식현상이다.

해설
휴면은 작물이 일시적으로 생장활동을 멈추는 현상으로 식물이 불리한 환경을 극복하기 위한 수단이다.

정답 01 ① 02 ① 03 ④ 04 ② 05 ③ 06 ②

07 다음 중 보리 종자의 수확 및 탈곡시 기계적 손상을 최소화 할 수 있는 수분함량은?
① 10% ② 15%
③ 20% ④ 25%

해설
보리의 경우 기계적 손상을 최소화 하기 위해 17~23% 정도로 건조하여 탈곡하도록 한다.

08 종자의 표준발아검사시 치상하는 종자수와 반복수를 바르게 나타낸 것은?
① 50 립씩 2반복 ② 50 립씩 4반복
③ 80 립씩 2반복 ④ 100 립씩 4반복

해설
순도검사를 마친 정립종자를 최소한 무작위로 400립 추출하여 100립씩 4반복 치상한다.

09 다음 종자구조 중 난과식물에서 그 형태를 찾아볼 수 없을 정도로 퇴화한 것은?
① 종피 ② 주심
③ 배유 ④ 배

해설
난과식물에는 배유가 없다.

10 다음 중 타가수정 작물에 많은 생리현상이 아닌 것은?
① 웅예선숙 ② 자예선숙
③ 이형예현상 ④ 폐화수정

해설
타가수정 작물에 많은 생리현상에는 화기의 구조적 원인, 자웅이숙, 자가불화합성, 웅성불임성, 자웅이주 등이 있다.

11 채종재배 시 식물 영양에 대한 설명으로 옳은 것은?
① 엽채류나 근채류의 채종재배 시 비배관리는 일반 재배와 별 차이가 없다.
② 채종재배 시 질소를 일찍 끊을수록 개화 및 채종기가 빨라지는 경향이 있다.
③ 채소 중에서 무, 배추, 양배추 및 셀러리 등은 미량요소로서 망간을 많이 요구한다.
④ 오이, 호박 및 가지 등의 채종재배 기간은 전체 재배기간에 비하여 매우 짧다.

해설
채종재배는 종자에 충실하기 위해 질소과용을 피하고 인산 및 칼륨을 충분히 공급한다. 질소의 공급을 다소 일찍 끊으면 개화 및 채종기가 빨라진다.

12 종자의 후숙에 대한 설명으로 맞는 것은?
① 층적처리는 종자를 건조 및 저온조건에서 처리한다.
② 건조로 후숙시는 높은 온도와 습도조건에서 처리한다.
③ 인삼 종자는 후숙기간(1개월 미만)이 짧다.
④ 후숙은 완전한 형태의 종자로 성숙시킨다.

해설
수주일~수개월의 기간을 통해 배를 성숙시켜 완전한 형태의 종자로 만드는 것을 후숙이라 한다.

정답 07 ③ 08 ④ 09 ③ 10 ④ 11 ② 12 ④

13 밀 종자의 테트라졸륨(tetrazolium) 검사에서 발아능이 가장 좋은 종자의 상태는?

① 배가 착색되지 않은 종자
② 배가 청색으로 착색된 종자
③ 배가 붉은색으로 착색된 종자
④ 배가 엷은 분홍색으로 착색된 종자

해설
테트라졸륨(tetrazolium) 종자세검사는 살아 있는 종자 조직의 착색 정도를 통해 종자세를 평가하며 일반적으로 활력 종자의 조직은 호흡으로 생긴 탈수소효소가 산화상태의 테트라졸륨과 결합하면 붉은색 계통을 띄게 된다.

14 종자의 수확에 대한 설명으로 옳지 않은 것은?

① 수확기의 결정에는 종실의 수분 함량이 중요하다.
② 적기보다 수확을 빨리하면 미숙립의 손실이 많아진다.
③ 적기보다 늦게 수확하는 것이 건조가 잘 되어 탈곡제조 과정의 손실을 방지할 수 있다.
④ 수확기는 수확과 건조과정에서의 강우를 회피해야 하므로 기상조건도 고려되어야 한다.

해설
종자를 적기보다 늦게 수확하게 되면 탈곡제조 과정에서 손실이 발생한다.

15 다음 중 종자의 발아억제에 관여하는 물질은?

① abscisic acid ② auxin
③ cytokinin ④ gibberellin

해설
발아 억제 물질은 종자의 과피의 껍질에 존재하며 암모니아(NH_3), 시안화수소(HCN), 쿠마린, 페놀산, 아브시스산(ABA, abscisic acid) 등이 있다.

16 피자식물 종자의 핵형구성이 옳은 것은?

① 배유 = 2n, 배=2n, 종피 =2n
② 배유 = 2n, 배=3n, 종피 =n
③ 배유 = 3n, 배=2n, 종피 =n
④ 배유 = 3n, 배=2n, 종피 =2n

해설
피자식물(속씨식물)의 수정은 배낭 내로 들어간 2개의 정핵 중 하나는 난핵과 융합하여 2n 인 배를 형성하고 다른 하나는 2개의 극핵과 융합하여 3n 의 배유를 형성한다. 즉 피자식물(속씨식물)의 종자 핵형은 배유 3n, 배 2n, 종피 2n 으로 구성되게 된다.

17 자가불화합계통 채종 시 수분방법이 알맞게 짝지어진 것은?

① 뇌수분 : 인공수분
② 개화수분 : 인공수분
③ 노화수분 : 자연수분
④ 자가수분 : 자연수분

해설
뇌수분의 경우 자가수정률이 높은 편이며 양배추, 무 등의 식물에 적합하다. 배추 F_1 의 원종 채종 시 뇌수분을 실시하는 이유도 개화 시에 자가불화합성이 나타나기 때문이다.

18 단위결과를 유기하는 방법인 것은?

① 뇌수분 ② 여교잡
③ 인공수분 ④ 착과제 처리

해설
착과제 처리 목적은 수분 및 수정이 불확실할 때 단위결과를 유기시키는 것이다.

19 순도검사의 시료에 종자 크기가 반절 이상인 발아립(發芽粒)이 섞여있다면 이는 어느 범주에 속하는가?
① 이물 ② 이종종자
③ 잡초종자 ④ 정립

해설
정립은 이종종자, 잡초종자 및 이물을 제외한 종자를 말하며 다음의 것을 포함한다.
· 미숙립, 발아립, 주름진립, 소립
· 원래크기의 1/2이상인 종자쇄립
· 병해립(맥각병해립, 균핵병해립, 깜부기병해립 및 선충에 의한 충영립을 제외한다)
· 목초나 화곡류의 영화가 배유를 가진 것

20 단자엽식물 종자가 발아할 때에 가수분해 효소의 방출이 이루어지는 곳은?
① 호분층 ② 배
③ 배유 ④ 배축

해설
종자가 발아를 위해 성숙한 배젖의 바깥쪽 호분층에 주로 전분을 분해하는 가수분해효소들이 있다.

제2과목 식물육종학

21 다음 중 유전상관에 관한 설명으로 옳은 것은?
① 유전상관의 값은 두 형질의 유전공분산과 환경분산을 이용해 구한다.
② 유전상관은 유전자간의 연관과 다면발현성에 기인한다.
③ 유전상관의 값은 변동이 심하여 육종상 이용이 불가능하다.
④ 일반적으로 유전상관의 값은 표현형 상관보다 낮으며 세대에 따라 달라진다.

해설
유전상관은 유전자간의 연관 및 두 개 이상의 형질이 발현되는 다면 발현성에 기인한다.

22 경지잡초 가운데서 선발하여 재배식물로 된 작물로만 짝지어진 것은?
① 완두, 호밀 ② 벼, 보리
③ 벼, 완두 ④ 옥수수, 벼

해설
호밀, 완두는 경지잡초에서 선발되어 재배식물이 되었다.

23 넓은 의미의 유전력을 바르게 나타낸 것은?(V_G : 유전분산, V_E : 환경분산, V_P : 표현형분산)
① $\dfrac{V_P}{V_G}$ ② $\dfrac{V_P}{V_G + V_E}$
③ $\dfrac{V_G}{V_E}$ ④ $\dfrac{V_G}{V_G + V_E}$

해설
표현형의 전체분산에 대한 유전분산의 비를 광의의 유전력이라 한다. 이때 전체분산은 유전분산과 환경분산의 합으로 표현된다.

24 수정하지 않은 난세포가 수분작용의 자극을 받아 배로 발달하는 것은?
① 위수정생식 ② 복상포자생식
③ 무포자생식 ④ 부정배생식

해설
위수정은 종간 혹은 속간교배 후 수정이 정상적으로 이루어지지 않았으나 난세포의 발육으로 배가 형성된다.

25 후대로 유전하지 않는 변이는?
① 돌연변이 ② 유전자변이
③ 방황변이 ④ 교잡변이

해설
변이의 계급이 여러 단계로 나누어 어떤 계급을 중심으로 하여 양방향으로 비슷하게 변이하는 것을 방황변이라 한다. 방황변이의 경우 후대로 유전하지는 않는다.

26 다음 중 제1감수분열 전기에 일어나는 5단계로 옳은 것은?
① 세사기→대합기→이동기→태사기→이중기
② 세사기→대합기→태사기→이중기→이동기
③ 이동기→세사기→대합기→태사기→이중기
④ 이동기→대합기→태사기→세사기→이중기

해설
제1감수분열 전기는 세사기, 대합기, 태사기, 이중기, 이동기의 과정을 거친다.

27 유전적 침식의 원인과 거리가 먼 것은?
① 작물재배의 기계화와 육성품종의 상업화가 되어 작물재배가 가속화 된다.
② 산림개발에 의해 식생이 파괴되고 품종이 획일화된다.
③ 지구 온난화에 따른 사막화 등의 환경변화로 생태계가 파괴된다.
④ 다양한 재래종의 재배에 의해 수량이 감소된다.

해설
재래종과 같이 생산성은 낮지만 소규모로 다양하게 재배되어 오던 품종이 우수한 신품종의 출현과 새로운 재배법이 개발되면서 유전자원이 점차 사라지는 것을 유전적 침식이라 한다.

28 야생식물이 재배화되면서 순화한 특성은?
① 종자산포 능력 강화
② 식물의 방어적 구조 강화
③ 종자발아의 균일성 약화
④ 종자의 휴면성 약화

해설
야생형 식물의 경우 분화과정에서 종자의 탈립, 산포능력의 상실, 종실의 크기 대형화, 방어적 구조의 퇴화, 종자의 휴면성약화 등이 나타난다. 즉 야생식물의 경우 재배화되면서 여러 가지 순화된 특성이 나타나게 되는 것이다.

29 다음 중 (   )에 알맞은 것은?

> 바이러스를 제거하기 위한 많은 방법 중 (   )가 가장 널리 사용되고 있다. (   )는 바이러스의 복제를 저해하여 분열세포 시 바이러스의 불활성화가 일어나며, 그 결과 바이러스가 제거된다.

① 옥신처리 ② 지베렐린처리
③ 고온처리 ④ 저온처리

해설
바이러스를 제거하기 위해 고온처리가 가장 널리 사용되고 있다. 고온처리를 통해 바이러스 복제를 저해하고 바이러스가 불활성화가 된다.

30 다음 중 열성상위의 F_2의 분리비는?
① 9:7 ② 15:1
③ 9:3:4 ④ 9:6:1

해설
조건유전자는 유전자 상호작용이 열성상위이며 이때의 F_2 분리비는 9:3:4 이다.

31 파지의 유전연구에 이용되고 있는 돌연변이에 해당하지 않는 것은?
① 기주범위 돌연변이체
② 용균반형 돌연변이체
③ 겸상적혈구 돌연변이체
④ 조건치사 돌연변이체

해설
파지의 유전연구에 사용되는 돌연변이는 기주범위 돌연변이, 용균반형 돌연변이, 조건치사 돌연변이가 있다.

32 십자화과 채소에서 자식시킬 수 있으며, 자가불화합성인 계통을 유지할 수 있게 하는 방법은?
① 타가수분   ② 뇌수분
③ 종간교잡   ④ 근계교배

해설
뇌수분은 억제물질이 생성되기 전인 개화 2~3일 전 꽃봉오리에 수분하는 것으로 자가수정률이 높아 자가불화합성 계통을 유지할수 있다. 십자화과식물의 채종이 많이 이용된다.

33 다음 중 여교배 세대에 따라 반복친을 나타낼 때 BC_4F_1에 해당하는 반복친은 약 몇 %인가?
① 75.0   ② 87.5
③ 93.8   ④ 96.9

해설
$1-(1/2)^{4+1}=1-0.03125=0.96875=$약 96.9(%)

34 다음 중 (가), (나)에 알맞은 것은?

(가)에서는 화분(n)의 유전자가 화합·불화합을 결정하며, (나)에서는 화분을 생산한 개체(2n)의 유전자형에 의해 화합·불화합이 달라진다.

① 가 : 포자체형 자가불화합성
  나 : 배우체형 자가불화합성
② 가 : 배우체형 자가불화합성
  나 : 포자체형 자가불화합성
③ 가 : 유전자적 웅성불임성
  나 : 세포질적 웅성불임성
④ 가 : 세포질적 웅성불임성
  나 : 유전자적 웅성불임성

해설
배우체형 자가불화합성 화분(n)과 체세포(2n)로 이루어진 암술의 암술머리나 암술대간에 상호작용에 의한 결과로 교배의 화합과 불화합이 화분 자체의 유전자형에 의해 결정된다.

35 목표로 하는 전체 형질에 대하여 동시에 선발할 때 각 형질에 대한 중요도에 따라 점수를 주어 총 득점수가 많은 것부터 선발할 때 이용되는 것은?
① 선발지수   ② 유전력
③ 회귀계수   ④ 상관계수

해설
선발지수는 몇 가지 형질에 대해 동시에 유전적 개량을 실시할 경우 종합적으로 빠르고 정확한 효과를 올리는 방법이다. 선발지수는 목표로 하는 전체 형질에 대해 동시에 선발할 때 각 형질의 중요도에 따라 점수를 주어 총득점수가 많은 것부터 선발할 때 이용한다.

36 다음에서 설명하는 것은?

> 상동게놈이 한 개 뿐이므로 열성형질의 선발이 쉽고, 염색체를 배가하면 곧바로 동형접합체(순계)를 얻을 수 있다.

① 반수체 ② 동질3배체
③ 동질4배체 ④ 복2배체

해설
반수체는 체세포 염색체수의 반을 가지고 성세포나 배우자로 완전 불임성으로 상동게놈이 한 개 뿐이므로 열성형질의 선발이 쉬운 편이다.

37 다음 중 포장저항성과 관련 있는 것은?

① 진성(진정) 저항성
② 주동유전자 저항성
③ 수직 저항성
④ 수평 저항성

해설
포장저항성은 병원균이 모든 레이스에 균일하게 적용하는 것으로 비특이적 저항성, 수평저항성 이라고도 한다.

38 다음 중 자가불화합성을 나타내지 않기 때문에 자식률이 매우 높은 것은?

① 양성화 ② 자웅이주
③ 자가불화합성 ④ 웅예선숙

해설
한 꽃에 암술과 수술이 함께 있는 경우 양성화(자웅동화)라고 하며 암술과 수술이 같은 꽃에 있지 않은 경우는 단성화(자웅이화)라고 한다. 양성화의 경우 자가불화합성이 나타내지 않기에 자식률이 매우 높은 편이다.

39 다음 중 ( )에 알맞은 것은?

> 유전자 수준에서 가장 작은 변화는 ( )로, DNA염기서열 중 한 쌍만이 변화하여 원래 DNA에 코드된 아미노산과 다른 아미노산을 지정함으로써 돌연변이가 일어나는 경우이다.

① 다수성돌연변이 ② 층치환돌연변이
③ 복귀돌연변이 ④ 점돌연변이

해설
점돌연변이는 유전자 서열 중 한 개의 염기가 바뀌어 생기는 돌연변이이다. 하나의 뉴클레오타이드가 변환되어 나타나는 돌연변이로 DNA 전사 단계에서 특정 단백질의 생성을 막거나 변형시킨다.

40 협의의 유전력이란?

① 표현형분산에 대한 상가적분산의 비율
② 표현형분산에 대한 우성효과분산의 비율
③ 유전분산에 대한 상가적분산의 비율
④ 유전분산에 대한 우성효과분산의 비율

해설
표현형의 전체분산에 대한 상가적 분산의 비를 협의의 유전력이라 한다.

제3과목 **재배원론**

41 혼파의 장점에 해당하지 않는 것은?

① 영양상의 이점
② 파종작업의 편리
③ 공간의 효율적 이용
④ 질소질 비료의 절약

해설
혼파를 할 경우 토양이나 기상에 대한 적응력이 높아지고 병해충에 대한 위험성이 낮아지게 된다. 또한 공간의 이용이 효율적이며 잡초 경감, 재배에 대한 안정성이 증가하게 된다. 혼파의 단점으로 파종작업이 힘들고 작물의 생장속도 차이로 인해 관리가 어렵다.

42 작물이 영양 발육단계로부터 생식 발육단계로 이행하여 화성을 유도하는 주요요인이 아닌 것은?

① C/N율   ② T/R율
③ 일장조건   ④ 온도조건

해설
T/R 율은 생육상태에 대한 지표가 될 수 있으며 생장량은 생체나 건물의 중량으로 표시한다.

43 작물의 내건성에 대하여 가장 올바르게 설명한 것은?

① 잎의 표피에 기공수가 많다.
② 잎이 작고 왜소한 식물이 내건성이 크다.
③ 저수능력이 작고, 근균이 표층에 많이 분포한다.
④ 건조할 때에 증산작용이 크다.

해설
잎이 왜소하고 작을 수록 내건성이 강하다. 표피와 각피가 발달하여야 하고 기공이 작고 수가 적어야 한고 세포가 작을수록 세포의 수분보류력이 강할수록 내건성이 강하다.

44 화본과 작물이 아닌 것은?

① 옥수수   ② 귀리
③ 수수   ④ 알팔파

해설
알팔파는 콩과 작물에 해당한다.

45 종묘로 이용되는 기관이 맞게 연결된 것은?

① 덩이뿌리 – 다알리아, 감자, 뚱딴지
② 덩이줄기 – 감자, 토란. 마늘
③ 비늘줄기 – 마늘, 백합, 생강
④ 땅속줄기 – 생강, 박하, 호프

해설
땅속줄기는 지하경이라 하며 생강, 박하, 호프, 연 등이 있다.

46 종자의 순도가 90%, 100립중이 20g. 수분함량이 15%, 발아율이 80%일 때 종자의 진가(용가)는?

① 13.5   ② 18
③ 30   ④ 72

해설
$$종자의 진가 = \frac{발아율 \times 순도}{100} = \frac{80 \times 90}{100} = 72(\%)$$

47 작물야생종의 분포를 고고학, 역사학 및 언어학적 고찰을 통하여 재배식물의 기원지를 추정한 사람은?

① De Candolle   ② Vavilov
③ Allen   ④ Peake

해설
작물의 원산지 연구는 De Candolle 의 야생종의 분포지방, 고고학 등에 표시되어 있는 사실과 전설 및 구기 등을 참고하여 작물의 발상지, 재배 연대, 내력 등을 최초로 밝혔다.

정답 42 ② 43 ② 44 ④ 45 ④ 46 ④ 47 ①

48 방사선 중 가장 현저한 생물적 효과를 갖고 있는 것은?
① 50Fe   ② α선
③ β선   ④ γ선

해설
감마선(γ선)은 방사성 동위원소가 방출하는 방사선 중에서 생물학적 효과가 가장 크게 나타난다.

49 주심(珠心)이 발달하여 형성된 것으로 양분을 저장하는 것은?
① 배   ② 배유
③ 외배유   ④ 자엽

해설
외배유는 주심(중앙의 유조직)조직의 일부가 수정 후 발달해 영양을 저장한다.

50 작물에 요소를 엽면시비할 때 알맞은 농도는?
① 1% 정도   ② 3% 정도
③ 5% 정도   ④ 7% 정도

해설
요소의 엽면시비 농도는 노지작물 0.5~2%, 과수 0.5~1%, 오이 및 수박 1% 이하, 무 및 양배추 2% 이하 정도로 한다.

51 여러 가지 잡초의 해작용 중에서 유해물질의 분비로 인한 피해란?
① 잡초와 작물과의 양분 경쟁에 의한 피해
② 목초지에서 유해한 잡초로 인한 가축의 피해
③ 잡초의 뿌리로부터 분비되는 물질로 인한 피해
④ 잡초에 기생하는 병해충이 분비하는 유해물질에 의한 피해

해설
상호대립억제작용은 잡초에서 작물의 생육을 억제하는 유해물질을 분비하여 생장 및 발아를 억제하는 작용을 한다.

52 다음 중 방사선량의 단위로 사용되지 않는 것은?
① cpm   ② rhm
③ rad   ④ rep

해설
방사선량의 단위는 cpm(counts per minute)이다.

53 식물의 필수원소 중의 하나인 붕소가 결핍되었을 때 식물에 나타나는 특징적인 증상은?
① 분열조직에 괴사가 일어나고 사과의 축과병과 같은 병해를 일으키며 수정, 결실이 나빠진다.
② 생장점이 말라죽고 줄기가 약해지며 잎의 끝이나 둘레가 황화되고, 심하면 아랫잎이 떨어진다.
③ 생육초기에 뿌리의 발육이 나빠지고 잎이 암녹색 이 되어 둘레에 점이 생기며, 심하게 결핍되면 잎이 황색으로 변한다.
④ 황백화 현상이 일어나고 줄기나 뿌리에 있는 생장점의 발육이 나빠지며 식물체 내의 탄수화물이 감소하며 종자의 성숙이 나빠진다.

해설
조직이 전반적으로 거칠고 단단해 지며 괴사가 일어나며 꽃가루 생성이 불량하고 불임이 발생한다.

54 작물의 일반분류에서 잡곡에 해당하지 않는 것은?
① 기장   ② 귀리
③ 수수   ④ 옥수수

해설
귀리, 보리, 밀 등은 맥류에 속한다.

55 식물이 주로 이용하는 토양의 수분 형태는?
① 결합수 ② 중력수
③ 흡습수 ④ 모관수

해설
결합수와 흡습수는 식물이 사용할수 없는 수분이고 주로 모관수가 작물에 이용된다.

56 내염재배(耐鹽栽培)에 해당하지 않는 것은?
① 환수(換水)
② 황산근 비료 시용
③ 내염성품종의 선택
④ 조기재배·휴립재배

해설
황산근(황산칼륨 등) 비료 이용은 토양의 pH 변화로 산성화가 되며 내염재배와는 관련이 없다.

57 전 세계로부터 수집한 작물의 연구를 통해서 다양성에 주목하였으며, 모든 Linne종은 아종과 변종으로 구성되어 있으며, 또한 변종은 형태적 생태적인 특성이 다른 많은 계통으로 구성되었다고 한 사람은?
① Camerarius ② Linne
③ Mendel ④ Vavilov

해설
바빌로프(Vavilov)는 작물의 원산지에 관련하여 유전자중심지설(gene center theory)을 제기하였다. 중심지에서 재배 식물의 변이가 가장 풍부하고 다른 지방에 없는 변이를 보이며 중심지에서 우성형질이 많고 중심지에서 멀어지면 열성 유전자가 많이 보인다.

58 과실 낙과방지 방법으로 틀린 것은?
① 옥신(auxin)을 살포한다.
② 질소질 비료를 다소 부족하게 시용한다.
③ 관개, 멀칭 등으로 토양 건조를 방지한다.
④ 주품종과 친화성이 있는 수분수를 20~30% 혼식한다.

해설
질소의 부족으로 생리적 낙과가 발생하기도 한다.

59 개량 삼포식 농업에서 휴한기에 재배하는 작물은?
① 화곡류 작물 ② 화본과 목초
③ 콩과 목초 ④ 채소류 작물

해설
개량삼포식은 지력유지에 매우 효과적인 방법으로 휴한하는 대신 지력증진작물(콩과목초)을 함께 재배하는 방법으로 삼포식보다 더 개량된 방법이다.

60 벼에서 나타나는 냉해를 지연형 냉해와 장해형 냉해로 구분하는 가장 큰 이유는?
① 냉해를 일으키는 원인이 다르기 때문이다.
② 냉해를 일으키는 원인과 피해정도라 다르기 때문이다.
③ 벼의 품종에 따라 냉해의 양상이 뚜렷하게 구분되기 때문이다.
④ 냉해를 입는 벼의 생육시기와 피해양상 및 정도가 다르기 때문이다.

해설
지연형 냉해는 생육초기부터 출수기에 걸쳐 피해를 받고, 장해형 냉해는 유수형성기에서 개화기까지 피해를 받는다.

정답 55 ④ 56 ② 57 ④ 58 ② 59 ③ 60 ④

제4과목　식물보호학

61 파이토플라스마에 의한 병으로만 짝지어진 것은?
① 벼 오갈병, 대추나무 빗자루병
② 뽕나무 오갈병, 오동나무 빗자루병
③ 붉나무 빗자루병, 벚나무 빗자루병
④ 벚나무 빗자루병, 대추나무 빗자루병

해설
파이토플라스마는 세포막이 없고 일종의 원형질막이 존재하며 대표적으로 대추나무 빗자루병, 오동나무 빗자루병, 뽕나무 오갈병의 병원체이다.

62 자낭균이 형성하는 자낭각이 공과 같이 막혀 있어 부서지면서 자낭포자를 방출하는 형태의 것은?
① 자낭반　② 자낭구
③ 자낭각　④ 자낭자좌

해설
자낭구는 흰가루병에서 관찰되며 공과 같은 형태로 있다가 감염조직에서 월동후 자낭포자를 방출한다.

63 희석살포용 제형 중에서 고형제제인 것은?
① 유제　② 액제
③ 수화제　④ 액상수화제

해설
수화제는 물에 녹지 않는 주제를 벤토나이트 등의 점토광물과 계면활성제 등을 배합하여 혼합 분쇄하여 제제한다.

64 유충과 성충이 모두 작물을 갉아먹어 피해를 주는 것은?
① 벼룩잎벌레　② 고자리파리
③ 배추흰나비　④ 담배거세미나방

해설
벼룩잎벌레는 땅속에 산란하고 부화유충도 땅속으로 들어가 뿌리를 가해하고 성충은 잎을 가해한다.

65 병든 식물에서 호흡의 변화에 대한 설명으로 옳지 않은 것은?
① 병든 식물의 호흡률은 일반적으로 증가한다.
② 감수성 품종에 비해 저항성 품종에서는 호흡이 감소한다.
③ 병든 식물의 호흡증가는 대사작용의 증가 때문이다.
④ 병든 식물의 호흡증가는 산화적 인산화 반응의 해리에 의해 발생한다.

해설
감수성 품종에 비해 저항성 품종에서는 호흡이 증가한다.

66 우리나라 논 잡초의 군락형성에 있어서 다년생 잡초가 증가되는 가장 직접적인 요인은?
① 시비량의 증가 등에 의한 재배법의 법칙
② 동일 제초제의 연용처리에 의한 논잡초의 초종변화
③ 경운이나 정지법의 변화에 따른 추경 및 춘경의 감소
④ 조기이식 및 답리작의 감소, 조숙품종의 도입 등 재배시기의 변동

해설
동일 제초제를 반복적으로 사용하면 잡초에 저항성이 생기면서 다년생 잡초가 증가하게 된다.

정답　61 ②　62 ②　63 ③　64 ①　65 ②　66 ②

67 원제의 성질이 지용성으로 물에 잘 녹지 않을 때 유기용매에 녹여 유화제를 첨가한 용약으로 사용할 때 많은 양의 물에 희석하여 액제 상태로 분무하는 제형은?
① 액제　　② 입제
③ 분제　　④ 유제

[해설]
유제는 주제의 성질이 지용성으로 물에 녹지 않아 유기용매에 녹여 유화제를 첨가한 용액을 말한다.

68 이화명나방에 대한 설명으로 옳은 것은?
① 연 1회 발생한다.
② 수십 개의 알을 따로따로 하나씩 낳는다.
③ 주로 볏짚 속에서 성충 형태로 월동한다.
④ 잎집을 가해한 후 줄기 속으로 먹어 들어간다.

[해설]
이화명나방 1세대는 잎 뒷면에서 부화한 유충이 잎집으로 이동해 볏대 속에 구멍을 뚫고 피해를 주는데 한 마리의 유충이 여러 잎을 가해하여 피해가 큰편이다. 2세대는 유충이 줄기 속을 가해하여 이삭줄기 전체가 하얗게 말라 죽는 백수 현상이 일어난다.

69 병원균에 침해받은 부위가 비정상적으로 커지는 병은?
① 고구마 무름병
② 배추 무사마귀병
③ 오이 덩굴쪼김병
④ 사과나무 점무늬병

[해설]
배추 무사마귀병의 병원균은 휴면포자로 토양에서 월동한다. 휴면포자가 발아하여 유주자를 형성하고 뿌리에 침입하며 침해받은 부위가 비정상적으로 비대해진다.

70 프로피 수화제 20L에 약량 20g을 희석하고자 할 때 희석배수는?
① 100배　　② 500배
③ 1000배　　④ 2000배

[해설]
$$희석배수 = \frac{단위면적당 사용량}{소요약량}$$
$$= \frac{20l\,(20,000g)}{20g} = 1000배$$

71 계면활성제의 사용 용도로 가장 부적합한 것은?
① 유탁제　　② 유화제
③ 분산제　　④ 전착제

[해설]
유탁제는 용매에 잘 녹지 않는 물질을 용매에 잘 분산시키기 위해 첨가하는 물질로 계면활성제 사용 용도에 가장 거리가 멀다.

72 파리의 미각 감각기관의 위치는?
① 입틀　　② 다리
③ 더듬이　　④ 쌍꼬리

[해설]
파리의 경우 미각에 관련된 감각기관이 다리에 위치해 있다.

73 식물의 재배기간 동안 2차 전염원을 형성하지 않는 병원균은?
① 감자 역병균
② 수박 탄저병균
③ 옥수수 깨씨무늬병균
④ 배나무 붉은별무늬병균

[해설]
배나무붉은별무늬병은 2차 전염원을 형성하지 않고 배나무 잎에 녹병포자와 녹포를 형성한다.

정답 67 ④　68 ④　69 ②　70 ③　71 ①　72 ②　73 ④

74 곤충의 호흡계에 해당되는 것은?
① 기문 ② 침샘
③ 기저막 ④ 말피기관

해설
곤충의 호흡계는 기문과 기관이 있으며 기문을 통해 들어온 공기를 기관을 통해 내부로 확산시켜 준다.

75 우리나라 논에서 설포닐우레아계 제초제에 대해 저항성을 나타내는 논 잡초가 아닌 것은?
① 깨풀 ② 마디꽃
③ 물달개비 ④ 올챙이고랭이

해설
깨풀의 경우 밭잡초로 분류된다.

76 잡초의 생장형에 따른 분류에 있어 생장형과 잡초 종류가 올바르게 연결된 것은?
① 포복형 – 메꽃, 환삼덩굴
② 직립형 – 명아주, 뚝새풀
③ 로제트형 – 민들레, 질경이
④ 분지형 – 광대나물, 가막사리

해설
로제트형은 잎이 근생엽(뿌리에서 직접 생긴 잎)으로 이루어진 잡초를 말하며 민들레, 질경이 등이 있다.
① 포복형 - 메꽃, 쇠비름, 선피막이, 긴병풀꽃
② 직립형 - 명아주, 가막살이, 쑥부쟁이
④ 분지형 - 광대나물, 애기땅빈대, 석류풀, 사마귀풀

77 우리나라 논의 대표적인 1년생 광엽잡초로서 주로 종자로 번식하는 것은?
① 벗풀 ② 강피
③ 쇠털골 ④ 물달개비

해설
물달개비는 1년생 잡초로 종자번식하는 논잡초이다.

78 경엽처리용 제초제에 해당하는 것은?
① 이사-디 액제
② 시마진 수화제
③ 뷰타클로르 입제
④ 나프로파마이드 유제

해설
이사디 제초제(2,4-D)는 페녹시계 제초제로 경엽처리용 제초제로 분류된다.

79 제초제의 살초기작과 관계가 없는 것은?
① 생장 억제 ② 광합성 억제
③ 신경작용 억제 ④ 대사작용 억제

해설
신경작용의 억제 및 저해는 살충제의 작용기작에 해당한다.

80 복숭아혹진딧물에 대한 설명으로 옳지 않은 것은?
① 알로 월동한다.
② 바이러스를 매개한다.
③ 봄에는 완전변태를 한다.
④ 가을철에는 양성생식으로 수정란을 낳고, 여름과 봄에는 단위생식을 한다.

해설
복숭아혹진딧물은 매미목으로 불완전변태를 한다.

제5과목 종자관련법규

81 K모씨는 거래용 서류에 품종보호출원 중이 아닌 품종을 품종보호 출원중인 품종인 것 같이 거짓으로 표시하였다. K모씨가 처벌 받는 벌칙기준으로 맞는 것은?

① 6개월 이하의 징역 또는 3백만원 이하의 벌금에 처한다.
② 1년 이하의 징역 또는 5백만원 이하의 벌금에 처한다.
③ 2년 이하의 징역 또는 1천만원 이하의 벌금에 처한다.
④ 3년 이하의 징역 또는 2천만원 이하의 벌금에 처한다.

[해설]
품종보호출원 중이 아닌 품종을 보호품종이나 품종보호출원 중인 품종인 것처럼 거짓 표시를 한 경우 3년 이하의 지역 또는 2천만원 이하의 벌금에 처한다.

82 다음 중 ( )에 알맞은 내용은?

> 종자관련법상 종자업자는 종자업 등록한 사항이 변경된 경우에는 그 사유가 발생한 날부터 ( )이내에 시장·군수·구청장에게 그 변경사항을 통지하여야 한다.

① 30일　　② 50일
③ 80일　　④ 100일

[해설]
종자산업법 시행령 제14조 의거 종자사업자는 등록한 사항이 변경된 경우에는 그 사유가 발생한 날부터 30일 이내에 시장·군수·구청장에게 그 변경사항을 통지하여야 한다.

83 식물신품종보호관련법상 품종보호를 받을 수 있는 요건은?

① 지속성　　② 특이성
③ 균일성　　④ 계절성

[해설]
식물신품종 보호법 제16조 의거 품종보호 요건에는 신규성, 구별성, 균일성, 안전성 등이 있다.

84 다음 중 ( )에 알맞은 내용은?

> ( )(이)란 보호품종의 종자를 증식·생산·조제·양도·대여·수출 또는 수입하거나 양도 또는 대여의 청약(양도 또는 대여를 위한 전시를 포함한다. 이하 같다)을 하는 행위를 말한다.

① 실시　　② 보호품종
③ 육성자　　④ 품종보호권자

[해설]
"실시"란 보호품종의 종자를 증식·생산·조제(調製)·양도·대여·수출 또는 수입하거나 양도 또는 대여의 청약(양도 또는 대여를 위한 전시를 포함한다. 이하 같다)을 하는 행위를 말한다.

85 종자관련법상에서 유통종자의 품질표시 사항으로 틀린 것은?

① 품종의 명칭
② 종자의 포장당 무게 또는 낱알 개수
③ 수입 연월 및 수입자명(수입종자의 경우에 해당하며, 국내에서 육성된 품종의 종자를 해외에서 채종하여 수입하는 경우도 포함한다.)
④ 종자의 발아율(버섯종균의 경우에는 종균 접종일)

[해설]
수입 연월 및 수입자명[수입종자의 경우로 한정하며, 국내에서 육성된 품종의 종자를 해외에서 채종(採種)하여 수입하는 경우는 제외한다]

정답 81 ④　82 ①　83 ③　84 ①　85 ③

86 종자검사요령상 항온 건조기법을 통해 보리 종자의 수분함량을 측정하였다. 수분 측정관과 덮개의 무게가 10g, 건조 전 총무게가 15g이고, 건조 후 총무게가 14g일 때 종자수분함량은 얼마인가?

① 10.0%   ② 15.0%
③ 20.0%   ④ 25.0%

해설

종자수분
$= \dfrac{\text{건조 전 무게} - \text{건조후 무게}}{\text{건조전 무게} - \text{수분측정관과 덮개의 무게}} \times 100$
$= \dfrac{15-14}{15-10} \times 100 = 20(\%)$

87 종자산업법상에서 위반한 행위 중 벌칙이 1년 이하의 징역 또는 1천만원 이하의 벌금에 해당하지 않는 것은?

① 보증서를 거짓으로 발급한 종자관리사
② 등록이 취소된 종자업을 계속하거나 영업정지를 받고도 종자업을 계속한 자
③ 수입적응성시험을 받지 아니하고 종자를 수입한 자
④ 유통종자에 대한 품질표시를 하지 않고 종자를 판매한 자

해설

유통 종자 또는 묘의 품질표시를 하지 아니하거나 거짓으로 표시하여 종자 또는 묘를 판매하거나 보급한 자는 1천만원 이하의 과태료를 부과한다.

88 종자관련법상 특별한 경우를 제외하고 작물별 보증의 유효기간으로 틀린 것은?

① 채소 : 2년   ② 고구마 : 1개월
③ 버섯 : 1개월   ④ 맥류 : 6개월

해설

감자, 고구마의 보증 유효기간은 2개월이다.

89 보증종자를 판매하거나 보급하려는 자가 종자의 보증과 관련된 검사서류를 보관하지 아니 하면 얼마의 과태료를 부과하는가?

① 1천만원 이하의 과태료
② 2천만원 이하의 과태료
③ 3천만원 이하의 과태료
④ 5천만원 이하의 과태료

해설

보증종자를 판매하거나 보급하려는 자가 종자의 보증과 관련된 검사서류를 보관하지 아니 하면 1천만원 이하의 과태료를 부과한다.

90 종자의 수・출입 또는 수입된 종자의 국내 유통을 제한할 수 있는 경우에 해당되지 않는 것은?

① 수입된 종자에 유해한 잡초종자가 농림축산식품부장관 또는 해양수산부장관이 정하여 고시하는 기준 이상으로 포함되어 있는 경우
② 주입된 종자가 국내 종자 가격에 커다란 영향을 미칠 경우
③ 수입된 종자의 증식이나 교잡에 의한 유전자 변형 등으로 인하여 농작물 생태계 등 기존의 국내 생태계를 심각하게 파괴할 우려가 있는 경우
④ 수입된 종자로부터 생산된 농산물의 특수성분으로 인하여 국민건강에 나쁜 영향을 미칠 우려가 있는 경우

해설

※ 종자산업법 시행령 제16조(수출입 종자의 국내유통 제한)
법 제40조에 따라 종자의 수출・수입을 제한하거나 수입된 종자의 국내 유통을 제한할 수 있는 경우는 다음 각 호와 같다.
・수입된 종자에 유해한 잡초종자가 농림축산식품부장관이 정하여 고시하는 기준 이상으로 포함되어 있는 경우
・수입된 종자의 증식이나 교잡에 의한 유전자 변형 등으로 인하여 농작물 생태계 등 기존의 국내 생태계를 심각하게 파괴할 우려가 있는 경우

- 수입된 종자의 재배로 인하여 특정 병해충이 확산될 우려가 있는 경우
- 수입된 종자로부터 생산된 농산물의 특수성분으로 인하여 국민건강에 나쁜 영향을 미칠 우려가 있는 경우
- 재래종 종자 또는 국내의 희소한 기본종자의 무분별한 수출 등으로 인하여 국내 유전자원(遺傳資源) 보존에 심각한 지장을 초래할 우려가 있는 경우

91 다음 중 품종명칭으로 등록될 수 있는 것은?

① 1개의 고유한 품종명칭
② 숫자로만 표시하거나 기호를 포함하는 품종명칭
③ 해당 품종 또는 해당 품종 수확물의 품질·수확량·생산시기·생산방법·사용방법 또는 사용시기로만 표시한 품종명칭
④ 해당 품종이 속한 식물의 속 또는 종의 다른 품종의 품종명칭과 같거나 유사하여 오인하거나 혼동할 염려가 있는 품종명칭

해설
품종목록에 등재신청하는 품종은 1개의 고유한 품종명칭을 가져야 한다. 보기의 ②, ③, ④ 의 경우 품종명칭의 등록을 받을 수 없다.

92 다음 중 ( )에 알맞은 내용은?

> 식물신품종보호관련법상 품종보호권이 공유인 경우 각 공유자는 계약으로 특별히 정한 경우를 제외하고는 다른 공유자의 동의를 받지 아니하고 ( )할 수 있다.

① 공유지분을 양도
② 공유지분을 목적으로 하는 질권을 설정
③ 해당 품종보호권에 대한 전용실시권을 설정
④ 해당 보호품종을 자신이 실시

해설
품종보호권이 공유인 경우 각 공유자는 계약으로 특별히 정한 경우를 제외하고는 다른 공유자의 동의를 받지 아니하고 해당 보호품종을 자신이 실시할 수 있다.

93 품종보호를 받을 수 있는 권리의 승계에 대한 내용으로 틀린 것은?

① 동일인으로부터 승계한 동일한 품종보호를 받을 수 있는 권리에 대하여 같은 날에 둘 이상의 품종보호 출원이 있는 경우에는 품종보호 출원인 간에 협의하여 정한 자에게만 그 효력이 발생한다.
② 품종보호 출원 전에 해당 품종에 대하여 품종보호를 받을 수 있는 권리를 승계한 자는 그 품종보호의 출원을 하지 아니하는 경우에도 제3자에게 대항할 수 있다.
③ 품종보호 출원 후에 품종보호를 받을 수 있는 권리의 승계는 상속이나 그 밖의 일반승계의 경우를 제외하고는 품종보호 출원인이 명의변경 신고를 하지 아니하면 그 효력이 발생하지 아니한다.
④ 품종보호를 받을 수 있는 권리의 상속이나 그 밖의 일반승계를 한 경우에는 승계인은 지체 없이 그 취지를 공동부령으로 정하는 바에 따라 농림축산식품부장관 또는 해양수산부장관에게 신고하여야 한다.

해설
품종보호 출원 전에 해당 품종에 대하여 품종보호를 받을 수 있는 권리를 승계한 자는 그 품종보호의 출원을 하지 아니하는 경우에는 제3자에게 대항할 수 없다.

94 다음 중 종자관리사의 자격기준으로 틀린 것은?
① 종자기사 자격을 취득한 사람으로서 자격 취득 전후의 기간을 포함하여 종자업무에 1년 이상 종사한 사람
② 버섯종균기능사 자격을 취득한 사람으로서 자격취득 전후의 기간을 포함하여 버섯 종균업무에 3년 이상 종사한 사람(버섯 종균을 보증하는 경우에만 해당한다.)
③ 종자기술사 자격을 취득한 사람
④ 종자산업기사 자격을 취득한 사람으로서 자격 취득 전후의 기간을 포함하여 종자업무와 유사한 업무에 1년이상 종사한 사람

해설
종자산업기사 자격을 취득한 사람으로서 자격 취득 전후의 기간을 포함하여 종자업무 또는 이와 유사한 업무에 2년 이상 종사한 사람

95 다음 중 종자업 등록을 하지 않아도 종자를 생산·판매할 수 있는 자로 맞는 것은?
① 시·도지사
② 농업계 대학원에서 실험하는 자
③ 농업계 전문대학에서 실험하는 자
④ 실업계 고등학교 교사

해설
농림축산식품부장관, 농촌진흥청장, 산림청장, 시·도지사, 시장·군수·구청장 또는 농업단체등이 종자의 증식·생산·판매·보급·수출 또는 수입을 하는 경우에는 적용하지 아니한다.

96 다음 중 종자를 생산·판매하려는 자의 경우에 종자관리사를 두어야 하는 작물은?
① 장미 ② 뽕
③ 무 ④ 페튜니아

해설
종자관리사 보유의 예외로 두는 작물은 화훼, 사료작물, 목초작물, 특용작물, 뽕, 임목, 식량작물, 과수, 채소류, 버섯류 등이 있다. 채소류에서 무, 배추, 고추, 파 등은 제외된다.

97 식물신품종보호관련법상 품종보호권 또는 전용실시권을 침해한 자는 어떠한 처벌을 받는가?
① 3년 이하의 징역 또는 5백만원 이하의 벌금에 처한다.
② 5년 이하의 징역 또는 1천만원 이하의 벌금에 처한다.
③ 7년 이하의 징역 또는 1억원 이하의 벌금에 처한다.
④ 9년 이하의 징역 또는 2억원 이하의 벌금에 처한다.

해설
식물신품종보호관련법상 품종보호권 또는 전용실시권을 침해한 자는 7년 이하의 징역 또는 1억원 이하의 벌금에 처한다.

98 다음의 종자검사의 검사기준에서 이물로 처리되는 것은?
① 선충에 의한 충영립
② 미숙립
③ 발아립
④ 소립

해설
종자검사의 검사기준에서 이물에는 피해립, 완전 박피된 두과종자, 선충에 의한 충영립, 배아가 없는 잡초종자 등이 있다.

정답 94 ④ 95 ① 96 ③ 97 ③ 98 ①

99 종자관리요강에서 포장검사 및 종자검사의 검사기준 항목 중 백분율을 전체에 대한 개수 비율로 나타내는 항목으로만 짝지어진 것은?

① 정립, 수분
② 정립, 피해립
③ 발아율, 수분
④ 발아율, 병해립

해설
백분율은 검사항목의 전체에 대한 중량비율을 말한다. 다만 발아율, 병해립과 포장 검사항목에 있어서는 전체에 대한 개수비율을 말한다.

100 다음 중 국가품종목록 등재 대상작물이 아닌 것은?

① 감자
② 보리
③ 사료용 옥수수
④ 콩

해설
품종목록에 등재할 수 있는 대상작물은 벼, 보리, 콩, 옥수수, 감자와 그 밖에 대통령령으로 정하는 작물로 한다. 다만, 사료용은 제외한다.

정답 99 ④ 100 ③

2016 제3회 종자기사

제1과목 종자생산학

01 다음 중 ( )에 알맞은 내용은?

> 자가수정은 꽃이 피지 않고도 내부에서 수분과 수정이 완료되는 ( )이 많이 일어난다.

① 폐화수정 ② 자예선숙
③ 이형예현상 ④ 웅예선숙

해설
꽃이 피기 전 봉오리 상태일 경우 일어나는 자가수정을 폐화수정이라 한다.

02 다음 중 타가수정을 원칙으로 하지만 자가수정을 시키면 낮은 교잡률과 종류에 따라 자가열세를 보이는 작물은?

① 완두 ② 강낭콩
③ 호박 ④ 상추

해설
유전적으로 순수하지 않은 호박과 같은 타식성 작물은 자식을 계속하면 유전적으로 순수해지지만 후대에 자식약세 현상(자가열세)이 나타난다.

03 식물체가 어느 정도 커진 뒤에나 저온에 감응하여 추대되는 식물은?

① 배추 ② 양배추
③ 무 ④ 순무

해설
어느정도 커진 뒤 혹은 유묘의 시기에 저온에 감응하여 개화하는 것을 녹식물춘화형이라 하며 양파, 파, 양배추, 당근, 담배, 사탕무 등이 있다.

04 다음에서 설명하는 것은?

> 모수로부터 영양체를 분리하여 번식시키는 것이 아니고, 모수의 가지 일부를 유인하여 흙으로 묻어 발근시킨 후 분리하는 방법으로 영양번식 중에서 가장 안전한 방법이다.

① 접목 ② 꺾꽂이
③ 분주 ④ 취목

해설
취목은 나무의 가지 일부분의 껍질을 벗겨 땅속에 묻어 뿌리를 내리는 방법으로 삽목이 어려운 경우 대체하는 방법이다.

정답 01 ① 02 ③ 03 ② 04 ④

05 다음 중 (가), (나)에 알맞은 내용은?

> • 화곡류의 채종적기는 (가)이다.
> • 채소류의 채종적기는 (나)이다.

① 가 : 황숙기, 나 : 황숙기
② 가 : 황숙기, 나 : 갈숙기
③ 가 : 갈숙기, 나 : 황숙기
④ 가 : 갈숙기, 나 : 갈숙기

해설
곡물류의 채종적기는 황숙기이며 십자화과작물(채소류)는 갈숙기에 적기이다.

06 다음 중 ( )에 알맞은 내용은?

> 수분을 측정할 때 곱게 마쇄하여야 하는 종은 분쇄된 것이 0.50mm 그물체를 최소한 50% 통과하고 남는 것이 1.00mm 그물체 위 ( )% 이하이어야 한다.

① 10 ② 12
③ 14 ④ 18

해설
수분함량 검사에서 분쇄과정은 곱게 마쇄하여야 하는 종은 분쇄된 것이 0.50mm 그물체를 최소한 50% 통과하고 남는 것이 1.00mm 그물체 위에 10% 이하이어야 한다.

07 다음 중 식물학상 과실을 이용할 때 과실이 내과피에 싸여 있지 않은 것은?

① 복숭아 ② 자두
③ 앵두   ④ 당근

해설
식물학상 과실에는 사과, 배, 복숭아, 매실, 자두, 앵두, 감, 살구 등이 있다. 당근은 채소에서 근채류에 해당된다.

08 다음 중 안전저장을 위한 종자의 최대 수분함량이 4.5%인 작물은?

① 벼   ② 고추
③ 귀리 ④ 옥수수

해설
안전저장을 위한 종자 최대수분함량은 대략 벼 15%, 콩 11%, 시금치 9%, 배추 5%, 고추 4.5% 이다.

09 다음 중 ( )에 알맞은 내용은?

> ( )은 콩이나 종피의 색이 옅은 콩과 작물의 종자에서 종피의 손상을 쉽게 알 수 있는 방법으로써 저장 중인 종자의 활력평가에 효과적인 방법이며, 상처를 입은 종자의 종피가 녹자색으로 변하지만 정상의 종자는 자엽이 황백색으로 보이기 때문에 판별하기가 쉽다.

① indoxyl acetate 법
② ferric chloride 법
③ malachite 법
④ selenite 법

해설
indoxyl acetate 용액에 침지하여 종자의 활력을 측정한다.

10 종자의 생리적 성숙기로써 종자가 질적으로 최고의 상태에 달하는 시기는?

① 주병이 퇴화되고 종자가 모 식물에서 분리되는 시기
② 종자가 완전히 성숙하여 건조되고 저장 상태에 들어간 시기
③ 세포분열이 일어나 배의 생장이 80% 정도 이루어지는 시기
④ 배주조직의 괴사가 진행되면서 탈수기간이 이루어지는 시기

해설
종자의 생리적 성숙기는 종실의 말린 무게가 최대에 도달했을 때를 말하는데 종자의 수분함량이 10~20% 정도가 되며 식물의 밑씨가 심피에 부착되어 있는 주병이 퇴화하면서 식물에서 분리되기 시작한다.

정답 05 ② 06 ① 07 ④ 08 ② 09 ① 10 ①

11 다음 중 (가)에 알맞은 내용은?

<종자검사요령상 손으로 시료추출 시>
- 어떤 종 특히 부석부석한 잘 떨어지지 않는 종은 손으로 시료를 추출하는 것이 때로는 가장 알맞은 방법이 된다.
- 이 방법으로는 약 (가)mm 이상 깊은 곳의 시료 추출은 어렵다.
- 이는 포대나 빈(산물)에서 하층의 시료를 추출하는 것이 불가능하다는 의미이다.
- 이 경우 추출자는 시료의 채취를 용이하게 하기 위하여 몇 개의 자루 또는 빈을 채우게 하는 등의 특별한 사전 조치를 취하게 할 수 있다.

① 100 ② 200
③ 300 ④ 400

해설
손으로 시료추출 하는 방법으로는 약 400mm이상 깊은 곳의 시료 추출은 어렵다.

12 다음 중 (가), (나)에 알맞은 내용은?

벼 포장검사 시 포장조건에서 파종된 종자는 종자원이 명확하여야 하고 포장검사 시 (가)이상이 도복(생육 및 결실에 지장이 없을 정도의 도복은 제외)되어서는 아니 되며, 적절한 조사를 할 수 없을 정도로 잡초가 발생되었거나 작물이 왜화·훼손 되어서는 아니된다.
벼 포장검사 시 검사 시기 및 회수는 유숙기로부터 호숙기 사이에 (나)회 검사한다. 다만, 특정병에 한하여 검사횟수 및 시기를 조정하여 실시할 수 있다.

① 가 : 1/6, 나 : 4 ② 가 : 1/5, 나 : 3
③ 가 : 1/4, 나 : 2 ④ 가 : 1/3, 나 : 1

해설
벼의 포장검사 기준에서 포장조건은 파종된 종자는 종자원이 명확하여야 하고 포장검사시 1/3 이상이 도복 (생육 및 결실에 지장이 없을 정도의 도복은 제외)되어서는 아니 되며, 적절한 조사를 할 수 없을 정도로 잡초가 발생되었거나 작물이 왜화·훼손되어서는 아니 된다. 검사시기 및 회수는 유숙기로부터 호숙기 사이에 1회 검사한다. 다만, 특정병에 한하여 검사횟수 및 시기를 조정하여 실시할 수 있다.

13 다음 중 "성숙한 자방이 꽃이 아닌 다른 식물부위나 변형된 포엽에 붙어 있는 것"에 해당하는 용어는?

① 복과 ② 취과
③ 단과 ④ 위과

해설
위과는 꽃받침이 발달해 과실이 되는 것으로 사과, 배, 무화과 등이 있다.

14 다음 중 (가), (나)에 알맞은 내용은?

자가수정작물을 장기간 재배하게 되면 돌연변이나 자연교잡에 의하여 (가)유전자가 섞이더라도 이것들은 전부 (나)유전자가 되어 고정한다.

① 가 : 호모, 나 : 헤테로
② 가 : 헤테로, 나 : 호모
③ 가 : 비대립, 나 : 헤테로
④ 가 : 대립, 나 : 헤테로

해설
자가수정작물은 장기간 재배하면 돌연변이, 자연교잡 등에 의해 동형접합체인 호모 유전자가 섞이더라도 이형접합체인 헤테로 유전자가 되어 고정되게 된다.

15 다음 중 배휴면의 경우 저온습윤처리의 방법으로 휴면이 타파되었을 때 종자 내의 변화로 틀린 것은?

① 불용성 물질이 분해되어 가용성 물질로 변화됨으로써 삼투압이 낮아져 배의 물질이동이 쉬어진다.
② lipase의 효소활력이 증가한다.
③ peroxidase의 효소활력이 증가한다.
④ 새로운 조직의 형성에 많이 쓰이는 당류, 아미노산 등과 같은 간단한 유기 물질이 나타난다.

해설
불용성 물질이 분해되어 가용성 물질로 변화됨으로써 삼투압이 높아져 배의 물질이동이 쉬어진다.

16 Soueges와 Johansen의 배의 발생법칙 중 "필요이상의 세포는 만들어지지 않는다"는 내용에 해당하는 법칙은?

① 기원의 법칙
② 수의 법칙
③ 절약의 법칙
④ 목적지불변의 법칙

해설
배의 발생 법칙에는 절약의 법칙, 기원의 법칙, 수의 법칙, 목적지불변의 법칙이 있으며 '필요 이상의 세포는 만들지 않는다' 는 절약에 법칙에 해당한다

17 다음 중 모본의 염색체가 많고 부본의 염색체가 적을 때 수정이 잘 되는 경우의 작물은?

① 밀
② 귀리
③ 해바라기
④ 토마토

해설
토마토(염색체 수 : 2n=24)는 모본의 염색체가 많고 부본의 염색체가 적을 경우 수정이 잘 이루어진다.

18 다음 중 파종 시 복토깊이가 0.5~1.0cm에 해당하지 않는 작물은?

① 순무
② 가지
③ 오이
④ 생강

해설
생강은 근채류로 복토 깊이 기준이 5cm 이상이다.

19 다음 중 일반적으로 교배에 앞서 제웅이 필요 없는 작물은?

① 오이
② 수수
③ 토마토
④ 가지

해설
교배에 앞서 제웅이 필요한 것으로 벼, 보리, 토마토, 가지, 귀리 등이 있으며 교배 전 제웅이 필요 없는 것으로 오이, 호박, 수박 등이 있다.

20 다음 중 종자증식체계에서 육종가(육성자)의 감독 아래 전문가가 증식한 것은?

① 기본식물
② 원원종
③ 원종
④ 보급종

해설
원원종은 품종 고유의 특성을 보유하고 종자의 증식에 기본이 되는 종자를 말하며 각 지방의 농업기술원 등에서 육종가의 감독 아래 생산한다.

정답 15 ① 16 ③ 17 ④ 18 ④ 19 ① 20 ②

제2과목 식물육종학

21 약배양 하여 얻은 반수체 식물을 2배체로 만드는데 염색체 배가를 위하여 주로 사용하는 약제는?
① 콜히친
② 에틸렌
③ NAA
④ EMS

해설
인위적으로 염색체를 배가시켜 동질배수체를 작성하려면 콜히친(colchicine)처리법을 이용해야 한다. 콜히친을 종자나 세포분열이 왕성한 식물체의 생장점 부위에 처리하면 분열상태의 세포의 방추사, 세포막의 형성을 저해하고 복제된 염색체가 양극으로 분리되는 것을 방해하는 작용을 한다.

22 집단 육종법에 관한 설명 중 옳지 않는 것은?
① F_6 이후는 잡종강세 개체를 선발할 위험이 적다.
② 실용적으로 고정되었을 후기 세대에서 선발한다.
③ 대부분의 개체가 고정될 때까지 선발하지 않는다.
④ 질적 형질을 선발할 때에 주로 이용된다.

해설
집단육종법은 수량형질에 관여하는 미동유전자의 집적을 목적으로 할 경우 주로 사용된다.

23 후대 검정의 설명으로 가장 관련이 없는 것은?
① 선발된 우량형이 유전적인 변이인가를 알아본다.
② 표현형에 의하여 감별된 우량형을 검정한다.
③ 선발된 개체가 방황 변이인가를 알아본다.
④ 질적 형질의 유전적 변이 감별에 주로 이용된다.

해설
후대검정은 연속변이를 하는 양적형질의 유전성 여부를 확인하고자 할 때 사용되는 검정방법이다.

24 3원 교잡의 개념을 표현한 것으로 옳은 것은?
① (A×B)×C
② (A×B)×(C×D)
③ A×B×C×D×E
④ [(A×B)×(C×D)]×E

해설
3원교잡(삼계교잡)은 단교배 F_1과 어떤 품종과 교배로 (A×B)×C 이다.

25 다음 중 자웅이주인 것은?
① 시금치
② 강낭콩
③ 완두
④ 상추

해설
암그루와 수그루가 따로 있는 경우로 시금치, 은행나무 등이 있다.

26 여교배를 한번 한 BC_1F_1 세대에서 반복친의 유전자 출현 비율은 얼마인가?

① 25% ② 50%
③ 75% ④ 87.5%

해설

BC_1F_1 1회 여교잡 공식은 다음과 같다
$1-(1/2)^{n+1}$
n : 여교잡 횟수
$1-(1/2)^{1+1} = 0.75 \Rightarrow 75(\%)$

27 타식성 작물의 화기(花器) 구조의 특성과 가장 관계가 먼 것은?

① 웅예선숙 ② 폐화수분
③ 자예선숙 ④ 이형예현상

해설

폐화수분은 양성화 식물 중 꽃이 열리기도 전에 수술의 꽃가루가 나와 자가 수분이 되는 경우를 말한다. 콩류, 상추, 우엉 등이 여기에 속하며 자가수분에 해당된다.

28 76개의 Purine염기와 36개의 Thymine을 포함하는 2중 나선 DNA 절편에는 몇 개의 Cytosine이 포함되어 있는가?

① 36개 ② 40개
③ 76개 ④ 112개

해설

76개의 Purine염기와 36개의 Thymine을 포함하는 2중 나선 DNA 절편에는 40개의 Cytosine이 포함되어 있다.

29 작물육종에 있어서 새로운 유용 유전자를 탐색 수집하여 활용하고자 할 때 가장 관계되는 학설은?

① 순계설 ② 게놈설
③ 유전자 중심설 ④ 돌연변이설

해설

유전자중심지설은 작물육종에 있어 새로운 유용 유전자를 탐색 및 수집에 많이 활용된다. 유전자중심지설은 중심지에서 재배 식물의 변이가 가장 풍부하고 다른 지방에 없는 변이를 보이며 중심지에서 우성형질이 많고 중심지에서 멀어지면 열성 유전자가 많이 보인다.

30 우리나라에서 주요 식량작물의 종자 증식 체계의 단계로 옳은 것은?

① 원원종포→기본식물포→원종포→채종포
② 기본식물포→원원종포→원종포→채종포
③ 원원종포→원종포→채종포→기본식물포
④ 원원종포→원종포→기본식물포→채종포

해설

작물의 종자생산 관리 및 증식체계는 기본식물, 원원종, 원종, 채종포(보급종), 농가의 순이다.

31 1대 잡종에 의한 육종을 설명한 것 중 옳지 않은 것은?

① 단위 면적당 재배에 소요되는 종자량이 적은 것이 유리하다.
② 잡종강세현상을 F_5, F_6 대에도 계속 이용한다.
③ 한 번의 교잡으로 많은 종자를 생산할 수 있어야 한다.
④ 잡종강세 식물은 개화기와 성숙기가 촉진될 수 있다.

해설

잡종강세는 주로 1대잡종(F_1)에서만 나타나고 자식을 하면 잡종강세의 정도가 갈수록 떨어지면서 근교약세가 나타난다.

32 유전력과 선발에 대한 설명으로 가장 옳은 것은?
① 유전력이 크면 초기세대의 선발이 효과적이다.
② 유전력과 선발효과와는 무관하다.
③ 유전력은 유전분산 중 표현형분산이 차지하는 비율이다.
④ 유전력은 환경분산이 커짐에 따라 증가한다.

해설
① 유전력이 크면 초기세대에 대한 선발이 효과적이다.
② 유전력은 선발효율의 지표가 되기에 관련이 있다.
③ 유전력은 표현형의 전체분산 중에서 유전분산이 차지하는 비율이다.
④ 유전력은 환경분산이 커짐에 따라 감소한다.

33 감자 등과 같은 영양번식성 작물이 바이러스병에 의해 퇴화되는 것을 방지하는 방법은?
① 추파성 소거   ② 고랭지 채종
③ 조기재배   ④ 기계적 혼입 방지

해설
종자의 퇴화 방지를 위해 씨감자는 고랭지에서, 옥수수 및 십자화과작물 등과 같은 타가수정을 원칙으로 하는 작물은 유전적 퇴화 방지를 위해 섬이나 산간지에서 인위적 격절이 필요하다.

34 논 $10m^2$에서 생산된 재래종 "가"의 수확기 지상부 전체 건물중은 40kg이었고 쌀의 생산량은 18kg 이었다. 이품종의 수확지수는 얼마인가?
① 0.45   ② 2.2
③ 58   ④ 720

해설
수확지수는 생물적 수량의 경제적 이용 가능한 부분의 지표로 [건조종실량 ÷ 전건물중] 으로 나타낸다.
$$\frac{건조종실량}{전건물중} = \frac{18}{40} = 0.45$$

35 단위생식(Apomixis)을 가장 옳게 표현한 것은?
① 씨 없는 수박은 이 원리를 이용한 것이다.
② 수분이 되지 않았는데 과실이 비대하는 현상이다.
③ 근친교배에서 많이 일어나는 일종의 퇴화현상이다.
④ 수정이 되지 않고도 종자가 생기는 현상이다.

해설
아포믹시스(단위생식, apomixis)는 무수정생식이라 하며 정상적인 정핵과 난핵의 결합 없이 종자를 형성한다.

36 한 쌍의 대립유전자가 이형접합상태인 식물을 N회 자식 시켰을 때 집단 내 이형접합자의 비율은?
① $[1-(1/2)^n]$ ② $[1-(1/2^n)]$
③ $(1/2)^n$ ④ $[(1/2)^n - 1]$

해설
1회 자식할 경우 이형접합자의 비율은 1/2이며 2회 자식할 경우 이형접합자의 비율은 1/4 이므로 비율은 $(1/2)^n$ 이다.

37 식물육종의 핵심기술에 해당하는 것으로만 나열된 것은?
① 우수한 유전자형의 선발, 종자프라이밍 처리
② 종자프라이밍 처리, 유전자운반체 개발
③ 유전자운반체 개발, 유전변이의 작성
④ 유전변이의 작성, 우수한 유전자형의 선발

해설
식물육종은 유전적 변이를 만들어내고 그것을 이용하는 것으로 만들어낸 변이에 대한 작성과 이때 만들어진 우수한 유전자형에 대한 선발이 중요하다.

정답 32 ① 33 ② 34 ① 35 ④ 36 ③ 37 ④

38 사료작물에 이용되는 합성품종의 장점은?
① 유전구성이 단순하다.
② 열성유전자가 발현한다.
③ 소수의 우량계통을 사용한다.
④ 환경변화에 대한 안전성이 높다.

해설
합성품종은 매년 잡종종자를 생산할 필요가 없고 환경 적응성이 커서 환경변화에 대한 안전성이 높다.

39 다음 중 유전적 원인에 의한 변이가 아닌 것은?
① 불연속변이   ② 대립변이
③ 환경변이   ④ 연속변이

해설
변이는 유전성에 따라 유전적 변이, 비유전적 변이로 분류된다. 유전적 원인에 의한 변이에는 불연속변이, 대립변이, 연속변이 등이 있으며 환경변이나 장소변이 등은 비유전적 원인에 의한 변이에 해당한다.

40 형태적 형질 중 제1차적 특성에서 질적형질에 관여하는 요인으로 옳은 것은?
① 식미   ② 저장성
③ 다수성 ④ 종피색

해설
질적형질은 종피색 같이 형질의 특성이 몇 가지 종류로 구분되는 형질이다.

제3과목 재배원론

41 작물 유전의 돌연변이설을 주장한 사람은?
① De Vries   ② Mendel
③ 우장춘   ④ Darwin

해설
작물 유전의 돌연변이설을 주장한 드브리스(De vries)는 달맞이꽃을 재배하여 새로운 변종들이 무작위로 생기는 것을 통해 학설을 주장하였다.

42 식물호르몬인 사이토카이닌의 주 생리작용은?
① 세포의 길이 신장
② 세포분열 촉진
③ 발근 및 개화 촉진
④ 과실의 후숙 촉진

해설
시토키닌(사이토키닌)은 주로 뿌리에서 합성되며 옥신과 함께 작용하여 세포분열을 촉진한다.

43 다음에서 설명하는 것은?

> 식물의 생장과 분화의 균형 여하가 작물의 생육을 지배하는 요인이 된다.

① Crop Growth Rate
② Carbohydrate Nitrogen Ratio
③ Top Root Ratio
④ Growth Differentiation Balance

해설
G-D(Growth Differentiation Balance)는 식물의 생육이나 성숙을 생장과 분화 두 측면에서 보는 관점으로 식물의 생장과 분화의 균형을 의미한다.

44 풍해의 기계적 장해에 해당하는 것은?
① 벼에서 수분 및 수정이 저해되어 불임립이 발생한다.
② 상처가 나면 호흡이 증대되어 체내의 양분 소모가 증대된다.
③ 증산이 커져서 식물이 건조해진다.
④ 기공이 닫혀 광합성이 감퇴한다.

해설
풍해는 바람에 의해 발생되는 피해현상으로 바람이 강할수록 피해가 커진다. 화곡류가 도복하여 수분 및 수정이 저해되고 불임립, 쭉정이 등이 발생한다.

정답 38 ④ 39 ③ 40 ④ 41 ① 42 ② 43 ④ 44 ①

45 다음 중 원산지가 한국으로 추정되는 작물로만 나열된 것은?
① 콩, 포도 ② 인삼, 감
③ 생강, 토란 ④ 벼, 동부

해설
우리나라가 원산지인 작물에는 콩, 팥, 녹두, 들깨, 감, 인삼, 머루 등이 있다.

46 저장 환경조건을 가장 바르게 설명한 것은?
① 곡류는 저장습도가 낮을수록 좋지만 과실이나 영양체는 저장 습도가 낮은 것이 좋지 않다.
② 굴저장하는 고구마는 밀폐하는 것이 통기가 되는 것보다 좋다.
③ 고구마는 예냉이 필요하지만 과일은 예냉하면 저장 중 부패가 많다.
④ 식용감자는 온도가 12~15℃, 습도가 70~85%가 최적의 저장 조건이다.

해설
① 곡류는 저장습도가 낮을수록 좋지만 과실이나 영양체는 저장 습도가 상대적으로 높은 것이 좋다.
② 굴저장을 하는 고구마는 통기가 잘 되도록 환기시설을 갖추는 것이 좋다.
③ 예랭은 수확 직후 청과물의 품질 유지에 좋은 방법으로 호흡량을 줄이고 저장양분의 소모를 감소시킨다.
④ 감자의 저장온도는 1~4℃, 저장습도는 80~95%이다.

47 작물의 내동성에 관여하는 생리적 요인으로 옳은 것은?
① 원형질의 수분투과성이 작은 것이 세포 내 결빙을 적게 하여 내동성을 증대시킨다.
② 세포내 수분함량이 높아서 자유수가 많아지면 내동성이 증대된다.
③ 세포내 전분함량이 많으면 내동성이 증대된다.
④ 원형질의 친수성콜로이드가 많으면 내동성이 증대된다.

해설
※ 작물의 내동성 관계
· 작물내부에 수분 함량이 적거나 유지함량이 높을수록 내동성이 강한편이다.
· 작물의 가용성 당분함량이 높을수록 전분함량이 낮을수록 내동성이 증가한다.
· 원형단백질이 많고 원형질의 친수성콜로이드가 많을수록 내동성은 증가한다.

48 버널리제이션에 대하여 옳게 설명한 것은?
① 산소의 공급은 절대로 필요하다.
② 최아종자의 저온처리에는 암흑상태가 꼭 필요하다.
③ 추파맥류는 고온처리를 해야 화성유도의 효과가 크다.
④ 춘화처리 중에 건조시키면 효과가 상승한다.

해설
버널리제이션은 처리도중 산소가 부족할 경우 효과가 감소하기에 산소 공급이 필요하다.

정답 45 ② 46 ① 47 ④ 48 ①

49 재배기간 동안 상토의 pH에 영향을 주는 주요 요인이 아닌 것은?
① 상토와 상토 구성분 자체에 포함된 석회석과 같은 식재
② 관개수의 알칼리도
③ 재배기간 동안 사용된 비료의 산도/염기도
④ 재배기간 동안의 평균 기온

해설
상토의 pH 는 온도와는 관련이 없다.

50 지베렐린에 대하여 옳게 설명한 것은?
① 제초제로 이용된다.
② 벼의 키다리병에서 유래한 물질이다.
③ 지베렐린의 주요 합성물질은 NAA이다.
④ 사과의 낙과방지에 특히 효과적이다.

해설
지베렐린은 종자의 휴면타파의 효과가 있는 식물생장조절제로 옥신과 함께 사용시 효과가 극대화되는데 벼의 키다리병에서 유래한 물질이다.

51 농경의 발상지를 비옥한 해안지대라고 추정한 사람은?
① De Candolle   ② G. Allen
③ Vavilov   ④ P. Dettweiler

해설
농경의 발상지는 학자에 따라 다르게 추정하였는데 큰강의 유역은 De Candolle, 산간부는 Vavilov, 해안지대는 P. Dettweiler 이다.

52 인공상토의 기능으로 거리가 먼 것은?
① 농약사용 및 비료시용 빈도를 줄인다.
② 작물이 필요할 때 흡수 이용할 수 있는 물을 보유한다.
③ 뿌리와 배지 상부 공기와의 가스 교환이 이루어지도록 한다.
④ 작물을 지탱하는 기능을 한다.

해설
인공상토는 부드럽고 보비력, 통기성, 보수성 등이 좋으나 이러한 특징과 농약 및 비료 사용과의 연관성은 없다.

53 다음 중 식물의 광합성에 가장 효과적인 광은?
① 주황색   ② 황색
③ 녹색   ④ 적색

해설
광합성은 650~700nm 적색부분과 400~500nm 의 청색 부분에서 가장 효과적이다.

54 다음 중 2년생 작물로만 구성되어 있는 것은?
① 가을보리, 아스파라거스
② 가을밀, 사탕수수
③ 옥수수, 호프
④ 무, 사탕무

해설
2년생 작물(월년생작물)에는 보리, 밀, 대파, 무, 사탕무 등이 있다.

55 결핍증상이 어린잎에 먼저 나타나는 무기원소로만 나열된 것은?
① 마그네슘, 칼슘   ② 질소, 철
③ 마그네슘, 망간   ④ 황, 붕소

해설
황, 붕소 등은 식물체내 이동성이 낮아 어린잎에서 결핍증상이 먼저 나타난다.

56 과실의 성숙을 촉진하는 주요 합성 식물생장 조절제는?

① IAA ② ABA
③ 페놀 ④ 에세폰

해설
에세폰은 합성 식물생장 조절제인 액상의 물질로 식물에 살포하면 분해되면서 에틸렌을 발생시켜 과실의 성숙을 촉진한다.

57 다음 중 (가), (나)에 알맞은 내용은?

> 벼의 침수피해는 분얼 초기에는 (가)
> 벼의 침수피해는 수잉기 ~ 출수개화기에는 (나)

① 가 : 작다, 나 : 작아진다
② 가 : 작다, 나 : 커진다
③ 가 : 크다, 나 : 작아진다
④ 가 : 크다, 나 : 커진다

해설
벼는 분얼 초기 침수에 강해 피해가 적게 나타나지만 수잉기에서 출수개화기에는 침수에 약해지면서 침수피해가 크게 나타난다.

58 작물생장속도를 구하는 공식으로 옳은 것은?

① 엽면적 × 순동화율
② 엽면적율 × 상대생장율
③ 엽면적지수 × 순동화율
④ 비엽면적 × 상대생장율

해설
개체군생장속도는 일정 기간 단위포장면적당 군락의 생산능력으로 <엽면적지수×순동화율>로 나타낸다.

59 파이토크롬(phytochrome)의 설명으로 틀린 것은?

① 광흡수색소로써 일장효과에 관여한다.
② Pr은 호광성종자의 발아를 억제한다.
③ 파이토크롬은 적색광과 근적외광을 가역적으로 흡수할 수 있다.
④ 굴광현상을 나타내는 호르몬의 일종으로 식물생육에 필수적인 물질이다.

해설
식물에 존재하는 색소단백질인 파이토크롬(phytochrome)은 특정 파장을 흡수하여 광가역 반응을 일으킨다.

60 용도에 의한 작물의 분류에서 잡곡에 해당하지 않는 것은?

① 조 ② 기장
③ 귀리 ④ 옥수수

해설
귀리는 맥류에 해당한다.

제4과목 식물보호학

61 벼물바구미에 대한 설명으로 옳은 것은?

① 노린재목에 속한다.
② 번데기로 월동한다.
③ 유충은 뿌리를 갉아 먹는다.
④ 벼의 잎 뒷면에서 번데기가 된다.

해설
성충이 잎에 피해를 주면 흰색으로 나타나고 유충은 흙속으로 파고들어가 기생을 한다. 유충이 성충보다 섭식량이 많아 더 큰 피해를 주며 뿌리를 갉아 먹는다.

정답 56 ④ 57 ② 58 ③ 59 ④ 60 ③ 61 ③

62 농약 살포액의 성질에 대한 설명으로 옳지 않은 것은?
① 침투성 : 식물체나 해충체 내에 스며드는 것
② 습전성 : 작물 또는 해충의 표면을 잘 적시고 퍼지는 것
③ 수화성 : 현탁액 고체입자가 균일하게 분산 부유하는 것
④ 유화성 : 유제를 물에 가한 경우 입자가 균일하게 분산하여 유탁액이 되는 것

해설
수화성은 수화제와 물과의 친화도를 말한다.

63 완전변태를 하는 곤충 목은?
① 노린재목   ② 메뚜기목
③ 잠자리목   ④ 딱정벌레목

해설
나비목, 파리목, 벌목, 딱정벌레목 등은 완전변태를 한다.

64 보르도액은 어떤 종류의 약제인가?
① 종자소독제   ② 농용항생제
③ 화학불임제   ④ 보호살균제

해설
석회보르도액은 보호살균제로 곰팡이 세균 모두 방제가 가능하며 방제기간이 길고 강알칼리 조건에서 효과가 뚜렷하게 나타난다.

65 병든 부위의 알코올 냄새로 진단 가능하고 사과나무에 발생하는 병은?
① 부란병   ② 겹무늬썩음병
③ 붉은별무늬병 ④ 점무늬낙엽병

해설
사과나무 부란병은 감염 부위는 주로 줄기이며 수침상 병무늬가 생기고 알코올냄새가 나는 것으로 판별이 가능하다.

66 직파를 하거나 이앙기를 앞당길수록 발생량이 현저하게 늘어나는 다년생 논잡초는?
① 여뀌   ② 뚝새풀
③ 자귀풀   ④ 너도방동사니

해설
너도방동사니는 논에서 점유율이 높은 우점잡초로 직파 혹은 이앙기가 빨라지면 발생량이 현저하게 늘어난다.

67 일조 부족이 식물에게 주는 영향으로 옳지 않은 것은?
① 식물의 광합성을 저하시킨다.
② 벼는 도열병이 발생하기 쉽다.
③ 벼는 규산의 집적량이 증가한다.
④ 식물체 내에 아미노산 및 아마이드를 증가시킨다.

해설
벼에 일조량이 부족하게 되면 규산의 집적량이 감소하고 벼 도열병이 심하게 나타난다.

68 해충의 농약 저항성에 대한 설명으로 옳지 않은 것은?
① 동일 기작을 가진 계통의 약제를 연속 사용을 가급적 피한다.
② 방제 효율을 올리기 위해서 약제 사용량을 계속해서 늘려야 한다.
③ 진딧물이나 응애류처럼 생활사가 짧을수록 저항성은 더 늦게 발달된다.
④ 약제에 대한 감수성종이 죽고 유전적으로 저항성을 가진 해충이 살아남아 저항성개체가 우점종이 되는 것을 의미한다.

해설
진딧물이나 응애류처럼 생활사가 짧을수록 농약 저항성이 쉽게 나타난다.

정답 62 ③ 63 ④ 64 ④ 65 ① 66 ④ 67 ③ 68 ③

69 잡초의 생물학적 방제를 위해 도입되는 미생물의 구비조건이 아닌 것은?
① 대상 잡초에만 피해를 주어야 한다.
② 잡초의 적응지역 환경에 잘 적응하여야 한다.
③ 인공적인 배양 또는 증식이 용이하며 생식력이 강해야 한다.
④ 비산 또는 분산 능력이 적어 처리된 식물에만 한정되어야 한다.

해설
생물학적 방제를 위해 도입되는 미생물의 경우 천적의 역할을 하며 비산이나 분산 능력이 좋아야 방제에 효과적이다.

70 농경지에서 잡초를 방제하지 않고 방임하면 엄청난 수량 손실이 발생하는 기간은?
① 제조제내성기간
② 잡초경합한계기간
③ 잡초경합내성기간
④ 잡초경합허용한계기간

해설
잡초 경합 한계기간은 잡초와 경합을 하여 작물에 치명적인 손실을 가장 많이 입는 기간으로 작물 전생육기간의 첫 1/3~1/2 기간이나 1/4~1/3 기간에 해당된다.

71 곤충의 소화기관으로 음식물을 분해한 후 흡수하는 부분은?
① 전장   ② 중장
③ 후장   ④ 말피기관

해설
곤충의 중장은 효소를 분비해 실질적인 소화 및 흡수 작용을 한다.

72 겨울형 잡초에 해당하는 것은?
① 냉이   ② 바랭이
③ 명아주   ④ 강아지풀

해설
냉이, 개미자리, 벼룩나물, 점나도나물 등은 겨울 잡초에 해당한다.

73 세균성 무름증상에 대한 설명으로 옳지 않은 것은?
① Pseudomonas속은 무름증상을 일으키지 않는다.
② Erwinia속은 무름병의 진전이 빠르고 악취가 난다.
③ 수분이 적은 조직에서는 부패현상이 나타나지 않는다.
④ 병원균은 펙틴분해효소를 생산하여 세포벽 내의 펙틴을 분해한다.

해설
Erwinia 속, Pseudomonas속 은 세균성 무름병의 병원균이다.

74 Koch의 원칙으로 증명이 가능하며 균류에 의해 발병하는 것은?
① 역병   ② 노균병
③ 흰가루병   ④ 무사마귀병

해설
코흐(Koch)의 원칙에 의해 미생물의 분리, 배양, 인공접종, 재분리의 과정을 통해 병원적 진단을 내리는데 바이러스, 파이토플라스마, 녹균균, 흰가루병 등의 절대기생체의 경우 코흐의 원칙에 부합하지 않아 증명이 어렵다.

75 중추신경계의 에스테라제 억제 작용을 하는 약제의 계통은?
① BT계 ② DDT계
③ 유기인계 ④ 피레스로이드계

해설
유기인계 살충제는 아세틸콜린에스테라제(AChE)의 활성 저해제이며 식물의 경엽으로 침투가 쉽게 이루어진다.

76 주로 지하경에 의하여 영양번식하는 다년생 잡초로써 논에서 발생하는 것은?
① 피 ② 가래
③ 고마리 ④ 물달개비

해설
가래는 논에서 발생하는 다년생 광엽잡초로 주로 근경(지하경)에 의하여 영양번식을 한다.

77 희석살포용 제제에 대한 설명으로 옳지 않은 것은?
① 수화제란 원제를 증량제, 계면활성제와 혼합하여 분말형태로 만든 것이다.
② 액상수화제란 원제의 성질이 지용성인 것을 유기용매에 녹여 유화제를 첨가한 용액이다.
③ 수용제란 수용성의 유효성분을 증량제로 희석하고 분상 또는 입상의 고체로 만든 것이다.
④ 액제란 원제가 수용성이고 가수분해의 우려가 없는 경우에 주제를 물에 녹여 만든 것이다.

해설
액상수화제는 물과 용제에 잘 녹지 않는 농약원제를 액상의 형태로 조제한 것으로 수화제에서 분말 비산 등의 단점을 보완한다.

78 종자에 의해 전반되는 병이 아닌 것은?
① 벼 키다리병 ② 콩 자주무늬병
③ 보리 겉깜부기병 ④ 배추 모자이크병

해설
배추 모자이크병은 매개충에 의해 전반된다.

79 해충의 생물학적 방제법에 대한 설명으로 옳지 않은 것은?
① 속효적이며 일시적이다.
② 주로 해충의 천적을 이용한다.
③ 저항성(내성)이 생기지 않는다.
④ 환경오염에 대한 위험성이 작다.

해설
생물학적 방제법은 반영구적 혹은 영구적인 효과가 있다.

80 병원체가 식물체의 각피를 뚫고 침입하여 발생하는 병은?
① 가지 풋마름병
② 벼 잎집얼룩병
③ 감자 더뎅이병
④ 사과나무 뿌리혹병

해설
벼 잎집무늬마름병(잎집얼룩병)은 병원균은 균핵 상태로 땅위에서 월동하고 봄에 물위로 올라와 전염을 시작하며 식물체의 각피를 뚫고 침입한다.

정답 75 ③ 76 ② 77 ② 78 ④ 79 ① 80 ②

제5과목 종자관련법규

81 식물신품종보호관련법상 "품종의 본질적 특성이 반복적으로 증식된 후에도 그 품종의 본질적 특성이 변하지 아니하는 경우"에 해당하는 것은?
① 안정성   ② 균일성
③ 구별성   ④ 신규성

해설
품종의 본질적 특성이 반복적으로 증식된 후(1대 잡종 등과 같이 특정한 증식주기를 가지고 있는 경우에는 매 증식주기 종료 후를 말한다)에도 그 품종의 본질적 특성이 변하지 아니하는 경우에는 그 품종은 안정성을 갖춘 것으로 본다.

82 종자관련법상 국가품종목록의 등재대상 작물이 아닌 것은?
① 벼   ② 사료용 옥수수
③ 보리   ④ 감자

해설
품종목록에 등재할 수 있는 대상작물은 벼, 보리, 콩, 옥수수, 감자와 그 밖에 대통령령으로 정하는 작물로 한다. 다만, 사료용은 제외한다.

83 식물신품종보호관련법상 품종명칭의 등록을 받을 수 있는 것은?
① 저명한 타인의 승낙을 얻은 후 사용된 그 타인의 명칭
② 해당 품종 또는 해당 품종 수확물의 품질·수확량·생산시기·사용방법 또는 사용시기로만 표시한 품종명칭
③ 숫자로만 표시하거나 기호를 포함하는 품종명칭
④ 해당 품종이 속한 식물의 속 또는 종의 다른 품종의 품종명칭과 같거나 유사하여 오인하거나 혼동할 염려가 있는 품종명칭

해설
본래 저명한 타인의 성명, 명칭 또는 이들의 약칭을 포함하는 품종명칭은 품종명칭의 등록을 받을 수 없으나 그 타인의 승낙을 받은 경우는 제외한다.

84 종자관련법상 품종목록 등재의 유효기간 내용으로 옳은 것은?
① 품종목록 등재의 유효기간은 유효기간 연장신청에 의하여 계속 연장될 수 없다.
② 품종목록 등재의 유효기간은 등재한 날부터 5년까지로 한다.
③ 품종목록 등재의 유효기간은 등재한 날이 속한 해의 다음 해부터 10년까지로 한다.
④ 품종목록 등재의 유효기간은 등재한 날부터 15년까지로 한다.

해설
품종목록 등재의 유효기간은 등재한 날이 속한 해의 다음 해부터 10년까지로 한다.

85 종자관련법상 작물별 보증의 유효기간으로 옳지 않은 것은?
① 채소 : 2년   ② 버섯 : 2개월
③ 감자 : 2개월 ④ 고구마 : 2개월

해설
버섯 작물의 보증 유효기간은 1개월이다.

86 종자관련법상 종자의 수출·수입에 관한 내용이다. ( )에 알맞은 내용은?

> ( )은 국내 생태계 보호 및 자원보존에 심각한 지장을 줄 우려가 있다고 인정하는 경우에는 대통령령으로 정하는 바에 따라 종자의 수출·수입을 제한하거나 수입된 종자의 국내 유통을 제한할 수 있다.

① 농림축산식품부장관
② 농촌진흥청장
③ 국립종자원장
④ 환경부장관

해설
농림축산식품부장관은 국내 생태계 보호 및 자원 보존에 심각한 지장을 줄 우려가 있다고 인정하는 경우에는 대통령령으로 정하는 바에 따라 종자의 수출·수입을 제한하거나 수입된 종자의 국내 유통을 제한할 수 있다.

87 종자관련법상 "꽃 또는 볏과식물의 소수(spikelet)를 엽맥에 끼우는 퇴화한 잎 또는 인편상의 구조물"을 설명하는 용어는?
① 악판
② 강모
③ 부리
④ 포엽

해설
포엽은 꽃이나 꽃받침을 둘러싸고 있는 작은 잎을 말한다.

88 종자관련법상 대통령령으로 정하는 작물이 아닌 것은?
① 화훼
② 뽕
③ 양송이
④ 임목(林木)

해설
대통령령으로 정하는 작물에서 버섯류가 있으나 양송이·느타리버섯·뽕나무버섯·영지버섯·만가닥버섯·잎새버섯·목이버섯·팽이버섯·복령·버들송이 및 표고버섯은 제외한다.

89 종자관련법상 분포장 종자의 보증표시를 옳게 나타낸 것은?

① 포장한 보증종자의 포장을 뜯거나 열었을 때, 종자의 보증 효력을 잃은 것으로 본다. 다만, 해당 종자를 보증한 보증기관이나 종자관리사의 감독에 따라 분포장(分包裝)하는 경우도 포함한다는 단서에 따라 분포장한 종자의 보증표시는 분포장 하기 전에 표시되었던 해당 품종의 보증표시와 다른 내용으로 하여야 한다.
② 포장한 보증종자의 포장을 뜯거나 열었을 때, 종자의 보증 효력을 잃은 것으로 본다. 다만, 해당 종자를 보증한 보증기관이나 농촌진흥청장의 감독에 따라 분포장(分包裝)하는 경우도 포함한다는 단서에 따라 분포장한 종자의 보증표시는 분포장 하기 전에 표시되었던 해당 품종의 보증표시와 같은 내용으로 하여야 한다.
③ 포장한 보증종자의 포장을 뜯거나 열었을 때, 종자의 보증 효력을 잃은 것으로 본다. 다만, 농촌진흥청장이나 종자관리사의 감독에 따라 분포장(分包裝)하는 경우도 포함한다는 단서에 따라 분포장한 종자의 보증표시는 분포장 하기 전에 표시되었던 해당 품종의 보증표시보다 더 자세한 내용으로 하여야 한다.
④ 포장한 보증종자의 포장을 뜯거나 열었을 때, 종자의 보증 효력을 잃은 것으로 본다. 다만, 해당 종자를 보증한 보증기관이나 종자관리사의 감독에 따라 분포장(分包裝)하는 경우는 제외한다는 단서에 따라 분포장한 종자의 보증표시는 분포장 하기 전에 표시되었던 해당 품종의 보증표시와 같은 내용으로 하여야 한다.

해설
포장한 보증종자의 포장을 뜯거나 열었을 때. 다만, 해당 종자를 보증한 보증기관이나 종자관리사의 감독에 따라 분포장(分包裝)하는 경우는 제외한다.

정답 86 ① 87 ④ 88 ③ 89 ④

90 종자관련법상 유통 종자의 품질표시 사항으로 맞은 것은?

① 품종의 순도
② 품종의 진위
③ 포장연월
④ 재배 시 특히 주의할 사항

해설
유통 종자 및 묘의 품질표시 사항에서 유통 종자는 품종의 명칭, 종자의 발아율, 종자의 포장당 무게 또는 낱알 개수, 재배 시 특히 주의할 사항, 종자업 등록번호(종자업자의 경우로 한정한다) 등이 있다.

91 식물신품종보호관련법상 품종보호권을 침해한 자가 받는 벌칙은?

① 3년 이하의 징역 또는 1000만원 이하의 벌금에 처한다.
② 5년 이하의 징역 또는 1000만원 이하의 벌금에 처한다.
③ 5년 이하의 징역 또는 1억 이하의 벌금에 처한다.
④ 7년 이하의 징역 또는 1억 이하의 벌금에 처한다.

해설
품종보호권 또는 전용실시권을 침해한 자는 7년 이하의 징역 또는 1억원 이하의 벌금에 처한다.

92 종자관련법상 종자업의 등록 내용으로 옳지 않은 것은?

① 종자업을 하려는 자는 종자관리사를 1명 이상 두어야 한다. 다만, 대통령령으로 정하는 작물의 종자를 생산·판매하려는 자의 경우에는 그러하지 아니하다.
② 종자업을 하려는 자는 종자관리사를 2명 이상 두어야 한다. 다만, 대통령령으로 정하는 작물의 종자를 생산·판매하려는 자의 경우에는 그러하지 아니하다.
③ 종자업을 하려는 자는 대통령령으로 정하는 시설을 갖추어 시장에게 등록하여야 한다.
④ 종자업을 하려는 자는 대통령령으로 정하는 시설을 갖추어 군수에게 등록하여야 한다.

해설
종자업을 하려는 자는 종자관리사를 1명 이상 두어야 한다. 다만, 대통령령으로 정하는 작물의 종자를 생산·판매하려는 자의 경우에는 그러하지 아니하다.

93 식물신품종보호관련법상 품종보호권의 효력이 적용되는 것은?

① 영리 외의 목적으로 자가소비(自家消費)를 하기 위한 품종
② 실험이나 연구를 하기 위한 품종
③ 다른 품종을 육성하기 위한 품종
④ 보호품종을 반복하여 사용하여야 종자생산이 가능한 품종

해설
품종보호권의 효력이 적용되는 것으로 호품종(기본적으로 다른 품종에서 유래된 품종이 아닌 보호품종만 해당한다)으로부터 기본적으로 유래된 품종, 보호품종을 반복하여 사용하여야 종자생산이 가능한 품종 등이 있다.

정답 90 ④ 91 ④ 92 ② 93 ④

94 다음 중 ( )에 알맞은 내용은?

> 종자관리요강에서 뽕나무 포장격리에 대한 내용으로 무병 묘목인지 확인되지 않은 뽕밭과 최소 ( )m 이상 격리되어 근계의 접촉이 없어야 한다.

① 1 ② 3
③ 5 ④ 10

해설
무병 묘목인지 확인되지 않은 뽕밭과 최소 5m 이상 격리되어 근계의 접촉이 없어야 한다.

95 종자관련법상 ( )에 해당하는 것은?

> 품종성능의 심사는 ( )이 정하는 기준에 따라 실시한다.

① 산림청장
② 농촌진흥청장
③ 농업기술실용화재단장
④ 농업기술센터장

해설
품종성능의 심사는 산림청장 또는 국립종자원장이 정하는 기준에 따라 실시한다.

96 종자관련법상 보상 청구의 내용이다. ( )에 알맞은 내용은?

> 종자업자는 보상 청구를 받은 날부터 ( )이내에 그 보상 청구에 대한 보상 여부를 결정하여야 한다.

① 5일 ② 15일
③ 25일 ④ 30일

해설
보상 청구를 받은 종자업자 또는 육묘업자는 보상 청구를 받은 날부터 15일 이내에 그 보상 청구에 대한 보상 여부를 결정하여야 한다.

97 다음은 식물신품종보호관련법상 통상실시권에 대한 내용이다. ( )에 알맞은 내용은?

> 보호품종을 실시하려는 자는 보호품종이 정당한 사유 없이 계속하여 ( )이상 국내에서 상당한 영업적 규모로 실시되지 아니하거나 적당한 정도와 조건으로 국내 수요를 충족시키지 못한 경우 농림축산식품부장관 또는 해양수산부장관에게 통상실시권 설정에 관한 재정(裁定)(이하 "재정"이라 한다)을 청구할 수 있다. 다만, 재정의 청구는 해당 보호품종의 품종보호권자 또는 전용실시권자와 통상실시권 허락에 관한 협의를 할 수 없거나 협의 결과 합의가 이루어지지 아니한 경우에만 할 수 있다.

① 3년 ② 2년
③ 1년 ④ 6개월

해설
보호품종이 정당한 사유 없이 계속하여 3년 이상 국내에서 상당한 영업적 규모로 실시되지 아니하거나 적당한 정도와 조건으로 국내수요를 충족시키지 못한 경우 통상실시권 설정에 관한 재정을 청구할 수 있다.

98 종자관련법상 자체보증의 대상에 대한 내용이다. ( )에 해당하지 않은 것은?

> ( )이/가 품종목록 등재대상작물의 종자를 생산하는 경우 자체보증의 대상으로 한다.

① 종자업자 ② 농업단체
③ 실험실 연구원 ④ 시장

해설
시·도지사, 시장·군수·구청장, 농업단체등 또는 종자업자가 품종목록 등재대상작물의 종자를 생산하는 경우 자체보증의 대상으로 한다.

99 식물신품종보호관련법상 품종보호를 위해 출원시 첨부하지 않아도 되는 것은?
① 품종보호 출원 수수료 납부증명서
② 종자시료
③ 품종 육성지역의 토양 상태
④ 품종의 사진

해설
품종보호를 위해 출원시 첨부해야하는 것으로 품종의 특성 및 품종육성 과정에 관한 설명서, 품종의 사진, 종자시료, 품종보호의 출원 수수료 납부증명서 등을 첨부해야 한다.

100 종자관리요강상 벼의 포장검사 및 종자검사에 있어 특정병에 해당하는 것은?
① 도열병
② 선충심고병
③ 깨씨무늬병
④ 흰잎마름병

해설
벼의 포장검사 및 종자검사에 있어 특정병은 키다리병, 선충심고병을 말한다.

정답 99 ③ 100 ②

제1회 종자기사

제1과목 종자생산학

01 물의 투과성 저해로 인하여 종자가 휴면하는 것은?
① 나팔꽃
② 미나리아재비과 식물
③ 보리
④ 사과나무

해설
물의 투과성 저해로 인한 경실 종자에는 자운영, 고구마, 나팔꽃 등이 있다.

02 저온과 장일 조건에 감응하여 꽃눈이 분화, 발달되는 채소는?
① 배추   ② 오이
③ 토마토   ④ 고추

해설
식물의 춘화형은 생육단계별 감온에 따라 분류되는데 종자춘화형은 최아종자의 시기에 저온에 감응하여 개화하는 것으로 완두, 잠두, 무, 배추 등 등이 있다.

03 감자 포장검사 시 검사 기준으로 옳지 않은 것은?
① 1차 검사는 유묘가 15cm 정도 자랐을 때 실시한다.
② 채종포는 비채종 포장으로부터 5m 이상 격리되어야 한다.
③ 연작 피해 방지 대책을 강구한 경우에는 연작할 수 있다.
④ 갈쭉병 발생포장은 2년간 감자를 재배하여서는 안 된다.

해설
갈쭉병 발생포장은 5년간 감자를 재배하여서는 안 된다.

04 광과 종자 발아에 대한 설명으로 옳지 않은 것은?
① 광은 종자 발아와 아무런 관계가 없는 경우도 있다.
② 종자 발아가 억제되는 광 파장은 700~750nm 정도이다.
③ 종자 발아의 광가역성에 관여하는 물질은 cytochrome이다.
④ 광이 없어야 발아가 촉진되는 종자도 있다.

해설
종자 발아의 광가역성에 관여하는 물질은 파이토크롬(phytochrome)이다.

정답 01 ① 02 ① 03 ④ 04 ③

05 종자에 의하여 전염되기 쉬운 병해는?
① 흰가루병 ② 모잘록병
③ 배꼽썩음병 ④ 잿빛곰팡이병

해설
모잘록병균은 토양 및 종자에 의해 전염되기에 토양 및 종자를 소독하는 것이 방제에 효과적이다.

06 다음 작물 중에서 종자의 수명이 짧은 단명 종자에 속하는 것은?
① 상추 ② 토마토
③ 수박 ④ 가지

해설
양파, 파, 콩, 땅콩, 당근, 메밀, 고추, 상추, 우엉 등은 단명종자에 속한다.

07 채종지 선정 시 고려해야 할 사항으로 옳지 않은 것은?
① 일장은 꽃눈형성 및 추대에 매우 중요한 요소이다.
② 개화기부터 등숙기까지는 습한 곳이 적당하다.
③ 도시 근교보다는 도시에서 떨어진 지역이 적합하다.
④ 배수가 양호한 토양으로 병해충의 발생 밀도가 낮아야 한다.

해설
개화기부터 등숙기까지는 습한 곳보다는 건조한 곳이 적당하다.

08 종자검사 방법에 대한 설명으로 옳지 않은 것은?
① 발아검사 시 순도검사를 마친 정립종자를 무작위로 최소한 300립을 추출하여 100립씩 3반복으로 치상한다.
② 발아검사에서의 발아시험결과는 정상묘 숫자를 비율로 표시하며, 비율은 정수로 한다.
③ 수분검사용 제출시료의 최소량은 분쇄해야 하는 종자는 100g, 그 밖의 것은 50g이다.
④ 수분측정 시 반복 간의 수분함량의 차가 0.2%를 넘지 않으면 반복측정의 산술평균 결과로 하고, 넘으면 반복측정을 다시 한다.

해설
발아검사 시 순도검사를 마친 정립종자를 최소 무작위로 400립 추출하여 100립씩 4반복 치상한다.

09 산형화서의 형상으로 종자가 발달하는 작물이 아닌 것은?
① 파 ② 보리
③ 양파 ④ 부추

해설
보리는 수상화서에 해당된다.

10 포장검사에서 품종순도를 산출할 때에 직접 조사하지 않는 것은?
① 이병주 ② 이종종자주
③ 이품종 ④ 이형주

해설
품종순도는 재배작물 중 이형주(변형주), 이품종주, 이종종자주를 제외한 해당품종 고유의 특성을 나타내고 있는 개체의 비율을 말한다.

정답 05 ② 06 ① 07 ② 08 ① 09 ② 10 ①

11 고구마의 개화 유도 및 촉진 방법이 아닌 것은?
① 12~14시간의 장일처리를 한다.
② 나팔꽃의 대목에 고구마 순을 접목한다.
③ 고구마 덩굴의 기부에 절상을 낸다.
④ 고구마 덩굴의 기부에 환상박피를 한다.

해설
고구마는 장일처리가 아닌 단일처리를 통해 개화촉진을 한다.

12 다음 중 혐광성 종자는?
① 상추   ② 우엉
③ 차조기 ④ 무

해설
호박, 토마토, 고추, 양파, 가지, 오이, 무, 부추 등은 혐광성종자이다.

13 채종재배의 기본 원칙 중 가장 중요한 것은?
① 목표 종자량 확보
② 생력재배
③ 품종 개량
④ 종자 순도와 활력 유지

해설
채종재배는 품종의 순도와 활력을 위해 재배지 선정, 재배법, 비배관리, 종자의 선택과 처리, 수확 및 조제에 대한 전반적인 관리가 요구되며 그 중에서도 종자의 순도와 활력을 유지하는것이 가장 기본이 된다.

14 우리나라 주요 농작물의 종자 증식을 위한 기본 체계는?
① 기본식물 → 원원종 → 원종 → 보급종
② 기본식물 → 원종 → 원원종 → 보급종
③ 보급종 → 기본식물 → 원원종 → 원종
④ 보급종 → 기본식물 → 원종 → 원원종

해설
작물의 종자생산 관리체계는 기본식물, 원원종, 원종, 채종포(보급종), 농가의 순이다.

15 해외 채종의 유리한 점이라 볼 수 없는 것은?
① 저렴한 인건비
② 유리한 기상 조건
③ 수확 종자에 생태적응성 부여
④ 저렴한 지가 및 면적 확보 용이

해설
해외 채종의 경우 생태적응성이 떨어진다.

16 다음 중 시금치의 화성(花成) 유기에 가장 알맞은 환경 조건은?
① 저온 단일   ② 저온 장일
③ 고온 단일   ④ 고온 장일

해설
시금치는 저온에서 발아하는 종자이며 한계일장보다 더 긴 일장에 개화하는 장일 식물이기에 저온 장일의 환경 조건이 적합하다.

17 오이에 있어서 수꽃을 유지하기 위한 방법은?
① 저온 육묘
② 단일 육묘
③ 에스렐 처리
④ 질산은($AgNO_3$) 처리

해설
오이의 수꽃을 유지하기 위해 고온 장일, 지베렐린 처리, 질산은 처리의 방법을 활용한다.

정답 11 ① 12 ④ 13 ④ 14 ① 15 ③ 16 ② 17 ④

18 종자 발아 과정을 설명한 것으로 옳지 않은 것은?

① 종자의 수분 흡수 과정을 3단계로 나눌 수 있으며, 뿌리의 신장은 3단계에서 관찰된다.
② 쌍자엽식물인 경우 배에서 생성된 지베렐린은 호분층으로 이동한다.
③ 발아 시 지방산의 산화작용은 주로 β-산화작용에 의하여 이루어진다.
④ 물의 흡수는 제종피가 비교적 얇은 주공 근처에서 가장 잘된다.

해설
단자엽식물의 배에서 생성된 지베렐린은 배반을 통해 방출되어 호분층으로 이동한다.

19 웅성불임을 이용한 수수의 F1은 3계교잡으로 채종하는데 이에 관여하는 계통을 모두 옳게 나열한 것은?

① 웅성불임계통 2개, 웅성불임계통의 유지계통 1개
② 웅성불임계통 1개, 임성회복인자를 갖는 자식계통 2개
③ 웅성불임계통 1개, 웅성불임계통의 유지계통 1개, 임성회복인자를 갖는 자식계통 1개
④ 웅성불임계통 2개, 임성회복인자를 갖는 자식계통 1개

해설
웅성불임에서 세포질 유전자적 웅성불임은 웅성불임계통의 웅성불임계통 1개와 웅성불임성을 유지해 주는 유지계통 1개, 웅성불임성의 임성을 회복시켜 주는 회복인자친 1개가 있어야 한다.

20 종자의 발아능 검사를 위한 tetrazolium 검사시 처리농도(%) 범위로 가장 적합한 것은?

① 0.1 ~ 1.0   ② 1.0 ~ 2.0
③ 2.0 ~ 3.0   ④ 3.0 ~ 4.0

해설
테트라졸륨(tetrazolium) 용액을 이용한 종자의 활력 검사에는 농도 0.1~1.0% 를 사용한다.

제2과목 식물육종학

21 순계분리 육종에 관한 설명으로 옳지 않은 것은?

① 순계집단 내에서 선발한다.
② 순계들의 혼형집단에서 선발한다.
③ 차대 검정을 해야 한다.
④ 육종연한이 비교적 짧다.

해설
기본 집단에서 우수한 형질을 가진 개체를 계속 선발하여 우수한 순계를 선발하는 방법으로 자가수정작물에 이용된다.

22 집단선발육종법이 가장 보편적으로 이용되는 것은?

① 자가수정 작물 육종
② 모든 작물의 교배육종
③ 타가수정 작물 육종
④ 영양번식 작물 개량

해설
집단선발법은 개체나 계통의 집단을 대상으로 선발하는 방법으로 타가수정작물에는 기본집단에서 비슷한 우량개체들을 집단선발한다.

정답 18 ② 19 ③ 20 ① 21 ① 22 ③

23 인위적인 교잡에 의해서 양친이 가지고 있는 유전적인 장점만을 취하여 육종하는 것은?
① 조합육종 ② 반수체육종
③ 초월육종 ④ 도입육종

해설
양친의 우량형질을 신품종에 모아 신품종의 재배적 특성을 종합적으로 향상시키는 것을 조합육종이라 한다.

24 복2배체의 작성 방법은?
① 게놈이 같은 양친을 교잡한 의 염색체를 배가하여 작성한다.
② 게놈이 서로 다른 양친을 교잡한 의 염색체를 배가하여 작성한다.
③ 2배체에 콜히친을 처리하여 4배체로 한 다음 여기에 3배체를 교잡하여 작성한다.
④ 3배체와 2배체를 교잡하여 만든다.

해설
복이배체는 이질배수체라 하며 서로 다른 종류의 게놈이 배가되어 배수체를 만든 것이다.

25 잡종강세를 이용하는 데 구비해야 할 조건으로 옳지 않은 것은?
① 한 번의 교잡으로 많은 종자를 생산할 수 있어야 한다.
② 교잡 조작이 쉬워야 한다.
③ 단위 면적당 재배에 요구되는 종자량이 많아야 한다.
④ 종자를 생산하는 데 필요한 노임을 보상하고도 남음이 있어야 한다.

해설
잡종강세의 경우 단위면적당 요구되는 종자량은 적어야 하며 교잡 조작이 쉬워야 한다.

26 요한센(Johannsen)의 순계설에 관한 설명으로 틀린 것은?
① 동일한 유전자형으로 구성된 집단을 순계라 한다.
② 순계 내에서의 선발은 효과가 없다.
③ 육종적 입장에서 선발은 유전변이가 포함되어 있는 경우에만 유효하다.
④ 순계설은 교잡육종법의 이론적 근거가 된다.

해설
교잡육종법은 멘델의 유전법칙에 근거로 성립하여 가장 널리 사용되는 방법이다.

27 화곡류 작물의 채종재배 시 수확 적기는?
① 유숙기 ② 황숙기
③ 갈숙기 ④ 고숙기

해설
곡물류 성숙과정은 < 유숙기→호숙기→황숙기→완숙기→고숙기 > 이며 채종적기는 황숙기이다.

28 감수분열(생식세포분열)의 특징을 옳게 설명한 것은?
① 하나의 화분모세포는 연속적으로 분열하여 많은 수의 소포자를 형성한다.
② 하나의 배낭모세포는 1회 분열하여 2개의 배낭을 형성한다.
③ 하나의 화분모세포는 2회 분열하여 4개의 화분립을 형성한다.
④ 하나의 배낭모세포는 3회 연속 분열하여 8개의 대포자를 형성한다.

해설
감수분열은 배우자 형성을 위해 암수의 생식기관에서 생식모세포의 염색체 수가 반감되는 세포분열을 말한다. 2배체인 화분모세포가 제1감수분열을 통해 반수체인 2개의 화분을 만들고 제2감수분열을 통해 반수체인 4개의 화분을 형성한다.

정답 23 ① 24 ② 25 ③ 26 ④ 27 ② 28 ③

29 다음 중 선발의 효과가 가장 크게 기대되는 경우는?
① 유전변이가 작고, 환경변이가 클 때
② 유전변이가 크고, 환경변이가 작을 때
③ 유전변이가 크고, 환경변이도 클 때
④ 유전변이가 작고, 환경변이도 작을 때

해설
유전력이 높으면 선발효율이 높고, 유전력이 낮으면 환경요인에 의한 영향으로 선발효율이 낮다. 즉 유전변이가 크고 환경변이가 작을 때 선발의 효과가 커진다.

30 PCR(Polymerase chain reaction) 1 cycle의 순서가 옳은 것은?
① 중합반응 → 프라이머 결합 → DNA변성
② DNA변성 → 중합반응 → 프라이머 결합
③ 프라이머 결합 → DNA변성 → 중합반응
④ DNA 변성 → 프라이머 결합 → 중합반응

해설
PCR(polymerase chain reaction)은 중합효소연쇄반응으로 변성, 결합, 신장의 단계를 거치는데 변성 단계에서 DNA를 분리하고 결합 단계에서 프라이머가 이 DNA와 결합한다. 신장 단계에서는 중합효소(polymerase)가 DNA를 합성한다.

31 다음 중 염색체의 부분적 이상이 아닌 것은?
① 결실   ② 중복
③ 전좌   ④ 배수

해설
염색체의 구조 및 부분적 이상에는 절단, 결실, 중복, 전좌, 역위가 있다.

32 cDNA에 대한 설명이 옳은 것은?
① DNA 중합효소를 처리하여 RNA를 상보적 DNA로 합성한 것
② 역전사효소를 처리하여 mRNA를 상보적 DNA로 합성한 것
③ RNA 중합효소를 처리하여 DNA를 상보적 DNA로 합성한 것
④ 역전사 효소를 처리하여 DNA를 상보적 mRNA로 합성한 것

해설
보합 DNA(cDNA) 유전자은행은 조직이나 세포주에 발현되는 mRNA에 보합적인 DNA를 만들어 벡터 속에 삽입시킨 후 형질전환으로 박테리아를 만든 것을 말한다. 보합 DNA 유전자은행의 동정은 mRNA 추출, 역전사효소에 의한 cDNA 합성, cDNA 운반체에 삽입, dDNA 클론의 순으로 이루어진다.

33 회피성과 내성에 관한 설명이 옳은 것은?
① 회피성은 스트레스 후 저항성, 내성은 스트레스 전 저항성이다.
② 내동성(耐凍性)은 회피성, 내한성(耐旱性)은 내성이다.
③ 내성과 회피성은 포장에서 뚜렷하게 구분된다.
④ 좁은 의미의 스트레스 저항성은 내성이다.

해설
식물체에 나쁜 영향을 주는 요인을 스트레스라 하고 식물체가 스트레스에 견디는 힘을 내성 혹은 스트레스 저항성이라 한다.

34 품종의 생리적 퇴화의 원인이 되는 것은?
① 돌연변이
② 자연교잡
③ 토양적인 퇴화
④ 이형 유전자형의 분리

해설
생리적 퇴화는 품종의 생산지의 환경의 불량이 원인이 되기에 토양적인 퇴화가 한가지 원인이 되겠다.

35 다음 중 양적형질에 관여하는 유전자는?
① 치사유전자 ② 중복유전자
③ 억제유전자 ④ 복수유전자

해설
양적형질은 복수유전자나 폴리진(polygene)계에 의해 지배된다.

36 영양번식 작물의 교배육종 시 선발은 어느 때 하는 것이 가장 좋은가?
① 교배종자   ② F_1 세대
③ F_4 ④ F_7 이후 고정세대

해설
영양번식 작물은 일반적으로 F_1에서 영양계를 선발한다.

37 외국에서 새로 도입하는 식물 및 종자에 감염된 병균과 해충의 침입을 방지하기 위한 것은?
① 고랭지 채종   ② 품종등록
③ 종자증식   ④ 식물검역

해설
식물검역은 식물에 피해를 주는 병해충이 국내에 전파되는 것을 방지하기 위해 수입되는 식물 및 식물성 산물에 병해충을 검사한다.

38 표현형 분산(VP) 100, 유전자의 상가적 효과에 의한 분산(VD) 50, 유전자의 우성효과에 의한 분산(VH) 10, 환경변이에 의한 분산(VE) 40인 경우 넓은 뜻의 유전력은?
① 30%   ② 40%
③ 50%   ④ 60%

해설
표현형의 전체분산에 대한 유전분산의 비를 광의의 유전력이라 한다. 이때 전체분산은 유전분산과 환경분산의 합으로 표현된다. 표현형의 전체분산에 대한 상가적 분산의 비를 협의의 유전력이라 한다.
$$\frac{50+10}{100} \times 100 = 60(\%)$$

39 몇 개의 검정품종(계통)에 새로 육성한 계통을 교잡시켜 얻은 F_1의 생산력에 근거하여 일반 조합능력을 검정하는 방법은?
① 톱교잡 검정법   ② 다교잡 검정법
③ 단교잡 검정법   ④ 이면교잡 검정법

해설
톱교배검정(톱교잡검정)은 자유수분하는 품종을 검정친으로 하여 여러 자식계들의 일반조합능력을 검정한다.

40 연속적으로 자가수정한 자식성 집단의 유전적 특성은?
① 동형접합체가 많다.
② 이형접합체가 많다.
③ 돌연변이체가 많다.
④ 배수체가 많다.

해설
연속적으로 자가수정한 자식성 집단은 세대가 진전함에 따라 동형접합체가 증가한다.

정답 34 ③ 35 ④ 36 ② 37 ④ 38 ④ 39 ① 40 ①

제3과목 재배원론

41 식물체에서 기관의 탈락을 촉진하는 식물생장조절제는?
① 옥신 ② 지베렐린
③ 시토키닌 ④ ABA

해설
ABA(Abscisic acid)는 낙엽을 촉진과 같은 기관의 탈락을 촉진하는 식물생장조절제이다.

42 고무나무와 같은 관상수목을 높은 곳에서 발근시켜 취목하는 영양번식 방법은?
① 분주 ② 고취법
③ 삽목 ④ 성토법

해설
고취법은 공중취목이라 하며 가지나 줄기의 일부에 상처를 주고 그 자리에 수태 혹은 황토로 싸서 건조하지 않도록 해주며 물을 주어 적당한 습도 조건에 유지하여 발근하는 방법으로 관상수목에 적용시 높은 곳에서 발근시킨다.

43 벼의 비료 3요소 흡수 비율로 옳은 것은?
① 질소 5 : 인산 1 : 칼륨 1.5
② 질소 5 : 인산 2 : 칼륨 4
③ 질소 4 : 인산 2 : 칼륨 3
④ 질소 3 : 인산 1 : 칼륨 4

해설
벼의 비료 3요소 흡수비율은 질소:인산:칼륨=5:2:4이다.

44 종자를 치상 후 일정 기간까지의 발아율을 무엇이라 하는가?
① 발아세 ② 발아시
③ 발아전 ④ 발아기

해설
발아세는 치상 후 일정기간까지의 발아율 또는 표준발아검사에서 중간발아조사일까지의 발아율을 말한다.

45 염류 집적의 피해 대책으로 틀린 것은?
① 객토 ② 심경
③ 피복재배 ④ 담수처리

해설
염류집적의 피해를 줄이기 위해서는 피복재료를 제거하고 객토, 심경, 담수처리 등의 방법을 적용한다.

46 수비(이삭거름)는 벼의 일생 중 어느 생육단계에 시용하는가?
① 유수분화기 ② 유수형성기
③ 감수분열기 ④ 수전기

해설
벼의 생식생장기 과정에서 유수분화기에서 감수분열직전까지를 유수형성기라 하고 이때 이삭거름을 시비해준다.

47 잡초의 해로운 작용이 아닌 것은?
① 유해물질의 분비 ② 병충해의 전파
③ 품질의 저하 ④ 작물과 공생

해설
잡초는 작물과 경쟁하여 작물의 생육환경을 불량하게 하며 수량을 감소시키기에 일반적으로 작물과 잡초는 공생이 아닌 경쟁관계이다.

정답 41 ④ 42 ② 43 ② 44 ① 45 ③ 46 ② 47 ④

48 도복에 대한 설명으로 틀린 것은?
① 화곡류에서 도복에 가장 약한 시기는 최고분얼기이다.
② 병해충이 많이 발생할 경우 도복이 심해진다.
③ 도복에 의하여 광합성이 감퇴되고 수량이 감소한다.
④ 도복에 대한 저항성의 정도는 품종에 따라 차이가 있다.

해설
화곡류에서 도박이 가장 많은 시기는 이삭이 무거워지는 등숙후기이다.

49 광합성에서 C_4작물에 속하지 않는 것은?
① 옥수수 ② 수수
③ 사탕수수 ④ 벼

해설
작물 중에서 옥수수, 수수, 사탕수수 등 열대 화본식물은 대부분 C_4 식물이고 벼, 보리, 사탕무, 감자 등은 C_3 식물이다.

50 유전자 발현을 조절하고 기공의 열림을 촉진하는 광파장은?
① 적색광 ② 청색광
③ 녹색광 ④ 자외선

해설
식물의 잎은 가시광선에서 적색광, 청색광의 파장흡수율이 좋은데 이러한 청색광은 엽록소 및 카로티노이드 합성을 촉진하고 유전자 발현을 활성화하며 기공의 운동 및 호흡 증진에 관여한다.

51 내건성이 강한 작물이 갖고 있는 형태적 특성은?
① 잎의 해면조직 발달
② 잎의 기동세포 발달
③ 잎의 기공이 크고 수가 적음
④ 표면적/체적의 비율이 큼

해설
가뭄해에 강한 내건성 작물은 엽맥과 울타리조직(책상조직) 및 기동세포가 발달해야 한다.

52 에틸렌의 주요 생리 작용이 아닌 것은?
① 성숙 촉진 ② 낙엽 촉진
③ 생장 억제 ④ 개화억제

해설
에틸렌은 과실의 성숙, 착색의 촉진, 정아우세 현상 타파, 발아촉진, 낙엽 촉진 등의 효과가 나타난다.

53 탄산시비의 효과가 아닌 것은?
① 수량증대 ② 품질향상
③ 착과율 감소 ④ 모 소질 향상

해설
탄산시비를 통해 수량 증대, 품질의 향상, 착과율의 증가 등의 효과가 있다.

54 채소류의 육묘 방법 중에서 공정육묘의 이점이 아닌 것은?
① 모의 대량생산
② 기계화에 의한 생산비 절감
③ 단위면적당 이용률 저하
④ 모 소질 개선 가능

해설
육묘의 생력화, 효율화를 목적으로 상토의 조제, 종자파종, 물주기에 관련된 작업을 자동화하여 균일한 묘상을 얻을수 있다. 모의 대량생산 및 기계화를 통한 생산비 절감 효과가 나타난다.

정답 48 ① 49 ④ 50 ② 51 ② 52 ④ 53 ③ 54 ③

55 논토양의 특징으로 틀린 것은?
① 탈질 작용이 일어난다.
② 산화환원전위가 낮다.
③ 환원물(N_2, H_2S)이 존재한다.
④ 토양색은 황갈색이나 적갈색을 띤다.

해설
논토양은 적갈색의 산화층과 청회색의 환원층이 있다.

56 벼 병해형 냉해의 증상으로 틀린 것은?
① 화분의 수정 장해
② 규산 흡수의 저해
③ 광합성의 감퇴
④ 단백질 합성의 저하

해설
화분의 수정 장해는 장해형 냉해의 증상에 해당한다.

57 토성을 분류하는데 기준이 될 수 없는 것은?
① 자갈
② 모래
③ 미사
④ 점토

해설
토성을 분류하는 기준에는 모래(미사, 조사), 점토의 함량을 기준으로 구분한다.

58 다음 중 파종 전 처리로 사용되는 제초제는?
① paraquat
② 2,4,-D
③ alachlor
④ simazine

해설
파라쿼트 디클로라이드(Paraquat dichloride)는 토양에 강하게 흡착되며 물에 반응시 잘 용해되어 양이온 형태로 식물에 흡수되는 비선택성 접촉형 제초제로 주로 파종 전 처리로 사용된다.

59 논토양에서 유기태 질소의 무기화가 촉진되기 위한 방법으로 틀린 것은?
① 토양 건조 후 가수(加水)
② 담수
③ 지온 상승
④ 수산화칼슘 처리

해설
논토양에서 담수처리는 토양의 염류를 제거하는데 도움이 된다.

60 모관수의 토양 수분 함량은?
① pF 0~2.7
② pF 2.7~4.5
③ pF 4.5~7
④ pF 7이상

해설
모관수는 모관 인력에 의하여 토양 내의 작은 공극을 상승하는 수분으로 식물이 사용가능한 유효수분이다. 무관수의 pF(Potential Force)는 2.7~4.5 이다.

제4과목 식물보호학

61 고형시용제 중 농약 살포 도중에 비산이 적다는 의미를 갖는 제형은?
① 분제
② FD제
③ 수화제
④ DL분제

해설
저비산분제(DL분제)는 살포 후 대기 중 약제의 알갱이가 응집되도록 하여 약제의 비산을 방지한다.

62 광엽잡초에 해당하는 것은?
① 피
② 쇠뜨기
③ 뚝새풀
④ 왕바랭이

해설
광엽잡초에는 1년생인 물달개비, 물옥잠, 사마귀풀, 여뀌, 마디꽃, 자귀풀 등과 다년생의 가래, 개구리밥, 미나리, 올미, 좀개구리밥, 쇠뜨기 등이 있다.

정답 55 ④ 56 ① 57 ① 58 ① 59 ② 60 ② 61 ④ 62 ②

63 농약제형 중 유제(乳劑)의 영문 표기는?
① OS(oil solution)
② SP(soluble powder)
③ WP(wettable powder)
④ EC(emulsifiable concentrate)

해설
유제(EC, emulsifiable concentrate)는 주제의 성질이 지용성으로 물에 녹지 않아 유기용매에 녹여 유화제를 첨가한 용액이다.

64 벼의 병해 중에서 병원균이 세균인 것은?
① 오갈병 ② 흰잎마름병
③ 깨씨무늬병 ④ 잎집무늬마름병

해설
세균병에 의한 식물병에는 벼 흰잎마름병, 벼 세균성 알마름병, 담배 불마름병, 감자더뎅이병 등이 있다.

65 광발아성 잡초에 해당하는 것은?
① 냉이 ② 별꽃
③ 바랭이 ④ 광대나물

해설
광발아 종자의 종류로는 바랭이, 쇠비름, 향부자, 강피, 소리쟁이 등이 있으며 암발아 종자는 별꽃, 냉이, 광대나물 등이 있다.

66 대추나무 빗자루병에서 볼 수 있는 대표적인 병징은?
① 총생 ② 무름
③ 괴사 ④ 모자이크

해설
대추나무 빗자루병 감염시 총생, 위축, 엽화 등의 현상이 나타나고 1~2년이내 전체로 퍼져 수년이내에 말라죽게 된다.

67 곤충이 피부를 구성하는 부분이 아닌 것은?
① 융기 ② 큐티클
③ 기저막 ④ 표피세포

해설
곤충의 피부는 크게 표피, 진피, 기저막 등으로 구성되어 있다.

68 살비제의 구비 조건이 아닌 것은?
① 잔효력이 있을 것
② 적용 범위가 넓을 것
③ 약제 저항성의 발달이 지연되거나 안 될 것
④ 성충과 유충(약충)에 대해서만 효과가 있을 것

해설
살비제는 주로 응애류를 방제하는데 효과가 있는 약제로 알, 유충, 성충 등 대부분에 효과가 있어야 한다.

69 곤충의 소화기관 중 대부분의 소화효소가 분비되며 분해된 음식물이 흡수되는 곳은?
① 중장 ② 침샘
③ 전장 ④ 후장

해설
곤충의 소화기관 중에서 중장은 효소를 분비해 실질적인 소화 및 흡수작용을 한다.

70 감자 바이러스병 진단에 사용되는 방법으로 미리 싹을 틔워 병징을 발현시켜 발병 유무를 진단하는 법은?
① 괴경지표법 ② 혈촉반응법
③ 지표식물법 ④ 병징 음폐제거법

해설
싹을 틔워 병징을 발현, 발생유무를 관찰하는 방법으로 괴경지표법(최아법)이라고도 한다.

71 해충 방제 방법 분류 중 성격이 다른 것은?
① 윤작　　② 혼작
③ 온도처리　　④ 포장위생

해설
온도처리는 물리적 방제에 해당하고 윤작, 혼작, 경운, 포장위생 등은 생태학적 방제법에 해당한다.

72 식물체의 표피세포에서만 생장하는 외부 기생균에 해당하는 것은?
① 벼 도열병균
② 사과 탄저병균
③ 보리 흰가루병균
④ 보리 겉깜부기병균

해설
보리 흰가루병균은 절대기생체라 하여 살아있는 조직에만 생활한다.

73 우리나라 논의 주요 잡초 중 방동사니과에 속하는 다년생 잡초는?
① 강피　　② 올미
③ 올방개　　④ 뚝새풀

해설
올방개는 방동사니과 다년생 잡초이다.

74 애멸구가 매개하는 벼의 병은?
① 도열병, 흰잎마름병
② 도열병, 검은줄오갈병
③ 빗자루병, 줄무늬잎마름병
④ 검은줄오갈병, 줄무늬잎마름병

해설
애멸구는 줄무늬잎마름병, 검은줄오갈병 등의 바이러스병을 매개한다.

75 복숭아심식나방에 대한 설명으로 옳지 않은 것은?
① 일반적으로 연 2회 발생한다.
② 유충으로 나무껍질 속에서 겨울을 보낸다.
③ 부화유충은 과실 내부에 침입하여 식해한다.
④ 방제를 위해 과실에 봉지를 씌우면 효과적이다.

해설
복숭아심식나방은 노숙유충이 겨울고치를 짓고 그 속에서 월동을 한다.

76 화학적 잡초방제법에 속하는 것은?
① 피복처리
② 약제 방제
③ 비산 종자의 관리
④ 식물 병원균의 이용

해설
화학적 잡초방제에는 약제를 이용하여 방제하는 방법이다.

77 0.1%의 2,4-D 농도는 몇 ppm이 되는가?
① 10ppm　　② 100ppm
③ 1000ppm　　④ 10000ppm

해설
ppm은 백만분의 1 로서 1%가 10,000 ppm 이므로 0.1%의 경우 1,000 ppm 이다.

정답　71 ③　72 ③　73 ③　74 ④　75 ②　76 ②　77 ③

78 잡초의 생태적 방제법 중 작물의 경합력 증진을 위한 경합특성이용법에 해당하지 않는 것은?
① 윤작
② 경운
③ 재식밀도 조절
④ 피복작물 재배

해설
경운은 토양을 부드럽게 할 목적으로 흙을 파 뒤집는 작업으로 경합특성을 이용하기보다 물리적 작용을 통해 잡초 및 해충을 방제하는 방법이다.

79 오존에 의해 피해를 입은 식물체에 나타나는 증상이 아닌 것은?
① 암종
② 황화
③ 반점
④ 얼룩

해설
오존에 의해 잎이 황백화되어 암갈색의 반점인 암종이 생기면서 심할 경우 괴사한다.

80 병이 반복하여 발생하는 과정 중 잠복기에 해당하는 기간은?
① 침입한 병원균이 기주에 감염되는 기간
② 전염원에서 병원균이 기주에 침입하는 기간
③ 병징이 나타나고 병원균이 생활하다 죽는 기간
④ 기주에 감염된 병원균이 병징이 나타나게 할 때까지의 기간

해설
침입후 초기병징이 나타나는 사이의 기간을 잠복기간이라 한다.

제5과목 종자관련법규

81 종자검사요령상 수분의 측정에서 저온항온 건조기법을 사용하게 되는 종은?
① 당근
② 상추
③ 오이
④ 땅콩

해설
저온항온 건조기법은 마늘, 파, 부추, 콩, 땅콩, 배추씨, 유채, 고추, 목화, 피마자, 참깨, 아마, 겨자, 무에 적용한다.

82 종자관련법상 보증서를 거짓으로 발급한 종자관리사가 받는 벌칙은?
① 6개월 이하의 징역 또는 1천만원 이하의 벌금에 처한다.
② 1년 이하의 징역 또는 1천만원 이하의 벌금에 처한다.
③ 2년 이하의 징역 또는 3천만원 이하의 벌금에 처한다.
④ 3년 이하의 징역 또는 7천만원 이하의 벌금에 처한다.

해설
보증서를 거짓으로 발급한 종자관리사는 1년 이하의 징역 또는 1천만원 이하의 벌금에 처한다.

83 종자의 유통 관리에서 종자업의 등록에 대한 내용이다. ( )에 해당하지 않는 것은?

> 종자업을 하려는 자는 대통령령으로 정하는 시설을 갖추어 ( )에게 등록하여야 한다.

① 농업기술센터장
② 시장
③ 군수
④ 구청장

해설
종자업을 하려는 자는 대통령령으로 정하는 시설을 갖추어 시장·군수·구청장에게 등록하여야 한다.

정답 78 ② 79 ① 80 ④ 81 ④ 82 ② 83 ①

84 대통령령으로 정하는 작물의 종자를 생산, 판매 하려는 자의 경우를 제외하고, 종자업을 하려는 자는 종자관리사를 몇 명 이상 두어야 하는가?
① 1명　② 3명
③ 5명　④ 7명

해설
종자업을 하려는 자는 종자관리사를 1명 이상 두어야 한다. 다만, 대통령령으로 정하는 작물의 종자를 생산·판매하려는 자의 경우에는 그러하지 아니하다.

85 정립에 해당하지 않는 것은?
① 미숙립
② 원형의 반 미만의 작물종자 쇄립
③ 발아립
④ 주름진립

해설
정립은 이종종자, 잡초종자 및 이물을 제외한 종자를 말하며 미숙립, 발아립, 주름진립, 소립 등이 있다. 원래크기의 1/2이상인 종자쇄립가 정립에 해당된다.

86 종자의 보증과 관련된 검사서류를 보관하지 아니한 자가 받는 과태료는?
① 3백만원 이하의 과태료
② 6백만원 이하의 과태료
③ 1천만원 이하의 과태료
④ 2천만원 이하의 과태료

해설
종자의 보증과 관련된 검사서류를 보관하지 아니한 자는 1천만원 이하의 과태료가 부과된다.

87 종자관련법상 묘목의 보증표시 방법으로 옳은 것은?
① 바탕색은 흰색으로, 대각선은 보라색으로, 글씨는 검은색으로 표시한다.
② 바탕색은 파란색으로, 글씨는 검은색으로 표시한다.
③ 바탕색은 붉은 색으로, 글씨는 검은색으로 표시한다.
④ 바탕색은 보라색으로, 글씨는 검은색으로 표시한다.

해설
채종 단계별 구분이 필요하지 않은 종자, 묘목, 해외 수출용 종자는 바탕색은 파란색으로, 글씨는 검은색으로 표시한다.

88 종자관리사에 대한 행정처분의 세부 기준에서 행정 처분이 업무정지 1년에 해당하는 것은?
① 종자보증과 관련하여 형을 선고받은 경우
② 종자관리사 자격과 관련하여 최근 2년간 이중취업을 2회 이상 한 경우
③ 업무정지처분기간 종료 후 3년 이내에 업무 정지처분에 해당하는 행위를 한 경우
④ 종자보증과 관련하여 고의 또는 중대한 과실로 타인에게 막대한 손해를 입힌 경우.

해설
종자보증과 관련하여 고의 또는 중대한 과실로 타인에게 막대한 손해를 입힌 경우 업무정지 1년에 해당한다.

정답 84 ① 85 ② 86 ③ 87 ② 88 ④

89 품질검사의 기준 및 방법에서 발아율에 대한 내용이다. (가), (나), (다)에 알맞은 내용은?

> 수거한 정립종자 중에서 무작위로 (가)립을 추출하여 (나)립 (다)반복 조사한다. 검사 방법은 종이배지를 활용하고, 종이배지에서 평가할 수 없는 묘(苗)가 나오면 모래 또는 적당한 흙으로 온도, 수분 및 광(光) 조건을 같게 하여 재시험을 한다.

① 가 : 100, 나 : 80, 다 : 4
② 가 : 200, 나 : 100, 다 : 4
③ 가 : 400, 나 : 100, 다 : 4
④ 가 : 500, 나 : 100, 다 : 4

해설
수거한 정립종자 중에서 무작위로 400립을 추출하여 100립 4반복 조사한다.

90 품종명칭등록 이의 신청 이유 등의 보정에 대한 설명 중 (   )에 알맞은 것은?

> 품종명칭등록 이의신청을 한 자(이하 "품종명칭등록 이의신청인"이라 한다)는 품종명칭 등록 이의신청기간이 경과한 후 (   )이내에 품종명칭등록 이의신청서에 적은 이유 또는 증거를 보정할 수 있다.

① 5일   ② 10일
③ 30일 ④ 60일

해설
품종명칭등록 이의신청을 한 자는 품종명칭등록 이의신청기간이 지난 후 30일 이내에 품종명칭등록 이의신청서에 적은 이유 또는 증거를 보정할 수 있다.

91 품종보호권, 전용실시권 또는 질권의 상속이나 그 밖의 일반승계의 취지를 신고하지 아니한 자에게 부과되는 과태료는 얼마인가?

① 10만원 이하   ② 30만원 이하
③ 50만원 이하   ④ 100만원 이하

해설
품종보호권·전용실시권 또는 질권의 상속이나 그 밖의 일반승계의 취지를 신고하지 아니한 자는 50만원 이하의 과태료를 부과한다.

92 씨혹(caruncle)을 설명한 것은?
① 통상 무병화(sessile)가 밀집한 화서
② 꽃받침조각으로 이루어진 꽃의 바깥쪽 덮개
③ 주공(珠孔 icropylar)부분의 조그마한 돌기
④ 꽃 또는 볏과식물의 소수(spikelet)를 엽맥에 끼우는 퇴화한 잎 또는 인편상의 구조물

해설
씨혹은 주공 부분의 작은 돌기이다.

93 종자업 등록을 한 날부터 1년 이내에 사업을 시작하지 아니하거나 정당한 사유없이 1년 이상 계속하여 휴업한 경우에 받는 행정 처분은?

① 종자업 등록 취소 또는 6개월 이내의 영업의 전부 또는 일부의 정지
② 종자업 등록 취소 또는 9개월 이내의 영업의 전부 또는 일부의 정지
③ 종자업 등록 취소 또는 12개월 이내의 영업의 전부 또는 일부의 정지
④ 종자업 등록 취소 또는 3년 이내의 영업의 전부 또는 일부의 정지

해설
종자업 등록을 한 날부터 1년 이내에 사업을 시작하지 아니하거나 정당한 사유없이 1년 이상 계속하여 휴업한 경우 종자업 등록 취소 또는 6개월 이내의 영업의 전부 또는 일부의 정지이다.

94 비밀누설죄 등에 관한 설명 중 (   )에 알맞은 것은?

> 농림축산식품부·해양수산부 직원, 심판위원회 직원 또는 그 직위에 있었던 사람이 직무상 알게 된 품종보호 출원 중인 품종에 관하여 비밀을 누설하거나 도용하였을 때에는 (   )의 벌금에 처한다.

① 1년 이하의 징역 또는 3천만원 이하
② 3년 이하의 징역 또는 3천만원 이하
③ 3년 이하의 징역 또는 5천만원 이하
④ 5년 이하의 징역 또는 5천만원 이하

해설
농림축산식품부·해양수산부 직원, 심판위원회 직원 또는 그 직위에 있었던 사람이 직무상 알게 된 품종보호 출원 중인 품종에 관하여 비밀을 누설하거나 도용하였을 때에는 5년 이하의 징역 또는 5천만원 이하의 벌금에 처한다.

95 전문인력 양성 기관의 지정취소 및 업무정지의 기준에서 전문인력 양성기관의 지정기준에 적합하지 않게 된 경우, 2회 위반시 처분은?

① 업무정지 3개월 ② 업무정지 6개월
③ 업무정재 12개월 ④ 시정명령

해설
전문인력 양성기관의 지정기준에 적합하지 아니한 경우 2회 위반은 업무정지 3개월이다. 3회 위반시 지정취소에 해당된다

96 품종보호요건을 갖춘 품종은 품종보호를 받을 수 있는데, 이에 해당하지 않는 것은?

① 신규성   ② 구별성
③ 균일성   ④ 특별성

해설
품종보호 요건은 신규성, 구별성, 균일성, 품종명칭 등이 있다.

97 품종보호를 받지 아니하거나 품종보호 출원 중이 아닌 품종의 종자가 용기나 포장에 품종보호를 받았다는 표시 또는 품종보호 출원 중이라는 표시를 하거나 이와 혼동하기 쉬운 표시를 하는 행위를 한 자가 받는 벌칙은?

① 3년 이하의 징역 또는 2천만원 이하의 벌금에 처한다.
② 2년 이하의 징역 또는 2천만원 이하의 벌금에 처한다.
③ 1년 이하의 징역 또는 1천만원 이하의 벌금에 처한다.
④ 1년 이하의 징역 또는 5백만원 이하의 벌금에 처한다.

해설
품종보호를 받지 아니하거나 품종보호 출원 중이 아닌 품종의 종자의 용기나 포장에 품종보호를 받았다는 표시 또는 품종보호 출원 중이라는 표시를 하거나 이와 혼동되기 쉬운 표시를 하는 행위는 3년 이하의 징역 또는 2천만원 이하의 벌금에 처한다.

정답 93 ① 94 ④ 95 ① 96 ④ 97 ①

98 종자업자에 대한 행정처분의 세부 기준에서 거짓이나 그 밖의 부정한 방법으로 종자업 등록을 한 경우, 1회 위반 시 행정처분은?

① 영업정지 7일   ② 영업정지 15일
③ 영업정지 30일 ④ 등록취소

해설
거짓 및 부정한 방법으로 종자업을 등록한 경우 등록을 취소한다.

99 품종보호권 또는 전용실시권을 침해한 자에게 부과되는 벌금은 얼마인가?

① 5천만원 이하   ② 7천만원 이하
③ 9천만원 이하   ④ 1억원 이하

해설
품종보호권 또는 전용실시권을 침해한 자는 7년이하 징역 또는 1억원 이하 벌금에 처한다.

100 재배 심사의 판정기준에 대한 내용 중 ( )에 알맞은 것은?

> 잎의 모양 및 색 등과 같은 질적 특성의 경우에는 관찰에 의하여 특성 조사를 실시하고 그 결과를 계급으로 표현하여 출원품종과 대조품종의 계급이 한 등급 이상 차이가 나면 출원품종은 ( )이 있는 것으로 판정한다.

① 신규성   ② 영속성
③ 구별성   ④ 우수성

해설
일반인에게 알려져 있는 품종과 명확하게 구별되는 품종은 구별성을 갖춘 것으로 본다.

정답 98 ④ 99 ④ 100 ③

2017 제3회 종자기사

제1과목 종자생산학

01 옥수수 단교잡종의 파종량을 25kg/10a로 하였을 때 10a에서 기대되는 채종량은?
① 500kg ② 1000kg
③ 1400kg ④ 1900kg

해설
작물별 종자의 증식 배율이 있으며 옥수수단교잡종은 76배로 <25×76=1900> 으로 10a당 기대되는 채종량은 1900kg 이다.
※ 원원종에서 종자의 증식배율은 대략 벼 100배, 보리 50배, 콩 25배 등이다.

02 두 작물 간 교잡이 가장 잘 되는 것은?
① 참외 × 멜론 ② 오이 × 참외
③ 멜론 × 오이 ④ 양파 × 파

해설
참외와 멜론은 cucumis melo 에 속하며 서로 교잡이 잘 되는 동일 종이다. 참외와 멜론을 교배 육종한 신품종이 출시되고 있다.

03 오이 종자의 성숙일 수는 교배 후 40일 내외이다. 완숙하여 수확한 오이의 종과는 며칠 정도 후숙시키는 것이 적절한가?
① 1~4일 ② 4~7일
③ 7~10일 ④ 10~13일

해설
수확한 오이의 종과는 7~10일 후숙시키는 것이 좋다.

04 종자 증식 시 포장검사를 실시하기에 가장 알맞은 시기는?
① 발아기 ② 생육초기
③ 개화기 ④ 수확기

해설
포장검사의 주된 목적은 품종의 유전적 순도검사이며, 주로 작물의 개화기를 전후하여 실시한다.

05 4계성 딸기에 대한 설명으로 옳지 않은 것은?
① 종자번식이 용이하다.
② 저위도 지방의 원산지에서 유래한 것이다.
③ 주년(週年) 개화·착과 되는 특성을 갖는다.
④ 우리나라에서는 주로 여름철 재배에 이용된다.

해설
딸기는 겨울에 재배하는 일계성딸기와 여름에 재배하는 사계성딸기(여름딸기)로 구분된다. 4계성 딸기는 주로 6~11월 사이인 여름철에 재배를 하며 고온장일의 특징을 가진다. 따뜻한 지방의 저위도 지방의 원산지에서 유래하였으며 종자번식은 상대적으로 불리한 품종이다.

정답 01 ④ 02 ① 03 ③ 04 ③ 05 ①

06 옥수수의 화기구조 및 수분양식과 관련하여 옳은 것은?
① 충매수분
② 양성화
③ 자웅이주
④ 자웅동주이화

해설
옥수수는 타가수정작물에서 자웅동주이화이다.

07 종자 생산에 있어서 웅성불임을 이용하는 이유는?
① 종자 생산량이 증가한다.
② 품종의 내병성이 증가한다.
③ 종자의 순도유지가 쉽다.
④ 교잡이 간편하다.

해설
웅성불임은 교잡이 간편하여 종속간 교잡을 통해 웅성불임계통의 육성 등에 활용된다.

08 국내에서 1대 잡종(F_1) 종자생산에 웅성불임성을 이용하는 것은?
① 당근
② 배추
③ 양배추
④ 꽃양배추

해설
양파, 당근, 고추, 토마토, 옥수수 등의 종자생산에는 웅성불임성을 이용한다.

09 다음 종자 기관 중 종피가 되는 부분은?
① 주심
② 주피
③ 주병
④ 배낭

해설
종자의 주피는 종피(씨껍질)가 된다.

10 종자의 발아시험기간이 끝난 후에도 발아되지 않은 신선종자에 대한 설명으로 옳지 않은 것은?
① 생리적 휴면종자이다.
② 무배(無胚) 종자도 여기에 속한다.
③ 주어진 조건에서 발아하지 못하였으나 깨끗하고 건실한 종자이다.
④ 규정된 한 가지 방법으로 처리 후 재시험한다.

해설
시험기간이 끝나도 발아하지 않은 신선종자는 경실이 아닌 종자로 주어진 조건에서 발아하지는 못하였으나 깨끗하고 건실하여 확실히 활력이 있는 종자를 말하는데 무배종자의 경우 배유가 없는 종자를 의미하기에 여기에 속하지 않는다.

11 옥수수 종자는 수정 후 며칠쯤이 되면 발아율이 최대에 달하는가?
① 13일
② 21일
③ 31일
④ 43일

해설
옥수수 종자는 수정을 하고 31일 내외 정도에 발아율이 최대가 된다.

12 다음 중 채종종자의 안전건조온도가 가장 낮은 것은?
① 벼
② 콩
③ 옥수수
④ 양파

해설
양파의 안전건조온도는 수분 함량이 높을수록 낮은 온도에서 건조를 하기에 초기에는 일반작물보다 건조온도의 적정 수준이 매우 낮은편이다. 그리고 건조가 되고 저장을 위해서는 구가 얼지 않을 정도로 낮은 0~0.5°C에서 저장하고 습도는 65~75% 정도로 유지한다.

정답 06 ④ 07 ④ 08 ① 09 ② 10 ② 11 ③ 12 ④

13 종자 순도분석의 결과를 옳게 나타내는 것은?
① 구성요소의 무게를 소수점 아래 한 자리까지
② 구성요소의 무게를 소수점 아래 두 자리까지
③ 구성요소의 무게를 백분율로 소수점 아래 한 자리까지
④ 구성요소의 무게를 백분율로 소수점 아래 두 자리까지

해설
순도분석의 결과는 백분율로 표현하며 각 항목의 중량 비율은 소수점 아래 1자리로 한다. 비율은 원래의 중량이 아닌 구성요소의 무게를 합한 총중량을 기준으로 해야 한다.

14 수박의 꽃에 대한 설명으로 옳지 않은 것은?
① 단성화이다.
② 오전 이른 시각에 수정이 잘 된다.
③ 암꽃의 씨방에서는 여러 개의 배주가 생긴다.
④ 단위 결과로 만들어진 종자가 다음 대에 씨없는 수박이 된다.

해설
씨없는 수박은 2배체 수박에 콜히친을 처리하여 4배체를 육성하고 4배체로 모계로 2배체를 부계로 하여 1대 잡종을 생산하여 채종하여 나타난다.

15 생장조절제에 의한 일반적인 휴면 타파방법에 관한 설명으로 틀린 것은?
① 휴면타파에 이용되는 생장조절제 종류로는 gibberellin, cytokinin, kinetin이 있다.
② 야생귀리 종자에 효과적인 gibberellin의 농도는 $10^{-5} \sim 10^{-3}$M이다.
③ gibberellin과 ABA의 혼합처리는 휴면타파 효과를 증진시킨다.
④ gibberellin은 휴면타파에 효과가 있으며, 휴면하지 않는 종자에서도 발아촉진효과가 있다.

해설
ABA는 생장억제물질이며 지베렐린(gibberellin)은 생장촉진물질이기에 혼합처리를 하면 함량비에 의해 휴면이 나타나거나 휴면타파가 일어나기도 한다.

16 다음 중 제웅방법이 아닌 것은?
① 유전적 제웅   ② 화학적 제웅
③ 기계적 제웅   ④ 병리적 제웅

해설
제웅은 자가수정을 방지하기 위한 작업으로 유전적, 화학적 기계적 방법이 있다.

17 교잡 시 개화기 조절을 위하여 적심을 하는 작물은?
① 양파   ② 상추
③ 참외   ④ 토마토

해설
적심은 성장과 결실을 조절하기 위하여 식물의 눈이나 생장점을 따 내는 작업으로 순따기 혹은 순지르기라고 한다. 과채류, 두류 등에 실시하기 좋으며 담배, 상추 등의 작물에 적용할수 있다.

18 세포질적 · 유전자적 웅성불임을 이용하여 F₁종자를 생산할 경우, 임성을 가진 F₁종자를 얻게 되는 것은?

① 웅성불임의 종자친(자방친)과 웅성불임 화분친을 교잡할 때
② 웅성가임의 종자친(자방친)과 웅성불임 화분친을 교잡할 때
③ 웅성가임의 종자친(자방친)과 임성회복 화분친을 교잡할 때
④ 웅성불임의 종자친(자방친)과 임성회복 화분친을 교잡할 때

해설
세포질 유전자적 웅성불임으로 잡종강세를 이용하기 위해서 웅성불임친과 그 웅성불임성을 유지해 주는 유지친, 웅성불임친의 임성을 회복시켜 주는 회복인자친이 있어야 한다.

19 다음 중 일반적으로 종자의 발아촉진 물질이 아닌 것은?

① Gibberellin   ② ABA
③ Cytokinin   ④ Auxin

해설
ABA(아브시스산)은 종자의 휴면에 관련된 물질이다.

20 다음 중 안전저장을 위한 종자의 최대수분함량이 가장 낮은 것은?

① 벼   ② 콩
③ 토마토   ④ 시금치

해설
안전저장을 위한 종자 최대수분함량은 벼 15%, 콩 11%, 시금치 9%, 배추 5%, 고추 4.5% 정도이며 토마토는 일반적인 종자들보다 더 낮은 수준으로 해야 한다.

제2과목 식물육종학

21 자가불화합성 식물을 자가수정 시켜 종자를 얻을 수 있는 방법으로만 알맞게 짝지어진 것은?

① 종간교배, 뇌수분
② 뇌수분, 노화수분
③ 노화수분, 정역교배
④ 정역교배, 종간교배

해설
자가불화합성 식물을 자가수정 시켜 종자를 얻을 수 있는 방법으로 뇌수분, 노화수분, 지연수분, 고온처리, 전기 자극, 이산화탄소 처리 등의 방법을 활용한다.

22 유전자형이 Aa인 이형접합체를 지속적으로 자가수정 하였을 때 후대집단의 유전자형 변화는?

① Aa 유전자형 빈도가 늘어난다.
② 동형접합체와 이형접합체 빈도의 비율이 1:1이 된다.
③ Aa 유전자형 빈도가 변하지 않는다.
④ 동형접합체 빈도가 계속 증가한다.

해설
연속적으로 자가수정한 자식성 집단은 세대가 진전함에 따라 동형접합체가 증가한다.

23 벼의 조생종과 만생종을 교배시키려고 한다. 가장 알맞은 방법은?

① 조생종을 장일처리 한다.
② 만생종을 단일처리 한다.
③ 조생종을 단일처리 한다.
④ 만생종을 저온처리 한다.

해설
벼의 조생종과 만생종을 교배시키는 경우 벼는 단일식물이므로 만생종을 단일처리하여 개화를 촉진한다.

정답 18 ④ 19 ② 20 ③ 21 ② 22 ④ 23 ②

24 다음 중 조기검정법을 적용하여 목표 형질을 선발할 수 있는 경우는?
① 나팔꽃은 떡잎의 폭이 넓으면 꽃이 크다.
② 배추는 결구가 되어야 수확한다.
③ 오이는 수꽃이 많아야 암꽃도 많다.
④ 고추는 서리가 올 때까지 수확하여야 수량성을 알게 된다.

해설
조기검정법에는 유식물검정법, 화분립, 종자 검정법, 초형, 체형에 의한 검정, 세대촉진과 단축 검정법 등이 있다. 보기①은 초형, 체형에 의한 검정에 해당된다.

25 F_3 이후의 계통 선발에 대한 설명으로 가장 옳은 것은?
① 계통군을 선발한 다음 계통을 선발한다.
② 계통을 선발한 다음 계통군을 선발한다.
③ 유전력이 작은 양적형질은 F_3~F_4세대에 고정계통을 선발한다.
④ 유전력이 큰 질적형질은 F_7~F_8세대에 개체선발을 시작한다.

해설
계통육종법은 교배를 하여 잡종을 만들고 그 분리세대인 F_2 이후부터 계속 개체선발을 하고 선발된 개체를 개체별 계통재배를 되풀이한다.

26 다음 중 유전적 변이를 감별하는 방법으로 가장 알맞은 것은?
① 유의성 검정
② 후대검정
③ 전체형성능(totipotency) 검정
④ 질소 이용률 검정

해설
후대검정은 변이를 나타낸 개체를 자식하여 선발된 우량형이 유전적인 변이인가를 관찰한다.

27 다음 중 임성이 가장 높은 것은?
① AABBDD
② ABDD
③ AADDD
④ ABD

해설
이종 게놈이 첨가되어 배수성이 되는 경우를 이질배수체라 한다. AABBDD 는 이질6배체로 임성이 높다.

28 여교배육종에 대해 바르게 설명한 것은?
① 3개 이상의 교배친이 필요하다.
② 반복친의 특성을 충분히 회복해야 한다.
③ 타가수분작물만 가능하다.
④ 4배체 식물이 유리하다.

해설
여교배육종을 위해서는 만족할 만한 반복친이 있어야 하고 이전형질의 특성이 변하지 말아야 하며 반복친의 특성을 충분히 회복해야 한다.

29 동질 4배체 간 F1식물체의 유전자형이 AAaa일 때 자가수분 된 F2세대에서의 표현형 분리비는? (단, A가 a에 대하여 완전 우성임)
① 3:1
② 15:1
③ 35:1
④ 63:1

해설
동질4배체인 <AAAA×aaaa> 의 교잡에서 F_2 의 유전자형 분리비는
<AAAA:AAAa:AAaa:Aaaa:aaaa = 1:8:18:8:1> 이며 표현형 분리비는 <우성:열성=35:1> 이다

30 재조합 DNA를 생식과정을 거치지 않고 식물 세포로 도입하여 새로운 형질을 나타나게 하는 기술은?
① 세포 융합기술
② 원형체 융합기술
③ 형질전환 기술
④ 약배양 기술

해설
형질전환은 특정 생물의 DNA가 다른 생물에 들어가 그 생물의 DNA에 조합되어 유전형질 변화를 일으키는 현상을 말한다.

31 자가불화합성 식물에서 반수체육종이 유리한 점은?
① 반수체는 특성검정을 할 필요가 없다.
② 유전적 변이가 크다.
③ 돌연변이가 많이 나온다.
④ 유전적으로 고정이 된다.

해설
반수체를 염색체 배가시키면 순계가 유전적으로 고정된다.

32 채종재배에 의하여 조속히 종자를 증식해야 할 때 적절한 방법은?
① 밀파(密播)하여 작은 묘를 기른다.
② 다비밀식(多肥密植)재배를 한다.
③ 조기 재배를 한다.
④ 박파(薄播)를 하여 큰 묘를 기른다.

해설
채종재배에서 종자를 증식하고자 할때는 박파, 다비, 소비재배 등의 방법을 통해 증식률을 높일수 있다. 박파를 하면 생육공간이 넓어지고 충분한 일사량을 받아 조속히 종자를 증식할수 있다.

33 분자표지를 이용하는 육종을 설명한 것으로 틀린 것은?
① 분자표지는 다양한 품종 간 DNA 염기서열의 차이를 이용해서 제작할 수 있다.
② 분자표지의 유전분리는 일반 유전자와 같은 분리방식을 따른다.
③ DNA 분자표지는 환경에 영향을 받지 않기 때문에 선발시 안정적으로 사용할 수 있다.
④ 품종 간에 근연일수록 분자표지의 다형성이 높아서 이용하기 쉽다.

해설
유전현상의 본질인 DNA 염기서열 차이를 대상으로 개체간 다형성을 나타내며 근연할수록 분자표지의 다형성이 낮다.

34 배수체 작성에 쓰이는 약품 중 콜히친의 분자구조를 기초로 하여 발견된 것은?
① 아세나프텐
② 지베렐린
③ 멘톨
④ 헤테로옥신

해설
아세나프텐은 배수체 작성에 사용되는 콜히친의 분자구조를 기초로 발견되었다.

35 유전자원의 액티브 콜렉션(Active collection) 저장조건으로 옳은 것은?
① 종자수분을 15%로 한 다음 –18°C에 저장
② 종자수분을 5±1%로 한 다음 4°C에 저장
③ 종자수분을 15%로 한 다음 4°C에 저장
④ 종자수분을 5±1%로 한 다음 –18°C에 저장

해설
액티브 콜렉션은 종자수분을 5±1%로 한 다음 4°C에 저장하는 방법이다.

36 1대 잡종 품종의 교배친이 갖추어야 할 조건으로 틀린 것은?
① 유전적으로 고정되어 있어야 한다.
② 조합능력이 우수해야 한다.
③ 병해충 저항성 같은 실용적 형질을 지니고 있어야 한다.
④ 두 교배친 간 유전적 거리가 가까워야 한다.

해설
두 교배친 간 유전조성이 유사해야 한다

37 타식성 식물에 대한 설명으로 옳은 것은?
① 유전자형이 동형접합(homozygosity)이다.
② 단성화와 자가불임의 양성화뿐이다.
③ 자연계에서 서로 다른 개체 간 수정되는 비율이 높은 식물이다.
④ 자웅이숙 식물만이 순수한 타식성 식물이다.

해설
타식성 식물은 격리해서 채종하며 자가수정률은 5% 정도로 서로 다른 개체 간 수정 비율이 높은 식물이다.

38 웅성불임성의 발현에 해당하는 것은?
① 무배생식
② 위수정
③ 수술의 발생억제
④ 배낭모세포의 감수분열 이상

해설
웅성불임성은 웅성기관에 불임이 생긴 현상으로 환경적 혹은 유전적 원인으로 수술이 기능을 발휘하지 못하는 현상이다.

39 신품종의 특성을 유지하는데 있어서 품종의 퇴화가 큰 문제가 되고 있는데, 품종의 퇴화 원인을 설명한 것으로 틀린 것은?
① 근교 약세에 의한 퇴화
② 기계적 혼입에 의한 퇴화
③ 주동 유전자의 분리에 의한 퇴화
④ 기회적 변동에 의한 퇴화

해설
종자퇴화의 원인에는 유전적퇴화, 생리적 퇴화, 병리적 퇴화가 있으며 주동유전자의 분리의 경우 여기에 속하지 않는다. 보기 ①, ②, ④ 의 내용들은 종자의 유전적퇴화에 해당한다

40 식물에 있어서 타가수정율을 높이는 기작이 아닌 것은?
① 폐화수정
② 자웅이주
③ 자가불화합성
④ 웅예선숙

해설
꽃이 피기 전 봉오리 상태일 경우 일어나는 자가수정을 폐화수정이라 한다. 자웅이숙, 자가불화합성, 웅성불임성, 자웅이주 등은 타가수정율을 높이는 역할을 한다.

제3과목 재배원론

41 다음 중 작물 생육에 가장 적합한 토양 구조는?
① 이상구조
② 단립(單粒)구조
③ 입단구조
④ 혼합구조

해설
입단구조는 떼알구조라 하며 식물이 생육하기에 수분 및 공기의 유동에 적합한 구조이다.

42 다음 중 투명 플라스틱 필름의 멀칭 효과가 아닌 것은?
① 지온상승   ② 잡초 발생 억제
③ 토양 건조 방지   ④ 비료의 유실 방지

해설
잡초 발생을 억제해주는 효과는 불투명플라스틱의 특징이다.

43 에틸렌의 전구물질에 해당하는 것은?
① tryptophan   ② methionine
③ acetyl CoA   ④ proline

해설
에틸렌의 전구물질인 메티오닌(methionine)은 식물에서 에틸렌의 생합성재료로 이용된다.

44 다음 중 작물의 주요온도에서 최적온도가 가장 낮은 작물은?
① 보리   ② 완두
③ 옥수수   ④ 벼

해설
작물 중에서 최적온도가 가장 높은 종류는 멜론, 오이, 옥수수, 벼 등이 대표적이며 보리의 경우 20℃ 정도로 낮은 작물에 해당된다.

45 음지 식물의 특성으로 옳은 것은?
① 광보상점이 높다.
② 광을 강하게 받을수록 생장이 좋다.
③ 수목 밑에서는 생장이 좋지 않다.
④ 광포화점이 낮다.

해설
양지식물은 광보상점과 광포화점이 높으며 음지식물은 광보상점과 광포화점이 낮다.

46 다음 중 발아시 호광성 종자 작물로만 짝지어진 것은?
① 호박, 토마토   ② 상추, 담배
③ 토마토, 가지   ④ 벼, 오이

해설
호광성종자에는 담배, 상추, 우엉, 뽕나무, 베고니아, 셀러리 등이 있다.

47 우리나라 주요 작물의 기상생태형에서 감온형에 해당하는 것은?
① 그루콩   ② 올콩
③ 그루조   ④ 가을메밀

해설
감온형 작물로 조생종, 올콩, 봄조, 여름메밀 등이 있다.

48 다음 중 적심의 효과가 가장 크게 나타나는 작물은?
① 벼   ② 옥수수
③ 담배   ④ 조

해설
적심(순따기, 순지르기)은 성장과 결실을 조절하기 위해 식물의 눈이나 생장점을 따는 작업을 말하며 주로 담배에 실시한다.

49 장해형 냉해에 대한 설명으로 옳은 것은?
① 출수기 이후 등숙 기간 동안의 냉온으로 등숙률이 낮아진다.
② 융단조직이 비대해진다.
③ 수수 감소 및 출수 지연 등의 장해를 받는다.
④ 질소의 다비를 통해 피해를 경감시킬 수 있다.

해설
장해형 냉해는 유수형성기에서 개화기까지 화분이나 배낭의 생식기관이 정상적으로 형성되지 못하거나 융단조직이 비대해지면서 수정장해가 유발되는 등의 현상이 발생한다.

정답 42 ② 43 ② 44 ① 45 ④ 46 ② 47 ② 48 ③ 49 ②

50 질산 환원 효소의 구성 성분으로 콩과작물의 질소고정에 필요한 무기성분은?
① 몰리브덴　② 철
③ 마그네슘　④ 규소

해설
몰리브덴은 작물의 미량원소로 질산 환원 효소의 구성성분으로 콩과작물의 질소고정에 도움을 준다.

51 다음 중 작물의 내동성에 대한 설명으로 옳은 것은?
① 포복성인 작물이 직립성보다 약하다.
② 세포내의 당함량이 높으면 내동성이 감소된다.
③ 작물의 종류와 품종에 따른 차이는 경미하다.
④ 원형질의 수분투과성이 크면 내동성이 증대된다.

해설
원형질의 친수성콜로이드가 많고 수분투과성이 크면 내동성이 증가한다.

52 등고선에 따라 수로를 내고, 임의의 장소로부터 월류하도록 하는 방법은?
① 보더관개　② 수반관개
③ 일류관개　④ 고랑관개

해설
일류관개는 등고선 방향으로 지수로를 내어 임의의 장소에서 월류하도록 하는 방법이다.

53 다음 중 우리나라가 원산지인 작물로만 나열된 것은?
① 벼, 참깨　② 담배, 감자
③ 감, 인삼　④ 옥수수, 고구마

해설
우리나라가 원산지인 작물에는 콩, 팥, 녹두, 들깨, 감, 인삼, 머루 등이 있다.

54 화곡류 잎의 표피 조직에 침전되어 병에 대한 저항성을 증진시키고 잎을 곧게 지지하는 역할을 하는 원소는?
① 칼륨　② 인
③ 칼슘　④ 규소

해설
규소는 화곡류의 저항성을 높이는데 도움을 주는데 벼에 있어 도열병에 대한 저항성을 키워주고 잎을 곧게 지지하도록 도와준다.

55 토양 수분 항수로 볼 때 강우 또는 충분한 관개 후 2~3일 뒤의 수분 상태를 무엇이라 하는가?
① 포장용수량　② 최대용수량
③ 초기위조점　④ 영구위조점

해설
충분한 수분이 공급되고 2~3일이 지나면 중력으로 인하여 중력수가 어느정도 제거된 상태로 포장용수량이라 한다.

56 다음 중 수중에서 종자가 발아를 하지 못하는 작물은?
① 벼　② 상추
③ 당근　④ 콩

해설
수종에서 발아하지 못하는 종자로는 밀, 콩, 무, 양배추, 귀리, 가지 등이 있다.

정답 50 ① 51 ④ 52 ③ 53 ③ 54 ④ 55 ① 56 ④

57 다음 중 고온에 의한 작물 생육 저해의 원인이 아닌 것은?
① 유기물의 과잉소모
② 암모니아의 소모
③ 철분의 침전
④ 증산과다

해설
수중에서도 발아가 잘되는 수종이 있는데 대표적으로 벼, 상추, 당근, 셀러리 등이 있다. 반대로 수중에서 발아가 잘 안되는 종자에는 밀, 콩, 무, 귀리, 양배추, 가지, 고추 등이 있다.

58 식물의 진화과정으로 옳은 것은?
① 적응 → 순화 → 도태 → 유전적 변이
② 적응 → 유전적 변이 → 순화 → 도태
③ 유전적 변이 → 순화 → 도태 → 적응
④ 유전적 변이 → 도태 → 적응 → 순화

해설
식물의 진화 혹은 분화는 자연교잡, 돌연변이에서 도태와 적응, 순화의 과정을 거친다.

59 풍해를 받을 때 작물체에 나타나는 생리적 장해로 틀린 것은?
① 호흡의 증대
② 광합성의 감퇴
③ 작물체의 건조
④ 작물체온의 증가

해설
풍해를 받게 되면 작물체온은 감소하게 된다.

60 굴광현상에 가장 유효한 광은?
① 적색광
② 자외선
③ 청색광
④ 적외선

해설
식물이 광을 향하는 굴광현상이 나타나며 주로 청색 파장에 유효하다.

제4과목 식물보호학

61 잡초와 작물간의 경합에 관여하는 요인으로 가장 거리가 먼 것은?
① 광
② 수분
③ 영양분
④ 토양미생물

해설
경합은 생물간에 있어 양분, 산소, 수분, 광선, 공간 등의 경쟁을 말한다.

62 주로 저장 곡식에 피해를 주는 해충은?
① 화랑곡나방
② 온실가루이
③ 꽃노랑총채벌레
④ 아메리카잎굴파리

해설
화랑곡나방은 저장중인 곡식에 피해를 주는데 성충은 어두운 곳을 좋아하고 낮에는 쉬고 밤에 활동하는 특징을 가진다.

63 국제간 교역량의 증가에 따라 침입 병해충을 사전에 예방하기 위한 조치는?
① 법적 방제법
② 생물적 방제법
③ 물리적 방제법
④ 화학적 방제법

해설
법적 방제법은 법령에 의해 실시되는 방제법으로 식물방역법에 의해 국제 혹은 국내간의 검역을 통해 발생을 줄이는 제도적 방법이다.

정답 57 ② 58 ④ 59 ④ 60 ③ 61 ④ 62 ① 63 ①

64 다음 설명에 해당하는 해충은?

- 성충은 잎의 엽육을 갉아먹어 벼 잎에 가는 흰색 선이 나타나며, 특히 어린 모에서 피해가 심하다.
- 유충은 뿌리를 갉아먹어 뿌리가 끊어지게 하고 피해를 받은 포기는 키가 크지 못하고 분얼이 되지 않는다.

① 벼밤나방 ② 벼혹나방
③ 벼물바구미 ④ 끝동매미충

해설
벼물바구미는 딱정벌레목의 바구미과로 대표기주는 벼, 돌피 등이 있다. 성충이 잎에 피해를 주면 흰색으로 나타나고 유충은 흙속으로 파고들어가 기생을 한다. 유충이 성충보다 섭식량이 많아 더 큰 피해를 주게 된다.

65 병원균이 특정 품종의 기주식물을 침해할 뿐 다른 품종은 침해하지 못하는 집단은?

① 클론 ② 품종
③ 레이스 ④ 분화형

해설
병원균의 한종이나 한 분화형 혹은 변종 중에서 기주의 품종에 대한 기생성이 다른 개체군을 레이스 또는 계통이라 한다. 레이스는 기주식물을 침해할 뿐 다른 품종은 침해하지 못한다.

66 계면활성제에 대한 설명으로 옳지 않은 것은?

① 약액의 표면장력을 높이는 작용을 한다.
② 대상 병해충 및 잡초에 대한 접촉효율을 높인다.
③ 소수성 원자단과 친수성 원자단을 동일 분자 내에 갖고 있다.
④ 물에 잘 녹지 않는 농약의 유효성분을 살포 용수에 잘 분산시켜 균일한 살포작업을 가능하게 한다.

해설
계면활성제는 물과 기름의 계면에서 표면장력을 감소시켜 약품의 습윤성, 부착성 및 고착성, 확전성을 높여주는 역할을 한다.

67 광발아 잡초에 해당하는 것은?

① 냉이 ② 별꽃
③ 쇠비름 ④ 광대나물

해설
광발아 종자의 종류로는 바랭이, 쇠비름, 향부자, 강피, 소리쟁이 등이 있다.

68 우리나라 맥류 포장에 주로 발생하는 광엽 1년생 잡초는?

① 명아주 ② 뚝새풀
③ 괭이밥 ④ 개망초

해설
명아주는 1년생 광엽잡초로 맥류 재배지에 많이 발생한다.

정답 64 ③ 65 ③ 66 ① 67 ③ 68 ①

69 다알리아, 튤립, 글라디올러스 등에 발생하는 바이러스병의 가장 중요한 1차 전염원은?

① 비료　　② 구근
③ 곤충　　④ 양액

해설
구근 화훼류인 다알리아, 튤립, 다알리아는 바이러스병이 발생하는데 구근과 같은 번식기관이 1차 전염원이 된다.

70 해충종합관리(IPM)에 대한 설명으로 옳은 것은?

① 농약의 항공방제를 말한다.
② 여러 방제법을 조합하여 적용한다.
③ 한 가지 방법으로 집중적으로 방제한다.
④ 한 지역에서 동시에 방제하는 것을 뜻한다.

해설
병해충종합관리는 Intergrated Pest Management(IPM)이라 하며 환경 친화적이고 지속가능한 방법으로 병해충을 관리하여 농약으로 인한 사회, 보건학적 위험을 줄이는 것을 목적으로 하는 방법으로 여러 방제법을 조합하여 가장 효율적인 방제법을 적용한다.

71 농약을 사용하면서 발생하는 약해가 아닌 것은?

① 섞어 쓰기로 인한 약해
② 근접 살포에 의한 약해
③ 동시 사용으로 인한 약해
④ 유효기간 경과로 인한 약해

해설
유효기간의 경과로 인한 약해는 농약을 사용하면서 발생하는 것이 아닌 저장 및 관리 미숙에 의해 발생한 경우이다.

72 잡초 방제에 사용하는 생물의 조건으로 옳지 않은 것은?

① 잡초 외 유용식물은 가해하지 않아야 한다.
② 문제시 되는 잡초보다 빠른 번식특성을 지녀야 한다.
③ 새로운 지역에서의 환경과 생물에 대한 적응성과 저항성이 있어야 한다.
④ 산재해 있는 문제 잡초를 선별적으로 찾아다니는 이동성이 적어야 한다.

해설
잡초 방제에 활용하는 생물의 경우 문제 잡초를 선별적으로 찾아다니는 이동성이 넓어야 한다.

73 식물병의 제1차 전염원 소재로 가장 거리가 먼 것은?

① 토양
② 잡초
③ 화분(꽃가루)
④ 병든 식물의 잔재물

해설
식물병의 1차 전염원 소재에는 병든 조직, 종자, 토양, 공기, 묘목 등이 있다.

74 유충이 고추나 가지를 비롯한 기주식물에 지표 가까운 줄기를 끊어 피해를 주는 해충은?

① 총채벌레　　② 담배나방
③ 거세미나방　　④ 배추흰나비

해설
거세미나방은 유충은 지표에 가까운 줄기와 잎을 식해하여 피해를 준다. 1년에 2회 발생하고 유충으로 땅속에 월동한다.

정답 69 ② 70 ② 71 ④ 72 ④ 73 ③ 74 ③

75 25% 제초제 유제(비중 1.0)를 0.05%의 살포액 1L로 만드는 데 소요되는 물의 양은?

① 49.9L ② 499L
③ 499mL ④ 4990mL

해설

희석할 물의 양
$= 원액 용량 \times (\frac{원액 농도}{희석할 농도} - 1) \times 원액 비중$

$1000 \times (\frac{25}{0.05} - 1) \times 1 = 499,000\,ml = 499L$

76 곤충의 순환계에 대한 설명으로 옳지 않은 것은?

① 온몸에 혈관이 있다.
② 혈액이 세포와 직접 닿는 것은 아니다.
③ 사람처럼 혈관을 따라 혈액이 흐르지 않는다.
④ 체강 내 체액과 함께 섞여 순환하는 개방 순환계이다.

해설

순환계는 개방형 순환계와 폐쇄형 순환계로 분류되며 곤충은 개방형 순환계를 가진다. 폐쇄형 순환계는 혈액이 혈관내에서만 순환하는 것이고 개방형 순환계는 혈액이 혈관내에서만 순환하지 않는 체계이기에 온몸에 혈관이 있는 것은 아니다.

77 액상시용제의 물리적 성질에 해당하지 않는 것은?

① 유화성 ② 응집성
③ 수화성 ④ 습전성

해설

액상시용제의 물리적 성질에는 유화성, 습전성, 수화성, 현수성, 침투성, 침투성 등이 있다.

78 1월 평균기온이 12°C 이상인 경우에만 월동이 가능하여 우리나라에서 월동하기 어려운 비래해충은?

① 애멸구 ② 벼멸구
③ 끝동매미충 ④ 이화명나방

해설

벼멸구는 동남아 지역에 1년에 10회 정도 발생하는데 국내에는 6월쯤 저기압이 통과하면서 비래하여 오는 비래해충으로 분류된다. 국내에서는 월동이 어려우며 벼를 흡즙가해하여 피해를 준다.

79 사과나무 부란병에 대한 설명으로 옳은 것은?

① 기주교대를 한다.
② 균사 형태로 전염된다.
③ 잡초에 병원체가 월동하며 토양으로 전염된다.
④ 주로 빗물에 의해 전파되며 발병부위에서 알코올 냄새가 난다.

해설

사과나무부란병은 병포자, 자낭포자가 병든가지에 월동하고 포자의 경우 빗물, 곤충 등에 의해 전반되어 식물의 상처로 침입한다. 감염 부위는 주로 줄기이며 수침상 병무늬가 생기고 알코올냄새가 나는 것으로 판별이 가능하다.

80 잡초로 인한 피해가 아닌 것은?

① 방제 비용의 증대
② 작물의 수확량 감소
③ 경지의 이용 효율 감소
④ 철새 등 조류에 의한 피해 증가

해설

잡초가 발생하면 작물의 수량이 감소하고 경지의 이용효율이 감소하게 되며 이를 방제하기 위한 비용이 증가하게 된다. 또한 병해충의 매개 역할을 하고 종자 혼입 및 부착 등의 피해도 있다.

정답 75 ② 76 ① 77 ② 78 ② 79 ④ 80 ④

제5과목 | 종자관련법규

81 과수와 임목의 경우 품종보호권의 존속기간은 품종보호권이 설정등록된 날부터 몇 년으로 하는가?

① 15년   ② 20년
③ 25년   ④ 30년

해설
품종보호권의 존속기간은 품종보호권이 설정등록된 날부터 20년으로 한다. 다만, 과수와 임목의 경우에는 25년으로 한다.

82 대통령령으로 자격기준을 갖춘 사람으로서 종자관리사가 되려는 사람은 농림축산식품부령으로 정하는 바에 따라 농림축산식품부 장관에게 등록하여야 하는데, 등록을 하지 아니하고 종자관리사 업무를 수행한 자의 벌칙은?

① 6개월 이하의 징역 또는 3백만원 이하의 벌금에 처한다.
② 6개월 이하의 징역 또는 5백만원 이하의 벌금에 처한다.
③ 1년 이하의 징역 또는 5백만원 이하의 벌금에 처한다.
④ 1년 이하의 징역 또는 1천만원 이하의 벌금에 처한다.

해설
등록을 하지 아니하고 종자관리사 업무를 수행한 자는 1년 이하의 징역 또는 1천만원 이하의 벌금에 처한다.

83 종자관련법상 품종목록 등재의 유효기간에 대한 내용이다. (가)에 알맞은 내용은?

> 농림축산식품부장관은 품종목록 등재의 유효기간이 끝나는 날의 (가)전까지 품종목록 등재신청인에게 연장 절차와 품종목록 등재의 유효기간 연장신청 기간 내에 연장신청을 하지 아니하면 연장을 받을 수 없다는 사실을 미리 통지하여야 한다.

① 3개월   ② 6개월
③ 1년   ④ 2년

해설
농림축산식품부장관은 품종목록 등재의 유효기간이 끝나는 날의 1년 전까지 품종목록 등재신청인에게 연장 절차와 기간 내에 연장신청을 하지 아니하면 연장을 받을 수 없다는 사실을 미리 통지하여야 한다.

84 종자관련법상 보증의 유효기간에 대한 내용으로 농림축산식품부 장관이 따로 정하여 고시하거나 종자관리사가 따로 정하는 경우를 제외하고, 기산일(起算日)을 가 보증종자의 포장(包裝)한 날로 할 때 고구마 보증의 유효기간은?

① 1개월   ② 2개월
③ 6개월   ④ 1년

해설
고구마의 보증 유효기간은 2개월이다

85 종자검사요령상 추출된 시료를 보관할 경우 검사 후에는 재시험에 대비하여 제출시료는 품질변화가 최소화되는 조건에서 보증일자로부터 원원종은 몇 년간 보관되어야 하는가?

① 1년   ② 2년
③ 3년   ④ 4년

해설
원원종 3년, 원종 2년, 보급종은 1년간 보관되어야 한다.

정답 81 ③ 82 ④ 83 ③ 84 ② 85 ③

86 종자검사요령상 고온 항온건조기법을 사용하게 되는 종은?
① 부추 ② 유채
③ 오이 ④ 목화

해설
오이, 시금치, 상추 등은 고온항온 건조기법을 사용하며 부추, 유채, 목화, 고추, 콩 등은 저온항온 건조기법을 사용한다.

87 종자관리요강상 벼 포장검사 시 특정병에 해당하는 것은?
① 선충심고병 ② 도열병
③ 이삭누룩병 ④ 흰잎마름병

해설
벼 포장검사 시 특정병은 키다리병, 선충심고병이다.

88 식물신품종 보호법상 품종명칭등록 이의신청 이유 등의 보정에 대한 내용이다. (가)에 알맞은 내용은?

> 품종명칭등록 이의신청을 한 자는 품종명칭등록이의신청기간이 경과한 후 (가)이내에 품종명칭등록 이의신청서에 적은 이유 또는 증거를 보정할 수 있다.

① 5일 ② 10일
③ 20일 ④ 30일

해설
품종명칭등록 이의신청을 한 자(이하 "품종명칭등록이의신청인"이라 한다)는 품종명칭등록 이의신청기간이 지난 후 30일 이내에 품종명칭등록 이의신청서에 적은 이유 또는 증거를 보정할 수 있다.

89 종자업의 등록에 관한 사항 중 대통령령으로 정하는 작물의 종자를 생산·판매하려는 자의 경우를 제외하고 종자업을 하려는 자는 종자관리사를 몇 명 이상 두어야 하는가?
① 1명 ② 2명
③ 3명 ④ 5명

해설
종자업을 하려는 자는 종자관리사를 1명 이상 두어야 한다. 다만, 대통령령으로 정하는 작물의 종자를 생산·판매하려는 자의 경우에는 그러하지 아니하다.

90 종자검사요령상 종자검사신청에 대한 내용이다. ( ) 안에 알맞은 내용은?

> 신청서는 검사희망일 3일전까지 관할 검사 기관에 제출하여야 하며, 재검사 신청서는 종자검사 결과 통보를 받은 날로부터 ( )이내에 통보서 사본을 첨부하여 신청한다.

① 3일 ② 7일
③ 10일 ④ 15일

해설
신청서는 검사희망일 3일전까지 관할 검사기관에 제출하여야 하며, 재검사 신청서는 종자검사결과 통보를 받은 날로부터 15일 이내에 통보서 사본을 첨부하여 신청한다.

정답 86 ③ 87 ① 88 ④ 89 ① 90 ④

91 종자관련법상 종자생산의 대행자격에서 "농림축산식품부령으로 정하는 종자업자 또는 농업인"에 해당하는 자에 대한 내용이다. (가)에 알맞은 내용은?

> 해당 작물 재배에 (가)이상의 경험이 있는 농업인으로서 농림축산식품부장관이 정하여 고시하는 확인 절차에 따라 특별자치시장·특별자치도지사·시장·군수 또는 자치구의 구청장이나 관할 국립종자원 지원장의 확인을 받은 자

① 6개월 ② 1년
③ 2년   ④ 3년

해설
해당 작물 재배에 3년 이상의 경험이 있는 농업인 또는 농업법인으로서 농림축산식품부장관이 정하여 고시하는 확인 절차에 따라 특별자치시장·특별자치도지사·시장·군수 또는 자치구의 구청장(이하 "시장·군수·구청장"이라 한다)이나 관할 국립종자원 지원장의 확인을 받은 자를 농림축산식품부령으로 정하는 종자업자라 한다.

92 종자관리요강상 감자의 포장격리에 대한 내용이다. ( ) 안에 알맞은 내용은?

> 원원종포 : 불합격포장, 비채종포장으로부터 ( )이상 격리되어야 한다.

① 20m ② 30m
③ 40m ④ 50m

해설
원원종포은 불합격포장, 비채종포장으로부터 50m 이상 격리되어야 한다.

93 종자검사요령상 "빽빽히 군집한 화서 또는 근대 속에서는 화서의 일부"에 해당하는 용어는?

① 화방 ② 영과
③ 씨혹 ④ 석과

해설
빽빽히 군집한 화서 또는 근대 속에서는 화서의 일부를 화방이라 한다.

94 종자관련법상 농림축산식품부장관은 종자산업의 육성 및 지원을 위하여 몇 년마다 농림종자산업의 육성 및 지원에 관한 종합계획을 수립·시행하여야 하는가?

① 5년 ② 3년
③ 2년 ④ 1년

해설
농림축산식품부장관은 종자산업의 육성 및 지원을 위하여 5년마다 농림종자산업의 육성 및 지원에 관한 종합계획(이하 "종합계획"이라 한다)을 수립·시행하여야 한다.

95 종자관리요강상 밀 포장검사 시 검사시기 및 회수는 유숙기로부터 황숙기 사이에 몇 회 실시하여야 하는가?

① 4회 ② 3회
③ 2회 ④ 1회

해설
벼의 포장검사 기준에서 검사시기 및 회수는 유숙기로부터 호숙기 사이에 1회 검사한다. 다만, 특정병에 한하여 검사횟수 및 시기를 조정하여 실시할 수 있다.

96 식물신품종 보호법상 품종보호 요건에 해당하지 않는 것은?

① 신규성　② 우수성
③ 구별성　④ 균일성

해설
식물신품종 보호법상 품종보호 요건에는 신규성, 구별성, 균일성, 안정성이 있다.

97 식물신품종 보호법상 침해죄 등에서 전용실시권을 침해한 자의 벌칙은?

① 3년 이하의 징역 또는 5백만원 이하의 벌금에 처한다.
② 5년 이하의 징역 또는 1천만원 이하의 벌금에 처한다.
③ 5년 이하의 징역 또는 1억원 이하의 벌금에 처한다.
④ 7년 이하의 징역 또는 1억원 이하의 벌금에 처한다.

해설
품종보호권 또는 전용실시권을 침해한 자는 7년 이하의 징역 또는 1억원 이하의 벌금에 처한다.

98 식물신품종 보호법상 종자위원회는 위원장 1명과 심판위원회 상임심판위원 1명을 포함한 몇 명 이상 몇 명 이하의 위원으로 구성하여야 하는가?

① 5명 이상 10명 이하
② 10명 이상 15명 이하
③ 15명 이상 20명 이하
④ 20명 이상 25명 이하

해설
종자위원회는 위원장 1명과 심판위원회 상임심판위원 1명을 포함한 10명 이상 15명 이하의 위원(이하 "종자위원"이라 한다)으로 구성한다.

99 종자업 등록을 한 날부터 1년 이내에 사업을 시작하지 아니하거나 정당한 사유없이 1년 이상 계속하여 휴업한 경우 시장·군수·구청장은 종자업자에게 어떤 것을 명할 수 있는가?

① 종자업 등록을 취소하거나 1개월 이내의 기간을 정하여 영업의 전부 또는 일부의 정지를 명할 수 있다.
② 종자업 등록을 취소하거나 3개월 이내의 기간을 정하여 영업의 전부 또는 일부의 정지를 명할 수 있다.
③ 종자업 등록을 취소하거나 6개월 이내의 기간을 정하여 영업의 전부 또는 일부의 정지를 명할 수 있다.
④ 종자업 등록을 취소하거나 12개월 이내의 기간을 정하여 영업의 전부 또는 일부의 정지를 명할 수 있다.

해설
종자업 등록을 한 날부터 1년 이내에 사업을 시작하지 아니하거나 정당한 사유 없이 1년 이상 계속하여 휴업한 경우 시장·군수·구청장은 종자업 등록을 취소하거나 6개월 이내의 기간을 정하여 영업의 전부 또는 일부의 정지를 명할 수 있다.

100 종자검사요령상 이물에 해당하는 것은?

① 미숙립
② 주름진립
③ 소립
④ 진실종자가 아닌 종자

해설
종자검사요령상 이물에는 진실종자가 아닌 종자, 원래크기의 절반 미만인 쇄립 또는 피해립, 종피가 완전히 벗겨진 콩과, 십자화과의 종자, 배아가 없는 잡초종자 등이 있다.

정답 96 ② 97 ④ 98 ② 99 ③ 100 ④

2018 제1회 종자기사

제1과목 종자생산학

01 고추, 무, 레드클로버 종자의 형상은?
① 난형   ② 도란형
③ 방추형   ④ 구형

해설
고추, 무, 레드클로버는 종자의 형상이 난형이다.

02 다음 설명에 해당하는 것은?

> 많은 꽃의 자방들이 모여서 하나의 덩어리를 이루고 있는 것으로 파인애플, 라즈베리가 해당한다.

① 복과   ② 위과
③ 취과   ④ 단과

해설
- 복과 : 많은 꽃의 자방들이 모여 하나의 덩어리를 이루는 것
- 위과 : 꽃받침이 발달해 과실이 되는 것
- 취과 : 여러 개의 심피가 1개의 열매처럼 되는 것
- 단과 : 단지 1개의 씨방이 자라서 열매를 맺는 것

03 발아억제물질인 coumarin이 영 부위에 존재하는 것은?
① 사탕무   ② 보리
③ 단풍나무   ④ 장미

해설
발아억제물질인 쿠마린(coumarin)의 경우 보리의 영 부위에 존재하면서 보리의 발아를 억제하기도 한다.

04 ( )에 알맞은 내용은?

> 종이나 그 밖의 분해되는 재료로 만든 폭이 좁은 대상(帶狀)의 물질에 종자를 불규칙적 또는 규칙적으로 붙여 배열한 것을 ( )라고 한다.

① 장환종자   ② 피막처리종자
③ 테이프종자   ④ 펠릿종자

해설
테이프종자는 분해 가능한 좁은 띠에 종자를 몇 립씩 넣어 한줄로 배치한다.

05 자식성 작물의 종자생산 관리체계에서 증식체계로 옳은 것은?
① 기본식물 → 원원종 → 원종 → 보급종
② 보급종 → 기본식물 → 원원종 → 원종
③ 보급종 → 원원종 → 원종 → 기본식물
④ 원종 → 보급종 → 원원종 → 기본식물

해설
작물의 종자생산 관리체계는 기본식물, 원원종, 원종, 채종포(보급종), 농가의 순이다.

06 자가수정만 하는 작물로만 나열된 것은? (단, 자가수정 시 낮은 교잡률과 자식열세를 보이는 작물은 제외)
① 옥수수, 호밀   ② 참외, 멜론
③ 당근, 수박   ④ 완두, 강낭콩

해설
자가수정작물(자식성작물)에는 벼, 보리, 밀, 귀리, 조, 콩, 담배, 토마토, 가지, 고추, 상추, 완두 등이 있다.

정답 01 ① 02 ① 03 ② 04 ③ 05 ① 06 ④

07 다음 중 종자 안전건조온도의 적정 온도가 가장 낮은 것은?

① 벼　　　　② 양파
③ 순무　　　④ 옥수수

해설
양파의 안전건조온도는 수분 함량이 높을수록 낮은 온도에서 건조를 하기에 초기에는 일반작물보다 건조온도의 적정 수준이 매우 낮은편이다. 그리고 건조가 되고 저장을 위해서는 구가 얼지 않을 정도로 낮은 0~0.5℃에서 저장하고 습도는 65~75% 정도로 유지한다.

08 다음에서 설명하는 것은?

> 기계적 상처를 입은 콩과작물의 종자를 20%의 $FeCl_3$용액에 15분간 처리하면 손상을 입은 종자가 검은색으로 변한다.

① 산화효소법　　② ferric chloride법
③ 과산화효소법　④ 셀레나이트법

해설
클로라이드법(ferric chloride법)은 염화제2철 용액을 이용하여 종자의 활력을 측정하는 검사법이다.

09 다음에서 설명하는 것은?

> 일명 Hiltner 검사라고도 하며, 처음에는 곡류에 종자전염하는 Fusarium의 감염 여부를 알고자 고안한 방법이었지만, 후에 종자의 불량묘검사에 이용되었다.

① 삼투압검사　② ATP검사
③ GADA검사　④ 와사검사

해설
Fusarium 감염여부를 알기 위해 고안된 방법이나 종자의 불량묘 검사에도 이용된다.

10 ( )에 알맞은 내용은?

구분	휴면상태	후숙처리방법	후숙처리기간(개월)
상추종자	종피휴면	광·저온	( )

① 5~8　　　② 12~18
③ 20~23　　④ 25~28

해설
상추는 광발아성이며 서늘한 기후를 좋아하는 호냉성 채소이다. 후숙처리에는 광이 있는 저온에서 처리하는 것이 도움이 되며 후숙처리 기간은 약 12~18개월정도로 한다.

11 수분의 자극을 받아 난세포가 배로 발달하는 것에 해당하는 것으로만 나열된 것은?

① 밀감, 부추　　② 파, 달맞이꽃
③ 목화, 벼　　　④ 진달래, 국화

해설
난세포가 배로 발달하는 것을 위수정생식이라 하며 담배, 목화, 밀, 보리, 벼 등이 해당된다.

12 무한화서이고, 작은 화경이 없거나 있어도 매우 짧고 화경과 함께 모여 있으며, 총포라고 불리는 포엽으로 둘러싸여 있는 것은?

① 두상화서　　　② 단정화서
③ 단집산화서　　④ 안목상취산화서

해설
두상화서는 꽃차례축의 끝이 원형판으로 되어 그 위에 작은 꽃자루가 없는 꽃들이 밀집하여 모여 달리는 머리모양을 띠고 있다.

13 종자의 휴면 및 발아의 호르몬기구와 관련된 상호관계에서 휴면인 경우는?

① 지베렐린: 유, 시토키닌: 유, 억제물질(ABA): 무
② 지베렐린: 유, 시토키닌: 유, 억제물질(ABA): 유
③ 지베렐린: 유, 시토키닌: 무, 억제물질(ABA): 유
④ 지베렐린: 유, 시토키닌: 무, 억제물질(ABA): 무

해설
종자가 휴면의 경우 억제물질인 아브시스산(ABA)는 다량 존재하며 휴면이 진행되는 동안 점점 줄어들기 시작한다. 지베렐린과 시토키닌은 휴면타파의 효과가 있지만 지베렐린의 경우 미숙종자에 다량 포함되어 있어 휴면 중에도 지베렐린이 존재한다. 그러나 시토키닌의 경우 주로 뿌리에서 합성되기에 휴면이 타파되는 과정에서 지베렐린과 함께 양이 늘어나지 초반 휴면과정에서는 없다라고 보고 있다.

14 유채의 포장검사 시 포장격리에서 산림 등 보호물이 있을 때를 제외하고 원종, 보급종은 이품종으로부터 몇 m 이상 격리되어야 하는가?

① 300 ② 500
③ 800 ④ 1000

해설
유채의 격리거리 기준을 보면 원종, 보급종은 이품종으로부터 1,000m 이상 격리한다.

15 (   )에 알맞은 내용은?

> 2개의 게놈을 갖고 있는 유채나 서양유채와 같은 것은 제1상의 저온감응상의 요구가 없고 다만 제2상의 일장감응상에 의하므로 이러한 (   )식물은 교배에 있어서 일장처리에 의하여 개화기를 조절할 수 있다.

① 뇌수분형 ② 종자춘화형
③ 적심형   ④ 무춘화형

해설
무춘화형은 개화에 저온을 요구하지 않고 일장반응에 따라 개화한다.

16 여교배 중에서 F_1을 양친 중 열성친과 교배하는 경우를 말하며, 주로 유전자분석을 목적으로 하는 것은?

① 검정교배 ② 복교배
③ 다계교배 ④ 3계교배

해설
검정교배는 F_1을 그 형질에 대해 열성인 개체와 교배하는 것으로 어떤 개체의 유전자형과 배우자의 분리비를 알수 있는 유전자분석을 목적으로 한다.

17 제웅하지 않고 풍매 또는 충매에 의한 자연교잡을 이용하는 작물로만 나열된 것은?

① 벼, 보리   ② 수수, 토마토
③ 가지, 멜론 ④ 양파, 고추

해설
제웅 없이 풍매나 충매에 의한 자연교잡을 이용하는 작물에는 양파, 고추와 같은 웅성불임 작물에 적합하다.

18 "주피에 있는 구멍으로서 그 구멍을 통하여 자란 화분관이 난세포와 결합한다"에 해당하는 것은?

① 주심 ② 에피스테이스
③ 주병 ④ 주공

해설
주공은 제(배꼽)의 끝에 위치하며 꽃가루의 침입구이다. 수분된 화분은 암술머리에서 발아하여 화주의 유도조직 내로 화분관을 신장하고 화분관이 배주의 주공에 도달하여 정핵이 이동하고 배낭 속에서 정핵과 난핵이 융합하게 된다.

19 감자의 포장검사에서 검사시기 및 회수에 대한 내용이다. (가)에 알맞은 내용은?

> 춘작 : 유묘가 (가)정도 자랐을 때 및 개화기부터 낙화기 사이에 각각 1회 실시한다.

① 8cm ② 15cm
③ 23cm ④ 30cm

해설
감자 포장시기 및 회수 기준
- 춘작 : 유묘가 15cm 정도 자랐을 때 및 개화기부터 낙화기 사이에 각각 1회 실시한다.
- 추작 : 유묘가 15cm 정도 자랐을 때 및 제1기 검사 후 15일경에 각각 1회 실시한다.

20 다음 "수확적기의 종자의 수분함량" 관련 설명에 적합한 작물은?

> - 수분함량이 20~25%일 때 수확하는 것이 이상적이지만, 30%일 때 적기인 것도 있음
> - 수분주의 수확은 수분함량 30~35%에서 조기에 수확함

① 옥수수 ② 콩
③ 땅콩 ④ 밀

해설
옥수수의 수확적기 종자의 수분함량은 20~25% 정도를 기준으로 한다.

제2과목 식물육종학

21 자가수정 작물 품종 간 단교잡 후대에서 개체선발을 시작할 수 있는 세대는?

① F_1 ② 양친 세대
③ F_4 ④ F_2

해설
계통육종법은 교배를 하여 잡종을 만들고 그 분리세대인 F_2 이후부터 계속 개체선발을 하고 선발된 개체를 개체별 계통재배를 되풀이 한다.

22 완전히 자가수정하는 동형접합체의 1개체로부터 불어난 자손의 총칭은?

① 유전자원 ② 유전변이체
③ 순계 ④ 동질배수체

해설
순계는 동일한 유전자형으로 구성된 집단으로 완전히 자가수정하는 작물의 1개체에서 나온 자손을 말한다.

23 체세포의 염색체수가 2n인 농작물의 부위별 염색체수를 옳게 나타낸 것은? (단 왼쪽을 기준으로 배(胚), 배유(胚乳), 1핵기의 화분, 뿌리의 생장점 세포 순서임)

① n, 2n, 3n, 2n ② 2n, 3n, 2n, n
③ 2n, 3n, n, 2n ④ n, 2n, 2n, 3n

해설
배는 2n, 배유 3n, 1핵기 화분 n, 뿌리 생장점 세포는 2n 이다.

정답 18 ④ 19 ② 20 ① 21 ④ 22 ③ 23 ③

24 콩과 식물의 제웅에 가장 적당한 방법은?
① 화판인발법(花瓣引拔法)
② 집단제정법(集團除精法)
③ 절영법(切穎法)
④ 수세법(水洗法)

해설
화판인발법은 제웅법 중 하나로 콩, 자운영 등 꽃망울 끝의 꽃잎을 꽃밥과 함께 뽑아낸다.

25 불임성 중 유전적 원인에 의한 것이 아닌 것은?
① 순환적 불임성   ② 웅성불임성
③ 자가불화합성   ④ 이형예현상

해설
순환적 불임성은 환경적 원인에 의한 불임성이다.

26 수정을 거치지 않고 유성생식 기관 또는 거기에 부수되는 조직 및 세포로부터 배가 만들어지는 경우가 아닌 것은?
① 부정배형성   ② 유배생식
③ 복상포자생식   ④ 무포자생식

해설
정상적인 정핵과 난핵의 결합 없이 종자를 형성하는 단위생식에는 무배생식, 단성생식, 무핵란생식, 위수정, 무포자생식, 무정생식, 복상포자생식, 부정배형성 등이 있다.

27 돌연변이육종법의 특징이 아닌 것은?
① 품종 내 조화를 파괴하지 않고 1개의 특성만 용이하기 치환할 수 있다.
② 이형접합체 영양번식 식물에서 변이를 작성하기가 용이하다.
③ 동질배수체의 임성을 저하시킬 수 있다.
④ 상동이나 비상동 염색체 사이에 염색체 단편을 치환시키기가 용이하다.

해설
돌연변이육종법은 동질배수체의 임성을 향상시킬 수 있다.

28 식물육종에서 추구하는 주요 목표라 할 수 없는 것은?
① 불량온도 등 환경스트레스에 대한 저항성 증진
② 비타민 등 영양분 개선에 의한 기계화 적응성 증진
③ 병·해충 등 생물적 스트레스에 대한 저항성 증진
④ 영양성분 및 물리적 특성 개선에 의한 품질개량

해설
식물육종은 수량을 증대, 품질을 향상, 내병충, 내재해성 향상을 통해 수확의 안정성을 높여 식량의 안정적 공급을 목표로 한다.

29 배수체 작성을 위한 염색체 배가 방법이 아닌 것은?
① 콜히친처리법   ② 자외선처리법
③ 근친교배법   ④ 아세나프텐처리법

해설
근친교배는 목표로 하는 형질의 동형접합체 출현빈도를 높이기 위해 근친간에 이루어지는 교배이다.

정답 24 ① 25 ① 26 ② 27 ③ 28 ② 29 ③

30 일반조합능력에 이용되는 조합능력 검정법으로 가장 적당한 것은?
① 단교잡검정법 ② 여교잡법
③ 톱교잡검정법 ④ 다교잡검정법

해설
톱교배검정(톱교잡검정)은 자유수분하는 품종을 검정친으로 하여 여러 자식계들의 일반조합능력을 검정한다.

31 1대잡종 육종에서 조합능력의 개량이 필요한 이유는?
① 근연종간에 교잡을 위하여
② 순계를 육성하기 위하여
③ 1대 잡종의 생산력을 높이기 위하여
④ 교잡을 용이하게 하기 위하여

해설
1대잡종의 생산력을 늘리기 위해 1대잡종 육종의 조합능력을 높이기 위해 자식계통을 육성하고 순환선발을 통해 조합능력을 개량한다.

32 육종집단의 변이 크기를 나타내는 통계치는?
① 평균치
② 최소치와 평균치의 차이
③ 중앙치
④ 분산

해설
분산은 연속변이하는 집단에서 평균치를 중심으로 그 집단의 산포 정도를 나타낸다.

33 내병성 품종의 육성이나 유전자의 분리 및 연관관계를 밝히는 방법으로 흔히 쓰이는 것은?
① 단교잡법 ② 복교잡법
③ 여교잡법 ④ 삼원교잡법

해설
여교잡육종법의 경우 내병성 품종을 육성하거나 유전자의 연관관계를 규명하는데 흔히 사용되며 육종의 시간과 경비를 절약하는 장점이 있다.

34 반수체식물이 얻어지는 조직배양 기법은?
① 배유배양 ② 약배양
③ 생장점배양 ④ 세포융합

해설
식물체의 화분이나 약을 채취 및 배양하여 반수체, 반수체성 배를 생산하는 방법을 약배양육종법이라 한다.

35 A/B//C 교배의 순서는?
① A와 B와 C를 함께 방임수분 함
② A와 B를 교배하여 나온 F_1과 C를 교배함
③ A와 B를 모본으로 하고, C를 부본으로 하여 함께 교배 함
④ B와 C를 모본으로 하고, A를 부본으로 하여 함께 교배 함

해설
A/B 는 <A×B> 이며 여기서 교배하고 나온 F_1 을 <(A×B)×C> 로 교배한 것이다.

정답 30 ③ 31 ③ 32 ④ 33 ③ 34 ② 35 ②

36 동질배수체의 일반적인 특징이 아닌 것은?
① 핵과 세포가 커진다.
② 함유성분의 변화가 생긴다.
③ 발육이 지연된다.
④ 채종량이 증가한다.

해설
동질배수체는 핵과 세포가 커지고, 영양기관의 발육이 왕성하여 거대화하고, 화서 및 종자가 대형화한다. 그리고 임성이 저하되고 착과성이 감퇴하며 발육이 지연 된다.

37 세포질적 웅성불임성에 해당하는 것은?
① 보리   ② 옥수수
③ 토마토   ④ 사탕무

해설
세포질적 웅성불임은 세포질 요인에 의해서만 발생하며 옥수수에서 주로 관찰된다.

38 돌연변이육종과 관련이 가장 적은 것은?
① 감마선   ② 열성변이
③ 성염색체   ④ 염색체 이상

해설
돌연변이 육종
- 돌연변이는 변이의 대상이 되는 유전질에 따라 유전자돌연변이, 염색체돌연변이, 아조변이, 키메라 등으로 구분된다.
- 돌연변이는 식물에 없던 형질이 유전자나 염색체 수의 변화에 의해 생겨난 것으로 자연적 돌연변이와 인위적 돌연변이가 있다.
- 방사선을 이용한 돌연변이육종법에서는 γ선(감마선)이 가장 많이 이용된다.

39 집단 육종법과 파생계통 육종법의 차이점은?
① 집단육종법은 F_2세대에서 선발을 거친다.
② 파생계통 육종법은 F_2세대에서 선발을 거친다.
③ 파생계통 육종법은 모든 세대에서 선발이 이루어진다.
④ 후기 세대의 육종과정이 약간 다르다.

해설
파생계통육종법은 F_2, F_3에서 교배조합별로 계통선발하여 파생계통을 만든다.

40 종자번식 농작물의 일생을 순서대로 나타낸 것은?
① 배우자형성 → 결실 → 중복수정 → 영양생장 → 발아
② 영양생장 → 결실 → 발아 → 중복수정 → 배우자형성
③ 발아 → 중복수정 → 배우자형성 → 결실 → 영양생장
④ 발아 → 영양생장 → 배우자형성 → 중복수정 → 결실

해설
전반적인 종자번식에 순서는 종자의 발아를 시작으로 영양생장 후 배유를 형성하고 배와 배유의 형성이 한 배낭 내에서 동시에 이루어지는 중복수정을 거치고 결실을 하게 된다.

제3과목 재배원론

41 파종 양식 중 뿌림골을 만들고 그곳에 줄지어 종자를 뿌리는 방법은?
① 산파   ② 점파
③ 조파   ④ 적파

해설
조파는 줄뿌림이라 하며 종자의 소요량이 적고 고르게 파종할수 있어 이형주를 제거하거나 관찰할 경우 통로로도 이용할 수 있다.

42 토양 통기의 촉진책으로 틀린 것은?
① 배수 촉진
② 토양 입단 조성
③ 식질토를 이용한 객토
④ 심경

해설
토양 통기성을 위해서는 객토를 실시하여 식질토성을 개량하고 습지의 지반을 높이며 심경하도록 한다.

43 침수에 의한 피해가 가장 큰 벼의 생육단계는?
① 분얼성기   ② 최고분얼기
③ 수잉기   ④ 등숙기

해설
벼는 분얼 초기 침수에 강해 피해가 적게 나타나지만 수잉기에서 출수개화기에는 침수에 약해지면서 침수피해가 크게 나타난다.

44 추파성 맥류의 상적발육설을 주창한 사람은?
① 다윈   ② 우장춘
③ 바빌로프   ④ 리센코

해설
상적발육설은 리센코(Lysenko)에 의해 제창되었으며 생장은 여러 기관의 양적 증가를 의미하고 발육은 작물체 내의 순차적인 질적 재조정작용을 의미한다.

45 작물체 내에서의 생리적 또는 형태적인 균형이나 비율이 작물생육의 지표로 사용되는 것과 거리가 가장 먼 것은?
① C/N 율   ② T/R 율
③ G-D 균형   ④ 광합성-호흡

해설
C/N율, T/R율, G-D 균형은 작물의 생리적, 형태적 균형 및 비율을 나타내는 지표로 활용된다.

46 군락의 수광태세가 좋아지고 밀식 적응성이 큰 콩의 초형이 아닌 것은?
① 꼬투리가 원줄기에 적게 달린 것
② 키가 크고 도복이 안 되는 것
③ 가지를 적게 치고 마디가 짧은 것
④ 잎이 작고 가는 것

해설
수광태세에 이상적인 콩의 초형은 키가 크고 도복이 안되며 가지를 적게 치고 마디가 짧고, 잎이 작고 가늘며 꼬투리가 원줄기에 많이 달리고 밑에까지 착생한 것이 좋다.

47 세포막 중 중간막의 주성분으로 잎에 많이 존재하며 체내의 이동이 어려운 것은?
① 질소   ② 칼슘
③ 마그네슘 ④ 인

해설
칼슘은 식물체 내에서는 세포막의 구성성분으로 주로 잎에 함유량이 많다. 식물체내에서도 이동성이 낮아 신엽, 경엽 등에서 결핍증상이 나타난다.

48 다음 중 육묘의 장점으로 틀린 것은?
① 증수 도모   ② 종자 소비량 증대
③ 조기수확 가능 ④ 토지 이용도 증대

해설
육묘를 통해 종자의 소비량을 줄일수 있다.

49 좁은 범위의 일장에서만 화성이 유도 촉진되며, 2개의 한계일장을 가진 식물은?
① 장일식물   ② 중일식물
③ 장단일식물 ④ 정일식물

해설
정일식물은 단일, 장일에 개화하지 않고 좁은 범위에 일정에서만 화성이 유도 되는 중간식물이다.

50 내염성 정도가 강한 작물로만 짝지어진 것은?
① 완두, 셀러리 ② 배, 살구
③ 고구마, 감자 ④ 유채, 양배추

해설
내염성 작물에는 사탕무, 목화, 양배추, 유채 등이 있다.

51 다음 중 무배유 종자로만 짝지어진 것은?
① 벼, 밀, 옥수수 ② 벼, 콩, 팥
③ 콩, 팥, 완두 ④ 옥수수, 밀, 귀리

해설
무배유종자에는 콩, 완두, 팥, 녹두, 클로버 등의 콩과식물 및 수박, 오이, 호박, 상추, 배추 등이 있다.

52 광합성 연구에 활용되는 방사선 동위원소는?
① ^{14}C ② ^{32}P
③ ^{42}K ④ ^{24}Na

해설
식물의 광합성 연구에서는 주로 ^{11}C, ^{14}C를 이용하여 이산화탄소(CO_2)가 대기중에서 잎을 통해 공급되는 경로, 시간에 따른 탄수화물의 합성 과정 조사에 도움이 된다.

53 변온이 작물 생육에 미치는 영향이 아닌 것은?
① 발아촉진
② 동화물질의 축적
③ 덩이뿌리의 발달
④ 출수 및 개화의 지연

해설
온도의 변화(변온)을 통해 작물의 출수 및 개화가 촉진된다.

54 비료의 엽면흡수에 영향을 미치는 요인 중 맞는 것은?
① 잎의 이면보다 표피에서 더 잘 흡수된다.
② 잎의 호흡작용이 왕성할 때에 잘 흡수된다.
③ 살포액의 pH는 알칼리인 것이 흡수가 잘 된다.
④ 엽면시비는 낮보다는 밤에 실시하는 것이 좋다.

해설
엽면시비는 기공을 통한 흡수가 이루어지기에 잎의 호흡작용이 왕성할 때 잘 흡수된다.

55 이랑을 세우고 낮은 골에 파종하는 방식은?
① 휴립휴파법 ② 이랑재배
③ 평휴법 ④ 휴립구파법

해설
이랑을 세우고 낮은 골에 파종하는 방법을 휴립구파법이라 하며 맥류의 한해와 동해를 동시에 방지할수 있다.

56 다음 중 동상해 대책으로 틀린 것은?
① 방풍시설 설치 ② 파종량 경감
③ 토질개선 ④ 품종선정

해설
동상해가 발생하는 지역의 경우 내동성에 강한 품종을 선택하고 파종량을 늘려 결주를 보완한다.

정답 50 ④ 51 ③ 52 ① 53 ④ 54 ② 55 ④ 56 ②

57 화성유도 시 저온 장일이 필요한 식물의 저온이나 장일을 대신하는 가장 효과적인 식물호르몬은?

① 에틸렌   ② 지베렐린
③ 시토키닌 ④ ABA

해설
지베렐린을 작물에 적용시 발아촉진, 화성유도, 생장촉진, 수량의 증대 효과를 기대할수 있는데 화성유도 시 저온 장일이 필요한 식물의 대신하는 효과가 있다.

58 고온이 오래 지속될 때 식물체 내에서 일어나는 현상은?

① 당의 증가   ② 증산작용의 저하
③ 질소대사의 이상 ④ 유기물의 증가

해설
고온의 조건인 열해는 단백질 합성이 저해되고 암모니아 축적이 많아진다.

59 휴면연장과 발아억제를 위한 방법으로 틀린 것은?

① 에스렐 처리   ② MH 수용액 처리
③ 저온저장   ④ 감마선 조사

해설
에스렐(에세폰) 처리를 하면 발아 촉진 및 과실의 성숙 효과가 있다.

60 교잡에 의한 작물개량의 가능성을 최초로 제시한 사람은?

① Camerarius ② Koelreuter
③ Mendel   ④ Johannsen

해설
Koelreuter(1761) 식물의 교잡에 의해 개체를 얻는데 성공하면서 작물의 개량 및 생산성을 올리는게 기여하였다.

제4과목 식물보호학

61 상처가 아물도록 처리하여 저장할 경우 방제효과가 가장 큰 병은?

① 사과 탄저병
② 고추 탄저병
③ 사과 겹무늬썩음병
④ 고구마 검은무늬병

해설
큐어링은 고구마, 감자, 양파 등에 상처가 발생한 경우 상처를 아물게 하거나 코르크층을 형성시켜 수분의 증발을 줄이고 미생물의 침입을 예방하는 방법이다. 고구마 검은무늬병은 상처를 통해 침입하기에 큐어링 처리를 통해 방제효과를 얻을수 있다.

62 살충제에 대한 해충의 저항성이 발달되는 가장 중요한 요인은?

① 살균제와 살충제를 섞어 뿌리기 때문에
② 같은 약제를 계속해서 뿌리기 때문에
③ 약제를 농도가 진하게 만들어 조금 뿌리기 때문에
④ 약제의 계통이나 주성분이 다른 약제를 바꾸어 뿌리기 때문에

해설
살충제를 연용하여 사용하면 해충의 저항성이 높아질 가능성이 있다.

63 오염된 물보다는 주로 깨끗한 물에서 서식하는 곤충은?

① 꽃등에   ② 나방파리
③ 모기붙이   ④ 민날개강도래

해설
민날개강도래는 국내의 최상류 계류와 고산습지와 같이 환경보존이 잘된 깨끗한 물에서 주로 서식한다.

정답 57 ② 58 ③ 59 ① 60 ② 61 ④ 62 ② 63 ④

64 식물병이 크게 발생한 역사에 대한 설명으로 옳지 않은 것은?
① 19세기 말 스리랑카에서 커피 녹병 발생
② 1845년경 아일랜드에서 양배추 역병 발생
③ 1970년경 미국에서 옥수수 깨씨무늬병 발생
④ 일제강점기 우리나라에서 사탕무 갈색무늬병 발생

해설
1845년에 아일랜드에 감자역병이 발생하여 100만명이 사망하는 역사적 사건이 있다.

65 농약제조용 증량제에 대한 설명으로 옳지 않은 것은?
① 증량제의 강도가 너무 강하면 농약 살포 때 살분기의 마모가 심하다.
② 증량제 입자의 크기는 분제의 분산성, 비산성, 부착성에 영향을 미친다.
③ 농약의 저장 중 증량제에 의해 유효성분이 분해되지 않고 안정성이 유지되어야 한다.
④ 증량제의 수분함량 및 흡습성이 높으면 살포된 농약의 응집력이 증대되어 분산성이 향상된다.

해설
증량제는 주성분의 농도를 낮추는 약제로 분말도, 분산성, 비산성, 부착성 등이 높아야 한다. 증량제의 종류에는 규조토, 탈크, 벤토나이트 등이 있다.

66 자낭균에 속하는 병균은?
① 소나무 혹병균
② 잣나무 털녹병균
③ 복숭아 잎오갈병균
④ 사과 붉은별무늬병균

해설
자낭균에 속하는 것으로 벼 깨씨무늬병, 벼 키다리병, 맥류 흰가루병, 복숭아나무잎오갈병, 포도나무 새눈무늬병 등이 있다.

67 주로 땅 속에서 작물의 뿌리를 가해하는 해충은?
① 도둑나방   ② 조명나방
③ 방아벌레   ④ 화랑곡나방

해설
방아벌레는 딱정벌레목의 방아벌레과로 유충이 땅 속에서 식물의 줄기나 뿌리에 피해를 준다.

68 잡초에 대한 설명으로 옳지 않은 것은?
① 번식력이 강하며 종자 생산량이 많다.
② 생태학적 천이과정이 극상에 이른 지역에서 많이 발생한다.
③ 생태계의 구성원으로서 각자 고유한 생태적 지위를 가지고 있다.
④ 한 지역에 발생하는 종의 수가 많아 다양한 유전적 특성을 지니고 있다.

해설
최종적으로 안정된 식생이 오랜시간 지속될 경우 이를 극상이라 표현하며 천이의 마지막 단계이다. 즉 많이 발생하는 지역이 아닌 안정된 식생을 유지하는 경우를 의미한다.

정답 64 ② 65 ④ 66 ③ 67 ③ 68 ②

69 접촉형 제초제에 대한 설명으로 옳지 않은 것은?
① 시마진, PCP 등이 있다.
② 효과가 곧바로 나타난다.
③ 주로 발아 후의 잡초를 제거하는 데 사용된다.
④ 약제가 부착된 세포가 파괴되는 살초효과를 보인다.

해설
접촉형 제초제의 종류에는 PCP, DNOC, DCPA, Difenoconazole 등이 있다. 시마진의 경우 이행성 제초제로 분류된다.

70 진균에 대한 설명으로 옳은 것은?
① 발달된 균사를 가지고 있다.
② 그람양성균과 그람음성균이 있다.
③ 운동기관으로 편모를 가지고 있다.
④ 효소계가 없으며 생명체 안에서만 증식이 가능하다.

해설
진균은 실모양의 균사체로 발달된 균사를 가지고 있다. 진균의 일부분인 균사는 격막의 유무로 분류되며 외부에 세포벽이 있고 그 성분은 키틴으로 이루어져 있다.

71 식물병 진단 방법에 대한 설명으로 옳지 않은 것은?
① 충체 내 주사법은 주로 세균병 진단에 사용된다.
② 지표식물을 이용하여 일부 TMV를 진단할 수 있다.
③ 파지(phage)에 의한 일부 세균병 진단이 가능하다.
④ 혈청학적인 방법은 바이러스병 진단에 효과적이다.

해설
충체 내 주사법은 매개전염 바이러스병 진단에 사용된다.

72 잡초의 생태적 방제방법 중 경합특성 이용법에 해당되지 않은 것은?
① 관배수 조절   ② 재식밀도 조절
③ 육묘이식 재배 ④ 품종 및 종자 선정

해설
관배수 조절은 잡초의 예방적 방제법에 해당한다.

73 고추, 담배, 땅콩 등의 작물을 재배할 때 많이 사용되는 방법으로 잡초의 방제뿐만 아니라 수분을 유지시켜 주는 장점을 지닌 방법은?
① 추경   ② 중경
③ 담수   ④ 피복

해설
피복은 토양위에 볏짚, 비닐 등의 재료로 덮어 잡초의 발생을 방제하며 수분의 증발을 막아 토양의 수분을 유지하는데 도움이 된다.

74 같은 작물을 동일한 포장에 계속 재배하였을 때 나타나는 연작장해 현상과 가장 관련이 깊은 병해는?
① 공기전염성 병해 ② 종자전염성 병해
③ 토양전염성 병해 ④ 충매전염성 병해

해설
같은 작물을 동일한 포장에서 계속 재배하면 토양에 통해 전염되는 병원균에 의해 식물병이 지속적으로 발생하게 된다. 이러한 토양전염성 병해를 방제하기 위해서는 같은 작물의 연작을 피해야 한다.

75 파리목에 대한 설명으로 옳은 것은?
① 각다귀와 모기 등이 있다.
② 완전변태하며 번데기는 주로 대용이다.
③ 파리목은 크게 4개의 아목으로 나눠진다.
④ 뒷날개가 퇴화되어 반시초를 이루고 있다.

해설
파리목의 사각류에는 각다귀와 모기 등이 있다.

76 벼 줄무늬잎마름병과 벼 검은줄오갈병을 예방하기 위해 방제해야 하는 해충은?
① 독나방 ② 애멸구
③ 혹명나방 ④ 벼모기붙이

해설
애멸구는 줄무늬잎마름병, 검은줄오갈병 등의 바이러스병을 매개한다.

77 어떤 유제(50%)를 1000배로 희석하여 150L를 살포하려 한다면 이 유제의 소요량은?
① 15mL ② 75mL
③ 150mL ④ 300mL

해설
소요약량 $= \dfrac{\text{단위면적당 사용량}}{\text{소요희석배수}} = \dfrac{150}{1{,}000} = 0.15L = 150ml$

78 보호 살균제에 해당하는 것은?
① 페나리몰 유제
② 만코제브 수화제
③ 가스가마이신 액제
④ 스트렙토마이신 수화제

해설
보호살균제에는 석회보르도액, 유기유황제, 구리분제, 석회유황합제 등이 있다. 여기서 유기유황제의 종류로 만코제브, 메타람, 프로피네브 등이 있다.

79 잡초의 종자가 바람에 의하여 먼 거리까지 이동이 가능한 것은?
① 등대풀 ② 바랭이
③ 민들레 ④ 까마중

해설
바람에 의해 전파되는 잡초종자는 종자의 크기가 작고 가볍거나 포자형인 종자가 전파된다. 바람에 의해 전파되는 잡초종자에는 민들레, 박주가리, 엉겅퀴속, 망초 등이 있다.

80 다년생 잡초로만 올바르게 나열한 것은?
① 쑥, 개비름
② 바랭이, 괭이밥
③ 개여뀌, 참소리쟁이
④ 올방개, 너도방동사니

해설
다년생 잡초에는 올방개, 파대가리, 너도방동사니, 가래, 개구리밥, 올미 등이 있다.

제5과목 종자관련법규

81 종자업의 등록 등에서 대통령령으로 정하는 작물의 종자를 생산·판매하려는 자의 경우를 제외하고 종자업을 하려는 자는 종자관리사를 몇 명 이상 두어야 하는가?
① 1명 ② 2명
③ 3명 ④ 5명

해설
종자업을 하려는 자는 종자관리사를 1명 이상 두어야 한다. 다만, 대통령령으로 정하는 작물의 종자를 생산·판매하려는 자의 경우에는 그러하지 아니하다.

정답 75 ① 76 ② 77 ③ 78 ② 79 ③ 80 ④ 81 ①

82 재배심사의 판정기준에서 안정성은 1년차 시험의 균일성 판정결과와 몇 년차 이상의 시험의 균일성 판정결과가 다르지 않으면 안정성이 있다고 판정하는가?
① 2년차 ② 3년차
③ 4년차 ④ 5년차

해설
안정성은 1년차 시험의 균일성 판정결과와 2년차 이상의 시험의 균일성 판정결과가 다르지 않으면 안정성이 있다고 판정한다.

83 품종보호료의 추가납부 또는 보전에 의한 품종 보호 출원과 품종보호권의 회복 등에 관한 내용이다. (   )에 알맞은 내용은?

> 추가납부기간 이내에 품종보호료를 납부하지 아니하였거나 보전기간 이내에 보전하지 아니하여 실시 중인 보호품종의 품종보호권이 소멸한 경우 그 품종보호권자는 추가납부기간 또는 보전기간 만료일부터 (   )이내에 품종보호료의 3배를 납부하고 그 소멸한 권리의 회복을 신청할 수 있다. 이 경우 그 품종보호권은 품종보호료 납부기간이 경과한 때에 소급하여 존속하고 있었던 것으로 본다.

① 1개월 ② 2개월
③ 3개월 ④ 5개월

해설
추가납부기간 이내에 품종보호료를 납부하지 아니하였거나 보전기간 이내에 보전하지 아니하여 실시 중인 보호품종의 품종보호권이 소멸한 경우 그 품종보호권자는 추가납부기간 또는 보전기간 만료일부터 3개월 이내에 품종보호료의 3배를 납부하고 그 소멸한 권리의 회복을 신청할 수 있다. 이 경우 그 품종보호권은 품종보호료 납부기간이 지난 때에 소급하여 존속하고 있었던 것으로 본다.

84 납부기간 경과 후의 품종보호료 납부에서 품종보호권의 설정등록을 받으려는 자나 품종보호권자는 품종보호료 납부기간이 경과한 후에도 몇 개월 이내에 품종보호료를 납부할 수 있는가?
① 1개월 ② 3개월
③ 5개월 ④ 6개월

해설
품종보호권의 설정등록을 받으려는 자나 품종보호권자는 품종보호료 납부기간이 지난 후에도 6개월 이내에는 품종보호료를 납부할 수 있다.

85 포장검사 병주 판정기준에서 맥류의 특정병에 해당하는 것은?
① 줄기녹병 ② 좀녹병
③ 위축병   ④ 겉깜부기병

해설
맥류의 특정병에는 겉깜부기병, 속깜부기병, 보리줄무늬병 등이 있다.

86 품종목록 등재의 유효기간은 등재한 날이 속한 해의 다음 해부터 얼마까지로 하는가?
① 3년   ② 5년
③ 7년   ④ 10년

해설
품종목록 등재의 유효기간은 등재한 날이 속한 해의 다음 해부터 10년까지로 한다.

87 최아율(발아세)에 관한 설명 중 ( )에 알맞은 내용은?

> 전처리 후 30°C 항온의 물에 침종하여 3, 4, 5일 째 유아 또는 유근의 길이가 ( )이상인 낟알 수의 비율 또는 표준발아 검정 시 중간발아 조사일(5일 째)까지의 발아율

① 1mm ② 3mm
③ 5mm ④ 7mm

해설
최아율(발아세) : 전처리 후 30°C 항온의 물에 침종하여 3, 4, 5일째 유아 또는 유근의 길이가 1mm 이상인 낟알수의 비율 또는 표준발아 검정시 중간발아 조사일(5일째) 까지의 발아율

88 순도분석에서 "가늘고 곧거나 굽은 강모, 벼과에서는 통상 외영 또는 호영(glumes)의 중앙맥의 연장"에 해당하는 용어는?

① 망(arista) ② 포엽(bract)
③ 부리(beaked) ④ 강모(bristle)

해설
· 망 : 가늘고 곧거나 굽은 강모, 벼과에서는 통상외영 또는 호영(glumes)의 중앙맥의 연장
· 부리 : 과실의 길고 뾰족한 연장부
· 포엽 : 꽃, 볏과식물의 소수를 엽맥에 끼우는 퇴화한 잎 또는 인편상의 구조물
· 강모 : 뻣뻣한 털, 간혹 까락이 굽어 있을 때 윗부분을 지칭

89 품종명칭등록 이의신청 이유 등의 보정에 관한 설명 중 ( )에 알맞은 것은?

> 품종명칭등록 이의신청을 한 자는 품종명칭 등록 이의신청기간이 경과한 후 ( )이내에 품종명칭등록 이의신청서에 적은 이유 또는 증거를 보정할 수 있다.

① 10일 ② 15일
③ 20일 ④ 30일

해설
품종명칭등록 이의신청을 한 자는 품종명칭등록 이의신청기간이 지난 후 30일 이내에 품종명칭등록 이의신청서에 적은 이유 또는 증거를 보정할 수 있다.

90 종자관리요강상 규격묘의 규격기준에서 뽕나무 접목묘 묘목의 길이는?

① 10 ~ 20cm ② 20 ~ 30cm
③ 30 ~ 40cm ④ 50cm 이상

해설
뽕나무 묘목의 접목묘의 길이는 50cm 이상이다.

91 보증표시 등에서 묘목을 제외하고 보증종자를 판매하거나 보급하려는 자는 종자의 보증과 관련된 검사서류를 작성일부터 몇 년 동안 보관하여야 하는가?

① 3년 ② 5년
③ 7년 ④ 10년

해설
보증종자를 판매하거나 보급하려는 자는 종자의 보증과 관련된 검사서류를 작성일부터 3년(묘목에 관련된 검사서류는 5년) 동안 보관하여야 한다.

92. 수분의 측정에서 저온항온건조기법을 사용하게 되는 종은?

① 피마자   ② 조
③ 호밀   ④ 수수

해설
저온항온 건조기법은 마늘, 파, 부추, 콩, 땅콩, 배추씨, 유채, 고추, 목화, 피마자, 참깨, 아마, 겨자, 무에 적용한다.

93. 식물신품종보호법상 종자위원회는 위원장 1명과 심판위원회 상임심판위원 1명을 포함한 몇 명 이상 몇 명 이하의 위원으로 구성해야 하는가?

① 3명 이상 9명 이하
② 10명 이상 15명 이하
③ 18명 이상 21명 이하
④ 23명 이상 27명 이하

해설
종자위원회는 위원장 1명과 심판위원회 상임심판위원 1명을 포함한 10명 이상 15명 이하의 위원(이하 "종자위원"이라 한다)으로 구성한다.

94. 종자 검사신청에 대한 설명 중 가, 나에 알맞은 내용은?

> 가. 검사대상은 포장검사에 합격판 포장에서 생산한 종자로 한다.
> 나. 검사신청서는 종자산업법 시행규칙 별지 제 14호(종자검사신청서) 및 제15호(재검사신청서) 서식에 따라 제출하되 일괄 신청할 때는 품종별, 생산자별(생산계획량과 검사 신청량 표시)로 명세표를 첨부하여야 한다.
> 다. 신청서는 검사희망일 (가)까지 관할 검사기관에 제출하여야 하며, 재검사신청서는 종자검사 결과 통보를 받은 날로부터 (나)이내에 통보서 사본을 첨부하여 신청한다.

① 가 : 5일전, 나 : 30일
② 가 : 5일전, 나 : 15일
③ 가 : 3일전, 나 : 30일
④ 가 : 3일전, 나 : 15일

해설
신청서는 검사희망일 3일전까지 관할 검사기관에 제출하여야 하며, 재검사 신청서는 종자검사결과 통보를 받은 날로부터 15일 이내에 통보서 사본을 첨부하여 신청한다.

95. 사료용으로 활용하기 위한 벼, 보리의 수입 적응성시험을 실시하는 기관은?

① 농업기술실용화재단
② 한국종자협회
③ 농업협동조합중앙회
④ 한국생약협회

해설
사료용 벼, 보리, 콩, 감자, 옥수수 등 수입적응성시험은 농업협동조합중앙회에서 실시한다.

정답 92 ① 93 ② 94 ④ 95 ③

96 종자관리사의 자격기준 등에 관한 내용이다. ( )에 알맞은 내용은?

> 종자관리사가 직무를 게을리하거나 중대한 과오(過誤)를 저질러 등록이 취소된 사람은 등록이 취소된 날부터 ( )이 지나지 아니하면 종자관리사로 다시 등록할 수 없다.

① 1년　　　　② 2년
③ 3년　　　　④ 4년

해설
종자관리사의 자격기준에서 등록이 취소된 사람은 등록이 취소된 날부터 2년이 지나지 아니하면 종자관리사로 다시 등록할 수 없다.

97 종자관리요강상 사후관리시험의 기준 및 방법에 대한 내용이다. ( )에 알맞은 내용은?

> 1. 검사항목 : 품종의 순도, 품종의 진위성, 종자전염병
> 2. 검사시기 : 성숙기
> 3. 검사횟수 : ( )이상

① 1회　　　　② 3회
③ 5회　　　　④ 7회

해설
사후관리시험에서 검사횟수는 1회 이상을 기준으로 한다.

98 서류의 보관 등에서 농림축산식품부장관 또는 해양수산부 장관은 품종보호 출원의 포기, 무효, 취하 또는 거절결정이 있거나 품종보호권이 소멸한 날부터 몇 년간 해당 품종보호 출원 또는 품종보호권에 관한 서류를 보관하여야 하는가?

① 1년　　　　② 2년
③ 3년　　　　④ 5년

해설
농림축산식품부장관 또는 해양수산부장관은 품종보호 출원의 포기, 무효, 취하 또는 거절결정이 있거나 품종보호권이 소멸한 날부터 5년간 해당 품종보호 출원 또는 품종보호권에 관한 서류를 보관하여야 한다.

99 보증서를 거짓으로 발급한 종자관리사는 어떤 벌칙을 받는가?

① 1년 이하의 징역 또는 1천만원 이하의 벌금에 처한다.
② 1년 이하의 징역 또는 5백만원 이하의 벌금에 처한다.
③ 6개월 이하의 징역 또는 5백만원 이하의 벌금에 처한다.
④ 3개월 이하의 징역 또는 3백만원 이하의 벌금에 처한다.

해설
보증서를 거짓으로 발급한 종자관리사는 1년 이하의 징역 또는 1천만원 이하의 벌금에 처한다.

100 포장검사 및 종자검사의 검사기준에서 "합성시료 또는 제출시료로부터 규정에 따라 축분하여 얻어진 시료이다."에 해당하는 용어는?

① 검사시료　　② 분할시료
③ 보급종　　　④ 원종

해설
검사시료는 검사실에서 제출시료로부터 취한 분할시료로 품위검사에 제공되는 시료이다

정답 96 ② 97 ① 98 ④ 99 ① 100 ②

2018 제2회 종자기사

제1과목 종자생산학

01 벼의 포장검사 규격에 대한 설명으로 옳지 않은 것은?
① 유숙기로부터 호숙기 사이에 1회 검사한다.
② 채종포에서 이품종으로부터의 격리거리는 0.5m이상 되어야 한다.
③ 전작물에 대한 조건은 없다.
④ 파종된 종자는 1/3 이상이 도복되어서는 안 된다.

해설
원원종포·원종포는 이품종으로부터 3m이상 격리되어야 하고, 채종포는 이품종으로부터 1m이상 격리되어야 한다. 다만, 각 포장과 이품종이 논둑등으로 구획되어 있는 경우에는 그러하지 아니하다.

02 다음 설명에 해당하는 것은?

- 기계적 상처를 입은 콩과작물의 종자를 20%의 $FeCl_3$ 용액에 15분간 처리하면 손상을 입은 종자가 검은색으로 변한다.
- 종자를 정선·조제하는 과정 중에도 시험할 수 있다.

① ferric chloride법 ② 셀레나이트법
③ 말라차이트법   ④ 과산화효소법

해설
클로라이드법(ferric chloride법)은 염화제2철 용액을 이용하여 종자의 활력을 측정하는 검사법이다.

03 배의 발생과 발달에 관하여 Soueges와 Johansen은 4가지 법칙을 주장하였는데, "필요 이상의 세포는 만들어지지 않는다."에 해당하는 것은?
① 기원의 법칙
② 절약의 법칙
③ 목적지불변의 법칙
④ 수의 법칙

해설
필요 이상의 세포는 만들지 않는다의 내용은 절약의 법칙에 해당한다

04 종자의 순도분석에 관한 설명으로 옳지 않은 것은?
① 표준 종자의 구성내용을 중량의 백분율 구한다.
② 함유되어 있는 종자의 이물을 가려내는 검사다.
③ 발아 능력은 검사하지 않는다.
④ 미숙립, 발아립, 주름진립은 정립이 아니다.

해설
미숙립, 발아립, 주름진립, 소립 등도 정립에 포함된다.

정답 01 ② 02 ① 03 ② 04 ④

05 작물의 종자생산 관리체계로 옳은 것은?
① 기본식물포→채종포→원원종포→원종포→농가포장
② 기본식물포→원원종포→원종포→채종포→농가포장
③ 원원종포→원종포→채종포→농가포장→기본식물포
④ 원원종포→원종포→기본식물포→채종포→농가포장

해설
작물의 종자생산 관리체계는 기본식물, 원원종, 원종, 채종포, 농가의 순이다.

06 종자소독 약제의 처리방법으로 적절하지 않은 것은?
① 약액침지 ② 종피분의
③ 종피도말 ④ 종피 내 주입

해설
종자소독 약제는 주로 종피에 처리하고 종피 내에는 주입하지 않는다.

07 성숙기에 얇은 과피를 가지는 것을 건과라 하는데 건과 중 성숙기에 열개하여 종자가 밖으로 나오는 것은?
① 복숭아 ② 완두
③ 당근   ④ 밤

해설
건과는 성숙기에 벌어지는 열과와 벌어지지 않는 폐과로 구분된다. 열과에는 완두가 해당되며 벌어지면서 종자가 외부로 나오게 된다.

08 종이나 그 밖의 분해되는 재료로 만든 폭이 좁은 대상(帶狀)의 물질에 종자를 불규칙적 또는 규칙적으로 붙여서 배열한 것은?
① 장환종자 ② 피막처리종자
③ 테이프종자 ④ 펠릿종자

해설
테이프종자(종자테이프)는 분해 가능한 좁은 띠에 종자를 몇 립씩 넣어 한줄로 배치한다.

09 종자에서 정핵과 난핵이 수정되어 이루어진 것은?
① 배유 ② 외주피
③ 배   ④ 내주피

해설
종자의 정핵(n)과 난핵(n)이 수정되어 배(2n)이 나타난다.

10 무한화서이며 긴 화경에 여러 개의 작은 화경이 붙어 개화하는 것은?
① 단집산화서 ② 복집산화서
③ 안목상취화서 ④ 총상화서

해설
총상화서는 긴 화경에 여러 개의 작은 소화경이 붙어 꽃이 배열되어 개화하는 형태이다.

11 넓은 뜻의 종자를 식물학적으로 구분 시 "포자를 이용하는 것"에 해당하는 것은?
① 벼   ② 겉보리
③ 고사리 ④ 귀리

해설
고사리는 포자로 번식하는 양치식물이다.

12 양파 채종지의 환경조건으로 잘못된 것은?
① 생육전반기는 서늘해야 하고 후반기는 따뜻해야 한다.
② 최적 토양산도는 pH 7 내외이다.
③ 개화기의 월 강우량은 300mm 가 알맞다
④ 통풍이 잘 되어야 한다.

해설
양파의 경우 공중습도가 높은 경우 수정이 잘 안되기에 강우가 적은 곳을 채종지로 선택하기도 한다.

13 일반적으로 종자수확 후 안전저장을 위해 기본적으로 처리해야 할 사항으로 가장 중요한 것은?
① 종자의 정선(精選)
② 종자의 소독
③ 종자의 건조
④ 종자의 포장(包裝)

해설
종자를 안전하게 저장하기 위해서는 종자의 수분을 최소로 건조시키는게 중요하다. 일반종자의 경우 5~7%, 유지종자는 3~5% 정도까지 건조시켜 저장한다.

14 배추과 작물의 채종에 대한 설명으로 옳지 않은 것은?
① 배추과 채소는 주로 인공교배를 실시한다.
② 배추과 채소의 보급품종 대부분은 1대잡종이다..
③ 등숙기로부터 수확기까지는 비가 적게 내리는 지역이 좋다.
④ 자연교잡을 방지하기 위한 격리재배가 필요하다.

해설
배추과 채소는 주로 타가수정을 실시한다.

15 다음 중 무배유 종자에 해당하는 것은?
① 보리   ② 상추
③ 밀   ④ 옥수수

해설
상추, 배추, 수박, 오이 등은 무배유 종자에 해당한다.

16 작물생식에 있어서 아포믹시스(apomixis)를 옳게 설명한 것은?
① 수정에 의한 배 발달
② 수정 없이 배 발달
③ 세포 융합에 의한 배 발달
④ 배유 배양에 의한 배 발달

해설
아포믹시스는 수정 없이 발생하는 생식으로 무수정 생식이라 한다.

17 다음 중 타식성 작물에 해당하는 것은?
① 마늘   ② 담배
③ 토마토 ④ 가지

해설
타식성작물에는 옥수수, 호밀, 메밀, 딸기, 양파, 마늘, 시금치, 아스파라거스 등이 있다.

18 채종포 관리 중 최우선으로 고려해야 할 사항은?
① 관수 및 배수
② 병충해방제
③ 도복방지
④ 자연교잡 및 이품종 혼입방지

해설
채종포 관리에 있어 가장 우선적으로 고려해야 할 사항은 자연적 교잡과 이품종 혼입에 대한 방지이다.

19 종자를 상온저장 할 경우 종자수명은 저장 지역에 따라서 어떻게 변하는가?
① 위도가 낮을수록 수명이 길어진다.
② 위도가 높을수록 수명이 짧아진다.
③ 위도가 높을수록 수명이 길어진다.
④ 위도에 상관없이 수명이 길어진다.

해설
위도가 높을수록 기온이 낮아 상온저장 시 종자의 수명이 길어지게 된다.

20 제(臍)가 종자의 뒷면에 있는 것은?
① 배추   ② 시금치
③ 콩   ④ 상추

해설
종자의 배병이나 태좌에 붙어있던 흔적인 제(배꼽)은 식물의 종류에 따라 위치가 다르다. 배추, 시금치는 종자의 끝에 위치하고 상추, 쑥갓은 종자의 기부에 위치한다. 콩의 경우 종자의 뒷면에 위치하는 것이 특징이다.

제2과목 식물육종학

21 자가수정 작물의 재래종 집단을 이용한 순계분리육종의 목적으로 옳은 것은?
① 집단 내에서 우량형질을 골라내는 것이다.
② 집단 내 모든 개체를 균일하게 하는 것이다.
③ 우성과 열성을 구별하여 많은 쪽을 고르는 것이다.
④ 분리의 위험성이 없는 것을 고르는 것이다.

해설
순계분리법은 기본 집단에서 우수한 형질을 가진 개체를 계속 선발하여 우수한 순계를 선발하는 방법으로 자가수정작물에 이용된다.

22 화본과 식물의 돌연변이육종에서 M1세대의 채종은?
① 식물 개체 단위로 채종
② 임성이 낮은 개체에서 채종
③ 개체 내 이삭단위로 채종
④ 계통 단위로 채종

해설
화본과 식물의 돌연변이육종에서 M_1 세대에서 양성을 위해 개체 내 이삭단위로 채종한다.

23 육정과정에서 새로운 변이의 창성방법으로서 쓰일 수 없는 것은?
① 인위 돌연변이   ② 인공교배
③ 배수체   ④ 단위결과

해설
단위결과는 염색체의 조성이 복잡하여 정상적인 배우자 형성이 어려워 새로운 변이 창성방법으로는 사용할수 없다.

24 형질의 유전력은 선발효과와 깊은 관계가 있다. 선발효과가 가장 확실한 경우는? (h^2B는 넓은 의미의 유전력임)
① $h^2B = 0.34$ ② $h^2B = 0.13$
③ $h^2B = 0.92$ ④ $h^2B = 0.50$

해설
유전력은 0~1 값을 가지며 유전력이 0.5 이상이면 높고 0.2 이하이면 낮다. 유전력이 높을수록 선발효과가 높다.

25 F_1의 유전자 구성이 AaBbCcDd인 잡종의 자식 후대에서 고정될 수 있는 유전자형의 종류는 몇 가지 인가?(단, 모든 유전자는 독립유전 한다.)
① 9   ② 12
③ 16   ④ 24

해설
n 쌍의 대립유전자의 표현형은 2^n 이므로 4쌍에 대한 표현형은 $2^4=16$ 이다.

정답 19 ③ 20 ③ 21 ① 22 ③ 23 ④ 24 ③ 25 ③

26 여교배에서 F_1을 자방친으로 사용하는 경우는?

① F_1과 화분친의 개화기가 일치하지 않을 때
② F_1의 세포질에 불량유전자가 포함되어 있을 때
③ F_1 불임이 심할 때
④ F_1의 임성이 높을 때

해설
교배로 잡종의 불임성이 높은 경우 F_1 자방친으로 사용하는 편이 효율적이다.

27 교배모본 선정 시 고려해야 할 사항이 아닌 것은?

① 유전자원의 평가 성적을 검토한다.
② 유전분석 결과를 활용한다.
③ 교배친으로 사용한 실적을 참고한다.
④ 목적형질 이외에 양친의 유전적 조성의 차이를 크게 한다.

해설
교배육종의 성패를 좌우하는 교배모본의 선정에 있어 품종의 특성조사성적, 형질의 유전자분석결과, 육종실적을 검토하여 과거 주요품종을 양친 중 한 모본을 선택하여 교배를 통해 조합능력을 검정한다. 과거의 주요품종을 양친 중의 한 모본으로 선택하기에 양친의 유전적 조성 차이가 작아야 한다.

28 다음에서 설명하는 것은?

- 배낭을 만들지 않고 포자체의 조직세포가 직접 배를 형성한다.
- 밀감의 주심배가 대표적이다.

① 무포자생색
② 복상포자생식
③ 부정배형성
④ 위수정생식

해설
부정배형성은 단위생식에 해당되며 배낭을 둘러싸고 있는 많은 체세포들에 여러 개의 배가 발생한다.

29 식물의 진화 과정상 새로운 작물의 형성에 가장 큰 원인이 된 배수체는?

① 복2배체
② 동질4배체
③ 동질3배체
④ 이질3배체

해설
복이배체(복2배체)라 하며 서로 다른 종류의 게놈이 배가되어 배수체를 만든 것이다. 복이배체의 이용성이 높으며 육성초기 높은 불임성을 가진다.

30 자가수정을 계속함으로서 일어나는 자식약세 현상은?

① 타가수정 작물에서 더 많이 일어난다.
② 자가수정 작물에서 더 많이 일어난다.
③ 어느 것이나 구별 없이 심하게 일어난다.
④ 원칙적으로 자가수정 작물에만 국한되어 있는 현상이다.

해설
잡종 F_1에서 나타났던 잡종강세가 자식 혹은 근계교배를 계속함에 따라 현저하게 생활력이 감퇴되는 현상으로 자식약세라 하며 주로 타가수정작물에서 나타난다.

31 양친의 특정 형질에 대한 분산이 각각 18과 20이고 F_2의 분산이 38인 경우 광의의 유전력은 몇 %인가?

① 18%
② 20%
③ 38%
④ 50%

해설
- 양친의 특정형질에 대한 F_1 분산 : (18+20)÷2=19
- 유전력 : (F_2분산 − F_1분산)÷F_2분산
  = (38−19)÷38=0.5=50(%)

정답 26 ③ 27 ④ 28 ③ 29 ① 30 ① 31 ④

32 이질 배수체를 작성하는 방법으로 가장 알맞은 것은?
① 특정한 게놈을 가진 품종의 식물체에 콜히친을 처리한다.
② 서로 다른 게놈을 가진 식물체끼리 교잡을 시킨 후 그 잡종에 콜히친을 처리한다.
③ 동일한 게놈을 가진 품종끼리 교잡을 시킨 후 그 잡종에 콜히친을 처리한다.
④ 인위적으로 만들 수 없고 자연계에서 만들어지기를 기다린다.

해설
염색체를 배가시켜 동질배수체를 작성하려면 콜히친(colchicine)처리법을 이용해야 한다.

33 정역교배의 표현으로 가장 옳은 것은?
① A*B, B*A
② (A*B)*A, (A*B)*B
③ (A*B)*C,(C*A)*B
④ (A*B)*(C*D)

해설
정역교배는 양친의 암수를 바꾸어 교배하는 방법이다.

34 내충성 품종의 특성으로 옳은 것은?
① 새로운 생태형이 나타날 수 있다.
② 필수 아미노산 함유가 많다.
③ 단백질함유가 많다.
④ 흡비력이 강하다.

해설
내충성 품종의 경우 육성 시간이 길고 새로운 계통의 해충의 발생으로 품종개발의 효과가 없을수도 있다.

35 꽃망울 끝의 꽃잎을 약과 함께 제거하는 제웅 방법은?
① 환상박피법　② 화판인발법
③ 절영법　　　④ 개영법

해설
제웅법의 하나인 화판인발법은 콩, 자운영 등 꽃망울 끝의 꽃잎을 꽃밥과 함께 뽑아낸다.

36 F_2에서 개체의 수량성에 대한 선발효과가 없는 이유는?
① 수량성에는 주동유전자가 관여하며 환경영향이 거의 없기 때문이다.
② 수량성에는 주동유전자가 관여하며 환경영향이 크기 때문이다.
③ 수량성에는 폴리진이 관여하며 환경영향이 거의 없기 때문이다.
④ 수량성에는 폴리진이 관여하며 환경영향이 크기 때문이다.

해설
양적형질은 폴리진에 의해 지배받으며 환경의 영향을 받는다.

37 육종 대상 집단에서 유전양식이 비교적 간단하고 선발이 쉬운 변이는?
① 불연속변이　② 방황변이
③ 연속변이　　④ 양적변이

해설
변이의 연속성에 따라 연속변이, 불연속변이로 분류된다. 불연속변이는 유전양식이 비교적 간단하고 선발이 쉬운 변이이다.

정답 32 ② 33 ① 34 ① 35 ② 36 ④ 37 ①

38 계통육종에서의 선발에 대한 설명으로 틀린 것은?

① F_2세대에서는 유전력이 낮은 형질들을 대상으로 강선발을 실시하는 것이 효과적이다.
② F_3세대에서는 계통선발을 한 후 선발계통 내의 개체들을 선발한다.
③ 계통재배 세대수가 증가할수록 양적형질의 유전력이 증가하므로 선발이 용이하다.
④ F_4 세대부터는 계통군 선발→계통 선발→개체 선발 순으로 선발을 진행한다.

해설
계통육종법은 교배를 하여 잡종을 만들고 그 분리세대인 F_2 이후부터 계속 개체선발을 하고 선발된 개체를 개체별 계통재배를 되풀이 하면 그들 계통을 서로 비교하여 우량한 계통을 선발, 고정하여 순계를 만들어 가는 방법으로 자가수정작물의 대표적인 육종방법이다.

39 집단육종법에 대한 설명으로 틀린 것은?

① 자연선택을 이용할 수 있다.
② 후기세대에서 선발함으로써 형질이 어느 정도 고정되어 정확한 선발이 가능하다.
③ 유전력이 낮은 형질을 대상으로 실시하는 것이 효율적이다.
④ 생산력 검정에 이르기 위한 육성계통의 세대수는 계통육종에 비해 적게 소요된다.

해설
생산력 검정에 이르기 위한 육성계통의 세대수를 보면 집단육종법은 대체적으로 육성계통의 세대수가 다른 육종법에 비해 많이 소요된다. 일반적으로 계통육종법은 F_3 세대부터, 집단육종법은 $F_6 \sim F_7$ 세대이다.

40 체세포의 염색체가 2n+1인 경우를 무엇이라 하는가?

① 핵형   ② 3염색체 식물
③ 배수체   ④ 3배체

해설
2n+1 의 경우 3염색체라 한다.

제3과목 재배원론

41 답전윤환의 효과가 아닌 것은?

① 지력보강
② 공간의 효율적 이용
③ 잡초의 감소
④ 기지의 회피

해설
답전윤환은 논상태와 밭상태로 몇 해씩 돌려가면서 벼와 작물을 재배하는 방식을 말한다. 답전윤환 효과로 지력 유지 및 증진, 기지의 회피, 잡초 발생의 억제, 재배량 증가, 노력절감이 있다.

42 옥신에 대한 설명으로 틀린 것은?

① 옥신을 줄기의 선단이나 어린잎에서 생합성된다.
② 옥신은 세포의 신장을 촉진하는 역할을 한다.
③ 옥신은 곁눈의 생장을 촉진한다.
④ 옥신은 농도가 줄기의 생장을 촉진시킬 수 있는 농도보다 높아지면 뿌리의 신장은 억제 된다.

해설
옥신은 정아에서 생성되어 신장촉진과 함께 측아의 발달을 억제하는 기능을 한다.

43 다음 중 장명종자로만 나열된 것은?
① 메밀, 양파, 고추, 콩
② 벼, 보리, 완두, 당근
③ 벼, 상추, 양배추, 밀
④ 클로버, 알팔파, 가지, 수박

해설
장명종자에는 비트, 수박, 호박, 오이, 배추, 가지, 토마토, 알팔파, 클로버 등이 있다.

44 다음 중 식물학상 과실로 과실이 나출된 식물은?
① 겉보리 ② 귀리
③ 벼   ④ 쌀보리

해설
식물학상 과실에 해당하고 나출된 것으로 밀, 쌀보리, 옥수수, 박하, 제충국 등이 있으며 과실의 외측이 내영, 외영에 싸여 있는 것으로 벼, 귀리, 겉보리 등이 있다.

45 다음 중 합성 옥신 제초제로 이용되는 것은?
① IAA   ② IAN
③ 2,4-D ④ PAA

해설
합성옥신 제초제에는 2,4-D, MCPA, Dicamba 등이 있다. 2,4-D, MCPA 의 경우 페녹시계 제초제이며 Dicamba 는 벤조산계 제초제로 분류된다.

46 방사선 동위원소 중 재배적 이용에 대한 현저한 생물적 효과를 가진 것은?
① 알파선 ② 베타선
③ 감마선 ④ X선

해설
감마선(γ선)은 방사성 동위원소가 방출하는 방사선 중에서 생물학적 효과가 가장 크게 나타난다.

47 지베렐린에 대한 설명으로 틀린 것은?
① 쑥갓, 미나리의 신장 촉진
② 토마토의 위조 저항성 증가
③ 감자의 휴면타파
④ 포도의 단위결과 유도

해설
토마토의 위조저항성을 증가시키는 식물호르몬은 아브시스산(ABA)이다.

48 녹체춘화형 식물로만 짝지어진 것은?
① 완두, 잠두   ② 봄무, 잠두
③ 양배추, 사리풀 ④ 추파맥류, 완두

해설
녹체춘화형 식물에는 양배추, 당근, 양파, 사리풀 등이 있다.

49 다음 중 요수량이 가장 큰 것은?
① 보리   ② 옥수수
③ 완두   ④ 기장

해설
요수량이 큰 식물로 알팔파, 클로버, 완두 등이 있으며 요수량이 적은 식물로 수수, 기장, 옥수수 가 대표적이다. 그중에서도 명아주는 요수량이 매우 크다.

50 작물이 여름철에 0°C 이상의 저온을 만나서 입는 피해는?
① 냉해   ② 동해
③ 한해   ④ 상해

해설
여름작물이 생육상 고온이 필요한 여름철 냉온에 의해 발생되는 피해현상을 냉해라 한다.

정답 43 ④ 44 ④ 45 ③ 46 ③ 47 ② 48 ③ 49 ③ 50 ①

51 작물의 내동성의 생리적 요인으로 틀린 것은?
① 원형질 수분 투과성 크면 내동성이 증대된다.
② 원형질의 점도가 낮은 것이 내동성이 크다.
③ 당분 함량이 많으면 내동성이 증가한다.
④ 전분 함량이 많으면 내동성이 증가한다.

해설
전분함량이 적을수록 내동성이 증가한다.

52 하고현상이 심한 목초로만 나열된 것은?
① 화이트클로버, 수수
② 오차드그라스, 수단그라스
③ 퍼레니얼라이글라스, 수단그라스
④ 티머시, 레드클로버

해설
하고현상이 심한 목초의 종류에는 티머시, 블루그라스, 레드클로버 등이 있다.

53 다음 중 가장 먼저 발견된 식물 호르몬은?
① 옥신   ② 지베렐린
③ 시토키닌   ④ ABA

해설
식물호르몬 중에서 가장 먼저 알려진 것은 옥신인데 1926년 네덜란드 생물학자 프리츠벤트(Frits W. Went)가 귀리의 자엽초 주광성 현상을 연구하다 발견하였다.

54 우리나라의 논에 발생하는 주요 잡초이며 1년생 광엽잡초에 해당하는 것은?
① 나도겨풀   ② 너도방동사니
③ 올방개   ④ 물달개비

해설
물달개비는 논에서 발생하는 우점잡초로 1년생 광엽잡초에 해당한다.

55 토양의 중금속 오염으로 먹이연쇄에 따라 인체에 축적되면 미나마타병을 유발하는 것은?
① 비소   ② 수은
③ 구리   ④ 카드뮴

해설
수은중독에 의해 미나마타병이 발생한다.

56 다음 중 상대적으로 아연 결핍증이 발생하기 쉬운 것으로만 나열된 것은?
① 옥수수, 귤   ② 고구마, 유채
③ 콩, 셀러리   ④ 보리, 사탕무

해설
옥수수나 감귤류와 같은 작물은 아연 결핍증이 나타나기 쉬우며 아연이 결핍된 경우 잎에 전체적으로 황화현상이 나타난다.

57 다음 중 땅속줄기(지하경)로 번식하는 작물은?
① 감자   ② 토란
③ 마늘   ④ 생강

해설
땅속줄기(지하경)로 번식하는 작물에는 생강, 연, 박하, 호프 등이 있다.

58 답압을 해서는 안 되는 경우는?
① 월동 중 서릿발이 설 경우
② 월동 전 생육이 왕성할 경우
③ 유수가 생긴 이후일 경우
④ 분얼이 왕성해질 경우

해설
답압은 지면에 유수가 생긴 이후 수분이 많이 있기에 실시하지 않는다.

59 우리나라 주요 작물의 기상생태형의 분포를 나타낸 것 중 옳은 것은?
① 기본영양생장형이 주로 이루고 있다.
② 콩의 감광형은 북부지방에 주로 분포한다.
③ 벼의 감온형은 조생종이 되며 북부지방에 분포한다.
④ 감광형은 수확기를 당길 수 있는 장점이 있다.

해설
감온형 작물에는 조생종, 올콩, 봄조 등이 있으며 북부지방으로 갈수록 감온형, 남부지방으로 갈수록 감광형이 기본품종이 된다.

60 과수원에서 초생재배를 실시하는 이유로 틀린 것은?
① 토양 침식 방지   ② 제초 노력 경감
③ 지력 증진   ④ 토양 온도 상승

해설
초생재배는 과수원에서 목초, 녹비 등을 나무아래 가꾸는 재배법으로 토양의 침식방지, 제초 노력 절감, 지력의 증진, 수분 보존 등의 효과가 있으나 토양의 온도의 상승을 억제하는 효과가 있다.

제4과목 식물보호학

61 분제에 있어서 주성분의 농도를 낮추기 위하여 쓰이는 보조제는?
① 전착제   ② 감소제
③ 협력제   ④ 증량제

해설
증량제는 농약의 농도를 묽게 하거나 약효를 늘리는 약품이다.

62 병원균에서 레이스(race)가 다르다는 것은 무엇을 의미하는가?
① 생활환이 다르다
② 기주의 종이 다르다.
③ 형태적인 특성이 다르다.
④ 기주의 품종에 대한 병원성이 다르다.

해설
병원균의 한종이나 한 분화형 혹은 변종 중에서 기주의 품종에 대한 기생성이 다른 개체군을 레이스라 한다.

63 기주특이적 독소와 이를 분비하는 병원균의 연결이 옳지 않은 것은?
① victorin : 벼 키다리병균
② T-독소 : 옥수수 깨씨무늬병균
③ AK-독소 : 배나무 검은무늬병균
④ AM-독소 : 사과나무 점무늬낙엽병균

해설
귀리 마름병균의 독소 Victorin

64 주로 작물의 즙액을 빨아먹어 피해를 입히는 해충은?
① 풍뎅이류   ② 하늘소류
③ 혹파리류   ④ 방패벌레류

해설
방패벌레류는 잎의 즙액을 빨아먹는 흡즙성 해충이다.

65 화본과에 속하는 잡초로만 올바르게 나열한 것은?
① 강피, 올방개
② 메귀리, 나도겨풀
③ 마디꽃, 참방동사니
④ 밭뚝외풀

해설
화본과 잡초의 종류에는 둑새풀, 돌피, 강피, 나도겨풀, 메귀리 등이 있다.

정답 59 ③ 60 ④ 61 ④ 62 ④ 63 ① 64 ④ 65 ②

66 우리나라 논잡초의 군락형성에 있어서 다년생 잡초가 증가되는 요인으로 가장 큰 원인은?
① 시비량의 증가 등에 의한 재배법의 변화
② 동일 제초제의 연용처리에 의한 논잡초의 초종변화
③ 경운이나 정집법의 변화에 따른 추경 및 춘경의 감소
④ 조기이식 및 답리작의 감소, 조숙품종의 도입 등 재배식의 변동

[해설]
동일 제초제의 연용으로 잡초의 저항성이 발생하면서 잡초가 증가하게 된다.

67 입제에 대한 설명으로 옳은 것은?
① 농약 값이 싸다.
② 사용이 간편하다.
③ 환경오염성이 높다.
④ 사용자에 대한 안정성이 낮다.

[해설]
입제는 유효성분을 고형증량제, 안정제, 계면활성제 등을 넣어 입상으로 성형한 제제이다. 사용이 간편하나 단위면적당 사용량이 많아 가격이 비싼 편이다.

68 기주를 교대하며 작물에 피해를 입히는 병원균은?
① 향나무 녹병균
② 무 모잘룩병균
③ 보리 깜부리병균
④ 사과나무 흰가루병균

[해설]
향나무녹병균은 이종기생균으로 기주교대를 하면서 작물에 피해를 입힌다.

69 제초제의 살초 기작과 관계가 없는 것은?
① 생장억제   ② 광합성 작용
③ 신경작용 억제   ④ 대사작용 억제

[해설]
신경작용 억제는 살충제의 작용기작에 해당된다.

70 주로 종자에 의해 전반되는 병은?
① 밀 줄기녹병   ② 토마토 시들음병
③ 보리 깜부기병   ④ 사과나무 탄저병

[해설]
보리 깜부기병은 균사 상태로 종자에 월동하여 종자로 전반되기에 이를 방제하기 위해 종자를 소독한다.

71 다음 설명에 해당하는 곤충목은?

- 크기가 매우 작고 연약한 곤충이며 입틀은 대부분이 씹는 형이고 더듬이는 4~6마디이다.
- 기관계와 말피기관이 없으며 버섯 포자를 섭식한다.

① 바퀴목   ② 사마귀목
③ 잠자리목   ④ 톡토기목

[해설]
톡토기목은 머리, 가슴, 배로 이루어지며 다리는 3쌍, 더듬이는 1쌍을 가지고 있다. 유충은 성충은 모습이 비슷하나 생식기가 없으며 겹눈은 홑눈모양으로 배열되어 있고 저작형 입틀이 머리통 안에 들어 있다.

72 종자가 물에 떠서 운반되는 잡초는?
① 달개비   ② 소리쟁이
③ 도꼬마리   ④ 털진득찰

[해설]
소리쟁이는 무게가 가볍고 물에 뜨기에 주로 논잡초로 나타난다.

정답 66 ② 67 ② 68 ① 69 ③ 70 ③ 71 ④ 72 ②

73 비생물성 원인에 의한 병의 특징은?
① 기생성　② 비전염성
③ 표징형성　④ 병원체 증식

해설
생물성 병원은 기생성이고 비생물성 원인에는 비전염성, 비기생성이다.

74 벼물바구미 성충방제를 위하여 유제를 1000배로 희석하여 10a당 140L를 살포하려고 한다. 논 전체 살포면적이 80a일 때 소요되는 약량은?
① 11.2ml　② 112ml
③ 1,120ml　④ 1,1200ml

해설
- 소요약량 = $\dfrac{\text{단위면적당사용량}}{\text{소요희석배수}}$
  = $\dfrac{140}{1000}$ = 0.14L
- 0.14L × 8 = 1.12L = 1120ml

75 불완전변태를 하는 해충이 아닌 것은?
① 말매미　② 메뚜기
③ 총채벌레　④ 배추흰나비

해설
배추흰나비는 나비목으로 완전변태를 한다.

76 1년생 잡초로만 올바르게 나열한 것은?
① 쑥, 쇠털골
② 뚝새풀, 쇠뜨기
③ 명아주, 바랭이
④ 토끼풀, 가을강아지풀

해설
1년생 잡초로 피, 뚝새풀, 마디꽃, 바보여뀌, 물달개비, 명아주, 바랭이 등이 있다.

77 유기인계 살충제에 대한 설명으로 옳은 것은?
① 살충력이 강하다.
② 적용 해충의 범위가 좁다.
③ 광선에 의해 분해되기 어렵다.
④ 동,식물체 내에서 분해가 느리다.

해설
유기인계 살충제는 살충력이 강하고 적용 가능한 해충의 종류가 많으며 대량생산이 가능하다.

78 다음 설명이 의미하는 것은?

> 환경조건에 의한 일시적인 해독분해효소의 유도가 일어나 물리적 및 화학적 스트레스에 의한 약제 감수성이 떨어진 상태로 해충 후대에 유전되지 않는다.

① 내성　② 저항성
③ 항생성　④ 항객성

해설
내성은 작물에 존재하는 유전적 변이현상인데 해충 후대에 유전되지는 않는다.

79 각종 피해 원인에 대한 작물이 피해를 직접피해, 간접피해 및 후속피해로 분류할 때 간접적인 피해에 해당하는 것은?
① 수확물의 질적 저하
② 수확물의 양적 감소
③ 수확물의 분류, 건조 및 가공비용 증가
④ 2차적 병원체에 대한 식물의 감수성 증가

해설
간접피해에는 수확의 어려움이 발생하는 것으로 수확물을 분류하거나 건조 및 가공에 비용이 증가하게 된다.

정답　73 ②　74 ③　75 ④　76 ③　77 ①　78 ①　79 ③

80 복숭아혹진딧물에 대한 설명으로 옳지 않은 것은?

① 유충으로 월동한다.
② 무시충과 유시충이 있다.
③ 식물 바이러스병을 매개한다.
④ 천적으로는 꽃등에류, 풀잠자리류, 기생벌류 등이 있다.

해설
복숭아혹진딧물은 1년에 수회(9~23회) 발생하고 복숭아나무 겨울눈 기부에서 알로 월동한다.

제5과목 종자관련법규

81 포장검사 및 종자검사의 검사기준에서 옥수수 교잡종 초장격리에 대한 내용이다. ( )에 알맞은 내용은?

-포장격리-
원원종, 원종의 자식계통은 이품종으로부터 ( )m 이상 격리되어야 한다. 다만 건물 또는 산림 등의 보호물이 있을 때는 200m로 단축할 수 있다.

① 300 ② 400
③ 500 ④ 600

해설
옥수수 교잡종은 이품종에서 300m 이상 격리되어야 한다.

82 종자검사요령상 고온 항온건조기법을 사용하게 되는 종은?

① 부추   ② 시금치
③ 유채   ④ 아마

해설
오이, 시금치, 상추 등은 고온항온 건조기법을 사용하며 부추, 유채, 목화, 고추, 콩 등은 저온항온 건조기법을 사용한다.

83 품종보호권 또는 전용실시권을 침해한 자의 벌칙은?

① 3년 이하의 징역 또는 1천만원 이하의 벌금에 처한다.
② 5년 이하의 징역 또는 1천만원 이하의 벌금에 처한다.
③ 5년 이하의 징역 또는 1억원 이하의 벌금에 처한다.
④ 7년 이하의 징역 또는 1억원 이하의 벌금에 처한다.

해설
품종보호권 또는 전용실시권을 침해한 자는 7년 이하의 징역 또는 1억원 이하의 벌금에 처한다.

84 종자관련법상 진흥센터가 거짓이나 그 밖의 부정한 방법으로 지정 받은 경우에 해당하는 것은?

① 업무정지 6개월 ② 업무정지 9개월
③ 업무정지 12개월 ④ 지정을 취소

해설
거짓이나 그 밖의 부정한 방법으로 지정받은 경우 지정을 취소해야 한다.

85 종자관리요강상 농업기술실용화재단에서 실시하는 수입적응성시험의 대상작물은?

① 배추   ② 참외
③ 수박   ④ 보리

해설
사료용 벼, 보리, 콩, 감자, 옥수수 등 수입적응성시험은 농업협동조합중앙회에서 실시한다.

정답 80 ① 81 ① 82 ② 83 ④ 84 ④ 85 ④

86 국유품종보호권에 대한 전용실시권을 설정하거나 통상실시권을 허락하는 경우 그 실시 기간은 해당 전용실시권의 설정 또는 통상 실시권의 허락에 관한 계약일로부터 몇 년 이내로 하는가?

① 5년　　② 7년
③ 9년　　④ 12년

해설
국유품종보호권에 대한 전용실시권을 설정하거나 통상실시권을 허락하는 경우에 있어서 그 실시기간은 당해 전용실시권의 설정 또는 통상실시권의 허락에 관한 계약일부터 7년이내로 한다.

87 국가보증이나 자체보증을 받은 종자를 생산하려는 자는 농림축산식품부장관 또는 종자관리사로부터 채종 단계별로 몇 회 이상 포장 검사를 받아야 하는가?

① 1회　　② 3회
③ 6회　　④ 9회

해설
국가보증이나 자체보증을 받은 종자를 생산하려는 자는 농림축산식품부장관 또는 종자관리사로부터 채종 단계별로 1회 이상 포장검사를 받아야 한다.

88 종자관련법상 해외수출용 종자의 보증표시 방법은?

① 바탕색은 흰색으로, 대각선은 보라색으로, 글씨는 검은색으로 표시한다.
② 바탕색은 붉은색으로, 글씨는 검은색으로 표시한다.
③ 바탕색은 파란색으로, 글씨는 검은색으로 표시한다.
④ 바탕색은 보라색으로, 글씨는 검은색으로 표시한다.

해설
채종 단계별 구분이 필요하지 않은 종자, 묘목, 해외수출용 종자는 바탕색은 파란색으로, 글씨는 검은색으로 표시한다.

89 농림축산식품부 해양수산부 직원, 심판위원회 직원 또는 그 직위에 있었던 사람이 직무상 알게 된 품종보호 출원 중인 품종에 관하여 비밀을 누설하거나 도용하였을 때 몇 년 이하의 징역을 받는가?

① 1년　　② 3년
③ 5년　　④ 7년

해설
비밀을 누설하거나 도용하였을 때에는 5년 이하의 징역 또는 5천만원 이하의 벌금에 처한다.

90 "원종은 원원종에서 ( ) 증식된 종자를 말하며, 원종포라함은 원종의 생산포장을 말한다." ( )에 알맞은 내용은?

① 4세대　　② 3세대
③ 2세대　　④ 1세대

해설
원종은 원원종에서 1세대 증식된 종자를 말하며, 원종포라함은 원종의 생산포장을 말한다.

91 품종목록 등재의 유효기간은 등재한 날이 속한 해의 다음 해부터 몇 년까지로 하는가?

① 3년　　② 5년
③ 10년　　④ 15년

해설
품종목록 등재의 유효기간은 등재한 날이 속한 해의 다음 해부터 10년까지로 한다.

92 품종목록의 등재의 유효기간 연장신청은 그 품종목록 등재의 유효기간이 끝나기 전 몇 년 이내에 신차하여야 하는가?

① 1년　　② 2년
③ 3년　　④ 4년

해설
품종목록의 등재의 유효기간 연장신청은 그 품종목록 등재의 유효기간이 끝나기 전 1년 이내에 신청하여야 한다.

정답　86 ②　87 ①　88 ③　89 ③　90 ④　91 ③　92 ①

93 사후관리시험의 기준 및 방법에서 품종의 순도, 품종의 진위성, 종자전염병의 검사 시기는?
① 성숙기 ② 신장기
③ 분얼기 ④ 활착기

해설
사후관리시험의 기준 및 방법에서 품종의순도, 품종의 진위성, 종자전염병의 검사 시기 성숙기이다.

94 국가품종목록 등재 대상 작물이 아닌 것은?
① 사료용 옥수수 ② 벼
③ 보리 ④ 콩

해설
품종목록에 등재할 수 있는 대상작물은 벼, 보리, 콩, 옥수수, 감자와 그 밖에 대통령령으로 정하는 작물로 한다. 다만, 사료용은 제외한다.

95 재배심사의 판정기준에 대한 내용이다. (가), (나)에 알맞은 내용은?

> 안정성은 (가)차 시험의 균일성 판정결과와 (나)차 이상의 시험의 균일성 판정결과가 다르지 않으면 안정성이 있다고 판정한다.

① 가 : 6개월, 나 : 1년
② 가 : 1년, 나 : 2년
③ 가 : 2년, 나 : 3년
④ 가 : 2년, 나 : 4년

해설
안정성은 1년차 시험의 균일성 판정결과와 2년차 이상의 시험의 균일성 판정결과가 다르지 않으면 안정성이 있다고 판정한다.

96 종자검사 요령 상 시료추출 방법으로 가장 적절하지 않은 것은?
① 유도관 색대를 사용한 시료추출
② 노브 색대를 사용한 시료 추출
③ 테이프 접착면을 사용한 시료 추출
④ 손으로 시료 추출

해설
시료추출방법에는 막대, 유도관 색대, 노브색대, 손을 활용하는 방법이 있다.

97 수입적응성시험의 심사기준에 대한 내용이다. (가)에 알맞은 내용은?

> 재배시험지역은 최소한 2개 지역 이상 (시설 내 재배시험인 경우에는 (가)개 지역 이상)으로 하되, 품종의 주 재배지역은 반드시 포함되어야 하며 작물의 생태형 또는 용도에 따라 지역 및 지대를 결정한다. 다만, 작물 및 품종의 특성에 따라 지역수를 가감할 수 있다.

① 1 ② 2
③ 3 ④ 4

해설
시설 내 재배시험인 경우에는 1개 지역 이상으로 한다.

98 전문인력 양성기관의 지정취소 및 업무정지의 기준에서 정당한 사유 없이 전문인력 양성을 거부하거나 지연한 경우, 1회 위반 시 처분은? (단, 전문인력은 종자산업의 육성 및 지원에 필요한 전문인력을 의미함)
① 시정명령 ② 업무정지 3개월
③ 업무정지 6개월 ④ 지정취소

해설
1회 위반은 시정명령, 2회위반은 업무정지 3개월, 3회 위반은 지정취소에 처한다.

99 종자관리사에 대한 행정처분의 세부 개별기증에서 행정처분이 업무정지 6개월에 해당하는 것은?

① 종자보증과 관련하야 형을 선고받은 경우
② 업무정지처분기간 종료 3년 이내에 업무정지처분에 해당하는 행위를 한 경우
③ 종자보증과 관련하여 고의 또는 중대한 과실로 타인에게 손해를 입힌 경우
④ 업무정지처분을 받은 후 그 업무정지처분 기간에 등록증을 사용한 경우

해설
보기 ①, ②, ④ 는 등록취소에 해당된다.

100 (　　)안에 알맞은 내용은?

> 종자관리사 등록이 취소된 사람은 등록이 취소된 날부터 (　　)이 지나지 아니하면 종자관리사로 다시 등록할 수 없다.

① 6개월　　② 1년
③ 2년　　　④ 3년

해설
등록이 취소된 사람은 등록이 취소된 날부터 2년이 지나지 아니하면 종자관리사로 다시 등록할 수 없다.

정답 99 ③　100 ③

2018 제3회 종자기사

제1과목 종자생산학

01 저장종자가 발아력을 잃게 되는 원인으로 옳지 않은 것은?
① 종자 단백질의 변성
② 효소의 활성 증진
③ 호흡에 의한 종자 저장물질 소모
④ 저장 기간 중 저장고 온도와 습도의 상승

해설
저장 종자의 효소의 활성이 증진되면 종자의 발아력이 활성화된다.

02 웅성불임성에 대한 설명으로 틀린 것은?
① 웅성불임성은 유전자적 웅성불임성, 세포질적 웅성불임성, 세포질·유전자적 웅성불임성으로 구분한다.
② 임성회복유전자에는 배우체형과 포자체형이 있다.
③ 세포질적 웅성불임성은 불임요인이 세포질에 있기 때문에 자방친이 불임이면 화분친의 유전자 구성에 관계없이 불임이다.
④ 대체로 세포질적 웅성불임성이 유전자적 웅성불임성보다 잘 생긴다.

해설
세포질적 웅성불임성은 종실이 수확대상이 되는 작물에서는 이용이 어렵다.

03 다음 중 종자의 수명에서 장명종자에 해당하는 것은?
① 클로버   ② 강낭콩
③ 해바라기   ④ 베고니아

해설
장명종자에는 비트, 수박, 호박, 오이, 배추, 가지, 토마토, 알팔파, 클로버 등이 있다.

04 벼 돌연변이 육종에서 종자에 돌연변이 물질을 처리하였을 때 이 처리 당대를 무엇이라 하는가?
① P_0 ② M_1
③ Q_2 ④ G_3

해설
방사선을 처리한 종자로부터 돌연변이한 식물체를 M_1 세대라 한다.

05 다음 채소 중 자가수정율이 가장 높은 것은?
① 토마토   ② 오이
③ 호박   ④ 배추

해설
토마토는 자가수정율이 90% 이상으로 매우 높은편에 속한다. 오이, 호박, 배추는 자가수정률이 5% 수준의 타가수정작물로 낮은편에 속한다.

정답 01 ② 02 ④ 03 ① 04 ② 05 ①

06 일대잡종 종자 채종 시 생력화 수단으로 활용되는 채종체계가 아닌 것은?
① 자가불화합성 이용
② 웅성불임 현상 이용
③ 화학적 제웅법
④ 잡종강세 현상 이용

해설
생력화는 생산비 절감 및 수량의 증대를 목적으로 한다. 1대 잡종 종자 생산을 위해서는 웅성불임성, 자가불화합성 등의 유전적 특성을 활용하고 개화기를 일치시키는 등의 노력이 필요하다.

07 종자의 발달에 대한 설명으로 틀린 것은?
① 수정 후 세포분열과 신장을 위한 양분과 수분의 흡수로 종자는 무거워진다.
② 수정 직후의 건물종은 과피가 가장 무겁다.
③ 배유 발달의 초기에 높은 수준에 있던 당함량은 전분 함량이 증가함에 따라 급속히 감소한다.
④ DNA와 RNA는 배유의 초기발생과정 중 세포가 분열할 때에는 감소한다.

해설
배유의 초기발생과정 중에서 세포가 분열할 때 DNA와 RNA 에는 변화가 없다.

08 직접 발아시험을 하지 않고 배의 환원력으로 종자 발아력을 검사하는 방법은?
① X선 검사법
② 전기전도도 검사법
③ 테트라졸리움 검사법
④ 수분함량 측정법

해설
테트라졸리움 검사법은 테트라졸리움 용액을 이용하여 살아 있는 종자 조직의 착색 정도를 통해 종자의 발아력을 검사한다.

09 타식성 작물의 채종포에 있어서 포장검사 시 반드시 조사해야 할 사항은?
① 총 건물생산량
② 종실의 지방 함량
③ 타 품종과의 격리거리
④ 개화기와 성숙기

해설
타식성 작물의 채종포에 있어 다른 품종과의 교잡으로 퇴화의 가능성이 있기에 품종특성 유지를 고려한다면 다른 품종과 채종포장과의 격리를 해야 한다.

10 종자생산에서 수확 적기의 판단 기준으로 옳은 것은?
① 식물체 외양과 종자의 수분 함량에 따라 결정한다.
② 초기에 개화 성숙한 종자 상태에 따라 결정한다.
③ 생리적 성숙기에 도달한 때가 수확 적기이다.
④ 대화기에 따라 종자활력을 검정하여 성숙한 종자 상태에 따라 결정한다.

해설
채종재배를 위한 종자의 수확적기를 판단하는 기준으로 종자의 성숙정도, 수분의 함량, 발아력의 생성 등을 고려하여 결정을 한다.

11 채종재배 시 채종포로서 적당하지 못한 곳은?
① 등숙기에 강우량이 많고 습도가 높은 지역
② 토양이 비옥하고 배수가 양호하며 보수력이 좋은 토양
③ 겨울 기온이 온화하고 등숙기에 기온의 교차가 큰 곳
④ 교잡을 방지하기 위하여 다른 품종과 격리된 지역

해설
채종재배 시 채종포는 강우량 및 습도가 적당해야 한다.

정답 06 ④ 07 ④ 08 ③ 09 ③ 10 ① 11 ①

12 종자의 수분평형곡선에 대한 설명으로 옳지 않은 것은?

① 어떤 일정한 상대습도 하에서 온도가 상승하면 수분함량이 상대적으로 적어진다.
② 방습(防濕) 시의 평형곡선은 흡습 시의 평형곡선보다 약간 높다.
③ 지방의 함량이 많은 종자는 단백질이나 전분의 함량이 많은 종자보다 수분평형곡선이 높다.
④ 옥수수와 같은 화곡류의 종자는 동일한 상대습도 하에서 유료작물보다 수분함량이 높아 질 수 있다.

해설
지방의 함량이 많은 종자는 단백질이나 전분의 함량이 많은 종자보다 수분평형곡선이 낮다.

13 품종의 유전적 순도를 높일 수 있는 방법으로 거리가 먼 것은?

① 인공수분
② 격리재배
③ 개화 전의 이형주 제거
④ 염수선에 의한 종자의 정선

해설
염수선은 소금물을 이용하여 병든 종자를 제거하고 종자에 섞인 균핵제거를 하지만 유전적 순도를 높일 수는 없다.

14 무의 채종재배를 위한 포장의 격리거리는 얼마인가?

① 100m 이상   ② 250m 이상
③ 500m 이상   ④ 1000m 이상

해설
무의 채정재배를 위한 포장 격리거리 기준은 1,000m이다.

15 종자의 온탕처리로 방제되는 병해가 아닌 것은?

① 벼의 선충심고병
② 맥류의 깜부기병
③ 고구마의 검은무늬병
④ 배나무의 붉은별무늬병

해설
배나무 붉은별무늬병은 중간기주를 제거하거나 매개충 및 잡초 등을 물리적으로 제거하는것이 방제에 효과적이다.

16 발아검사 시 재시험을 하여야 하는 경우가 아닌 것은?

① 경실종자가 많아 휴면으로 여겨질 때
② 독물질이나 진균, 세균의 번식으로 시험결과에 신빙성이 없을때
③ 발아율이 낮을 때
④ 반복간의 차이가 규정된 최대 허용오차 범위를 초과할 때

해설
발아검사 시 재시험에 대한 기준은 다음과 같다
· 휴면으로 여겨질 때(신선종자)
· 시험결과가 독물질이나 진균, 세균의 번식으로 신빙성이 없을 때
· 상당수의 묘에 대해 정확한 평가를 하기 어려울 때
· 시험조건, 묘평가, 계산에 확실한 잘못이 있을 때
· 100입씩 반복간 차이가 최대허용오차를 넘을 때

17 양파의 채종과 관련된 특성으로 틀린 것은?

① 녹식물 저온 감응성 식물
② 화분생명이 수분에 극히 약함
③ 모구(母球) 이용 채종
④ 영양번식이 거의 안 됨

해설
양파의 경우 인경을 통한 영양번식이 가능하다.

18 봉지 씌우기를 필요로 하지 않는 경우는?
① 교배 육종
② 원원종 채종
③ 여교배 육종
④ 자가불화합성을 이용한 F_1채종

해설
봉지씌우기는 복대법이라 하여 육종, 원종, 원원종 채종 등에 이용되는 방법으로 다른 화분의 혼입을 차단하는 방법이다. 동일개체 내의 암·수 생식세포 간에 수정이 이루어지지 않는 자가불화합성에서는 필요하지 않는 방법이다.

19 다음 작물 중 뇌수분의 실용성이 가장 높은 것은?
① 호박 ② 가지
③ 토마토 ④ 오이

해설
뇌수분은 자가수정률이 높아 가지에 효과적이고 오이는 실용성이 없다.

20 다음 중 과실이 바로 종자로 취급되고 있는 작물로만 나열된 것은?
① 오이, 고추 ② 고추, 옥수수
③ 옥수수, 벼 ④ 벼, 오이

해설
과실에 해당되나 종자로 취급되는 작물에는 옥수수, 밀, 벼, 귀리 등이 있다.

제2과목 식물육종학

21 두 품종이 가지고 있는 우량한 특성을 1개체 속에 새로이 조합시키기 위하여 적용할 수 있는 가장 효율적인 육종법은?
① 교잡육종법 ② 돌연변이 육종법
③ 분리육종법 ④ 배수성육종법

해설
교잡육종법은 두 개의 품종이 각각 별도로 가지고 있는 유용 형질을 한 개체 속에 새롭게 조합시킬 목적으로 교배하는 것을 말한다.

22 자연교잡에 의한 배추과(십자화과) 채소품종의 퇴화를 막기 위하여 채종재배 시 사용할 수 있는 방법으로 가장 적당한 것으로만 나열된 것은?
① 망실재배, 수경재배
② 지베렐린 처리, 외딴섬재배
③ 외딴섬재배, 망실재배
④ 수경재배, 지베렐린 처리

해설
품종의 퇴화를 막기 위해서는 격리법을 활용해야 하며 봉지, 망실, 망상 등의 차단격리법이나 해안지방, 산간지방 등에서 재배하는 거리격리법을 활용한다. 그 외에도 춘화처리, 일정처리, 생장조절제 처리, 파종기 조절 등의 처리를 활용하는 시간격리법이 있다.

23 동질배수체를 육종에 이용할 때 가장 불리한 점은?
① 임성 ② 내병성
③ 생육상태 ④ 종자의 크기

해설
동질배수체는 임성이 저하되는 불리한 점이 있다.

24 웅성불임성을 이용하여 F₁종자 채종을 하는 작물로만 나열한 것은?

① 시금치, 호박, 완두
② 배추, 상추, 오이
③ 양파, 고추, 당근
④ 토마토, 강낭콩, 참외

해설
양파, 당근, 고추, 토마토, 옥수수 등의 종자생산에는 웅성불임성을 이용한다.

25 벼와 같은 자식성 식물에서의 잡종강세에 대한 설명으로 옳은 것은?

① 자식성 식물이므로 잡종 강세가 일어나지 않는다.
② 교배조합에 따라 잡종강세가 일어날 수 있다.
③ 모든 교배조합에서 잡종강세가 크게 나타난다.
④ 자식성 식물에서는 잡종강세를 조사하지 않는다.

해설
잡종강세는 타가수정작물에 현저하게 나타나며 자가수정작물에서도 나타나기도 한다.

26 우리나라 봄에 배추와 무를 재배할 수 있게 된 가장 주요한 육종형질은 무엇인가?

① F₁의 잡종강세 ② 만추대성
③ 내병성   ④ 다수성

해설
만추대성은 추대가 늦게 오는 성질을 말한다. 만추대성 품종은 3~4월 단경기 수확과 출하에 적합하다.

27 다음 주 타식성 작물의 특성으로만 나열된 것은?

① 완전화(完全花), 이형예현상
② 이형예현상, 자웅이주
③ 자웅이주, 폐화수분
④ 폐화수분, 완전화(完全花)

해설
타식성 작물의 특성에는 자웅이숙, 자웅동주, 자웅이주, 이형예현상, 장벽수정 등이 있다.

28 육종단계에서 분자표지의 활용도가 매우 낮은 것은?

① 여교배육종 시 세대 단축
② 종자순도 검정
③ 생산성 검정
④ 유전자원 및 품종의 분류

해설
분자표지는 유전자원 및 품종의 분류, 종자순도의 검정, 분자표지를 이용한 선발, 양적 형질 유전자좌의 선발에 유용하게 활용된다.

29 염색체 배가에 가장 효과적인 방법은?

① 콜히친 처리   ② NAA 처리
③ 저온 처리   ④ 고온 처리

해설
염색체를 배가시켜 동질배수체를 작성하려면 콜히친(colchicine)처리법을 이용해야 한다.

30 대부분의 형질이 우량한 장려품종에 내병성을 도입하고자 할 때 가장 효과적인 육종법은?

① 분리육종법   ② 계통육종법
③ 집단육종법   ④ 여교잡육종법

해설
여교잡육종법의 경우 내병성 품종을 육성하거나 유전자의 연관관계를 규명하는데 흔히 사용되며 육종의 시간과 경비를 절약하는 장점이 있다.

정답 24 ③ 25 ② 26 ② 27 ② 28 ③ 29 ① 30 ④

31 다음 중 타가수정 작물에 적용되기도 하나 자가수정 작물의 품종특성유지에 특히 잘 적용 되는 육종법은?
① 계통분리법   ② 순계도태법
③ 영양계분리법 ④ 순계분리법

해설
계통분리법은 자가수정작물의 채종에서 단기간에 순수한 집단을 얻을 수 있어 품종의 특성을 유지하는 데 적합하다.

32 유전적으로 이형접합인 F_1 품종의 균등성과 영속성을 유지하기 위한 방법으로 가장 적당한 것은?
① 양친 품종의 균등성과 영속성을 유지시킴
② F_2에서 F_1과 똑같은 특성을 가진 개체를 선발함
③ 방사선 조사에 의하여 돌연변이를 유발함
④ 염색체를 배가 시킴

해설
이형접합인 F_1 품종의 균등성을 유지하기 위해서는 양친 품종의 균등성을 유지시키는 것이 중요하다.

33 잡종강세를 이용한 F_1품종들의 장점으로 가장 거리가 먼 것은?
① 증수효과가 크다.
② 품질이 균일하다.
③ 내병충성이 양친보다 강하다.
④ 종자의 대량 생산이 용이하다.

해설
잡종강세를 나타내는 작물의 1대잡종(F_1) 종자를 대량 생산할 수 있다.

34 생산력 검정에 관한 설명 중 틀린 것은?
① 검정포장은 토양의 균일성을 유지하도록 노력한다.
② 계측, 계량을 잘못하면 포장시험에 따르는 오차가 커진다.
③ 시험구의 크기가 클수록 시험구당 수량 변동이 커진다.
④ 시험구의 반복회수의 증가로 오차를 줄일 수 있다.

해설
시험구의 크기가 클수록 시험구당 수량 변동이 작아진다.

35 우수형질을 가진 아조변이가 나타났을 때 신품종으로만 이용할 수 있는 것으로 나열된 것은?
① 양파, 파   ② 배추, 무
③ 토마토, 가지 ④ 사과, 감귤

해설
아조변이는 체세포돌연변이의 일종인데 식물의 줄기와 가지의 생장점 세포가 돌연변이를 일으킨 것으로 과수류의 신품종 육성에 이용된다.

36 1염색체식물(monosomics)을 옳게 나타낸 것은?
① $2n+1$ ② $2n-1$
③ n ④ $2n+2$

해설
$2n-1$ 을 단염색체(1염색체)라 하고 $2n+2$ 는 4염색체, $2n+1$ 은 3염색체라 한다.

37 자연일장이 13시간 이하로 되는 늦여름 야간 자정부터 1시까지 1시간 동안 충분한 광선을 식물체에 일정 기간 동안 조명해 주었을 때 나타나는 현상은?
① 코스모스 같은 단일성 식물의 개화가 현저히 촉진되었다.
② 가을 배추가 꽃을 피웠다.
③ 가을 국화의 꽃봉오리가 제대로 생기지 않았다.
④ 조생종 벼가 늦게 여물었다.

해설
가을국화는 단일식물로 자연일장 13시간 이하인 시기에 1시간 충분히 추가의 광선을 주게 되면 장일조건에 가까워지면서 꽃봉오리가 제대로 생기지 않게 된다.

38 온대지방이 원산인 단일성 작물(벼, 콩 등)을 열대지방에 재배했을 때, 온대지방에 재배했을 때의 개화기와 비교하여 옳게 설명한 것은?
① 일반적으로 고도와는 관계없이 일찍 개화한다.
② 일반적으로 고도와는 관계없이 늦게 개화한다.
③ 열대 지방의 저지애에서는 일찍 개화하고 고지대에서는 늦게 개화한다.
④ 일반적인 경향이 없다.

해설
온대지방이 원산인 단일성 식물을 고온의 열대지방에서 재배하게 되면 출수 및 개화가 촉진된다.

39 작물 육종에서 순계분리법이 가장 효과적인 경우는?
① 자식성인 수집 재래종의 개량
② 타가수정으로 근교약세인 수집 재래종의 개량
③ 타가수정의 영양번식 작물 개량
④ 인공교배에 의한 품종 개량

해설
순계분리법은 기본 집단에서 우수한 형질을 가진 개체를 계속 선발하여 우수한 순계를 선발하는 방법으로 자가수정작물에 이용된다.

40 다음 중 트리티케일(Triticale)의 기원은?
① 밀 × 호밀
② 밀 × 보리
③ 호밀 × 보리
④ 보리 × 귀리

해설
트리티케일은 밀과 호밀을 인공교배하여 만든 이질배수체이다.

제3과목 재배원론

41 다음 중 감온형에 해당하는 것은?
① 그루콩
② 그루조
③ 가을메밀
④ 올콩

해설
감온형 작물로 조생종, 올콩, 봄조, 여름메밀 등이 있다.

42 다음 중 C_3 식물에 해당하는 것으로만 나열된 것은?
① 옥수수, 수수
② 기장, 사탕수수
③ 명아주, 진주조
④ 보리, 밀

해설
광합성효율이 높은 식물을 C_4 식물이며 작물 중에서는 옥수수, 수수, 사탕수수 등의 열대 화본식물이 해당된다. 광합성효율이 C_4 보다 낮은 C_3 작물에는 벼, 밀, 보리, 사탕무 등이 있다.

정답 37 ③ 38 ① 39 ① 40 ① 41 ④ 42 ④

43 벼와 같이 식물체가 포기를 형성하는 작물을 무엇이라 하는가?
① 포복형작물　② 주형작물
③ 내냉성작물　④ 내습성작물

해설
주형작물은 식물체가 포기를 형성하는 것으로 벼, 맥류 등이 해당된다.

44 다음 중 작물의 내염성 정도가 가장 강한 것은?
① 가지　② 사과
③ 감자　④ 양배추

해설
사탕무, 목화, 양배추, 유채 등은 내염성이 강한 작물이다.

45 다음 중 작물의 적산온도가 가장 낮은 것은?
① 벼　② 메밀
③ 담배　④ 조

해설
작물별로 적산온도의 경우 메밀은 1000~1200°C, 추파맥류는 1700~2300°C, 담배는 3200~3600°C 벼는 3500~4500°C 정도이다.

46 다음 중 (　)에 알맞은 내용은?

- Ookuma는 목화의 어린 식물로부터 이층의 형성을 촉진하여 낙엽을 촉진하는 물질로서 (　)을/를 순수분리하였다.
- (　)은/는 잎의 노화, 낙엽을 촉진하고 휴면을 유도한다.

① 에틸렌　② 지베렐린
③ ABA　④ 시토키닌

해설
ABA(Abscisic acid)은 대표적인 생장억제물질이다. ABA를 작물에 적용시 낙엽을 촉진, 휴면의 유도, 발아 억제, 화성 촉진, 내건성 증대 등의 효과가 나타난다.

47 (　)에 알맞은 내용은?

감자 영양체를 20000rad 정도의 (　)에 의한 γ선을 조사하면 맹아억제 효과가 크므로 저장기간이 길어진다.

① ^{15}C　② ^{60}Co
③ ^{17}C　④ ^{40}K

해설
영양체에 ^{60}Co, ^{137}Cs에 의한 γ선을 조사하면 휴면이 연장되고 맹아억제 효과가 크다.

48 다음 중 작물의 기원지가 중국지역에 해당하는 것으로만 나열된 것은?
① 감자, 땅콩, 담배
② 조, 피, 메밀
③ 토마토, 고추, 수수
④ 수박, 참외, 호밀

해설
바빌로프의 작물의 기원지가 중국지역인 것으로 피, 메밀, 무, 오이, 상추, 배, 복숭아 등이 있다.

49 다음 중 굴광현상이 가장 유효한 것은?
① 440~480mm　② 490~520mm
③ 560~630mm　④ 650~690mm

해설
식물이 광을 향하는 굴광현상이 나타나며 주로 청색파장(440~480mm)에 유효하다.

50 다음 중 작물의 주요온도에서 최저온도가 가장 낮은 것은?
① 귀리　② 옥수수
③ 호밀　④ 담배

해설
작물이 생육가능한 최저온도는 호밀 1~2°C, 귀리 4~5°C, 옥수수 8~10°C, 담배 13~14°C 정도이다.

51 다음 중 열해에 대한 설명으로 가장 적절하지 않은 것은?
① 암모니아의 축적이 많아진다.
② 줄분이 침전된다.
③ 유기물의 소모가 적어져 당분이 증가한다.
④ 증산이 과다해진다.

해설
열해로 인하여 고온의 조건이 되면 유기물이 소모가 많아져 당분이 감소한다.

52 다음에서 설명하는 것은?

- 펄프 공장에서 배출
- 감수성이 높은 작물인 무는 0.1ppm에서 1시간이면 피해를 받음
- 미세한 회백색의 반점이 잎 표면에 무수히 나타남
- 피해 대책으로 석회물질을 사용

① 아황산가스 ② 불화수소가스
③ 염소계가스 ④ 오존가스

해설
염소계가스는 강한 산화력을 가진 표백제로 펄프 공장에서 펄프의 표백목적으로 사용된다. 식물 체내로 침투되면 유기성분을 산화시켜 세포가 사멸하고 엽록소가 파괴되면서 회백색의 반점이 잎 표면에 발생한다.

53 다음 중 천연 식물생장조절제의 종류가 아닌 것은?
① 제아틴 ② 에세폰
③ IPA   ④ IAA

해설
에세폰은 합성 식물생장 조절제인 액상의 물질로 식물에 살포하면 분해되면서 에틸렌을 발생시켜 과실의 성숙을 촉진한다.

54 대기의 조성에서 질소 가스는 약 몇 %인가?
① 21   ② 79
③ 0.03   ④ 50

해설
질소는 대기 중의 약 79% 정도를 차지하는 원소로 수목의 단백질, 아미노산 등의 유기화합물을 구성하는 필수 원소이다.

55 벼의 침수피해에 대한 내용이다. ( )에 알맞은 내용은?

- 분얼 초기에는 침수피해가 (가)
- 수잉기~출수개화기때 침수피해는 (나)

① 가 : 작다, 나 : 작아진다.
② 가 : 작다, 나 : 커진다.
③ 가 : 크다, 나 : 커진다.
④ 가 : 크다, 나 : 작아진다.

해설
벼는 분얼 초기 침수에 강해 피해가 적게 나타나지만 수잉기에서 출수개화기에는 침수에 약해지면서 침수피해가 크게 나타난다.

56 다음 중 단일식물에 해당하는 것으로만 나열된 것은?
① 샐비어, 콩   ② 양귀비, 시금치
③ 양파, 상추   ④ 아마, 감자

해설
단일식물에는 콩, 옥수수, 벼, 딸기, 국화, 코스모스, 들깨, 샐비어 등이 있다.

57 다음 중 자연교잡률이 가장 낮은 것은?
① 아마 ② 밀
③ 보리 ④ 수수

해설
자식성식물인 벼, 보리, 밀 등은 자연교잡률은 4% 이하를 기준으로 한다.

58 다음 중 노후답의 재배대책으로 가장 거리가 먼 것은?
① 조식재배를 한다.
② 저항성 품종을 선택한다.
③ 무황산근 비료를 시용한다.
④ 덧거름 중점의 시비를 한다.

해설
노후답의 재배 대책으로 저항성 품종을 심거나, 조기 재배를 통해 수확이 빠르도록 하여 추락을 완화한다. 무황산근 비료를 시비하여 황화수소의 발생을 줄이도록 한다.

59 수박 접목의 특성에 대한 설명으로 가장 거리가 먼 것은?
① 흡비력이 강해진다.
② 과습에 잘 견딘다.
③ 품질이 우수해진다.
④ 흰가루병에 강해진다.

해설
흰가루병은 주로 공기중으로 전파되어 각피를 통해 침입하기에 접목에 의해 발생하지는 않는다.

60 다음 중 상대습도가 70%일 때 쌀의 안전저장 온도 조건으로 가장 적절한 것은?
① 5℃   ② 10℃
③ 15℃ ④ 20℃

해설
쌀의 안전저장온도는 15℃ 정도이다.

제4과목 식물보호학

61 대부분의 나비목에 해당하는 것은 부속지가 몸에 붙어 있는 번데기의 형태는?
① 위용 ② 피용
③ 저작형 나용 ④ 비저작형 나용

해설
피용은 곤충번데기의 한 형태로 전체의 체표가 심하게 경화하고 촉각, 다리, 날개가 체부에 밀착되어 있는 것을 말한다. 대부분의 나비목, 파리목의 사각류(모기, 각다귀) 및 단각류의 번데기는 이 형에 속한다.

62 제초제에 대한 설명으로 옳은 것은?
① 디캄바는 접촉형으로 비선택성이다.
② 글루포시네이트암모늄은 광엽 잡초에 대하여 선택성이 있다.
③ 플루아지호프피부틸은 화본과 잡초에 대하여 선택성이 있다.
④ 글리포세이트는 이행형으로 콩과 잡초에 대하여 선택성이 있다.

해설
플루아지호프피부틸 약제는 화본과 잡초에 대하여 선택적으로 작용한다.

63 주로 과실을 가해하는 해충이 아닌 것은?
① 복숭아순나방 ② 복숭아명나방
③ 복숭아심식나방 ④ 복숭아유리나방

해설
복숭아유리나방은 천공성해충에 해당한다.

64 무성포자에 해당하는 것은?
① 자낭포자 ② 분생포자
③ 담자포자 ④ 접합포자

해설
분생포자는 무성포자에 해당되고 자낭포자는 유성포자에 해당된다.

정답 57 ③ 58 ① 59 ④ 60 ③ 61 ② 62 ③ 63 ④ 64 ②

65 항생제 계통의 살균제에 해당하는 것은?
① 만코제브 수화제
② 카벤다짐 수화제
③ 데부코나졸 유제
④ 스트렙토마이신 수화제

해설
농용항생제의 종류로는 가스가마이신, 발리다마이신에이, 스트렙토마이신, 블라스티시딘에스, 폴리옥신비, 폴리옥신디 등이 있다.

66 감자의 싹에 나타난 병징으로 바이러스 감염여부를 판정하는 것은?
① 황산구리법   ② 형광항체법
③ 슬라이드법   ④ 괴경지표법

해설
싹을 틔워 병징을 발현, 발생유무를 관찰하는 방법으로 괴경지표법(최아법)이라 한다.

67 알 → 약충 → 성충으로 변화하는 곤충 중에 약충과 성충의 모양이 완전히 다르고, 주로 잠자리목과 하루살이목에서 볼 수 있는 변태의 형태는?
① 반변태   ② 과변태
③ 무변태   ④ 완전변태

해설
알, 약충, 성충의 과정을 반변태(불완전변태)라 한다.

68 A 유제(50%)를 2000배로 희석하여 10a당 160L를 살포할 때 A 유제의 소요량(mL)은?
① 40   ② 60
③ 80   ④ 100

해설
$$소요약량 = \frac{단위면적당 사용량}{소요희석배수}$$
$$= \frac{160}{2000} = 0.08L = 80ml$$

69 월년생 잡초에 해당하는 것은?
① 명아주   ② 속속이풀
③ 밭뚝외풀   ④ 바람하늘지기

해설
월년생 잡초에는 달맞이꽃, 나도냉이, 엉겅퀴, 냉이, 별꽃, 속속이풀 등이 있다.

70 농약의 살포 방법 중 미스트법에 대한 설명으로 옳지 않은 것은?
① 살포 시간 및 인력 비용 등을 절감한다.
② 살포액의 농도를 낮게 하고 많은 양을 살포한다.
③ 살포액의 미립화로 목표물에 균일하게 부착시킨다.
④ 분사 형식은 노즐에 압축공기를 같이 주입하는 유기분사 방식이다.

해설
미스트법은 미스트기로 만든 미립자를 살포하는 방법으로 분무법과 비교하여 살포량은 적지만 농도가 높고 입자가 작으며 농도는 약 2배 정도로 높다.

71 벼 잎벌레에 대한 설명으로 옳은 것은?
① 식엽성 해충이다.
② 유충만 가해한다.
③ 번데기로 월동한다.
④ 1년에 3회 발생한다.

해설
벼 잎벌레는 잎을 가해하는 식엽성 해충이다.

72 다년생 잡초에 해당하는 것은?
① 쇠뜨기   ② 환삼덩굴
③ 중대가리풀   ④ 가을강아지풀

해설
쇠뜨기는 다년생 광엽잡초이다.

73 잡초로 인해 예상되는 피해 또는 손실이 아닌 것은?
① 작물의 품질 저하
② 작물의 수확량 감소
③ 해충의 서식처 제공
④ 토양의 물리성 악화

해설
잡초로 토양의 침식 및 유실을 방지하기에 토양의 물리성에 도움을 준다.

74 비기생성 선충과 비교할 때 기생성 선충만 가지고 있는 것은?
① 근육　　　② 신경
③ 구침　　　④ 소화기관

해설
식물기생선충은 머리에 구침으로 식물 조직을 뚫고 들어가 즙액을 빨아 먹고 상처가 난 조직은 병원성 곰팡이, 세균에 의해 2차 감염이 발생한다.

75 잡초의 밀도가 증가하면 작물의 수량이 감소되는데, 어느 밀도 이상으로 잡초가 존재하면 작물 수량이 현저하게 감소되는 수준까지의 밀도는?
① 잡초밀도
② 잡초경제한계밀도
③ 잡초허용한계밀도
④ 작물수량감소밀도

해설
잡초허용한계밀도는 잡초의 밀도가 증가하면 양분의 손실 등으로 작물의 수량이 감소하는 밀도이다.

76 병해충 발생 예찰을 위한 조사방법 중 정점조사의 목적으로 옳지 않은 것은?
① 방제 범위 결정
② 방제 적기 결정
③ 방제 여부 결정
④ 연차간 발생장소 비교

해설
병해충의 발생예찰을 위한 정점조사의 목적은 방제 여부, 방제 시기, 연차간 발생장소 비교 등 이다.

77 훈증제는 주로 해충의 어느 부분을 통하여 체내에 들어가서 해충을 죽게 하는가?
① 입　　　② 피부
③ 날개　　④ 기문

해설
약제를 가스화하여 해충을 죽이는 약제로 기문을 통해 체내로 침투하여 해충을 죽이게 된다.

78 벼에 사과 탄저병균을 접종하여도 같은 병에 걸리지 않는다. 벼의 이와 같은 성질을 나타내는 용어는?
① 면역성　　　② 내병성
③ 확대저항성　④ 감염저항성

해설
면역성은 식물이 병에 걸리지 않도록 하는 것을 의미한다.

79 밀 줄기녹병균의 제1차 전염원이 되는 포자는?
① 소생자　　② 겨울포자
③ 여름포자　④ 녹병정자

해설
병원균은 이종기생성으로 매자나무에서 녹병포자와 녹포자를 만들고 맥류에서 여름포자와 겨울포자퇴를 만든다. 여기에서 1차 전염원이 되는 포자는 여름포자가 된다.

정답 73 ④　74 ③　75 ③　76 ①　77 ④　78 ①　79 ③

80 시설원예의 대표적인 해충으로 성충의 몸이 전체 흰색을 나타내며, 침 모양의 주둥이를 이용하여 기주를 흡즙하여 가해하는 해충은?

① 무잎벌
② 온실가루이
③ 고자리파리
④ 복숭아혹진딧물

해설
온실가루이는 매미목 가루이과로 기주는 오이, 토마토, 딸기 등이 있다. 1년에 10회 이상 발생하며 보통은 월동이 어려우나 시설 내에서는 간간히 월동을 한다. 약충과 성충이 기주식물의 잎에서 즙액을 빨아먹어 생장을 방해해 심하면 고사한다.

제5과목 종자관련법규

81 식물신품종 보호법에 대한 내용이다. (가)에 알맞은 내용은?

> 품종보호 출원일 이전(우선권을 주장하는 경우에는 최초의 품종보호 출원일 이전)에 대한민국에서는 (가)이상, 그 밖의 국가에서는 4년[과수(果樹) 및 임목(林木)인 경우에는 6년] 이상 해당 종자나 그 수확물이 이용을 목적으로 양도되지 아니한 경우에는 그 품종은 신규성을 갖춘 것으로 본다.

① 3개월
② 6개월
③ 1년
④ 2년

해설
품종보호 출원일 이전(우선권을 주장하는 경우에는 최초의 품종보호 출원일 이전)에 대한민국에서는 1년 이상, 그 밖의 국가에서는 4년[과수(果樹) 및 임목(林木)인 경우에는 6년] 이상 해당 종자나 그 수확물이 이용을 목적으로 양도되지 아니한 경우에는 그 품종은 신규성을 갖춘 것으로 본다.

82 식물신품종 보호법상 심판에 대한 내용이다. ( )에 알맞은 내용은?

> 심판은 ( )의 심판위원으로 구성되는 합의체에서 한다.

① 3명
② 5명
③ 7명
④ 9명

해설
심판은 3명의 심판위원으로 구성되는 합의체에서 한다.

83 수입적응성시험의 심사기준에서 재배시험지역에 대한 내용이다. ( )에 알맞은 내용은? (단, 시설 내 재배시험인 경우는 제외한다.)

> 재배시험지역은 최소한 ( )지역 이상으로 하되, 품종의 주 재배지역은 반드시 포함되어야 하며 작물의 생태형 또는 용도에 따라 지역 및 지대를 결정한다. 다만, 작물 및 품종의 특성에 따라 지역수를 가감할 수 있다.

① 4개
② 3개
③ 2개
④ 1개

해설
재배시험지역은 최소한 2개 지역 이상(시설 내 재배시험인 경우 1개지역 이상)으로 하되, 품종은 주 재배지역은 반드시 포함되어야 하며 작물의 생태형 또는 용도에 따라 지역 및 지대를 결정한다.

84 수입적응성시험의 대상작물 및 실시기관에 대한 내용이다. 국립산림품종관리센터에서 실시하는 대상작물에 해당하는 것은?

① 당귀
② 표고
③ 작약
④ 황기

해설
국립산림품종관리센터의 수입적응성시험의 대상작물은 버섯은 표고, 목이, 복령이 있으며 약용작물에는 백출, 사삼, 시호, 오가피, 창출, 천궁, 하수오가 있다.

정답 80 ② 81 ③ 82 ① 83 ③ 84 ②

85 규격묘의 규격기준에서 배의 묘목직경(mm)은?
① 6 이상
② 8 이상
③ 10 이상
④ 12 이상

해설
배의 묘목직경은 12mm 이상을 기준으로 한다.

86 종자검사요령상 발아검정에서 사용하는 내용이다. 다음에 해당하는 용어는?

> 종자 자체에 병원체가 있고 활성을 가지는 것

① 1차 감염
② 2차 감염
③ 3차 감염
④ 4차 감염

해설
1차 감염은 종자 자체에 병원체가 있고 활성을 가지는 것이다.

87 국가보증이나 자체보증을 받은 종자를 생산하려는 자는 농림축산식품부장관 또는 종자관리사로부터 채종 단계별로 몇 회 이상 포장(圃場)검사를 받아야 하는가?
① 5회
② 3회
③ 2회
④ 1회

해설
국가보증이나 자체보증을 받은 종자를 생산하려는 자는 농림축산식품부장관 또는 종자관리사로부터 채종 단계별로 1회 이상 포장(圃場)검사를 받아야 한다.

88 종자관리사 자격과 관련하여 최근 2년간 이중취업을 2회 이상 한 경우 행정처분 기준은?
① 등록취소
② 업무정지 1년
③ 업무정지 6개월
④ 업무정지 3개월

해설
종자관리사 자격과 관련하여 최근 2년간 이중취업을 2회 이상 한 경우 등록이 취소된다.

89 종자검사요령상 순도분석에서 사용하는 용어 중 "석과"의 정의에 해당하는 것은?
① 주공부분의 조그마한 돌기
② 외종피가 과피와 합쳐진 벼과 식물의 나출과
③ 빽빽히 군집한 화서 또는 근대 속에서는 화서의 일부
④ 단단한 내과피와 다육질의 외층을 가진 비열개성의 단립종자를 가진 과실

해설
①씨혹, ②영과, ③화방 에 대한 내용이다.

90 식물신품종 보호법상 우선권의 주장에 대한 내용이다. ( )에 알맞은 내용은?

> 우선권을 주장하려는 자는 최초의 품종보호출원일 다음 날부터 ( ) 이내에 품종보호출원을 하지 아니하면 우선권을 주장할 수 없다.

① 1년
② 2년
③ 3년
④ 4년

해설
우선권을 주장하려는 자는 최초의 품종보호 출원일 다음 날부터 1년 이내에 품종보호 출원을 하지 아니하면 우선권을 주장할 수 없다.

정답 85 ④ 86 ① 87 ④ 88 ① 89 ④ 90 ①

91 옥수수 교잡종 포장검사 시 포장격리에 대한 내용이다. ( )에 알맞은 내용은? (단, 건물 또는 산림 등의 보호물이 있을 때를 제외한다.)

> 채종용 단교잡종은 ( )이상 격리되어야 한다.

① 500m ② 400m
③ 300m ④ 200m

해설
옥수수는 원원종, 원종의 자식계통 및 채종용 단교잡종의 포장격리 기준에서 원원종, 원종의 자식계통은 이품종으로부터 300m 이상, 채종용 단교잡종은 200m 이상 격리되어야 한다. 다만, 건물 또는 산림 등의 보호물이 있을 때는 200m 로 단축할 수 있다.

92 종자관리요강상 유채의 포장검사 시 특정병에 해당하는 것은?

① 백수병 ② 균핵병
③ 근부병 ④ 공동병

해설
유채의 포장검사에서 특정병에는 균핵병이 있다.

93 종자업 또는 육묘업 등록을 한 날부터 1년 이내에 사업을 시작하지 않거나 정당한 사유없이 1년 이상 계속하여 휴업한 경우 1회 위반시 행정처분기준은?

① 영업정지 7일 ② 영업정지 15일
③ 영업정지 30일 ④ 등록취소

해설
종자업 등록을 한 날부터 1년 이내에 사업을 시작하지 아니하거나 정당한 사유 없이 1년 이상 계속하여 휴업한 경우 종자업 등록을 취소하거나 6개월 이내의 기간을 정하여 영업의 전부 또는 일부의 정지를 명할 수 있다.

94 강낭콩 탄저병 조사에 대한 내용이다. (가)에 알맞은 내용은?

> (가) 후 종피를 제거하고 자엽상에 테두리가 뚜렷한 검은 점이 있는가 관찰한다. 25배 입체현미경을 사용하고 검고 격막을 가진 강모가 있는 분생포자층(acervuli)을 가진 종자의 수를 기록한다.

① 3일 ② 5일
③ 7일 ④ 9일

해설
강낭콩 탄저병은 암상태 20℃에서 7일간 배양을 하고 7일후 종피를 제거하고 자엽상에 테두리가 뚜렷한 검은 점이 있는가를 관찰한다.

95 종자관리요령상 고추 제출시료의 "시료의 최소중량"은?

① 50g ② 100g
③ 150g ④ 200g

해설
제출시료의 시료 최소중량은 고추 150g 이다.

96 품종목록 등재의 유효기간은 등재한 날이 속한 해의 다음 해부터 몇 년까지로 하는가?

① 3년 ② 5년
③ 10년 ④ 15년

해설
품종목록 등재의 유효기간은 등재한 날이 속한 해의 다음 해부터 10년까지로 한다.

정답 91 ④ 92 ② 93 ④ 94 ③ 95 ③ 96 ③

97 종자검사요령상 수분의 측정에서 저온항온건조기법을 사용하게 되는 종으로만 나열된 것은?
① 당근, 메론
② 피마자, 참깨
③ 알팔파, 오이
④ 상추, 시금치

해설
저온항온 건조기법은 마늘, 파, 부추, 콩, 땅콩, 배추씨, 유채, 고추, 목화, 피마자, 참깨, 아마, 겨자, 무에 적용한다.

98 보증종자를 판매하거나 보급하려는 자는 종자의 보증과 관련된 검사서류를 작성일부터 몇 년 동안 보관하여야 하는가? (단, 묘목에 관련된 서류는 제외한다.)
① 1년
② 2년
③ 3년
④ 4년

해설
보증종자를 판매하거나 보급하려는 자는 종자의 보증과 관련된 검사서류를 작성일로부터 3년 동안 보관하여야 한다.

99 다음 중 ( )에 알맞은 내용은?

> 품종보호권자는 그 품종보호권의 존속기간 중에는 농림축산식품부장관에게 품종보호료를 ( )납부하여야 한다.

① 5년을 기준으로 1회
② 3년을 기준으로 1회
③ 2년을 기준으로 1회
④ 매년

해설
품종보호권자는 그 품종보호권의 존속기간 중에서 농림축산식품부장관 또는 해양수산부장관에게 품종보호료를 매년 납부하여야 한다.

100 과수와 임목의 경우 품종보호권의 존속기간은 품종보호권이 설정등록 된 날부터 몇 년으로 하는가?
① 15년
② 20년
③ 25년
④ 30년

해설
품종보호권의 존속기간은 품종보호권이 설정등록된 날부터 20년으로 한다. 다만, 과수와 임목의 경우에는 25년으로 한다.

정답 97 ② 98 ② 99 ④ 100 ③

2019 제1회 종자기사

제1과목 종자생산학

01 종피휴면을 하는 식물에서 억제물질의 존재부위가 배유에 해당하는 것은?
① 상추 ② 벼
③ 보리 ④ 도꼬마리

해설
상추는 종피휴면을 하는데 발아억제물질은 배유에 존재한다. 벼는 영에, 보리는 영과 과피, 도꼬마리는 내종피에 발아억제물질이 존재한다.

02 유한화서이면서, 작살나무처럼 2차지경 위에 꽃이 피는 것을 무엇이라 하는가?
① 두상화서 ② 유이화서
③ 원추화서 ④ 복집산화서

해설
복집산화서는 2차지경 위에 꽃이 피는 것으로 작살나무 등이 있다.

03 채소작물 종자검사 시 검사규격에 대한 내용이다. ( )에 알맞은 내용은?

작물명		최고한도(%)		
		수분	이종종자	잡초종자
무	원종	9.0	0.05	( )

① 0.05 ② 0.15
③ 0.2   ④ 0.25

해설
채소작물 중에서 무의 포장검사 규격은 수분 9.0%, 이종종자 0.05%, 잡초종자 0.05%, 이물 1.0%, 손상립 7.0% 이다.

04 종자의 수분상태에 따른 안전건조온도의 범위에 대한 내용이다. ( )에 가장 알맞은 내용은?

완두 최소수분함량이 24%이상일 때 적정온도는 ( )이다.

① 약 10℃ ② 약 18℃
③ 약 38℃ ④ 약 60℃

해설
완두는 최초수분함량이 24% 이상일 때 적정온도는 약 38℃ 이며 최초수분함량이 24% 미만일 때는 적정온도는 약 43℃ 이다.

05 다음에서 설명하는 것은?

배낭을 만들지 않고 포자체의 조직세포가 직접 배를 형성한다.

① 무포자생식 ② 부정배생식
③ 복상포자생식 ④ 웅성단위생식

해설
배낭을 둘러싸고 있는 많은 체세포들이 여러 개의 배가 발생하는 경우 부정배형성이라 한다. 자자연상태에서 감귤류의 주심세포나 주피의 세포가 단위생식으로 부정배를 형성하기도 한다.

06 종자의 형태에서 형상이 능각형에 해당하는 것으로만 나열된 것은?
① 보리, 작약 ② 메밀, 삼
③ 모시풀, 참나무 ④ 배추, 양귀비

해설
종자의 형상은 타원형, 구형, 능각형 등 다양한 형태로 분류되며 능각형에는 메밀과 삼이 있다.

정답 01 ① 02 ④ 03 ① 04 ③ 05 ② 06 ②

07 다음 중 채소류 영양번식의 특징에 대한 설명으로 가장 적절하지 않은 것은?
① 번식의 용이성
② 종자와 같은 장기저장 곤란
③ 영양체를 통한 바이러스 감염 방지
④ 저장 및 운반의 비용의 과다

해설
영양번식은 모체와 유전적으로 동일한 개체로 모체가 바이러스에 감염되면 영양번식한 다음 세대의 경우도 바이러스 감염된다.

08 성숙한 자방이 꽃이 아닌 다른 식물부위나 변형된 포엽에 붙어있는 것을 무엇이라 하는가?
① 복과 ② 취과
③ 위과 ④ 장과

해설
성숙한 자방이 꽃이 아닌 다른 식물부위나 변형된 포엽에 붙어있는 것을 위과라 한다. 위과는 꽃받침이 발달해 과실이 되는 것으로 사과, 배, 무화과 등이 있다.

09 채소작물의 포장검사 시 시금치의 포장격리 거리는?
① 100m ② 300m
③ 700m ④ 1000m

해설
채소작물의 포장격리 기준에서 시금치는 1,000m 이다.

10 다음 중 (가), (나)에 가장 알맞은 내용은?

> 오이에 GA를 살포하면 암꽃분화가 (가)되고, 대부분 (나)ppm이상의 처리로 감응한다.

① 가 : 증가, 나 : 10
② 가 : 증가, 나 : 30
③ 가 : 억제, 나 : 2
④ 가 : 억제, 나 : 50

해설
오이에 GA(지베렐린)을 살포하면 암꽃분화가 억제되고 대부분 50ppm 이상의 처리로 감응한다.

11 다음에서 설명하는 것은?

> 종자가 자방벽에 붙어 있는 경우로서 대게 종자는 심피가 서로 연결된 측면에 붙어있다.

① 측막태좌 ② 중축태좌
③ 중앙태좌 ④ 이형태좌

해설
암술을 이루는 심피의 수는 태좌로 알수 있으며 자방의 태자위치는 태자위라 하고 배주가 부착되었거나 배열된 상태에 따라 4가지 유형으로 나누어 진다. 이때 측막태좌는 측벽태좌라 하며 중앙에 생긴 축과 각 방 사이의 막이 없어져서 한방이 되는 동시에 씨방 벽의 안쪽에 직접 붙어 있는 태좌를 말한다.

12 다음 중 암발아성 종자에 해당하는 것으로만 나열된 것은?
① 양파, 오이 ② 베고니아, 갓
③ 명아주, 담배 ④ 차조기, 우엉

해설
암발아성 종자(혐광성종자)에는 호박, 토마토, 고추, 양파, 가지, 오이, 무, 부추 등이 있다.

13 다음 중 안전저장을 위한 종자의 최대 수분 함량의 한계가 가장 높은 것은?
① 고추 ② 양배추
③ 시금치 ④ 겨자

해설
안전하게 저장하기 위한 종자의 최대수분함량은 일반종자 5~7%, 유지종자 3~5% 정도이다. 시금치의 경우 최대수분함량이 약 9% 정도로 매우 높은 편에 속한다.

14 다음 ( )에 공통으로 들어갈 내용은?

- ( )은/는 포원세포로부터 자성배우체가 되는 기원이 된다.
- ( )은/는 원래 자방조직에서 유래하며 포원세포가 발달하는 곳이다.

① 주피 ② 주심
③ 주공 ④ 에피스테이스

해설
주심은 포원세포에서 자성배우체가 되는 기원으로 자방조직에서 유래하며 포원세포가 발달한다.

15 교배에 앞서 제웅이 필요 없는 작물로만 나열된 것은?
① 벼, 보리 ② 토마토, 가지
③ 오이, 호박 ④ 귀리, 멜론

해설
교배에 앞서 제웅이 필요 없는 작물에는 오이, 호박, 수박 등이 있다.

16 ( )에 알맞은 내용은?

제 1상의 저온감응상의 요구가 없고 다만 제2상의 일장감응상에 의하므로 이러한 ( )식물은 교배에 있어서 일장처리에 의하여 개화기를 조절할 수 있다.

① 녹식물춘화형 ② 무춘화형
③ 종자춘화형 ④ 제춘화형

해설
무춘화형은 개화에 저온의 요구가 없고 일장반응에 따라 개화한다.

17 식물학상 과실을 이용하며, 과실이 영에 싸여 있는 것으로만 나열된 것은?
① 겉보리, 귀리 ② 밀, 시금치
③ 옥수수, 당근 ④ 상추, 목화

해설
과실의 외측이 내영, 외영에 싸여 있는 것으로 벼, 귀리, 겉보리 등이 있다.

18 후숙에 의한 휴면타파 시 휴면상태가 종피휴면이고, 후숙처리방법이 고온에 해당하는 것은?
① 야생귀리 ② 상추
③ 자작나무 ④ 벼

해설
벼의 경우 종피에 발아억제물질이 많이 함유하여 종피휴면이 발생하며 고온의 처리를 통해 휴면을 타파한다. 야생귀리는 배휴면으로 저온처리, 상추, 자작나무는 종피휴면이나 저온 및 광처리를 통해 휴면을 타파하는것이 효과적이다.

정답 13 ③ 14 ② 15 ③ 16 ② 17 ① 18 ④

19 다음에서 설명하는 것은?

> 콩에서 꽃봉오리 끝을 손으로 눌러 잡아당겨 꽃잎과 꽃밥을 제거한다.

① 클립핑법 ② 전영법
③ 절영법 ④ 화판인발법

해설
화판인발법은 꽃봉우리 끝을 손으로 잡아당겨 꽃잎과 꽃밥을 함께 제거하며 콩, 자운영 등에 적용한다.

20 다음 중 장명종자에 해당하는 것으로만 나열된 것은?

① 스토크, 백일홍 ② 베고니아, 기장
③ 팬지, 스타티스 ④ 양파, 일일초

해설
화훼류의 장명종자 스토크, 백일홍, 안개초, 봉선화 등이 있다.

제2과목 식물육종학

21 재배식물에 발생하는 병에 대한 저항성으로 의미가 비슷한 것으로만 나열된 것은?

① 질적저항성, 포장저항성, 수직저항성
② 양적저항성, 비특이적저항성, 수평저항성
③ 질적저항성, 비특이적저항성, 수직저항성
④ 양적저항성, 진정저항성, 수평저항성

해설
수평저항성은 비특이성저항성, 포장저항성이라고도 하며 비슷한 의미의 저항성에는 다인자저항성, 양적저항성 등도 있다.

22 다음 중 계통분리법과 가장 관계가 없는 것은?

① 자식성작물의 집단선발에 가장 많이 사용되는 방법이다.
② 주로 타가수분 작물에 쓰여지는 방법이다.
③ 개체 또는 계통의 집단을 대상으로 선발을 거듭하는 방법이다.
④ 1수1렬법과 같이 옥수수의 계통분리에 사용된다.

해설
자식성작물의 집단선발에 가장 많이 사용되는 방법은 순계분리법이다.

23 다음 중 잡종(hetero)의 자가 수정작물을 계속해서 재배하면 어떻게 되는가?

① 동형접합성이 증가한다.
② 이형접합성이 증가한다.
③ 아무변화도 없다.
④ 환경에 따라 호모나 헤테로 어느 하나가 증가한다.

해설
완전히 자가수정하는 작물의 한 개체에서 나온 자손을 순계라 하며 순계는 유전적으로 동형접합체이다. 자식성 작물이 자가수정을 계속하면 동형접합성이 증가하게 된다.

24 ( )에 가장 알맞은 내용은?

> 자식 또는 근친교배로 인한 근교약세가 더 이상 진행되지 않는 수준을 ( )(이)라 한다.

① 선발 ② 초우성
③ 잡종강세 ④ 자식극한

해설
자식극한은 자식 또는 근친교배로 인한 자식약세가 더 이상 진행되지 않는 수준을 말한다.

정답 19 ④ 20 ① 21 ② 22 ① 23 ① 24 ④

25 다음 중 두 개의 다른 품종을 인공교배하기 위해 가장 우선적으로 고려해야 할 사항은?
① 개화시기 ② 수량성
③ 종자탈립성 ④ 도복저항성

해설
두 개의 다른 품종을 인공교배하기 위해서는 먼저 개화기가 다른 두 품종에 대한 개화기 조절이 필요하다.

26 다음 중 우성상위 F_2의 분리비로 가장 옳은 것은?
① 12:3:1 ② 9:6:1
③ 15:1 ④ 9:3:4

해설
피복유전자는 두쌍의 비대립유전자간 한 우성 유전자가 다른 우성유전자의 발현을 막고 자신의 고유 특성만 발현하는 유전자를 말한다. F_2 분리비는 12:3:1 이다

27 다음 중 인위적으로 유전변이를 작성하는 내용과 가장 관계가 없는 것은?
① 종이 다른 야생종 벼와 재배종 벼 간 교배를 한다.
② 감자와 토마토의 체세포 원형질을 융합시킨다.
③ 생장점배양에 의한 딸기의 무병주 증식을 한다.
④ 박테리아에서 분리한 특정 유전자를 배추에 형질전환 한다.

해설
생장점배양은 바이러스가 없는 식물체를 얻는데 이용하는 방법으로 유전적 변이와는 관련이 없다.

28 고등식물 유전자의 구조 중에서 단백질을 합성하는 유전정보를 가지고 있는 부위는?
① 프로모터 ② 리보솜
③ 인트론 ④ 엑손

해설
DNA 염기서열에서 단백질의 구성정보를 담고 있는 부분을 엑손(exon)이라 하고 엑손의 총합을 엑솜(exome)이라 한다.

29 여교배 세대에 따른 반복친과 1회친의 비율에서 BC_1F_1일 때 반복친의 비율은?
① 50% ② 75%
③ 87.5% ④ 93.75%

해설
· $1-(1/2)^{n+1}$, n : 여교잡 횟수
· $1-(1/2)^{n+1}=1-(1/2)^{1+1}=1-(1/2)^2=75(\%)$

30 무배유종자를 가진 것으로만 나열된 것은?
① 벼, 밀 ② 벼, 콩
③ 보리, 팥 ④ 콩, 팥

해설
무배유종자에는 콩, 완두, 팥, 녹두, 클로버 등의 콩과 식물 및 수박, 오이, 호박, 상추, 배추 등이 있다.

정답 25 ① 26 ① 27 ③ 28 ④ 29 ② 30 ④

31 다음 중 분리육종방법에서 순계분리에 대한 설명으로 가장 옳은 것은?
① 품종화하기 이전에 지역적응시험이 필요치 않다.
② 다수의 선발개체로부터 채취한 종자를 혼합하여 세대를 진전한다.
③ 순계분리는 자식성 식물에 주로 적용되지만 타식성 식물의 자식계통 육성에도 이용된다.
④ 재래종을 공시화하여 선발계통의 우수성을 입증한다.

해설
기본 집단에서 우수한 형질을 가진 개체를 계속 선발하여 우수한 순계를 선발하는 방법으로 자가수정작물에 이용된다. 타가수정작물에서 근교약세를 나타내지 않는 작물은 순계분리법을 적용할 수 있는데 이때 순계를 얻기 위해 인공수분에 의한 교배가 필요하다.

32 피자식물에서 볼 수 있는 중복수정의 기구는?
① 난핵 × 정핵, 극핵 × 생식핵
② 난핵 × 생식핵, 극핵 × 영양핵
③ 난핵 × 정핵, 극핵 × 정핵
④ 난핵 × 정핵, 극핵 × 영양핵

해설
피자식물의 중복수정은 2개의 정핵 중 1개는 난핵과 결합하여 배가 되고 다른 1개는 2개의 극핵과 결합해서 배젖이 된다.

33 다음 중 폴리진에 대한 설명으로 가장 옳지 않은 것은?
① 양적 형질 유전에 관여한다.
② 각각의 유전자가 주동적으로 작용한다.
③ 환경의 영향에 민감하게 반응한다.
④ 누적적 효과로 형질이 발현된다.

해설
각각의 유전자가 주동적으로 작용하기보다 각각의 폴리진이 같은 방향으로 작용한다.

34 다음 ( )에 공통으로 들어갈 내용은?

· 같은 형질에 관여하는 여러 유전자들이 누적효과를 가질 때 ( )라 한다.
· ( )경우는 여러 경로에서 생성하는 물질량이 상가적으로 증가한다.

① 우성상위   ② 보족유전자
③ 복수유전자 ④ 열성상위

해설
동일 방향 작용 유전자가 누적효과가 나타나는 경우 복수유전자, 누적효과가 없는 경우 중복유전자라 한다.

35 1대 잡종을 품종으로 취급하는 이유로 옳지 않은 것은?
① 모든 개체가 동일한 유전자형이다.
② 광지역적응이고 채종량이 많으며, 각기 다른 표현형을 나타낸다.
③ 인공교배로 똑같은 유전자형을 재생산할 수 있다.
④ 형질이 우수하고 균일하다.

해설
1대 잡종은 유전조성이 균일한 특성이 있어 품종으로 취급한다.

36 감귤, 바나나와 같이 종자가 생성되지 않고 과일이 생기는 현상을 무엇이라 하는가?
① 중복수정   ② 아포믹시스
③ 단위결과   ④ 배낭형성

해설
수정이 되고 종자가 생기지 않아도 과실이 형성되는 경우가 있는데 이를 단위결과라 한다.

37 다음에서 설명하는 것은?

> 자가불화합성의 유전양식 중 화분의 유전자가 화합·불화합을 결정한다.

① 계통형 자가불화합성
② 인공형 자가불화합성
③ 포자체형 자가불화합성
④ 배우체형 자가불화합성

해설
배우체형 자가불화합성은 화분(n)과 체세포(2n)로 이루어진 암술의 암술머리나 암술대간에 상호작용에 의한 결과로 교배의 화합과 불화합이 화분 자체의 유전자형에 의해 결정된다.

38 다음 중 멘델의 유전법칙에 대한 설명으로 틀린 것은?

① 우성과 열성의 대립유전자가 함께 있을 때 우성형질이 나타난다.
② F_2에서 우성과 열성형질이 일정한 비율로 나타난다.
③ 유전자들이 섞여 있어도 순수성이 유지된다.
④ 두 쌍의 대립형질이 서로 연관되어 유전 분리한다.

해설
멘델의 유전법칙의 독립에 법칙에 의거하여 다른 염색체상에 있는 두쌍이나 두쌍 이상의 대립유전자가 간섭받지 않고 후대로 전해진다.

39 자식성 작물에서 신품종의 증식과정은?

① 원원종포 → 원종포 → 채종포
② 채종포 → 원원종포 → 원종포
③ 원종포 → 원원종포 → 채종포
④ 원원종포 → 채종포 → 원종포

해설
작물의 종자생산 관리체계는 기본식물, 원원종, 원종, 채종포(보급종), 농가의 순이다.

40 한 개의 유전자가 여러 가지 형질의 발현에 관여하는 현상을 무엇이라 하는가?

① 반응규격   ② 다면발현
③ 호메오스타시스   ④ 가변성

해설
한 개의 유전자가 여러 형질을 발현하는 경우 다면발현이라 한다.

제3과목 재배원론

41 다음 중 장일식물로만 나열된 것은?

① 도꼬마리, 코스모스
② 시금치, 아마
③ 목화, 벼
④ 나팔꽃, 들깨

해설
장일식물에는 보리, 시금치, 양파, 당근, 양배추, 아마 등이 있다.

42 다음 중 다년생 방동사니과에 해당하는 것으로만 나열된 것은?

① 여뀌, 물달개비   ② 올방개, 매자기
③ 개비름, 맹아주   ④ 망초, 별꽃

해설
다년생 방동사니과에는 너도방동사니, 쇠털골, 올방개, 올챙이고랭이, 매자기 등이 있다.

43 다음에서 설명하는 것은?

> · 이랑을 세우고 이랑에 파종하는 방식이다.
> · 배수와 토양통기가 좋게 된다.

① 평휴법   ② 휴립구파법
③ 성휴법   ④ 휴립휴파법

해설
휴립휴파법은 이랑을 세우고 이랑에 파종하는 방법으로 배수와 통기성을 양호하게 하여 고구마에 적합한 방법이다.

정답 37 ④ 38 ④ 39 ① 40 ② 41 ② 42 ② 43 ④

44 다음 중 CO_2 보상점이 가장 낮은 식물은?
① 벼   ② 옥수수
③ 보리   ④ 담배

해설
옥수수와 같은 C_4 식물은 콩이나 벼와 같은 식물들에 비하여 이산화탄소 보상점이 낮다.

45 공예작물 중 유료작물로만 나열된 것은?
① 목화, 삼   ② 모시풀, 아마
③ 참깨, 유채   ④ 어저귀, 왕골

해설
공예작물 중 유료작물에는 참깨, 들깨, 유채, 땅콩, 해바라기, 아주까리, 오일팜 등이 있다.

46 다음에서 설명하는 것은?

- 배출원은 질소질 비료의 과다사용이다.
- 잎 표면에 흑색 반점이 생긴다.
- 잎 전체에 백색 또는 황색으로 변한다.

① 아황산가스   ② 불화수소가스
③ 암모니아가스   ④ 염소계 가스

해설
암모니아가스는 질소질 비료가 과다시용되었을 경우 다량 발생하는데 잎 전체에 영향을 주고 수시간후 잎 전체가 갈변 혹은 검게 한다.

47 다음 중 작물의 기지 정도에서 휴작을 가장 적게 하는 것은?
① 당근   ② 토란
③ 참외   ④ 쑥갓

해설
벼, 맥류, 조, 수수, 옥수수, 담배, 무, 당근, 양파, 호박, 순무, 아스파라거스, 딸기, 미나리, 양배추 등은 연작의 피해가 적은 작물로 휴작을 적게 할수 있다.

48 고립상태일 때 광포화점(%)이 가장 낮은 것은?(단, 조사광량에 대한 비율임)
① 고구마   ② 콩
③ 사탕무   ④ 무

해설
광포화점(%) 의 경우 무, 사탕무, 고구마는 40~60%, 콩은 20~23% 로 콩이 낮다.

49 다음 중 자연교잡률(%)이 가장 높은 것은?
① 벼   ② 수수
③ 보리   ④ 밀

해설
벼, 보리, 밀 등은 자연교잡률이 4% 이하로 낮은 편이며 수수는 5% 정도로 보기 중에서 가장 높다.

50 다음 중 3년생 가지에 결실하는 것으로만 나열된 것은?
① 감, 밤   ② 포도, 감귤
③ 사과, 배   ④ 호두, 살구

해설
3년생 가지에 결실을 하는 것으로 배, 사과 등이 대표적이며 이러한 현상을 결과 습성이라한다. 1년생 결과지에는 포도, 감, 밤, 감귤 등이 있으며 2년생 결과지에는 복숭아, 살구 등의 핵과류가 있다.

51 엽채류의 안전저장 조건으로 가장 옳은 것은?
① 온도 : 0~4°C, 상대습도 : 90~95%
② 온도 : 5~7°C, 상대습도 : 80~90%
③ 온도 : 0~4°C, 상대습도 : 70~80%
④ 온도 : 5~7°C, 상대습도 : 70~80%

해설
배추와 같은 엽채류의 안전저장 온도는 0~4°C, 상대습도는 90~95% 이다.

정답 44 ② 45 ③ 46 ③ 47 ① 48 ② 49 ② 50 ③ 51 ①

52 다음 중 천연 옥신류에 해당하는 것은?
① GA2 ② IAA
③ CCC ④ BA

해설
천연옥신류에는 IAA, PAA, IAN 가 있다.

53 다음 중 작물별로 구분할 때 K의 흡수비율이 가장 높은 것은?
① 콩 ② 고구마
③ 옥수수 ④ 벼

해설
고구마와 같은 작물은 칼륨의 흡수비율이 높은 편인데 칼륨이 양분을 지하부로 이동하는 것을 촉진하여 덩이뿌리가 굵어지도록 도와주는 역할을 한다.

54 작물의 내열성에 대한 설명으로 틀린 것은?
① 늙은 잎은 내열성이 가장 작다.
② 내건성이 큰 것은 내열성도 크다.
③ 세포 내의 결합수가 많고, 유리수가 적으면 내열성이 커진다.
④ 당분함량이 증가하면 대체로 내열성은 증대한다.

해설
늙은 잎의 내열성이 어린 잎보다 크다.

55 냉해대책으로 입지조건 개선에 대한 내용으로 틀린 것은?
① 방풍림을 제거하여 공기를 순환시킨다.
② 객토 등으로 누수답을 개량한다.
③ 암거배수 등으로 습답을 개량한다.
④ 지력을 배양하여 건실한 생육을 꾀한다.

해설
냉해를 방지하기 위해 방풍림을 설치하여야 한다.

56 수광태세가 좋아지고 밀식적응성을 높이는 콩의 초형으로 틀린 것은?
① 키가 크고, 도복이 안되며, 가지를 적게 친다.
② 꼬투리가 원줄기에 많이 달리고, 밑에까지 착생한다.
③ 잎이 크고 가늘다.
④ 잎자루가 짧고 일어선다.

해설
콩의 수광태세 조건에서 잎은 작고 가는 것이 좋다.

57 다음 중 감온형에 해당하는 것은?
① 그루콩 ② 올콩
③ 그루조 ④ 가을메밀

해설
감온형 작물로 조생종, 올콩, 봄조, 여름메밀 등이 있다.

58 공기 속에 산소는 약 몇 %정도 존재하는가?
① 약 35% ② 약 32%
③ 약 28% ④ 약 21%

해설
대기의 조성은 질소 78%, 산소 21%, 이산화탄소 0.03% 및 기타로 구성되어 있다.

59 다음 중 작물의 주요온도에서 '최고온도'가 가장 높은 것은?
① 밀 ② 옥수수
③ 호밀 ④ 보리

해설
옥수수의 발아 최적온도는 32~34℃, 최고온도는 40℃ 내외로 높은편에 속한다.

정답 52 ② 53 ② 54 ① 55 ① 56 ③ 57 ② 58 ④ 59 ②

60 작물의 기원지가 남아메리카 지역에 해당하는 것으로만 나열된 것은?

① 메밀, 파
② 배추, 감
③ 조, 복숭아
④ 감자, 담배

해설
작물의 기원지가 남아메리카 지역에 해당하는 작물은 감자, 담배, 바나나 등이 있다.

제4과목 식물보호학

61 배추 무사마귀병균에 대한 설명으로 옳은 것은?

① 산성 토양에서 많이 발생한다.
② 주로 건조한 토양에서 발생한다.
③ 전형적인 병징은 주로 꽃에서 발생한다.
④ 병원균을 인공배양하여 감염여부를 알 수 있다.

해설
배추 무사마귀병은 산성토양이며 다습한 경우 많이 발생한다.

62 다음 설명에 해당하는 것은?

> 약독계통의 바이러스를 기주에 미리 접종하여 같은 종류의 강독계통 바이러스의 감염을 예방하거나 피해를 줄인다.

① 파지
② 교차보호
③ 기주교대
④ 효소결합

해설
교차보호는 어떤 바이러스에 감염된 식물이 통상 동종의 바이러스에 다시 감염되지 않는 현상을 말한다. 병원성이 약화된 식물바이러스가 침입한 기주에 병원성이 강한 식물바이러스에 의한 병의 확산이 억제되는 현상으로 바이러스의 간섭작용을 이용한다.

63 다년생 논 잡초가 우점하는 군락형으로 천이가 일어나는 원인으로 가장 거리가 먼 것은?

① 손 제초 감소
② 잡초의 휴면성
③ 재배시기 변동
④ 잡초 방제 방법 변화

해설
잡초군락의 천이의 경우 주로 재배작물이나 작부체계가 변화하거나 경종조건이 변화할 경우 영향을 받는다.

64 잡초의 생육 특성에 대한 설명으로 옳지 않은 것은?

① 잡초는 생육의 유연성이 크다.
② 대부분의 문제 잡초들은 C_4 식물이다.
③ 일반적으로 잡초는 종자 크기가 작아서 발아가 빠르다.
④ 일반적으로 잡초는 독립 생장은 늦지만 초기 생장은 빠른 편이다.

해설
잡초는 이유기가 빨라 독립생장을 통한 초기 생장이 빠르다.

65 완전변태를 하는 곤충으로만 올바르게 나열한 것은?

① 벌, 파리
② 매미, 잠자리
③ 메뚜기, 노린재
④ 진딧물, 총채벌레

해설
완전변태를 하는 곤충에는 나비목, 파리목, 벌목, 딱정벌레목 등이 있다.

66 생물적 잡초 방제 방법으로 옳지 않은 것은?
① 상호대립억제작용은 잡초 방제에 방해가 된다.
② 식물 병원균은 수생 잡초의 방제에 효과적이다.
③ 잡초 방제에 이용되는 천적은 식해성 곤충일수록 좋다.
④ 어패류를 이용할 경우 초종 선택성이 없어 방류제한성이 문제가 된다.

해설
상호대립억제작용은 타감작용이라 하며 근처 식물의 생육에 영향을 주는 것으로 잡초의 방제에 활용되는 생물적 방제법에 해당된다.

67 10a당 3kg을 사용하는 약제를 가지고 $5000m^2$에 사용하려면 필요 약량은?
① 1.5kg ② 2kg
③ 15kg   ④ 20kg

해설
· 10a = $1000m^2$
· $1000m^2$: 3kg = $5000m^2$: 필요 약량
· 필요약량 = 15kg

68 흰가루병균과 같이 살아있는 기주에 기생하여 기주의 대사산물을 섭취해서만 살아갈 수 있는 병원균은?
① 순사물기생균 ② 반사물기생균
③ 반활물기생균 ④ 순활물기생균

해설
순활물기생균은 절대기생체라 하며 살아있는 조직에만 생활한다. 순활물기생균에는 흰가루병균, 붉은별무늬병균, 녹병균 등이 있다.

69 밭에 발생하는 일년생 잡초는?
① 쑥, 망초   ② 메꽃, 쇠비름
③ 쇠뜨기, 까마중 ④ 명아주, 바랭이

해설
1년생 밭잡초로 바랭이, 쇠비름, 명아주, 닭의 장풀 등이 있다.

70 잡초에 대한 작물의 경합력을 높이는 방법으로 옳지 않은 것은?
① 윤작 실시   ② 토양 pH 조절
③ 재배 방법 변화 ④ 작물 품종 선택

해설
작물의 경합력을 높이는 방법에는 밀도의 조절, 환경 조건에 적응력이 강한 품종을 선택, 조숙종의 선택, 이앙 재배, 윤작 실시, 경운 실시 등의 방법 등이 있으나 토양의 pH 조절은 큰 효과가 없다.

71 벼 도열병균의 주요 전염 방법으로 옳은 것은?
① 토양 ② 잡초
③ 바람 ④ 관개수

해설
벼 도열병균은 균사나 분생포자가 볏짚 혹은 병든 종자에서 월동하고 바람에 의해 전반된다.

72 파리목 성충의 형태적 특징으로 옳은 것은?
① 날개가 1쌍이다.
② 몸이 좌우로 납작하다.
③ 씹는 입틀을 가지고 있다.
④ 날개가 비늘가루로 덮여있다.

해설
파리목은 1쌍의 날개를 가지며 뒷날개는 평균곤으로 변형되어 몸의 균형 유지와 감각기근을 담당한다.

정답 66 ① 67 ③ 68 ④ 69 ④ 70 ② 71 ③ 72 ①

73 1988년 부산 금정산에서 처음 발견되었고 소나무에 많은 피해를 주는 병의 매개충은?
① 솔나방　　② 솔잎혹파리
③ 솔수염하늘소　　④ 솔껍질깍지벌레

해설
소나무재선충은 이동능력이 없어 매개충에 의해 전반되는데 주로 솔수염하늘소에 의해 전파된다. 솔수염하늘소는 1988년 부산 금정산에서 처음 발견되었으며 유충으로 월동하고 성충으로 우화한다.

74 매개충과 관련된 식물병을 짝지은 것으로 옳지 않은 것은?
① 끝동매미충 - 벼 오갈병
② 애멸구 - 벼 줄무늬잎마름병
③ 말매미충 - 대추나무 빗자루병
④ 복숭아혹진딧물 - 감자 잎말림병

해설
대추나무 빗자루병의 매개충은 마름무늬매미충이다.

75 유기인계 농약이 아닌 것은?
① 포레이트 입제
② 페니트로티온 유제
③ 클로르피리포스메틸 유제
④ 감마사이할로트린 캡슐현탁제

해설
감마사이할로트린 캡슐현탁제는 피레트로이드계 살충제이다.

76 식물 병원체의 변이 기작이 아닌 것은?
① 이핵 현상　　② 일액 현상
③ 준유성생식　　④ 이수체 형성

해설
병원체도 변이를 일으키기도 하는데 기작으로 돌연변이, 교잡, 이핵, 준유성교환이 있다.

77 다음 설명에 해당하는 식물병은?

> 병든 것으로 의심되는 토마토의 줄기를 잘라 물 속에 넣었더니 우유빛 즙액이 선명하게 흘러 나왔다.

① 돌림병　　② 오갈병
③ 시들음병　　④ 풋마름병

해설
풋마름병에 감염된 토마토의 줄기를 절단하면 우유빛의 점액성 물질이 흘러나온다.

78 농약이 인체 내로 들어와 흡입중독 시 응급 처치 방법으로 옳지 않은 것은?
① 옷을 벗겨 체온을 낮춘다.
② 편안한 자세로 안정시킨다.
③ 공기가 신선한 곳으로 옮긴다.
④ 호흡이 약하면 인공호흡을 한다.

해설
흡입중독은 약물이 기도를 통해 중독된 경우 환자가 바람이 잘 통하는 깨끗한 장소에 눕히고 의복을 느슨하게 하여 신선한 공기를 호흡할 수 있도록 하며 심할 경우 인공호흡을 실시한다.

79 다음 설명에 해당하는 해충은?

- 우리나라 제주도 귤나무에 피해가 많았으며, 두꺼운 밀랍으로 덮여있어 농약으로 인한 방제효과가 미비하다.
- 연 1회 발생하며 가지와 잎에 기생하며 흡즙하여 가해한다.

① 귤응애　　　② 귤굴나방
③ 루비깍지벌레　④ 담배거세미나방

해설

루비깍지벌레
- 1년에 1회 발생하며 주로 가지에 기생하면서 흡즙 가해한다.
- 6~8월 유충이 발생하고 9월에 성충이 된다.
- 동화작용을 저해시켜 생육이 불량해지고 그을음병을 발생시킨다.
- 암컷 성충은 두꺼운 암적색 밀랍 분비물로 이루어져 있다.

80 직접 살포하는 농약 제제인 것은?

① 유제　　② 입제
③ 수용제　④ 수화제

해설

입제는 유효성분을 고형증량제, 안정제, 계면활성제 등을 넣어 입상으로 성형한 제제로 직접 살포하는 고체시용제이다.

제5과목　종자관련법규

81 종자관련법상 품종목록 등재의 유효기간에서 품종목록 등재의 유효기간 연장신청은 그 품종목록 등재의 유효기간이 끝나기 전 몇 년 이내에 신청하여야 하는가?

① 1년　　② 2년
③ 3년　　④ 4년

해설

종자관련법상 품종목록 등재의 유효기간에서 품종목록 등재의 유효기간 연장신청은 그 품종목록 등재의 유효기간이 끝나기 전 1년 이내 신청해야 한다.

82 종자관련법상 포장검사에서 국가보증이나 자체보증을 받은 종자를 생산하려는 자는 농림축산식품부장관 또는 종자관리사로부터 채종 단계별로 몇 회 이상 포장(圃場)검사를 받아야 하는가?

① 1회　　② 2회
③ 3회　　④ 4회

해설

종자관련법상 포장검사에서 국가보증이나 자체보증을 받은 종자를 생산하려는 자는 농림축산식품부장관 또는 종자관리사로부터 채종 단계별로 1회 이상 포장검사를 받아야 한다.

83 보증서를 거짓으로 발급한 종자관리사는 얼마 이하의 벌금에 처하는가?

① 300만원　　② 600만원
③ 1천만원　　④ 3천만원

해설

보증서를 거짓으로 발급한 종자관리사는 1년 이하의 징역 또는 1천만원 이하의 벌금에 처한다.

84 종자검사요령상 순도분석 용어에서 "화방"의 용어를 설명한 것은?

① 주공(珠孔)부분의 조그마한 돌기
② 빽빽히 군집한 화서 또는 근대 속에서는 화서의 일부
③ 외종피가 과피와 합쳐진 벼과 식물의 나줄과
④ 단단히 내과피(endocarp)와 다육질의 외층을 가진 비열개성의 단립종자를 가진 과실

해설

빽빽히 군집한 화서 또는 근대 속에서는 화서의 일부를 화방이라 한다.

정답　79 ③　80 ②　81 ①　82 ①　83 ③　84 ②

85 종자관련법상 "종자의 보증 효력을 잃은 것"에 해당하지 않은 것은?

① 보증표시를 하지 아니하거나 보증표시를 위조 또는 변조하였을 때
② 보증의 유효기간이 지났을 때
③ 거짓이나 그 밖의 부정한 방법으로 보증을 받았을 때
④ 해당 종자를 종자관리사의 감독에 따라 분포장(分包裝)했을 때

해설
포장한 보증종자의 포장을 뜯거나 열었을 때, 종자의 보증 효력을 잃은 것으로 본다. 다만, 해당 종자를 보증한 보증기관이나 종자관리사의 감독에 따라 분포장(分包裝)하는 경우는 제외한다는 단서에 따라 분포장한 종자의 보증표시는 분포장 하기 전에 표시되었던 해당 품종의 보증표시와 같은 내용으로 하여야 한다.

86 식물신품종관련법상 심판의 합의체에 대한 내용이다. ( )에 알맞은 내용은?

> 심판은 ( )의 심판위원으로 구성되는 합의체에서 한다.

① 3명　② 5명
③ 7명　④ 9명

해설
심판은 3명의 심판위원으로 구성되는 합의체에서 한다.

87 식물신품종관련법상 품종보호권의 존속기간에서 품종보호권의 존속기간은 품종보호권이 설정등록된 날부터 몇 년으로 하는가? (단, 과수와 임목의 경우는 제외한다.)

① 15년　② 20년
③ 25년　④ 30년

해설
식물신품종관련법상 품종보호권의 존속기간에서 품종보호권의 존속기간은 품종보호권이 설정등록된 날부터 20년으로 한다. 다만 과수와 임목은 25년으로 한다.

88 ( )에 알맞은 내용은?

> 종자관리사의 자격기준 등에서 등록이 취소된 사람은 등록이 취소된 날부터 ( )이 지나지 아니하면 종자관리사로 다시 등록할 수 없다.

① 6개월　② 1년
③ 2년　④ 3년

해설
등록이 취소된 사람은 등록이 취소된 날부터 2년이 지나지 아니하면 종자관리사로 다시 등록 할 수 없다.

89 식물신품종관련법상 우선권의 주장에 대한 내용이다. ( )에 알맞은 내용은?

> 우선권을 주장하려는 자는 최초의 품종보호 출원일 다음 날부터 ( )이내에 품종보호 출원을 하지 아니하면 우선권을 주장할 수 없다.

① 3개월　② 6개월
③ 9개월　④ 1년

해설
우선권을 주장하려는 자는 최초의 품종보호 출원일 다음 날부터 1년 이내에 품종보호 출원을 하지 아니하면 우선권을 주장할 수 없다.

90 종자관련법상 종자업을 하려는 자는 종자관리사를 몇 명 이상 두어야 하는가? (단, 대통령령으로 정하는 작물의 종자를 생산·판매하려는 자의 경우는 제외한다.)
① 1명 ② 2명
③ 3명 ④ 4명

해설
종자업을 하려는 자는 종자관리사를 1명 이상 두어야 한다. 다만, 대통령령으로 정하는 작물의 종자를 생산·판매하려는 자의 경우에는 그러하지 아니하다.

91 콩 포장검사 시 특정병에 해당하는 것은?
① 모자이크병
② 세균성점무늬병
③ 불마름병(엽소병)
④ 자주무늬병(자반병)

해설
콩 포장검사시 특정병은 자주무늬병(자반병)이다.

92 유통 종자 또는 묘의 품질표시를 하지 아니하거나 거짓으로 표시하여 종자 또는 묘를 판매하거나 보급한 자의 과태료는?
① 300만원 이하 ② 600만원 이하
③ 1천만원 이하 ④ 2천만원 이하

해설
유통 종자 또는 묘의 품질표시를 하지 아니하거나 거짓으로 표시하여 종자 또는 묘를 판매하거나 보급한 자의 과태료는 1천만원 이하로 부과한다.

93 (　　)에 알맞은 내용은?

> 종자관련법상 재검사신청 등에서 재검사를 받으려는 자는 종자검사 결과를 통지받은 날부터 (　　)이내에 재검사신청서에 종자검사 결과통지서를 첨부하여 검사기관의 장 또는 종자관리사에게 제출하여야 한다.

① 15일 ② 18일
③ 21일 ④ 30일

해설
재검사를 받으려는 자는 종자검사 결과를 통지받은 날부터 15일 이내 재검사신청서를 종자검사 결과통지서를 첨부하여 검사기관의 장 또는 종자관리사에게 제출하여야 한다.

94 종자검사요령에서 수분의 측정 시 저온항온건조기법을 사용하게 되는 종은?
① 오이 ② 참외
③ 녹두 ④ 피마자

해설
저온항온 건조기법은 마늘, 파, 부추, 콩, 땅콩, 배추씨, 유채, 고추, 목화, 피마자, 참깨, 아마, 겨자, 무에 적용한다.

95 종자검사요령에서 시료추출 시 고추 제출시료의 최소중량은?
① 30g ② 50g
③ 100g ④ 150g

해설
고추 제출시료 최소중량은 150g 이다.

정답 90 ① 91 ④ 92 ③ 93 ① 94 ④ 95 ④

96 식물신품종관련법상 품종보호를 받을 수 있는 권리의 승계에 대한 내용으로 틀린 것은?

① 동일인으로부터 승계한 동일한 품종보호를 받을 수 있는 권리에 대하여 같은 날에 둘 이상의 품종보호 출원이 있는 경우에는 품종보호 출원인 간에 협의하여 정한 자에게만 그 효력이 발생한다.
② 품종보호 출원 후에 품종보호를 받을 수 있는 권리의 승계는 상속이나 그 밖의 일반승계의 경우를 제외하고는 품종보호 출원인이 명의변경신고를 하지 아니하면 그 효력이 발생하지 아니한다.
③ 품종보호 출원 전에 해당 품종에 대하여 품종보호를 받을 수 있는 권리를 승계한 자는 그 품종보호의 출원을 하지 아니하는 경우에도 제3자에게 대항할 수 있다.
④ 동일인으로부터 승계한 동일한 품종보호를 받을 수 있는 권리의 승계에 관하여 같은 날에 둘 이상의 신고가 있을 때에는 신고한 자 간에 협의하여 정한 자에게만 그 효력이 발생한다.

해설
품종보호 출원 전에 해당 품종에 대하여 품종보호를 받을 수 있는 권리를 승계한 자는 그 품종보호의 출원을 하지 아니하는 경우에는 제3자에게 대항할 수 없다.

97 ( )에 알맞은 내용은?

> 종자관련법상 품종성능의 심사기준에서 품종성능의 심사는 심사의 종류, 재배시험기간, 재배시험지역, 표준품종, 평가형질, 평가기준의 사항별로 ( )이 정하는 기준에 따라 실시한다.

① 국립종자원장 ② 농촌진흥청장
③ 농업기술센터장 ④ 농업기술원장

해설
품종성능의 심사는 산림청장 또는 국립종자원장이 정하는 기준에 따라 실시한다.

98 ( )에 알맞은 내용은?

> -종자업 등록의 취소 등-
> 시장·군수·구청장은 종자업자가 종자업 등록을 한 날부터 ( )이내에 사업을 시작하지 아니하거나 정당한 사유 없이 1년 이상 계속하여 휴업한 경우에는 종자업 등록을 취소하거나 6개월 이내의 기간을 정하여 영업의 전부 또는 일부의 정지를 명할 수 있다.

① 6개월 ② 1년
③ 2년   ④ 3년

해설
종자업 등록을 한 날부터 1년 이내에 사업을 시작하지 아니하거나 정당한 사유없이 1년 이상 계속하여 휴업한 경우에 받는 행정 처분은 종자업 등록 취소 또는 6개월 이내의 영업의 전부 또는 일부의 정지이다.

99 종자관리요강상 포장검사 및 종자검사의 검사기준에 대한 내용이다. (   )에 알맞은 내용은?

> 겉보리 포장검사에서 전작물 조건은 품종의 순도유지를 위하여 (   )이상 윤작을 하여야 한다. 다만, 경종적 방법에 의하여 혼종의 우려가 없도록 담수처리, 객토, 비닐멀칭을 하였거나, 타 작물을 앞그루로 재배한 경우 및 이전 재배 품종이 당해 포장검사를 받는 품종과 동일한 경우에는 그러하지 아니하다.

① 6개월
② 1년
③ 2년
④ 3년

해설
품종의 순도유지를 위하여 2년 이상 윤작을 하여야 한다.

100 종자관리요강상 수입적응성시험의 대상작물 및 실시기관에서 "인삼"의 실시기관은?

① 농업기술실용화재단
② 한국종자협회
③ 한국생약협회
④ 농업협동조합중앙회

해설
수입적응성시험의 대상작물 중 인삼은 한국생약협회에서 실시한다.

2019 제2회 종자기사

제1과목 종자생산학

01 채종포장 선정 시 격리 실시를 중요시하는 이유로 가장 옳은 것은?
① 조수해(鳥獸害) 방지
② 병·해충 방지
③ 잡초유입 방지
④ 다른 화분의 혼입 방지

해설
채종포장 선정 시 격리를 통해 다른 화분의 혼입 및 종자전염병을 방지할 수 있다.

02 다음에 해당하는 용어는?

> 포원세포로부터 자성배우체가 되는 기원이 된다.

① 주심   ② 주공
③ 주피   ④ 에피스테이스

해설
주심은 포원세포에서 자성배우체가 되는 기원으로 자방조직에서 유래하며 포원세포가 발달한다.

03 다음 중 봉지씌우기(피대)를 가장 필요로 하는 것은?
① 시판을 위한 고정종 채종
② 인공수분에 의한 F_1 채종
③ 자가불화합성을 이용한 F_1 채종
④ 웅성불임성을 이용한 F_1 채종

해설
봉지씌우기는 차단격리법(복대법)이라하여 봉지를 씌우는데 육종이나 원종, 원원종 채종에서 이용되는 방법이다.

04 다음 중 피자식물의 중복수정에서 배의 염색체수로 가장 옳은 것은?
① 2n   ② 3n
③ 4n   ④ 5n

해설
피자식물의 중복수정에서 정핵(n)과 난핵(n)이 합치면서 배는 2n으로 나타난다.

05 영양기관을 이용한 영양번식법을 실시하는 이유로 가장 옳은 것은?
① 일시에 번식이 가능하기 때문에
② 파종 또는 이식작업이 편리하여 노동력이 절약되기 때문에
③ 우량한 유전질의 영속적인 유지를 위하여
④ 종자가 크게 절약되기 때문에

해설
영양번식의 경우 모체와 유전적으로 완전히 동일한 개체를 얻을 수 있으며 초기생장이 좋다는 장점이 있다. 모체와 유전적으로 완전히 동일하기에 우량한 유전질의 유지가 가능하다.

06 다음 중 암꽃의 수정능력 보유기간이 가장 긴 작물은?
① 호박   ② 수박
③ 양배추   ④ 가지

해설
암꽃의 수정능력은 온도 및 시기에 따라 차이가 있는데 일반적인 보유기간은 보기 중에서 양배추가 가장 길다.

정답 01 ④ 02 ① 03 ② 04 ① 05 ③ 06 ③

07 다음 중 유한화서이면서, 단정화서에 해당하는 것은?
① 쥐똥나무   ② 목련
③ 붉은오리나무   ④ 사람주나무

해설
단정화서는 화서축의 선단에 1개의 꽃을 피우는 종류로 목련, 장미, 튤립 등이 있다.

08 다음 중 종자 춘화형 채소로만 나열된 것은?
① 무, 배추   ② 양배추, 꽃양배추
③ 우엉, 당근   ④ 셀러리, 양파

해설
종자춘화형에는 완두, 잠두, 무, 배추 등이 있다.

09 배 휴면을 하는 종자의 경우 물리적 휴면타파법으로 가장 효과적인 것은?
① 저온 습윤 처리   ② 고온 습윤 처리
③ 저온 건조 처리   ④ 고온 건조 처리

해설
배 휴면을 하는 종자는 0~6℃ 조건의 저온에서 수일~수개월 저장하면 휴면이 타파된다. 이때 층적법과 같이 습윤 조건에 함께 처리할 경우 가장 효과적이다.

10 다음 중 공중습도가 높을 때 수정이 가장 잘 안되는 작물에 해당하는 것은?
① 고추   ② 벼
③ 당근   ④ 양파

해설
양파의 경우 공중습도가 높은 경우 수정이 잘 안되기에 강우가 적은 곳을 채종지로 선택하기도 한다.

11 다음 중 자연적으로 씨없는 과실이 형성되는 작물로 가장 거리가 먼 것은?
① 감   ② 바나나
③ 수박   ④ 포도

해설
씨없는 과실이 형성되는 경우 단위결과라 하며 대표적으로 바나나, 포도, 오이, 감귤류 등이 해당된다.

12 다음 중 화아유도에 영향을 미치는 조건으로 거리가 먼 것은?
① 옥신   ② 730nm이상의 광
③ 저온   ④ 탄소/질소의 비율

해설
식물의 색소단백질인 파이토크롬은 730nm 적외선 파장이상의 광에서는 발아가 억제되는 현상을 보인다.

13 다음 중 오이의 암꽃발달에 가장 유리한 조건은?
① 13℃ 정도의 야간저온과 8시간 정도의 단일조건
② 18℃ 정도의 야간저온과 10시간 정도의 단일조건
③ 27℃ 정도의 주간온도와 14시간 정도의 장일조건
④ 32℃ 정도의 주간온도와 15시간 정도의 장일조건

해설
오이는 저온 단일 조건에서 암꽃의 발달에 유리하다. 보기 1번의 조건이 저온의 단일 조건에 가장 부합된다.

정답   07 ②   08 ①   09 ①   10 ④   11 ③   12 ②   13 ①

14 상추 종자에서 단백질을 다량 함유하고 발아기간 동안 배유를 분해하는 효소를 합성하는 곳으로 가장 옳은 것은?
① 과피　　② 중배축
③ 호분층　④ 종피

해설
성숙한 배젖은 바깥쪽 호분층에 단백질을 저장한다. 이 단백질은 주로 전분을 분해하는 가수분해효소들이다.

15 다음 중 종피의 특수기관인 제(臍, hilum)가 종자 뒷면에 있는 것으로 가장 옳은 것은?
① 상추　　② 배추
③ 콩　　　④ 쑥갓

해설
종자의 배병이나 태좌에 붙어있던 흔적인 제(배꼽)은 식물의 종류에 따라 위치가 다르다. 배추, 시금치는 종자의 끝에 위치하고 상추, 쑥갓은 종자의 기부에 위치한다. 콩의 경우 종자의 뒷면에 위치하는 것이 특징이다.

16 채종재배에서 화곡류의 일반적인 수확적기로 가장 옳은 것은?
① 감수분열기　② 황숙기
③ 유숙기　　　④ 갈숙기

해설
곡물류의 채종적기는 황숙기이며 십자화과작물(채소류)는 갈숙기에 적기이다.

17 다음 중 종자발아에 필요한 수분흡수량이 가장 많은 것은?
① 벼　　② 옥수수
③ 콩　　④ 밀

해설
발아에 필요한 종자의 수분 흡수량은 종자무게 대비 벼 23%, 밀 30%, 콩 100% 정도로 콩이 가장 많다.

18 다음 중 뇌수분을 원종채종의 수단으로 사용하는 작물로 가장 옳은 것은?
① 벼　　② 오이
③ 토마토　④ 배추

해설
배추 F_1의 원종 채종 시 뇌수분을 실시하는 이유는 개화 시에 자가불화합성이 나타나기 때문이다.

19 다음 중 과실이 영(穎)에 싸여 있는 것은?
① 시금치　② 귀리
③ 밀　　　④ 옥수수

해설
과실의 외측이 내영, 외영에 싸여 있는 것으로 벼, 귀리, 겉보리 등이 있다.

20 다음 중 감자의 휴면타파법으로 가장 적절한 것은?
① GA 처리　　② MH 처리
③ α선 처리　　④ 저온저장(0~6℃)

해설
감자의 휴면타파에는 최아법, 박피절단법, 지베렐린 처리(GA처리), 에틸렌-클로로하이드린 처리를 한다.

정답 14 ③　15 ③　16 ②　17 ③　18 ④　19 ②　20 ①

제2과목 식물육종학

21 번식방법에 따른 육종방법 결정에 관여하는 요인이 아닌 것은?
① 유전자수 ② 자가수정
③ 타가수정 ④ 영양번식

해설
자가수정, 타가수정, 영양번식 등의 방법을 통해 육종방법을 선택하는데 영향을 주게 된다.

22 배추의 수분과정 시 가장 관계가 적은 것은?
① 타가수분 ② 뇌수분
③ 말기수분 ④ 지연수분

해설
타가수정작물인 배추(십자화과)의 경우 뇌수분, 노화수분, 지연수분, 고온처리, 전기 자극, 이산화탄소 처리 등의 방법을 활용한다.

23 다음 중 선발 총점에 대한 설명으로 가장 옳은 것은?
① 한 형질의 선발에 대해서만 이용 가능하다.
② 질적 형질에 대해서만 유효하다.
③ 선발 지수를 이용하여 구한다.
④ 선발 총점이 낮아야 선발대상이 된다.

해설
선발지수는 목표로 하는 전체 형질에 대해 동시에 선발할 때 각 형질의 중요도에 따라 점수를 주어 총득점수가 많은 것부터 선발할 때 이용한다.

24 목초류에서 가장 널리 이용되는 1대잡종계 통육종법은?
① 단교잡 ② 3원교잡
③ 합성품종 ④ 복교잡

해설
합성품종은 조합능력이 우수한 많은 계통을 혼합하여 몇 해 동안 자유교잡시키거나 격리포장에서 자유교배 하여 다계교잡을 한 다음 집단선발법에 의해 몇 해 동안 채종을 계속하는데 주로 목초류에 사용된다.

25 다음 작물 중 크세니아 현상이 가장 잘 일어나는 작물은?
① 옥수수 ② 메밀
③ 호밀 ④ 양파

해설
크세니아의 경우 예를 들어 찰벼와 메벼를 교잡하여 얻은 교잡종자의 경우 배유가 메벼의 성질이 나타나는 경우를 말한다. 주로 찰성벼, 보리, 밀, 옥수수 등에서 나타난다.

26 다음 중 교잡육종법에 대한 설명으로 가장 옳은 것은?
① 계통육종법은 질적형질의 선발에 효과적이다.
② 자식성 작물의 잡종은 자식을 거듭할수록 집단내의 호모접합성은 감소한다.
③ 집단육종법은 잡종 집단의 취급은 용이하지만, 자연선택은 이용할 수 없다.
④ 집단육종법이 계통육종법보다 육종연한을 단축 할 수 있다.

해설
계통육종법은 질적형질이나 유전력이 높은 양적형질의 개량에 효과적인 육종법이다.

27 다음 변이의 종류 중 양적변이가 아닌 것은?
① 종실 수량 ② 곡물의 찰성
③ 단백질 함량 ④ 건물중

해설
변이는 길이, 무게, 수량 등 측정형질을 숫자로 표현하는 양적변이와 색깔, 형태 등 측정형질을 숫자로 표현할 수 없는 질적변이로 분류된다. 곡물의 찰성은 숫자로 표현할 수 없는 질적변이에 해당한다.

28 농작물의 꽃가루 배양 의하여 얻어진 반수체 식물은 육종적으로 어떤 점이 가장 유리한가?
① 붙임성이 높기 때문에 자연교잡율이 높다.
② 유전적으로 헤테로 상태이므로 잡종강세가 크게 나타난다.
③ 영양체가 거대해지기 때문에 영양체이용 작물에서는 유리하다.
④ 염색체 배가에 의하여 바로 호모가 되기 때문에 육종기간을 단축할 수 있다.

해설
약배양 및 화분배양은 반수체를 육성하여 육종 연한을 단축시킬수 있으며 담배, 벼 등의 작물에 적용 가능하다.

29 다음 중 유전적으로 고정될 수 있는 분산으로 가장 적절한 것은?
① 상가적 효과에 의한 분산
② 환경의 작용에 의한 분산
③ 우성효과에 의한 분산
④ 비대립유전자 상호작용에 의한 분산

해설
유전분산은 하나의 집단에 있어서의 표현형 분산 중에서 개체의 유전적변이에 의하여 생긴 부분을 말하며 상가적 효과에 의한 분산, 유전자 우성효과에 의한 우성분산, 비대립유전자 간의 상호작용에 의한 상위성분산으로 구성된다. 이때 유전적으로 고정될 수 있는 분산은 상가적 효과에 의한 분산이다.

30 식물병에 대한 저항성에는 진정저항성과 포장저항성이 있다. 이 두 가지 저항성의 차이를 가장 옳게 설명한 것은?
① 진정저항성이나 포장저항성은 병감염율이 상대적으로 낮으나 병균을 접종하면 모두 병이 많이 발생한다.
② 진정저항성은 수평저항성이라고도 하며, 포장저항성은 수직저항성이라고도 한다.
③ 진정저항성이나 포장저항성 모두 병 발생이 거의 없으나, 포장저항성은 포장에서 병 발생이 없다.
④ 진정저항성은 병이 거의 발생하지 않으나, 포장저항성은 여러 균계에 대하여 병 발생율이 상대적으로 낮다.

해설
진정저항성은 수직저항성이라 하며 포장저항성은 수평저항성이라 한다. 진정저항성은 특정 식물병에 저항성이 있어 병이 거의 발생하지 않으나, 포장저항성은 환경 변화에 따른 감수성 식물의 일시적인 저항성이기에 여러 균계에 대해 병의 발생율이 상대적으로 낮아지게 된다.

31 콜히친처리에 의한 염색체 배가의 원인은?
① 염색체 길이의 증가
② 세포분열시 방추사 형성의 억제
③ 세포분열시 상동염색체 접합의 억제
④ 염색체 내의 핵의 크기 증가

해설
콜히친을 종자나 세포분열이 왕성한 식물체의 생장점 부위에 처리하면 분열상태의 세포의 방추사, 세포막의 형성을 저해하고 복제된 염색체가 양극으로 분리되는 것을 방해하는 작용을 한다.

정답 27 ② 28 ④ 29 ① 30 ④ 31 ②

32 감수분열에 대한 설명으로 가장 거리가 먼 것은?
① 상동염색체끼리 대합한다.
② 접합기의 염색체수는 반수이다.
③ 화분모세포의 염색체수는 반수이다.
④ 4분자의 소포자의 염색체수는 반수이다.

해설
감수분열은 배우자 형성을 위해 암수의 생식기관에서 생식모세포의 염색체 수가 반감되는 세포분열이다. 화분모세포의 경우 염색체의 수가 2n 이다.

33 2개의 유전자가 독립유전하는 양성잡종의 F_2 분리비는?
① 3 : 1 : 1
② 9 : 1 : 1
③ 9 : 3 : 1 : 1
④ 9 : 3 : 3 : 1

해설
독립유전에서 두 쌍의 대립유전자에 의해 지배되는 형질은 F_2 에서 9:3:3:1 로 분리된다.

34 다음 중 자가수분이 가장 용이하게 되는 경우는?
① 돌연변이 집단일 경우
② 이형예인 경우
③ 장벽수정인 경우
④ 폐화수정인 경우

해설
꽃이 피기 전의 봉오리 상태일 때 일어나는 자가수정을 폐화수정이라 하며 자가수분이 용이하게 이루어진다.

35 다음 중 양성화 웅예선숙에 해당하는 것으로 가장 적절한 것은?
① 목련
② 양파
③ 질경이
④ 배추

해설
양파는 암술과 수술의 성숙시기가 다른데 수술이 먼저 성숙하는 웅예선숙에 해당한다.

36 6개의 품종으로 완전 2면 교배조합을 만들고자 할 때 F_1의 교배 조합수는?
① 15
② 26
③ 30
④ 42

해설
6개의 품종으로 완전 2명 교배하기에 5×6(30개)의 교배조합이 가능하다.

37 품종의 유전적 취약성에 가장 큰 원인이 되는 것은?
① 재배품종의 유전적 배경이 단순화되었기 때문
② 재배품종의 유전적 배경이 다양화되었기 때문
③ 농약사용이 많아지기 때문
④ 잡종강세를 이용한 F_1품종이 많아졌기 때문

해설
재배품종이 단일 유전자형으로 재배되면서 일시에 많은 피해를 받게 되는 경우를 유전적 취약성이라 한다.

38 재래종이 육종재료로 활용될 수 있는 가장 중요한 이유에 해당하는 것은?
① 개량종에 비하여 품질이 우수하다.
② 유전적 기원이 뚜렷하다.
③ 내비성이 높다.
④ 유전적인 다양성이 잘 유지되어있다.

해설
재래종은 생산성은 낮지만 소규모로 다양하게 재배되어 유전적 다양성이 잘 유지되어 있다.

정답 32 ③ 33 ④ 34 ④ 35 ② 36 ③ 37 ① 38 ④

39 어느 F_1의 화분의 유전자 조성이 4AB:1Ab:1aB:4ab 라고 한다면, 이때의 조환가는? (단, 양친의 유전자형은 AABB, aabb임)

① 5%   ② 10%
③ 20% ④ 30%

해설

- 조환가(%)
  $= \dfrac{교차형(조환형)}{교차형(조환형)+비교차형(부모형)} \times 100$
- 교차형(조환형) = (1Ab : 1aB) = 2
- 비교차형(부모형) = (4AB+4ab) = 8
- $\dfrac{2}{2+8} \times 100 = 20(\%)$

40 다음 중 피자식물의 중복수정에서 배유세포의 염색체수로 가장 옳은 것은?

① 배유 : 2n   ② 배유 : 3n
③ 배유 : 4n   ④ 배유 : 6n

해설

피자식물 중복수정으로 정핵(n)과 2개의 극핵(2n)을 통해 배유(3n)이 나타난다.

제3과목 재배원론

41 작물의 특성을 유지하기 위한 방법이 아닌 것은?

① 영양번식에 의한 보존재배
② 격리재배
③ 원원종재배
④ 자연교잡

해설

자연교잡은 유전적 변이가 발생할수 있어 작물의 특성을 유지하기에는 적합한 방법이 아니다.

42 다음 중 휴작의 필요 기간이 가장 긴 작물은?

① 시금치   ② 고구마
③ 수수   ④ 토란

해설

토란은 3년 휴작이 요구되는 작물로 보기 중에서 가장 긴 작물이다.

43 수확물의 상처에 코르크층을 발달시켜 병균의 침입을 방지하는 조치를 나타내는 용어는?

① 큐어링   ② 예냉
③ CA 저장   ④ 후숙

해설

큐어링은 고구마, 감자, 양파 등에 상처가 발생한 경우 상처를 아물게 하거나 코르크층을 형성시켜 수분의 증발을 줄이고 미생물의 침입을 예방하는 방법이다.

44 밭에 중경은 때에 따라 작물에 피해를 준다. 다음 중 중경에 대한 설명으로 가장 거리가 먼 것은?

① 중경은 뿌리의 일부를 단근시킨다.
② 중경은 표토의 일부를 풍식시킨다.
③ 중경은 토양수분의 증발을 증가시킨다.
④ 토양온열을 지표까지 상승을 억제, 동해를 조장한다.

해설

중경작업 시 토양을 얕게 작업하면 모세관이 절단되고 표면 공극이 좁아져 토양의 유효수분 증발이 줄어드는 효과가 있다.

정답 39 ③ 40 ② 41 ④ 42 ④ 43 ① 44 ③

45 다음 중 단일성 작물로만 나열 된 것은?
① 들깨, 담배, 코스모스
② 감자, 시금치, 양파
③ 고추, 당근, 토마토
④ 사탕수수, 딸기, 메밀

해설
단일성 식물에는 콩, 옥수수, 벼, 딸기, 국화, 코스모스, 들깨, 샐비어, 담배 등이 있다.

46 버널리제이션의 농업이용에 가장 이용하지 않는 것은?
① 억제재배   ② 수량 증대
③ 육종에 이용   ④ 대파(代播)

해설
춘화처리라고도 하는 버널리제이션은 식물에 인위적인 저온 처리를 통해 화성을 유도하기에 억제재배와는 관련이 없다.

47 다음 중 생존연한에 따른 분류 상 2년생 작물에 해당하는 것은?
① 보리   ② 사탕무
③ 호프   ④ 벼

해설
보리, 밀, 대파, 무, 사탕무 등은 2년생 작물에 해당된다.

48 광합성 양식에 있어서 C_4식물에 대한 설명으로 가장 거리가 먼 것은?
① 광호흡을 하지 않거나 극히 작게 한다.
② 유관속초세포가 발달되어 있다.
③ CO_2보상점은 낮으나 포화점이 높다.
④ 벼, 콩, 보리가 C_4식물에 해당된다.

해설
벼, 콩, 보리가 C_3식물에 해당된다.

49 내건성이 큰 작물의 세포적 특성이 아닌 것은?
① 세포가 작다.
② 세포의 삼투압이 높다.
③ 원형질막의 수분투과성이 크다.
④ 원형질의 점성이 낮다.

해설
내건성이 큰 작물은 원형질의 점성이 높다.

50 비늘줄기를 번식에 이용하는 작물은?
① 생강   ② 마늘
③ 토란   ④ 연

해설
마늘, 양파 등은 영양기관 중에서 비늘줄기(인경)을 통해 번식한다.

51 논벼가 다른 작물에 비해서 계속 무비료 재배를 하여도 수량이 급격히 감소하지 않는 이유로 가장 적절한 것은?
① 잎의 동화력이 크기 때문이다.
② 뿌리의 활력이 좋기 때문이다.
③ 비료의 천연공급량이 많기 때문이다.
④ 비료의 흡수력이 크기 때문이다.

해설
논은 관개수를 통해 양분의 천연공급량이 충분하여 지력이 유지된다.

52 박과채소류 접목육묘의 특징으로 가장 거리가 먼 것은?
① 흡비력이 강해진다.
② 토양전염성병의 발생이 적어진다.
③ 질소흡수가 줄어들어 당도가 증가한다.
④ 불량 환경에 대한 내성이 증대된다.

해설
접목육묘를 통해 토양병해충의 피해를 예방하고 양분의 흡수를 증대시키기 위해 이용된다.

정답 45 ① 46 ① 47 ② 48 ④ 49 ④ 50 ② 51 ③ 52 ③

53 다음 중 내염성이 가장 강한 작물은?
① 가지 ② 양배추
③ 셀러리 ④ 완두

해설
사탕무, 목화, 양배추, 유채 등은 내염성이 강한 작물이다.

54 다음 중 작물 생육의 다량원소가 아닌 것은?
① K ② Cu
③ Mg ④ Ca

해설
구리(Cu)는 미량원소에 해당된다.

55 다음 중 산성토양에 강하면서 연작의 장해가 가장 적은 작물로만 나열된 것은?
① 자운영, 양파 ② 옥수수, 시금치
③ 콩, 담배 ④ 벼, 귀리

해설
벼, 귀리, 옥수수, 조 등은 산성토양에 강하고 연작에 피해가 적은 작물이다.

56 다음 중 고추의 일장 감응형은?
① LL형 ② II형
③ SS형 ④ LS형

해설
고추, 벼(조생종), 메밀, 토마토 등은 II형에 속한다.

57 작물에서 화성을 유도하는데 필요한 중요 요인으로 가장 거리가 먼 것은?
① 체내 동화생산물의 양적 균형
② 체내의 cytokine과 ABA의 균형
③ 온도조건
④ 일장조건

해설
시토키닌(cytokine)은 주로 세포분열을 촉진하나 ABA의 경우 생장억제물질로 낙엽 촉진, 휴면의 유도, 발아억제 등의 작용에 관여한다.

58 감자의 2기작 방식으로 추계 재배시 휴면타파에 가장 효과적으로 이용하는 화학약제는?
① B-995 ② Gibberellin
③ Phosfon-D ④ CCC

해설
지베렐린(Gibberellin)을 작물에 적용시 발아촉진, 화성유도, 생장 촉진, 수량의 증대 효과 등이 있어 재배시 휴면타파에 효과적이다.

59 다음 중 적산온도를 가장 적게 요하는 작물은?
① 옥수수 ② 조
③ 기장 ④ 메밀

해설
작물별로 적산온도의 경우 메밀은 1000~1200°C, 감자는 1300~3000°C, 추파맥류는 1700~2300°C, 완두는 2100~2800°C, 콩은 2500~3000°C, 담배는 3200~3600°C 벼는 3500~4500°C 정도이다.

정답 53 ② 54 ② 55 ④ 56 ② 57 ② 58 ② 59 ④

60 다음 중 작물의 복토 깊이가 가장 깊은 것은?
① 당근　② 생강
③ 오이　④ 파

해설
생강이 5~9cm 정도의 복토 깊이 기준으로 보기 중에서 가장 깊은 편에 속한다.
① 당근 - 종자가 보이지 않을 정도 얕은 깊이(0.5cm 이하)
③ 오이 - 0.5 ~ 1cm
④ 파 - 종자가 보이지 않을 정도 얕은 깊이(0.5cm 이하)

제4과목　식물보호학

61 식물 병원으로 균류의 변이에 해당하지 않는 것은?
① 교잡　② 약독변이
③ 자연돌연변이　④ 이질다상현상

해설
병원체도 변이를 일으키기도 하는데 기작으로 돌연변이, 교잡, 이핵, 준유성교환이 있다.

62 살충제의 교차저항성에 대한 설명으로 옳은 것은?
① 한가지 약제를 사용 후 그 약제에만 저항성이 생기는 것
② 한가지 약제를 사용 후 모든 다른 약제에 저항성이 생기는 것
③ 한가지 약제를 사용 후 동일 계통의 다른 약제에는 저항성이 약해지는 것
④ 한가지 약제를 사용 후 약리작용이 비슷한 다른 약제에 저항성이 생기는 것

해설
교차저항성은 한가지 약제를 사용 후 2종류 약제에 대하여 동시에 저항성이 생기는 것을 말한다.

63 토양전염성 병원균으로 옳은 것은?
① 고추 역병균
② 벼 도열병균
③ 사과 탄저병균
④ 대추나무 빗자루병균

해설
고추역병균은 난포자가 토양에 월동하는 토양전염성 병원균이다. 장마기간에 기온이 낮고 습도가 높은 조건에서 많이 발생한다.

64 농약 성분에 따른 살균제 사용 목적 분류로 옳은 것은?
① 베노밀 - 보호살균제
② 만코제브 - 보호살균제
③ 프로피네브 - 직접살균제
④ 석회보르도액 - 직접살균제

해설
베노밀은 종자소독제, 프로피네브는 보호살균제, 석회보르도액은 보호살균제로 분류된다.

65 주로 채소 작물을 가해하는 해충으로 옳은 것은?
① 흑명나방　② 박쥐나방
③ 점박이응애　④ 가루깍지벌레

해설
점박이응애는 채소작물, 사과나무, 복숭아 나무 등 가해 범위가 넓으며 흡즙가해를 한다.

정답 60 ② 61 ② 62 ④ 63 ① 64 ② 65 ③

66 잡초와 작물과의 경합에서 잡초가 유리한 위치를 차지할 수 있는 특성으로 옳지 않은 것은?
① 잡초종자는 일반적으로 크기가 작고 발아가 빠르다.
② 잡초는 작물에 비해 이유기가 빨리 와서 초기 생장속도가 빠르다.
③ 대부분의 잡초는 C_3식물로서 대부분이 C_4식물인 작물에 비해 광합성 효율이 높다.
④ 대부분의 잡초는 생육 유연성을 갖고 있어 밀도변화가 있더라도 생체량을 유연하게 변화시킨다.

해설
대부분의 잡초는 C_4 식물로 C_3 작물에 비해 광합성 효율이 높다.

67 1ppm 용액에 대한 설명으로 옳은 것은?
① 용액 1L 중에 용질이 10g 녹아 있는 용액
② 용액 1L 중에 용질이 100g 녹아 있는 용액
③ 용액 1000mL 중에 용질이 1g 녹아 있는 용액
④ 용액 1000mL 중에 용질이 1mg 녹아 있는 용액

해설
ppm 은 백만분의 1 로서 1ppm 은 1mg/kg 이고 ml 단위로 환산하면 1mg/1000ml 이다.

68 노린재목에 해당하는 해충이 아닌 것은?
① 벼멸구　　② 벼메뚜기
③ 끝동매미충　　④ 복숭아혹진딧물

해설
노린재목에는 벼멸구, 끝동매미충, 복숭아혹진딧물이며 벼메뚜기는 메뚜기목이다.

69 비선택적 제초제로 가장 적합한 것은?
① 세톡시딤 유제
② 나프로파마이드 수화제
③ 글리포세이트암모늄 액제
④ 페녹사프로프-피-에틸 유제

해설
글리포세이트는 유기인계 제초제로 비선택성이다.

70 유기인계 50% 유제를 1,000배로 희석해서 10a당 200L를 살포하여 해충을 방제하려고 할 때 소요되는 약량은?
① 10mL　　② 20mL
③ 100mL　　④ 200mL

해설
$$소요약량 = \frac{단위면적당사용량}{소요희석배수}$$
$$= \frac{200}{1000} = 0.2L = 200ml$$

71 벼물바구미에 대한 설명으로 옳은 것은?
① 노린재목에 속한다.
② 번데기로 월동한다.
③ 유충은 뿌리를 갉아 먹는다.
④ 벼의 잎 뒷면에서 번데기가 된다.

해설
벼물바구미 성충은 잎에 피해를 주고 유충은 흙속으로 들어가 뿌리에 피해를 준다.

72 잡초 종자의 발아에 영향을 주는 주요 요소가 아닌 것은?
① 광　　② 수분
③ 온도　　④ 토양 양분

해설
잡초 종자의 발아에 영향을 주는 요인에는 온도, 수분, 산소, 광이 있다.

정답 66 ③　67 ④　68 ②　69 ③　70 ④　71 ③　72 ④

73 다음 ( )안에 들어갈 내용으로 순서대로 나열한 것은?

> 병징은 나타나지 않지만 식물 조직 속에 병원균이 있는 것이 ( )이고, 바이러스에 의해 감염된 것은 ( )이다.

① 보균식물, 보독식물
② 기생식물, 감염식물
③ 은화식물, 보균식물
④ 감염식물, 잠재감염식물

해설
뚜렷한 병징은 보이지 않으나 기주식물이 병원체를 가진 경우 보균식물이라 하고 바이러스를 가진 경우 보독식물이라 한다.

74 나비목에서 주로 볼 수 있으며 더듬이, 다리, 날개 등이 몸에 꼭 붙어있는 번데기의 형태는?

① 피용 ② 나용
③ 위용 ④ 전용

해설
피용은 곤충번데기의 한 형태로 전체의 체표가 심하게 경화하고 촉각, 다리, 날개가 체부에 밀착되어 있는 것을 말한다. 대부분의 나비목, 파리목의 사각류(모기, 각다귀) 및 단각류의 번데기는 이 형에 속한다.

75 세균에 의한 식물병의 주요 병징으로 올바르게 나열한 것은?

① 무름, 궤양   ② 황화, 위축
③ 흰가루, 빗자루 ④ 줄무늬, 모자이크

해설
세균병의 병징에는 무름, 잎마름, 점무늬, 시들음, 궤양 등이 있다.

76 방동사니과 잡초로만 올바르게 나열한 것은?

① 올방개, 자귀풀
② 매자기, 바늘골
③ 뚝새풀, 올챙이고랭이
④ 사마귀풀, 너도방동사니

해설
방동사니과 잡초에는 알방동사니, 바람하늘지기, 바늘골, 너도방동사니, 쇠털골, 올방개, 올챙이고랭이, 매자기 등이 있다.

77 다음 설명에 해당하는 식물병은?

> 배추가 시들어 뽑아보니 뿌리에 크고 작은 혹들이 무수히 보였다.

① 노균병   ② 균핵병
③ 무사마귀병 ④ 뿌리썩음병

해설
배추 무사마귀병은 휴면포자가 발아하여 유주자를 형성하고 뿌리에 침입하며 침해받은 부위가 비정상적으로 비대해진다.

78 식물 병원균이 생성하는 기주 비특이적 독소는?

① Victorin
② Tabtoxin
③ AK-toxin
④ Helminthosporoside

해설
비기주특이적 독소에는 Tabtoxin, Phaseolotoxin, Tentoxin 등이 있다.

79 잡초로 인한 피해를 경감하기 위한 예방적 방제 방법으로 옳은 것은?

① 작물의 종자를 정선하여 관리한다.
② 가축의 분뇨가 발생하면 직접 경작지에 살포한다.
③ 작업이 완료된 농기구나 농기계는 별도 조치를 하지 않고 즉시 보관한다.
④ 관개수로의 잡초종자가 흐르게 하여 자연적으로 경작지 외부로 방출되도록 한다.

해설
잡초의 예방적 방제법으로 잡초 종자의 정선 및 혼입을 막는다.

80 이화명나방에 대한 설명으로 옳은 것은?

① 연1회 발생한다.
② 수십 개의 알을 따로따로 하나씩 낳는다.
③ 주로 볏짚 속에서 성충 형태로 월동한다.
④ 유충은 잎집을 가해한 후 줄기 속으로 먹어 들어간다.

해설
이화명나방 유충은 잎집으로 이동해 볏대 속에 구멍을 뚫고 피해를 주는데 한 마리의 유충이 여러 잎을 가해하여 피해가 큰편이다.

제5과목 종자관련법규

81 순도분석 시 사용하는 용어에 대한 설명으로 "사마귀 모양의 돌기"에 해당하는 용어는?

① 작은 가종피 ② 불임의
③ 웅화 ④ 경

해설
- 작은 가종피(strophiole) : 사마귀 모양의 돌기
- 불임의(不稔, sterile) : 기능을 가진 생식기관이 없는(목초류의 소화에는 영과가 없다)
- 웅화(雄花, staminate) : 수꽃만을 가진 꽃
- 경(莖, stalk) : 식물기관의 줄기(stem)

82 육성자의 권리 보호에서 절차의 무효에 대한 내용이다. (   )에 알맞은 내용은?

농림축산식품부장관, 해양수산부장관 또는 심판위원회 위원장은 "보정명령을 받은 자가 지정된 기간까지 보정을 하지 아니한 경우에는 그 품종보호에 관한 절차를 무효로 할 수 있다."에 따라 그 절차가 무효로 된 경우로서 지정된 기간을 지키지 못한 것이 보정명령을 받은 자가 천재지변이나 그 밖의 불가피한 사유에 의한 것으로 인정될 때에는 그 사유가 소멸한 날부터 (   )이내에 또는 그 기간이 끝난 후 1년 이내에 보정명령을 받은 자의 청구에 따라 그 무효처분을 취소할 수 있다.

① 7일 ② 14일
③ 21일 ④ 30일

해설
농림축산식품부장관, 해양수산부장관 또는 심판위원회 위원장은 그 절차가 무효로 된 경우로서 지정된 기간을 지키지 못한 것이 보정명령을 받은 자가 천재지변이나 그 밖의 불가피한 사유에 의한 것으로 인정될 때에는 그 사유가 소멸한 날부터 14일 이내에 또는 그 기간이 끝난 후 1년 이내에 보정명령을 받은 자의 청구에 따라 그 무효처분을 취소할 수 있다.

83 수분의 측정에서 저온항온건조기법을 사용하게 되는 종으로만 나열한 것은?

① 벼, 귀리 ② 유채, 고추
③ 호밀, 수수 ④ 파, 오이

해설
저온항온 건조기법은 마늘, 파, 부추, 콩, 땅콩, 배추씨, 유채, 고추, 목화, 피마자, 참깨, 아마, 겨자, 무에 적용한다.

정답 79 ① 80 ④ 81 ① 82 ② 83 ②

84 발아검정에 대한 내용이다. (   )에 알맞은 내용은?

작물	배지	온도(°C)		발아조사 (일)		휴면타파 등 권고사항
		변온	항온	시작	마감	
고추	TP, BP, S	20~30	-	7	14	( )

① 예냉
② 예열(30-35°C)
③ KNO_3
④ GA_3

해설
질산카리(potassium nitrate, KNO_3) : 1L의 물에 2g KNO_3을 녹인 0.2%의 용액으로 시험 시작할 때 배지를 포화시킨다. 그 후 수분 공급은 물로 한다.

85 품종보호료 및 품종보호 등록 등에서 납부기간 경과 후의 품종보호료 납부에 대한 내용으로 품종보호권의 설정등록을 받으려는 자나 품종보호권자는 품종보호료 납부기간이 경과한 후에도 몇 개월 이내에는 품종보호료를 납부할 수 있는가?

① 6개월
② 8개월
③ 9개월
④ 12개월

해설
품종보호권의 설정등록을 받으려는 자나 품종보호권자는 품종보호료 납부기간이 지난 후에도 6개월 이내에는 품종보호료를 납부할 수 있다.

86 시료 추출 시 소집단과 시료의 중량 중 "무"의 제출시료의 최소 중량은?

① 300g
② 450g
③ 700g
④ 1000g

해설
무의 시료의 최소중량은 제출시료용 300g, 순도검사용 30g 이다.

87 국가품종목록의 등재 등에서 품종목록 등재의 유효기간에 대한 내용이다. (   )에 알맞은 내용은?

품종목록 등재의 유효기간은 등재한 날이 속한 해의 다음 해부터 (   ) 까지로 한다

① 10년
② 7년
③ 5년
④ 3년

해설
품종목록 등재의 유효기간은 등재한 날이 속한 해의 다음 해부터 10년 까지로 하며, 유효기간 연장신청에 의하여 계속 연장될 수 있다.

88 종자관리요강상 사진이 제출규격에서 사진의 크기에 대한 내용이다. (   )에 알맞은 내용은?

<사진의 크기>
(   ) 의 크기이어야 하며, 실물을 식별할 수 있어야 한다.

① 6″ × 8″
② 5″ × 8″
③ 3″ × 5″
④ 4″ × 5″

해설
사진의 크기는 4″ × 5″ 의 크기이어야 하며 실물을 식별할 수 있어야 한다.

정답 84 ③ 85 ① 86 ① 87 ① 88 ④

89 식물신품종보호법상 "품종보호권"에 대한 내용으로 옳은 것은?
① 품종보호 요건을 갖추어 품종보호권이 주어진 품종을 말한다.
② 품종을 육성한 자나 이를 발견하여 개발한 자를 말한다.
③ 품종보호를 받을 수 있는 권리를 가진 자에게 주는 권리를 말한다.
④ 보호품종의 종자를 증식·생산·조제(調製)·양도·대여·수출·수입하거나 양도 또는 대여의 청약을 하는 행위를 말한다.

해설
"품종보호권"이란 이 법에 따라 품종보호를 받을 수 있는 권리를 가진 자에게 주는 권리를 말한다.

90 포장검사 병주 판정기준에서 사과의 기타병에 해당하는 것은?
① 근두암종병(뿌리혹병)
② PeCV
③ PVd
④ 호프스턴트바이로이드병

해설
사과의 기타병으로 사과 근두암종병(뿌리혹병), 포도 뿌리혹선충, 감귤 궤양병 등이 있다.

91 종자산업법상 "보증종자"에 대한 설명으로 옳은 것은?
① 일정수준 이상의 재배 및 이용상의 가치를 생산하는 능력을 말한다.
② 해당 품종의 진위성(眞僞性)과 해당품종 종자의 품질이 보증된 채종(採種)단계별 종자를 말한다.
③ 자격을 갖춘 사람으로서 종자업자가 생산하여 판매·수출하거나 수입하려는 종자를 보증하는 사람을 말한다.
④ 농산물 또는 임산물의 생산을 위하여 재배되는 모든 식물을 말한다.

해설
"보증종자"란 이 법에 따라 해당 품종의 진위성(眞僞性)과 해당 품종 종자의 품질이 보증된 채종(採種)단계별 종자를 말한다.

92 수입적응성시험의 대상 작물 및 실시기관에서 한국생약협회의 대상 작물에 해당하는 것은?
① 옥수수   ② 인삼
③ 브로콜리 ④ 상추

해설
수입적응성시험의 대상작물 및 실시기관에서 한국생약협회의 대상작물은 인삼이 있다.

93 종자관리요강상 사후관리시험의 기준 및 방법에서 검사항목에 해당하지 않는 것은?
① 품종의 순도   ② 품종의 진위성
③ 종자전염병   ④ 종자의 구성력

해설
사후관리시험의 검사항목은 품종의 순도, 품종의 진위성, 종자전염성이 있다.

94 농림축산식품부장관은 종자산업의 육성 및 지원을 위하여 몇 년마다 농림종자산업의 육성 및 지원에 관한 종합계획을 수립·시행하여야 하는가?

① 1년　　② 3년
③ 4년　　④ 5년

해설
농림축산식품부장관은 종자산업의 육성 및 지원을 위하여 5년마다 농림종자산업의 육성 및 지원에 관한 종합계획을 수립·시행한다.

95 품종보호권의 존속기간에서 품종보호권의 존속기간은 품종보호권이 설정등록된 날부터 몇 년으로 하는가? (단, 과수와 임목의 경우는 제외한다.)

① 5년　　② 10년
③ 15년　　④ 20년

해설
품종보호권의 존속기간은 품종보호권이 설정등록된 날부터 20년으로 한다. 다만, 과수와 임목의 경우에는 25년으로 한다.

96 포장검사 병주 판정기준에서 벼 특정병에 해당하는 것은?

① 흰가루병　　② 줄기녹병
③ 키다리병　　④ 위축병

해설
포장검사 병주 판정기준에서 벼 특정병은 키다리병, 선충심고병이다.

97 발아검정 시에 대한 내용이다. 다음에서 설명하는 것은?

모든 필수구조가 있고 명백히 종자 자체가 감염원이 아닌 것으로 판정되면 곰팡이(진균)나 박테리아에 의해서 심하게 부패되어 있다 하더라도 정상묘로 분류한다.

① 완전묘　　② 2차 감염묘
③ 경 결합묘　　④ 비정상묘

해설
2차 감염묘는 완전묘, 경결함 묘로서 종자 자체의 전염이 아닌 외부의 다른 원인으로 진균이나 세균의 감염을 받은 묘를 말한다.

98 순도분석 시 선별에서 식별할 수 없는 종에 대한 내용이다. (　　)에 알맞은 내용은?

<식별할 수 없는 종>
종간의 식별이 어려운 경우 다음의 한 절차를 따른다.
(a) 속명만 분석서에 기록하고 그 속의 모든 종자를 정립종자로 분류하고 추가적인 사항을 "기타판정"에 기록한다.
(b) 비슷한 종자들을 다른 구성 요소에서 분리 선별하여 무게를 단다.
이 혼합물로부터 최소한 (　　), 가능하면 1,000입 무작위로 취하고 최종분리 후 중량으로 각종의 비율을 정한다. 전체 시료중의 종별 중량비를 계산한다. 이 절차를 준수하였다면 종자 숫자를 포함한 상세한 내용을 보고한다. 제출자가 레드톱, 유채, 라이그라스, 레드페스큐 중의 하나라고 기술하였을 때나 분석자의 재량에 의한 기타의 경우에 적용할 수 있다.

① 700립　　② 400립
③ 300립　　④ 100립

정답　94 ④　95 ④　96 ③　97 ②　98 ②

해설
이 혼합물로부터 최소한 400립, 가능하면 1000입을 무작위로 취하고 최종분리 후 중량으로 각종의 비율을 정한다.

99 국가품종목록의 등재 대상 중 품종목록에 등재할 수 있는 대상작물에 해당하지 않는 것은?
① 감자　　② 보리
③ 콩　　　④ 사료용 벼

해설
품종목록에 등재할 수 있는 대상작물은 벼, 보리, 콩, 옥수수, 감자와 그 밖에 대통령령으로 정하는 작물로 한다. 다만, 사료용은 제외한다.

100 다음 ( )에 알맞은 내용은?

> 구별성의 판정 기준에서 잎의 모양 및 색 등과 같은 질적특성의 경우에는 관찰에 의하여 특성조사를 실시하고 그 결과를 계급으로 표현하여 출원품종과 대조품종의 계급이 ( )이상 차이가 나면 출원품종은 구별성이 있는 것으로 판정한다.

① 한 등급　　② 두 등급
③ 세 등급　　④ 네 등급

해설
잎의 모양 및 색 등과 같은 질적특성의 경우에는 관찰에 의하여 특성 조사를 실시하고 그 결과를 계급으로 표현하여 출원품종과 대조품종의 계급이 한 등급 이상 차이가 나면 출원품종은 구별성이 있는 것으로 판정한다.

정답 99 ④ 100 ①

2019 제3회 종자기사

제1과목 종자생산학

01 화아유도에 필요한 조건으로 가장 적절하지 않은 것은?
① 저온 ② MH
③ 밤 시간의 길이 ④ 식물의 영양상태

해설
말락하이드라자이드(maleic hydrazide, MH)는 개화 억제 물질이다.

02 단명종자에 해당하는 것으로만 나열된 것은?
① 사탕무, 베치 ② 메밀, 고추
③ 가지, 수박 ④ 토마토, 접시꽃

해설
양파, 파, 콩, 땅콩, 당근, 메밀, 고추, 상추, 우엉 등은 단명종자이다.

03 종자의 휴면타파에 사용하는 생장조절제로 가장 옳은 것은?
① 지베렐린 ② ABA
③ 2,4-D ④ CCC

해설
지베렐린은 휴면타파 및 종자의 발아를 촉진하는 생장조절제로 활용된다.

04 벼 원원종 생산을 담당하는 기관으로 가장 적절한 곳은?
① 도 농업기술원 ② 국립농업과학원
③ 농산물원종장 ④ 종자공급소

해설
품종 육성 및 기본 식물의 생산은 농촌 진흥청, 원원종 생산을 담당하는 곳은 농업기술원, 보급종의 경우 국립종자원에서 담당하고 있다.

05 기본식물에서 유래된 종자를 무엇이라 하는가?
① 원종 ② 원원종
③ 보급종 ④ 장려품종

해설
원원종은 품종 고유의 특성을 보유하고 종자의 증식에 기본이 되는 종자를 말한다.

06 다음 중 양성화에서 가장 늦게 발달하는 기관은?
① 꽃잎 ② 수술
③ 암술 ④ 악편

해설
양성화는 자가수분을 피하기 위해 수술이 발달하고 이후 암술이 발달한다.

정답 01 ② 02 ② 03 ① 04 ① 05 ② 06 ③

07 다음 중 광발아성 종자는?
① 파   ② 양파
③ 담배   ④ 수박

해설
담배, 상추, 우엉, 뽕나무, 베고니아, 셀러리 등은 광발아성 종자에 해당된다.

08 다음 중 일반적으로 작물의 화아분화 촉진에 가장 영향이 큰 것으로 나열된 것은?
① 온도, 일장   ② 수분, 질소
③ 온도, 토양수분   ④ 습도, 인산

해설
화아분화의 영향을 주는 요인에는 일장, 온도, 습도 등의 외부환경요인이 있는데 이 중에서 화아분화 촉진에 저온처리인 춘화와 일장에 의한 영향도가 크다.

09 다음 중 종자발아에 필요한 수분흡수량이 가장 많은 것은?
① 호밀   ② 콩
③ 수수   ④ 벼

해설
종자는 수분을 흡수하여 발아를 하는데 보기 중에서 콩이 발아를 위해서는 약 50% 정도의 많은 수분함량이 요구된다.

10 다음 중 종자의 안전저장 요건으로 가장 적절한 것은?
① 고온 다습상태   ② 고온 저습상태
③ 저온 저습상태   ④ 저온 다습상태

해설
종자를 안전하게 저장하기 위해서는 저온, 저습의 조건에서 저장해야 한다.

11 다음 중 단위결과가 가장 잘 되는 것은?
① 오이   ② 수박
③ 멜론   ④ 참외

해설
단위결과는 수정이 되고 종자가 생기지 않아도 과실이 형성되는 경우로 바나나, 수박, 포도, 오이, 감귤류 등에서 나타난다.

12 식물의 암 배우자(가), 수 배우자(나)를 순서대로 옳게 나타낸 것은?
① (가) : 배낭, (나) : 화분립
② (가) : 소포자, (나) : 주심
③ (가) : 주피, (나) : 대포자
④ (가) : 꽃밥, (나) : 반족세포

해설
배낭은 식물의 자성배우자(암배우자)로 대포자라 하며 화분은 웅성배우자(수배우자)로 소포자라 한다.

13 종자의 테트라졸리움 검사의 목적은?
① 발아검사를 위하여
② 활력검사를 위하여
③ 병리검사를 위하여
④ 유전적 순도 검정을 위하여

해설
살아 있는 종자 조직의 착색 정도를 통해 종자의 활력을 검사한다.

정답 07 ③ 08 ① 09 ② 10 ③ 11 ① 12 ① 13 ②

14 다음 중 발아세의 정의로 가장 적절한 것은?
① 파종된 총 종자개체수에 대한 발아종자 개체수의 비율
② 파종기부터 발아기까지의 일수
③ 종자의 대부분이 발아한 날
④ 치상 후 일정 기간까지의 발아율

해설
발아세는 치상 후 일정기간까지 발아율 또는 표준발아검사에서 중간발아조사일까지의 발아율을 의미한다.

15 다음 중 종자의 모양이 방패형인 것은?
① 벼   ② 은행나무
③ 목화   ④ 양파

해설
양파, 파, 부추 등은 종자의 모양이 방패형이다.

16 채종재배에서 화곡류의 일반적인 수확적기로 가장 옳은 것은?
① 황숙기 ② 유숙기
③ 갈숙기 ④ 고숙기

해설
곡물류의 채종적기는 황숙기이며 십자화과작물(채소류)는 갈숙기에 적기이다.

17 다음 중 종자의 구조에서 모체의 일부인 것으로 가장 옳은 것은?
① 배   ② 종피
③ 배젖   ④ 책상조직

해설
종피는 모체의 일부이며 종자의 내부를 보호하는데 휴면이나 발아지연을 유발하기도 한다.

18 다음 중 수정과정에 대한 설명으로 가장 적절하지 않은 것은?
① 속씨식물은 대개의 경우 배우자핵이 이중결합을 한다.
② 2개의 웅핵 중에서 하나는 2배체의 극핵과 결합하여 3배체의 배유핵이 된다.
③ 화분립이 주두에 닿기 전에 발아하고 화분관이 신장하여 암술대를 거쳐 배낭 속으로 들어간다.
④ 자성배우자와 웅성배우자가 완전히 성숙했을 때 가능하다.

해설
화분립이 주두에 닿은 후에 발아한다.

19 춘화처리를 실시하는 이유로 가장 옳은 것은?
① 휴면타파 ② 발아촉진
③ 생장억제 ④ 화성유도

해설
작물의 화성유도를 위해 저온이 필요한 현상을 춘화라하고 이러한 과정을 춘화처리라 한다.

20 저장 중 종자가 발아력을 상실하는 원인으로 가장 거리가 먼 것은?
① 효소의 활력 저하
② 원형질단백의 응고
③ 수분함량의 감소
④ 저장양분의 소모

해설
수분함량이 감소할 경우 종자의 발아력은 유지되고 저장 수명이 길어지게 된다.

제2과목 식물육종학

21 배낭모세포가 감수분열하여 형성한 대포자 중 살아남은 배낭세포는 8개의 핵을 갖는다. 이들의 기능으로 가장 옳은 것은?

① 난핵, 조세포핵, 그리고 반족세포핵은 수정과 동시에 퇴화한다.
② 조세포핵과 극핵은 수정과 함께 융합하여 배유를 형성한다.
③ 난핵은 정세포핵과 융합하여 배를 형성한다.
④ 난핵과 극핵이 융합하여 다음 세대의 뿌리조직을 형성한다.

해설

배낭모세포가 감수분열을 하여 4개의 반수체 대포자를 만든다. 4개의 대포자 중 3개는 퇴화하고 1개만 살아남아 3번의 유사분열을 거쳐 8개의 핵을 가진 배낭이 된다. 피자식물의 수정에서 배낭 내로 들어간 2개의 정액 중 하나는 난핵과 융합하여 2n 인 배를 형성하고 다른 하나는 2개의 극핵과 융합하여 3n인 배유를 형성한다.

22 반복친과 여러번 교잡하면서 선발 고정하는 육종법은?

① 계통육종법 ② 여교잡육종법
③ 혼합육종법 ④ 파생계통육종법

해설

여교잡육종법은 (A×B)×B, (A×B)×A, [(A×B)×B]×B 등의 형식이며 한번 교잡시킨 것을 1회친, 두 번 이상 교잡시킨 것을 반복친이라 한다.

23 생식세포 돌연변이와 체세포 돌연변이의 예로 가장 옳은 것은?

① 생식세포 돌연변이 : 염색체의 상호전좌, 체세포 돌연변이 : 아조변이
② 생식세포 돌연변이 : 아조변이, 체세포 돌연변이 : 열성돌연변이
③ 생식세포 돌연변이 : 열성돌연변이, 체세포 돌연변이 : 우성돌연변이
④ 생식세포 돌연변이 : 우성돌연변이, 체세포 돌연변이 : 염색체의 상호 전좌

해설

- 전좌는 염색체가 절단되어 그 단편이 비상동염색체 일부로 이동하여 유합되는 현상을 말하며 이는 염색체 구조 이상으로 발생하는 염색체 돌연변이 현상이다.
- 아조변이는 체세포돌연변이의 일종인데 식물의 줄기와 가지의 생장점 세포가 돌연변이를 일으킨 것으로 과수류의 신품종 육성에 이용된다.

24 체세포 염색체수가 20인 2배체 식물군의 연관군 수는?

① 20 ② 12
③ 10 ④ 2

해설

동일염색체상에서 2개 이상의 유전자가 연관되어 있어야 하고 이 유전자들은 n 핵상의 염색체만큼 연관군을 이루고 있다. 2n=20 의 경우 10개의 연관군을 가진다.

25 재래종 또는 지방종에 대한 설명으로 옳지 않은 것은?

① 하나의 품종으로 보아도 좋다.
② 작물의 원산지에서 오랜 기간 자생 또는 재배되어 온 것이어야만 한다.
③ 대부분의 재래종은 일종의 고정종에 속하는 것이다.
④ 한 지역에서 예로부터 재배되어 내려 온 것을 흔히 일컫는다.

해설
재래종 혹은 지방종은 토산종이라 하며 육종의 과정을 지나지 않고 각지방에 보존 되어온 품종으로 원산지에서 오랜기간 재배한 것은 아니다.

26 배낭에서 난세포 이외의 조세포나 반족세포의 핵이 단독으로 발육하여 배를 형성하는생식은?

① 처녀생식   ② 무핵란생식
③ 무배생식   ④ 주심배생식

해설
무배생식은 배우체의 난세포 이외의 세포가 단독으로 분열 및 발달하여 포자체를 만드는 현상을 말한다.

27 잡종강세 표현에 대한 설명으로 가장 적절하지 않은 것은?

① 외계의 불량 환경에 대한 저항성이 강하다.
② 영양체의 생장이 왕성하다.
③ 개화 및 생장이 촉진된다.
④ 임성이 저하된다.

해설
잡종강세 표현은 작물 및 형질에 따라 일정하지 않으나 일반적으로 생장 발육의 증대, 내용 성분 함량의 변화, 개화 및 성숙의 촉진, 불량한 환경에 대한 저항성 증진 등으로 나타난다.

28 돌연변이육종에 고려해야 할 사항으로 가장 적절하지 않은 것은?

① 현실적인 육종규모를 설정한다.
② 주로 양적 형질을 육종목표로 설정한다.
③ 효과적인 돌연변이 유발원을 선택한다.
④ M_1 및 그 이후 세대의 효율적 육종방법을 설정한다.

해설
돌연변이육종은 인위적 돌연변이를 통해 만들어진 유용한 형질을 이용하는 육종법이다.

29 신품종의 특성을 유지하는데 문제가 되는 품종의 퇴화 원인으로 가장 적절하지 않은 것은?

① 근교 약세에 의한 퇴화
② 기계적 혼입에 의한 퇴화
③ 주동 유전자의 분리에 의한 퇴화
④ 자연 교잡에 의한 퇴화

해설
종자퇴화의 원인에는 유전적퇴화, 생리적 퇴화, 병리적 퇴화가 있으며 주동유전자의 분리의 경우 여기에 속하지 않는다. 보기 ①, ②, ④ 의 내용들은 종자의 유전적퇴화에 해당한다.

30 인공교배를 할 때 고려해야 할 사항으로 가장 적절하지 않은 것은?

① 교배친의 조만성이 다를 경우 만생종을 일찍 파종한다.
② 자가수정 작물은 모본(종자친)에 제웅을 한다.
③ 추파성인 밀과 보리는 저온처리로 추파성을 소거해야 한다.
④ 벼는 장일처리를 하여 개화를 촉진시킨다.

해설
벼는 단일식물로 장일처리를 통해 개화를 촉진시킨다.

정답 25 ② 26 ③ 27 ④ 28 ② 29 ③ 30 ④

31 작은 섬이나 산골짜기가 타식성 작물의 채종장소로 많이 이용되고 있는 이유로 가장 적절한 것은?
① 여러 가지 품종과의 자연교잡을 막을 수 있기 때문이다.
② 여러 가지 품종과의 자연 교잡이 자유롭게 일어날 수 있기 때문이다.
③ 습고가 알맞기 때문이다.
④ 온도가 알맞기 때문이다.

해설
자연교잡에 의해 품종이 퇴화하는 경우도 있기에 격리재배를 통해 이를 방지하기도 한다.

32 교배모본 선정 시 고려할 사항으로 가장 적절하지 않은 것은?
① 가능한 결점이 적은 품종을 선정한다.
② 과거에 이용실적이 적은 품종을 선정한다.
③ 대상지역의 주요품종을 교배친으로 선정한다.
④ 목표형질 이외의 양친의 유전조성이 유사한 품종을 선정한다.

해설
교배모본을 선정 시 과거의 주요품종을 양친 중의 한 모본으로 선택하기에 이용실적이 있는 품종으로 선택한다.

33 다음 중 일염색체식물인 것은?
① 2n+2 ② 2n+1
③ 2n-1 ④ 2n

해설
일염색체는 단염색체로 염색체의 수가 정상적 배수보다 한 개 적은 2n-1 로 표현한다.

34 자가불화합성을 지닌 작물에 있어서 불화합성을 타파하여 자식종자를 생산할 수 있는 방법으로 가장 적절하지 않은 것은?
① 뇌수분 ② 일장처리
③ 탄산가스처리 ④ 고온처리

해설
교배양친을 유지하기 위해 자식하려면 자가불화합성을 일시적으로 타파해야 하며 뇌수분, 노화수분, 지연수분, 고온처리, 전기 자극, 이산화탄소 처리 등의 방법을 활용한다.

35 자웅동주이면서 웅예선숙인 작물로만 나열된 것은?
① 옥수수, 딸기
② 아스파라거스, 양파
③ 시금치, 벼
④ 시금치, 양파

해설
웅예선숙은 암술보다 수술이 먼저 성숙하는 것으로 옥수수, 딸기, 양파, 수박, 당근 등이 있다.

36 다음 중 유전자의 지배가가 누적적인 유전자에 해당하는 것은?
① 중복유전자 ② 복수유전자
③ 보족유전자 ④ 억제유전자

해설
동일 방향 작용 유전자가 누적효과가 나타나는 경우 복수유전자, 누적효과가 없는 경우 중복유전자라 한다.

37 영양계 분리법과 가장 관련이 없는 것은?
① 과수류나 뽕나무 같은 영년생 식물에 이용한다.
② 양딸기의 자연집단에서 우량한 영양체를 분리하는데 이용한다.
③ 영양이 좋은 종자를 선발 분리하는 방법이다.
④ 재래 집단이나 자연집단에는 많은 변이체를 가지고 있다.

해설
영양계분리법은 과수류, 화목류, 임목 등의 목본작물이나 고구마, 감자 등 영양체로 번식하는 작물의 우량 영양체를 분리하여 이용하는 방법이다.

38 다음 중 육종목표로 가장 적절하지 않은 것은?
① 기존에 없던 새로운 식물을 창조하는 것
② 유용한 형질을 결합시켜 유용성을 높이는 것
③ 환경스트레스에 대한 저항성 증진
④ 시장 유통에 적합한 특성 증진

해설
식물육종은 수량을 증대, 품질을 향상, 내병충, 내재해성 향상을 통해 수확교배모본 이용실적의 안정성을 높여 식량의 안정적 공급을 목표로 한다.

39 다음 중 복교잡을 나타낸 것으로 가장 옳은 것은?
① A×B의 F_1에 B를 교잡
② (A×B)×(C×D)
③ (A×B)×C
④ A×B

해설
복교잡은 두 개의 단교배로 F_1끼리 교배하며 [(A×B)×(C×D)] 이다.

40 다음 중 Brassica napus의 염색체의 수와 게놈으로 가장 적절한 것은?
① 2n = 28, AABB
② 2n = 30, AABBCC
③ 2n = 32, AABBDD
④ 2n = 38, AACC

해설
유채(Brassica napus)의 염색체 수는 2n=38 이며 게놈은 AACC 이다.

제3과목 재배원론

41 토마토, 당근에 해당하는 일장형은?
① 단일식물 ② 장일식물
③ 중성식물 ④ 장단일식물

해설
토마토, 고추, 오이, 호박, 당근 등은 중성식물이다.

42 화곡류의 생육 단계 중 한발해에 가장 약한 시기는?
① 유숙기 ② 출수개화기
③ 감수분열기 ④ 유수형성기

해설
벼는 냉온에 약한 작물로 10℃ 이하의 냉온이 지속되면 냉해의 피해가 발생된다. 벼는 감수분열기에 이상 발육이 초래되어 불임현상이 나타나기도 한다.

43 C_4작물에 대한 설명으로 가장 거리가 먼 것은?
① 광 포화점이 높다.
② 광 호흡률이 높다.
③ 광 보상점이 낮다.
④ 광합성효율이 높다.

해설
C_4 작물은 광합성 효율이 좋으나 광호흡률은 매우 낮다.

44 녹체춘화형 식물인 것으로만 나열된 것은?
① 잠두, 무
② 추파맥류, 코스모스
③ 완두, 벼
④ 양배추, 양파

해설
녹체춘화형 식물에는 양배추, 당근, 양파, 사리풀 등이 있다.

45 다음 중 윤작에 대한 설명으로 옳지 않은 것은?
① 동양에서 발달한 작부방식이다.
② 지력유지를 위하여 콩과 작물을 반드시 포함한다.
③ 병충해 경감 효과가 있다.
④ 경지이용률을 높일 수 있다.

해설
윤작은 서유럽에서도 발달하였으며 중세시대 초기 1/2 씩 휴경하다가 9세기부터 삼포식을 실시하였다.

46 단풍나무의 휴면을 유도, 위조 저항성, 한해 저항성, 휴면아 형성 등과 관련 있는 호르몬으로 가장 옳은 것은?
① 옥신 ② 지베렐린
③ 시토키닌 ④ ABA

해설
ABA(Abscisic acid)는 대표적인 생장억제물질로 낙엽을 촉진, 휴면의 유도, 발아 억제 등의 효과가 나타난다.

47 다음 중 인과류로만 나열되어 있는 것은?
① 사과, 배 ② 무화과, 딸기
③ 복숭아, 앵두 ④ 감, 밤

해설
인과류에는 배, 사과, 비파 등이 있다.

48 논에 심층시비를 하는 효과에 대한 설명으로 가장 옳은 것은?
① 질산태 질소비료를 논 토양의 환원층에 주어 탈질을 막는다.
② 질산태 질소비료를 논 토양의 산화층에 주어 용탈을 막는다.
③ 암모니아태 질소비료를 논 토양의 환원층에 주어 탈질을 막는다.
④ 암모니아태 질소비료를 논 토양의 산화층에 주어 용탈을 막는다.

해설
심층시비는 암모니아태 질소비료를 논 토양의 환원층에 주어 탈질을 막아준다.

49 벼의 관수해(冠水害)에 대한 설명으로 가장 옳은 것은?
① 출수개화기에 약하다.
② 관수상태에서 벼의 잎은 도장이 억제될 수 있다.
③ 수온과 기온이 높으면 피해가 적다.
④ 청수보다 탁수에서 피해가 적다.

해설
벼는 분얼 초기 침수에 강해 피해가 적게 나타나지만 수잉기에서 출수개화기에는 침수에 약해지면서 침수피해가 크게 나타난다.

50 사료작물을 혼파 재배할 때 가장 불편한 것은?
① 채종이 어려움
② 건초제조가 어려움
③ 잡초방제가 어려움
④ 병해충방제가 어려움

해설
혼파는 두가지 이상의 작물을 혼합하여 파종하는 방법으로 파종작업이 힘들고 작물의 생장속도 차이로 인해 관리에도 어려움이 있다.

정답 44 ④ 45 ① 46 ④ 47 ① 48 ③ 49 ① 50 ①

51 작부방식의 변천과정으로 가장 적절한 것은?
① 이동경작 → 3포식농법 → 개량3포식농법 → 자유작
② 자유작 → 이동경작 → 휴한농법 → 개량3포식농법
③ 이동경작 → 개량3포식농법 → 자유작 → 3포식농법
④ 자유작 → 휴한농법 → 개량3포식농법 → 이동경작

[해설]
작부체계의 변천을 보면 크게 이동경작에서 3포식농법, 개량3포식농법에서 자유경작으로 발달하였다.

52 질소를 10a 당 9.2kg 시용하고자 할 때, 기비 40%의 요소 필요량은?
① 약 4kg ② 약 8kg
③ 약 12kg ④ 약 16kg

[해설]
요소의 질소 성분비는 46% 이므로 다음과 같이 필요량을 구할수 있다.
$$\frac{9.2 \times 0.4}{0.46} = 8\,kg$$

53 작물의 도복에 대한 설명으로 가장 거리가 먼 것은?
① 맥류의 경우 절간신장이 시작된 이후의 토입은 도복을 크게 경감시킨다.
② 밀식하면 통풍 및 통광이 저해되어 경엽이 연약해지고 뿌리의 발달도 불량해지므로 도복이 심해진다.
③ 질소 시비량을 증가시키면 도복이 억제된다.
④ 맥류의 경우 이식재배를 한 것은 직파재배한 것보다 도복을 경감시킨다.

[해설]
질소 시비량이 증가되면 과용으로 인해 도복이 증가된다.

54 다음 중 적산온도에 대한 설명으로 가장 적합한 것은?
① 작물생육기간 중 0°C 이상의 일평균기온을 합산한 온도
② 작물생육의 최적온도를 생육일수로 곱한 온도
③ 작물생육기간 중 일최고기온을 합산한 온도
④ 작물생육기간 중 일최저기온을 합산한 온도

[해설]
적산온도는 작물이 생존하는 기간동안 소요되는 총 온량으로 작물의 발아로부터 성숙하는데 까지의 0°C 이상의 일평균기온을 합산한 것을 말한다.

55 우리나라 작물재배의 특색에 대한 설명으로 가장 적절하지 않은 것은?
① 토양비옥도가 낮음
② 전체적인 식량자급률이 높음
③ 경영규모가 영세함
④ 농산물의 국제 경쟁력이 약함

[해설]
우리나라의 전체적인 식량자급률은 시간이 지날수록 감수하는 추세를 보이고 있으며 최근에는 50% 아래로 떨어졌다.

56 토양 공극과 용기량과의 관계를 가장 올바르게 설명한 것은?
① 모관 공극이 많으면 용기량은 증대된다.
② 공극과 용기량은 관계가 없다.
③ 비모관 공극이 많으면 용기량은 증대된다.
④ 비모관 공극이 적으면 용기량은 증대된다.

[해설]
토성이 사질토양과 같이 비모관공극이 많아지면 토양의 용기량이 증대된다.

정답 51 ① 52 ② 53 ③ 54 ① 55 ② 56 ③

57 다음 중 요수량이 가장 큰 작물은?
① 옥수수　　② 기장
③ 수수　　　④ 호박

해설
수수, 기장, 옥수수는 요수량이 적은 작물로서 상대적으로 보기 중에서 호박의 요수량이 크다.

58 세포분열을 촉진하는 활성물질로 잎의 노화를 방지하며 저장 중의 신선도를 유지해 주는 것으로 가장 옳은 것은?
① 옥신　　　② 시토키닌
③ 지베렐린　④ ABA

해설
시토키닌(사이토키닌)은 주로 뿌리에서 합성되며 옥신과 함께 작용하여 세포분열을 촉진한다. 작물에 적용시 발아촉진, 생장촉진, 기공의 개폐 촉진 등의 효과를 보인다.

59 포도 등의 착색에 관계하는 안토시안의 생성을 가장 조장하는 광파장은?
① 적외선　　② 녹색광
③ 자외선　　④ 적색광

해설
안토시안은 자외선 및 자색광의 파장으로 생성되며 포도의 착색에 영향을 준다.

60 세포벽의 가소성을 증대시켜 세포의 신장을 유발하는 것으로 가장 옳은 것은?
① Auxin　　　② CCC
③ Cytokinin　④ Ethylene

해설
옥신은 식물의 신장에 관여하는 호르몬으로 줄기나 뿌리의 선단부에서 만들어져 세포의 신장촉진에 도움을 준다.

제4과목　식물보호학

61 다음 설명에 해당하는 식물병원균은?

・균사에는 격벽이 있고, 격벽에는 유연공이 있으며, 세포벽은 글루칸과 키틴으로 되어있다.
・나무를 썩히는 목재썩음병 등 대부분의 목재부 후균에 해당한다.

① 난균　　　② 담자균
③ 접합균　　④ 고생균류

해설
담자균은 균사에 격막이 있고 유성포자는 담자기 위에 생기는 담자포자이다.

62 미생물의 독소를 이용하여 해충을 방제하는 생물 농약은?
① 지베렐린
② 불임화제
③ 석회보르도액
④ Bt(Bacillus thuringiensis)제

해설
미생물농약의 일종으로 곤충의 바이러스, 세균, 사상균 등의 병원미생물을 이용하여 제조하며 일명 BT(Bacillus thuringiensis)제 라고 한다.

63 생태적 잡초 방제 방법에 해당하는 것은?
① 피복작물을 이용하는 방법
② 열을 이용해 소각, 소토하는 방법
③ 새로운 잡초종의 침입과 오염을 막는 방법
④ 곤충, 가축, 미생물 등의 생물을 이용하는 방법

해설
생태적(경종적) 방제법에는 피복작물을 이용하여 토양침식 및 잡초 발생을 억제한다.

정답 57 ④　58 ②　59 ③　60 ①　61 ②　62 ④　63 ①

64 물리적 잡초 방제 방법에 속하지 않는 것은?
① 경운
② 비닐 피복
③ 작물 윤작
④ 침수 처리

해설
윤작은 생태학적 방제법에 속하며 물리적 방제법에는 경운, 피복처리, 침수처리, 인위적 제초, 예취 등이 있다.

65 곤충의 피부를 구성하는 부분이 아닌 것은?
① 융기
② 큐티클
③ 기저막
④ 표피세포

해설
곤충의 피부는 크게 표피, 진피, 기저막 등으로 구성되어 있다.

66 유충(또는 약충)과 성충이 모두 식물의 즙액을 빨아 먹어 피해를 주는 해충은?
① 멸구류
② 나방류
③ 하늘소류
④ 좀벌레류

해설
유충과 성충이 모두 흡즙가해하는 해충에는 멸구류, 진딧물 등이 있다.

67 다음 설명에 해당하는 식물병은?

- 벼 수량에 간접적으로 영향을 준다.
- 병원균은 균핵의 형태로 월동한 후 초여름부터 발생한다.
- 발병 최성기는 고온다습한 8월 상순부터 9월 상순경이다.

① 벼 잎집얼룩병
② 벼 흰잎마름병
③ 벼 줄무늬잎마름병
④ 벼 검은줄무늬오갈병

해설
벼 잎집무늬마름병(잎집얼룩병)은 병원균은 균핵 상태로 땅위에서 월동하고 봄에 물위로 올라와 전염을 시작한다. 식물체의 각피를 뚫고 침입하며 분얼기 이후에 고온 다습한 8~9월쯤 주로 발생한다.

68 해충의 농약 저항성에 대한 설명으로 옳지 않은 것은?
① 동일 기작을 가진 계통의 약제를 연속하여 사용하지 않는다.
② 진딧물이나 응애류처럼 생활사가 짧을수록 저항성은 더 늦게 발달된다.
③ 방제 효과를 올리기 위해서 약제 사용량을 계속해서 늘리면서 발생하는 현상이다.
④ 약제에 대한 감수성종이 죽고 유전적으로 저항성을 가진 해충이 살아남아 저항성개체가 우점종이 되는 것을 의미한다.

해설
진딧물이나 응애류처럼 생활사가 짧을수록 저항성은 더 빨리 발달된다.

69 배추 무사마귀병 방제 방법으로 옳지 않은 것은?
① 토양 소독
② 토양 산도 교정
③ 양배추 윤작 재배
④ 저항성 품종 재배

해설
배추, 무사마귀병은 기주 범위가 넓고 토양에서 긴 시간 생존이 가능하기에 윤작을 통해 방제하기 어렵다. 주로 산성토양에서 다습한 경우 발생하기에 알칼리성 토양으로 조절해주는 것이 좋다.

70 해충의 방제 방법 분류 중 성격이 다른 것은?
① 윤작   ② 혼작
③ 온도 처리   ④ 재배밀도 조절

해설
온도처리는 물리적 방제법에 해당되며 윤작, 혼작, 밀도조절 등은 생태학적(경종적) 방제법에 해당된다.

71 토양 훈증제를 이용한 토양 소독 방법에 대한 설명으로 옳지 않은 것은?
① 효과가 크다.
② 비용이 많이 든다.
③ 화학적 방제의 일종이다.
④ 식물병에 선택적으로 작용한다.

해설
토양 훈증제는 특정 식물병에 선택적으로 작용하지 않는다.

72 식물병해충의 종합적 방제 방법에 대한 설명으로 옳은 것은?
① 한 지역에서 동시에 방제하는 방법이다.
② 여러 가지 병해충을 동시에 방제하는 방법이다.
③ 여러 가지 농약을 동시에 사용하여 방제하는 방법이다.
④ 여러 가지 가능한 방제 수단을 사용하여 방제하는 방법이다.

해설
병해충종합관리(종합적 방제)는 Intergrated Pest Management(IPM) 이라 하며 환경 친화적이고 지속 가능한 방법으로 병해충을 관리하여 농약으로 인한 사회, 보건학적 위험을 줄이는 것을 목적으로 하는 방법으로 여러 방제법을 조합하여 가장 효율적인 방제법을 적용한다.

73 유충기에 수확된 밤이나 밤송이 속으로 파먹어 들어가 많은 피해를 주는 해충은?
① 복숭아명나방   ② 복숭아혹진딧물
③ 복숭아심식나방   ④ 복숭아유리나방

해설
복숭아명나방은 1년에 2회 발생하고 성숙한 유충은 고치속에서 월동한다. 유충이 과실을 가해하여 큰 구멍을 만들고 적갈색의 굵은 똥과 즙액을 배출하여 유관상 식별이 가능하다.

74 다년생 잡초로만 올바르게 나열한 것은?
① 가래, 쇠비름   ② 벗풀, 둑새풀
③ 올방개, 바랭이 ④ 질경이, 나도겨풀

해설
다년생 잡초에는 질경이, 너도방동사니, 쇠털골, 올방개, 올챙이고랭이, 매자기, 나도겨풀 등이 있다.

75 광엽 잡초로만 올바르게 나열한 것은?
① 강피, 바랭이
② 냉이, 개비름
③ 메꽃, 강아지풀
④ 뚝새풀, 나도방동사니

해설
광엽잡초에는 냉이, 망초, 쑥, 가래, 개비름, 쇠비름 등이 있다.

76 다음 설명에 해당하는 식물병원은?

- 식물병이 전신 감염성이어서 영양체에 의해 연속적으로 전염된다.
- 주로 매미충류와 기타식물의 체관부에서 즙액을 빨아먹는 소수의 노린재, 나무이 등에 의해 매개 전염된다.
- 테트라사이클린에 감수성이다.

① 세균
② 진균
③ 바이러스
④ 파이토플라스마

해설
파이토플라스마는 세포막이 없고 일종의 원형질막이 존재하며 대표적으로 대추나무 빗자루병, 오동나무 빗자루병, 뽕나무 오갈병의 병원체이다. 인공배양이 어렵고 방제시 테트라사이클린계 항생물질을 이용한다.

77 살포액 20L에 농약 20g을 넣었을 때 희석배수는?
① 100배
② 500배
③ 1000배
④ 2000배

해설
소요희석배수
$= \dfrac{\text{단위면적당 사용량}}{\text{소요약량}} = \dfrac{20L}{20g} = \dfrac{20000ml}{20g} = 1000$

78 나비목 해충이 알에서 부화한 후 3번 탈피하였을 때 유충의 영기는?
① 2령충
② 3령충
③ 4령충
④ 5령충

해설
알에서 부화한 유충이 성장을 하면서 탈피를 하게 되며 이때 탈피횟수에 따라 령충이 결정된다. 1회 탈피할 때까지 1령충, 1회 탈피를 할 경우 2령충, 2회 탈피를 할 경우 3령충이다. 3회 탈피 할 경우 4령충이라 한다.

79 보르도액은 어떤 종류의 약제인가?
① 종자소독제
② 보호살균제
③ 농용항생제
④ 화학불임제

해설
보르도액, 석회화합제 등은 보호살균제로 분류된다.

80 주로 밭에서 발생하는 잡초는?
① 가래, 마디꽃
② 반하, 쇠비름
③ 억새, 개구리밥
④ 올방개, 너도방동사니

해설
반하는 다년생 광엽 밭잡초이며 쇠비름은 1년생 광엽 밭잡초이다.
- 1년생 밭잡초 : 바랭이, 쇠비름, 명아주, 닭의 장풀
- 다년생 잡초 : 엉겅퀴, 메꽃, 소리쟁이

정답 75 ② 76 ④ 77 ③ 78 ③ 79 ② 80 ②

제5과목 종자관련법규

81 ( )에 가장 적절한 내용은?

> 농림축산식품부장관은 종자산업의 효율적인 육성 및 지원을 위하여 종자산업 관련 기관·단체 또는 법인 등 적절한 인력과 시설을 갖춘 기관을 ( )로 지정할 수 있다.

① 농업재단산업센터
② 종자산업진흥센터
③ 기술보급종자센터
④ 스마트농업센터

해설
농림축산식품부장관은 종자산업의 효율적인 육성 및 지원을 위하여 종자산업 관련 기관·단체 또는 법인 등 적절한 인력과 시설을 갖춘 기관을 종자산업진흥센터(이하 "진흥센터"라 한다)로 지정할 수 있다.

82 식물신품종 보호법상 심판에 대한 내용이다. (가)에 가장 적절한 내용은?

> 심판위원회는 위원장 1명을 포함한 (가)이내의 품종보호심판위원으로 구성하되, 위원장이 아닌 심판위원 중 1명은 상임(常任)으로 한다.

① 5명   ② 8명
③ 9명   ④ 12명

해설
심판위원회는 위원장 1명을 포함한 8명 이내의 품종보호심판위원(이하 "심판위원"이라 한다)으로 구성하되, 위원장이 아닌 심판위원 중 1명은 상임(常任)으로 한다.

83 품종보호권에 대한 내용이다. ( )에 가장 적절한 내용은? (단, "재정의 청구는 해당 보호품종의 품종보호권자 또는 전용실시권자와 통상실시권 허락에 관한 협의를 할 수 없거나 협의 결과 합의가 이루어지지 아니한 경우에만 할 수 있다."를 포함한다.)

> 보호품종을 실시하려는 자는 보호품종이 정당한 사유 없이 계속하여 ( )이상 국내에서 상당한 영업적 규모로 실시되지 아니하거나 적당한 정도와 조건으로 국내수요를 충족시키지 못한 경우 농림축산식품부장관 또는 해양수산부장관에게 통상실시권 설정에 관한 재정(裁定)을 청구할 수 있다.

① 6개월   ② 1년
③ 2년   ④ 3년

해설
보호품종이 정당한 사유 없이 계속하여 3년 이상 국내에서 상당한 영업적 규모로 실시되지 아니하거나 적당한 정도와 조건으로 국내수요를 충족시키지 못한 경우 농림축산식품부장관 또는 해양수산부장관에게 통상실시권 설정에 관한 재정(裁定)(이하 "재정"이라 한다)을 청구할 수 있다.

84 품종보호료 및 품종보호 등록 등에 대한 내용이다. ( )에 가장 적절한 내용은?

> 품종보호권의 설정등록을 받으려는 자 또는 품종보호권자가 책임질 수 없는 사유로 추가납부기간 이내에 품종보호료를 납부하지 아니하였거나 보전기간 이내에 보전하지 아니한 경우에는 그 사유가 종료한 날부터 ( )이내에 그 품종보호료를 납부하거나 보전할 수 있다. 다만, 추가납부 기간의 만료일 또는 보전기간의 만료일 중 늦은 날부터 6개월이 경과하였을 때에는 그러하지 아니하다.

① 5일   ② 7일
③ 14일   ④ 21일

정답 81 ② 82 ② 83 ④ 84 ③

해설
품종보호권의 설정등록을 받으려는 자 또는 품종보호권자가 책임질 수 없는 사유로 추가납부기간 이내에 품종보호료를 납부하지 아니하였거나 보전기간 이내에 보전하지 아니한 경우에는 그 사유가 종료한 날부터 14일 이내에 그 품종보호료를 납부하거나 보전할 수 있다. 다만, 추가납부기간의 만료일 또는 보전기간의 만료일 중 늦은 날부터 6개월이 지났을 때에는 그러하지 아니하다.

85 종자 및 묘의 유통 관리에서 시장·군수·구청장은 종자업자가 종자업 등록을 한 날부터 1년 이내에 사업을 시작하지 아니하거나 정당한 사유 없이 1년 이상 계속하여 휴업한 경우 종자업 등록을 취소하거나 몇 개월 이내의 기간을 정하여 영업의 전부 또는 일부의 정지를 명할 수 있는가?

① 3개월
② 6개월
③ 9개월
④ 12개월

해설
시장·군수·구청장은 종자업자가 종자업 등록을 한 날부터 1년 이내에 사업을 시작하지 아니하거나 정당한 사유 없이 1년 이상 계속하여 휴업한 경우 종자업 등록을 취소하거나 6개월 이내의 기간을 정하여 영업의 전부 또는 일부의 정지를 명할 수 있다.

86 (   )에 알맞은 내용은?

> 품종보호 요건 및 품종보호 출원에서 우선권을 주장하려는 자는 최초의 품종보호 출원일 다음날부터 (   )이내에 품종보호출원을 하지 아니하면 우선권을 주장할 수 없다.

① 1년
② 9개월
③ 6개월
④ 3개월

해설
우선권을 주장하려는 자는 최초의 품종보호 출원일 다음 날부터 1년 이내에 품종보호 출원을 하지 아니하면 우선권을 주장할 수 없다.

87 종자산업법상 종자 및 묘의 검정결과에 대하여 거짓광고나 과대광고를 한 자는 어떤 벌칙을 받는가?

① 6개월 이하의 징역 또는 3백만원 이하의 벌금
② 6개월 이하의 징역 또는 5백만원 이하의 벌금
③ 1년 이하의 징역 또는 5백만원 이하의 벌금
④ 1년 이하의 징역 또는 1천만원 이하의 벌금

해설
검정결과에 대하여 거짓광고나 과대광고를 한 자는 1년 이하의 징역 또는 1천만원 이하의 벌금에 처한다.

88 (   )에 가장 적절한 내용은?

> 고품질 종자 유통·보급을 통한 농림업의 생산성 향상 등을 위하여 (   )은/는 종자의 보증을 할 수 있다.

① 종자관리사
② 농업대학 교수
③ 농업관련 연구원
④ 농업마이스터 교사

해설
고품질 종자 유통·보급을 통한 농림업의 생산성 향상 등을 위하여 농림축산식품부장관과 종자관리사는 종자의 보증을 할 수 있다.

정답 85 ② 86 ① 87 ④ 88 ①

89 식물신품종 보호법상 보칙에서 "종자위원회는 필요한 경우 당사자나 그 대리인 또는 이해관계인에게 출석을 요구하거나 관계 서류의 제출을 요구할 수 있다."에 따라 당사자나 그 대리인 또는 이해관계인의 출석을 요구하거나 필요한 관계 서류를 요구하는 경우에는 회의 개최일 며칠 전까지 서면으로 하여야 하는가?
① 3일　　② 5일
③ 7일　　④ 14일

해설
당사자나 그 대리인 또는 이해관계인의 출석을 요구하거나 필요한 관계 서류를 요구하는 경우에는 회의 개최일 7일 전까지 서면으로 하여야 한다.

90 종자검사요령상 수분의 측정에서 저온항온건조기법을 사용하게 되는 종으로만 나열된 것은?
① 상추, 시금치　　② 조, 참외
③ 보리, 호밀　　④ 유채, 고추

해설
저온항온 건조기법은 마늘, 파, 부추, 콩, 땅콩, 배추씨, 유채, 고추, 목화, 피마자, 참깨, 아마, 겨자, 무에 적용한다.

91 종자산업의 기반 조성에 대한 내용이다. ( )에 가장 적절한 내용은?

> 농림축산식품부장관은 종자산업의 안정적인 정착에 필요한 기술보급을 위하여 ( )에게 종자 및 묘 생산과 관련된 기술의 보급에 필요한 정보 수집 및 교육 사업을 수행하게 할 수 있다.

① 식품의약품안전처장
② 농촌진흥청장
③ 환경부장관
④ 지방자치단체의 장

해설
농림축산식품부장관은 종자산업의 안정적인 정착에 필요한 기술보급을 위하여 지방자치단체의 장에게 종자 및 묘 생산과 관련된 기술의 보급에 필요한 정보 수집 및 교육 사업을 수행하게 할 수 있다.

92 종자관리요강상 겉보리, 쌀보리 및 맥주보리의 포장검사에 대한 내용이다. (가)에 가장 적절한 내용은?

> 전작물 조건 : 품종의 순도유지를 위하여 (가)이상 윤작을 하여야 한다. 다만, 경종적 방법에 의하여 혼종의 우려가 없도록 담수처리, 객토, 비닐멀칭을 하였거나, 타 작물을 앞그루로 재배한 경우 및 이전 재배 품종이 당해 포장검사를 받는 품종과 동일한 경우에는 그러하지 아니하다.

① 1년　　② 2년
③ 3년　　④ 5년

해설
겉보리, 쌀보리, 맥주보리 등의 포장검사에서 품종의 순도유지를 위하여 2년 이상 윤작을 하여야 한다.

정답　89 ③　90 ④　91 ④　92 ②

93 식물신품종 보호법상 품종의 명칭에서 품종명칭등록 이의신청을 한 자는 품종명칭등록이의신청기간이 경과한 후 며칠 이내에 품종명칭등록 이의신청서에 적은 이유 또는 증거를 보정할 수 있는가?

① 7일 ② 14일
③ 21일 ④ 30일

해설
품종명칭등록 이의신청을 한 자는 품종명칭등록 이의신청기간이 지난 후 30일 이내에 품종명칭등록 이의신청서에 적은 이유 또는 증거를 보정할 수 있다.

94 ( )에 알맞은 내용은?

> 국가품종목록의 등재 등에서 품종목록 등재의 유효기간 연장신청은 그 품종목록 등재의 유효기간이 끝나기 전 ( ) 이내에 신청하여야 한다.

① 3개월 ② 6개월
③ 1년 ④ 2년

해설
국가품종목록 등재 유효기간 연장신청서에서 연장신청은 국가품종목록 등재의 유효기간이 끝나기 전 1년 이내에 신청하여야 한다.

95 종자관리요강상 수입적응성시험의 대상작물 및 실시기관에서 국립산림품종관리센터의 대상작물로만 나열된 것은?

① 곽향, 당귀 ② 백출, 사삼
③ 작약, 지황 ④ 느타리, 영지

해설
국립산림품종관리센터의 수입적응성시험의 대상작물은 백출, 사삼, 시호, 오가피, 창출, 천궁, 하수오가 있다.

96 종자의 보증에서 국가보증이나 자체보증을 받은 종자를 생산하려는 자는 농림축산식품부장관으로부터 채종 단계별로 몇 회 이상 포장(圃場)검사를 받아야 하는가?

① 1회 ② 3회
③ 5회 ④ 7회

해설
국가보증이나 자체보증을 받은 종자를 생산하려는 자는 농림축산식품부장관 또는 종자관리사로부터 채종 단계별로 1회 이상 포장(圃場)검사를 받아야 한다.

97 품종보호료 및 품종보호 등록 등에 대한 내용 중 ( )에 가장 적절한 내용은?

> 농림축산식품부장관 또는 해양수산부장관은 ( ) 품종보호 공보를 발행하여야 한다.

① 3개월 마다 ② 6개월 마다
③ 1년 마다 ④ 매월

해설
농림축산식품부장관 또는 해양수산부장관은 매월 품종보호 공보를 발행하여야 한다.

98 종자검사요령상 포장검사 병주 판정기준에서 벼의 특정병에 해당하는 것은?

① 이삭도열병 ② 키다리병
③ 깨씨무늬병 ④ 이삭누룩병

해설
벼의 포장검사 및 종자검사에 있어 특정병은 키다리병, 선충심고병을 말한다.

정답 93 ④ 94 ③ 95 ② 96 ① 97 ④ 98 ②

99 종자관리요강상 규격묘의 규격기준에서 과수묘목 중 배 묘목의 길이(cm)로 가장 옳은 것은? (단, 묘목의 길이는 지제부에서 묘목선단까지의 길이이다.)

① 50cm 이상 ② 70cm 이상
③ 100cm 이상 ④ 120cm 이상

해설
종자관리요강상 규격묘의 규격기준에서 배의 묘목의 길이는 120cm 이상 묘목의 직경은 12mm 이상을 기준으로 한다.

100 종자산업법상 종합계획에 대한 내용이다. ( )에 알맞은 내용은?

> 농림축산식품부장관은 종자산업의 육성 및 지원을 위하여 ( )마다 농림종자산업의 육성 및 지원에 관한 종합계획을 수립·시행하여야 한다.

① 6개월 ② 1년
③ 3년 ④ 5년

해설
농림축산식품부장관은 종자산업의 육성 및 지원을 위하여 5년마다 농림종자산업의 육성 및 지원에 관한 종합계획(이하 "종합계획"이라 한다)을 수립·시행하여야 한다.

2020 제1·2회 종자기사

제1과목 종자생산학

01 다음 중 식물체의 저온 춘화 처리 감응 부위는?
① 잎 ② 줄기
③ 뿌리 ④ 생장점

해설
식물체가 온도에 자극을 받는 감응부위는 생장점이나 세포분열이 왕성한 부위이다.

02 채종포에서 이형주를 제거해야 하는 주된 이유는?
① 잡초 방제
② 품종의 생육속도 향상
③ 단위면적당 종자량의 확보
④ 품종의 유전적 순도 유지

해설
이형주는 동일 품종 내에 고유한 특성을 지니지 않은 개체로 빨리 제거해야 정상적인 식물체에 수분되는 것을 막을수가 있다. 즉 품종의 유전적 순도를 높이거나 유지하는데 도움이 되는 방법이다.

03 단일성 식물의 개화기를 늦추기 위한 조건으로 가장 옳은 것은?
① 단일조건 ② 중일조건
③ 장일조건 ④ 정일조건

해설
단일식물은 한계일장보다 짧은 일장 조건에서 개화하는 식물인데 장일조건을 조성하면 개화가 억제되어 개화기를 늦출수 있다.

04 과실이 영(穎)에 싸여 있는 것은?
① 시금치 ② 밀
③ 옥수수 ④ 귀리

해설
벼, 귀리 등은 과실의 외측이 내영, 외영에 싸여 있다

05 종자의 발아를 억제시키는 물질로 가장 옳은 것은?
① abscisic acid(ABA)
② gibberellin
③ cytokinin
④ auxin

해설
발아 억제 물질은 종자의 과피의 껍질에 존재하며 암모니아(NH_3), 시안화수소(HCN), 쿠마린, 페놀산, 아브시스산(ABA) 등이 있다.

06 피토크롬에 대한 설명으로 가장 적절한 것은?
① 광합성에 관여하는 색소 중의 하나이다.
② 개화를 촉진하는 호르몬이다.
③ 광을 수용하는 색소 단백질이다.
④ 호흡조절에 관여하는 단백질이다.

해설
식물에 존재하는 색소단백질인 파이토크롬은 특정 파장을 흡수하여 광가역 반응을 일으킨다.

정답 01 ④ 02 ④ 03 ③ 04 ④ 05 ① 06 ③

07 배추 F₁의 원종 채종 시 뇌수분을 실시하는 주된 이유는?
① 개화시에는 화분이 없기 때문에
② 개화시는 주두의 기능이 정지되기 때문에
③ 개화시기에는 웅성불임성이 나타나기 때문에
④ 개화시에 자가불화합성이 나타나기 때문에

해설
뇌수분의 경우 자가수정률이 높아 자가불화합성을 일시적으로 타파할수 있어 양배추, 배추, 무 등에 적용하기 적합하다.

08 발아검사를 할 때 종이배지의 조건으로 틀린 것은?
① 시험 조작 중 찢어짐에 견디도록 충분한 강도를 가져야 한다.
② 종이는 전 기간을 통하여 종자에 계속적으로 수분을 공급할 수 있는 충분한 수분 보유력을 가져야 한다.
③ pH의 범위는 6.0~7.5이어야 한다.
④ 뿌리가 뚫고 들어가기 쉬워야 한다.

해설
종이배지는 다공성 재질이어야 하나 묘 뿌리가 종이 속으로 들어가지 않고 위에서 자라야 한다.

09 발아세의 정의로 옳은 것은?
① 치상 후 일정한 시일 내의 발아율
② 종자의 대부분이 발아한 날
③ 파종기부터 발아기까지의 일수
④ 파종된 총 종자개체수에 대한 발아종자

해설
발아세는 치상 후 일정기간까지 발아율 또는 표준발아검사에서 중간발아조사일까지의 발아율을 의미한다.

10 꽃에서 발육하여 나중에 종자가 되는 부분은?
① 자방   ② 수술
③ 꽃받침 ④ 배주

해설
과실은 성숙한 씨방으로 씨방은 배주를 가지고 있고 이 배주가 종자로 발달하게 된다.

11 다음 중 수확 적기 때 수분 함량이 가장 높은 작물은?
① 밀   ② 옥수수
③ 콩   ④ 땅콩

해설
수확 적기에 옥수수의 수분 함량이 20~25% 정도로 높다.

12 춘화처리를 실시하는 이유로 가장 옳은 것은?
① 휴면타파   ② 생장억제
③ 화성유도   ④ 발아촉진

해설
작물의 화아유도를 위해 저온이 필요한 현상을 춘화라고 하며 생육 초리 일정기간 저온처리를 하는 것을 춘화처리라고 한다.

13 배추와 채소 중 기본 염색체수가 다른 것은?
① B.chinensis   ② B.pekinensis
③ B.campestris ④ B. oleracea

해설
B.chinensis, B.pekinensis, B.campestris 의 배추류 염색체는 2n=20 인데 B. oleracea 의 양배추류는 2n=18로 기본 염색체수가 다르다.

14 종자의 발아에 관여하는 외적 조건은?
① 유전자형, 수분
② 수분, 온도
③ 온도, 종자 성숙도
④ 종자 성숙도, 염색체 수

[해설]
종자 발아에 관여하는 외적 조건에는 온도, 수분, 산소, 광 등이 있다.

15 장명종자로만 나열된 것은?
① 메밀, 목화 ② 고추, 옥수수
③ 팬지, 당근 ④ 가지, 수박

[해설]
장명종자에는 수박, 호박, 오이, 배추, 가지, 토마토 등이 있다.

16 다음 중 종자 프라이밍 처리 시 가장 적절한 온도는?
① 약 45℃   ② 약 17℃
③ 약 5℃   ④ 약 1℃

[해설]
종자 프라이밍 처리시 호랭성 종자는 10~20℃, 호온성 종자는 25~30℃ 조건에서 수일간 침지한다.

17 보리의 수발아를 방지하기 위한 방법으로 가장 거리가 먼 것은?
① 품종의 선택 ② 조기수확
③ 기계수확   ④ 도복방지

[해설]
수발아는 벼, 맥류 등이 수확기가 되었을 때 장마철 도복이나 장기간 비로 인하여 젖은 땅에 오래 접촉할 경우 이삭에서 싹이 트는 현상이다. 수발아를 방지하기 위한 대책으로 작물 및 품종의 적절한 선택, 조기수확, 도복의 방지, 발아억제제의 살포 등이 있다.

18 다음 종자 중 물 속에서 발아가 가장 잘되는 것은?
① 가지   ② 상추
③ 멜론   ④ 담배

[해설]
물속에서도 발아가 잘되는 종자에는 벼, 상추, 당근, 셀러리 등이 있다.

19 식물의 암 배우자, 수 배우자를 순서대로 옳게 나열한 것은?
① 주피, 대포자   ② 배낭, 화분립
③ 소포자, 주심   ④ 반족세포, 꽃밥

[해설]
배낭은 식물의 자성배우자로 대포자라 하며 화분은 웅성배우자로 소포자라 한다.

20 광발아성 종자에 해당하는 것은?
① 상추   ② 토마토
③ 가지   ④ 오이

[해설]
광발아성 종자는 호광성종자로 상추, 담배, 우엉 등이 있다.

제2과목 식물육종학

21 양적형질이 아닌 것은?
① 토마토의 수확량
② 완두콩의 종피색
③ 딸기의 개화기
④ 벼의 초장

[해설]
양적형질(quantitative character)은 길이, 넓이, 무게 등 계측 할 수 있는 형질을 의미하며 종피색의 경우 질적형질에 해당된다.

22 검정교배조합을 바르게 나타낸 것은?
① Aa×Aa ② Aa×aa
③ AA×Aa ④ A×B

해설
검정교배는 F_1을 그 형질에 대하여 열성인 개체와 교배하는 것으로 어떤 개체의 유전자형과 배우자의 분리비를 알 수 있다.

23 DNA를 구성하고 있는 염기로만 나열된 것은?
① 시토신, 티민, 우라실, 옥신
② 시토신, 우라실, 리보솜, 구아닌
③ 시토신, 메티오닌, 아데닌, 우라실
④ 시토신, 티민, 아데닌, 구아닌

해설
DNA 의 염기는 아데닌(Adenine), 구아닌(Guanine), 시토신(Cytosine), 티민(Thymine) 으로 구성되어 있으며 아데닌은 티민과 결합하고 구아닌은 시토신과 결합한다.

24 동질배수체의 일반적인 특성으로 가장 거리가 먼 것은?
① 임성과 착과성의 감퇴
② 핵, 세포, 영양기관의 거대성
③ 발육의 촉진과 조기개화
④ 저항성의 증대와 성분변화

해설
동질배수체는 핵과 세포가 커지고, 영양기관의 발육이 왕성하여 거대화하고, 화서 및 종자가 대형화한다. 그리고 임성이 저하되고 착과성이 감퇴하며 발육이 지연 된다.

25 세포질 유전에 대한 설명으로 틀린 것은?
① 멘델의 유전법칙을 따르지 않는다.
② 핵 내 염색체에 있는 유전자의 지배를 받는다.
③ 색소체에 존재하는 유전자(핵외 유전자)의 지배를 받는다.
④ 자방친의 특성을 그대로 닮는 모계유전을 한다.

해설
세포질유전은 세포질 내의 유전요소에 의해 형질의 유전이 지배되는 경우을 말한다.

26 양파의 웅성불임성으로 가장 옳은 것은?
① 세포질적 웅성불임성
② 세포질-유전자적 웅성불임성
③ 유전자석 웅성불임성
④ 이형예불화합성

해설
세포질유전자적 웅성불임은 핵 유전자와 세포질 요인의 상호작용에 의해 발생하며 양파, 사탕무, 아마 등에서 관찰된다.

27 집단육종법의 장점으로 가장 알맞은 것은?
① 제웅이 편리하다.
② 유용유전자를 상실한 우려가 적다.
③ 돌연변이가 쉽게 생긴다.
④ 목적하는 형질의 유전현상을 쉽게 밝힐 수 있다.

해설
집단육종법은 선발을 위한 노력이 절감되며 유용유전자에 대한 상실의 가능성이 적다.

정답 22 ② 23 ④ 24 ③ 25 ② 26 ② 27 ②

28 다음 중 유전자간 상호작용의 성질이 다른 것은?
① 억제유전자 ② 보족유전자
③ 복대립유전자 ④ 중복유전자

해설
대립유전자 내에서 상호작용은 우성으로 표현하고 이에 관여하는 유전자를 우성유전자, 열성유전자로 표현한다. 대립유전자 상호작용에는 불완전우성, 공동우성, 복대립유전자 등이 해당된다.

29 다음 교배방법 중 가장 큰 잡종강세를 기대할 수 있는 것은?
① 단교배 ② 복교배
③ 삼원교배 ④ 합성품종

해설
단교배는 관여하는 계통이 2개뿐이라 우량 조합의 선정이 용이하고 잡종강세 현상이 뚜렷하다.

30 상업품종의 급속한 보급에 의해 재래종 유전자원이 소실되는 현상을 무엇이라 하는가?
① 유전적 침식 ② 유전자 결실
③ 유전적 부동 ④ 유전적 취약성

해설
재래종과 같이 생산성은 낮지만 소규모로 다양하게 재배되어 오던 품종이 우수한 신품종의 출현과 새로운 재배법이 개발되면서 유전자원이 점차 사라지는 것을 유전적 침식이라 한다.

31 미동유전자의 영향을 받는 비특이적 저항성은?
① 질적저항성 ② 진정저항성
③ 포장저항성 ④ 수직저항성

해설
포장저항성은 병원균이 모든 레이스에 균일하게 적용하는 것으로 비특이적 저항성, 미동유전자 저항성이라고도 한다.

32 반복친과 여러번 교잡하면서 선발·고정하는 육종법은?
① 파생계통육종법 ② 혼합육종법
③ 계통육종법 ④ 여교잡육종법

해설
여교잡육종법은 (A×B)×B, (A×B)×A, [(A×B)×B]×B 등의 형식이며 한번 교잡시킨 것을 1회친, 두 번 이상 교잡시킨 것을 반복친이라 한다.

33 반수체 식물의 생식능력을 임실률로 나타낸 것은?
① 0% ② 25%
③ 50% ④ 100%

해설
반수체는 체세포 염색체수의 반을 가지고 성세포나 배우자로 완전 불임성으로 임실률이 0 이다.

34 동질 4배체의 유전자 조성이 AAAa일 때 생식세포의 유전자로 가장 옳은 것은?
① AA와 Aa ② A와 Aa
③ a와 AA ④ Aa와 Aa

해설
동질배수체는 종내에서 게놈의 직접증가로 생긴 배수성으로 배수정도에 따라 3배수체, 4배수체라 부른다. 생식세포 유전자 AA 와 Aa에서 유전적 조성 AAAa 가 나타난다.

정답 28 ③ 29 ① 30 ① 31 ③ 32 ④ 33 ① 34 ①

35 다계품종에 대한 설명으로 가장 옳은 것은?

① 특정형질의 특성이 같은 몇 개의 동질 유전자계통을 특정비율로 혼합하여 육성한다.
② 특정형질의 특성이 다른 몇 개의 동질 유전자계통을 특정비율로 혼합하여 육성한다.
③ 저항성 다계품종은 저항성이 우수하나 숙기(출수기)가 고르지 못하다.
④ 저항성 다계품종은 병원균의 새로운 레이스 분화가 일어나지 않는다.

해설
두 개 이상의 순계 품종 또는 여러 개의 동질 유전자 계통을 혼합하여 만든 집단 품종을 말한다.

36 유전력에 대한 설명으로 옳지 않은 것은?

① 일반적으로 개체의 유전력은 계통의 평균치 유전력보다 그 값이 크다.
② 자식성작물의 잡종집단에서는 후기세대에서 동형개체가 증가할수록 유전력이 높아진다.
③ 유전력의 값이 100%에 가까울수록 환경에 따른 해당 형질의 변동이 적다는 것을 의미한다.
④ 유전력이 높은 형질은 표현형에서 유전자형이 잘 추정되므로 개체선발이 유효하다.

해설
개체의 유전력은 계통 평균치의 유전력보다 낮다.

37 여교배 방법에 의해 도입하기가 가장 어려운 것은?

① 병 저항성   ② 웅성불임성
③ 꽃 색   ④ 고 수량성

해설
여교잡육종법의 경우 내병성 품종을 육성하거나 유전자의 연관관계를 규명하는데 흔히 사용되며 육종의 시간과 경비를 절약하는 장점이 있다.

38 복교잡을 나타낸 것으로 옳은 것은?

① (A×B)의 F_1에 B를 교잡
② A×B
③ (A×B)×C
④ (A×B)×(C×D)

해설
복교잡은 두 개의 단교배로 F_1 끼리 교배하며 [(A×B)×(C×D)] 이다.

39 다음 중 자가불화합성 식물을 자식시키기 위한 방법으로 가장 적절하지 않은 것은?

① 뇌수분   ② 이산화탄소 처리
③ 봉지씌우기   ④ 고온처리

해설
봉지씌우기는 자연교잡을 방지하기 위한 물리적인 방법이다.

40 다음 중 타가수정작물의 일반적인 개화 및 수정 특성으로 가장 거리가 먼 것은?

① 폐화수정   ② 자가불화합성
③ 자웅이주   ④ 웅예선숙

해설
타가수정 작물에 많은 생리현상에는 화기의 구조적 원인, 자웅이숙, 자가불화합성, 웅성불임성, 자웅이주 등이 있다.

정답 35 ② 36 ① 37 ④ 38 ④ 39 ③ 40 ①

제3과목 재배원론

41 다음 중 중일성 식물은?
① 코스모스 ② 토마토
③ 나팔꽃   ④ 시금치

해설
토마토, 고추, 오이, 호박, 당근 등은 중성식물(중일식물)이다.

42 감온형에 해당하는 작물은?
① 벼 만생종 ② 그루조
③ 올콩   ④ 가을메밀

해설
감온형 작물로 조생종, 올콩, 봄조, 여름메밀 등이 있다.

43 목초의 하고(夏枯) 유인과 가장 거리가 먼 것은?
① 고온 ② 건조
③ 잡초 ④ 단일

해설
하고현상의 원인에는 고온, 건조, 병해충, 장일, 잡초 등으로 나타나기도 한다.

44 다음 중 비료를 엽면시비할 때 흡수가 가장 잘되는 조건은?
① 미산성 용액 살포
② 밤에 살포
③ 잎의 표면에 살포
④ 하위 잎에 살포

해설
엽면시비에서 미산성(약산성)의 상태일 경우 비료의 흡수가 잘 이루어진다.

45 작물의 기원지가 중국지역인 것으로만 나열된 것은?
① 조, 피   ② 참깨, 벼
③ 완두, 삼   ④ 옥수수, 고구마

해설
작물의 기원지가 중국지역인 것으로 조, 피, 메밀, 무, 오이, 상추, 배, 복숭아 등이 있다.

46 다음 중 산성토양에 적응성이 가장 강한 것은?
① 부추 ② 시금치
③ 콩   ④ 감자

해설
산성토양에 저항성이 강한 작물로는 벼, 귀리, 조, 옥수수, 감자 등이 있다.

47 작물의 영양기관에 대한 분류가 잘못된 것은?
① 인경-마늘   ② 괴근-고구마
③ 구경-감자   ④ 지하경-생강

해설
감자의 영양기관은 덩이줄기(괴경)이다.

48 용도에 따른 분류에서 공예작물이며, 전분작물로만 나열된 것은?
① 고구마, 감자   ② 사탕무, 유채
③ 사탕수수, 왕골 ④ 삼, 닥나무

해설
공예작물이면서 전분작물인 것은 옥수수, 고구마, 감자가 있다.

정답 41 ② 42 ③ 43 ④ 44 ① 45 ① 46 ④ 47 ③ 48 ①

49 벼의 수량구성요소로 가장 옳은 것은?
① 단위면적당 수수×1수영화수×등숙비율×1립중
② 식물체 수×입모율×등숙비율×1립중
③ 감수분열기 기간×1수영화수×식물체 수×1립중
④ 1수영화수×등숙비율×식물체 수

해설
벼의 수량은 조곡, 현미, 백미의 무게를 나타내며 단위면적당 이삭수, 이삭당 영화수, 등숙비율, 천립중 등 4가지 수량구성요소에 의해 결정된다.
벼의 수량
=단위면적당 이삭수×이삭당 영화수×등숙률×천립중(g)
=단위면적당영화수×등숙률×천립중

50 (가)에 알맞은 내용은?

> 제현과 현백을 합하여 벼에서 백미를 만드는 전 과정을 (가)(이)라고 한다.

① 지대   ② 마대
③ 도정   ④ 수확

해설
수확한 조곡을 가공하여 식용 가능한 정곡으로 가공하는 것을 도정이라 하는데 정선, 제현, 현미분리, 현백, 쇄미분리 등의 과정을 거친다.

51 박과 채소류 접목의 특징으로 가장 거리가 먼 것은?
① 당도가 증가한다.
② 기형과가 많이 발생한다.
③ 흰가루병에 약하다.
④ 흡비력이 강해진다.

해설
접목육묘에서 초세조절을 잘못하면 기형과의 발생이 증가하고 당도가 낮아진다.

52 다음 중 합성된 옥신은?
① IAA   ② NAA
③ IAN   ④ PAA

해설
합성 옥신에는 NAA, IBA, PCPA, 2·4-D, BNOA, 2,4,5-T 등이 있다.

53 다음 중 작물의 요수량이 가장 작은 것은?
① 호박   ② 옥수수
③ 클로버 ④ 완두

해설
요수량이 적은 식물로 수수, 기장, 옥수수가 있다.

54 작물의 특징에 대한 설명으로 가장 거리가 먼 것은?
① 이용성과 경제성이 높아야 한다.
② 일반적인 작물의 이용 목적은 식물체의 특정부위가 아닌 식물체 전체이다.
③ 작물은 대부분 일종이 기형식물에 해당된다.
④ 야생식물들보다 일반적으로 생존력이 약하다.

해설
작물의 이용 목적은 식물체의 특정 부위이다.

55 작물 수량 삼각형에서 수량증대 극대화를 위한 요인으로 가장 거리가 먼 것은?
① 유전성   ② 재배기술
③ 환경조건 ④ 원산지

해설
작물수량 삼각형은 유전성, 환경조건, 재배기술 3가지에 영향을 받는다.

정답 49 ① 50 ③ 51 ① 52 ② 53 ② 54 ② 55 ④

56 다음 중 내염성 정도가 가장 강한 것은?
① 완두 ② 고구마
③ 유채 ④ 감자

해설
사탕무, 목화, 양배추, 유채 등은 내염성이 강한 작물에 해당된다.

57 다음 중 벼에서 장해형 냉해를 받기 쉬운 생육시기는?
① 묘대기 ② 최고분얼기
③ 감수분열기 ④ 출수기

해설
벼는 냉온에 약한 작물로 10°C 이하의 냉온이 지속되면 냉해의 피해가 발생된다. 벼는 감수분열기에 이상 발육이 초래되어 불임현상이 나타나기도 한다.

58 다음 중 파종 시 작물의 복토깊이가 0.5~1.0cm에 해당하는 것은?
① 고추 ② 감자
③ 토란 ④ 생강

해설
순무, 배추, 양배추, 가지, 고추, 토마토, 오이의 복토 깊이는 0.5~1cm 이다.

59 고립상태일 때 광포화점이 가장 높은 것은?
① 감자 ② 옥수수
③ 강낭콩 ④ 귀리

해설
옥수수, 수박, 토마토 등은 광포화점이 높은 작물에 해당한다.

60 콩의 초형에서 수광태세가 좋아지고 밀식 적응성이 커지는 조건으로 가장 거리가 먼 것은?
① 잎자루가 짧고 일어선다.
② 도복이 안 되며, 가지가 짧다.
③ 꼬투리가 원줄기에 적게 달린다.
④ 잎이 작고 가늘다.

해설
수광태세에 이상적인 콩의 초형에서 꼬투리는 원줄기에 많이 달리는 것이 좋다.

제4과목 식물보호학

61 병원체의 침입방법 중 자연 개구부를 통한 침입에 해당하지 않는 것은?
① 밀선 ② 기공
③ 표피 ④ 피목

해설
병원체가 침입하는 식물의 자연개구부에는 기공, 수공, 피목, 밀선 등이 있다.

62 다음 중 암발아 잡초는?
① 소리쟁이 ② 바랭이
③ 향부자 ④ 독말풀

해설
암발아 종자는 별꽃, 냉이, 광대나물 등이 있다.

63 다음 식물병 중 원인이 되는 병원체가 곤충에 의해 전반되는 것은?
① 벼 줄무늬잎마름병
② 밀 줄기녹병
③ 보리 줄무늬모자이크바이러스병
④ 벼 잎집무늬마름병

해설
벼 줄무늬잎마름병은 애멸구에 의해 전반된다.

64 다음 중 딱정벌레목에서 볼 수 있는 번데기의 형태로서, 부속지가 몸으로부터 떨어진 상태에서 움직일 수 있는 것은?
① 나용 ② 유각
③ 위용 ④ 피용

해설
나용은 곤충의 번데기형으로 부속지가 몸에서 떨어져 있으며 촉각, 날개, 다리는 경화하지 않으며 피부 전체의 경화의 정도가 낮은편이다. 벼룩목, 부채벌레목, 대부분의 딱정벌레목과 벌목, 파리목의 일부에서 그 예를 볼 수 있다.

65 벼멸구의 분류학적 위치로 가장 옳은 것은?
① 총채벌레목 ② 딱정벌레목
③ 노린재목   ④ 나비목

해설
벼멸구는 노린재목의 멸구과로 대표기주는 벼, 옥수수, 바랭이 등이 있다.

66 다음 중 경엽처리용 제초제가 아닌 것은?
① 2,4-D   ② MCPP
③ butachlor ④ Glyphosate

해설
뷰타클로르(butachlor)는 토양처리용 제초제이다.

67 다음은 곤충의 탈피와 큐티클 형성과정을 나타낸 것이다. ( )에 알맞은 용어를 순서대로 나열한 것은?

> 표피세포의 변화 → ( ) → 표피층의 분비 → ( ) → 기존큐티클의 소화된 잔여물 흡수 → 새로운 원큐티클의 분비 개시 → 새로운 큐티클의 탈피 및 팽창 → ( ) → 왁스분비 개시

① 탈피액 분비, 경화 탈피액 활성화
② 탈피액 분비, 탈피액 활성화, 경화
③ 경화, 탈피액 활성화, 탈피액 분비
④ 탈피액 활성화, 탈피액 분비, 경화

해설
곤충의 진피층의 상피세포에서 체벽 구성물질 및 곤충의 탈피용액이 분비된다. 탈피시 오래된 큐티클층을 분해하는 키틴분해효소, 단백질분해효소를 분비한다. 기존 큐티클은 소화를 통해 재흡수되고 새로운 큐티클의 분시가 완료되면 새로운 큐티클의 경화이후 왁스분비를 통해 왁스층이 형성된다.

68 다음 중 국내에서 최초로 기록된 도입천적과 대상해충이 바르게 연결된 것은?
① 루비붉은좀벌-루비깍지벌레
② 칠레이리응애-온실가루이
③ 베달리아무당벌레-이세리아깍지벌레
④ 애꽃노린재-오이총채벌레

해설
베달리아무당벌레는 이세리아깍지벌레의 약충을 주식으로 한다.

69 병원체의 주요 전염원의 잠복처로 가장 거리가 먼 것은?
① 식물의 잔사물 ② 농기구
③ 곤충   ④ 종자

해설
병원체의 주요 잠복처에는 매개충, 종자, 묘목, 식물의 가지와 잎 등이 있다.

정답 64 ① 65 ③ 66 ③ 67 ② 68 ③ 69 ②

70 다음 설명에 해당되는 해충은?

> 성충은 보편적으로 암갈색 또는 황갈색이며, 앞날개는 회백색이고 검은 점무늬가 한 개 있다. 주로 사과, 배 등의 인과류와 핵과류의 과실 내부를 가해하며, 노숙유충이 뚫고 나온자리는 송곳으로 뚫은 듯이 보이고, 배설물을 배출하지 않는다.

① 사과무늬잎말이나방
② 미국흰불나방
③ 거세미나방
④ 복숭아심식나방

해설
복숭아심식나방은 나비목의 심식나방과로 기주는 사과나무, 복숭아나무, 자두나무, 살구나무 등이다. 과실을 직접 가해하여 피해를 주며 내부를 무분별하게 가해하기에 과실이 다소 기형의 형태를 띠기도 한다.

71 다음 중 다년생 잡초가 아닌 것은?

① 벗풀
② 쇠뜨기
③ 냉이
④ 달래

해설
냉이는 월년생 잡초에 해당한다.

72 다음 중 해충에 대한 생물적 방제의 장점이 아닌 것은?

① 방제 효과가 즉시 나타난다.
② 반영구적 또는 영구적이다.
③ 해충에 대한 저항성이 생기지 않는다.
④ 인축에 독성이 없다.

해설
해충에 천적이 되는 생물을 이용하는 방법으로 생태계에도 영향이 적은 장점을 가지지만 대량으로 생산이 어려운 단점을 가지며 해충밀도에 의해 효율에 영향을 받는다. 또한 시간과 경비가 많이 요구되는 단점이 있다.

73 농약보조제와 그에 대한 설명으로 옳지 않은 것은?

① 용제-유제나 액제와 같이 액상의 농약을 제조할 때 원제를 녹이기 위하여 사용하는 용매를 총칭한다.
② 계면활성제-서로 섞이지 않는 유기물질층과 물층으로 이루어진 두 층계에 확전, 유화, 분산 등의 작용을 하는 물질을 총칭한다.
③ 증량제-농약을 제제할 때 고농도의 농약원제를 다량의 광물질 미세분말에 희석하는 경우에 사용되며, 흡유가가 일반적으로 낮다.
④ 전착제-농약 살포액 조제 시 첨가하여 살포약액의 습전성과 부착성을 향상시킬 목적으로 사용하는 보조제이다.

해설
증량제는 농약의 농도를 묽게 하거나 약효를 늘리는 약품이다. 흡유가가 높은 미세분말이나 유기물 분말에 액상의 농약원제를 흡수시켜 고농도의 농약원제를 다량의 광물성 미세분말에 희석한다.

74 다음 중 세포벽이 없으며, 항생제에 감수성인 병원체는?

① 파이토플라스마
② 바이러스
③ 곰팡이
④ 세균

해설
파이토플라스마는 세포벽이 없고 일종의 원형질막이 존재하며 대표적으로 대추나무 빗자루병, 오동나무 빗자루병, 뽕나무 오갈병의 병원체이다. 파이토플라스마는 인공배양이 어렵고 방제시 테트라사이클린계 항생물질을 이용한다.

정답 70 ④ 71 ③ 72 ① 73 ③ 74 ①

75 다음 중 곤충 분비계의 일반적인 설명으로 옳은 것은?

① 유약호르몬(Juvenile Hormone)-생장촉진
② 성 페로몬-처녀생식
③ 카디아카체 호르몬-여왕물질 분비
④ 엑다이손(Ecdyson)-탈피촉진

해설
엑다이손은 탈피호르몬으로 곤충의 앞가슴선에서 분비된다.

76 파이토플라스마에 의해 발생되는 대추나무빗자루병을 방제하는데 가장 효과적으로 사용되는 방법은?

① 중간기주 제거
② 항생물질 수간주입
③ 토양소독
④ 검역

해설
대추나무 빗자루병의 방제를 위해 옥시테트라싸이클린 수화제를 200배액으로 하여 수간주사한다.

77 다음 중 곤충의 알라타체에서 분비하는 물질을 이용하여 해충을 방제하는 방법은?

① 페로몬 이용법 ② 호르몬 이용법
③ 경종적 이용법 ④ 생태적 이용법

해설
알라타체는 성충으로 발육을 억제하는 유충호르몬으로 해충의 방제에 이용된다.

78 메뚜기목에서 볼 수 있는 불완전변태에 대한 내용이다. 다음에서 설명하는 것은?

> 알 → 약충 → 성충의 단계를 거치면서 약충과 성충의 모양이 비슷하다.

① 중절변태 ② 과변태
③ 점변태   ④ 무변태

해설
점변태는 불완전변태의 한 종류로 알→유충(약충)→성충 과정을 거치며 유충과 성충의 모양이 비슷하다.

79 다음 중 해충의 방제여부를 결정할 수 있는 방법이 아닌 것은?

① 이항축차조사법 ② 이항조사법
③ 축차조사법   ④ 산란모령조사법

해설
해충의 효과적인 방제를 위해서는 매년 변화하는 발생량을 예측하여 효율적인 방제 방법을 세워야한다. 이를 위해 특정 지역에 어느정도 발생하였는지를 조사하는 행위를 발생예찰이라 한다. 해충의 발생 예찰 조사의 방법에는 이항축차조사법, 이항조사법, 축차조사법 등이 있다.

80 다음 중 광합성 능력이 낮은 C_3 식물로 가장 옳은 것은?

① 부레옥잠 ② 옥수수
③ 피   ④ 왕바랭이

해설
부레옥잠은 수생잡초로 광합성능력이 상대적으로 낮은 C_3 식물에 해당된다.

제5과목 종자관련법규

81 종자검사요령상 포장검사 병주 판정기준에서 벼의 특정병은?

① 잎도열병 ② 깨씨무늬병
③ 이삭누룩병 ④ 키다리병

해설
벼의 포장검사 및 종자검사에 있어 특정병은 키다리병, 선충심고병을 말한다.

82 종자산업법상 보증종자의 정의로 옳은 것은?

① 해당 품종의 진위성과 해당 종자의 품질이 보증된 채종 단계별 종자를 말한다.
② 해당 품종의 우수성과 해당 종자의 품질이 보증된 채종 단계별 종자를 말한다.
③ 해당 품종의 신규성과 해당 종자의 품질이 보증된 채종 단계별 종자를 말한다.
④ 해당 품종의 돌연변이성과 해당 종자의 품질이 보증된 채종 단계별 종자를 말한다.

해설
보증종자란 이 법에 따라 해당 품종의 진위성(眞僞性)과 해당 품종 종자의 품질이 보증된 채종(採種) 단계별 종자를 말한다.

83 국가보증이나 자체보증을 받은 종자를 생산하려는 자는 농림축산식품부장관 또는 종자관리사로부터 채종 단계별로 몇 회 이상 포장(圃場)검사를 받아야 하는가?

① 4회 ② 3회
③ 2회 ④ 1회

해설
국가보증이나 자체보증을 받은 종자를 생산하려는 자는 농림축산식품부장관 또는 종자관리사로부터 채종 단계별로 1회 이상 포장검사를 받아야 한다.

84 종자산업법상 육묘업 등록의 취소 등에 대한 내용이다. ( )에 알맞은 내용은?

시장·군수·구청장은 육묘업자가 육묘업 등록을 한 날부터 ( )이내에 상업을 시작하지 아니하거나 정당한 사유 없이 1년 이상 계속하여 휴업한 경우에는 육묘업 등록을 취소하거나 6개월 이내의 기간을 정하여 영업의 전부 또는 일부의 정지를 명할 수 있다.

① 3개월 ② 6개월
③ 1년 ④ 2년

해설
종자업 등록을 한 날부터 1년 이내에 사업을 시작하지 아니하거나 정당한 사유없이 1년 이상 계속하여 휴업한 경우에 받는 행정 처분은 종자업 등록 취소 또는 6개월 이내의 영업의 전부 또는 일부의 정지이다.

85 식물신품종 보호법에 대한 내용이다. ( )에 알맞은 내용은?

품종명칭등록 이의신청을 한 자는 품종명칭등록 이의신청기간이 지난 후 ( )이내에 품종명칭 등록 이의신청서에 적은 이유 또는 증거를 보정할 수 있다.

① 15일 ② 30일
③ 60일 ④ 90일

해설
품종명칭등록 이의신청을 한 자는 품종명칭등록 이의신청기간이 지난 후 30일 이내에 품종명칭등록 이의신청서에 적은 이유 또는 증거를 보정할 수 있다.

정답 81 ④ 82 ① 83 ④ 84 ③ 85 ②

86 식물신품종 보호법상 품종보호권의 설정등록을 받으려는 자나 품종보호권자는 품종보호료 납부기간이 지난 후에도 몇 개월 이내에 품종보호료를 납부할 수 있는가?
① 3개월
② 6개월
③ 12개월
④ 24개월

해설
품종보호권의 설정등록을 받으려는 자나 품종보호권자는 품종보호료 납부기간이 지난 후에도 6개월 이내에는 품종보호료를 납부할 수 있다.

87 종자산업법상 종자의 보증과 관련된 검사서류를 보관하지 아니한 자의 과태료는?
① 3백만원 이하의 과태료
② 5백만원 이하의 과태료
③ 1천만원 이하의 과태료
④ 2천만원 이하의 과태료

해설
보증종자를 판매하거나 보급하려는 자가 종자의 보증과 관련된 검사서류를 보관하지 아니 하면 1천만원 이하의 과태료를 부과한다.

88 식물신품종 보호법상 품종보호권·전용실시권 또는 질권의 상속이나 그 밖의 일반승계의 취지를 신고하지 아니한 자의 과태료는?
① 30만원 이하의 과태료
② 50만원 이하의 과태료
③ 100만원 이하의 과태료
④ 300만원 이하의 과태료

해설
품종보호권·전용실시권 또는 질권의 상속이나 그 밖의 일반승계의 취지를 신고하지 아니한 자는 50만원 이하의 과태료를 부과한다.

89 종자관리요강상 수입적응성시험의 대상작물 및 실시기관에서 농업실용화재단에 해당하지 않는 대상작물은?
① 옥수수
② 감자
③ 밀
④ 배추

해설
'수입적응성시험의 대상작물 및 실시기관' 기준에서 배추는 한국종자협회에서 실시한다. 농업기술실용화재단의 경우 벼, 보리, 콩, 옥수수, 감자, 밀, 호밀, 조, 수수, 메밀, 팥, 녹두, 고구마가 해당된다.

90 종자검사요령상 수분의 측정에서 분석용 저울은 몇 단위까지 측정할 수 있어야 하는가?
① 0.001g
② 0.1g
③ 1g
④ 단위의 기준은 자유이다.

해설
종자검사요령상 수분의 측정에서 분석용 저울은 0.001g 단위까지 측정할수 있어야 한다.

91 농림축산식품부장관은 종자관리사가 종자산업법에서 정하는 직무를 게을리하거나 중대한 과오(過誤)를 저질렀을 때에는 그 등록을 취소하거나 몇 년 이내의 기간을 정하여 그 업무를 정지시킬 수 있는가?
① 1년
② 2년
③ 3년
④ 4년

해설
농림축산식품부장관은 종자관리사가 이 법에서 정하는 직무를 게을리하거나 중대한 과오(過誤)를 저질렀을 때에는 그 등록을 취소하거나 1년 이내의 기간을 정하여 그 업무를 정지시킬 수 있다.

92 포장검사 및 종자검사 규격에서 벼 포장격리에 대한 내용이다. ( )에 알맞은 내용은? (단, 각 포장과 이품종이 논둑 등으로 구획되어 있는 경우에는 제외한다.)

> 원원종포·원종포는 이품종으로부터 ( )이상 격리되어야 하고 채종포는 이품종으로부터 1m 이상 격리되어야 한다.

① 50cm ② 1m
③ 2m ④ 3m

해설
원원종포·원종포는 이품종으로부터 3m이상 격리되어야 하고, 채종포는 이품종으로부터 1m이상 격리되어야 한다. 다만, 각 포장과 이품종이 논둑등으로 구획되어 있는 경우에는 그러하지 아니하다.

93 식물신품종 보호법상 품종보호권의 존속기간은 품종보호권이 설정등록된 날부터 몇 년으로 하는가? (단, 과수와 임목의 경우는 제외한다.)

① 5년 ② 10년
③ 15년 ④ 20년

해설
식물신품종관련법상 품종보호권의 존속기간에서 품종보호권의 존속기간은 품종보호권이 설정등록된 날부터 20년으로 한다. 다만 과수와 임목은 25년으로 한다.

94 종자검사요령상 시료 추출 시 고추 제출시료의 최소 중량은?

① 50g ② 100g
③ 150g ④ 200g

해설
고추 제출시료 최소중량은 150g 이다.

95 식물신품종 보호법상 품종명칭에서 품종보호를 받기 위하여 출원하는 품종은 몇 개의 고유한 품종명칭을 가져야 하는가?

① 1개 ② 2개
③ 3개 ④ 5개

해설
품종보호를 받기 위하여 출원하는 품종은 1개의 고유한 품종명칭을 가져야 한다.

96 보증서를 거짓으로 발급한 종자관리사의 벌칙은?

① 2년 이하의 징역 또는 3백만원 이하의 벌금에 처한다.
② 1년 이하의 징역 또는 3천만원 이하의 벌금에 처한다.
③ 1년 이하의 징역 또는 1천만원 이하의 벌금에 처한다.
④ 2년 이하의 징역 또는 5백만원 이하의 벌금에 처한다.

해설
보증서를 거짓으로 발급한 종자관리사는 1년 이하의 징역 또는 1천만원 이하의 벌금에 처한다.

97 식물신품종 보호법상 품종보호심판위원회에 대한 내용이다. ( )에 알맞은 내용은?

> 심판위원회는 위원장 1명을 포함한 ( )이내의 품종보호심판위원으로 구성하되, 위원장이 아닌 심판위원 중 1명은 상임으로 한다.

① 3명 ② 5명
③ 8명 ④ 15명

해설
심판위원회는 위원장 1명을 포함한 8명 이내의 품종보호심판위원(이하 "심판위원"이라 한다)으로 구성하되, 위원장이 아닌 심판위원 중 1명은 상임(常任)으로 한다.

정답 92 ④ 93 ④ 94 ③ 95 ① 96 ③ 97 ③

98 식물신품종 보호법상 육성자의 정의로 옳은 것은?

① 품종을 육성한 자나 이를 발견하여 개발한 자를 말한다.
② 품종을 발견하여 정부기관에 신고한 자를 말한다.
③ 품종을 대여 또는 수출한 자를 말한다.
④ 품종보호를 받을 수 있는 권리를 가진 자를 말한다.

해설
"육성자"란 품종을 육성한 자나 이를 발견하여 개발한 자를 말한다.

99 종자관리요강상 재배심사의 판정기준에 대한 내용이다. ( )에 알맞은 내용은?

> 안정성은 1년차 시험의 균일성 판정결과와 ( )차 이상의 시험 균일성 판정결과가 다르지 않으면 안정성이 있다고 판정한다.

① 1년　　② 2년
③ 3년　　④ 4년

해설
안정성은 1년차 시험의 균일성 판정결과와 2년차 이상의 시험의 균일성 판정결과가 다르지 않으면 안정성이 있다고 판정한다.

100 ( )에 알맞은 내용은?

> 농림축산식품부장관은 종자산업의 육성 및 지원을 위하여 ( )마다 농림종자산업의 육성 및 지원에 관한 종합계획을 수립·시행하여야 한다.

① 1년　　② 2년
③ 5년　　④ 7년

해설
농림축산식품부장관은 종자산업의 육성 및 지원을 위하여 5년마다 농림종자산업의 육성 및 지원에 관한 종합계획을 수립·시행한다.

2020 제3회 종자기사

제1과목 종자생산학

01 "포원세포로부터 자성배우체가 되는 기원이 된다"에 해당하는 것은?
① 에피스테이스 ② 꽃잎
③ 주피 ④ 주심

해설
주심은 포원세포에서 자성배우체가 되는 기원으로 자방조직에서 유래하며 포원세포가 발달한다.

02 다음 중 공중습도가 높을 때 수정이 가장 안되는 작물은?
① 당근 ② 양파
③ 배추 ④ 고추

해설
양파는 꽃가루가 습기에 약해서 공중습도가 높은 경우 수정이 잘 안된다. 특히 개화 및 성숙기인 6~7월에는 강우가 많은 경우 양파의 수정이 잘 되지 않는다.

03 2년생 식물에 대한 설명으로 가장 옳은 것은?
① 1년에 꽃이 두 번 피는 식물
② 숙근성으로 2년이 경과되면 말라죽는 식물
③ 발아하여 개화·결실되는데, 온도 등 환경과 관계없이 12개월 이상 소요되는 식물
④ 자연상태에서 일정한 저온을 경과해야 화아분화되어 개화·결실하는 식물

해설
2년생 식물은 종자가 1년 이상 경과한 다음 개화 성숙하는 식물로 한해는 일정 저온을 경과하고 화아 분화되어 개화 및 결실하는 식물이라 할 수 있다.

04 다음 중 자연적으로 씨없는 과실이 형성되는 작물로 가장 거리가 먼 것은?
① 포도 ② 감귤류
③ 바나나 ④ 수박

해설
단위결과는 염색체의 조성이 복잡하여 정상적인 배 우자를 형성할 수 없는 경우 발생하는데 대표적으로 바나나, 포도, 오이, 감귤류 등이 해당된다.

정답 01 ④ 02 ② 03 ④ 04 ④

05 다음 중 품종의 순도를 유지하기 위한 격리재배에서 차단격리법으로 가장 거리가 먼 것은?
① 화기에 봉지 씌우기
② 망실재배
③ 망상이용
④ 꽃잎제거법

해설
차단격리법에는 봉지 씌우기, 망실, 망상 등이 있다. 꽃잎제거법은 화판제거법이라 하며 자연교잡을 막기 위해 벌을 유인하는 꽃잎을 제거하는 방법이다.

06 종자검사용 표본을 추출하는 원칙으로 가장 적절한 것은?
① 전체를 대표할 수 있도록 하되 무작위로 추출한다.
② 비교적 불량한 부분이 많이 포함되도록 채취한다.
③ 비교적 양호한 부분이 많이 포함되도록 채취한다.
④ 표본추출 대상이 되는 부분을 사전에 지정한 후 채취한다.

해설
종자검사용 표본을 추출할 때는 최소한 무작위로 400립 추출하여 100립씩 4반복 치상하도록 한다.

07 다음 중 무성번식으로 가장 거리가 먼 것은?
① 인공 씨감자에 의한 종자생산
② 마늘의 생장점 배양
③ 딸기의 런너에 의한 자묘생산
④ 난종자의 무균배양

해설
난종자의 무균배양은 완전한 개체로 육성하는 조직배양의 방법에 해당한다. 난은 무배유종자로서 자연상태에서 뿌리 주변에 공생하는 난균의 도움으로 발아되기 때문에 발아율이 낮다. 그래서 인공배지에 무균적으로 파종하여 발아에 도움을 준다.

08 다음 중 종자수명에 관여하는 요인으로 가장 거리가 먼 것은?
① 저장고의 상대습도와 온도
② 종자의 성숙도
③ 저장고 내의 공기조성
④ 저장고 내의 광의 세기

해설
종자의 수명에 관여하는 요인으로 종자의 유전성 및 성숙도, 종자의 기계적 손상 정도, 종자 저장고의 공기조성 및 환경, 온도 및 상대습도, 종자의 수분함량 등이 있다.

09 다음 중 장명종자로만 나열된 것은?
① 고추, 양파   ② 당근, 옥수수
③ 상추, 강낭콩 ④ 가지, 토마토

해설
장명종자에는 비트, 수박, 호박, 오이, 배추, 가지, 토마토, 알팔파 등이 있다.

10 다음 중 종자의 발아과정으로 가장 거리가 먼 것은?
① 수분흡수
② 과피(종피)의 파열
③ 저장양분 분해효소의 불활성화
④ 배의 생장개시

해설
종자의 발아과정에서 저장양분 분해효소의 활성화를 통해 발아가 진행된다.

11 다음 중 수정 후 배 발달 과정에서 배유가 퇴화하여 무배유 종자가 되는 작물로만 나열된 것은?
① 보리, 호박   ② 보리, 완두
③ 완두, 콩   ④ 토마토, 벼

해설
무배유종자에는 콩, 완두, 팥, 녹두, 클로버 등이 있다.

정답 05 ④ 06 ① 07 ④ 08 ④ 09 ④ 10 ③ 11 ③

12 다음 중 유전적 원인에 의한 불임현상으로 가장 거리가 먼 것은?
① 자가불화합성　② 장벽수정
③ 이형예현상　　④ 다즙질불임성

해설
다즙질불임성은 환경적 원인에 의한 불임성으로 유전적 원인에 의한 불임성과는 거리가 멀다.

13 찰벼와 메벼를 교잡하여 얻은 교잡종자의 배유가 투명한 메벼의 성질을 나타내는 현상으로 가장 옳은 것은?
① 크세니아　　② 메타크세니아
③ 위잡종　　　④ 단위결과

해설
찰벼와 메벼의 교잡을 통해 다음 자손의 형질이 당대의 종자의 배젖에 표현되는 경우로 이를 크세니아라 한다.

14 세포질-유전자적 웅성불임을 이용한 채종재배에 필요한 계통으로 가장 거리가 먼 것은?
① 웅성불임 계통
② 웅성불임 유지 계통
③ 임성 회복친
④ 자가불화합 계통

해설
세포질-유전자적 웅성불임을 이용한 채종재배에 필요한 계통에는 웅성불임친과 웅성불임성을 유지해 주는 유지친, 웅성불임친의 임성을 회복시켜 주는 회복인자친이 있어야 한다.

15 다음 중 광발아성 종자로 가장 옳은 것은?
① 파　　② 상추
③ 오이　④ 수박

해설
광을 주어야 발아하는 호광성 종자는 담배, 상추, 우엉, 뽕나무, 베고니아, 셀러리 등이 있다.

16 다음 중 우량품종의 유전적 퇴화를 방지하기 위하여 포장격리거리를 가장 멀리해야 하는 작물은?
① 옥수수　② 감자
③ 들깨　　④ 유채

해설
채종재배를 할 경우 다른 품종과의 교잡으로 퇴화의 가능성이 있어 포장격리거리를 고려해야 한다. 유채의 경우 원종, 보급종은 이품종으로부터 1,000m 이상 격리하도록 한다.

17 다음 중 봉지씌우기를 가장 필요로 하는 것은?
① 웅성불임성을 이용한 F_1 채종
② 영양배지를 통한 고정종 채종
③ 인공수분에 의한 F_1 채종
④ 자가불화합성을 이용한 F_1 채종

해설
봉지씌우기는 차단격리법으로 자연교잡을 통해 퇴화가 발생하는 것을 방지하고자 실시한다. 이러한 봉지씌우기 방법은 인공수분에 의한 F_1 채종에 필요한 방법으로 평소에 봉지를 씌우고 꽃이 피는 날 봉지를 벗겨 수꽃의 꽃가루를 암꽃의 암술머리에 발라주도록 한다.

정답　12 ④　13 ①　14 ④　15 ②　16 ④　17 ③

18 다음 중 종자휴면의 형태에 대한 설명으로 가장 거리가 먼 것은?

① 종피에 발아억제물질을 많이 함유하여 휴면하는 것은 자발휴면의 예이다.
② 배 휴면과 배의 미숙으로 인한 휴면은 모두 배 자체의 생리적 원인이 기인한다.
③ 주로 물, 공기 및 기계적 원인이 기인하여 발생한 휴면을 타발휴면이라 한다.
④ 상추종자에서처럼 발아최고온도 이상에서 휴면하는 것은 2차 휴면이라 한다.

해설
배 휴면과 배의 미숙으로 인한 휴면은 종자휴면의 형태에 대한 설명보다 종자휴면의 원인에 해당한다. 휴면의 형태에는 자발적휴면, 타발적휴면, 불리한 환경조건에서 새로이 휴면이 발생하는 경우인 2차 휴면이 있다.

19 다음 중 종자의 발아력을 오래도록 유지할 수 있는 조건으로 가장 옳은 것은?

① 종자수분을 낮추고 저장온도를 낮춘다.
② 종자수분을 낮추고 저장온도를 높인다.
③ 종자수분을 높이고 저장온도를 낮춘다.
④ 종자수분을 높이고 저장온도를 높인다.

해설
종자의 경우 50% 이하의 낮은 상대습도, 5℃ 이하의 온도 조건에서 저장하는 것이 발아력 유지에 도움이 되며 종자의 수분도 일반종자의 경우 5~7% 정도로 낮추는 것이 좋다.

20 다음 중 화곡류의 채종 적기로 가장 옳은 것은?

① 고숙기   ② 완숙기
③ 황숙기   ④ 유숙기

해설
화곡류(곡물류)의 채종 적기는 황숙기이다.

제2과목 식물육종학

21 배수체육종에 의해 기관이 거대화하는 주된 이유는 무엇인가?

① 유전물질의 증가에 따라 세포용적이 증대되기 때문이다.
② 환경에 영향을 받지 않기 때문이다.
③ 생리적으로 불안정한 상태이기 때문이다.
④ 염색체의 개수와 상관없이 세포질이 증대되기 때문이다.

해설
배수체육종에 의해 핵과 세포가 커지고, 영양기관의 발육이 왕성하여 거대화하고, 화서 및 종자가 대형화한다.

22 반수체육종에 대한 설명으로 옳지 않은 것은?

① 반수체는 많은 식물에서 나타난다.
② 반수체는 완전불임이면서 생육이 좋아 실용성이 높다.
③ 반수체의 염색체를 배가하면 바로 순계를 얻을 수 있다.
④ 반수체는 상동게놈이 한 개뿐이므로 열성형질 선발이 쉽다.

해설
체세포 염색체수의 반을 가지고 성세포나 배우자로 완전 불임성으로 실용성은 없다. 그러나 염색체를 배가시켜 동형접합체를 얻어 육종연한을 단축할 수 있다.

23 내병성 등 소수 형질을 개량할 목적으로 실시하는 가장 효과적인 육종 방법은?

① 집단육종법   ② 여교잡육종법
③ 계통간교잡법 ④ 집단선발법

해설
여교잡육종법의 경우 내병성 품종을 육성하거나 유전자의 연관관계를 규명하는데 흔히 사용되며 육종의 시간과 경비를 절약하는 장점이 있다.

24 수량성에 대한 선발을 계통후기에 하는 가장 큰 이유는?

① 수량성은 질적형질이기 때문이다.
② 수량성에는 주동유전자가 관여하기 때문이다.
③ 수량성에는 폴리진이 관여하기 때문이다.
④ 수량성에는 환경영향이 작기 때문이다.

해설
수량성은 폴리진이 관여하는 양적 형질이다.

25 감수분열 제1전기의 진행 순서가 바르게 나열된 것은?

① 세사기 → 태사기 → 대합기 → 이동기
② 세사기 → 이동기 → 태사기 → 대합기
③ 세사기 → 이동기 → 대합기 → 태사기
④ 세사기 → 대합기 → 태사기 → 이동기

해설
제1감수분열 전기는 세사기, 대합기, 태사기, 이중기, 이동기의 과정을 거친다.

26 배수체 작성에 가장 많이 이용하는 방법은?

① 방사선 처리   ② 교잡
③ 콜히친 처리   ④ 에틸렌 처리

해설
염색체를 배가시켜 동질배수체를 작성하려면 콜히친(colchicine)처리법을 이용해야 한다.

27 다음 중 자가불화합성 식물을 자식시키기 위한 방법으로 가장 적절하지 않은 것은?

① 봉지씌우기   ② 고온처리
③ 이산화탄소 처리   ④ 뇌수분

해설
봉지씌우기는 차단격리법(복대법)이라 하여 자연교잡을 막기 위한 방법이다.

28 DNA를 구성하고 있는 염기로만 나열된 것은?

① 시토신, 플라타닌, 아데닌, 우라실
② 시토신, 티민, 아데닌, 구아닌
③ 시토신, 우라실, 아데닌, 알리신
④ 시토신, 티민, 우라실, 리놀레신

해설
DNA의 염기는 아데닌(Adenine), 구아닌(Guanine), 시토신(Cytosine), 티민(Thymine)으로 구성되어 있으며 아데닌은 티민과 결합하고 구아닌은 시토신과 결합한다.

29 피자식물에서 중복수정을 끝낸 후의 염색체 수로 옳은 것은?

① 배 3n + 배유 3n
② 배 3n + 배유 2n
③ 배 2n + 배유 2n
④ 배 2n + 배유 3n

해설
중복수정은 배와 배유의 형성이 한 배낭 내에서 동시에 이루어지는 것으로 아래와 같은 결과가 나타난다.
· 정핵(n)+난핵(n) → 배(2n)
· 정핵(n)+2개 극핵(2n) → 배젖(3n)

정답 24 ③ 25 ④ 26 ③ 27 ① 28 ② 29 ④

30 다음 중 자웅이주 식물은?
① 벼　　② 보리
③ 콩　　④ 시금치

해설
암꽃과 수꽃이 서로 다른 개체에 있는 경우 자웅이주라 하며 시금치, 아스파라거스, 주목, 은행나무 등이 있다.

31 혼형집단의 재래종을 수집하고, 이 집단에서 우수한 개체를 선발·고정시키는 육종법은?
① 세포융합육종　　② 돌연변이육종
③ 순계분리육종　　④ 배수체육종

해설
순계분리육종은 기본 집단에서 우수한 형질을 가진 개체를 계속 선발하여 우수한 순계를 선발하는 방법으로 자가수정작물에 이용된다.

32 이질배수체를 얻기 위한 종속간 잡종채종에 대한 설명으로 옳지 않은 것은?
① 잡종식물의 생육이나 임실이 불량하다.
② 새로운 유전자형을 얻을 수 없다.
③ 후대의 유전현상이 복잡하다.
④ 교잡종자를 얻기 어렵다.

해설
다른 종속의 게놈을 동일 종속의 개체에 도입 및 보유시켜 실용적 가치를 높인 신형작물을 만들 때 이질배수체를 이용하기에 새로운 유전자형을 얻을 수 있다.

33 합성품종에 대한 설명으로 가장 옳은 것은?
① 조합능력이 우수한 근교계들은 혼합재배하여 채종한 품종
② 몇 개의 단교잡 F_1을 세포융합한 품종
③ 재래종처럼 몇 개의 순계가 섞여있는 품종
④ 현재 많이 재배되고 있는 몇 개의 품종을 혼합시킨 품종

해설
합성품종은 조합능력이 우수한 많은 계통을 혼합하여 몇 해 동안 자유교잡시키거나 격리포장에서 자유교배 하여 다계교잡을 한 다음 집단선발법에 의해 몇 해 동안 채종을 계속한다.

34 AA/aa 조합에서 열성친(aa)으로 여교배한 BC_1F_1의 유전구성으로 가장 옳은 것은?
① 모두 열성유전자형이다.
② 모두 우성유전자형이다.
③ 동형접합체와 이형접합체가 1:1이다.
④ 유성유전자형과 열성유전자형이 3:1이다.

해설
AA/aa 의 여교잡의 경우 Aa, Aa. aa, aa 으로 동형접합체와 이형접합체가 1:1 이다.

35 다음 중 정역교배조합인 것은?
① A×(A×B)　　② A×B, B×A
③ B×(A×B)　　④ (A×B)×(C×D)

해설
정역교배는 양친의 암수를 서로 바꾸어 교배하는 것을 말한다. A 를 자방친, B를 화분친으로 교배하여 한편으로 B를 자방친으로 하고 A를 화분친으로 하여 교배한다.

36 벼의 인공교배를 위한 제웅과 수분에 가장 적합한 것은?
① 개화 다음날 오후 4시까지 제웅하고 일주일 후 오후 4시 이후에 수분시킨다.
② 개화전날 오전 10~12시 사이에 제웅하고 3일 후 오후 4시 이후에 수분시킨다.
③ 개화전날 오후 4시 이후에 제웅하고 다음날 오전 10~12시 사이에 수분시킨다.
④ 개화 다음날 오전 12시 까지 제웅하고 2주일 후 오전에 수분시킨다.

해설
벼의 개화는 오전 10시 쯤부터 시작되고 12시쯤 개화 최성기이므로 제웅 다음날 오전 10~12시 사이 수분시킨다.

37 돌연변이에 대한 설명으로 틀린 것은?
① 유전자의 일부 염기서열이 변화하여 생성되는 단백질에 영향을 받아 돌연변이 특성이 나타난다.
② 트랜스포존은 이동하는 특성을 가진 돌연변이 유발 유전자이다.
③ 염색체 구조적 돌연변이는 콜히친을 처리하여 대량 확보할 수 있다.
④ 아조변이는 이형접합성이 높은 영양번식식물에서 주로 발생한다.

해설
돌연변이는 방사선조사, 방사성 동위원소 처리, 화학약품 처리 등으로 유발이 가능하다.

38 잡종강세가 가장 크게 나타나는 품종은?
① 복교배 품종 ② 3원교배 품종
③ 단교배 품종 ④ 합성품종

해설
단교배(단교잡)은 관여하는 계통이 2개뿐이라 우량조합의 선정이 용이하고 잡종강세 현상이 뚜렷하다.

39 방사선 감수성에 대한 일반적인 현상과 거리가 먼 것은?
① 큰 염색체를 가진 식물들은 작은 염색체를 가진 식물체 보다 방사선 감수성이 높다.
② 자식성식물과 영양번식식물은 타식성식물에 비해 방사선 처리효과가 높다.
③ 식물체의 내·외적조건은 그 식물체의 방사선 감수성 정도에 영향을 미친다.
④ 같은 종 내에서는 방사선 감수성 정도가 같다.

해설
방사선 감수성은 같은 종 내에서도 정도가 다르다.

40 자가불화합성의 생리적 원인에 대한 설명으로 옳지 않은 것은?
① 꽃가루관의 신장에 필요한 물질의 결여
② 꽃가루와 암술머리조직의 단백질 간 친화성이 높음
③ 꽃가루관의 호흡에 필요한 호흡기질의 결여
④ 꽃가루의 발아·신장을 억제하는 물질의 존재

해설
자가불화합성의 생리적 원인에는 화분발아 억제 물질, 화분관 호흡 기질의 결여, 꽃가루와 암술머리의 단백질 친화성의 결여, 꽃가루와 암술머리의 삼투압 차이 등이 있다.

제3과목 재배원론

41 다음 중 생장억제물질이 아닌 것은?
① AMO-1618 ② CCC
③ GA_2 ④ B-9

해설
지베렐린(GA_2)는 생장촉진물질이다

정답 36 ③ 37 ③ 38 ③ 39 ④ 40 ② 41 ③

42 식물이 한 여름철을 지낼 때 생장이 현저히 쇠퇴·정지하고, 심한 경우 고사하는 현상은?
① 하고현상　② 좌지현상
③ 저온장해　④ 추고현상

해설
하고현상은 내한성이 강하여 월동을 하는 북방형 목초가 여름철과 같은 고온으로 인하여 생육장해를 일으키는 현상을 말한다. 하고현상의 원인에는 고온, 건조, 병해충, 장일, 잡초 등으로 나타나기도 한다.

43 작물의 재배조건에 따른 T/R율에 대한 설명으로 가장 옳은 것은?
① 고구마는 파종기나 이식기가 늦어지면 T/R율이 감소된다.
② 질소비료를 많이 주면 T/R율이 감소된다.
③ 토양공기가 불량하면 T/R율이 감소된다.
④ 토양수분이 감소되면 T/R율이 감소된다.

해설
토양내 수분이 많거나 일조의 부족, 석회사용의 부족 등이 지하부의 생육을 불량하게 하여 T/R 율이 커진다. 반대로 토양의 수분이 감소되면 T/R율이 감소된다.

44 다음 중 장일성 식물로만 나열된 것은?
① 딸기, 사탕수수, 코스모스
② 담배, 들깨, 코스모스
③ 시금치, 감자, 양파
④ 당근, 고추, 나팔꽃

해설
보리, 시금치, 양파, 당근, 양배추, 아마, 감자 등은 장일식물에 해당된다.

45 작물재배를 생력화하기 위한 방법으로 가장 옳지 않은 것은?
① 농작업의 기계화　② 경지정리
③ 유기농법의 실시　④ 재배의 규모화

해설
작물재배를 생력화하기 위한 방법으로 경지정리, 집단재배, 기계화, 재배의 규모화 및 체계 확립 등이 있다.

46 토양수분이 부족할 때 한발저항성을 유도하는 식물호르몬으로 가장 옳은 것은?
① 시토키닌　② 에틸렌
③ 옥신　④ 아브시스산

해설
아브시스산(ABA)은 작물의 무기물부족이나 스트레스성 작용을 받게 될 경우 발생량이 증가하기도 한다.

47 다음 중 과실에 봉지를 씌워서 병해충을 방제하는 것은?
① 경종적 방제　② 물리적 방제
③ 생태적 방제　④ 생물적 방제

해설
봉지씌우기는 차단격리법(복대법)이라 하여 물리적 방제에 해당된다.

48 농업에서 토지생산성을 계속 증대시키지 못하는 주요 요인으로 가장 옳은 것은?
① 기술개발의 결여
② 노동 투하량의 한계
③ 생산재 투하량의 부족
④ 수확체감의 법칙이 작용

해설
수확체감의 법칙은 생산에 필요한 자본과 토지 등의 요소가 고정된 상태에서 노동력만 추가로 투입되었을 경우 생산성이 감소하는 법칙이다.

정답 42 ① 43 ④ 44 ③ 45 ③ 46 ④ 47 ② 48 ④

※ 수확체감의 법칙
- 일정한 농지에서 작업하는 노동자수가 증가할수록 1인당 수확량은 점차 적어진다는 경제법칙이다.
- 어떤 생산물을 생산하는데 필요로 하는 자본, 노동, 토지 등의 생산요소 가운데 자본과 토지의 투입량을 일정하게 하고 노동의 투입량을 증가시키면, 생산물 전체로서는 증대되지만 추가투입량 1단위에 대한 생산물의 한계적 증가분은 차차 감소 경향을 나타낸다는 원칙이다.

49 과수재배에서 환상박피를 이용한 개화의 촉진은 화성유인의 어떤 요인을 이용한 것인가?
① 일장 효과 ② 식물 호르몬
③ C/N율 ④ 버어널리제이션

해설
환상박피, 단근, 접목 등이 있으며 탄수화물의 함량을 많게 하여 C/N 율을 높일수 있어 화성을 유도한다.

50 파종 후 재배 과정에서 상대적으로 노력이 가장 많이 요구되는 파종 방법은?
① 산파 ② 조파
③ 점파 ④ 적파

해설
산파는 포장 전면에 종자를 흩어 뿌리는 방법으로 파종에 대한 노력은 상대적으로 적게 들지만 재배 과정에서 제초 및 관리에 노력이 많이 요구된다.

51 다음 중 내염성이 가장 높은 작물은?
① 녹두 ② 유채
③ 고구마 ④ 가지

해설
사탕무, 목화, 양배추, 유채 등은 내염성이 강한 작물이다.

52 식물의 영양생리의 연구에 사용되는 방사성 동위원소로만 나열된 것은?
① ^{32}P, ^{42}K ② ^{24}Na, ^{80}Al
③ ^{60}Co, ^{72}Na ④ ^{137}Cs, ^{58}Co

해설
작물의 영양생리에 대한 연구를 위해 ^{32}P, ^{42}K, ^{45}Ca의 방사성동위원소로 표지화합물을 이용하여 필수 원소인 인산(P), 칼륨(K), 칼슘(Ca) 의 영양성분이 작물 내에서의 이동 및 이용에 대한 조사가 가능하며 비료가 토양에서의 이동과 작물의 흡수기구에 대한 원리 조사에 도움이 된다.

53 용도에 따른 작물의 분류에서 포도와 무화과는 어느 것에 속하는가?
① 장과류 ② 인과류
③ 핵과류 ④ 곡과류

해설
포도, 무화과, 딸기 등은 장과류에 해당한다.

54 포장용수량의 pF 값의 범위로 가장 적합한 것은?
① 0 ② 0~2.5
③ 2.5~2.7 ④ 4.5~6

해설
포장용수량은 최대용수량에 중력수가 제거 되고 모세관의 수분 함량 기준으로 하며 pF 1.7~2.7 이다.

55 중위도 지대에서의 조생종은 어떤 기상생태형 작물인가?
① 감온형 ② 감광형
③ 기본영양생장형 ④ 중간형

해설
감온형 작물로 조생종, 올콩, 봄조, 여름메밀 등이 있다.

56 다음 중 토양의 입단구조를 파괴하는 요인으로서 가장 옳지 않은 것은?

① 경운
② 입단의 팽창과 수축의 반복
③ 나트륨 이온의 첨가
④ 토양의 피복

해설
토양의 피복은 토양의 입단조성에 도움을 준다.

57 벼의 침수피해에 대한 내용이다. (가), (나)에 알맞은 내용은?

<벼의 침수피해>
· 분얼 초기에는 (가).
· 수잉기~출수개화기에는 (나).

① (가) : 크다, (나) : 크다
② (가) : 크다, (나) : 작다
③ (가) : 작다, (나) : 작다
④ (가) : 작다, (나) : 크다

해설
벼는 분얼 초기 침수에 강해 피해가 적게 나타나지만 수잉기에서 출수개화기에는 침수에 약해지면서 침수피해가 크게 나타난다.

58 지력유지를 위한 작부체계에서 '클로버'를 재배할 때 이 작물을 알맞게 분류한 것으로 가장 옳은 것은?

① 포착작물
② 휴한작물
③ 수탈작물
④ 기생작물

해설
클로버와 같은 콩과작물은 땅의 지력을 회복시켜주기에 휴한작물이라 한다.

59 땅속줄기를 번식하는 것으로만 나열된 것은?

① 감자, 토란
② 생강, 박하
③ 백합, 마늘
④ 다알리아, 글라디올러스

해설
땅속줄기는 지하경이라 하며 생강, 박하, 호프, 연 등이 있다.

60 작물에서 낙과를 방지하기 위한 조치로 가장 거리가 먼 것은?

① 환상박피
② 방한
③ 합리적은 시비
④ 병해충 방제

해설
낙과의 방지를 위해서는 합리적 시비, 병해충의 방제, 수분의 매조, 건조 및 과습 방지, 수광태세의 향상 등이 있다.

제4과목 식물보호학

61 농약의 살포 방법에서 미스터법에 대한 설명으로 옳지 않은 것은?

① 살포 시간 및 인력 비용 등을 절감한다.
② 살포액의 미립화로 목표물에 균일하게 부착시킨다.
③ 분무법에 비하여 살포액의 농도를 낮게 하고 많은 양을 살포한다.
④ 분사 형식은 노즐에 압축공기를 같이 주입하는 유기분사 방식이다.

해설
미스트법은 미스트기로 만든 미립자를 살포하는 방법으로 분무법과 비교하여 살포량은 적지만 농도가 높고 입자가 작으며 농도는 약 2배 정도로 높다.

정답 56 ④ 57 ④ 58 ② 59 ② 60 ① 61 ③

62 다음 중 기주특이적 독소와 이를 분비하는 병원균의 연결이 옳지 않은 것은?

① victorin : 벼 키다리병균
② T-독소 : 옥수수 깨씨무늬병균
③ AK-독소 : 배나무 검은무늬병균
④ AM-독소 : 사과나무 점무늬낙엽병균

해설
victorin 은 귀리 마름병균의 독소이다.

63 잡초의 생육특성으로 가장 옳은 것은?

① 밀도가 낮으면 결실률이 낮다.
② 대부분 C_3 식물이다.
③ 발아가 느리다.
④ 초기생육이 빠르다.

해설
잡초는 광합성 효율이 좋은 C_4 식물로 초기생육이 빠르다.

64 발아에 필요한 산소를 차단함으로써 잡초의 발아 또는 출아를 억제시키는 물리적 방제법으로 가장 적절한 것은?

① 담수　　② 예취
③ 소각　　④ 중경

해설
물을 채우는 담수를 통해 산소의 공급을 차단하여 잡초의 발생을 억제한다.

65 병원체가 기주 식물체 내로 들어가는 침입 장소 중 자연개구부가 아닌 것은?

① 수공　　② 피목
③ 밀선　　④ 각피

해설
식물에 있어 대표적인 자연개구부는 기공이다. 그 외에도 수공, 피목, 밀선 등을 통해 침입하기도 하며 병원균의 종류에 따라 침입하는 곳이 상이하다.

66 농약의 과용으로 생기는 부작용과 가장 거리가 먼 것은?

① 약제 저항성 해충의 출현
② 잔류독에 의한 환경오염
③ 자연계의 평형파괴
④ 생물상의 다양화

해설
농약의 과용으로 생태계가 파괴되면서 생물상이 단순해진다.

67 배나무 붉은별무늬병균의 중간 기주는?

① 향나무　　② 느티나무
③ 참나무　　④ 강아지풀

해설
배나무 붉은별무늬병은 중간기주인 향나무와 기주교대를 하는 순활물기생균이다.

68 Phytoplasma에 대한 설명으로 옳은 것은?

① 곰팡이와 세균의 중간적 성질을 갖는다.
② 세포벽을 가지고 있다.
③ 주로 곤충에 의하여 매개된다.
④ 바이러스보다 크기가 훨씬 작다.

해설
파이토플라스마는 세포막이 없고 일종의 원형질막이 존재하며 대표적으로 대추나무 빗자루병, 오동나무 빗자루병, 뽕나무 오갈병의 병원체로서 매개충에 의해 전반된다. 대추나무 빗자루병, 뽕나무 오갈병, 붉나무 빗자루병은 마름무늬 매미충, 오동나무 빗자루병은 담배장님노린재에 의해 매개된다.

정답 62 ① 63 ④ 64 ① 65 ④ 66 ④ 67 ① 68 ③

69 다년생이며, 종자 또는 지하경으로 번식하는 잡초는?
① 너도방동사니 ② 가막사리
③ 개비름 ④ 바랭이

해설
너도방동사니는 종자 및 덩이줄기(지하경)으로 번식하는 다년생으로 논에 발생하는 논잡초로 분류된다.

70 식물병을 일으키는 병 삼각형 중 일반적으로 주인인 것은?
① 식물체 ② 환경
③ 병원체 ④ 광선

해설
식물병에 직접적인 요인을 주인, 주인을 도와 발병을 촉진 및 확산시키는 요인들을 유인이라 하며 주인에는 병원체가 있다.

71 잡초의 철저한 방제가 요구되는 잡초경합한계기로 가장 옳은 것은?
① 작물의 초관형성 이후
② 작물 전생육기간 중 첫 1/3 ~ 1/2 기간인 생육초기
③ 작물 전생육기간 중 생육 중기 이후
④ 작물 전생육기간 중 생육 후기 이후

해설
잡초경합한계기간은 작물 전생육기간의 첫 1/3~1/2 기간이나 1/4~1/3 기간에 해당된다.

72 미생물의 독소를 이용하여 해충을 방제하는 생물 농약은?
① Bt(Bacillus thuringiensis)제
② 석회보르도액
③ 지베렐린
④ 에틸렌

해설
미생물농약의 일종으로 곤충의 바이러스, 세균, 사상균 등의 병원미생물을 이용하여 제조하며 일명 BT(Bacillus thuringiensis)제 라고 한다.

73 종자가 물에 떠서 운반되며 마디풀과에 해당하는 것은?
① 소리쟁이 ② 달개비
③ 털진득찰 ④ 도꼬마리

해설
소리쟁이는 무게가 가볍고 물에 뜨기에 주로 논잡초로 나타난다.

74 활엽과수에서 문제가 되는 사과응애에 대한 설명으로 틀린 것은?
① 흡즙성 해충이다.
② 약충으로 월동한다.
③ 1년에 7~8회 발생한다.
④ 실을 토하며 바람에 날려 이동한다.

해설
사과응애는 1년에 7~8회 발생하고 알로 겨울눈, 수간에서 월동한다.

75 다음 중 화본과 잡초는?
① 명아주 ② 향부자
③ 나도겨풀 ④ 벗풀

해설
돌피, 강피, 나도겨풀 등은 화본과 잡초에 속한다.

76 다음 중 과실을 가해하는 해충으로 가장 거리가 먼 것은?
① 복숭아순나방 ② 복숭아유리나방
③ 복숭아심식나방 ④ 복숭아명나방

해설
복숭아유리나방은 천공성해충에 해당된다.

77 벼 도열병의 발병원인으로 가장 적절한 것은?
① 고온 건조 조건일 때
② 저온 다습 조건일 때
③ 잡초 방제할 때
④ 질소 균형 시비할 때

해설
벼 도열병은 온도가 낮고 습도가 높을 경우, 바람이 강하게 불 경우, 토양온도가 낮을 경우 자주 발생한다.

78 다음 중 명아주에 해당하는 것으로만 나열된 것은?
① 다년생, 화본과 잡초
② 2년생, 방동사니과 잡초
③ 1년생, 광엽잡초
④ 다년생, 방동사니과 잡초

해설
명아주는 1년생 광엽 밭잡초에 해당한다.

79 다음 중 완전변태를 하는 목(目)은?
① 총채벌레목 ② 메뚜기목
③ 나비목 ④ 노린재목

해설
완전변태를 하는 곤충에는 나비목, 파리목, 벌목, 딱정벌레목 등이 있다.

80 파종기의 변경, 재배방법의 개선 등 식물병원체의 활동시기를 피하여 식물이 병에 걸리지 않는 성질은?
① 회피성 ② 면역성
③ 감수성 ④ 내병성

해설
회피성은 식물이 병원체의 활동시기를 피해 병에 걸리지 않도록 하는 것을 말한다.

제5과목 종자관련법규

81 종자의 보증에서 재검사를 받으려는 자는 종자검사 결과를 통지받은 날부터 며칠 이내에 재검사신청서에 종자검사 결과 통지서를 첨부하여 검사기관의 장에게 제출하여야 하는가?
① 15일 ② 20일
③ 30일 ④ 35일

해설
재검사신청 등에서 재검사를 받으려는 자는 종자검사 결과를 통지받은 날부터 15일 이내에 재검사신청서에 종자검사 결과 통지서를 첨부하여 검사기관의 장 또는 종자관리사에게 제출하여야 한다.

82 종자업을 하려는 자는 종자관리사를 최소 몇 명 이상 두어야 하는가?
① 1명 ② 2명
③ 3명 ④ 5명

해설
종자업을 하려는 자는 종자관리사를 1명 이상 두어야 한다. 다만, 대통령령으로 정하는 작물의 종자를 생산·판매하려는 자의 경우에는 그러하지 아니하다.

정답 76 ② 77 ② 78 ③ 79 ③ 80 ① 81 ① 82 ①

83 종자관리요강 중 용어에 대한 설명으로 틀린 것은?
① 포장격리 : 자연교잡이 충분히 일어나도록 준비된 포장을 말한다.
② 품종순도 : 재배작물 중 이형주(변형주), 이품종주, 이종종자주를 제외한 해당품종 고유의 품종을 나타내고 있는 개체의 비율을 말한다.
③ 이형주(off type) : 동일품종 내에서 유전적 형질이 그 품종 고유의 특성을 갖지 아니한 개체를 말한다.
④ 작황균일 : 시비, 제초, 약제살포 등 포장관리상태가 양호하여 작황이 고르게 좋은 것을 말한다.

해설
포장격리는 자연교잡이 일어나지 않도록 충분히 격리된 것을 말한다.

84 저온항온건조기법을 사용하게 되는 종으로만 나열된 것은?
① 당근, 근대   ② 잠두, 녹두
③ 고추, 목화   ④ 기장, 벼

해설
저온항온 건조기법은 마늘, 파, 부추, 콩, 땅콩, 배추씨, 유채, 고추, 목화, 피마자, 참깨, 아마, 겨자, 무에 적용한다.

85 품종목록 등재의 유효기간 연장신청은 그 품종목록 등재의 유효기간이 끝나기 전 몇 년 이내에 신청하여야 하는가?
① 4년   ② 3년
③ 2년   ④ 1년

해설
종자관련법상 품종목록 등재의 유효기간에서 품종목록 등재의 유효기간 연장신청은 그 품종목록 등재의 유효기간이 끝나기 전 1년 이내 신청해야 한다.

86 (   )에 알맞은 내용은?

-심판-
① 품종보호에 관한 심판과 재심을 관장하기 위하여 농림축산식품부에 품종보호심판위원회를 둔다.
② 심판위원회는 위원장 1명을 포함한 (   )이내의 품종보호심판위원으로 구성하되, 위원장이 아닌 심판위원 중 1명은 상임(常任)으로 한다.

① 5명   ② 8명
③ 12명   ④ 15명

해설
심판위원회는 위원장 1명을 포함한 8명 이내의 품종보호심판위원(이하 "심판위원"이라 한다)으로 구성하되, 위원장이 아닌 심판위원 중 1명은 상임(常任)으로 한다.

87 수입적응성시험의 대상작물 및 실시기관 중 메밀의 실시기관은?
① 국립산림품종관리센터
② 한국종자협회
③ 농업기술실용화재단
④ 농업협동조합중앙회

해설
농업기술실용화재단의 수입적응성시험의 대상작물은 벼, 보리, 콩, 옥수수, 감자, 밀, 호밀, 조, 수수, 메밀, 팥, 녹두, 고구마 이다.

88 ( )에 알맞은 내용은?

> 농림축산식품부장관은 진흥센터가 진흥센터 지정기준에 적합하지 아니하게 된 경우 대통령령으로 정하는 바에 따라 그 지정을 취소하거나 ( )의 기간을 정하여 업무의 정지를 명할 수 있다.

① 1개월 이내 ② 3개월 이내
③ 6개월 이내 ④ 12개월 이내

해설
농림축산식품부장관은 진흥센터가 진흥센터 지정기준에 적합하지 아니하게 된 경우 대통령령으로 정하는 바에 따라 그 지정을 취소하거나 3개월 이내의 기간을 정하여 업무의 정지를 명할 수 있다.

89 품종보호권의 존속기간은 품종보호권이 설정등록된 날부터 몇 년으로 하는가? (단, 과수와 임목의 경우는 제외한다.)

① 10년 ② 15년
③ 20년 ④ 30년

해설
식물신품종관련법상 품종보호권의 존속기간에서 품종보호권의 존속기간은 품종보호권이 설정등록된 날부터 20년으로 한다. 다만 과수와 임목은 25년으로 한다.

90 ( )에 알맞은 내용은?

> 종자관리사는 종자기사 자격을 취득한 사람으로서 자격 취득 전후의 기간을 포함하여 종자업무 또는 이와 유사한 업무에 ( ) 이상 종사한 사람

① 4년 ② 3년
③ 2년 ④ 1년

해설
종자관리사는 종자기사 자격을 취득한 사람으로서 자격 취득 전후의 기간을 포함하여 종자업무 또는 이와 유사한 업무에 1년 이상 종사한 사람
· 종자산업기사 자격을 취득한 사람으로서 자격 취득 전후의 기간을 포함하여 종자업무 또는 이와 유사한 업무에 2년 이상 종사한 사람
· 종자기능사 자격을 취득한 사람으로서 자격 취득 전후의 기간을 포함하여 종자업무 또는 이와 유사한 업무에 3년 이상 종사한 사람

91 품종보호권 또는 전용실시권을 침해한 자는 얼마 이하의 벌금에 처하는가?

① 1억원 ② 1천만원
③ 5백만원 ④ 1백만원

해설
식물신품종보호관련법상 품종보호권 또는 전용실시권을 침해한 자는 7년 이하의 징역 또는 1억원 이하의 벌금에 처한다.

92 거짓이나 그 밖의 부정한 방법으로 품종보호결정 또는 심결을 받은 자는 몇 년 이하의 징역에 처하는가?

① 3년 ② 5년
③ 7년 ④ 10년

해설
거짓이나 그 밖의 부정한 방법으로 품종보호결정 또는 심결을 받은 자는 7년 이하의 징역 또는 1억원 이하의 벌금에 처한다.

정답 88 ② 89 ③ 90 ④ 91 ① 92 ③

93 종자관리요강상 사진의 제출규격에 관한 내용이다. (   )에 알맞은 내용은?

> 품종의 사진은 (   )의 크기이어야 하며, 실물을 식별할 수 있어야 한다.

① 4″ × 5″   ② 5″ × 9″
③ 6″ × 8″   ④ 7″ × 9″

해설
품종의 사진은 4″ × 5″의 크기이어야 하며 실물을 식별할 수 있어야 한다.

94 종자의 보증 증 자체보증의 대상에 대한 내용이다. (   )에 알맞은 내용이 아닌 것은?

> (   )가 품종목록 등재대상작물의 종자를 생산하는 경우 자체보증의 대상으로 한다.

① 도지사   ② 군수
③ 농업단체   ④ 대학교수

해설
시·도지사, 시장·군수·구청장, 농업단체등 또는 종자업자가 품종목록 등재대상작물의 종자를 생산하는 경우 자체보증의 대상으로 한다.

95 (   )에 알맞은 내용은?

> 품종명칭등록 이의신청을 한 자는 품종명칭등록 이의신청기간이 경과한 후 (   )이내에 품종명칭등록 이의신청서에 적은 이유 또는 증거를 보정할 수 있다.

① 15일   ② 30일
③ 40일   ④ 50일

해설
품종명칭등록 이의신청을 한 자는 품종명칭등록 이의신청기간이 지난 후 30일 이내에 품종명칭등록 이의신청서에 적은 이유 또는 증거를 보정할 수 있다.

96 겉보리, 쌀보리 및 맥주보리의 포장검사에 대한 내용이다. (   )에 알맞은 내용은?

> 검사시기 및 회수 : (   )사이에 1회 실시한다.

① 고숙기로부터 수확기 전
② 호숙기로부터 완숙기
③ 완숙기로부터 고숙기
④ 유숙기로부터 황숙기

해설
겉보리, 쌀보리, 맥주보리, 밀의 검사시기 및 회수는 유숙기로부터 황숙기 사이에 1회 실시한다.

97 포장검사 병주 판정기준에서 감자의 특정병에 해당하는 것은?

① 둘레썩음병   ② 흑지병
③ 후사리움위조병 ④ 역병

해설
감자의 특정병에는 바이러스, 둘레썩음병, 풋마름병, 걀쭉병이 있다.

98 품종보호권·전용실시권 또는 질권의 상속이나 그 밖의 일반승계의 취지를 신고하지 아니한 자에게는 얼마 이하의 과태료가 부과되는가?

① 50만원   ② 100만원
③ 200만원   ④ 300만원

해설
품종보호권·전용실시권 또는 질권의 상속이나 그 밖의 일반승계의 취지를 신고하지 아니한 자는 50만원 이하의 과태료를 부과한다.

99 품종목록 등재대상작물의 보증종자에 대하여 사후관리시험을 하여야 한다. 검사항목으로 틀린 것은?
① 품종의 순도   ② 품종의 진위성
③ 종자전염병   ④ 포장의 조건

해설
사후관리시험의 기준 및 방법에서 검사항목에는 품종의 순도, 품종의 진위성, 종자전염병이 있다

100 종자검사요령상 시료추출에서 소집단과 시료의 중량에 대한 내용이다. (   )에 알맞은 내용은?

작물	시료의 최소 중량
	순도검사
당근	( )g

① 7   ② 4
③ 3   ④ 2

해설
종자검사에서 당근의 시료 최소 중량은 순도검사 기준 3g 이며, 제출시료 기준 30g 이다.

정답 99 ④ 100 ③

2020 제4회 종자기사

제1과목 종자생산학

01 다음 중 무배유형 종자를 형성하는 것으로만 나열된 것은?
① 오이, 완두 ② 밀, 양파
③ 토마토, 벼 ④ 보리, 당근

해설
무배유종자에는 콩, 완두, 팥, 녹두, 클로버 등의 콩과식물 및 수박, 오이, 호박, 배추 등이 있다.

02 자가불화합성을 타파하는 방법이 아닌 것은?
① 뇌수분 ② 개화수분
③ 인공수분 ④ CO_2처리

해설
자가불화합성을 타파하는 방법으로 뇌수분, 노화수분, 지연수분, 고온처리, 전기 자극, 이산화탄소 처리 등이 있다.

03 다음 중 형태적 결함에 의한 불임성의 원인으로 가장 거리가 먼 것은?
① 이형예현상 ② 뇌수분
③ 자웅이숙 ④ 장벽수정

해설
생식기관의 형태적 결함에 의한 불임성의 원인으로 이형예현상, 자웅이숙, 장벽수정이 있다.

04 다음 중 무한화서가 아닌 것은?
① 두상화서 ② 총상화서
③ 산형화서 ④ 단집산화서

해설
단집산화서는 유한화서에 해당한다.

05 다음 중 단일식물로만 나열된 것은?
① 시금치, 상추 ② 감자, 아마
③ 국화, 담배 ④ 양파, 양귀비

해설
국화, 담배, 고구마, 들깨 등은 단일식물에 해당한다.

06 원종 채종 시 뇌수분을 이용하는 작물로만 나열된 것은?
① 양배추, 무 ② 밀, 당근
③ 고구마, 벼 ④ 오이, 보리

해설
뇌수분은 자가수정률이 높아 양배추, 무 등의 식물에 적합하다.

정답 01 ① 02 ② 03 ② 04 ④ 05 ③ 06 ①

07 최아한 종자를 점성이 있는 액상의 젤과 혼합하여 기계로 파종하는 방법은?
① 고체프라이밍파종
② 액체프라이밍파종
③ 액상파종
④ 드럼프라이밍파종

해설
최아는 발아 및 생육을 촉진할 목적으로 장자의 싹을 틔워 파종하는 방법으로 점성이 있는 액상의 젤과 혼합하여 파종하는 액상파종의 방법이 효율적이며 벼, 맥류 등에 이용한다.

08 다음 중 여교배 조합이 가장 바르게 표시된 것은?
① (A×B)×(A×B)
② (A×B)×(A×C)
③ {A×(A×B)}×C
④ {A×(A×B)}×A

해설
여교배는 (A×B)×B, (A×B)×A 또는 [(A×B)×B]×B 등의 형식으로 조합한다.

09 다음 중 덩이줄기를 이용하여 번식하는 것은?
① 감자
② 거베라
③ 고구마
④ 마

해설
감자는 모체에서 분리된 영양기관인 덩이줄기를 통해 번식한다.

10 꽃가루가 암술머리에 떨어지는 현상은?
① 수정
② 교배
③ 수분
④ 교잡

해설
성숙된 화분이 수술의 꽃밥에서 터져 나와 암술머리로 옮겨지는 과정을 수분이라 한다.

11 침윤종자나 생장 중인 식물에 저온을 처리함으로써 개화를 유도하는 것은?
① 춘화처리
② 광처리
③ 휴면처리
④ 환상박피

해설
춘화처리는 생육 초기에 일정기간 인위적으로 저온 처리를 통해 화아분화를 촉진한다.

12 종자검사의 주요 내용이 아닌 것은?
① 발아검사
② 순도검사
③ 병해검사
④ 단백질 함량검사

해설
종자검사의 주요 내용에는 순도검사, 발아검사, 활력검사, 병해검사, 수분검사, 천립중 검사, 건전도 검사 등이 있다.

13 종자의 발아과정을 바르게 나열한 것은?
① 저장양분 분해 → 수분 흡수 → 과피의 파열 → 배의 생장 개시
② 수분 흡수 → 저장양분 분해 → 과피의 파열 → 배의 생장 개시
③ 수분 흡수 → 저장양분 분해 → 배의 생장 개시 → 과피의 파열
④ 저장양분 분해 → 과피의 파열 → 수분 흡수 → 배의 생장 개시

해설
종자의 발아는 수분 흡수를 시작으로 효소의 활성을 통한 저장양분의 분해, 배의 생장, 과피의 파열, 유묘의 형성의 과정을 거친다.

정답 07 ③ 08 ④ 09 ① 10 ③ 11 ① 12 ④ 13 ③

14 다음 중 영양번식과 가장 관련이 있는 것은?
① 유성생식   ② 무성생식
③ 감수분열   ④ 타가수정

해설
무성생식은 배우자가 수정을 하지 않고 개체를 증식시키는 방법으로 단위생식, 영양생식이 여기에 해당된다.

15 종자전염성병의 검정법 중 혈청학적 검정법에 속하는 것은?
① 면역이중확산법   ② 여과지배양검정법
③ 유묘병징조사법   ④ 한천배지검정법

해설
혈청학적 검정법에는 병원체에 대한 혈청을 만들어 진단하는 방법으로 면역이중확산법, 형광항체법, 효소결합항체법(ELISA), 방사형 확산검정법 등이 있다.

16 다음 중 자연적으로 씨없는 과실이 형성되는 작물로 가장 거리가 먼 것은?
① 바나나   ② 수박
③ 감귤류   ④ 포도

해설
단위결과는 염색체의 조성이 복잡하여 정상적인 배우자를 형성할 수 없는 경우 발생하는데 대표적으로 바나나, 포도, 오이, 감귤류 등이 해당된다.

17 다음 중 발아 시 광을 필요로 하는 종자로만 나열된 것은?
① 벼, 파   ② 셀러리, 상추
③ 호박, 오이   ④ 토마토, 양파

해설
광을 주어야 발아하는 호광성 종자는 담배, 상추, 우엉, 셀러리 등이 있다.

18 속씨식물의 중복수정에서 2개의 극핵과 1개의 웅핵이 수정되어 생성되는 것은?
① 배유   ② 종피
③ 배   ④ 자엽

해설
속씨식물의 수정에서 배낭 내로 들어간 2개의 정핵 중 하나는 난핵과 만나 2n 배를 형성하고 다른 하나는 2개의 극핵과 만나 3n 배유를 형성한다.

19 채소류 종자 중 5년 이상의 장명종자로만 나열된 것은?
① 땅콩, 사탕무   ② 비트, 토마토
③ 옥수수, 강낭콩   ④ 상추, 고추

해설
5년 이상의 장명종자에는 비트, 수박, 호박, 오이, 배추, 가지, 토마토, 알팔파 등이 있다.

20 배낭모세포가 감수분열을 못하거나 비정상적인 분열을 하여 배를 형성하는 것은?
① 복상포자생식   ② 무성생식
③ 영양번식   ④ 유사분열

해설
복상포자생식에서 난세포가 수정 없이 배발생을 하고 극핵도 수정 없이 단독으로 배유 형성을 한다.

제2과목 식물육종학

21 다음 중 유전적 변이를 감별하는 방법으로 가장 알맞은 것은?
① 유의성 검정
② 후대검정
③ 전체형성능(totipotency) 검정
④ 질소 이용률 검정

해설
후대검정은 변이를 나타낸 개체를 자식하여 선발된 우량형이 유전적인 변이인가를 관찰한다.

22 다음 중 트리티케일(Triticale)의 기원은?
① 밀 × 호밀   ② 밀 × 보리
③ 호밀 × 보리   ④ 보리 × 귀리

해설
트리티케일은 밀과 호밀을 인공교배하여 만든 이질배수체로 속간잡종이다.

23 다음 중 감수분열 제1전기의 진행 순서가 바르게 나열된 것은?
① 세사기 → 이동기 → 대합기 → 태사기
② 이동기 → 세사기 → 태사기 → 대합기
③ 세사기 → 대합기 → 태사기 → 이동기
④ 세사기 → 이동기 → 태사기 → 대합기

해설
제1감수분열 전기는 세사기, 대합기, 태사기, 이중기, 이동기의 과정을 거친다.

24 품종의 생리적 퇴화의 원인이 되는 것은?
① 돌연변이
② 자연교잡
③ 토양적인 퇴화
④ 이형 유전자형의 분리

해설
생리적 퇴화는 품종의 생산지의 환경의 불량이 원인이 되기에 토양적인 퇴화가 한가지 원인이 되겠다.

25 단위생식(Apomixis)을 가장 옳게 표현한 것은?
① 씨 없는 수박은 이 원리를 이용한 것이다.
② 수분이 되지 않았는데 과실이 비대하는 현상이다.
③ 근친교배에서 많이 일어나는 일종의 퇴화현상이다.
④ 수정이 되지 않고도 종자가 생기는 현상이다.

해설
아포믹시스(단위생식, apomixis)는 무수정생식이라 하며 정상적인 정핵과 난핵의 결합 없이 종자를 형성한다.

26 이질 배수체를 작성하는 방법으로 가장 알맞은 것은?
① 특정한 게놈을 가진 품종의 식물체에 콜히친을 처리한다.
② 서로 다른 게놈을 가진 식물체끼리 교잡을 시킨 후 그 잡종에 콜히친 처리를 한다.
③ 동일한 게놈을 가진 품종끼리 교잡을 시킨 후 그 잡종에 콜히친 처리를 한다.
④ 인위적으로는 만들 수 없고 자연계에서 만들어지기를 기다린다.

해설
염색체를 배가시켜 동질배수체를 작성하려면 콜히친(colchicine)처리법을 이용해야 한다.

27 다음 중 계통분리법에 해당하지 않는 육종법은?
① 집단육종법   ② 성군집단선발법
③ 모계선발법   ④ 가계선발법

해설
집단육종법은 교잡육종법에 해당된다. 계통분리법은 집단선발법, 계통집단선발법, 성군집단선발법, 1수1렬법, 모계선발법, 가계선발법이 있다.

정답 22 ① 23 ③ 24 ③ 25 ④ 26 ② 27 ①

28 벼와 같은 자식성 식물에서 잡종강세에 대한 설명으로 옳은 것은?
① 자식성 식물이므로 잡종 강세가 일어나지 않는다.
② 교배조합에 따라 잡종강세가 일어날 수 있다.
③ 모든 교배조합에서 잡종강세가 크게 나타난다.
④ 자식성 식물에서는 잡종강세를 조사하지 않는다.

해설
자식성식물에서 잡종강세가 나타나는 경우도 있지만 타식성 식물에서 현저하게 나타난다.

29 감자 등과 같은 영양번식성 작물이 바이러스병에 의해 퇴화되는 것을 방지하는 방법으로 가장 옳은 것은?
① 추파성 소거
② 고랭지 채종
③ 조기재배
④ 기계적 혼입 방비

해설
종자의 퇴화 방지를 위해 씨감자는 고랭지에서, 옥수수 및 십자화과작물 등과 같은 타가수정을 원칙으로 하는 작물은 유전적 퇴화 방지를 위해 섬이나 산간지에서 인위적 격절이 필요하다.

30 타식성 식물에 대한 설명으로 옳은 것은?
① 유전자형이 동형접합(homozygosity)이다.
② 단성화와 자가불임의 양성화뿐이다.
③ 자연계에서 서로 다른 개체 간 수정되는 비율이 높은 식물이다.
④ 자웅이숙 식물만이 순수한 타식성 식물이다.

해설
타식성 식물은 격리해서 채종하며 자가수정률은 5% 정도로 서로 다른 개체 간 수정 비율이 높은 식물이다.

31 완전히 자가수정하는 동형접합체의 1개체로부터 불어난 자손의 총칭은?
① 유전자원
② 유전변이체
③ 순계
④ 동질배수체

해설
순계는 동일한 유전자형으로 구성된 집단으로 완전히 자가수정하는 작물의 1개체에서 나온 자손을 말한다.

32 다음 중 반수체육종의 가장 큰 장점은?
① 이형집단 발생이 쉬우며 다양한 형질을 가지고 있다.
② 돌연변이가 많이 나온다.
③ 유전자 재조합이 많이 일어난다.
④ 육종연한을 단축한다.

해설
반수체를 육성하여 육종 연한을 단축시킬수 있으며 담배, 벼 등의 작물에 적용 가능하다.

33 웅성불임성의 발현에 해당하는 것은?
① 무배생식
② 위수정
③ 수술의 발생억제
④ 배낭모세포의 감수분열 이상

해설
웅성불임성은 웅성기관에 불임이 생긴 현상으로 환경적 혹은 유전적 원인으로 수술이 기능을 발휘하지 못하는 현상이다.

34 콩과 식물의 제웅에 가장 적당한 방법은?
① 화판인발법(花瓣引拔法)
② 집단제정법(集團除精法)
③ 절영법(切穎法)
④ 수세법(水洗法)

해설
화판인발법은 제웅법 중 하나로 콩, 자운영 등 꽃망울 끝의 꽃잎을 꽃밥과 함께 뽑아낸다.

35 상위성이 있는 경우 양성잡종 F_2 분리비가 15:1인 것은?

① 보족유전자　② 중복유전자
③ 억제유전자　④ 피복유전자

해설
중복유전자의 F_2 분리비는 15:1 이다

36 교배모본 선정 시 고려해야 할 사항이 아닌 것은?

① 유전자원의 평가 성적을 검토한다.
② 유전분석 결과를 활용한다.
③ 교배친으로 사용한 실적을 참고한다.
④ 목적형질 이외에 양친의 유전적 조성의 차이를 크게 한다.

해설
교배육종의 성패를 좌우하는 교배모본의 선정에 있어 품종의 특성조사성적, 형질의 유전자분석결과, 육종실적을 검토하여 과거 주요품종을 양친 중 한 모본을 선택하여 교배를 통해 조합능력을 검정한다. 과거의 주요품종을 양친 중의 한 모본으로 선택하기에 양친의 유전적 조성 차이가 작아야 한다.

37 육종과정에서 새로운 변이의 창성방법으로서 쓰일 수 없는 것은?

① 인위 돌연변이　② 인공교배
③ 배수체　　　　④ 단위결과

해설
단위결과는 염색체 조성이 복잡하여 정상적인 배우자 형성이 어렵기에 새로운 변이 창성방법으로는 적합하지 않다.

38 자연일장이 13시간 이하로 되는 늦여름 야간 자정부터 1시까지 1시간 동안 충분한 광선을 식물체에 일정 기간 동안 조명해 주었을 때 나타나는 현상은?

① 코스모스 같은 단일성 식물의 개화가 현저히 촉진되었다.
② 가을 배추가 꽃을 피웠다.
③ 가을 국화의 꽃봉오리가 제대로 생기지 않았다.
④ 조생종 벼가 늦게 여물었다.

해설
가을 국화는 단일식물로 단일처리를 하면 개화가 촉진되나 반대로 장일처리하면 개화가 억제된다.

39 잡종강세를 이용하는 데 구비해야 할 조건으로 옳지 않은 것은?

① 한 번의 교잡으로 많은 종자를 생산할 수 있어야 한다.
② 교잡조작이 쉬워야 한다.
③ 단위 면적당 재배에 요구되는 종자량이 많아야 한다.
④ F_1종자를 생산하는 데 필요한 노임을 보상하고도 남음이 있어야 한다.

해설
잡종강세의 경우 단위면적당 요구되는 종자량은 적어야 하며 교잡 조작이 쉬워야 한다.

40 종자번식 농작물의 일생을 순서대로 나타낸 것은?
① 배우자형성 → 결실 → 중복수정 → 영양생장 → 발아
② 영양생장 → 결실 → 발아 → 중복수정 → 배우자형성
③ 발아 → 중복수정 → 배우자형성 → 결실 → 영양생장
④ 발아 → 영양생장 → 배우자형성 → 중복수정 → 결실

해설
전반적인 종자번식에 순서는 종자의 발아를 시작으로 영양생장 후 배유를 형성하고 배와 배유의 형성이 한 배낭 내에서 동시에 이루어지는 중복수정을 거치고 결실을 하게 된다.

제3과목 재배원론

41 다음 중 3년생 가지에 결실하는 것은?
① 포도   ② 밤
③ 감   ④ 사과

해설
3년생 가지에 결실을 하는 것으로 배, 사과 등이 대표적이며 이러한 현상을 결과 습성이라 한다. 1년생 결과지에는 포도, 감, 밤, 감귤 등이 있으며 2년생 결과지에는 복숭아, 살구 등의 핵과류가 있다.

42 세포의 팽압을 유지하며, 다량원소에 해당하는 것은?
① Mo   ② K
③ Cu   ④ Zn

해설
칼륨은 양이온(K^+)으로 흡수 및 이용하며 세포의 팽압을 유지한다.

43 다음 중 묘대일수 감응도가 낮으면서 만식 적응성이 큰 기상 생태형은?
① Blt형   ② bLt형
③ bIT형   ④ blt형

해설
감광형(bLt형)은 기본영양생장성과 감온성이 작고 감광성이 커서 생육기간이 주로 감광성에 지배된다. 일장에서 단일에 의해 출수개화가 촉진되는 성질을 감광성이라 한다.

44 다음 중 내염성 정도가 가장 큰 작물은?
① 고구마   ② 가지
③ 레몬   ④ 유채

해설
사탕무, 목화, 양배추, 유채 등은 내염성이 강한 작물이다.

45 다음 중 적산온도가 가장 낮은 것은?
① 메밀   ② 벼
③ 담배   ④ 조

해설
작물별로 적산온도의 경우 메밀은 1000~1200°C, 감자는 1300~3000°C, 추파맥류는 1700~2300°C, 완두는 2100~2800°C, 콩은 2500~3000°C, 담배는 3200~3600°C 벼는 3500~4500°C 정도이다.

46 다음 중 작물별 안전저장 조건에서 온도가 가장 높은 것은?
① 식용감자   ② 과실
③ 쌀   ④ 엽채류

해설
쌀의 안전저장온도는 15°C 정도이며 감자 1~4°C, 과실 0~2°C, 엽채류 0~1°C 이다.

정답 40 ④ 41 ④ 42 ② 43 ② 44 ④ 45 ① 46 ③

47 다음 중 산성토양에 가장 강한 작물은?
① 상추　② 완두
③ 고추　④ 수박

해설
산성토양에 저항성이 강한 작물로는 벼, 귀리, 조, 옥수수, 감자, 수박 등이 있다.

48 다음 중 장일식물은?
① 들깨　② 담배
③ 국화　④ 감자

해설
장일식물에는 보리, 시금치, 양파, 당근, 양배추, 아마, 감자 등이 있다.

49 포장을 수평으로 구획하고 관개하는 방법은?
① 다공관관개법
② 수반법
③ 스프링클러관개법
④ 물방울관개법

해설
수반법은 수반관개라하며 포장을 수평으로 구획하고 관개하는 방법으로 주로 과수원에서 이용하는 방법이다.

50 지력을 토대로 자연의 물질순환 원리에 따르는 농업은?
① 생태농업　② 정밀농업
③ 자연농업　④ 무농약농업

해설
자연농업은 환경과 조화를 기반으로 농업 생산을 지속하는 친환경 농업이다.

51 가지를 수평 또는 그보다 더 아래로 휘어 가지의 생장을 억제하고 정부우세성을 이동시켜 기부에서 가지가 발생하도록 하는 것은?
① 절상　② 적엽
③ 제얼　④ 휘기

해설
가지휘기(유인)는 가지를 수평이나 더 아래로 휘게 하여 생장을 억제하고 정부우세성을 이동시켜 기부에서 가지가 발생하도록 하는 방법이다.

52 다음에서 설명하는 것은?

> 경사지에서 수식성 작물을 재배할 때 등고선으로 일정한 간격을 두고 적당한 폭의 목초대를 두면 토양침식이 크게 경감된다.

① 등고선 경작 재배
② 초생재배
③ 단구식 재배
④ 대상재배

해설
대상재배는 경사지에서 작물을 재배할 때 파종기나 수확기가 다른 작물을 띠 모양으로 배치하여 재배하는 방법이다.

53 다음 중 작물에 따른 재배에 적합한 범위가 가장 큰 작물은?
① 콩　② 아마
③ 담배　④ 피

해설
콩은 일반적으로 사양토나 식양토에서 재배하지만 사토, 식토 등에서도 가능하다.

정답　47 ④　48 ④　49 ②　50 ③　51 ④　52 ④　53 ①

54 굴광현상에 가장 유효한 광은?
① 자외선 ② 자색광
③ 청색광 ④ 녹색광

해설
식물이 광을 향하는 굴광현상이 나타나며 주로 청색 파장에 유효하다.

55 내건성 작물의 특성에 해당되는 것은?
① 잎이 크다.
② 건조 시에 당분의 소실이 빠르다.
③ 건조 시에 단백질의 소실이 빠르다.
④ 세포액의 삼투압이 높다.

해설
세포액의 삼투압이 높고 세포가 작을수록 내건성이 강하다.

56 다음 중 내습성이 가장 큰 것은?
① 파 ② 양파
③ 옥수수 ④ 당근

해설
작물의 내습성은 미나리, 벼, 옥수수 등이 높은 편이며 파, 양파, 고추, 당근 등은 낮은 편이다.

57 다음 중 장과류에 해당하는 것으로만 나열된 것은?
① 포도, 딸기 ② 감, 귤
③ 배, 사과 ④ 비파, 자두

해설
포도, 무화과, 딸기 등은 장과류에 해당한다.

58 삽수의 발근촉진에 주로 이용되는 생장조절제는?
① Ethylene ② ABA
③ IBA ④ BA

해설
옥신의 종류 중에서 합성호르몬인 IBA는 삽수의 발근 촉진에 활용된다.

59 박과 채소류 접목의 특징으로 틀린 것은?
① 저온에 대한 내성이 증대된다.
② 과습에 잘 견딘다.
③ 기형과 발생을 억제한다.
④ 흡비력이 강해진다.

해설
접목육묘에서 초세조절을 잘못하면 기형과의 발생이 증가하고 당도가 낮아진다.

60 다음 중 과실 성숙과 가장 관련이 있는 것은?
① Ethylene ② ABA
③ BA ④ IAA

해설
에틸렌은 과실의 성숙, 착색의 촉진, 정아우세 현상 타파, 발아촉진, 낙엽 촉진 등의 효과가 나타난다.

제4과목 식물보호학

61 잡초로 인한 피해가 아닌 것은?
① 방제 비용 증대
② 작물의 수확량 감소
③ 경지의 이용 효율 감소
④ 철새 등 조류에 의한 피해 증가

해설
잡초가 발생하면 작물의 수량이 감소하고 경지의 이용효율이 감소하게 되며 이를 방제하기 위한 비용이 증가하게 된다. 또한 병해충의 매개 역할을 하고 종자 혼입 및 부착 등의 피해도 있다.

정답 54 ③ 55 ④ 56 ③ 57 ① 58 ③ 59 ③ 60 ① 61 ④

62 다음 중 무시류에 속하는 곤충목은?
① 파리목　② 돌좀목
③ 사마귀목　④ 집게벌레목

해설
무시아강(무시류)에는 톡토기목, 낫발이목, 좀붙이목, 좀목(좀, 돌좀) 등이 있다.

63 살비제의 구비 조건이 아닌 것은?
① 잔효력이 있을 것
② 적용 범위가 넓을 것
③ 약제 저항성의 발달이 지연되거나 안 될 것
④ 성충과 유충(약충)에 대해서만 효과가 있을 것

해설
살비제는 곤충에는 살충력이 거의 없고 응애류 방제에 효과가 있는 약제로 알에서 성충까지 모든 형태에 효과가 있어야 한다.

64 식물바이러스병의 외부병징으로 가장 거리가 먼 것은?
① 변색　② 위축
③ 괴사　④ 무름증상

해설
무름증상(무름병)은 세균병의 병징에 해당한다.

65 복숭아심식나방에 대한 설명으로 옳지 않은 것은?
① 일반적으로 연 2회 발생한다.
② 유충으로 나무껍질 속에서 겨울을 보낸다.
③ 부화유충은 과실 내부에 침입하여 식해한다.
④ 방제를 위해 과실에 봉지를 씌우면 효과적이다.

해설
복숭아심식나방은 노숙유충이 겨울고치를 짓고 그 속에서 월동을 한다.

66 상처가 아물도록 처리하여 저장할 경우 방제 효과가 가장 큰 병은?
① 사과 탄저병
② 고추 탄저병
③ 사과 겹무늬썩음병
④ 고구마 검은무늬병

해설
큐어링은 고구마, 감자, 양파 등에 상처가 발생한 경우 상처를 아물게 하거나 코르크층을 형성시켜 수분의 증발을 줄이고 미생물의 침입을 예방하는 방법이다. 고구마 검은무늬병은 상처를 통해 침입하기에 큐어링 처리를 통해 방제효과를 얻을수 있다.

67 다음 설명에 해당하는 해충은?

- 성충은 잎의 엽육을 갉아먹어 벼 잎에 가는 흰색 선이 나타나며, 특히 어린 모에서 피해가 심하다.
- 유충은 뿌리를 갉아먹어 뿌리가 끊어지게 하고 피해를 받은 포기는 키가 크지 못하고 분열이 되지 않는다.

① 벼밤나방　② 벼혹나방
③ 벼물바구미　④ 끝동매미충

해설
벼물바구미는 성충이 잎에 피해를 주면 잎에 흰색 선이 나타나고 유충은 흙속으로 파고들어가 기생을 한다. 유충이 성충보다 섭식량이 많아 더 큰 피해를 주게 된다.

정답　62 ②　63 ④　64 ④　65 ②　66 ④　67 ③

68 다음 중 토양 속에서 활동하며 주로 식물체의 뿌리를 침해하여 혹을 만들거나 토양전염성 병원체와 협력하여 식물병을 일으키는 것은?
① 지렁이   ② 멸구
③ 선충   ④ 거미

해설
선충은 식물에 기생하여 식물병을 일으킨다. 머리에 구침으로 식물 조직을 뚫고 들어가 즙액을 빨아 먹고 상처가 난 조직은 혹이 만들어지는 현상이 나타난다.

69 세균성 무름증상에 대한 설명으로 옳지 않은 것은?
① Pseudononas 속은 무름증상을 일으키지 않는다.
② Erwinia속은 무름병의 진전이 빠르고 악취가 난다.
③ 수분이 적은 조직에서는 부패현상이 나타나지 않는다.
④ 병원균은 펙틴분해효소를 생산하여 세포벽 내의 펙틴을 분해한다.

해설
rwinia 속, Pseudomonas속 은 세균성 무름병의 병원균이다.

70 각종 피해 원인에 대한 작물의 피해를 직접피해, 간접피해 및 후속피해로 분류할 때 간접적인 피해에 해당하는 것은?
① 수확물의 질적 저하
② 수확물의 양적 감소
③ 수확물 분류, 건조 및 가공비용 증가
④ 2차적 병원체에 대한 식물의 감수성 증가

해설
간접피해에는 수확의 어려움이 발생하는 것으로 수확물을 분류하거나 건조 및 가공에 비용이 증가하게 된다.

71 어떤 곤충이 종류가 다른 곤충을 잡아먹는 식성을 무엇이라고 하는가?
① 부식성   ② 포식성
③ 기생성   ④ 균식성

해설
살아 있는 곤충을 섭취하는 것을 포식성이라 한다.

72 제초제의 살초 기작과 관계가 없는 것은?
① 생장 억제   ② 광합성 억제
③ 신경작용 억제 ④ 대사작용 억제

해설
신경작용 억제는 살충제 작용기작에 해당한다.

73 해충종합관리(IPM)에 대한 설명으로 옳은 것은?
① 농약의 항공방제를 말한다.
② 여러 방제법을 조합하여 적용한다.
③ 한 가지 방법으로 집중적으로 방제한다.
④ 한 지역에서 동시에 방제하는 것을 뜻한다.

해설
병해충종합관리(종합적 방제)는 Integrated Pest Management(IPM) 이라 하며 환경 친화적이고 지속가능한 방법으로 병해충을 관리하여 농약으로 인한 사회, 보건학적 위험을 줄이는 것을 목적으로 하는 방법으로 여러 방제법을 조합하여 가장 효율적인 방제법을 적용한다.

74 밀 줄기녹병균의 제1차 전염원이 되는 포자는?
① 소생자   ② 겨울포자
③ 여름포자   ④ 녹병정자

해설
병원균은 이종기생성으로 매자나무에서 녹병포자와 녹포자를 만들고 맥류에서 여름포자와 겨울포자퇴를 만든다. 여기에서 1차 전염원이 되는 포자는 여름포자가 된다.

정답 68 ③ 69 ① 70 ③ 71 ② 72 ③ 73 ② 74 ③

75 분제에 있어서 주성분의 농도를 낮추기 위하여 쓰이는 보조제는?
① 전착제　　② 감소제
③ 협력제　　④ 증량제

해설
증량제는 주성분의 농도를 낮추는 약제로 분말도, 분산성, 비산성, 부착성 등이 높아야 한다.

76 잡초의 생태적 방제방법 중 경합특성 이용법에 해당되지 않은 것은?
① 관배수 조절　　② 재식밀도 조절
③ 육묘이식 재배　　④ 품종 및 종자 선정

해설
관배수 조절은 잡초의 예방적 방제법에 해당한다.

77 주로 과실을 가해하는 해충이 아닌 것은?
① 복숭아순나방　　② 복숭아명나방
③ 복숭아심식나방　　④ 복숭아유리나방

해설
복숭아유리나방은 천공성해충에 해당된다.

78 식물병 진단 방법에 대한 설명으로 옳지 않은 것은?
① 충체 내 주사법은 주로 세균병 진단에 사용 된다.
② 지표식물을 이용하여 일부 TMV를 진단할 수 있다.
③ 파지(phage)에 의한 일부 세균병 진단이 가능하다.
④ 혈청학적인 방법은 바이러스병 진단에 효과적이다.

해설
충체 내 주사법은 매개전염 바이러스병 진단에 사용된다.

79 잡초의 밀도가 증가하면 작물의 수량이 감소되는데, 어느 밀도 이상으로 잡초가 존재하면 작물 수량이 현저하게 감소되는 수준까지의 밀도는?
① 잡초밀도
② 잡초경제한계밀도
③ 잡초허용한계밀도
④ 작물수량감소밀도

해설
잡초허용한계밀도는 잡초의 밀도가 증가하면 양분의 손실 등으로 작물의 수량이 감소하는 밀도이다.

80 살충제 Bt제의 작용점은?
① 소뇌　　② 중장세포
③ 호르몬샘　　④ 키틴합성회로

해설
미생물 살충제인 BT(Bacillus thuringiensis)에서 합성하는 단백질이 곤충의 체내로 침입할 경우 중장에 있는 특정 수용체와 결합하여 독성을 만들어내고 이때 만들어진 독소는 중장세포의 ATP 합성을 저해하여 곤충을 죽게 한다.

제5과목 종자관련법규

81 종자의 수출·수입 및 유통 제한에 관한 사항을 위반하여 종자를 수출 또는 수입하거나 수입된 종자를 유통시킨 자의 벌칙은?
① 5년 이하의 징역 또는 1억원 이하의 벌금
② 3년 이하의 징역 또는 3천만원 이하의 벌금
③ 2년 이하의 징역 또는 5백만원 이하의 벌금
④ 1년 이하의 징역 또는 1천만원 이하의 벌금

해설
종자의 수출·수입 및 유통 제한에 관한 사항을 위반하여 종자를 수출 또는 수입하거나 수입된 종자를 유통시킨 자는 1년 이하의 징역 또는 1천만원 이하의 벌금에 처한다.

정답 75 ④　76 ①　77 ④　78 ①　79 ③　80 ②　81 ④

82 식물신품종 보호법상 재심 및 소송에서 "심결에 대한 소와 심판청구서 또는 재심청구서의 보정각하결정에 대한 소는 특허법원의 전속관할로 한다."에 따른 소는 심결이나 결정의 등본을 송달받은 날부터 며칠 이내에 제기하여야 하는가?
① 14일 ② 21일
③ 30일 ④ 60일

해설
물신품종 보호법상 재심 및 소송에서 "심결에 대한 소와 심판청구서 또는 재심청구서의 보정각하결정에 대한 소는 특허법원의 전속관할로 한다."에 따른 소는 심결이나 결정의 등본을 송달받은 날부터 30일 이내에 제기하여야 한다.

83 종자산업법상 품종목록 등재의 유효기간은 등재한 날이 속한 해의 다음 해부터 몇 년까지로 하는가?
① 3년 ② 5년
③ 10년 ④ 15년

해설
종자산업법상 품종목록 등재의 유효기간은 등재한 날이 속한 해의 다음 해부터 10년까지로 한다.

84 ( )에 알맞은 내용은?

( )은 품종목록에 등재된 품종의 종자는 일정량의 시료를 보관·관리하여야 한다. 이 경우 종자시료가 영양체인 경우에는 그 제출 시기·방법 등은 농림축산식품부령으로 정한다.

① 농림축산식품부장관
② 농촌진흥청장
③ 국립종자원장
④ 농업기술센터장

해설
농림축산식품부장관은 품종목록에 등재된 품종의 종자는 일정량의 시료를 보관·관리하여야 한다. 이 경우 종자시료가 영양체인 경우에는 그 제출 시기·방법 등은 농림축산식품부령으로 정한다.

85 종자관리요강상 규격묘의 규격기준에서 배 잎눈 개수는?
① 접목부위에서 상단 30cm 사이에 잎눈 3개 이상
② 접목부위에서 상단 30cm 사이에 잎눈 5개 이상
③ 접목부위에서 상단 10cm 사이에 잎눈 3개 이상
④ 접목부위에서 상단 10cm 사이에 잎눈 10개 이상

해설
배 잎눈 개수 : 접목부위에서 상단 30cm 사이에 잎눈 5개 이상

86 종자검사요령상 포장검사 병주 판정기준에서 팥, 녹두의 특정병은?
① 엽소병 ② 갈반병
③ 콩세균병 ④ 흰가루병

해설
종자검사요령상 포장검사 병주 판정기준에서 팥, 녹두의 특정병은 콩세균병, 바이러스병(위축병, 황색모자이크병)이다.

87 종자관리요강상 수입적응성시험의 대상작물 및 실시기관에서 톨페스큐의 실시기관은?
① 한국생약협회
② 한국종자협회
③ 농업협동조합중앙회
④ 농업기술실용화재단

해설
수입적응성시험의 대상작물 및 실시기관에 의거 농업협동조합중앙회는 오차드그라스, 톨페스큐, 티모시 등이 있다.

정답 82 ③ 83 ③ 84 ① 85 ② 86 ③ 87 ③

88 과수와 임목의 경우 품종보호권의 존속기간은 품종보호권이 설정등록된 날부터 몇 년으로 하는가?

① 25년 ② 15년
③ 10년 ④ 5년

[해설]
품종보호권의 존속기간은 품종보호권이 설정등록된 날부터 20년으로 한다. 다만, 과수와 임목의 경우에는 25년으로 한다.

89 종자관리요강상 포장검사 및 종자검사의 검사기준에서 과수의 포장격리는 무병 묘목인지 확인되지 않은 과수와 최소 몇 m 이상 격리되어 근계의 접촉이 없어야 하는가?

① 5m ② 10m
③ 20m ④ 25m

[해설]
무병 묘목인지 확인되지 않은 과수와 최소 5m 이상 격리되어 근계의 접촉이 없어야 한다.

90 종자검사요령상 종자 건전도 검정에서 벼 키다리병의 검사시료는?

① 104립 ② 200립
③ 300립 ④ 700립

[해설]
벼 키다리병의 검사시료는 104립(13립×8반복)이다.

91 식물신품종 보호법상 품종보호권의 설정등록을 받으려는 자나 품종보호권자는 품종보호료 납부기간이 지난 후에도 몇 개월 이내에는 품종보호료를 납부할 수 있는가?

① 6개월 ② 7개월
③ 9개월 ④ 12개월

[해설]
품종보호권의 설정등록을 받으려는 자나 품종보호권자는 품종보호료 납부기간이 지난 후에도 6개월 이내에는 품종보호료를 납부할 수 있다.

92 (   )에 옳지 않은 내용은?

> 식물신품종 보호법상 (   )은 품종보호에 관한 절차 중 납부해야 할 수수료를 납부하지 아니한 경우에는 기간을 정하여 보정을 명할 수 있다.

① 농림축산식품부장관
② 농촌진흥청장
③ 해양수산부장관
④ 심판위원회 위원장

[해설]
농림축산식품부장관, 해양수산부장관 또는 심판위원회 위원장은 품종보호에 관한 절차에서 납부해야 할 수수료를 납부하지 아니한 경우 기간을 정하여 보정을 명할 수 있다.

93 종자검사요령상 시료추출에서 호박의 순도검사를 위한 시료의 최소 중량은?

① 180g ② 200g
③ 250g ④ 300g

[해설]
호박 시료의 순도검사 최소중량은 180g, 제출시료는 350g 이다

정답 88 ① 89 ① 90 ① 91 ① 92 ② 93 ①

94 식물신품종 보호법상 신규성에 대한 내용이다. (가)에 알맞은 내용은?

> 품종보호 출원일 이전에 대한민국에서는 (가)이상, 그 밖의 국가에서는 4년[과수(果樹) 및 임목(林木)인 경우에는 6년] 이상 해당 종자나 그 수확물이 이용을 목적으로 양도되지 아니한 경우에는 그 품종은 신규성을 갖춘 것으로 본다.

① 1년　　② 2년
③ 3년　　④ 10년

해설
품종보호 출원일 이전에 대한민국에서는 1년 이상, 그 밖의 국가에서는 4년[과수(果樹) 및 임목(林木)인 경우에는 6년] 이상 해당 종자나 그 수확물이 이용을 목적으로 양도되지 아니한 경우에는 그 품종은 신규성을 갖춘 것으로 본다.

95 ( )에 알맞은 내용은?

> 고품질 종자 유통·보급을 통한 농림업의 생산성 향상 등을 위하여 ( )은/는 종자의 보증을 할 수 있다.

① 환경부장관
② 종자관리사
③ 농촌진흥청장
④ 농산물품질관리원장

해설
고품질 종자 유통·보급을 통한 농림업의 생산성 향상 등을 위하여 농림축산식품부장관과 종자관리사는 종자의 보증을 할 수 있다.

96 종자검사요령상 수분의 측정에 필요한 절단 기구에 대한 설명이다. ( )에 알맞은 내용은?

> 수목종자나 경실 수목 종자와 같은 대립 종자는 절단을 위하여 외과용 메스 또는 날의 길이가 최소 ( )되는 전지가위 등을 사용해야 한다.

① 2cm　　② 3cm
③ 4cm　　④ 7cm

해설
수목종자나 경실 수목 종자와 같은 대립종자는 절단을 위하여 외과용 메스 또는 날의 길이가 최소 4cm 되는 전지가위 등을 사용해야 한다.

97 종자관리요강상 종자산업진흥센터 시설기준에 대한 내용이다. (가)에 알맞은 내용은?

시설구분		규모(m²)	장비구비조건
분자표지분석실	필수	(가)	· 시료분쇄방지 · DNA추출장비 · 유전자증폭장비 · 유전자판독장비

① 60 이상　　② 50 이상
③ 30 이상　　④ 25 이상

해설
종자산업진흥센터 시설의 규모는 60m² 이상이다.

98 품종보호권의 설정등록을 받으려는 자 또는 품종보호권자가 책임질 수 없는 사유로 추가납부기간 이내에 품종보호료를 납부하지 아니하였거나 보전기간 이내에 보전하지 아니한 경우에는 그 사유가 종료한 날부터 며칠 이내에 그 품종보호료를 납부하거나 보전할 수 있는가? (단, 추가납부기간의 만료일 또는 보전기간의 만료일 중 늦은 날부터 6개월이 지났을 경우는 제외한다.)

① 5일 ② 7일
③ 10일 ④ 14일

해설
품종보호권의 설정등록을 받으려는 자 또는 품종보호권자가 책임질 수 없는 사유로 추가납부기간 이내에 품종보호료를 납부하지 아니하였거나 보전기간 이내에 보전하지 아니한 경우에는 그 사유가 종료한 날부터 14일 이내에 그 품종보호료를 납부하거나 보전할 수 있다. 다만, 추가납부기간의 만료일 또는 보전기간의 만료일 중 늦은 날부터 6개월이 지났을 때에는 그러하지 아니하다.

99 다음에서 설명하는 것은?

> 종자산업법상 해당 품종의 진위성(眞僞性)과 해당 품종 종자의 품질이 보증된 채종(採種)단계별 종자를 말한다.

① 포엽종자 ② 묘종자
③ 미수종자 ④ 보증종자

해설
보증종자란 이 법에 따라 해당 품종의 진위성(眞僞性)과 해당 품종 종자의 품질이 보증된 채종(採種)단계별 종자를 말한다.

100 종자산업법상 농림축산식품부장관은 진흥센터가 진흥센터 지정기준에 적합하지 아니하게 된 경우에는 대통령령으로 정하는 바에 따라 그 지정을 취소하거나 몇 개월 이내의 기간을 정하여 업무의 정지를 명할 수 있는가?

① 12개월 ② 7개월
③ 6개월 ④ 3개월

해설
농림축산식품부장관은 진흥센터가 진흥센터 지정기준에 적합하지 아니하게 된 경우 대통령령으로 정하는 바에 따라 그 지정을 취소하거나 3개월 이내의 기간을 정하여 업무의 정지를 명할 수 있다.

정답 98 ④ 99 ④ 100 ④

2021 제1회 종자기사

제1과목 종자생산학

01 종자에 의하여 전염되기 쉬운 병해는?
① 흰가루병 ② 모잘록병
③ 배꼽썩음병 ④ 잿빛곰팡이병

해설
모잘록병균은 토양 및 종자에 의해 전염되기에 토양 및 종자를 소독하는 것이 방제에 효과적이다.

02 두 작물 간 교잡이 가장 잘 되는 것은?
① 참외 × 멜론 ② 오이 × 참외
③ 멜론 × 오이 ④ 양파 × 파

해설
참외와 멜론은 cucumis melo 에 속하며 서로 교잡이 잘 되는 동일 종이다. 참외와 멜론을 교배 육종한 신품종이 출시되고 있다.

03 성숙기에 얇은 과피를 가지는 것을 건과라 하는데, 건과 중 성숙기에 열개하여 종자가 밖으로 나오는 것은?
① 복숭아 ② 완두
③ 당근 ④ 밤

해설
건과는 성숙기에 벌어지는 열과와 벌어지지 않는 폐과로 구분된다. 열과에는 완두가 해당되며 벌어지면서 종자가 외부로 나오게 된다.

04 배추과 작물의 채종에 대한 설명으로 옳지 않은 것은?
① 배추과 채소는 주로 인공교배를 실시한다.
② 배추과 채소의 보급품종 대부분은 1대잡종이다.
③ 등숙기로부터 수확기까지는 비가 적게 내리는 지역이 좋다.
④ 자연교잡을 내리는 방지하기 위한 격리재배가 필요하다.

해설
배추과 채소는 주로 타가수정을 실시한다.

05 저장 중 종자가 발아력을 상실하는 원인으로 거리가 먼 것은?
① 수분함량의 감소
② 효소의 활력 저하
③ 원형질단백의 응고
④ 저장양분의 소모

해설
수분함량이 감소할 경우 종자의 발아력은 유지되고 저장 수명이 길어지게 된다.

06 무한화서이고, 작은 화경이 없거나 있어도 매우 짧고 화경과 함께 모여 있으며, 총포라고 불리는 포엽으로 둘러싸여 있는 것은?
① 두상화서 ② 단정화서
③ 단집산화서 ④ 안목상취산화서

해설
두상화서는 꽃차례축의 끝이 원형판으로 되어 그 위에 작은 꽃자루가 없는 꽃들이 밀집하여 모여 달리는 머리모양을 띠고 있다.

정답 01 ② 02 ① 03 ② 04 ① 05 ① 06 ①

07 다음 중 호광성 종자가 아닌 것은?
  ① 상추   ② 우엉
  ③ 오이   ④ 담배

해설
호광성종자로 상추, 담배, 우엉 등이 있다. 오이는 혐광성 종자에 해당된다.

08 다음 종자 기관 중 종피가 되는 부분은?
  ① 주심   ② 주피
  ③ 주병   ④ 배낭

해설
종자의 주피는 종피(씨껍질)가 된다.

09 시금치의 개화성과 채종에 대한 설명으로 옳은 것은?
  ① F_1채종의 원종은 뇌수분으로 채종한다.
  ② 자가불화합성을 이용하여 F_1 채종을 한다.
  ③ 자웅이주(雌雄異株)로서 암꽃과 수꽃이 각각 따로 있다.
  ④ 장일성 식물로서 유묘기 때 저온처리를 하면 개화가 억제된다.

해설
시금치는 타식성작물이며 자웅이주로서 암꽃과 수꽃이 따로 있다.

10 벼 돌연변이 육종에서 종자에 돌연변이 물질을 처리하였을 때 이 처리 당대를 무엇이라 하는가?
  ① P_0 ② M_1
  ③ Q_2 ④ G_3

해설
방사선을 처리한 종자에서 돌연변이를 일으켜 발아한 식물체를 M_1 세대라 한다.

11 유한화서이면서, 작살나무처럼 2차지경 위에 꽃이 피는 것을 무엇이라 하는가?
  ① 원추화서   ② 두상화서
  ③ 복집산화서   ④ 유이화서

해설
복집산화서는 2차지경 위에 꽃이 피는 것으로 작살나무 등이 있다.

12 다음 중 오이의 암꽃 발달에 가장 유리한 조건은?
  ① 13℃ 정도의 야간저온과 8시간 정도의 단일조건
  ② 18℃ 정도의 야간저온과 10시간 정도의 단일조건
  ③ 27℃ 정도의 주간온도와 14시간 정도의 장일조건
  ④ 32℃ 정도의 주간온도와 15시간 정도의 장일조건

해설
오이는 낮은 온도조건(10~15℃)에서 암꽃분화가 촉진된다. 낮에는 저온관리가 어렵기에 광합성 적온조건에서 야간에 저온관리를 하는 것이 효과적이다.

13 자가수정만 하는 작물로만 나열된 것은? (단, 자가수정 시 낮은 교잡률과 자식열세를 보이는 작물은 제외)
  ① 옥수수, 호밀   ② 참외, 멜론
  ③ 당근, 수박   ④ 완두, 강낭콩

해설
자가수정작물(자식성작물)에는 벼, 보리, 밀, 귀리, 조, 콩, 담배, 토마토, 가지, 고추, 상추, 완두 등이 있다.

정답 07 ③ 08 ② 09 ③ 10 ② 11 ③ 12 ① 13 ④

14 직접 발아시험을 하지 않고 배의 환원력으로 종자 발아력을 검사하는 방법은?

① X선 검사법
② 전기전도도 검사법
③ 테트라졸리움 검사법
④ 수분함량 측정법

해설
테트라졸리움 검사법은 테트라졸리움 용액을 이용하여 살아 있는 종자 조직의 착색 정도를 통해 종자의 발아력을 검사한다.

15 다음 중 종자의 수명이 가장 긴 종자는?

① 토마토   ② 상추
③ 당근   ④ 고추

해설
상추, 당근, 고추는 단명종자이며 토마토는 장명종자로 보기 중에서 종자의 수명이 가장 길다.

16 다음 중 종자의 모양이 방패형인 것은?

① 은행나무 ② 벼
③ 목화   ④ 양파

해설
파, 양파, 부추 등은 종자의 모양이 방패형이다.

17 다음에서 설명하는 것은?

> 콩에서 꽃봉오리 끝을 손으로 눌러 잡아당겨 꽃잎과 꽃밥을 제거한다.

① 전영법   ② 화판인발법
③ 클립핑법 ④ 절영법

해설
화판인발법은 꽃봉우리 끝을 손으로 눌러 잡아당겨 꽃잎과 꽃밥을 함께 제거하며 콩, 자운영 등에 적용한다.

18 다음 중 종자발아에 필요한 수분흡수량이 가장 많은 것은?

① 옥수수   ② 벼
③ 콩   ④ 밀

해설
발아에 필요한 종자의 수분 흡수량은 종자무게 대비 벼 23%, 밀 30%, 콩 100% 정도로 콩이 가장 많다.

19 다음 ( )에 공통으로 들어갈 내용은?

> · ( )은/는 포원세포로부터 자성배우체가 되는 기원이 된다.
> · ( )은/는 원래 자방조직에서 유래하며 포원세포가 발달하는 곳이다.

① 주공   ② 에피스테이스
③ 주피   ④ 주심

해설
주심은 포원세포에서 자성배우체가 되는 기원으로 자방조직에서 유래하며 포원세포가 발달한다.

20 다음 중 감자의 휴면타파법으로 가장 적절한 것은?

① α선 처리   ② MH 처리
③ GA 처리   ④ 저온저장(0~6℃)

해설
감자의 휴면타파에는 최아법, 박피절단법, 지베렐린 처리(GA처리), 에틸렌-클로로하이드린 처리를 한다.

제2과목 식물육종학

21 체세포 염색체수가 20인 2배체 식물의 연관군 수는?
① 2   ② 12
③ 20   ④ 10

해설
동일염색체상에서 2개 이상의 유전자가 연관되어 있어야 하고 이 유전자들은 n 핵상의 염색체만큼 연관군을 이루고 있다. 2n=20 의 경우 10개의 연관군을 가진다.

22 다음에서 설명하는 것은?

- 배낭을 만들지 않고 포자체의 조직세포가 직접배를 형성한다.
- 밀감의 주심배가 대표적이다.

① 무포자생식   ② 복상포자생식
③ 부정배형성   ④ 위수정생식

해설
부정배형성은 단위생식에 해당되며 배낭을 둘러싸고 있는 많은 체세포들에 여러 개의 배가 발생한다.

23 돌연변이육종과 관련이 가장 적은 것은?
① 감마선   ② 열성변이
③ 성염색체   ④ 염색체 이상

해설
돌연변이 육종
- 돌연변이는 변이의 대상이 되는 유전질에 따라 유전자돌연변이, 염색체돌연변이, 아조변이, 키메라 등으로 구분된다.
- 돌연변이는 식물에 없던 형질이 유전자나 염색체 수의 변화에 의해 생겨난 것으로 자연적 돌연변이와 인위적 돌연변이가 있다.
- 방사선을 이용한 돌연변이육종법에서는 γ선(감마선)이 가장 많이 이용된다.

24 다음 중 유전적으로 고정될 수 있는 분산으로 가장 적절한 것은?
① 비대립유전자 상호작용에 의한 분산
② 우성효과에 의한 분산
③ 환경의 작용에 의한 분산
④ 상가적 효과에 의한 분산

해설
유전분산은 하나의 집단에 있어서의 표현형 분산 중에서 개체의 유전적변이에 의하여 생긴 부분을 말하며 상가적 효과에 의한 분산, 유전자 우성효과에 의한 우성분산, 비대립유전자 간의 상호작용에 의한 상위성분산으로 구성된다. 이때 유전적으로 고정될 수 있는 분산은 상가적 효과에 의한 분산이다.

25 배수체 작성에 쓰이는 약품 중 콜히친의 분자구조를 기초로 하여 발견된 것은?
① 아세나프텐   ② 지베렐린
③ 멘톨   ④ 헤테로옥신

해설
아세나프텐은 배수체 작성에 사용되는 콜히친의 분자구조를 기초로 발견되었다.

26 다음 중 양성화 웅예선숙에 해당하는 것으로 가장 적절한 것은?
① 목련   ② 양파
③ 질경이 ④ 배추

해설
양파는 암술과 수술의 성숙시기가 다른데 수술이 먼저 성숙하는 웅예선숙에 해당한다.

27 배추의 일대교잡종 채종에 이용되는 유전적 성질은?
① 자가불화합성   ② 웅성불임성
③ 내혼약세   ④ 자화수분

해설
자가불화합성은 잡종강세를 나타내는 작물의 1대잡종(F_1) 종자를 대량 생산할 수 있어 국내의 경우 무, 배추, 양배추 종자 생산에 이용된다.

28 다음 중 두개의 다른 품종을 인공교배하기 위해 가장 우선적으로 고려해야 할 사항은?
① 도복저항성   ② 수량성
③ 종자탈립성   ④ 개화시기

해설
두 개의 다른 품종을 인공교배하기 위해서는 먼저 개화기가 다른 두 품종에 대한 개화기 조절이 필요하다.

29 다음 중 선발의 효과가 가장 크게 기대되는 경우는?
① 유전변이가 작고, 환경변이가 클 때
② 유전변이가 크고, 환경변이도 작을 때
③ 유전변이가 크고, 환경변이도 클 때
④ 유전변이가 작고, 환경변이가 작을 때

해설
유전력이 높으면 선발효율이 높고, 유전력이 낮으면 환경요인에 의한 영향으로 선발효율이 낮다. 즉 유전변이가 크고 환경변이가 작을 때 선발의 효과가 커진다.

30 다음 중 조기검정법을 적용하여 목표 형질을 선발할 수 있는 경우는?
① 나팔꽃은 떡잎의 폭이 넓으면 꽃이 크다
② 배추는 결구가 되어야 수확한다.
③ 오이는 수꽃이 많아야 암꽃도 많다.
④ 고추는 서리가 올 때까지 수확하여야 수량성을 알게 된다.

해설
조기검정법에는 유식물검정법, 화분립, 종자 검정법, 초형, 체형에 의한 검정, 세대촉진과 단축 검정법 등이 있다. 보기 ① 은 초형, 체형에 의한 검정에 해당된다.

31 육종목표를 효율적으로 달성하기 위한 육종방법을 결정할 때 고려해야 할 사항은?
① 미래의 수요예측
② 농가의 경영규모
③ 목표형질의 유전양식
④ 품종보호신청 여부

해설
육종방법은 육종의 소재가 되는 변이의 작성방법, 선발방법, 작물의 번식법 등에 따라 달라진다. 육종목표와 육종재료 및 목표형질의 유전양식에 따라 육종의 목표 및 규모가 결정된다.

32 생식세포 돌연변이와 체세포 돌연변이의 예로 가장 옳은 것은?
① 생식세포 돌연변이 : 염색체의 상호전좌,
　체세포 돌연변이 : 아조변이
② 생식세포 돌연변이 : 아조변이,
　체세포 돌연변이 : 열성돌연변이
③ 생식세포 돌연변이: 열성돌연변이,
　체세포 돌연변이: 우성돌연변이
④ 생식세포 돌연변이 : 우성돌연변이,
　체세포 돌연변이 : 염색체의 상호전좌

해설
- 전좌는 염색체가 절단되어 그 단편이 비상동염색체 일부로 이동하여 유합되는 현상을 말하며 이는 염색체 구조 이상으로 발생하는 염색체 돌연변이 현상이다.
- 아조변이는 체세포돌연변이의 일종인데 식물의 줄기와 가지의 생장점 세포가 돌연변이를 일으킨 것으로 과수류의 신품종 육성에 이용된다.

33 세포질적 웅성불임성에 해당하는 것은?
① 보리　　② 옥수수
③ 토마토　④ 사탕무

해설
세포질적 웅성불임은 세포질 요인에 의해서만 발생하며 옥수수에서 주로 관찰된다.

34 대부분의 형질이 우량한 장려품종에 내병성을 도입하고자 할 때 가장 효과적인 육종법은?
① 분리육종법　② 계통육종법
③ 집단육종법　④ 여교잡육종법

해설
여교잡육종법의 경우 내병성 품종을 육성하거나 유전자의 연관관계를 규명하는데 흔히 사용되며 육종의 시간과 경비를 절약하는 장점이 있다.

35 아포믹시스에 대한 설명으로 옳은 것은?
① 웅성불임에 의해 종자가 만들어진다.
② 수정과정을 거치지 않고 배가 만들어져 종자를 형성한다.
③ 자가불화합성에 의해 유전분리가 심하게 일어난다.
④ 세포질불임에 의해 종자가 만들어진다.

해설
아포믹시스(단위생식, apomixis)는 무수정생식이라 하며 정상적인 정핵과 난핵의 결합 없이 종자를 형성한다.

36 다음 중 피자식물의 성숙한 배낭에서 중복수정에 참여하여 배유를 생성하는 것은?
① 난세포　　② 조세포
③ 반족세포　④ 극핵

해설
피자식물의 중복수정은 2개의 정핵 중 1개는 난핵과 결합하여 배가 되고 다른 1개는 2개의 극핵과 결합해서 배젖(배유)이 된다.

37 다음 중 타식성 작물의 특성으로만 나열된 것은?
① 완전화(完全花), 이형예현상
② 이형예현상, 자웅이주
③ 자웅이주, 폐화수분
④ 폐화수분, 완전화(完全花)

해설
타식성 작물의 특성에는 자웅이숙, 자웅동주, 자웅이주, 이형예현상, 장벽수정 등이 있다.

38 2개의 유전자가 독립유전하는 양성잡종의 F_2 분리비는?

① 9 : 3 : 1 : 1   ② 9 : 3 : 3 : 1
③ 3 : 1 : 1   ④ 9 : 1 : 1

해설
독립유전에서 두 쌍의 대립유전자에 의해 지배되는 형질은 F_2 에서 9:3:3:1 로 분리된다.

39 한 개의 유전자가 여러 가지 형질의 발현에 관여하는 현상을 무엇이라고 하는가?

① 반응규격   ② 호메오스타시스
③ 다면발현   ④ 가변성

해설
한 개의 유전자가 여러 형질을 발현하는 경우 다면발현이라 한다.

40 육종 대상 집단에서 유전양식이 비교적 간단하고 선발이 쉬운 변이는?

① 불연속 변이   ② 방황 변이
③ 연속 변이   ④ 양적 변이

해설
변이의 연속성에 따라 연속변이, 불연속변이로 분류된다. 불연속변이는 유전양식이 비교적 간단하고 선발이 쉬운 변이이다.

제3과목 재배원론

41 답전윤환의 효과로 가장 거리가 먼 것은?

① 지력증강
② 공간의 효율적 이용
③ 잡초의 감소
④ 기지의 회피

해설
답전윤환은 논상태와 밭상태로 몇 해씩 돌려가면서 벼와 작물을 재배하는 방식을 말한다. 답전윤환 효과로 지력 유지 및 증진, 기지의 회피, 잡초 발생의 억제, 재배량 증가, 노력절감이 있다.

42 엽록소 형성에 가장 효과적인 광파장은?

① 황색광 영역
② 자외선과 자색광 영역
③ 녹색광 영역
④ 청색광과 적색광 영역

해설
엽록소의 형성에 가장 효과적인 광파장은 청색파장(450nm), 적색파장(650nm)이며 광을 잘 받게 되면 작물의 착색이 좋아지게 된다.

43 광합성 연구에 활용되는 방사선 동위원소는?

① ^{14}C ② ^{32}P
③ ^{42}K ④ ^{24}Na

해설
식물의 광합성 연구에서는 주로 ^{11}C, ^{14}C 를 이용하여 이산화탄소(CO_2)가 대기중에서 잎을 통해 공급되는 경로, 시간에 따른 탄수화물의 합성 과정 조사에 도움이 된다.

정답 38 ② 39 ③ 40 ① 41 ② 42 ④ 43 ①

44 다음 중 단일식물에 해당하는 것으로만 나열된 것은?
① 샐비어, 콩　② 양귀비, 시금치
③ 양파, 상추　④ 아마, 감자

해설
단일식물에는 콩, 옥수수, 벼, 딸기, 국화, 코스모스, 들깨, 샐비어 등이 있다.

45 나팔꽃 대목에 고구마 순을 접목시켜 재배하는 가장 큰 목적은?
① 개화촉진　② 경엽의 수량 증대
③ 내건성 증대　④ 왜화재배

해설
나팔꽃 대목에 고구마 순을 접목하면 지상부 탄수화물의 축적이 많아져 개화 및 결실이 조장된다.

46 작물의 냉해에 대한 설명으로 틀린 것은?
① 병해형 냉해는 단백질의 합성이 증가되어 체내에 암모니아의 축적이 적어지는 형의 냉해이다.
② 혼합형 냉해는 지연형 냉해, 장해형 냉해, 병해형 냉해가 복합적으로 발생하여 수량이 급감하는 형의 냉해이다.
③ 장해형 냉해는 유수형성기부터 개화기까지, 특히 생식세포의 감수분열기에 냉온으로 불임현상이 나타나는 형의 냉해이다.
④ 지연형 냉해는 생육 초기부터 출수기에 걸쳐서 여러 시기에 냉온을 만나서 출수가 지연되고, 이에 따라 등숙이 지연되어 후기의 저온으로 인하여 등숙 불량을 초래하는 형의 냉해이다.

해설
병해형 냉해는 냉온 조건에서 증산작용이 감퇴되어 규산과 같은 양분 흡수가 저해되어 표면의 규질화 불량등으로 병해충의 침입이 쉬워진다.

47 다음 중 굴광현상이 가장 유효한 것은?
① 440-480nm　② 490~520nm
③ 560-630nm　④ 650~690nm

해설
식물이 광을 향하는 굴광현상이 나타나며 주로 청색파장(440~480mm)에 유효하다.

48 맥류의 수발아를 방지하기 위한 대책으로 옳은 것은?
① 수확을 지연시킨다.
② 지베렐린을 살포한다.
③ 만숙종보다 조숙종을 선택한다.
④ 휴면기간이 짧은 품종을 선택한다.

해설
수발아의 대책은 다음과 같다
· 수발아에 위험이 적은 작물을 선택한다.
· 만숙종보다는 조숙종으로 선택한다.
· 조기수확을 한다.
· 출수 후 발아억제제를 살포하여 수발아를 억제한다.
· 도복을 방지한다.

49 다음 중 추파맥류의 춘화처리에 가장 적당한 온도와 기간은?
① 0~3℃, 약 45일　② 6~10℃, 약 60일
③ 0~3℃, 약 5일　④ 6~10℃, 약 15일

해설
가을보리 및 가을밀과 같은 추파맥류의 춘화처리 조건은 저온(0~3℃)에 30~60일 정도로 한다.

정답 44 ① 45 ① 46 ① 47 ① 48 ③ 49 ①

50 작물의 내동성의 생리적 요인으로 틀린 것은?
① 원형질 수분 투과성 크면 내동성이 증대된다.
② 원형질의 점도가 낮은 것이 내동성이 크다.
③ 당분 함량이 많으면 내동성이 증가한다.
④ 전분 함량이 많으면 내동성이 증가한다.

해설
전분함량이 적을수록 내동성이 증가한다.

51 다음 중 투명 플라스틱 필름의 멀칭 효과로 가장 거리가 먼 것은?
① 지온상승   ② 잡초 발생 억제
③ 토양 건조 방지   ④ 비료의 유실 방지

해설
잡초 발생을 억제해주는 효과는 불투명플라스틱의 특징이다.

52 십자화과 작물의 성숙과정으로 옳은 것은?
① 녹숙 → 백숙 → 갈숙 → 고숙
② 백숙 → 녹숙 → 갈숙 → 고숙
③ 녹숙 → 백숙 → 고숙 → 갈숙
④ 갈숙 → 백숙 → 녹숙 → 고숙

해설
십자화과 작물은 백숙기, 녹숙기, 갈숙기, 고숙기의 등숙과정을 거친다.

53 작물체 내에서의 생리적 또는 형태적인 균형이나 비율이 작물생육의 지표로 사용되는 것과 거리가 가장 먼 것은?
① C/N 율   ② T/R 율
③ G-D 균형   ④ 광합성-호흡

해설
C/N율, T/R율, G-D 균형은 작물의 생리적, 형태적 균형 및 비율을 나타내는 지표로 활용된다.

54 벼에서 백화묘(白化苗)의 발생은 어떤 성분의 생성이 억제되기 때문인가?
① BA   ② 카로티노이드
③ ABA   ④ NAA

해설
백화묘는 벼가 강한 햇볕과 낮은 온도 조건에서 엽록소가 형성되지 않아서 나타나는 현상으로 이때 카로티노이드가 엽록소 파괴를 방지해주는데 카로티노이드의 성분이 적거나 억제되면 백화 현상이 심해진다.

55 다음 벼의 생육단계 중 한해(旱害)에 가장 강한 시기는?
① 분얼기   ② 수잉기
③ 출수기   ④ 유숙기

해설
벼의 생육단계에서 한해에 가장 약한 시기는 감수분열기이고 가장 강한시기는 분얼기이다.

56 토양 수분 항수로 볼 때 강우 또는 충분한 관개 후 2-3일 뒤의 수분 상태를 무엇이라 하는가?
① 최대용수량   ② 초기위조점
③ 포장용수량   ④ 영구위조점

해설
포장용수량은 강우나 관개 후 2~3일 경과되어 완전 배수가 된 포장에서 중력에 저항하여 토양에 보류하는 수분을 의미한다.

정답 50 ④ 51 ② 52 ② 53 ④ 54 ② 55 ① 56 ③

57 엽면시비의 장점으로 가장 거리가 먼 것은?
① 미량요소의 공급
② 점진적 영양회복
③ 비료분의 유실방지
④ 품질향상

해설
엽면시비를 통해 급속한 영양회복이 가능하다.

58 식물의 광합성 속도에는 이산화탄소의 농도뿐 아니라 광의 강도도 관여를 하는데, 다음 중 광이 약할 때에 일어나는 일반적인 현상으로 가장 옳은 것은?
① 이산화탄소 보상점과 포화점이 다 같이 낮아진다.
② 이산화탄소 보상점과 포화점이 다 같이 높아진다.
③ 이산화탄소 보상점이 높아지고 이산화탄소 포화점은 낮아진다.
④ 이산화탄소 보상점은 낮아지고 이산화탄소 포화점은 높아진다.

해설
광이 약할 때 이산화탄소 보상점이 높아지고 이산화탄소 포화점은 낮아진다. 광이 강할 때는 이산화탄소 보상점은 낮아지고 이산화탄소 포화점은 높아지게 된다.

59 기온의 일변화(변온)에 따른 식물의 생리작용에 대한 설명으로 가장 옳은 것은?
① 낮의 기온이 높으면 광합성과 합성물질의 전류가 늦어진다.
② 기온의 일변화가 어느 정도 커지면 동화물질의 축적이 많아진다.
③ 낮과 밤의 기온이 함께 상승할 때 동화물질의 축적이 최대가 된다.
④ 밤의 기온이 높아야 호흡소모가 적다.

해설
밤의 기온이 과도하게 내려가지 않으면서 변온이 어느 정도 큰 것이 동화물질 축적을 조장한다.

60 토양수분의 수주 높이가 1000 cm 일 때 pF값과 기압은 각각 얼마인가?
① pF 0, 0.001기압
② pF 1, 0.01기압
③ pF 2, 0.1기압
④ pF 3, 1기압

해설
pF = log H (H : 수조 높이, 단위 : cm) 이므로 수주 높이가 1000cm 이면 10^3 으로 pF = 3 이며 1기압(1 atm) 이라 한다.

제4과목 식물보호학

61 병이 반복하여 발생하는 과정 중 잠복기에 해당하는 기간은?
① 침입한 병원균이 기주에 감염되는 기간
② 전염원에서 병원균이 기주에 침입하는 기간
③ 병짐이 나타나고 병원균이 생활하다 죽는 기간
④ 기주에 감염된 병원균이 병징이 나타나게 할 때까지의 기간

해설
침입후 초기병징이 나타나는 사이의 기간을 잠복기간이라 한다.

62 기주를 교대하며 작물에 피해를 입히는 병원균은?
① 향나무 녹병균
② 무 모잘록병균
③ 보리 깜부기병균
④ 사과나무 흰가루병균

해설
향나무녹병균은 이종기생균으로 기주교대를 하면서 작물에 피해를 입힌다.

63 살충제의 교차저항성에 대한 설명으로 옳은 것은?
① 한가지 약제를 사용 후 그 약제에만 저항성이 생기는 것
② 한가지 약제를 사용 후 약리작용이 비슷한 다른 약제에 저항성이 생기는 것
③ 한가지 약제를 사용 후 동일 계통의 다른 약제에는 저항성이 약해지는 것
④ 한가지 약제를 사용 후 모든 다른 약제에 저항성이 생기는 것

해설
교차저항성은 한가지 약제를 사용 후 2종류 약제에 대하여 동시에 저항성이 생기는 것을 말한다.

64 토양 훈증제를 이용한 토양 소독 방법에 대한 설명으로 옳지 않은 것은?
① 화학적 방제의 일종이다.
② 식물병에 선택적으로 작용한다.
③ 비용이 많이 든다.
④ 효과가 크다.

해설
토양 훈증제는 특정 식물병에 선택적으로 작용하지 않는다.

65 비생물성 원인에 의한 병의 특징은?
① 기생성   ② 비전염성
③ 표징 형성 ④ 병원체 증식

해설
생물성 병원은 기생성이고 비생물성 원인에는 비전염성, 비기생성이다.

66 비기생성 선충과 비교할 때 기생성 선충만 가지고 있는 것은?
① 근육   ② 신경
③ 구침   ④ 소화기관

해설
식물기생선충은 머리에 구침으로 식물 조직을 뚫고 들어가 즙액을 빨아 먹고 상처가 난 조직은 병원성 곰팡이, 세균에 의해 2차 감염이 발생한다.

67 유기인계 농약이 아닌 것은?
① 포레이트 입제
② 페니트로티온 유제
③ 감마사이할로트린 캡슐현탁제
④ 클로르피리포스메틸 유제

해설
감마사이할로트린 캡슐현탁제는 피레트로이드계 살충제이다.

68 계면활성제에 대한 설명으로 옳지 않은 것은?
① 약액의 표면장력을 높이는 작용을 한다.
② 대상 병해충 및 잡초에 대한 접촉효율을 높인다.
③ 소수성 원자단과 친수성 원자단을 동일 분자 내에 갖고 있다.
④ 물에 잘 녹지 않는 농약의 유효성분을 살포용수에 잘 분산시켜 균일한 살포 작업을 가능하게 한다.

해설
계면활성제는 물과 기름의 계면에서 표면장력을 감소시켜 약품의 습윤성, 부착성 및 고착성, 확전성을 높여주는 역할을 한다.

69 광발아 잡초에 해당하는 것은?
① 냉이   ② 별꽃
③ 쇠비름 ④ 광대나물

해설
광발아 종자의 종류로는 바랭이, 쇠비름, 향부자, 강피, 소리쟁이 등이 있다.

정답 63 ② 64 ② 65 ② 66 ③ 67 ③ 68 ① 69 ③

70 유충기에 수확된 밤이나 밤송이 속으로 파먹어 들어가 많은 피해를 주는 해충은?
① 복숭아유리나방 ② 복숭아흑진딧물
③ 복숭아심식나방 ④ 복숭아명나방

해설
복숭아명나방은 1년에 2회 발생하고 성숙한 유충은 고치속에서 월동한다. 유충이 과실을 가해하여 큰 구멍을 만들고 적갈색의 굵은 똥과 즙액을 배출하여 유관상 식별이 가능하다.

71 이화명나방에 대한 설명으로 옳은 것은?
① 유충은 잎집을 가해한 후 줄기 속으로 먹어 들어간다.
② 주로 볏짚 속에서 성충 형태로 월동한다.
③ 수십 개의 알을 따로따로 하나씩 낳는다.
④ 연 1회 발생한다.

해설
이화명나방 1세대는 잎 뒷면에서 부화한 유충이 잎집으로 이동해 볏대 속에 구멍을 뚫고 피해를 주는데 한 마리의 유충이 여러 잎을 가해하여 피해가 큰편이다. 2세대는 유충이 줄기 속을 가해하여 이삭줄기 전체가 하얗게 말라 죽는 백수 현상이 일어난다.

72 직접 살포하는 농약 제재인 것은?
① 수용제   ② 유제
③ 입제   ④ 수화제

해설
입제는 유효성분을 고형증량제, 안정제, 계면활성제 등을 넣어 입상으로 성형한 제제로 직접 살포하는 고체시용제이다

73 방동사니과 잡초로만 올바르게 나열한 것은?
① 매자기, 바늘골
② 올방개, 자귀풀
③ 뚝새풀, 올챙이고랭이
④ 사마귀풀, 너도방동사니

해설
방동사니과 잡초에는 알방동사니, 바람하늘지기, 바늘골, 너도방동사니, 쇠털골, 올방개, 올챙이고랭이, 매자기 등이 있다.

74 잡초의 발생시기에 따른 분류로 옳은 것은?
① 봄형 잡초   ② 2년형 잡초
③ 여름형 잡초   ④ 가을형 잡초

해설
잡초의 발생시기에 따른 분류로 여름잡초, 겨울잡초가 있다.

75 접촉형 제초제에 대한 설명으로 옳지 않은 것은?
① 시마진, PCP 등이 있다.
② 효과가 곧바로 나타난다.
③ 주로 발아 후의 잡초를 제거하는 데 사용된다.
④ 약제가 부착된 세포가 파괴되는 살초효과를 보인다.

해설
접촉형 제초제의 종류에는 PCP, DNOC, DCPA, Difenoconazole 등이 있다. 시마진의 경우 이행성 제초제로 분류된다.

정답 70 ④ 71 ① 72 ③ 73 ① 74 ③ 75 ①

76 알 → 약충 → 성충으로 변화하는 곤충 중에 약충과 성충의 모양이 완전히 다르고, 주로 잠자리목과 하루살이목에서 볼 수 있는 변태의 형태는?
① 반변태 ② 과변태
③ 무변태 ④ 완전변태

해설
알, 약충, 성충의 과정을 반변태(불완전변태)라 한다.

77 곤충의 피부를 구성하는 부분이 아닌 것은?
① 큐티클 ② 기저막
③ 융기 ④ 표피세포

해설
곤충의 피부는 크게 표피, 진피, 기저막 등으로 구성되어 있다.

78 곤충의 배설태인 요산을 합성하는 장소는?
① 지방체 ② 알라타체
③ 편도세포 ④ 앞가슴샘

해설
톡토기와 같이 말피기씨관이 없는 곤충에서 배설태인 요산을 합성하는 지방체가 발달된다.

79 고추, 담배, 땅콩 등의 작물을 재배할 때 많이 사용되는 방법으로 잡초의 방제 뿐만 아니라 수분을 유지시켜 주는 장점을 지닌 방법은?
① 추경 ② 중경
③ 담수 ④ 피복

해설
피복은 토양위에 볏짚, 비닐 등의 재료로 덮어 잡초의 발생을 방제하며 수분의 증발을 막아 토양의 수분을 유지하는데 도움이 된다.

80 다음 설명에 해당하는 것은?

> 약독계통의 바이러스를 기주에 미리 접종하여 같은 종류의 강독계통 바이러스의 감염을 예방하거나 피해를 줄인다.

① 파지 ② 교차보호
③ 기주교대 ④ 효소결합

해설
교차보호는 어떤 바이러스에 감염된 식물이 통상 동종의 바이러스에 다시 감염되지 않는 현상을 말한다. 병원성이 약화된 식물바이러스가 침입한 기주에 병원성이 강한 식물바이러스에 의한 병의 확산이 억제되는 현상으로 바이러스의 간섭작용을 이용한다.

제5과목 종자관련법규

81 식물신품종 보호법상 품종보호권의 설정등록을 받으려는 자나 품종보호권자는 품종보호료 납부기간이 지난 후에도 얼마 이내에는 품종보호료를 납부할 수 있는가?
① 1개월 ② 2개월
③ 4개월 ④ 6개월

해설
품종보호권의 설정등록을 받으려는 자나 품종보호권자는 품종보호료 납부기간이 지난 후에도 6개월 이내에는 품종보호료를 납부할 수 있다.

82 식물신품종 보호법상 품종명칭등록 이의신청을 한 자는 품종명칭등록 이의신청기간이 지난 후 얼마 이내에 품종명칭등록 이의신청서에 적은 이유 또는 증거를 보정할 수 있는가?
① 10일 ② 20일
③ 30일 ④ 50일

해설
품종명칭등록 이의신청을 한 자(이하 "품종명칭등록 이의신청인"이라 한다)는 품종명칭등록 이의신청기간이 지난 후 30일 이내에 품종명칭등록 이의신청서에 적은 이유 또는 증거를 보정할 수 있다.

정답 76 ① 77 ③ 78 ① 79 ④ 80 ② 81 ④ 82 ③

83 종자산업법에 대한 내용이다. ( )에 알맞은 내용은?

> ( )은 종자산업의 육성 및 지원에 필요한 시책을 마련할 때에는 중소 종자업자 및 중소 육묘업자에 대한 행정적·재정적 지원책을 마련하여야 한다.

① 농업실용화기술원장
② 농림축산식품부장관
③ 국립종자원장
④ 농촌진흥청장

해설
농림축산식품부장관은 종자산업의 육성 및 지원에 필요한 시책을 마련할 때에는 중소 종자업자 및 중소 육묘업자에 대한 행정적·재정적 지원책을 마련하여야 한다.

84 보증서를 거짓으로 발급한 종자관리사의 벌칙은?

① 2년 이하의 징역 또는 1천만원 이하의 벌금
② 1년 이하의 징역 또는 1천만원 이하의 벌금
③ 1년 이하의 징역 또는 5백만원 이하의 벌금
④ 6개월 이하의 징역 또는 3백만원 이하의 벌금

해설
보증서를 거짓으로 발급한 종자관리사는 1년 이하의 징역 또는 1천만원 이하의 벌금에 처한다.

85 종자산업법상 작물의 정의로 옳은 것은?

① 농산물 또는 임산물의 생산을 위하여 재배되는 모든 식물을 말한다.
② 농산물 중 생산을 위하여 재배되는 일부 식용 식물을 말한다.
③ 농산물 중 생산을 위하여 재배되는 기형 식물을 말한다.
④ 임산물의 생산을 위하여 재배되는 돌연변이 식물을 제외한 식용 식물을 말한다.

해설
"작물"이란 농산물 또는 임산물의 생산을 위하여 재배되는 모든 식물을 말한다.

86 ( )에 알맞은 내용은?

> (육묘업 등록의 취소 등) 시장·군수·구청장은 육묘업자가 다음의 경우에 육묘업 등록을 취소하거나 6개월 이내의 기간을 정하여 영업의 전부 또는 일부의 정지를 명할 수 있다.
> -다음-
> 육묘업 등록을 한 날부터 ( )이내에 사업을 시작하지 아니하거나 정당한 사유 없이 ( )이상 계속하여 휴업한 경우

① 1년   ② 9개월
③ 6개월   ④ 3개월

해설
종자업 등록을 한 날부터 1년 이내에 사업을 시작하지 아니하거나 정당한 사유 없이 1년 이상 계속하여 휴업한 경우 종자업 등록을 취소하거나 6개월 이내의 기간을 정하여 영업의 전부 또는 일부의 정지를 명할 수 있다.

정답 83 ② 84 ② 85 ① 86 ①

87 식물신품종 보호법상 신규성에 대한 내용이다. ( )에 알맞은 내용은?

> 품종보호 출원일 이전에 대한민국에서는 1년 이상, 그 밖의 국가에서는 4년[과수(果樹) 및 임목(林木)인 경우에는 ( )]이상 해당 종자나 그 수확물이 이용을 목적으로 양도되지 아니한 경우에는 그 품종은 신규성을 갖춘 것으로 본다.

① 6년　　② 3년
③ 2년　　④ 1년

해설
품종보호 출원일 이전에 대한민국에서는 1년 이상, 그 밖의 국가에서는 4년[과수(果樹) 및 임목(林木)인 경우에는 6년] 이상 해당 종자나 그 수확물이 이용을 목적으로 양도되지 아니한 경우에는 그 품종은 신규성을 갖춘 것으로 본다.

88 품종보호를 받지 아니하거나 품종보호 출원 중이 아닌 품종의 종자의 용기나 포장에 품종보호를 받았다는 표시 또는 품종보호 출원 중이라는 표시를 하거나 이와 혼동되기 쉬운 표시를 하는 행위 자의 벌금은?

① 1천만원 이하의 벌금
② 3천만원 이하의 벌금
③ 5천만원 이하의 벌금
④ 1억원 이하의 벌금

해설
품종보호를 받지 아니하거나 품종보호 출원 중이 아닌 품종의 종자의 용기나 포장에 품종보호를 받았다는 표시 또는 품종보호 출원 중이라는 표시를 하거나 이와 혼동되기 쉬운 표시를 하는 행위의 경우 3년 이하의 징역 또는 3천만원 이하의 벌금에 처한다.

89 식물신품종 보호법상 해양수산부장관은 품종보호 출원의 포기, 무효, 취하 또는 거절결정이 있거나 품종보호권이 소멸한 날부터 얼마간 해당 품종보호 출원 또는 품종보호권에 관한 서류를 보관하여야 하는가?

① 3년　　② 5년
③ 7년　　④ 10년

해설
농림축산식품부장관 또는 해양수산부장관은 품종보호 출원의 포기, 무효, 취하 또는 거절결정이 있거나 품종보호권이 소멸한 날부터 5년간 해당 품종보호 출원 또는 품종보호권에 관한 서류를 보관하여야 한다.

90 종자관리요강상 사후관리시험의 기준 및 방법에 대한 내용이다. ( )에 알맞은 내용은?

> 1. 검사항목 : 품종의 순도, 품종의 진위성, 종자 전염병
> 2. 검사시기 : ( )
> 3. 검사횟수 : 1회 이상

① 수잉기　　② 유효분얼기
③ 감수분열기　　④ 성숙기

해설
사후관리시험의 기준 및 방법에서 검사시기는 성숙기이다.

91 종자관리요강상 포장검사 및 종자검사의 검사기준에서 밀 포장검사 시 전작물 조건으로 옳은 것은? (단, 경종적 방법에 의하여 혼종의 우려가 없도록 담수처리·객토·비닐멀칭을 하였거나, 이전 재배품종이 당해 포장검사를 받는 품종과 동일한 경우의 사항은 제외한다.)

① 품종의 순도유지를 위해 6개월 이상 윤작을 하여야 한다.
② 품종의 순도유지를 위해 1년 이상 윤작을 하여야 한다.
③ 품종의 순도유지를 위해 2년 이상 윤작을 하여야 한다.
④ 품종의 순도유지를 위해 3년 이상 윤작을 하여야 한다.

해설
품종의 순도유지를 위하여 2년 이상 윤작을 하여야 한다. 다만, 경종적 방법에 의하여 혼종의 우려가 없도록 담수처리, 객토, 비닐멀칭을 하였거나, 타 작물을 앞그루로 재배한 경우 및 이전 재배 품종이 당해 포장검사를 받는 품종과 동일한 경우에는 그러하지 아니하다.

92 종자관리요강상 사진의 제출규격에서 사진의 크기는?

① 6" × 12" 의 크기이어야 하며, 실물을 식별할 수 있어야 한다.
② 5" × 9" 의 크기이어야 하며, 실물을 식별할 수 있어야 한다.
③ 4" × 5" 의 크기이어야 하며, 실물을 식별할 수 있어야 한다.
④ 2" × 6" 의 크기이어야 하며, 실물을 식별할 수 있어야 한다.

해설
사진의 크기는 4" × 5" 의 크기이어야 하며 실물을 식별할 수 있어야 한다.

93 유통 종자 또는 묘의 품질표시를 하지 아니하거나 거짓으로 표시하여 종자 또는 묘를 판매하거나 보급한 자의 과태료는?

① 1백만원 이하의 과태료
② 3백만원 이하의 과태료
③ 5백만원 이하의 과태료
④ 1천만원 이하의 과태료

해설
유통 종자 또는 묘의 품질표시를 하지 아니하거나 거짓으로 표시하여 종자 또는 묘를 판매하거나 보급한 자는 1천만원 이하의 과태료를 부과한다.

94 종자관리요강상 수입적응성시험의 대상작물 및 실시기관에 대한 내용이다. ( )에 알맞은 내용은?

구분	대상작물	실시기관
식량작물	벼, 보리, 코	( )

① 한국종자협회
② 농업기술실용화재단
③ 한국종균생산협회
④ 국립산림품종관리센터

해설
농업기술실용화재단의 대상작물은 벼, 보리, 콩, 옥수수, 감자, 밀, 호밀, 조, 수수, 메밀, 팥, 녹두, 고구마가 있다.

95 종자검사요령 상 포장검사 병주 판정기준에서 벼의 특정병은?

① 깨씨무늬병 ② 잎도열병
③ 키다리병   ④ 줄무늬잎마름병

해설
벼의 포장검사 및 종자검사에 있어 특정병은 키다리병, 선충심고병이다.

정답 91 ③ 92 ③ 93 ④ 94 ② 95 ③

96 종자검사요령상 시료추출에서 귀리 순도 검사 시 시료의 최소 중량은?

① 80g ② 120g
③ 200g ④ 400g

해설
귀리의 순도검사 시 시료의 최소 중량 기준은 제출시료는 1000g, 순도검사 120g 이다.

97 종자검사요령상 수분의 측정의 분석용 저울에 대한 내용이다. (   )에 알맞은 내용은?

> 분석용 저울은 (   )단위까지 신속히 측정할 수 있어야 한다.

① 1g ② 0.1g
③ 0.01g ④ 0.001g

해설
종자검사요령상 수분의 측정에서 분석용 저울은 0.001g 단위까지 측정할 수 있어야 한다.

98 종자산업법상 품종목록 등재의 유효기간 연장신청은 그 품종목록 등재의 유효기간이 끝나기 전 얼마 이내에 신청하여야 하는가?

① 6개월 ② 1년
③ 2년 ④ 3년

해설
종자관련법상 품종목록 등재의 유효기간에서 품종목록 등재의 유효기간 연장신청은 그 품종목록 등재의 유효기간이 끝나기 전 1년 이내 신청해야 한다.

99 품종보호권 또는 전용실시권을 침해한 자의 벌칙은?

① 1년 이하의 징역 또는 1천만원 이하의 벌금
② 3년 이하의 징역 또는 3천만원 이하의 벌금
③ 5년 이하의 징역 또는 5천만원 이하의 벌금
④ 7년 이하의 징역 또는 1억원 이하의 벌금

해설
품종보호권 또는 전용실시권을 침해한 자는 7년 이하의 징역 또는 1억원 이하의 벌금에 처한다.

100 종자검사요령상 과수 바이러스·바이로이드 검정방법에 대한 내용이다. (가), (나)에 알맞은 내용은?

> -시료 채취 방법-
> 시료 채취는 (가)단위로 잎 등 필요한 검정부위를 나무 전체에서 고르게 (나)를 깨끗한 시료용기(지퍼백 등 위생봉지)에 채취한다.

① (가) : 4주, (나) : 2개
② (가) : 3주, (나) : 8개
③ (가) : 2주, (나) : 3개
④ (가) : 1주, (나) : 5개

해설
시료 채취는 1주 단위로 잎 등 필요한 검정부위를 나무 전체에서 고르게 5개를 깨끗한 시료용기(지퍼백 등 위생봉지)에 채취한다.

정답 96 ② 97 ④ 98 ② 99 ④ 100 ④

2021 제2회 종자기사

제1과목 종자생산학

01 일대잡종 종자생산을 위한 인공교배에서 제웅에 대한 설명으로 가장 옳은 것은?
① 개화 전 양친의 암술을 제거하는 작업이다.
② 개화 전 자방친의 꽃밥을 제거하는 작업이다.
③ 개화 직후 화분친의 암술을 제거하는 작업이다.
④ 개화 직후 양친의 꽃밥을 제거하는 작업이다.

해설
제웅은 자가수정을 방지하기 위해 꽃망울 상태에서 모계의 수술을 제거해 주는 것으로 제웅 시 꽃가루가 일부 남아 있으면 자식(自殖)이 될 수 있어 꽃밥을 완전 제거하도록 한다.

02 고추, 무, 레드클로버 종자의 형상은?
① 난형   ② 도란형
③ 방추형   ④ 구형

해설
고추, 무, 레드클로버 종자의 외형은 난형이다.

03 종자의 자엽 부위에 양분을 저장하는 무배유작물로만 나열된 것은?
① 벼, 밀   ② 벼, 옥수수
③ 밀, 보리   ④ 콩, 팥

해설
무배유작물에는 콩, 완두, 팥, 녹두, 클로버 등이 있다.

04 ( ) 에 알맞은 내용은?

> 2개의 게놈을 갖고 있는 유채나 서양유채와 같은 것은 제1상의 저온감응상의 요구가 없고 다만 제2상의 일장감응상에 의하므로 이러한 ( )식물은 교배에 있어서 일장처리에 의하여 개화기를 조절할 수 있다.

① 뇌수분형   ② 종자춘화형
③ 적심형   ④ 무춘화형

해설
식물의 춘화형은 생육단계별 감온에 따라 종자춘화형, 녹식물춘화형, 무춘화형으로 구분된다. 개화에 저온을 요구하지 않고 일장반응에 따라 개화하는 것을 무춘화형이라 한다.

05 무한화서이며 긴 화경에 여러 개의 작은 화경이 붙어 개화하는 것은?
① 단집산화서   ② 복집산화서
③ 안목상취산화서   ④ 총상화서

해설
총상화서는 긴 화경에 여러 개의 작은 소화경이 붙어 꽃이 배열되어 개화하는 형태이다.

06 제(臍)가 종자의 뒷면에 있는 것은?
① 배추   ② 시금치
③ 콩   ④ 상추

해설
종자의 배병이나 태좌에 붙어있던 흔적인 제(배꼽)은 식물의 종류에 따라 위치가 다르다. 배추, 시금치는 종자의 끝에 위치하고 상추, 쑥갓은 종자의 기부에 위치한다. 콩의 경우 종자의 뒷면에 위치하는 것이 특징이다.

정답 01 ② 02 ① 03 ④ 04 ④ 05 ④ 06 ③

07 배휴면(胚休眠)을 하는 종자를 습한 모래 또는 이끼와 교대로 층상으로 쌓아 두고, 그것을 저온에 두어 휴면을 타파시키는 방법을 무엇이라 하는가?
① 밀폐처리 ② 습윤처리
③ 층적처리 ④ 예냉

해설
층적처리는 휴면의 타파 뿐만 아니라 발아력 저하방지, 발아억제물질 제거, 후숙 방지 등의 효과가 있다. 층적처리는 나무상자나 나무통에 습기가 있는 모래 혹은 톱밥과 종자를 층을 만들면서 넣어 저온저장고에 보관한다.

08 고구마의 개화 유도 및 촉진 방법이 아닌 것은?
① 14시간 이상의 장일처리를 한다.
② 나팔꽃의 대목에 고구마 순을 접목한다.
③ 고구마덩굴의 기부에 절상을 낸다.
④ 고구마덩굴의 기부에 환상박피를 한다.

해설
고구마는 장일처리가 아닌 단일처리를 통해 개화촉진을 한다.

09 채종재배 시 채종포로서 적당하지 못한 것은?
① 등숙기에 강우량이 많고 습도가 높은 지역
② 토양이 비옥하고 배수가 양호하며 보수력이 좋은 토양
③ 겨울 기온이 온화하고 등숙기에 기온의 교차가 큰 곳
④ 교잡을 방지하기 위하여 다른 품종과 격리된 지역

해설
채종포는 꽃 피는 시기와 종자의 등숙기에 비가 적고 건조한 곳이어야 한다.

10 광과 종자 발아에 대한 설명으로 옳지 않은 것은?
① 광은 종자 발아와 아무런 관계가 없는 경우도 있다.
② 종자 발아가 억제되는 광 파장은 700~750nm 정도이다.
③ 종자 발아의 광가역성에 관여하는 물질은 cytochrome이다.
④ 광이 없어야 발아가 촉진되는 종자도 있다.

해설
종자 발아의 광가역성에 관여하는 물질은 파이토크롬(phytochrome)이다.

11 다음 채소 중 자가수정율이 가장 높은 것은?
① 토마토 ② 오이
③ 호박   ④ 배추

해설
토마토는 자가수정율이 90% 이상으로 매우 높은편에 속한다. 오이, 호박, 배추는 자가수정률이 5% 수준의 타가수정작물로 낮은편에 속한다.

12 다음 중 일반적으로 종자의 발아촉진 물질과 가장 거리가 먼 것은?
① Gibberellin ② ABA
③ Cytokinin   ④ Auxin

해설
ABA(Abscisic acid)은 대표적인 생장억제물질이다. ABA를 작물에 적용시 낙엽을 촉진, 휴면의 유도, 발아 억제, 화성 촉진, 내건성 증대 등의 효과가 나타난다.

13 다음 중 봉지 씌우기를 가장 필요로 하지 않는 경우는?
① 교배 육종
② 원원종 채종
③ 여교배 육종
④ 자가불화합성을 이용한 F_1채종

해설
봉지씌우기는 차단격리법(복대법)이라하여 봉지를 씌우는데 육종이나 원종, 원원종 채종에서 이용되는 방법이다.

14 물의 투과성 저해로 인하여 종자가 휴면하는 것은?
① 나팔꽃
② 미나리아재비과 식물
③ 보리
④ 사과나무

해설
물의 투과성 저해로 인한 경실 종자에는 자운영, 고구마, 나팔꽃 등이 있다.

15 중복수정에서 배유(胚乳)가 형성되는 것은?
① 정핵과 극핵
② 정핵과 난핵
③ 화분관핵과 정핵
④ 극핵과 화분관핵

해설
피자식물 중복수정으로 정핵(n)과 2개의 극핵(2n)을 통해 배유(3n)이 나타난다.

16 종자소독 약제의 처리방법으로 적절하지 않은 것은?
① 약액침지
② 종피분의
③ 종피도말
④ 종피 내 주입

해설
종자소독 약제는 주로 종피에 처리하고 종피 내에는 주입하지 않는다.

17 제웅하지 않고 풍매 또는 충매에 의한 자연교잡을 이용하는 작물로만 나열된 것은?
① 벼, 보리
② 수수, 토마토
③ 가지, 멜론
④ 양파, 고추

해설
제웅 없이 풍매나 충매에 의한 자연교잡을 이용하는 작물에는 양파, 고추와 같은 웅성불임 작물에 적합하다.

18 옥수수의 화기구조 및 수분양식과 관련하여 옳은 것은?
① 충매수분
② 양성화
③ 자웅이주
④ 자웅동주이화

해설
옥수수는 타가수정작물에서 자웅동주이화이다.

19 작물이 영양생장에서 생식생장으로 전환되는 시점은?
① 종자발아기
② 화아분화기
③ 유모기
④ 결실기

해설
화아분화(꽃눈의 분화)는 식물의 생장점이나 엽맥에 꽃으로 발달할 원기가 생기는 것으로 영양생장에서 생식생장으로 전환하는 것을 말한다.

20 다음 중 교잡 시 개화기 조절을 위하여 적심을 작물로 가장 옳은 것은?
① 양파
② 상추
③ 참외
④ 토마토

해설
적심은 성장과 결실을 조절하기 위하여 식물의 눈이나 생장점을 따 내는 작업으로 순따기 혹은 순지르기라고 한다. 과채류, 두류 등에 실시하기 좋으며 담배, 상추 등의 작물에 적용할 수 있다.

정답 13 ④ 14 ① 15 ① 16 ④ 17 ④ 18 ④ 19 ② 20 ②

제2과목 식물육종학

21 인위적으로 반수체 식물을 만들기 위해 주로 사용하는 조직배양 방법은?
① 배배양 ② 약배양
③ 생장점배양 ④ 원형질체배양

[해설]
식물체의 화분이나 약을 채취 및 배양하여 반수체, 반수체성 배를 생산하는 방법을 약배양육종법이라 한다.

22 형질의 유전력은 선발효과와 깊은 관계가 있다. 선발효과가 가장 확실한 경우는? (단, h2B는 넓은 의미의 유전력임)
① $h^2B = 0.34$ ② $h^2B = 0.13$
③ $h^2B = 0.92$ ④ $h^2B = 0.50$

[해설]
유전력은 0~1 값을 가지며 유전력이 0.5 이상이면 높고 0.2 이하이면 낮다. 유전력이 높을수록 선발효과가 높다.

23 잡종강세를 이용한 F_1 품종들의 장점으로 가장 거리가 먼 것은?
① 증수효과가 크다.
② 품질이 균일하다.
③ 내병충성이 양친보다 강하다.
④ 종자의 대량 생산이 용이하다.

[해설]
잡종강세를 나타내는 작물의 1대잡종(F_1) 종자를 대량 생산할 수 있다.

24 다음 중 유전자원을 수집·보전해야 할 이유로 가장 옳은 것은?
① 멘델 유전법칙을 확인하기 위함
② 다양한 육종소재로 활용하기 위함
③ 야생종을 도태시키기 위함
④ 개량종의 보급을 확대시키기 위함

[해설]
유전자원의 수집 및 보존은 다양한 육종소재로의 활용과 한번 시실되면 두 번 다시 재생이 어려워 보존에 노력을 기울어야 한다.

25 유전자형이 Aa인 이형접합체를 지속적으로 자가수정 하였을 때 후대집단의 유전자형 변화는?
① Aa 유전자형 빈도가 늘어난다.
② 동형접합체와 이형접합체 빈도의 비율이 1:1 이 된다.
③ Aa 유전자형 빈도가 변하지 않는다.
④ 동형접합체 빈도가 계속 증가한다.

[해설]
연속적으로 자가수정한 자식성 집단은 세대가 진전함에 따라 동형접합체가 증가한다.

26 동질배수체의 일반적인 특징이 아닌 것은?
① 핵과 세포가 커진다.
② 함유성분의 변화가 생긴다.
③ 발육이 지연된다.
④ 채종량이 증가한다.

[해설]
동질배수체는 핵과 세포가 커지고, 영양기관의 발육이 왕성하여 거대화하고, 화서 및 종자가 대형화한다. 그리고 임성이 저하되고 착과성이 감퇴하며 발육이 지연 된다.

정답 21 ② 22 ③ 23 ④ 24 ② 25 ④ 26 ④

27 A/B//C 교배의 순서는?
① A와 B와 C를 함께 방임수분 함
② A와 B를 교배하여 나온 F1과 C를 교배 함
③ A와 B를 모본으로 하고, C를 부본으로 하여 함께 교배 함
④ B와 C를 모본으로 하고, A를 부본으로 하여 함께 교배 함

해설
A/B 는 <A×B> 이며 여기서 교배하고 나온 F_1 을 <(A×B)×C> 로 교배한 것이다.

28 다음 중 폴리진에 대한 설명으로 가장 옳지 않은 것은?
① 양적 형질 유전에 관여한다.
② 각각의 유전자가 주동적으로 작용한다.
③ 환경의 영향에 민감하게 반응한다.
④ 누적적 효과로 형질이 발현된다.

해설
각각의 유전자가 주동적으로 작용하기보다 각각의 폴리진이 같은 방향으로 작용한다.

29 품종퇴화를 방지하고 품종의 특성을 유지하는 방법으로 가장 거리가 먼 것은?
① 개체집단선발법 ② 계통집단선발법
③ 방임수분 ④ 격리재배

해설
품종의 특성을 유지하기 위한 방법에는 개체집단선발법, 계통집단선발법, 주보존재배, 격리재배, 종자갱신 등의 방법이 있다.

30 변이 중 유전하지 않는 변이는?
① 장소변이 ② 아조변이
③ 교배변이 ④ 돌연변이

해설
환경변이 및 장소변이 등은 비유전적 원인에 의한 변이에 해당되며 유전을 하지 않는 변이이다.

31 체세포로부터 식물체가 재생되는 현상을 적절하게 설명한 것은?
① 식물의 세포분화능을 이용하는 것이다.
② 세포의 탈분화능을 이용하는 것이다.
③ 식물의 생물농축형성능을 이용하는 것이다.
④ 세포의 전체형성능을 이용하는 것이다.

해설
식물은 하나의 기관이나 조직, 세포하나라도 적정 조건이 되면 모체와 동일한 유전형질을 갖는 완전한 식물체로 발달하는 전체형성능이라는 재생능력을 갖는다.

32 자가수정을 계속함으로써 일어나는 자식약세 현상은?
① 타가수정 작물에서 더 많이 일어난다.
② 자가수정 작물에서 더 많이 일어난다.
③ 어느 것이나 구별 없이 심하게 일어난다.
④ 원칙적으로 자가수정 작물에만 국한되어 있는 현상이다.

해설
잡종 F_1 에서 나타났던 잡종강세가 자식 혹은 근계교배를 계속함에 따라 현저하게 생활력이 감퇴되는 현상으로 자식약세라 하며 주로 타가수정작물에서 나타난다.

33 식물의 화분모세포는 성숙분열 후 몇 개의 딸세포가 되는가?
① 1개   ② 2개
③ 3개   ④ 4개

해설
화분모세포는 2회 연속 핵분열로 염색체 수가 체세포의 반으로 줄어들어 4개의 딸세포가 형성된다.

34 생산력 검정에 관한 설명 중 틀린 것은?
① 검정포장은 토양의 균일성을 유지하도록 노력한다.
② 계측, 계량을 잘못하면 포장시험에 따르는 오차가 커진다.
③ 시험구의 크기가 클수록 시험구당 수량 변동이 커진다.
④ 시험구의 반복횟수의 증가로 오차를 줄일 수 있다.

해설
시험구의 크기가 클수록 시험구당 수량 변동이 작아진다.

35 임성회복유전자가 존재하는 웅성불임성은?
① 집단웅성불임성
② 개체웅성불임성
③ 이수체웅성불임성
④ 세포질유전자웅성불임성

해설
세포질 유전자적 웅성불임으로 잡종강세를 이용하기 위해서 웅성불임친과 그 웅성불임성을 유지해 주는 유지친, 웅성불임친의 임성을 회복시켜 주는 회복인자친이 있어야 한다.

36 감수분열 과정 중 재조합이 일어나 후대의 변이가 확대되는 단계는?
① 제1감수분열 후기, 제2감수분열 후기
② 제1감수분열 후기, 제2감수분열 전기
③ 제1감수분열 전기, 제1감수분열 중기
④ 제2감수분열 전기, 제2감수분열 후기

해설
제1감수분열은 이형분열이라 하며 염색체 수가 2n에서 n 으로 반으로 줄고 유전물질의 양은 간기에 2배로 늘어나지만 후기에 다시 반으로 줄어들어 원래의 수가 된다.

37 쌍자엽식물의 형질전환에 가장 널리 이용하고 있는 유전자 운반체는?
① Ti – plasmid
② E. coli
③ 바이러스의 외투단백질
④ 제한효소

해설
Ti - plasmid 는 쌍자엽식물의 형질 전환에 사용되는 유전자 운반체이다.

38 피자식물에서 볼 수 있는 중복수정의 기구는?
① 난핵 × 정핵, 극핵 × 생식핵
② 난핵 × 생식핵, 극핵 × 영양핵
③ 난핵 × 정핵, 극핵 × 정핵
④ 난핵 × 정핵, 극핵 × 영양핵

해설
피자식물의 중복수정은 2개의 정핵 중 1개는 난핵과 결합하여 배가 되고 다른 1개는 2개의 극핵과 결합해서 배젖이 된다.

정답 33 ④ 34 ③ 35 ④ 36 ③ 37 ① 38 ③

39 체세포의 염색체 구성이 2n+1 일 때 이를 무엇이라 하는가?
① 일염색체(monosomic)
② 삼염색체(trisomic)
③ 이질배수체
④ 동질배수체

해설
2n+1 의 경우 3염색체라 한다.

40 다음 중 일대잡종을 가장 많이 이용하는 작물은?
① 벼 ② 옥수수
③ 밀 ④ 콩

해설
일대잡종은 가격이 비싸고 매년 바꾸어야 하는 단점이 있지만 품질, 균일성, 내병성 등이 좋다. 옥수수, 해바라기, 가지, 고추, 오이, 호박, 배추 등이 있다.

제3과목 재배원론

41 이랑을 세우고 낮은 골에 파종하는 방식은?
① 휴립휴파법 ② 이랑재배
③ 평휴법 ④ 휴립구파법

해설
이랑을 세우고 낮은 골에 파종하는 방법을 휴립구파법이라 한다. 맥류의 한해와 동해를 동시에 방지할수 있다.

42 작물의 수량을 최대화하기 위한 재배이론의 3요인으로 가장 옳은 것은?
① 비옥한 토양, 우량종자, 충분한 일사량
② 비료 및 농약의 확보, 종자의 우수성, 양호한 환경
③ 자본의 확보, 생력화 기술, 비옥한 토양
④ 종자의 우수한 유전성, 양호한 환경, 재배 기술의 종합적 확립

해설
일정 면적에 작물의 수량을 최대화하기 위해 좋은 환경조건에 유전성이 우수한 작물을 선정하고 적합한 재배기술을 적용해야 한다.

43 작물의 내열성에 대한 설명으로 틀린 것은?
① 늙은 잎은 내열성이 가장 작다.
② 내건성이 큰 것은 내열성도 크다.
③ 세포 내의 결합수가 많고, 유리수가 적으면 내열성이 커진다.
④ 당분함량이 증가하면 대체로 내열성은 증대한다.

해설
늙은 잎의 내열성이 어린 잎보다 크다.

44 나팔꽃 대목에 고구마 순을 접목하여 개화를 유도하는 이론적 근거로 가장 적합한 것은?
① C/N율 ② G-D균형
③ L/W율 ④ T/R율

해설
나팔꽃 대목에 고구마 순을 접목하면 지상부 탄수화물의 축적이 많아져 개화 및 결실이 조장된다. 식물의 탄수화물과 질소의 비율을 C/N 율 이라 하는데 C는 탄수화물, N은 질소를 의미하며 C/N 율이 높으면 화성을 유도하고 낮으면 영양생장이 지속된다.

45 다음 중 벼의 적산온도로 가장 옳은 것은?
① 500~1000℃ ② 1200~1500℃
③ 2000~2500℃ ④ 3500~4500℃

해설
작물별로 적산온도의 경우 메밀은 1000~1200℃, 감자는 1300~3000℃, 추파맥류는 1700~2300℃, 완두는 2100~2800℃, 콩은 2500~3000℃, 담배는 3200~3600℃ 벼는 3500~4500℃ 정도이다.

46 다음 중 CO_2 보상점이 가장 낮은 식물은?
① 벼   ② 옥수수
③ 보리   ④ 담배

해설
옥수수와 같은 C_4 식물은 콩이나 벼와 같은 식물들에 비하여 이산화탄소 보상점이 낮다.

47 도복의 대책에 대한 설명으로 가장 거리가 먼 것은?
① 칼리, 인, 규소의 사용을 충분히 한다.
② 키가 작은 품종을 선택한다.
③ 맥류는 복토를 깊게 한다.
④ 벼의 유효분얼종지기에 지베렐린을 처리한다.

해설
지베렐린은 생장을 촉진시켜 도복이 증가한다.

48 대기 오염물질 중에 오존을 생성하는 것은?
① 아황산가스(SO_2)
② 이산화질소(NO_2)
③ 일산화탄소(CO)
④ 불화수소(HF)

해설
이산화질소는 대기 중 일산화질소의 산화에 의해 발생하고 휘발성 유기화합물과 반응하여 오존을 생성하는 전구물질이다.

49 내건성이 강한 작물의 특성으로 옳은 것은?
① 세포액의 삼투압이 낮다.
② 작물의 표면적/체적 비가 크다.
③ 원형질막의 수분투과성이 크다.
④ 잎 조직이 치밀하지 못하고 울타리 조직의 발달이 미약하다.

해설
내건성 작물은 원형질의 점성이 높고 원형질막의 수분투과성이 크다.

50 다음 중 T/R율에 관한 설명으로 옳은 것은?
① 감자나 고구마의 경우 파종기나 이식기가 늦어질수록 T/R율이 작아진다.
② 일사가 적어지면 T/R율이 작아진다.
③ 질소를 다량사용하면 T/R율이 작아진다.
④ 토양함수량이 감소하면 T/R율이 작아진다.

해설
토양 수분이 많아지면 지상부에 비해 지하하부의 생육이 나빠져 T/R 율이 커진다. 반대로 토양수분이 적어지면 T/R 율은 작아진다.

51 벼의 생육 중 냉해에 의한 출수가 가장 지연되는 생육단계는?
① 유효분얼기 ② 유수형성기
③ 유숙기   ④ 황숙기

해설
벼는 유수형성기에 냉해를 만나면 출수가 가장 지연된다.

52 벼의 침수피해에 대한 내용이다. (　　) 에 알맞은 내용은?

> • 분얼 초기에는 침수피해가 (가)
> • 수잉기~출수개화기때 침수피해는 (나)

① 가 : 작다, 나 : 작아진다.
② 가 : 작다, 나 : 커진다.
③ 가 : 크다, 나 : 커진다.
④ 가 : 크다, 나 : 작아진다.

해설
벼는 분얼 초기 침수에 강해 피해가 적게 나타나지만 수잉기에서 출수개화기에는 침수에 약해지면서 침수피해가 크게 나타난다.

53 작물의 영양번식에 대한 설명으로 옳은 것은?

① 종자 채종을 하여 번식시킨다.
② 우량한 유전특성을 영속적으로 유지할 수 있다.
③ 잡종 1세대 이후 분리집단이 형성된다.
④ 1대 잡종벼는 주로 영양번식으로 채종한다.

해설
작물의 영양번식을 통해 우량한 상태의 유전형질을 유지할수 있다.

54 비료의 3요소 중 칼륨의 흡수비율이 가장 높은 작물은?

① 고구마　　② 콩
③ 옥수수　　④ 보리

해설
고구마와 같은 작물은 칼륨의 흡수비율이 높은 편인데 칼륨이 양분을 지하부로 이동하는 것을 촉진하여 덩이뿌리가 굵어지도록 도와주는 역할을 한다.

55 녹체춘화형 식물로만 나열된 것은?

① 완두, 잠두　　② 봄무, 잠두
③ 양배추, 사리풀　　④ 추파맥류, 완두

해설
녹체춘화형 식물에는 양배추, 당근, 양파, 사리풀 등이 있다.

56 다음 중 요수량이 가장 큰 것은?

① 보리　　② 옥수수
③ 완두　　④ 기장

해설
요수량이 큰 식물로 알팔파, 클로버, 완두 등이 있으며 요수량이 적은 식물로 수수, 기장, 옥수수 가 대표적이다. 그중에서도 명아주는 요수량이 매우 크다.

57 토양이 pH 5 이하로 변할 경우 가급도가 감소되는 원소로만 나열된 것은?

① P, Mg　　② Zn, Al
③ Cu, Mn　　④ H, Mn

해설
pH 5 이하의 산성토양에서는 인(P), 칼슘(Ca), 마그네슘(Mg) 등의 유효도가 낮아 가급도가 감소하게 된다.

58 다음 (　　)에 알맞은 내용은?

> 감자 영양체를 20,000rad정도의 (　) 에 의한 γ선을 조사하면 맹아억제 효과가 크므로 저장기간이 길어진다.

① ^{15}C　　② ^{60}Co
③ ^{17}C　　④ ^{40}K

해설
감자 영양체를 20000 rad 정도의 ^{60}Co 에 의한 감마선을 조사하면 맹아억제 효과가 크므로 저장기간이 길어진다.

정답 52 ② 53 ② 54 ① 55 ③ 56 ③ 57 ① 58 ②

59 개량삼포식농법에 해당하는 작부방식은?
① 자유경작법
② 콩과작물의 순환농법
③ 이동경작법
④ 휴한농법

해설
개량삼포식은 지력유지에 매우 효과적인 방법으로 휴한하는 대신 지력증진작물(콩과목초)을 함께 재배하는 방법으로 삼포식보다 더 개량된 방법이다.

60 비료의 엽면흡수에 대한 설명으로 옳은 것은?
① 잎의 이면보다 표피에서 더 잘 흡수된다.
② 잎의 호흡작용이 왕성할 때에 잘 흡수된다.
③ 살포액의 pH는 알칼리인 것이 흡수가 잘 된다.
④ 엽면시비는 낮보다는 밤에 실시하는 것이 좋다.

해설
엽면시비는 기공을 통한 흡수가 이루어지기에 잎의 호흡작용이 왕성할 때 잘 흡수된다.

제4과목 식물보호학

61 다음 중 농약과 농약병 뚜껑 색깔이 바르게 연결되지 않는 것은?
① 제초제 – 노란색(황색)
② 살충제 - 녹색
③ 살균제 – 분홍색
④ 생장조정제 – 적색

해설
생장조정제의 뚜껑 색은 청색이다.

62 다음 중 암발아 잡초로만 나열된 것은?
① 메귀리, 바랭이
② 독말풀, 별꽃
③ 쇠비름, 강피
④ 참방동사니, 향부자

해설
암발아 종자는 별꽃, 냉이, 광대나물, 독말풀 등이 있다.

63 다음 중 종합적 방제의 의미로 볼 수 없는 것은?
① 모든 방제수단을 조화롭게 사용한다.
② 효과가 빨리 나오는 방제법을 우선적으로 적용한다.
③ 생태학적 이론에 바탕을 두고 있다.
④ 경제적 피해수준 이하로 억제·유지한다.

해설
병해충종합관리(종합적 방제)는 Intergrated Pest Management(IPM) 이라 하며 환경 친화적이고 지속 가능한 방법으로 병해충을 관리하여 농약으로 인한 사회, 보건학적 위험을 줄이는 것을 목적으로 하는 방법으로 여러 방제법을 조합하여 가장 효율적인 방제법을 적용한다.

64 벼 흰잎마름병과 관련이 없는 것은?
① 풍매 전반한다.
② 주로 잎 가장자리나 수공을 통해 침입한다.
③ 병원균은 잡초에서 월동한다.
④ 병원균은 세균이다.

해설
벼 흰잎마름병은 물에 의해 전반되며 수공이나 상처를 통해 침입한다.

정답 59 ② 60 ② 61 ④ 62 ② 63 ② 64 ①

65 다음 중 애멸구가 매개하는 병으로 가장 옳은 것은?

① 콩 위축병
② 노균병
③ 벼 줄무늬잎마름병
④ 벼 오갈병

해설
벼 줄무늬잎마름병의 매개충은 애멸구이며 애멸구는 1년에 4~5회 정도 발생한다.

66 일반적으로 벼 키다리병 방제를 위한 온탕침법의 가장 적당한 온도와 시간은?

① 70~75℃, 25분
② 60~65℃, 15분
③ 50~55℃, 5분
④ 40~45℃, 15분

해설
벼 키다리병의 방제를 위한 온탕침법의 기준은 물온도 60℃ 정도에서 15분정도 침지시킨다.

67 다음 중 해충의 천적으로서 기생성이 아닌 것은?

① 진디혹파리
② 온실가루이좀벌
③ 굴파리좀벌
④ 콜레마니진디벌

해설
진디혹파리는 진딧물류, 온실가루이, 응애류 등의 포식자로 온실 내 진딧물의 생물적 방제에 활용하기도 한다.

68 다음에서 설명하는 해충은?

이 해충은 암컷이 수컷에 비해 크며, 몸은 연한 황갈색 또는 연두색이고 광택을 띤다. 비행성과 이동성이 낮고, 기주도 콩과 작물로 제한되어 있으며, 작물의 개화기부터 수확기까지 지속적으로 꽃, 꼬투리, 열매 등을 흡즙한다.

① 가로줄노린재
② 좁은가슴잎벌레
③ 콩나방
④ 조명나방

해설
가로줄노린재
- 1년에 2번 발생하며 감나무, 고욤나무 등 감나무류 식물과 콩과 식물을 기주로 하는 노린재과의 곤충이다.
- 둥근 연두색의 몸과 앞가슴등판의 가로줄 등이 특징이다.
- 주로 6-11월 사이에 발생한다.

69 다음 중 액상수화제에 대한 설명으로 옳은 것은?

① 농약 원제를 물 또는 메탄올에 녹이고 계면활성제나 동결방지제를 첨가하여 제제한 제형
② 수용성 고체 원제나 유안이나 망초, 설탕과 같이 수용성인 증량제를 혼합, 분쇄하여 만든 분말제제
③ 물과 유기용매에 난용성인 농약 원제를 액상의 형태로 조제한 것으로 수화제에서 분말의 비산 등의 단점을 보완한 제형
④ 농약 원제를 용제에 녹이고 계면활성제를 유화제로 첨가하여 제제한 제형

해설
액상수화제는 물과 용제에 잘 녹지 않는 농약원제를 액상의 형태로 조제한 것으로 수화제에서의 분말 비산 등의 단점을 보완하기 위해 개발된 제형이다.

정답 65 ③ 66 ② 67 ① 68 ① 69 ③

70 다음 중 곤충이 페로몬에 끌리는 현상은?
① 주광성   ② 주열성
③ 주지성   ④ 주화성

해설
곤충의 페로몬 및 화학물질에 유인되는 현상을 주화성이라 한다.

71 농약의 유효성분 조성에 따른 분류로 살균제에 해당되지 않는 것은?
① Triazole계   ② Benzimidazole계
③ Triazine계   ④ Anilide계

해설
트리아진계(Triazine)는 제초제에 해당된다. 살균제에는 벤조이미다졸계(Benzimidazole), 트리아졸계(Triazole), 아닐리드계(Anilide), 모르폴린계(Morpholine) 등이 있다.

72 다음 중 곤충의 소화기관으로 가장 거리가 먼 것은?
① 침샘   ② 전장
③ 기문   ④ 후장

해설
기문은 곤충의 호흡계에 해당된다.

73 현재 논에서 발생하는 잡초는 일년생보다 다년생 잡초가 증가하였는데, 논 잡초의 초종변화에 가장 직접적인 요인은?
① 시비량의 감소
② 재배법의 변화
③ 물관리 변동
④ 동일 제초제의 연용

해설
동일 제초제의 연용으로 잡초의 저항성이 발생하면서 다년생 잡초가 증가하게 되고 논잡초의 초종변화가 나타난다.

74 Poston 등은 해충의 밀도와 작물수량 간의 관계를 세 가지 유형으로 구분하였다. 다음 중 그 유형이 아닌 것은?
① 감수성 반응   ② 저항성 반응
③ 보상적 반응   ④ 내성적 반응

해설
Poston(1983)은 해충밀도와 수량간의 관계를 3가지 유형으로 구분하였다. 감수성반응은 밀도 증가에 따라 수량이 서서히 감소하는 형태, 내성적 반응은 처음에는 수량감소가 없다가 밀도가 어느 정도 도달함에 따라 수량감소가 일어나는 경우, 보상적 반응은 낮은 밀도에서 오히려 수량이 증가하다가 어느 정도 이상이 되면 비로서 수량감소가 일어나는 경우를 말한다.

75 다음에 대한 설명으로 옳은 것은?

> 제초제 저항성 생태형이 2개 이상의 분명한 저항성 메커니즘을 가진 현상을 의미한다.

① 부정적교차저항성
② 내성
③ 다중저항성
④ 교차저항성

해설
제초제에 대한 저항성이 2개 이상의 여러 종류에 대하여 저항성을 나타내는 현상을 다중저항성이라 한다.

76 도열병에 저항성이었던 품종이 몇 년이 지나 감수성이 되는 주된 원인으로 가장 옳은 것은?
① 칼륨비료의 과용
② 기상 및 토양조건의 변화
③ 새로운 병원균 레이스의 출현
④ 기주 교대

해설
벼도열병균의 구분시 레이스가 12개의 판별품종을 가지고 있으며 이와 같이 도열병에 저항성이 있었지만 새로운 레이스의 출현으로 감수성이 된다.

정답 70 ④ 71 ③ 72 ③ 73 ④ 74 ② 75 ③ 76 ③

77 식물병원균 중 진균에 의한 병해의 가장 일반적인 방제방법으로 옳지 않은 것은?
① 물리적 방제로 열 또는 광을 이용한다.
② 화학적 방제로 살균제를 사용한다.
③ 생물적 방제로 미생물농약을 사용한다.
④ 병원균의 매개체인 해충 방제를 위해 살충제를 사용한다.

해설
진균의 경우 실모양의 균사체로 매개충에 의한 전반보다는 주로 종자, 물, 바람 등에 의해 전반되기에 해충 방제는 효과가 적다.

78 다음 중 일반적으로 곤충의 암컷 생식기관이 아닌 것은?
① 수정관   ② 저정낭
③ 여포   ④ 수란관

해설
수정관은 수컷의 생식기관이다.

79 다음 중 종자병의 진단법으로 가장 거리가 먼 것은?
① 습실처리법   ② Plantibody법
③ ELISA법   ④ PCR법

해설
습실처리법은 육안적 진단법, ELISA법은 혈청학적 진단법, PCR은 분자생물학적 진단법에 해당된다.

80 다음 중 미국선녀벌레에 대한 설명으로 옳지 않은 것은?
① 2년에 1회 발생한다.
② 약충은 매미충의 형태로 백색에 가깝다.
③ 포도나무에 피해가 크다.
④ 왁스물질과 감로를 분비하며, 그을음병을 유발한다.

해설
미국선녀벌레
· 1년에 1회 발생하고 나뭇가지 틈에서 알로 월동한다.
· 7월에 성충으로 우화하고 8월에 산란을 한다..
· 포도나무, 감귤나무, 살구나무 등의 과일나무 및 단풍나무, 버드나무 등의 활엽수에 피해를 준다.

제5과목 종자관련법규

81 종자관리요강상 규격묘의 규격기준에 대한 내용에서 감 묘목의 길이(cm)는? (단, 묘목의 길이 : 지제부에서 묘목선단까지의 길이로 한다.)
① 100 이상   ② 80 이상
③ 60 이상   ④ 40 이상

해설
감 묘목의 접목묘의 길이는 100cm 이상이다.

82 종자산업법상 육묘업 등록의 취소 등에 대한 내용이다. (   )에 알맞은 내용은?

> "거짓이나 그 밖의 부정한 방법으로 육묘업 등록을 한 경우"에 따라 육묘업 등록이 취소된 자는 취소된 날부터 (   )이 지나지 아니하면 육묘업을 다시 등록할 수 없다.

① 2년   ② 3년
③ 4년   ④ 5년

해설
육묘업 등록이 취소된 자는 취소된 날부터 2년이 지나지 아니하면 육묘업을 다시 등록할 수 없다.

정답 77 ④ 78 ① 79 ② 80 ① 81 ① 82 ①

83 종자관리요강상 사후관리시험의 기준 및 방법에서 검사항목에 해당하지 않는 것은?

① 품종의 순도 ② 품종의 진위성
③ 종자전염병 ④ 토양 입경 분석

해설
사후관리시험의 검사항목은 품종의 순도, 품종의 진위성, 종자전염성이 있다.

84 종자관리요강상 수입적응성시험의 대상작물 및 실시기관에서 인삼의 실시기관은?

① 농업기술실용화재단
② 한국생약협회
③ 한국종균생산협회
④ 국립산림품종관리센터

해설
종자관리요강상 수입적응성시험의 대상작물 및 실시기관 기준 인삼은 한국생약협회에서 실시한다.

85 종자검사를 받은 보증종자를 판매하거나 보급하려는 자는 해당 보증종자에 대하여 보증표시를 하여야 한다. 이에 따라 보증종자를 판매하거나 보급하려는 자는 종자의 보증과 관련된 검사서류를 작성일로부터 얼마 동안 보관하여야 하는가? (단, 묘목에 관련된 검사서류는 제외한다.)

① 6개월 ② 1년
③ 2년   ④ 3년

해설
종자검사를 받은 보증종자를 판매하거나 보급하려는 자는 해당 보증종자에 대하여 보증표시를 하여야 한다. 이에 따라 보증종자를 판매하거나 보급하려는 자는 종자의 보증과 관련된 검사서류를 작성일부터 3년(묘목에 관련된 검사서류는 5년) 동안 보관하여야 한다.

86 종자검사요령상 시료 추출에 대한 내용이다. ( )에 알맞은 내용은?

작물	시료의 최소 중량		
	제출시료(g)	순도검사(g)	이종계수용(g)
벼	( )	70	700

① 300   ② 500
③ 700   ④ 100

해설
벼의 제출시료의 기준은 700 g 이다.

87 보증서를 거짓으로 발급한 종자관리사의 벌칙은?

① 6개월 이하의 징역 또는 3백만원 이하의 벌금
② 1년 이하의 징역 또는 5백만원 이하의 벌금
③ 1년 이하의 징역 또는 1천만원 이하의 벌금
④ 2년 이하의 징역 또는 2천만원 이하의 벌금

해설
보증서를 거짓으로 발급한 종자관리사는 1년 이하의 징역 또는 1천만원 이하의 벌금에 처한다.

88 포장검사 및 종자검사의 검사기준에서 밀 포장검사의 검사시기 및 횟수는?

① 각 지역 농업단체에서 정한 날짜에 1회 실시
② 감수분열기부터 유숙기 사이에 1회 실시
③ 완숙기로부터 고숙기 사이에 1회 실시
④ 유숙기로부터 황숙기 사이에 1회 실시

해설
겉보리, 쌀보리, 맥주보리, 밀의 검사시기 및 회수는 유숙기로부터 황숙기 사이에 1회 실시한다.

정답 83 ④ 84 ② 85 ④ 86 ③ 87 ③ 88 ④

89 종자관리요강상 종자산업진흥센터 시설기준에서 성분분석실의 장비 구비조건으로 옳은 것은?

① 시료분쇄장비 ② 균주배양장비
③ 병원균 접종장비 ④ 유전자판독장비

해설
종자산업진흥센터 시설기준에서 성분분석실의 장비 구비조건에는 시료분쇄장비, 성분추출장비, 성분분석장비, 질량분석장비가 있다.

90 포장검사 병주 판정기준에서 고구마의 특정병은?

① 풋마름병 ② 흑반병
③ 역병 ④ 후사리움위조병

해설
포장검사 병주 판정기준에서 고구마의 특정병 흑반병, 마이코프라스마병이 있다.

91 식물신품종 보호법상 거짓표시의 죄에 대한 내용이다. ( )에 알맞은 내용은?

> "품종보호를 받지 아니하거나 품종보호 출원 중이 아닌 품종의 종자의 용기나 포장에 품종보호를 받았다는 표시 또는 품종보호 출원 중이라는 표시를 하거나 이와 혼동되기 쉬운 표시를 하는 행위를 하여서는 아니 된다."를 위반한 자는 ( )처한다.

① 6개월 이하의 징역 또는 1백만원 이하의 벌금
② 1년 이하의 징역 또는 6백만원 이하의 벌금
③ 2년 이하의 징역 또는 1천만원 이하의 벌금
④ 3년 이하의 징역 또는 3천만원 이하의 벌금

해설
품종보호를 받지 아니하거나 품종보호 출원 중이 아닌 품종의 종자의 용기나 포장에 품종보호를 받았다는 표시 또는 품종보호 출원 중이라는 표시를 하거나 이와 혼동되기 쉬운 표시를 하는 행위의 경우 3년 이하의 징역 또는 3천만원 이하의 벌금에 처한다.

92 품종보호권 또는 전용실시권을 침해한 자의 벌칙은?

① 7년 이하의 징역 또는 1억원 이하의 벌금
② 5년 이하의 징역 또는 1천만원 이하의 벌금
③ 3년 이하의 징역 또는 5백만원 이하의 벌금
④ 1년 이하의 징역 또는 3백만원 이하의 벌금

해설
품종보호권 또는 전용실시권을 침해한 자는 7년 이하의 징역 또는 1억원 이하의 벌금에 처한다.

93 종자관리요강상 사진의 제출규격에 대한 내용이다. ( )에 알맞은 내용은?

> 제출방법 : 사진은 ( )용지에 붙이고 하단에 각각의 사진에 대해 품종명칭, 촬영부위, 축척과 촬영일시를 기록한다.

① A1 ② A2
③ A4 ④ A6

해설
사진은 A4 용지에 붙이고 하단에 각각의 사진에 대해 품종명칭, 촬영부위, 축척과 촬영일시를 기록한다.

94 종자관리사의 자격기준 등에 대한 내용이다. (　)에 알맞은 내용은?

> 농림축산식품부장관은 종자관리사가 종자산업법에서 정하는 직무를 게을리 하거나 중대한 과오(過誤)를 저질렀을 때에는 그 등록을 취소하거나 (　)이내의 기간을 정하여 그 업무를 정지시킬 수 있다.

① 3개월　　② 6개월
③ 1년　　　④ 2년

해설
농림축산식품부장관은 종자관리사가 이 법에서 정하는 직무를 게을리하거나 중대한 과오(過誤)를 저질렀을 때에는 그 등록을 취소하거나 1년 이내의 기간을 정하여 그 업무를 정지시킬 수 있다.

95 식물신품종 보호법상 절차의 무효에 대한 내용이다. (　)에 알맞은 내용은?

> 심판위원회 위원장은 "보정명령을 받은 자가 지정된 기간까지 보정을 하지 아니한 경우에는 그 품종보호에 관한 절차를 무효로 할 수 있다."에 따라 그 절차가 무효로 된 경우로서 지정된 기간을 지키지 못한 것이 보정명령을 받은 자가 천재지변이나 그 밖의 불가피한 사유에 의한 것으로 인정될 때에는 그 사유가 소멸한 날부터 (　)이내에 또는 그 기간이 끝난 후 1년 이내에 보정명령을 받은 자의 청구에 따라 그 무효처분을 취소할 수 있다.

① 3일　　② 7일
③ 10일　　④ 14일

해설
농림축산식품부장관, 해양수산부장관 또는 심판위원회 위원장은 그 절차가 무효로 된 경우로서 지정된 기간을 지키지 못한 것이 보정명령을 받은 자가 천재지변이나 그 밖의 불가피한 사유에 의한 것으로 인정될 때에는 그 사유가 소멸한 날부터 14일 이내에 또는 그 기간이 끝난 후 1년 이내에 보정명령을 받은 자의 청구에 따라 그 무효처분을 취소할 수 있다.

96 식물신품종 보호법상 거절결정 또는 취소결정의 심판에 대한 내용이다. (　)에 알맞은 내용은?

> 심사관은 무권리자가 출원한 경우에는 그 품종보호 출원에 대하여 거절결정을 하여야 한다. 이에 따른 거절결정을 받은 자가 이에 불복하는 경우에는 그 등본을 송달받은 날부터 (　)이내에 심판을 청구할 수 있다.

① 10일　　② 30일
③ 50일　　④ 90일

해설
거절결정 또는 취소결정을 받은 자가 이에 불복하는 경우에는 그 등본을 송달받은 날부터 30일 이내에 심판을 청구할 수 있다.

97 종자검사요령상 수분의 측정에서 저온항온건조기법을 사용하게 되는 종에 해당하는 것은?

① 시금치　　② 상추
③ 부추　　　④ 오이

해설
저온항온 건조기법은 마늘, 파, 부추, 콩, 땅콩, 배추씨, 유채, 고추, 목화, 피마자, 참깨, 아마, 겨자, 무에 적용한다.

98 종자산업법상 종자업의 등록 등에 대한 내용이다. (　)에 해당하지 않는 내용은?

> 종자업을 하려는 자는 대통령령으로 정하는 시설을 갖추어 (　)에게 등록하여야 한다.

① 국립생태원장　　② 시장
③ 군수　　　　　　④ 구청장

해설
종자업을 하려는 자는 대통령령으로 정하는 시설을 갖추어 시장·군수·구청장에게 등록하여야 한다.

정답　94 ③　95 ④　96 ②　97 ③　98 ①

99 식물신품종 보호법상 품종보호료에 대한 내용이다. ( )에 알맞은 내용은?

> 품종보호권자는 그 품종보호권의 존속기간 중에는 ( )에게 품종보호료를 매년 납부하여야 한다.

① 농업기술실용화재단장
② 농촌진흥청장
③ 농림축산식품부장관
④ 국립농산물품질관리원장

해설
품종보호권자는 그 품종보호권의 존속기간 중에는 농림축산식품부장관 또는 해양수산부장관에게 품종보호료를 매년 납부하여야 한다.

100 과수와 임목의 경우 품종보호권의 존속기간은 품종보호권이 설정등록된 날부터 몇 년으로 하는가?

① 5년　② 10년
③ 25년　④ 30년

해설
품종보호권의 존속기간은 품종보호권이 설정등록된 날부터 20년으로 한다. 다만, 과수와 임목의 경우에는 25년으로 한다.

정답 99 ③　100 ③

제3회 종자기사

제1과목 종자생산학

01 층적저장과 가장 가까운 의미를 갖는 것은?
① 발아억제를 위한 건조처리
② 휴면타파를 위한 저온처리
③ 발아율 향상을 위한 후숙처리
④ 발아촉진을 위한 생장조절제 처리

해설
층적처리는 나무상자나 나무통에 습기가 있는 모래 혹은 톱밥과 종자를 층을 만들어 종자를 넣어 저온저장고에 보관한다.

02 식물의 종자를 구성하고 있는 기관은?
① 전분, 단백질, 배유
② 배, 전분, 초엽
③ 종피, 배유, 배
④ 단백질, 종피, 초엽

해설
종자는 종피와 배, 저장양분을 함유한 배유 등으로 구성되어 있다.

03 자식성 작물의 종자생산 관리체계에서 증식체계로 옳은 것은?
① 기본식물 → 원원종 → 원종 → 보급종
② 보급종 → 기본식물 → 원원종 → 원종
③ 보급종 → 원원종 → 원종 → 기본식물
④ 원종 → 보급종 → 원원종 → 기본식물

해설
작물의 종자생산 관리 및 증식체계는 기본식물, 원원종, 원종, 채종포(보급종), 농가의 순이다.

04 무의 채종재배를 위한 포장의 격리거리는 얼마인가?
① 100m 이상
② 250m 이상
③ 500m 이상
④ 1000m 이상

해설
무의 채종재배를 위한 포장 격리거리 기준은 1,000m 이다.

05 다음에서 설명하는 것은?

> 종자가 자방벽에 붙어 있는 경우로서 대개 종자는 심피가 서로 연결된 측면에 붙어있다.

① 측막태좌
② 중축태좌
③ 중앙태좌
④ 이형태좌

해설
암술을 이루는 심피의 수는 태좌로 알수 있으며 자방의 태자위치는 태자위라 하고 배주가 부착되었거나 배열된 상태에 따라 4가지 유형으로 나누어 진다. 이때 측막태좌는 측벽태좌라 하며 중앙에 생긴 축과 각 방 사이의 막이 없어져서 한방이 되는 동시에 씨방 벽의 안쪽에 직접 붙어 있는 태좌를 말한다.

06 저장종자가 발아력을 잃게 되는 원인으로 옳지 않은 것은?
① 종자 단백질의 변성
② 효소의 활성 증진
③ 호흡에 의한 종자 저장물질 소모
④ 저장 기간 중 저장고 온도와 습도의 상승

해설
저장 종자의 효소의 활성이 증진되면 종자의 발아력이 활성화된다.

정답 01 ② 02 ③ 03 ① 04 ④ 05 ① 06 ②

07 작물생식에 있어서 아포믹시스를 옳게 설명한 것은?
① 수정에 의한 배 발달
② 수정없이 배 발달
③ 세포 융합에 의한 배 발달
④ 배유 배양에 의한 배 발달

해설
아포믹시스는 무수정생식이라 하며 난핵과 정핵의 결합이 없는 무성생식이다.

08 식물의 화아가 유도되는 생리적 변화에 영향을 미치는 요인으로 가장 거리가 먼 것은?
① 춘화처리　② 일장효과
③ 토양수분　④ C/N율

해설
화아분화에 영향을 주는 요인으로 일장, 온도(춘화처리 등), 습도 등의 외부환경요인이 있으며 내적요인으로는 식물의 성숙도, 영양상태(C/N율 등), 식물호르몬 등이 있다.

09 종자 프라이밍의 주 목적으로 옳은 것은?
① 종피에 함유된 발아억제물질의 제거
② 종자전염 병원균 및 바이러스 방제
③ 유묘의 양분흡수 촉진
④ 종자발아에 필요한 생리적인 준비를 통한 발아 속도와 균일성 촉진

해설
종자 프라이밍은 발아 촉진과 발아 후 생육 촉진, 발아 균일성 향상을 목적으로 한다.

10 수확적기로 벼의 수확 및 탈곡 시에 기계적 손상을 최소화 할 수 있는 종자 수분함량은?
① 14% 이하　② 17~23%
③ 30~35%　④ 50% 이상

해설
벼, 보리의 수확적기 종자 수분함량은 17~23% 이며 이때 탈곡 시 기계적 손상을 최소화 할수 있다.

11 다음 중 뇌수분을 이용하여 채종하는 작물은?
① 벼　② 배추
③ 당근　④ 아스파라거스

해설
뇌수분의 경우 자가수정률이 높은 편이며 양배추, 무 등의 식물에 적합하다.

12 다음 설명에 해당하는 것은?

> 많은 꽃의 자방들이 모여서 하나의 덩어리를 이루고 있는 것으로 파인애플, 라즈베리가 해당한다.

① 복과　② 위과
③ 취과　④ 단과

해설
복과는 많은 꽃의 자방들이 모여 하나의 덩어리를 이루는 것으로 라즈베리, 파인애플 등이 있다.

13 옥수수 종자는 수정 후 며칠쯤이 되면 발아율이 최대에 달하는가?
① 약 13일　② 약 21일
③ 약 31일　④ 약 43일

해설
옥수수 종자는 수정 후 약 31일이 되면 발아율이 최대에 달한다.

정답 07 ② 08 ③ 09 ④ 10 ② 11 ② 12 ① 13 ③

14 다음 중 무배유 종자에 해당하는 것은?
① 보리   ② 상추
③ 밀   ④ 옥수수

해설
무배유종자에는 콩, 완두, 팥, 녹두, 클로버 등의 콩과 식물 및 수박, 오이, 호박, 상추, 배추 등이 있다.

15 유한화서이면서 작살나무처럼 2차지경 위에 꽃이 피는 것을 무엇이라 하는가?
① 두상화서   ② 유이화서
③ 원추화서   ④ 복집산화서

해설
복집산화서는 2차지경 위에 꽃이 피는 것으로 작살나무 등이 있다.

16 다음 중 발아촉진에 효과가 가장 큰 물질은?
① gibberellin   ② abscisic acid
③ parasorbic acid ④ momilactone

해설
지베렐린(Gibberellin)을 작물에 적용시 발아촉진, 화성유도, 생장 촉진, 수량의 증대 효과 등이 있으며 발아촉진에 큰 효과를 보인다.

17 종자의 생성 없이 과실이 자라는 현상은?
① 단위결과   ② 단위생식
③ 무배생식   ④ 영양결과

해설
단위결과는 수정이 되고 종자가 생기지 않아도 과실이 형성되는 경우로 바나나, 수박, 포도, 오이, 감귤류 등에서 나타난다.

18 다음 중 호광성 종자인 것은?
① 토마토   ② 가지
③ 상추   ④ 호박

해설
광발아성 종자는 호광성종자로 상추, 담배, 우엉 등이 있다.

19 광합성 산물이 종자로 전류되는 이동형태는?
① amylose   ② stachyose
③ sucrose   ④ raffinose

해설
광합성산물의 종자로 전류는 수크로스(sucrose)로 이루어진다.

20 한천배지검정에서 Sodium Hypochlorite (NaOCl)를 이용한 종자의 표면 소독 시 적정농도와 침지시간으로 가장 적당한 것은?
① 1%, 1분   ② 10%, 10분
③ 20%, 30분 ④ 40%, 50분

해설
NaOCl 1% 용액에 1분 동안 침지하여 표면을 소독한다.

제2과목 식물육종학

21 유전자형이 이형접합 상태에서만 나타나는 분산은?
① 상가적 분산   ② 우성적 분산
③ 상위적 분산   ④ 환경 분산

해설
우성적 분산은 1대 잡종의 표현형 값이 양친의 어느 한쪽과 일치하면 완전우성, 양친과 양친평균 사이에 있으면 불완전우성, 양친 값을 벗어나면 초월우성이다. 이러한 우성적 분산은 유전자형이 이형접합에서 나타나는 분산이다.

22 순계 두 품종 사이의 교배에 의하여 생겨난 F_1 식물체(AaBbCcDdEe)가 생산하는 화분의 종류는? (단, 5개의 유전자는 서로 독립 유전을 한다고 가정함)
① 5개　　② 25개
③ 32개　　④ 64개

해설
n 쌍의 대립유전자는 2^n 만큼의 표현형을 가지기에 5개의 대립유전자가 있으므로 $2^5=32$ 개이다.

23 다음 중 자식성 작물에서 유전력이 높은 형질의 개량에 가장 많이 쓰이는 육종방법은?
① 계통육종법　　② 집단육종법
③ 잡종강세육종법　　④ 배수성육종법

해설
계통육종법은 교배를 하여 잡종을 만들고 그 분리세대인 F_2 이후부터 계속 개체선발을 하고 선발된 개체를 개체별 계통재배를 되풀이 하면 그들 계통을 서로 비교하여 우량한 계통을 선발, 고정하여 순계를 만들어 가는 방법으로 자가수정작물의 대표적인 육종방법이다.

24 다음 중 하디-바인베르크 법칙의 전제조건으로 옳지 않은 것은?
① 집단 내에 유전적 부동이 있어야 한다.
② 다른 집단과 유전자 교류가 없어야 한다.
③ 집단 내에서 자연적 선택이 일어나지 않아야 한다.
④ 집단 내에 돌연변이가 일어나지 않아야 한다.

해설
하디-바인베르크 법칙은 무작위적 교배가 일어나고 있는 집단에서 유전자를 변화시키는 외부 힘이 작용하지 않는 한 우성 유전자와 열성 유전자의 비율은 세대를 거듭하여도 변하지 않고 유전적 평형을 이룬다는 내용이다

※ 하디-바인베르크 법칙 전제조건
· 돌연변이가 없어야 한다.
· 대립유전자의 적합도가 같아야 한다.
· 집단 간 이주가 없어야 한다.
· 무작위 교배가 일어나며 유전자 부동이 없어야 한다.

25 바빌로프의 유전자 중심지설에서 감자, 토마토, 고추 작물의 재배기원 중심지는?
① 지중해 연안지구　　② 근동지구
③ 남미지구　　④ 중앙아메리카지구

해설
감자, 담배, 바나나, 토마토, 고추 등은 바빌로프의 유전자 중심지설에서 남미지구(남아메리카)에 해당된다.

26 토마토의 웅성불임은 세포질은 관여하지 않고 핵유전자가 열성의 msms일 때 나타난다. 웅성불임계통을 웅성불임 유지친과 교배하여 얻는 후대 중에서 웅성불임 개체는 최고 몇 %를 얻을 수 있는가?
① 100%　　② 75%
③ 50%　　④ 25%

해설
웅성불임인자는 Ms 로 표시한다. 여기서 msms 는 불임, MsMs 는 가임이 된다. 불임주의 유지 증식은 불임주, msms 에 이형상태인 Msms 주의 화분을 교배하여 50% 의 불임주를 얻는다.

27 피자식물의 중복수정에 의해 형성되는 배유의 염색체 수는?
① 1n　　② 2n
③ 3n　　④ 4n

해설
피자식물 중복수정으로 정핵(n)과 2개의 극핵(2n)을 통해 배유(3n)이 나타난다.

28 배추, 무 등 호냉성 채소의 주년생산은 어떤 형질의 개량에 의해 가능해 진 것인가?
① 저온 감응성 ② 내습성
③ 내도복성   ④ 내염성

해설
배추, 무 등 호냉성 채소는 저온감응성으로 최아종자의 시기에 저온에 감응해야 개화를 하는데 이러한 저온 감응성을 개량하여 주년생산이 가능하도록 하였다.

29 새로 육성한 우량품종의 순도를 유지하기 위하여 육종가 또는 육종기관이 유지·관리하고 있는 종자는?
① 보급종 종자   ② 원종 종자
③ 원원종 종자   ④ 기본식물 종자

해설
기본식물의 종자는 우량품종의 순도 유지를 위해 육종가 혹은 육종기관에서 관리를 한다.

30 세포질-유전자적 웅성불임성에 있어서 불임주의 유지친이 갖추어야 할 유전적 조건으로 옳은 것은?
① 핵내의 불임 유전자 조성이 웅성불임친과 동일해야 한다.
② 웅성불임친과 교배 시에 강한 잡종강세 현상이 일어나야 한다.
③ 핵내의 모든 유전자 조성이 웅성불임친과 동일하지 않아야 한다.
④ 웅성불임친에는 없는 내병성 유전인자를 가져야 한다.

해설
불임주의 유지친은 핵내의 불임 유전자 조성이 웅성불임친과 동일해야 한다.

31 두 유전자가 연관되었는지를 알아보기 위하여 주로 쓰는 방법은?
① 타가수정   ② 원형질융합
③ 속간교배   ④ 검정교배

해설
검정교배는 어떤 개체의 유전자형이나 배우자분리를 알고자 열성인 개체와 교배하는 것을 말한다.

32 다음 중 우장춘 박사의 작물육종 업적으로 옳은 것은?
① 배추와 양배추간의 종간잡종 획득
② 속간 잡종을 이용한 담배의 내병성 품종 육성
③ 콜히친에 의한 C-mitosis 발생 기작 규명
④ 방사선을 이용한 옥수수의 돌연변이체 획득

해설
우장춘 박사의 작물육종 업적에서 '종의 합성'이라는 논문을 통해 배추와 양배추간의 종간잡종이 가능함을 밝혔다.

33 여교잡 육종법에 대한 설명으로 옳지 않은 것은?
① 목표형질 이외 다른 형질의 개량이 용이함
② 재래종의 내병성을 이병성 품종에 도입하는 경우 효과적임
③ 복수의 유전자 집적이 가능함
④ 비실용품종의 한 가지 우수한 특성을 도입하기 유용함

해설
여교잡육종법은 연속적으로 교배하면서 목표형질만을 선발하므로 육종효과가 있으나 목표형질 이외 다른 형질의 개량을 기대하기 어렵다.

정답 28 ① 29 ④ 30 ① 31 ④ 32 ① 33 ①

34 잡종 집단에서 선발차가 50 이고, 유전획득량이 25 일 때의 유전력(%)은?
① 0.2   ② 0.5
③ 20   ④ 50

해설

유전력 = $\dfrac{\text{유전획득량}}{\text{선발차}} \times 100 = \dfrac{25}{50} \times 100 = 50(\%)$

35 600개의 염기로 구성된 유전자의 DNA단편이 단백질로 합성되는 과정에서 몇 개의 코돈을 형성하는가?
① 100   ② 200
③ 300   ④ 600

해설

코돈은 단백질 합성 시 한 개의 아미노산을 지정하는 단위로 DNA에서 3개의 염기서열로 이루어진다. 즉 600개의 염기로 구성된 유전자의 DNA단편이 단백질로 합성되는 과정에서 200개의 코돈이 형성된다.

36 잡종강세육종에서 일반조합능력과 특정조합 능력을 함께 검정할 수 있는 것은?
① 단교배   ② 톱교배
③ 이면교배   ④ 3원교배

해설

이면교배는 여러 자식계를 둘씩 조합하거나 교배하여 특정조합능력과 일반조합능력을 검정한다.

37 동질배수체의 일반적인 특징에 대한 설명으로 옳지 않은 것은?
① 저항성이 증대된다.
② 핵과 세포가 커진다.
③ 착과수가 많아진다.
④ 영양기관의 생육이 증진된다.

해설

동질배수체는 임성이 저하되고 착과성이 감퇴하며 발육이 지연 된다.

38 일장효과의 이용에 대한 설명으로 틀린 것은?
① 단일성 작물에 한계일장 이상의 일장처리를 하면 개화가 지연된다.
② 단일성 작물에 한계일장 이하의 일장처리를 하면 개화가 촉진된다.
③ 장일성 작물에 한계일장 이하의 일장처리를 하면 개화가 촉진된다.
④ 장일성 작물에 한계일장 이상의 일장처리를 하면 개화가 촉진된다.

해설

장일성 식물은 한계일장이상의 빛을 받아야 개화가 유도된다.

39 동질4배체의 F_1(AAaa)을 자가수정하여 만들어진 F_2의 표현형의 분리비로 옳은 것은? (단, A는 a에 우성이다.)
① 우성 : 열성 = 1 : 1
② 우성 : 열성 = 3 : 1
③ 우성 : 열성 = 15 : 1
④ 우성 : 열성 = 35 : 1

해설

F_1(AAaa)을 자가수정하여 만들어진 F_2의 표현형의 분리비는 AAAA:AAAa:AAaa:Aaaa:AAAA = 1:8:18:8:1 이므로 분리비는 우성:열성 = 35:1 이다.

정답 34 ④ 35 ② 36 ③ 37 ③ 38 ④ 39 ④

40 집단선발법에 대한 설명으로 옳지 않은 것은?

① 집단속에서 선발한 우량개체 간에 타식시킨다.
② 집단속에서 선발한 우량개체를 자식시켜 나간다.
③ 어느 정도 이형접합성을 유지해 나가도록 할 필요가 있다.
④ 선발한 우량개체를 방임상태로 수분시켜 채종한다.

해설
집단선발법은 개체나 계통의 집단을 대상으로 선발하는 방법으로 타가수정작물에 많이 이용된다.

제3과목 재배원론

41 다음 중 인과류에 해당하는 것은?

① 앵두　② 포도
③ 감　　④ 사과

해설
인과류에는 배, 사과, 비파 등이 있다.

42 벼, 보리 등 자가수분작물의 종자갱신방법으로 옳은 것은? (단, 기계적 혼입의 경우는 제외한다.)

① 자가에서 정선하면 종자교환 할 필요가 없다.
② 원종장에서 보급종을 3~4년마다 교환한다.
③ 원종장에서 10년마다 교환한다.
④ 작황이 좋은 농가에서 15년마다 교환한다.

해설
벼, 보리 등의 종자갱신은 원종장에서 보급종을 4년마다 교환한다.

43 다음 중 방사선을 육종적으로 이용할 때에 대한 설명으로 옳지 않은 것은?

① 주로 알파선을 조사하여 새로운 유전자를 창조한다.
② 목적하는 단일유전자나 몇 개의 유전자를 바꿀 수 있다.
③ 연관군 내의 유전자를 분리할 수 있다.
④ 불화합성을 화합성으로 변화시킬 수 있다.

해설
방사선을 이용한 돌연변이육종법에서는 γ선(감마선)이 가장 많이 이용된다.

44 고구마의 저장온도와 저장습도로 가장 적합한 것은?

① 1~4°C, 60~70%
② 5~7°C, 70~80%
③ 13~15°C, 80~90%
④ 15~17°C, 90% 이상

해설
저장시 감자의 저장온도는 1~4°C, 저장습도는 80~95% 이다. 고구마의 경우 저장온도 12~15°C, 저장습도 80~95% 이다.

45 무기성분의 산화와 환원형태로 옳지 않은 것은?

① 산화형 : SO_4, 환원형 : H_2S
② 산화형 : NO_3, 환원형 : NH_4
③ 산화형 : CO_2, 환원형 : CH_4
④ 산화형 : Fe^{++}, 환원형 : Fe^{+++}

해설
Fe(철)에서 산화형은 전자를 잃은 Fe^{3+} 이며 환원형은 전자를 얻은 Fe^{2+} 이다

정답　40 ②　41 ④　42 ②　43 ①　44 ③　45 ④

46 다음 중 세포의 신장을 촉진시키며 굴광현상을 유발하는 식물호르몬은?
① 옥신 ② 지베렐린
③ 사이토카이닌 ④ 에틸렌

해설
옥신은 굴광현상에 영향을 주는 식물호르몬으로 옥신에 의해 식물이 빛을 따라 기울어지는 현상이 나타난다.

47 영양번식을 위해 엽삽을 이용하는 것은?
① 베고니아 ② 고구마
③ 포도나무 ④ 글라디올러스

해설
엽삽을 이용하는 것으로 베고니아, 산세베리아 등이 있다.

48 화곡류에서 잎을 일어서게 하여 수광율을 높이고, 증산을 줄여 한해 경감 효과를 나타내는 무기성분으로 옳은 것은?
① 니켈 ② 규소
③ 셀레늄 ④ 리튬

해설
규소는 화곡류의 저항성을 높이는데 도움을 주는데 벼에 있어 도열병에 대한 저항성을 키워주고 잎을 곧게 지지하도록 도와준다. 잎을 곧게 지지하여 수광율을 높이는데도 도움을 주며 한해에 대한 경감 효과도 있다.

49 건물생산이 최대로 되는 단위면적당 군락 엽면적을 뜻하는 용어는?
① 최적엽면적 ② 비엽면적
③ 엽면적지수 ④ 총엽면적

해설
최적엽면적은 건물생산이 최대로 되는 단위 면적당의 군락엽면적이며 군락의 엽면적을 토지면적에 대한 배수치로 표현한 것을 엽면적지수라 한다.

50 토양의 pH가 1단위 감소하면 수소이온의 농도는 몇 % 증가하는가?
① 1 % ② 10 %
③ 100 % ④ 1000 %

해설
pH 1 은 10^{-1} 로서 수소이온 농도가 1/10 을 의미한다 pH 2 는 10^{-2} 로서 1/100 의 의미이며 pH 단위 1 당 수소이온 농도가 10배씩 변화된다. 여기서 % 로 표현하면 수소이온이 10배 차이가 나기에 1000% 가 변화한다.

51 다음 중 봄철 늦추위가 올 때 동상해의 방지책으로 옳지 않은 것은?
① 발연법 ② 송풍법
③ 연소법 ④ 냉수온탕법

해설
동상해의 방지책에는 관개법, 송풍법, 발연법, 피복법, 연소법, 살수빙결법이 있다.

52 다음 중 하고현상이 가장 심하지 않은 목초는?
① 티머시 ② 켄터키브루그래스
③ 레드클로버 ④ 화이트클로버

해설
하고 현상이 심한 목초의 종류에는 티머시, 블루그라스, 레드클로버 등이 있고 상대적으로 하고현상이 적은 종류에는 라이그라스, 화이트클로버, 오처드그라스 등이 있다.

정답 46 ① 47 ① 48 ② 49 ① 50 ④ 51 ④ 52 ④

53 다음 중 질산태질소에 관한 설명으로 옳은 것은?

① 산성토양에서 알루미늄과 반응하여 토양에 고정되어 흡수율이 낮다.
② 작물의 이용형태로 잘 흡수·이용하지만 물에 잘 녹지 않으며 지효성이다.
③ 논에서는 탈질작용으로 유실이 심하다.
④ 논에서 환원층에 주면 비효가 오래 지속된다.

해설
질산태질소(NO_3^-)를 논에 주면 용탈 및 탈질현상이 심하게 나타난다.

54 질소농도가 0.3%인 수용액 20L를 만들어서 엽면시비를 할 때 필요한 요소비료의 양은? (단, 요소비료의 질소함량은 46% 이다.)

① 약 28g ② 약 60g
③ 약 77g ④ 약 130g

해설
· 0.3% 수용액 20L 의 용질(질소)의 양은
$\frac{용질(질소)}{20000g} \times 100 = 0.3 \rightarrow 용질(질소) : 60g$
· 요소비료의 질소함량은 46% 이므로 필요한 요소비료의 질량은 $60g \div \frac{46}{100} ≒ 130.43(g)$

55 작물이 정상적으로 생육하는 토양의 유효수분 범위(pF)는?

① 1.8~3.0 ② 18~30
③ 180~300 ④ 1800~3000

해설
일반작물의 유효수분은 pF 1.8 ~ 4.0 정도이며 정상생육이 가능한 범위는 pF 1.8~3.0 이다.

56 식물의 무기영양설을 제창한 사람은?

① 바빌로프 ② 캔돌레
③ 린네   ④ 리비히

해설
1840년 독일의 리비히가 무기영양설을 제창하였다. 무기영양설은 식물의 영양이 유기화합물은 필요하지 않고 무기화합물만으로 충분하다는 내용이다.

57 다음 중 벼 장해형 냉해에 가장 민감한 시기로 옳은 것은?

① 유묘기   ② 감수분열기
③ 최고분열기 ④ 유숙기

해설
장해형 냉해는 화분이나 배낭의 생식기관이 정상적으로 형성되지 못하거나 수정장해가 유발되는 등의 현상이 발생한다. 벼는 냉해로 인하여 감수분열기에 이상발육이 초래되어 불임현상이 나타나기도 한다.

58 다음 중 연작 장해가 가장 심한 작물은?

① 당근 ② 시금치
③ 수박 ④ 파

해설
당근은 연작의 해가 적은 작물이며 시금치와 파는 1년정도 휴작이 필요한 작물이다. 그러나 수박의 경우 5~7년 정도의 휴작이 필요하기에 연작을 할 경우 피해가 심하게 나타난다.

59 다음 중 파종량을 늘려야 하는 경우로 가장 적합한 것은?

① 단작을 할 때
② 발아력이 좋을 때
③ 따뜻한 지방에 파종할 때
④ 파종기가 늦어질 때

해설
발아력이 낮거나 파종기가 늦을 경우 파종량을 늘린다.

정답 53 ③ 54 ④ 55 ① 56 ④ 57 ② 58 ③ 59 ④

60 다음 중 영양번식을 하는데 발근 및 활착을 촉진하는 처리가 아닌 것은?
① 황화처리　② 프라이밍
③ 환상박피　④ 옥신류처리

해설
종자프라이밍은 일정 조건에서 종자에 삼투압 용액이나 수용성 화합물을 흡수시켜 종자 내 대사 작용이 진행되지만 발아하지 않도록 처리하는 기술로 발아 촉진과 발아 후 생육 촉진을 목적으로 한다.

제4과목 식물보호학

61 마늘의 뿌리를 가해하는 해충은?
① 고자리파리　② 점박이응애
③ 왕귀뚜라미　④ 아이노각다귀

해설
고자리파리의 기주는 양파, 파, 마늘 부추 등이 있다. 유충이 뿌리 부분을 가해하고 이후 줄기까지 가해하여 식물을 고사시킨다.

62 병원균이 균핵 형태로 종자와 섞여 있다가 전염되는 병은?
① 보리 깜부기병　② 호밀 맥각병
③ 벼 키다리병　④ 벼 도열병

해설
호밀 맥각병은 자낭균류에 의해 발생한다. 균핵은 땅에서 월동하고 다음해 자실체를 형성한다. 또한 병원균이 균핵 형태로 종자와 섞여 있다 전염되기도 한다.

63 곤충의 감각기에 대한 설명으로 옳지 않은 것은?
① 곤충의 감각에는 청각, 후각, 촉각, 시각 등이 있다.
② 각종 화학물질을 탐지할 수 있는 화학감각기가 잘 발달되어 있다.
③ 곤충은 소리를 탐지할 수 없다.
④ 대부분의 곤충은 적색을 감지하지 못한다.

해설
곤충의 감각기에서 청각은 소리를 탐지할 수 있다.

64 고구마무름병균과 귤푸른곰팡이병의 공통된 기주침입 방법은?
① 자연개구부를 통한 침입
② 상처를 통한 침입
③ 각피를 통한 침입
④ 특수기관을 통한 침입

해설
고구마무름병균과 귤푸른곰팡이병은 대상 식물의 상처를 통해 침입한다.

65 벼의 줄무늬잎마름병의 매개충은?
① 벼멸구　② 애멸구
③ 흰등멸구　④ 복숭혹진딧물

해설
줄무늬잎마름병의 병원은 바이러스이며 매개충은 애멸구이다. 애멸구는 1년에 5회 정도 발생하며 4월, 6월, 7월, 8월, 9월에 각각한번씩 발생하고 4령 약충이 논둑의 잡초 사이에 월동한다.

정답 60 ② 61 ① 62 ② 63 ③ 64 ② 65 ②

66 식물병을 일으키는 비기생성의 원인으로 가장 거리가 먼 것은?
① 양분 부족 ② 유해 물질
③ 바이로이드 ④ 산업폐기물

해설
바이로이드는 생물성 병원으로 기생성에 해당된다.

67 농약의 구비조건이 아닌 것은?
① 약해가 없을 것
② 가격이 저렴할 것
③ 약효가 확실할 것
④ 타약제와 혼용 시 물리적 작용이 일어날 것

해설
농약의 경우 다른 약제와 혼용시 물리적 작용이 일어나지 않아야 한다.

68 사용목적에 따른 농약의 분류에서 종류가 다른 것은?
① 접촉독제 ② 유인제
③ 훈증제 ④ 종자소독제

해설
접촉제, 유인제, 훈증제는 살충제에 해당되며 종자소독제는 살균제에 해당된다.

69 식물을 보호하기 위한 포장위생 방법으로 옳지 않은 것은?
① 병든 식물의 제거
② 윤작
③ 병환부의 제거
④ 수확 후 이병잔재물의 제거

해설
포장위생에는 병든 식물, 병환부, 이병잔재물 등을 제거하여 1차 전염원을 없애는 것이다. 윤작은 포장위생과 함께 경종적 방제법에 해당된다.

70 식물병 표징의 특징이 다른 하나는?
① 흰가루병 ② 녹병
③ 균핵병 ④ 흰녹가루병

해설
흰가루병, 녹병, 흰녹가루병 등은 가루를 뿌린듯한 표징이 나타나지만 균핵병은 표면에 검은 쥐똥 같은 덩어리가 생긴다.

71 밀줄기녹병균의 중간기주는?
① 향나무 ② 밀
③ 매자나무 ④ 모과나무

해설
맥류 줄기녹병의 중간기주는 매자나무이다.

72 프루텔고치벌이 기생하는 기주곤충은?
① 파밤나방 ② 담배나방
③ 배추좀나방 ④ 담배거세미나방

해설
프루텔코치벌은 배추좀나방 유충에 기생하는 내부 기생봉이다.

73 도열병균의 포자가 발아한 후 잎표피를 침입하기 위하여 형성하는 기구는?
① 부착기 ② 발아관
③ 흡기 ④ 제2차균사

해설
도열병균은 기주에 침입할 때 부착기를 형성하며 균사의 끝이 특수한 모양의 흡기를 세포 안에 박고 영양을 섭취한다.

74 곤충의 특징이 아닌 것은?
① 머리에는 한 쌍의 촉각과 여러 모양으로 변형된 입틀(구기)을 가지고 있다.
② 폐쇄 혈관계를 가지고 있다.
③ 호흡은 잘 발달된 기관계를 통해서 이루어진다.
④ 외골격으로 이루어져 있다.

해설
순환계는 개방형 순환계와 폐쇄형 순환계로 분류되며 곤충은 개방형 순환계를 가진다.

75 후배자 발육에 있어 날개가 없는 원시적인 곤충들에서 볼 수 있고 탈피만 일어나는 변태는?
① 완전변태 ② 불완전변태
③ 과변태   ④ 무변태

해설
무변태는 불완전변태의 일종으로 부화 당시 성충과 같은 모양을 하고 있으며 톡토기목에서 관찰된다.

76 곤충의 가슴에 대한 설명으로 옳지 않은 것은?
① 두 쌍의 날개가 있는 경우, 앞가슴과 가운데가슴에 각각 한 쌍씩 있다.
② 앞가슴, 가운데가슴, 뒷가슴의 세부분으로 구성된다.
③ 파리목 곤충은 뒷날개가 퇴화되어 있다.
④ 각 마디마다 한 쌍씩의 다리가 있다.

해설
대부분의 곤충은 날개는 2쌍으로 앞날개는 가운데가슴, 뒷날개는 뒷가슴에 달려 있다.

77 식물병을 일으키는 요인 중 전염성 병원이 아닌 것은?
① 항생제   ② 바이로이드
③ 스피로플라스마 ④ 파이토플라스마

해설
항생제는 세균의 번식을 억제하거나 죽여서 세균 감염을 치료하는 데 활용된다.

78 해충 종합관리에 대한 설명으로 옳지 않은 것은?
① 이용할 수 있는 모든 방제수단을 조화롭게 활용한다.
② 작물 재배지 내의 모든 해충을 박멸한다.
③ 해충밀도를 경제적 피해허용수준 이하로 유지한다.
④ 해충방제의 부작용을 최소한으로 줄인다.

해설
병해충 종합관리는 생태학적인 시각에서 관리를 요구하며 병해충의 박멸이 아닌 농작물에 피해를 입히지 않는 수준의 유지를 목적으로 한다.

79 식물병원 바이러스에 대한 설명으로 옳지 않은 것은?
① 인공배지에 배양할 수 없다.
② 핵산은 DNA로만 구성되어 있다.
③ 주로 핵산과 단백질로 되어 있다.
④ 식물에 병을 일으키는 능력을 가진다.

해설
바이러스는 핵산과 단백질로 구성된 핵단백질로 세포벽이 없는 것이 특징이다. 핵산은 대부분 RNA 이며 몇몇은 DNA 가 존재한다.

정답 74 ② 75 ④ 76 ① 77 ① 78 ② 79 ②

80 식물 바이러스에 대한 설명으로 옳지 않은 것은?
① 식물 세균보다 크기가 큰 병원체이다.
② 초현미경적 병원체이다.
③ 살아있는 세포에서만 증식이 가능하다.
④ 핵산의 주위를 외피단백질이 둘러 싸고 있다.

해설
병원체의 크기는 곰팡이에 가장 크며 세균, 파이토플라스마, 바이러스, 바이로이드 순서로 바이로이드가 가장 작다.

제5과목 종자관련법규

81 식물신품종보호법상 우선권을 주장하려는 자는 최초의 품종보호 출원일 다음 날부터 얼마 이내에 품종보호 출원을 하지 아니하면 우선권을 주장할 수 없는가?
① 3개월 이내
② 6개월 이내
③ 9개월 이내
④ 1년 이내

해설
우선권을 주장하려는 자는 최초의 품종보호 출원일 다음 날부터 1년 이내에 품종보호 출원을 하지 아니하면 우선권을 주장할 수 없다.

82 종자산업법상 출입, 조사·검사 또는 수거를 거부·방해 또는 기피한 자의 과태료는?
① 5백만원 이하의 과태료
② 1천만원 이하의 과태료
③ 2천만원 이하의 과태료
④ 5천만원 이하의 과태료

해설
종자산업법상 출입, 조사·검사 또는 수거를 거부·방해 또는 기피한 자는 1년 이하의 징역 또는 1천만원 이하의 벌금에 처한다.

83 종자검사요령상 종자검사 순위도에서 종자검사 시 가장 우선 실시하는 것은?
① 발아세검사
② 농약검사
③ 발아율검사
④ 수분검사

해설
수분검사는 종자의 수분함량을 측정하는 것으로 종자의 저장과 관계가 있어 종자검사 시 가장 우선적으로 실시한다.

84 종자검사요령상 시료추출에서 수수의 순도검사 최소 중량은?
① 25g
② 50g
③ 90g
④ 120g

해설
수수의 제출시료는 900g, 순도검사는 90g 을 기준으로 한다.

85 종자산업법상 국가보증의 대상에 대한 내용이다. ( )에 옳지 않은 내용은?

( )가/이 품종목록 등재대상작물의 종자를 생산하거나 수출하기 위하여 국가보증을 받으려는 경우 국가보증의 대상으로 한다.

① 군수
② 시장
③ 도지사
④ 각 지역 국립 대학교 연구원

해설
시·도지사, 시장·군수·구청장, 농업단체등 또는 종자업자가 품종목록 등재대상작물의 종자를 생산하거나 수출하기 위하여 국가보증을 받으려는 경우 국가보증의 대상으로 한다.

정답 80 ① 81 ④ 82 ② 83 ④ 84 ③ 85 ④

86 종자산업법상 육묘업 등록이 취소된 자는 취소된 날부터 몇 년이 지나지 아니하면 육묘업을 다시 등록할 수 없는가?

① 2년　　② 3년
③ 5년　　④ 7년

해설
육묘업 등록이 취소된 자는 취소된 날부터 2년이 지나지 아니하면 육묘업을 다시 등록할 수 없다.

87 식물신품종보호법상 품종보호권의 설정등록을 받으려는 자나 품종보호권자는 품종보호료 납부기간이 지난 후에도 얼마 이내에는 품종보호료를 납부할 수 있는가?

① 6개월　　② 9개월
③ 12개월　　④ 2년

해설
품종보호권의 설정등록을 받으려는 자나 품종보호권자는 품종보호료 납부기간이 지난 후에도 6개월 이내에는 품종보호료를 납부할 수 있다.

88 종자산업법상 지방자치단체의 종자산업 사업수행에 대한 내용이다. ( )에 알맞은 내용은?

> (　　)은 종자산업의 안정적인 정착에 필요한 기술보급을 위하여 지방자치단체의 장에게 지역특화 농산물 품목 육성을 위한 품종개발 사업을 수행하게 할 수 있다.

① 농림축산식품부장관
② 환경부장관
③ 농업기술실용화재단장
④ 농촌진흥청장

해설
농림축산식품부장관은 종자산업의 안정적인 정착에 필요한 기술보급을 위하여 지방자치단체의 장에게 종자 및 묘 생산과 관련된 기술의 보급에 필요한 정보 수집 및 교육 사업을 수행하게 할 수 있다.

89 종자산업법상 품종목록 등재의 유효기간은 등재한 날이 속한 해의 다음 해부터 몇 년 까지로 하는가?

① 3년　　② 5년
③ 7년　　④ 10년

해설
종자산업법상 품종목록 등재의 유효기간은 등재한 날이 속한 해의 다음 해부터 10년까지로 한다.

90 종자산업법상 종자업 등록의 취소 등에서 구청장은 종자산업자가 종자업 등록을 한 날부터 1년 이내에 사업을 시작하지 아니하거나 정당한 사유 없이 1년 이상 계속하여 휴업한 경우에는 종자업 등록을 취소하거나 얼마 이내의 기간을 정하여 영업의 전부 또는 일부의 정지를 명할 수 있는가?

① 1개월　　② 3개월
③ 6개월　　④ 9개월

해설
종자업 등록을 한 날부터 1년 이내에 사업을 시작하지 아니하거나 정당한 사유 없이 1년 이상 계속하여 휴업한 경우 시장·군수·구청장은 종자업 등록을 취소하거나 6개월 이내의 기간을 정하여 영업의 전부 또는 일부의 정지를 명할 수 있다.

91 종자관리요강상 과수 포장검사에 대한 내용이다. ( )에 알맞은 내용은?

항목 생산 단계	최고한도(%)			
	이품 종주	이종 주	병주	
			특정 병	기타 병
원원종포	무	무	무	( )

① 1.0　　② 2.0
③ 3.0　　④ 4.0

해설
종자관리요강상 과수의 기타병의 원원종포의 최고한도는 2%, 원종포 2%, 모수포 6%, 증식포 10% 이다.

정답 86 ① 87 ① 88 ① 89 ④ 90 ③ 91 ②

92 식물신품종보호법상 과수와 임목의 경우 품종보호권의 존속기간은 품종보호권이 설정등록된 날부터 몇 년으로 하는가?

① 25년 ② 20년
③ 15년 ④ 10년

해설
품종보호권의 존속기간은 품종보호권이 설정등록된 날부터 20년으로 한다. 다만, 과수와 임목의 경우에는 25년으로 한다.

93 식물신품종보호법상 절차의 무효에 대한 내용이다. ( )에 알맞은 내용은?

> 심판위원회 위원장은 육성자의 권리 보호에 대한 절차가 무효로 된 경우로서 지정된 기간을 지키지 못한 것이 보정명령을 받은 자가 천재지변이나 그 밖의 불가피한 사유에 의한 것으로 인정될 때에는 그 사유가 소멸한 날부터 ( )에 또는 그 기간이 끝난 후 1년 이내에 보정명령을 받은자의 청구에 따라 그 무효처분을 취소할 수 있다.

① 7일 이내 ② 14일 이내
③ 30일 이내 ④ 50일 이내

해설
농림축산식품부장관, 해양수산부장관 또는 심판위원회 위원장은 그 절차가 무효로 된 경우로서 지정된 기간을 지키지 못한 것이 보정명령을 받은 자가 천재지변이나 그 밖의 불가피한 사유에 의한 것으로 인정될 때에는 그 사유가 소멸한 날부터 14일 이내에 또는 그 기간이 끝난 후 1년 이내에 보정명령을 받은 자의 청구에 따라 그 무효처분을 취소할 수 있다.

94 종자검사요령상 포장검사 병주 판정기준에서 참깨의 기타병은?

① 엽고병 ② 균핵병
③ 갈반병 ④ 풋마름병

해설
참깨의 포장검사 병주 판정기준에서 특정병은 역병 및 위조병이며 기타병은 엽고병이다.

95 종자관리요강상 수입적응성시험의 대상작물 및 실시기관에서 배추 작물의 실시기관은?

① 농업기술실용화재단
② 한국종자협회
③ 한국생약협회
④ 농업협동조합중앙회

해설
수입적응성시험의 대상작물 및 실시기관에서 한국종자협회의 대상작물은 무, 배추, 양배추, 고추, 토마토, 오이, 참외, 수박, 호박, 파, 양파, 당근, 상추, 시금치, 딸기, 마늘, 생강, 브로콜리가 있다.

96 종자산업법상 전문인력의 양성에 대한 내용이다. ( )에 알맞은 내용은?

> 국가와 지방자치단체는 지정된 전문인력 양성기관이 정당한 사유 없이 전문인력 양성을 거부하거나 지연한 경우 그 지정을 취소하거나 ( )이내의 기간을 정하여 업무의 전부 또는 일부 정지를 명할 수 있다.

① 3개월 ② 6개월
③ 9개월 ④ 12개월

해설
국가와 지방자치단체는 전문인력 양성기관이 정당한 사유 없이 전문인력 양성을 거부하거나 지연한 경우 대통령령으로 정하는 바에 따라 그 지정을 취소하거나 3개월 이내의 기간을 정하여 업무의 전부 또는 일부 정지를 명할 수 있다.

97 종자관리요강상 규격묘의 규격기준에서 뽕나무 묘목의 접목묘 길이(cm)는? (단, 묘목의 길이는 지제부에서 묘목선단까지의 길이 이다.)

① 20 이상　　② 30 이상
③ 40 이상　　④ 50 이상

해설
뽕나무 묘목의 규격기준

묘목의 종류	묘목의 길이(cm)	묘목의 직경(mm)
접목묘	50 이상	7
삽목묘	50 이상	7
휘묻이묘	50 이상	7

98 식물신품종보호법상 품종보호권의 취소결정을 받은 자가 이에 불복하는 경우에는 그 등본을 송달받은 날부터 얼마 이내에 심판을 청구할 수 있는가?

① 14일　　② 30일
③ 45일　　④ 90일

해설
품종보호권의 취소결정을 받은 자가 이에 불복하는 경우에는 그 등본을 송달받은 날부터 30일 이내에 심판을 청구할 수 있다.

99 식물신품종보호법상 신규성에 대한 내용이다. (　　)에 알맞은 내용은? (단, 과수 및 임목인 경우에는 제외한다.)

> 품종보호 출원일 이전에 대한민국에서는 (　　)이상, 그 밖의 국가에서는 4년이상 해당 종자나 그 수확물이 이용을 목적으로 양도되지 아니한 경우에는 그 품종은 신규성을 갖춘 것으로 본다.

① 6개월　　② 1년
③ 2년　　　④ 3년

해설
품종보호 출원일 이전에 대한민국에서는 1년 이상, 그 밖의 국가에서는 4년[과수(果樹) 및 임목(林木)인 경우에는 6년] 이상 해당 종자나 그 수확물이 이용을 목적으로 양도되지 아니한 경우에는 그 품종은 신규성을 갖춘 것으로 본다.

100 식물신품종보호법상 품종명령등록 이의신청 이유 등의 보정에서 품종명칭등록 이의신청을 한 자는 품종명칭등록 이의신청기간이 지난 후 얼마 이내에 품종명칭등록 이의신청서에 적은 이유 또는 증거를 보정할 수 있는가?

① 7일　　② 15일
③ 30일　　④ 45일

해설
품종명칭등록 이의신청을 한 자는 품종명칭등록 이의신청기간이 지난 후 30일 이내에 품종명칭등록 이의신청서에 적은 이유 또는 증거를 보정할 수 있다.

정답　97 ④　98 ②　99 ②　100 ③

2022 제1회 종자기사

제1과목 종자생산학

01 자가불화합성을 이용한 배추과 채소의 F_1 채종 시 양친의 개화기를 일치시키는 방법으로 옳지 않은 것은?
① 저온처리　② 일장처리
③ H_2O_2 처리　④ 파종기 조절

해설
개화기 조절 방법에는 파종기 조절, 일장처리, 저온처리, 생장조절제처리, 환상박피, 접목, 춘화처리 등의 방법이 있다.

02 십자화과채소의 채종 적기는?
① 백숙기　② 녹숙기
③ 갈숙기　④ 고숙기

해설
곡물류의 채종적기는 황숙기이며 십자화과작물(채소류)는 갈숙기에 적기이다.

03 종자 순도분석을 위한 시료의 구성요소에 해당하지 않는 것은?
① 정립　② 수분함량
③ 이종종자　④ 이물

해설
순도분석의 목적은 시료의 구성요소에는 정립, 이종종자, 이물 등이 있다.

04 무수정생식에 해당하지 않는 것은?
① 부정배생식　② 위수정생식
③ 포자생식　④ 웅성단위생식

해설
무수정생식은 단위생식이라 하며 단위생식의 종류에는 무배생식, 단성생식, 무핵란생식, 위수정, 무포자생식, 무정생식, 복상포자생식, 부정배형성 등이 있다.

05 감자의 채종체계로 옳은 것은?
① 조직배양→원종→원원종→기본종→기본식물→보급종
② 조직배양→기본종→기본식물→원종→원원종→보급종
③ 조직배양→원원종→원종→기본종→기본식물→보급종
④ 조직배양→기본종→기본식물→원원종→원종→보급종

해설
작물의 종자생산 관리 및 증식체계는 조직배양, 기본종, 기본식물, 원원종, 원종, 채종포(보급종), 농가의 순이다.

06 종자의 생화학적 검사 방법으로 옳지 않은 것은?
① 착색법
② 전기전도율검사
③ 효소활성측정법
④ ferric chloride법

해설
전기전도율검사는 종자세의 검사방법에 해당한다.

정답　01 ③　02 ③　03 ②　04 ③　05 ④　06 ②

07 기내 인공발아시험 시 광 조사를 할 필요가 없는 작물은?
① 파 ② 상추
③ 우엉 ④ 셀러리

[해설]
광조사가 필요한 호광성종자에는 담배, 상추, 우엉, 뽕나무, 베고니아, 셀러리 등이 있다.

08 발아세를 높이는 방법으로 옳지 않은 것은?
① 프라이밍 처리
② 테트라졸리움액 처리
③ 저온 처리
④ 지베렐린액 처리

[해설]
테트라졸리움액 처리는 종자세 검사 방법에 해당한다.

09 종자의 휴면을 조절하는 요인으로 가장 거리가 먼 것은?
① 광 ② 종피파상
③ 온도 ④ 이산화탄소

[해설]
종자의 휴면을 타파하는 방법에는 종피파상, 생장조절제, 광 처리, 온도처리, 층적처리 등이 있다.

10 종자의 저장조직에 해당하지 않는 것은?
① 배유 ② 배
③ 외배유 ④ 자엽

[해설]
종자의 저장조직은 배유, 외배유, 자엽으로 구성되어 있으며 저장물질에는 전분(탄수화물), 단백질, 지방, 유기산 등이 있다.

11 포장검사에서 함께 조사해야 할 사항으로 가장 옳지 않은 것은?
① 이전에 재배한 작물로부터 출현한 식물과 섞일 위험성이 있는가
② 1대잡종의 경우 자웅비율이 충분하고 제웅이 충분히 되어 있는가
③ 다른 작물과 가까워 타가수분이 충분히 잘 이루어질 수 있는가
④ 병으로부터 안전한가

[해설]
타가수분은 하나의 수분 방식으로 포장검사와 함께 조사할 사항에는 포함되지 않는다.

12 콩과작물 종자의 외형에 나타나는 특수기관에 해당하지 않는 것은?
① 제 ② 주공
③ 외영 ④ 봉선

[해설]
성숙종자에는 제(배꼽), 주공(발아공), 봉선, 합점, 우류 등의 특수기관이 있다.

13 채소류의 채종지 환경에 대한 설명으로 가장 옳은 것은?
① 고온에서 꽃가루가 충실하고 종자의 발육이 좋아져서 채종량이 많아진다.
② 등숙기로부터 수확기까지의 시기에 강우가 많아야 충실한 종자를 얻을 수 있다.
③ 후기에는 일시에 다량의 종자를 성숙시키므로 비효가 오래 지속되는 토양이 좋다.
④ 수분 매개충의 활동은 온도의 영향을 받지 않는다.

[해설]
채종지의 경우 배수가 양호하고 지력이 좋은 곳으로 선정하는데 후기에 다량의 종자 성숙으로 많은 양분이 필요하기에 비효가 오래 지속되는 토양이 좋다.

정답 07 ① 08 ② 09 ④ 10 ② 11 ③ 12 ③ 13 ③

14 종자검사 시 표본추출에 대한 설명으로 가장 옳지 않은 것은?
① 포장검사, 종자검사는 전수 또는 표본추출 검사 방법에 의한다.
② 표본 추출은 채종 전 과정에서 골고루 채취한다.
③ 기계적인 채취 시에는 일정량을 한 번만 채취하면 된다.
④ 가마니, 포대 등에 들어 있을 때는 손을 넣어 휘저어 여러 번 채취한다.

해설
종자검사 시 표본추출은 일정량을 한 번만 채취하는 것이 아닌 여러번에 걸쳐 골고루 채취하도록 한다.

15 보급종 채종량은 일반재배의 몇 %로 하는가?
① 50% ② 70%
③ 80% ④ 100%

해설
보급종의 채종량은 일반재배에 비해 원원종포 50%, 원종포 80%, 채종포(보급종) 100%를 채종한다.

16 배낭모세포의 감수분열 결과 생긴 4개의 배낭세포 중 몇 개가 정상적인 세포로 남게 되는가?
① 1개 ② 2개
③ 3개 ④ 4개

해설
배낭은 배주(밑씨)속 배낭모세포(2n)가 감수분열을 통해 4개의 배낭세포(n)를 만드는데 3개는 퇴화되고 1개만 성숙하게 된다.

17 국제적으로 유통되는 종자의 검사규정을 입안하고, 국제 종자분석 증명서를 발급하는 기관은?
① FAO ② UPOV
③ ISTA ④ ISO

해설
국내의 국제종자검정협회(ISTA)로부터 인증실험실을 획득하고 국제종자분석증명서를 발급하는 기관은 국립종자원이다.

18 종자를 70℃ 정도에서 일정시간 건열처리 했을 때 종자전염성 병 방제에 효과가 있는 것으로만 나열된 것은?
① 보리 깜부기병, 벼 키다리병
② 수박 탄저병, 토마토 TMV
③ 감자 역병, 밀 비린깜부기병
④ 밀 비린깜부기병, 보리 깜부기병

해설
건열처리는 종자 내의 바이러스 불활성에 효과적이며 60~80℃ 조건에서 많이 이용되는데 수박 탄저병 및 토마토 TMV 등의 식물병에 유효하다.

19 퇴화하는 종자의 특성으로 옳지 않은 것은?
① 발아율 저하 ② 종자침출물 감소
③ 저항성 감소 ④ 유리지방산 증가

해설
퇴화하는 종자의 경우 종자 침출물이 증가한다.

정답 14 ③ 15 ④ 16 ① 17 ③ 18 ② 19 ②

20 배휴면을 하는 종자의 휴면타파에 가장 효과적인 방법은?

① 습윤 저온처리 ② 습윤 고온처리
③ 건조 저온처리 ④ 건조 고온처리

해설
배휴면을 하는 종자를 저온습윤처리를 하면 불용성 물질이 분해되어 가용성 물질로 변화된다. 이때 삼투압이 낮아지면서 배의 물질이동이 쉬워지면서 휴면이 타파되며 새로운 조직의 형성을 위한 당류, 아미노산 등의 유기물질들이 나타난다.

제2과목 식물육종학

21 체세포의 염색체 구성이 2n+1일 때 이를 무엇이라고 하는가?

① 일염색체 ② 이질배수체
③ 삼염색체 ④ 분리배수체

해설
2n+1 의 경우 3염색체라 한다.

22 ( )에 알맞은 내용은?

- 같은 형질에 관여하는 여러 유전자들이 누적효과를 가질 때 ( )라 한다.
- ( )의 경우는 여러 경로에서 생성하는 물질량이 상가적으로 증가한다.

① 우성상위 ② 복수유전자
③ 보족유전자 ④ 치사유전자

해설
동일 방향 작용 유전자가 누적효과가 나타나는 경우 복수유전자라 한다.

23 F_1의 유전자 구성이 AaBbCcDd인 잡종의 자식 후대에서 고정된 유전자형의 종류는 몇 가지인가? (단, 모든 유전자는 독립유전한다.)

① 4 ② 12
③ 16 ④ 30

해설
n 쌍의 대립유전자의 표현형은 2^n 이므로 4쌍에 대한 표현형은 $2^4=16$ 이다.

24 자가불화합성 식물을 자가수정 시켜 종자를 얻을 수 있는 방법으로만 알맞게 나열된 것은?

① 종간교배, 자연교배
② 여교배, 정역교배
③ 뇌수분, 노화수분
④ 웅성불임, 종간교배

해설
자가불화합성 식물을 자가수정 시켜 종자를 얻을 수 있는 방법으로 뇌수분, 노화수분, 지연수분, 고온처리, 전기 자극, 이산화탄소 처리 등의 방법을 활용한다.

25 다음 중 식물병에 대한 진정저항성과 동일한 뜻을 가진 저항성은?

① 질적저항성 ② 양적저항성
③ 포장저항성 ④ 수평저항성

해설
진정저항성은 식물이 가지고 있는 병 저항 유전자에 의해 나타나는 저항성으로 질적저항성, 수직저항성 이라고도 한다.

26 다음 중 선발 효과가 가장 큰 경우는?
① 유전변이가 작고, 환경변이가 클 때
② 유전변이가 작고, 환경변이도 작을 때
③ 유전변이가 크고, 환경변이도 클 때
④ 유전변이가 크고, 환경변이가 작을 때

해설
유전력에 관련되는 선발효과의 경우 유전변이가 크고 환경변이가 작을수록 선발효과가 크게 나타난다.

27 자연교잡에 의한 십자화과 채소품종의 퇴화를 방제하기 위해 사용할 수 있는 방법으로 가장 옳은 것으로만 나열된 것은?
① 외딴섬재배, 망실재배
② 수경재배, B-9 처리
③ 에틸렌 처리, 지베렐린 처리
④ 옥신 처리, 수경재배

해설
품종의 퇴화를 막기 위해서는 격리법을 활용해야 하며 봉지, 망실, 망상 등의 차단격리법이나 해안지방, 산간지방 등에서 재배하는 거리격리법을 활용한다. 그 외에도 춘화처리, 일정처리, 생장조절제 처리, 파종기 조절 등의 처리를 활용하는 시간격리법이 있다.

28 트리티케일(Triticale)의 기원에 해당하는 것은?
① 보리×귀리   ② 밀×보리
③ 호밀×보리   ④ 밀×호밀

해설
트리티케일은 밀과 호밀을 인공교배하여 만든 이질배수체이다.

29 완전히 자가수정하는 동형접합체의 1개체로부터 불어난 자손의 총칭은?
① 동질배수체   ② 유전변이체
③ 돌연변이   ④ 순계

해설
순계는 동일한 유전자형으로 구성된 집단으로 완전히 자가수정하는 작물의 1개체에서 나온 자손을 말한다.

30 영양번식 작물의 교배육종 시 선발은 어느 때 하는 것이 가장 좋은가?
① 어느 세대든 관계가 없다.
② F_1 세대
③ F_4 세대
④ F_6 세대

해설
영양번식 작물은 일반적으로 F_1에서 영양계를 선발한다.

31 교배모본 선정 시 고려해야 할 사항으로 옳지 않은 것은?
① 유전자원의 평가 성적을 검토한다.
② 유전분석 결과를 활용한다.
③ 목적형질 이외에 양친의 유전적 조성의 차이를 크게 한다.
④ 교배친으로 사용한 실적을 참고한다.

해설
교배육종의 성패를 좌우하는 교배모본의 선정에 있어 품종의 특성조사성적, 형질의 유전자분석결과, 육종실적을 검토하여 과거 주요품종을 양친 중 한 모본을 선택하여 교배를 통해 조합능력을 검정한다. 과거의 주요품종을 양친 중의 한 모본으로 선택하기에 양친의 유전적 조성 차이가 작아야 한다.

32 품종의 유전적 취약성에 가장 큰 원인은?
① 재배품종의 유전적 배경이 다양화되었기 때문
② 재배품종의 유전적 배경이 단순화되었기 때문
③ 농약사용이 많아지기 때문
④ 잡종강세를 이용한 F_1 품종이 많아졌기 때문

해설
재배품종이 단일 유전자형으로 재배되면서 일시에 많은 피해를 받게 되는 경우를 유전적 취약성이라 한다.

33 다음 중 육종집단의 변이 크기를 나타내는 통계치는?
① 최소치와 평균치의 차이
② 평균치
③ 분산
④ 중앙치

해설
분산은 연속변이하는 집단에서 평균치를 중심으로 그 집단의 산포 정도를 나타낸다.

34 다음 중 동질배수체를 육종에 이용할 때 가장 불리한 점은?
① 종자의 크기   ② 내병성
③ 생육상태   ④ 임성

해설
동질배수체는 임성이 저하되는 불리한 점이 있다.

35 다음 중 식물의 타가수정율을 높이는 기작으로 옳지 않은 것은?
① 폐화수정   ② 자가불화합성
③ 자웅이주   ④ 웅예선숙

해설
꽃이 피기 전 봉오리 상태일 경우 일어나는 자가수정을 폐화수정이라 한다. 자웅이숙, 자가불화합성, 웅성불임성, 자웅이주 등은 타가수정율을 높이는 역할을 한다.

36 인위적인 교잡에 의해서 양친이 가지고 있는 유전적인 장점만을 취하여 육종하는 것은?
① 초월육종   ② 조합육종
③ 반수체육종   ④ 이수체육종

해설
양친의 우량형질을 신품종에 모아 신품종의 재배적 특성을 종합적으로 향상시키는 것을 조합육종이라 한다.

37 다음 중 정역교배의 표현으로 가장 옳은 것은?
① (A×B)×A, (A×B)×B
② (A×B)×C, (C×A)×B
③ A×B, B×A
④ (A×B) × (C×D)

해설
정역교배는 양친의 암수를 바꾸어 교배하는 방법이다.

38 유전적 변이를 감별하는 방법으로 가장 알맞은 것은?
① 전체형성능 검정
② 질소 이용률 검정
③ 후대검정
④ 유의성 검정

해설
후대검정은 변이를 나타낸 개체를 자식하여 선발된 우량형이 유전적인 변이인가를 관찰한다.

39 피자식물의 중복수정에 해당하는 것은?
① 난핵×정핵, 극핵×정핵
② 난핵×정핵, 극핵×영양핵
③ 난핵×생식핵, 극핵×영양핵
④ 난핵×극핵, 영양핵×생식핵

해설
피자식물의 중복수정은 2개의 정핵 중 1개는 난핵과 결합하여 배가 되고 다른 1개는 2개의 극핵과 결합해서 배젖이 된다.

40 다음 중 아포믹시스에 대한 설명으로 옳은 것은?
① 웅성불임에 의해 종자가 만들어진다.
② 수정과정을 거치지 않고 배가 만들어져 종자를 형성한다.
③ 자가불화합성에 의해 유전분리가 심하게 일어난다.
④ 세포질불임에 의해 종자가 만들어진다.

해설
아포믹시스(단위생식, apomixis)는 무수정생식이라 하며 정상적인 정핵과 난핵의 결합 없이 종자를 형성한다.

제3과목 재배원론

41 화성유도 시 저온·장일이 필요한 식물의 저온이나 장일을 대신하여 사용하는 식물 호르몬은?
① CCC   ② 에틸렌
③ 지베렐린   ④ ABA

해설
지베렐린을 작물에 적용시 발아촉진, 화성유도, 생장촉진, 수량의 증대 효과를 기대할 수 있는데 화성유도 시 저온 장일이 필요한 식물의 대신하는 효과가 있다.

42 다음 중 침수에 의한 피해가 가장 큰 벼의 생육 단계는?
① 분얼성기   ② 최고분얼기
③ 수잉기   ④ 고숙기

해설
벼는 분얼 초기 침수에 강해 피해가 적게 나타나지만 수잉기에서 출수개화기에는 침수에 약해지면서 침수피해가 크게 나타난다.

43 (   )에 알맞은 내용은?

> 감자 영양체를 20000 rad 정도의 (   )에 의한 γ선을 조사하면 맹아억제 효과가 크므로 저장기간이 길어진다.

① ^{13}C ② ^{17}C
③ ^{60}C ④ ^{52}K

해설
영양체에 ^{60}Co, ^{137}Cs에 의한 γ선을 조사하면 휴면이 연장되고 맹아억제 효과가 크다.

정답 38 ③ 39 ① 40 ② 41 ③ 42 ③ 43 ③

44 노후답의 재배대책으로 가장 거리가 먼 것은?
① 저항성 품종을 선택한다.
② 조식재배를 한다.
③ 무황산근 비료를 사용한다.
④ 덧거름 중점의 시비를 한다.

해설
노후답의 재배 대책으로 저항성 품종을 심거나, 조기재배를 통해 수확이 빠르도록 하여 추락을 완화한다. 무황산근 비료를 시비하여 황화수소의 발생을 줄이도록 한다.

45 녹체춘화형 식물로만 나열된 것은?
① 완두, 잠두   ② 봄무, 잠두
③ 사리풀, 양배추   ④ 완두, 추파맥류

해설
녹체춘화형 식물에는 양배추, 당근, 양파, 사리풀 등이 있다.

46 다음 중 땅속줄기(지하경)로 번식하는 작물은?
① 마늘   ② 생강
③ 토란   ④ 감자

해설
땅속줄기(지하경)로 번식하는 작물에는 생강, 연, 박하, 호프 등이 있다.

47 순무의 착색에 관계하는 안토시안의 생성을 가장 조장하는 광파장은?
① 적색광   ② 녹색광
③ 적외선   ④ 자외선

해설
안토시안은 자외선 및 자색광의 파장으로 생성되며 순무의 착색에 영향을 준다.

48 다음 중 작물의 주요온도에서 최적온도가 가장 낮은 작물은?
① 옥수수   ② 완두
③ 보리   ④ 벼

해설
작물 중에서 최적온도가 가장 높은 종류는 멜론, 오이, 옥수수, 벼 등이 대표적이며 보리의 경우 20°C 정도로 낮은 작물에 해당된다.

49 뿌림골을 만들고 그곳에 줄지어 종자를 뿌리는 방법은?
① 산파   ② 점파
③ 적파   ④ 조파

해설
조파는 줄뿌림이라 하며 종자의 소요량이 적고 고르게 파종할수 있어 이형주를 제거하거나 관찰할 경우 통로로도 이용할수 있다.

50 작물의 수해에 대한 설명으로 옳은 것은?
① 수온이 높은 것이 낮은 것에 비하여 피해가 심하다.
② 유수가 정체수보다 피해가 심하다.
③ 벼 분얼초기는 다른 생육단계보다 침수에 약하다.
④ 화본과 목초, 옥수수는 침수에 약하다.

해설
관수해의 피해가 더욱 커지는 원인으로 흙탕물이나 고인 정체수, 고수온 등이 있으며 보통 수온이 높은 것이 낮은 것에 비해 피해가 심하게 나타난다.

정답 44 ② 45 ③ 46 ② 47 ④ 48 ③ 49 ④ 50 ①

51 앞 작물의 그루터기를 그대로 남겨서 풍식과 수식을 경감시키는 농법은?
① 녹색 필름 멀칭
② 스터블 멀칭
③ 볏짚 멀칭
④ 투명 필름 멀칭

해설
스터블 멀칭(stubble mulching)은 앞 작물의 그루터기를 그대로 남겨 놓은 채 경운하여 풍식과 수식으로 인한 피해를 경감하는 농법이다.

52 다음 중 T/R율에 대한 설명으로 옳은 것은?
① 감자나 고구마의 경우 파종기나 이식기가 늦어질수록 T/R율이 작아진다.
② 일사가 적어지면 T/R율이 작아진다.
③ 토양함수량이 감소하면 T/R율이 감소한다.
④ 질소를 다량시용하면 T/R율이 작아진다.

해설
토양 수분이 많아지면 지상부에 비해 지하하부의 생육이 나빠져 T/R 율이 커진다. 반대로 토양수분이 적어지면 T/R 율은 작아진다.

53 우리나라 원산지인 작물로만 나열된 것은?
① 감, 인삼
② 벼, 참깨
③ 담배, 감자
④ 고구마, 옥수수

해설
우리나라가 원산지인 작물에는 콩, 팥, 녹두, 들깨, 감, 인삼, 머루 등이 있다.

54 광합성에서 C_4 작물에 속하지 않는 것은?
① 사탕수수
② 옥수수
③ 벼
④ 수수

해설
작물 중에서 옥수수, 수수, 사탕수수 등 열대 화본식물은 대부분 C_4 식물이고 벼, 보리, 사탕무, 감자 등은 C_3 식물이다.

55 벼의 비료 3요소 흡수 비율로 옳은 것은?
① 질소 5 : 인산 1 : 칼륨 1
② 질소 3 : 인산 1 : 칼륨 3
③ 질소 5 : 인산 2 : 칼륨 4
④ 질소 4 : 인산 2 : 칼륨 3

해설
벼의 비료 3요소 흡수비율은 질소:인산:칼륨=5:2:4이다.

56 등고선에 따라 수로를 내고, 임의의 장소로부터 월류하도록 하는 방법은?
① 등고선관개
② 보더관개
③ 일류관개
④ 고랑관개

해설
일류관개는 등고선 방향으로 지수로를 내어 임의의 장소에서 월류하도록 하는 방법이다.

57 다음 중 식물학상 과실로 과실이 나출된 식물은?
① 벼
② 겉보리
③ 쌀보리
④ 귀리

해설
식물학상 과실에 해당하고 나출된 것으로 밀, 쌀보리, 옥수수, 박하, 제충국 등이 있으며 과실의 외측이 내영, 외영에 싸여 있는 것으로 벼, 귀리, 겉보리 등이 있다.

정답 51 ② 52 ③ 53 ① 54 ③ 55 ③ 56 ③ 57 ③

58 고무나무와 같은 관상수목을 높은 곳에서 발근시켜 취목하는 영양번식 방법은?

① 삽목　　　② 분주
③ 고취법　　④ 성토법

해설
고취법은 공중취목이라 하며 가지나 줄기의 일부에 상처를 주고 그 자리에 수태 혹은 황토로 싸서 건조하지 않도록 해주며 물을 주어 적당한 습도 조건에 유지하여 발근하는 방법으로 관상수목에 적용시 높은 곳에서 발근시킨다.

59 다음 중 단일식물에 해당하는 것으로만 나열된 것은?

① 양파, 상추　　② 샐비어, 콩
③ 시금치, 양귀비　④ 아마, 감자

해설
단일식물에는 콩, 옥수수, 벼, 딸기, 국화, 코스모스, 들깨, 샐비어 등이 있다.

60 식물체의 부위 중 내열성이 가장 약한 곳은?

① 완성엽(完成葉)　② 중심주(中心柱)
③ 유엽(幼葉)　　　④ 눈(芽)

해설
미성엽과 중심주는 내열성이 가장 약하다.

제4과목　식물보호학

61 완두콩바구미의 발생 횟수와 월동 형태로 가장 적절한 것은?

① 연 1회 발생, 성충
② 연 3회 발생, 번데기
③ 연 4~5회 발생, 성충
④ 연 7~10회 발생, 유충

해설
완두콩바구미는 1년에 1회 발생하고 성충이 완두 속에서 월동을 한다.

62 다음 중 종자소독제가 아닌 것은?

① 테부코나졸 유제
② 프로클로라즈 유제
③ 디노테퓨란 수화제
④ 베노밀·티람 수화제

해설
디노테퓨란은 해충을 방제하는 살충제에 해당한다.

63 성충의 몸이 전체 흰색을 나타내며, 침 모양의 주둥이를 이용하여 기주를 흡즙하여 가해하는 해충은?

① 무잎벌　　　② 온실가루이
③ 고자리파리　④ 복숭아혹진딧물

해설
온실가루이는 매미목 가루이과로 기주는 오이, 토마토, 딸기 등이 있다. 1년에 10회 이상 발생하며 보통은 월동이 어려우나 시설 내에서는 간간히 월동을 한다. 약충과 성충이 기주식물의 잎에서 즙액을 빨아 먹어 생장을 방해해 심하면 고사한다.

64 번데기가 위용(圍蛹)인 곤충은?

① 파리목　　② 나비목
③ 벌목　　　④ 딱정벌레목

해설
위용은 유충이 번데기가 된 이후 피부가 경화되어 그 속에서 나용이 만들어진 형태로 파리목의 일부에서 관찰된다.

65 잡초의 생활형에 따른 분류는?

① 여름형, 겨울형
② 수생, 습생, 건생
③ 일년생, 월년생, 다년생
④ 화본과, 방동사니과, 광엽류

해설
잡초의 생활형에 따른 분류에는 일년생, 월년생, 다년생이 있다.

66 담자균문에 속하는 병원균으로 담자기에 격벽이 없는 균은?
① 보리 깜부기병균
② 밀 줄기녹병균
③ 잣나무 털녹병균
④ 뽕나무 버섯균

해설
뽕나무 버섯균은 격벽(격막)이 없는 곤봉 모양의 형태를 띠고 있다.

67 흰가루병균과 같이 살아있는 기주에 기생하여 기주의 대사산물을 섭취해야만 살아갈 수 있는 병원균은?
① 반사물기생균   ② 반활물기생균
③ 순사물기생균   ④ 순활물기생균

해설
순활물기생균은 절대기생체라 하며 살아있는 조직에만 생활한다. 순활물기생균에는 흰가루병균, 붉은별무늬병균, 녹병균 등이 있다.

68 병원체가 생성한 독소에 감염된 식물을 사람이나 동물이 섭취할 경우 독성을 유발할 수 있는 병은?
① 벼 도열병
② 고추 탄저병
③ 채소류 노균병
④ 맥류 붉은곰팡이병

해설
맥류 붉은곰팡이병균은 균독소로 인하여 사람이나 동물이 섭취할 경우 중독증상을 일으킨다.

69 곰팡이의 대사산물에서 분리된 항곰팡이성 항생 물질은?
① 부라에스   ② 포리옥신
③ 가스가마이신   ④ 글리세오풀빈

해설
글리세오풀빈(Griseofulvin)은 항곰팡이성 항생 물질이다.

70 유기인계 살충제에 대한 설명으로 가장 거리가 먼 것은?
① 신경독이다.
② 적용해충의 범위가 좁다.
③ 알칼리에 분해되기 쉽다.
④ 일반적으로 잔효성이 짧다.

해설
유기인계 살충제는 살충력이 강하고 적용 가능한 해충의 종류가 많으며 대량생산이 가능하다.

71 작물 피해의 주요 원인 중 생물요소인 것은?
① 파이토플라스마   ② 대기오염
③ 토양습도   ④ 토양온도

해설
작물 피해에 원인이 되는 생물성 병원에는 진균, 세균, 바이러스, 파이토플라스마 등이 있다.

72 입제에 대한 설명으로 옳은 것은?
① 농약 값이 싸다.
② 사용이 간편하다.
③ 환경오염성이 높다.
④ 사용자에 대한 안정성이 낮다.

해설
입제는 유효성분을 고형증량제, 안정제, 계면활성제 등을 넣어 입상으로 성형한 제제이다. 사용이 간편하나 단위면적당 사용량이 많아 가격이 비싼 편이다.

정답 66 ④ 67 ④ 68 ④ 69 ④ 70 ② 71 ① 72 ②

73 병원균을 접종하여도 기주가 병에 전혀 걸리지 않는 것은?
① 면역성
② 내병성
③ 확대저항성
④ 감염저항성

해설
면역성은 식물이 병에 걸리지 않도록 하는 것을 의미한다.

74 완전변태 곤충의 유리한 점은?
① 유충과 성충의 형태가 거의 같아서 분류에 용이하다.
② 유충과 성충의 먹이와 서식처의 경합이 생기지 않는다.
③ 유충과 성충이 먹이가 같으므로 먹이 찾는데 유리하다.
④ 유충과 성충이 같은 곳에 살 수 있어서 서식 공간 확보에 유리하다.

해설
완전변태에서 유충과 성충의 발생시기가 달라 먹이와 서식처의 경합이 생기지 않는다.

75 저장 곡식에 피해를 주는 해충은?
① 화랑곡나방
② 온실가루이
③ 꽃노랑총채벌레
④ 아메리카잎굴파리

해설
화랑곡나방은 저장중인 곡식에 피해를 주는데 성충은 어두운 곳을 좋아하고 낮에는 쉬고 밤에 활동하는 특징을 가진다.

76 복숭아혹진딧물에 대한 설명으로 옳지 않은 것은?
① 유충으로 월동한다.
② 무시충과 유시충이 있다.
③ 식물 바이러스병을 매개한다.
④ 천적으로는 꽃등에류, 풀잠자리류, 기생벌류 등이 있다.

해설
복숭아혹진딧물은 1년에 수회(9~23회) 발생하고 복숭아나무 겨울눈 기부에서 알로 월동한다.

77 잡초의 종자가 바람에 의하여 먼 거리까지 이동이 가능한 것은?
① 등대풀
② 바랭이
③ 민들레
④ 까마중

해설
바람에 의해 전파되는 잡초종자는 종자의 크기가 작고 가볍거나 포자형인 종자가 전파된다. 바람에 의해 전파되는 잡초종자에는 민들레, 박주가리, 엉겅퀴속, 망초 등이 있다.

78 완전변태를 하는 곤충으로만 나열된 것은?
① 바퀴목, 하루살이목
② 파리목, 나비목
③ 메뚜기목, 노린재목
④ 총채벌레목, 벼룩목

해설
완전변태를 하는 곤충에는 나비목, 파리목, 벌목, 딱정벌레목 등이 있다.

정답 73 ① 74 ② 75 ① 76 ① 77 ③ 78 ②

79 살충제에 대한 해충의 저항성이 발달되는 요인은?
① 살균제와 살충제를 섞어 뿌리기 때문에
② 같은 약제를 계속해서 뿌리기 때문에
③ 약제를 농도가 진하게 만들어 조금 뿌리기 때문에
④ 약제의 계통이나 주성분이 다른 약제를 바꾸어 뿌리기 때문에

해설
살충제를 연용하여 사용하면 해충의 저항성이 높아질 가능성이 있다.

80 밭 잡초 중 일년생 잡초로만 나열된 것은?
① 쑥, 망초
② 메꽃, 쇠비름
③ 쇠뜨기, 까마중
④ 명아주, 바랭이

해설
1년생 밭잡초로 바랭이, 쇠비름, 명아주, 닭의 장풀 등이 있다.

제5과목 종자관련법규

81 종자검사요령상 배추 순도검사를 위한 시료의 최소 중량(g)은?
① 120
② 100
③ 30
④ 7

해설
배추의 제출시료는 70g, 순도검사는 7g 을 기준으로 한다.

82 ( )안에 알맞은 내용은?

> 종자산업의 기반 조성에서 국가와 지방자치단체는 지정된 전문인력 양성기관이 정당한 사유 없이 1년 이상 계속하여 전문인력 양성업무를 하지 아니한 경우에는 대통령령으로 정하는 바에 따라 그 지정을 취소하거나 ( )의 기간을 정하여 업무의 전부 또는 일부 정지를 명할 수 있다.

① 24개월 이내
② 12개월 이내
③ 6개월 이내
④ 3개월 이내

해설
국가와 지방자치단체는 전문인력 양성기관이 정당한 사유 없이 전문인력 양성을 거부하거나 지연한 경우 대통령령으로 정하는 바에 따라 그 지정을 취소하거나 3개월 이내의 기간을 정하여 업무의 전부 또는 일부 정지를 명할 수 있다.

83 종자관리요강상 수입적응성시험의 심사기준에 대한 내용이다. ( )안에 알맞은 내용은? (단, 시설 내 재배시험인 경우는 제외한다.)

> 재배시험지역은 최소한 ( )지역 이상으로 하되, 품종의 주 재배지역은 반드시 포함되어야 하며 작물의 생태형 또는 용도에 따라 지역 및 지대를 결정한다. 다만, 실시기관의 장이 필요하다고 인정하는 경우에는 작물 및 품종의 특성에 따라 지역수를 가감할 수 있다.

① 7개
② 5개
③ 4개
④ 2개

해설
재배시험지역은 최소한 2개 지역 이상(시설 내 재배시험인 경우 1개지역 이상)으로 하되, 품종은 주 재배지역은 반드시 포함되어야 하며 작물의 생태형 또는 용도에 따라 지역 및 지대를 결정한다.

84 종자관리요강상 겉보리 포장검사 시기 및 회수는 유숙기로부터 황숙기 사이에 몇 회 실시하는가?
① 7회 ② 5회
③ 3회 ④ 1회

해설
겉보리, 쌀보리, 맥주보리, 밀의 검사시기 및 회수는 유숙기로부터 황숙기 사이에 1회 실시한다.

85 종자관리요강상 사진의 제출규격 촬영부위 및 방법에서 생산·수입판매신고품종의 경우에 대한 설명이다. ( )에 알맞은 내용은?

> 화훼작물 : ( ) 및 꽃의 측면과 상면이 나타나야 한다.

① 화훼종자의 표본
② 접목 시설장의 전경
③ 개화기의 포장전경
④ 유묘기의 포장전경

해설
화훼작물 : 개화기의 포장전경 및 꽃의 측면과 상면이 나타나야 한다.

86 ( )에 알맞은 내용은?

> 품종보호권자는 그 품종보호권의 존속기간 중에는 농림축산식품부장관에게 품종보호료를 ( ) 납부하여야 한다.

① 매년 ② 2년에 1번
③ 3년에 1번 ④ 5년에 1번

해설
품종보호권자는 그 품종보호권의 존속기간 중에는 농림축산식품부장관 또는 해양수산부장관에게 품종보호료를 매년 납부하여야 한다.

87 품종보호권의 존속기간은 과수와 임목의 경우 몇 년으로 하는가?
① 25년 ② 15년
③ 10년 ④ 5년

해설
품종보호권의 존속기간은 품종보호권이 설정등록된 날부터 20년으로 한다. 다만, 과수와 임목의 경우에는 25년으로 한다.

88 ( )에 알맞은 내용은?

> 식물신품종 보호법상 품종보호를 받을 수 있는 권리를 가진 자에서 2인 이상의 육성자가 공동으로 품종을 육성하였을 때에는 품종보호를 받을 수 있는 권리는 ( )

① 공유(共有)로 한다.
② 1인으로 제한한다.
③ 순번을 정하여 격년제로 실시한다.
④ 순번을 정하여 3년마다 변경하여 실시한다.

해설
2인 이상의 육성자가 공동으로 품종을 육성하였을 때에는 품종보호를 받을 수 있는 권리는 공유(共有)로 한다.

89 거짓이나 그 밖의 부정한 방법으로 품종보호결정 또는 심결을 받은 자의 벌칙은?
① 3년 이하의 징역 또는 3천만원 이하의 벌금
② 5년 이하의 징역 또는 3천만원 이하의 벌금
③ 5년 이하의 징역 또는 5천만원 이하의 벌금
④ 7년 이하의 징역 또는 1억원 이하의 벌금

해설
거짓이나 그 밖의 부정한 방법으로 품종보호결정 또는 심결을 받은 자는 7년 이하의 징역 또는 1억원 이하의 벌금에 처한다.

정답 84 ④ 85 ③ 86 ① 87 ① 88 ① 89 ④

90 종자검사요령상 종자 건전도 검정에서 벼의 깨씨무늬병균의 배양방법은?

① 암기 12시간, 명기 12시간씩 22℃에서 3일간 배양
② 암기 12시간, 명기 12시간씩 22℃에서 7일간 배양
③ 암기 12시간, 명기 12시간씩 22℃에서 15일간 배양
④ 암기 12시간, 명기 12시간씩 22℃에서 30일간 배양

해설
벼의 깨씨무늬병균의 시험시료는 400입이며 배양조건은 암기 12시간, 명기 12시간씩 22℃에서 7일간 배양한다.

91 식물신품종 보호법상 품종보호에 대해 취소결정을 받은 자가 이에 불복하는 경우에는 그 등본을 송달받은 날부터 며칠 이내에 심판을 청구할 수 있는가?

① 15일   ② 30일
③ 40일   ④ 100일

해설
취소결정을 받은 자가 이에 불복하는 경우에는 그 등본을 송달받은 날부터 30일 이내에 심판을 청구할 수 있다.

92 국가품종목록의 등재에서 품종목록 등재의 유효기간은 등재한 날이 속한 해의 다음 해부터 얼마까지로 하는가?

① 5년   ② 10년
③ 15년   ④ 20년

해설
종자산업법상 품종목록 등재의 유효기간은 등재한 날이 속한 해의 다음 해부터 10년까지로 한다.

93 종자검사요령상 포장검사 병주 판정기준에서 벼 깨씨무늬병의 병주판정기준은?

① 위로부터 1엽의 중앙부 3cm 길이 내에 3개 이상 병반이 있는 주
② 위로부터 2엽의 중앙부 3cm 길이 내에 5개 이상 병반이 있는 주
③ 위로부터 2엽의 중앙부 5cm 길이 내에 30개 이상 병반이 있는 주
④ 위로부터 3엽의 중앙부 5cm 길이 내에 50개 이상 병반이 있는 주

해설
벼 깨씨무늬병의 병주판정기준은 위로부터 3엽의 중앙부 5cm 길이 내에 50개 이상 병반이 있는 주이다.

94 육묘업 등록을 한 날부터 1년 이내에 사업을 시작하지 아니하거나 정당한 사유 없이 1년 이상 계속하여 휴업한 경우 육묘업 등록이 취소되거나 얼마 이내의 영업의 전부 또는 일부의 정지 받는가?

① 1개월 이내   ② 3개월 이내
③ 6개월 이내   ④ 12개월 이내

해설
종자업 등록을 한 날부터 1년 이내에 사업을 시작하지 아니하거나 정당한 사유 없이 1년 이상 계속하여 휴업한 경우 종자업 등록을 취소하거나 6개월 이내의 기간을 정하여 영업의 전부 또는 일부의 정지를 명할 수 있다.

95 종자의 보증에서 자체보증의 대상에 해당하지 않은 것은?

① 도지사가 품종목록 등재대상작물의 종자를 생산하는 경우
② 군수가 품종목록 등재대상작물의 종자를 생산하는 경우
③ 구청장이 품종목록 등재대상작물의 종자를 생산하는 경우
④ 국립대학교 연구원이 품종목록 등재대상작물의 종자를 생산하는 경우

해설
시·도지사, 시장·군수·구청장, 농업단체등 또는 종자업자가 품종목록 등재대상작물의 종자를 생산하는 경우 자체보증의 대상으로 한다.

96 종자검사요령상 과수 바이러스·바이로이드 검정방법에서 시료 채취 방법은?

① 과수 포장에 종자관리사가 임의로 1주를 선정하여 병이 발생한 잎을 3개 채취
② 1주 단위로 잎 등 필요한 검정부위를 나무 전체에서 고르게 1개를 깨끗한 시료용기에 채취
③ 1주 단위로 잎 등 필요한 검정부위를 나무 전체에서 고르게 3개를 깨끗한 시료용기에 채취
④ 1주 단위로 잎 등 필요한 검정부위를 나무 전체에서 고르게 5개를 깨끗한 시료용기에 채취

해설
시료 채취는 1주 단위로 잎 등 필요한 검정부위를 나무 전체에서 고르게 5개를 깨끗한 시료용기(지퍼백 등 위생봉지)에 채취한다.

97 ( )안에 알맞은 내용은?

> 농림축산식품부장관은 종자산업의 육성 및 지원을 위하여 ( )마다 농림종자산업의 육성 및 지원에 관한 종합계획을 수립·시행하여야 한다.

① 1년　　② 2년
③ 3년　　④ 5년

해설
농림축산식품부장관은 종자산업의 육성 및 지원을 위하여 5년마다 농림종자산업의 육성 및 지원에 관한 종합계획(이하 "종합계획"이라 한다)을 수립·시행하여야 한다.

98 보증서를 거짓으로 발급한 종자관리사의 벌칙은?

① 1년 이하의 징역 또는 1천만원 이하의 벌금
② 3년 이하의 징역 또는 2천만원 이하의 벌금
③ 3년 이하의 징역 또는 5천만원 이하의 벌금
④ 5년 이하의 징역 또는 7천만원 이하의 벌금

해설
보증서를 거짓으로 발급한 종자관리사는 1년 이하의 징역 또는 1천만원 이하의 벌금에 처한다.

정답 95 ④ 96 ④ 97 ④ 98 ①

99 (   )에 알맞은 내용은?

> 식물신품종 보호법상 육성자의 권리 보호에서 보정명령을 받은 자가 지정된 기간까지 보정을 하지 아니한 경우에는 그 품종보호에 관한 절차가 무효로 될 수 있다. 다만, 지정된 기간을 지키지 못한 것이 보정명령을 받은 자가 천재지변이나 그 밖의 불가피한 사유에 의한 것으로 인정될 때에는 그 사유가 소멸한 날부터 (   ) 이내에 또는 그 기간이 끝난 후 1년 이내에 보정명령을 받은 자의 청구에 따라 그 무효처분을 취소할 수 있다.

① 3일
② 7일
③ 14일
④ 30일

해설
농림축산식품부장관, 해양수산부장관 또는 심판위원회 위원장은 그 절차가 무효로 된 경우로서 지정된 기간을 지키지 못한 것이 보정명령을 받은 자가 천재지변이나 그 밖의 불가피한 사유에 의한 것으로 인정될 때에는 그 사유가 소멸한 날부터 14일 이내에 또는 그 기간이 끝난 후 1년 이내에 보정명령을 받은 자의 청구에 따라 그 무효처분을 취소할 수 있다.

100 종자관리요강상 사후관리시험의 기준 및 방법에서 검사항목에 해당하지 않은 것은?

① 종자전염병
② 품종의 진위성
③ 품종의 순도
④ 품종의 기원

해설
사후관리시험의 검사항목은 품종의 순도, 품종의 진위성, 종자전염성이 있다.

정답 99 ③ 100 ④

2022 제2회 종자기사

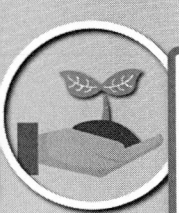

제1과목 종자생산학

01 다음 중 종자의 수명이 가장 긴 종자는?
① 고추 ② 토마토
③ 파 ④ 팬지

해설
장명종자에는 비트, 수박, 호박, 오이, 배추, 가지, 토마토, 알팔파, 클로버 등이 있다.

02 종자의 형상이 능각형인 것으로만 나열된 것은?
① 배추, 양귀비 ② 참나무, 모시풀
③ 보리, 작약 ④ 삼, 메밀

해설
종자의 형상은 타원형, 구형, 능각형 등 다양한 형태로 분류되며 능각형에는 메밀과 삼이 있다.

03 품종의 유전적 순도를 높일 수 있는 방법으로 틀린 것은?
① 인공수분
② 격리재배
③ 개화 전의 이형주 제거
④ 염수선에 의한 종자의 정선

해설
염수선은 소금물을 이용하여 병든 종자를 제거하고 종자에 섞인 균핵제거를 하지만 유전적 순도를 높일 수는 없다.

04 메밀이나 해바라기와 같이 종자가 과피의 어느 한 줄에 붙어 있어 열개하지 않는 것을 무엇이라 하는가?
① 장과 ② 수과
③ 핵과 ④ 이과

해설
수과는 다 익은 열매껍질이 단단하여 터지지 않는데 한 개의 씨방에 한 개의 씨가 들어있다. 메밀, 해바라기, 국화과 등이 해당된다.

05 다음 중 종자의 휴면타파법으로 틀린 것은?
① 변온 처리 ② 석회 처리
③ 농황산 처리 ④ 지베렐린 처리

해설
석회의 경우 토양의 pH를 조절하기 위해 활용한다.

06 다음 중 교잡 시 개화기 조절을 위하여 적심을 하는 작물로 가장 옳은 것은?
① 상추 ② 참외
③ 양파 ④ 토마토

해설
적심은 성장과 결실을 조절하기 위하여 식물의 눈이나 생장점을 따 내는 작업으로 순따기 혹은 순지르기라고 한다. 과채류, 두류 등에 실시하기 좋으며 담배, 상추 등의 작물에 적용할수 있다.

정답 01 ② 02 ④ 03 ④ 04 ② 05 ② 06 ①

07 4계성 딸기에 대한 설명으로 틀린 것은?
① 우리나라에서는 주로 여름철 재배에 이용된다.
② 주년(周年) 개화·착과 되는 특성을 갖는다.
③ 저위도 지방의 원산지에서 유래한 것이다.
④ 종자번식이 용이하다.

해설
딸기는 겨울에 재배하는 일계성딸기와 여름에 재배하는 사계성딸기(여름딸기)로 구분된다. 4계성 딸기는 주로 6~11월 사이인 여름철에 재배를 하며 고온장일의 특징을 가진다. 따뜻한 지방의 저위도 지방의 원산지에서 유래하였으며 종자번식은 상대적으로 불리한 품종이다.

08 산형화서의 형상으로 종자가 발달하는 작물이 아닌 것은?
① 양파   ② 부추
③ 보리   ④ 파

해설
보리는 수상화서에 해당된다.

09 다음 중 춘화처리를 실시하는 가장 큰 이유는?
① 발아억제   ② 생장억제
③ 화성유도   ④ 휴면타파

해설
춘화처리라고도 하는 버널리제이션은 식물에 인위적인 저온 처리를 통해 화성을 유도한다.

10 고구마의 개화 유도 및 촉진 방법으로 틀린 것은?
① 나팔꽃의 대목에 고구마 순을 접목한다.
② 14시간 이사의 장일처리를 한다.
③ 고구마덩굴의 기부에 환상박피를 한다.
④ 고구마덩굴의 기부에 절상을 낸다.

해설
고구마는 장일처리가 아닌 단일처리를 통해 개화촉진을 한다.

11 양파의 1대 교잡종 채종에 쓰이는 유전적 특성은?
① 자가불화합성   ② 웅성불임성
③ 자식약세   ④ 자가화합성

해설
양파, 당근, 고추, 토마토, 옥수수 등의 종자생산에는 웅성불임성을 이용한다.

12 발아억제물질이 있는 부위가 영이며, 억제물질이 phenolic acid에 해당하는 것은?
① 단풍나무   ② 장미
③ 보리   ④ 사탕무

해설
발아억제물질인 phenolic acid, coumarin 은 리의 영부위에 존재하면서 보리의 발아를 억제한다

13 다음 중 무한화서에 속하는 것은?
① 총상화서   ② 단성화서
③ 단집산화서 ④ 복집산화서

해설
무한화서에는 총상화서, 원추화서, 수상화서, 유이화서, 육수화서, 산방화서, 산형화서, 두상화서 등이 있다.

정답 07 ④ 08 ③ 09 ② 10 ② 11 ② 12 ③ 13 ①

14 기본식물에 유래된 종자를 무엇이라 하는가?
① 원종 ② 원원종
③ 보급종 ④ 장려품종

해설
원원종은 품종 고유의 특성을 보유하고 종자의 증식에 기본이 되는 종자를 말한다.

15 다음 중 자가수정만 하는 작물로만 나열된 것은?
① 호박, 무 ② 강낭콩, 완두
③ 옥수수, 호밀 ④ 오이, 수박

해설
자가수정작물(자식성작물)에는 벼, 보리, 밀, 귀리, 조, 콩, 담배, 토마토, 가지, 고추, 상추, 완두 등이 있다.

16 "주피에 있는 구멍으로서 그 구멍을 통하여 자란 화분관이 난세포와 결합한다"에 해당하는 것은?
① 알레로파시 ② 주심
③ 주공 ④ 주병

해설
주공은 제(배꼽)의 끝에 위치하며 꽃가루의 침입구이다. 수분된 화분은 암술머리에서 발아하여 화주의 유도조직 내로 화분관을 신장하고 화분관이 배주의 주공에 도달하여 정핵이 이동하고 배낭 속에서 정핵과 난핵이 융합하게 된다.

17 배추과 작물의 채종에 대한 설명으로 옳지 않은 것은?
① 배추과 채소는 주로 인공교배를 실시한다.
② 자연교잡을 방지하기 위한 격리재배가 필요하다.
③ 등숙기로부터 수확기까지는 비가 적게 내리는 지역이 좋다.
④ 배추과 채소의 보급품종 대부분은 1대잡종이다.

해설
배추과 채소는 주로 타가수정을 실시한다.

18 광과 종자 발아에 대한 설명으로 틀린 것은?
① 종자 발아가 억제되는 광 파장은 700~750nm 정도이다.
② 종자 발아의 광가역성에 관여하는 물질은 cytochrome이다.
③ 광이 없어야 발아가 촉진되는 종자도 있다.
④ 광은 종자 발아와 아무런 관계가 없는 경우도 있다.

해설
종자 발아의 광가역성에 관여하는 물질은 파이토크롬(phytochrome)이다.

19 다음 중 배유의 형성은?
① 정핵과 조세포의 융합
② 정핵과 반족세포의 융합
③ 정핵과 난핵의 융합
④ 정핵과 극핵의 융합

해설
피자식물 중복수정으로 정핵과 2개의 극핵을 통해 배유이 나타난다.

20 수박의 꽃에 대한 설명으로 옳지 않은 것은?
① 단위 결과로 만들어진 종자가 다음 대에 씨없는 수박이 된다.
② 암꽃의 씨방에서는 여러 개의 배주가 생긴다.
③ 오전 이른 시각에 수정이 잘 된다.
④ 단성화이다.

해설
씨없는 수박은 2배체 수박에 콜히친을 처리하여 4배체를 육성하고 4배체로 모계로 2배체를 부계로 하여 1대 잡종을 생산하여 채종하여 나타난다.

제2과목 식물육종학

21 교잡육종을 위해 교배친을 선정하는데 고려할 사항이 아닌 것은?
① 특성조사성적 ② 춘화처리능력
③ 과거실적검토 ④ 근연계수이용

해설
교배친을 선정할 경우 사용실적, 육종실적, 대상지역의 주요품종, 근연계수, 유전자 분석 등과 자방친과 화분친의 유전적 조성이 유사 정도도 고려해야 한다.

22 자연교잡에 의한 배추과(십자화과) 채소품종이 퇴화를 막기 위하여 채종재배 시 사용할 수 있는 방법으로 가장 적당한 것으로만 나열된 것은?
① 옥신 처리, 수경재배
② 에틸렌 처리, 외딴섬재배
③ 외딴섬재배, 망실재배
④ 수경재배, B-9 처리

해설
품종의 퇴화를 막기 위해서는 격리법을 활용해야 하며 봉지, 망실, 망상 등의 차단격리법이나 해안지방, 산간지방 등에서 재배하는 거리격리법을 활용한다. 그 외에도 춘화처리, 일정처리, 생장조절제 처리, 파종기 조절 등의 처리를 활용하는 시간격리법이 있다.

23 다음 중 분리 육종법에 해당하는 것은?
① 집단 육종법   ② 여교잡 육종법
③ 계통 분리법   ④ 파생계통 육종법

해설
분리육종법에는 선발육종법, 순계분리법, 계통분리법, 영양계분리법이 있다.

24 염색체의 부분적 이상 중 역위는 무엇인가?
① 염색체의 일부가 과잉상태로 되어 있는 경우
② 기존의 유전자 배열순서가 바뀌어서 배열하는 현상
③ 염색체의 일부가 절단되어 결실이 생기는 경우
④ 절단된 염색체의 일부가 다른 염색체에 부착되는 경우

해설
염색체의에서 역위는 한 염색체의 2개 부분에서 절단이 일어나 중간부분이 180도 회전하면서 다시 유합되면서 배열순서가 바뀌는 현상을 말한다.

25 인공교배에 의한 교잡육종기술을 크게 발전시키는데 이론적 근거를 제공해 준 이론은?
① 몰간의 염색체설
② 멘델의 유전법칙
③ 다윈의 진화론
④ 밀러의 돌연변이설

해설
교잡육종법은 멘델의 유전법칙에 근거로 성립하여 가장 널리 사용되는 방법이다.

26 1염색체식물을 옳게 나타낸 것은?
① 2n+1
② 2n-1
③ n
④ 2n+2

해설
2n-1 을 단염색체(1염색체)라 하고 2n+2 는 4염색체, 2n+1 은 3염색체라 한다.

27 재배 벼 중 일본형 벼는 식물분류학상 어디에 속하는가?
① 속
② 목
③ 문
④ 아종

해설
일본형 벼는 식물분류학적으로 벼 종의 하위 단위인 아종에 해당한다.

28 염색체 배가에 가장 효과적인 방법은?
① 콜히친 처리
② NAA 처리
③ 저온 처리
④ 고온 처리

해설
염색체를 배가시켜 동질배수체를 작성하려면 콜히친(colchicine)처리법을 이용해야 한다.

29 교배친(P_1, P_2), F_1 및 F_2의 분산 값이 다음과 같을 때 넓은 의미의 유전력은 얼마인가? (단, 분산은 P_1=28, P_2=27, F_1=38, F_2=62 이다.)
① 20%
② 50%
③ 60%
④ 15%

해설
- 유전분산 = $\dfrac{P1+P2+F1}{3} = \dfrac{28+27+38}{3} = 31$
- 유전력 = $\dfrac{31}{62} \times 100 = 50(\%)$

30 기본적인 육종과정이 가장 바르게 나열된 것은?
① 재료집단수집 → 선발 및 고정 → 지역적응시험 → 생산력검정 → 품종등록 → 증식 및 보급
② 재료집단수집 → 생산력검정 → 선발 및 고정 → 지역적응시험 → 품종등록 → 증식 및 보급
③ 재료집단수집 → 지역적응시험 → 선발 및 고정 → 생산력검정 → 품종등록 → 증식 및 보급
④ 재료집단수집 → 선발 및 고정 → 생산력검정 → 지역적응시험 → 품종등록 → 증식 및 보급

해설
육종과정은 기본은 재료집단, 선발 및 고정, 생산력검정, 지역적응성시험, 품종의 결정, 종자의 증식, 농가의 보급 과정으로 이루어진다.

31 작물의 타가수정률을 높이는 기작이 아닌 것은?
① 폐화수정
② 웅성불임성
③ 자가불화합성
④ 자웅이숙

해설
꽃이 피기 전의 봉오리 상태일 때 일어나는 자가수정을 폐화수정이라 하며 자가수분이 용이하게 이루어진다.

32 인공교배 육종 시 춘화처리를 하는 주된 목적은?
① 결실률의 향상
② 수정의 촉진
③ 개화기의 조절
④ 교배립의 등숙기간 단축

해설
개화기의 조절하는데는 춘화처리를 이용한다.

33 게놈이 다른 타종, 타속의 우량한 형질을 재배종에 도입하고자 할 때 효과적으로 사용할 수 있는 육종법은?

① 일수일열법 ② 돌연변이 육종법
③ 여교잡 육종법 ④ 근계 교배법

해설
여교잡 육종법은 한쪽의 유전자형을 가진 개체를 교잡하여 수세대 반복하여 우량개체를 선발하는 방법으로 우량 형질을 재배종에 도입하고자 할 때 효과적인 방법이다.

34 30개의 아미노산으로 형성된 효소를 합성하는데 필요한 최소한의 DNA 염기의 수는 얼마인가?

① 30 ② 60
③ 90 ④ 120

해설
아미노산 1개를 지정하는데 필요한 염기의수는 3개이기에 30개의 아미노산의 경우 필요한 DNA 염기는 90개가 필요하다.

35 식물세포에서 단백질 합성 장소는?

① 리보솜 ② 엽록체
③ 미토콘드리아 ④ 액포

해설
식물세포에서 단백질을 합성하는 장소는 리보솜이다.

36 감자와 토마토로 육성된 포마토는 어떠한 육종 방법을 이용하였는가?

① 배배양 ② 약배양
③ 원형질체융합 ④ 염색체배양

해설
원형질체융합을 활용한 작물에는 감자와 토마토의 잡종인 포마토가 있다. 원형질체융합은 다른 식물종에서 유래된 원형질체를 융합하여 두 식물의 특성을 모두 가진 잡종식물체를 만드는 방법이다.

37 피자식물은 중복수정을 하는데 수정 후 배와 배유의 염색체수를 옳게 나타낸 것은?

① 배는 2n이고, 배유는 n이다.
② 배는 n이고, 배유는 2n이다.
③ 배는 2n이고, 배유는 3n이다.
④ 배는 2n이고, 배유는 4n이다.

해설
중복수정은 배와 배유의 형성이 한 배낭 내에서 동시에 이루어지는 것으로 아래와 같은 결과가 나타난다
· 정핵(n)+난핵(n) → 배(2n)
· 정핵(n)+2개 극핵(2n) → 배젖(3n)

38 신품종의 유전적 퇴화 원인으로만 옳게 나열한 것은?

① 자연교잡, 잡종강세
② 잡종강세, 바이러스병 감염
③ 바이러스병 감염, 돌연변이
④ 돌연변이, 자연교잡

해설
신품종의 유전적 퇴화요인으로 돌연변이, 자연교잡, 이형유전자의 분류, 근교약세, 기회적 부동, 이형종자의 기계적 혼입, 역도태 등이 있다.

39 다음 중 배추의 자가불화합성 개체에서 자식종자를 얻을 수 있는 방법으로 가장 옳은 것은?

① 타가수분 ② 개화수분
③ 뇌수분 ④ 폐화수분

해설
뇌수분은 자가수정률이 높아 자가불화합성의 계통을 유지하여 자식종자를 얻을수 있는데 배추와 같은 십자화과식물의 채종에 많이 이용한다.

정답 33 ③ 34 ③ 35 ① 36 ③ 37 ③ 38 ④ 39 ③

40 자식성 작물의 육종 방법 중 인공교배 과정이 없는 방법은?
① 집단 육종법   ② 잡종 강세 육종법
③ 계통 육종법   ④ 순계 분리법

해설
순계분리법은 기본집단에서 우수형질을 가진 개체를 선발하여 우수한 순계를 선발하는 방법으로 자가수정작물을 이용한다.

제3과목 재배원론

41 다음 중 장일효과를 유도하기 위한 야간조파에 효과적인 광의 파장은?
① 300 ~ 350 nm   ② 380 ~ 420 nm
③ 600 ~ 680 nm   ④ 300 nm 이하

해설
야간조파는 밤에 광을 주어 밤의 연속길이를 짧게 하는 것으로 장일효과 유도를 위해 600~680nm 의 파장이 효과적이다.

42 다음 중 굴광현상에 가장 유효한 광은?
① 청색광   ② 녹색광
③ 황색광   ④ 적색광

해설
식물이 광을 향하는 굴광현상이 나타나며 주로 청색 파장(440~480mm)에 유효하다.

43 다음 중 연작에 의해서 나타나는 기지현상의 원인으로 옳지 않은 것은?
① 토양 비료분의 소모
② 염류의 감소
③ 토양 선충의 번성
④ 잡초의 번성

해설
기지현상의 원인에는 토양의 영양분의 과잉 혹은 결핍, 토양 내의 염류의 집적, 토양의 물리성 악화, 토양 전염병, 토양선충의 번성, 유독물질의 축적, 잡초 번성 등이 있다.

44 다음 중 전분 합성과 관련된 효소로 옳은 것은?
① 아밀라제   ② 포스포릴라제
③ 프로테아제   ④ 리파제

해설
포스포릴라제는 녹말이나 글리코겐 합성 및 분해에 작용하는 효소이다.

45 환상박피 때 화아분화가 촉진되고 과실의 발달이 조장되는 작물의 내적균형 지표로 가장 알맞은 것은?
① C/N율   ② S/R율
③ T/R율   ④ R/S율

해설
C/N 율은 탄소와 질소의 비율로 화아분화 촉진 및 과실의 발달을 나타내는 내적균형 지표로 활용된다.

46 다음 중 내염성 작물로 가장 옳은 것은?
① 감자   ② 완두
③ 목화   ④ 사과

해설
내염성 작물에는 사탕무, 목화, 양배추, 유채 등이 있다.

정답 40 ④ 41 ③ 42 ① 43 ② 44 ② 45 ① 46 ③

47 다음 중 식물분류학적 방법에서 작물 분류로 옳지 않은 것은?
① 벼과 작물　② 콩과 작물
③ 가지과 작물　④ 공예 작물

해설
식물분류학적 방법으로 예를 들어 벼과, 콩과, 가지과, 국화과 등으로 분류하며 공예작물은 용도에 따른 분류에 해당한다.

48 다음 중 식물 세포의 크기를 증대시키는데 직접적으로 관여하는 것으로 가장 옳은 것은?
① 팽압　② 막압
③ 벽압　④ 수분포텐셜

해설
세포의 크기를 증대시키려는 압력을 팽압이라 한다.

49 다음 중 접목부위로 옳게 나열된 것은?
① 대목의 목질부, 접수의 목질부
② 대목의 목질부, 접수의 형성층
③ 대목의 형성층, 접수의 목질부
④ 대목의 형성층, 접수의 형성층

해설
접목을 위해서는 접수와 대목의 형성층을 서로 밀착시켜야 한다.

50 다음 중 사과의 축과병, 담배의 끝마름병으로 분열조직에서 괴사를 일으키는 원인으로 옳은 것은?
① 칼슘의 결핍　② 아연의 결핍
③ 붕소의 결핍　④ 망간의 결핍

해설
붕소의 결핍시 분열조직의 괴사가 일어나고 사과의 축과병, 담배의 끝마름병 등과 같은 병해가 발생되며 꽃가루 생성이 불량하고 불임이 나타난다.

51 리비히가 주장하였으며 생산량은 가장 소량으로 존재하는 무기성분에 의해 지배받는다는 이론은 무엇인가?
① 최소양분율
② 유전자중심설
③ C/N율
④ 하디-바인베르크법칙

해설
리비히가 제창한 최소양분율은 어느 한 요소라도 부족하면 다른 요소들이 충분하더라도 작물의 생육은 부족한 요소의 지배를 받는다는 법칙이다. 즉 식물의 생육 및 생산량은 가장 부족한 혹은 소량으로 존재하는 무기성분에 의해 지배받는다는 이론이다.

52 다음 중 영양번식의 취목에 해당하지 않는 것은?
① 성토법　② 분주
③ 휘문이　④ 고취법

해설
취목에는 선취법, 성토법, 고취법, 휘문이, 곡취법, 파취법 등이 해당된다.

53 무기성분 중 벼가 많이 흡수하는 것으로 벼 잎을 직립하게 하여 수광상태가 좋게 되어 동화량을 증대시키는 효과가 있는 것은?
① 규소　② 망간
③ 니켈　④ 붕소

해설
규소는 벼의 잎을 직립하게 하여 수광상태를 좋게 하고 벼도열병에 대한 저항성을 향상시킨다.

정답 47 ④　48 ①　49 ④　50 ③　51 ①　52 ②　53 ①

54 다음 중 종자 휴면의 원인과 관련이 없는 것은?
① 경실 종자   ② 발아억제물질
③ 배의 성숙   ④ 종피의 불투기성

해설
종자 휴면의 원인에는 종피의 불투기성 및 불투수성, 배의 미숙, 발아억제 물질의 존재, 이중 휴면성 등이 있다.

55 다음 중 탄산시비의 효과로 옳지 않은 것은?
① 수량 증가   ② 개화 수 증가
③ 착과율 증가   ④ 광합성 속도 감소

해설
탄산시비를 통해 수량 증대, 품질의 향상, 착과율의 증가 등의 효과가 있다.

56 다음 중 산성토양에서 작물의 적응성이 가장 약한 것은?
① 호밀   ② 땅콩
③ 토란   ④ 시금치

해설
시금치는 산성토양에서 적응성이 약한 작물로 산성토양에 생육시 발아가 불량하고 뿌리의 피해가 발생하게 된다.

57 다음 중 골사이나 포기사이의 흙을 포기 밑으로 긁어 모아 주는 것을 뜻하는 용어로 옳은 것은?
① 멀칭   ② 답압
③ 배토   ④ 제경

해설
배토는 이랑 사이의 토양을 작물의 포기 아래로 모아주는 작업을 말한다.

58 다음 중 중성식물로 옳은 것은?
① 시금치   ② 고추
③ 벼   ④ 콩

해설
일장에 관계 없이 화아하는 식물을 중성식물 혹은 중일식물이라 하며 토마토, 고추, 오이, 호박, 당근 등이 있다.

59 대기 중 이산화탄소의 농도로 옳은 것은?
① 약 0.03%   ② 약 0.09%
③ 약 0.15%   ④ 약 0.20%

해설
이산화탄소는 대기 중에 약 0.035%를 차지하고 있다.

60 다음 중 건물 생산이 최대로 되는 단위면적당 군락엽면적을 뜻하는 용어로 옳은 것은?
① 포장동화능력   ② 최적엽면적
③ 보상점   ④ 광포화점

해설
최적엽면적은 건물생산이 최대로 되는 단위 면적당의 군락엽면적이며 군락의 엽면적을 토지면적에 대한 배수치로 표현한 것을 엽면적지수라 한다.

제4과목 식물보호학

61 다음 중 화본과 잡초로만 나열된 것은?
① 가막사리, 올챙이고랭이
② 쇠털골, 알방동사니
③ 마디꽃, 매자기
④ 강피, 나도겨풀

해설
화본과 잡초에는 둑새풀, 강피, 나도겨풀, 강아지풀, 바랭이 등이 있다.

62 복숭아혹진딧물에 대한 설명으로 틀린 것은?
① 날개가 있는 유시충과 날개가 없는 무시충이 존재한다.
② 여름기주로는 복숭아나무, 벚나무 등이 있다.
③ 식물 바이러스를 매개한다.
④ 간모는 단위생식을 한다.

해설
복숭아혹진딧물의 여름기주에는 무, 배추, 오이, 수박 등이 있다. 복숭아나무, 벚나무는 겨울기주에 해당된다.

63 종자가 바람에 의해 전파되기 쉬운 잡초로만 나열된 것은?
① 쇠비름, 방동사니
② 망초, 방가지똥
③ 어저귀, 명아주
④ 박추가리, 환삼덩굴

해설
바람에 의해 전파되는 잡초종자에는 민들레, 박주가리, 엉겅퀴속, 망초, 방가지똥 등이 있다.

64 벼 줄기 속을 가해하여 새로 나온 잎이나 이삭이 말라 죽도록 가해하는 해충은?
① 흑명나방   ② 땅강아지
③ 이화명나방 ④ 끝동매미충

해설
이화명나방 1세대는 잎 뒷면에서 부화한 유충이 잎집으로 이동해 볏대 속에 구멍을 뚫고 피해를 주며 2세대는 유충이 줄기 속을 가해하여 이삭줄기 전체가 하얗게 말라 죽는 백수 현상이 일어난다.

65 벼 흰잎마름병 발생에 가장 중요한 요인은?
① 한발   ② 저온
③ 침수   ④ 비료 부족

해설
벼 흰잎마름병은 배수가 나쁘고 습한 곳에서 주로 발생하며 강우가 많은 여름철 주로 발생한다.

66 2,4-D 제초제에 대한 설명으로 틀린 것은?
① 경엽처리형 제초제이다.
② 이행형 제초제이다.
③ 휘산성이므로 감수성 작물에 주의하여 살포한다.
④ 벼의 경우 유효분얼이 끝나기 전에 살포한다.

해설
2,4-D 제초제는 벼와 같은 화곡류의 경우 유효분얼종지기 ~ 유수형성기 사이에 처리하는 것이 좋다.

67 잡초에 대한 작물의 경합력을 높이는 방법은?
① 이식재배를 한다.
② 만생종을 재배한다.
③ 직파재배를 한다.
④ 재식밀도를 낮춘다.

해설
이식재배를 하면 생육기간이 연장되고 토지이용률이 증대된다. 또한 생육 촉진 및 숙기가 단축되어 경합력이 높아진다.

68 다음 중 주로 온실에서 재배하는 토마토에 바이러스병 매개하는 해충으로 가장 피해를 많이 주는 것은?
① 담배가루이 ② 목화진딧물
③ 갈색여치 ④ 외줄면충

해설
담배가루이는 온실에 재배되는 토마토에 피해를 주며 토마토황화잎말림바이러스(TYLCV)를 매개한다.

69 요소(urea)계 제초제에 대한 설명으로 틀린 것은?
① 광합성 저해 및 세포막 파괴에 의하여 작용한다.
② 경엽처리 효과가 없어 토양처리형으로만 사용한다.
③ 제초 활성을 나타내기 위해 광이 필요하다.
④ 고농도 처리수준에서는 비선택성이다.

해설
요소계 제초제는 경엽 및 토양처리형으로 사용한다.

70 감자 역병에 대한 설명으로 틀린 것은?
① 아일랜드 대기근의 원인이다.
② 병원균은 자웅동형성이다.
③ 역사적으로 1845년경에 대발생했다.
④ 무병 씨감자를 사용하여 방제할 수 있다.

해설
감자 역병의 병원균은 자웅이주균이다.

71 수용성이 아닌 원제를 아주 작은 입자로 미분화시킨 분말로 물에 분산시켜 사용하는 제초제의 제형은?
① 유제 ② 수화제
③ 보조제 ④ 수용제

해설
수화제는 물에 녹지 않는 주제를 분말형태로 벤토나이트 및 계면활성제 등을 이용하여 분산 및 제제하며 골고루 퍼지는 현수성이 중요하다.

72 온실가루이가 속하는 목은?
① 노린재목 ② 강도래목
③ 파리목 ④ 딱정벌레목

해설
온실가루이는 노린재목에 속한다.

73 바이로이드에 의한 식물병은?
① 모과나무 검은별무늬병
② 벼 오갈병
③ 담배 모자이크병
④ 감자 걀쭉병

해설
감자 걀쭉병은 바이로이드에 의해 발생한다.

74 다음 중 완전변태를 하지 않는 것은?
① 솔수염하늘소 ② 버들잎벌레
③ 진달래방패벌레 ④ 복숭아명나방

해설
진달래방패벌레는 불완전변태를 한다.

75 벼 줄무늬잎마름병을 전반시키는 매개충은?
① 무당벌레 ② 진딧물
③ 애멸구 ④ 끝동매미충

해설
벼 줄무늬잎마름병은 애멸구에 의해 전염되며 병원은 바이러스로 Rice stripe virus 전염시킨다.

76 제초제의 약해 유발 원인으로 틀린 것은?
① 고압분무기로 살포 시 주변 작물로 제초제가 비산되는 경우
② 비닐하우스 내에서나 피복 재배지에서의 부주의한 처리
③ 전착제 농도를 권장량보다 낮게 처리하는 경우
④ 제초제의 정확한 특성을 무시하고 적용 범위를 확대하는 경우

해설
전착제는 약제를 식물에 잘 전착하기 위한 보조제로 권장량 보다 낮게 처리한다고 하여 약해를 유발하지는 않는다.

77 오이 노균병에 대한 설명으로 틀린 것은?
① 병무늬의 가장자리가 잎맥으로 포위되는 다각형의 담갈색 무늬를 나타낸다.
② 잎과 줄기에 발생한다.
③ 습기가 많으면 병무늬 뒷면에 가루모양의 회색 곰팡이가 생긴다.
④ 발병이 심하면 병환부가 말라죽고 잘 찢어진다.

해설
오이 노균병은 고온 다습한 장마철에 발생하며 잎에서 발생한다.

78 다음 중 광발아 잡초로만 나열된 것은?
① 메귀리, 광대나물
② 냉이, 소리쟁이
③ 별꽃, 참방동사니
④ 강피, 바랭이

해설
광발아 잡초에는 바랭이, 쇠비름, 향부자, 강피, 소리쟁이 등이 있다.

79 주로 괴경으로 번식하는 잡초로만 나열된 것은?
① 메꽃, 사마귀풀
② 엉겅퀴, 물달개비
③ 향부자, 올방개
④ 물달개비, 알방동사니

해설
괴경으로 번식하는 잡초로 올방개, 매자기, 벗풀, 향부자, 너도방동사니, 올미 등이 있다.

80 다음 중 크기가 가장 작은 식물 병원체는?
① 세균 ② 진균
③ 바이러스 ④ 바이로이드

해설
바이로이드는 외부단백질이 없는 핵산만으로 구성되어 있으며 가장 작은 크기의 병원체이다.

제5과목 종자관련법규

81 종자검사요령상 시료추출에서 참외 순도검사를 위한 시료의 최소 중량은?
① 30g ② 50g
③ 70g ④ 100g

해설
참외의 순도검사를 위한 제출시료는 150g, 순도검사 70g, 수분검정용 50g 이다.

82 종자산업진흥센터의 지정 등에 대한 내용이다. ( )에 알맞은 내용은?

> ( )은 종자산업의 효율적인 육성 및 지원을 위하여 종자산업 관련 기관·단체 또는 법인 등 적절한 인력과 시설을 갖춘 기관을 종자산업진흥센터로 지정할 수 있다.

① 농림축산식품부장관
② 농촌진흥청장
③ 미래산업공동위원장
④ 농산물품질관리원장

해설
농림축산식품부장관은 종자산업의 효율적인 육성 및 지원을 위하여 종자산업 관련 기관·단체 또는 법인 등 적절한 인력과 시설을 갖춘 기관을 종자산업진흥센터(이하 "진흥센터"라 한다)로 지정할 수 있다.

83 종자검사요령상 종자 건전도 검정에서 배추과 뿌리썩음병의 시험시료는 몇 입으로 하는가?

① 300입   ② 400입
③ 500입   ④ 1000입

해설
종자건전도검정에서 배추과의 뿌리썩음병의 시험시료는 1000 립을 기준으로 한다.

84 신고된 품종명칭을 도용하여 종자를 판매·보급·수출하거나 수입한 자의 벌칙은?

① 3년 이하의 징역 또는 3천만원 이하의 벌금
② 2년 이하의 징역 또는 2천만원 이하의 벌금
③ 2년 이하의 징역 또는 1천만원 이하의 벌금
④ 1년 이하의 징역 또는 1천만원 이하의 벌금

해설
신고된 품종명칭을 도용하여 종자를 판매, 보급, 수출하거나 수입한 자는 1년 이하의 징역 또는 1천만원 이하의 벌금에 처한다.

85 식물신품종 보호법상 우선권을 주장하려는 자는 최초의 품종보호 출원일 다음 날부터 얼마 이내에 품종보호 출원을 하지 아니하면 우선권을 주장할 수 없는가?

① 6개월   ② 1년
③ 2년   ④ 3년

해설
우선권을 주장하려는 자는 최초의 품종보호 출원일 다음 날부터 1년 이내에 품종보호 출원을 하지 아니하면 우선권을 주장할 수 없다.

정답 82 ① 83 ④ 84 ④ 85 ②

86 식물신품종 보호법상 절차의 보정에 대한 내용이다. ( )에 적절하지 않은 내용은?

> ( )은 품종보호에 관한 절차가 식물신품종 보호법에 따른 명령에서 정하는 방식을 위반한 경우에는 기간을 정하여 보정을 명할 수 있다.

① 농림축산식품부장관
② 해양수산부장관
③ 농업기술센터장
④ 심판위원회 위원장

해설
농림축산식품부장관, 해양수산부장관 또는 심판위원회 위원장은 품종보호에 관한 절차가 다음 각 호의 어느 하나에 해당하는 경우에는 기간을 정하여 보정을 명할 수 있다.
· 제5조를 위반하거나 제15조에 따라 준용되는 「특허법」 제3조제1항을 위반한 경우
· 이 법 또는 이 법에 따른 명령에서 정하는 방식을 위반한 경우
· 제125조에 따라 납부해야 할 수수료를 납부하지 아니한 경우

87 품종보호권 또는 전용실시권을 침해한 자의 벌칙은?

① 7년 이하의 징역 또는 1억원 이하의 벌금
② 8년 이하의 징역 또는 1억원 이하의 벌금
③ 3년 이하의 징역 또는 2억원 이하의 벌금
④ 5년 이하의 징역 또는 3억원 이하의 벌금

해설
품종보호권 또는 전용실시권을 침해한 자는 7년 이하의 징역 또는 1억원 이하의 벌금에 처한다.

88 국가보증이나 자체보증을 받은 종자를 생산하려는 자는 누구로부터 포장(圃場)검사를 받아야 하는가?

① 농업기술센터장
② 농촌지도사
③ 농업연구사
④ 종자관리사

해설
국가보증이나 자체보증을 받은 종자를 생산하려는 자는 농림축산식품부장관 또는 종자관리사로부터 채종 단계별로 1회 이상 포장검사를 받아야 한다.

89 과수와 임목의 경우 품종보호권의 존속기간은 품종보호권이 설정등록된 날부터 몇 년으로 하는가?

① 15년
② 25년
③ 30년
④ 35년

해설
품종보호권의 존속기간은 품종보호권이 설정등록된 날부터 20년으로 한다. 다만, 과수와 임목의 경우에는 25년으로 한다.

90 품종보호권의 설정등록을 받으려는 자나 품종보호권자는 품종보호료 납부기간이 지난 후에도 얼마 이내에는 품종보호료를 납부할 수 있는가?

① 2년
② 1년
③ 9개월
④ 6개월

해설
품종보호권의 설정등록을 받으려는 자나 품종보호권자는 품종보호료 납부기간이 지난 후에도 6개월 이내에는 품종보호료를 납부할 수 있다.

91 종자산업진흥센터 시설기준에서 분자표지 분석실의 장비 구비 조건에 해당하지 않는 것은?
① DNA추출장비   ② 질량분석장비
③ 유전자증폭장비 ④ 유전자판독장비

해설
종자산업진흥센터 시설기준에서 분자표지 분석실의 장비 구비 조건에는 시료분쇄장비, DNA추출장비, 유전자증폭장비, 유전자판독장비가 있다

92 육묘업의 등록 등에 대한 내용이다. ( )에 적절하지 않은 내용은?

> 육묘업을 하려는 자는 대통령령으로 정하는 시설을 갖추어 ( )에게 등록하여야 한다.

① 각 지역 국립대학교 총장
② 시장
③ 군수
④ 구청장

해설
육묘업을 하려는 자는 대통령령으로 정하는 시설을 갖추어 시장·군수·구청장에게 등록하여야 한다.

93 종자관리사의 자격기준 등에 대한 내용이다. ( )에 알맞은 내용은?

> 종자관리사 등록이 취소된 사람은 등록이 취소된 날부터 ( )이 지나지 아니하면 종자관리사로 다시 등록할 수 없다.

① 3개월   ② 9개월
③ 1년   ④ 2년

해설
종자관리사 등록이 취소된 사람은 등록이 취소된 날부터 2년이 지나지 아니하면 종자관리사로 다시 등록할 수 없다.

94 식물신품종 보호법상 포기의 효력에 대한 내용이다. ( )에 알맞은 내용은?

> 품종보호권·전용실시권 또는 통상실시권을 포기하였을 때에는 품종보호권·전용실시권 또는 통상실시권은 ( )부터 소멸한다.

① 14일 후   ② 7일 후
③ 3일 후   ④ 그 때

해설
품종보호권·전용실시권 또는 통상실시권을 포기하였을 때에는 품종보호권·전용실시권 또는 통상실시권은 그 때부터 소멸한다.

95 종자관리요강상 포장검사 및 종자검사의 검사기준에서 밀 포장검사의 검사시기는?
① 이앙기로부터 중간배수기 사이
② 유묘기로부터 무효분얼기 사이
③ 이앙기로부터 유효분얼기 사이
④ 유숙기로부터 황숙기 사이

해설
겉보리, 쌀보리, 맥주보리, 밀의 검사시기 및 회수는 유숙기로부터 황숙기 사이에 1회 실시한다.

96 종자검사요령상 포장검사 병주 판정기준에서 맥류의 기타병은?
① 겉깜부기병   ② 흰가루병
③ 속깜부기병   ④ 보리줄무늬병

해설
맥류의 기타병에는 흰가루병, 줄기녹병, 위축병 등이 있다.

정답 91 ② 92 ① 93 ④ 94 ④ 95 ④ 96 ②

97 종자산업법상 품종목록 등재의 유효기간 연장신청은 그 품종목록 등재의 유효기간이 끝나기 전 얼마 이내에 신청하여야 하는가?

① 3개월 ② 6개월
③ 1년 ④ 3년

해설
종자관련법상 품종목록 등재의 유효기간에서 품종목록 등재의 유효기간 연장신청은 그 품종목록 등재의 유효기간이 끝나기 전 1년 이내 신청해야 한다.

98 종자검사요령상 수분의 측정에서 분석용 저울은 몇 단위까지 신속히 측정할 수 있어야 하는가?

① 1g ② 0.1g
③ 0.01g ④ 0.001g

해설
종자검사요령상 수분의 측정에서 분석용 저울은 0.001g 단위까지 측정할수 있어야 한다.

99 수입적응성시험의 대상작물 및 실시기관에서 국립산림품종관리센터의 대상작물은?

① 황금, 황기 ② 산약, 작약
③ 반하, 방풍 ④ 사삼, 시호

해설
국립산림품종관리센터의 수입적응성시험의 대상작물은 백출, 사삼, 시호, 오가피, 창출, 천궁, 하수오가 있다.

100 종자관리요강상 사진의 제출규격에서 사진의 크기는?

① 2″×6″의 크기 ② 3″×3″의 크기
③ 4″×5″의 크기 ④ 5″×9″의 크기

해설
사진의 크기는 4″ × 5″ 의 크기이어야 하며 실물을 식별할 수 있어야 한다.

1회 종자기사

** 본문제는 수험생들의 기억을 바탕으로 작성 된 것으로 실제 문제와 차이가 있을 수 있습니다.

제1과목 종자생산학

01 배추과 작물의 채종에 대한 설명으로 옳지 않은 것은?
① 배추과 채소는 주로 인공교배를 실시한다.
② 배추과 채소의 보급품종 대부분은 1대잡종이다.
③ 등숙기로부터 수확기까지는 비가 적게 내리는 지역이 좋다.
④ 자연교잡을 내리는 방지하기 위한 격리재배가 필요하다.

[해설] 배추과 채소는 주로 타가수정을 실시한다.

02 다음 종자 기관 중 종피가 되는 부분은?
① 주심   ② 주피
③ 주병   ④ 배낭

[해설] 종자의 주피는 종피(씨껍질)이 된다.

03 자가수정만 하는 작물로만 나열된 것은? (단, 자가수정 시 낮은 교잡률과 자식열세를 보이는 작물은 제외)
① 옥수수, 호밀   ② 참외, 멜론
③ 당근, 수박   ④ 완두, 강낭콩

[해설] 자가수정작물(자식성작물)에는 벼, 보리, 밀, 귀리, 조, 콩, 담배, 토마토, 가지, 고추, 상추, 완두 등이 있다.

04 종자에 의하여 전염되기 쉬운 병해는?
① 흰가루병   ② 모잘록병
③ 배꼽썩음병   ④ 잿빛곰팡이병

[해설] 모잘록병균은 토양 및 종자에 의해 전염되기에 토양 및 종자를 소독하는 것이 방제에 효과적이다.

05 자식성 작물의 종자생산 관리체계에서 증식체계로 옳은 것은?
① 기본식물 → 원원종 → 원종 → 보급종
② 보급종 → 기본식물 → 원원종 → 원종
③ 보급종 → 원원종 → 원종 → 기본식물
④ 원종 → 보급종 → 원원종 → 기본식물

[해설] 작물의 종자생산 관리 및 증식체계는 기본식물, 원원종, 원종, 채종포(보급종), 농가의 순이다.

06 작물생식에 있어서 아포믹시스를 옳게 설명한 것은?
① 수정에 의한 배 발달
② 수정없이 배 발달
③ 세포 융합에 의한 배 발달
④ 배유 배양에 의한 배 발달

[해설] 아포믹시스는 무수정생식이라 하며 난핵과 정핵의 결합이 없는 무성생식이다.

정답 01 ① 02 ② 03 ④ 04 ② 05 ① 06 ②

07 수확적기로 벼의 수확 및 탈곡 시에 기계적 손상을 최소화 할 수 있는 종자 수분함량은?
① 14% 이하 ② 17~23%
③ 30~35%   ④ 50% 이상

해설
벼, 보리의 수확적기 종자 수분함량은 17~23%이며 이때 탈곡 시 기계적 손상을 최소화 할 수 있다.

08 직접 발아시험을 하지 않고 배의 환원력으로 종자 발아력을 검사하는 방법은?
① X선 검사법
② 전기전도도 검사법
③ 테트라졸리움 검사법
④ 수분함량 측정법

해설
테트라졸리움 검사법은 테트라졸리움 용액을 이용하여 살아 있는 종자 조직의 착색 정도를 통해 종자의 발아력을 검사한다.

09 다음 중 종자의 수명이 가장 긴 종자는?
① 토마토 ② 상추
③ 당근   ④ 고추

해설
상추, 당근, 고추는 단명종자이며 토마토는 장명종자로 보기 중에서 종자의 수명이 가장 길다.

10 층적저장과 가장 가까운 의미를 갖는 것은?
① 발아억제를 위한 건조처리
② 휴면타파를 위한 저온처리
③ 발아율 향상을 위한 후숙처리
④ 발아촉진을 위한 생장조절제 처리

해설
층적처리는 나무상자나 나무통에 습기가 있는 모래 혹은 톱밥과 종자를 층을 만들어 종자를 넣어 저온저장고에 보관한다.

11 다음 중 무배유 종자에 해당하는 것은?
① 보리 ② 상추
③ 밀   ④ 옥수수

해설
무배유종자에는 콩, 완두, 팥, 녹두, 클로버 등의 콩과식물 및 수박, 오이, 호박, 상추, 배추 등이 있다.

12 다음 중 발아촉진에 효과가 가장 큰 물질은?
① gibberellin   ② abscisic acid
③ parasorbic acid ④ momilactone

해설
지베렐린(Gibberellin)을 작물에 적용시 발아촉진, 화성유도, 생장 촉진, 수량의 증대 효과 등이 있으며 발아촉진에 큰 효과를 보인다.

13 다음 중 감자의 휴면타파법으로 가장 적절한 것은?
① α선 처리 ② MH 처리
③ GA 처리   ④ 저온저장(0~6°C)

해설
감자의 휴면타파에는 최아법, 박피절단법, 지베렐린 처리(GA처리), 에틸렌-클로로하이드린 처리를 한다.

14 다음 중 영양번식과 가장 관련이 있는 것은?
① 유성생식 ② 무성생식
③ 감수분열 ④ 타가수정

해설
무성생식은 배우자가 수정을 하지 않고 개체를 증식시키는 방법으로 단위생식, 영양생식이 여기에 해당된다.

정답 07 ② 08 ③ 09 ① 10 ② 11 ② 12 ① 13 ③ 14 ②

15 다음 중 호광성 종자인 것은?
① 토마토 ② 가지
③ 상추 ④ 호박

해설
광발아성 종자는 호광성종자로 상추, 담배, 우엉 등이 있다.

16 다음 중 종자발아에 필요한 수분흡수량이 가장 많은 것은?
① 옥수수 ② 벼
③ 콩 ④ 밀

해설
발아에 필요한 종자의 수분 흡수량은 종자무게 대비 벼 23%, 밀 30%, 콩 100% 정도로 콩이 가장 많다.

17 속씨식물의 중복수정에서 2개의 극핵과 1개의 웅핵이 수정되어 생성되는 것은?
① 배유 ② 종피
③ 배 ④ 자엽

해설
속씨식물의 수정에서 배낭 내로 들어간 2개의 정핵 중 하나는 난핵과 만나 2n 배를 형성하고 다른 하나는 2개의 극핵과 만나 3n 배유를 형성한다.

18 자가불화합성을 타파하는 방법이 아닌 것은?
① 뇌수분 ② 개화수분
③ 인공수분 ④ CO_2처리

해설
자가불화합성을 타파하는 방법으로 뇌수분, 노화수분, 지연수분, 고온처리, 전기 자극, 이산화탄소 처리 등이 있다.

19 종자의 형상이 능각형인 것으로만 나열된 것은?
① 배추, 양귀비 ② 참나무, 모시풀
③ 보리, 작약 ④ 삼, 메밀

해설
종자의 형상은 타원형, 구형, 능각형 등 다양한 형태로 분류되며 능각형에는 메밀과 삼이 있다..

20 배낭모세포가 감수분열을 못하거나 비정상적인 분열을 하여 배를 형성하는 것은?
① 복상포자생식 ② 무성생식
③ 영양번식 ④ 유사분열

해설
복상포자생식에서 난세포가 수정 없이 배발생을 하고 극핵도 수정 없이 단독으로 배유 형성을 한다.

제2과목 식물육종학

21 다음 중 감수분열 제1전기의 진행 순서가 바르게 나열된 것은?
① 세사기 → 이동기 → 대합기 → 태사기
② 이동기 → 세사기 → 태사기 → 대합기
③ 세사기 → 대합기 → 태사기 → 이동기
④ 세사기 → 이동기 → 태사기 → 대합기

해설
제1감수분열 전기는 세사기, 대합기, 태사기, 이중기, 이동기의 과정을 거친다.

정답 15 ③ 16 ③ 17 ① 18 ② 19 ④ 20 ① 21 ③

22 이질 배수체를 작성하는 방법으로 가장 알맞은 것은?
① 특정한 게놈을 가진 품종의 식물체에 콜히친을 처리한다.
② 서로 다른 게놈을 가진 식물체끼리 교잡을 시킨 후 그 잡종에 콜히친 처리를 한다.
③ 동일한 게놈을 가진 품종끼리 교잡을 시킨 후 그 잡종에 콜히친 처리를 한다.
④ 인위적으로는 만들 수 없고 자연계에서 만들어지기를 기다린다.

해설
염색체를 배가시켜 동질배수체를 작성하려면 콜히친(colchicine)처리법을 이용해야 한다..

23 벼와 같은 자식성 식물에서 잡종강세에 대한 설명으로 옳은 것은?
① 자식성 식물이므로 잡종 강세가 일어나지 않는다.
② 교배조합에 따라 잡종강세가 일어날 수 있다.
③ 모든 교배조합에서 잡종강세가 크게 나타난다.
④ 자식성 식물에서는 잡종강세를 조사하지 않는다.

해설
자식성식물에서 잡종강세가 나타나는 경우도 있지만 타식성 식물에서 현저하게 나타난다.

24 품종의 생리적 퇴화의 원인이 되는 것은?
① 돌연변이
② 자연교잡
③ 토양적인 퇴화
④ 이형 유전자형의 분리

해설
생리적 퇴화는 품종의 생산지의 환경의 불량이 원인이 되기에 토양적인 퇴화가 한가지 원인이 되겠다.

25 타식성 식물에 대한 설명으로 옳은 것은?
① 유전자형이 동형접합(homozygosity)이다.
② 단성화와 자가불임의 양성화뿐이다.
③ 자연계에서 서로 다른 개체 간 수정되는 비율이 높은 식물이다.
④ 자웅이숙 식물만이 순수한 타식성 식물이다.

해설
타식성 식물은 격리해서 채종하며 자가수정률은 5% 정도로 서로 다른 개체 간 수정 비율이 높은 식물이다.

26 다음 중 계통분리법에 해당하지 않는 육종법은?
① 집단육종법 ② 성군집단선발법
③ 모계선발법 ④ 가계선발법

해설
집단육종법은 교잡육종법에 해당된다. 계통분리법은 집단선발법, 계통집단선발법, 성군집단선발법, 1수1렬법, 모계선발법, 가계선발법이 있다.

27 다음 중 반수체육종의 가장 큰 장점은?
① 이형집단 발생이 쉬우며 다양한 형질을 가지고 있다.
② 돌연변이가 많이 나온다.
③ 유전자 재조합이 많이 일어난다.
④ 육종연한을 단축한다.

해설
반수체를 육성하여 육종 연한을 단축시킬수 있으며 담배, 벼 등의 작물에 적용 가능하다.

28 상위성이 있는 경우 양성잡종 F_2 분리비가 15:1인 것은?
① 보족유전자 ② 중복유전자
③ 억제유전자 ④ 피복유전자

해설
중복유전자의 F_2 분리비는 15:1 이다.

정답 22 ② 23 ② 24 ③ 25 ③ 26 ① 27 ④ 28 ②

29. 내병성 등 소수 형질을 개량할 목적으로 실시하는 가장 효과적인 육종 방법은?
① 집단육종법 ② 여교잡육종법
③ 계통간교잡법 ④ 집단선발법

해설
여교잡육종법의 경우 내병성 품종을 육성하거나 유전자의 연관관계를 규명하는데 흔히 사용되며 육종의 시간과 경비를 절약하는 장점이 있다.

30. 수량성에 대한 선발을 계통후기에 하는 가장 큰 이유는?
① 수량성은 질적형질이기 때문이다.
② 수량성에는 주동유전자가 관여하기 때문이다.
③ 수량성에는 폴리진이 관여하기 때문이다.
④ 수량성에는 환경영향이 작기 때문이다.

해설
수량성은 폴리진이 관여하는 양적 형질이다.

31. 배수체 작성에 가장 많이 이용하는 방법은?
① 방사선 처리 ② 교잡
③ 콜히친 처리 ④ 에틸렌 처리

해설
염색체를 배가시켜 동질배수체를 작성하려면 콜히친(colchicine)처리법을 이용해야 한다..

32. 다음 중 자가불화합성 식물을 자식시키기 위한 방법으로 가장 적절하지 않은 것은?
① 봉지씌우기 ② 고온처리
③ 이산화탄소 처리 ④ 뇌수분

해설
봉지씌우기는 차단격리법(복대법)이라 하여 자연교잡을 막기 위한 방법이다.

33. 피자식물에서 중복수정을 끝낸 후의 염색체 수로 옳은 것은?
① 배 3n + 배유 3n
② 배 3n + 배유 2n
③ 배 2n + 배유 2n
④ 배 2n + 배유 3n

해설
중복수정은 배와 배유의 형성이 한 배낭 내에서 동시에 이루어지는 것으로 아래와 같은 결과가 나타난다.
· 정핵(n)+난핵(n) → 배(2n)
· 정핵(n)+2개 극핵(2n) → 배젖(3n)

34. 다음 중 자웅이주 식물은?
① 벼 ② 보리
③ 콩 ④ 시금치

해설
암꽃과 수꽃이 서로 다른 개체에 있는 경우 자웅이주라 하며 시금치, 아스파라거스, 주목, 은행나무 등이 있다.

35. 다음 중 정역교배조합인 것은?
① A×(A×B) ② A×B, B×A
③ B×(A×B) ④ (A×B)×(C×D)

해설
정역교배는 양친의 암수를 서로 바꾸어 교배하는 것을 말한다. A를 자방친, B를 화분친으로 교배하여 한편으로 B를 자방친으로 하고 A를 화분친으로 하여 교배한다.

36. 잡종강세가 가장 크게 나타나는 품종은?
① 복교배 품종 ② 3원교배 품종
③ 단교배 품종 ④ 합성품종

해설
단교배(단교잡)은 관여하는 계통이 2개뿐이라 우량조합의 선정이 용이하고 잡종강세 현상이 뚜렷하다.

정답 29 ② 30 ③ 31 ③ 32 ① 33 ④ 34 ④ 35 ② 36 ③

37 동질배수체의 일반적인 특성으로 가장 거리가 먼 것은?
① 임성과 착과성의 감퇴
② 핵, 세포, 영양기관의 거대성
③ 발육의 촉진과 조기개화
④ 저항성의 증대와 성분변화

해설
동질배수체는 핵과 세포가 커지고, 영양기관의 발육이 왕성하여 거대화하고, 화서 및 종자가 대형화한다. 그리고 임성이 저하되고 착과성이 감퇴하며 발육이 지연 된다.

38 집단육종법의 장점으로 가장 알맞은 것은?
① 제웅이 편리하다.
② 유용유전자를 상실한 우려가 적다.
③ 돌연변이가 쉽게 생긴다.
④ 목적하는 형질의 유전현상을 쉽게 밝힐 수 있다.

해설
집단육종법은 선발을 위한 노력이 절감되며 유용유전자에 대한 상실의 가능성이 적다.

39 복교잡을 나타낸 것으로 옳은 것은?
① (A×B)의 F_1에 B를 교잡
② A×B
③ (A×B)×C
④ (A×B)×(C×D)

해설
복교잡은 두 개의 단교배로 F_1끼리 교배하며 [(A×B)×(C×D)] 이다.

40 다음 중 타가수정작물의 일반적인 개화 및 수정 특성으로 가장 거리가 먼 것은?
① 폐화수정 ② 자가불화합성
③ 자웅이주 ④ 웅예선숙

해설
타가수정 작물에 많은 생리현상에는 화기의 구조적 원인, 자웅이숙, 자가불화합성, 웅성불임성, 자웅이주 등이 있다.

제3과목 재배원론

41 화곡류의 생육 단계 중 한발해에 가장 약한 시기는?
① 유숙기   ② 출수개화기
③ 감수분열기 ④ 유수형성기

해설
벼는 냉온에 약한 작물로 10℃ 이하의 냉온이 지속되면 냉해의 피해가 발생된다. 벼는 감수분열기에 이상 발육이 초래되어 불임현상이 나타나기도 한다.

42 다음 중 윤작에 대한 설명으로 옳지 않은 것은?
① 동양에서 발달한 작부방식이다.
② 지력유지를 위하여 콩과 작물을 반드시 포함한다.
③ 병충해 경감 효과가 있다.
④ 경지이용률을 높일 수 있다.

해설
윤작은 서유럽에서도 발달하였으며 중세시대 초기 1/2 씩 휴경하다가 9세기부터 삼포식을 실시하였다.

43 다음 중 인과류로만 나열되어 있는 것은?
① 사과, 배   ② 무화과, 딸기
③ 복숭아, 앵두 ④ 감, 밤

해설
인과류에는 배, 사과, 비파 등이 있다.

정답 37 ③ 38 ② 39 ④ 40 ① 41 ③ 42 ① 43 ①

44. C_4작물에 대한 설명으로 가장 거리가 먼 것은?

① 광 포화점이 높다.
② 광 호흡률이 높다.
③ 광 보상점이 낮다.
④ 광합성효율이 높다.

해설
C_4 작물은 광합성 효율이 좋으나 광호흡률은 매우 낮다.

45. 작부방식의 변천과정으로 가장 적절한 것은?

① 이동경작 → 3포식농법 → 개량3포식농법 → 자유작
② 자유작 → 이동경작 → 휴한농법 → 개량3포식농법
③ 이동경작 → 개량3포식농법 → 자유작 → 3포식농법
④ 자유작 → 휴한농법 → 개량3포식농법 → 이동경작

해설
작부체계의 변천을 보면 크게 이동경작에서 3포식농법, 개량3포식농법에서 자유경작으로 발달하였다.

46. 우리나라 작물재배의 특색에 대한 설명으로 가장 적절하지 않은 것은?

① 토양비옥도가 낮음
② 전체적인 식량자급률이 높음
③ 경영규모가 영세함
④ 농산물의 국제 경쟁력이 약함

해설
우리나라의 전체적인 식량자급률은 시간이 지날수록 감소하는 추세를 보이고 있으며 최근에는 50% 아래로 떨어졌다.

47. 다음 중 요수량이 가장 큰 작물은?

① 옥수수   ② 기장
③ 수수   ④ 호박

해설
수수, 기장, 옥수수는 요수량이 적은 작물로서 상대적으로 보기 중에서 호박의 요수량이 크다.

48. 세포벽의 가소성을 증대시켜 세포의 신장을 유발하는 것으로 가장 옳은 것은?

① Auxin   ② CCC
③ Cytokinin ④ Ethylene

해설
옥신은 식물의 신장에 관여하는 호르몬으로 줄기나 뿌리의 선단부에서 만들어져 세포의 신장촉진에 도움을 준다.

49. 다음 중 휴작의 필요 기간이 가장 긴 작물은?

① 시금치   ② 고구마
③ 수수   ④ 토란

해설
토란은 3년 휴작이 요구되는 작물로 보기 중에서 가장 긴 작물이다.

50. 수확물의 상처에 코르크층을 발달시켜 병균의 침입을 방지하는 조치를 나타내는 용어는?

① 큐어링   ② 예냉
③ CA 저장 ④ 후숙

해설
큐어링은 고구마, 감자, 양파 등에 상처가 발생한 경우 상처를 아물게 하거나 코르크층을 형성시켜 수분의 증발을 줄이고 미생물의 침입을 예방하는 방법이다.

정답 44 ② 45 ① 46 ② 47 ④ 48 ① 49 ④ 50 ①

51 다음 중 단일성 작물로만 나열 된 것은?
① 들깨, 담배, 코스모스
② 감자, 시금치, 양파
③ 고추, 당근, 토마토
④ 사탕수수, 딸기, 메밀

해설
단일성 식물에는 콩, 옥수수, 벼, 딸기, 국화, 코스모스, 들깨, 샐비어, 담배 등이 있다.

52 다음 중 생존연한에 따른 분류 상 2년생 작물에 해당하는 것은?
① 보리   ② 사탕무
③ 호프   ④ 벼

해설
보리, 밀, 대파, 무, 사탕무 등은 2년생 작물에 해당된다.

53 비늘줄기를 번식에 이용하는 작물은?
① 생강   ② 마늘
③ 토란   ④ 연

해설
마늘, 양파 등은 영양기관 중에서 비늘줄기(인경)을 통해 번식한다.

54 내건성이 큰 작물의 세포적 특성이 아닌 것은?
① 세포가 작다.
② 세포의 삼투압이 높다.
③ 원형질막의 수분투과성이 크다.
④ 원형질의 점성이 낮다.

해설
내건성이 큰 작물은 원형질의 점성이 높다.

55 버널리제이션의 농업이용에 가장 이용하지 않는 것은?
① 억제재배   ② 수량 증대
③ 육종에 이용   ④ 대파(代播)

해설
춘화처리라고도 하는 버널리제이션은 식물에 인위적인 저온 처리를 통해 화성을 유도하기에 억제재배와는 관련이 없다.

56 다음 중 내염성이 가장 강한 작물은?
① 가지   ② 양배추
③ 셀러리   ④ 완두

해설
사탕무, 목화, 양배추, 유채 등은 내염성이 강한 작물이다.

57 다음 중 다년생 방동사니과에 해당하는 것으로만 나열된 것은?
① 여뀌, 물달개비   ② 올방개, 매자기
③ 개비름, 맹아주   ④ 망초, 별꽃

해설
다년생 방동사니과에는 너도방동사니, 쇠털골, 올방개, 올챙이고랭이, 매자기 등이 있다.

58 공예작물 중 유료작물로만 나열된 것은?
① 목화, 삼   ② 모시풀, 아마
③ 참깨, 유채   ④ 어저귀, 왕골

해설
공예작물 중 유료작물에는 참깨, 들깨, 유채, 땅콩, 해바라기, 아주까리, 오일팜 등이 있다.

정답 51 ① 52 ② 53 ② 54 ④ 55 ① 56 ② 57 ② 58 ③

59 다음 중 고추의 일장 감응형은?
① LL형　　② II형
③ SS형　　④ LS형

해설
고추, 벼(조생종), 메밀, 토마토 등은 II형에 속한다.

60 다음 중 작물 생육의 다량원소가 아닌 것은?
① K　　② Cu
③ Mg　　④ Ca

해설
구리(Cu)는 미량원소에 해당된다.

제4과목 식물보호학

61 다년생 논 잡초가 우점하는 군락형으로 천이가 일어나는 원인으로 가장 거리가 먼 것은?
① 손 제초 감소
② 잡초의 휴면성
③ 재배시기 변동
④ 잡초 방제 방법 변화

해설
잡초군락의 천이의 경우 주로 재배작물이나 작부체계가 변화하거나 경종조건이 변화할 경우 영향을 받는다.

62 배추 무사마귀병균에 대한 설명으로 옳은 것은?
① 산성 토양에서 많이 발생한다.
② 주로 건조한 토양에서 발생한다.
③ 전형적인 병징은 주로 꽃에서 발생한다.
④ 병원균을 인공배양하여 감염여부를 알 수 있다.

해설
배추 무사마귀병은 산성토양이며 다습한 경우 많이 발생한다.

63 완전변태를 하는 곤충으로만 올바르게 나열한 것은?
① 벌, 파리　　② 매미, 잠자리
③ 메뚜기, 노린재　　④ 진딧물, 총채벌레

해설
완전변태를 하는 곤충에는 나비목, 파리목, 벌목, 딱정벌레목 등이 있다.

64 밭에 발생하는 일년생 잡초는?
① 쑥, 망초　　② 메꽃, 쇠비름
③ 쇠뜨기, 까마중　　④ 명아주, 바랭이

해설
1년생 밭잡초로 바랭이, 쇠비름, 명아주, 닭의 장풀 등이 있다.

65 매개충과 관련된 식물병을 짝지은 것으로 옳지 않은 것은?
① 끝동매미충 - 벼 오갈병
② 애멸구 - 벼 줄무늬잎마름병
③ 말매미충 - 대추나무 빗자루병
④ 복숭아혹진딧물 - 감자 잎말림병

해설
대추나무 빗자루병의 매개충은 마름무늬매미충이다.

66 잡초에 대한 작물의 경합력을 높이는 방법으로 옳지 않은 것은?
① 윤작 실시　　② 토양 pH 조절
③ 재배 방법 변화　　④ 작물 품종 선택

해설
작물의 경합력을 높이는 방법에는 밀도의 조절, 환경조건에 적응력이 강한 품종을 선택, 조숙종의 선택, 이앙 재배, 윤작 실시, 경운 실시 등의 방법 등이 있으나 토양의 pH 조절은 큰 효과가 없다.

정답 59 ② 60 ② 61 ② 62 ① 63 ① 64 ④ 65 ③ 66 ②

67 제초제에 대한 설명으로 옳은 것은?
① 디캄바는 접촉형으로 비선택성이다.
② 글루포시네이트암모늄은 광엽 잡초에 대하여 선택성이 있다.
③ 플루아지호프피부틸은 화본과 잡초에 대하여 선택성이 있다.
④ 글리포세이트는 이행형으로 콩과 잡초에 대하여 선택성이 있다.

해설
플루아지호프피부틸 약제는 화본과 잡초에 대하여 선택적으로 작용한다.

68 주로 과실을 가해하는 해충이 아닌 것은?
① 복숭아순나방 ② 복숭아명나방
③ 복숭아심식나방 ④ 복숭아유리나방

해설
복숭아유리나방은 천공성해충에 해당한다.

69 알 → 약충 → 성충으로 변화하는 곤충 중에 약충과 성충의 모양이 완전히 다르고, 주로 잠자리목과 하루살이목에서 볼 수 있는 변태의 형태는?
① 반변태 ② 과변태
③ 무변태 ④ 완전변태

해설
알, 약충, 성충의 과정을 반변태(불완전변태)라 한다.

70 벼 도열병균의 주요 전염 방법으로 옳은 것은?
① 토양 ② 잡초
③ 바람 ④ 관개수

해설
벼 도열병균은 균사나 분생포자가 볏짚 혹은 병든 종자에서 월동하고 바람에 의해 전반된다.

71 무성포자에 해당하는 것은?
① 자낭포자 ② 분생포자
③ 담자포자 ④ 접합포자

해설
분생포자는 무성포자에 해당되고 자낭포자는 유성포자에 해당된다.

72 A 유제(50%)를 2000배로 희석하여 10a당 160L를 살포할 때 A 유제의 소요량(mL)은?
① 40 ② 60
③ 80 ④ 100

해설
$$소요약량 = \frac{단위면적당사용량}{소요희석배수}$$
$$= \frac{160}{2000} = 0.08L = 80ml$$

73 농약의 살포 방법 중 미스트법에 대한 설명으로 옳지 않은 것은?
① 살포 시간 및 인력 비용 등을 절감한다.
② 살포액의 농도를 낮게 하고 많은 양을 살포한다.
③ 살포액의 미립화로 목표물에 균일하게 부착시킨다.
④ 분사 형식은 노즐에 압축공기를 같이 주입하는 유기분사 방식이다.

해설
미스트법은 미스트기로 만든 미립자를 살포하는 방법으로 분무법과 비교하여 살포량은 적지만 농도가 높고 입자가 작으며 농도는 약 2배 정도로 높다.

74 잡초로 인해 예상되는 피해 또는 손실이 아닌 것은?
① 작물의 품질 저하
② 작물의 수확량 감소
③ 해충의 서식처 제공
④ 토양의 물리성 악화

해설
잡초로 토양의 침식 및 유실을 방지하기에 토양의 물리성에 도움을 준다.

75 주로 땅 속에서 작물의 뿌리를 가해하는 해충은?
① 도둑나방   ② 조명나방
③ 방아벌레   ④ 화랑곡나방

해설
방아벌레는 딱정벌레목의 방아벌레과로 유충이 땅속에서 식물의 줄기나 뿌리에 피해를 준다.

76 자낭균에 속하는 병균은?
① 소나무 혹병균
② 잣나무 털녹병균
③ 복숭아 잎오갈병균
④ 사과 붉은별무늬병균

해설
자낭균에 속하는 것으로 벼 깨씨무늬병, 벼 키다리병, 맥류 흰가루병, 복숭아나무잎오갈병, 포도나무 새눈무늬병 등이 있다.

77 식물병이 크게 발생한 역사에 대한 설명으로 옳지 않은 것은?
① 19세기 말 스리랑카에서 커피 녹병 발생
② 1845년경 아일랜드에서 양배추 역병 발생
③ 1970년경 미국에서 옥수수 깨씨무늬병 발생
④ 일제강점기 우리나라에서 사탕무 갈색무늬병 발생

해설
1845년에 아일랜드에 감자역병이 발생하여 100만명이 사망하는 역사적 사건이 있다.

78 살충제에 대한 해충의 저항성이 발달되는 가장 중요한 요인은?
① 살균제와 살충제를 섞어 뿌리기 때문에
② 같은 약제를 계속해서 뿌리기 때문에
③ 약제를 농도가 진하게 만들어 조금 뿌리기 때문에
④ 약제의 계통이나 주성분이 다른 약제를 바꾸어 뿌리기 때문에

해설
살충제를 연용하여 사용하면 해충의 저항성이 높아질 가능성이 있다.

79 훈증제는 주로 해충의 어느 부분을 통하여 체내에 들어가서 해충을 죽게 하는가?
① 입   ② 피부
③ 날개   ④ 기문

해설
약제를 가스화하여 해충을 죽이는 약제로 기문을 통해 체내로 침투하여 해충을 죽이게 된다.

정답 74 ④ 75 ③ 76 ③ 77 ② 78 ② 79 ④

80 잡초의 밀도가 증가하면 작물의 수량이 감소되는데, 어느 밀도 이상으로 잡초가 존재하면 작물 수량이 현저하게 감소되는 수준까지의 밀도는?
① 잡초밀도
② 잡초경제한계밀도
③ 잡초허용한계밀도
④ 작물수량감소밀도

해설
잡초허용한계밀도는 잡초의 밀도가 증가하면 양분의 손실 등으로 작물의 수량이 감소하는 밀도이다.

제5과목 종자관련법규

81 대통령령으로 자격기준을 갖춘 사람으로서 종자관리사가 되려는 사람은 농림축산식품부령으로 정하는 바에 따라 농림축산식품부 장관에게 등록하여야 하는데, 등록을 하지 아니하고 종자관리사 업무를 수행한 자의 벌칙은?
① 6개월 이하의 징역 또는 3백만원 이하의 벌금에 처한다.
② 6개월 이하의 징역 또는 5백만원 이하의 벌금에 처한다.
③ 1년 이하의 징역 또는 5백만원 이하의 벌금에 처한다.
④ 1년 이하의 징역 또는 1천만원 이하의 벌금에 처한다.

해설
등록을 하지 아니하고 종자관리사 업무를 수행한 자는 1년 이하의 징역 또는 1천만원 이하의 벌금에 처한다.

82 과수와 임목의 경우 품종보호권의 존속기간은 품종보호권이 설정등록된 날부터 몇 년으로 하는가?
① 15년　② 20년
③ 25년　④ 30년

해설
품종보호권의 존속기간은 품종보호권이 설정등록된 날부터 20년으로 한다. 다만, 과수와 임목의 경우에는 25년으로 한다.

83 종자검사요령상 추출된 시료를 보관할 경우 검사 후에는 재시험에 대비하여 제출시료는 품질변화가 최소화되는 조건에서 보증일자로부터 원원종은 몇 년간 보관되어야 하는가?
① 1년　② 2년
③ 3년　④ 4년

해설
원원종 3년, 원종 2년, 보급종은 1년간 보관되어야 한다.

84 종자검사요령상 "빽빽히 군집한 화서 또는 근대 속에서는 화서의 일부"에 해당하는 용어는?
① 화방　② 영과
③ 씨혹　④ 석과

해설
빽빽히 군집한 화서 또는 근대 속에서는 화서의 일부를 화방이라 한다.

85 종자관리요강상 밀 포장검사 시 검사시기 및 회수는 유숙기로부터 황숙기 사이에 몇 회 실시하여야 하는가?
① 4회　② 3회
③ 2회　④ 1회

해설
벼의 포장검사 기준에서 검사시기 및 회수는 유숙기로부터 호숙기 사이에 1회 검사한다. 다만, 특정병에 한하여 검사횟수 및 시기를 조정하여 실시할 수 있다.

정답 80 ③　81 ④　82 ③　83 ③　84 ①　85 ④

86 식물신품종 보호법상 종자위원회는 위원장 1명과 심판위원회 상임심판위원 1명을 포함한 몇 명 이상 몇 명 이하의 위원으로 구성하여야 하는가?

① 5명 이상 10명 이하
② 10명 이상 15명 이하
③ 15명 이상 20명 이하
④ 20명 이상 25명 이하

해설
종자위원회는 위원장 1명과 심판위원회 상임심판위원 1명을 포함한 10명 이상 15명 이하의 위원(이하 "종자위원"이라 한다)으로 구성한다.

87 종자관리요강상 사진의 제출규격에서 사진의 크기는?

① 2"×6"의 크기
② 3"×3"의 크기
③ 4"×5"의 크기
④ 5"×9"의 크기

해설
사진의 크기는 4"×5"의 크기이어야 하며 실물을 식별할 수 있어야 한다.

88 종자검사요령상 수분의 측정에서 저온항온건조기법을 사용하게 되는 종에 해당하는 것은?

① 시금치
② 상추
③ 부추
④ 오이

해설
저온항온 건조기법은 마늘, 파, 부추, 콩, 땅콩, 배추씨, 유채, 고추, 목화, 피마자, 참깨, 아마, 겨자, 무에 적용한다.

89 종자관리사의 자격기준 등에 대한 내용이다. ( )에 알맞은 내용은?

> 농림축산식품부장관은 종자관리사가 종자산업법에서 정하는 직무를 게을리 하거나 중대한 과오(過誤)를 저질렀을 때에는 그 등록을 취소하거나 ( )이내의 기간을 정하여 그 업무를 정지시킬 수 있다.

① 3개월
② 6개월
③ 1년
④ 2년

해설
농림축산식품부장관은 종자관리사가 이 법에서 정하는 직무를 게을리하거나 중대한 과오(過誤)를 저질렀을 때에는 그 등록을 취소하거나 1년 이내의 기간을 정하여 그 업무를 정지시킬 수 있다.

90 품종보호권 또는 전용실시권을 침해한 자의 벌칙은?

① 7년 이하의 징역 또는 1억원 이하의 벌금
② 5년 이하의 징역 또는 1천만원 이하의 벌금
③ 3년 이하의 징역 또는 5백만원 이하의 벌금
④ 1년 이하의 징역 또는 3백만원 이하의 벌금

해설
품종보호권 또는 전용실시권을 침해한 자는 7년 이하의 징역 또는 1억원 이하의 벌금에 처한다..

91 포장검사 병주 판정기준에서 고구마의 특정병은?

① 풋마름병
② 흑반병
③ 역병
④ 후사리움위조병

해설
포장검사 병주 판정기준에서 고구마의 특정병 흑반병, 마이코프라스마병이 있다.

정답 86 ② 87 ③ 88 ③ 89 ③ 90 ① 91 ②

92 보증서를 거짓으로 발급한 종자관리사의 벌칙은?

① 6개월 이하의 징역 또는 3백만원 이하의 벌금
② 1년 이하의 징역 또는 5백만원 이하의 벌금
③ 1년 이하의 징역 또는 1천만원 이하의 벌금
④ 2년 이하의 징역 또는 2천만원 이하의 벌금

해설
보증서를 거짓으로 발급한 종자관리사는 1년 이하의 징역 또는 1천만원 이하의 벌금에 처한다.

93 종자검사요령상 시료 추출에 대한 내용이다. ( )에 알맞은 내용은?

작물	시료의 최소 중량		
	제출시료(g)	순도검사(g)	이종계수용(g)
벼	( )	70	700

① 300   ② 500
③ 700   ④ 100

해설
벼의 제출시료의 기준은 700 g 이다.

94 종자관리요강상 수입적응성시험의 대상작물 및 실시기관에서 인삼의 실시기관은?

① 농업기술실용화재단
② 한국생약협회
③ 한국종균생산협회
④ 국립산림품종관리센터

해설
종자관리요강상 수입적응성시험의 대상작물 및 실시기관 기준 인삼은 한국생약협회에서 실시한다.

95 종자관리요강상 규격묘의 규격기준에 대한 내용에서 감 묘목의 길이(cm)는? (단, 묘목의 길이 : 지제부에서 묘목선단까지의 길이로 한다.)

① 100 이상   ② 80 이상
③ 60 이상   ④ 40 이상

해설
감 묘목의 접목묘의 길이는 100cm 이상이다.

96 종자산업법상 품종목록 등재의 유효기간 연장신청은 그 품종목록 등재의 유효기간이 끝나기 전 얼마 이내에 신청하여야 하는가?

① 6개월   ② 1년
③ 2년   ④ 3년

해설
종자관련법상 품종목록 등재의 유효기간에서 품종목록 등재의 유효기간 연장신청은 그 품종목록 등재의 유효기간이 끝나기 전 1년 이내 신청해야 한다.

97 종자검사요령상 수분의 측정의 분석용 저울에 대한 내용이다. ( )에 알맞은 내용은?

분석용 저울은 ( )단위까지 신속히 측정할 수 있어야 한다.

① 1g   ② 0.1g
③ 0.01g   ④ 0.001g

해설
종자검사요령상 수분의 측정에서 분석용 저울은 0.001g 단위까지 측정할수 있어야 한다.

98 종자검사요령상 시료추출에서 귀리 순도검사 시 시료의 최소 중량은?

① 80g   ② 120g
③ 200g   ④ 400g

해설
귀리의 순도검사 시 시료의 최소 중량 기준은 제출시료는 1000g, 순도검사 120g 이다.

99 유통 종자 또는 묘의 품질표시를 하지 아니하거나 거짓으로 표시하여 종자 또는 묘를 판매하거나 보급한 자의 과태료는?

① 1백만원 이하의 과태료
② 3백만원 이하의 과태료
③ 5백만원 이하의 과태료
④ 1천만원 이하의 과태료

해설
유통 종자 또는 묘의 품질표시를 하지 아니하거나 거짓으로 표시하여 종자 또는 묘를 판매하거나 보급한 자는 1천만원 이하의 과태료를 부과한다.

100 종자산업법상 작물의 정의로 옳은 것은?

① 농산물 또는 임산물의 생산을 위하여 재배되는 모든 식물을 말한다.
② 농산물 중 생산을 위하여 재배되는 일부 식용 식물을 말한다.
③ 농산물 중 생산을 위하여 재배되는 기형 식물을 말한다.
④ 임산물의 생산을 위하여 재배되는 돌연변이 식물을 제외한 식용 식물을 말한다.

해설
"작물"이란 농산물 또는 임산물의 생산을 위하여 재배되는 모든 식물을 말한다.

정답 99 ④ 100 ①

CBT 2회 종자기사

** 본문제는 수험생들의 기억을 바탕으로 작성 된 것으로 실제 문제와 차이가 있을 수 있습니다.

제1과목 종자생산학

01 채종포에서 이형주를 제거해야 하는 주된 이유는?
① 잡초 방제
② 품종의 생육속도 향상
③ 단위면적당 종자량의 확보
④ 품종의 유전적 순도 유지

해설
이형주는 동일 품종 내에 고유한 특성을 지니지 않은 개체로 빨리 제거해야 정상적인 식물체에 수분되는 것을 막을수가 있다. 즉 품종의 유전적 순도를 높이거나 유지하는데 도움이 되는 방법이다.

02 피토크롬에 대한 설명으로 가장 적절한 것은?
① 광합성에 관여하는 색소 중의 하나이다.
② 개화를 촉진하는 호르몬이다.
③ 광을 수용하는 색소 단백질이다.
④ 호흡조절에 관여하는 단백질이다.

해설
식물에 존재하는 색소단백질인 파이토크롬은 특정 파장을 흡수하여 광가역 반응을 일으킨다.

03 식물의 암 배우자, 수 배우자를 순서대로 옳게 나열한 것은?
① 주피, 대포자
② 배낭, 화분립
③ 소포자, 주심
④ 반족세포, 꽃밥

해설
배낭은 식물의 자성배우자로 대포자라 하며 화분은 웅성배우자로 소포자라 한다.

04 다음 종자 중 물 속에서 발아가 가장 잘되는 것은?
① 가지
② 상추
③ 멜론
④ 담배

해설
물속에서도 발아가 잘되는 종자에는 벼, 상추, 당근, 셀러리 등이 있다.

05 장명종자로만 나열된 것은?
① 메밀, 목화
② 고추, 옥수수
③ 팬지, 당근
④ 가지, 수박

해설
장명종자에는 수박, 호박, 오이, 배추, 가지, 토마토 등이 있다.

06 고추, 무, 레드클로버 종자의 형상은?
① 난형
② 도란형
③ 방추형
④ 구형

해설
고추, 무, 레드클로버는 종자의 형상이 난형이다.

07 제웅하지 않고 풍매 또는 충매에 의한 자연교잡을 이용하는 작물로만 나열된 것은?
① 벼, 보리
② 수수, 토마토
③ 가지, 멜론
④ 양파, 고추

해설
제웅 없이 풍매나 충매에 의한 자연교잡을 이용하는 작물에는 양파, 고추와 같은 웅성불임 작물에 적합하다.

정답 01 ④ 02 ③ 03 ② 04 ② 05 ④ 06 ① 07 ④

08 "주피에 있는 구멍으로서 그 구멍을 통하여 자란 화분관이 난세포와 결합한다"에 해당하는 것은?
① 주심 ② 에피스테이스
③ 주병 ④ 주공

해설
주공은 제(배꼽)의 끝에 위치하며 꽃가루의 침입구이다. 수분된 화분은 암술머리에서 발아하여 화주의 유도조직 내로 화분관을 신장하고 화분관이 배주의 주공에 도달하여 정핵이 이동하고 배낭 속에서 정핵과 난핵이 융합하게 된다.

09 종자 순도분석을 위한 시료의 구성요소에 해당하지 않는 것은?
① 정립 ② 수분함량
③ 이종종자 ④ 이물

해설
순도분석의 목적은 시료의 구성요소에는 정립, 이종종자, 이물 등이 있다.

10 기내 인공발아시험 시 광 조사를 할 필요가 없는 작물은?
① 파 ② 상추
③ 우엉 ④ 셀러리

해설
광조사가 필요한 호광성종자에는 담배, 상추, 우엉, 뽕나무, 베고니아, 셀러리 등이 있다.

11 종자의 저장조직에 해당하지 않는 것은?
① 배유 ② 배
③ 외배유 ④ 자엽

해설
종자의 저장조직은 배유, 외배유, 자엽으로 구성되어 있으며 저장물질에는 전분(탄수화물), 단백질, 지방, 유기산 등이 있다.

12 무한화서이며 긴 화경에 여러 개의 작은 화경이 붙어 개화하는 것은?
① 단집산화서 ② 복집산화서
③ 안목상취산화서 ④ 총상화서

해설
총상화서는 긴 화경에 여러 개의 작은 소화경이 붙어 꽃이 배열되어 개화하는 형태이다.

13 광과 종자 발아에 대한 설명으로 옳지 않은 것은?
① 광은 종자 발아와 아무런 관계가 없는 경우도 있다.
② 종자 발아가 억제되는 광 파장은 700~750nm 정도이다.
③ 종자 발아의 광가역성에 관여하는 물질은 cytochrome이다.
④ 광이 없어야 발아가 촉진되는 종자도 있다.

해설
종자 발아의 광가역성에 관여하는 물질은 파이토크롬(phytochrome)이다.

14 종자 저장고 내의 습도와 종자의 함수량과의 관계를 옳게 설명한 것은?
① 습도가 높아지면 종자 함수량도 비례하여 높아진다.
② 습도가 높아져도 종자 함수량은 높아지지 않는다.
③ 습도는 온도에 따라 변하므로 종자 함수량과는 관계가 없는 것이다.
④ 습도가 높아도 온도가 낮을 때는 관계가 없고 온도가 높을 때는 종자 함수량이 높아진다.

해설
상대습도가 높아지면 종자의 함수량도 비례하여 높아지는데 상대습도와 종자함수량은 비례관계에 있다.

정답 08 ④ 09 ② 10 ① 11 ② 12 ④ 13 ③ 14 ①

15 다음 채소 중 자가수정율이 가장 높은 것은?
① 토마토 ② 오이
③ 호박 ④ 배추

해설
토마토는 자가수정율이 90% 이상으로 매우 높은편에 속한다. 오이, 호박, 배추는 자가수정률이 5% 수준의 타가수정작물로 낮은편에 속한다.

16 제(臍)가 종자의 뒷면에 있는 것은?
① 배추 ② 시금치
③ 콩 ④ 상추

해설
종자의 배병이나 태좌에 붙어있던 흔적인 제(배꼽)은 식물의 종류에 따라 위치가 다르다. 배추, 시금치는 종자의 끝에 위치하고 상추, 쑥갓은 종자의 기부에 위치한다. 콩의 경우 종자의 뒷면에 위치하는 것이 특징이다.

17 종자의 휴면을 조절하는 요인으로 가장 거리가 먼 것은?
① 광 ② 종피파상
③ 온도 ④ 이산화탄소

해설
종자의 휴면을 타파하는 방법에는 종피파상, 생장조절제, 광 처리, 온도처리, 층적처리 등이 있다.

18 발아세를 높이는 방법으로 옳지 않은 것은?
① 프라이밍 처리
② 테트라졸리움액 처리
③ 저온 처리
④ 지베렐린액 처리

해설
테트라졸리움액 처리는 종자세 검사 방법에 해당한다.

19 감자의 채종체계로 옳은 것은?
① 조직배양→원종→원원종→기본종→기본식물→보급종
② 조직배양→기본종→기본식물→원종→원원종→보급종
③ 조직배양→원원종→원종→기본종→기본식물→보급종
④ 조직배양→기본종→기본식물→원원종→원종→보급종

해설
작물의 종자생산 관리 및 증식체계는 조직배양, 기본종, 기본식물, 원원종, 원종, 채종포(보급종), 농가의 순이다.

20 무수정생식에 해당하지 않는 것은?
① 부정배생식 ② 위수정생식
③ 포자생식 ④ 웅성단위생식

해설
무수정생식은 단위생식이라 하며 단위생식의 종류에는 무배생식, 단성생식, 무핵란생식, 위수정, 무포자생식, 무정생식, 복상포자생식, 부정배형성 등이 있다.

제2과목 식물육종학

21 DNA를 구성하고 있는 염기로만 나열된 것은?
① 시토신, 티민, 우라실, 옥신
② 시토신, 우라실, 리보솜, 구아닌
③ 시토신, 메티오닌, 아데닌, 우라실
④ 시토신, 티민, 아데닌, 구아닌

해설
DNA의 염기는 아데닌(Adenine), 구아닌(Guanine), 시토신(Cytosine), 티민(Thymine)으로 구성되어 있으며 아데닌은 티민과 결합하고 구아닌은 시토신과 결합한다.

22 미동유전자의 영향을 받는 비특이적 저항성은?

① 질적저항성 ② 진정저항성
③ 포장저항성 ④ 수직저항성

해설
포장저항성은 병원균이 모든 레이스에 균일하게 적용하는 것으로 비특이적 저항성, 미동유전자 저항성이라고도 한다.

23 자가수정 작물 품종 간 단교잡 후대에서 개체선발을 시작할 수 있는 세대는?

① F_1 ② 양친 세대
③ F_4 ④ F_2

해설
계통육종법은 교배를 하여 잡종을 만들고 그 분리세대인 F_2 이후부터 계속 개체선발을 하고 선발된 개체를 개체별 계통재배를 되풀이 한다.

24 완전히 자가수정하는 동형접합체의 1개체로부터 불어난 자손의 총칭은?

① 동질배수체 ② 유전변이체
③ 돌연변이 ④ 순계

해설
순계는 동일한 유전형질으로 구성된 집단으로 완전히 자가수정하는 작물의 1개체에서 나온 자손을 말한다.

25 다음 중 유전자원을 수집·보전해야 할 이유로 가장 옳은 것은?

① 멘델 유전법칙을 확인하기 위함
② 다양한 육종소재로 활용하기 위함
③ 야생종을 도태시키기 위함
④ 개량종의 보급을 확대시키기 위함

해설
전자원의 수집 및 보존은 다양한 육종소재로의 활용과 한번 시실되면 두 번 다시 재생이 어려워 보존에 노력을 기울어야 한다.

26 체세포로부터 식물체가 재생되는 현상을 적절하게 설명한 것은?

① 식물의 세포분화능을 이용하는 것이다.
② 세포의 탈분화능을 이용하는 것이다.
③ 식물의 생물농축형성능을 이용하는 것이다.
④ 세포의 전체형성능을 이용하는 것이다.

해설
식물은 하나의 기관이나 조직, 세포하나라도 적정 조건이 되면 모체와 동일한 유전형질을 갖는 완전한 식물체로 발달하는 전체형성능이라는 재생능력을 갖는다.

27 유전자형이 Aa인 이형접합체를 지속적으로 자가수정 하였을 때 후대집단의 유전자형 변화는?

① Aa 유전자형 빈도가 늘어난다.
② 동형접합체와 이형접합체 빈도의 비율이 1:1 이 된다.
③ Aa 유전자형 빈도가 변하지 않는다.
④ 동형접합체 빈도가 계속 증가한다.

해설
연속적으로 자가수정한 자식성 집단은 세대가 진전함에 따라 동형접합체가 증가한다.

28 세포질 유전에 대한 설명으로 틀린 것은?

① 멘델의 유전법칙을 따르지 않는다.
② 핵 내 염색체에 있는 유전자의 지배를 받는다.
③ 색소체에 존재하는 유전자(핵외 유전자)의 지배를 받는다.
④ 자방친의 특성을 그대로 닮는 모계유전을 한다.

해설
세포질유전은 세포질 내의 유전요소에 의해 형질의 유전이 지배되는 경우를 말한다.

정답 22 ③ 23 ④ 24 ④ 25 ② 26 ④ 27 ④ 28 ②

29 집단육종법의 장점으로 가장 알맞은 것은?
① 제웅이 편리하다.
② 유용유전자를 상실한 우려가 적다.
③ 돌연변이가 쉽게 생긴다.
④ 목적하는 형질의 유전현상을 쉽게 밝힐 수 있다.

해설
집단육종법은 선발을 위한 노력이 절감되며 유용유전자에 대한 상실의 가능성이 적다

30 자가불화합성 식물에서 반수체육종이 유리한 점은?
① 반수체는 특성검정을 할 필요가 없다.
② 유전적 변이가 크다.
③ 돌연변이가 많이 나온다.
④ 유전적으로 고정이 된다.

해설
반수체를 염색체 배가시키면 순계가 유전적으로 고정된다

31 배수체 작성을 위한 염색체 배가 방법이 아닌 것은?
① 콜히친처리법   ② 자외선처리법
③ 근친교배법   ④ 아세나프텐처리법

해설
근친교배는 목표로 하는 형질의 동형접합체 출현빈도를 높이기 위해 근친간에 이루어지는 교배이다

32 품종의 유전적 취약성에 가장 큰 원인은?
① 재배품종의 유전적 배경이 다양화되었기 때문
② 재배품종의 유전적 배경이 단순화되었기 때문
③ 농약사용이 많아지기 때문
④ 잡종강세를 이용한 F1 품종이 많아졌기 때문

해설
재배품종이 단일 유전자형으로 재배되면서 일시에 많은 피해를 받게 되는 경우를 유전적 취약성이라 한다.

33 자가수정을 계속함으로써 일어나는 자식약세 현상은?
① 타가수정 작물에서 더 많이 일어난다.
② 자가수정 작물에서 더 많이 일어난다.
③ 어느 것이나 구별 없이 심하게 일어난다.
④ 원칙적으로 자가수정 작물에만 국한되어 있는 현상이다.

해설
잡종 F_1 에서 나타났던 잡종강세가 자식 혹은 근계교배를 계속함에 따라 현저하게 생활력이 감퇴되는 현상으로 자식약세라 하며 주로 타가수정작물에서 나타난다.

34 감수분열 과정 중 재조합이 일어나 후대의 변이가 확대되는 단계는?
① 제1감수분열 후기, 제2감수분열 후기
② 제1감수분열 후기, 제2감수분열 전기
③ 제1감수분열 전기, 제1감수분열 중기
④ 제2감수분열 전기, 제2감수분열 후기

해설
제1감수분열은 이형분열이라 하며 염색체 수가 2n에서 n으로 반으로 줄고 유전물질의 양은 간기에 2배로 늘어나지만 후기에 다시 반으로 줄어들어 원래의 수가 된다.

정답 29 ② 30 ④ 31 ③ 32 ② 33 ① 34 ③

35 주연효과(周緣效果)에 대한 설명으로 맞는 것은?
① 파종량이 많을수록 주연효과가 커진다.
② 파종량이 적을수록 주연효과가 커진다.
③ 파종량과 주연효과는 상관이 없다.
④ 파종작물의 종류, 장소 등의 영향을 받지 않는다.

해설
주연효과는 시험구 주위의 식물이 시험구 내부의 식물에 비해 생육이 다른 것으로 파종량이 많을수록 밀집 정도가 높아지면서 주연효과는 커지게 된다.

36 영양번식 작물의 교배육종 시 선발은 어느 때 하는 것이 가장 좋은가?
① 어느 세대든 관계가 없다.
② F_1 세대
③ F_4 세대
④ F_6 세대

해설
영양번식 작물은 일반적으로 F_1에서 영양계를 선발한다.

37 육종집단의 변이 크기를 나타내는 통계치는?
① 평균치
② 최소치와 평균치의 차이
③ 중앙치
④ 분산

해설
분산은 연속변이하는 집단에서 평균치를 중심으로 그 집단의 산포 정도를 나타낸다.

38 유전력에 대한 설명으로 옳지 않은 것은?
① 일반적으로 개체의 유전력은 계통의 평균치 유전력보다 그 값이 크다.
② 자식성작물의 잡종집단에서는 후기세대에서 동형개체가 증가할수록 유전력이 높아진다.
③ 유전력의 값이 100%에 가까울수록 환경에 따른 해당 형질의 변동이 적다는 것을 의미한다.
④ 유전력이 높은 형질은 표현형에서 유전자형이 잘 추정되므로 개체선발이 유효하다.

해설
개체의 유전력은 계통 평균치의 유전력보다 낮다.

39 반복친과 여러번 교잡하면서 선발·고정하는 육종법은?
① 파생계통육종법
② 혼합육종법
③ 계통육종법
④ 여교잡육종법

해설
여교잡육종법은 (A×B)×B, (A×B)×A, [(A×B)×B]×B 등의 형식이며 한번 교잡시킨 것을 1회친, 두 번 이상 교잡시킨 것을 반복친이라 한다.

40 동질배수체의 일반적인 특성으로 가장 거리가 먼 것은?
① 임성과 착과성의 감퇴
② 핵, 세포, 영양기관의 거대성
③ 발육의 촉진과 조기개화
④ 저항성의 증대와 성분변화

해설
동질배수체는 핵과 세포가 커지고, 영양기관의 발육이 왕성하여 거대화하고, 화서 및 종자가 대형화한다. 그리고 임성이 저하되고 착과성이 감퇴하며 발육이 지연 된다.

제3과목 재배원론

41 박과 채소류 접목의 특징으로 가장 거리가 먼 것은?
① 당도가 증가한다.
② 기형과가 많이 발생한다.
③ 흰가루병에 약하다.
④ 흡비력이 강해진다.

해설
접목육묘에서 초세조절을 잘못하면 기형과의 발생이 증가하고 당도가 낮아진다.

42 작물의 특징에 대한 설명으로 가장 거리가 먼 것은?
① 이용성과 경제성이 높아야 한다.
② 일반적인 작물의 이용 목적은 식물체의 특정부위가 아닌 식물체 전체이다.
③ 작물은 대부분 일종이 기형식물에 해당된다.
④ 야생식물들보다 일반적으로 생존력이 약하다.

해설
작물의 이용 목적은 식물체의 특정 부위이다.

43 고립상태일 때 광포화점이 가장 높은 것은?
① 감자   ② 옥수수
③ 강낭콩 ④ 귀리

해설
옥수수, 수박, 토마토 등은 광포화점이 높은 작물에 해당한다.

44 침수에 의한 피해가 가장 큰 벼의 생육단계는?
① 분얼성기 ② 최고분얼기
③ 수잉기   ④ 등숙기

해설
벼는 분얼 초기 침수에 강해 피해가 적게 나타나지만 수잉기에서 출수개화기에는 침수에 약해지면서 침수 피해가 크게 나타난다.

45 휴면연장과 발아억제를 위한 방법으로 틀린 것은?
① 에스렐 처리 ② MH 수용액 처리
③ 저온저장   ④ 감마선 조사

해설
에스렐(에세폰) 처리를 하면 발아 촉진 및 과실의 성숙 효과가 있다.

46 노후답의 재배대책으로 가장 거리가 먼 것은?
① 저항성 품종을 선택한다.
② 조식재배를 한다.
③ 무황산근 비료를 시용한다.
④ 덧거름 중점의 시비를 한다.

해설
노후답의 재배 대책으로 저항성 품종을 심거나, 조기재배를 통해 수확이 빠르도록 하여 추락을 완화한다. 무황산근 비료를 시비하여 황화수소의 발생을 줄이도록 한다.

정답 41 ① 42 ② 43 ② 44 ③ 45 ① 46 ②

47 작물의 수해에 대한 설명으로 옳은 것은?
① 수온이 높은 것이 낮은 것에 비하여 피해가 심하다.
② 유수가 정체수보다 피해가 심하다.
③ 벼 분얼초기는 다른 생육단계보다 침수에 약하다.
④ 화본과 목초, 옥수수는 침수에 약하다.

해설
관수해의 피해가 더욱 커지는 원인으로 흙탕물이나 고인 정체수, 고수온 등이 있으며 보통 수온이 높은 것이 낮은 것에 비해 피해가 심하게 나타난다.

48 작물의 내열성에 대한 설명으로 틀린 것은?
① 늙은 잎은 내열성이 가장 작다.
② 내건성이 큰 것은 내열성도 크다.
③ 세포 내의 결합수가 많고, 유리수가 적으면 내열성이 커진다.
④ 당분함량이 증가하면 대체로 내열성은 증대한다.

해설
늙은 잎의 내열성이 어린 잎보다 크다.

49 종자 저온 춘화처리의 과정과 효과가 맞지 않는 것은?
① 산소의 공급이 필요하다.
② 종자가 건조하지 말아야한다.
③ 광에 노출시키지 않아야 한다.

해설
춘화처리과정에서 산소의 공급이 필수적이며 광의 유무와 관련이 없다.

50 가장 높은 적산온도를 필요로 하는 작물은?
① 밀 ② 옥수수
③ 벼 ④ 메밀

해설
작물별로 적산온도의 경우 메밀은 1000~1200°C, 감자는 1300~3000°C, 추파맥류는 1700~2300°C, 완두는 2100~2800°C, 콩은 2500~3000°C, 담배는 3200~3600°C 벼는 3500~4500°C 정도이다.

51 다음 중 광의 보상점이 가장 높은 식물은?
① 단풍나무 ② 너도밤나무
③ 소나무   ④ 측백나무

해설
양지식물의 광보상점이 높은데 소나무의 경우 양수 수종으로 보기 중에서 광의 보상점이 가장 높다.

52 생력재배에 크기 공헌한 제초제로 처음으로 사용된 생장조절제는?
① 옥신(Auxin)
② 지베렐린(Gibberellin)
③ 시토키닌(Cytokinin)
④ 아브시스산(Abscissic acid)

해설
합성옥신 제초제는 처음으로 사용된 식물생장조절제이다.

53 뿌림골을 만들고 그곳에 줄지어 종자를 뿌리는 방법은?
① 산파 ② 점파
③ 적파 ④ 조파

해설
조파는 줄뿌림이라 하며 종자의 소요량이 적고 고르게 파종할 수 있어 이형주를 제거하거나 관찰할 경우 통로로도 이용할 수 있다.

54 녹체춘화형 식물로만 나열된 것은?
① 완두, 잠두   ② 봄무, 잠두
③ 사리풀, 양배추   ④ 완두, 추파맥류

해설
녹체춘화형 식물에는 양배추, 당근, 양파, 사리풀 등이 있다.

55 고온이 오래 지속될 때 식물체 내에서 일어나는 현상은?
① 당의 증가   ② 증산작용의 저하
③ 질소대사의 이상   ④ 유기물의 증가

해설
고온의 조건인 열해는 단백질 합성이 저해되고 암모니아 축적이 많아진다.

56 추파성 맥류의 상적발육설을 주창한 사람은?
① 다윈   ② 우장춘
③ 바빌로프   ④ 리센코

해설
상적발육설은 리센코(Lysenko)에 의해 제창되었으며 생장은 여러 기관의 양적 증가를 의미하고 발육은 작물체 내의 순차적인 질적 재조정작용을 의미한다.

57 다음 중 합성된 옥신은?
① IAA   ② NAA
③ IAN   ④ PAA

해설
합성 옥신에는 NAA, IBA, PCPA, 2·4-D, BNOA, 2,4,5-T 등이 있다.

58 목초의 하고(夏枯) 유인과 가장 거리가 먼 것은?
① 고온   ② 건조
③ 잡초   ④ 단일

해설
하고현상의 원인에는 고온, 건조, 병해충, 장일, 잡초 등으로 나타나기도 한다.

59 작물의 영양기관에 대한 분류가 잘못된 것은?
① 인경-마늘   ② 괴근-고구마
③ 구경-감자   ④ 지하경-생강

해설
감자의 영양기관은 덩이줄기(괴경)이다.

60 다음 중 중일성 식물은?
① 코스모스   ② 토마토
③ 나팔꽃   ④ 시금치

해설
토마토, 고추, 오이, 호박, 당근 등은 중성식물(중일식물)이다.

제4과목 식물보호학

61 다음 중 암발아 잡초는?
① 소리쟁이   ② 바랭이
③ 향부자   ④ 독말풀

해설
암발아 종자는 별꽃, 냉이, 광대나물 등이 있다.

62 다음 중 다년생 잡초가 아닌 것은?
① 벗풀   ② 쇠뜨기
③ 냉이   ④ 달래

해설
냉이는 월년생 잡초에 해당한다.

63 다음 중 곤충 분비계의 일반적인 설명으로 옳은 것은?
① 유약호르몬(Juvenile Hormone)-생장촉진
② 성 페로몬-처녀생식
③ 카디아카체 호르몬-여왕물질 분비
④ 엑다이손(Ecdyson)-탈피촉진

해설
엑다이손은 탈피호르몬으로 곤충의 앞가슴선에서 분비된다.

64 상처가 아물도록 처리하여 저장할 경우 방제효과가 가장 큰 병은?
① 사과 탄저병
② 고추 탄저병
③ 사과 겹무늬썩음병
④ 고구마 검은무늬병

해설
큐어링은 고구마, 감자, 양파 등에 상처가 발생한 경우 상처를 아물게 하거나 코르크층을 형성시켜 수분의 증발을 줄이고 미생물의 침입을 예방하는 방법이다. 고구마 검은무늬병은 상처를 통해 침입하기에 큐어링 처리를 통해 방제효과를 얻을수 있다.

65 식물병이 크게 발생한 역사에 대한 설명으로 옳지 않은 것은?
① 19세기 말 스리랑카에서 커피 녹병 발생
② 1845년경 아일랜드에서 양배추 역병 발생
③ 1970년경 미국에서 옥수수 깨씨무늬병 발생
④ 일제강점기 우리나라에서 사탕무 갈색무늬병 발생

해설
1845년에 아일랜드에 감자역병이 발생하여 100만명이 사망하는 역사적 사건이 있다

66 잡초에 대한 설명으로 옳지 않은 것은?
① 번식력이 강하며 종자 생산량이 많다.
② 생태학적 천이과정이 극상에 이른 지역에서 많이 발생한다.
③ 생태계의 구성원으로서 각자 고유한 생태적 지위를 가지고 있다.
④ 한 지역에 발생하는 종의 수가 많아 다양한 유전적 특성을 지니고 있다.

해설
최종적으로 안정된 식생이 오랜시간 지속될 경우 이를 극상이라 표현하며 천이의 마지막 단계이다. 즉 많이 발생하는 지역이 아닌 안정된 식생을 유지하는 경우를 의미한다.

67 같은 작물을 동일한 포장에 계속 재배하였을 때 나타나는 연작장해 현상과 가장 관련이 깊은 병해는?
① 공기전염성 병해 ② 종자전염성 병해
③ 토양전염성 병해 ④ 충매전염성 병해

해설
같은 작물을 동일한 포장에서 계속 재배하면 토양에 통해 전염되는 병원균에 의해 식물병이 지속적으로 발생하게 된다. 이러한 토양전염성 병해를 방제하기 위해서는 같은 작물의 연작을 피해야 한다.

정답 62 ③ 63 ④ 64 ④ 65 ② 66 ② 67 ③

68 유기인계 살충제에 대한 설명으로 가장 거리가 먼 것은?
① 신경독이다.
② 적용해충의 범위가 좁다.
③ 알칼리에 분해되기 쉽다.
④ 일반적으로 잔효성이 짧다.

해설
유기인계 살충제는 살충력이 강하고 적용 가능한 해충의 종류가 많으며 대량생산이 가능하다

69 다음 중 애멸구가 매개하는 병으로 가장 옳은 것은?
① 콩 위축병
② 노균병
③ 벼 줄무늬잎마름병
④ 벼 오갈병

해설
벼 줄무늬잎마름병의 매개충은 애멸구이며 애멸구는 1년에 4~5회 정도 발생한다.

70 다음 중 해충의 천적으로서 기생성이 아닌 것은?
① 진디혹파리 ② 온실가루이좀벌
③ 굴파리좀벌 ④ 콜레마니진디벌

해설
진디혹파리는 진딧물류, 온실가루이, 응애류 등의 포식자로 온실 내 진딧물의 생물적 방제에 활용하기도 한다.

71 냉해의 생리적 원인에 해당하지 않는 것은?
① 증산 과잉
② 호흡저하
③ 단백질 분해 촉진
④ 광합성 작용의 과잉

해설
냉해의 피해로 광합성 작용의 저해가 발생한다.

72 밭에서 발생하는 주요 화본과 잡초가 아닌 것은?
① 바랭이 ② 돌피
③ 강아지풀 ④ 참방동사니

해설
참방동사니는 1년생 방동사니과 잡초이다.

73 약제 저항성이 발달된 병해충의 화학적 방제방법으로 가장 적합한 것은?
① 약제를 추천농도보다 진하게 타서 뿌린다.
② 저항성이 생긴 약제에는 전착제를 섞어 뿌린다.
③ 사용해오던 약제를 바꾸어 계통이 다른 약제를 살포한다.
④ 약제의 뿌리는 양을 평소보다 늘려서 뿌린다.

해설
동일한 약제를 연용으로 사용시 약제에 대한 저항성이 생겨 가능하면 다른계통의 약제를 살포하여 저항성을 줄여 방제효과를 높이도록 한다.

74 일반적으로 벼 키다리병 방제를 위한 온탕침법의 가장 적당한 온도와 시간은?
① 70~75℃, 25분 ② 60~65℃, 15분
③ 50~55℃, 5분   ④ 40~45℃, 15분

해설
벼 키다리병의 방제를 위한 온탕침법의 기준은 물온도 60℃ 정도에서 15분정도 침지시킨다.

75 입제에 대한 설명으로 옳은 것은?
① 농약 값이 싸다.
② 사용이 간편하다.
③ 환경오염성이 높다.
④ 사용자에 대한 안정성이 낮다.

해설
입제는 유효성분을 고형증량제, 안정제, 계면활성제 등을 넣어 입상으로 성형한 제제이다. 사용이 간편하나 단위면적당 사용량이 많아 가격이 비싼 편이다.

76 보호 살균제에 해당하는 것은?
① 페나리몰 유제
② 만코제브 수화제
③ 가스가마이신 액제
④ 스트렙토마이신 수화제

해설
보호살균제에는 석회보르도액, 유기유황제, 구리분제, 석회유황합제 등이 있다. 여기서 유기유황제의 종류로 만코제브, 메티람, 프로피네브 등이 있다.

77 파리목에 대한 설명으로 옳은 것은?
① 각다귀와 모기 등이 있다.
② 완전변태하며 번데기는 주로 대용이다.
③ 파리목은 크게 4개의 아목으로 나눠진다.
④ 뒷날개가 퇴화되어 반시초를 이루고 있다.

해설
파리목의 사각류에는 각다귀와 모기 등이 있다.

78 다음 중 곤충의 알라타체에서 분비하는 물질을 이용하여 해충을 방제하는 방법은?
① 페로몬 이용법 ② 호르몬 이용법
③ 경종적 이용법 ④ 생태적 이용법

해설
알라타체는 성충으로 발육을 억제하는 유충호르몬으로 해충의 방제에 이용된다.

79 병원체의 주요 전염원의 잠복처로 가장 거리가 먼 것은?
① 식물의 잔사물 ② 농기구
③ 곤충   ④ 종자

해설
병원체의 주요 잠복처에는 매개충, 종자, 묘목, 식물의 가지와 잎 등이 있다

80 벼멸구의 분류학적 위치로 가장 옳은 것은?
① 총채벌레목   ② 딱정벌레목
③ 노린재목   ④ 나비목

해설
벼멸구는 노린재목의 멸구과로 대표기주는 벼, 옥수수, 바랭이 등이 있다

제5과목 종자관련법규

81 식물신품종 보호법상 품종보호권의 설정등록을 받으려는 자나 품종보호권자는 품종보호료 납부기간이 지난 후에도 몇 개월 이내에 품종보호료를 납부할 수 있는가?
① 3개월   ② 6개월
③ 12개월 ④ 24개월

해설
품종보호권의 설정등록을 받으려는 자나 품종보호권자는 품종보호료 납부기간이 지난 후에도 6개월 이내에는 품종보호료를 납부할 수 있다.

정답 74 ② 75 ② 76 ② 77 ① 78 ② 79 ② 80 ③ 81 ②

82 종자검사요령상 수분의 측정에서 분석용 저울은 몇 단위까지 측정할 수 있어야 하는가?

① 0.001g
② 0.1g
③ 1g
④ 단위의 기준은 자유이다.

해설
종자검사요령상 수분의 측정에서 분석용 저울은 0.001g 단위까지 측정할수 있어야 한다.

83 종자검사요령상 시료 추출 시 고추 제출시료의 최소 중량은?

① 50g   ② 100g
③ 150g   ④ 200g

해설
고추 제출시료 최소중량은 150g 이다.

84 식물신품종 보호법상 육성자의 정의로 옳은 것은?

① 품종을 육성한 자나 이를 발견하여 개발한 자를 말한다.
② 품종을 발견하여 정부기관에 신고한 자를 말한다.
③ 품종을 대여 또는 수출한 자를 말한다.
④ 품종보호를 받을 수 있는 권리를 가진 자를 말한다.

해설
"육성자"란 품종을 육성한 자나 이를 발견하여 개발한 자를 말한다.

85 납부기간 경과 후의 품종보호료 납부에서 품종보호권의 설정등록을 받으려는 자나 품종보호권자는 품종보호료 납부기간이 경과한 후에도 몇 개월 이내에 품종보호료를 납부할 수 있는가?

① 1개월   ② 3개월
③ 5개월   ④ 6개월

해설
품종보호권의 설정등록을 받으려는 자나 품종보호권자는 품종보호료 납부기간이 지난 후에도 6개월 이내에는 품종보호료를 납부할 수 있다.

86 종자관리요강상 규격묘의 규격기준에서 뽕나무 접목묘 묘목의 길이는?

① 10 ~ 20cm   ② 20 ~ 30cm
③ 30 ~ 40cm   ④ 50cm 이상

해설
뽕나무 묘목의 접목묘의 길이는 50cm 이상이다

87 사료용으로 활용하기 위한 벼, 보리의 수입 적응성시험을 실시하는 기관은?

① 농업기술실용화재단
② 한국종자협회
③ 농업협동조합중앙회
④ 한국생약협회

해설
사료용 벼, 보리, 콩, 감자, 옥수수 등 수입적응성시험은 농업협동조합중앙회에서 실시한다.

정답 82 ① 83 ③ 84 ① 85 ④ 86 ④ 87 ③

88 서류의 보관 등에서 농림축산식품부장관 또는 해양수산부 장관은 품종보호 출원의 포기, 무효, 취하 또는 거절결정이 있거나 품종보호권이 소멸한 날부터 몇 년간 해당 품종보호 출원 또는 품종보호권에 관한 서류를 보관하여야 하는가?

① 1년　② 2년
③ 3년　④ 5년

해설
농림축산식품부장관 또는 해양수산부장관은 품종보호 출원의 포기, 무효, 취하 또는 거절결정이 있거나 품종보호권이 소멸한 날부터 5년간 해당 품종보호 출원 또는 품종보호권에 관한 서류를 보관하여야 한다.

89 ( )에 알맞은 내용은?

> 품종보호권자는 그 품종보호권의 존속기간 중에는 농림축산식품부장관에게 품종보호료를 ( ) 납부하여야 한다.

① 매년　② 2년에 1번
③ 3년에 1번　④ 5년에 1번

해설
품종보호권자는 그 품종보호권의 존속기간 중에는 농림축산식품부장관 또는 해양수산부장관에게 품종보호료를 매년 납부하여야 한다.

90 종자검사요령상 종자 건전도 검정에서 벼의 깨씨무늬병균의 배양방법은?

① 암기 12시간, 명기 12시간씩 22°C에서 3일간 배양
② 암기 12시간, 명기 12시간씩 22°C에서 7일간 배양
③ 암기 12시간, 명기 12시간씩 22°C에서 15일간 배양
④ 암기 12시간, 명기 12시간씩 22°C에서 30일간 배양

해설
벼의 깨씨무늬병균의 시험시료는 400입이며 배양조건은 암기 12시간, 명기 12시간씩 22°C에서 7일간 배양한다.

91 보증서를 거짓으로 발급한 종자관리사의 벌칙은?

① 1년 이하의 징역 또는 1천만원 이하의 벌금
② 3년 이하의 징역 또는 2천만원 이하의 벌금
③ 3년 이하의 징역 또는 5천만원 이하의 벌금
④ 5년 이하의 징역 또는 7천만원 이하의 벌금

해설
보증서를 거짓으로 발급한 종자관리사는 1년 이하의 징역 또는 1천만원 이하의 벌금에 처한다.

정답　88 ④　89 ①　90 ②　91 ①

92 수출입 종자의 국내유통 제한사유가 아닌 것은?
① 기존의 국내 생태계를 심각히 파괴시킬 우려가 있는 경우
② 잡초 종자가 농림수산식품부장관이 정하는 기준 이하로 포함된 경우
③ 수입된 종자의 재배로 인하여 특정 병해충이 확산될 우려가 있는 경우
④ 국내 유전자원보존에 심각한 지장을 초래할 우려가 있는 경우

해설
수입된 종자에 유해한 잡초종자가 농림축산식품부장관이 정하여 고시하는 기준 이상으로 포함되어 있는 경우 국내유통을 제한할 수 있다.

93 대한민국 국민에게 품종보호 출원에 대한 우선권을 인정하는 국가의 국민이 그 국가에 1999년 8월 1일에 출원한 후 동일 품종을 대한민국에 1999년 10월 1일에 출원하면서 우선권을 주장하는 때에 적용되는 품종보호 출원일로 맞는 것은?
① 1999년 8월 1일 ② 1999년 9월 1일
③ 1999년 10월 1일 ④ 1999년 12월 1일

해설
품종보호 출원한 날을 대한민국에 품종보호 출원한 날로 본다. 즉 품종보호 출원에 대한 우선권을 인정하는 국가의 국민이 그 국가에 1999년 8월 1일에 출원하였기에 출원일은 1999년 8월 1일이다.

94 식물신품종보호관련법상 품종보호권의 효력이 적용되는 것은?
① 영리 외의 목적으로 자가소비(自家消費)를 하기위한 품종
② 실험이나 연구를 하기 위한 품종
③ 다른 품종을 육성하기 위한 품종
④ 보호품종을 반복하여 사용하여야 종자생산이 가능한 품종

해설
품종보호권의 효력이 적용되는 것으로 호품종(기본적으로 다른 품종에서 유래된 품종이 아닌 보호품종만 해당한다)으로부터 기본적으로 유래된 품종, 보호품종을 반복하여 사용하여야 종자생산이 가능한 품종 등이 있다.

95 품종목록 등재의 유효기간은 등재한 날이 속한 해의 다음해부터 몇 년까지로 하는가?
① 5   ② 10
③ 15   ④ 20

해설
품종목록 등재의 유효기간은 등재한 날이 속한 해의 다음 해부터 10년까지로 한다.

96 종자의 보증을 받아야 할 대상이 아닌 것은?
① 시장·군수가 벼 종자를 생산 보급할 때
② 농협이 감자 종자를 생산 보급할 때
③ 도지사가 벼 종자를 연구 목적으로 쓸 때
④ 도지사가 옥수수 종자를 생산 보급할 때

해설
종자가 시험 및 연구 목적으로 사용되는 경우 보증을 받지 않는다.

정답 92 ② 93 ① 94 ④ 95 ② 96 ③

97 농림축산식품부장관을 대행하여 국가품종목록에 등재된 품종의 종자를 생산할 수 있는 자로 맞는 것은?
① 사단법인 한국종자협회
② 사단법인 한국낙농육우협회
③ 농림수산식품부령으로 정하는 농어민
④ 농작물 재배 경험이 2년 경험이 있는 종자업자

해설
농림축산식품부장관을 대행하여 국가품종목록에 등재된 품종의 종자를 생산할 수 있는 자는 농림축산식품부령으로 정하는 종자업자 또는 「농어업경영체 육성 및 지원에 관한 법률」 제2조제3호에 따른 농업경영체이다.

98 품종보호권의 존속기간은 과수와 임목의 경우 몇 년으로 하는가?
① 25년　　② 15년
③ 10년　　④ 5년

해설
품종보호권의 존속기간은 품종보호권이 설정등록된 날부터 20년으로 한다. 다만, 과수와 임목의 경우에는 25년으로 한다.

99 종자산업법상 보증종자의 정의로 옳은 것은?
① 해당 품종의 진위성과 해당 종자의 품질이 보증된 채종 단계별 종자를 말한다.
② 해당 품종의 우수성과 해당 종자의 품질이 보증된 채종 단계별 종자를 말한다.
③ 해당 품종의 신규성과 해당 종자의 품질이 보증된 채종 단계별 종자를 말한다.
④ 해당 품종의 돌연변이성과 해당 종자의 품질이 보증된 채종 단계별 종자를 말한다.

해설
보증종자란 이 법에 따라 해당 품종의 진위성(眞僞性)과 해당 품종 종자의 품질이 보증된 채종(採種) 단계별 종자를 말한다.

100 종자검사요령상 포장검사 병주 판정기준에서 벼의 특정병은?
① 잎도열병　　② 깨씨무늬병
③ 이삭누룩병　　④ 키다리병

해설
벼의 포장검사 및 종자검사에 있어 특정병은 키다리병, 선충심고병을 말한다.

정답　97 ③　98 ①　99 ①　100 ④

CBT 3회 종자기사

** 본문제는 수험생들의 기억을 바탕으로 작성 된 것으로 실제 문제와 차이가 있을 수 있습니다.

제1과목 종자생산학

01 발아억제물질인 coumarin이 영 부위에 존재하는 것은?
① 사탕무 ② 보리
③ 단풍나무 ④ 장미

[해설] 발아억제물질인 쿠마린(coumarin)의 경우 보리의 영 부위에 존재하면서 보리의 발아를 억제하기도 한다.

02 다음 중 종자 안전건조온도의 적정 온도가 가장 낮은 것은?
① 벼 ② 양파
③ 순무 ④ 옥수수

[해설] 양파의 안전건조온도는 수분 함량이 높을수록 낮은 온도에서 건조를 하기에 초기에는 일반작물보다 건조온도의 적정 수준이 매우 낮은편이다. 그리고 건조가 되고 저장을 위해서는 구가 얼지 않을 정도로 낮은 0~0.5℃에서 저장하고 습도는 65~75% 정도로 유지한다.

03 수분의 자극을 받아 난세포가 배로 발달하는 것에 해당하는 것으로만 나열된 것은?
① 밀감, 부추 ② 파, 달맞이꽃
③ 목화, 벼 ④ 진달래, 국화

[해설] 난세포가 배로 발달하는 것을 위수정생식이라 하며 담배, 목화, 밀, 보리, 벼 등이 해당된다.

04 유채의 포장검사 시 포장격리에서 산림 등 보호물이 있을 때를 제외하고 원종, 보급종은 이품종으로부터 몇 m 이상 격리되어야 하는가?
① 300 ② 500
③ 800 ④ 1000

[해설] 유채의 격리거리 기준을 보면 원종, 보급종은 이품종으로부터 1,000m 이상 격리한다.

05 자가불화합성을 이용한 배추과 채소의 F1 채종 시 양친의 개화기를 일치시키는 방법으로 옳지 않은 것은?
① 저온처리 ② 일장처리
③ H_2O_2 처리 ④ 파종기 조절

[해설] 개화기 조절 방법에는 파종기 조절, 일장처리, 저온처리, 생장조절제처리, 환상박피, 접목, 춘화처리 등의 방법이 있다.

06 십자화과채소의 채종 적기는?
① 백숙기 ② 녹숙기
③ 갈숙기 ④ 고숙기

[해설] 곡물류의 채종적기는 황숙기이며 십자화과작물(채소류)는 갈숙기에 적기이다.

정답 01 ② 02 ② 03 ③ 04 ④ 05 ③ 06 ③

07 일대잡종 종자생산을 위한 인공교배에서 제웅에 대한 설명으로 가장 옳은 것은?
① 개화 전 양친의 암술을 제거하는 작업이다.
② 개화 전 자방친의 꽃밥을 제거하는 작업이다.
③ 개화 직후 화분친의 암술을 제거하는 작업이다.
④ 개화 직후 양친의 꽃밥을 제거하는 작업이다.

해설
제웅은 자가수정을 방지하기 위해 꽃망울 상태에서 모계의 수술을 제거해 주는 것으로 제웅 시 꽃가루가 일부 남아 있으면 자식(自殖)이 될 수 있어 꽃밥을 완전 제거하도록 한다.

08 고추, 무, 레드클로버 종자의 형상은?
① 난형 ② 도란형
③ 방추형 ④ 구형

해설
고추, 무, 레드클로버 종자의 외형은 난형이다.

09 고구마의 개화 유도 및 촉진 방법이 아닌 것은?
① 14시간 이상의 장일처리를 한다.
② 나팔꽃의 대목에 고구마 순을 접목한다.
③ 고구마덩굴의 기부에 절상을 낸다.
④ 고구마덩굴의 기부에 환상박피를 한다.

해설
고구마는 장일처리가 아닌 단일처리를 통해 개화촉진을 한다.

10 채종재배 시 채종포로서 적당하지 못한 것은?
① 등숙기에 강우량이 많고 습도가 높은 지역
② 토양이 비옥하고 배수가 양호하며 보수력이 좋은 토양
③ 겨울 기온이 온화하고 등숙기에 기온의 교차가 큰 곳
④ 교잡을 방지하기 위하여 다른 품종과 격리된 지역

해설
채종포는 꽃 피는 시기와 종자의 등숙기에 비가 적고 건조한 곳이어야 한다.

11 종자를 70℃ 정도에서 일정시간 건열처리했을 때 종자전염성 병 방제에 효과가 있는 것으로만 나열된 것은?
① 보리 깜부기병, 벼 키다리병
② 수박 탄저병, 토마토 TMV
③ 감자 역병, 밀 비린깜부기병
④ 밀 비린깜부기병, 보리 깜부기병

해설
건열처리는 종자 내의 바이러스 불활성에 효과적이며 60~80℃ 조건에서 많이 이용되는데 수박 탄저병 및 토마토 TMV 등의 식물병에 유효하다.

12 종자 정선 시 액체친화성을 이용한 선별이 효과적인 작물은?
① 티머시 ② 클로버
③ 벼 ④ 콩

해설
종자 정선에서 표면조직에 의한 선발에는 알팔파, 새삼 등이 적합하고 완충력을 이용한 선발에는 티머시, 액체친화성을 이용한 선발에는 클로버가 있다.

정답 07 ② 08 ① 09 ① 10 ① 11 ② 12 ②

13 종자소독법으로서 옳지 않은 것은?
① 약제에 침지처리
② 저온처리
③ 약제에 분의 처리
④ 온탕처리

해설
저온처리는 개화기 조절 및 종자의 휴면타파 등에 활용하는 방법이다.

14 다음 중 1차 감염묘를 바르게 설명한 것은?
① 배지에서 감염된 묘
② 병해묘로부터 감염된 묘
③ 종묘 자체에서 발병된 묘
④ 취급수분에서 감염된 묘

해설
1차 감염묘는 종자 자체에서 발병한 묘를 말한다.

15 다음 중 종자의 생리적 휴면에 해당하는 것은?
① 배휴면(胚休眠)
② 종피휴면(種皮休眠)
③ 후숙(後熟)
④ 타발휴면(他發休眠)

해설
배휴면이 배 자체의 생리적 휴면에 해당한다.

16 배휴면(胚休眠)을 하는 종자를 습한 모래 또는 이끼와 교대로 층상으로 쌓아 두고, 그것을 저온에 두어 휴면을 타파시키는 방법을 무엇이라 하는가?
① 밀폐처리
② 습윤처리
③ 층적처리
④ 예냉

해설
층적처리는 휴면의 타파 뿐만 아니라 발아력 저하방지, 발아억제물질 제거, 후숙 방지 등의 효과가 있다. 층적처리는 나무상자나 나무통에 습기가 있는 모래 혹은 톱밥과 종자를 층을 만들면서 넣어 저온저장고에 보관한다.

17 ( ) 에 알맞은 내용은?

2개의 게놈을 갖고 있는 유채나 서양유채와 같은 것은 제1상의 저온감응상의 요구가 없고 다만 제2상의 일장감응상에 의하므로 이러한 ( )식물은 교배에 있어서 일장처리에 의하여 개화기를 조절할 수 있다.

① 뇌수분형
② 종자춘화형
③ 적심형
④ 무춘화형

해설
식물의 춘화형은 생육단계별 감온에 따라 종자춘화형, 녹식물춘화형, 무춘화형으로 구분된다. 개화에 저온을 요구하지 않고 일장반응에 따라 개화하는 것을 무춘화형이라 한다.

18 종자의 자엽 부위에 양분을 저장하는 무배유작물로만 나열된 것은?
① 벼, 밀
② 벼, 옥수수
③ 밀, 보리
④ 콩, 팥

해설
무배유작물에는 콩, 완두, 팥, 녹두, 클로버 등이 있다.

19 퇴화하는 종자의 특성으로 옳지 않은 것은?
① 발아율 저하
② 종자침출물 감소
③ 저항성 감소
④ 유리지방산 증가

해설
퇴화하는 종자의 경우 종자 침출물이 증가한다.

20 국제적으로 유통되는 종자의 검사규정을 입안하고, 국제 종자분석 증명서를 발급하는 기관은?
① FAO ② UPOV
③ ISTA ④ ISO

해설
국내의 국제종자검정협회(ISTA)로부터 인증실험실을 획득하고 국제종자분석증명서를 발급하는 기관은 국립종자원이다.

제2과목 식물육종학

21 불임성 중 유전적 원인에 의한 것이 아닌 것은?
① 순환적 불임성 ② 웅성불임성
③ 자가불화합성 ④ 이형예현상

해설
순환적 불임성은 환경적 원인에 의한 불임성이다.

22 돌연변이육종법의 특징이 아닌 것은?
① 품종 내 조화를 파괴하지 않고 1개의 특성만 용이하기 치환할 수 있다.
② 이형접합체 영양번식 식물에서 변이를 작성하기가 용이하다.
③ 동질배수체의 임성을 저하시킬 수 있다.
④ 상동이나 비상동 염색체 사이에 염색체 단편을 치환시키기가 용이하다.

해설
돌연변이육종법은 동질배수체의 임성을 향상시킬 수 있다.

23 1대잡종 육종에서 조합능력의 개량이 필요한 이유는?
① 근연종간에 교잡을 위하여
② 순계를 육성하기 위하여
③ 1대 잡종의 생산력을 높이기 위하여
④ 교잡을 용이하게 하기 위하여

해설
1대잡종의 생산력을 늘리기 위해 1대잡종 육종의 조합능력을 높이기 위해 자식계통을 육성하고 순환선발을 통해 조합능력을 개량한다.

24 반수체식물이 얻어지는 조직배양 기법은?
① 배유배양 ② 약배양
③ 생장점배양 ④ 세포융합

해설
식물체의 화분이나 약을 채취 및 배양하여 반수체, 반수체성 배를 생산하는 방법을 약배양육종법이라 한다.

25 세포질적 웅성불임성에 해당하는 것은?
① 보리 ② 옥수수
③ 토마토 ④ 사탕무

해설
세포질적 웅성불임은 세포질 요인에 의해서만 발생하며 옥수수에서 주로 관찰된다.

26 체세포의 염색체 구성이 2n+1일 때 이를 무엇이라고 하는가?
① 일염색체 ② 이질배수체
③ 삼염색체 ④ 분리배수체

해설
2n+1 의 경우 3염색체라 한다.

정답 20 ③ 21 ① 22 ③ 23 ③ 24 ② 25 ② 26 ③

27 수정을 거치지 않고 유성생식 기관 또는 거기에 부수되는 조직 및 세포로부터 배가 만들어지는 경우가 아닌 것은?
① 부정배형성 ② 유배생식
③ 복상포자생식 ④ 무포자생식

해설
정상적인 정핵과 난핵의 결합 없이 종자를 형성하는 단위생식에는 무배생식, 단성생식, 무핵란생식, 위수정, 무포자생식, 무정생식, 복상포자생식, 부정배형성 등이 있다.

28 동질배수체의 일반적인 특징이 아닌 것은?
① 핵과 세포가 커진다.
② 함유성분의 변화가 생긴다.
③ 발육이 지연된다.
④ 채종량이 증가한다.

해설
동질배수체는 핵과 세포가 커지고, 영양기관의 발육이 왕성하여 거대화하고, 화서 및 종자가 대형화한다. 그리고 임성이 저하되고 착과성이 감퇴하며 발육이 지연 된다.

29 변이 중 유전하지 않는 변이는?
① 장소변이 ② 아조변이
③ 교배변이 ④ 돌연변이

해설
환경변이 및 장소변이 등은 비유전적 원인에 의한 변이에 해당되며 유전을 하지 않는 변이이다.

30 쌍자엽식물의 형질전환에 가장 널리 이용하고 있는 유전자 운반체는?
① Ti - plasmid
② E. coli
③ 바이러스의 외투단백질
④ 제한효소

해설
Ti - plasmid 는 쌍자엽식물의 형질 전환에 사용되는 유전자 운반체이다.

31 자식성 식물의 순계 내 선발은 효과가 없다는 순계설을 제안한 사람은?
① 요한센(Johannsen)
② 멘델(Mendel)
③ 다윈(Darwin)
④ 뮐러(Moller)

해설
순계는 동일한 유전자형으로 구성된 집단으로 순계 내에서의 선발은 효과가 없다는 것이 요한센(Johannsen)의 순계설이다.

32 체세포의 염색체 구성이 2n+1 일 때 이를 무엇이라 하는가?
① 일염색체(monosomic)
② 삼염색체(trisomic)
③ 이질배수체
④ 동질배수체

해설
2n+1 의 경우 3염색체라 한다.

정답 27 ② 28 ④ 29 ① 30 ① 31 ① 32 ②

33 다음 중 폴리진에 대한 설명으로 가장 옳지 않은 것은?
① 양적 형질 유전에 관여한다.
② 각각의 유전자가 주동적으로 작용한다.
③ 환경의 영향에 민감하게 반응한다.
④ 누적적 효과로 형질이 발현된다.

해설
각각의 유전자가 주동적으로 작용하기보다 각각의 폴리진이 같은 방향으로 작용한다.

34 분자표지를 이용하는 육종을 설명한 것으로 틀린 것은?
① 분자표지는 다양한 품종 간 DNA 염기서열의 차이를 이용해서 제작할 수 있다.
② 분자표지의 유전분리는 일반 유전자와 같은 분리방식을 따른다.
③ DNA 분자표지는 환경에 영향을 받지 않기 때문에 선발시 안정적으로 사용할 수 있다.
④ 품종 간에 근연일수록 분자표지의 다형성이 높아서 이용하기 쉽다.

해설
유전현상의 본질인 DNA 염기서열 차이를 대상으로 개체간 다형성을 나타내며 근연할수록 분자표지의 다형성이 낮다.

35 순계분리법을 가장 효과적으로 적용할 수 있는 육종재료는?
① 자식성 작물의 재래종
② 타식성 작물의 재래종
③ 자가불화합성이 강한 재래종
④ 웅성불임성이 강한 재래종

해설
순계분리법은 기본 집단에서 우수한 형질을 가진 개체를 계속 선발하여 우수한 순계를 선발하는 방법으로 자가수정작물에 이용된다.

36 유전적 변이를 감별하는 방법으로 가장 알맞은 것은?
① 전체형성능 검정
② 질소 이용률 검정
③ 후대검정
④ 유의성 검정

해설
후대검정은 변이를 나타낸 개체를 자식하여 선발된 우량형이 유전적인 변이인가를 관찰한다.

37 다음 중 동질배수체를 육종에 이용할 때 가장 불리한 점은?
① 종자의 크기　② 내병성
③ 생육상태　④ 임성

해설
동질배수체는 임성이 저하되는 불리한 점이 있다.

38 자연교잡에 의한 십자화과 채소품종의 퇴화를 방제하기 위해 사용할 수 있는 방법으로 가장 옳은 것으로만 나열된 것은?
① 외딴섬재배, 망실재배
② 수경재배, B-9 처리
③ 에틸렌 처리, 지베렐린 처리
④ 옥신 처리, 수경재배

해설
품종의 퇴화를 막기 위해서는 격리법을 활용해야 하며 봉지, 망실, 망상 등의 차단격리법이나 해안지방, 산간지방 등에서 재배하는 거리격리법을 활용한다. 그 외에도 춘화처리, 일장처리, 생장조절제 처리, 파종기 조절 등의 처리를 활용하는 시간격리법이 있다.

39 F₁의 유전자 구성이 AaBbCcDd인 잡종의 자식 후대에서 고정된 유전자형의 종류는 몇 가지인가? (단, 모든 유전자는 독립유전한다.)

① 4 ② 12
③ 16 ④ 30

해설
n 쌍의 대립유전자의 표현형은 2^n 이므로 4쌍에 대한 표현형은 $2^4 = 16$ 이다.

40 배수체 작성에 쓰이는 약품 중 콜히친의 분자구조를 기초로 하여 발견된 것은?

① 아세나프텐 ② 지베렐린
③ 멘톨 ④ 헤테로옥신

해설
아세나프텐은 배수체 작성에 사용되는 콜히친의 분자구조를 기초로 발견되었다.

제3과목 재배원론

41 토양 통기의 촉진책으로 틀린 것은?

① 배수 촉진
② 토양 입단 조성
③ 식질토를 이용한 객토
④ 심경

해설
토양 통기성을 위해서는 객토를 실시하여 식질토성을 개량하고 습지의 지반을 높이며 심경하도록 한다.

42 작물체 내에서의 생리적 또는 형태적인 균형이나 비율이 작물생육의 지표로 사용되는 것과 거리가 가장 먼 것은?

① C/N 율 ② T/R 율
③ G-D 균형 ④ 광합성-호흡

해설
C/N율, T/R율, G-D 균형은 작물의 생리적, 형태적 균형 및 비율을 나타내는 지표로 활용된다.

43 비료의 엽면흡수에 영향을 미치는 요인 중 맞는 것은?

① 잎의 이면보다 표피에서 더 잘 흡수된다.
② 잎의 호흡작용이 왕성할 때에 잘 흡수된다.
③ 살포액의 pH는 알칼리인 것이 흡수가 잘 된다.
④ 엽면시비는 낮보다는 밤에 실시하는 것이 좋다.

해설
엽면시비는 기공을 통한 흡수가 이루어지기에 잎의 호흡작용이 왕성할 때 잘 흡수된다.

44 다음 중 동상해 대책으로 틀린 것은?

① 방풍시설 설치 ② 파종량 경감
③ 토질개선 ④ 품종선정

해설
동상해가 발생하는 지역의 경우 내동성에 강한 품종을 선택하고 파종량을 늘려 결주를 보완한다.

45 화성유도 시 저온·장일이 필요한 식물의 저온이나 장일을 대신하여 사용하는 식물호르몬은?

① CCC ② 에틸렌
③ 지베렐린 ④ ABA

해설
지베렐린을 작물에 적용시 발아촉진, 화성유도, 생장촉진, 수량의 증대 효과를 기대할수 있는데 화성유도 시 저온 장일이 필요한 식물의 대신하는 효과가 있다.

정답 39 ③ 40 ① 41 ③ 42 ④ 43 ② 44 ② 45 ③

46 다음 중 T/R율에 대한 설명으로 옳은 것은?
① 감자나 고구마의 경우 파종기나 이식기가 늦어질수록 T/R율이 작아진다.
② 일사가 적어지면 T/R율이 작아진다.
③ 토양함수량이 감소하면 T/R율이 감소한다.
④ 질소를 다량시용하면 T/R율이 작아진다.

해설
토양 수분이 많아지면 지상부에 비해 지하하부의 생육이 나빠져 T/R 율이 커진다. 반대로 토양수분이 적어지면 T/R 율은 작아진다.

47 광합성에서 C_4 작물에 속하지 않는 것은?
① 사탕수수 ② 옥수수
③ 벼   ④ 수수

해설
작물 중에서 옥수수, 수수, 사탕수수 등 열대 화본식물은 대부분 C_4 식물이고 벼, 보리, 사탕무, 감자 등은 C_3 식물이다.

48 작물의 수량을 최대화하기 위한 재배이론의 3요인으로 가장 옳은 것은?
① 비옥한 토양, 우량종자, 충분한 일사량
② 비료 및 농약의 확보, 종자의 우수성, 양호한 환경
③ 자본의 확보, 생력화 기술, 비옥한 토양
④ 종자의 우수한 유전성, 양호한 환경, 재배기술의 종합적 확립

해설
일정 면적에 작물의 수량을 최대화하기 위해 좋은 환경조건에 유전성이 우수한 작물을 선정하여 적합한 재배기술을 적용해야 한다.

49 나팔꽃 대목에 고구마 순을 접목하여 개화를 유도하는 이론적 근거로 가장 적합한 것은?
① C/N율   ② G-D균형
③ L/W율   ④ T/R율

해설
나팔꽃 대목에 고구마 순을 접목하면 지상부 탄수화물의 축적이 많아져 개화 및 결실이 조장된다. 식물의 탄수화물과 질소의 비율을 C/N 율 이라 하는데 C는 탄수화물, N 은 질소를 의미하며 C/N 율이 높으면 화성을 유도하고 낮으면 영양생장이 지속된다.

50 작물의 영양번식에 대한 설명으로 옳은 것은?
① 종자 채종을 하여 번식시킨다.
② 우량한 유전특성을 영속적으로 유지할 수 있다.
③ 잡종 1세대 이후 분리집단이 형성된다.
④ 1대 잡종벼는 주로 영양번식으로 채종한다.

해설
작물의 영양번식을 통해 우량한 상태의 유전형질을 유지할수 있다.

51 다음 중 요수량이 가장 큰 것은?
① 보리   ② 옥수수
③ 완두   ④ 기장

해설
요수량이 큰 식물로 알팔파, 클로버, 완두 등이 있으며 요수량이 적은 식물로 수수, 기장, 옥수수 가 대표적이다. 그중에서도 명아주는 요수량이 매우 크다.

정답 46 ③ 47 ③ 48 ④ 49 ① 50 ② 51 ③

52 다음 중에서 생육 최저온도가 가장 낮은 작물은?
① 밀   ② 호밀
③ 보리 ④ 귀리

해설
작물이 생육가능한 최저온도는 호밀 1~2℃ 정도로 보기 중 생육 최저온도가 가장 낮다.

53 감자의 휴면타파를 위한 지베렐린의 처리 방법은?
① 절단 후 250~500ppm 지베렐린 수용액에 24시간 침지
② 절단 후 250~500ppm 지베렐린 수용액에 30~60분 침지
③ 절단 후 2~5ppm 지베렐린 수용액에 24시간 침지
④ 절단 후 2~5ppm 지베렐린 수용액에 30~60분 침지

해설
절단 후 2~5ppm 지베렐린 수용액에 30~60분 침지 후 그늘에서 자연바람으로 말려 휴면을 타파한다.

54 비료의 3요소 중 칼륨의 흡수비율이 가장 높은 작물은?
① 고구마 ② 콩
③ 옥수수 ④ 보리

해설
고구마와 같은 작물은 칼륨의 흡수비율이 높은 편인데 칼륨이 양분을 지하부로 이동하는 것을 촉진하여 덩이뿌리가 굵어지도록 도와주는 역할을 한다.

55 다음 중 벼의 적산온도로 가장 옳은 것은?
① 500~1000℃   ② 1200~1500℃
③ 2000~2500℃ ④ 3500~4500℃

해설
작물별로 적산온도의 경우 메밀은 1000~1200℃, 감자는 1300~3000℃, 추파맥류는 1700~2300℃, 완두는 2100~2800℃, 콩은 2500~3000℃, 담배는 3200~3600℃ 벼는 3500~4500℃ 정도이다.

56 앞 작물의 그루터기를 그대로 남겨서 풍식과 수식을 경감시키는 농법은?
① 녹색 필름 멀칭
② 스터블 멀칭
③ 볏짚 멀칭
④ 투명 필름 멀칭

해설
스터블 멀칭(stubble mulching)은 앞 작물의 그루터기를 그대로 남겨 놓은 채 경운하여 풍식과 수식으로 인한 피해를 경감하는 농법이다.

57 다음 중 침수에 의한 피해가 가장 큰 벼의 생육 단계는?
① 분얼성기 ② 최고분얼기
③ 수잉기   ④ 고숙기

해설
벼는 분얼 초기 침수에 강해 피해가 적게 나타나지만 수잉기에서 출수개화기에는 침수에 약해지면서 침수 피해가 크게 나타난다.

58 이랑을 세우고 낮은 골에 파종하는 방식은?
① 휴립휴파법 ② 이랑재배
③ 평휴법   ④ 휴립구파법

해설
이랑을 세우고 낮은 골에 파종하는 방법을 휴립구파법이라 하며 맥류의 한해와 동해를 동시에 방지할수 있다.

정답 52 ② 53 ④ 54 ① 55 ④ 56 ② 57 ③ 58 ④

59 변온이 작물 생육에 미치는 영향이 아닌 것은?
① 발아촉진
② 동화물질의 축적
③ 덩이뿌리의 발달
④ 출수 및 개화의 지연

해설
온도의 변화(변온)을 통해 작물의 출수 및 개화가 촉진된다.

60 군락의 수광태세가 좋아지고 밀식 적응성이 큰 콩의 초형이 아닌 것은?
① 꼬투리가 원줄기에 적게 달린 것
② 키가 크고 도복이 안 되는 것
③ 가지를 적게 치고 마디가 짧은 것
④ 잎이 작고 가는 것

해설
수광태세에 이상적인 콩의 초형은 키가 크고 도복이 안되며 가지를 적게 치고 마디가 짧고, 잎이 작고 가늘며 꼬투리가 원줄기에 많이 달리고 밑에까지 착생한 것이 좋다.

제4과목　식물보호학

61 농약제조용 증량제에 대한 설명으로 옳지 않은 것은?
① 증량제의 강도가 너무 강하면 농약 살포 때 살분기의 마모가 심하다.
② 증량제 입자의 크기는 분제의 분산성, 비산성, 부착성에 영향을 미친다.
③ 농약의 저장 중 증량제에 의해 유효성분이 분해되지 않고 안정성이 유지되어야 한다.
④ 증량제의 수분함량 및 흡습성이 높으면 살포된 농약의 응집력이 증대되어 분산성이 향상된다.

해설
증량제는 주성분의 농도를 낮추는 약제로 분말도, 분산성, 비산성, 부착성 등이 높아야 한다. 증량제의 종류에는 규조토, 탈크, 벤토나이트 등이 있다

62 식물병 진단 방법에 대한 설명으로 옳지 않은 것은?
① 충체 내 주사법은 주로 세균병 진단에 사용된다.
② 지표식물을 이용하여 일부 TMV를 진단할 수 있다.
③ 파지(phage)에 의한 일부 세균병 진단이 가능하다.
④ 혈청학적인 방법은 바이러스병 진단에 효과적이다.

해설
충체 내 주사법은 매개전염 바이러스병 진단에 사용된다.

63 다음 중 종자소독제가 아닌 것은?
① 테부코나졸 유제
② 프로클로라즈 유제
③ 디노테퓨란 수화제
④ 베노밀·티람 수화제

해설
디노테퓨란은 해충을 방제하는 살충제에 해당한다.

64 곰팡이의 대사산물에서 분리된 항곰팡이성 항생 물질은?
① 부라에스　② 포리옥신
③ 가스가마이신　④ 글리세오풀빈

해설
글리세오풀빈(Griseofulvin)은 항곰팡이성 항생 물질이다.

65 저장 곡식에 피해를 주는 해충은?
① 화랑곡나방　② 온실가루이
③ 꽃노랑총채벌레　④ 아메리카잎굴파리

해설
화랑곡나방은 저장중인 곡식에 피해를 주는데 성충은 어두운 곳을 좋아하고 낮에는 쉬고 밤에 활동하는 특징을 가진다.

66 완전변태를 하는 곤충으로만 나열된 것은?
① 바퀴목, 하루살이목
② 파리목, 나비목
③ 메뚜기목, 노린재목
④ 총채벌레목, 벼룩목

해설
완전변태를 하는 곤충에는 나비목, 파리목, 벌목, 딱정벌레목 등이 있다.

67 다음 중 종합적 방제의 의미로 볼 수 없는 것은?
① 모든 방제수단을 조화롭게 사용한다.
② 효과가 빨리 나오는 방제법을 우선적으로 적용한다.
③ 생태학적 이론에 바탕을 두고 있다.
④ 경제적 피해수준 이하로 억제·유지한다.

해설
병해충종합관리(종합적 방제)는 Intergrated Pest Management(IPM)이라 하며 환경 친화적이고 지속가능한 방법으로 병해충을 관리하여 농약으로 인한 사회, 보건학적 위험을 줄이는 것을 목적으로 하는 방법으로 여러 방제법을 조합하여 가장 효율적인 방제법을 적용한다.

68 농약의 유효성분 조성에 따른 분류로 살균제에 해당되지 않는 것은?
① Triazole계 ② Benzimidazole계
③ Triazine계 ④ Anilide계

해설
트리아진계(Triazine)는 제초제에 해당된다. 살균제에는 벤조이미다졸계(Benzimidazole), 트리아졸계(Triazole), 아닐리드계(Anilide), 모르폴린계(Morpholine) 등이 있다.

69 불완전 변태를 하는 목은?
① 나비목 ② 파리목
③ 벌목   ④ 바퀴목

해설
유시아강은 불완전변태를 하는 외시류와 완전변태를 하는 내시류로 구분한다. 바퀴목은 여기서 외시류에 해당된다.

70 흡즙형(Sucking Type)의 입틀을 갖는 해충으로 맞게 짝지어진 것은? (단, 성충의 입틀을 기준으로 한다.)
① 메뚜기, 나방   ② 딱정벌레, 파리
③ 노린재, 진딧물 ④ 바퀴, 나비

해설
노린재류, 방패벌레류, 응애류, 진딧물류, 총채벌레류 등은 흡즙형 입틀을 가지고 있다.

71 다음 중 곤충이 페로몬에 끌리는 현상은?
① 주광성 ② 주열성
③ 주지성 ④ 주화성

해설
곤충의 페로몬 및 화학물질에 유인되는 현상을 주화성이라 한다.

72 벼 흰잎마름병과 관련이 없는 것은?
① 풍매 전반한다.
② 주로 잎 가장자리나 수공을 통해 침입한다.
③ 병원균은 잡초에서 월동한다.
④ 병원균은 세균이다.

해설
벼 흰잎마름병은 물에 의해 전반되며 수공이나 상처를 통해 침입한다.

73 잡초의 종자가 바람에 의하여 먼 거리까지 이동이 가능한 것은?
① 등대풀 ② 바랭이
③ 민들레 ④ 까마중

해설
바람에 의해 전파되는 잡초종자는 종자의 크기가 작고 가볍거나 포자형인 종자가 전파된다. 바람에 의해 전파되는 잡초종자에는 민들레, 박주가리, 엉겅퀴속, 망초 등이 있다.

74 병원체가 생성한 독소에 감염된 식물을 사람이나 동물이 섭취할 경우 독성을 유발할 수 있는 병은?
① 벼 도열병
② 고추 탄저병
③ 채소류 노균병
④ 맥류 붉은곰팡이병

해설
맥류 붉은곰팡이병균은 균독소로 인하여 사람이나 동물이 섭취할 경우 중독증상을 일으킨다.

75 데기가 위용(圍蛹)인 곤충은?
① 파리목 ② 나비목
③ 벌목   ④ 딱정벌레목

해설
위용은 유충이 번데기가 된 이후 피부가 경화되어 그 속에서 나용이 만들어진 형태로 파리목의 일부에서 관찰된다.

76 잡초의 종자가 바람에 의하여 먼 거리까지 이동이 가능한 것은?
① 등대풀 ② 바랭이
③ 민들레 ④ 까마중

해설
바람에 의해 전파되는 잡초종자는 종자의 크기가 작고 가볍거나 포자형인 종자가 전파된다. 바람에 의해 전파되는 잡초종자에는 민들레, 박주가리, 엉겅퀴속, 망초 등이 있다.

77 잡초의 생태적 방제방법 중 경합특성 이용법에 해당되지 않은 것은?
① 관배수 조절   ② 재식밀도 조절
③ 육묘이식 재배 ④ 품종 및 종자 선정

해설
관배수 조절은 잡초의 예방적 방제법에 해당한다.

78 진균에 대한 설명으로 옳은 것은?
① 발달된 균사를 가지고 있다.
② 그람양성균과 그람음성균이 있다.
③ 운동기관으로 편모를 가지고 있다.
④ 효소계가 없으며 생명체 안에서만 증식이 가능하다.

해설
진균은 실모양의 균사체로 발달된 균사를 가지고 있다. 진균의 일부분인 균사는 격막의 유무로 분류되며 외부에 세포벽이 있고 그 성분은 키틴으로 이루어져 있다.

79 주로 땅 속에서 작물의 뿌리를 가해하는 해충은?
① 도둑나방 ② 조명나방
③ 방아벌레 ④ 화랑곡나방

해설
방아벌레는 딱정벌레목의 방아벌레과로 유충이 땅속에서 식물의 줄기나 뿌리에 피해를 준다.

80 자낭균에 속하는 병균은?
① 소나무 혹병균
② 잣나무 털녹병균
③ 복숭아 잎오갈병균
④ 사과 붉은별무늬병균

해설
자낭균에 속하는 것으로 벼 깨씨무늬병, 벼 키다리병, 맥류 흰가루병, 복숭아나무잎오갈병, 포도나무 새눈무늬병 등이 있다

제5과목 종자관련법규

81 재배심사의 판정기준에서 안정성은 1년차 시험의 균일성 판정결과와 몇 년차 이상의 시험의 균일성 판정결과가 다르지 않으면 안정성이 있다고 판정하는가?
① 2년차
② 3년차
③ 4년차
④ 5년차

해설
안정성은 1년차 시험의 균일성 판정결과와 2년차 이상의 시험의 균일성 판정결과가 다르지 않으면 안정성이 있다고 판정한다.

82 포장검사 병주 판정기준에서 맥류의 특정병에 해당하는 것은?
① 줄기녹병
② 좀녹병
③ 위축병
④ 겉깜부기병

해설
맥류의 특정병에는 겉깜부기병, 속깜부기병, 보리줄무늬병 등이 있다

83 포장검사 및 종자검사의 검사기준에서 "합성시료 또는 제출시료로부터 규정에 따라 축분하여 얻어진 시료이다."에 해당하는 용어는?
① 검사시료
② 분할시료
③ 보급종
④ 원종

해설
검사시료는 검사실에서 제출시료로부터 취한 분할시료로 품위검사에 제공되는 시료이다

84 종자검사요령상 배추 순도검사를 위한 시료의 최소 중량(g)은?
① 120
② 100
③ 30
④ 7

해설
배추의 제출시료는 70g, 순도검사는 7g 을 기준으로 한다

85 종자관리요강상 사진의 제출규격 촬영부위 및 방법에서 생산·수입판매신고품종의 경우에 대한 설명이다. ( )에 알맞은 내용은?

> 화훼작물 : ( ) 및 꽃의 측면과 상면이 나타나야 한다.

① 화훼종자의 표본
② 접목 시설장의 전경
③ 개화기의 포장전경
④ 유묘기의 포장전경

해설
화훼작물 : 개화기의 포장전경 및 꽃의 측면과 상면이 나타나야 한다.

86 ( )에 알맞은 내용은?

> 식물신품종 보호법상 품종보호를 받을 수 있는 권리를 가진 자에서 2인 이상의 육성자가 공동으로 품종을 육성하였을 때에는 품종보호를 받을 수 있는 권리는 ( )

① 공유(共有)로 한다.
② 1인으로 제한한다.
③ 순번을 정하여 격년제로 실시한다.
④ 순번을 정하여 3년마다 변경하여 실시한다.

해설
2인 이상의 육성자가 공동으로 품종을 육성하였을 때에는 품종보호를 받을 수 있는 권리는 공유(共有)로 한다.

87 종자검사를 받은 보증종자를 판매하거나 보급하려는 자는 해당 보증종자에 대하여 보증표시를 하여야 한다. 이에 따라 보증종자를 판매하거나 보급하려는 자는 종자의 보증과 관련된 검사서류를 작성일로부터 얼마 동안 보관하여야 하는가? (단, 묘목에 관련된 검사서류는 제외한다.)

① 6개월   ② 1년
③ 2년   ④ 3년

해설
종자검사를 받은 보증종자를 판매하거나 보급하려는 자는 해당 보증종자에 대하여 보증표시를 하여야 한다. 이에 따라 보증종자를 판매하거나 보급하려는 자는 종자의 보증과 관련된 검사서류를 작성일부터 3년(묘목에 관련된 검사서류는 5년) 동안 보관하여야 한다.

88 종자관리요강상 종자산업진흥센터 시설기준에서 성분분석실의 장비 구비조건으로 옳은 것은?

① 시료분쇄장비   ② 균주배양장비
③ 병원균 접종장비 ④ 유전자판독장비

해설
종자산업진흥센터 시설기준에서 성분분석실의 장비 구비조건에는 시료분쇄장비, 성분추출장비, 성분분석장비, 질량분석장비가 있다.

89 과수와 임목의 경우 품종보호권의 존속기간은 품종보호권이 설정등록된 날부터 몇 년으로 하는가?

① 5년   ② 10년
③ 25년   ④ 30년

해설
품종보호권의 존속기간은 품종보호권이 설정등록된 날부터 20년으로 한다. 다만, 과수와 임목의 경우에는 25년으로 한다.

90 수입적응성시험의 대상 작물이 아닌 것은?

① 벼   ② 보리
③ 옥수수   ④ 기장

해설
수입적응성시험의 대상 작물에서 벼, 보리, 콩, 옥수수, 감자, 밀, 호밀, 조, 수수, 메밀, 팥, 녹두, 고구마 등은 식량작물로 분류된다.

정답 86 ① 87 ④ 88 ① 89 ③ 90 ④

91. 다음 중 고소가 있어야 공소를 제기할 수 있는 죄는?
① 품종보호권 또는 전용실시권을 침해한 죄
② 심판위원회에 허위로 진술, 감정 또는 통역을 한 죄
③ 품종보호에 관한 내용을 허위로 표시한 죄
④ 수입적응성시험을 받지 않고 종자를 수입한 죄

해설
품종보호권 또는 전용실시권을 침해한 자에 따른 죄는 고소가 있어야 공소를 제기할 수 있다.

92. 선서한 증인, 감정인 또는 통역인이 심판위원회에 대하여 거짓으로 진술, 감정 또는 통역을 한 때의 벌칙은?
① 5년 이하의 징역 또는 3천만원 이하의 벌금
② 5년 이하의 징역 또는 5천만원 이하의 벌금
③ 3년 이하의 징역 또는 1천만원 이하의 벌금
④ 1년 이하의 징역 또는 1천만원 이하의 벌금

해설
선서한 증인, 감정인 또는 통역인이 심판위원회에 대하여 거짓으로 진술, 감정 또는 통역을 하였을 때에는 5년 이하의 징역 또는 5천만원 이하의 벌금에 처한다.

93. 종자업을 영위하고자 하는 경우에 종자관리사를 1인 이상 보유하여야 하는 작물은?
① 감자   ② 무화과
③ 라이그라스   ④ 포인세티아

해설
종자업을 하려는 자는 종자관리사를 1명 이상 두어야 한다. 다만, 대통령령으로 정하는 작물의 종자를 생산·판매하려는 자의 경우에는 그러하지 아니하다. 품종목록에 등재할 수 있는 대상작물은 벼, 보리, 콩, 옥수수, 감자와 그 밖에 대통령령으로 정하는 작물로 한다. 다만, 사료용은 제외한다.

94. 포장검사 및 종자검사의 검사기준에서 밀 포장검사의 검사시기 및 횟수는?
① 각 지역 농업단체에서 정한 날짜에 1회 실시
② 감수분열기부터 유숙기 사이에 1회 실시
③ 완숙기로부터 고숙기 사이에 1회 실시
④ 유숙기로부터 황숙기 사이에 1회 실시

해설
겉보리, 쌀보리, 맥주보리, 밀의 검사시기 및 회수는 유숙기로부터 황숙기 사이에 1회 실시한다.

95. 종자관리요강상 사후관리시험의 기준 및 방법에서 검사항목에 해당하지 않은 것은?
① 종자전염병   ② 품종의 진위성
③ 품종의 순도   ④ 품종의 기원

해설
사후관리시험의 검사항목은 품종의 순도, 품종의 진위성, 종자전염성이 있다.

96 거짓이나 그 밖의 부정한 방법으로 품종보호결정 또는 심결을 받은 자의 벌칙은?

① 3년 이하의 징역 또는 3천만원 이하의 벌금
② 5년 이하의 징역 또는 3천만원 이하의 벌금
③ 5년 이하의 징역 또는 5천만원 이하의 벌금
④ 7년 이하의 징역 또는 1억원 이하의 벌금

해설
거짓이나 그 밖의 부정한 방법으로 품종보호결정 또는 심결을 받은 자는 7년 이하의 징역 또는 1억원 이하의 벌금에 처한다.

97 수분의 측정에서 저온항온건조기법을 사용하게 되는 종은?

① 피마자　② 조
③ 호밀　　④ 수수

해설
저온항온 건조기법은 마늘, 파, 부추, 콩, 땅콩, 배추씨, 유채, 고추, 목화, 피마자, 참깨, 아마, 겨자, 무에 적용한다.

98 보증서를 거짓으로 발급한 종자관리사는 어떤 벌칙을 받는가?

① 1년 이하의 징역 또는 1천만원 이하의 벌금에 처한다.
② 1년 이하의 징역 또는 5백만원 이하의 벌금에 처한다.
③ 6개월 이하의 징역 또는 5백만원 이하의 벌금에 처한다.
④ 3개월 이하의 징역 또는 3백만원 이하의 벌금에 처한다.

해설
보증서를 거짓으로 발급한 종자관리사는 1년 이하의 징역 또는 1천만원 이하의 벌금에 처한다.

99 순도분석에서 "가늘고 곧거나 굽은 강모, 벼과에서는 통상 외영 또는 호영(glumes)의 중앙맥의 연장"에 해당하는 용어는?

① 망(arista)　② 포엽(bract)
③ 부리(beaked)　④ 강모(bristle)

해설
· 망 : 가늘고 곧거나 굽은 강모, 벼과에서는 통상 외영 또는 호영(glumes)의 중앙맥의 연장
· 부리 : 과실의 길고 뾰족한 연장부
· 포엽 : 꽃, 볏과식물의 소수를 엽맥에 끼우는 퇴화한 잎 또는 인편상의 구조물
· 강모 : 뻣뻣한 털, 간혹 까락이 굽어 있을 때 윗부분을 지칭

100 품종목록 등재의 유효기간은 등재한 날이 속한 해의 다음 해부터 얼마까지로 하는가?

① 3년　② 5년
③ 7년　④ 10년

해설
품종목록 등재의 유효기간은 등재한 날이 속한 해의 다음 해부터 10년까지로 한다.

CBT 4회 종자기사

** 본문제는 수험생들의 기억을 바탕으로 작성 된 것으로 실제 문제와 차이가 있을 수 있습니다.

제1과목 종자생산학

01 발아억제물질인 coumarin이 영 부위에 존재하는 것은?
① 사탕무
② 보리
③ 단풍나무
④ 장미

해설
발아억제물질인 쿠마린(coumarin)의 경우 보리의 영 부위에 존재하면서 보리의 발아를 억제하기도 한다.

02 자가수정만 하는 작물로만 나열된 것은? (단, 자가수정 시 낮은 교잡률과 자식열세를 보이는 작물은 제외)
① 옥수수, 호밀
② 참외, 멜론
③ 당근, 수박
④ 완두, 강낭콩

해설
자가수정작물(자식성작물)에는 벼, 보리, 밀, 귀리, 조, 콩, 담배, 토마토, 가지, 고추, 상추, 완두 등이 있다.

03 종자의 생화학적 검사 방법으로 옳지 않은 것은?
① 착색법
② 전기전도율검사
③ 효소활성측정법
④ ferric chloride법

해설
전기전도율검사는 종자세의 검사방법에 해당한다.

04 콩과작물 종자의 외형에 나타나는 특수기관에 해당하지 않는 것은?
① 제
② 주공
③ 외영
④ 봉선

해설
성숙종자에는 제(배꼽), 주공(발아공), 봉선, 합점, 우류 등의 특수기관이 있다.

05 다음 중 일반적으로 종자의 발아촉진 물질과 가장 거리가 먼 것은?
① Gibberellin
② ABA
③ Cytokinin
④ Auxin

해설
ABA(Abscisic acid)은 대표적인 생장억제물질이다. ABA를 작물에 적용시 낙엽을 촉진, 휴면의 유도, 발아 억제, 화성 촉진, 내건성 증대 등의 효과가 나타난다.

06 옥수수의 화기구조 및 수분양식과 관련하여 옳은 것은?
① 충매수분
② 양성화
③ 자웅이주
④ 자웅동주이화

해설
옥수수는 타가수정작물에서 자웅동주이화이다.

정답 01 ② 02 ④ 03 ② 04 ③ 05 ② 06 ④

07 다음 중 경실종자의 휴면타파를 위하여 가장 많이 이용하는 방법은?
① 저온처리   ② 습윤처리
③ 건조처리   ④ 종피파상

해설
종피파상법은 경실의 휴면 타파를 통해 발아를 촉진시키기 위한 방법으로 종피에 상처를 내는 방법이다.

08 다음 화성유도에 관한 설명 중 맞는 것은?
① 월년생 식물의 다수는 생장점이 일정기간 추위에 노출되어야 개화한다.
② 1년생 식물의 다수는 일장에 반응하여 개화하는데 이를 중일성 식물이라 부른다.
③ 무한형 식물은 영양생장을 계속하다가 개화자극이 있을 때 모든 생장점이 화기로 바뀐다.
④ 유한형 식물은 개화감응을 받은 후에도 영양생장을 계속하고 일부만 화기로 바뀐다.

해설
작물의 화성유도를 위해서는 저온처리를 통한 온도의 자극으로 생장점이나 세포분열을 왕성하게 한다.

09 종자의 저장력이 높은 작물로만 짝지어진 것은?
① 수수, 사탕무   ② 귀리, 콩
③ 땅콩, 벼   ④ 양파, 수수

해설
보기에서 콩, 땅콩, 양파는 단명종자로 종자의 수명이 짧아 저장력이 낮은편이다.

10 종자를 실온에 저장했을 때 그 수명이 상대적으로 짧은 작물만으로 짝지어진 것은?
① 토마토, 상추   ② 수박, 콩
③ 당근, 가지   ④ 땅콩, 고추

해설
양파, 파, 콩, 땅콩, 당근, 메밀, 고추, 상추, 우엉 등은 단명종자로 수명이 짧은 편이다.

11 다음 중 교잡 시 개화기 조절을 위하여 적심을 작물로 가장 옳은 것은?
① 양파   ② 상추
③ 참외   ④ 토마토

해설
적심은 성장과 결실을 조절하기 위하여 식물의 눈이나 생장점을 따 내는 작업으로 순따기 혹은 순지르기라고 한다. 과채류, 두류 등에 실시하기 좋으며 담배, 상추 등의 작물에 적용할수 있다.

12 다음 중 봉지 씌우기를 가장 필요로 하지 않는 경우는?
① 교배 육종
② 원원종 채종
③ 여교배 육종
④ 자가불화합성을 이용한 F1채종

해설
봉지씌우기는 차단격리법(복대법)이라하여 봉지를 씌우는데 육종이나 원종, 원원종 채종에서 이용되는 방법이다.

정답 07 ④ 08 ① 09 ① 10 ④ 11 ② 12 ④

13 종자검사 시 표본추출에 대한 설명으로 가장 옳지 않은 것은?
① 포장검사, 종자검사는 전수 또는 표본추출 검사 방법에 의한다.
② 표본 추출은 채종 전 과정에서 골고루 채취한다.
③ 기계적인 채취 시에는 일정량을 한 번만 채취하면 된다.
④ 가마니, 포대 등에 들어 있을 때는 손을 넣어 휘저어 여러 번 채취한다.

해설
종자검사 시 표본추출은 일정량을 한 번만 채취하는 것이 아닌 여러번에 걸쳐 골고루 채취하도록 한다.

14 제웅하지 않고 풍매 또는 충매에 의한 자연교잡을 이용하는 작물로만 나열된 것은?
① 벼, 보리   ② 수수, 토마토
③ 가지, 멜론   ④ 양파, 고추

해설
제웅 없이 풍매나 충매에 의한 자연교잡을 이용하는 작물에는 양파, 고추와 같은 웅성불임 작물에 적합하다.

15 오이의 암꽃 착생을 촉진하는 것은?
① 고온 처리
② 에테폰(에스렐) 처리
③ 질산은 처리
④ 지베렐린 처리

해설
오이의 암꽃 착생을 촉진하는 것에는 에스렐, 2,4-D, NAA 등이 있다.

16 다음 중 휘묻이로 주로 번식하는 것은?
① 구즈베리   ② 앵두나무
③ 커런트   ④ 모과나무

해설
식물의 줄기를 휘어서 끝을 땅속에 묻어 뿌리가 나오게 하는 영양번식법으로 모과나무에 적용 가능하다.

17 단일성 식물끼리 짝지은 것은?
① 보리·밀   ② 양파·당근
③ 상추·유채   ④ 담배·들깨

해설
단일성 식물에는 콩, 옥수수, 벼, 딸기, 국화, 코스모스, 들깨, 샐비어, 담배 등이 있다.

18 중복수정에서 배유(胚乳)가 형성되는 것은?
① 정핵과 극핵   ② 정핵과 난핵
③ 화분관핵과 정핵   ④ 극핵과 화분관핵

해설
피자식물 중복수정으로 정핵(n)과 2개의 극핵(2n)을 통해 배유(3n)이 나타난다.

19 물의 투과성 저해로 인하여 종자가 휴면하는 것은?
① 나팔꽃
② 미나리아재비과 식물
③ 보리
④ 사과나무

해설
물의 투과성 저해로 인한 경실 종자에는 자운영, 고구마, 나팔꽃 등이 있다.

20 채소류의 채종지 환경에 대한 설명으로 가장 옳은 것은?
① 고온에서 꽃가루가 충실하고 종자의 발육이 좋아져서 채종량이 많아진다.
② 등숙기로부터 수확기까지의 시기에 강우가 많아야 충실한 종자를 얻을 수 있다.
③ 후기에는 일시에 다량의 종자를 성숙시키므로 비효가 오래 지속되는 토양이 좋다.
④ 수분 매개충의 활동은 온도의 영향을 받지 않는다.

해설
채종지의 경우 배수가 양호하고 지력이 좋은 곳으로 선정하는데 후기에 다량의 종자 성숙으로 많은 양분이 필요하기에 비효가 오래 지속되는 토양이 좋다.

제2과목　식물육종학

21 콩과 식물의 제웅에 가장 적당한 방법은?
① 화판인발법(花瓣引拔法)
② 집단제정법(集團除精法)
③ 절영법(切穎法)
④ 수세법(水洗法)

해설
화판인발법은 제웅법 중 하나로 콩, 자운영 등 꽃망울 끝의 꽃잎을 꽃밥과 함께 뽑아낸다.

22 식물육종에서 추구하는 주요 목표라 할 수 없는 것은?
① 불량온도 등 환경스트레스에 대한 저항성 증진
② 비타민 등 영양분 개선에 의한 기계화 적응성 증진
③ 병·해충 등 생물적 스트레스에 대한 저항성 증진
④ 영양성분 및 물리적 특성 개선에 의한 품질개량

해설
식물육종은 수량을 증대, 품질을 향상, 내병충, 내재해성 향상을 통해 수확의 안정성을 높여 식량의 안정적 공급을 목표로 한다.

23 내병성 품종의 육성이나 유전자의 분리 및 연관관계를 밝히는 방법으로 흔히 쓰이는 것은?
① 단교잡법　② 복교잡법
③ 여교잡법　④ 삼원교잡법

해설
여교잡육종법의 경우 내병성 품종을 육성하거나 유전자의 연관관계를 규명하는데 흔히 사용되며 육종의 시간과 경비를 절약하는 장점이 있다.

24 집단 육종법과 파생계통 육종법의 차이점은?
① 집단육종법은 F_2세대에서 선발을 거친다.
② 파생계통 육종법은 F_2세대에서 선발을 거친다.
③ 파생계통 육종법은 모든 세대에서 선발이 이루어진다.
④ 후기 세대의 육종과정이 약간 다르다.

해설
파생계통육종법은 F_2, F_3에서 교배조합별로 계통선발하여 파생계통을 만든다.

정답　20 ③　21 ①　22 ②　23 ③　24 ②

25 자가불화합성 식물을 자가수정 시켜 종자를 얻을 수 있는 방법으로만 알맞게 나열된 것은?
① 종간교배, 자연교배
② 여교배, 정역교배
③ 뇌수분, 노화수분
④ 웅성불임, 종간교배

해설
자가불화합성 식물을 자가수정 시켜 종자를 얻을 수 있는 방법으로 뇌수분, 노화수분, 지연수분, 고온처리, 전기 자극, 이산화탄소 처리 등의 방법을 활용한다.

26 인위적으로 반수체 식물을 만들기 위해 주로 사용하는 조직배양 방법은?
① 배배양
② 약배양
③ 생장점배양
④ 원형질체배양

해설
식물체의 화분이나 약을 채취 및 배양하여 반수체, 반수체성 배를 생산하는 방법을 약배양육종법이라 한다.

27 식물의 화분모세포는 성숙분열 후 몇 개의 딸세포가 되는가?
① 1개
② 2개
③ 3개
④ 4개

해설
화분모세포는 2회 연속 핵분열로 염색체 수가 체세포의 반으로 줄어들어 4개의 딸세포가 형성된다.

28 고위도 지역으로 작물 재배 한계를 확대할 수 있게 한 가장 중요한 육종의 성과는?
① 품질 개선
② 내충성 강화
③ 저온 내성 강화
④ 내염성 강화

해설
저온에 대한 내성이 강해지면 날씨가 추운 고위도 지역에서 작물의 재배 한계를 확대할 수 있다.

29 분리육종법과 교잡육종법의 근본적 차이는?
① 분리육종법은 환경변이를 이용하고, 교잡육종법은 유전변이를 이용한다.
② 분리육종법은 유전변이를 작성하여 이용하고, 교배육종법은 이미 존재하는 변이를 이용한다.
③ 분리육종법은 유전변이를 이용하고, 교잡육종법은 환경변이를 이용한다.
④ 분리육종법은 이미 존재하는 변이를 이용하고, 교잡육종법은 유전변이를 작성하여 이용한다.

해설
분리육종법은 지방종, 재래종 혹은 재배품종을 이용하고, 교잡육종법은 육종의 소재가 되는 변이를 교잡을 통해 얻는 방법이다.

30 교배와 상관없이 한 번 나타난 변이가 대를 계속해서 나타나는 유전적 변이는?
① 방황변이
② 돌연변이
③ 환경변이
④ 개체변이

해설
유전적 변이는 돌연변이, 교배변이, 생물의 유성생식 과정 등에서 발생한다.

정답 25 ③ 26 ② 27 ④ 28 ③ 29 ④ 30 ②

31 임성회복유전자가 존재하는 웅성불임성은?
① 집단웅성불임성
② 개체웅성불임성
③ 이수체웅성불임성
④ 세포질유전자웅성불임성

해설
세포질 유전자적 웅성불임으로 잡종강세를 이용하기 위해서 웅성불임친과 그 웅성불임성을 유지해 주는 유지친, 웅성불임친의 임성을 회복시켜 주는 회복인자친이 있어야 한다.

32 세포질·유전자적 웅성불임성을 이용하여 옥수수 1대 잡종 종자를 대량으로 채종하기 위해서 육종가 또는 육종기관은 어떤 종류의 계통을 세트로 유지하고 있어야 하는가?
① 웅성불임계통, 내충성계통, 근동질유전자계통
② 근동질유전자계통, 웅성불임유지계통, 다수성계통
③ 내충성계통, 다수성계통, 임성회복유전자계통
④ 임성회복유전자계통, 웅성불임유지계통, 웅성불임계통

해설
세포질 유전자적 웅성불임으로 잡종강세를 이용하기 위해서 웅성불임친과 그 웅성불임성을 유지해 주는 유지친, 웅성불임친의 임성을 회복시켜 주는 회복인자친이 있어야 한다.

33 멘델의 유전법칙이 아닌 것은?
① 지배의 법칙   ② 대립의 법칙
③ 독립의 법칙   ④ 분리의 법칙

해설
멘델의 유전법칙에는 지배의 법칙, 분리의 법칙, 독립의 법칙이 있다.

34 변이를 감별하는 방법은?
① 타가수정   ② 후대검정
③ 영양번식   ④ 격리

해설
변이의 감별은 후대검정 및 특성검정, 변이의 상관비교 등이 이용된다.

35 생산력 검정에 관한 설명 중 틀린 것은?
① 검정포장은 토양의 균일성을 유지하도록 노력한다.
② 계측, 계량을 잘못하면 포장시험에 따르는 오차가 커진다.
③ 시험구의 크기가 클수록 시험구당 수량 변동이 커진다.
④ 시험구의 반복횟수의 증가로 오차를 줄일 수 있다.

해설
시험구의 크기가 클수록 시험구당 수량 변동이 작아진다.

36 잡종강세를 이용한 F_1 품종들의 장점으로 가장 거리가 먼 것은?
① 중수효과가 크다.
② 품질이 균일하다.
③ 내병충성이 양친보다 강하다.
④ 종자의 대량 생산이 용이하다.

해설
잡종강세를 나타내는 작물의 1대잡종(F_1) 종자를 대량 생산할 수 있다.

37 다음 중 육종집단의 변이 크기를 나타내는 통계치는?

① 최소치와 평균치의 차이
② 평균치
③ 분산
④ 중앙치

해설
분산은 연속변이하는 집단에서 평균치를 중심으로 그 집단의 산포 정도를 나타낸다.

38 다음 중 선발 효과가 가장 큰 경우는?

① 유전변이가 작고, 환경변이가 클 때
② 유전변이가 작고, 환경변이도 작을 때
③ 유전변이가 크고, 환경변이도 클 때
④ 유전변이가 크고, 환경변이가 작을 때

해설
유전력에 관련되는 선발효과의 경우 유전변이가 크고 환경변이가 작을수록 선발효과가 크게 나타난다.

39 다음 중 식물병에 대한 진정저항성과 동일한 뜻을 가진 저항성은?

① 질적저항성   ② 양적저항성
③ 포장저항성   ④ 수평저항성

해설
진정저항성은 식물이 가지고 있는 병 저항 유전자에 의해 나타나는 저항성으로 질적저항성, 수직저항성이라고도 한다.

40 종자번식 농작물의 일생을 순서대로 나타낸 것은?

① 배우자형성 → 결실 → 중복수정 → 영양생장 → 발아
② 영양생장 → 결실 → 발아 → 중복수정 → 배우자형성
③ 발아 → 중복수정 → 배우자형성 → 결실 → 영양생장
④ 발아 → 영양생장 → 배우자형성 → 중복수정 → 결실

해설
전반적인 종자번식에 순서는 종자의 발아를 시작으로 영양생장 후 배우를 형성하고 배와 배유의 형성한 배낭 내에서 동시에 이루어지는 중복수정을 거치고 결실을 하게 된다.

제3과목 재배원론

41 다음 중 육묘의 장점으로 틀린 것은?

① 증수 도모   ② 종자 소비량 증대
③ 조기수확 가능 ④ 토지 이용도 증대

해설
육묘를 통해 종자의 소비량을 줄일수 있다.

42 파종 양식 중 뿌림골을 만들고 그곳에 줄지어 종자를 뿌리는 방법은?

① 산파   ② 점파
③ 조파   ④ 적파

해설
조파는 줄뿌림이라 하며 종자의 소요량이 적고 고르게 파종할 수 있어 이형주를 제거하거나 관찰할 경우 통로로도 이용할 수 있다.

정답 37 ③ 38 ④ 39 ① 40 ④ 41 ② 42 ③

43 내염성 정도가 강한 작물로만 짝지어진 것은?
① 완두, 셀러리 ② 배, 살구
③ 고구마, 감자 ④ 유채, 양배추

해설
내염성 작물에는 사탕무, 목화, 양배추, 유채 등이 있다.

44 다음 중 땅속줄기(지하경)로 번식하는 작물은?
① 마늘 ② 생강
③ 토란 ④ 감자

해설
땅속줄기(지하경)로 번식하는 작물에는 생강, 연, 박하, 호프 등이 있다.

45 다음 중 작물의 주요온도에서 최적온도가 가장 낮은 작물은?
① 옥수수 ② 완두
③ 보리 ④ 벼

해설
작물 중에서 최적온도가 가장 높은 종류는 멜론, 오이, 옥수수, 벼 등이 대표적이며 보리의 경우 20°C 정도로 낮은 작물에 해당된다.

46 다음 중 CO_2 보상점이 가장 낮은 식물은?
① 벼 ② 옥수수
③ 보리 ④ 담배

해설
옥수수와 같은 C_4 식물은 콩이나 벼와 같은 식물들에 비하여 이산화탄소 보상점이 낮다.

47 벼의 생육 중 냉해에 의한 출수가 가장 지연되는 생육단계는?
① 유효분얼기 ② 유수형성기
③ 유숙기 ④ 황숙기

해설
벼는 유수형성기에 냉해를 만나면 출수가 가장 지연된다.

48 토양이 pH 5 이하로 변할 경우 가급도가 감소되는 원소로만 나열된 것은?
① P, Mg ② Zn, Al
③ Cu, Mn ④ H, Mn

해설
pH 5 이하의 산성토양에서는 인(P), 칼슘(Ca), 마그네슘(Mg) 등의 유효도가 낮아 가급도가 감소하게 된다.

49 다음의 종자 품질을 결정하는 여러 가지 조건 중에서 내적 조건에 해당하는 것은?
① 종자의 순도
② 종자의 수분함량
③ 종자의 색택과 냄새
④ 종자의 발아력

해설
종자 품질 조건에서 내적 조건은 유전성, 발아력, 병해충이 있으며 외적조건에는 순도, 크기, 무게, 색택, 냄새, 수분함량 등이 있다.

정답 43 ④ 44 ② 45 ③ 46 ② 47 ② 48 ① 49 ④

50 풍해의 기계적 장해에 해당되는 것은?
① 벼에서 수분 및 수정이 저해되어 불임립(不稔粒)이 발생하고, 상처에 의해 각종 병 등이 발생한다.
② 상처가 나면 호흡이 증대되어 체내의 양분 소모가 증대된다.
③ 증산이 커져서 식물이 건조해진다.
④ 기공이 닫혀 광합성이 감소한다.

해설
풍해에 의해 물리적, 기계적 장해가 발생하는데 수분 및 수정의 저해가 발생하고 도복과 상처로 인해 식물병이 발생할 수 있다.

51 개량삼포식농법에 해당하는 작부방식은?
① 자유경작법
② 콩과작물의 순환농법
③ 이동경작법
④ 휴한농법

해설
개량삼포식은 지력유지에 매우 효과적인 방법으로 휴한하는 대신 지력증진작물(콩과목초)을 함께 재배하는 방법으로 삼포식보다 더 개량된 방법이다.

52 대기 오염물질 중에 오존을 생성하는 것은?
① 아황산가스(SO_2)
② 이산화질소(NO_2)
③ 일산화탄소(CO)
④ 불화수소(HF)

해설
이산화질소는 대기 중 일산화질소의 산화에 의해 발생하고 휘발성 유기화합물과 반응하여 오존을 생성하는 전구물질이다.

53 방사성 동위원소가 방출하는 방사선 중에서 가장 현저한 생물적 효과를 가지는 것은?
① 알파선
② 베타선
③ 감마선
④ 엑스선

해설
감마선(γ선)은 방사성 동위원소가 방출하는 방사선 중에서 생물학적 효과가 가장 크게 나타난다.

54 혼파의 이점이 될 수 없는 것은?
① 화본과 목초와 콩과 목초가 섞이면 가축의 영양상 유리하다.
② 상번초와 하번초가 섞이면 공간을 효율적으로 이용할 수 있다.
③ 혼파에 의해서 토양의 비료성분을 더욱 효율적으로 이용할 수 있다.
④ 화본과목초가 고정한 질소를 콩과 목초가 이용하므로 질소 비료가 절약된다.

해설
콩과목초가 고정한 질소를 화본과목초가 이용하기에 질소 비료가 절약되는 것이다.

55 수해(水害)에 관한 설명이 바른 것은?
① 수수와 옥수수는 침수에 강한 작물이다.
② 동진벼와 추정벼는 침수에 강한 품종이다.
③ 벼의 수잉기~출수개화기에는 침수에 강하다.
④ 벼가 관수될 때 수온이 낮으면 높은 경우보다 피해가 더 크다.

해설
피, 수수, 옥수수 등은 침수에 강한 편이다.

정답 50 ① 51 ② 52 ② 53 ③ 54 ④ 55 ①

56 내건성이 강한 작물의 특성으로 옳은 것은?
① 세포액의 삼투압이 낮다.
② 작물의 표면적/체적 비가 크다.
③ 원형질막의 수분투과성이 크다.
④ 잎 조직이 치밀하지 못하고 울타리 조직의 발달이 미약하다.

해설
내건성 작물은 원형질의 점성이 높고 원형질막의 수분투과성이 크다.

57 도복의 대책에 대한 설명으로 가장 거리가 먼 것은?
① 칼리, 인, 규소의 시용을 충분히 한다.
② 키가 작은 품종을 선택한다.
③ 맥류는 복토를 깊게 한다.
④ 벼의 유효분얼종지기에 지베렐린을 처리한다.

해설
지베렐린은 생장을 촉진시켜 도복이 증가한다.

58 순무의 착색에 관계하는 안토시안의 생성을 가장 조장하는 광파장은?
① 적색광   ② 녹색광
③ 적외선   ④ 자외선

해설
안토시안은 자외선 및 자색광의 파장으로 생성되며 포도의 착색에 영향을 준다.

59 다음 중 무배유 종자로만 짝지어진 것은?
① 벼, 밀, 옥수수   ② 벼, 콩, 팥
③ 콩, 팥, 완두   ④ 옥수수, 밀, 귀리

해설
무배유종자에는 콩, 완두, 팥, 녹두, 클로버 등의 콩과식물 및 수박, 오이, 호박, 상추, 배추 등이 있다.

60 세포막 중 중간막의 주성분으로 잎에 많이 존재하며 체내의 이동이 어려운 것은?
① 질소   ② 칼슘
③ 마그네슘   ④ 인

해설
칼슘은 식물체 내에서는 세포막의 구성성분으로 주로 잎에 함유량이 많다. 식물체내에서도 이동성이 낮아 신엽, 경엽 등에서 결핍증상이 나타난다.

제4과목 식물보호학

61 살충제에 대한 해충의 저항성이 발달되는 가장 중요한 요인은?
① 살균제와 살충제를 섞어 뿌리기 때문에
② 같은 약제를 계속해서 뿌리기 때문에
③ 약제를 농도가 진하게 만들어 조금 뿌리기 때문에
④ 약제의 계통이나 주성분이 다른 약제를 바꾸어 뿌리기 때문에

해설
살충제를 연용하여 사용하면 해충의 저항성이 높아질 가능성이 있다.

62 접촉형 제초제에 대한 설명으로 옳지 않은 것은?
① 시마진, PCP 등이 있다.
② 효과가 곧바로 나타난다.
③ 주로 발아 후의 잡초를 제거하는 데 사용된다.
④ 약제가 부착된 세포가 파괴되는 살초효과를 보인다.

해설
접촉형 제초제의 종류에는 PCP, DNOC, DCPA, Difenoconazole 등이 있다. 시마진의 경우 이행성 제초제로 분류된다.

정답 56 ③ 57 ④ 58 ④ 59 ③ 60 ② 61 ② 62 ①

63 고추, 담배, 땅콩 등의 작물을 재배할 때 많이 사용되는 방법으로 잡초의 방제뿐만 아니라 수분을 유지시켜 주는 장점을 지닌 방법은?
① 추경　　② 중경
③ 담수　　④ 피복

해설
피복은 토양위에 볏짚, 비닐 등의 재료로 덮어 잡초의 발생을 방제하며 수분의 증발을 막아 토양의 수분을 유지하는데 도움이 된다.

64 벼 줄무늬잎마름병과 벼 검은줄오갈병을 예방하기 위해 방제해야 하는 해충은?
① 독나방　　② 애멸구
③ 혹명나방　　④ 벼모기붙이

해설
애멸구는 줄무늬잎마름병, 검은줄오갈병 등의 바이러스병을 매개한다.

65 어떤 유제(50%)를 1000배로 희석하여 150L를 살포하려 한다면 이 유제의 소요량은?
① 15mL　　② 75mL
③ 150mL　　④ 300mL

해설
$$소요약량 = \frac{단위면적당 사용량}{소요희석배수}$$
$$= \frac{150}{1,000} = 0.15L = 150ml$$

66 잡초의 생활형에 따른 분류는?
① 여름형, 겨울형
② 수생, 습생, 건생
③ 일년생, 월년생, 다년생
④ 화본과, 방동사니과, 광엽류

해설
잡초의 생활형에 따른 분류에는 일년생, 월년생, 다년생이 있다.

67 병원균을 접종하여도 기주가 병에 전혀 걸리지 않는 것은?
① 면역성　　② 내병성
③ 확대저항성　　④ 감염저항성

해설
면역성은 식물이 병에 걸리지 않도록 하는 것을 의미한다.

68 다음 중 암발아 잡초로만 나열된 것은?
① 메귀리, 바랭이
② 독말풀, 별꽃
③ 쇠비름, 강피
④ 참방동사니, 향부자

해설
암발아 종자는 별꽃, 냉이, 광대나물, 독말풀 등이 있다.

69 다음 중 곤충의 소화기관으로 가장 거리가 먼 것은?
① 침샘　　② 전장
③ 기문　　④ 후장

해설
기문은 곤충의 호흡계에 해당된다.

정답　63 ④　64 ②　65 ③　66 ③　67 ①　68 ②　69 ③

70 도열병에 저항성이었던 품종이 몇 년이 지나 감수성이 되는 주된 원인으로 가장 옳은 것은?
① 칼륨비료의 과용
② 기상 및 토양조건의 변화
③ 새로운 병원균 레이스의 출현
④ 기주 교대

해설
벼도열병균의 구분시 레이스가 12개의 판별품종을 가지고 있으며 이와 같이 도열병에 저항성이 있었지만 새로운 레이스의 출현으로 감수성이 된다.

71 다음 중 일반적으로 곤충의 암컷 생식기관이 아닌 것은?
① 수정관   ② 저정낭
③ 여포   ④ 수란관

해설
수정관은 수컷의 생식기관이다.

72 식물병의 원인 중 생물성 병원이 아닌 것은?
① 농약에 의한 약해
② 파이토플라스마
③ 균류
④ 원생동물

해설
농약에 의한 약해는 비생물성 원인에 해당된다.

73 많은 비로 침수된 곳이나 폭풍우 후에 심히 발생되며 Xanthomonas oryzae pv. oryzae 에 의해 발생되는 것은?
① 벼 흰잎마름병   ② 벼 모썩음병
③ 벼 키다리병   ④ 벼 도열병

해설
벼 흰잎마름병은 세균인 Xanthomonas oryzae 에 의해 발생하고 세균이 수공이나 상처를 통해 침입하며 도관에서 증식하는 것이 특징이다. 배수가 나쁘고 습한 곳에서 주로 발생하며 강우가 많은 여름철 주로 발생한다.

74 식물병원균 중 진균에 의한 병해의 가장 일반적인 방제방법으로 옳지 않은 것은?
① 물리적 방제로 열 또는 광을 이용한다.
② 화학적 방제로 살균제를 사용한다.
③ 생물적 방제로 미생물농약을 사용한다.
④ 병원균의 매개체인 해충 방제를 위해 살충제를 사용한다.

해설
진균의 경우 실모양의 균사체로 매개충에 의한 전반 보다는 주로 종자, 물, 바람 등에 의해 전반되기에 해충 방제는 효과가 적다.

75 불완전 변태를 하는 목은?
① 나비목   ② 파리목
③ 벌목   ④ 바퀴목

해설
유시아강은 불완전변태를 하는 외시류와 완전변태를 하는 내시류로 구분한다. 바퀴목은 여기서 외시류에 해당된다.

정답 70 ③ 71 ① 72 ① 73 ① 74 ④ 75 ④

76 식물병이 성립하기 위한 3요소가 아닌 것은?
① 병원체 ② 부생체
③ 감수성 식물 ④ 적당한 환경

해설
식물병에 직접적인 요인을 주인, 주인을 도와 발병을 촉진 및 확산시키는 요인들을 유인이라 하며 유인은 주로 환경적 요인이 대표적이 예이다. 즉, 주인에는 병원체, 유인에는 감수성식물, 환경적 요인에는 적당한 환경이 해당된다.

77 현재 논에서 발생하는 잡초는 일년생보다 다년생 잡초가 증가하였는데, 논 잡초의 초종변화에 가장 직접적인 요인은?
① 시비량의 감소
② 재배법의 변화
③ 물관리 변동
④ 동일 제초제의 연용

해설
동일 제초제의 연용으로 잡초의 저항성이 발생하면서 다년생 잡초가 증가하게 되고 논잡초의 초종변화가 나타난다.

78 흰가루병균과 같이 살아있는 기주에 기생하여 기주의 대사산물을 섭취해야만 살아갈 수 있는 병원균은?
① 반사물기생균 ② 반활물기생균
③ 순사물기생균 ④ 순활물기생균

해설
순활물기생균은 절대기생체라 하며 살아있는 조직에만 생활한다. 순활물기생균에는 흰가루병균, 붉은별무늬병균, 녹병균 등이 있다.

79 담자균문에 속하는 병원균으로 담자기에 격벽이 없는 균은?
① 보리 깜부기병균
② 밀 줄기녹병균
③ 잣나무 털녹병균
④ 뽕나무 버섯균

해설
뽕나무 버섯균은 격벽(격막)이 없는 곤봉 모양의 형태를 띠고 있다.

80 오염된 물보다는 주로 깨끗한 물에서 서식하는 곤충은?
① 꽃등에 ② 나방파리
③ 모기붙이 ④ 민날개강도래

해설
민날개강도래는 국내의 최상류 계류와 고산습지와 같이 환경보존이 잘된 깨끗한 물에서 주로 서식한다.

제5과목 종자관련법규

81 보증표시 등에서 묘목을 제외하고 보증종자를 판매하거나 보급하려는 자는 종자의 보증과 관련된 검사서류를 작성일부터 몇 년 동안 보관하여야 하는가?
① 3년 ② 5년
③ 7년 ④ 10년

해설
보증종자를 판매하거나 보급하려는 자는 종자의 보증과 관련된 검사서류를 작성일부터 3년(묘목에 관련된 검사서류는 5년) 동안 보관하여야 한다..

정답 76 ② 77 ④ 78 ④ 79 ④ 80 ④ 81 ①

82 종자관리요강상 겉보리 포장검사 시기 및 회수는 유숙기로부터 황숙기 사이에 몇 회 실시하는가?

① 7회 ② 5회
③ 3회 ④ 1회

해설
겉보리, 쌀보리, 맥주보리, 밀의 검사시기 및 회수는 유숙기로부터 황숙기 사이에 1회 실시한다.

83 ( )안에 알맞은 내용은?

> 종자산업의 기반 조성에서 국가와 지방자치단체는 지정된 전문인력 양성기관이 정당한 사유 없이 1년 이상 계속하여 전문인력 양성업무를 하지 아니한 경우에는 대통령령으로 정하는 바에 따라 그 지정을 취소하거나 ( )의 기간을 정하여 업무의 전부 또는 일부 정지를 명할 수 있다.

① 24개월 이내 ② 12개월 이내
③ 6개월 이내 ④ 3개월 이내

해설
국가와 지방자치단체는 전문인력 양성기관이 정당한 사유 없이 전문인력 양성을 거부하거나 지연한 경우 대통령령으로 정하는 바에 따라 그 지정을 취소하거나 3개월 이내의 기간을 정하여 업무의 전부 또는 일부 정지를 명할 수 있다.

84 식물신품종 보호법상 품종보호에 대해 취소결정을 받은 자가 이에 불복하는 경우에는 그 등본을 송달받은 날부터 며칠 이내에 심판을 청구할 수 있는가?

① 15일 ② 30일
③ 40일 ④ 100일

해설
취소결정을 받은 자가 이에 불복하는 경우에는 그 등본을 송달받은 날부터 30일 이내에 심판을 청구할 수 있다.

85 종자관리요강상 사후관리시험의 기준 및 방법에서 검사항목에 해당하지 않는 것은?

① 품종의 순도 ② 품종의 진위성
③ 종자전염병 ④ 토양 입경 분석

해설
사후관리시험의 검사항목은 품종의 순도, 품종의 진위성, 종자전염성이 있다.

86 선출원과 관련된 설명 중 옳은 것은?

① 같은 품종에 대하여 품종보호 출원을 타인보다 2일 정도 늦게 하여도 사실만 입증되면 품종보호를 받을 수 있다.
② 같은 품종에 대하여 같은 날에 2인이 품종보호 출원을 하였을 경우 2인이 모두 품종보호를 받을 수 있다.
③ 같은 품종에 대하여 같은 날에 2인이 품종보호 출원을 하였을 경우는 출원인 간에 협의하여 정한 자만이 그 품종에 대하여 품종보호를 받을 수 있다.
④ 같은 품종에 대하여 같은 날에 2인이 품종보호 출원을 하였을 경우 출원 간에 협의가 이루어지지 않을 경우 농림수산식품부장관의 직권으로 1명을 지정할 수 있다.

해설
같은 품종에 대하여 같은 날에 둘 이상의 품종보호 출원이 있을 때에는 품종보호를 받으려는 자(이하 "품종보호 출원인"이라 한다) 간에 협의하여 정한 자만이 그 품종에 대하여 품종보호를 받을 수 있다. 이 경우 협의가 성립하지 아니하거나 협의를 할 수 없을 때에는 어느 품종보호 출원인도 그 품종에 대하여 품종보호를 받을 수 없다.

정답 82 ④ 83 ④ 84 ② 85 ④ 86 ③

87 종자산업법에서 정하는 품종보호요건에 해당하지 아니하는 것은?
① 품질이 우수하여야 한다.
② 품종내에서는 균일하여야 한다.
③ 다른 품종과 구별이 되어야 한다.
④ 연차 간에도 품종의 고유특성이 발현되어야 한다.

해설
품종보호 요건은 신규성, 구별성, 균일성, 품종명칭 등이 있다.

88 종자의 보증과 관련하여 종자생산포장 및 종자검사에 관한 국제적인 기준이나 규정을 제정하는 국제기구와 관련이 없는 것은?
① OECD   ② AOSA
③ ISTA   ④ FAO

해설
종자의 보증과 관련하여 경제협력개발기구(OECD), 국제종자검정가협회(AOSA), 국제검정협회(ISTA)가 있다. 세계식량농업기구(FAO)는 개발도상국의 기근과 빈곤을 제거하기 위해 설립된 국제기구이다.

89 국가품종목록에 등재된 품종 중 등재 취소와 관련된 설명으로 틀린 것은?
① 동일 품종이 2개 이상의 품종명칭으로 중복된 경우 2품종 모두 취소
② 농림수산식품부령이 정하는 품종성능의 심사기준에 미달한 때 취소
③ 해당 품종의 재배로 인하여 환경에 위해가 발생하였거나 발생할 염려가 있을 때 취소
④ 거짓이나 그 밖의 부정한 방법으로 품종목록 등재를 받은 때 취소

해설
같은 품종이 둘 이상의 품종명칭으로 중복하여 등재된 경우(가장 먼저 등재된 품종은 제외한다) 등재를 취소하여야 한다.

90 종자관리사에 대한 행정처분 중 자격정지 6개월에 해당하는 위반사항은?
① 종자보증과 관련하여 고의로 타인에게 손해를 가한 경우
② 종자관리사 자격과 관련하여 1회 이중취업을 한 경우
③ 종자관리사 자격과 관련하여 3회 이중취업을 한 경우
④ 자격정지처분기간 종료 후 3년 이내에 자격정지처분에 해당하는 행위를 한 경우

해설
종자보증과 관련하여 고의 또는 중대한 과실로 타인에게 손해를 입힌 경우 업무정지 6개월의 행정처분을 받는다.

91 종자검사수수료는 포장검사 합격통지를 받은 날부터 며칠 이내에 납부해야 하는가?
① 15일   ② 30일
③ 50일   ④ 60일

해설
종자검사수수료는 포장검사 합격통지를 받은 날부터 15일 이내 납부해야 한다.

92 품종보호권의 존속기간에 대한 기준으로 맞는 것은?
① 품종보호권이 설정등록된 날부터 10년이며 임목은 22년이다.
② 품종보호권이 설정등록된 날부터 20년이며 과수는 25년이다.
③ 품종보호권이 설정등록된 다음 날부터 모두 25년이다.
④ 품종보호 출원 후 모두 25년이다.

해설
품종보호권의 존속기간은 품종보호권이 설정등록된 날부터 20년으로 한다. 다만, 과수와 임목의 경우에는 25년으로 한다.

93 포장검사 병주 판정기준에서 고구마의 특정병은?

① 풋마름병　② 흑반병
③ 역병　　　④ 후사리움위조병

해설
포장검사 병주 판정기준에서 고구마의 특정병 흑반병, 마이코프라스마병이 있다.

94 종자검사요령상 포장검사 병주 판정기준에서 벼 깨씨무늬병의 병주판정기준은?

① 위로부터 1엽의 중앙부 3cm 길이 내에 3개 이상 병반이 있는 주
② 위로부터 2엽의 중앙부 3cm 길이 내에 5개 이상 병반이 있는 주
③ 위로부터 2엽의 중앙부 5cm 길이 내에 30개 이상 병반이 있는 주
④ 위로부터 3엽의 중앙부 5cm 길이 내에 50개 이상 병반이 있는 주

해설
벼 깨씨무늬병의 병주판정기준은 위로부터 3엽의 중앙부 5cm 길이 내에 50개 이상 병반이 있는 주이다.

95 종자관리요강상 수입적응성시험의 대상작물 및 실시기관에서 인삼의 실시기관은?

① 농업기술실용화재단
② 한국생약협회
③ 한국종균생산협회
④ 국립산림품종관리센터

해설
종자관리요강상 수입적응성시험의 대상작물 및 실시기관 기준 인삼은 한국생약협회에서 실시한다.

96 종자검사요령상 수분의 측정에서 저온항온건조기법을 사용하게 되는 종에 해당하는 것은?

① 시금치　② 상추
③ 부추　　④ 오이

해설
저온항온 건조기법은 마늘, 파, 부추, 콩, 땅콩, 배추씨, 유채, 고추, 목화, 피마자, 참깨, 아마, 겨자, 무에 적용한다.

97 품종보호권 또는 전용실시권을 침해한 자의 벌칙은?

① 7년 이하의 징역 또는 1억원 이하의 벌금
② 5년 이하의 징역 또는 1천만원 이하의 벌금
③ 3년 이하의 징역 또는 5백만원 이하의 벌금
④ 1년 이하의 징역 또는 3백만원 이하의 벌금

해설
품종보호권 또는 전용실시권을 침해한 자는 7년 이하의 징역 또는 1억원 이하의 벌금에 처한다.

98 종자의 보증에서 자체보증의 대상에 해당하지 않은 것은?

① 도지사가 품종목록 등재대상작물의 종자를 생산하는 경우
② 군수가 품종목록 등재대상작물의 종자를 생산하는 경우
③ 구청장이 품종목록 등재대상작물의 종자를 생산하는 경우
④ 국립대학교 연구원이 품종목록 등재대상작물의 종자를 생산하는 경우

해설
시·도지사, 시장·군수·구청장, 농업단체등 또는 종자업자가 품종목록 등재대상작물의 종자를 생산하는 경우 자체보증의 대상으로 한다.

정답　93 ②　94 ④　95 ②　96 ③　97 ①　98 ④

99 국가품종목록의 등재에서 품종목록 등재의 유효기간은 등재한 날이 속한 해의 다음 해부터 얼마까지로 하는가?

① 5년 ② 10년
③ 15년 ④ 20년

해설
종자산업법상 품종목록 등재의 유효기간은 등재한 날이 속한 해의 다음 해부터 10년까지로 한다.

100 식물신품종보호법상 종자위원회는 위원장 1명과 심판위원회 상임심판위원 1명을 포함한 몇 명 이상 몇 명 이하의 위원으로 구성해야 하는가?

① 3명 이상 9명 이하
② 10명 이상 15명 이하
③ 18명 이상 21명 이하
④ 23명 이상 27명 이하

해설
종자위원회는 위원장 1명과 심판위원회 상임심판위원 1명을 포함한 10명 이상 15명 이하의 위원(이하 "종자위원"이라 한다)으로 구성한다.

정답 99 ② 100 ②

CBT
5회 종자기사

** 본문제는 수험생들의 기억을 바탕으로 작성 된 것으로 실제 문제와 차이가 있을 수 있습니다.

제1과목 종자생산학

01 발아억제물질인 coumarin이 영 부위에 존재하는 것은?
① 사탕무 ② 보리
③ 단풍나무 ④ 장미

해설
발아억제물질인 쿠마린(coumarin)의 경우 보리의 영 부위에 존재하면서 보리의 발아를 억제하기도 한다.

01 상추의 특성을 바르게 설명한 것은?
① 발아온도는 25°C가 알맞다.
② 생육시 30°C 전후의 고온을 좋아한다.
③ 장일조건에서 추대가 촉진된다.
④ 20°C 이하가 되어야 개화한다.

해설
상추는 장일식물로 장일조건에서 추대 및 개화가 촉진된다.

02 물의 투과성 저해로 인하여 종자가 휴면하는 것은?
① 나팔꽃
② 미나리아재비과 식물
③ 보리
④ 사과나무

해설
물의 투과성 저해로 인한 경실 종자에는 자운영, 고구마, 나팔꽃 등이 있다

03 광과 종자 발아에 대한 설명으로 옳지 않은 것은?
① 광은 종자 발아와 아무런 관계가 없는 경우도 있다.
② 종자 발아가 억제되는 광 파장은 700~750nm 정도이다.
③ 종자 발아의 광가역성에 관여하는 물질은 cytochrome이다.
④ 광이 없어야 발아가 촉진되는 종자도 있다.

해설
종자 발아의 광가역성에 관여하는 물질은 파이토크롬(phytochrome)이다.

04 종자가 발아에 적당한 조건을 갖추어도 발아하지 않는 현상을 무엇이라 하는가?
① 발아정지 ② 휴면
③ 퇴화 ④ 생육정지

해설
성숙한 종자가 발아조건이 되어도 발아하지 않을 경우 휴면이라 하며 생육의 일시적 정지상태라 할수 있다

05 다음 중 광발아성 종자로 가장 옳은 것은?
① 파 ② 상추
③ 오이 ④ 수박

해설
광을 주어야 발아하는 호광성 종자는 담배, 상추, 우엉, 뽕나무, 베고니아, 셀러리 등이 있다.

정답 01 ③ 02 ① 03 ③ 04 ② 05 ②

06 다음 중 종자휴면의 형태에 대한 설명으로 가장 거리가 먼 것은?

① 종피에 발아억제물질을 많이 함유하여 휴면하는 것은 자발휴면의 예이다.
② 배 휴면과 배의 미숙으로 인한 휴면은 모두 배 자체의 생리적 원인이 기인한다.
③ 주로 물, 공기 및 기계적 원인이 기인하여 발생한 휴면을 타발휴면이라 한다.
④ 상추종자에서처럼 발아최고온도 이상에서 휴면하는 것은 2차 휴면이라 한다.

해설
배 휴면과 배의 미숙으로 인한 휴면은 종자휴면의 형태에 대한 설명보다 종자휴면의 원인에 해당한다. 휴면의 형태에는 자발적휴면, 타발적휴면, 불리한 환경조건에서 새로이 휴면이 발생하는 경우인 2차 휴면이 있다.

07 고추, 무, 레드클로버 종자의 형상은?

① 난형   ② 도란형
③ 방추형 ④ 구형

해설
고추, 무, 레드클로버 종자의 외형은 난형이다

08 제(臍)가 종자의 뒷면에 있는 것은?

① 배추   ② 시금치
③ 콩   ④ 상추

해설
종자의 배병이나 태좌에 붙어있던 흔적인 제(배꼽)은 식물의 종류에 따라 위치가 다르다. 배추, 시금치는 종자의 끝에 위치하고 상추, 쑥갓은 종자의 기부에 위치한다. 콩의 경우 종자의 뒷면에 위치하는 것이 특징이다.

09 다음 중 일반적으로 종자의 발아촉진 물질과 가장 거리가 먼 것은?

① Gibberellin ② ABA
③ Cytokinin   ④ Auxin

해설
ABA(Abscisic acid)은 대표적인 생장억제물질이다. ABA를 작물에 적용시 낙엽을 촉진, 휴면의 유도, 발아 억제, 화성 촉진, 내건성 증대 등의 효과가 나타난다.

10 종자소독 약제의 처리방법으로 적절하지 않은 것은?

① 약액침지   ② 종피분의
③ 종피도말   ④ 종피 내 주입

해설
종자소독 약제는 주로 종피에 처리하고 종피 내에는 주입하지 않는다.

11 다음 중 춘화처리를 실시하는 가장 큰 이유는?

① 발아억제   ② 생장억제
③ 화성유도   ④ 휴면타파

해설
춘화처리라고도 하는 버널리제이션은 식물에 인위적인 저온 처리를 통해 화성을 유도한다.

12 다음 중 종자수명에 관여하는 요인으로 가장 거리가 먼 것은?

① 저장고의 상대습도와 온도
② 종자의 성숙도
③ 저장고 내의 공기조성
④ 저장고 내의 광의 세기

해설
종자의 수명에 관여하는 요인으로 종자의 유전성 및 성숙도, 종자의 기계적 손상 정도, 종자 저장고의 공기조성 및 환경, 온도 및 상대습도, 종자의 수분함량 등이 있다.

13 산형화서의 형상으로 종자가 발달하는 작물이 아닌 것은?

① 파
② 보리
③ 양파
④ 부추

해설
보리는 수상화서에 해당된다.

14 채종지 선정 시 고려해야 할 사항으로 옳지 않은 것은?

① 일장은 꽃눈형성 및 추대에 매우 중요한 요소이다.
② 개화기부터 등숙기까지는 습한 곳이 적당하다.
③ 도시 근교보다는 도시에서 떨어진 지역이 적합하다.
④ 배수가 양호한 토양으로 병해충의 발생밀도가 낮아야 한다.

해설
개화기부터 등숙기까지는 습한 곳보다는 건조한 곳이 적당하다.

15 화분모세포 10개가 정상적으로 감수분열하면 몇 개의 화분(소포자)을 만들게 되는가?

① 10개
② 20개
③ 40개
④ 50개

해설
화분모세포 2회의 감수분열로 4개의 화분이 형성되기에 10개의 화분모세포는 40개의 화분이 만들어지게 된다.

16 다음 중 품종의 순도를 유지하기 위한 격리재배에서 차단격리법으로 가장 거리가 먼 것은?

① 화기에 봉지 씌우기
② 망실재배
③ 망상이용
④ 꽃잎제거법

해설
차단격리법에는 봉지 씌우기, 망실, 망상 등이 있다. 꽃잎제거법은 화판제거법이라 하며 자연교잡을 막기 위해 벌을 유인하는 꽃잎을 제거하는 것은 방법이다

17 2년생 식물에 대한 설명으로 가장 옳은 것은?

① 1년에 꽃이 두 번 피는 식물
② 숙근성으로 2년이 경과되면 말라죽는 식물
③ 발아하여 개화·결실되는데, 온도 등 환경과 관계없이 12개월 이상 소요되는 식물
④ 자연상태에서 일정한 저온을 경과해야 화아분화되어 개화·결실하는 식물

해설
2년생 식물은 종자가 1년 이상 경과한 다음 개화 성숙하는 식물로 한해는 일정 저온을 경과하고 화아분화되어 개화 및 결실하는 식물이라 할수 있다.

정답 12 ④ 13 ② 14 ② 15 ③ 16 ④ 17 ④

18 다음 중 혐광성 종자는?
① 상추 ② 우엉
③ 차조기 ④ 무

해설
호박, 토마토, 고추, 양파, 가지, 오이, 무, 부추 등은 혐광성종자이다.

19 고구마의 개화 유도 및 촉진 방법이 아닌 것은?
① 12~14시간의 장일처리를 한다.
② 나팔꽃의 대목에 고구마 순을 접목한다.
③ 고구마 덩굴의 기부에 절상을 낸다.
④ 고구마 덩굴의 기부에 환상박피를 한다.

해설
고구마는 장일처리가 아닌 단일처리를 통해 개화촉진을 한다.

20 자연 교잡률이 5~25% 정도인 식물은?
① 자가수정 식물 ② 타가수정 식물
③ 부분타식성 식물 ④ 내혼계 식물

해설
자가수분이 원칙이나 타가수분도 가능한 부분타식성 식물의 경우 자연교잡률이 5~25% 이다.

제2과목 식물육종학

21 계분리(純系分離) 육종법에 대한 설명으로 틀린 것은?
① 타식성 작물에 적용되는 육종법으로 내병성 작물 육종에 많이 적용되는 육종법이다.
② 자연 상태에서 잡박한 여러 순계가 혼합되어 있을 때에 효과가 있다.
③ 동일한 순계 내에서 자연돌연변이가 일어나지 아니할 때는 효과가 없다.
④ Johannsen의 순계설에 이론적 근거를 두었다.

해설
순계분리법은 기본 집단에서 우수한 형질을 가진 개체를 계속 선발하여 우수한 순계를 선발하는 방법으로 자가수정작물에 이용된다

22 종속간 교잡육종법의 장점은?
① 교잡을 하기 쉽다.
② 종자의 임실율이 높아진다.
③ 변이의 폭을 확대할 수 있다.
④ 적은 수의 유전자를 집적하는 방법이다.

해설
교잡육종법은 육종의 소재가 되는 변이를 교잡을 통해 얻는 방법이다. 품종간, 종속간 교잡에 의해 유전적 변이를 작성하여 그 중에 우량 계통을 선발하여 신품종으로 육성하는 것으로 변이의 폭을 확대할 수 있다.

정답 18 ④ 19 ① 20 ③ 21 ① 22 ③

23 유전자(gene)를 가장 바르게 표현한 것은?
   ① plasmagene
   ② 핵산과 단백질로 구성된 물질
   ③ 질소를 가진 염기 3개로 구성된 RNA절편
   ④ 단백질 합성을 위한 완전한 염기코드를 가진 DNA절편

   해설
   유전자는 개개의 유전형질을 발현시키는 인자로 유전체 DNA 유전물질로 단백질 합성을 위한 정보를 담고있다.

24 주로 타가수정 작물에 적용하는 육종방법으로 개체 또는 계통의 집단을 대상으로 선발을 거듭하는 방법은?
   ① 계통분리법   ② 인공교배법
   ③ 도입육종법   ④ 단위생식 이용법

   해설
   계통분리법은 자가수정작물의 채종에서 단기간에 순수한 집단을 얻을 수 있어 품종의 특성을 유지하는데 적합하다.

25 장벽수정(hercogamy)의 대표적 식물은?
   ① 양파   ② 복숭아
   ③ 붓꽃   ④ 국화

   해설
   장벽수정은 암술과 수술의 위치상 수정이 불가능한 것으로 붓꽃이 있다.

26 자식성 작물의 변이집단에서 개체선발 효과를 알기 위한 척도가 되는 것은?
   ① 유전력   ② 표현형 지배가
   ③ 잡종강세 현상 ④ 자식약세 현상

   해설
   자식성 작물의 변이집단에서 개체선발 효과는 유전력이 척도가 되며 유전력이 높으면 선발효율이 높음을 의미하고 유전력이 낮으면 선발효율이 낮음을 의미한다.

27 번식방법에 따른 육종방법 결정에 관여하는 요인이 아닌 것은?
   ① 유전자수   ② 자가수정
   ③ 타가수정   ④ 영양번식

   해설
   자가수정, 타가수정, 영양번식 등의 방법을 통해 육종방법을 선택하는데 영향을 주게 된다.

28 다음 중 선발 총점에 대한 설명으로 가장 옳은 것은?
   ① 한 형질의 선발에 대해서만 이용 가능하다.
   ② 질적 형질에 대해서만 유효하다.
   ③ 선발 지수를 이용하여 구한다.
   ④ 선발 총점이 낮아야 선발대상이 된다.

   해설
   선발지수는 목표로 하는 전체 형질에 대해 동시에 선발할 때 각 형질의 중요도에 따라 점수를 주어 총득점수가 많은 것부터 선발할 때 이용한다.

29 다음 작물 중 크세니아 현상이 가장 잘 일어나는 작물은?
① 옥수수 ② 메밀
③ 호밀   ④ 양파

해설
크세니아의 경우 예를 들어 찰벼와 메벼를 교잡하여 얻은 교잡종자의 경우 배유가 메벼의 성질이 나타나는 경우를 말한다. 주로 찰성벼, 보리, 밀, 옥수수 등에서 나타난다.

30 다음 변이의 종류 중 양적변이가 아닌 것은?
① 종실 수량   ② 곡물의 찰성
③ 단백질 함량 ④ 건물중

해설
변이는 길이, 무게, 수량 등 측정형질을 숫자로 표현하는 양적변이와 색깔, 형태 등 측정형질을 숫자로 표현할수 없는 질적변이로 분류된다. 곡물의 찰성은 숫자로 표현할수 없는 질적변이에 해당한다.

31 콜히친처리에 의한 염색체 배가의 원인은?
① 염색체 길이의 증가
② 세포분열시 방추사 형성의 억제
③ 세포분열시 상동염색체 접합의 억제
④ 염색체 내의 핵의 크기 증가

해설
콜히친을 종자나 세포분열이 왕성한 식물체의 생장점 부위에 처리하면 분열상태의 세포의 방추사, 세포막의 형성을 저해하고 복제된 염색체가 양극으로 분리되는 것을 방해하는 작용을 한다.

32 다음 중 유전자원을 수집·보전해야 할 이유로 가장 옳은 것은?
① 멘델 유전법칙을 확인하기 위함
② 다양한 육종소재로 활용하기 위함
③ 야생종을 도태시키기 위함
④ 개량종의 보급을 확대시키기 위함

해설
유전자원의 수집 및 보존은 다양한 육종소재로의 활용과 한번 시실되면 두 번 다시 재생이 어려워 보존에 노력을 기울여야 한다.

33 다음 중 폴리진에 대한 설명으로 가장 옳지 않은 것은?
① 양적 형질 유전에 관여한다.
② 각각의 유전자가 주동적으로 작용한다.
③ 환경의 영향에 민감하게 반응한다.
④ 누적적 효과로 형질이 발현된다.

해설
각각의 유전자가 주동적으로 작용하기보다 각각의 폴리진이 같은 방향으로 작용한다.

34 생산력 검정에 관한 설명 중 틀린 것은?
① 검정포장은 토양의 균일성을 유지하도록 노력한다.
② 계측, 계량을 잘못하면 포장시험에 따르는 오차가 커진다.
③ 시험구의 크기가 클수록 시험구당 수량 변동이 커진다.
④ 시험구의 반복횟수의 증가로 오차를 줄일 수 있다.

해설
시험구의 크기가 클수록 시험구당 수량 변동이 작아진다.

정답 29 ① 30 ② 31 ② 32 ② 33 ② 34 ③

35 감수분열 과정 중 재조합이 일어나 후대의 변이가 확대되는 단계는?
① 제1감수분열 후기, 제2감수분열 후기
② 제1감수분열 후기, 제2감수분열 전기
③ 제1감수분열 전기, 제1감수분열 중기
④ 제2감수분열 전기, 제2감수분열 후기

해설
제1감수분열은 이형분열이라 하며 염색체 수가 2n에서 n 으로 반으로 줄고 유전물질의 양은 간기에 2배로 늘어나지만 후기에 다시 반으로 줄어들어 원래의 수가 된다.

36 잡종강세를 이용한 F_1 품종들의 장점으로 가장 거리가 먼 것은?
① 증수효과가 크다.
② 품질이 균일하다.
③ 내병충성이 양친보다 강하다.
④ 종자의 대량 생산이 용이하다.

해설
잡종강세를 나타내는 작물의 1대잡종(F_1) 종자를 대량 생산할 수 있다.

37 다음 중 양성화 웅예선숙에 해당하는 것으로 가장 적절한 것은?
① 목련 ② 양파
③ 질경이 ④ 배추

해설
양파는 암술과 수술의 성숙시기가 다른데 수술이 먼저 성숙하는 웅예선숙에 해당한다.

38 2개의 유전자가 독립유전하는 양성잡종의 F_2분리비는?
① 3 : 1 : 1 ② 9 : 1 : 1
③ 9 : 3 : 1 : 1 ④ 9 : 3 : 3 : 1

해설
독립유전에서 두 쌍의 대립유전자에 의해 지배되는 형질은 F_2에서 9:3:3:1 로 분리된다.

39 다음 중 일대잡종을 가장 많이 이용하는 작물은?
① 벼 ② 옥수수
③ 밀 ④ 콩

해설
일대잡종은 가격이 비싸고 매년 바꾸어야 하는 단점이 있지만 품질, 균일성, 내병성 등이 좋다. 옥수수, 해바라기, 가지, 고추, 오이, 호박, 배추 등이 있다.

40 인위적으로 반수체 식물을 만들기 위해 주로 사용하는 조직배양 방법은?
① 배배양 ② 약배양
③ 생장점배양 ④ 원형질체배양

해설
식물체의 화분이나 약을 채취 및 배양하여 반수체, 반수체성 배를 생산하는 방법을 약배양육종법이라 한다.

정답 35 ③ 36 ④ 37 ② 38 ④ 39 ② 40 ②

제3과목 재배원론

41 기지의 원인이 되는 토양전염병이 아닌 것은?
① 완두 모잘록병　② 인삼 뿌리썩음병
③ 사과적진병　　④ 토마토 풋마름병

해설
사과적진병은 망간 함량이 높아 발생하는 병이다.

42 습해의 대책으로 적합하지 않은 것은?
① 배수시설을 설치한다.
② 밭에서는 휴립휴파 재배를 한다.
③ 과산화석회(CaO_2)를 종자에 분의하여 파종한다.
④ 미숙 유기물과 황산근 비료를 사용하여 입단형성을 촉진시킨다.

해설
습해의 대책으로 완숙유기물을 이용하면 입단형성이 촉진되어 통기성과 투수성이 좋아지지만 미숙 유기물을 사용할 경우 입단형성 효과가 떨어진다.

43 다음 중 휴작의 필요 기간이 가장 긴 작물은?
① 시금치　② 고구마
③ 수수　　④ 토란

해설
토란은 3년 휴작이 요구되는 작물로 보기 중에서 가장 긴 작물이다.

44 밭에 중경은 때에 따라 작물에 피해를 준다. 다음 중 중경에 대한 설명으로 가장 거리가 먼 것은?
① 중경은 뿌리의 일부를 단근시킨다.
② 중경은 표토의 일부를 풍식시킨다.
③ 중경은 토양수분의 증발을 증가시킨다.
④ 토양온열을 지표까지 상승을 억제, 동해를 조장한다.

해설
중경작업 시 토양을 얕게 작업하면 모세관이 절단되고 표면 공극이 좁아져 토양의 유효수분 증발이 줄어드는 효과가 있다.

45 광합성 양식에 있어서 C_4식물에 대한 설명으로 가장 거리가 먼 것은?
① 광호흡을 하지 않거나 극히 작게 한다.
② 유관속초세포가 발달되어 있다.
③ CO_2보상점은 낮으나 포화점이 높다.
④ 벼, 콩, 보리가 C_4식물에 해당된다.

해설
벼, 콩, 보리가 C_3식물에 해당된다.

정답 41 ③　42 ④　43 ④　44 ③　45 ④

46 작물의 냉해에 대한 설명으로 틀린 것은?

① 병해형 냉해는 단백질의 합성이 증가되어 체내에 암모니아 축적이 적어지는 형의 냉해이다.
② 혼합형 냉해는 지연형 냉해, 장해형 냉해, 병해형 냉해가 복합적으로 발생하여 수량이 급감하는 형의 냉해이다.
③ 장해형 냉해는 유수형성기부터 개화기까지, 특히 생식세포의 감수분열기에 냉온으로 불임현상이 나타나는 형의 냉해이다.
④ 지연형 냉해는 생육초기부터 출수기에 걸쳐서 여러 시기에 냉온을 만나서 출수가 지연되고, 이에 따라 등숙이 지연되어 후기의 저온으로 인하여 등숙 불량을 초래하는 냉해이다.

해설
병해형 냉해는 단백질 합성이 저해되어 체내 질소화합물의 축적이 증대된다.

47 다음 중 단일성 작물로만 나열 된 것은?

① 들깨, 담배, 코스모스
② 감자, 시금치, 양파
③ 고추, 당근, 토마토
④ 사탕수수, 딸기, 메밀

해설
단일성 식물에는 콩, 옥수수, 벼, 딸기, 국화, 코스모스, 들깨, 샐비어, 담배 등이 있다.

48 대기 오염물질 중에 오존을 생성하는 것은?

① 아황산가스(SO_2)
② 이산화질소(NO_2)
③ 일산화탄소(CO)
④ 불화수소(HF)

해설
이산화질소는 대기 중 일산화질소의 산화에 의해 발생하고 휘발성 유기화합물과 반응하여 오존을 생성하는 전구물질이다.

49 벼의 생육 중 냉해에 의한 출수가 가장 지연되는 생육단계는?

① 유효분얼기
② 유수형성기
③ 유숙기
④ 황숙기

해설
벼는 유수형성기에 냉해를 만나면 출수가 가장 지연된다.

50 작물의 영양번식에 대한 설명으로 옳은 것은?

① 종자 채종을 하여 번식시킨다.
② 우량한 유전특성을 영속적으로 유지할 수 있다.
③ 잡종 1세대 이후 분리집단이 형성된다.
④ 1대 잡종벼는 주로 영양번식으로 채종한다.

해설
작물의 영양번식을 통해 우량한 상태의 유전형질을 유지할수 있다.

정답 46 ① 47 ① 48 ② 49 ② 50 ②

51 다음 중 CO_2 보상점이 가장 낮은 식물은?
① 벼 ② 옥수수
③ 보리 ④ 담배

해설
옥수수와 같은 C_4 식물은 콩이나 벼와 같은 식물들에 비하여 이산화탄소 보상점이 낮다.

52 작물의 내열성에 대한 설명으로 틀린 것은?
① 늙은 잎은 내열성이 가장 작다.
② 내건성이 큰 것은 내열성도 크다.
③ 세포 내의 결합수가 많고, 유리수가 적으면 내열성이 커진다.
④ 당분함량이 증가하면 대체로 내열성은 증대한다.

해설
늙은 잎의 내열성이 어린 잎보다 크다.

53 이랑을 세우고 낮은 골에 파종하는 방식은?
① 휴립휴파법 ② 이랑재배
③ 평휴법 ④ 휴립구파법

해설
이랑을 세우고 낮은 골에 파종하는 방법을 휴립구파법이라 한다. 맥류의 한해와 동해를 동시에 방지할 수 있다.

54 다음 중 산성토양에 강하면서 연작의 장해가 가장 적은 작물로만 나열된 것은?
① 자운영, 양파 ② 옥수수, 시금치
③ 콩, 담배 ④ 벼, 귀리

해설
벼, 귀리, 옥수수, 조 등은 산성토양에 강하고 연작에 피해가 적은 작물이다.

55 토양수분과 작물 생육과의 관계를 옳게 설명한 것은?
① 포장용수량의 pF는 2.5~2.7 정도이다.
② 작물생육에 적합한 수분함량은 pF 3.0~4.7 정도이다.
③ 작물이 주로 이용하는 수분은 중력수와 토양입자 흡습수이다.
④ 초기위조점에 달한 식물은 수분을 공급해도 살아나기 어렵다.

해설
포장용수량은 최대용수량에 중력수가 제거 되고 모세관의 수분 함량 기준으로 pF는 2.5~2.7 정도이며 넓게는 pF 1.7~2.7 정도로 보기도 한다.

56 1년생 가지에서 결실하는 과수로만 나열된 것은?
① 복숭아-감 ② 사과-밤
③ 감-밤 ④ 복숭아-사과

해설
1년생 가지에서 결실하는 것으로 포도, 감, 밤, 감귤, 무화과 등이 있다.

57 우량종자가 갖추어야 할 조건으로 틀린 것은?
① 발아력이 좋아야 한다.
② 초기신장성이 좋아야 한다.
③ 유전적으로 다양해야 한다.
④ 병, 해충에 감염되지 않아야 한다.

해설
우량종자는 유전적으로 순수해야 한다.

정답 51 ② 52 ① 53 ④ 54 ④ 55 ① 56 ③ 57 ③

58 비늘줄기를 번식에 이용하는 작물은?
① 생강 ② 마늘
③ 토란 ④ 연

해설
마늘, 양파 등은 영양기관 중에서 비늘줄기(인경)을 통해 번식한다.

59 논벼가 다른 작물에 비해서 계속 무비료 재배를 하여도 수량이 급격히 감소하지 않는 이유로 가장 적절한 것은?
① 잎의 동화력이 크기 때문이다.
② 뿌리의 활력이 좋기 때문이다.
③ 비료의 천연공급량이 많기 때문이다.
④ 비료의 흡수력이 크기 때문이다.

해설
논은 관개수를 통해 양분의 천연공급량이 충분하여 지력이 유지된다.

60 감자나 고구마의 파종기나 이식기가 늦어졌을 때 T/R율이 커지는 이유로 옳은 것은?
① 탄수화물의 축적이 지하부에서 더 빨리 진행되기 때문이다.
② 지하부의 중량감소가 지상부의 중량감소보다 커지기 때문이다.
③ 지하부의 생장보다 지상부의 생장이 더 크게 저해되기 때문이다.
④ 지하부에 질소집적이 많아지고 단백질 합성이 왕성해지기 때문이다.

해설
감자, 고구마는 파종기나 이식기가 늦어지면 지하부의 생장보다 지상부 생장이 커지면서 지상부/지하부 비율인 T/R 율이 커지게 된다.

제4과목 식물보호학

61 약제가 해충의 먹이와 함께 소화관으로 들어가서 해충을 죽일 수 있는 것은?
① 독제 ② 접촉제
③ 훈증제 ④ 기피제

해설
소화중독제(식독제)는 해충이 약제를 섭취하면 소화기관에서 중독을 일으켜 해충을 죽이게 된다.

62 해충의 종합적방제를 위한 방안으로 해충의 발생밀도조사 방법 중 주광성을 이용한 해충의 발생시기, 발생량, 발생장소 등을 조사하기 위한 방법은?
① 페로몬 조사법 ② 수반조사법
③ 예찰등 조사법 ④ 포충망 조사법

해설
예찰등은 해충의 활동을 조사하기 위해 설치한 불빛 등으로서 주광성을 가진 해충의 발생시기, 발생량, 발생장소 등을 조사하는데 활용한다

63 노균병, 역병을 일으키는 난균류(Oomycetes)의 특징으로 옳은 것은?
① 격벽이 있는 긴 균사체이다.
② 일반적으로 분생포자와 후막포자를 형성한다.
③ 장정기와 장란기의 결합으로 유주포자를 생성한다.
④ 균사체는 주로 글루칸과 셀룰로스로 이루어져 있다.

해설
난균류는 균사는 잘 발달하여 분지가 많다. 세포벽은 셀룰로오스, 글루칸로 이루어지며 유주자에 의해 무성생식한다.

정답 58 ② 59 ③ 60 ② 61 ① 62 ③ 63 ④

64 작물 피해의 주요 원인 중 생물요소인 것은?
① 진균 ② 풍해
③ 오염된 물 ④ 영양장애

해설
작물 피해에 원인이 되는 생물성 병원에는 진균, 세균, 바이러스 등이 있다.

65 식물병 삼각형의 요인이 아닌 것은?
① 병원체 ② 저항성
③ 감수체 ④ 환경

해설
식물병 삼각형의 요인에는 원인이 되는 병원체와 감수성이 있는 식물인 감수체, 그리고 환경적 요인이 있다.

66 식물 병원으로 균류의 변이에 해당하지 않는 것은?
① 교잡 ② 약독변이
③ 자연돌연변이 ④ 이질다상현상

해설
병원체도 변이를 일으키기도 하는데 기작으로 돌연변이, 교잡, 이핵, 준유성교환이 있다.

67 토양전염성 병원균으로 옳은 것은?
① 고추 역병균
② 벼 도열병균
③ 사과 탄저병균
④ 대추나무 빗자루병균

해설
고추역병균은 난포자가 토양에 월동하는 토양전염성 병원균이다. 장마기간에 기온이 낮고 습도가 높은 조건에서 많이 발생한다.

68 완전변태 곤충의 유리한 점은?
① 유충과 성충의 형태가 거의 같아서 분류에 용이하다.
② 유충과 성충의 먹이와 서식처의 경합이 생기지 않는다.
③ 유충과 성충이 먹이가 같으므로 먹이 찾는데 유리하다.
④ 유충과 성충이 같은 곳에 살 수 있어서 서식 공간 확보에 유리하다.

해설
완전변태에서 유충과 성충의 발생시기가 달라 먹이와 서식처의 경합이 생기지 않는다.

69 보호살균제에 해당하는 것은?
① 석회보르도액
② 페나리몰 유제
③ 스트렙토마이신 수화제
④ 가스가마이신 액제

해설
보호살균제에는 석회보르도액, 구리 분제, 유기유황제, 석회유황합제 등이 있다

70 농약의 살포 방법에서 미스터법에 대한 설명으로 옳지 않은 것은?
① 살포 시간 및 인력 비용 등을 절감한다.
② 살포액의 미립화로 목표물에 균일하게 부착시킨다.
③ 분무법에 비하여 살포액의 농도를 낮게 하고 많은 양을 살포한다.
④ 분사 형식은 노즐에 압축공기를 같이 주입하는 유기분사 방식이다.

해설
미스트법은 미스트기로 만든 미립자를 살포하는 방법으로 분무법과 비교하여 살포량은 적지만 농도가 높고 입자가 작으며 농도는 약 2배 정도로 높다.

71 병원체가 기주 식물체 내로 들어가는 침입 장소 중 자연개구부가 아닌 것은?
① 수공　　② 피목
③ 밀선　　④ 각피

해설
식물에 있어 대표적인 자연개구부는 기공이다. 그 외에도 수공, 피목, 밀선 등을 통해 침입하기도 하며 병원균의 종류에 따라 침입하는 곳이 상이하다.

72 배나무 붉은별무늬병균의 중간 기주는?
① 향나무　　② 느티나무
③ 참나무　　④ 강아지풀

해설
배나무 붉은별무늬병은 중간기주인 향나무와 기주교대를 하는 순활물기생균이다.

73 식물병을 일으키는 병 삼각형 중 일반적으로 주인인 것은?
① 식물체　　② 환경
③ 병원체　　④ 광선

해설
식물병에 직접적인 요인을 주인, 주인을 도와 발병을 촉진 및 확산시키는 요인들을 유인이라 하며 주인에는 병원체가 있다.

74 활엽과수에서 문제가 되는 사과응애에 대한 설명으로 틀린 것은?
① 흡즙성 해충이다.
② 약충으로 월동한다.
③ 1년에 7~8회 발생한다.
④ 실을 토하며 바람에 날려 이동한다.

해설
사과응애는 1년에 7~8회 발생하고 알로 겨울눈, 수간에서 월동한다.

75 다음 중 화본과 잡초는?
① 명아주　　② 향부자
③ 나도겨풀　　④ 벗풀

해설
돌피, 강피, 나도겨풀 등은 화본과 잡초에 속한다.

76 다음 중 명아주에 해당하는 것으로만 나열된 것은?
① 다년생, 화본과 잡초
② 2년생, 방동사니과 잡초
③ 1년생, 광엽잡초
④ 다년생, 방동사니과 잡초

해설
명아주는 1년생 광엽 밭잡초에 해당한다.

77 다음 중 무시류에 속하는 곤충목은?
① 파리목　　② 돌좀목
③ 사마귀목　　④ 집게벌레목

해설
무시아강(무시류)에는 톡토기목, 낫발이목, 좀붙이목, 좀목(좀, 돌좀) 등이 있다.

78 식물바이러스병의 외부병징으로 가장 거리가 먼 것은?
① 변색　　② 위축
③ 괴사　　④ 무름증상

해설
무름증상(무름병)은 세균병의 병징에 해당한다.

79 복숭아심식나방에 대한 설명으로 옳지 않은 것은?
① 일반적으로 연 2회 발생한다.
② 유충으로 나무껍질 속에서 겨울을 보낸다.
③ 부화유충은 과실 내부에 침입하여 식해한다.
④ 방제를 위해 과실에 봉지를 씌우면 효과적이다.

해설
복숭아심식나방은 노숙유충이 겨울고치를 짓고 그 속에서 월동을 한다.

80 광엽잡초에 해당하는 것은?
① 피   ② 쇠뜨기
③ 뚝새풀   ④ 왕바랭이

해설
광엽잡초에는 1년생인 물달개비, 물옥잠, 사마귀풀, 여뀌, 마디꽃, 자귀풀 등과 다년생의 가래, 개구리밥, 미나리, 올미, 좀개구리밥, 쇠뜨기 등이 있다.

제5과목 종자관련법규

81 품종보호권 또는 전용실시권을 침해한 자의 벌칙은?
① 1년 이하의 징역 또는 1천만원 이하의 벌금
② 3년 이하의 징역 또는 3천만원 이하의 벌금
③ 5년 이하의 징역 또는 5천만원 이하의 벌금
④ 7년 이하의 징역 또는 1억원 이하의 벌금

해설
품종보호권 또는 전용실시권을 침해한 자는 7년 이하의 징역 또는 1억원 이하의 벌금에 처한다.

82 식물신품종 보호법상 품종명칭등록 이의신청을 한 자는 품종명칭등록 이의신청기간이 지난 후 얼마 이내에 품종명칭등록 이의신청서에 적은 이유 또는 증거를 보정할 수 있는가?
① 10일   ② 20일
③ 30일   ④ 50일

해설
품종명칭등록 이의신청을 한 자(이하 "품종명칭등록 이의신청인"이라 한다)는 품종명칭등록 이의신청기간이 지난 후 30일 이내에 품종명칭등록 이의신청서에 적은 이유 또는 증거를 보정할 수 있다.

83 품종보호를 받지 아니하거나 품종보호 출원 중이 아닌 품종의 종자의 용기나 포장에 품종보호를 받았다는 표시 또는 품종보호 출원 중이라는 표시를 하거나 이와 혼동되기 쉬운 표시를 하는 행위 자의 벌금은?
① 1천만원 이하의 벌금
② 3천만원 이하의 벌금
③ 5천만원 이하의 벌금
④ 1억원 이하의 벌금

해설
품종보호를 받지 아니하거나 품종보호 출원 중이 아닌 품종의 종자의 용기나 포장에 품종보호를 받았다는 표시 또는 품종보호 출원 중이라는 표시를 하거나 이와 혼동되기 쉬운 표시를 하는 행위의 경우 3년 이하의 징역 또는 3천만원 이하의 벌금에 처한다.

정답 79 ② 80 ② 81 ④ 82 ③ 83 ②

84 종자관리요강상 규격묘의 규격기준에서 배 잎눈 개수는?

① 접목부위에서 상단 30cm 사이에 잎눈 3개 이상
② 접목부위에서 상단 30cm 사이에 잎눈 5개 이상
③ 접목부위에서 상단 10cm 사이에 잎눈 3개 이상
④ 접목부위에서 상단 10cm 사이에 잎눈 10개 이상

해설
배 잎눈 개수 : 접목부위에서 상단 30cm 사이에 잎눈 5개 이상

85 종자관리요강상 수입적응성시험의 대상작물 및 실시기관에서 톨페스큐의 실시기관은?

① 한국생약협회
② 한국종자협회
③ 농업협동조합중앙회
④ 농업기술실용화재단

해설
수입적응성시험의 대상작물 및 실시기관에 의거 농업협동조합중앙회는 오차드그라스, 톨페스큐, 티모시 등이 있다.

86 저온항온건조기법을 사용하게 되는 종으로만 나열된 것은?

① 당근, 근대   ② 잠두, 녹두
③ 고추, 목화   ④ 기장, 벼

해설
저온항온 건조기법은 마늘, 파, 부추, 콩, 땅콩, 배추씨, 유채, 고추, 목화, 피마자, 참깨, 아마, 겨자, 무에 적용한다.

87 품종목록 등재의 유효기간 연장신청은 그 품종목록 등재의 유효기간이 끝나기 전 몇 년 이내에 신청하여야 하는가?

① 4년   ② 3년
③ 2년   ④ 1년

해설
종자관련법상 품종목록 등재의 유효기간에서 품종목록 등재의 유효기간 연장신청은 그 품종목록 등재의 유효기간이 끝나기 전 1년 이내 신청해야 한다.

88 거짓이나 그 밖의 부정한 방법으로 품종보호결정 또는 심결을 받은 자는 몇 년 이하의 징역에 처하는가?

① 3년   ② 5년
③ 7년   ④ 10년

해설
거짓이나 그 밖의 부정한 방법으로 품종보호결정 또는 심결을 받은 자는 7년 이하의 징역 또는 1억원 이하의 벌금에 처한다.

89 종자관리요강상 사진의 제출규격에서 사진의 크기는?

① 6" × 12" 의 크기이어야 하며, 실물을 식별할 수 있어야 한다.
② 5" × 9" 의 크기이어야 하며, 실물을 식별할 수 있어야 한다.
③ 4" × 5" 의 크기이어야 하며, 실물을 식별할 수 있어야 한다.
④ 2" × 6" 의 크기이어야 하며, 실물을 식별할 수 있어야 한다.

해설
사진의 크기는 4" × 5" 의 크기이어야 하며 실물을 식별할 수 있어야 한다.

정답 84 ② 85 ③ 86 ③ 87 ④ 88 ③ 89 ③

90 종자업을 하려는 자는 종자관리사를 최소 몇 명 이상 두어야 하는가?
① 1명 ② 2명
③ 3명 ④ 5명

해설
종자업을 하려는 자는 종자관리사를 1명 이상 두어야 한다. 다만, 대통령령으로 정하는 작물의 종자를 생산·판매하려는 자의 경우에는 그러하지 아니하다.

91 종자의 보증에서 재검사를 받으려는 자는 종자검사 결과를 통지받은 날부터 며칠 이내에 재검사신청서에 종자검사 결과 통지서를 첨부하여 검사기관의 장에게 제출하여야 하는가?
① 15일 ② 20일
③ 30일 ④ 35일

해설
재검사신청 등에서 재검사를 받으려는 자는 종자검사 결과를 통지받은 날부터 15일 이내에 재검사신청서에 종자검사 결과 통지서를 첨부하여 검사기관의 장 또는 종자관리사에게 제출하여야 한다.

92 종자산업법상 농림축산식품부장관은 진흥센터가 진흥센터 지정기준에 적합하지 아니하게 된 경우에는 대통령령으로 정하는 바에 따라 그 지정을 취소하거나 몇 개월 이내의 기간을 정하여 업무의 정지를 명할 수 있는가?
① 12개월 ② 7개월
③ 6개월 ④ 3개월

해설
농림축산식품부장관은 진흥센터가 진흥센터 지정기준에 적합하지 아니하게 된 경우 대통령령으로 정하는 바에 따라 그 지정을 취소하거나 3개월 이내의 기간을 정하여 업무의 정지를 명할 수 있다.

93 종자검사요령 상 포장검사 병주 판정기준에서 벼의 특정병은?
① 깨씨무늬병 ② 잎도열병
③ 키다리병 ④ 줄무늬잎마름병

해설
벼의 포장검사 및 종자검사에 있어 특정병은 키다리병, 선충심고병이다.

94 종자의 수출·수입 및 유통 제한에 관한 사항을 위반하여 종자를 수출 또는 수입하거나 수입된 종자를 유통시킨 자의 벌칙은?
① 5년 이하의 징역 또는 1억원 이하의 벌금
② 3년 이하의 징역 또는 3천만원 이하의 벌금
③ 2년 이하의 징역 또는 5백만원 이하의 벌금
④ 1년 이하의 징역 또는 1천만원 이하의 벌금

해설
종자의 수출·수입 및 유통 제한에 관한 사항을 위반하여 종자를 수출 또는 수입하거나 수입된 종자를 유통시킨 자는 1년 이하의 징역 또는 1천만원 이하의 벌금에 처한다.

95 식물신품종 보호법상 품종보호권의 설정등록을 받으려는 자나 품종보호권자는 품종보호료 납부기간이 지난 후에도 몇 개월 이내에는 품종보호료를 납부할 수 있는가?
① 6개월 ② 7개월
③ 9개월 ④ 12개월

해설
품종보호권의 설정등록을 받으려는 자나 품종보호권자는 품종보호료 납부기간이 지난 후에도 6개월 이내에는 품종보호료를 납부할 수 있다.

정답 90 ① 91 ① 92 ④ 93 ③ 94 ④ 95 ①

96 품종보호권의 설정등록을 받으려는 자 또는 품종보호권자가 책임질 수 없는 사유로 추가납부기간 이내에 품종보호료를 납부하지 아니하였거나 보전기간 이내에 보전하지 아니한 경우에는 그 사유가 종료한 날부터 며칠 이내에 그 품종보호료를 납부하거나 보전할 수 있는가? (단, 추가납부기간의 만료일 또는 보전기간의 만료일 중 늦은 날부터 6개월이 지났을 경우는 제외한다.)

① 5일 ② 7일
③ 10일 ④ 14일

해설
품종보호권의 설정등록을 받으려는 자 또는 품종보호권자가 책임질 수 없는 사유로 추가납부기간 이내에 품종보호료를 납부하지 아니하였거나 보전기간 이내에 보전하지 아니한 경우에는 그 사유가 종료한 날부터 14일 이내에 그 품종보호료를 납부하거나 보전할 수 있다. 다만, 추가납부기간의 만료일 또는 보전기간의 만료일 중 늦은 날부터 6개월이 지났을 때에는 그러하지 아니하다.

97 종자검사요령상 시료추출에서 호박의 순도검사를 위한 시료의 최소 중량은?

① 180g ② 200g
③ 250g ④ 300g

해설
호박 시료의 순도검사 최소중량은 180g, 제출시료는 350g 이다.

98 과수와 임목의 경우 품종보호권의 존속기간은 품종보호권이 설정등록된 날부터 몇 년으로 하는가?

① 25년 ② 15년
③ 10년 ④ 5년

해설
품종보호권의 존속기간은 품종보호권이 설정등록된 날부터 20년으로 한다. 다만, 과수와 임목의 경우에는 25년으로 한다.

99 종자산업법상 품종목록 등재의 유효기간은 등재한 날이 속한 해의 다음 해부터 몇 년까지로 하는가?

① 3년 ② 5년
③ 10년 ④ 15년

해설
종자산업법상 품종목록 등재의 유효기간은 등재한 날이 속한 해의 다음 해부터 10년까지로 한다.

100 보증서를 거짓으로 발급한 종자관리사의 벌칙은?

① 2년 이하의 징역 또는 1천만원 이하의 벌금
② 1년 이하의 징역 또는 1천만원 이하의 벌금
③ 1년 이하의 징역 또는 5백만원 이하의 벌금
④ 6개월 이하의 징역 또는 3백만원 이하의 벌금

해설
보증서를 거짓으로 발급한 종자관리사는 1년 이하의 징역 또는 1천만원 이하의 벌금에 처한다.

정답 96 ④ 97 ① 98 ① 99 ③ 100 ②

종자기사 · 산업기사 과년도 필기
Engineer(Industrial) Seeds

PART 2

산업기사 과년도문제

INDUSTRIAL ENGINEER SEEDS

2012 제1회 종자산업기사

제1과목 종자생산학 및 종자법규

01 발아시험 시 재시험을 해야 할 경우가 아닌 것은?
① 시험결과가 독물질이나 진균, 세균의 번식으로 신빙성이 없을 때
② 시험조건이 잘못되었을 때
③ 묘의 평가가 잘못되었을 때
④ 반복간의 발아율이 최대 허용 범위 내에 있을 때

해설

발아시험의 재시험은 조건은 다음과 같다.
· 휴면으로 여겨질 때(신선종자)
· 시험결과가 독물질이나 진균, 세균의 번식으로 신빙성이 없을 때
· 상당수의 묘에 대해 정확한 평가를 하기 어려울 때
· 시험조건, 묘평가, 계산에 확실한 잘못이 있을 때
· 100입씩 반복간 차이가 최대허용오차를 넘을 때

02 수분측정결과 계측결과가 다음 표와 같을 때 이 시료의 수분함량은? (단위 : g)

구분	무게
측정용기무게	5,000
건조전 총무게	10,000
건조후 총무게	9,400

① 6.0%   ② 12.0%
③ 18.0%   ④ 24.0%

해설

건조전, 후 총무게의 경우 측정용기의 무게를 제외한 순수 종자의 무게를 이용하여 다음과 같이 수분함량을 구하도록 한다.

수분함량
$= \dfrac{건조전 무게 - 건조후무게}{건조전무게}$
$= \dfrac{5,000 - 4,400}{5,000} \times 100 = 12(\%)$

03 종자전염성 병의 방제법을 가장 옳게 설명한 것은?
① 파종 직전 종자처리로 완전 방제가 가능하다.
② 종자저장 중 방제로 모든 병해충을 방제할 수 있다.
③ 종자수확 후 방제에 의하여 전염원을 완전히 제거할 수 있다.
④ 종자수확 전 방제가 가장 중요하다.

해설

종자전염성 병의 경우 종자수확 전 사전에 미리 방제를 하는 것이 가장 효과적이다.

정답 01 ④ 02 ② 03 ④

04 채종포장 선정 시 격리 실시를 중요시하는 이유로 가장 옳은 것은?
① 조수해(鳥獸害) 방지
② 병·해충 방지
③ 잡초유입 방지
④ 다른 화분의 혼입 방지

해설
채종포장 선정 시 격리를 통해 다른 화분의 혼입 및 종자전염병을 방지할수 있다.

05 종자처리 방법 중 건열처리의 주 목적은?
① 어린 식물체의 양분 흡수 촉진
② 종자전염 바이러스 제거
③ 종자의 수분흡수 증대
④ 종자발아에 필요한 대사과정 촉진

해설
건열처리는 종자를 60~80℃ 온도에 일정기간 처리하여 종자에 있는 병원균이나 바이러스를 제거하는 방법이다.

06 다음 중 발아 시 광 조건과 무관한 불감수성 종자는?
① 양파   ② 상추
③ 담배   ④ 옥수수

해설
광 불감수성 종자에는 화곡류, 옥수수 및 대부분의 콩과 작물이 해당된다.

07 다음 중 종자관리사의 자격취소에 해당하는 위반사항이 아닌 것은?
① 종자보증과 관련하여 형의 선고를 받은 경우
② 종자관리사 자격과 관련하여 1회 이중취업을 한 경우
③ 자격정지 처분을 받은 후 자격정지 처분기간 내에 자격증을 사용한 경우
④ 자격정지 처분기간 종료 후 3년 이내에 자격정지처분에 해당하는 행위를 한 경우

해설
종자관리사 자격과 관련하여 이중취업을 1회 한 경우 업무정지 1년의 행정처분에 처한다.

08 다음 중 수중에서 전혀 발아하지 않는 것은?
① 밀   ② 당근
③ 셀러리   ④ 상추

해설
수종에서 발아하지 못하는 종자로는 밀, 콩, 무, 양배추, 귀리, 가지 등이 있다.

09 기본식물에서 유래된 종자를 무엇이라 하는가?
① 원종   ② 원원종
③ 보급종   ④ 장려품종

해설
원원종은 품종 고유의 특성을 보유하고 종자의 증식에 기본이 되는 종자를 말한다.

10 등숙기의 저온감응이 차대식물의 화아분화에 영향을 미칠 수 있는 것은?
① 무   ② 가지
③ 오이   ④ 상추

해설
배추, 무 등 호냉성 채소는 저온감응성으로 최아종자의 시기에 저온에 감응해야 개화를 한다.

정답 04 ④ 05 ② 06 ④ 07 ② 08 ① 09 ② 10 ①

11 다음 중 품종명칭으로 등록될 수 있는 것은?
① 1개의 고유한 품종명칭
② 숫자로만 표시하거나 기호를 포함하는 품종명칭
③ 해당 품종 또는 해당 품종 수확물의 품질·수확량·생산시기·생산방법·사용방법 또는 사용시기로만 표시한 품종명칭
④ 해당 품종이 속한 식물의 속 또는 종의 다른 품종의 품종명칭과 같거나 유사하여 오인하거나 혼동할 염려가 있는 품종명칭

해설
품종목록에 등재신청하는 품종은 1개의 고유한 품종명칭을 가져야 한다. 보기의 ②, ③, ④ 의 경우 품종명칭의 등록을 받을 수 없다.

12 다음 중 녹체춘화형식물(green plant vernalization type)은?
① 양배추　② 완두
③ 추파맥류　④ 수박

해설
녹체춘화형 식물에는 양배추, 당근, 양파, 사리풀 등이 있다.

13 품종의 보호 요건과 관련이 없는 것은?
① 신규성　② 구별성
③ 균일성　④ 우수성

해설
품종보호 요건은 신규성, 구별성, 균일성, 품종명칭 등이 있다.

14 우리나라에서 현재 배추의 일대교잡종 채종에 보편적으로 이용하는 유전적 특성은?
① 자가화합성　② 자가불화합성
③ 교잡불화합성　④ 웅성불임성

해설
자가불화합성의 이용에서 잡종강세를 나타내는 작물의 1대잡종(F_1) 종자를 대량 생산할 수 있어 국내의 경우 무, 배추, 양배추 종자 생산에 이용된다.

15 다음 중 고추 작물의 종자 보증유효기간은?
① 6개월　② 1년
③ 1년 6개월　④ 2년

해설
고추의 보증유효기간은 2년이다.

16 종자의 발아검사에 관한 내용으로 옳지 않은 것은?
① 치상재료로 샬레, 흡습지, 흙, 모래 등을 사용한다.
② 발아에 필요한 규정온도로부터 ±5°C의 변이만을 허용한다.
③ 발아시험지는 병원균이 자라기 어려워야 한다.
④ 치상재료는 적당한 투기성과 보수성이 있어야 한다.

해설
규정온도에서 ±1°C 범위만 허용한다.

정답 11 ①　12 ①　13 ④　14 ②　15 ④　16 ②

17 다음 중 종자의 수명에 가장 큰 영향을 미치는 것은?

① 종자의 수분함량
② 종자의 청결도
③ 종자저장고의 온도
④ 종자저장고의 밀폐도

해설
종자의 수명에 관여하는 요인으로 종자의 유전성 및 성숙도, 종자의 기계적 손상 정도, 종자 저장고의 공기조성 및 환경, 온도 및 상대습도, 종자의 수분함량 등이 있으며 그중 가장 큰 영향을 미치는 요인은 종자의 수분함량이다.

18 다음 배추과(십자화과)채소 중 자식약세 현상이 제일 가볍게 나타나는 작물은?

① 양배추   ② 순무
③ 서양유채 ④ 배추

해설
십자화과인 서양유채의 경우 자식약세 현상이 제일 쉽게 나타난다.

19 피토크롬(phytochrome)을 가장 잘 설명한 것은?

① 개화를 촉진하는 호르몬이다.
② 광을 수용하는 색소단백질이다.
③ 광합성에 관여하는 색소 중의 하나이다.
④ 호흡조절에 관여하는 단백질이다.

해설
식물에 존재하는 색소단백질인 파이토크롬(phytochrome)은 특정 파장을 흡수하여 광가역 반응을 일으킨다.

20 다음 중 종자세에 영향을 미치는 요인이 아닌 것은?

① 종자의 충실도
② 종자의 기계적 손상 정도
③ 종자의 퇴화 정도
④ 종자의 소독약 처리 상태

해설
종자세의 영향인자에는 종자의 충실도, 퇴화 정도, 기계적 손상의 정도, 종자균의 감염 상태 등이 있다. 외부적 요인에는 토양수분, 비옥도, 습도, 온도 등이 있다.

제2과목 식물육종학

21 이질배수체를 이용하는 육종법과 관계가 없는 것은?

① 형질전환을 통하여 이질배수체를 얻는 것이 일반적이다.
② 이종간 또는 이속간에서 각 특성을 공통으로 이용할 수 있다.
③ 각 종 또는 속의 양친을 동질4배체로 하여 교배할 수도 있다.
④ 종간 또는 속간잡종개체의 염색체를 배가한다.

해설
이질배수체를 이용하면 이종 게놈이 가지고 있는 유용인자를 도입할 수 있는 장점이 있으나 이종 간 복잡한 유전자 관계로 형질분리가 정상적으로 이루어지지 않는 단점이 있어 형질전환을 통해 이질배수체를 얻을 수는 없다.

22 직접 발아시험을 하지 않고 배의 환원력으로 종자 발아력을 검사하는 방법은?

① X선 검사법
② 전기전도도 검사법
③ 테트라졸리움 검사법
④ 수분함량 측정법

해설
테트라졸리움 검사법은 테트라졸리움 용액을 이용하여 살아 있는 종자 조직의 착색 정도를 통해 종자의 발아력을 검사한다.

23 다음 중 영양번식과 가장 관련이 있는 것은?

① 유성생식   ② 무성생식
③ 감수분열   ④ 타가수정

해설
무성생식은 배우자가 수정을 하지 않고 개체를 증식시키는 방법으로 단위생식, 영양생식이 여기에 해당된다.

24 농작물 품종퇴화의 원인 중에서 유전적인 퇴화에 해당되는 것으로만 짝지어진 것은?

① 병해발생, 자연교잡
② 자연교잡, 돌연변이
③ 결실기의 불량환경, 병해발생
④ 돌연변이, 결실기의 불량 환경

해설
품종퇴화의 원인 중에서 유전적인 퇴화에는 연변이, 자연교잡, 이형유전자의 분류, 근교약세, 기회적 부동, 이형종자의 기계적 혼입, 역도태 등이 있다.

25 배우자에 의한 불화합성에서 $S_1S_1(♀) \times S_1S_2(♂)$를 교배하여 얻을 수 있는 개체의 유전자형은?

① $S_1S_2 \times S_2S_3$ ② $S_1S_1 \times S_1S_3$
③ S_1S_3 ④ S_1S_2

해설
자방친의 불화합유전자 S_1 과 화분의 불화합유전자 S_1 이 같기에 화분의 S_1 의 불화합은 $S_1S_1(♀) \times S_1S_2(♂) \rightarrow S_1S_2$ 이다

26 영양번식작물의 무병주 생산에 가장 좋은 조직배양법은?

① 생장점배양   ② 배배양
③ 자방배양   ④ 배주배양

해설
무병주는 생장점 배양으로 얻을 수 있는 영양 번식체로서, 조직 특히 도관 내에 있던 바이러스 따위의 병원체가 제거된 것이다.

27 다음 중 육종의 소재가 될 수 있는 변이는?

① 방황변이   ② 장소변이
③ 아조변이   ④ 일시적변이

해설
아조변이는 체세포돌연변이의 일종인데 식물의 줄기와 가지의 생장점 세포가 돌연변이를 일으킨 것으로 과수류의 신품종 육성에 이용된다.

28 식물종간 근연관계를 염색체의 형태 관찰에 의하여 추정하는 방법은?

① 생산력 검정   ② 후대 검정
③ 핵형 분석   ④ 분리비 검정

해설
핵형 분석을 통해 생물 간의 계통 분류나 유연 관계를 파악할수 있다.

29 씨감자를 고랭지에 재배하는 주된 이유는?
① 자연교잡 방지 ② 병리적 퇴화 방지
③ 돌연변이 방지 ④ 유전적 퇴화 방지

해설
감자 등과 같은 영양번식성 작물이 바이러스병에 의해 퇴화되는 것을 방지하기 위해 고랭지 재배를 한다.

30 육종기술의 발달과 직접적으로 관계가 없는 것은?
① 1900년 Correns, Tschermak, De Vries 등에 의한 멘델 법칙의 재발견
② 인공교배에 의한 일대잡종 육종
③ 배수체와 인위돌연변이에 의한 육종
④ 품종의 특성과 형질

해설
품종의 가진 특성이나 형질은 육종기술의 발달과 관련이 없으며 품종이 가진 고유한 특성만을 말한다.

31 게놈(genome)에 관한 설명으로 옳지 않은 것은?
① 같은 게놈이 배가된 것을 동질 배수체라 부른다.
② 동질 4배체를 교잡한 AAAA×aaaa의 F_2에서 분리비는 35 : 1이 된다.
③ 한 게놈 내에서 서로 같은 염색체만 존재한다.
④ 호모(home)개체의 출현율은 배수성이 높을수록 후대에서 저하한다.

해설
한 게놈이 가지는 염색체 수는 2배체 생물 생식세포의 염색체 수에 해당하며 한 게놈 내에 서로 다른 염색체가 존재한다.

32 타식성 식물 중 자웅이주식물로만 나열된 것은?
① 양배추, 구마, 삼
② 호프, 시금치, 메밀
③ 아스파라거스, 호프, 삼
④ 메밀, 클로버, 은행나무

해설
암꽃과 수꽃이 서로 다른 개체에 있는 경우 자웅이주라 하며 시금치, 아스파라거스, 호프, 삼 등이 해당된다.

33 야생벼가 가지고 있는 병해충 저항성 유전자를 실용품종에 도입시키고자 할 때 가장 효과적인 육종방법은?
① 분리육종법 ② 돌연변이 육종법
③ 여교잡 육종법 ④ 잡종강세 육종법

해설
여교잡육종법은 양친의 제1대 잡종에 양친 중 한쪽의 유전자형을 가진 개체를 교잡하고 이것을 수세대 반복하여 우량개체를 선발하는 방법으로 병해충 저항성 유전자를 도입하는데 효과적이다.

34 멘델(Mendel)이 발견 및 정리한 주요 유전법칙에 직접적으로 해당되지 않는 것은?
① 잡종강세 현상
② 우성과 열성
③ 표현형과 유전자형
④ 독립유전

해설
멘델의 유전법칙에는 지배의 법칙, 독립의 법칙, 분리에 법칙이 있으며 이에 관련되나 잡종강세 현상은 멘델의 유전법칙에 직접적으로 해당되지 않는다.

정답 29 ② 30 ④ 31 ③ 32 ③ 33 ③ 34 ①

35 서양평지(*Brassica napus*)의 염색체 수와 게놈(genome)구성이 옳게 표기된 것은?
① n = 16, AABB ② n = 17, BBCC
③ n = 18, AABB ④ n = 19, AACC

해설
서양평지(Brassica napus)의 염색체 수와 게놈(genome)구성은 n = 19, AACC 이다.

36 다음 중 임성이 가장 높은 것은?
① AABBDD ② ABDD
③ AADDD   ④ ABD

해설
이종 게놈이 첨가되어 배수성을 되는 경우를 이질배수체라 한다. AABBDD 는 이질6배체로 임성이 높다.

37 자식성 작물에서 가장 널리 쓰이는 분리육종법은?
① 순계분리법   ② 계통분리법
③ 모계선발법   ④ 영양계선발법

해설
순계분리법은 기본 집단에서 우수한 형질을 가진 개체를 계속 선발하여 우수한 순계를 선발하는 방법으로 자가수정작물에 이용된다.

38 아조변이에 대한 설명으로 옳지 않은 것은?
① 환경에 의한 일시적 변이이다.
② 체세포적인 변이이다.
③ 과수류 육종에 적합하다.
④ 감귤류에 자연변이가 많다.

해설
아조변이는 돌연변이의 일종으로 일시적 변이에는 해당되지 않는다.

39 새로 발견된 변이형의 유전성 여부를 판단하는 방법은?
① 특성검정   ② 후대검정
③ 생산력 검정   ④ 상관관계의 이용

해설
후대검정은 변이를 나타낸 개체를 자식하여 선발된 우량형이 유전적인 변이인가를 관찰한다.

40 다음 중 동질배수체는?
① 씨 없는 수박
② 게놈이 다른 종속간 잡종에 의한 신종
③ 2종 이상의 genome이 배가된 것
④ genome의 구성이 AABBCC인 것

해설
3배체(3n) 수박은 씨 없는 수박으로 동질배수체를 이용하여 생산할수 있다.

제3과목 재배원론

41 다음 중 밀을 춘화처리(春化處理)하여 추파성을 소거하는 방법은?
① 저온처리
② 고온처리
③ 저온처리 후 고온처리
④ 고온처리 후 광처리

해설
추파성인 밀과 보리는 저온처리로 추파성을 소거해야 한다.

정답 35 ④ 36 ① 37 ① 38 ① 39 ② 40 ① 41 ①

42 종자발아에는 호광성(好光性)종자와 혐광성(嫌光性)종자가 있다. 다음 중 호광성 종자로만 조합된 것은?
① 토마토, 가지, 파
② 파, 호박, 오이
③ 오이, 가지, 페튜니어
④ 담배, 상추, 베고니아

해설
광발아성 종자는 호광성종자로 상추, 담배, 우엉, 베고니아 등이 있다.

43 목적의 작물이 불량조건 때문에 중도에 실패하였을 때 다른 작물을 대파하여 유실될 비료분을 잘 이용하는 효과를 가진 작물은?
① 피복작물 ② 녹비작물
③ 포착작물 ④ 보육작물

해설
토양에 있는 비료분이 유실되는 것을 잘 포착하여 흡수하고 이용함으로써 비료 효율을 높이는 작물을 포착작물이라 한다.

44 다음 중 낙과의 방지법이 아닌 것은?
① 환상박피 ② 합리적 시비
③ 수광상태의 향상 ④ 수분의 매조

해설
환상박피는 화성을 유도하는 효과가 있으나 낙과의 방지법은 아니다.

45 농학의 발전에 공헌한 사람과 그가 주창한 학설이 옳게 연결된 것은?
① Pasteur – 순계설
② Liebig - 무기영양설
③ Johannsen – 병원균설
④ De Vries – 부식설

해설
요한센(Johannsen)은 순계설, 드브리스(De Vries)는 돌연변이설, 파스퇴르(Pasteur)는 병원균설을 주장하였다.

46 자식성작물인 것은?
① 밀 ② 옥수수
③ 호밀 ④ 양파

해설
자식성식물에는 벼, 보리, 밀 등이 있다.

47 버널리제이션의 재배적 이용에 관한 설명이 옳지 않은 것은?
① 증수효과가 있다.
② 춘파 맥류의 추파성화가 가능하다.
③ 육종 연한을 단축시킬 수 있다.
④ 화아분화를 촉진시켜 촉성재배를 할 수 있다.

해설
버널리제이션은 맥류의 추파성을 소거하는 방법으로도 적합하다. 저온처리를 하면 추파성을 춘파성으로 변화시킬수 있다.

48 포도의 무핵과 생산에 가장 효과적으로 이용되고 있는 화학 물질은?
① NAA ② 2,4-D
③ IBA ④ Gibberellin

해설
포도의 무핵과 생산을 위해 지베렐린 처리를 한다.

정답 42 ④ 43 ③ 44 ① 45 ② 46 ① 47 ② 48 ④

49 토양의 과습에 의한 습해의 직접적인 피해는?
① 양분흡수 저해 ② 호흡 장해
③ 유해가스 피해 ④ 유기산 피해

해설
습해 발생시 토양의 산소가 부족으로 환원성물질이 발생하고 이로 인해 증산 및 광합성 작용의 저해를 야기한다.

50 잡초 생육억제 및 지온상승효과를 동시에 기대할 수 있으나 작물이 필름 속에서 자랄 때 피해를 주는 필름은?
① 흑색필름 ② 투명필름
③ 적색필름 ④ 녹색필름

해설
녹색필름은 잡초 생육억제 및 지온상승효과를 동시에 기대할수 있다.

51 품종개량의 효과로 가장 보기 힘든 것은?
① 순종의 보존
② 경제적 이익
③ 재배한계의 확대
④ 재배안정성의 증대

해설
품종개량은 유전형질을 개량하는 것으로 순종의 보존은 어렵다.

52 토양 미생물로 호기성 세균이며 단독으로 유리질소를 고정하는 대표적인 세균의 속(屬)은?
① Azotobacter ② Clostridium
③ Bacillus ④ Phosphaticum

해설
아조토박터(Azotobacter) 호기성 세균으로 질소 고정 능이 있는 종속 영양세균이다.

53 C/N율(C-N ratio)의 설명으로 가장 바르게 된 것은?
① 탄수화물보다 광물질양분이 풍부하면 화성 및 결실이 양호하다.
② 탄수화물과 다른 양분이 동시에 풍부하면 화성 및 결실이 양호하다.
③ 수분과 질소의 공급이 약간 쇠퇴하고 탄수화물이 풍부해지면 화성 및 결실이 양호하지만 생육은 약간 감소한다.
④ C/N율은 화성 유도의 주요 외적 요인이다.

해설
식물의 탄수화물과 질소의 비율을 C/N 율 이라 하는데 C 는 탄수화물, N 은 질소를 의미하며 C/N 율이 높으면 화성을 유도하고 낮으면 영양생장이 지속된다.

54 재배조건과 T/R율과의 관계가 틀린 것은?
① 일사량이 부족하면 T/R율이 증대함
② 질소 다비재배는 T/R율이 증대함
③ 토양수분이 부족하면 T/R율이 증대함
④ 토양 통기가 나쁘면 T/R율이 증대함

해설
토양 내 수분이 많을 경우 T/R 율이 증대한다.

55 작물의 재배조건에 따른 T/R율에 대한 설명으로 옳은 것은?
① 고구마를 만식하면 T/R율이 감소된다.
② 질소비료를 많이 주면 T/R율이 감소된다.
③ 토양수분이 감소되면 T/R율이 감소된다.
④ 토양공기가 불량하면 T/R율이 감소된다.

해설
토양내 수분이 많거나 일조의 부족, 석회사용의 부족 등이 지하부의 생육을 불량하게 하여 T/R 율이 커진다. 반대로 토양의 수분이 감소되면 T/R율이 감소된다.

56 다음 중 어떤 경우에 수해(水害)가 가장 심한가?
① 인산비료를 많이 주었을 때
② 칼륨비료를 많이 주었을 때
③ 질소비료를 많이 주었을 때
④ 석회비료를 많이 주었을 때

[해설]
수해는 수온이 높을수록 질소질비료를 과용할수록 피해가 심해진다.

57 고구마의 저장온도와 저장습도로 가장 알맞은 것은?
① 8 ~ 10℃, 60 ~ 70%
② 10 ~ 12℃, 70 ~ 80%
③ 12 ~ 15℃, 80 ~ 95%
④ 15 ~ 17℃, 95% 이상

[해설]
저장시 감자의 저장온도는 1~4℃, 저장습도는 80~95% 이다. 고구마의 경우 저장온도 12~15℃, 저장습도 80~95% 이다.

58 풍해의 생리적 장해에서 옳지 않은 것은?
① 광합성 감퇴   ② 호흡감소
③ 작물체온 저하   ④ 수분탈취

[해설]
바람이 강할 경우 물리적 손상에 의한 상처가 발생하여 병해충에 취약해지고 작물의 호흡이 증가되어 양분의 소모가 증가된다.

59 수박 접목의 특성에 대한 설명으로 가장 거리가 먼 것은?
① 흡비력이 강해진다.
② 과습에 잘 견딘다.
③ 품질이 우수해진다.
④ 흰가루병에 강해진다.

[해설]
흰가루병은 주로 공기중으로 전파되어 각피를 통해 침입하기에 접목에 의해 발생하지는 않는다.

60 다음 중 산성토양에서 가장 결핍되기 쉬운 성분은?
① Fe   ② Mn
③ P   ④ Zn

[해설]
강산성 토양에서 인산은 철, 알루미늄, 망간과 결합하여 식물이 이용할수 없게 된다.

제4과목   **식물보호학**

61 보르도액을 만드는 원료를 알맞게 연결한 것은?
① 황산동, 수은   ② 황산동, 유황
③ 황산동, 생석회   ④ 유황, 생석회

[해설]
보르도액 제조에는 순도 98.5% 황산구리(황산동)와 순도 90% 이상의 생석회가 사용된다.

정답 56 ③ 57 ③ 58 ② 59 ④ 60 ③ 61 ③

62 다음 중 성충은 8월경에 콩꼬투리와 잎자루에 산란하고, 부화한 유충은 콩꼬투리를 뚫고 들어가서 종실을 갉아먹는 해충은?
① 콩나방
② 콩잎말이명나방
③ 콩은무늬밤나방
④ 콩풍뎅이

해설
콩나방은 1년에 1회 발생하고 땅속의 고치안에서 성장한 유충으로 월동하여 8월경 우화한다. 유충은 콩의 어린 꼬투리를 가해하여 종실까지 피해를 주는데 가해초기에는 발견이 어렵다.

63 식물병에 의한 피해를 설명한 것 중 관계가 먼 것은?
① 식물의 병은 농산물의 품질을 저하시키고 이용가치를 떨어뜨린다.
② 식물병원균이 생성하는 유해물질이 인축에 중독을 일으킬 수 있다.
③ 자연의 경관미를 파괴한다.
④ 작물에 돌연변이가 쉽게 발생한다.

해설
작물의 돌연변이는 환경 혹은 자연교잡 등에 의해 발생하기에 식물병의 피해와는 거리가 멀다.

64 소화 중독제는 해충의 어느 부위에서 주로 흡수되는가?
① 표피
② 전장
③ 중장
④ 후장

해설
수화중독제는 해충이 약제를 먹어 소화관인 중장에 흡수되어 해충을 죽인다.

65 다음 중 작물과 잡초의 직접적인 경쟁요인이 아닌 것은?
① 수분
② 양분
③ 광선
④ 바람

해설
작물과 잡초의 경쟁요인으로 수분, 양분, 광선, 공간이 있다.

66 식물병의 원인 중 생물성 병원이 아닌 것은?
① 농약에 의한 약해
② 파이토플라스마
③ 균류
④ 원생동물

해설
농약에 의한 약해는 비생물성 원인에 해당된다.

67 다음 중 곤충 행동의 제어가 이루어지는 방식이 아닌 것은?
① 신경에 의한 제어
② 호르몬에 의한 제어
③ 유전적 제어
④ 무작위적 제어

해설
곤충 행동의 제어에는 신경에 의한 제어, 호르몬에 의한 제어, 유전적 제어가 있다.

68 다음 중 광조건에 따른 잡초 발아성의 분류에 있어 암발아 잡초 종자는?
① 왕바랭이
② 향부자
③ 쇠비름
④ 광대나물

해설
암발아 종자에는 별꽃, 냉이, 광대나물, 독말풀 등이 있다.

정답 62 ① 63 ④ 64 ③ 65 ④ 66 ① 67 ④ 68 ④

69 작물병의 발생에 미치는 기상조건을 가장 적절하게 설명한 것은?
① 고온건조 시에 병 발생이 많다.
② 고온건조, 다습 시에 병 발생이 많다.
③ 온도, 습도, 일조, 강우, 바람 등이 병 발생에 영향을 준다.
④ 많은 강수량이 병·해충·잡초의 발생에 영향을 준다.

해설
작물별로 발생하는 기상조건에 차이가 있기에 온도, 습도, 일조, 강우, 바람 등의 요소들이 병 발생에 영향을 준다.

70 작물병의 전염경로로 가장 거리가 먼 연결은?
① 바람 – 벼도열병
② 충(蟲)매전염 – 벼오갈병
③ 종자전염 – 벼잎집얼룩병
④ 수(水)매전염 – 벼흰잎마름병

해설
벼잎집얼룩병은 물에 의해 전염된다.

71 농약 주제의 성질이 지용성으로 물에 녹지 않을 때 이것을 유기용매에 녹여 유화제를 첨가하여 만든 용액은?
① 유제   ② 액제
③ 분제   ④ 수화제

해설
유제(EC, emulsifiable concentrate)는 주제의 성질이 지용성으로 물에 녹지 않아 유기용매에 녹여 유화제를 첨가한 용액이다.

72 다음 중 병원균이 형성하는 포자로서 무성포자에 해당하는 것은?
① 자낭포자   ② 담자포자
③ 분생포자   ④ 접합포자

해설
분생포자는 무성포자에 해당되고 자낭포자는 유성포자에 해당된다.

73 과수에 뿌리혹병(근두암종병)을 일으키는 병원균은?
① *Fusarium solani*
② *Alternaria panax*
③ *Botrytis cinerea*
④ *Agrobacterium tumefaciens*

해설
뿌리혹병의 병원은 세균인 *Agrobacterium tumefaciens* 이다.

74 다음 중 식물 병의 경종적 방제법이 아닌 것은?
① 윤작을 한다.
② 건전종묘를 이용한다.
③ 농약을 살포하여 방제한다.
④ 접목을 한다.

해설
농약을 이용하는 것은 화학적 방제법이다.

정답 69 ③ 70 ③ 71 ① 72 ③ 73 ④ 74 ③

75 잡초의 종합적 방제에 대한 설명으로 옳은 것은?
① 작물의 생산력을 간접적으로 감소시킨다.
② 약제사용의 기회가 증대된다.
③ 가장 효과적인 한 가지 방제법을 사용하는 것을 의미한다.
④ 종합방제체계 하에서는 전체적인 잡초군락의 크기가 감소된다.

해설
여러 방제법을 활용하는 종합방제체계 하에서는 전체적 잡초군락의 크기가 감소된다.

76 불완전변태를 하는 곤충에서 거치지 않는 과정은?
① 알   ② 유충
③ 번데기   ④ 성충

해설
불완전변태는 알→유충→성충 의 과정을 거친다.

77 다음 중 국내에서 최초로 기록된 도입천적과 대상해충이 바르게 연결된 것은?
① 루비붉은좀벌-루비깍지벌레
② 칠레이리응애-온실가루이
③ 베달리아무당벌레-이세리아깍지벌레
④ 애꽃노린재-오이총채벌레

해설
베달리아무당벌레는 이세리아깍지벌레의 약충을 주식으로 한다.

78 논 잡초로만 이루어진 것은?
① 벗풀, 바랭이   ② 쇠비름, 명아주
③ 올방개, 괭이밥   ④ 가래, 올미

해설
논잡초는 너도방동사니, 올미, 가래, 나도겨풀, 매자기 등이 있다.

79 다음 중 고추, 토마토, 담배에 큰 피해를 가져오는 담배모자이크 바이러스병의 전염방법은?
① 애멸구전염   ② 토양전염
③ 화분전염   ④ 수매전염

해설
담배모자이크바이러스병은 이어짓기에 의한 토양전염이 강하다.

80 다음 논 잡초 중 다년생 잡초는?
① 알방동사니   ② 참방동사니
③ 너도방동사니   ④ 바람하늘지기

해설
논잡초 중에서 다년생 잡초는 너도방동사니, 올미, 가래, 나도겨풀 등이 있다.

2014 제3회 종자산업기사

제1과목 종자생산학 및 종자법규

01 장일조건에서 화아분화가 촉진되는 작물은?
① 무   ② 배추
③ 양배추   ④ 시금치

해설
보리, 시금치, 상추, 양파, 당근, 감자 등은 장일식물로 장일조건에서 화아가 분화된다.

02 품종보호권에 대한 내용이다. ( )에 가장 적절한 내용은? (단, "재정의 청구는 해당 보호품종의 품종보호권자 또는 전용실시권자와 통상실시권 허락에 관한 협의를 할 수 없거나 협의의 결과 합의가 이루어지지 아니한 경우에만 할 수 있다."를 포함한다.)

> 보호품종을 실시하려는 자는 보호품종이 정당한 사유 없이 계속하여 ( )이상 국내에서 상당한 영업적 규모로 실시되지 아니하거나 적당한 정도와 조건으로 국내수요를 충족시키지 못한 경우 농림축산식품부장관 또는 해양수산부장관에게 통상실시권 설정에 관한 재정(裁定)을 청구할 수 있다.

① 6개월   ② 1년
③ 2년   ④ 3년

해설
보호품종이 정당한 사유 없이 계속하여 3년 이상 국내에서 상당한 영업적 규모로 실시되지 아니하거나 적당한 정도와 조건으로 국내수요를 충족시키지 못한 경우 농림축산식품부장관 또는 해양수산부장관에게 통상실시권 설정에 관한 재정(裁定)(이하 "재정"이라 한다)을 청구할 수 있다

03 포장 및 종자 검사 기준의 용어 정의로 옳은 것은?
① 1차시료란 소집단의 한 부분으로부터 얻어진 적은 양의 시료를 말한다.
② 합성시료란 검사실에서 제출시료로부터 취한 분할시료로 품위검사에 제공되는 시료이다.
③ 품종순도란 동일품종 내에서 유전적 형질이 그 품종 고유의 특성을 갖지 아니한 개체를 말한다.
④ 정립이란 이종종자, 잡초종자 및 이물을 포함한 종자를 말한다.

해설
1차시료는 소집단의 한부분으로부터 얻어진 적은 양의 시료를 말한다.

04 종자내 수분 종류 중 종자수분 측정시 포함시키지 않아도 되는 수분 형태는?
① 흡습수   ② 결합수
③ 화학수   ④ 자유수

해설
종자 내의 수분은 결합수, 흡착수, 유리수 등의 다양한 형태로 존재하지만 종자수분 측정시 결합수는 포함시키지 않는다.

정답 01 ④ 02 ④ 03 ① 04 ②

05 다음 중 양성화에서 가장 늦게 발달하는 기관은?
① 꽃잎 ② 수술
③ 암술 ④ 악편

해설
양성화는 자가수분을 피하기 위해 수술이 발달하고 이후 암술이 발달한다.

06 꽃에서 발육하여 나중에 종자가 되는 부분은?
① 자방 ② 수술
③ 꽃받침 ④ 배주

해설
과실은 성숙한 씨방으로 씨방은 배주를 가지고 있고 이 배주가 종자로 발달하게 된다.

07 원원종 채종 재배시 이품종으로부터 포장격리거리가 가장 먼 품종은?
① 벼 ② 참깨
③ 옥수수 ④ 팥

해설
이품종으로부터 포장격리거리는 참깨 500m, 옥수수 300m, 벼와 팥은 3m 이상을 기준으로 한다.

08 고추의 1대 잡종(F_1)종자 채종시 주로 이용되고 있는 교잡성은?
① 웅성불임성 ② 자가불화합성
③ 여교잡 ④ 순계채종

해설
양파, 당근, 고추, 토마토, 옥수수 등의 종자생산에는 웅성불임성을 이용한다.

09 품종보호 출원을 하고자 할 때 제출할 사항이 아닌 것은?
① 품종보호 출원인의 성명과 주소
② 품종보호 출원인의 대리인이 있을 경우에는 그 대리인의 성명·주소 또는 영업소 소재지
③ 품종보호 출원인의 영농실적
④ 품종의 사진 및 시료

해설
품종보호 출원서에는 다음과 같은 사항을 적어 제출해야 한다.
・품종보호 출원인의 성명과 주소(법인인 경우에는 그 명칭, 대표자 성명 및 영업소의 소재지)
・품종보호 출원인의 대리인이 있는 경우에는 그 대리인의 성명·주소 또는 영업소 소재지
・육성자의 성명과 주소
・품종이 속하는 식물의 학명 및 일반명
・품종의 명칭
・제출 연월일

10 종자 휴면의 원인으로 부적합한 것은?
① 종피의 불투기성
② 배의 미숙
③ 발아억제물질의 존재
④ 원형질 단백의 비응고

해설
종자휴면의 원인에는 종자의 불투수성, 가스교환의 억제, 미발달배, 발아억제 물질의 존재, 이중 휴면성 등이 있다.

11 국제적인 인정을 받기 위하여 발아검사를 할 때의 최소시료는 어느 정도여야 하는가?
① 50립씩 2반복 ② 50립씩 4반복
③ 100립씩 2반복 ④ 100립씩 4반복

해설
발아검사를 할 때의 최소시료는 100립씩 4반복 하도록 한다.

12 종자발달에서 배유의 발달과 기능에 대한 설명으로 틀린 것은?

① 배유세포는 주변조직으로부터 얻은 양분을 배에 공급한다.
② 쌍자엽 식물에서 배유는 분화되지만 종자발육과정에서 퇴화한다.
③ 배유세포는 적극적으로 양분 흡수를 할 수 없다.
④ 단자엽 식물에서 배유는 발달하여 양분 저장 기능을 한다.

해설
종자의 발달 과정에서 배유세포는 양분을 흡수 한다.

13 종자의 발아과정의 순서로 옳은 것은?

㉠ 효소의 활성	㉡ 수분의 흡수
㉢ 배의 생장개시	㉣ 유묘의 출아
㉤ 과피의 파열	

① ㉡-㉠-㉢-㉤-㉣ ② ㉡-㉤-㉠-㉢-㉣
③ ㉤-㉡-㉠-㉢-㉣ ④ ㉤-㉠-㉡-㉢-㉣

해설
종자의 발아과정은 수분흡수, 효소활성, 배의 생장, 종피의 파열, 유묘의 형성 및 출아의 과정을 거친다.

14 겉보리의 포장검사 규격 중 특정병에 해당되는 것은?

① 도열병 ② 좀녹병
③ 보리줄무늬병 ④ 비린깜부기병

해설
겉보리의 특정병에는 겉깜부기병, 속깜부기병, 보리줄무늬병 등이 있다.

15 발아시험을 다시 실시해야 하는 경우는?

① 반복간 발아율 차이가 최대 허용오차 범위를 넘을 때
② 반복간 발아율 차이가 5%를 넘을 때
③ 휴면을 타파시킨 종자의 발아율이 50% 미만일 때
④ 한 개 이상의 정상묘가 자란 복수발아종자가 있을 때

해설
발아시험을 다시 실시해야 하는 경우는 다음과 같다
• 휴면으로 여겨질 때(신선종자)
• 시험결과가 독물질이나 진균, 세균의 번식으로 신빙성이 없을 때
• 상당수의 묘에 대해 정확한 평가를 하기 어려울 때
• 시험조건, 묘평가, 계산에 확실한 잘못이 있을 때
• 100입씩 반복간 차이가 최대허용오차를 넘을 때

16 종자검사용 시료의 추출, 조제 및 관리상 주의해야 할 점으로 틀린 것은?

① 시료는 노브 색대 등으로 추출 한다.
② 제출시료는 종자검사에 이용되지 않는 시료를 말한다.
③ 검사된 보급종 종자시료(ISTA검정용 시료)는 조절된 환경에 1년간 보관한다.
④ 수분측정용 시료는 방수용기로 포장하여 제출하여야 한다.

해설
제출시료(submitted sample)는 검정기관(또는 검정실)에 제출된 시료를 말하며 최소한 관련 요령에서 정한 양 이상이여야 하며 합성시료의 전량 또는 합성시료의 분할시료이여야 한다.

17 종자의 건조요령으로 틀린 것은?
① 수확, 조제 직후부터 건조시킨다.
② 맑은 날에는 마른 바닥에 펴 널고 자주 뒤섞어 준다.
③ 비가 올 위험이 있을 때는 비닐을 덮어 비를 맞지 않게 한다.
④ 직사광선 밑에서는 온도가 너무 오르지 않게 주의한다.

해설
비가 올 위험이 있을 경우 종자를 창고로 회수하도록 한다.

18 작물별 채종지의 조건에 관한 설명으로 틀린 것은?
① 배추를 채종할 경우 봄부터 여름에 걸쳐 기온의 상승이 완만한 조건하에서 채종량이 많고 대립의 종자가 생산된다.
② 배추, 무 등은 늦가을에 화아가 분화되고 겨울철이 온난한 남부지방에서 채종하는 것이 좋다.
③ 개화기부터 종자 등숙기까지의 강우는 종자의 수량과 품질에 크게 영향을 미치므로 이 시기에 건조한 곳이 적당하다.
④ 개화기의 월 강우량이 300m이하 이어야 양파의 채종적지가 될 수 있다.

해설
양파 채종적지의 개화기 월 강우량은 150mm 이하이다.

19 벼 종자를 수입하려 할 때 누구에게 수입신고서를 제출하여야 하는가?
① 농림축산식품부장관
② 국립종자원장
③ 시·도지사
④ 국립농산물품질관리원장

해설
종자수출수입신고서는 국립종자원장에게 제출한다.

20 품종보호의 요건이 아닌 것은?
① 신규성 ② 구별성
③ 다수성 ④ 균일성

해설
품종보호 요건을 심사함에 있어 구별성, 균일성, 안정성으로 구분하여 판정한다.

제2과목 식물육종학

21 3계 교잡을 나타내는 것은?
① A × B
② (A × B) × (C × D)
③ (A × B) × C
④ [(A × B) × (C × D)] × [(E × F) × (G × H)]

해설
삼계교잡은 단교배 F_1과 어떤 품종과 교배로 (A×B)×C 이다.

22 유전자 재조합의 기회가 가장 많은 식물은?
① 타식성 식물
② 자식성 식물
③ 무성색식 식물
④ 자식과 타식을 겸하는 식물

해설
타식성식물은 자가수분이 방해되는 화기구조를 가지고 있어 유전자 재조합의 가능성이 높다.

23 불량한 기상적(氣象的) 원인에 의한 품종퇴화(品種退化)는 어디에 속하는가?
① 유전적 퇴화 ② 생리적 퇴화
③ 병리적 퇴화 ④ 자연적 퇴화

해설
기상적, 환경적 요인으로 인한 품종퇴화는 생리적 퇴화라 한다.

정답 17 ③ 18 ④ 19 ② 20 ③ 21 ③ 22 ① 23 ②

24 벼의 조생종과 만생종을 교배시키려고 한다. 가장 알맞은 방법은?
① 조생종을 장일처리 한다.
② 만생종을 단일처리 한다.
③ 조생종을 단일처리 한다.
④ 만생종을 저온처리 한다.

해설
벼의 조생종과 만생종을 교배시키는 경우 벼는 단일식물이므로 만생종을 단일처리하여 개화를 촉진한다.

25 품종퇴화의 원인이 아닌 것은?
① 잡종강세   ② 자연교잡
③ 기계적 혼입   ④ 생리적 영향

해설
종자퇴화의 원인에는 유전적퇴화, 생리적 퇴화, 병리적 퇴화가 있으며 잡종강세의 경우 여기에 속하지 않는다.

26 품종퇴화를 방지하고 품종의 특성을 유지하는 방법으로 틀린 것은?
① 개체집단선발법   ② 계통집단선발법
③ 방임 수분   ④ 격리재배

해설
품종의 특성을 유지하기 위한 방법에는 개체집단선발법, 계통집단선발법, 주보존재배, 격리재배, 종자갱신 등의 방법이 있다.

27 자식성 작물에서 주로 이용되는 분리육종법은?
① 1수 1열법   ② 계통집단선발법
③ 순계분리법   ④ 모계선발법

해설
순계분리법은 기본 집단에서 우수한 형질을 가진 개체를 계속 선발하여 우수한 순계를 선발하는 방법으로 자가수정작물에 이용된다.

28 생물학적 분류의 최소 단위는?
① 계통   ② 품종
③ 종   ④ 속

해설
생물학적 분류의 최소 단위는 종이다.

29 자가불화합성에 대한 설명으로 틀린 것은?
① 후손간의 변이를 크게 한다.
② F_1품종 채종에 쓰인다.
③ 자웅이주인 식물에 많다.
④ 타가수정율을 높게 한다.

해설
자가불화합성은 유전적으로 유사한 배우자 간의 수정을 억제하고 유전적으로 서로 다른 배우자간의 수정을 유도하여 후손의 유전적 변이를 크게 한다. 자가불화합성은 자연에서 식물의 타가수정율을 높여주는 역할을 한다.

30 유전자의 다면발현(pleiotropy)이란?
① 한 개의 유전자가 여러개의 형질 발현에 관여하는 것
② 유전자 두 개가 극도로 연관되어 있는 것
③ 유전자가 환경변화에 부응하여 형질 발현이 달라지는 것
④ 여러개의 유전자가 한 개의 형질 발현에 관여하는 것

해설
한 개의 유전자가 여러 형질을 발현하는 경우 다면발현이라 한다.

31 동질배수체의 육종적 이용에 관한 설명으로 틀린 것은?
① 식물체가 거대화되고 저항성이 강해지는 이점이 있다.
② 생육이 지연되고 임성이 낮아지는 등의 불리한 점이 있다.
③ 양친의 특성을 모두 발현하거나 중간형질을 나타낸다.
④ 육종은 염색체수가 적은 식물과 타식성 식물 및 영양기관을 이용하는 식물에서 효과적이다.

해설
동질배수체는 종내에서 게놈의 직접증가로 생긴 배수성으로 중간형질이 나타나지는 않는다. 동질배수체는 핵과 세포가 커지고, 영양기관의 발육이 왕성하여 거대화하고, 화서 및 종자가 대형화하며 임성이 저하되고 착과성이 감퇴하며 발육이 지연 된다.

32 내병성, 내한성을 검정하기 위하여 필요한 조치는?
① 작물재배의 최적 조건을 조성한다.
② 이상환경과 특수한 환경을 조성한다.
③ 작물 재배관리를 철저히 한다.
④ 촉성재배나 억제재배를 한다.

해설
내병성 및 내한성의 특성이 잘 나타날 수 있는 이상 환경에서 특성검정을 실시한다.

33 유전자 중심지설에 대한 설명 중 옳은 것은?
① VAVILOV 학설이다.
② 작물의 발생 중심지에 열성변이가 많다.
③ 2차 중심지에는 우성변이를 많이 보유한다.
④ 진화 중심지에서 멀어질수록 변이는 증가한다.

해설
바빌로프(Vavilov)는 작물의 원산지에 관련하여 유전자중심지설(gene center theory)을 제기하였다.

34 친환경 재배에 가장 유리한 품종은?
① 병충해와 각종 재해에 강한 저항성 품종
② 생육 기간이 단축된 단기성 품종
③ 품질이 우수한 양질성 품종
④ 수량성이 높은 다수성 품종

해설
병해충 및 각종 재해에 강한 품종에 별도의 약품 등의 처리가 필요없기에 친환경 재배에 유리하다.

정답 30 ① 31 ③ 32 ② 33 ① 34 ①

35 계통육종법과 집단육종법의 비교 설명으로 틀린 것은?

① 계통육종법은 질적형질이나 유전력이 높은 양적형질을 육종목표로 할 때 흔히 이용된다.
② 집단육종법은 교잡후 초기세대부터 계통육종법은 어느 정도 고정된 후기세대부터 선발을 실시한다.
③ 집단육종법에서 생산력검정을 실시하는 세대는 계통육종법에 비해 다소 늦어진다.
④ 계통육종법에서 유전력이 낮은 형질을 초기세대에서 선발할 경우 우량형을 상실할 우려가 있다.

해설
집단육종법은 교배를 하여 잡종을 만들고 잡종 초기세대에 선발을 하지 않고 집단채종이나 혼합재배를 하여 수세대를 거쳐 개체가 순종이 되었을 때 선발을 시작한다. 계통육종법은 교배를 하여 잡종을 만들고 그 분리세대인 F_2 이후부터 계속 개체선발한다.

36 완전연관의 경우 조환가는?
① 0%   ② 25%
③ 50%   ④ 100%

해설
완전연관의 조환가는 0% 이고 부분연관의 조환가는 0~50% 이다.

37 게놈분석의 원리에 대한 설명으로 틀린 것은?

① 상동염색체가 없어도 2가염색체가 생긴다.
② 상동이 아닌 염색체간에는 대합(對合)이 일어나지 않는다.
③ 같은 게놈 내의 염색체간에는 접합이 일어나지 않는다.
④ 상동염색체는 정상의 2가염색체를 만든다.

해설
상동염색체 한쌍이 대합하여 2가염색체를 형상한다.

38 유전자원의 설명으로 옳은 것은?

① 환경에 의한 유전자 변이
② 실용성이 없는 유전자의 총칭
③ 재배하는 품종만을 모은 집단
④ 육종재료로 쓸 각종변이의 집합체

해설
유전자원은 육종재료로 쓸 각종변이의 집합체이다. 유전자 다양성이 급격하게 감소하고 있어 이를 보존하고자 노력하고 있다.

39 다음 중 유전상관에 관한 설명으로 옳은 것은?

① 유전상관의 값은 두 형질의 유전공분산과 환경분산을 이용해 구한다.
② 유전상관은 유전자간의 연관과 다면발현성에 기인한다.
③ 유전상관의 값은 변동이 심하여 육종상 이용이 불가능하다.
④ 일반적으로 유전상관의 값은 표현형 상관보다 낮으며 세대에 따라 달라진다.

해설
유전상관은 유전자간의 연관 및 두 개 이상의 형질이 발현되는 다면 발현성에 기인한다.

40 자연 교잡율이 4% 이하인 작물들은?
① 벼, 보리, 콩
② 밀, 옥수수, 토마토
③ 토마토, 고추, 가지
④ 수박, 오이, 무

해설
자가수정작물(자식성작물)에는 벼, 보리, 밀, 귀리, 조, 콩, 담배, 토마토, 가지, 고추, 상추, 완두 등이 있다. 자가수정작물은 약간 거리를 두거나 격리하지 않아도 좋으며 자연교잡률은 4% 이하를 기준으로 한다.

제3과목 재배원론

41 아주 미세한 종자를 종자코팅물질과 혼합하여 반죽을 만들고 이를 일정한 크기의 구멍으로 압축하여 원통형 일정크기로 잘라 건조 처리한 종자는?
① 테이프종자 ② 매트종자
③ 피막종자   ④ 장환종자

해설
장환종자는 코팅 종자로 일정 크기의 구멍으로 압출하여 원통형으로 절단한 종자이다.

42 나무 줄기가 상처를 입어 수분과 양분의 이동에 지장을 받을 때, 동일 식물의 줄기와 뿌리의 상하조직을 연결시키기 위한 접목법은?
① 거접(居接)   ② 기접(寄接)
③ 근두접(根頭接) ④ 교접(矯接)

해설
나무 줄기가 상처를 입어 수분과 양분의 이동에 지장을 받을 때 가지를 이용하여 줄기와 뿌리를 연결하여 활력을 회복하는 방법을 교접이라 한다.

43 작물생육의 최저·최적·최고의 세 온도를 무엇이라고 하는가?
① 유효온도 ② 생육온도
③ 주요온도 ④ 삼온도

해설
작물생육이 가능한 최저온도, 최적온도, 최고온도를 주요온도라 한다.

44 작물의 다양성과 유연관계를 바르게 설명한 것은?
① 작물의 유연관계는 형태적 특성만으로 유연의 원근을 분명히 판단 할 수 있다.
② 서로 다른 식물사이에 교잡을 할 경우 유연이 멀수록 잡종종자가 생기기 쉽다.
③ 염색체의 수가 같더라도 그 모양의 차이에 따라서 유연관계의 원근이 판단될 수 있다.
④ 종자가 함유하고 있는 단백질의 동이질성의 차이로는 유연관계를 판단할 수 없다.

해설
작물의 형태적, 생리적, 생태적 특성을 통해 유연의 원근을 판단할수 있다. 즉 모양의 차이에 따라 유연관계의 원근을 판단 할 수 있다.

45 다음 중 대공극이 많고, 투기력 및 투수력이 가장 큰 토양은?
① 사양토 ② 사질토
③ 양토   ④ 점질토

해설
사질토는 모래질 흙으로 공극이 많으며 그만큼 투기력과 투수력이 큰 토양이다.

정답 40 ① 41 ④ 42 ④ 43 ③ 44 ③ 45 ②

46 메프유제 50%를 0.05%로 희석하여 10a당 100L를 살포하려고 할 때 소요약량은 약 몇 ml 인가?

① 99.2　　② 109.2
③ 119.2　　④ 129.2

해설

$$소요약량 = \frac{추천농도(\%) \times 살포대상량(ml)}{비중 \times 원액농도(\%)}$$

$$= \frac{0.05\% \times 100{,}000ml}{1.008 \times 50\%} \fallingdotseq 99.2ml$$

47 식물의 화성유도에 대한 설명으로 틀린 것은?

① 작물이 영양생장에서 생식생장으로 이행하여 화성(花成)을 이루도록 유도하는 것이다.
② 온도와 일장이 식물의 화성에 영향을 미친다.
③ 추파맥류는 저온 감온상과 장일 감광상이 뚜렷하다.
④ 벼의 단일 감광형 품종을 장일환경에서 생육시키면 출수가 촉진된다.

해설
벼의 단일 감광형 품종은 단일환경에서 생육시키면 출수가 촉진된다.

48 북방형 목초의 특징이 아닌 것은?

① 저온에서 생육이 좋다.
② 고온에서 생육이 왕성하다.
③ 앨팰퍼, 티머시 등이 이에 속한다.
④ 여름철에는 하고현상이 발생한다.

해설
북방형 목초는 고온에서 생육하면 생육장해가 일어난다.

49 다음 중 가뭄의 피해가 가장 적은 작물은?

① 옥수수　　② 수수
③ 보리　　④ 귀리

해설
가뭄의 피해가 적은 내건성 작물에는 수수가 있다.

50 작물의 도복(倒伏)과 가장 관련성이 큰 형질은?

① 엽 크기　　② 숙기
③ 키　　④ 가지 수

해설
작물의 도복은 과도한 성장에 의해 작물의 키가 커지면서 쓰러지게 된다.

51 작물의 생장저해물질로 담배의 액아억제 등에 사용된 것은?

① MH(maleic hydrazide)
② IAA(β-indole acetic acid)
③ Gibbeellin
④ MCPA

해설
말릭하이드라자이드(Malelc hydrazide, MH)은 생장억제물질에 해당하며 담배의 액아억제 등에 사용된다.

52 기계이앙 상자육모에 알맞은 상토 pH로 가장 적합한 것은?

① 4.0　　② 5.0
③ 6.0　　④ 7.0

해설
기계이앙 상자육모의 상토는 pH 5 정도가 적합하다. pH가 높으면 잘록병이 발생할 수 있기에 pH 조건이 적합한 상토를 선택해야 한다.

정답 46 ① 47 ④ 48 ② 49 ② 50 ③ 51 ① 52 ②

53 육묘 중 상토의 EC가 낮게 나타날 때의 원인이나 대책이 아닌 것은?

① 원인 - 관수량이 적어 식물체의 무기염 흡수가 많아질 때
② 원인 - 시비량이 지나치게 부족할 때
③ 대책 - 시비량을 늘린다.
④ 대책 - 시비 횟수를 늘린다.

해설
관수량이 적어 식물체의 무기염 흡수가 많아지면 염류가 누적되어 EC는 높아지게 된다.

54 일장효과에 미치는 조건을 바르게 설명한 것은?

① 벼는 주간엽수가 7~9매 발육단계일 때 감응한다.
② 광의 강도가 증가할수록 효과가 낮다.
③ 청색광이 효과가 가장 크다.
④ 장일식물은 질소가 높은 것이 영양생장이 억제되어 장일효과가 잘 나타난다.

해설
벼의 경우 주간엽수가 7~9매 발육단계일 때 잘 감응한다.

55 냉해에 의해 유발되는 현상으로 볼 수 없는 것은?

① 물질의 동화전류가 촉진된다.
② 출수와 등숙이 지연된다.
③ 임실율이 저하된다.
④ 병해의 발생이 많아진다.

해설
냉해 발생시 수분과 양분의 흡수 기능이 감퇴되어 식물의 동화작용과 생육에 저해된다.

56 방사성동위원소의 농업적 이용에 해당되지 않는 것은?

① 추적자로서의 이용
② 식품저장에 이용
③ 육종적 이용
④ 생리활성물질로 이용

해설
방사선동위원소의 경우 방사선동위원소를 이용한 이동의 조사, 식물 영양기관의 장기저장, 병해충의 방제에 대한 연구, 지하수의 조사, 육종적 연구 등 다양한 분야에서 활용된다. 그러나 영양기관에 감마선을 조사하면 휴면이 연장되는 등의 현상이 나타나며 생리활성물질로 이용되는 것은 아니다.

57 결실 가지의 연령순으로 옳은 것은?

(1년생 가지 - 2년생 가지 - 3년생 가지)

① 포도 - 복숭아 - 배
② 복숭아 - 포도 - 배
③ 배 - 복숭아 - 포도
④ 포도 - 배 - 복숭아

해설
1년생에는 포도, 감, 밤, 감귤 등이 있으며 2년생 결과지에는 복숭아, 살구 등의 핵과류가 있고 3년생 가지에 결실을 하는 것에는 배, 사과 등이 있다.

58 버널리제이션의 효과를 감소시키는 조건은?

① 건조처리
② 탄수화물의 공급
③ 최아종자의 고온버널리제이션시 암조건
④ 산소의 공급

해설
버널리제이션은 저온처리를 통해 화성을 유도하는 작업인데 종자가 건조할 경우 효과가 줄어들게 된다.

정답 53 ① 54 ① 55 ① 56 ④ 57 ① 58 ①

59 농용비닐로 멀칭 재배할 때 지온의 상승효과가 가장 큰 것은?
① 투명 필름   ② 흰색 필름
③ 흑색 필름   ④ 녹색 필름

해설
멀칭용 투명 필름은 햇빛의 투과율이 흑색, 녹색 등 보다 높아 지온의 상승효과가 크게 나타난다.

60 다음 중 연작장해가 가장 적은 작물은?
① 딸기   ② 인삼
③ 참외   ④ 수박

해설
딸기는 연작 피해가 적은 작물에 속하며 인삼은 10년 이상의 휴작이 요구되며 연작의 피해가 가장 크다.

제4과목 식물보호학

61 1988년 국내에서 발견된 저온성 외래 해충으로 년에 1회 발생하며, 벼 재배에 심각한 문제가 되고 있는 해충은?
① 애멸구   ② 끝동매미충
③ 이화명나방   ④ 벼물바구미

해설
벼물바구미는 1년에 1회 발생하는 것으로 추정되며 성충으로 논둑 잡초나 산기슭 나뭇잎 아래에서 월동한다. 대표기주는 벼, 돌피 등이 있으며 성충이 잎에 피해를 주면 흰색으로 나타나고 유충은 흙속으로 파고들어가 기생을 한다.

62 잡초의 주요 특성 중 생리적 특성으로 볼 수 있는 것은?
① 다양한 환경조건에서도 결실이 가능하다.
② 종자의 성숙기가 작물의 수확기와 일치한다.
③ 영양번식으로 물리적 방제를 극복할 수 있다.
④ 작물에 비하여 광합성 능력이 크다.

해설
잡초는 C4 식물로 광합성효율이 작물에 비해 높다.

63 농약 잔류허용량 결정시 가장 고려되어야 할 사항은?
① 살포 횟수   ② 반감기
③ 제제형태   ④ 일일 섭취허용량

해설
농약의 잔류허용기준은 농약의 최대잔류허용량을 의미하며 1일 섭취허용량, 국민평균체중, 농약이 사용되는 식품의 1일 섭취량을 통해 결정된다.

64 1840년대 유럽의 아일랜드 지역의 감자에 대 발생한 병해는?
① 탄저병   ② 더뎅이병
③ 역병   ④ 잿빛곰팡이병

해설
1845년에 아일랜드에 감자역병이 발생하여 100만명이 사망하는 역사적 사건이 있다.

65 어떤 곤충이 다른 곤충을 잡아먹는 식성을 무엇이라고 하는가?
① 포식성(捕食性)　② 기생성(寄生性)
③ 부식성(腐食性)　④ 균식성(菌食性)

해설
곤충을 잡아먹는 식성을 포식성이라 하며 포식성 천적의 종류로 풀잠자리류, 무당벌레류, 거미류, 꽃노린재, 칠레이리응애, 오이이리응애 등이 있다.

66 무사마귀병에 대한 설명으로 옳은 것은?
① 자낭균에 의한 병이다.
② 국화과 식물에 주로 발생한다.
③ 산성 토양일수록 많이 발생한다.
④ 주 전염원은 토양전염보다 공기전염이다.

해설
무사마귀병은 산성토양이면서 다습한 경우 많이 발생한다.

67 소수의 주동유전자에 의해 발현되는 고도의 저항성을 무슨 저항성이라고 하는가?
① 단순저항성　② 중도저항성
③ 진정저항성　④ 부분저항성

해설
식물이 가지고 있는 병 저항 유전자에 의해 나타나는 저항성을 진정저항성이라 한다. 진정저항성은 특정 식물병에 저항성이 있어 병이 거의 발생하지 않는다.

68 석회유황합제는 어떤 계통의 농약인가?
① 무기황제 계통
② 유기황제 계통
③ 유기 염소제 계통
④ 유기인제 계통

해설
무기황제에는 황분말, 수화황제, 석회황합제 등이 있다.

69 다음 중 잡초발생량이 가장 많은 논은?
① 담수직파재배 논
② 건답직파재배 논
③ 무논골뿌림재배 논
④ 어린모 기계이앙재배 논

해설
이앙보다는 직파에서 경합력이 낮아 잡초 발생량이 많다. 또한 담수직파의 경우 특정 잡초만 발생하지만 건답직파의 경우 발생하는 잡초의 종류 및 수량이 많다.

70 진딧물류의 특징으로 틀린 것은?
① 단위생식을 한다.
② 천적이 없다.
③ Virus를 매개한다.
④ 흡즙성 해충이다.

해설
진딧물류의 포식성 천적에는 품잠자리류, 딱정벌레류 등이 있다.

71 작물의 피해원인 중 생물에 의한 피해가 아닌 것은?
① 병원균에 의한 피해
② 해충에 의한 피해
③ 바람에 의한 피해
④ 잡초에 의한 피해

해설
바람에 의한 피해는 환경적 요인에 의한 피해이다.

정답　65 ①　66 ③　67 ③　68 ①　69 ②　70 ②　71 ③

72 유충이 흙을 이용해 고치집을 만드는 곤충이 포함된 곤충류는?
① 멸구류 ② 나방류
③ 풍뎅이류 ④ 하루살이류

해설
유충이 흙을 이용해 고치집을 만드는 곤충에는 풍뎅이류가 있다.

73 액상 시용제의 물리적 성질에 속하는 것은?
① 분말도 ② 입도
③ 유화성 ④ 분산성

해설
액상시용제의 물리적 성질에는 유화성, 습전성, 수화성, 현수성 등이 있다.

74 무시아강에 속하는 곤충의 목(目)은?
① 돌좀목 ② 집게벌레목
③ 사마귀목 ④ 파리목

해설
무시아강(무시류)에는 톡토기목, 낫발이목, 좀붙이목, 좀목(좀, 돌좀) 등이 있다.

75 살비제란 무엇인가?
① 비소가 들어있는 살균제이다.
② 응애를 죽이는 약제이다.
③ 살포시 바람에 의해 비산되는 농약을 말한다.
④ 소화중독제가 아닌 모든 농약을 말한다.

해설
살비제는 곤충에는 살충력이 거의 없고 응애류 방제에 효과가 있는 약제이다.

76 이 병에 걸린 곡물을 가축에게 먹였을 때 중독 증상을 일으키는 맥류의 병해는?
① 깜부기병 ② 녹병
③ 붉은곰팡이병 ④ 흰가루병

해설
붉은곰팡이병에 감염된 보리, 밀 등을 섭취한 사람, 동물 등은 심한 중독 증상을 일으키기도 한다.

77 다음 작물 병원 중 가장 작은 병원체는?
① 진균 ② 세균
③ 바이러스 ④ 바이로이드

해설
바이로이드는 외부단백질이 없는 핵산만으로 구성되어 있으며 가장 작은 크기의 병원체이다.

78 약제의 입자가 가장 작아서, 다른 방법으로는 부착이 곤란한 곳에도 잘 부착할 수 있게 농약을 처리하는 방법은?
① 살분법 ② 연무법
③ 분무법 ④ 도포법

해설
연무법은 미립자를 공기 중에 부유시키는 방법을 비산성이 커서 하우스 내에서 주로 적용하며 약액 입자 중 가장 작은 살포 방법이다.

79 저온에 의하여 작물의 조직 내에 결빙이 생겨서 받는 피해는 무엇인가?
① 냉해 ② 습해
③ 동해 ④ 수해

해설
동해는 저온에 의해 작물 조직 내에 결빙이 발생하는 피해이다.

80 잡초에 의한 피해 현상이 아닌 것은?
① 작물과 잡초 사이에 상호대립억제 작용이 있다.
② 농작업환경을 악화시킨다.
③ 토양 비옥도를 높이고, 침식을 방지한다.
④ 잡초의 화분이 작물에 유전적으로 혼입될 수 있다.

해설
토양 비옥도를 높이고, 침식을 방지하는 것은 잡초의 장점이다.

정답 80 ③

2015 제1회 종자산업기사

제1과목 종자생산학 및 종자법규

01 다음 중 (　)에 알맞은 내용은?

> (　)(이)란 보호품종의 종자를 증식·생산·조제·양도·대여·수출 또는 수입 하거나 양도 또는 대여의 청약(양도 또는 대여를 위한 전시를 포함한다. 이하 같다)을 하는 행위를 말한다.

① 실시　　② 보호품종
③ 육성자　④ 품종보호권자

해설
"실시"란 보호품종의 종자를 증식·생산·조제(調製)·양도·대여·수출 또는 수입하거나 양도 또는 대여의 청약(양도 또는 대여를 위한 전시를 포함한다. 이하 같다)을 하는 행위를 말한다.

02 종자업의 정의로 맞는 것은?

① 종자의 생산 및 판매를 업(業)으로 하는 것을 말한다.
② 종자의 매매를 업(業)으로 하는 것을 말한다.
③ 종자 생산시설을 관리하는 업(業)을 말한다.
④ 종자보증을 업(業)으로 하는 것을 말한다.

해설
"종자업"이란 종자를 생산·가공 또는 다시 포장(包裝)하여 판매하는 행위를 업(業)으로 하는 것을 말한다.

03 작물생식에 있어서 아포믹시스(apomixis)를 옳게 설명한 것은?

① 수정에 의한 배 발달
② 수정 없이 배 발달
③ 세포 유합에 의한 배 발달
④ 배유 배양에 의한 배 발달

해설
아포믹시스는 수정 없이 발생하는 생식으로 무수정 생식이라 한다.

04 겉보리 포장검사 시 표본 10,000주 중 겉깜부기병 10주, 속깜부기병 20주, 흰가루병 30주, 붉은곰팡이병 40주가 조사되었다. 이 때 특정병의 비율은?

① 0.1%　　② 0.3%
③ 0.6%　　④ 1.0%

해설
겉보리의 특정병은 겉깜부기병, 속깜부기병 및 보리줄무늬병을 말한다. 즉 표본 10,000 주에서 겉깜부기병 10주, 속깜부기병 20주가 특정병에 해당되기에 특정병의 비율은 $<\frac{30}{10,000} \times 100 = 0.3(\%)>$ 이다

05 다음 중 종자보급체계에서 원종(原種)으로 가장 옳은 것은?

① 기본식물에서 1세대 증식된 종자
② 원원종에서 1세대 증식된 종자
③ 보급종에서 1세대 증식된 종자
④ 보급종에서 2세대 증식된 종자

해설
원종은 원원종에서 1세대 증식된 종자를 말하며, "원종포"라 함은 원종의 생산포장을 말한다.

정답　01 ①　02 ①　03 ②　04 ②　05 ②

06 다음 중 종자소독에 주로 사용되는 약제가 아닌 것은?
① 베노밀 · 티람수화제
② 페니트로티온 유제
③ 헥사지논 입제
④ 프로클로라즈 유제

해설
헥사지논(hexazinone)는 트리아진계 제초제로 침엽수 조림지에 발생하는 초본류 및 잡관목을 없애는데 사용하는 농약이다
종자소독용 약제
- 다이아지논 유제
- 트리플루미졸 유제
- 페니트로티온 유제
- 베노밀 · 티람 수화제
- 카복신 · 티람 분제
- 프로클로라즈 유제
- 플루디옥소닐 종자처리액상수화제

07 등숙기의 저온감응이 차대식물의 화아분화에 영향을 미칠 수 있는 것은?
① 무   ② 가지
③ 오이   ④ 상추

해설
배추, 무 등 호냉성 채소는 저온감응성으로 최아종자의 시기에 저온에 감응해야 개화를 한다.

08 다음 중 종자의 휴면타파에 사용되고 있는 생장조절제는?
① Gibberellin, Cytokinin
② Cytokinin, Tryptophan
③ Tryptophan, Phytochrome
④ ABA, Gibberellin

해설
발아를 촉진하는 물질에는 지베렐린, 시토키닌, 에틸렌 등이 있다.

09 거짓이나 그 밖의 부정한 방법으로 종자업 등록을 한 경우에 받는 것은?
① 1개월 이내의 영업 전부 또는 일부 정지
② 3개월 이내의 영업 전부 또는 일부 정지
③ 9개월 이내의 영업 전부 또는 일부 정지
④ 등록취소

해설
거짓 및 부정한 방법으로 종자업을 등록한 경우 등록을 취소한다.

10 종자검사 용어 중 소집단에서 추출한 모든 1차 시료를 혼합하여 만든 시료는 무엇인가?
① 제출시료(Submitted sample)
② 합성시료(composite sample)
③ 검사시료(Working sample)
④ 분할시료(Sub-sample)

해설
합성시료(composite sample)는 소집단에서 추출한 모든 1차시료를 혼합하여 만든 시료를 말한다.

11 다음 중 배유(endosperm)의 형성은?
① 정핵과 난핵의 융합
② 정핵과 극핵의 융합
③ 정핵과 반족세포의 융합
④ 정핵과 조세포의 융합

해설
피자식물 중복수정으로 정핵과 2개의 극핵을 통해 배유가 나타난다.

12 일반적으로 발아촉진 물질이 아닌 것은?
① 지베렐린 ② 옥신
③ ABA   ④ 질산칼륨

해설
ABA(Abscisic acid)는 대표적인 생장억제물질로 낙엽을 촉진, 휴면의 유도, 발아 억제 등의 효과가 나타난다.

13 다음 중 혐광성(암발아성)종자로만 짝지어진 것은?
① 담배, 무   ② 쑥갓, 우엉
③ 가지, 토마토 ④ 파, 상추

해설
호박, 토마토, 고추, 양파, 가지, 오이, 무, 부추 등은 혐광성종자이다.

14 식물신품종 보호법상 육성자의 정의로 옳은 것은?
① 품종을 육성한 자나 이를 발견하여 개발한 자를 말한다.
② 품종을 발견하여 정부기관에 신고한 자를 말한다.
③ 품종을 대여 또는 수출한 자를 말한다.
④ 품종보호를 받을 수 있는 권리를 가진 자를 말한다.

해설
"육성자"란 품종을 육성한 자나 이를 발견하여 개발한 자를 말한다.

15 성숙한 종자에 없었던 휴면이 외부의 환경조건에 의해, 일어나는 휴면을 무엇이라고 하는가?
① 자발휴면   ② 강제휴면
③ 제1차 휴면 ④ 제2차 휴면

해설
성숙한 종자가 적합한 발아조건이 되어도 발아되지 않고 새로이 발생되는 휴면 상태를 2차 휴면이라 한다. 즉, 발아환경이 부적당하면 2차 휴면을 한다.

16 다음 중 화아유도에 영향을 미치는 요인으로 가장 거리가 먼 것은?
① 습도 ② 일장
③ 온도 ④ 화학물질

해설
화아분화에 영향을 주는 요인으로 일장, 온도(춘화처리 등), 습도 등의 외부환경요인이 있으며 내적요인으로는 식물의 성숙도, 영양상태(C/N율 등), 식물호르몬 등이 있다.

17 국가기술자격법에 따른 '종자산업기사' 자격 취득자로서 종자관리사가 되기 위하여 갖추어야 할 경력기준은?
① 종자업무 또는 이와 유사한 업무에 2년 이상 종사한 자
② 종자업무 또는 이와 유사한 업무에 5년 이상 종사한 자
③ 종자업무 또는 이와 유사한 업무에 7년 이상 종사한 자
④ 종자업무 또는 이와 유사한 업무에 10년 이상 종사한 자

해설
종자관리사의 자격기준은 「국가기술자격법」에 따른 종자산업기사 자격을 취득한 사람으로서 자격 취득 전후의 기간을 포함하여 종자업무 또는 이와 유사한 업무에 2년 이상 종사한 사람으로 한다.

정답 12 ③ 13 ③ 14 ① 15 ④ 16 ① 17 ①

18 종자 발아검정시 사용하는 발아시험지(종이배지)의 구비요건에 해당하지 않는 것은?

① 흡습성이 충분해야 한다.
② 뿌리가 뚫고 들어가기 쉬워야 한다.
③ 젖은 상태에서 잘 찢어지지 않아야 한다.
④ 유독물질이 없어야한다.

해설
종자 발아검정시 사용하는 발아시험지는 시험 조작 중 찢어짐에 견디도록 충분한 강도를 가져야 한다.

19 다음 중 유통종자의 품질표시를 하지 아니하고 종자를 판매, 보급한 자에 대한 벌칙으로 맞는 것은?

① 3년 이하의 징역 또는 1천만원이하의 벌금
② 1년 이하의 징역 또는 1천만원이하의 벌금
③ 1천만원 이하의 과태료
④ 50만원 이하의 과태료

해설
유통 종자 또는 묘의 품질표시를 하지 아니하거나 거짓으로 표시하여 종자 또는 묘를 판매하거나 보급한 자는 1천만원 이하의 과태료를 부과한다.

20 종자의 외적요인 중 종자의 수명에 영향을 미치는 요인으로 가장 거리가 먼 것은?

① 질소가스의 농도 ② 탄산가스의 농도
③ 산소가스의 농도 ④ 수분의 함량

해설
종자의 수명에 영향을 미치는 외적요인에는 공기의 조성 및 수분, 습도 등이 있으나 여기서 질소가스의 경우 영향을 미치지 않는다.

제2과목 식물육종학

21 다음 중 자식성 식물로만 짝지어진 것은?

① 벼, 시금치, 담배 ② 벼, 밀, 콩
③ 벼, 옥수수, 오이 ④ 벼, 호밀, 메밀

해설
자가수정작물(자식성작물)에는 벼, 보리, 밀, 귀리, 조, 콩, 담배, 토마토, 가지, 고추, 상추, 완두 등이 있다.

22 변이 중 유전하지 않는 변이는?

① 장소변이 ② 아조변이
③ 교배변이 ④ 돌연변이

해설
환경변이 및 장소변이 등은 비유전적 원인에 의한 변이에 해당되며 유전을 하지 않는 변이이다.

23 신품종의 구비조건이 아닌 것은?

① 영속성 ② 우수성
③ 균등성 ④ 감온성

해설
신품종 3대 구비조건은 구별성(Distinctness), 균일성(Uniformity), 안정성(Stability)을 말한다.

24 자웅이주(雌雄異株) 식물로 가장 옳은 것은?

① 벼 ② 보리
③ 콩 ④ 호프

해설
자웅이주 식물에는 시금치, 호프 등이 있다.

정답 18 ② 19 ③ 20 ① 21 ② 22 ① 23 ④ 24 ④

25 다음 중 환경의 영향을 비교적 덜 받는 질적 형질에 해당하는 것으로 가장 옳은 것은?
① 영화수 ② 분얼수
③ 종피색 ④ 수량

해설
질적형질은 종피색 같이 형질의 특성이 몇 가지 종류로 구분되는 형질이다.

26 유전적 원인에 의한 불임성에 속하는 것은?
① 다즙질불임성 ② 쇠약질불임성
③ 웅성불임성 ④ 순환적불임성

해설
웅성불임성은 웅성기관에 불임이 생긴 현상으로 환경적 혹은 유전적 원인으로 수술이 기능을 발휘하지 못하는 현상이다.

27 2개의 유전자가 독립유전하는 양성잡종의 F_2 분리비는?
① 3 : 1 : 1 ② 9 : 1 : 1
③ 9 : 3 : 1 : 1 ④ 9 : 3 : 3 : 1

해설
독립유전에서 두 쌍의 대립유전자에 의해 지배되는 형질은 F_2에서 9:3:3:1로 분리된다.

28 유전자의 상호작용 중에서 대립 유전자 내의 작용인 것은?
① 복대립 유전자 ② 보족유전자
③ 억제유전자 ④ 변경유전자

해설
대립유전자 상호작용에는 불완전우성, 공동우성, 복대립유전자 등이 해당된다.

29 생산력 검정에 관한 설명 중 틀린 것은?
① 검정포장은 토양의 균일성을 유지하도록 노력한다.
② 계측, 계량을 잘못하면 포장시험에 따르는 오차가 커진다.
③ 시험구의 크기가 클수록 시험구당 수량 변동이 커진다.
④ 시험구의 반복횟수의 증가로 오차를 줄일 수 있다.

해설
시험구의 크기가 클수록 시험구당 수량 변동이 작아진다.

30 다음 중 여교배 세대에 따라 반복친을 나타낼 때 BC_4F_1에 해당하는 반복친은 약 몇 %인가?
① 75.0 ② 87.5
③ 93.8 ④ 96.9

해설
$1 - (1/2)^{4+1} = 1 - 0.03125 = 0.96875 =$ 약 $96.9(\%)$

31 상위성이 있는 경우 양성잡종 F_2 분리비가 15:1인 것은?
① 보족유전자 ② 중복유전자
③ 억제유전자 ④ 피복유전자

해설
중복유전자의 F_2 분리비는 15:1 이다

32 다음 중 두 개의 다른 품종을 인공교배하기 위해 가장 우선적으로 고려해야 할 사항은?
① 개화시기 ② 수량성
③ 종자탈립성 ④ 도복저항성

해설
두 개의 다른 품종을 인공교배하기 위해서는 먼저 개화기가 다른 두 품종에 대한 개화기 조절이 필요하다.

33 잡종강세육종에서 단교잡종보다 복교잡종의 유리한 점은?
① 잡종강세의 발현이 현저하다.
② 불량형질이 나타나는 경우가 적다.
③ 채종량이 많다.
④ 품질이 균일하다.

해설
복교잡은 단교잡법보다 품질의 균일성이 떨어지나 채종량이 많고 종자가 크다.

34 종속간 교잡을 하면 수정이 되더라도 배가 완전 발육을 못하고 중도에서 정지되거나 또는 배유의 발육불량으로 종자가 발아하지 못한다. 이러한 경우 잡종을 얻을 수 있는 방법은?
① 배배양 ② 배주배양
③ 자방배양 ④ 경정배양

해설
배배양은 수정이 되더라도 배가 완전 발육을 못하고 중도에서 정지하는 경우 적당한 배지에서 성장시키는 배양방법이다.

35 단위결과를 자연적으로 볼 수 있는 작물로만 짝지어 진 것은?
① 바나나, 감귤, 포도
② 바나나, 복숭아, 배
③ 무화과, 사과, 포도
④ 무화과, 밤, 사과

해설
단위결과의 작물에는 바나나, 포도, 오이, 감귤류 등이 있다.

36 변이와 육종관계에 대한 내용으로 옳지 않은 것은?
① 육종소재가 되는 변이의 존재야말로 육종의 기본이 된다.
② 환경에 의한 변이도 육종과정을 통하여 고정 시킬 수 있다.
③ 육종의 대상이 되는 농업상 중요한 실용형질은 대부분이 연속적 변이를 나타내는 양적형질이다.
④ 변이의 유발빈도가 높아지고 인위돌연변이 유발의 방향성까지 조절될 수 있다면 육종사업은 비약적인 발전을 가져오게 될 것이다.

해설
환경에 의한 변이는 유전적 변이에 해당되지 않으며 육종과정을 통해 고정시킬수 없다.

37 2n=20인 작물의 연관군 개수는?
① 5개 ② 10개
③ 20개 ④ 40개

해설
동일염색체상에서 2개 이상의 유전자가 연관되어 있어야 하고 이 유전자들은 n 핵상의 염색체만큼 연관군을 이루고 있다. 2n=20 의 경우 10개의 연관군을 가진다.

38 벼와 같은 자식성 식물에서 잡종강세에 대한 설명으로 옳은 것은?
① 자식성 식물이므로 잡종 강세가 일어나지 않는다.
② 교배조합에 따라 잡종강세가 일어날 수 있다.
③ 모든 교배조합에서 잡종강세가 크게 나타난다.
④ 자식성 식물에서는 잡종강세를 조사하지 않는다.

해설
자식성식물에서 잡종강세가 나타나는 경우도 있지만 타식성 식물에서 현저하게 나타난다.

39 3성잡종의 F_2에 분리되는 표현형의 종류수는? (단, 3 유전자 모두 완전 우열성이다.)
① 2   ② 4
③ 8   ④ 16

해설
3쌍의 대립유전자의 표현형 종류수는 $2^3=8$ 이다

40 여교배육종에서 반복친과 1회친에 대한 설명으로 옳은 것은?
① 반복친은 한 가지 결점만 가지고, 도입하고자 하는 유전자는 폴리진인 것이 좋다.
② 반복친은 한 가지 결점만 가지고, 도입하고자 하는 유전자는 소수의 주동유전자인 것이 좋다.
③ 반복친과 1회친은 서로 원연품종이 바람직하다.
④ 반복친은 비실용품종으로 하고, 1회친은 실용품종으로 하는 것이 바람직하다.

해설
여교잡육종법은 양친의 제1대 잡종에 양친 중 한쪽의 유전자형을 가진 개체를 교잡하고 이것을 수세대 반복하여 우량개체를 선발하는 방법이다.

제3과목 재배원론

41 논에 심층시비를 하는 효과에 대한 설명으로 가장 옳은 것은?
① 질산태 질소비료를 논 토양의 환원층에 주어 탈질을 막는다.
② 질산태 질소비료를 논 토양의 산화층에 주어 용탈을 막는다.
③ 암모니아태 질소비료를 논 토양의 환원층에 주어 탈질을 막는다.
④ 암모니아태 질소비료를 논 토양의 산화층에 주어 용탈을 막는다.

해설
심층시비는 암모니아태 질소비료를 논 토양의 환원층에 주어 탈질을 막아준다.

42 방사성 동위원소가 방출하는 방사선 중에 가장 현저한 생물적 효과를 가진 것은?
① X선   ② α선
③ β선   ④ γ선

해설
감마선(γ선)은 방사성 동위원소가 방출하는 방사선 중에서 생물학적 효과가 가장 크게 나타난다.

43 모관수(capillary water)의 설명으로 옳지 않은 것은?
① 밭작물 재배 포장에서는 대부분 불필요하게 과잉 수분으로 존재한다.
② pF 2.7~4.5로서 작물이 주로 이용하는 수분이다.
③ 모세관현상에 의해서 지하수가 모관공극을 상승하여 공급된다.
④ 표면장력에 의해 토양공극 내에서 중력에 저항하여 유지된다.

해설
모관 인력에 의하여 토양 내의 작은 공극을 상승하는 수분을 모관수라 하며 식물이 사용할수 있는 수분으로 pF 2.7~4.5 이다.

44 작물의 생리적 또는 형태적 요인에 따른 내동성 정도를 옳게 설명한 것은?
① 원형질의 점도가 낮고 연도가 높으면 내동성이 낮다.
② 원형질 단백질에 –SS기가 많은 것이 –SH기가 많은 것에 비하여 내동성이 크다.
③ 포복성인 것이 직립성인 것에 비하여 내동성이 낮다.
④ 세포의 수분함량이 높으면 세포의 결빙을 조장하여 내동성이 낮다.

해설
작물내부에 수분 함량이 적거나 유지함량이 높을수록 내동성이 강한편이다.

45 보리의 춘화처리(버널리제이션)에 필요한 종자의 흡수율(흡수량)로 가장 적당한 것은?
① 15%   ② 25%
③ 35%   ④ 50%

해설
춘화처리에 필요한 종자의 흡수량은 봄밀, 가을밀은 30~35%, 귀리, 호밀, 옥수수 등은 30%, 보리는 25%이다.

46 벼 군락의 수광태세가 좋은 초형 조건으로 거리가 먼 것은?
① 잎이 지나치게 얇지 않고, 약간 좁으며, 상위엽이 직립한다.
② 줄기가 굵고 가능한 한 키가 최대로 크다.
③ 분얼이 조금 개산형(開散型) 이다.
④ 각 잎이 공간적으로 되도록 균일하게 분포한다.

해설
수광에 있어 벼의 이상적인 초형은 잎이 두껍지 않고 약간 가늘며 상위엽이 직립인 것이 좋다. 그러나 키가 너무 크면 도복의 위험성이 있어 키는 너무 크지 않는것이 좋다.

47 생력작업을 위한 기계화 재배의 전체조건이 아닌 것은?
① 대규모 경지정리
② 적응재배체계의 확립
③ 집단재배
④ 제초제의 미사용

해설
생력기계화재배의 전제조건으로 경지의 정리, 집단재배, 재배 체계의 확립, 국가 제도화 확립 등이 있다.

48 식물의 굴광현상에 가장 유효한 광은?
① 황색광   ② 적색광
③ 청색광   ④ 녹색광

해설
식물이 광을 향하는 굴광현상이 나타나며 주로 청색파장(440~480mm)에 유효하다.

49 인공영양번식에서 환상박피처리를 하는 번식법으로 가장 적절한 것은?
① 삽목   ② 취목
③ 복접   ④ 지접

해설
취목은 환상박피처리한 부분에 공중취목을 통해 번식을 한다.

50 일반적으로 작물생육에 적합한 토양 3상의 비율은?(단, 고상, 액상, 기상의 순으로 나열)
① 60%, 20%, 20%   ② 50%, 30%, 20%
③ 25%, 50%, 25%   ④ 20%, 60%, 20%

해설
고상:액상:기상=50:25:25 비율로 구성되어 있는 것이 작물이 크기에 가장 이상적인 구조이다.

정답 44 ④ 45 ② 46 ② 47 ④ 48 ③ 49 ② 50 ②

51 식물의 필수원소 중의 하나인 붕소가 결핍되었을 때 식물에 나타나는 특징적인 증상은?

① 분열조직에 괴사가 일어나고 사과의 축과병과 같은 병해를 일으키며 수정, 결실이 나빠진다.
② 생장점이 말라죽고 줄기가 약해지며 잎의 끝이나 둘레가 황화되고, 심하면 아랫잎이 떨어진다.
③ 생육초기에 뿌리의 발육이 나빠지고 잎이 암녹색이 되어 둘레에 점이 생기며, 심하게 결핍되면 잎이 황색으로 변한다.
④ 황백화 현상이 일어나고 줄기나 뿌리에 있는 생장점의 발육이 나빠지며 식물체 내의 탄수화물이 감소하며 종자의 성숙이 나빠진다.

해설
조직이 전반적으로 거칠고 단단해 지며 괴사가 일어나며 꽃가루 생성이 불량하고 불임이 발생한다.

52 수목의 묘목(苗木)을 기르는 곳을 지칭하는 용어는?

① 묘대 ② 묘상
③ 못자리 ④ 묘포

해설
묘포는 수목의 묘목을 양성하는데 이용되는 토지 및 장소를 말한다.

53 다음 중 천연 옥신류에 해당하는 것은?

① GA2 ② IAA
③ CCC ④ BA

해설
천연옥신류에는 IAA, PAA, IAN 가 있다.

54 인과류 로만 나열되어 있는 것은?

① 사과, 배, 비파
② 무화과, 딸기, 포도
③ 복숭아, 앵두, 자두
④ 감, 밤, 대두

해설
인과류에는 배, 사과, 비파 등이 있다.

55 생육기간의 적산온도가 가장 낮은 작물은?

① 벼 ② 담배
③ 조 ④ 메밀

해설
작물별로 적산온도의 경우 메밀은 1000~1200°C, 감자는 1300~3000°C, 추파맥류는 1700~2300°C, 완두는 2100~2800°C, 콩은 2500~3000°C, 담배는 3200~3600°C 벼는 3500~4500°C 정도이다.

56 다음 중 요수량이 가장 큰 작물은?

① 감자 ② 완두
③ 옥수수 ④ 보리

해설
요수량이 큰 식물로 알팔파, 클로버, 완두 등이 있으며 요수량이 적은 식물로 수수, 기장, 옥수수 가 대표적이다. 그중에서도 명아주는 요수량이 매우 크다.

57 혼파에 관한 설명으로 틀린 것은?

① 시비, 병충해 방제 등의 관리가 용이하다.
② 공간을 효율적으로 이용할 수 있다.
③ 재해에 대한 안정성이 증대된다.
④ 잡초를 경감시킬 수 있다.

해설
혼파는 두가지 이상의 작물을 혼합하여 파종하는 것으로 각 작물에 대한 생장속도 및 요구되는 양분 등의 차이로 시비 및 관리에 어려움이 있다.

정답 51 ① 52 ④ 53 ② 54 ① 55 ④ 56 ② 57 ①

58 화성유도의 주요인으로 가장 거리가 먼 것은?
① 영양상태　② 식물의 수분함량
③ 광조건　　④ 온도조건

해설
화성유도는 식물생장조절제, 식물의 영양상태, 광조건 및 환경조건에 영향을 받는다. 식물의 수분도 화성유도에 영향을 주는 요인이기는 하지만 주요인은 아니다.

59 일반적으로 과수재배에서 환상박피를 하는 원리로 가장 적당한 것은?
① 전류작용의 촉진　② 수분 공급의 조절
③ C-N율의 증대　　④ 내병성의 증대

해설
환상박피를 통해 지상부의 탄수화물 축적이 많아지면서 개화 및 결실이 촉진된다.

60 내건성 작물의 특성을 가장 잘 설명한 것은?
① 건조할 때에 단백질의 소실이 빠르다.
② 건조할 때에 호흡이 낮아지는 정도가 작다.
③ 원형질의 점성이 낮고 수분 보유력이 강하다.
④ 원형질막의 수분 투과성이 크다.

해설
내건성 작물은 원형질의 점성이 높고 원형질막의 수분투과성이 크다.

제4과목 식물보호학

61 약제의 주성분을 공기 중에다 안개와 같은 작은 입자로 부유시키는 방법으로 높은 농도의 약제를 짧은 시간에 처리할 수 있는 제형은?
① 분제　　② 수화제
③ 훈연제　④ 연무제

해설
연무제는 안개와 같이 작은 입자로 공기 중에 부유하여 약제를 처리하는 방법이다.

62 다음 중 우리나라에서 월동하지 못하는 비래 해충으로만 짝지어진 것은?
① 벼멸구, 흰등멸구
② 애멸구, 흰등멸구
③ 벼멸구, 이화명나방
④ 끝동매미충, 이화명나방

해설
멸강나방, 벼멸구, 흑명나방 등은 비래해충으로 국내에서 월동하지 않는다.

63 완전변태를 하는 곤충 중 날개가 1쌍인 것은?
① 벌목　　② 파리목
③ 나비목　④ 날도래목

해설
파리목은 1쌍의 날개를 가지며 뒷날개는 평균곤으로 변형되어 몸의 균형 유지와 감각기근을 담당한다.

정답 58 ② 59 ③ 60 ④ 61 ④ 62 ① 63 ②

64 벼 도열병의 발병원인으로 가장 적절한 것은?
① 고온 건조 조건일 때
② 저온 다습 조건일 때
③ 잡초 방제할 때
④ 질소 균형 시비할 때

해설
벼 도열병은 온도가 낮고 습도가 높을 경우, 바람이 강하게 불 경우, 토양온도가 낮을 경우 자주 발생한다.

65 일반적인 곤충의 특징이 아닌 것은?
① 다리는 5마디로 되어 있다.
② 공통적으로 날개를 가지고 있다.
③ 머리, 가슴, 배의 3부분으로 되어 있다.
④ 입은 크게 나누어 씹는 입틀과 빠는 입틀로 나눌 수 있다.

해설
곤충의 경우 유시아강에서 날개가 퇴화되어 없거나 날개를 접을수 없는 고시류, 날개를 접을수 있는 신시류 등으로 분류되기에 공통적인 날개를 가진 것은 아니다.

66 다음 중 선택성 제초제로 옳은 것은?
① 2,4-D   ② Paraquat
③ Sulfosate   ④ Glufosinate

해설
선택성 제초제에는 2,4-D, MCP, MCPB, DCPA 등이 있다.

67 잡초 종자 발아 생리 조건과 거리가 먼 것은?
① 영양   ② 산소
③ 수분   ④ 온도

해설
잡초의 출현에 영향을 주는 요인에는 산소, 수분, 온도, 비옥도, 산도 등이 있다.

68 잡초의 생태적 방제방법으로 옳은 것은?
① 연작시킨다.
② 작물을 선점시킨다.
③ 전체적으로 시비한다.
④ 작물의 재식밀도를 낮춘다.

해설
작물을 선점시키면 잡초의 생육공간이 줄어들게 되는데 이는 생태적 방제법에 해당된다.

69 에프 유제를 1,000배로 희석해서 10a당 100L 살포하려 할 때 소요 약량은?
① 1ml   ② 10ml
③ 100ml   ④ 1000ml

해설
$$소요약량 = \frac{단위면적당사용량}{소요희석배수}$$
$$= \frac{100}{1000} = 0.1L = 100ml$$

70 제초제의 제형에 계면활성제를 첨가하는 이유로 가장 거리가 먼 것은?
① 습윤성 증진   ② 확산성 증진
③ 분산성 증진   ④ 휘발성 증진

해설
계면활성제는 물과 기름의 계면에서 표면장력을 감소시켜 약품의 습윤성, 부착성 및 고착성, 확전성을 높여주는 역할을 한다.

71 벼의 즙액을 빨아먹어 직접 피해를 주고, 간접적으로는 바이러스를 매개하여 벼 줄무늬잎마름병을 유발시키는 것은?
① 애멸구 ② 벼멸구
③ 벼잎벌레 ④ 흰등멸구

해설
애멸구는 줄무늬잎마름병, 검은줄무늬오갈병 등의 식물병을 매개하는 매개충이다.

72 다음 설명하는 감자의 병은?

> 잎은 암갈색 수침상의 부정형 무늬가 생겨 커지면서 암갈색으로 변하고, 잎자루와 줄기는 검게 변하여 썩으며, 괴경은 암갈색으로 물러 썩는다.

① 역병 ② 더뎅이병
③ 잎말림병 ④ 둘레썩음병

해설
역병의 경우 암갈색 혹은 암록색 수침상 부정형 병반을 형성한다.

73 해충방제에 있어서 생물적 방제의 장점은?
① 비용이 저렴하다.
② 방제효과가 빠르다.
③ 천적 생물의 유지가 용이하다.
④ 해충이 농약에 내성이 생길 염려가 없다.

해설
생물적 방제는 화학적 방제에 해당하는 농약을 이용하지 않기에 내성이 생길 가능성이 없다.

74 잡초의 번식에 대한 설명으로 옳은 것은?
① 올방개는 인경으로 영양번식을 한다.
② 야생마늘은 직근으로 영양번식을 한다.
③ 냉이는 이듬해에 종자를 맺는 유성생식을 한다.
④ 버뮤다그래스는 다년생 잡초로서 유성생식을 한다.

해설
냉이는 월년생 잡초로서 이듬해 종자를 맺는 유성생식을 한다.

75 다음 중 작물 피해의 원인이 되지 않는 것은?
① 응애 ② 바이러스
③ 방화곤충 ④ 대기오염

해설
방화곤충은 화분을 운반하는 곤충으로 작물에 도움을 준다.

76 다음 중 식물병 대발생에 대한 것으로 옳은 것은?
① 스리랑카에서 커피 녹병 발생
② 미국에서 벼 깨씨무늬병의 발생
③ 아일랜드 지방의 고구마 역병 발생
④ 인도 벵갈지방의 옥수수 깨씨무늬병 발생

해설
19세기 스리랑카는 세계 커피 생산국이었으나 커피 녹병의 발생하였다.

정답 71 ① 72 ① 73 ④ 74 ③ 75 ③ 76 ①

77 토양잔류성 농약 등의 설명으로 ( )에 알맞은 것은?

> 토양 중 농약 등의 반감기간이 ( )일 이상인 농약등으로서 사용 결과 농약 등을 사용하는 토양(경지를 말한다)에 그 성분이 잔류되어 후작물에 잔류되는 농약 등

① 60
② 90
③ 180
④ 365

해설
토양잔류성농약은 토양 중 농약의 반감기간이 180일 이상인 농약을 말한다.

78 식물병을 일으키는 비기생성의 원인으로 가장 거리가 먼 것은?
① 양분 부족
② 유해 물질
③ 바이로이드
④ 산업폐기물

해설
바이로이드는 생물성 병원으로 기생성에 해당된다.

79 작물에 피해를 미치는 잡초의 공통적인 속성이 아닌 것은?
① 종자의 장구한 수명
② 가축용 사료로 이용가능
③ 다양한 환경조건에 대한 적응성
④ 개화에서 결실까지 빠른 생장 특성

해설
잡초의 경우 가축용 사료로 이용 가능한 것도 있으나 어려운 것도 있으며 잡초에 식물병균이 있을 경우 가축에 중독 증상을 일으킬수 있다.

80 식물 바이러스의 검출에 많이 사용하는 효소결합항체법은 무엇인가?
① MRI
② PNP
③ HPLC
④ ELISA

해설
효소결합항체법(ELISA)은 항체에 효소를 결합시켜 바이러스와 반응했을 때 노란색으로 나타나는 정도로 확인하는 방법이다.

2015 제3회 종자산업기사

제1과목 종자생산학 및 종자법규

01 품종명칭 등록의 요건에 해당되는 것은?
① 1개의 고유한 품종명칭을 가질 경우
② 기호로만 표시된 경우
③ 저명한 타인의 성명인 경우
④ 상표명에 의하여 등록된 상표와 동일한 경우

해설
품종목록에 등재신청하는 품종은 1개의 고유한 품종명칭을 가져야 한다.

02 다음 중 자식성 작물의 특징에 해당되는 것은?
① 화기가 열리지 않는다.
② 꽃가루와 수술머리의 성숙기가 다르다.
③ 장벽수정이 나타난다.
④ 이형예현상이 나타난다.

해설
자식성 작물의 경우 다른 꽃가루와 수정이 잘 이루어지지 않도록 꽃이 열리지 않거나 암술머리가 꽃잎에 가려있는 등 선천적으로 자기 꽃 내에서의 수정이 용이한 구조를 가진다.

03 다음 작물 중 크세니아 현상이 가장 잘 일어나는 작물은?
① 옥수수   ② 메밀
③ 호밀   ④ 양파

해설
크세니아의 경우 예를 들어 찰벼와 메벼를 교잡하여 얻은 교잡종자의 경우 배유가 메벼의 성질이 나타나는 경우를 말한다. 주로 찰성벼, 보리, 밀, 옥수수 등에서 나타난다.

04 다음 국제종자보증과 검사에 대한 설명 중 맞지 않은 것은?
① 시료채취와 검사가 국제종자검사협회(ISTA) 공인검정기관에 의하여 이루어지면 등황색증명서로 표시한다.
② 표본이 비공인으로 채취되고 검사만 ISTA 공인검정기관에서 이루어지면 청색증명서로 표시된다.
③ 우리나라는 OECD 회원국으로서 종자 공인검정기관이지만 ISTA 국제종자검정 기관은 아니다.
④ 경제협력개발기구(OECD)의 보증표지는 유전적인 순도에 대한 보증이다.

해설
국내의 국제종자검정협회(ISTA)로부터 인증실험실을 획득하고 국제종자분석증명서를 발급하는 기관은 국립종자원이다.

정답 01 ① 02 ① 03 ① 04 ③

05 다음 중 장일성 식물이 아닌 것은?
① 감자 ② 무궁화
③ 클로버 ④ 담배

해설
담배, 콩, 옥수수 등은 단일식물에 해당한다.

06 종자 춘화형 작물로만 짝지어진 것은?
① 배추, 양배추 ② 양배추, 당근
③ 양파, 당근 ④ 무, 배추

해설
종자춘화형에는 완두, 잠두, 무, 배추 등이 있다.

07 종자검사 순도분석시 정립에 해당되는 것은?
① 떨어진 불인소화
② 콩과에서 분리된 자엽
③ 원래 크기의 1/2보다 큰 종자 쇄립
④ 원래크기의 절반 미만인 쇄립

해설
정립은 이종종자, 잡초종자 및 이물을 제외한 종자를 말하며 다음의 것을 포함한다.
- 미숙립, 발아립, 주름진립, 소립
- 원래크기의 1/2이상인 종자쇄립
- 병해립(맥각병해립, 균핵병해립, 깜부기병해립 및 선충에 의한 충영립을 제외한다)
- 목초나 화곡류의 영화가 배유를 가진 것

08 다음 중 과실 저장시 알맞은 온도와 습도는?
① 0~4도, 85~90%
② 0~4도, 80%이하
③ 5도 이상, 80~95%
④ 12~15도, 80~95%

해설
과실 저장시 온도는 0°C 내외, 상대습도는 90% 내외를 권장한다.

09 다음 중 종자휴면의 형태에 대한 설명으로 가장 거리가 먼 것은?
① 종피에 발아억제물질을 많이 함유하여 휴면하는 것은 자발휴면의 예이다.
② 배 휴면과 배의 미숙으로 인한 휴면은 모두 배 자체의 생리적 원인이 기인한다.
③ 주로 물, 공기 및 기계적 원인이 기인하여 발생한 휴면을 타발휴면이라 한다.
④ 상추종자에서처럼 발아최고온도 이상에서 휴면하는 것은 2차 휴면이라 한다.

해설
배 휴면과 배의 미숙으로 인한 휴면은 종자휴면의 형태에 대한 설명보다 종자휴면의 원인에 해당한다. 휴면의 형태에는 자발적휴면, 타발적휴면, 불리한 환경조건에서 새로이 휴면이 발생하는 경우인 2차 휴면이 있다.

10 다음 중 무한화서에 속하는 것은?
① 단성성화 ② 단집산화서
③ 총상화서 ④ 복집산화서

해설
무한화서에는 총상화서, 원추화서, 수상화서, 유이화서, 육수화서, 산방화서, 산형화서, 두상화서 등이 있다.

11 대부분 종자의 발아 시 공통적인 필수조건과 가장 거리가 먼 것은?
① 수분 ② 온도
③ 산소 ④ 광

해설
종자 발아시 공통적인 필수조건에는 수분, 온도, 산소가 있으나 광은 필요한 종자가 있고 필요 없는 종자가 있어 필수조건은 아니다.

12 식물신품종 보호법상 품종보호권의 설정등록을 받으려는 자나 품종보호권자는 품종보호료 납부기간이 지난 후에도 몇 개월 이내에는 품종보호료를 납부할 수 있는가?
① 6개월 ② 7개월
③ 9개월 ④ 12개월

해설
품종보호권의 설정등록을 받으려는 자나 품종보호권자는 품종보호료 납부기간이 지난 후에도 6개월 이내에는 품종보호료를 납부할 수 있다.

13 식물신품종보호법상 우선권을 주장하려는 자는 최초의 품종보호 출원일 다음 날부터 얼마 이내에 품종보호 출원을 하지 아니하면 우선권을 주장할 수 없는가?
① 3개월 이내 ② 6개월 이내
③ 9개월 이내 ④ 1년 이내

해설
우선권을 주장하려는 자는 최초의 품종보호 출원일 다음 날부터 1년 이내에 품종보호 출원을 하지 아니하면 우선권을 주장할 수 없다.

14 국가품종목록의 등재대상이 아닌 것은?
① 벼 ② 보리
③ 밀 ④ 콩

해설
품종목록에 등재할 수 있는 대상작물은 벼, 보리, 콩, 옥수수, 감자와 그 밖에 대통령령으로 정하는 작물로 한다. 다만, 사료용은 제외한다.

15 다음 중 종자의 휴면타파법으로 옳지 않은 것은?
① 변온처리 ② 농황산처리
③ 지베렐린 처리 ④ 석회처리

해설
석회의 경우 토양의 pH를 조절하기 위해 활용한다.

16 빛에 의해 발아가 촉진되는 작물은?
① 상추 ② 파
③ 가지 ④ 수박

해설
상추, 담배, 우엉 등은 호광성 종자로 광을 주어야 발아를 한다.

17 종자세의 검사방법으로 가장 옳지 않은 것은?
① 고온검사 ② 전기전도율검사
③ 노화촉진검사 ④ 테트라졸륨검사

해설
종자세 검사방법에는 전기전도율 검사, 노화촉진검사, 저온검사, 퇴화조절검사, 저온발아검사, 테트라졸륨(tetrazolium) 종자세검사 등이 있다.

18 다음 중 수정과정에 대한 설명으로 가장 적절하지 않은 것은?
① 속씨식물은 대개의 경우 배우자핵이 이중결합을 한다.
② 2개의 웅핵 중에서 하나는 2배체의 극핵과 결합하여 3배체의 배유핵이 된다.
③ 화분립이 주두에 닿기 전에 발아하고 화분관이 신장하여 암술대를 거쳐 배낭 속으로 들어간다.
④ 자성배우자와 웅성배우자가 완전히 성숙했을 때 가능하다.

해설
화분립이 주두에 닿은 후에 발아한다.

19 다음 작물 중 연작의 해가 가장 적은 것은?
① 당근　　② 수박
③ 가지　　④ 고추

해설
연작의 피해가 적은 작물로 당근, 양파, 벼, 담배, 옥수수, 딸기 등이 있다.

20 다음 중 안전저장을 위한 종자의 최대 수분함량이 4.5%인 작물은?
① 벼　　② 고추
③ 귀리　　④ 옥수수

해설
안전저장을 위한 종자 최대수분함량은 대략 벼 15%, 콩 11%, 시금치 9%, 배추 5%, 고추 4.5% 이다.

제2과목　식물육종학

21 식물체의 방사선감수성에 영향하는 요인이 아닌 것은?
① 처리종자량　　② 종자의 수분함량
③ 품종　　④ 세포내 산소농도

해설
식물체의 방사선감수성에서 처리 종자량은 영향을 주지 않으며 종자 자체의 수분, 품종, 산소 등에 의해 영향을 받는다.

22 동질배수체의 일반적인 특성으로 옳은 것은?
① 임성의 증대　　② 종자 크기의 감소
③ 생육지연　　④ 세포의 크기감소

해설
동질배수체는 임성이 저하되고 착과성이 감퇴하며 발육이 지연 된다.

23 염색체의 수적 이상에 해당하는 것은?
① 역위　　② 상호전좌
③ 삼염색체성　　④ 결실

해설
염색체 조성이 2n 인 개체에서 감수분열 과정에서 한 두 개의 상동염색체가 완전히 분리되지 않아 염색체의 수적 이상이 발생하는 경우 이수성이라하며 이러한 결과물을 단염색체, 삼염색체, 사염색체 등이 있다.

24 염색체 배가의 가장효과적인 방법은?
① Colchicine처리
② N-Mustard의 처리
③ X-처리
④ 방사선 동위원소 처리

해설
인위적으로 염색체를 배가시켜 동질배수체를 작성하려면 콜히친(colchicine)처리법을 이용해야 한다.

25 다음 동질 사배체는?
① AABB　　② BBBB
③ AAAABBBB　　④ ABCD

해설
AAAA 혹은 BBBB 를 동질4배체라 한다.

26 기존의 우량품종의 단점을 교배를 통하여 단기간에 개선하는데 가장 적합한 육종방법은?
① 분리육종법　　② 계통육종법
③ 집단육종법　　④ 여교잡 육종법

해설
여교잡육종법은 연속적으로 교배하면서 목표형질만을 선발하므로 육종효과가 있으며 시간과 경비를 절약하는 장점이 있다.

정답　19 ①　20 ②　21 ①　22 ③　23 ③　24 ①　25 ②　26 ④

27 내병성 품종의 육성을 효과적으로 수행하기 위한 필요조치로서 적합하지 않은 것은?
① 가장 병에 약한 계통을 일정한 간격으로 섞어 심는다.
② 문제되는 병이 가장 많이 발생하는 계절에 선발해야 한다.
③ 병원균을 인공접종 한다.
④ 살균제를 정기적으로 살포해 준다.

해설
내병성 품종 육성을 위해 병원균을 인공적으로 접종하여 유도하기에 살균제 및 살충제 등의 약제 살포를 하지 않도록 한다.

28 배우체형 자가불화합성과 포자체형 자가불화합성의 차이를 옳게 설명한 것은?
① 불화합성이 배우체형은 화주 내에서, 그리고 포자체형은 주두의 표면에서 발현된다.
② 불화합성 관련 대립유전자 간에 배우체형은 우열관계, 포자체형은 공우성 관계가 성립된다.
③ 주두 표면의 특성 비교 시 배우체형 식물의 주두는 건성이고, 포자체형 식물의 주두는 습성(점성)이다.
④ 불화합성에 관련된 유전자가 배우체형은 한 쌍이고, 포자체형은 여러 쌍이다.

해설
배우체형 자가불화합성은 화분과 체세포로 이루어진 암술의 암술머리나 암술대간의 상호작용에 의해서 나타나며 주로 화주 내에서 이루어진다. 포자체형 자가불화합성은 주두의 표면에서 발현이 된다.

29 수정에 의해서 종자가 생기지 않았는데도 과실이 형성되는 현상은?
① 우수정 ② 단위결과
③ 영양생식 ④ 처녀생식

해설
수정이 되고 종자가 생기지 않아도 과실이 형성되는 경우가 있는데 이를 단위결과라 한다.

30 돌연변이육종에 고려해야 할 사항으로 가장 적절하지 않은 것은?
① 현실적인 육종규모를 설정한다.
② 주로 양적 형질을 육종목표로 설정한다.
③ 효과적인 돌연변이 유발원을 선택한다.
④ M_1 및 그 이후 세대의 효율적 육종방법을 설정한다.

해설
돌연변이육종은 인위적 돌연변이를 통해 만들어진 유용한 형질을 이용하는 육종법이다.

31 다음 중 양적형질의 유전과 가장 거리가 먼 것은?
① 2쌍 이상의 유전자가 관여하여 정규곡선과 같은 변이분포를 나타낸다.
② 폴리진이 폴리진계로서 존재하여 변이에 관여한다.
③ 주로 수량에 관여하는 형질에 대하여 연속적 변이를 나타낸다.
④ 꽃 색깔과 같이 대립변이로 나타난다.

해설
양적변이는 길이, 무게, 수량 등 측정형질을 숫자로 표현하나 꽃 색깔과 같은 것은 숫자로 표현할수 없는 질적변이로 분류된다. 꽃 색깔은 대립변이, 불연속변이로 나타난다.

정답 27 ④ 28 ① 29 ② 30 ② 31 ④

32 찰벼와 메벼를 교잡하여 얻은 교잡종자의 배유가 투명한 메벼의 성질을 나타내는 현상으로 가장 옳은 것은?
① 크세니아 ② 메타크세니아
③ 위잡종   ④ 단위결과

해설
찰벼와 메벼의 교잡을 통해 다음 자손의 형질이 당대의 종자의 배젖에 표현되는 경우로 이를 크세니아라 한다.

33 다음 중 변이의 감별 방식 중 옳지 않은 것은?
① 유전변이와 환경변이 : 자식종자로 후대 검정
② 유전자형의 동형접합성 여부 : 자식종자로 후대검정
③ 질적변이와 양적변이 : 자식종자로 후대 검정
④ 표현형으로 구분하기 어려운 변이 : 특수 환경을 조성하여 감별

해설
후대검정은 연속변이를 하는 양적형질의 유전성 여부를 확인하고자 할 때 사용되는 검정방법이다.

34 하나의 화분모세포는 감수분열 후 몇 개의 소포자세포가 되는가?
① 1개 ② 2개
③ 3개 ④ 4개

해설
화분모세포는 2회 연속 핵분열로 염색체 수가 체세포의 반으로 줄어들어 4개의 딸세포가 형성된다.

35 복 2배체 육종법의 설명으로 틀린 것은?
① 고정이 가능하다.
② 2배체와의 교잡으로 2차적 육종이 가능하다.
③ 자연상태에서 육성된다.
④ 인공적으로 육성되지 않는다.

해설
복이배체(복2배체)는 이질배수체라 하며 서로 다른 종류의 게놈이 배가되어 배수체를 만든 것으로 인공적으로 육성된다.

36 다음 중 중복수정 시 배유를 형성하는 조합은?
① 정핵+반족세포
② 정핵 +2개의 조세포
③ 정핵 +난핵
④ 정핵 +2개의 극핵

해설
피자식물 중복수정으로 정핵과 2개의 극핵을 통해 배유이 나타난다.

37 해외로부터 식물을 도입 시 격리하는 이유는?
① 농업적 특성을 조사하기 위해
② 급속한 증식을 위해
③ 국내풍토에 순화시키기 위해
④ 국내에 없는 병충해의 반입 여부를 검사하기 위해

해설
해외로부터 식물이 도입되면 국내에 없는 병충해의 반입으로 생태계에 영향을 줄수 있기에 이를 검사하기 위해 격리한다.

정답 32 ① 33 ③ 34 ④ 35 ④ 36 ④ 37 ④

38 다음 중 유전적 원인에 의한 변이가 아닌 것은?
① 불연속변이 ② 대립변이
③ 환경변이 ④ 연속변이

해설
변이는 유전성에 따라 유전적 변이, 비유전적 변이로 분류된다. 유전적 원인에 의한 변이에는 불연속변이, 대립변이, 연속변이 등이 있으며 환경변이나 장소변이 등은 비유전적 원인에 의한 변이에 해당한다.

39 1대 잡종 품종의 교배친이 갖추어야 할 조건으로 틀린 것은?
① 유전적으로 고정되어 있어야 한다.
② 조합능력이 우수해야 한다.
③ 병해충 저항성 같은 실용적 형질을 지니고 있어야 한다.
④ 두 교배친 간 유전적 거리가 가까워야 한다.

해설
두 교배친 간 유전조성이 유사해야 한다.

40 단교잡종에 대한 설명으로 옳은 것은?
① 발아력이 약하다.
② 품질의 균일도가 낮다.
③ 잡종강세 발현이 약하다.
④ F_1종자 수량이 많다.

해설
단교잡종은 종자의 생산량이 적고 종자의 발아력이 약한 편이다.

제3과목 재배원론

41 T/R율에 대한 설명으로 틀린 것은?
① 토양함수량이 감소하면 T/R율이 커진다.
② 질소를 다량 사용하면 T/R율이 커진다.
③ 토양통기가 부량하면 T/R율이 증대된다.
④ 감자나 고구마의 경우 파종기나 이식기가 늦어질수록 T/R율이 커진다.

해설
토양내 수분이 많거나 일조의 부족, 석회사용의 부족 등이 지하부의 생육을 불량하게 하여 T/R 율이 커진다. 반대로 토양의 수분이 감소되면 T/R율이 감소된다.

42 작물의 도복을 경감시키는 요인이 아닌 것은?
① 규소를 사용한다.
② 지베렐린을 처리한다.
③ 칼륨을 사용한다.
④ 인을 사용한다.

해설
지베렐린은 생장을 촉진시켜 도복이 증가한다.

43 논토양의 산화와 환원의 정도를 나타내는 기호는?
① Eμ ② E⊘
③ Eh ④ pF

해설
논토양의 산화와 환원의 정도를 산화환원전위(Eh)라 한다.

정답 38 ③ 39 ④ 40 ① 41 ① 42 ② 43 ③

44 토양 속에서 미생물의 작용을 받아 생리적 중성을 나타내는 비료는?
① 황산암모니아 ② 과인산석회
③ 용성인비   ④ 칠레초석

[해설]
생리적 중성비료에는 질산암모늄, 질산칼륨, 요소, 과인산석회 등이 있다.

45 종묘로 이용되는 기관이 맞게 연결된 것은?
① 덩이뿌리 – 다알리아, 감자, 뚱딴지
② 덩이줄기 – 감자, 토란. 마늘
③ 비늘줄기 – 마늘, 백합, 생강
④ 땅속줄기 – 생강, 박하, 호프

[해설]
땅속줄기는 지하경이라 하며 생강, 박하, 호프, 연 등이 있다.

46 습해의 대책으로 적합하지 않은 것은?
① 배수시설을 설치한다.
② 밭에서는 휴립휴파 재배를 한다.
③ 과산화석회(CaO_2)를 종자에 분의하여 파종한다.
④ 미숙 유기물과 황산근 비료를 사용하여 입단형성을 촉진시킨다.

[해설]
습해의 대책으로 완숙유기물을 이용하면 입단형성이 촉진되어 통기성과 투수성이 좋아지지만 미숙 유기물을 사용할 경우 입단형성 효과가 떨어진다.

47 파이토크롬의 설명으로 틀린 것은?
① 광흡수색소로서 일장효과에 관여한다.
② Pr은 호광성종자의 발아를 억제한다.
③ 파이토크롬은 적색광과 근적외광을 가역적으로 흡수할 수 있다.
④ 굴광현상을 나타내는 호르몬의 일종으로 식물 생육에 필수적인 물질이다.

[해설]
식물에 존재하는 색소단백질인 파이토크롬(phytochrome)은 특정 파장을 흡수하여 광가역 반응을 일으킨다.

48 한가지 주 작물이 생육하고 있는 조간에 다른 작물을 재배하는 방법은?
① 혼작   ② 간작
③ 점혼작 ④ 교호작

[해설]
간작은 한가지 작물이 생육하고 있는 조간에 다른 작물을 재배하는 방법이다.

49 다음 중 (   ) 에 알맞은 것은?

> 토마토, 무화과 등은 개화기기에 (   )를 살포하면 단위결과가 유도된다.

① GA   ② BNOA
③ BA   ④ ABA

[해설]
BNOA 는 옥신의 합성호르몬으로 토마토 등의 개화기에 살포하면 단위결과가 유도된다.

50 5~7년 이상의 휴작이 필요한 작물로 구성된 것은?
① 고구마, 무   ② 생강, 당근
③ 호박, 담배   ④ 완두, 우엉

[해설]
5~7년 휴작이 요구되는 작물에는 수박, 토마토, 사탕무, 완두, 가지, 우엉, 고추 등이 있다.

정답 44 ② 45 ④ 46 ④ 47 ④ 48 ② 49 ② 50 ④

51 작물의 기지현상에 대한 설명으로 옳은 것은?
① 하우스 재배에서는 기지현상이 발생하지 않는다.
② 연작의 해가 적은 작물은 벼, 조, 수수, 옥수수 등이다.
③ 기지가 문제가 되는 과수는 사과나무, 포도나무, 살구나무 등이다.
④ 화곡류와 두과작물을 윤작하면 기지현상이 많이 발생한다.

해설
연작의 해가 적은 작물은 벼, 맥류, 조, 수수, 옥수수, 담배, 무, 당근, 양파, 호박, 순무, 아스파라거스, 딸기, 미나리, 양배추 등이 있다.

52 인조 합성비료와 농약이 발달함에 따라 유리하다고 생각되는 작물을 자유로이 재배하는 방식은?
① 대전법   ② 휴한농법
③ 3포식 농법 ④ 자유경작

해설
비료와 농약이 발달함에 따라 유리하다고 생각되는 작물을 그때그때 자유로이 재배하는 방식을 자유경작이라 한다.

53 작물의 생태적 특성에 의한 분류에 해당되지 않는 것은?
① 생존연한에 따른 분류
② 생존계절에 따른 분류
③ 생육형에 따른 분류
④ 식용가능에 따른 분류

해설
작물의 생태적 분류 기준에는 생존연한, 생육계절, 생육형, 생육온도, 저항성 등이 있다.

54 다음 중 타식성 작물이 아닌 것은?
① 참깨   ② 딸기
③ 시금치 ④ 호프

해설
타식성작물에는 옥수수, 호밀, 메밀, 딸기, 양파, 마늘, 시금치, 아스파라거스, 호프 등이 있다.

55 다음 중 적산온도가 가장 높은 작물은?
① 메밀   ② 조
③ 아마   ④ 담배

해설
작물별로 적산온도의 경우 메밀은 1000~1200℃, 감자는 1300~3000℃, 추파맥류는 1700~2300℃, 완두는 2100~2800℃, 콩은 2500~3000℃, 담배는 3200~3600℃ 벼는 3500~4500℃ 정도이다.

56 다음 중 (   )에 알맞은 호르몬은?

( )은 양조산업에서 배가 없는 보리종자의 효소활성 증진과 전분의 가수분해 작용을 촉진하는데 이용되고 있다.

① 옥신   ② 지베렐린
③ 사이토키닌 ④ 에스렐

해설
지베렐린은 양조산업에서 배가 없는 보리 종자의 효소활성 증진과 전분의 가수분해작용을 촉진한다.

57 사리풀을 재료로 하여 2년생 식물에서 버널리제이션의 이론을 세운 사람은?
① Gregory   ② Melchers
③ Purvis   ④ Allen

해설
사리풀을 재료로 하여 2년생 식물에서 버널리제이션의 이론을 세운 사람은 Melchers(1937) 이다.

정답 51 ② 52 ④ 53 ④ 54 ① 55 ④ 56 ② 57 ②

58 버널리제이션에 대하여 옳게 설명한 것은?
① 산소의 공급은 절대로 필요하다.
② 최아종자의 저온처리에는 암흑상태가 꼭 필요하다.
③ 추파맥류는 고온처리를 해야 화성유도의 효과가 크다.
④ 춘화처리 중에 건조시키면 효과가 상승한다.

해설
버널리제이션은 처리도중 산소가 부족할 경우 효과가 감소하기에 산소 공급이 필요하다.

59 질산환원효소의 구성성분으로 질소대사에 필요하고, 콩과작물 뿌리혹박테리아의 질소고정에 필요한 무기성분은?
① 아연 ② 망간
③ 마그네슘 ④ 몰리브덴

해설
몰리브덴은 작물의 미량원소로 질산 환원 효소의 구성성분으로 콩과작물의 질소고정에 도움을 준다.

60 작물의 태양에너지 이용률은?
① 1~2% ② 3~4%
③ 5~6% ④ 7~9%

해설
일반 작물에서는 대개 2~4% 정도로 이용하고 있으며 C3식물이 2.5% 내외, C4식물은 4% 정도이다.

제4과목 식물보호학

61 성충은 8월경에 콩꼬투리와 잎자루에 산란하고 부화한 유충은 콩꼬투리를 뚫고 들어가서 종실을 갉아먹으며, 연1회 발생하여 노숙유충으로 월동하는 해충은?
① 콩나방 ② 콩풍뎅이
③ 완두콩바구미 ④ 콩잎말이명나방

해설
콩나방은 1년에 1회 발생하고 땅속의 고치안에서 성장한 유충으로 월동하여 8월경 우화한다. 유충은 콩의 어린 꼬투리를 가해하여 종실까지 피해를 주는데 가해초기에는 발견이 어렵다.

62 광엽잡초와 작물이 경합하는 요소가 아닌 것은?
① 양분 ② 수분
③ 온도 ④ 햇빛

해설
잡초와 작물의 경합 요인에는 양분, 수분, 광, 밀도가 있다.

63 파리목에 대한 설명으로 옳은 것은?
① 각다귀와 모기 등이 있다.
② 완전변태하며 번데기는 주로 대용이다.
③ 파리목은 크게 4개의 아목으로 나눠진다.
④ 뒷날개가 퇴화되어 반시초를 이루고 있다.

해설
파리목의 사각류에는 각다귀와 모기 등이 있다.

정답 58 ① 59 ④ 60 ② 61 ① 62 ③ 63 ①

64 박테리오파지를 이용한 병원세균의 정량이 가능한 것은 어느 현상 때문인가?
① 삼투현상 ② 용균현상
③ 침투현상 ④ 항균현상

해설
세균이 용해되는 용균현상으로 박테리오파지를 이용한 병원세균 정량이 가능하다.

65 입제의 조립법에 쓰이는 결합제의 원료는?
① 탈크 ② 전분
③ 소석회 ④ 탄산칼슘

해설
입제의 조립법에 쓰이는 결합제로 전분이 활용된다.

66 아마이드계 계통의 잡초발생 전 토양처리용 제초제로서 잔디에 주로 사용되는 것은?
① 2,4-D 제 ② 메트리뷰진
③ 아이속사벤 ④ 아짐설퓨론

해설
아이속사벤은 잡초의 발아전 토양에 처리하는 토양처리용 제초제이다.

67 페녹시계 제초제는?
① 2,4_D ② Dicamba
③ Paraquat ④ Simazine

해설
페녹시계 제초제의 종류로 2,4-D, MCPP(Mecoprop, 메코프로프) 등이 있다.

68 배나무의 잎에 기생하며 녹병포자와 녹포자를 차례로 형성하고, 녹포자는 바람에 날려서 주간기주인 향나무의 잎이나 가지를 침해하여 겨울포자 상태로 월동하는 것은?
① 더뎅이병균 ② 근두암종병균
③ 겹무늬썩음병균 ④ 붉은별무늬병균

해설
배나무붉은별무늬병은 2차 전염원을 형성하지 않고 배나무 잎에 녹병포자와 녹포를 형성한다. 중간기주인 향나무와 기주교대를 하는 순활물기생균으로 강우나 바람에 의해 주로 전반된다.

69 냉해로 인해 발생되는 식물의 생리 변화가 아닌 것은?
① 불임현상
② 양분 흡수 저해
③ 원형질 유동 증가
④ 암모니아 축적 증대

해설
냉해 발생시 수분과 양분의 흡수 기능이 감퇴되어 식물의 동화작용과 생육에 저해된다. 식물체내에 암모니아성 물질의 축적이 증가하고 생육의 저해로 인하여 불임현상도 나타나게 된다.

70 잡초의 식생 천이에 관여하는 요인으로 옳지 않은 것은?
① 물 관리
② 시비 방법
③ 작부체계 변화
④ 비선택성 제초제 시용

해설
비선택성 제초제는 잡초와 작물 등 식물 전체를 제거하는 약제로 식물을 제거하면서 식생의 안정적인 모습을 찾아가는 과정을 방해한다.

정답 64 ② 65 ② 66 ③ 67 ① 68 ④ 69 ③ 70 ④

71 접촉형 비피리딜리움계 비선택성 제초제는?
① Triclopyr   ② Bentazon
③ Paraquat   ④ Quinclorac

해설
비피리딜리움계 제초제는 토양에 강하게 흡착되며 물에 반응시 잘 용해되어 양이온 형태로 식물에 흡수되는 비선택성 접촉형 제초제로서 파라쿼트 디클로라이드(Paraquat dichloride)가 대표적이다.

72 우리나라 여름작물의 밭에서 나는 잡초로만 짝지어진 것은?
① 명아주, 강아지풀
② 쇠뜨기, 물달개비
③ 토끼풀, 개구리밥
④ 올방개, 참방동사니

해설
여름 잡초이면서 밭잡초인 것으로 명아주, 강아지풀, 바랭이, 쇠비름 등이 있다.

73 농약의 투여 방법에 따른 독성 구분이 아닌 것은?
① 경구독성   ② 경피독성
③ 흡입독성   ④ 만성독성

해설
농약의 투여방법에 따른 구분으로 흡입독성, 경구독성, 경피독성이 있다. 만성독성은 발현속도에 따른 분류에 속한다.

74 씹어먹는 입을 가진 해충은?
① 벼멸구 성충
② 파밤나방 유충
③ 목화진딧물 유충
④ 온실가루이 성충

해설
파밤나방 유충은 잎이나 과피를 씹어 먹는다.

75 식물의 줄기를 파고 들어가는 것은?
① 벼멸구   ② 벼물바구미
③ 오이잎벌레 ④ 사과하늘소

해설
사과하늘소는 2년에 1회 발생하고 유충으로 산란한 부위 근처에서 월동한다. 유충은 목질부를 가해하여 갱도를 만들고 그곳에 배설물을 배출한다.

76 식물병이 성립하기 위한 3요소가 아닌 것은?
① 병원체   ② 부생체
③ 감수성 식물 ④ 적당한 환경

해설
식물병에 직접적인 요인을 주인, 주인을 도와 발병을 촉진 및 확산시키는 요인들을 유인이라 하며 유인은 주로 환경적 요인이 대표적이 예이다. 즉 주인에는 병원체, 유인에는 감수성식물, 환경적 요인에는 적당한 환경이 해당된다.

정답 71 ③ 72 ① 73 ④ 74 ② 75 ④ 76 ②

77 채소무름병에 대한 설명으로 옳지 않은 것은?
① 식물의 조직을 연화 부패시키는 병이다.
② 배추는 잎과 잎자루에 발생하며 악취를 낸다.
③ 감자에는 생육중에 고온 다습할 때 경엽에 발병한다.
④ 병원균은 다양하지만 고온 다습할 때 경엽에 발병한다.

해설
채소무름병의 병원은 세균으로 Erwinia carotavora 이다. 습도가 높고 온도가 높은 여름철에 자주 발생하며 병든 부위가 연화 부패되면서 악취가 발생하기도 한다.

78 다음 중 레이스의 정의로 옳은 것은?
① 바이러스에 적용되는 용어이다.
② 병원균이 다른개체군이 생기는 현상
③ 기주의 품종에 따라 병원성이 다른 개체군
④ 분류학적으로 같은 종에 속하지만 병원성이 다른 개체군 중에서 종이 다른 식물을 침해하는 것

해설
병원균의 한종이나 한 분화형 혹은 변종 중에서 기주의 품종에 대한 기생성이 다른 개체군을 레이스 또는 계통이라 한다. 레이스는 기주식물을 침해할 뿐 다른 품종은 침해하지 못한다.

79 인삼 탄저병과 사과나무 탄저병의 발생에 공통적으로 영향을 미치는 요인은?
① 산소농도   ② 직사광선
③ 토양산도   ④ 재식간격

해설
인삼 탄저병과 사과나무 탄저병의 경우 발병을 줄이기 위해서는 직사광선을 피하는 것이 좋다.

80 작물 해충의 종합적관리(IPM)에 대한 설명으로 틀린 것은?
① 농약 사용을 배제하여 친환경 재배를 실시한다.
② 유기합성농약 만능주의에 대한 반성으로부터 시작하였다.
③ 병해충의 밀도를 경제적 피해수준 이하로 유지하도록 하는 것이다.
④ 자연제어의 기작을 가능한 한 효율적으로 이용하는 것이 기본이다.

해설
종합적방제법은 필요시 화학적 방제법도 활용한다.

2016 제1회 종자산업기사

제1과목 종자생산학 및 종자법규

01 종자관리요강에서 포장검사 시 겉보리의 특정병이 아닌 것은?
① 흰가루병 ② 겉깜부기병
③ 속깜부기병 ④ 보리줄무늬병

해설
겉보리의 특정병은 겉깜부기병, 속깜부기병 및 보리줄무늬병을 말한다.

02 종자를 토양에 파종했을 때 새싹이 지상으로 출현하는 것을 무엇이라 하는가?
① 출아 ② 유근
③ 맹아 ④ 부아

해설
종자를 토양에 파종했을 때 새싹이 지상으로 출현하는 것을 출아라 한다.

03 종자관리요강에서 보증종자에 대한 사후관리시험의 검사항목인 것은?
① 발아율 ② 정립율
③ 품종순도 ④ 피해립율

해설
사후관리시험의 기준 및 방법에서 검사항목에는 품종의 순도, 품종의 진위성, 종자전염병이 있다.

04 종자검사요령에서 "빽빽이 군집한 화서 또는 근대 속에서는 화서의 일부"의 용어는?
① 속생 ② 배
③ 석과 ④ 화방

해설
빽빽이 군집한 화서 또는 근대 속에서는 화서의 일부를 화방이라 한다.

05 식물신품종법상 과수와 임목의 경우 품종보호권의 존속기간은?
① 15년 ② 20년
③ 25년 ④ 30년

해설
품종보호권의 존속기간은 품종보호권이 설정등록된 날부터 20년으로 한다. 다만, 과수와 임목의 경우에는 25년으로 한다.

06 종자검사요령에서 주병 또는 배주의 기부로부터 자라 나온 다육질이며 간혹 유색인 종자의 피막 또는 부속기관은?
① 망 ② 종피
③ 부리 ④ 포엽

해설
주병 또는 배주의 기부로 부터 자라나 온 다육질이며 간혹 유색인 종자의 피막 또는 부속기관을 종피라 한다.

정답 01 ① 02 ① 03 ③ 04 ④ 05 ③ 06 ②

07 다음 중 단일성 식물로만 이루어진 것은?
① 무궁화, 감자   ② 티머시, 토마토
③ 크로버, 백일홍   ④ 국화, 딸기

해설
콩, 옥수수, 담배, 고구마, 들깨, 국화, 코스모스, 딸기 등은 단일식물이다.

08 종자관리요강에서 포장검사 용어 중 소집단의 한 부분으로부터 얻어진 적은 양의 시료를 말하는 것은?
① 소집단   ② 합성시료
③ 1차시료   ④ 제출시료

해설
1차시료는 소집단의 한부분으로부터 얻어진 적은 양의 시료를 말한다.

09 다음 중 식물신품종보호법상의 신규성에 대한 내용 중 옳은 것은?
① 과수 및 임목인 경우에는 6년 이상 해당 종자나 그 수확물이 이용을 목적으로 양도 되지 아니한 경우에는 그 품종
② 과수 및 임목인 경우에는 4년 이상 해당 종자나 그 수확물이 이용을 목적으로 양도 되지 아니한 경우에는 그 품종
③ 과수 및 임목인 경우에는 3년 이상 해당 종자나 그 수확물이 이용을 목적으로 양도 되지 아니한 경우에는 그 품종
④ 과수 및 임목인 경우에는 2년 이상 해당 종자나 그 수확물이 이용을 목적으로 양도 되지 아니한 경우에는 그 품종

해설
품종보호 출원일 이전에 대한민국에서는 1년 이상, 그 밖의 국가에서는 4년[과수(果樹) 및 임목(林木)인 경우에는 6년] 이상 해당 종자나 그 수확물이 이용을 목적으로 양도되지 아니한 경우에는 그 품종은 신규성을 갖춘 것으로 본다.

10 다음 중 ( )에 알맞은 내용은?

( )은 국내 생태계 보호 및 자원보존에 심각한 지장을 줄 우려가 있다고 인정하는 경우에는 대통령령으로 정하는 바에 따라 종자의 수출·수입을 제한하거나 수입된 종자의 국내 유통을 제한할 수 있다.

① 농촌진흥청장
② 국립종자원장
③ 농림축산식품부장관
④ 환경부장관

해설
농림축산식품부장관은 국내 생태계 보호 및 자원 보존에 심각한 지장을 줄 우려가 있다고 인정하는 경우에는 대통령령으로 정하는 바에 따라 종자의 수출·수입을 제한하거나 수입된 종자의 국내 유통을 제한할 수 있다.

11 종자관련법상 보증의 유효기간이 틀린 것은?
① 채소 : 2년   ② 버섯 : 1개월
③ 감자 : 2개월   ④ 콩 : 3개월

해설
맥류와 콩의 유효기간은 6개월이다.

12 도생배주에서 생긴 종자의 특성으로 종피와 다른 색을 띠며 가는 선이나 또는 홈을 이루는 것은?
① 봉선   ② 제
③ 주공   ④ 합점

해설
봉선은 가는 선이나 홈을 이룬 것으로 종피와 다른 색을 띠며 길이를 통해 종자의 구분이 가능하다.

13 종자관련법상 등재되거나 신고되지 아니한 품종명칭을 사용하여 종자를 판매하거나 보급한 자의 과태료 기준은?
① 5천만원 이하 ② 3천만원 이하
③ 2천만원 이하 ④ 1천만원 이하

> 해설
> 종자관련법상 등재되거나 신고되지 아니한 품종명칭을 사용하여 종자를 판매하거나 보급한 자에게는 1천만원 이하의 과태료를 부과한다.

14 감자보다 바이러스에 더 예민한 지표식물에 감자의 즙액을 접종하여 병의 발생 여부를 검정하는 것은?
① 개벽검정 ② 괴경단위재식법
③ 효소결합항체법 ④ 접종검정법

> 해설
> 식물바이러스 검정법에는 병징검정법, 접종검정법, 이화학적 검정, 전자현미경 검정, 혈청학적 검정 등의 방법이 있다. 여기서 접종검정법은 즙액접종을 이용하여 바이러스를 확인한다.

15 종자관리요강에서 수립적응성시험의 신청을 위해 해당 작물의 신청 관련법인 또는 단체로 옳지 않은 것은?
① 버섯 : 한국종균생산협회
② 약용작물 : 한국생약협회
③ 녹비작물 : 농업협동조합법에 의한 농업협동중앙회
④ 식량작물 : 농촌진흥청

> 해설
> 식량작물에 대한 실시기관은 농업기술실용화재단이다.

16 종자의 생성없이 과실이 자라는 현상은?
① 단위결과 ② 단위생식
③ 무배생식 ④ 영양결과

> 해설
> 수정이 되고 종자가 생기지 않아도 과실이 형성되는 경우가 있는데 이를 단위결과라 한다.

17 다음 중 (   )에 알맞은 온도는?

> 층적처리 방법 중 배휴면을 하는 종자는 저온에 수일 내지 수개월 저장하면 휴면이 타파된다. 이 때 (   )미만 저온은 효과가 없다.

① 6℃ ② 4℃
③ 2℃ ④ 0℃

> 해설
> 층적처리는 휴면의 타파 뿐만 아니라 발아력 저하방지, 발아억제물질 제거, 후숙 방지 등의 효과가 있다. 배휴면을 하는 종자의 휴면 타파의 경우 0℃ 미만의 조건에서는 효과가 거의 나타나지 않는다.

18 다음 중 상온의 공기 또는 약간 가열한 공기를 곡물 층에 통풍하여 건조하는 방법은?
① 천일건조 ② 밀봉건조
③ 상온통풍건조 ④ 냉동건조

> 해설
> 상온의 공기 또는 약간 가열한 공기를 곡물 층에 통풍하여 건조하는 방법을 상온통풍건조라 한다.

19 종자의 발아를 촉진하고 초기생육을 빠르게 하여 균일한 모를 얻기 위해 싹을 틔어서 파종하는 것은?
① 침종 ② 최아
③ 선종 ④ 파종

> 해설
> 싹을 틔어서 파종하는 것을 최아라 한다.

정답 13 ④ 14 ④ 15 ④ 16 ① 17 ④ 18 ③ 19 ②

20 종자관련법상 품종목록법상 품종목록에 등재품종등의 종자 생산에 관한 설명 중 틀린 것은?
① 국립종자원장은 종자생산을 대행할 수 있다.
② 산림청장은 종자생산을 대행할 수 있다.
③ 특별시장은 종자생산을 대행할 수 있다.
④ 도지사는 종자생산을 대행할 수 있다.

해설
농촌진흥청장 또는 산림청장, 특별시장·광역시장·특별자치시장·도지사 또는 특별자치도지사, 대통령령으로 정하는 농업단체 또는 임업단체, 농림축산식품부령으로 정하는 종자업자는 품종목록에 등재한 품종의 종자 또는 농산물의 안정적인 생산에 필요하여 고시한 품종의 종자를 생산할 경우에는 그 생산을 대행하게 할 수 있다.

제2과목 식물육종학

21 계통육종법과 집단육종법에 대한 설명으로 옳지 않은 것은?
① 계통육종법은 유전자 수가 비교적 적고 감별이 용이한 질적형질의 개량에 효과적이다.
② 계통육종법은 양적형질들 중 유전력이 낮은 형질들에 대해서는 효과적이다.
③ 집단육종법은 초기에 선발하지 않고 집단 재배를 하면서 많은 유전자형을 양성하기 때문에 유효 유전자를 상실할 염려가 적다.
④ 집단육종법은 수량과 같은 양적형질의 개량에 유리하다.

해설
계통육종법은 질적형질이나 유전력이 높은 양적형질의 개량에 효과적인 육종법이다.

22 우리나라에서 현재 배추의 일대교잡종 채종에 보편적으로 이용하는 유전적 특성은?
① 자가화합성 ② 자가불화합성
③ 교잡불화합성 ④ 웅성붙임성

해설
자가불화합성의 이용에서 잡종강세를 나타내는 작물의 1대잡종(F_1) 종자를 대량 생산할 수 있어 국내의 경우 무, 배추, 양배추 종자 생산에 이용된다.

23 세포질·유전자적 웅성불임성을 이용하여 옥수수 1대 잡종 종자를 대량으로 채종하기 위해서 육종가 또는 육종기관은 어떤 종류의 계통을 세트로 유지하고 있어야 하는가?
① 웅성불임계통, 내충성계통, 근동질유전자계통
② 근동질유전자계통, 웅성불임유지계통, 다수성계통
③ 내충성계통, 다수성계통, 임성회복유전자계통
④ 임성회복유전자계통, 웅성불임유지계통, 웅성불임계통

해설
세포질 유전자적 웅성불임으로 잡종강세를 이용하기 위해서 웅성불임친과 그 웅성불임성을 유지해 주는 유지친, 웅성불임친의 임성을 회복시켜 주는 회복인자친이 있어야 한다.

24 다음 중 정역교배 효과란?
① 세포질 효과
② F_1이 지식 될 때의 효과
③ F_1이 모친과 여교잡 될 때의 효과
④ F_1이 부친과 여교잡 될 때의 효과

해설
정역교배는 F_1이 자방친의 특성만을 닮는다면 세포질적 유전을 나타내는 것이다.

정답 20 ① 21 ② 22 ② 23 ④ 24 ①

25 다음 중 조합 육종이 아닌 것은?
① 단간품종과 다수성 품종을 교배하여 단간 다수성 품종을 육성한다.
② A저항성 품종과 B저항성 품종을 교배하여 복합저항성 품종을 교배하여 단간조숙성 품종을 육성한다.
③ 단간품종과 조생품종을 교배하여 극 조생종을 육성한다.
④ 조생품종과 조생품종을 교배하여 극 조생종을 육성한다.

해설
조합육종은 교배육종에서 두 개의 품종이 각각 별도로 가지고 있는 유용 형질을 한 개체 속에 새롭게 조합시킬 목적으로 교배하는 것인데 같은 조생품종 끼리의 교배는 해당되지 않는다.

26 여교배육종에서 반복친과 1회친에 대한 설명으로 옳은 것은?
① 반복친은 한 가지 결점만 가지고, 도입하고자하는 유전자는 폴리진인 것이 좋다.
② 반복친은 한 가지 결점만 가지고, 도입하고자하는 유전자는 소수의 주동유전자인 것이 좋다.
③ 반복친과 1회친은 서로 원연품종이 바람직하다.
④ 반복친은 비실용품종으로 하고, 1회친은 실용품종으로 하는 것이 바람직하다.

해설
여교잡육종법은 양친의 제1대 잡종에 양친 중 한쪽의 유전자형을 가진 개체를 교잡하고 이것을 수세대 반복하여 우량개체를 선발하는 방법이다.

27 다음 중 교잡에 관한 설명으로 옳은 것은?
① 여교잡을 시키면 자식시킨 것보다 F_2에서 유전자형의 출현이 단순해진다.
② 여교잡에서 목표형질이 우성인 경우에는 F_2를 생산하고, 거기에 개량하고자하는 품종을 교배시켜 나간다.
③ 복교잡은 유용한 유전자를 풍부하게 도입 할 수 있으며, 단교잡에 비해 유전자 구성이 단순해진다.
④ 옥수수와 같은 타가수정 작물은 복교잡을 만들 수 없다.

해설
여교잡은 자식에 비해 분리되는 유전자형의 종류수가 적고 단순해진다.

28 다음 중 균일도가 가장 높은 것은?
① 단교잡종   ② 3원교잡종
③ 복교잡종   ④ 합성품종

해설
단교잡종은 각 형질이 균일하고 불량형질이 나타나는 일이 적다.

29 변이와 육종관계에 대한 내용으로 옳지 않은 것은?
① 육종소재가 되는 변이의 존재야말로 육종의 기본이 된다.
② 환경에 의한 변이도 육종과정을 통하여 고정 시킬 수 있다.
③ 육종의 대상이 되는 농업상 중요한 실용형질은 대부분이 연속적 변이를 나타내는 양적형질이다.
④ 변이의 유발빈도가 높아지고 인위돌연변이 유발의 방향성까지 조절될 수 있다면 육종사업은 비약적인 발전을 가져오게 될 것이다.

해설
환경에 의한 변이는 유전적 변이에 해당되지 않으며 육종과정을 통해 고정시킬수 없다.

30 재료의 측정 단위가 달라도 편차의 정도를 평균값으로 나누어서 양적형질을 직접 비교할 수 있는 통계적 방법은?
① 최빈치 ② 중앙치
③ 변이계수 ④ 표준편차

해설
변이계수는 양적형질에 관여하는 유전자의 분석에 관련되는 방법으로 편차의 정도를 평균값으로 나누어서 양적형질을 직접 비교할수 있다.

31 연속적으로 자가수정한 자식성 집단의 유전적 특성은?
① 동형접합체가 많다.
② 이형접합체가 많다.
③ 돌연변이체가 많다.
④ 배수체가 많다.

해설
연속적으로 자가수정한 자식성 집단은 세대가 진전함에 따라 동형접합체가 증가한다.

32 복이배체의 게놈 구성을 옳게 표현한 것은? (단, 알파벳 기호는 게놈을 의미함.)
① AAAA ② AABBCC
③ AAABBB ④ ABC

해설
복이배체(복2배체)라 하며 서로 다른 종류의 게놈이 배가되어 배수체를 만든 것이다. 복이배체의 이용성이 높으며 육성초기 높은 불임성을 가진다.

33 계통육종법과 집단육종법에 대한 설명으로 옳지 않은 것은?
① 계통육종법은 유전자 수가 비교적 적고 감별이 용이한 질적형질의 개량에 효과적이다.
② 계통육종법은 양적형질들 중 유전력이 낮은 형질들에 대해서는 효과적이다.
③ 집단육종법은 초기에 선발하지 않고 집단 재배를 하면서 많은 유전자형을 양성하기 때문에 유효 유전자를 상실할 염려가 적다.
④ 집단육종법은 수량과 같은 양적형질의 개량에 유리하다.

해설
계통육종법은 질적형질이나 유전력이 높은 양적형질의 개량에 효과적인 육종법이다.

34 목표 형질에 대해 육종가에 의한 개체 선발 시기가 가장 늦은 육종방법은?
① 계통육종법 ② 집단육종법
③ 파생계통육종법 ④ 돌연변이육종법

해설
집단육종법은 수세대 후 개체를 선발하기에 선발시기가 가장 늦은 육종방법이다.

35 다음 중 벼의 인공교배 방법으로 가장 효율적인 것은?

① 개화전날 오전 10~12시에 제웅하고, 제웅 다음날 4시 이후에 수분시킨다.
② 개화전날 오전 10~12시에 제웅하고, 제웅 당일 오후 4시 이후에 수분시킨다.
③ 개화전날 오후 4시 이후에 제웅하고, 제웅하고, 제웅 2일후 오후4시 이후에 수분시킨다.
④ 개화전날 오후 4시 이후에 제웅하고, 제웅 다음날 오전 10~12시에 수분시킨다.

해설
벼의 개화는 오전 10시 쯤부터 시작되고 12시쯤 개화 최성기이므로 제웅 다음날 오전 10~12시 사이 수분시킨다.

36 유전자의 재조합빈도에 대한 설명으로 틀린 것은?

① 두 연관유전자 사이의 재조합빈도는 0~50%의 범위에 있다.
② 재조합빈도가 50%이면 독립적임을 나타낸다.
③ 재조합빈도가 50%에 가까울수록 연관이 강하다.
④ 재조합빈도는 검정교배나 F_2의 표현형 분리비에 의해 구한다.

해설
재조합빈도가 0에 가까울수록 연관이 강하고 50에 가까울수록 연관이 약하다.

37 상위성이 있는 경우 양성잡종 F_2 분리비가 15:1인 것은?

① 보족유전자 ② 중복유전자
③ 억제유전자 ④ 피복유전자

해설
중복유전자의 F_2 분리비는 15:1 이다.

38 유전적 평형집단에서 A 유전자의 빈도를 0.7, a 유전자의 빈도를 0.3이라고 했을 때 집단 내에서 AA, Aa, aa의 유전자형의 빈도는?

① AA: 0.7, Aa: 0.21, aa: 0.3
② AA: 0.49, Aa: 0.42, aa: 0.09
③ AA: 0.09, Aa: 0.42, aa: 0.49
④ AA: 0.7, Aa: 0, aa: 0.3

해설
Aa 를 자식하면 AA : 2Aa : aa 로 유전자형 빈도는 AA: 0.49, Aa: 0.42, aa: 0.09 로 나타난다.

39 AA/aa 조합에서 열성친(aa)으로 여교배한 BC_1F_1의 유전구성으로 가장 옳은 것은?

① 모두 열성유전자형이다.
② 모두 우성유전자형이다.
③ 동형접합체와 이형접합체가 1:1이다.
④ 유성유전자형과 열성유전자형이 3:1이다.

해설
AA/aa 의 여교잡의 경우 Aa, Aa. aa, aa 으로 동형접합체와 이형접합체가 1:1 이다.

40 약배양 하여 얻은 반수체 식물을 2배체로 만드는데 염색체 배가를 위하여 주로 사용하는 약제는?

① 콜히친 ② 에틸렌
③ NAA   ④ EMS

해설
인위적으로 염색체를 배가시켜 동질배수체를 작성하려면 콜히친(colchicine)처리법을 이용해야 한다. 콜히친을 종자나 세포분열이 왕성한 식물체의 생장점 부위에 처리하면 분열상태의 세포의 방추사, 세포막의 형성을 저해하고 복제된 염색체가 양극으로 분리되는 것을 방해하는 작용을 한다.

제3과목 재배원론

41 화아분화나 과실의 성숙을 촉진시킬 목적으로 실시하는 작업은?
① 환상박피 ② 순지르기
③ 절상 ④ 잎따기

해설
환상박피를 통해 지상부의 탄수화물 축적이 많아지면서 개화 및 결실이 촉진된다.

42 친환경농업에 관련된 설명으로 옳지 않은 것은?
① 유기농업: 농약과 화학비료를 사용하지 않고 안전한 농산물을 얻는 농업
② 생태농업: 지역폐쇄시스템에서 작물양분과 병해충 종합관리기술을 이용하여 생태계 균형 유지에 중점을 두는 농업
③ 저투입. 지속농업: 환경에 부담을 주지 않고 영원히 유지할 수 있는 농업
④ 자연농업: 지력을 토대로 한 포장에 종자, 비료, 농약 등을 달리하여 환경문제를 최소화하는 농업

해설
자연농업은 비료를 주지 않고 자연의 힘을 이용하는 농업이다.

43 작물의 종류와 시비방법에 대한 설명이 바르게 된 것은?
① 콩과인 알팔파는 벼과인 오처드그라스에 비하여 질소, 칼륨, 석회 등을 훨씬 빨리 흡수한다.
② 혼파 하였을 때 질소를 많이 주면 콩과가 우세해진다.
③ 담배, 사탕무는 암모니아태질소의 효과가 크고, 질산태 질소를 주면 해가 되는 경우도 있다.
④ 고구마의 3요소 흡수량의 크기는 인산>질소>칼륨의 순위이다.

해설
알팔파는 오처드그라스에 비하여 양분의 흡수율이 높다.

44 다음 중 ( )에 알맞은 내용은?

> 서로 도움이 되는 특성을 지닌 두 가지 작물을 같이 재배할 경우 이 두 작물을 ( )이라고 한다.

① 중경작물 ② 보호작물
③ 흡비작물 ④ 동반작물

해설
서로 도움이 되는 작물을 같이 재배하는 경우 동반작물이라 한다.

45 다음 작물 중에서 내습성이 가장 강한 것은?
① 율무 ② 유채
③ 보리 ④ 메밀

해설
내습성이 강한 작물로 미나리, 벼, 옥수수, 율무 등이 있다.

46 다음 중 접목의 목적과 방법이 올바르게 짝지어진 것은?
① 생육을 왕성하게 하고 수령을 늘리기 위한 접목 - 감나무에 고욤나무를 접목
② 병해충저항성을 높이기 위한 접목 - 수박을 박이나 호박에 접목
③ 과수나무의 왜화와 결과연형을 단축하고 관리를 쉽게 하기 위한 접목 - 사과나무를 환엽해당에 접목
④ 건조한 토양에 대한 환경적응성을 높이기 위한접목 - 서양배나무를 중국콩배에 접목

해설
수박을 박 혹은 호박에 접목하게 되면 덩굴쪼김병, 선충 등의 토양전염성 병해에 저항성이 높아진다.

47 배낭속의 난핵과 꽃가루관에서 온 웅핵의 하나가 수정한 결과 생긴 것으로 장차 식물체가 되는 부분은?
① 배 ② 배유
③ 주심 ④ 자엽

해설
배낭속의 난핵과 꽃가루관에서 온 웅핵의 하나가 수정하여 배가 되고 나머지 웅핵은 극핵과 결합해 배유가 된다.

48 식물학상 종자로만 이루어진 것은?
① 옥수수, 참깨 ② 콩, 참깨
③ 벼, 보리 ④ 쌀보리, 유채

해설
식물학상 종자로만 이루어진 것은 담배, 목화, 참깨, 콩, 자두, 앵두 등이 있다.

49 다음 중 습해의 대책이 아닌 것은?
① 내습성 작물 및 품종을 선택한다.
② 심층시비를 실시한다.
③ 배수를 철저히 한다.
④ 토양공기를 조장하기 위해 중경을 실시하고 석회 및 토양개량제를 시용한다.

해설
심층시비는 암모니아태 질소비료를 논 토양의 환원층에 주어 탈질을 막아주는 역할을 하나 습해에 대한 대책은 되지 못한다.

50 습해의 발생기구에 대한 설명으로 틀린 것은?
① 과습하여 토양산소가 부족하면 직접피해로서 호흡장해가 생긴다.
② 무기성분 (N, P, K, Ca, Mg등)이 과잉흡수, 축적되어 피해를 유발한다.
③ 봄과 여름철에는 토양미생물의 활동으로 환원성 유해물질이 생성되어 피해가 커진다.
④ 토양전염병해의 전파가 많아지고 작물도 쇠약하여 병해발생을 초래한다.

해설
습해는 토양이 과습상태가 되어 작물에 피해현상이 나타나는 것이지 무기성분이 과잉흡수 및 축적으로 발생하는 것이 아니다.

51 콩 농사를 하는 홍길동은 콩밭 둘레에 옥수수를 심어 방풍효과도 거두었다. 이 작부체계로서 가장 적절한 것은?
① 간작 ② 혼작
③ 교호작 ④ 주위작

해설
주위작은 포장의 주위에 포장내의 작물과는 다른 작물을 재배하는 방식으로 주위에 빈공간을 이용하는 것이다. 옥수수나 수수의 경우 주위에 재배시 방풍의 효과가 있다.

정답 46 ② 47 ① 48 ② 49 ② 50 ② 51 ④

52 작물이 영양생장에서 생식생장으로 전환하는데 가장 크게 관여하는 요인은?
① C/N율
② CO$_2$/O$_2$의 비
③ 수분과 양분
④ 온도와 일장

해설
생식기관의 발육단계인 생식생장의 경우 일장, 온도, 양분 등이 영향을 준다.

53 중북부지방의 맥류재배에서 한해와 동해를 방지할 목적으로 실시되는 작휴법은?
① 성휴법
② 이랑재배
③ 휴립휴파법
④ 휴립구파법

해설
휴립구파법은 이랑을 세우고 낮은 골에 파종하는 방법으로 맥류의 한해와 동해를 동시에 방지할수 있다.

54 다음 중 종자발아의 필요한 수준흡수량이 가장 많은 것은?
① 호밀
② 옥수수
③ 벼
④ 콩

해설
발아에 필요한 종자의 수분 흡수량은 종자무게 대비 벼 23%, 밀 30%, 콩 100% 정도이다.

55 다음 중 청고의 개념으로 옳은 것은?
① 벼가 수온이 낮은 유동 청수에 관수되어 서서히 사멸하는 경우
② 벼가 수온이 높은 정체 탁수에 관수되어 급격히 사멸하는 경우
③ 벼가 수온이 낮은 유동 청수에 관수되어 급격히 사멸하는 경우
④ 벼가 수온이 높은 정체 탁수에 관수되어 서서히 사멸하는 경우

해설
벼가 고수온의 정체탁수에서 단백질 소모가 없이 푸른 상태로 죽기에 청고라고 한다.

56 다음 중 냉해란?
① 작물의 조직세포가 동결되어 받는 피해
② 월동 중 추위에 의하여 작물이 받는 피해
③ 생육적온보다 온도가 낮아 작물이 받는 피해
④ 저온에 의하여 작물의 조직 내에 결빙이 생겨서 받는 피해

해설
냉해는 저온의 피해로 냉해의 원인은 저온, 일조 부족, 다우 등이 있다.

57 다음 중 산성토양에 적응성이 가장 강한 내산성 작물은?
① 감자
② 사탕무
③ 부추
④ 콩

해설
산성토양에 저항성이 강한 작물로는 벼, 귀리, 조, 옥수수, 감자, 수박 등이 있다.

58 과실을 수확한 직후부터 수일간 서늘한 곳에 보관하여 몸을 식히는 것이며, 저장, 수송중 부패를 최소화하기 위해 실시하는 것은?
① 후숙
② 큐어링
③ 예냉
④ 음건

해설
예랭(예냉)은 수확 직후 청과물의 품질 유지에 좋은 방법으로 호흡량을 줄이고 저장양분의 소모를 감소시킨다.

59 다음 중 식물의 생육이 왕성한 여름철의 미기상 변화를 옳게 설명한 것은?
① 지표면의 온도는 낮에는 군락과 비슷하며 밤에는 군락보다 더 낮다.
② 군락 내의 탄산가스 농도는 낮에는 지표면이나 대기중의 탄산가스 농도보다 높다.
③ 밤에는 탄산가스가 공기보다 무겁기 때문에 지표면에서 가장 높고 지표면에서 멀어질수록 낮아진다.
④ 대기 중의 탄산가스 농도는 약 350ppm으로 지표면과 군락 내에서도 낮과 밤에 따른 변화가 거의 없이 일정하다.

해설
탄산가스는 보통의 공기보다 무겁기 때문에 아래쪽으로 가라앉는 성질이 있어 지표면에서 가장 높게 분포하고 지표면에서 멀어질수록 낮아지게 된다.

60 벼의 키다리병에서 생성된 식물생장조절제는?
① 에틸렌   ② 사이토키닌
③ 지베렐린   ④ 2,4-D

해설
지베렐린은 종자의 휴면타파의 효과가 있는 식물생장조절제로 옥신과 함께 사용시 효과가 극대화되는데 벼의 키다리병에서 유래한 물질이다.

제4과목 식물보호학

61 물에 녹지 않는 원제를 증량제 계면활성제 등과 혼합하여 분말화 시킨 것은?
① 유제   ② 수용제
③ 수화제   ④ 액상수화제

해설
수화제는 물에 녹지 않는 주제를 벤토나이트 등의 점토광물과 계면활성제 등을 배합하여 혼합 분쇄하여 제제한다.

62 식물바이러스의 구성성분으로 옳은 것은?
① 핵산과 단백질
② 단백질과 비타민
③ 핵산과 탄수화물
④ 단백질과 탄수화물

해설
바이러스는 핵산과 단백질로 구성된 핵단백질로 세포벽이 없는 것이 특징이다.

63 식물병원성 균류의 일반적인 특징으로 옳지 않은 것은?
① 영양체와 번식체로 구성된다.
② 세포 내 소기관을 가지고 있다.
③ 원형질막 안쪽에는 세포벽이 있다.
④ 엽록소가 없어서 광합성을 할 수 없다.

해설
균류는 세포벽은 외부에 존재하고 그 성분은 키틴으로 이루어져 있다.

64 Sulfonylurea 계 제초제가 아닌 것은?
① Bensulfuron   ② Prometryn
③ Cinosulfuron   ④ Flazasulfuron

해설
설포닐우레아(Sulfonylurea) 제초제에는 벤설퓨론(bensulfuron), 아짐설퓨론(azimsulfuron), 시노설퓨론(cinosulfuron), 플라자설퓨론(flazasulfuron) 등이 있다.

65 해충이 살충제에 대하여 저항성을 갖게 되는 기작이 아닌 것은?
① 더듬이의 변형
② 표피층 구성의 변화
③ 피부 및 체내 지질의 함량 증가
④ 살충제에 대한 체내 작용점의 감수성 저하

해설
곤충의 더듬이는 감각기관으로 살충제 저항성에 의한 기작과는 관련이 없다.

66 약제를 가스화하여 방제하는 방법으로 수입농산물의 검역방법에 주로 사용되는 것은?
① 훈증법   ② 살립법
③ 연무법   ④ 미스트법

해설
훈증법은 밀폐된 곳에 넣고 약제를 가스화시켜 방제하는 방법이다.

67 식물병원체가 생산하는 것으로 사람이나 가축에 생리적 장애를 주는 것은?
① 옥신   ② 균독소
③ 일리시타   ④ PR-단백질

해설
균독소는 사람이나 가축에 중독 증상 등의 생리적 장애를 일으킨다.

68 중국대륙에서 날아 들어오는 비래해충은?
① 벼애나방   ② 감자나방
③ 벼밤나방   ④ 혹명나방

해설
외국에서 날아오는 비래해충에는 멸강나방, 벼멸구, 혹명나방 등이 있다.

69 식물 세포벽을 분해하는 효소가 아닌 것은?
① 펙틴
② 탄닌 분해효소
③ 큐틴 분해효소
④ 셀룰로오스 분해효소

해설
식물세포벽 분해 효소로는 셀룰로오스분해효소(Cellulase), 헤미셀룰로오스 분해효소(Hemicellulase), 리그닌 분해효소(ligninase), 펙틴 분해효소(Pectinase), 큐틴 분해효소(Cutinase) 등이 있다.

70 농약의 원액이나 유효성분 함량이 높은 ULV제 등을 항공기를 이용하여 살포하는 방법은?
① 연무법   ② 관주법
③ 살분법   ④ 미량살포법

해설
미량살포자(ULV제)는 항공 살포를 이용한다.

71 곤충강에 속하지 않는 것은?
① 좀목   ② 바퀴목
③ 진드기목   ④ 메뚜기목

해설
진드기목은 거미강에 속한다.

72 곤충의 다리 마디를 몸통부터 순서대로 나열한 것은?
① 밑마디 - 넓적다리마디 - 종아리마디 - 도래마디 - 발목마디
② 밑마디 - 넓적다리마디 - 도래마디 - 종아리마디 - 발목마디
③ 밑마디 - 도래마디 - 넓적다리마디 - 종아리마디 - 발목마디
④ 밑마디 - 도래마디 - 종아리마디 - 넓적다리마디 - 발목마디

해설
다리 구조는 흉부 부착점에서 밑마디(기절), 도래마디(전절), 넓적다리마디(퇴절), 종아리마디(경절), 발목마디(부절)로 5마디로 분류한다.

73 괴경번식을 하는 잡초는?
① 벗풀   ② 네가래
③ 한련초   ④ 쇠비름

해설
괴경 번식하는 잡초에는 올방개, 매자기, 벗풀, 향부자, 너도방동사니, 올미 등이 있다.

74 벼룩에 대한 설명으로 옳지 않은 것은?
① 완전변태 한다.
② 외부기생성 해충이다.
③ 날개가 없는 무시아강에 속한다.
④ 사람은 물론 고양이나 개에도 해를 가한다.

해설
벼룩은 유시아강에 속한다.

75 화본과 1년생 밭잡초에 속하는 것은?
① 여뀌   ② 명아주
③ 토끼풀   ④ 강아지풀

해설
종자로 번식하는 1년생 밭잡초에서 강아지풀이 있으며 화본과 잡초에 속한다.

76 벼 도열병 방제 방법으로 옳은 것은?
① 만파와 만식을 실시한다.
② 질소 거름을 기준량보다 더 준다.
③ 존자소독보다 모판소독이 더 중요하다.
④ 생육기에 찬물이 유입되지 않도록 한다.

해설
벼 도열병의 방제를 위해 찬물을 직접 논에 넣지 않고 얕게 대되 마르지 않게 한다.

77 광 요구성 잡초종자의 발아에 관여하는 파이토크롬의 활성화 조사에 필요한 빛의 유형은?
① 남색광   ② 백색광
③ 황색광   ④ 적색광

해설
종자 껍질에 있는 색소단백질인 피토크롬은 적색광(Pfr형, 660nm)에서는 발아가 촉진된다.

78 잡초방제를 위한 방법 중 생태적 방제법이 아닌 것은?
① 윤작   ② 경운
③ 피복작물 재배 ④ 재식밀도 조절

해설
잡초방제를 위한 방제법에서 경운은 예방적 방제법에 해당한다.

정답 72 ③ 73 ① 74 ③ 75 ④ 76 ④ 77 ④ 78 ②

79 잡초를 토양수분 적응성에 따라 분류할 때 바랭이와 명아주는 어느 것에 속하는가?
① 수생잡초 ② 건생잡초
③ 부유잡초 ④ 습생잡초

해설
토양수분 적응성에 의한 분류에서 바랭이, 명아주, 쇠비름, 강아지풀 등은 건생잡초로 분류된다.

80 인위적 처리에 의한 잡초 종자의 휴면타파 방법과 거리가 먼 것은?
① 파상방법 ② 냉동저장방법
③ 온도처리방법 ④ 약품처리방법

해설
종자의 휴면 타파를 위해 종피파상법, 약품처리법, 온도처리법, 광처리법, 황산처리법 등을 활용하나 냉동저장방법은 종자를 장기간 저장하기 위한 방법에 해당한다.

2017 제1회 종자산업기사

제1과목 종자생산학 및 종자법규

01 농림축산식품부장관이 따로 정하여 고시하거나 종자관리사가 따로 정하는 경우를 제외하고 작물별 보증의 유효기간이 틀린 것은? (단, 기산일(起算日)은 각 보증종자를 포장(包裝)한 날로 한다.)
① 채소: 2년   ② 버섯: 1개월
③ 고구마: 1개월   ④ 콩: 6개월

해설
고구마의 유효기간은 2개월이다.

02 수입적응성시험의 심사기준에 대한 설명 중 ( )에 알맞은 내용은?

> 시설 내 재배시험인 경우를 제외하고 재배시험 지역은 최소한 ( )지역 이상으로 하되, 품종의 주 재배지역은 반드시 포함되어야 하며 작물의 생태형 또는 용도에 따라 지역 및 지대를 결정한다. 다만, 작물 및 품종의 특성에 따라 지역수를 가감할 수 있다.

① 1개   ② 2개
③ 3개   ④ 4개

해설
재배시험지역은 최소한 2개 지역 이상(시설 내 재배시험인 경우 1개지역 이상)으로 하되, 품종은 주 재배지역은 반드시 포함되어야 하며 작물의 생태형 또는 용도에 따라 지역 및 지대를 결정한다.

03 종자가 발아에 적당한 조건을 갖추어도 발아하지 않는 현상을 무엇이라 하는가?
① 발아정지   ② 휴면
③ 퇴화   ④ 생육정지

해설
성숙한 종자가 발아조건이 되어도 발아하지 않을 경우 휴면이라 하며 생육의 일시적 정지상태라 할 수 있다.

04 종자의 보증과 관련된 검사 서류를 보관하지 아니한 자에 대한 최대 과태료 부과기준은?
① 1백만원   ② 3백만원
③ 5백만원   ④ 1천만원

해설
보증종자를 판매하거나 보급하려는 자가 종자의 보증과 관련된 검사서류를 보관하지 아니 하면 1천만원 이하의 과태료를 부과한다.

05 종자가 발아하는데 중요한 요인이 아닌 것은?
① 질소   ② 수분
③ 온도   ④ 산소

해설
종자 발아에 영향을 주는 요인에는 수분, 온도, 광, 산도 등이 있다.

정답 01 ③ 02 ② 03 ② 04 ④ 05 ①

06 농림축산식품부장관은 종자산업의 육성 및 지원을 위하여 농림종자산업의 육성 및 지원에 관한 종합계획을 몇 년마다 수립·시행하여야 하는가?
① 1년 ② 3년
③ 5년 ④ 7년

해설
농림축산식품부장관은 종자산업의 육성 및 지원을 위하여 5년마다 농림종자산업의 육성 및 지원에 관한 종합계획을 수립·시행한다.

07 국가품종목록에 등재할 수 있는 대상작물이 아닌 것은?
① 보리 ② 콩
③ 감자 ④ 사료용 옥수수

해설
품종목록에 등재할 수 있는 대상작물은 벼, 보리, 콩, 옥수수, 감자와 그 밖에 대통령령으로 정하는 작물로 한다. 다만, 사료용은 제외한다.

08 쌀보리 포장검사의 특정병에 해당하는 것은? (단, 종자관리요강을 적용한다.)
① 흰가루병 ② 줄기녹병
③ 속깜부기병 ④ 붉은곰팡이병

해설
쌀보리 포장검사의 특정병은 속깜부기병이다.

09 다음 중 호광성 종자가 아닌 것은?
① 담배 ② 토마토
③ 상추 ④ 우엉

해설
호광성종자로 상추, 담배, 우엉 등이 있다. 토마토는 혐광성 종자에 해당한다.

10 호광성 종자의 발아에 있어서 발아촉진 작용을 하는 광파장은?
① 적외선 ② 적색광
③ 청색광 ④ 자외선

해설
광발아성 종자의 발아 촉진에 영향을 주는 광은 600~700nm 의 적색광이다.

11 종자세의 평가방법에서 종자의 발아에 나쁜 조건을 주어 검정하는 방법으로 옥수수나 콩에 가장 보편적으로 이용되는 검사법은?
① 호흡량 검사법
② 저온검사법
③ 구루코스 대사검사법
④ 테트라졸리움 검사법

해설
저온검사법은 종자 발아에 저온과 다습 조건에서 검사하는 방법 중 하나로 옥수수, 콩 등에 보편적으로 이용되는 방법이다.

12 품종목록 등재의 유효기간은 등재한 날이 속한 해의 다음 해부터 몇 년 까지로 하는가?
① 5년 ② 7년
③ 10년 ④ 15년

해설
품종목록 등재의 유효기간은 등재한 날이 속한 해의 다음 해부터 10년까지로 한다.

13 옥수수의 포장격리에 관한 설명 중 ( )에 알맞은 내용은?

> 원원종, 원종의 자식계통은 이품종으로 부터 ( )이상, 채종용 단교잡종은 200m 이상 격리되어야 한다.

① 50m ② 100m
③ 150m ④ 300m

해설
옥수수는 원원종,원종의 자식계통 및 채종용 단교잡종의 포장격리 기준에서 원원종, 원종의 자식계통은 이품종으로부터 300m 이상, 채종용 단교잡종은 200m 이상 격리되어야 한다. 다만, 건물 또는 산림 등의 보호물이 있을 때는 200m 로 단축할 수 있다.

14 한국종자협회에서 실시하는 수입적응성 시험 대상작물에 해당하는 것은?

① 콩 ② 녹두
③ 고추 ④ 고구마

해설
수입적응성시험의 대상작물 및 실시기관에서 한국종자협회의 대상작물은 무, 배추, 양배추, 고추, 토마토, 오이, 참외, 수박, 호박, 파, 양파, 당근, 상추, 시금치, 딸기, 마늘, 생강, 브로콜리가 있다.

15 후숙의 직접적인 효과가 아닌 것은?

① 종자의 숙도를 균일하게 한다.
② 종자의 충실도를 높인다.
③ 발아세와 발아율을 향상시킨다.
④ 종자의 수명을 연장시킨다.

해설
종자의 수명은 주로 수분함량, 온도, 산소 및 외부 환경에 의해 영향을 받으며 후숙에 의해 직접적인 영향을 받지는 않는다.

16 품종퇴화의 원인으로 부적절한 것은?

① 미고정 형질의 분리
② 기계적 혼종
③ 돌연변이
④ 영양번식

해설
품종퇴화의 원인에는 유전적 퇴화, 생리적 퇴화 등이 있는데 영양번식의 경우 모종의 유전적 성질을 그대로 이어받는 번식으로 품종퇴화와는 관련이 없다.

17 다음 중 DNA분석을 이용한 품종검사기술이 아닌 것은?

① RFLP ② RAPD
③ SSR ④ Isozyme

해설
DNA분석을 이용한 품종검사기술에는 RFLP, PCR, RAPD, SSR, AFLP, SNP 등의 방법이 있다.

18 농림축산식품부장관은 종자관리사가 직무를 게을리하거나 중대한 과오를 저질렀을 때에는 몇 년 이내의 기간을 정하여 그 업무를 정지시킬 수 있는가?

① 1년 ② 2년
③ 3년 ④ 5년

해설
농림축산식품부장관은 종자관리사가 이 법에서 정하는 직무를 게을리하거나 중대한 과오(過誤)를 저질렀을 때에는 그 등록을 취소하거나 1년 이내의 기간을 정하여 그 업무를 정지시킬 수 있다.

정답 13 ④ 14 ③ 15 ④ 16 ④ 17 ④ 18 ①

19 일반적으로 자가불화합성을 이용하는 작물은?
① 양파   ② 당근
③ 고추   ④ 배추

해설
잡종강세를 나타내는 작물의 1대잡종(F_1) 종자를 대량 생산할 수 있어 국내의 경우 무, 배추, 양배추 종자 생산에 이용된다.

20 다음 중 발아에 필요한 수분흡수량이 종자의 무게에 대하여 가장 높은 작물은?
① 콩   ② 벼
③ 밀   ④ 쌀보리

해설
발아에 필요한 종자의 수분 흡수량은 종자무게 대비 벼 23%, 밀 30%, 콩 100% 정도로 콩이 가장 많다.

제2과목 식물육종학

21 웅성불임성이나 자가불화합성을 육정에서 이용하고 있는 이유로 가장 적당한 것은?
① 잡종종자 채종을 쉽게 할 수 있다.
② 잡종강세가 많이 나타난다.
③ 조직배양이 잘 되기 때문이다.
④ 육종기간을 단축할 수 있다.

해설
웅성불임성이나 자가불화합성의 경우 종자의 대량 생산이나 잡종종자의 채종에 이용된다.

22 다음 중 여교배 세대에 따라 반복친을 나타낼 때 BC_4F_1에 해당하는 반복친은 약 몇 %인가?
① 75.0   ② 87.5
③ 93.8   ④ 96.9

해설
$1-(1/2)^{4+1}=1-0.03125=0.96875=$약 96.9(%)

23 반수체육종이 가장 유리한 점은?
① 교배를 할 필요 없다.
② 재조합형이 많이 나온다.
③ 돌연변이가 많이 나온다.
④ 육종연한을 크게 줄인다.

해설
반수체육종은 염색체를 배가시켜 동형접합체를 얻어 육종연한을 단축할 수 있다.

24 꽃의 색깔은 흰색과 붉은색으로 뚜렷이 구분되고 그 중간계급이 없는 경우가 많다. 이와 같은 변이를 무엇이라고 하는가?
① 연속변이   ② 환경변이
③ 연차변이   ④ 불연속변이

해설
불연속변이는 유전양식이 비교적 간단하고 중간계급이 없어 선발이 쉬운 변이이다.

25 잡종강세 표현에 대한 설명으로 가장 적절하지 않은 것은?
① 외계의 불량 환경에 대한 저항성이 강하다.
② 영양체의 생장이 왕성하다.
③ 개화 및 생장이 촉진된다.
④ 임성이 저하된다.

해설
잡종강세 표현은 작물 및 형질에 따라 일정하지 않으나 일반적으로 생장 발육의 증대, 내용 성분 함량의 변화, 개화 및 성숙의 촉진, 불량한 환경에 대한 저항성 증진 등으로 나타난다.

26 식물의 화분모세포는 성숙분열 후 몇 개의 딸세포가 되는가?
① 1개 ② 2개
③ 3개 ④ 4개

해설
화분모세포는 2회 연속 핵분열로 염색체 수가 체세포의 반으로 줄어들어 4개의 딸세포가 형성된다.

27 양적형질을 개량하고자 할 때 그 형질의 유전력을 알고 있는 것은 육종상 매우 중요하다. 어떤 형질의 표현형 분산이 50이고 유전분산이 30일 때의 유전력은 얼마인가?
① 37.5% ② 60%
③ 80.7% ④ 150%

해설
표현형 분산이 50에 대한 유전분산 30의 비를 광의의 유전력이라 하며 $< \frac{30}{50} \times 100 = 60(\%) >$

28 혼형집단의 재래종을 수집하고, 이 집단에서 우수한 개체를 선발·고정시키는 육종법은?
① 세포융합육종 ② 돌연변이육종
③ 순계분리육종 ④ 배수체육종

해설
순계분리육종은 기본 집단에서 우수한 형질을 가진 개체를 계속 선발하여 우수한 순계를 선발하는 방법으로 자가수정작물에 이용된다.

29 변이에 대한 설명으로 틀린 것은?
① 환경변이는 육종의 대상이 되지 못한다.
② 아조변이는 영양번식 작물에서 주로 이용된다.
③ 자연돌연변이율은 유전자 자리 당 10^{-5} ~ 10^{-6} 정도이다.
④ 이질 배수체는 육종상 가치가 없다.

해설
다른 종속의 게놈을 동일 종속의 개체에 도입 및 보유시켜 실용적 가치를 높인 신형작물을 만들 때 이질배수체를 이용한다.

30 다음 중 돌연변이 유발원으로 쓰이지 않는 것은?
① 코발트60(^{60}CO)
② X선(X ray)
③ 알콜(alcohol)
④ 열중성자

해설
알콜은 돌연변이를 유발할수 없다.

31 변이를 감별할 때 이용되는 방법을 기술한 것과 가장 관계가 적은 것은?
① 격리재배 ② 특성검정
③ 저항성검정 ④ 후대검정

해설
변이의 감별은 후대검정 및 특성검정, 변이의 상관비교 등이 이용되나 격리재배는 자연교잡에 의한 품종의 퇴화방지를 위해 이용되는 방법이다.

32 자손의 특성으로 양친의 유전자형을 평가하는 것은?
① 후대검정
② 특성검정
③ 격리재배
④ 유전상관 정도 파악

해설
후대검정은 차대검정이라 하며 자손의 형질을 조사해서 양친의 형질을 추정하는 것이다.

33 수량성을 늘리기 위한 육종방법(다수성 육종)에 대한 설명으로 틀린 것은?
① 수량성은 주로 폴리진(polygene)이 관여하는 전형적인 양적 형질이다.
② 환경의 영향을 많이 받기 때문에 유전력이 높은 편이다.
③ 다수성 육종에서는 계통육종법보다 집단육종법이 유리하다.
④ 수량성의 선발은 개체선발보다 계통선발에 중점을 둔다.

해설
수량성 개념의 양적형질은 많은 유전자가 관여하고 환경의 영향을 받기 때문에 유전력이 낮은 편이다.

34 자식성 재배식물로만 나열된 것은?
① 토마토, 가지
② 양배추, 무
③ 메밀, 오이
④ 수박, 시금치

해설
자가수정작물(자식성작물)에는 벼, 보리, 밀, 귀리, 조, 강낭콩, 담배, 토마토, 가지, 고추, 상추, 완두 등이 있다.

35 품종 퇴화의 원인이 될 수 없는 것은?
① 돌연변이
② 환경변이
③ 자연교잡
④ 미동유전자

해설
환경변이 및 장소변이 등은 비유전적 원인에 의한 변이에 해당되며 유전을 하지 않는 변이로서 품종 퇴화의 원인이 되지는 않는다.

36 3성잡종의 F_2에 분리되는 표현형의 종류수는? (단, 3 유전자 모두 완전 우열성이다.)
① 2
② 4
③ 8
④ 16

해설
3쌍의 대립유전자의 표현형 종류수는 $2^3=8$ 이다.

37 수량구성요소의 선발과 생산능력 및 저장기관의 개량에 대한 설명으로 틀린 것은?
① 다수성 육종에서 수량구성요소 각가에 대하여 독립적인 선발을 하는 것이 가장 바람직하다.
② 수량구성요소를 선발할 때에는 수량관련 유전자의 불리한 다면발현이나 불량유전자와의 연관 등에 대하여도 세심한 주의를 기울여야 한다.
③ 다수성 품종은 전체 건물중이 낮고, 수확지수가 커야 한다.
④ 다수성 육종은 저장기관의 개량과 더불어 생산능력 개량이 균형을 이루어야 한다.

해설
수량을 높이기 위해서는 다수성 품종의 전체 건물중과 수확지수는 높아야 한다.

정답 32 ① 33 ② 34 ① 35 ② 36 ③ 37 ③

38 작물의 야생형이나 사용하지 않는 재래종을 보존하는 가장 중요한 목적은?

① 품종의 변천사 교육
② 식물분류상의 이용
③ 장래 육종 재료로 이용
④ 자연상태의 돌연변이 연구

해설
재래종을 보존하는 것은 장래에 육종 연구 및 재료로 이용하기 위해서이다.

39 2개의 유전자가 독립유전하는 양성잡종의 F_2분리비는?

① 3 : 1 : 1
② 9 : 1 : 1
③ 9 : 3 : 1 : 1
④ 9 : 3 : 3 : 1

해설
독립유전에서 두 쌍의 대립유전자에 의해 지배되는 형질은 F_2 에서 9:3:3:1 로 분리된다.

40 AA/aa 조합에서 열성친(aa)으로 여교배한 BC_1F_1의 유전구성으로 가장 옳은 것은?

① 모두 열성유전자형이다.
② 모두 우성유전자형이다.
③ 동형접합체와 이형접합체가 1:1이다.
④ 우성유전자형과 열성유전자형이 3:1이다.

해설
AA/aa 의 여교잡의 경우 Aa, Aa, aa, aa 으로 동형접합체와 이형접합체가 1:1 이다.

제3과목 재배원론

41 묘의 이식을 위한 준비 작업이 아닌 것은?

① 작물체에 CCC를 처리한다.
② 냉기에 순화시켜 묘를 튼튼하게 한다.
③ 근군을 작은 범위 내에 밀식시킨다.
④ 큰 나무의 경우 뿌리돌림을 한다.

해설
클로르메퀏클로라이드(chlormequat chloride, CCC)는 생장억제물질에 속하며 묘의 이식을 위해 활용되는 물질이 아니다.

42 다음 중 산성토양에 적응성이 가장 강한 내산성 작물은?

① 감자
② 사탕무
③ 부추
④ 콩

해설
산성토양에 저항성이 강한 작물로는 벼, 귀리, 조, 옥수수, 감자, 수박 등이 있다.

43 춘화처리를 실시하는 이유로 가장 옳은 것은?

① 휴면타파
② 발아촉진
③ 생장억제
④ 화성유도

해설
작물의 화성유도를 위해 저온이 필요한 현상을 춘화라하고 이러한 과정을 춘화처리라 한다.

44 신품종의 구비조건으로 틀린 것은?

① 구별성
② 독립성
③ 균일성
④ 안정성

해설
신품종 3대 구비조건은 구별성(Distinctness), 균일성(Uniformity), 안정성(Stability)를 말한다.

정답 38 ③ 39 ④ 40 ③ 41 ① 42 ① 43 ④ 44 ②

45 기상생태형으로 분류할 때 우리나라 벼의 조생종은 어디에 속하는가?
① Blt형 ② bLt형
③ BLt형 ④ blT형

해설
감온형(blT형) 작물로 조생종, 올콩, 봄조, 여름메밀 등이 있다.

46 생력기계화 재배의 전제 조건으로만 짝지어진 것은?
① 경영단위의 축소, 노동임금 상승
② 잉여노동력 감소, 적심재배
③ 재배면적 축소, 개별재배
④ 경지정리, 제초제 이용

해설
생력기계화 재배를 위한 전제조건으로 농지가 생력화를 가능하게 할 수 있게 정리되어야 하기에 관련된 내용으로 경지정리 및 제초제이용이 있다.

47 작물이 주로 이용하는 토양수분의 형태는?
① 흡습수 ② 모관수
③ 중력수 ④ 지하수

해설
결합수와 흡습수는 식물이 사용할수 없는 수분이고 주로 모관수가 작물에 이용된다.

48 내습성이 가장 강한 작물은?
① 고구마 ② 감자
③ 옥수수 ④ 당근

해설
작물의 내습성은 미나리, 벼, 옥수수 등이 높은 편이며 파, 양파, 고추, 당근 등은 낮은 편이다.

49 중경의 특징에 대한 설명으로 틀린 것은?
① 작물종자의 발아 조장
② 동상해 억제
③ 토양통기의 조장
④ 잡초의 제거

해설
중경은 파종이나 이식 이후에 작물 생육 기간에 작물 사이 토양의 표토를 긁어 부드럽게 하는 토양관리로서 발아조장, 통기성증진, 수분증발억제, 비효증진 등의 효과가 있으나 동상해가 발생하는 단점이 있다.

50 작물과 온도와의 관계를 바르게 설명한 것은?
① 고등식물의 열사 온도는 대략 80~90℃ 이다.
② 밤이나 그늘의 작물체온은 기온보다 높아지기 쉽다.
③ 고구마는 변온보다 항온조건에서 덩이뿌리의 발달이 촉진된다.
④ 혹서기에 토양온도는 기온보다 10℃ 이상 높아질 수 있다.

해설
혹서기에는 지온의 온도가 기온보다 높게 유지될수 있다
① 고등식물의 열사 온도는 대략 50~60℃ 이다.
② 밤이나 그늘의 작물체온은 기온보다 낮다.
③ 고구마는 변온조건에서 덩이뿌리의 발달이 촉진된다.

51 다음 작물 중에서 자연적으로 단위결과하기 쉬운 것은?
① 포도 ② 수박
③ 가지 ④ 토마토

해설
씨없는 과실이 형성되는 경우 단위결과라 하며 대표적으로 바나나, 포도, 오이, 감귤류 등이 해당된다.

정답 45 ④ 46 ④ 47 ② 48 ③ 49 ② 50 ④ 51 ①

52 다음 중 휴립휴파법 이용에 가장 적합한 작물은?
① 보리   ② 고구마
③ 감자   ④ 밭벼

해설
휴립휴파법은 이랑을 세우고 이랑에 파종하는 방법으로 고구마에 적합한 방법이다.

53 냉해의 발생양상으로 틀린 것은?
① 동화물질 합성 과잉
② 양분의 전류 및 축적 장해
③ 단백질 합성 및 효소활력 저하
④ 양수분의 흡수장해

해설
냉해에 의해 동화작용과 생육이 저해된다.

54 다음에서 설명하는 식물생장조절제는?

- 줄기 선단, 어린잎 등에서 생합성되어 체내에서 아래쪽으로 이동한다.
- 세포의 신장촉진 작용을 함으로써 과일의 부피생장을 조장한다.

① 옥신   ② 지베렐린
③ 에틸렌   ④ 시토키닌

해설
옥신은 식물의 신장에 관여하는 호르몬으로 신장촉진에 도움을 주며 측아의 발달을 억제하는 기능을 하는 정아우세 현상이 나타나고 발근 및 개화를 촉진하며 낙과를 방지, 과실의 비대 및 성숙 촉진, 이층 형성의 억제 효과도 있다.

55 지베렐린의 재배적 이용에 해당되는 것은?
① 앵두나무 접목 시 활착촉진
② 호광성 종자의 발아촉진
③ 삽목 시 발근촉진
④ 가지의 굴곡유도

해설
지베렐린은 작물에 적용시 종자의 발아촉진, 화성유도, 생장 촉진 등의 효과가 있어 호광성 종자의 발아촉진에 활용된다.

56 괴경으로 번식하는 작물은?
① 생강   ② 마늘
③ 감자   ④ 고구마

해설
괴경으로 번식하는 작물에는 감자, 토란 등이 있다.

57 씨감자의 병리적 퇴화의 주요 원인은?
① 효소의 활력저하
② 비료 부족
③ 바이러스 감염
④ 이형 종자의 기계적 혼입

해설
씨감자는 바이러스 감염시 병리적 퇴화가 발생하기에 이러한 퇴화를 방지하기 위해 고랭지에서 생산한다.

58 다음 중 상대적으로 하고의 발생이 가장 심한 것은?
① 수수   ② 티머시
③ 오차드그라스   ④ 화이트클로버

해설
하고 현상이 심한 목초의 종류에는 티머시, 블루그라스, 레드클로버 등이 있다.

정답 52 ② 53 ① 54 ① 55 ② 56 ③ 57 ③ 58 ②

59 다음 중 복토깊이가 가장 깊은 것은?
① 생강 ② 양배추
③ 가지 ④ 토마토

해설
생강의 복토깊이 기준은 5~9cm 로 가장 깊다. 양배추, 가지, 토마토의 복토 깊이 기준은 0.5~1cm 이다.

60 수중에서 발아를 하지 못하는 종자로만 나열된 것은?
① 벼, 상추 ② 귀리, 무
③ 당근, 셀러리 ④ 티머시, 당근

해설
수중에서 발아가 잘 안되는 종자에는 밀, 콩, 무, 귀리, 양배추, 가지, 고추 등이 있다.

제4과목 식물보호학

61 식물 바이러스에 의해 감염여부를 진단하는 방법으로 효소결합항체법을 뜻하는 것은?
① NMR ② NIR
③ ELISA ④ KOSEF

해설
효소결합항체법(ELISA)은 항체에 효소를 결합시켜 바이러스와 반응했을 때 노란색으로 나타나는 정도로 확인하는 방법이다.

62 벼줄기굴파리의 설명으로 틀린 것은?
① 1년에 3회 발생한다.
② 못자리 고온성 해충이다.
③ 제1회 성충의 발생 최성기는 5월 중하순 경이다.
④ 제1세대 부화유충은 줄기 속 생장점 부근에서 연약한 어린 잎을 가해한다.

해설
벼줄기굴파리는 온도가 높은 조건일수록 수명이 짧아진다.

63 다리가 4쌍인 해충은 어느 것인가?
① 끝동매미충 ② 점박이응애
③ 온실가루이 ④ 배추벼룩잎벌레

해설
점박이응애는 응애류로서 거미과에 속하는데 다리가 4쌍을 가지고 있다.

64 잡초로 인한 피해가 아닌 것은?
① 경합으로 인해 작물의 영양분이 부족하게 한다.
② 병해충을 매개하여 작물에 병해충 피해를 입힌다.
③ 상호대립억제작용에 의해 작물 생육을 방해한다.
④ 잡초가 작물보다 우세한 경우 토양 침식이 가중되어 토양이 황폐화된다.

해설
잡초의 경우 토양의 침식을 방지해준다.

65 2%의 2,4-D 농도는 몇 ppm인가?
① 200ppm ② 2000ppm
③ 20000ppm ④ 200000ppm

해설
ppm 은 백만분의 1 로서 1% 가 10,000 ppm 이므로 2% 의 경우 20,000 ppm 이다.

66 세균에 의해 발생하는 병은?
① 토마토 역병 ② 배추 무름병
③ 오이 흰가루병 ④ 딸기 시들음병

해설
세균에 의해 발생하는 식물병에는 벼 흰잎마름병, 벼 세균성알마름병, 감자둘레썩음병, 풋마름병, 채소 세균성무름병 등이 있다.

정답 59 ① 60 ② 61 ③ 62 ② 63 ② 64 ④ 65 ③ 66 ②

67 채소류에 발생하는 잿빛곰팡이병에 대한 설명으로 옳은 것은?
① 기주 범위가 좁다.
② 균핵을 형성하지 않는다.
③ 기주의 상처로 침입이 가능하다.
④ 약제에 대한 내성균 발생이 적다.

해설
잿빛곰팡이병은 대부분 상처를 통해 침입한다.

68 국내 토양 잔류성 농약으로 규제하고 있는 농약의 반감기 기준은?
① 30일 이상   ② 60일 이상
③ 180일 이상 ④ 365일 이상

해설
토양 중 농약의 반감기간이 180일 이상인 농약을 토양잔류성 농약이라 한다.

69 해충의 발생밀도를 조사하기 위한 방법이 아닌 것은?
① 피해조사법   ② 예찰등조사법
③ 포충망조사법 ④ 털어잡기조사법

해설
해충조사를 위한 방법으로는 예찰, 포충망을 이용하거나, 유아등을 통한 채집, 접착트랩, 털어잡기 등 해충의 종류에 따라 적합한 방법을 선택한다.

70 살비제에 대한 설명으로 옳은 것은?
① 응애를 죽이는 약제이다.
② 비소가 들어있는 살균제이다.
③ 소화중독제가 아닌 모든 농약을 말한다.
④ 살포시 바람에 의해 비산되는 농약을 말한다.

해설
살비제는 곤충에는 살충력이 거의 없고 응애류 방제에 효과가 있는 약제이다.

71 식물병의 발생생태에 대한 설명으로 옳지 않은 것은?
① 보리 속깜부기병균은 종자의 배 속에 잠재한다.
② 호밀 맥각병균의 맥각은 종자와 섞여서 존재한다.
③ 벼 도열병균은 볏짚이나 볍씨에 포자나 균사로 수년 동안 생존한다.
④ 각종 작물의 모잘록병균은 병든 식물체에서 난포자 또는 분생포자 등으로 월동한다.

해설
보리 속깜부기병은 병에 걸린 씨알은 백색 피막에 쌓여 있고 수확할 때 흑색분말이 비산하지 않지만 탈곡할 경우 후막포자가 흩어진다.

72 잡초를 1년생, 월년생, 다년생으로 구분하는 분류 방식은?
① 잡초의 생활형에 따른 분류
② 잡초의 발생 시기에 따른 분류
③ 잡초의 발생 장소에 따른 분류
④ 잡초의 토양수분 적응성에 따른 분류

해설
잡초를 1년생, 월년생, 다년생으로 구분하는 것은 생활형에 따른 분류이다.

73 논에 사용하는 제초제가 아닌 것은?
① 2,4-D 액제   ② 벤타존 액제
③ 뷰타클로르 유제 ④ 메티오졸린 유제

해설
메티오졸린은 잔디용 제초제로 많이 활용된다.

정답 67 ③ 68 ③ 69 ① 70 ① 71 ① 72 ① 73 ④

74 식물 병해충 발생에 따른 피해 설명으로 옳지 않은 것은?
① 느릅나무 마름병으로 인해 수목 경관이 훼손된다.
② 대추나무 빗자루병으로 인해 대추 품질이 저하된다.
③ 감자 무름병은 저장, 수송과정에서 발생하여 피해를 준다.
④ 소나무 재선충병 방제를 위하여 해마다 경제적 손실이 발생하고 있다.

해설
대추나무 빗자루병 발생시 가지 끝부분에 작은 이과가는 가지가 빗자루 형태로 나고 꽃이 피지 않으며 병든 가지에 열매는 열리지 않는다. 대추의 품질이 저하되는 것이 아니라 열매가 열리지 않게 된다.

75 복숭아혹진딧물에 대한 설명으로 옳지 않은 것은?
① 흡즙성 해충이다.
② 단위생식을 한다.
③ 바이러스를 매개한다.
④ 간모 상태로 월동한다.

해설
복숭아혹진딧물은 복숭아나무 겨울눈 기부에서 알로 월동한다.

76 논에서 주로 많이 발생하는 잡초는?
① 망초   ② 바랭이
③ 쇠뜨기 ④ 물달개비

해설
물달개비는 1년생 논잡초이다.

77 살균제로 옳지 않은 것은?
① 베노밀 수화제
② 만코제브 수화제
③ 아세타미프리드 수화제
④ 보르도혼합액 입상수화제

해설
아세타미프리드 수화제는 살충제에 속한다.

78 작물의 생육을 우세하도록 환경을 유도해 주는 동시에 잡초의 생육을 재배적으로 억제하여 작물의 생산성을 높이도록 관리해 주는 방법은?
① 물리적 방제법   ② 생태적 방제법
③ 생물적 방제법   ④ 화학적 방제법

해설
잡초의 생태적 혹은 경종적 방제법은 작물이 잡초와의 경합에서 유리하도록 해주어 작물의 생산력을 높이도록 관리하는 방법이다.

79 식물 병원균의 비병원성 유전자와 기주의 저항성 유전자와의 상호관계가 적용되는 소수의 주동 유전자에 의해 발현되는 고도의 저항성은?
① 확대저항성   ② 침입저항성
③ 수평저항성   ④ 수직저항성

해설
수직저항성은 소수의 주동 유전자에 의해 발현되는데 특정 레이스에만 효과가 발휘하는 특이적 저항성이라고도 한다.

정답 74 ② 75 ④ 76 ④ 77 ③ 78 ② 79 ④

80 다음에서 설명하는 해충은?

> 밤나무의 눈에 기생하여 혹을 형성함으로 순이 자라지 못하고, 개화결실도 하지 못하여 결국은 작은 가지부터 고사한다. 연 1회 발생하고 어린 유충으로 겨울눈 속에서 월동한다.

① 밤나무혹벌   ② 밤나무혹응애
③ 밤나무왕진딧물   ④ 밤나무알락진딧물

해설
밤나무혹벌은 1년에 1회 발생하고 유충으로 월동한다. 주로 밤나무에 피해를 주며 잎눈에 기생하여 작은 벌레혹을 만들어 잎에 새가지가 자라지 못하게 한다.

2017 제3회 종자산업기사

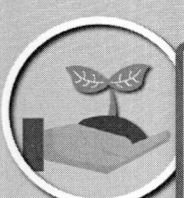

제1과목 종자생산학 및 종자법규

01 다음 설명에 알맞은 용어는?

> 발아한 것이 처음 나타난 날

① 발아세 ② 발아전
③ 발아기 ④ 발아시

해설
파종된 종자 중 최초 1개체가 발아한 날을 발아시라 한다.

02 다음 중 발아 최적온도가 가장 낮은 것은?

① 호밀 ② 옥수수
③ 목화 ④ 기장

해설
옥수수, 목화, 기장의 최적온도는 30℃ 가 넘으나 호밀의 최적발아온도는 25℃ 이다.

03 종자관리요강상 콩의 포장검사에서 특정병에 해당하는 것은?

① 모자이크병
② 세균성점무늬병
③ 자주무늬병(자반병)
④ 불마름병(엽소병)

해설
콩 포장검사시 특정병은 자주무늬병(자반병)이다.

04 ( )에 알맞은 내용은?

> 종자관리사 등록이 취소된 사람은 등록이 취소된 날부터 ( )이 지나지 아니하면 종자관리사로 다시 등록할 수 없다.

① 1년 ② 2년
③ 3년 ④ 4년

해설
종자업 등록이 취소된 자는 취소된 날부터 2년이 지나지 아니하면 종자업을 등록할수 없다.

05 종자의 발아과정으로 옳은 것은?

① 수분흡수 → 저장양분 분해효소 생성과 활성화 → 저장양분의 분해·전류 및 재합성 → 배의 생장개시 → 과피(종피)의 파열 → 유묘출현
② 수분흡수 → 저장양분의 분해·전류 및 재합성 → 저장양분 분해효소 생성과 활성화 → 과피(종피)의 파열 → 배의 생장개시 → 유묘출현
③ 수분흡수 → 과피(종피)의 파열 → 저장양분의 분해·전류 및 재합성 → 저장양분 분해효소 생성과 활성화 → 배의 생장개시 → 유묘출현
④ 수분흡수 → 저장양분 분해효소 생성과 활성화 → 과피(종피)의 파열 → 저장양분의 분해·전류 및 재합성 → 배의 생장개시 → 유묘출현

해설
종자의 발아는 수분 흡수를 시작으로 효소의 활성을 통한 저장양분의 분해, 배의 생장, 과피의 파열, 유묘의 형성의 과정을 거친다.

정답 01 ④ 02 ① 03 ③ 04 ② 05 ①

06 농업기술실용화재단에서 실시하는 수입적응성시험 대상작물에 해당하는 것은?
① 메밀 ② 배추
③ 토마토 ④ 상추

해설
농업기술실용화재단의 대상작물은 벼, 보리, 콩, 옥수수, 감자, 밀, 호밀, 조, 수수, 메밀, 팥, 녹두, 고구마가 있다.

07 다음에서 설명하는 것은?

> 배낭모세포가 감수분열을 못 하거나 비정상적인 분열을 하여 배를 만든다.

① 부정배생식 ② 무포자생식
③ 복상포자생식 ④ 웅성단위생식

해설
복상포자생식은 배주, 주심, 표피 내의 포원세포가 분화되고 대포자모세포로 발달하여 정상적으로 분화되지만 감수분열을 처음부터 생략하거나 감수분열 과정이 진행되는 도중 분열에 문제가 생겨 발생한다.

08 수분을 측정할 때 고온 항온건조기법을 사용하게 되는 종은?
① 파 ② 오이
③ 땅콩 ④ 유채

해설
파, 땅콩, 유채는 저온항온 건조기법을 이용한다.

09 다음 중 암발아 종자로만 나열된 것은?
① 수세미, 무 ② 베고니아, 명아주
③ 갓, 차조기 ④ 우엉, 담배

해설
암발아성 종자(혐광성종자)에는 호박, 토마토, 고추, 양파, 가지, 오이, 무, 부추 등이 있다.

10 식물학상 과실에서 과실이 내과피에 싸여 있는 것은?
① 옥수수 ② 메밀
③ 차조기 ④ 앵두

해설
과실이 내과피에 싸여 있는 앵두는 핵과류에 속한다.

11 파종 시 작물의 복토깊이가 5.0~9.0cm인 것은?
① 가지 ② 토마토
③ 고추 ④ 감자

해설
5~9cm 복토 깊이를 가지는 것으로 감자, 생강, 토란, 글라디올러스 등이 있다.

12 단명종자로만 나열된 것은?
① 토마토, 가지 ② 파, 양파
③ 수박, 클로버 ④ 사탕무, 알팔파

해설
양파, 파, 콩, 땅콩, 당근, 메밀, 고추, 상추, 우엉 등은 수명이 짧은 단명종자이다.

13 종자의 외형적 특징 중 난형에 해당하는 것은?
① 고추 ② 보리
③ 파 ④ 부추

해설
종자의 외형적 형태가 난형인 것은 고추, 무, 레드클로버 등이 있다.

14 품종목록 등재의 유효기간 연장신청은 그 품종목록 등재의 유효기간이 끝나기 전 몇 년 이내에 신청하여야 하는가?
① 1년 ② 2년
③ 3년 ④ 4년

해설
종자관련법상 품종목록 등재의 유효기간에서 품종목록 등재의 유효기간 연장신청은 그 품종목록 등재의 유효기간이 끝나기 전 1년 이내 신청해야 한다.

15 다음 중 자연교잡률이 가장 낮은 것은?
① 아마 ② 밀
③ 보리 ④ 수수

해설
자식성식물인 벼, 보리, 밀 등은 자연교잡률은 4% 이하를 기준으로 한다.

16 일반적으로 발아촉진 물질이 아닌 것은?
① 지베렐린 ② 옥신
③ ABA ④ 질산칼륨

해설
ABA(Abscisic acid)는 대표적인 생장억제물질로 낙엽을 촉진, 휴면의 유도, 발아 억제 등의 효과가 나타난다.

17 거짓이나 그 밖의 부정한 방법으로 종자업 등록을 한 경우에 받는 것은?
① 1개월 이내의 영업 전부 또는 일부 정지
② 3개월 이내의 영업 전부 또는 일부 정지
③ 9개월 이내의 영업 전부 또는 일부 정지
④ 등록취소

해설
거짓 및 부정한 방법으로 종자업을 등록한 경우 등록을 취소한다.

18 종자관리요강상 감자 원원종포의 포장격리에 대한 내용이다. ( ) 안에 알맞은 내용은?

> 불합격포장, 비채종포장으로부터 ( )이상 격리되어야 한다.

① 30m ② 50m
③ 100m ④ 150m

해설
원원종포은 불합격포장, 비채종포장으로부터 50m 이상 격리되어야 한다.

19 보증서를 거짓으로 발급한 종자관리사가 받는 벌칙은?
① 1년 이하의 징역 또는 1천만원 이하의 벌금
② 1년 이하의 징역 또는 3천만원 이하의 벌금
③ 3년 이하의 징역 또는 1천만원 이하의 벌금
④ 3년 이하의 징역 또는 3천만원 이하의 벌금

해설
보증서를 거짓으로 발급한 종자관리사는 1년 이하의 징역 또는 1천만원 이하의 벌금에 처한다.

20 국가품종목록에 등재할 수 없는 대상작물은?
① 보리 ② 사료용 옥수수
③ 감자 ④ 벼

해설
품종목록에 등재할 수 있는 대상작물은 벼, 보리, 콩, 옥수수, 감자와 그 밖에 대통령령으로 정하는 작물로 한다. 다만, 사료용은 제외한다.

정답 14 ① 15 ③ 16 ③ 17 ④ 18 ② 19 ① 20 ②

제2과목 식물육종학

21 식물학적 분류방법으로 취하의 분류단위는?
① 강(class) ② 목(order)
③ 속(genus) ④ 종(species)

해설
식물학적 분류의 기본 단위는 종(species)이다.

22 같은 형질에 관여하는 비대립유전자들이 누적효과를 가지게 하는 유전자는?
① 중복유전자 ② 보족유전자
③ 복수유전자 ④ 억제유전자

해설
동일 방향 작용 유전자가 누적효과가 나타나는 경우 복수유전자, 누적효과가 없는 경우 중복유전자라 한다.

23 유전력에 대한 설명으로 옳지 않은 것은?
① 전체 표현형 분산 중에서 유전 분산이 차지하는 비율을 넓은 의미의 유전력이라고 한다.
② 환경분산이 적을수록 유전력은 낮아진다.
③ 유전력은 0~1 사이의 값을 가진다.
④ 유전력이 높다고 해서 그 형질이 환경에 의해 변화하지 않는다는 의미는 아니다.

해설
환경분산이 커질수록 유전락이 낮아진다

24 아조변이를 직접 신품종으로 이용하기 가장 용이한 작물은?
① 일년생 자가수정 작물
② 다년생 영양번식 작물
③ 일년생 타가수정 작물
④ 다년생 타가수정 작물

해설
아조변이는 체세포돌연변이의 일종인데 식물의 줄기와 가지의 생장점 세포가 돌연변이를 일으킨 것으로 다년생 영양번식 작물에 이용하기 용이하다.

25 교배친을 선정할 때 고려해야할 사항이 아닌 것은?
① 목표 형질 관련 유전자 분석 결과
② 과거 육종 실적
③ 근연계수
④ 자연교잡률

해설
교배친을 선정할 경우 사용실적, 육정실적, 대상지역의 주요품종, 근연계수, 유전자 분석 등과 자방친과 화분친의 유전적 조성이 유사 정도도 고려해야 한다.

26 여교배 육종의 특징으로 옳은 것은?
① 잡종강세를 가장 잘 이용할 수 있는 육종법이다.
② 유전자재조합을 가장 많이 기대할 수 있는 육종법이다.
③ 재배종 집단의 순계분리에 가장 효과적이다.
④ 재배품종이 가지고 있는 한 가지 결점을 개량하는데 가장 효과적인 육종법이다.

해설
여교잡육종법은 양친의 제1대 잡종에 양친 중 한쪽의 유전자형을 가진 개체를 교잡하고 이것을 수세대 반복하여 우량개체를 선발하는 방법으로 결점을 보완하는데 효과적이다.

정답 21 ④ 22 ③ 23 ② 24 ② 25 ④ 26 ④

27 어느 경우에 여교배 육종의 성과가 가장 크게 기대되는가?
① 수량성 개량
② 초장의 개량
③ 병해충저항성 개량
④ 숙기의 개량

해설
여교잡(여교배) 육종을 통해 병해충의 저항성 유전자를 수세대 반복하여 개량할수 있다.

28 잡종강세 육종에서 일대잡종의 균일성을 중요시 할 때 쓰이는 교잡법은?
① 단교잡법
② 복교잡법
③ 3계 교잡법
④ 톱교잡법

해설
단교잡은 두 개 품종 또는 두 개 계통간의 교배로 각 형질이 균일하고 불량형질이 나타나는 일이 적다.

29 유전자지도 작성의 기초가 되는 유전현상은?
① 염색체 배가
② 연관과 교차
③ 유전자 분리
④ 비대립 유전자의 상위성

해설
연관과 교차는 조환가를 기준으로 염색체 위에 유전자들의 상대적 위치를 정하여 표시한 것으로 연관지도라고 한다.

30 다음 중 계통분리법과 가장 관계가 없는 것은?
① 자식성작물의 집단선발에 가장 많이 사용되는 방법이다.
② 주로 타가수분 작물에 쓰여지는 방법이다.
③ 개체 또는 계통의 집단을 대상으로 선발을 거듭하는 방법이다.
④ 1수1렬법과 같이 옥수수의 계통분리에 사용된다.

해설
자식성작물의 집단선발에 가장 많이 사용되는 방법은 순계분리법이다.

31 피자식물의 중복수정에서 배유형성을 바르게 설명한 것은?
① 하나의 웅핵이 극핵과 융합하여 3n의 배유형성
② 하나의 웅핵이 난세포의 난핵과 융합하여 2n의 배유형성
③ 하나의 웅핵이 2개의 조세포핵과 융합하여 3n의 배유형성
④ 하나의 웅핵이 3개의 반족세포핵과 융합하여 4n의 배유형성

해설
속씨식물(피자식물)의 중복수정은 정핵(n)과 2개의 극핵(2n)이 만나 배젖(3n)의 배유를 형성한다.

32 폴리진에 대한 설명으로 옳은 것은?
① 불연속변이의 원인이 된다.
② 많은 유전자를 포함하고 각 유전자의 작용가는 환경변이보다 작다.
③ 폴리진의 유전자들은 누적효과를 나타내지 않는다.
④ 폴리진은 멘델법칙에 의해 유전분석이 가능하다.

해설
연속변이의 원인이 되는 유전자로 각각의 폴리진은 그 작용이 환경변이보다 작고 동일 효과를 가지며 같은 방향으로 작용된다.

33 1개체 1계통 육종의 특징으로 틀린 것은?
  ① 유전력이 낮은 형질이나 폴리진이 관여하는 형질의 개체선발을 할 수 있다.
  ② 온실에서 세대촉진으로 생육기간을 단축시켜 육종연한을 줄일 수 있다.
  ③ 1개체에서 1립씩만 채종하므로 면적이 적게들고 많은 조합을 취급할 수 있다.
  ④ 밀식재배로 인하여 우수하지만 경쟁력이 약한 유전자형을 상실할 염려가 있다.

해설
1개체 1계통 육종은 집단육종과 계통육종의 이점을 모두 살리는 육종방법으로 초기 집단재배를 해서 유용유전자를 유지할수 있고 육종규모가 작아 온실에서 육종연한을 단축할 수 있다.

34 표현형 분산(VP) 100, 유전자의 상가적 효과에 의한 분산(VD) 50, 유전자의 우성효과에 의한 분산(VH) 10, 환경변이에 의한 분산(VE) 40인 경우 넓은 뜻의 유전력은?
  ① 30% ② 40%
  ③ 50% ④ 60%

해설
표현형의 전체분산에 대한 유전분산의 비를 광의의 유전력이라 한다. 이때 전체분산은 유전분산과 환경분산의 합으로 표현된다. 표현형의 전체분산에 대한 상가적 분산의 비를 협의의 유전력이라 한다
$$\frac{50+10}{100} \times 100 = 60(\%)$$

35 다음 중 검정교배에 관한 설명으로 틀린 것은?
  ① 이형접합체(F_1)를 그 형질에 대한 열성친과 여교배 하는 것이다.
  ② 검정교배를 하면 후대의 표현형 분리비와 이형접합체의 배우자 분리비가 일치한다.
  ③ 단성잡종의 검정교배를 통하여 교배한 이형접합체의 유전자형을 알 수 있다.
  ④ 양성잡종의 경우에는 적용되지 않는다.

해설
양성잡종에서 검정교배를 적용한다.

36 돌연변이 육종의 특징이 아닌 것은?
  ① 원품종의 유전자형을 크게 변화시키지 않고 특정형질만을 개량할 수 있다.
  ② 영양번식 식물에는 적용하기가 어렵다.
  ③ 실용형질에 대한 돌연변이율이 매우 낮다.
  ④ 인위돌연변이는 대부분 열성이므로 우성 돌연변이를 얻기 힘들다.

해설
돌연변이 육종은 영양번식 식물에서도 적용할 수 있다.

37 집단육종법에 대한 설명으로 옳은 것은?
  ① 양적형질의 개량에 유리하다.
  ② 환경의 영향을 적게 받는 형질에 유리하다.
  ③ 유전력이 높은 형질에 유리하다.
  ④ 개체간의 경합과 자연도태에 의하여 우량형질이 없어질 가능성이 적다.

해설
집단육종법은 초기에 선발하지 않고 집단 재배를 하면서 많은 유전자형을 양성하기 때문에 유효 유전자를 상실할 염려가 적으며 집단육종법은 수량과 같은 양적형질의 개량에 유리하다.

정답 33 ① 34 ④ 35 ④ 36 ② 37 ①

38 인위 동질배수체의 주요 특징으로 옳은 것은?

① 종자가 커지고 세포의 크기도 커진다.
② 착과성이 양호하다.
③ 종자가 작아진다.
④ 세포의 크기가 작아진다.

해설
동질배수체는 핵과 세포가 커지고, 영양기관의 발육이 왕성하여 거대화하고, 화서 및 종자가 대형화한다.

39 AA/aa 조합에서 열성친(aa)으로 여교배한 BC_1F_1의 유전구성으로 가장 옳은 것은?

① 모두 열성유전자형이다.
② 모두 우성유전자형이다.
③ 동형접합체와 이형접합체가 1:1이다.
④ 우성유전자형과 열성유전자형이 3:1이다.

해설
AA/aa 의 여교잡의 경우 Aa, Aa. aa, aa 으로 동형접합체와 이형접합체가 1:1 이다.

40 타가수정 작물은?

① 밀　　② 보리
③ 양파　④ 수수

해설
타식성작물에는 옥수수, 호밀, 메밀, 딸기, 양파, 마늘, 시금치, 아스파라거스 등이 있다.

제3과목 재배원론

41 다음에서 설명하는 것은?

> 생육초기부터 출수기에 걸쳐서 여러 시기에 냉온을 만나서 출수가 지연되고, 이에 따라 등숙이 지연되어 후기의 저온으로 인하여 등숙불량을 초래한다.

① 혼합형 냉해　② 병해형 냉해
③ 지연형 냉해　④ 장해형 냉해

해설
지연형 냉해는 생육 초기에서 출수기까지 여러 시기에 냉온을 만나 등숙이 지연되어 후기의 냉온에 의해 등숙불량이 나타나는 현상이 발생한다.

42 다음 중 작물의 생육에 따른 최적온도가 가장 낮은 것은?

① 보리　　② 완두
③ 멜론　　④ 오이

해설
작물 중에서 최적온도가 가장 높은 종류는 멜론, 오이, 옥수수, 벼 등이 대표적이며 보리의 경우 20℃ 정도로 낮은 작물에 해당된다.

43 버널리제이션에 대한 설명으로 옳은 것은?

① 추파성 정도가 높은 식물일수록 장기 저온처리를 해야 효과가 있다.
② 버널리제이션에 감응하는 부위는 잎이다.
③ 버널리제이션에 산소의 공급은 필요하지 않다.
④ 최아한 봄밀을 1-2℃에서 저온처리 했을 때 개화촉진 효과가 나타나는 것을 말한다.

해설
추파성이 높은 식물은 춘화처리(저온처리)를 적용하여 추파성을 춘파성으로 변화시킬수 있다.

44 대기 중의 이산화탄소 농도는?
① 약 21%   ② 약 3.5%
③ 약 0.35% ④ 약 0.035%

해설
대기의 조성은 질소 78%, 산소 21%, 이산화탄소 0.03% 및 기타로 구성되어 있다.

45 점오염원에 해당하는 것은?
① 산성비
② 방사성 물질
③ 대단위 가축사육장
④ 농약의 장기간 연용

해설
점오염원은 오염 배출을 명확히 확인할수 있으며 비점오염원은 넓은 산재된 지역에서 빗물 등으로 배출이 정확히 어디에서 시작되는지 알기 어려운 오염원을 말한다. 대단위 가축사육장은 위치가 명확한 점오염원에 해당한다.

46 작물의 기지 정도에서 2년 휴작이 필요한 작물은?
① 수박   ② 가지
③ 감자   ④ 완두

해설
감자, 오이, 잠두 등은 2년 휴작이 요구되는 작물이다.

47 대기 오염물질 중에 오존을 생성하는 것은?
① 아황산가스(SO_2) ② 이산화질소(NO_2)
③ 일산화탄소(CO) ④ 불화수소(HF)

해설
이산화질소는 대기 중 일산화질소의 산화에 의해 발생하고 휘발성 유기화합물과 반응하여 오존을 생성하는 전구물질이다.

48 종자의 수명에서 단명종자에 해당하는 것은?
① 당근   ② 토마토
③ 가지   ④ 수박

해설
양파, 파, 콩, 땅콩, 당근, 메밀, 고추, 상추, 우엉 등은 단명종자에 속한다.

49 다음 중 C_4 식물에 해당하는 것은?
① 벼   ② 기장
③ 밀   ④ 담배

해설
작물 중에서 옥수수, 수수, 사탕수수, 기장 등은 C_4 식물이고 벼, 보리, 사탕무, 감자 등은 C_3 식물이다.

50 최적엽면적에 대한 설명으로 가장 옳은 것은?
① 수광태세가 양호한 단위면적당 군락엽면적
② 호흡량이 최소로 되는 단위면적당 군락엽면적
③ 동화량이 최대가 되는 단위면적당 군락엽면적
④ 건물생산이 최대로 되는 단위면적당 군락엽면적

해설
최적엽면적은 건물생산이 최대로 되는 단위 면적당의 군락엽면적이며 군락의 엽면적을 토지면적에 대한 배수치로 표현한 것을 엽면적지수라 한다.

정답 44 ④ 45 ③ 46 ③ 47 ② 48 ① 49 ② 50 ④

51 이랑을 세우고 낮은 골에 파종하는 방식은?
① 휴립구파법 ② 휴립휴파법
③ 성휴법 ④ 평휴법

해설
이랑을 세우고 낮은 골에 파종하는 방법을 휴립구파법이라 하며 맥류의 한해와 동해를 동시에 방지할수 있다.

52 다음 중 작물의 요수량이 가장 큰 것은?
① 호박 ② 보리
③ 옥수수 ④ 수수

해설
호박, 완두 등은 요수량이 큰 작물에 해당하며 옥수수, 기장, 수수, 보리 등은 요수량이 적은 작물에 해당한다.

53 굴광현상에 가장 유효한 것은?
① 자외선 ② 자색광
③ 적색광 ④ 청색광

해설
식물이 광을 향하는 굴광현상이 나타나며 주로 청색파장에 유효하다.

54 근채류를 괴근류와 직근류로 나눌 때 직근류에 해당하는 것은?
① 감자 ② 우엉
③ 마 ④ 생강

해설
무, 당근, 우엉 등은 직근류에 해당한다.

55 배유종자에 해당하는 것은?
① 상추 ② 벼
③ 오이 ④ 완두

해설
벼, 보리, 양파, 옥수수 등은 배유종자에 해당한다.

56 수광태세를 좋아지게 하는 콩의 초형으로 틀린 것은?
① 가지가 짧다.
② 꼬투리가 원줄기에 많이 달리고 밑에까지 착생한다.
③ 잎자루가 짧고 일어선다.
④ 잎이 길고 넓다.

해설
콩의 수광태세 조건에서 잎은 작고 가는 것이 좋다.

57 휴작기에 비가 올 때마다 땅을 갈아서 빗물을 지하에 잘 저장하고, 작기에는 토양을 잘 진압하여 지하수의 모관상승을 좋게 함으로써 한발적응성을 높이는 농법은?
① 프라이밍 ② 일류관개
③ 드라이파밍 ④ 수반법

해설
드라이파밍(Dry farming, 건지농법)은 자연적 강수량에 의존하기에 휴작기 비가 오면 빗물을 지하에 잘 저장하고 생육기간에는 토양을 잘 진압하여 지하수의 모관상승효과로 한발적응성을 높이는 방법이다.

정답 51 ① 52 ① 53 ④ 54 ② 55 ② 56 ④ 57 ③

58 토성의 분류법에서 세토 중의 점토함량이 12.5~25%에 해당하는 것은?
① 사토　　② 양토
③ 식토　　④ 사양토

해설
토성은 모래(미사, 조사), 점토 함량을 기준으로 분류하는데 주로 점토를 기준으로 분류하며 사토, 식토, 양토, 사양토, 식양토 등으로 분류된다. 점토함량이 12.5~25% 는 사양토이다.

59 박과 채소류의 접목 시 일반적인 특징에 대한 설명으로 틀린 것은?
① 당도가 높아진다.
② 흡비력이 강해진다.
③ 과습에 잘 견딘다.
④ 토양전염성 병의 발생을 억제한다.

해설
접목육묘를 통해 토양병해충의 피해를 예방하고 양분의 흡수를 증대시키기 위해 이용된다.

60 식물의 일장감응 중 SI식물에 해당하는 것은?
① 도꼬마리　　② 시금치
③ 봄보리　　　④ 사탕무

해설
만생종, 도꼬마리는 SI식물에 해당한다.

제4과목　식물보호학

61 대기오염으로 인한 피해로 식물의 잎이 은색으로 변하게 되는 것은?
① HF　　② SO_2
③ NO_3　　④ PAN

해설
질산과산화 아세틸(PAN)은 질소산화물과 탄화수소가 광화학반응에 의해 생성되는 2차 오염물질로서 식물의 잎이 은색으로 변하고 식물의 세포막이나 소기관을 파괴하여 기능을 상실시키며 광합성을 저하시킨다.

62 농약의 주성분 농도를 낮추기 위해 사용되는 것은?
① 전착제　　② 감소제
③ 협력제　　④ 증량제

해설
증량제는 농약의 농도를 묽게 하거나 약효를 늘리는 약품이다.

63 잡초의 발생으로 인한 피해가 아닌 것은?
① 병해충의 전염원
② 식물상의 다양화
③ 기생에 의한 양분탈취
④ 영양분, 공간, 햇빛 등에 대한 경쟁

해설
잡초는 병해충의 전염원이 되며 기생식물로 인한 양분탈취 및 작물이 생육하는데 필요한 수분, 양분, 공간 등의 경합으로 작물의 생육을 불량하게 한다.

정답　58 ④　59 ①　60 ①　61 ④　62 ④　63 ②

64 배나무방패벌레에 대한 설명으로 옳지 않은 것은?
① 1년에 3~4회 발생한다.
② 잎의 뒷면에서 즙액을 빨아먹는다.
③ 유충으로 잡초나 낙엽 밑에서 월동한다.
④ 알의 잎의 뒷면 조직 속에 낳아서 검은 배설물로 덮어 놓는다.

해설
배나무방패벌레는 성충으로 피해목의 지제부, 잡초, 낙엽 밑에서 월동한다.

65 병원에 대한 설명으로 옳지 않은 것은?
① 파이토플라스마는 비생물성 병원이다.
② 병원이란 식물병의 원인이 되는 것이다.
③ 병원에는 생물성, 비생물성, 바이러스성이 있다.
④ 병원이 바이러스일 경우 이를 병원체라고 한다.

해설
파이토플라스마는 생물성 병원이다.

66 식물병이 발생하는데 직접적으로 관여하는 가장 중요한 요인은?
① 소인   ② 주인
③ 유인   ④ 종인

해설
식물병에 직접적인 요인을 주인, 주인을 도와 발병을 촉진 및 확산시키는 요인들을 유인이라 한다.

67 식물병 진단법 중 해부학적 방법에 해당하는 것은?
① DN법
② 즙액접종
③ 괴경지표법
④ 파지(phage)의 검출

해설
침지법(DN법)은 바이러스에 감염된 잎을 염색하여 관찰하는 방법으로 바이러스종의 동정은 어렵지만 바이러스 감염여부는 판정 가능하다.

68 제초제의 선택성에 관여하는 요인과 가장 거리가 먼 것은?
① 제초제의 독성
② 제초제의 대사 속도
③ 잡초의 형태적 차이
④ 제초제의 처리 방법

해설
제초제의 선택성에 관여하는 요인에는 제초제의 제형, 처리량, 처리방법, 대사속도와 식물의 크기, 외형, 표면상태 등이 있다.

69 농약 제제 중 고형시용제인 것은?
① 유제   ② 수화제
③ 미분제   ④ 수용제

해설
미립제는 고체시용제로서 희석하지 않고 직접 살포한다.

70 암발아 잡초에 해당하는 것은?
① 냉이   ② 쇠비름
③ 소리쟁이   ④ 노랑꽃창포

해설
암발아 종자는 별꽃, 냉이, 광대나물 등이 있다.

정답 64 ③ 65 ① 66 ② 67 ① 68 ① 69 ③ 70 ①

71 농약 유제를 물에 넣고 입자가 균일하게 분산하여 유탁액으로 되는 성질은?
① 수화성   ② 현수성
③ 부착성   ④ 유화성

해설
유제를 물에 가한 경우 입자가 균일하게 분산하여 유탁액이 되는 것을 유화성이라 한다.

72 변태의 유형과 곤충을 올바르게 연결한 것은?
① 점변태 - 노린재
② 완전변태 - 메뚜기
③ 증절변태 - 하루살이
④ 불완전변태 - 풀잠자리

해설
점변태는 불완전변태의 한 종류로 알→유충(약충)→성충 과정을 거치며 유충과 성충의 모양이 비슷하며 메뚜기목, 총채벌레목, 노린재목 등이 있다.

73 무시류에 속하는 곤충목은?
① 파리목   ② 돌좀목
③ 사마귀목 ④ 집게벌레목

해설
무시아강(무시류)에는 톡토기목, 낫발이목, 좀붙이목, 좀목(좀, 돌좀) 등이 있다.

74 절대기생균에 해당하지 않는 병원균은?
① 녹병균   ② 노균병균
③ 흰가루병균 ④ 잿빛곰팡이병균

해설
절대기생균에는 흰가루병균, 붉은별무늬병균, 녹병균, 벼도열병균 등이 있으며 잿빛곰팡이병균은 임의기생균에 해당한다.

75 식물병원이 기주 식물의 세포벽을 분해하는 효소가 아닌 것은?
① 펙틴 분해효소
② 탄닌 분해효소
③ 큐틴 분해효소
④ 셀룰로오스 분해효소

해설
세포벽의 구성 성분에서 셀룰로오스, 헤미셀룰로오스, 큐틴, 펙틴, 리그닌의 분해효소가 있다.

76 벼의 즙액을 빨아먹어 직접 피해를 주고, 간접적으로는 바이러스를 매개하여 벼 줄무늬잎마름병을 유발시키는 것은?
① 벼멸구   ② 애멸구
③ 벼잎벌레 ④ 흰등멸구

해설
애멸구는 줄무늬잎마름병, 검은줄오갈병 등의 바이러스병을 매개한다.

77 잡초의 결실을 미연에 방지하고 키가 큰 잡초의 차광피해를 막기 위해 중간 베기로 잡초를 제거하는 방제법은?
① 피복   ② 경운
③ 예취   ④ 침수

해설
예취는 잡초를 베어 개화 및 결실을 방지하는 잡초의 기계적 방제법에 해당한다.

정답 71 ④ 72 ① 73 ② 74 ④ 75 ② 76 ② 77 ③

78 이화명나방 2화기 방제를 위하여 페니트로티온 50% 유제를 1,000배로 희석하여 10a당 160L를 살포한다. 논 전체 살포 면적이 60a일 때 소요되는 약량은?

① 160mL ② 480mL
③ 960mL ④ 3,200mL

해설
10a당 160L 기준 60a 960L 가 필요하며 소요약량은 다음과 같이 구한다

$$소요약량(배액) = \frac{단위면적당 사용량}{소요희석배수}$$

$$= \frac{960}{1000} = 0.96L = 960ml$$

79 우리나라의 논에서 발생하는 주요 잡초가 아닌 것은?

① 피 ② 쇠비름
③ 방동사니 ④ 물달개비

해설
쇠비름은 밭에서 주로 나는 밭잡초이다.

80 천적 및 미생물제를 이용한 해충 방제방법은?

① 경종적 방제법 ② 화학적 방제법
③ 물리적 방제법 ④ 생물적 방제법

해설
천적 및 미생물제를 이용한 방제법은 생물적 방제법이다.

정답 78 ③ 79 ② 80 ④

2018 제3회 종자산업기사

제1과목 종자생산학 및 종자법규

01 자가수정만 하는 작물로만 나열된 것은?
① 옥수수, 호밀   ② 수박, 오이
③ 호박, 무   ④ 완두, 강낭콩

해설
자가수정작물(자식성작물)에는 벼, 보리, 밀, 귀리, 조, 강낭콩, 담배, 토마토, 가지, 고추, 상추, 완두 등이 있다.

02 국가보증이나 자체보증을 받은 종자를 생산하려는 자는 종자관리사로부터 최종 단계별로 몇 회 이상 포장(圃場)검사를 받아야 하는가?
① 1회   ② 2회
③ 3회   ④ 4회

해설
국가보증이나 자체보증을 받은 종자를 생산하려는 자는 농림축산식품부장관 또는 종자관리사로부터 채종 단계별로 1회 이상 포장(圃場)검사를 받아야 한다.

03 정세포 단독으로 분열하여 배를 만드는 것에 해당하는 것으로만 나열된 것은?
① 밀감, 부추   ② 달맞이 꽃, 진달래
③ 파, 국화   ④ 담배, 목화

해설
정세포 단독으로 분열하여 배를 만드는 것으로 웅성 단위생식인 달맞이꽃과 진달래가 있다.

04 종자가 매우 미세하거나 표면이 매우 불균일하여 손으로 다루거나 기계파종이 어려울 경우 종자 표면에 화학적으로 불활성의 고체 물질을 피복하여 종자를 크게 만드는 것은?
① 프라이밍코팅   ② 필름코팅
③ 종자펠릿   ④ 테이프종자

해설
종자 펠릿은 손으로 다루거나 기계파종이 어려울 경우 종자 표면에 화학적으로 불활성의 고체 물질을 피복하여 기계 파종을 편리하게 한 것이다.

05 수확적기의 작물별 종자의 수분함량에서 수분함량이 14%일 때 수확하며, 15% 이상이거나 13% 이하일 경우에는 기계적 손상을 입기 쉬운 것은?
① 옥수수   ② 콩
③ 아마   ④ 아리그라스

해설
콩의 종자 활력을 유지하기 위해 수분함량을 14% 정도로 유지하여 수확하는 것이 좋으며 종자의 수분이 많거나 너무 건조할 경우 기계적 손상을 입기 쉽다.

정답 01 ④ 02 ① 03 ② 04 ③ 05 ②

06 다음 중 (가)에 알맞은 내용은?

> 식물신품종 보호법상 품종보호심판위원회에서 심판위원회는 위원장 1명을 포함한 (가)이내의 품종보호심판위원(이하 "심판위원"이라 한다.)으로 구성하되, 위원장이 아닌 심판위원 중 1명은 상임(常任)으로 한다.

① 3명 ② 5명
③ 7명 ④ 8명

해설
심판위원회는 위원장 1명을 포함한 8명 이내의 품종보호심판위원(이하 "심판위원"이라 한다)으로 구성하되, 위원장이 아닌 심판위원 중 1명은 상임(常任)으로 한다.

07 "1개의 꽃 안에 여러 개의 자방이 있는 것으로 하나 하나의 자방을 소과라고 하며 나무딸기, 포도 등이 해당된다."에 해당하는 용어는?

① 위과 ② 복과
③ 취과 ④ 단과

해설
취과(집합과)는 여러 개의 심피가 1개의 열매처럼 되어 있으며 단과는 단지 1개의 씨방이 자라서 열매를 맺는 것이다.

08 교배에 앞서 제웅이 필요 없는 작물로만 나열된 것은?

① 벼, 보리 ② 오이, 호박
③ 귀리, 수수 ④ 토마토, 가지

해설
교배에 앞서 제웅이 필요 없는 작물에는 오이, 호박, 수박 등이 있다.

09 다음 중 장명종자로만 나열된 것은?

① 강낭콩, 상추 ② 토마토, 가지
③ 양파, 고추 ④ 당근, 옥수수

해설
장명종자에는 비트, 수박, 호박, 오이, 배추, 가지, 토마토, 알팔파, 클로버 등이 있다.

10 식물학상의 과실을 이용할 때 과실이 나출된 것으로만 나열된 것은?

① 복숭아, 앵두 ② 귀리, 자두
③ 벼, 겉보리 ④ 밀, 옥수수

해설
식물학상 과실에 해당하고 나출된 것으로 밀, 쌀보리, 옥수수, 박하, 제충국 등이 있다.

11 식물신품종 보호법상 침해죄 등에서 품종보호권 또는 전용실시권을 침해한 자가 받는 것은?

① 3년 이하의 징역 또는 1억원 이하의 벌금
② 5년 이하의 징역 또는 1억원 이하의 벌금
③ 7년 이하의 징역 또는 1억원 이하의 벌금
④ 10년 이하의 징역 또는 1억원 이하의 벌금

해설
품종보호권 또는 전용실시권을 침해한 자는 7년 이하의 징역 또는 1억원 이하의 벌금에 처한다.

12 "배유의 발달 중에 학은 발달하여도 세포벽이 형성되지 않는 경우"에 해당하는 것은?

① 핵배유 ② 다세포배유
③ Helobial배유 ④ 다공질배유

해설
배유의 발달 중에 학은 발달하여도 세포벽이 형성되지 않는 경우를 핵배유라 한다

정답 06 ④ 07 ③ 08 ② 09 ② 10 ④ 11 ③ 12 ①

13 과수의 임목의 경우를 제외하고 품종보호권의 존속기간은 품종보호권이 설정 등록된 날 부터 몇 년으로 하는가?
① 10년　② 15년
③ 20년　④ 25년

해설
품종보호권의 존속기간은 품종보호권이 설정등록된 날부터 20년으로 한다. 다만, 과수와 임목의 경우에는 25년으로 한다.

14 종자산업법상 영업정지를 받고도 종자업 또는 육묘업을 계속 한 자의 벌칙은?
① 3개월 이하의 징역 또는 5백만원 이하의 벌금
② 6개월 이하의 징역 또는 5백만원 이하의 벌금
③ 6개월 이하의 징역 또는 1천만원 이하의 벌금
④ 1년 이하의 징역 또는 1천만원 이하의 벌금

해설
종자산업법상 영업정지를 받고도 종자업 또는 육묘업을 계속 한 자는 1년 이하의 징역 또는 1천만원 이하의 벌금에 처한다.

15 "포원세포로부터 자성배우체가 되는 기원이 된다."에 해당하는 용어는?
① 주심　② 주피
③ 주공　④ 에피스테이스

해설
주심은 포원세포에서 자성배우체가 되는 기원으로 자방조직에서 유래하며 포원세포가 발달한다.

16 품종명칭등록 이의신청을 할 때에는 그 이유를 적은 품종명칭등록 이의신청서에 필요한 증거를 첨부하여 누구에게 제출하여야 하는가?
① 농림축산식품부장관
② 농업기술실용화재단장
③ 농업기술센타장
④ 농업기술원장

해설
품종명칭등록 이의신청을 할 때에는 그 이유를 적은 품종명칭등록 이의신청서에 필요한 증거를 첨부하여 농림축산식품부장관 또는 해양수산부장관에게 제출하여야 한다.

17 육묘업 등록의 취소 등에서 육묘업 등록을 한 날부터 1년 이내에 사업을 시작하지 아니하거나 정당한 사유없이 1년 이상 계속하여 휴업한 경우에 받는 것은?
① 육묘업 등록이 취소되거나 1개월 이내의 기간을 정하여 영업의 전부 또는 일부의 정지
② 육묘업 등록이 취소되거나 3개월 이내의 기간을 정하여 영업의 전부 또는 일부의 정지
③ 육묘업 등록이 취소되거나 6개월 이내의 기간을 정하여 영업의 전부 또는 일부의 정지
④ 육묘업 등록이 취소되거나 12개월 이내의 기간을 정하여 영업의 전부 또는 일부의 정지

해설
시장·군수·구청장은 종자업자가 종자업 등록을 한 날부터 1년 이내에 사업을 시작하지 아니하거나 정당한 사유 없이 1년 이상 계속하여 휴업한 경우 종자업 등록을 취소하거나 6개월 이내의 기간을 정하여 영업의 전부 또는 일부의 정지를 명할 수 있다.

정답　13 ③　14 ④　15 ①　16 ①　17 ③

18 다음 중 종자발아의 필요한 수준흡수량이 가장 많은 것은?
① 호밀 ② 옥수수
③ 벼   ④ 콩

해설
발아에 필요한 종자의 수분 흡수량은 종자무게 대비 벼 23%, 밀 30%, 콩 100% 정도이다.

19 다음에서 설명하는 것은?

- 무한화서이다.
- 수꽃이나 암꽃이 따로 따로 모여 있는 화서로서 수상화서가 변형되었다.

① 단정화서   ② 단집산화서
③ 복집산화서 ④ 유이화서

해설
유이화서는 수꽃이나 암꽃이 따로 모여 있는 화서로 수상화서가 변형된 것이다.

20 후숙에 의한 휴면타파에 대한 내용이다. 다음에 해당하는 것은?

휴면상태 : 종피휴면
후숙처리방법 : 광
후숙처리기간 : 3~7개월

① 야생귀리 ② 보리
③ 벼   ④ 밀

해설
밀은 종피휴면을 하며 후숙을 위해 광처리를 한다. 일반적으로 후숙처리기간은 3~7개월 정이다

제2과목 식물육종학

21 (   )에 알맞은 내용은?

물질을 생성하는 유전자 A와 그 물질에 작용하여 새로운 물질을 만드는 유전자 B가 있을 때, 이것을 (   )라 한다.

① 보족유전자 ② 복수유전자
③ 억제유전자 ④ 열성상위

해설
열성상위는 물질을 생성하는 유전자 A와 그 물질에 작용하여 새로운 물질을 만드는 유전자 B가 있을 경우를 말한다.

22 다음 중 우성상위 F_2의 분리비로 가장 옳은 것은?
① 12:3:1 ② 9:6:1
③ 15:1   ④ 9:3:4

해설
피복유전자는 두쌍의 비대립유전자간 한 우성 유전자가 다른 우성유전자의 발현을 막고 자신의 고유 특성만 발현하는 유전자를 말한다. F_2 분리비는 12:3:1 이다.

23 다음 중 육종과정으로 가장 옳은 것은?

① 육종목표 설정 → 육종재료 및 육종방법 결정 → 변이작성 → 신품종 결정 및 등록 → 증식 및 보급
② 육종목표 설정 → 변이작성 → 육종재료 및 육종방법 결정 → 신품종 결정 및 등록 → 증식 및 보급
③ 육종목표 설정 → 육종재료 및 육종방법 결정 → 변이작성 → 증식 및 보급 → 신품종 결정 및 등록
④ 육종목표 설정 → 변이작성 → 신품종 결정 및 등록 → 육종재료 및 육종방법 결정 → 증식 및 보급

해설
재배식물의 육종과정은 육종목표의 설정, 육종재료 및 육종방법 결정, 변이작성, 반복적 선발을 통해 유망계통 육성, 신품종의 결정 및 국가 기관에 등록, 신품종의 증식 및 보급이다.

24 분리육종법과 교잡육종법의 차이점으로 옳지 않은 것은?

① 분리육종에서는 재래종 집단을 대상으로 하고, 교잡육종에서 잡종집단을 대상으로 한다.
② 분리육종에서는 유전자재조합을 기대하는 것이고, 교잡육종에서는 유전자상호작용을 기대하는 것이다.
③ 자식성식물에서는 두 방법 모두 동형 접합체를 선발한다.
④ 자식성식물에서는 기존변이가 풍부할 때에는 교잡육종보다 분리육종이 더 효과적이다.

해설
분리육종법은 지방종, 재래종 혹은 재배품종을 이용하고, 교잡육종법은 육종의 소재가 되는 변이를 교잡을 통해 얻는 방법이다.

25 형질의 유전력은 선발효과와 깊은 관계가 있다. 선발효과가 가장 확실한 경우는? (h^2B는 넓은 의미의 유전력임)

① $h^2B = 0.34$　② $h^2B = 0.13$
③ $h^2B = 0.92$　④ $h^2B = 0.50$

해설
유전력은 0~1 값을 가지며 유전력이 0.5 이상이면 높고 0.2 이하이면 낮다. 유전력이 높을수록 선발효과가 높다.

26 변이의 생성 원인이 아닌 것은?

① 영양번식　② 환경
③ 교잡　　　④ 방사선

해설
변이는 온도, 양분, 환경조건 등에 의해 발생하기도 하고 교배, 돌연변이 등의 유전적 변이에 의해 생성되기도 한다.

27 1개체 1계통 육종의 특징으로 틀린 것은?

① 유전력이 낮은 형질이나 폴리진이 관여하는 형질의 개체선발을 할 수 있다.
② 온실에서 세대촉진으로 생육기간을 단축시켜 육종연한을 줄일 수 있다.
③ 1개체에서 1립씩만 채종하므로 면적이 적게들고 많은 조합을 취급할 수 있다.
④ 밀식재배로 인하여 우수하지만 경쟁력이 약한 유전자형을 상실할 염려가 있다.

해설
1개체 1계통 육종은 집단육종과 계통육종의 이점을 모두 살리는 육종방법으로 초기 집단재배를 해서 유용유전자를 유지할수 있고 육종규모가 작아 온실에서 육종연한을 단축할 수 있다.

28 다음 중 하디-바인베르크 법칙의 전제조건으로 옳지 않은 것은?

① 집단 내에 유전적 부동이 있어야 한다.
② 다른 집단과 유전자 교류가 없어야 한다.
③ 집단 내에서 자연적 선택이 일어나지 않아야 한다.
④ 집단 내에 돌연변이가 일어나지 않아야 한다.

해설
하디-바인베르크 법칙은 무작위적 교배가 일어나고 있는 집단에서 유전자를 변화시키는 외부 힘이 작용하지 않는 한 우성 유전자와 열성 유전자의 비율은 세대를 거듭하여도 변하지 않고 유전적 평형을 이룬다는 내용이다
[하디-바인베르크 법칙 전제조건]
· 돌연변이가 없어야 한다.
· 대립유전자의 적합도가 같아야 한다.
· 집단 간 이주가 없어야 한다.
· 무작위 교배가 일어나며 유전자 부동이 없어야 한다.

29 다음 중 형질전환체 선발에 가장 이용되지 않는 것은?

① 병저항성   ② 항생제저항성
③ GUS효소   ④ 제초제저항성

해설
항생제저항성, 제초제저항성, GUS 효소 등의 선발에 이용된다.

30 십자화과 채소에서 자식시킬 수 있으며, 자가불화합성인 계통을 유지할 수 있게 하는 방법은?

① 타가수분   ② 뇌수분
③ 종간교잡   ④ 근계교배

해설
뇌수분은 억제물질이 생성되기 전인 개화 2~3일 전 꽃봉오리에 수분하는 것으로 자가수정률이 높아 자가불화합성 계통을 유지할수 있다. 십자화과식물의 채종이 많이 이용된다.

31 타식성 식물을 인위적으로 자식시키거나 근친교배하여 나온 식물체는 생육이 빈약하고 수량성이 떨어지는데 이러한 현상을 무엇이라 하는가?

① 우성   ② 잡종강제
③ 초우성   ④ 근교약세

해설
근교약세는 잡종 F_1에서 나타났던 잡종강세가 자식 혹은 근계교배를 계속함에 따라 현저하게 생활력이 감퇴되는 현상으로 자식약세라 하며 주로 타가수정 작물에서 나타난다.

32 잡종강세 육종에서 유전자형이 다른 자식계통들을 모두 상호교배하여 함께 검정하는 방법은?

① 단교배검정법   ② 톱교배검정법
③ 이면교배분석법 ④ 다교배검정법

해설
이면교배는 여러 자식계를 둘씩 조합하거나 교배하여 특정조합능력과 일반조합능력을 검정한다.

33 다음 중 계통육종법의 과정으로 가장 옳은 것은?

① 모본선정 → 교배 → F_2 전개와 개체 선발 → 계통육성 → 생산력 검정 → 지역적응성 시험
② 모본선정 → 교배 → F_2 전개와 개체 선발 → 계통육성 → 지역적응성 시험 → 생산력 검정
③ 모본선정 → 교배 → F_2 전개와 개체 선발 → 생산력 검정 → 통계육성 → 지역적응성 시험
④ 모본선정 → 교배 → F_2 전개와 개체 선발 → 지역적응성 시험 → 생산력 검정 → 계통육성

해설
계통육종법의 경우 인공교배, F_1 양성, F_2전개와 개체선발, 계통육성과 특성검정, 생산력 검정, 지역적응성 검정 및 농가실증시험, 종자증식, 농가보급의 순서로 진행된다.

34 바나나처럼 종자의 생성이 없이 열매를 맺는 경우를 무엇이라 하는가?

① 영양번식   ② 재춘화현상
③ 단위결과   ④ 웅성불임

해설
수정이 되고 종자가 생기지 않아도 과실이 형성되는 경우가 있는데 이를 단위결과라 한다.

35 다음 중 동질 배수체에 대한 설명으로 가장 적절하지 않은 것은?

① 공병세포가 커진다.
② 착화율이 감소한다.
③ 화분립이 작아진다.
④ 화기가 커진다.

해설
동질배수체는 핵과 세포가 커지고, 영양기관의 발육이 왕성하여 거대화하고, 화서 및 종자가 대형화한다. 임성이 저하되고 착과성이 감퇴하며 발육이 지연된다.

36 반수체 육종에 대한 설명으로 틀린 것은?

① 반수체식물은 배우자의 염색체수를 가진다.
② 반수체를 염색체 배가하면 동형접합체를 얻을 수 있다.
③ 반수체 육종을 하는 가장 큰 의의는 육종연한을 단축시키는 것이다.
④ 반수체는 생장점을 배양하여 얻는 것이 가장 효율적이다.

해설
반수체는 화분이나 약배양하는 것이 효율적이다.

37 세포질적 웅성불임성에 해당하는 것은?

① 보리   ② 옥수수
③ 토마토   ④ 사탕무

해설
세포질적 웅성불임은 세포질 요인에 의해서만 발생하며 옥수수에서 주로 관찰된다.

38 감수분열에 대한 설명으로 가장 거리가 먼 것은?

① 상동염색체끼리 대합한다.
② 접합기의 염색체수는 반수이다.
③ 화분모세포의 염색체수는 반수이다.
④ 4분자의 소포자의 염색체수는 반수이다.

해설
감수분열은 배우자 형성을 위해 암수의 생식기관에서 생식모세포의 염색체 수가 반감되는 세포분열이다. 화분모세포의 경우 염색체의 수가 2n 이다.

39 씨 없는 수박을 생상하기 위한 배수성 간 교배과정으로 옳은 것은?
① (4n×2n)×2n ② (3n×2n)×2n
③ 2n×(4n×3n) ④ 2n×3n

해설
씨없는 수박은 2배체 수박에 콜히친을 처리하여 4배체를 육성하고 4배체로 모계로 2배체를 부계로 하여 1대 잡종을 생산하여 채종하여 나타난다.

40 아포믹시스에 대한설명으로 옳은 것은?
① 부정배형성은 배낭을 만든다.
② 무포자생식은 배낭을 만들지만 배낭의 조직 세포가 배를 형성한다.
③ 복사포자생식은 배낭모세포가 정상적으로 분열을 하여 배를 형성한다.
④ 웅성단위생식은 정핵과 난핵이 융합하여 배를 형성한다.

해설
아포믹시스(단위생식, apomixis)는 무수정생식이라 하며 정상적인 정핵과 난핵의 결합 없이 종자를 형성한다.

제3과목 재배원론

41 (   )에 알맞은 내용은?

감자 영양체를 20000 rad 정도의 (　) 에 의한 γ 을 조사하면 맹아억제 효과가 크므로 저장기간이 길어진다.

① ^{15}C ② ^{60}Co
③ ^{17}C ④ ^{40}K

해설
영양체에 ^{60}Co, ^{137}Cs 에 의한 γ 선을 조사하면 휴면이 연장되고 맹아억제 효과가 크다.

42 다음 중 작물의 중금속 내성 정도에서 니켈에 대한 내성이 가장 작은 것은?
① 보리 ② 사탕무
③ 밀   ④ 호밀

해설
사탕무나 귀리는 니켈에 대한 내성이 작다.

43 다음 중 산성토양에 가장 강한 것은?
① 수박 ② 유래
③ 무   ④ 겨자

해설
산성토양에 저항성이 강한 작물로는 벼, 귀리, 조, 옥수수, 감자, 수박 등이 있다.

44 다음 중 내습성에 가장 강한 것은?
① 파   ② 감자
③ 고구마 ④ 옥수수

해설
작물의 내습성은 미나리, 벼, 옥수수 등이 높은 편이며 파, 양파, 고추 등은 낮은 편이다.

45 화본과 작물이 아닌 것은?
① 옥수수 ② 귀리
③ 수수 ④ 알팔파

해설
알팔파는 콩과 작물에 해당한다.

46 다음 중 작물의 기원지가 중앙아시아 지역에 해당되는 것으로만 나열된 것은?
① 감자, 땅콩 ② 귀리, 기장
③ 담배, 토마토 ④ 고구마, 해바라기

해설
작물의 기원지가 중앙아시아 지역에 해당하는 것으로 귀리, 기장, 완두, 삼, 당근 등이 있다.

47 가을에 파종하여 그 다음해 초여름에 성숙하는 작물을 무엇이라 하는가?
① 월년생 작물　② 1년생 작물
③ 다년생 작물　④ 2년생 작물

해설
가을에 파종하여 그 다음해 초여름에 성숙하는 작물을 월년생 작물(2년생작물)이라 한다.

48 등고선에 따라 수로를 내고, 임의의 장소로부터 월류하도록 하는 방법은?
① 수반법　② 보더관개
③ 암거법　④ 일류관개

해설
일류관개는 등고선 방향으로 지수로를 내어 임의의 장소에서 월류하도록 하는 방법이다.

49 다음 중 작물의 주요 온도에서 최고 온도가 가장 높은 것은?
① 호밀　② 옥수수
③ 보리　④ 귀리

해설
옥수수의 발아 최적온도는 32~34℃, 최고온도는 40℃ 내외로 높은편에 속한다.

50 한해(旱害) 때 밭작물 재배 대책에 대한 설명으로 틀린 것은?
① 뿌림골을 낮게 한다.
② 뿌림골을 넓힌다.
③ 칼리를 증시한다.
④ 밀밭이 건조할 때에는 답압을 한다.

해설
한해의 방지를 위해 질소질 과용을 피하고 인산, 칼륨을 사용해 주고 재식밀도를 낮추고 뿌림골을 낮추는 것이 좋다.

51 다음 중 작물의 요수량이 가장 높은 것은?
① 감자　② 귀리
③ 완두　④ 보리

해설
요수량이 높은 작물로 알팔파, 완두, 클로버 등이 있다.

52 다음 중 대기의 조성에서 함량비가 약 21%에 해당하는 것은?
① 먼지　② 이산화탄소
③ 질소가스　④ 산소가스

해설
대기의 조성은 질소 78%, 산소 21%, 이산화탄소 0.03% 및 기타로 구성되어 있다.

53 탄산가스 시용효과에 대한 내용으로 (가), (나)에 알맞은 내용은?

> 토마토는 엽폭이 (가)건물생산이 증가하여 개화와 과실이 성숙이 (나)착과율은 증가한다.

① 가 : 작아지고, 나 : 지연되고
② 가 : 작아지고, 나 : 촉진되고
③ 가 : 커지고, 나 : 지연되고
④ 가 : 커지고, 나 : 촉진되고

해설
탄산가스 시용을 통해 작물의 성장을 촉진시키며 토마토 적용시 식물의 잎의 폭이 커지고 건물생산이 증가하며 개화 및 과실의 성숙이 지연되면서 착과율은 증가한다.

정답　47 ①　48 ④　49 ②　50 ②　51 ③　52 ④　53 ③

54 다음 중 장과류에 해당하는 것으로만 나열된 것은?

① 포도, 무화과　② 감, 귤
③ 배, 사과　　　④ 밤, 호두

해설
포도, 무화과, 딸기 등은 장과류에 해당한다.

55 다음 중 고립상태일 때 광포화점이 가장 낮은 것은?

① 옥수수　② 고구마
③ 사과나무　④ 콩

해설
광포화점(%) 의 경우 무, 사탕무, 고구마는 40~60%, 콩은 20~23% 로 콩이 낮다.

56 다음 중 천연 옥신류에 해당하는 것은?

① 키네틴　② BA
③ IPA　　④ PAA

해설
천연옥신류에는 IAA, PAA, IAN 가 있다.

57 (　　) 에 가장 알맞은 것은?

> 굴광현상에는 (　　)의 청색광이 가장 유효하다.

① 210~240nm　② 320~380nm
③ 440~480nm　④ 530~580nm

해설
굴광현상은 440~480nm 의 청색광에 가장 유효하다.

58 다음에서 설명하는 것은?

> 일정한 한계일장이 없고, 대단히 넓은 범위의 일장에서 화성이 유도된다.

① 장일식물　② 단일식물
③ 정일성식물　④ 중성식물

해설
일장에 관계 없이 화아하는 식물을 중성식물 혹은 중일식물이라 한다.

59 (　　)에 알맞은 내용은?

> (　　)은/는 잎의 기공을 폐쇄시켜 증산을 억제시킴으로써 식물을 수분부족상태에서도 견디게 한다.

① 지베렐린　② ABA
③ 옥신　　　④ 에틸렌

해설
ABA 는 스트레스성 작용을 받으면 발생량이 증가하고 잎의 기공을 폐쇄하여 증산을 억제하고 내건성이 증대되는 효과가 있다.

60 다음 중 미량원소에 해당하는 것은?

① N　② P
③ Cu　④ Ca

해설
미량원소에는 염소(Cl), 철(Fe), 망간(Mn), 붕소(B), 아연(Zn), 구리(Cu), 몰리브덴(Mo) 등이 있다.

정답 54 ① 55 ④ 56 ④ 57 ③ 58 ④ 59 ② 60 ③

제4과목 식물보호학

61 곤충의 기관계에 대한 설명으로 옳지 않은 것은?
① 기문, 기관, 모세기관으로 이루어져 있다.
② 파리목에서는 기문이 하나도 없는 경우도 있다.
③ 곤충이 탈피하여도 모세기관의 표피는 그대로 남는다.
④ 기문은 몸의 양 옆에 최대 8쌍이 있지만 이보다 적은 경우도 많다.

해설
기문은 보통 가슴 2쌍, 배 8쌍이 존재하며 총 10쌍이 있으나 곤충에 따라 차이는 있다.

62 농약 살포방법으로 옳지 않은 것은?
① 살포 전과 후에 살포기를 반드시 씻어야 한다.
② 쓰고 남은 농약은 다른 용기에 옮겨 보관하지 않는다.
③ 살포작업은 한 사람이 2시간 이상을 계속해서 작업하지 않는다.
④ 살포작업은 약제의 효능을 위해 날씨가 좋은 한낮에 살포하는 것이 좋다.

해설
농약을 살포할 때는 한낮에 뜨거운 때를 피하고 아침, 저녁 서늘할 때 실시한다.

63 생물학적 식물병 진단 방법이 아닌 것은?
① 혈청학적 진단
② 지표식물에 의한 진단
③ 즙액 접종에 의한 진단
④ 충체 내 주사법에 의한 진단

해설
생물학적 진단에는 지표식물법, 최아법, 즙액접종법, 박테리오파지법 등이 있으나 혈청학적 진단은 병원체에 혈청을 만들어 진단하는 별개의 방법이다.

64 25% 제초제 유제(비중 1.0)를 0.05%의 살포액 1L로 만드는 데 소요되는 물의 양은?
① 49.9L
② 499L
③ 499mL
④ 4990mL

해설
희석할 물의 양
$= 원액 용량 \times \left(\dfrac{원액 농도}{희석할 농도} - 1\right) \times 원액 비중$
$1000 \times \left(\dfrac{25}{0.05} - 1\right) \times 1 = 499,000\,ml = 499L$

65 해충 방제에 있어서 생물적 방제의 장점은?
① 비용이 저렴하다.
② 방제 효과가 빠르다.
③ 천적 생물의 유지가 용이하다.
④ 해충이 농약에 대한 내성이 생길 염려가 없다.

해설
생물적 방제는 천적 등을 이용하는 방법으로 내성이 생길 가능성이 없으며 친환경적이다.

정답 61 ④ 62 ④ 63 ① 64 ② 65 ④

66 *Streptomyces scabies* 이라는 균에 해당하는 것은?
① 혐기성 그램양성세균
② 호기성 그램양성세균
③ 혐기성 그램음성세균
④ 호기성 그램음성세균

해설
감자더뎅이병의 병원은 세균인 *Streptomyces scabies* 으로 호기성 그람양성세균이다.

67 월년생 광엽잡초에 해당하는 것은?
① 깨풀   ② 망초
③ 명아주 ④ 밭뚝외풀

해설
광엽 월년생잡초에는 망초, 중대가리풀, 황새냉이 등이 있다.

68 제초제에 의해서 나타나는 작물의 약해 증상이 아닌 것은?
① 잎의 황화와 비틀림
② 잎의 큐티클층 비대
③ 잎의 백화현상과 괴사
④ 잎과 줄기의 생장 억제

해설
제초제 사용시 약제의 독성 및 생장억제 등의 작용으로 잎에 여러 현상들이 나타나지만 큐티클층이 비대하는 현상은 나타나지 않는다.

69 작물과 잡초가 경합하는 대상이 아닌 것은?
① 광   ② 수분
③ 양분 ④ 파이토알렉신

해설
작물과 잡초의 경합요인으로 광, 수분, 양분, 밀도 등이 있다.

70 기주식물의 즙액을 빨아먹으면서 바이러스를 매개하는 해충은?
① 애멸구   ② 벼잎벌레
③ 혹명나방 ④ 이화명나방

해설
애멸구는 줄무늬잎마름병, 검은줄오갈병 등의 바이러스병을 매개한다.

71 식물벼의 제 1차 전염원으로 가장 거리가 먼 것은?
① 꽃   ② 종자
③ 괴경 ④ 구근

해설
식물병의 1차 전염원 소재에는 병든 조직, 종자, 토양, 공기, 묘목, 구근 및 괴경 등이 있다.

72 잡초의 생육 특성에 대한 설명으로 옳은 것은?
① 종자 이외로도 번식이 가능하다.
② 휴면성이 없어 농경지의 점유 밀도가 높다.
③ 대부분 C_3 식물로써 초기 생장속도가 빠르다.
④ 잡초의 밀도가 낮아지면 개화 및 결실률이 낮아져 종자 생산량이 줄어든다.

해설
잡초는 종자를 번식하는 1년생 잡초와 괴경, 근경 등으로 번식하는 다년생 잡초가 있다.

73 여름철 밭작물 재배 시 발생하는 잡초에 해당하는 것은?
① 벗풀   ② 바랭이
③ 쇠털골 ④ 나도겨풀

해설
바랭이는 여름철 밭에서 많이 발생하는 우점잡초이다.

정답 66 ② 67 ② 68 ② 69 ④ 70 ① 71 ① 72 ① 73 ②

74 생태적 잡초 방제 방법으로 옳은 것은?
① 작물을 연작한다.
② 피복작물을 제거한다.
③ 작물을 육묘이식 재배한다.
④ 작물의 재식밀도를 낮춘다.

해설
생태적 방제방법에는 재식밀도 조절, 육묘이식 재배, 품종 및 종자 선정 등이 있다.

75 거미와 비교한 곤충의 특징으로 옳지 않은 것은?
① 생식기는 배에 존재한다.
② 날개는 가운데 가슴과 뒷가슴에 위치한다.
③ 더듬이의 형태는 같은 종인 경우 암수에 관계없이 모두 동일 한다.
④ 3쌍의 다리를 지니며, 각 다리는 기본적으로 5개의 마디로 되어 있다.

해설
더듬이의 형태는 곤충마다 암수마다 차이가 있다.

76 해충이 살충제에 대하여 저항성을 갖게 되는 기작이 아닌 것은?
① 더듬이의 변형
② 표피층 구성의 변화
③ 피부 및 체내 지질의 함량 증가
④ 살충제에 대한 체내 작용점의 감수성 저하

해설
곤충의 더듬이는 감각기관으로 살충제 저항성에 의한 기작과는 관련이 없다.

77 종합적 방제 방법에 대한 설명으로 옳은 것은?
① 한 지역에서 동시에 방제하는 것이다.
② 여러 방제 장법을 조합하여 적용하는 것이다.
③ 항공 농약 살포 등 대규모로 방제하는 것이다.
④ 한 가지 방제 방법을 집중적으로 계속하여 적용하는 것이다.

해설
종합적 방제법은 여러 방제법 중에서 효율적인 방제법들을 조합하여 적용하는 것이다.

78 유기인계 농약에 해당하는 것은?
① 카벤다짐 수화제
② 벤퓨라카브 입제
③ 페노뷰카브 유제
④ 페니트로티온 유제

해설
유기인계 살충제 종류로 파라티온에틸, 이피엔(EPN), 말라티온, 다이아지논, 페니트로티온(MEP), 펜토에이트(PAP), 트리클로르폰(DEP), 디클로르보스(DDVP) 등이 있다.

79 우리나라 씨감자 생산은 대관령과 같은 고랭지에서 생산하게 되는데, 이는 씨감자를 주로 어떤 병원으로부터 보호하기 위해서 인가?
① 세균
② 곰팡이
③ 바이러스
④ 파이토플라스마

해설
감자 등과 같은 영양번식성 작물이 바이러스병에 의해 퇴화되는 것을 방지하기 위해 고랭지 재배를 한다.

80 대추나무 빗자루병 방제를 위해 가장 적합한 것은?
① 페니실린
② 가나마이신
③ 테트라싸이클린
④ 스트렙토마이신

해설
파이토플라스마는 세포막이 없고 일종의 원형질막이 존재하며 대표적으로 대추나무 빗자루병, 오동나무 빗자루병, 뽕나무 오갈병의 병원체이다. 파이토플라스마의 방제를 위해 테트라사이클린계 약제를 활용한다.

정답 80 ③

2019 제1회 종자산업기사

제1과목 종자생산학 및 종자법규

01 유한화서 중에서 가장 간단한 것으로 줄기의 맨 끝에서 1개의 꽃이 피는 것은?
① 총상화서 ② 원추화서
③ 단정화서 ④ 유이화서

해설
단정화서는 화서축의 선단에 1개의 꽃을 피우는 종류로 목련, 장미, 튤립 등이 있다.

02 다음에서 설명하는 것은?

> 배낭모세포가 감수분열을 못하거나 비정상적인 분열을 하여 배를 만든다.

① 부정배생식 ② 무포자생식
③ 복상포자생식 ④ 웅성단위생식

해설
복상포자생식은 배주, 주심, 표피 내의 포원세포가 분화되고 대포자모세포로 발달하여 정상적으로 분화되지만 감수분열을 처음부터 생략하거나 감수분열 과정이 진행되는 도중 분열에 문제가 생겨 발생한다.

03 메밀이나 해바라기와 같이 종자가 과피의 어느 한 줄에 붙어 있어 열개하지 않는 것을 무엇이라 하는가?
① 이과 ② 핵과
③ 감과 ④ 수과

해설
수과는 다 익은 열매껍질이 단단하여 터지지 않는데 한 개의 씨방에 한 개의 씨가 들어있다. 메밀, 해바라기, 국화과 등이 해당된다.

04 종자관련법상 종자업을 하려는 자는 종자관리사를 몇 명 이상 두어야 하는가? (단, 대통령령으로 정하는 작물의 종자를 생산, 판매하려는 자의 경우는 제외)
① 1명 ② 2명
③ 3명 ④ 4명

해설
종자업을 하려는 자는 종자관리사를 1명 이상 두어야 한다. 다만, 대통령령으로 정하는 작물의 종자를 생산·판매하려는 자의 경우에는 그러하지 아니하다.

05 다음 중 안전저장을 위해 종자의 최대 수분함량의 한계에서 '종자의 최대 수분함량'이 가장 높은 것은?
① 토마토 ② 보리
③ 배추 ④ 고추

해설
안전저장을 위한 종자 최대수분함량은 대략 벼 15%, 보리 13%, 콩 11%, 시금치 9%, 배추 5%, 고추 4.5% 정도이며 토마토는 일반적인 종자들보다 더 낮은 수준으로 해야 한다.

06 다음 중 수분의 측정에서 저온항온건조기법을 사용하게 되는 것은?
① 근대 ② 당근
③ 완두 ④ 마늘

해설
저온항온 건조기법은 마늘, 파, 부추, 콩, 땅콩, 배추씨, 유채, 고추, 목화, 피마자, 참깨, 아마, 겨자, 무에 적용한다.

정답 01 ③ 02 ③ 03 ④ 04 ① 05 ② 06 ④

07 다음에서 설명하는 것은?

> 보리에서는 제웅할 때 영의 선단부를 가위로 잘라내고 핀셋으로 수술을 끄집어낸다.

① 개열법 ② 화판인발법
③ 절영법 ④ 페탈 스플릿법

해설
절영법은 영의 선단 부위를 가위로 잘라 핀셋으로 수술을 끄집어 내며 벼, 보리, 밀 등에 적합하다.

08 씨없는 수박의 종자 생산을 위한 교잡법은?

① 2배체(♀) × 2배채(♂)
② 4배체(♀) × 2배체(♂)
③ 3배체(♀) × 2배체(♂)
④ 4배체(♀) × 4배체(♂)

해설
씨없는 수박은 2배체 수박에 콜히친을 처리하여 4배체를 육성하고 4배체로 모계로 2배체를 부계로 하여 1대 잡종을 생산하여 채종하여 나타난다.

09 교배에 앞서 제웅이 필요 없는 작물로만 나열된 것은?

① 벼, 귀리 ② 오이, 호박
③ 수수, 토마토 ④ 가지, 멜론

해설
교배에 앞서 제웅이 필요 없는 작물에는 오이, 호박, 수박 등이 있다.

10 후숙에 의한 휴면타파 시 휴면상태가 종피휴면이고, 후숙처리방법이 고온에 해당하는 것은?

① 야생귀리 ② 상추
③ 자작나무 ④ 벼

해설
벼의 경우 종피에 발아억제물질이 많이 함유하여 종피휴면이 발생하며 고온의 처리를 통해 휴면을 타파한다. 야생귀리는 배휴면으로 저온처리, 상추, 자작나무는 종피휴면이나 저온 및 광처리를 통해 휴면을 타파하는것이 효과적이다.

11 화훼 구근류 포장검사의 검사규격에 대한 내용이다. (가)에 알맞은 내용은?

구분 작물명	최저한도(%) 맹아율
나리	(가)

① 60 ② 65
③ 75 ④ 85

해설
검사규격에서 나리, 글라디올러스, 프리지아, 구근아이리스의 맹아율은 85% 이다.

12 다음에 해당되는 것으로만 나열된 것은?

> • 식물학상의 과실을 이용하는 것
> • 과실이 나출된 것

① 밀, 옥수수 ② 벼, 겉보리
③ 복숭아, 자두 ④ 귀리, 고사리

해설
식물학상 과실에 해당하고 나출된 것으로 밀, 쌀보리, 옥수수, 박하, 제충국 등이 있다.

13 채소작물의 포장검사에 대한 내용이다. (가)에 알맞은 내용은?

작물명	격리거리 (m)	포장 내지 식물로부터 격리되어야 하는 것
고추	(가)	• 같은 종의 다른 품종 • 바람이나 곤충에 의해 전파된 치명적인 특정 병 또는 기타병에 감염된 같은 작물이나 다른 숙주식물

① 300　　　　② 500
③ 800　　　　④ 1000

해설
고추의 격리거리는 500m 이다.

14 제(臍)가 종자의 끝에 있는 것에 해당하는 것으로만 나열된 것은?

① 배추, 시금치　② 상추, 고추
③ 콩, 메밀　　　④ 쑥갓, 목화

해설
종자의 배병이나 태좌에 붙어있던 흔적인 제(배꼽)은 식물의 종류에 따라 위치가 다르다. 배추, 시금치는 종자의 끝에 위치하고 상추, 쑥갓은 종자의 기부에 위치한다. 콩의 경우 종자의 뒷면에 위치하는 것이 특징이다.

15 녹두의 순도검사 시 시료의 최소 중량은?

① 80g　　　　② 100g
③ 120g　　　④ 150g

해설
녹두의 순도검사 시 시료의 최소 중량은 120g 이다.

16 ( )에 알맞은 내용은?

> 시장, 군수, 구청장은 종자업자가 종자업 등록을 한 날부터 1년 이내에 사업을 시작하지 아니하거나 정당한 사유 없이 1년 이상 계속하여 휴업한 경우에 종자업 등록을 취소하거나 ( )이내에 기간을 정하여 영업의 전부 또는 일부의 정지를 명할 수 있다.

① 3개월　　　② 6개월
③ 1년　　　　④ 2년

해설
시장·군수·구청장은 종자업자가 종자업 등록을 한 날부터 1년 이내에 사업을 시작하지 아니하거나 정당한 사유 없이 1년 이상 계속하여 휴업한 경우 종자업 등록을 취소하거나 6개월 이내의 기간을 정하여 영업의 전부 또는 일부의 정지를 명할 수 있다.

17 종자관련법상 국가보증이나 자체보증을 받은 종자를 생산하려는 자는 농림축산식품부 장관 또는 종자관리사로부터 채종 단계별로 몇 회 이상 포장(圃場)검사를 받아야 하는가?

① 1회　　　② 2회
③ 3회　　　④ 4회

해설
국가보증이나 자체보증을 받은 종자를 생산하려는 자는 농림축산식품부장관 또는 종자관리사로부터 채종 단계별로 1회 이상 포장(圃場)검사를 받아야 한다.

정답 13 ② 14 ① 15 ③ 16 ② 17 ①

18 ( )에 알맞은 내용은?

> 종자관리사의 자격기준 등에서 농림축산식품부장관은 종자관리사가 종자산업법에서 정하는 직무를 게을리하거나 중대한 과오를 저질렀을 때에는 그 등록을 취소하거나 ( )이내의 기간을 정하여 그 업무를 정지시킬 수 있다.

① 6개월 ② 1년
③ 2년 ④ 3년

해설
농림축산식품부장관은 종자관리사가 이 법에서 정하는 직무를 게을리하거나 중대한 과오(過誤)를 저질렀을 때에는 그 등록을 취소하거나 1년 이내의 기간을 정하여 그 업무를 정지시킬 수 있다.

19 (가)에 알맞은 내용은?

> (가)이/가 발달하여 종자가 된다.

① 배주 ② 에피스네이스
③ 주공 ④ 주피

해설
종자의 발달을 보면 배주가 발달하여 종자가 되고 주피가 발달하여 종피가 된다.

20 녹식물춘화형 식물에 해당하는 것은?

① 무 ② 순무
③ 유채 ④ 양배추

해설
녹식물춘화형에는 양파, 파, 양배추, 당근, 담배, 사탕무 등이 있다.

제2과목 식물육종학

21 다음 중 콜히친의 기능을 가장 바르게 설명한 것은?

① 세포 융합을 시켜 염색체 수가 배가된다.
② 세포막을 통하여 인근 세포의 염색체를 이동, 복제 시킨다.
③ 분열 중이 아닌 세포의 염색체를 분할시킨다.
④ 분열 중인 세포의 방추사와 세포막의 형성을 억제한다.

해설
콜히친을 종자나 세포분열이 왕성한 식물체의 생장점 부위에 처리하면 분열상태의 세포의 방추사, 세포막의 형성을 저해하고 복제된 염색체가 양극으로 분리되는 것을 방해하는 작용을 한다.

22 다음 교배조합 중 복교배에 해당하는 것은?

① (A×M)×(B×M)×(C×M)×(D×M)
② (A×B)×(C×D)
③ A×B
④ (A×B)×B

해설
복교배(복교잡)은 두 개의 단교배로 F_1 끼리 교배하며 [(A×B)×(C×D)] 이다.

23 3염색체식물의 염색체 수를 표기하는 방법으로 가장 옳은 것은?

① 3n+3 ② 3n+2
③ 2n+1 ④ 2n-1

해설
2n+1 의 경우 3염색체라 한다.

24 식량작물의 종자갱신체계로 가장 옳게 나열된 것은?

① 원원종 → 원종 → 보급종 → 기본종
② 보급종 → 원종 → 원원종 → 기본종
③ 기본종 → 원원종 → 원종 → 보급종
④ 원종 → 원원종 → 기본종 → 보급종

해설

작물의 종자생산 관리 및 증식체계는 기본식물, 원원종, 원종, 채종포(보급종), 농가의 순이다.

25 동질4배체의 F_1(AAaa)을 자가수정하여 만들어진 F_2의 표현형의 분리비로 옳은 것은? (단, A는 a에 우성이다.)

① 우성 : 열성 = 1 : 1
② 우성 : 열성 = 3 : 1
③ 우성 : 열성 = 15 : 1
④ 우성 : 열성 = 35 : 1

해설

F_1(AAaa)을 자가수정하여 만들어진 F_2의 표현형의 분리비는 AAAA:AAAa:AAaa:Aaaa:AAAA = 1:8:18:8:1 이므로 분리비는 우성:열성 = 35:1 이다.

26 다음 중 여교배 세대에 따라 반복친을 나타낼 때 BC_4F_1에 해당하는 반복친은 약 몇 %인가?

① 75.0 ② 87.5
③ 93.8 ④ 96.9

해설

$1-(1/2)^{4+1} = 1 - 0.03125 = 0.96875 = $ 약 96.9(%)

27 2개의 유전자가 독립유전하는 양성잡종의 F_2 분리비는?

① 9 : 3 : 1 : 1   ② 9 : 3 : 3 : 1
③ 3 : 1 : 1   ④ 9 : 1 : 1

해설

독립유전에서 두 쌍의 대립유전자에 의해 지배되는 형질은 F_2 에서 9:3:3:1 로 분리된다.

28 다음 교배(AABB × AAbb)에 의해 F_2세대에서 AABB를 선발할 확률은? (단, 두 유전자는 완전우열성이다.)

① 계통육종과 반수체육종 모두 1/9이다.
② 계통육종과 반수체육종 모두 1/4이다.
③ 계통육종에서는 1/4이고, 반수체육종에서는 1/2이다.
④ 계통육종에서는 1/9이고, 반수체육종에서는 1/4이다

해설

계통육종은 AABB × AAbb 이기에 AABB, AABb, AABb, AAbb 로 1/4 이고, 반수체육종은 AB×Ab 이기에 AABB, AAbb 로 1/2 이다.

29 AABB × aabb 교잡에서 F_2세대의 표현형은 몇 개인가? (단, A와 B는 a와 b에 대하여 각각 완전 우성이고, 서로 독립적이다.)

① 9   ② 4
③ 2   ④ 3

해설

n 쌍의 대립유전자는 2^n 만큼의 표현형을 가지기에 2개의 대립유전자가 있으므로 2^2=4 개이다.

정답 24 ③ 25 ④ 26 ④ 27 ② 28 ③ 29 ②

30 다음 중 유전자지도 작성의 기초가 되는 유전현상으로 가장 옳은 것은?
① 유전자 분리
② 염색체 배가 및 복제
③ 연관과 교차
④ 비대립 유전자의 상위성

해설
연관과 교차는 조환가를 기준으로 염색체 위에 유전자들의 상대적 위치를 정하여 표시한 것으로 연관지도라고 한다.

31 잡종강세 육종에서 유전자형이 다른 자식계통들을 모두 상호교배하여 함께 검정하는 방법은?
① 단교배검정법 ② 톱교배검정법
③ 이면교배분석법 ④ 다교배검정법

해설
이면교배는 여러 자식계를 둘씩 조합하거나 교배하여 특정조합능력과 일반조합능력을 검정한다

32 다음 중 신품종의 3대 구비조건에 가장 해당하지 않는 것은?
① 안정성 ② 다양성
③ 구별성 ④ 균일성

해설
신품종 3대 구비조건은 구별성(Distinctness), 균일성(Uniformity), 안정성(Stability)를 말한다.

33 아조변이에 대한 설명으로 가장 적절한 것은?
① 체세포의 돌연변이로서 영양번식 작물에 주로 이용되는 것
② 체세포의 돌연변이로서 유성번식 작물에 주로 이용되는 것
③ 생식세포의 돌연변이로서 영양번식 작물에 주로 이용되는 것
④ 생식세포의 돌연변이로서 유성번식 작물에 주로 이용되는 것

해설
아조변이는 체세포돌연변이의 일종인데 식물의 줄기와 가지의 생장점 세포가 돌연변이를 일으킨 것으로 과수류의 신품종 육성에 이용된다.

34 동질 3배체의 특징으로 옳은 것은?
① 3가 염색체가 균등분리하여 임성이 매우 높다.
② 종자없는 과일을 생산한다.
③ 동질 3배체 식물은 종자번식을 한다.
④ 인위적인 동질 3배체는 2배체와 반수체를 교배하여 만든다.

해설
동질3배체 식물은 종자가 없는 과일 생산이 가능하다.

35 ( )에 가장 알맞은 내용은?

> 계통육종은 인공교배하여 F_1을 만들고 ( )부터 매세대 개체선발과 계통재배 및 계통선발을 반복하면서 우량한 유전자형을 순계를 육성하는 육종방법이다.

① F_2 ② F_3
③ F_4 ④ F_6

해설
계통육종법은 교배를 하여 잡종을 만들고 그 분리세대인 F_2 이후부터 계속 개체선발을 하고 선발된 개체를 개체별 계통재배를 되풀이 하면 그들 계통을 서로 비교하여 우량한 계통을 선발, 고정하여 순계를 만들어 가는 방법으로 자가수정작물의 대표적인 육종방법이다.

정답 30 ③ 31 ③ 32 ② 33 ① 34 ② 35 ①

36 일반적으로 1세대당 1유전자에 일어나는 자연 돌연변이의 출현 빈도로 가장 옳은 것은?

① $10^{-10} \sim 10^{-9}$
② $10^{-6} \sim 10^{-5}$
③ $10^{-3} \sim 10^{-2}$
④ 10^{-1}

해설
자연상태에서 자연적 돌연변이 발생은 작물의 종류에 따라 다르나 유전자당 $10^{-6} \sim 10^{-5}$ 정도의 빈도로 나타난다.

37 다음 중 이종(異種) 게놈으로 된 이질배수체는?

① 배추 ② 양배추
③ 고추 ④ 유채

해설
이질배수체는 복이배체(복2배체)라 하며 서로 다른 종류의 게놈이 배가되어 배수체를 만든 것으로 유채가 있다.

38 배낭모세포가 감수분열을 못하거나 비정상적인 분열을 하여 배를 형성하는 것은?

① 부정배형성 ② 무포자생식
③ 복상포자생식 ④ 위수정생식

해설
복상포자생식은 배낭모세포의 수가 감수분열을 하지 못하고 체세포와 동일한 염색체 수를 가지게 된다.

39 합성품종의 설명으로 가장 옳지 않은 것은?

① 집단의 유전평형 원리가 적용된다.
② 반영구적으로 사용된다.
③ 채종방법이 복잡하다.
④ 환경변동에 대한 안정성이 높다.

해설
합성품종은 매년 잡종종자를 생산할 필요가 없고 채종방법이 간단하며 환경 적응성이 커서 환경변화에 대한 안전성이 높다.

40 Apomixis를 가장 바르게 설명한 것은?

① 수정 없이 종자가 생기는 현상이다.
② 종자 없이 과일이 생기는 현상이다.
③ 염색체가 배가 되는 현상이다.
④ 체세포에 일어나는 돌연변이다.

해설
아포믹시스(단위생식, apomixis)는 무수정생식이라 하며 정상적인 정핵과 난핵의 결합 없이 종자를 형성한다.

제3과목 재배원론

41 수해를 입은 뒤 사후 대책에 대한 설명으로 틀린 것은?

① 물이 빠진 직후 덧거름을 준다.
② 철저한 병해충 방제 노력이 있어야 한다.
③ 퇴수 후 새로 물을 갈아 댄다.
④ 짚을 매어 토양 표면의 흙 앙금을 헤쳐준다.

해설
수해를 입은 뒤 덧거름을 주면 피해가 심해진다.

정답 36 ② 37 ④ 38 ③ 39 ③ 40 ① 41 ①

42 다음 중 식물의 이층 형성을 촉진하여 낙엽에 영향을 주는 것은?
① ABA
② IBA
③ CCC
④ MH

해설
ABA를 작물에 적용시 이층형성을 촉진하여 낙엽이 유도된다.

43 내건성 작물의 특성으로 옳은 것은?
① 세초액의 삼투압이 낮다.
② 원형질의 점성이 높다.
③ 원형질막의 수분투과성이 작다.
④ 기공이 크다.

해설
내건성 작물은 원형질의 점성이 높고 원형질막의 수분투과성이 크다.

44 내동성에 대한 설명으로 옳은 것은?
① 생식기관은 영양기관보다 내동성이 강하다.
② 휴면아는 내동성이 극히 약하다.
③ 저온 처리를 해서 맥류의 추파성을 소거하면 생식 생장이 유도되어 내동성이 약해진다.
④ 직립성인 것이 포복성인 것보다 내동성이 강하다.

해설
추파성인 밀과 보리는 저온처리로 추파성이 소거되며 생식 생장이 유도되면서 내동성이 약해진다.

45 감자의 휴면 타파를 위하여 흔히 사용하는 물질은?
① 질산염
② ABA
③ 지베렐린
④ 과산화수소

해설
지베렐린을 작물에 적용시 화성유도, 생장 촉진, 휴면 타파 등의 효과를 기대할수 있다.

46 다음에서 설명하는 것은?

식물체 내에 함유된 탄수화물과 질소의 비율이 개화와 결실에 영향을 미치는 것은?

① 일장효과
② G/D균형
③ C/N율
④ T/R율

해설
식물의 탄수화물과 질소의 비율을 C/N 율 이라 하는데 C는 탄수화물, N은 질소를 의미하며 C/N 율이 높으면 화성을 유도하고 낮으면 영양생장이 지속된다.

47 C_4 식물로만 나열된 것은?
① 벼, 보리, 수수
② 벼, 기장, 버뮤다그라스
③ 보리, 옥수수, 해바라기
④ 옥수수, 사탕수수, 기장

해설
작물 중에서 옥수수, 수수, 사탕수수 등 열대 화본식물은 대부분 C_4 식물이다.

정답 42 ① 43 ② 44 ③ 45 ③ 46 ③ 47 ④

48 일장 효과에 가장 큰 영향을 주는 광 파장은?
① 200~300mm ② 400~500mm
③ 600~800mm ④ 800~900mm

해설
식물이 일장에 의해 생육, 개화 등에 영향을 받는 현상을 일장효과라 하며 주로 가시광선 파장에 영향을 많이 받는다.

49 식물체에서 내열성이 가장 강한 부위는?
① 주피 ② 눈
③ 유엽 ④ 중심주

해설
주피와 늙은 잎은 내열성이 강하다.

50 당료작물에 해당하는 것은?
① 옥수수 ② 고구마
③ 감자   ④ 사탕수수

해설
사탕무, 사탕수수는 당료작물에 속한다.

51 작물이 자연적으로 분화하는 첫 과정으로 옳은 것은?
① 도태와 적응 ② 지리적 격절
③ 유전적 교섭 ④ 유전적 변이

해설
작물이 자연적으로 분화하는 첫 과정은 유전적 변이이다.

52 자식성 식물로만 나열된 것은?
① 양파, 감   ② 호두, 수박
③ 마늘, 셀러리 ④ 대두, 완두

해설
자식성 식물에는 벼, 밀, 보리, 대두, 완두, 팥, 토마토 등이 있다.

53 엽면시비가 필요한 경우가 아닌 것은?
① 토양시비가 곤란한 경우
② 급속한 영양 회복이 필요한 경우
③ 뿌리의 흡수력이 약해졌을 경우
④ 다량요소의 공급이 필요한 경우

해설
엽면시비는 주로 철, 아연, 망간, 칼슘 등의 미량원소, 요소를 뿌려 준다.

54 작물의 습해 대책으로 틀린 것은?
① 습답에서는 휴립재배한다.
② 황산근 비료의 사용을 피한다.
③ 미숙유기물을 다량 사용하여 입단을 조성한다.
④ 과산화석회를 시용하고 파종한다.

해설
토양의 입단 조성을 돕기 위해 토양개량제를 뿌려줘야 한다.

55 생리작용 중 광과 관련이 적은 것은?
① 굴광현상 ② 일비현상
③ 광합성   ④ 착색

해설
일비현상은 식물줄기를 절단하거나 도관부에 구멍을 내면 다량의 수액이 배출되는 현상으로 수분에 관련된다.

정답 48 ③ 49 ① 50 ④ 51 ④ 52 ④ 53 ④ 54 ③ 55 ②

56 벼가 수온이 높고 정체된 흐린 물에 침관수 되어 급속히 죽게 될 때의 상태는?
① 청고   ② 적고
③ 황화   ④ 백수

해설
물에 침관수 되어 죽게 될 때의 상태를 청고(풋마름)라 한다.

57 윤작, 춘경과 같이 잡초의 경합력이 저하되도록 재배관리 해주는 방제법은?
① 물리적 방제법
② 생물적 방제법
③ 생태적, 경종적 방제법
④ 화학적 방제법

해설
생태학적(경종적) 방제법은 윤작, 춘경과 같이 잡초의 생육환경이 불리하도록 조성하여 작물이 경합에서 유리하도록 하여 잡초를 방제하는 방법이다.

58 단위면적당 광합성 능력을 표시하는 것은?
① 재식 밀도 × 수광 태세 × 평균 동화 능력
② 재식 밀도 × 엽면적률 × 순동화율
③ 총 엽면적 × 수광 능률 × 평균 동화 능력
④ 엽면적률 × 수광 태세 × 순동화율

해설
포장동화능력은 포장군락의 단위면적당 광합성의 능력을 말하며 다음와 같이 산출한다
포장동화능력=총엽면적×수광능률×평균동화능력

59 벼 키다리병에서 유래되었으며 세포의 신장을 촉진하는 식물 생장 조절제는?
① 지베렐린   ② 옥신
③ ABA   ④ 에틸렌

해설
지베렐린은 종자의 휴면타파의 효과가 있는 식물생장조절제로 옥신과 함께 사용시 효과가 극대화되는데 벼의 키다리병에서 유래한 물질이다.

60 벼 종자 선종 방법으로 염수선을 하고자 한다. 비중을 1.13으로 할 경우, 물 18L에 드는 소금의 분량은?
① 3.0kg   ② 4.5kg
③ 6.0kg   ④ 7.5kg

해설
염수선은 소금물을 이용하는 방법으로 비중 1.13 을 기준으로 물 18L 에 소금 4.5kg 으로 한다.

제4과목 식물보호학

61 잡초로 인한 피해로 옳지 않은 것은?
① 작물에 기생
② 작물과 경쟁
③ 토양 침식 가속화
④ 병충해 매개 역할

해설
잡초로 인하여 토양 침식이 방지된다.

62 잡초의 식생 천이에 관여하는 요인으로 옳지 않은 것은?
① 물 관리
② 시비 방법
③ 작부체계 변화
④ 비선택성 제초제 사용

해설
비선택성 제초제는 잡초와 작물 등 식물 전체를 제거하는 약제로 식물을 제거하면서 식생의 안정적인 모습을 찾아가는 과정을 방해한다.

정답 56 ① 57 ③ 58 ③ 59 ① 60 ② 61 ③ 62 ④

63 석회황합제에 해당하는 농약 계통은?
① 무기황제 계통 ② 유기황제 계통
③ 유기인제 계통 ④ 유기 염소계 계통

해설
무기황제에는 황분말, 수화황제, 석회황합제 등이 있다.

64 종합적 방제 체계의 정의로 옳은 것은?
① 전국적으로 동시에 실시하는 방제 체계
② 여러 가지 병해충을 동시에 박멸하는 방제 체계
③ 여러 가지 방제 방법을 골고루 사용하는 방제 체계
④ 여러 가지 화학 약제를 골고루 사용하는 방제 체계

해설
병해충종합관리는 Intergrated Pest Management(IPM)이라 하며 환경 친화적이고 지속가능한 방법으로 병해충을 관리하여 농약으로 인한 사회, 보건학적 위험을 줄이는 것을 목적으로 하는 방법으로 여러 방제법을 조합하여 가장 효율적인 방제법을 적용한다.

65 1년에 가장 많은 세대를 경과하는 해충은?
① 흰등멸구   ② 이화명나방
③ 섬서구메뚜기 ④ 복숭아혹진딧물

해설
복숭아혹진딧물은 1년에 수회(9~23회) 발생한다.

66 곤충의 형태적 특징에 대한 설명으로 옳은 것은?
① 폐쇄혈관계이다.
② 외골격 구조이다.
③ 몸은 머리, 배 2부분으로 이루어진다.
④ 앞가슴과 가운데 가슴에 2쌍의 날개가 있다.

해설
곤충은 키틴질로 된 강한 외골격으로 몸을 보호한다.

67 작물의 생육 단계별로 제초제로 인한 약해 감수성이 가장 예민한 시기는?
① 유묘기   ② 유숙기
③ 영양생장기   ④ 생식생장기

해설
작물의 생장단계 중 제초제에 대한 감수성은 유묘기에 가장 높은 편이다.

68 어떤 농약을 250배로 희석하여 10a당 100L씩 2ha에 처리하고자 할 때 필요한 농약의 양은?
① 8kg   ② 25kg
③ 50kg   ④ 80kg

해설
1a 는 $100m^2$ 이고 2ha 는 $20,000m^2$ 이므로 총 2000L가 소요된다. 250 배 희석으로 하기에

$$< 소요약량 = \frac{단위면적당사용량}{소요희석배수} = \frac{2000}{250} = 8L = 8kg >$$

이 도출된다.

정답 63 ① 64 ③ 65 ④ 66 ② 67 ① 68 ①

69 생태적 잡초 방제 방법으로 옳은 것은?
① 작물을 연작한다.
② 피복작물을 제거한다.
③ 작물을 육묘이식 재배한다.
④ 작물의 재식밀도를 낮춘다.

해설
생태적 방제방법에는 재식밀도 조절, 육묘이식 재배, 품종 및 종자 선정 등이 있다.

70 식물병 진단방법으로 생물학적 진단법에 해당하지 않는 것은?
① 파지에 의한 진단
② 제한효소에 의한 진단
③ 지표식물에 의한 진단
④ 즙액접종에 의한 진단

해설
생물학적 진단법에는 지표식물법, 최아법, 즙액접종법, 박테리오파지법이 있다.

71 도열병균의 포자가 발아한 후 잎표피를 침입하기 위하여 형성하는 기구는?
① 부착기 ② 발아관
③ 흡기   ④ 제2차균사

해설
도열병균은 기주에 침입할 때 부착기를 형성하며 균사의 끝이 특수한 모양의 흡기를 세포 안에 박고 영양을 섭취한다.

72 생물적 방제에 사용 가능한 포식성 천적이 아닌 것은?
① 굴파리좀벌   ② 애꽃노린재
③ 깍지무당벌레 ④ 칠성풀잠자리

해설
굴파리좀벌은 기생성 천적이다.

73 농약을 사용한 해충 방제 방법의 장점이 아닌 것은?
① 방제 효과가 즉시 나타난다.
② 방제 효과가 지속적으로 유지된다.
③ 방제 대상 면적을 조절할 수 있다.
④ 사용이 비교적 간편하며 방제 효과가 크다.

해설
농약을 사용한 방제 효과는 빠르게 나타나지만 지속성이 없고 다른 생물에도 피해를 주어 생태계에 영향을 준다.

74 작물을 가해하는 해충에 대한 설명으로 옳지 않은 것은?
① 흰등멸구는 벼를 흡즙 가해하는 해충이다.
② 혹명나방의 유충은 십자화과 작물을 가해한다.
③ 진딧물류나 매미충류는 식물의 즙액을 빨아먹는다.
④ 온실가루이는 시설재배의 채소류 및 화훼류에 발생하는 대표적인 해충이다.

해설
혹명나방은 주로 벼, 밀, 보리 등에 피해를 준다.

75 논에 발생하는 다년생 잡초는?
① 강피   ② 뚝새풀
③ 사마귀풀 ④ 너도방동사니

해설
논에서 발생하는 다년생 잡초로는 너도방동사니, 올미, 가래, 매자기, 올챙이고랭이 등이 있다.

76 식물 병원성 곰팡이의 포자 발아에 가장 큰 영향을 미치는 것은?
① 대기습도
② 낮의 길이
③ 밤의 온도
④ 기주식물의 발육 정도

해설
일반적으로 병원균의 경우 습도가 높을 때 발병확률이 높아진다. 병원균의 포자가 발아하여 침입하기 위해서는 90% 이상의 높은 상대습도를 요구하기도 한다.

77 식물병 발생에 관여하는 요인으로 가장 거리가 먼 것은?
① 병원균의 종류
② 주변 환경 조건
③ 기주 식물의 종류
④ 주변에 서식하는 동물의 종류

해설
식물병 발생에 관여하는 3요소로 병원체, 환경, 기주식물이 있다.

78 진딧물류와 같이 흡즙형 구기를 이용하여 작물을 가해하는 해충을 방제하기 위해 가장 적절한 살충제는?
① 불임제   ② 훈증제
③ 침투성 살충제   ④ 잔류성 접촉제

해설
침투성 살충제는 식물의 일부에 처리시 식물 전체에 퍼지게 되어 흡즙성 해충을 선택적으로 제거 할 수 있다.

79 비선택성 제초제로 옳은 것은?
① 이마자퀸 입제
② 오리자린 액상수화제
③ 글리포세이트포타슘 액제
④ 플라자설퓨론 입상수화제

해설
글리포세이트포타슘 액제는 유기인계 제초제로 1년생 및 다년생 잡초의 경엽을 처리하는 비선택성 제초제이다.

80 주로 수공으로 침입하는 병원균은?
① 감자 역병균
② 벼 흰잎마름병균
③ 보리 흰가루병균
④ 보리 겉 깜부기병균

해설
벼 흰잎마름병은 세균이 수공이나 상처를 통해 침입하며 도관에서 증식하여 피해를 준다.

정답 76 ① 77 ④ 78 ③ 79 ③ 80 ②

2019 제3회 종자산업기사

제1과목 | 종자생산학 및 종자법규

01 웅화 착생의 비율을 증가시키는 생장조절제로 가장 옳은 것은?
① NAA ② gibberellin
③ ethephon ④ B-9

해설
웅화 착생 비율을 증가시키는 생장조절제로 에테폰이 있다.

02 포장검사 병주 판정기준에서 유채의 특정병에 해당하는 것은?
① 균핵병 ② 공동병
③ 줄기마름병 ④ 엽고병

해설
유채의 특정병은 균핵병이며 기타병에는 백수병, 근부병, 공동병을 말한다.

03 채소작물 채종에서 웅성불임 개체를 찾으려고 노력하는 이유는?
① 재배하기 쉽다.
② 병충해에 강하다.
③ 과실당 채종량을 높일 수 있다.
④ 인공교배작업을 생략할 수 있다.

해설
웅성불임성은 육종적으로 활용가능한데 웅성불임 품종을 모계로 하고 조합능력이 높은 다른 품종을 부계로 하여 제웅(자가수정 방지를 위한 작업) 등의 교배작업 없이 1대 잡종 종자를 얻을수 있다.

04 광과 종자 발아에 대한 설명으로 옳지 않은 것은?
① 광은 종자 발아와 아무런 관계가 없는 경우도 있다.
② 종자 발아가 억제되는 광 파장은 700~750nm 정도이다.
③ 종자 발아의 광가역성에 관여하는 물질은 cytochrome이다.
④ 광이 없어야 발아가 촉진되는 종자도 있다.

해설
종자 발아의 광가역성에 관여하는 물질은 파이토크롬(phytochrome)이다.

05 다음 중 단일성 식물로 옳지 않은 것은?
① 국화 ② 담배
③ 감자 ④ 코스모스

해설
감자는 장일식물이다.

06 식물신품종보호법상 "품종보호권자"에 대한 설명으로 옳은 것은?
① 품종보호권을 가진 자를 말한다.
② 품종을 육성한 자나 이를 발견하여 개발한 자를 말한다.
③ 보호품종의 종자를 증식·생산·조제(調製)하는 행위를 하는 자를 말한다.
④ 보호품종의 종자를 양도·대여·수출 또는 수입하거나 양도 또는 대여의 청약을 하는 행위를 하는 자를 말한다.

해설
"품종보호권자"란 품종보호권을 가진 자를 말한다.

정답 01 ② 02 ① 03 ④ 04 ③ 05 ③ 06 ①

07 채종포에서 격리재배하는 주된 이유는?
① 해충 방지
② 병해 방지
③ 잡초유입 방지
④ 다른 화분의 혼입 방지

해설
채종포장 선정 시 격리를 통해 다른 화분의 혼입 및 종자전염병을 방지할 수 있다.

08 다음 중 춘화처리를 실시하는 가장 큰 이유는?
① 생장억제
② 발아촉진
③ 휴면타파
④ 화성유도

해설
춘화처리라고도 하는 버널리제이션은 식물에 인위적인 저온 처리를 통해 화성을 유도한다.

09 다음 종자 중 양분의 주요 저장기관이 배유가 아닌 것은?
① 보리
② 호밀
③ 옥수수
④ 콩

해설
배유에 양분이 저장되는 배유종자는 옥수수, 보리, 벼, 밀, 당근 등이 있으며 콩은 무배유종자에 해당한다.

10 생식세포의 접합에 의하여 생성된 배유의 염색체 조성은?
① 1n
② 2n
③ 3n
④ 4n

해설
피자식물 중복수정으로 정핵(n)과 2개의 극핵(2n)을 통해 배유(3n)이 나타난다.

11 일반적으로 배휴면을 하는 종자의 휴면타파에 가장 효과적인 방법은?
① 습윤 저온처리
② 건조 저온처리
③ 습윤 고온처리
④ 건조 고온처리

해설
배휴면을 하는 종자를 저온습윤처리를 하면 불용성 물질이 분해되어 가용성 물질로 변화된다. 이때 삼투압이 낮아지면서 배의 물질이동이 쉬워지면서 휴면이 타파되며 새로운 조직의 형성을 위한 당류, 아미노산 등의 유기물질들이 나타난다.

12 다음 채소종자 중 수명이 가장 짧은 것은?
① 호박종자
② 토마토종자
③ 양파종자
④ 무종자

해설
양파는 단명종자에 속하며 보기 중에서 수명이 가장 짧다.

13 종자검사요령상 시료 추출 시 양배추 순도검사 시료의 최소 중량으로 옳은 것은?
① 70g
② 50g
③ 25g
④ 10g

해설
종자검사요령상 시료 추출 시 양배추 순도검사 시료의 최소중량은 10g, 제출시료는 100g 이다.

정답 07 ④ 08 ④ 09 ④ 10 ③ 11 ① 12 ③ 13 ④

14 종자관련법상 "종자업"에 대한 설명으로 옳은 것은?
① 종자업자가 생산하여 판매·수출하거나 수입하려는 종자를 보증하는 행위를 업(業)으로 하는 것을 말한다.
② 신품종 생산만 하는 행위를 업(業)으로 하는 것을 말한다.
③ 종자를 생산·가공 또는 다시 포장(包裝)하여 판매하는 행위를 업(業)으로 하는 것을 말한다.
④ 2차 부산물을 생산하는 행위를 업(業)으로 하는 것을 말한다.

해설
"종자업"이란 종자를 생산·가공 또는 다시 포장(包裝)하여 판매하는 행위를 업(業)으로 하는 것을 말한다.

15 다음 중 종자가 퇴화하는 원인으로 볼 수 없는 것은?
① 종자내에 양분의 고갈
② 종자내의 유해물질의 축적
③ 균이 침입하여 가피와 배의 색을 변색시킴
④ 지베렐린과 사이토키닌의 처리

해설
지베렐린과 시토키닌은 발아의 촉진과 휴면타파에 영향을 준다.

16 벼 포장검사 시 포장격리에서 원원종포·원종포는 이품종으로부터 몇 m 이상 격리되어야 하는가? (단, 각 포장과 이품종이 논둑 등으로 구획되어 있는 경우는 제외한다.)
① 3m   ② 2m
③ 1m   ④ 1.5m

해설
원원종포·원종포는 이품종으로부터 3m이상 격리되어야 하고, 채종포는 이품종으로부터 1m이상 격리되어야 한다. 다만, 각 포장과 이품종이 논둑등으로 구획되어 있는 경우에는 그러하지 아니하다.

17 다음 중 오이의 암꽃 발달에 가장 유리한 조건은?
① 13℃ 정도의 야간저온과 8시간 정도의 단일조건
② 25℃ 정도의 동일한 주·야간 온도와 10시간 정도의 단일조건
③ 25℃ 정도의 주간온도와 14시간 정도의 장일조건
④ 30℃ 정도의 주간온도와 14시간 정도의 장일조건

해설
오이는 저온 단일 조건에서 암꽃의 발달에 유리하다. 보기 1번의 조건이 저온의 단일 조건에 가장 부합된다.

18 다음 중 종자의 모양이 다른 것은?
① 양파   ② 부추
③ 무   ④ 파

해설
종자의 형태에서 무는 난형에 해당하고 양파, 부추, 파는 방패형에 해당한다.

19 다음 중 광발아성 종자의 발아를 가장 촉진하는 광은?
① 자외선   ② 적외선
③ 적생광   ④ 원적생광

해설
광발아성 종자의 발아 촉진에 영향을 주는 광은 600~700nm 의 적색광이다.

정답 14 ③ 15 ④ 16 ① 17 ① 18 ③ 19 ③

20 종자관리요강상 수입적응성시험의 대상작물 및 실시기관에서 한국종자협회의 대상작물로만 나열된 것은?
① 벼, 보리
② 수박, 호박
③ 옥수수, 감자
④ 오차드그라스, 맥문동

> **해설**
> 수입적응성시험의 대상작물 및 실시기관에서 한국종자협회는 무, 배추, 양배추, 고추, 토마토, 오이, 참외, 수박, 호박, 파, 양파, 당근, 상추, 시금치, 딸기, 마늘, 생강, 브로콜리를 대상작물로 한다.

제2과목 식물육종학

21 육종에 이용될 수 있는 변이가 유전변이이다. 유전변이의 감별법으로 가장 알맞은 것은?
① 꽃가루 검정
② 생산력 검정
③ 후대검정
④ 조만성 검정

> **해설**
> 후대검정은 변이를 나타낸 개체를 자식하여 선발된 우량형이 유전적인 변이인가를 관찰한다.

22 양성화 웅예선숙에 해당하는 것은?
① 호밀
② 셀러리
③ 양배추
④ 무

> **해설**
> 웅예선숙은 암술보다 수술이 먼저 성숙하는 것으로 옥수수, 딸기, 양파, 수박, 당근 등이 있다.

23 다음 중 단위결과를 옳게 설명한 것은?
① 하나의 식물체에 하나의 과일이 달리는 현상
② 종자가 생기지 않고 과일이 비대되는 현상
③ 하나의 과일 속에 하나의 종자가 생기는 현상
④ 과일 속에 수많은 종자가 생기는 현상

> **해설**
> 수정이 되고 종자가 생기지 않아도 과실이 형성되는 경우가 있는데 이를 단위결과라 한다.

24 우량품종에 한두가지 결점이 있을 때 이를 보완하는 데 효과적인 육종방법은?
① 파생계통육종
② 합성육종
③ 상호순환육종
④ 여교배육종

> **해설**
> 여교잡육종법은 양친의 제1대 잡종에 양친 중 한쪽의 유전자형을 가진 개체를 교잡하고 이것을 수세대 반복하여 우량개체를 선발하는 방법으로 결점을 보완하는데 효과적이다.

25 자가수분이 가장 용이하게 되는 경우는?
① 장벽수정인 경우
② 이형예인 경우
③ 자가불화합성인 경우
④ 폐화수정인 경우

> **해설**
> 꽃이 피기 전의 봉오리 상태일 때 일어나는 자가수정을 폐화수정이라 하며 자가수분이 용이하게 이루어진다.

26 재배식물의 육종과정으로 옳은 것은?
① 육종재료 및 육종방법 결정 → 변이작성 → 유망계통 육성 → 신품종 결정 및 등록 → 증식 및 보급
② 육종재료 및 육종방법 결정 → 유망계통 육성 → 변이작성 → 신품종 결정 및 등록 → 증식 및 보급
③ 육종재료 및 육종방법 결정 → 신품종 결정 및 등록 → 유망계통 육성 → 변이작성 → 증식 및 보급
④ 육종재료 및 육종방법 결정 → 신품종 결정 및 등록 → 변이작성 → 유망계통 육성 → 증식 및 보급

해설
재배식물의 육종과정은 육종목표의 설정, 육종재료 및 육종방법 결정, 변이작성, 반복적 선발을 통해 유망계통 육성, 신품종의 결정 및 국가 기관에 등록, 신품종의 증식 및 보급이다.

27 세포가 개체를 재생하는 능력을 무엇이라 하는가?
① 단위결과   ② 발아능
③ 저항성   ④ 전능성

해설
식물은 하나의 기관이나 조직, 세포하나라도 적정 조건이 되면 모체와 동일한 유전형질을 갖는 완전한 식물체로 발달하는 전체형성능(전능성, totipotency)이라는 재생능력을 갖는다.

28 1개체 1계통 육종의 특징으로 틀린 것은?
① 유전력이 낮은 형질이나 폴리진이 관여하는 형질의 개체선발을 할 수 있다.
② 온실에서 세대촉진으로 생육기간을 단축시켜 육종연한을 줄일 수 있다.
③ 1개체에서 1립씩만 채종하므로 면적이 적게들고 많은 조합을 취급할 수 있다.
④ 밀식재배로 인하여 우수하지만 경쟁력이 약한 유전자형을 상실할 염려가 있다.

해설
1개체 1계통 육종은 집단육종과 계통육종의 이점을 모두 살리는 육종방법으로 초기 집단재배를 해서 유용유전자를 유지할수 있고 육종규모가 작아 온실에서 육종연한을 단축할 수 있다.

29 다음 중 양적 형질이 아닌 것은?
① 벼의 분얼 수   ② 꽃의 색
③ 열매의 크기   ④ 잎의 수

해설
질적형질은 꽃의 색같이 형질의 특성이 몇 가지 종류로 구분되는 형질이다.

30 (A×B)×C와 같이 F_1과 제3의 품종을 교배하는 것으로 서로 다른 세 개의 품종을 사용하는 것은?
① 여교배   ② 3원교배
③ 벼교배   ④ 다계교배

해설
3원교잡(삼계교잡)은 단교배 F_1과 어떤 품종과 교배로 (A×B)×C 이다.

정답 26 ① 27 ④ 28 ① 29 ② 30 ②

31 배낭세포는 3회 연속 유사분열을 하여 8개의 세포를 가진다. 그 중 반족세포와 조세포는 몇 개의 세포를 갖는가?

① 3개의 반족세포, 2개의 조세포
② 3개의 반족세포, 3개의 조세포
③ 2개의 반족세포, 3개의 조세포
④ 2개의 반족세포, 4개의 조세포

해설
배낭 4분자는 3개는 퇴화하고 1개만 체세포 분열을 3회 하게 되는데 8개의 핵을 가진 대포자가 형성된다. 이때 1개 난핵, 2개의 극핵, 2개의 조세포, 3개의 반족세포가 된다.

32 중복수정에 대한 설명으로 옳은 것은?

① 난핵과 정핵, 조세포와 정핵이 수정하는 것
② 난핵과 정핵, 극핵과 정핵이 수정하는 것
③ 조세포와 정핵, 극핵과 정핵이 수정하는 것
④ 난핵과 정핵, 반족세포와 정핵이 수정하는 것

해설
중복수정은 배와 배유의 형성이 한 배낭 내에서 동시에 이루어지는 것을 말한다.
· 정핵(n)+난핵(n) → 배(2n)
· 정핵(n)+2개 극핵(2n) → 배젖(3n)

33 계통육종법과 집단육종법에 대한 설명으로 옳지 않은 것은?

① 계통육종법은 유전자 수가 비교적 적고 감별이 용이한 질적형질의 개량에 효과적이다.
② 계통육종법은 양적형질들 중 유전력이 낮은 형질들에 대해서는 효과적이다.
③ 집단육종법은 초기에 선발하지 않고 집단 재배를 하면서 많은 유전자형을 양성하기 때문에 유효 유전자를 상실할 염려가 적다.
④ 집단육종법은 수량과 같은 양적형질의 개량에 유리하다.

해설
계통육종법은 질적형질이나 유전력이 높은 양적형질의 개량에 효과적인 육종법이다.

34 다음에서 설명하는 것은?

· 같은 형징에 관여하는 여러 유전자들이 누적효과를 갖는다.
· 여러 경로에서 생성하는 물질량이 상가적으로 증가한다.

① 보족유전자 ② 중복유전자
③ 복수유전자 ④ 억제유전자

해설
동일 방향 작용 유전자가 누적효과가 나타나는 경우 복수유전자라 한다.

35 배낭모세포가 감수분열을 못하거나 비정상적인 분열을 하여 배를 형성하는 것은?

① 부정배형성 ② 무포자생식
③ 복상포자생식 ④ 위수정생식

해설
복상포자생식은 배낭모세포의 수가 감수분열을 하지 못하고 체세포와 동일한 염색체 수를 가지게 된다.

정답 31 ① 32 ② 33 ② 34 ③ 35 ③

36 돌연변이 육종의 특징에 대한 설명으로 옳지 않은 것은?

① 새로운 유전자를 창성할 수 있지만 단일 유전자를 변화시킬 수 없다.
② 영양번식작물에서도 인위적으로 유전적 변이를 일으킬 수 있다.
③ 방사선을 처리하여 염색체를 절단하면 연관군 내의 유전자들을 분리시킬 수 있다.
④ 형태적 기형화나 임실률이 떨어지는 변이가 많이 나타나고, 우량형질의 출현도 비교적 낮은 편이다.

해설
돌연변이 육종법은 새로운 유전자를 창성할 수 있고 단일유전자를 치환할 수 있다.

37 다음에서 설명하는 것은?

> 이형접합체에서 우성형질만 나타나며, F_2의 표현형은 3:1로 분리한다.

① 불완전우성　② 완전우성
③ 공우성　　　④ 한성유전성

해설
완전우성은 이형접합체에서 우성형질만 나타나며 F_1에서 모두 우성형질만 나온다. F_2의 표현형은 우성:열성 = 3:1 로 분리된다.

38 잡종강세현상이 가장 뚜렷하며 형질이 균일하고 불량형질이 적게 나타나는 것은?

① 톱교배　② 여교배
③ 복교배　④ 단교배

해설
단교배는 관여하는 계통이 2개뿐이라 우량 조합의 선정이 용이하고 잡종강세 현상이 뚜렷하다.

39 벼의 인공교배를 위한 제웅과 수분에 가장 적합한 것은?

① 개화 다음날 오후 4시까지 제웅하고 일주일 후 오후 4시 이후에 수분시킨다.
② 개화전날 오전 10~12시 사이에 제웅하고 3일 후 오후 4시 이후에 수분시킨다.
③ 개화전날 오후 4시 이후에 제웅하고 다음날 오전 10~12시 사이에 수분시킨다.
④ 개화 다음날 오전 12시 까지 제웅하고 2주일 후 오전에 수분시킨다.

해설
벼의 개화는 오전 10시 쯤부터 시작되고 12시쯤 개화 최성기이므로 제웅 다음날 오전 10~12시 사이 수분시킨다.

40 다음 중 여교배 세대에 따라 반복친을 나타낼 때 BC_4F_1에 해당하는 반복친은 약 몇 %인가?

① 75.0　② 87.5
③ 93.8　④ 96.9

해설
$1 - (1/2)^{4+1} = 1 - 0.03125 = 0.96875 = 약 96.9(\%)$

제3과목　재배원론

41 다음 중 식물 잎의 노화나 낙엽을 촉진하는 물질로 가장 옳은 것은?

① ABA　　② 옥신
③ 지베렐린　④ 시토키닌

해설
ABA(Abscisic acid)는 생장억제물질에 속하며 식물에 있어 낙엽의 촉진, 휴면의 유도, 발아억제 등의 효과가 나타난다.

42 다음 중 혼파의 장점으로 가장 거리가 먼 것은?
① 비료성분의 효율적 이용
② 잡초의 경감
③ 파종작업의 편리함
④ 산초량의 평준화

해설
혼파의 단점은 파종작업이 힘들고 작물의 생장속도 차이로 인해 관리에도 어려움이 있다.

43 병해충 방제에서 화학적 방제법이 아닌 것은?
① 살균제
② 생물농약
③ 유인제
④ 기피제

해설
생물농약은 생물적 방제법에 해당한다.

44 경운시기와 건토효과에 대한 설명으로 가장 적절하지 않은 것은?
① 흙이 습하고 차지며 유기물 함량이 많을 때에는 추경을 하는 것이 좋다.
② 흙이 사질이고 겨울에 강수량이 많을 때에는 추경을 하는 것이 좋다.
③ 건토효과는 밭에서보다 논에서 크다.
④ 봄철에 강우량이 많으면 춘경을 하는 것이 좋다.

해설
흙이 사질인 경우 모래 성분이 많이 포함되어 있어 추경을 하여도 양분이 대부분 소실되어 비효율적이다.

45 다음 중 산성토양에서 가장 결핍되기 쉬운 성분은?
① Fe
② Mn
③ P
④ Zn

해설
강산성 토양에서 인산은 철, 알루미늄, 망간과 결합하여 식물이 이용할 수 없게 된다.

46 다음 중 가장 높은 적산온도를 필요로 하는 작물은?
① 추파맥류
② 옥수수
③ 메밀
④ 벼

해설
작물별로 적산온도의 경우 메밀은 1000~1200℃, 감자는 1300~3000℃, 추파맥류는 1700~2300℃, 완두는 2100~2800℃, 콩은 2500~3000℃, 담배는 3200~3600℃ 벼는 3500~4500℃ 정도이다.

47 식물체 줄기의 정아생장을 촉진하고 측아생장을 억제하는 식물생장조절물질로 가장 옳은 것은?
① 옥신
② ABA
③ 지베렐린
④ 에틸렌

해설
옥신은 식물의 신장에 관여하는 호르몬으로 줄기나 뿌리의 선단부에서 만들어져 세포의 신장촉진에 도움을 주며 측아의 발달을 억제하는 기능을 하는 정아우세 현상이 나타난다.

정답 42 ③ 43 ② 44 ② 45 ③ 46 ④ 47 ①

48 작물 도복의 유발요인으로 가장 거리가 먼 것은?
① 질소성분의 과잉 흡수
② 근계의 발달과 근활력의 증대
③ 밀식재배
④ 병해충의 발생

해설
근계의 발달과 근활력의 증대는 도복을 감소시킨다.

49 작물 수량 증대를 위한 구성 요소가 아닌 것은?
① 재배환경 ② 유전성
③ 재배기술 ④ 유통환경

해설
작물수량 삼각형은 유전성, 환경조건, 재배기술 3가지에 영향을 받는다.

50 다음 중 장일 식물로만 나열된 것은?
① 콩, 담배 ② 시금치, 상추
③ 도꼬마리, 국화 ④ 담배, 무

해설
보리, 시금치, 양파, 당근, 양배추, 아마, 감자, 상추 등은 장일식물에 해당된다.

51 다음에서 설명하는 것으로 가장 적절한 것은?

> 빗물에만 의존하여 농사를 짓는 논

① 건답 ② 천수답
③ 누수답 ④ 습답

해설
벼농사에 필요한 물을 빗물에만 의존하는 논을 천수답이라 한다.

52 탄산시비의 효과가 아닌 것은?
① 수량증대 ② 품질향상
③ 착과율 감소 ④ 모 소질 향상

해설
탄산시비를 통해 수량 증대, 품질의 향상, 착과율의 증가 등의 효과가 있다.

53 씨 없는 포도를 유기하는데 가장 적절한 호르몬은?
① 지베렐린 ② ABA
③ 에틸렌 ④ 시토키닌

해설
씨 없는 포도가 형성되는 경우를 단위결과라 하며 이러한 단위결과는 지베렐린에 의해 유도된다.

54 다음 중 녹비작물로서 가장 거리가 먼 것은?
① 감자 ② 귀리
③ 자운영 ④ 호밀

해설
녹비작물에는 귀리, 호밀, 자운영, 콩 등이 있으며 감자는 식용작물의 분류에서 서류에 해당한다.

55 일반 농업의 특징에 대한 설명으로 가장 거리가 먼 것은?
① 공산물에 비하여 수요의 탄력성이 크다.
② 수확체감의 법칙이 적용된다.
③ 농산물의 가격변동이 심한 편이다.
④ 생산의 조절이 어렵다.

해설
농업의 경우 수요와 공급의 탄력성이 낮아서 생산의 변동에 따른 가격변동이 심한편이며 수확체감현상이 다른 산업보다 크게 나타난다. 또한 자연 기후적 조건 및 우발적 요인에 영향을 받기에 계획 생산 및 생산의 조절이 어렵다.

정답 48 ② 49 ④ 50 ② 51 ② 52 ③ 53 ① 54 ① 55 ①

56 엽면시비의 목적으로 옳지 않은 것은?
① 토양시비가 곤란할 경우
② 영양상태를 급속히 회복시켜야 할 경우
③ 다량요소의 결핍증이 나타났을 경우
④ 뿌리흡수가 곤란할 경우

해설
엽면시비는 주로 철, 아연, 망간, 칼슘 등의 미량원소, 요소를 뿌려 준다.

57 광보상점에 대한 설명으로 가장 옳은 것은?
① 음생식물과 양생식물에 광보상점은 존재하지 않는다.
② 음생식물과 양생식물의 광보상점은 동일하다.
③ 음생식물에 비하여 영생식물의 광보상점은 높다.
④ 음생식물에 비하여 양생식물의 광보상점은 낮다.

해설
양지식물은 광보상점과 광포화점이 높으며 음지식물은 광보상점과 광포화점이 낮다.

58 다음 중 연작장해가 가장 적은 작물은?
① 딸기   ② 인삼
③ 참외   ④ 수박

해설
딸기는 연작 피해가 적은 작물에 속하며 인삼은 10년 이상의 휴작이 요구되며 연작의 피해가 가장 크다.

59 대전법은 어떤 작부방식에 해당되는가?
① 순환농법   ② 이동경작
③ 휴한농법   ④ 자유경작

해설
대전법은 지속적 경작으로 지력이 떨어지고 잡초가 번식하면 다른 곳으로 이동하여 경작하는 이동경작이다.

60 다음 중 인과류로만 구성되어 있는 것은?
① 포도, 복숭아   ② 배, 사과
③ 밤, 호두   ④ 앵두, 딸기

해설
배, 사과, 비파 등은 인과류에 해당한다.

제4과목 식물보호학

61 식물병원이 기주 식물의 세포벽을 분해하는 효소가 아닌 것은?
① 펙틴 분해효소
② 탄닌 분해효소
③ 큐틴 분해효소
④ 셀룰로오스 분해효소

해설
세포벽의 구성 성분에서 셀룰로오스, 헤미셀룰로오스, 큐틴, 펙틴, 리그닌의 분해효소가 있다.

62 생물적 해충 방제 방법을 적용하기 위한 기생성 천적이 아닌 것은?
① 진디혹파리   ② 온실가루이좀벌
③ 콜레마니진디벌   ④ 잎굴파리고치벌

해설
진디혹파리는 진딧물류, 깍지벌레류, 응애류와 기타 곤충들의 포식자에 해당하는 포식성 천적이다.

63 곤충강에 속하지 않는 것은?
① 좀목 ② 바퀴목
③ 진드기목 ④ 메뚜기목

해설
진드기목은 거미강에 해당된다.

64 토양 훈증제를 이용한 토양 소독 방법에 대한 설명으로 옳지 않은 것은?
① 화학적 방제의 일종이다.
② 식물병에 선택적으로 작용한다.
③ 비용이 많이 든다.
④ 효과가 크다.

해설
토양 훈증제는 특정 식물병에 선택적으로 작용하지 않는다.

65 주로 수공으로 감염되는 식물병은?
① 벼 도열병 ② 오이 노균병
③ 맥류 줄기녹병 ④ 벼 흰잎마름병

해설
벼 흰잎마름병은 세균인 *Xanthomonas oryzae*에 의해 발생하고 세균이 수공이나 상처를 통해 침입하며 도관에서 증식하는 것이 특징이다.

66 식물병을 일으키는 바이러스의 특징으로 옳은 것은?
① 죽은 세포에서만 증식한다.
② 살아있는 세포에서만 증식한다.
③ 세포의 생사와 관계없이 세포핵에서 증식한다.
④ 세포의 생사와 관계없이 세포질에서 증식한다.

해설
바이러스는 핵산과 단백질로 구성되며 세포벽이 없다. 인공배양이 어렵고 살아 있는 세포에서만 증식한다.

67 논에서 제초제를 처리할 때 발생되는 약해 요인과 관련이 가장 적은 것은?
① 토양 성질 ② 기상 조건
③ 시비 방법 ④ 물 관리 조건

해설
약해의 요인은 농약자체의 원인, 환경에 의한 요인, 작물 자체에 의한 요인 등이 있다. 논에 제초제를 처리할 경우 물의 상태, 토양의 상태, 기상 조건 등을 고려해야 한다.

68 다음 중 농약의 원료로 천연물이 아닌 것은?
① 카보(carbo)
② 니코틴(nicotine)
③ 로테논(rotenone)
④ 피레스린(pyrethrin)

해설
천연살충제 종류로 제충국에서 추출한 피레트린제, 데리스의 뿌리에서 추출한 로테논제, 담배에서 추출한 니코틴제 등이 대표적이다.

69 종합적 잡초 방제에 대한 설명으로 옳은 것은?
① 약제 사용의 기회가 증대된다.
② 작물의 생산력을 간접적으로 감소시킨다.
③ 종합 방제 체계 하에서는 전체적인 잡초 밀도가 감소한다.
④ 가장 효과적인 한가지 방제 방법을 지속적으로 사용하는 것을 의미한다.

해설
종합적 방제는 여러 방제법을 조합하여 가장 효율적으로 방제하는 방법으로 이를 통해 전체적인 잡초 밀도 감소 효과가 나타난다.

정답 63 ③ 64 ② 65 ④ 66 ② 67 ③ 68 ① 69 ③

70 화분과 잡초가 아닌 것은?
① 바랭이 ② 뚝새풀
③ 개비름 ④ 강아지풀

해설
화본과 잡초에는 뚝새풀, 강피, 나도겨풀, 강아지풀, 바랭이 등이 있다. 개비름은 비름과에 속한다.

71 즙액을 빨아 식물에 피해를 주는 해충이 아닌 것은?
① 배추벼룩잎벌레
② 복숭아혹진딧물
③ 버즘나무방패벌레
④ 톱다리개미허리노린재

해설
배추벼룩잎벌레는 부화유충이 땅속으로 들어가 뿌리를 가해하고 성충은 잎을 가해하며 잎에 구멍을 만든다.

72 식물병 방제를 위한 종자소독 방법이 아닌 것은?
① 훈증 ② 분의
③ 침지 ④ 주입

해설
주입은 약제를 주입하는 방법으로 종자 소독 방법이 아니다.

73 잡초 발생으로 인한 피해가 아닌 것은?
① 토양 침식
② 병해충 매개
③ 상호대립억제작용
④ 경합으로 인한 작물 수량 감소

해설
잡초가 있으면 토양 침식이 방지된다.

74 식물병 전염에 대한 설명으로 옳은 것은?
① TMV는 경란 전염된다.
② 진딧물은 바이러스를 매개하지 못한다.
③ 벼 오갈병은 끝동매미충에 의해 매개된다.
④ 맥류 북지모자이크병은 벼멸구에 의해 매개된다.

해설
벼 오갈병은 끝동매미충, 번개매미충에 의해 매개된다.

75 불완전변태를 하는 곤충은?
① 먹좀벌 ② 노린재
③ 딱정벌레 ④ 미국흰불나방

해설
나비목, 파리목, 벌목, 딱정벌레목 등은 완전변태를 한다.

76 어떤 유제(50%)를 1000배로 희석하여 150L를 살포하려 한다면 이 유제의 소요량은?
① 15mL ② 75mL
③ 150mL ④ 300mL

해설
소요약량 = $\dfrac{\text{단위면적당 사용량}}{\text{소요희석배수}}$

$= \dfrac{150}{1,000} = 0.15L = 150ml$

77 페녹시(phenoxy)계 제초제는?
① 이사-디 액제
② 시마진 수화제
③ 뷰타클로르 유제
④ 알라클로르 유제

해설
이사디 제초제(2,4-D)는 페녹시계 제초제이다.

정답 70 ③ 71 ① 72 ④ 73 ① 74 ③ 75 ② 76 ③ 77 ①

78 벼줄기굴파리의 설명으로 옳지 않은 것은?
① 1년에 3회 발생한다.
② 못자리 고온성 해충이다.
③ 제1회 성충의 발생 최성기는 5월중 하순 경이다.
④ 제1세대 부화유충은 줄기 속 생장점 부근에서 연약한 어린 잎을 가해한다.

해설
벼줄기굴파리는 온도가 높은 조건일수록 수명이 짧아진다.

79 다음 설명에 해당하는 농약 살포 방법은?

- 농약 약제의 입자가 식물체에 가장 잘 부착되는 방법이다.
- 입자의 크기가 작고 비산성이 크므로 바람이 없는 경우에 살포하는 것이 적당하다.

① 살분법 ② 분무법
③ 도포법 ④ 연무법

해설
연무법은 약제의 주성분을 연기(10~20㎛)의 형태로 해서 사용하는 방법으로 입자의 크기가 작아 비산성이 크기에 바람이 없는 경우 살포하는 것이 좋다.

80 광조건에 따른 발아성의 분류에 있어 암발아 잡초 종자는?
① 향부자 ② 쇠비름
③ 왕바랭이 ④ 광대나물

해설
암발아 종자에는 별꽃, 냉이, 광대나물, 독말풀 등이 있다.

정답 78 ② 79 ④ 80 ④

CBT 1회 종자산업기사

** 본문제는 수험생들의 기억을 바탕으로 작성 된 것으로 실제 문제와 차이가 있을 수 있습니다.

제1과목 종자생산학 및 종자법규

01 후숙에 의한 휴면타파 시 휴면상태가 종피휴면이고, 후숙처리방법이 고온에 해당하는 것은?
① 야생귀리 ② 상추
③ 자작나무 ④ 벼

[해설]
벼의 경우 종피에 발아억제물질이 많이 함유하여 종피휴면이 발생하며 고온의 처리를 통해 휴면을 타파한다. 야생귀리는 배휴면으로 저온처리, 상추, 자작나무는 종피휴면이나 저온 및 광처리를 통해 휴면을 타파하는것이 효과적이다.

02 다음에서 설명하는 것은?

> 콩에서 꽃봉오리 끝을 손으로 눌러 잡아당겨 꽃잎과 꽃밥을 제거한다.

① 클립핑법 ② 전영법
③ 절영법   ④ 화판인발법

[해설]
화판인발법은 꽃봉우리 끝을 손으로 눌러 잡아당겨 꽃잎과 꽃밥을 함께 제거하며 콩, 자운영 등에 적용한다.

03 다음 중 장명종자에 해당하는 것으로만 나열된 것은?
① 스토크, 백일홍 ② 베고니아, 기장
③ 팬지, 스타티스 ④ 양파, 일일초

[해설]
화훼류의 장명종자 스토크, 백일홍, 안개초, 봉선화 등이 있다.

04 유한화서이면서, 작살나무처럼 2차지경 위에 꽃이 피는 것을 무엇이라 하는가?
① 두상화서 ② 유이화서
③ 원추화서 ④ 복집산화서

[해설]
복집산화서는 2차지경 위에 꽃이 피는 것으로 작살나무 등이 있다.

05 종피휴면을 하는 식물에서 억제물질의 존재부위가 배유에 해당하는 것은?
① 상추 ② 벼
③ 보리 ④ 도꼬마리

[해설]
상추는 종피휴면을 하는데 발아억제물질은 배유에 존재한다. 벼는 영에, 보리는 영과 과피, 도꼬마리는 내종피에 발아억제물질이 존재한다.

06 식물학상 과실을 이용하며, 과실이 영에 싸여 있는 것으로만 나열된 것은?
① 겉보리, 귀리 ② 밀, 시금치
③ 옥수수, 당근 ④ 상추, 목화

[해설]
과실의 외측이 내영, 외영에 싸여 있는 것으로 벼, 귀리, 겉보리 등이 있다.

정답 01 ④ 02 ④ 03 ① 04 ④ 05 ① 06 ①

07 품종보호를 받지 아니하거나 품종보호 출원 중이 아닌 품종의 종자가 용기나 포장에 품종보호를 받았다는 표시 또는 품종보호 출원 중이라는 표시를 하거나 이와 혼동하기 쉬운 표시를 하는 행위를 한 자가 받는 벌칙은?

① 3년 이하의 징역 또는 2천만원 이하의 벌금에 처한다.
② 2년 이하의 징역 또는 2천만원 이하의 벌금에 처한다.
③ 1년 이하의 징역 또는 1천만원 이하의 벌금에 처한다.
④ 1년 이하의 징역 또는 5백만원 이하의 벌금에 처한다.

해설
품종보호를 받지 아니하거나 품종보호 출원 중이 아닌 품종의 종자의 용기나 포장에 품종보호를 받았다는 표시 또는 품종보호 출원 중이라는 표시를 하거나 이와 혼동되기 쉬운 표시를 하는 행위는 3년 이하의 징역 또는 2천만원 이하의 벌금에 처한다.

08 종자관리요강에서 보증종자에 대한 사후관리시험의 검사항목인 것은?

① 발아율   ② 정립율
③ 품종순도 ④ 피해립율

해설
사후관리시험의 기준 및 방법에서 검사항목에는 품종의 순도, 품종의 진위성, 종자전염병이 있다.

09 다음 중 단일성 식물로만 이루어진 것은?

① 무궁화, 감자   ② 티머시, 토마토
③ 크로버, 백일홍 ④ 국화, 딸기

해설
콩, 옥수수, 담배, 고구마, 들깨, 국화, 코스모스, 딸기 등은 단일식물이다.

10 종자관리요강에서 포장검사 용어 중 소집단의 한 부분으로부터 얻어진 적은 양의 시료를 말하는 것은?

① 소집단   ② 합성시료
③ 1차시료   ④ 제출시료

해설
1차시료는 소집단의 한부분으로부터 얻어진 적은 양의 시료를 말한다.

11 다음 중 (   )에 알맞은 내용은?

( )은 국내 생태계 보호 및 자원보존에 심각한 지장을 줄 우려가 있다고 인정하는 경우에는 대통령령으로 정하는 바에 따라 종자의 수출·수입을 제한하거나 수입된 종자의 국내 유통을 제한할 수 있다.

① 농촌진흥청장
② 국립종자원장
③ 농림축산식품부장관
④ 환경부장관

해설
농림축산식품부장관은 국내 생태계 보호 및 자원 보존에 심각한 지장을 줄 우려가 있다고 인정하는 경우에는 대통령령으로 정하는 바에 따라 종자의 수출·수입을 제한하거나 수입된 종자의 국내 유통을 제한할 수 있다.

12 도생배주에서 생긴 종자의 특성으로 종피와 다른 색을 띠며 가는 선이나 또는 홈을 이루는 것은?

① 봉선   ② 제
③ 주공   ④ 합점

해설
봉선은 가는 선이나 홈을 이룬 것으로 종피와 다른 색을 띠며 길이를 통해 종자의 구분이 가능하다

정답 07 ① 08 ③ 09 ④ 10 ③ 11 ③ 12 ①

13 감자보다 바이러스에 더 예민한 지표식물에 감자의 즙액을 접종하여 병의 발생 여부를 검정하는 것은?
① 개벽검정 ② 괴경단위재식법
③ 효소결합항체법 ④ 접종검정법

해설
식물바이러스 검정법에는 병징검정법, 접종검정법, 이화학적 검정, 전자현미경 검정, 혈청학적 검정 등의 방법이 있다. 여기서 접종검정법은 즙액접종을 이용하여 바이러스를 확인한다.

14 씨혹(caruncle)을 설명한 것은?
① 통상 무병화(sessile)가 밀집한 화서
② 꽃받침조각으로 이루어진 꽃의 바깥쪽 덮개
③ 주공(珠孔 icropylar)부분의 조그마한 돌기
④ 꽃 또는 볏과식물의 소수(spikelet)를 엽맥에 끼우는 퇴화한 잎 또는 인편상의 구조물

해설
씨혹은 주공 부분의 작은 돌기이다.

15 품종목록 등재의 유효기간은 등재한 날이 속한 해의 다음 해부터 몇 년 까지로 하는가?
① 5년 ② 7년
③ 10년 ④ 15년

해설
품종목록 등재의 유효기간은 등재한 날이 속한 해의 다음 해부터 10년까지로 한다.

16 한국종자협회에서 실시하는 수입적응성시험 대상작물에 해당하는 것은?
① 콩 ② 녹두
③ 고추 ④ 고구마

해설
수입적응성시험의 대상작물 및 실시기관에서 한국종자협회의 대상작물은 무, 배추, 양배추, 고추, 토마토, 오이, 참외, 수박, 호박, 파, 양파, 당근, 상추, 시금치, 딸기, 마늘, 생강, 브로콜리가 있다.

17 후숙의 직접적인 효과가 아닌 것은?
① 종자의 숙도를 균일하게 한다.
② 종자의 충실도를 높인다.
③ 발아세와 발아율을 향상시킨다.
④ 종자의 수명을 연장시킨다.

해설
종자의 수명은 주로 수분함량, 온도, 산소 및 외부 환경에 의해 영향을 받으며 후숙에 의해 직접적인 영향을 받지는 않는다.

18 농림축산식품부장관은 종자관리사가 직무를 게을리하거나 중대한 과오를 저질렀을 때에는 몇 년 이내의 기간을 정하여 그 업무를 정지시킬 수 있는가?
① 1년 ② 2년
③ 3년 ④ 5년

해설
농림축산식품부장관은 종자관리사가 이 법에서 정하는 직무를 게을리하거나 중대한 과오(過誤)를 저질렀을 때에는 그 등록을 취소하거나 1년 이내의 기간을 정하여 그 업무를 정지시킬 수 있다.

정답 13 ④ 14 ③ 15 ③ 16 ③ 17 ④ 18 ①

19 품종퇴화의 원인으로 부적절한 것은?
① 미고정 형질의 분리
② 기계적 혼종
③ 돌연변이
④ 영양번식

해설
품종퇴화의 원인에는 유전적 퇴화, 생리적 퇴화 등이 있는데 영양번식의 경우 모종의 유전적 성질을 그대로 이어받는 번식으로 품종퇴화와는 관련이 없다.

20 전문인력 양성 기관의 지정취소 및 업무정지의 기준에서 전문인력 양성기관의 지정기준에 적합하지 않게 된 경우, 2회 위반시 처분은?
① 업무정지 3개월
② 업무정지 6개월
③ 업무정재 12개월
④ 시정명령

해설
전문인력 양성기관의 지정기준에 적합하지 아니한 경우 2회 위반은 업무정지 3개월이다. 3회 위반시 지정취소에 해당된다.

제2과목 식물육종학

21 상위성이 있는 경우 양성잡종 F_2 분리비가 15:1인 것은?
① 보족유전자
② 중복유전자
③ 억제유전자
④ 피복유전자

해설
중복유전자의 F_2 분리비는 15:1 이다.

22 잡종강세 육종에서 단교잡종보다 복교잡종의 유리한 점은?
① 잡종강세의 발현이 현저하다.
② 불량형질이 나타나는 경우가 적다.
③ 채종량이 많다.
④ 품질이 균일하다.

해설
복교잡은 단교잡법보다 품질의 균일성이 떨어지나 채종량이 많고 종자가 크다.

23 재배식물에 발생하는 병에 대한 저항성으로 의미가 비슷한 것으로만 나열된 것은?
① 질적저항성, 포장저항성, 수직저항성
② 양적저항성, 비특이적저항성, 수평저항성
③ 질적저항성, 비특이적저항성, 수직저항성
④ 양적저항성, 진정저항성, 수평저항성

해설
수평저항성은 비특이성저항성, 포장저항서이라고도 하며 비슷한 의미의 저항성에는 다인자저항성, 양적저항성 등도 있다.

24 다음 중 우성상위 F_2의 분리비로 가장 옳은 것은?
① 12:3:1
② 9:6:1
③ 15:1
④ 9:3:4

해설
피복유전자는 두쌍의 비대립유전자간 한 우성 유전자가 다른 우성유전자의 발현을 막고 자신의 고유 특성만 발현하는 유전자를 말한다. F_2 분리비는 12:3:1 이다.

25 다음 중 인위적으로 유전변이를 작성하는 내용과 가장 관계가 없는 것은?

① 종이 다른 야생종 벼와 재배종 벼 간 교배를 한다.
② 감자와 토마토의 체세포 원형질을 융합시킨다.
③ 생장점배양에 의한 딸기의 무병주 증식을 한다.
④ 박테리아에서 분리한 특정 유전자를 배추에 형질전환 한다.

해설
생장점배양은 바이러스가 없는 식물체를 얻는데 이용하는 방법으로 유전적 변이와는 관련이 없다.

26 무배유종자를 가진 것으로만 나열된 것은?

① 벼, 밀   ② 벼, 콩
③ 보리, 팥   ④ 콩, 팥

해설
무배유종자에는 콩, 완두, 팥, 녹두, 클로버 등의 콩과 식물 및 수박, 오이, 호박, 상추, 배추 등이 있다.

27 다음 중 분리육종방법에서 순계분리에 대한 설명으로 가장 옳은 것은?

① 품종화하기 이전에 지역적응시험이 필요치 않다.
② 다수의 선발개체로부터 채취한 종자를 혼합하여 세대를 진전한다.
③ 순계분리는 자식성 식물에 주로 적용되지만 타식성 식물의 자식계통 육성에도 이용된다.
④ 재래종을 공시화하여 선발계통의 우수성을 입증한다.

해설
기본 집단에서 우수한 형질을 가진 개체를 계속 선발하여 우수한 순계를 선발하는 방법으로 자가수정작물에 이용된다. 타가수정작물에서 근교약세를 나타내지 않는 작물은 순계분리법을 적용할 수 있는데 이때 순계를 얻기 위해 인공수분에 의한 교배가 필요하다.

28 감귤, 바나나와 같이 종자가 생성되지 않고 과일이 생기는 현상을 무엇이라 하는가?

① 중복수정   ② 아포믹시스
③ 단위결과   ④ 배낭형성

해설
수정이 되고 종자가 생기지 않아도 과실이 형성되는 경우가 있는데 이를 단위결과라 한다.

29 다음에서 설명하는 것은?

> 자가불화합성의 유전양식 중 화분의 유전자가 화합·불화합을 결정한다.

① 계통형 자가불화합성
② 인공형 자가불화합성
③ 포자체형 자가불화합성
④ 배우체형 자가불화합성

해설
배우체형 자가불화합성은 화분(n)과 체세포(2n)로 이루어진 암술의 암술머리나 암술대간에 상호작용에 의한 결과로 교배의 화합과 불화합이 화분 자체의 유전자형에 의해 결정된다.

30 다음 동질 사배체는?

① AABB   ② BBBB
③ AAAABBBB   ④ ABCD

해설
AAAA 혹은 BBBB를 동질4배체라 한다.

정답 25 ③ 26 ④ 27 ③ 28 ③ 29 ④ 30 ②

31 기존의 우량품종의 단점을 교배를 통하여 단기간에 개선하는데 가장 적합한 육종방법은?
① 분리육종법 ② 계통육종법
③ 집단육종법 ④ 여교잡 육종법

해설
여교잡육종법은 연속적으로 교배하면서 목표형질만을 선발하므로 육종효과가 있으며 시간과 경비를 절약하는 장점이 있다.

32 내병성 품종의 육성을 효과적으로 수행하기 위한 필요조치로서 적합하지 않은 것은?
① 가장 병에 약한 계통을 일정한 간격으로 섞어 심는다.
② 문제되는 병이 가장 많이 발생하는 계절에 선발해야 한다.
③ 병원균을 인공접종 한다.
④ 살균제를 정기적으로 살포해 준다.

해설
내병성 품종 육성을 위해 병원균을 인공적으로 접종하여 유도하기에 살균제 및 살충제 등의 약제 살포를 하지 않도록 한다.

33 다음 중 중복수정 시 배유를 형성하는 조합은?
① 정핵+반족세포
② 정핵 +2개의 조세포
③ 정핵 +난핵
④ 정핵 +2개의 극핵

해설
피자식물 중복수정으로 정핵과 2개의 극핵을 통해 배유가 나타난다.

34 해외로부터 식물을 도입 시 격리하는 이유는?
① 농업적 특성을 조사하기 위해
② 급속한 증식을 위해
③ 국내풍토에 순화시키기 위해
④ 국내에 없는 병충해의 반입 여부를 검사하기 위해

해설
해외로부터 식물이 도입되면 국내에 없는 병충해의 반입으로 생태계에 영향을 줄수 있기에 이를 검사하기 위해 격리한다.

35 다음 중 ( ) 에 알맞은 것은?

토마토, 무화과 등은 개화기기에 ( )를 살포하면 단위결과가 유도된다.

① GA   ② BNOA
③ BA   ④ ABA

해설
BNOA 는 옥신의 합성호르몬으로 토마토 등의 개화기에 살포하면 단위결과가 유도된다.

36 반수체육종이 가장 유리한 점은?
① 교배를 할 필요 없다.
② 재조합형이 많이 나온다.
③ 돌연변이가 많이 나온다.
④ 육종연한을 크게 줄인다.

해설
반수체육종은 염색체를 배가시켜 동형접합체를 얻어 육종연한을 단축할 수 있다.

정답 31 ④ 32 ④ 33 ④ 34 ④ 35 ② 36 ④

37 다음 중 돌연변이 유발원으로 쓰이지 않는 것은?
① 코발트60(^{60}CO)
② X선(X ray)
③ 알콜(alcohol)
④ 열중성자

해설
알콜은 돌연변이를 유발할수 없다.

38 혼형집단의 재래종을 수집하고, 이 집단에서 우수한 개체를 선발·고정시키는 육종법은?
① 세포융합육종 ② 돌연변이육종
③ 순계분리육종 ④ 배수체육종

해설
순계분리육종은 기본 집단에서 우수한 형질을 가진 개체를 계속 선발하여 우수한 순계를 선발하는 방법으로 자가수정작물에 이용된다.

39 양적형질을 개량하고자 할 때 그 형질의 유전력을 알고 있는 것은 육종상 매우 중요하다. 어떤 형질의 표현형 분산이 50이고 유전분산이 30일 때의 유전력은 얼마인가?
① 37.5%   ② 60%
③ 80.7%   ④ 150%

해설
표현형 분산이 50 에 대한 유전분산 30 의 비를 광의의 유전력이라 하며 $< \frac{30}{50} \times 100 = 60(\%) >$

40 꽃의 색깔은 흰색과 붉은색으로 뚜렷이 구분되고 그 중간계급이 없는 경우가 많다. 이와 같은 변이를 무엇이라고 하는가?
① 연속변이   ② 환경변이
③ 연차변이   ④ 불연속변이

해설
불연속변이는 유전양식이 비교적 간단하고 중간계급이 없어 선발이 쉬운 변이이다.

제3과목 재배원론

41 방사성 동위원소가 방출하는 방사선 중에 가장 현저한 생물적 효과를 가진 것은?
① X선   ② α선
③ β선   ④ γ선

해설
감마선(γ선)은 방사성 동위원소가 방출하는 방사선 중에서 생물학적 효과가 가장 크게 나타난다.

42 모관수(capillary water)의 설명으로 옳지 않은 것은?
① 밭작물 재배 포장에서는 대부분 불필요하게 과잉 수분으로 존재한다.
② pF 2.7~4.5로서 작물이 주로 이용하는 수분이다.
③ 모세관현상에 의해서 지하수가 모관공극을 상승하여 공급된다.
④ 표면장력에 의해 토양공극 내에서 중력에 저항하여 유지된다.

해설
모관 인력에 의하여 토양 내의 작은 공극을 상승하는 수분을 모관수라 하며 식물이 사용할수 있는 수분으로 pF 2.7~4.5 이다.

정답 37 ③ 38 ③ 39 ② 40 ④ 41 ④ 42 ①

43 혼파에 관한 설명으로 틀린 것은?
① 시비, 병충해 방제 등의 관리가 용이하다.
② 공간을 효율적으로 이용할 수 있다.
③ 재해에 대한 안정성이 증대된다.
④ 잡초를 경감시킬 수 있다.

해설
혼파는 두가지 이상의 작물을 혼합하여 파종하는 것으로 각 작물에 대한 생장속도 및 요구되는 양분 등의 차이로 시비 및 관리에 어려움이 있다.

44 화성유도의 주요인으로 가장 거리가 먼 것은?
① 영양상태　② 식물의 수분함량
③ 광조건　　④ 온도조건

해설
화성유도는 식물생장조절제, 식물의 영양상태, 광조건 및 환경조건에 영향을 받는다. 식물의 수분도 화성유도에 영향을 주는 요인이기는 하지만 주요인은 아니다.

45 다음 중 CO_2 보상점이 가장 낮은 식물은?
① 벼　　　② 옥수수
③ 보리　　④ 담배

해설
옥수수와 같은 C_4 식물은 콩이나 벼와 같은 식물들에 비하여 이산화탄소 보상점이 낮다.

46 냉해대책으로 입지조건 개선에 대한 내용으로 틀린 것은?
① 방풍림을 제거하여 공기를 순환시킨다.
② 객토 등으로 누수답을 개량한다.
③ 암거배수 등으로 습답을 개량한다.
④ 지력을 배양하여 건실한 생육을 꾀한다.

해설
냉해를 방지하기 위해 방풍림을 설치하여야 한다.

47 수광태세가 좋아지고 밀식적응성을 높이는 콩의 초형으로 틀린 것은?
① 키가 크고, 도복이 안되며, 가지를 적게 친다.
② 꼬투리가 원줄기에 많이 달리고, 밑에까지 착생한다.
③ 잎이 크고 가늘다.
④ 잎자루가 짧고 일어선다.

해설
콩의 수광태세 조건에서 잎은 작고 가는 것이 좋다.

48 질산환원효소의 구성성분으로 질소대사에 필요하고, 콩과작물 뿌리혹박테리아의 질소고정에 필요한 무기성분은?
① 아연　　② 망간
③ 마그네슘　④ 몰리브덴

해설
몰리브덴은 작물의 미량원소로 질산 환원 효소의 구성성분으로 콩과작물의 질소고정에 도움을 준다.

49 다음 중 (　　) 에 알맞은 내용은?

> 서로 도움이 되는 특성을 지닌 두 가지 작물을 같이 재배할 경우 이 두 작물을 (　　)이라고 한다.

① 중경작물　② 보호작물
③ 흡비작물　④ 동반작물

해설
서로 도움이 되는 작물을 같이 재배하는 경우 동반작물이라 한다.

정답 43 ① 44 ② 45 ② 46 ① 47 ③ 48 ④ 49 ④

50 다음 작물 중에서 내습성이 가장 강한 것은?
① 율무 ② 유채
③ 보리 ④ 메밀

해설
내습성이 강한 작물로 미나리, 벼, 옥수수, 율무 등이 있다.

51 배낭속의 난핵과 꽃가루관에서 온 웅핵의 하나가 수정한 결과 생긴 것으로 장차 식물체가 되는 부분은?
① 배 ② 배유
③ 주심 ④ 자엽

해설
배낭속의 난핵과 꽃가루관에서 온 웅핵의 하나가 수정하여 배가 되고 나머지 웅핵은 극핵과 결합해 배유가 된다.

52 식물학상 종자로만 이루어진 것은?
① 옥수수, 참깨 ② 콩, 참깨
③ 벼, 보리 ④ 쌀보리, 유채

해설
식물학상 종자로만 이루어진 것은 담배, 목화, 참깨, 콩, 자두, 앵두 등이 있다.

53 다음 중 청고의 개념으로 옳은 것은?
① 벼가 수온이 낮은 유동 청수에 관수되어 서서히 사멸하는 경우
② 벼가 수온이 높은 정체 탁수에 관수되어 급격히 사멸하는 경우
③ 벼가 수온이 낮은 유동 청수에 관수되어 급격히 사멸하는 경우
④ 벼가 수온이 높은 정체 탁수에 관수되어 서서히 사멸하는 경우

해설
벼가 고수온의 정체탁수에서 단백질 소모가 없이 푸른 상태로 죽기에 청고라고 한다.

54 다음 중 식물의 생육이 왕성한 여름철의 미기상 변화를 옳게 설명한 것은?
① 지표면의 온도는 낮에는 군락과 비슷하며 밤에는 군락보다 더 낮다.
② 군락 내의 탄산가스 농도는 낮에는 지표면이나 대기중의 탄산가스 농도보다 높다.
③ 밤에는 탄산가스가 공기보다 무겁기 때문에 지표면에서 가장 높고 지표면에서 멀어질수록 낮아진다.
④ 대기 중의 탄산가스 농도는 약 350ppm으로 지표면과 군락 내에서도 낮과 밤에 따른 변화가 거의 없이 일정하다.

해설
탄산가스는 보통의 공기보다 무겁기 때문에 아래쪽으로 가라앉는 성질이 있어 지표면에서 가장 높게 분포하고 지표면에서 멀어질수록 낮아지게 된다.

55 벼의 키다리병에서 생성된 식물생장조절제는?
① 에틸렌 ② 사이토키닌
③ 지베렐린 ④ 2,4-D

해설
지베렐린은 종자의 휴면타파의 효과가 있는 식물생장조절제로 옥신과 함께 사용시 효과가 극대화되는데 벼의 키다리병에서 유래한 물질이다.

56 기상생태형으로 분류할 때 우리나라 벼의 조생종은 어디에 속하는가?
① Blt형 ② bLt형
③ BLt형 ④ blT형

해설
감온형(blT형) 작물로 조생종, 올콩, 봄조, 여름메밀 등이 있다.

정답 50 ① 51 ① 52 ② 53 ② 54 ③ 55 ③ 56 ④

57 작물이 주로 이용하는 토양수분의 형태는?
① 흡습수 ② 모관수
③ 중력수 ④ 지하수

[해설]
결합수와 흡습수는 식물이 사용할수 없는 수분이고 주로 모관수가 작물에 이용된다.

58 생력기계화 재배의 전제 조건으로만 짝지어진 것은?
① 경영단위의 축소, 노동임금 상승
② 잉여노동력 감소, 적심재배
③ 재배면적 축소, 개별재배
④ 경지정리, 제초제 이용

[해설]
생력기계화 재배를 위한 전제조건으로 농지가 생력화를 가능하게 할수 있게 정리되어야 하기에 관련된 내용으로 경지정리 및 제초제이용이 있다.

59 다음 중 냉해란?
① 작물의 조직세포가 동결되어 받는 피해
② 월동 중 추위에 의하여 작물이 받는 피해
③ 생육적온보다 온도가 낮아 작물이 받는 피해
④ 저온에 의하여 작물의 조직 내에 결빙이 생겨서 받는 피해

[해설]
냉해는 저온의 피해로 냉해의 원인은 저온, 일조 부족, 다우 등이 있다.

60 다음 중 접목의 목적과 방법이 올바르게 짝지어진 것은?
① 생육을 왕성하게 하고 수령을 늘리기 위한 접목 - 감나무에 고욤나무를 접목
② 병해충저항성을 높이기 위한 접목 - 수박을 박이나 호박에 접목
③ 과수나무의 왜화와 결과연형을 단축하고 관리를 쉽게 하기 위한 접목 - 사과나무를 환엽해당에 접목
④ 건조한 토양에 대한 환경적응성을 높이기 위한접목 - 서양배나무를 중국콩배에 접목

[해설]
수박을 박 혹은 호박에 접목하게 되면 덩굴쪼김병, 선충 등의 토양전염성 병해에 저항성이 높아진다.

제4과목 식물보호학

61 일반적인 곤충의 특징이 아닌 것은?
① 다리는 5마디로 되어 있다.
② 공통적으로 날개를 가지고 있다.
③ 머리, 가슴, 배의 3부분으로 되어 있다.
④ 입은 크게 나누어 씹는 입틀과 빠는 입틀로 나눌 수 있다.

[해설]
곤충의 경우 유시아강에서 날개가 퇴화되어 없거나 날개를 접을수 없는 고시류, 날개를 접을수 있는 신시류 등으로 분류되기에 공통적인 날개를 가진 것은 아니다.

62 다음 중 선택성 제초제로 옳은 것은?
① 2,4-D ② Paraquat
③ Sulfosate ④ Glufosinate

[해설]
선택성 제초제에는 2,4-D, MCP, MCPB, DCPA 등이 있다.

63 에프 유제를 1,000배로 희석해서 10a당 100L 살포하려 할 때 소요 약량은?

① 1ml ② 10ml
③ 100ml ④ 1000ml

해설

소요약량 = $\dfrac{\text{단위면적당 사용량}}{\text{소요희석배수}}$

= $\dfrac{100}{1000} = 0.1L = 100ml$

64 다음 중 식물병 대발생에 대한 것으로 옳은 것은?

① 스리랑카에서 커피 녹병 발생
② 미국에서 벼 재씨무늬병의 발생
③ 아일랜드 지방의 고구마 역병 발생
④ 인도 벵갈지방의 옥수수 재씨무늬병 발생

해설

19세기 스리랑카는 세계 커피 생산국이었으나 커피 녹병의 발생하였다.

65 식물 바이러스의 검출에 많이 사용하는 효소결합항체법은 무엇인가?

① MRI ② PNP
③ HPLC ④ ELISA

해설

효소결합항체법(ELISA)은 항체에 효소를 결합시켜 바이러스와 반응했을 때 노란색으로 나타나는 정도로 확인하는 방법이다.

66 다년생 논 잡초가 우점하는 군락형으로 천이가 일어나는 원인으로 가장 거리가 먼 것은?

① 손 제초 감소
② 잡초의 휴면성
③ 재배시기 변동
④ 잡초 방제 방법 변화

해설

잡초군락의 천이의 경우 주로 재배작물이나 작부체계가 변화하거나 경종조건이 변화할 경우 영향을 받는다.

67 10a당 3kg을 사용하는 약제를 가지고 5000m² 에 사용하려면 필요 약량은?

① 1.5kg ② 2kg
③ 15kg ④ 20kg

해설

· 10a = 1000m²
· 1000m² : 3kg = 5000m² : 필요 약량
· 필요약량 = 15kg

68 파리목 성충의 형태적 특징으로 옳은 것은?

① 날개가 1쌍이다.
② 몸이 좌우로 납작하다.
③ 씹는 입틀을 가지고 있다.
④ 날개가 비늘가루로 덮여있다.

해설

파리목은 1쌍의 날개를 가지며 뒷날개는 평균곤으로 변형되어 몸의 균형 유지와 감각기근을 담당한다.

정답 63 ③ 64 ① 65 ④ 66 ② 67 ③ 68 ①

69 매개충과 관련된 식물병을 짝지은 것으로 옳지 않은 것은?
① 끝동매미충 - 벼 오갈병
② 애멸구 - 벼 줄무늬잎마름병
③ 말매미충 - 대추나무 빗자루병
④ 복숭아혹진딧물 - 감자 잎말림병

해설
대추나무 빗자루병의 매개충은 마름무늬매미충이다.

70 성충은 8월경에 콩꼬투리와 잎자루에 산란하고 부화한 유충은 콩꼬투리를 뚫고 들어가서 종실을 갉아먹으며, 연1회 발생하여 노숙유충으로 월동하는 해충은?
① 콩나방   ② 콩풍뎅이
③ 완두콩바구미   ④ 콩앞말이명나방

해설
콩나방은 1년에 1회 발생하고 땅속의 고치안에서 성장한 유충으로 월동하여 8월경 우화한다. 유충은 콩의 어린 꼬투리를 가해하여 종실까지 피해를 주는데 가해초기에는 발견이 어렵다.

71 해충의 발생밀도를 조사하기 위한 방법이 아닌 것은?
① 피해조사법   ② 예찰등조사법
③ 포충망조사법   ④ 털어잡기조사법

해설
해충조사를 위한 방법으로는 예찰, 포충망을 이용하거나, 유아등을 통한 채집, 접착트랩, 털어잡기 등 해충의 종류에 따라 적합한 방법을 선택한다.

72 살비제에 대한 설명으로 옳은 것은?
① 응애를 죽이는 약제이다.
② 비소가 들어있는 살균제이다.
③ 소화중독제가 아닌 모든 농약을 말한다.
④ 살포시 바람에 의해 비산되는 농약을 말한다.

해설
살비제는 곤충에는 살충력이 거의 없고 응애류 방제에 효과가 있는 약제이다.

73 농약관리법에 정의된 잔류성에 의한 농약의 구분으로 옳지 않은 것은?
① 종자전염성농약   ② 작물잔류성농약
③ 토양잔류성농약   ④ 수질오염성농약

해설
농약관리법상 잔류성에 의한 농약의 분류로 작물잔류성농약, 토양잔류성농약, 수질오염성농약이 있다.

74 다음 중 완전변태류가 아닌 것은?
① 벌목   ② 나비목
③ 메뚜기목   ④ 딱정벌레목

해설
진딧물류, 잠자리목, 메뚜기목 등은 불완전변태를 한다.

75 국내 토양 잔류성 농약으로 규제하고 있는 농약의 반감기 기준은?
① 30일 이상   ② 60일 이상
③ 180일 이상   ④ 365일 이상

해설
토양 중 농약의 반감기간이 180일 이상인 농약을 토양잔류성 농약이라 한다.

76 잡초를 토양수분 적응성에 따라 분류할 때 바랭이와 명아주는 어느 것에 속하는가?
① 수생잡초　② 건생잡초
③ 부유잡초　④ 습생잡초

해설
토양수분 적응성에 의한 분류에서 바랭이, 명아주, 쇠비름, 강아지풀 등은 건생잡초로 분류된다.

77 광 요구성 잡초종자의 발아에 관여하는 파이토크롬의 활성화 조사에 필요한 빛의 유형은?
① 남색광　② 백색광
③ 황색광　④ 적색광

해설
종자 껍질에 있는 색소단백질인 피토크롬은 적색광(Pfr형, 660nm)에서는 발아가 촉진된다.

78 잡초방제를 위한 방법 중 생태적 방제법이 아닌 것은?
① 윤작　② 경운
③ 피복작물 재배　④ 재식밀도 조절

해설
잡초방제를 위한 방제법에서 경운은 예방적 방제법에 해당한다.

79 중국대륙에서 날아 들어오는 비래해충은?
① 벼애나방　② 감자나방
③ 벼밤나방　④ 혹명나방

해설
외국에서 날아오는 비래해충에는 멸강나방, 벼멸구, 혹명나방 등이 있다.

80 식물바이러스의 구성성분으로 옳은 것은?
① 핵산과 단백질
② 단백질과 비타민
③ 핵산과 탄수화물
④ 단백질과 탄수화물

해설
바이러스는 핵산과 단백질로 구성된 핵단백질로 세포벽이 없는 것이 특징이다.

정답 76 ② 77 ④ 78 ② 79 ④ 80 ①

CBT 2회 종자산업기사

** 본문제는 수험생들의 기억을 바탕으로 작성 된 것으로 실제 문제와 차이가 있을 수 있습니다.

제1과목 종자생산학 및 종자법규

01 채소작물의 포장검사 시 시금치의 포장격리 거리는?
① 100m ② 300m
③ 700m ④ 1000m

해설
채소작물의 포장격리 기준에서 시금치는 1,000m 이다.

02 다음 중 (가), (나)에 가장 알맞은 내용은?

> 오이에 GA를 살포하면 암꽃분화가 (가)되고, 대부분 (나)ppm 이상의 처리로 감응한다.

① 가 : 증가, 나 : 10
② 가 : 증가, 나 : 30
③ 가 : 억제, 나 : 2
④ 가 : 억제, 나 : 50

해설
오이에 GA(지베렐린)을 살포하면 암꽃분화가 억제되고 대부분 50ppm 이상의 처리로 감응한다.

03 기본식물에서 유래된 종자를 무엇이라 하는가?
① 원종   ② 원원종
③ 보급종 ④ 장려품종

해설
원원종은 품종 고유의 특성을 보유하고 종자의 증식에 기본이 되는 종자를 말한다.

04 다음 중 암발아성 종자에 해당하는 것으로만 나열된 것은?
① 양파, 오이   ② 베고니아, 갓
③ 명아주, 담배 ④ 차조기, 우엉

해설
암발아성 종자(혐광성종자)에는 호박, 토마토, 고추, 양파, 가지, 오이, 무, 부추 등이 있다.

05 다음 작물 중 배(胚)가 낫 모양을 하고 있는 종자는?
① 토마토 ② 명아주
③ 쇠비름 ④ 시금치

해설
무, 토마토 등의 종자의 배가 낫 모양을 하고 있다.

06 종자 춘화형 작물로만 짝지어진 것은?
① 배추, 양배추 ② 양배추, 당근
③ 양파, 당근   ④ 무, 배추

해설
종자춘화형에는 완두, 잠두, 무, 배추 등이 있다.

07 종자의 생성없이 과실이 자라는 현상은?
① 단위결과 ② 단위생식
③ 무배생식 ④ 영양결과

해설
수정이 되고 종자가 생기지 않아도 과실이 형성되는 경우가 있는데 이를 단위결과라 한다.

정답 01 ④ 02 ④ 03 ② 04 ① 05 ① 06 ④ 07 ①

08 다음 중 (　　)에 알맞은 온도는?

> 층적처리 방법 중 배휴면을 하는 종자는 저온에 수일 내지 수개월 저장하면 휴면이 타파된다. 이 때 (　　)미만 저온은 효과가 없다.

① 6℃　　② 4℃
③ 2℃　　④ 0℃

해설
층적처리는 휴면의 타파 뿐만 아니라 발아력 저하방지, 발아억제물질 제거, 후숙 방지 등의 효과가 있다. 배휴면을 하는 종자의 휴면 타파의 경우 0℃ 미만의 조건에서는 효과가 거의 나타나지 않는다.

09 종자가 발아에 적당한 조건을 갖추어도 발아하지 않는 현상을 무엇이라 하는가?

① 발아정지　　② 휴면
③ 퇴화　　　　④ 생육정지

해설
성숙한 종자가 발아조건이 되어도 발아하지 않을 경우 휴면이라 하며 생육의 일시적 정지상태라 할수 있다.

10 종자의 보증과 관련된 검사 서류를 보관하지 아니한 자에 대한 최대 과태료 부과기준은?

① 1백만원　　② 3백만원
③ 5백만원　　④ 1천만원

해설
보증종자를 판매하거나 보급하려는 자가 종자의 보증과 관련된 검사서류를 보관하지 아니 하면 1천만원 이하의 과태료를 부과한다.

11 다음 중 국가품종목록에 등재하여 품종의 생산보급이 가능한 작물은?

① 밀　　② 콩
③ 호밀　④ 고구마

해설
품종목록에 등재할 수 있는 대상작물은 벼, 보리, 콩, 옥수수, 감자와 그 밖에 대통령령으로 정하는 작물로 한다. 다만, 사료용은 제외한다.

12 다음 채소 중 자연 상태에서 자가 수정 능률이 가장 높은 것은?

① 완두　　② 양파
③ 시금치　④ 호프

해설
자가수정작물인 완두는 자가수정능률이 높으며 타가수정작물인 양파, 시금치 등은 낮은 편이다.

13 국내에 처음으로 수입되는 품종의 종자를 판매하기 위해 수입하고자 하는 자가 신청하는 수입적응성시험을 실시하는 기관으로 맞는 것은?

① 농업기술센터
② 한국종자협회
③ 국립종자원
④ 국립농산물품질관리원

해설
수입적응성시험기관에는 농업기술실용화재단, 한국종자협회, 한국종균생산협회, 국립산림품종관리센터, 한국생약협회, 농업협동조합중앙회가 있다.

정답 08 ④　09 ②　10 ④　11 ②　12 ①　13 ②

14 품종보호와 관련하여 심판을 청구하고자 할 경우 심판청구서에 작성할 내용으로 맞지 않는 것은?
① 심판청구자의 성명과 주소, 품종의 명칭을 기재하여야 한다.
② 심판청구서에는 청구의 취지 및 이유가 기재되어야 한다.
③ 품종보호 출원일자 및 품종보호 출원번호는 기재하지 않아도 된다.
④ 심사관이 품종보호를 결정한 일자를 기재한다.

해설
심판을 청구하려는 자는 공동부령으로 정하는 심판청구서에 다음 사항을 적어 심판위원회 위원장에게 제출하여야 한다.
· 당사자 및 대리인의 성명과 주소(법인인 경우에는 그 명칭, 대표자 성명 및 영업소 소재지)
· 품종명칭
· 품종보호 출원일 및 품종보호 출원번호
· 심사관의 거절결정일, 품종보호결정일 또는 취소결정일
· 청구의 취지 및 그 이유

15 종자세의 평가방법에서 종자의 발아에 나쁜 조건을 주어 검정하는 방법으로 옥수수나 콩에 가장 보편적으로 이용되는 검사법은?
① 호흡량 검사법
② 저온검사법
③ 구루코스 대사검사법
④ 테트라조리움 검사법

해설
저온검사법은 종자 발아에 저온과 다습 조건에서 검사하는 방법 중 하나로 옥수수, 콩 등에 보편적으로 이용되는 방법이다.

16 국가품종목록에 등재할 수 있는 대상작물이 아닌 것은?
① 보리   ② 콩
③ 감자   ④ 사료용 옥수수

해설
품종목록에 등재할 수 있는 대상작물은 벼, 보리, 콩, 옥수수, 감자와 그 밖에 대통령령으로 정하는 작물로 한다. 다만, 사료용은 제외한다.

17 종자가 발아하는데 중요한 요인이 아닌 것은?
① 질소   ② 수분
③ 온도   ④ 산소

해설
종자 발아에 영향을 주는 요인에는 수분, 온도, 광, 산도 등이 있다.

18 종자관련법상 품종목록법상 품종목록에 등재품종등의 종자 생산에 관한 설명 중 틀린 것은?
① 국립종자원장은 종자생산을 대행할 수 있다.
② 산림청장은 종자생산을 대행할 수 있다.
③ 특별시장은 종자생산을 대행할 수 있다.
④ 도지사는 종자생산을 대행할 수 있다.

해설
농촌진흥청장 또는 산림청장, 특별시장·광역시장·특별자치시장·도지사 또는 특별자치도지사, 대통령령으로 정하는 농업단체 또는 임업단체, 농림축산식품부령으로 정하는 종자업자는 품종목록에 등재한 품종의 종자 또는 농산물의 안정적인 생산에 필요하여 고시한 품종의 종자를 생산할 경우에는 그 생산을 대행하게 할 수 있다.

정답 14 ③ 15 ② 16 ④ 17 ① 18 ①

19 종자의 발아를 촉진하고 초기생육을 빠르게 하여 균일한 모를 얻기 위해 싹을 틔워서 파종하는 것은?
① 침종 ② 최아
③ 선종 ④ 파종

해설
싹을 틔워서 파종하는 것을 최아라 한다.

20 다음 중 상온의 공기 또는 약간 가열한 공기를 곡물 층에 통풍하여 건조하는 방법은?
① 천일건조 ② 밀봉건조
③ 상온통풍건조 ④ 냉동건조

해설
상온의 공기 또는 약간 가열한 공기를 곡물 층에 통풍하여 건조하는 방법을 상온통풍건조라 한다.

제2과목 식물육종학

21 다음 중 여교배 세대에 따라 반복친을 나타낼 때 BC_4F_1에 해당하는 반복친은 약 몇 %인가?
① 75.0 ② 87.5
③ 93.8 ④ 96.9

해설
$1 - (1/2)^{4+1} = 1 - 0.03125 = 0.96875 =$ 약 $96.9(\%)$

22 종속간 교잡을 하면 수정이 되더라도 배가 완전 발육을 못하고 중도에서 정지되거나 또는 배유의 발육불량으로 종자가 발아하지 못한다. 이러한 경우 잡종을 얻을 수 있는 방법은?
① 배배양 ② 배주배양
③ 자방배양 ④ 경정배양

해설
배배양은 수정이 되더라도 배가 완전 발육을 못하고 중도에서 정지하는 경우 적당한 배지에서 성장시키는 배양방법이다.

23 $2n \times 20$인 작물의 연관군 개수는?
① 5개 ② 10개
③ 20개 ④ 40개

해설
동일염색체상에서 2개 이상의 유전자가 연관되어 있어야 하고 이 유전자들은 n 핵상의 염색체만큼 연관군을 이루고 있다. 2n=20 의 경우 10개의 연관군을 가진다.

24 벼와 같은 자식성 식물에서 잡종강세에 대한 설명으로 옳은 것은?
① 자식성 식물이므로 잡종 강세가 일어나지 않는다.
② 교배조합에 따라 잡종강세가 일어날 수 있다.
③ 모든 교배조합에서 잡종강세가 크게 나타난다.
④ 자식성 식물에서는 잡종강세를 조사하지 않는다.

해설
자식성식물에서 잡종강세가 나타나는 경우도 있지만 타식성 식물에서 현저하게 나타난다.

25 피자식물에서 볼 수 있는 중복수정의 기구는?
① 난핵 × 정핵, 극핵 × 생식핵
② 난핵 × 생식핵, 극핵 × 영양핵
③ 난핵 × 정핵, 극핵 × 정핵
④ 난핵 × 정핵, 극핵 × 영양핵

해설
피자식물의 중복수정은 2개의 정핵 중 1개는 난핵과 결합하여 배가 되고 다른 1개는 2개의 극핵과 결합해서 배젖이 된다.

정답 19 ② 20 ③ 21 ④ 22 ① 23 ② 24 ② 25 ③

26 다음 중 폴리진에 대한 설명으로 가장 옳지 않은 것은?

① 양적 형질 유전에 관여한다.
② 각각의 유전자가 주동적으로 작용한다.
③ 환경의 영향에 민감하게 반응한다.
④ 누적적 효과로 형질이 발현된다.

해설
각각의 유전자가 주동적으로 작용하기보다 각각의 폴리진이 같은 방향으로 작용한다.

27 다음 중 멘델의 유전법칙에 대한 설명으로 틀린 것은?

① 우성과 열성의 대립유전자가 함께 있을 때 우성형질이 나타난다.
② F_2에서 우성과 열성형질이 일정한 비율로 나타난다.
③ 유전자들이 섞여 있어도 순수성이 유지된다.
④ 두 쌍의 대립형질이 서로 연관되어 유전 분리한다.

해설
멘델의 유전법칙의 독립에 법칙에 의거하여 다른 염색체상에 있는 두쌍이나 두쌍 이상의 대립유전자가 간섭받지 않고 후대로 전해진다.

28 자식성 작물에서 신품종의 증식과정은?

① 원원종포 → 원종포 → 채종포
② 채종포 → 원원종포 → 원종포
③ 원종포 → 원원종포 → 채종포
④ 원원종포 → 채종포 → 원종포

해설
작물의 종자생산 관리체계는 기본식물, 원원종, 원종, 채종포(보급종), 농가의 순이다.

29 다음 중 양적형질의 유전과 가장 거리가 먼 것은?

① 2쌍 이상의 유전자가 관여하여 정규곡선과 같은 변이분포를 나타낸다.
② 폴리진이 폴리진계로서 존재하여 변이에 관여한다.
③ 주로 수량에 관여하는 형질에 대하여 연속적 변이를 나타낸다.
④ 꽃 색깔과 같이 대립변이로 나타난다.

해설
양적변이는 길이, 무게, 수량 등 측정형질을 숫자로 표현하나 꽃 색깔과 같은 것은 숫자로 표현할수 없는 질적변이로 분류된다. 꽃 색깔은 대립변이, 불연속변이로 나타난다.

30 찰벼와 메벼를 교잡하여 얻은 교잡종자의 배유가 투명한 메벼의 성질을 나타내는 현상으로 가장 옳은 것은?

① 크세니아   ② 메타크세니아
③ 위잡종   ④ 단위결과

해설
찰벼와 메벼의 교잡을 통해 다음 자손의 형질이 당대의 종자의 배젖에 표현되는 경우로 이를 크세니아라 한다.

31 하나의 화분모세포는 감수분열 후 몇 개의 소포자세포가 되는가?

① 1개   ② 2개
③ 3개   ④ 4개

해설
화분모세포는 2회 연속 핵분열로 염색체 수가 체세포의 반으로 줄어들어 4개의 딸세포가 형성된다.

32 복 2배체 육종법의 설명으로 틀린 것은?
① 고정이 가능하다.
② 2배체와의 교잡으로 2차적 육종이 가능하다.
③ 자연상태에서 육성된다.
④ 인공적으로 육성되지 않는다.

해설
복이배체(복2배체)는 이질배수체라 하며 서로 다른 종류의 게놈이 배가되어 배수체를 만든 것으로 인공적으로 육성된다.

33 단교잡종에 대한 설명으로 옳은 것은?
① 발아력이 약하다.
② 품질의 균일도가 낮다.
③ 잡종강세 발현이 약하다.
④ F_1종자 수량이 많다.

해설
단교잡종은 종자의 생산량이 적고 종자의 발아력이 약한 편이다.

34 우리나라에서 현재 배추의 일대교잡종 채종에 보편적으로 이용하는 유전적 특성은?
① 자가화합성   ② 자가불화합성
③ 교잡불화합성   ④ 웅성붙임성

해설
자가불화합성의 이용에서 잡종강세를 나타내는 작물의 1대잡종(F_1) 종자를 대량 생산할 수 있어 국내의 경우 무, 배추, 양배추 종자 생산에 이용된다.

35 다음 중 정역교배 효과란?
① 세포질 효과
② F_1이 자식 될 때의 효과
③ F_1이 모친과 여교잡 될 때의 효과
④ F_1이 부친과 여교잡 될 때의 효과

해설
정역교배는 F_1이 자방친의 특성만을 닮는다면 세포질적 유전을 나타내는 것이다.

36 유전적 평형집단에서 A 유전자의 빈도를 0.7, a 유전자의 빈도를 0.3이라고 했을 때 집단 내에서 AA, Aa, aa의 유전자형의 빈도는?
① AA: 0.7, Aa: 0.21, aa: 0.3
② AA: 0.49, Aa: 0.42, aa: 0.09
③ AA: 0.09, Aa: 0.42, aa: 0.49
④ AA: 0.7, Aa: 0, aa: 0.3

해설
Aa 를 자식하면 AA : 2Aa : aa 로 유전자형 빈도는 AA: 0.49, Aa: 0.42, aa: 0.09 로 나타난다.

37 AA/aa 조합에서 열성친(aa)으로 여교배한 BC_1F_1의 유전구성으로 가장 옳은 것은?
① 모두 열성유전자형이다.
② 모두 우성유전자형이다.
③ 동형접합체와 이형접합체가 1:1이다.
④ 우성유전자형과 열성유전자형이 3:1이다.

해설
AA/aa 의 여교잡의 경우 Aa, Aa, aa, aa 으로 동형접합체와 이형접합체가 1:1 이다.

38 약배양 하여 얻은 반수체 식물을 2배체로 만드는데 염색체 배가를 위하여 주로 사용하는 약제는?
① 콜히친   ② 에틸렌
③ NAA   ④ EMS

해설
인위적으로 염색체를 배가시켜 동질배수체를 작성하려면 콜히친(colchicine)처리법을 이용해야 한다. 콜히친을 종자나 세포분열이 왕성한 식물체의 생장점 부위에 처리하면 분열상태의 세포의 방추사, 세포막의 형성을 저해하고 복제된 염색체가 양극으로 분리되는 것을 방해하는 작용을 한다.

39 2개의 형질을 지배하는 2개의 유전자좌가 매우 근접해 있을 때 이를 분리하여 재조합형을 얻는데 가장 효과적인 방법은?
① 방사선처리   ② 교잡
③ 고온처리   ④ 저온처리

해설
2개의 서로 다른 두 세포의 유전자를 방사선 처리로 분리하여 재조합하여 새로운 형질전환세포를 만들 수 있다.

40 세포질·유전자적 웅성불임성을 이용하여 옥수수 1대 잡종 종자를 대량으로 채종하기 위해서 육종가 또는 육종기관은 어떤 종류의 계통을 세트로 유지하고 있어야 하는가?
① 웅성불임계통, 내충성계통, 근동질유전자계통
② 근동질유전자계통, 웅성불임유지계통, 다수성계통
③ 내충성계통, 다수성계통, 임성회복유전자계통
④ 임성회복유전자계통, 웅성불임유지계통, 웅성불임계통

해설
세포질 유전자적 웅성불임으로 잡종강세를 이용하기 위해서 웅성불임친과 그 웅성불임성을 유지해 주는 유지친, 웅성불임친의 임성을 회복시켜 주는 회복인자친이 있어야 한다.

제3과목 재배원론

41 작물의 생리적 또는 형태적 요인에 따른 내동성 정도를 옳게 설명한 것은?
① 원형질의 점도가 낮고 연도가 높으면 내동성이 낮다.
② 원형질 단백질에 –SS기가 많은 것이 –SH기가 많은 것에 비하여 내동성이 크다.
③ 포복성인 것이 직립성인 것에 비하여 내동성이 낮다.
④ 세포의 수분함량이 높으면 세포의 결빙을 조장하여 내동성이 낮다.

해설
작물내부에 수분 함량이 적거나 유지함량이 높을수록 내동성이 강한편이다.

42 인공영양번식에서 환상박피처리를 하는 번식법으로 가장 적절한 것은?
① 삽목   ② 취목
③ 복접   ④ 지접

해설
취목은 환상박피처리한 부분에 공중취목을 통해 번식을 한다.

정답 38 ① 39 ① 40 ④ 41 ④ 42 ②

43 일반적으로 작물생육에 적합한 토양 3상의 비율은?(단, 고상, 액상, 기상의 순으로 나열)
① 60%, 20%, 20% ② 50%, 30%, 20%
③ 25%, 50%, 25% ④ 20%, 60%, 20%

해설
고상:액상:기상=50:25:25 비율로 구성되어 있는 것이 작물이 크기에 가장 이상적인 구조이다.

44 식물의 필수원소 중의 하나인 붕소가 결핍되었을 때 식물에 나타나는 특징적인 증상은?
① 분열조직에 괴사가 일어나고 사과의 축과병과 같은 병해를 일으키며 수정, 결실이 나빠진다.
② 생장점이 말라죽고 줄기가 약해지며 잎의 끝이나 둘레가 황화되고, 심하면 아랫잎이 떨어진다.
③ 생육초기에 뿌리의 발육이 나빠지고 잎이 암녹색 이 되어 둘레에 점이 생기며, 심하게 결핍되면 잎이 황색으로 변한다.
④ 황백화 현상이 일어나고 줄기나 뿌리에 있는 생장점의 발육이 나빠지며 식물체 내의 탄수화물이 감소하며 종자의 성숙이 나빠진다.

해설
조직이 전반적으로 거칠고 단단해 지며 괴사가 일어나며 꽃가루 생성이 불량하고 불임이 발생한다.

45 인과류 로만 나열되어 있는 것은?
① 사과, 배, 비파
② 무화과, 딸기, 포도
③ 복숭아, 앵두, 자두
④ 감, 밤, 대두

해설
인과류에는 배, 사과, 비파 등이 있다.

46 일반적으로 과수재배에서 환상박피를 하는 원리로 가장 적당한 것은?
① 전류작용의 촉진 ② 수분 공급의 조절
③ C-N율의 증대   ④ 내병성의 증대

해설
환상박피를 통해 지상부의 탄수화물 축적이 많아지면서 개화 및 결실이 촉진된다.

47 내건성 작물의 특성을 가장 잘 설명한 것은?
① 건조할 때에 단백질의 소실이 빠르다.
② 건조할 때에 호흡이 낮아지는 정도가 작다.
③ 원형질의 점성이 낮고 수분 보유력이 강하다.
④ 원형질막의 수분 투과성이 크다.

해설
내건성 작물은 원형질의 점성이 높고 원형질막의 수분투과성이 크다.

48 다음 중 다년생 방동사니과에 해당하는 것으로만 나열된 것은?
① 여뀌, 물달개비 ② 올방개, 매자기
③ 개비름, 맹아주 ④ 망초, 별꽃

해설
다년생 방동사니과에는 너도방동사니, 쇠털골, 올방개, 올챙이고랭이, 매자기 등이 있다.

정답 43 ② 44 ① 45 ① 46 ③ 47 ④ 48 ②

49 T/R율에 대한 설명으로 틀린 것은?
① 토양함수량이 감소하면 T/R율이 커진다.
② 질소를 다량 사용하면 T/R율이 커진다.
③ 토양통기가 부량하면 T/R율이 증대된다.
④ 감자나 고구마의 경우 파종기나 이식기가 늦어질수록 T/R율이 커진다.

해설
토양내 수분이 많거나 일조의 부족, 석회사용의 부족 등이 지하부의 생육을 불량하게 하여 T/R 율이 커진다. 반대로 토양의 수분이 감소되면 T/R율이 감소된다.

50 토양 속에서 미생물의 작용을 받아 생리적 중성을 나타내는 비료는?
① 황산암모니아 ② 과인산석회
③ 용성인비   ④ 칠레초석

해설
생리적 중성비료에는 질산암모늄, 질산칼륨, 요소, 과인산석회 등이 있다.

51 한가지 주 작물이 생육하고 있는 조간에 다른 작물을 재배하는 방법은?
① 혼작 ② 간작
③ 점혼작 ④ 교호작

해설
간작은 한가지 작물이 생육하고 있는 조간에 다른 작물을 재배하는 방법이다.

52 5~7년 이상의 휴작이 필요한 작물로 구성된 것은?
① 고구마, 무   ② 생강, 당근
③ 호박, 담배   ④ 완두, 우엉

해설
5~7년 휴작이 요구되는 작물에는 수박, 토마토, 사탕무, 완두, 가지, 우엉, 고추 등이 있다.

53 작물의 기지현상에 대한 설명으로 옳은 것은?
① 하우스 재배에서는 기지현상이 발생하지 않는다.
② 연작의 해가 적은 작물은 벼, 조, 수수, 옥수수 등이다.
③ 기지가 문제가 되는 과수는 사과나무, 포도나무, 살구나무 등이다.
④ 화곡류와 두과작물을 윤작하면 기지현상이 많이 발생한다.

해설
연작의 해가 적은 작물은 벼, 맥류, 조, 수수, 옥수수, 담배, 무, 당근, 양파, 호박, 순무, 아스파라거스, 딸기, 미나리, 양배추 등이 있다.

54 화아분화나 과실의 성숙을 촉진시킬 목적으로 실시하는 작업은?
① 환상박피 ② 순지르기
③ 절상   ④ 잎따기

해설
환상박피를 통해 지상부의 탄수화물 축적이 많아지면서 개화 및 결실이 촉진된다.

55 다음 중 습해의 대책이 아닌 것은?
① 내습성 작물 및 품종을 선택한다.
② 심층시비를 실시한다.
③ 배수를 철저히 한다.
④ 토양공기를 조장하기 위해 중경을 실시하고 석회 및 토양개량제를 시용한다.

해설
심층시비는 암모니아태 질소비료를 논 토양의 환원층에 주어 탈질을 막아주는 역할을 하나 습해에 대한 대책은 되지 못한다.

정답 49 ① 50 ② 51 ② 52 ④ 53 ② 54 ① 55 ②

56 습해의 발생기구에 대한 설명으로 틀린 것은?
① 과습하여 토양산소가 부족하면 직접피해로서 호흡장해가 생긴다.
② 무기성분 (N, P, K, Ca, Mg등)이 과잉흡수, 축적되어 피해를 유발한다.
③ 봄과 여름철에는 토양미생물의 활동으로 환원성 유해물질이 생성되어 피해가 커진다.
④ 토양전염병해의 전파가 많아지고 작물도 쇠약하여 병해발생을 초래한다.

해설
습해는 토양이 과습상태가 되어 작물에 피해현상이 나타나는 것이지 무기성분이 과잉흡수 및 축적으로 발생하는 것이 아니다.

57 콩 농사를 하는 홍길동은 콩밭 둘레에 옥수수를 심어 방풍효과도 거두었다. 이 작부체계로서 가장 적절한 것은?
① 간작 ② 혼작
③ 교호작 ④ 주위작

해설
주위작은 포장의 주위에 포장내의 작물과는 다른 작물을 재배하는 방식으로 주위에 빈공간을 이용하는 것이다. 옥수수나 수수의 경우 주위에 재배시 방풍의 효과가 있다.

58 다음 중 휴립휴파법 이용에 가장 적합한 작물은?
① 보리 ② 고구마
③ 감자 ④ 밭벼

해설
휴립휴파법은 이랑을 세우고 이랑에 파종하는 방법으로 고구마에 적합한 방법이다.

59 지베렐린의 재배적 이용에 해당되는 것은?
① 앵두나무 접목 시 활착촉진
② 호광성 종자의 발아촉진
③ 삽목 시 발근촉진
④ 가지의 굴곡유도

해설
지베렐린은 작물에 적용시 종자의 발아촉진, 화성유도, 생장 촉진 등의 효과가 있어 호광성 종자의 발아촉진에 활용된다.

60 다음 작물 중에서 자연적으로 단위결과하기 쉬운 것은?
① 포도 ② 수박
③ 가지 ④ 토마토

해설
씨없는 과실이 형성되는 경우 단위결과라 하며 대표적으로 바나나, 포도, 오이, 감귤류 등이 해당된다.

제4과목 **식물보호학**

61 약제의 주성분을 공기 중에다 안개와 같은 작은 입자로 부유시키는 방법으로 높은 농도의 약제를 짧은 시간에 처리할 수 있는 제형은?
① 분제 ② 수화제
③ 훈연제 ④ 연무제

해설
연무제는 안개와 같이 작은 입자로 공기 중에 부유하여 약제를 처리하는 방법이다.

62 벼 도열병의 발병원인으로 가장 적절한 것은?

① 고온 건조 조건일 때
② 저온 다습 조건일 때
③ 잡초 방제할 때
④ 질소 균형 시비할 때

해설
벼 도열병은 온도가 낮고 습도가 높을 경우, 바람이 강하게 불 경우, 토양온도가 낮을 경우 자주 발생한다.

63 제초제의 제형에 계면활성제를 첨가하는 이유로 가장 거리가 먼 것은?

① 습윤성 증진   ② 확산성 증진
③ 분산성 증진   ④ 휘발성 증진

해설
계면활성제는 물과 기름의 계면에서 표면장력을 감소시켜 약품의 습윤성, 부착성 및 고착성, 확전성을 높여주는 역할을 한다.

64 완전변태를 하는 곤충으로만 올바르게 나열한 것은?

① 벌, 파리   ② 매미, 잠자리
③ 메뚜기, 노린재 ④ 진딧물, 총채벌레

해설
완전변태를 하는 곤충에는 나비목, 파리목, 벌목, 딱정벌레목 등이 있다.

65 생물적 잡초 방제 방법으로 옳지 않은 것은?

① 상호대립억제작용은 잡초 방제에 방해가 된다.
② 식물 병원균은 수생 잡초의 방제에 효과적이다.
③ 잡초 방제에 이용되는 천적은 식해성 곤충일수록 좋다.
④ 어패류를 이용할 경우 초종 선택성이 없어 방류제한성이 문제가 된다.

해설
상호대립억제작용은 타감작용이라 하며 근처 식물의 생육에 영향을 주는 것으로 잡초의 방제에 활용되는 생물적 방제법에 해당된다.

66 잡초에 대한 작물의 경합력을 높이는 방법으로 옳지 않은 것은?

① 윤작 실시   ② 토양 pH 조절
③ 재배 방법 변화 ④ 작물 품종 선택

해설
작물의 경합력을 높이는 방법에는 밀도의 조절, 환경 조건에 적응력이 강한 품종을 선택, 조숙종의 선택, 이앙 재배, 윤작 실시, 경운 실시 등의 방법 등이 있으나 토양의 pH 조절은 큰 효과가 없다.

67 농약이 인체 내로 들어와 흡입중독 시 응급처치 방법으로 옳지 않은 것은?

① 옷을 벗겨 체온을 낮춘다.
② 편안한 자세로 안정시킨다.
③ 공기가 신선한 곳으로 옮긴다.
④ 호흡이 약하면 인공호흡을 한다.

해설
흡입중독은 약물이 기도를 통해 중독된 경우 환자가 바람이 잘 통하는 깨끗한 장소에 눕히고 의복을 느슨하게 하여 신선한 공기를 호흡할 수 있도록 하며 심할 경우 인공호흡을 실시한다.

정답 62 ② 63 ④ 64 ① 65 ① 66 ② 67 ①

68 다음 설명에 해당하는 해충은?

- 우리나라 제주도 귤나무에 피해가 많았으며, 두꺼운 밀랍으로 덮여있어 농약으로 인한 방제효과가 미비하다.
- 연 1회 발생하며 가지와 잎에 기생하며 흡즙하여 가해한다.

① 귤응애　　② 귤굴나방
③ 루비깍지벌레　④ 담배거세미나방

해설

루비깍지벌레
- 1년에 1회 발생하며 주로 가지에 기생하면서 흡즙 가해한다.
- 6~8월 유충이 발생하고 9월에 성충이 된다.
- 동화작용을 저해시켜 생육이 불량해지고 그을음병을 발생시킨다.
- 암컷 성충은 두꺼운 암적색 밀랍 분비물로 이루어져 있다.

69 논에서 주로 많이 발생하는 잡초는?

① 망초　　② 바랭이
③ 쇠뜨기　④ 물달개비

해설

물달개비는 1년생 논잡초이다.

70 복숭아혹진딧물에 대한 설명으로 옳지 않은 것은?

① 흡즙성 해충이다.
② 단위생식을 한다.
③ 바이러스를 매개한다.
④ 간모 상태로 월동한다.

해설

복숭아혹진딧물은 복숭아나무 겨울눈 기부에서 알로 월동한다.

71 살균제로 옳지 않은 것은?

① 베노밀 수화제
② 만코제브 수화제
③ 아세타미프리드 수화제
④ 보르도혼합액 입상수화제

해설

아세타미프리드 수화제는 살충제에 속한다.

72 식물 병해충 발생에 따른 피해 설명으로 옳지 않은 것은?

① 느릅나무 마름병으로 인해 수목 경관이 훼손된다.
② 대추나무 빗자루병으로 인해 대추 품질이 저하된다.
③ 감자 무름병은 저장, 수송과정에서 발생하여 피해를 준다.
④ 소나무 재선충병 방제를 위하여 해마다 경제적 손실이 발생하고 있다.

해설

대추나무 빗자루병 발생시 가지 끝부분에 작은 이과가는 가지가 빗자루 형태로 나고 꽃이 피지 않으며 병든 가지에 열매는 열리지 않는다. 대추의 품질이 저하되는 것이 아니라 열매가 열리지 않게 된다.

73 논에 사용하는 제초제가 아닌 것은?

① 2,4-D 액제　② 벤타존 액제
③ 뷰타클로르 유제　④ 메티오졸린 유제

해설

메티오졸린은 잔디용 제초제로 많이 활용된다.

정답 68 ③　69 ④　70 ④　71 ③　72 ②　73 ④

74 잡초를 1년생, 월년생, 다년생으로 구분하는 분류 방식은?
① 잡초의 생활형에 따른 분류
② 잡초의 발생 시기에 따른 분류
③ 잡초의 발생 장소에 따른 분류
④ 잡초의 토양수분 적응성에 따른 분류

해설
잡초를 1년생, 월년생, 다년생으로 구분하는 것은 생활형에 따른 분류이다.

75 식물병의 발생생태에 대한 설명으로 옳지 않은 것은?
① 보리 속깜부기병균은 종자의 배 속에 잠재한다.
② 호밀 맥각병균의 맥각은 종자와 섞여서 존재한다.
③ 벼 도열병균은 볏짚이나 볍씨에 포자나 균사로 수년 동안 생존한다.
④ 각종 작물의 모잘록병균은 병든 식물체에서 난포자 또는 분생포자 등으로 월동한다.

해설
보리 속깜부기병은 병에 걸린 씨알은 백색 피막에 쌓여 있고 수확할 때 흑색분말이 비산하지 않지만 탈곡할 경우 후막포자가 흩어진다.

76 인위적 처리에 의한 잡초 종자의 휴면타파 방법과 거리가 먼 것은?
① 파상방법 ② 냉동저장방법
③ 온도처리방법 ④ 약품처리방법

해설
종자의 휴면 타파를 위해 종피파상법, 약품처리법, 온도처리법, 광처리법, 황산처리법 등을 활용하나 냉동저장방법은 종자를 장기간 저장하기 위한 방법에 해당한다.

77 곤충강에 속하지 않는 것은?
① 좀목 ② 바퀴목
③ 진드기목 ④ 메뚜기목

해설
진드기목은 거미강에 속한다.

78 농약의 원액이나 유효성분 함량이 높은 ULV제 등을 항공기를 이용하여 살포하는 방법은?
① 연무법 ② 관주법
③ 살분법 ④ 미량살포법

해설
미량살포자(ULV제)는 항공 살포를 이용한다.

79 Sulfonylurea 계 제초제가 아닌 것은?
① Bensulfuron
② Prometryn
③ Cinosulfuron
④ Flazasulfuron

해설
설포닐우레아(Sulfonylurea) 제초제에는 벤셀퓨론(bensulfuron), 아짐설퓨론(azimsulfuron), 시노설퓨론(cinosulfuron), 플라자설퓨론(flazasulfuron) 등이 있다.

80 식물병원성 균류의 일반적인 특징으로 옳지 않은 것은?
① 영양체와 번식체로 구성된다.
② 세포 내 소기관을 가지고 있다.
③ 원형질막 안쪽에는 세포벽이 있다.
④ 엽록소가 없어서 광합성을 할 수 없다.

해설
균류는 세포벽은 외부에 존재하고 그 성분은 키틴으로 이루어져 있다.

정답 74 ① 75 ① 76 ② 77 ③ 78 ④ 79 ② 80 ③

CBT 3회 종자산업기사

** 본문제는 수험생들의 기억을 바탕으로 작성 된 것으로 실제 문제와 차이가 있을 수 있습니다.

제1과목 종자생산학 및 종자법규

01 종자전염성 병의 방제법을 가장 옳게 설명한 것은?
① 파종 직전 종자처리로 완전 방제가 가능하다.
② 종자저장 중 방제로 모든 병해충을 방제할 수 있다.
③ 종자수확 후 방제에 의하여 전염원을 완전히 제거할 수 있다.
④ 종자수확 전 방제가 가장 중요하다.

해설
종자전염성 병의 경우 종자수확 전 사전에 미리 방제를 하는 것이 가장 효과적이다.

02 다음 중 발아 시 광 조건과 무관한 불감수성 종자는?
① 양파 ② 상추
③ 담배 ④ 옥수수

해설
광 불감수성 종자에는 화곡류, 옥수수 및 대부분의 콩과 작물이 해당된다.

03 기본식물에서 유래된 종자를 무엇이라 하는가?
① 원종 ② 원원종
③ 보급종 ④ 장려품종

해설
원원종은 품종 고유의 특성을 보유하고 종자의 증식에 기본이 되는 종자를 말한다.

04 종자의 형태에서 형상이 능각형에 해당하는 것으로만 나열된 것은?
① 보리, 작약 ② 메밀, 삼
③ 모시풀, 참나무 ④ 배추, 양귀비

해설
종자의 형상은 타원형, 구형, 능각형 등 다양한 형태로 분류되며 능각형에는 메밀과 삼이 있다.

05 다음 중 채소류 영양번식의 특징에 대한 설명으로 가장 적절하지 않은 것은?
① 번식의 용이성
② 종자와 같은 장기저장 곤란
③ 영양체를 통한 바이러스 감염 방지
④ 저장 및 운반의 비용의 과다

해설
영양번식은 모체와 유전적으로 동일한 개체로 모체가 바이러스에 감염되면 영양번식한 다음 세대의 경우도 바이러스 감염된다.

06 다음 ( )에 공통으로 들어갈 내용은?

- ( )은/는 포원세포로부터 자성배우체가 되는 기원이 된다.
- ( )은/는 원래 자방조직에서 유래하며 포원세포가 발달하는 곳이다.

① 주피 ② 주심
③ 주공 ④ 에피스테이스

해설
주심은 포원세포에서 자성배우체가 되는 기원으로 자방조직에서 유래하며 포원세포가 발달한다.

정답 01 ④ 02 ④ 03 ② 04 ② 05 ③ 06 ②

07 교배에 앞서 제웅이 필요 없는 작물로만 나열된 것은?
① 벼, 보리   ② 토마토, 가지
③ 오이, 호박   ④ 귀리, 멜론

해설
교배에 앞서 제웅이 필요 없는 작물에는 오이, 호박, 수박 등이 있다.

08 ( )에 알맞은 내용은?

> 제 1상의 저온감응상의 요구가 없고 다만 제2상의 일장감응상에 의하므로 이러한 ( )식물은 교배에 있어서 일장처리에 의하여 개화기를 조절할 수 있다.

① 녹식물춘화형   ② 무춘화형
③ 종자춘화형   ④ 제춘화형

해설
무춘화형은 개화에 저온의 요구가 없고 일장반응에 따라 개화한다.

09 다음 작물 중 크세니아 현상이 가장 잘 일어나는 작물은?
① 옥수수   ② 메밀
③ 호밀   ④ 양파

해설
크세니아의 경우 예를 들어 찰벼와 메벼를 교잡하여 얻은 교잡종자의 경우 배유가 메벼의 성질이 나타나는 경우를 말한다. 주로 찰성벼, 보리, 밀, 옥수수 등에서 나타난다.

10 다음 국제종자보증과 검사에 대한 설명 중 맞지 않은 것은?
① 시료채취와 검사가 국제종자검사협회(ISTA) 공인검정기관에 의하여 이루어지면 등황색증명서로 표시한다.
② 표본이 비공인으로 채취되고 검사만 ISTA 공인검정기관에서 이루어지면 청색증명서로 표시된다.
③ 우리나라는 OECD 회원국으로서 종자공인검정기관이지만 ISTA 국제종자검정 기관은 아니다.
④ 경제협력개발기구(OECD)의 보증표지는 유전적인 순도에 대한 보증이다.

해설
국내의 국제종자검정협회(ISTA)로부터 인증실험실을 획득하고 국제종자분석증명서를 발급하는 기관은 국립종자원이다.

11 다음 중 종자휴면의 형태에 대한 설명으로 가장 거리가 먼 것은?
① 종피에 발아억제물질을 많이 함유하여 휴면하는 것은 자발휴면의 예이다.
② 배 휴면과 배의 미숙으로 인한 휴면은 모두 배 자체의 생리적 원인이 기인한다.
③ 주로 물, 공기 및 기계적 원인이 기인하여 발생한 휴면을 타발휴면이라 한다.
④ 상추종자에서처럼 발아최고온도 이상에서 휴면하는 것은 2차 휴면이라 한다.

해설
배 휴면과 배의 미숙으로 인한 휴면은 종자휴면의 형태에 대한 설명보다 종자휴면의 원인에 해당한다. 휴면의 형태에는 자발적휴면, 타발적휴면, 불리한 환경조건에서 새로이 휴면이 발생하는 경우인 2차 휴면이 있다.

12 다음 중 무한화서에 속하는 것은?
① 단성성화 ② 단집산화서
③ 총상화서 ④ 복집산화서

해설
무한화서에는 총상화서, 원추화서, 수상화서, 유이화서, 육수화서, 산방화서, 산형화서, 두상화서 등이 있다.

13 대부분 종자의 발아 시 공통적인 필수조건과 가장 거리가 먼 것은?
① 수분 ② 온도
③ 산소 ④ 광

해설
종자 발아시 공통적인 필수조건에는 수분, 온도, 산소가 있으나 광은 필요한 종자가 있고 필요 없는 종자가 있어 필수조건은 아니다.

14 품종보호권 또는 전용실시권을 침해한 자에게 부과되는 벌금은 얼마인가?
① 5천만원 이하 ② 7천만원 이하
③ 9천만원 이하 ④ 1억원 이하

해설
품종보호권 또는 전용실시권을 침해한 자는 7년이하 징역 또는 1억원 이하 벌금에 처한다.

15 다음 중 종자의 휴면타파법으로 옳지 않은 것은?
① 변온처리 ② 농황산처리
③ 지베렐린 처리 ④ 석회처리

해설
석회의 경우 토양의 pH를 조절하기 위해 활용한다.

16 다음 중 안전저장을 위한 종자의 최대 수분함량이 4.5%인 작물은?
① 벼 ② 고추
③ 귀리 ④ 옥수수

해설
안전저장을 위한 종자 최대수분함량은 대략 벼 15%, 콩 11%, 시금치 9%, 배추 5%, 고추 4.5% 이다.

17 종자관리요강에서 포장검사 시 겉보리의 특정병이 아닌 것은?
① 흰가루병 ② 겉깜부기병
③ 속깜부기병 ④ 보리줄무늬병

해설
겉보리의 특정병은 겉깜부기병, 속깜부기병 및 보리줄무늬병을 말한다.

18 종자를 토양에 파종했을 때 새싹이 지상으로 출현하는 것을 무엇이라 하는가?
① 출아 ② 유근
③ 맹아 ④ 부아

해설
종자를 토양에 파종했을 때 새싹이 지상으로 출현하는 것을 출아라 한다.

정답 12 ③ 13 ④ 14 ④ 15 ④ 16 ② 17 ① 18 ①

19 종자관리사에 대한 행정처분의 세부 기준에서 행정 처분이 업무정지 1년에 해당하는 것은?
① 종자보증과 관련하여 형을 선고받은 경우
② 종자관리사 자격과 관련하여 최근 2년간 이중취업을 2회 이상 한 경우
③ 업무정지처분기간 종료 후 3년 이내에 업무 정지처분에 해당하는 행위를 한 경우
④ 종자보증과 관련하여 고의 또는 중대한 과실로 타인에게 막대한 손해를 입힌 경우

해설
종자보증과 관련하여 고의 또는 중대한 과실로 타인에게 막대한 손해를 입힌 경우 업무정지 1년에 해당한다.

20 품종보호권, 전용실시권 또는 질권의 상속이나 그 밖의 일반승계의 취지를 신고하지 아니한 자에게 부과되는 과태료는 얼마인가?
① 10만원 이하   ② 30만원 이하
③ 50만원 이하   ④ 100만원 이하

해설
품종보호권·전용실시권 또는 질권의 상속이나 그 밖의 일반승계의 취지를 신고하지 아니한 자는 50만원 이하의 과태료를 부과한다.

제2과목 식물육종학

21 생산력 검정에 관한 설명 중 틀린 것은?
① 검정포장은 토양의 균일성을 유지하도록 노력한다.
② 계측, 계량을 잘못하면 포장시험에 따르는 오차가 커진다.
③ 시험구의 크기가 클수록 시험구당 수량 변동이 커진다.
④ 시험구의 반복횟수의 증가로 오차를 줄일 수 있다.

해설
시험구의 크기가 클수록 시험구당 수량 변동이 작아진다.

22 단위결과를 자연적으로 볼 수 있는 작물로만 짝지어 진 것은?
① 바나나, 감귤, 포도
② 바나나, 복숭아, 배
③ 무화과, 사과, 포도
④ 무화과, 밤, 사과

해설
단위결과의 작물에는 바나나, 포도, 오이, 감귤류 등이 있다.

23 변이와 육종관계에 대한 내용으로 옳지 않은 것은?
① 육종소재가 되는 변이의 존재야말로 육종의 기본이 된다.
② 환경에 의한 변이도 육종과정을 통하여 고정 시킬 수 있다.
③ 육종의 대상이 되는 농업상 중요한 실용형질은 대부분이 연속적 변이를 나타내는 양적형질이다.
④ 변이의 유발빈도가 높아지고 인위돌연변이 유발의 방향성까지 조절될 수 있다면 육종사업은 비약적인 발전을 가져오게 될 것이다.

정답 19 ④ 20 ③ 21 ③ 22 ① 23 ②

해설
환경에 의한 변이는 유전적 변이에 해당되지 않으며 육종과정을 통해 고정시킬수 없다.

24 3성잡종의 F_2에 분리되는 표현형의 종류수는? (단, 3 유전자 모두 완전 우열성이다.)
① 2 ② 4
③ 8 ④ 16

해설
3쌍의 대립유전자의 표현형 종류수는 $2^3=8$ 이다.

25 보리의 춘화처리(버널리제이션)에 필요한 종자의 흡수율(흡수량)로 가장 적당한 것은?
① 15% ② 25%
③ 35% ④ 50%

해설
춘화처리에 필요한 종자의 흡수량은 봄밀, 가을밀은 30~35%, 귀리, 호밀, 옥수수 등은 30%, 보리는 25% 이다.

26 벼 군락의 수광태세가 좋은 초형 조건으로 거리가 먼 것은?
① 잎이 지나치게 얇지 않고, 약간 좁으며, 상위엽이 직립한다.
② 줄기가 굵고 가능한 한 키가 최대로 크다.
③ 분얼이 조금 개산형 이다.
④ 각 잎이 공간적으로 되도록 균일하게 분포한다.

해설
수광에 있어 벼의 이상적인 초형은 잎이 두껍지 않고 약간 가늘며 상위엽이 직립인 것이 좋다. 그러나 키가 너무 크면 도복의 위험성이 있어 키는 너무 크지 않는것이 좋다.

27 생력작업을 위한 기계화 재배의 전체조건이 아닌 것은?
① 대규모 경지정리
② 적응재배체계의 확립
③ 집단재배
④ 제초제의 미사용

해설
생력기계화재배의 전제조건으로 경지의 정리, 집단재배, 재배 체계의 확립, 국가 제도화 확립 등이 있다.

28 식물의 굴광현상이 가장 유효한 광은?
① 황색광 ② 적색광
③ 청색광 ④ 녹색광

해설
식물이 광을 향하는 굴광현상이 나타나며 주로 청색파장(440~480mm)에 유효하다.

29 다음 중 계통분리법과 가장 관계가 없는 것은?
① 자식성작물의 집단선발에 가장 많이 사용되는 방법이다.
② 주로 타가수분 작물에 쓰여지는 방법이다.
③ 개체 또는 계통의 집단을 대상으로 선발을 거듭하는 방법이다.
④ 1수1렬법과 같이 옥수수의 계통분리에 사용된다.

해설
자식성작물의 집단선발에 가장 많이 사용되는 방법은 순계분리법이다.

정답 24 ③ 25 ② 26 ② 27 ④ 28 ③ 29 ①

30 다음 중 두 개의 다른 품종을 인공교배하기 위해 가장 우선적으로 고려해야 할 사항은?
① 개화시기   ② 수량성
③ 종자탈립성   ④ 도복저항성

해설
두 개의 다른 품종을 인공교배하기 위해서는 먼저 개화기가 다른 두 품종에 대한 개화기 조절이 필요하다.

31 다음 ( )에 공통으로 들어갈 내용은?

> • 같은 형질에 관여하는 여러 유전자들이 누적효과를 가질 때 ( )라 한다.
> • ( )경우는 여러 경로에서 생성하는 물질량이 상가적으로 증가한다.

① 우성상위   ② 보족유전자
③ 복수유전자   ④ 열성상위

해설
동일 방향 작용 유전자가 누적효과가 나타나는 경우 복수유전자, 누적효과가 없는 경우 중복유전자라 한다.

32 1대 잡종을 품종으로 취급하는 이유로 옳지 않은 것은?
① 모든 개체가 동일한 유전자형이다.
② 광지역적응이고 채종량이 많으며, 각기 다른 표현형을 나타낸다.
③ 인공교배로 똑같은 유전자형을 재생산할 수 있다.
④ 형질이 우수하고 균일하다.

해설
1대 잡종은 유전조성이 균일한 특성이 있어 품종으로 취급한다.

33 한 개의 유전자가 여러 가지 형질의 발현에 관여하는 현상을 무엇이라 하는가?
① 반응규격   ② 다면발현
③ 호메오스타시스   ④ 가변성

해설
한 개의 유전자가 여러 형질을 발현하는 경우 다면발현이라 한다.

34 식물체의 방사선감수성에 영향하는 요인이 아닌 것은?
① 처리종자량   ② 종자의 수분함량
③ 품종   ④ 세포내 산소농도

해설
식물체의 방사선감수성에서 처리 종자량은 영향을 주지 않으며 종자 자체의 수분, 품종, 산소 등에 의해 영향을 받는다.

35 동질배수체의 일반적인 특성으로 옳은 것은?
① 임성의 증대   ② 종자 크기의 감소
③ 생육지연   ④ 세포의 크기감소

해설
동질배수체는 임성이 저하되고 착과성이 감퇴하며 발육이 지연 된다.

36 다음 중 변이의 감별 방식 중 옳지 않은 것은?
① 유전변이와 환경변이 : 자식종자로 후대검정
② 유전자형의 동형접합성 여부 : 자식종자로 후대검정
③ 질적변이와 양적변이 : 자식종자로 후대검정
④ 표현형으로 구분하기 어려운 변이 : 특수 환경을 조성하여 감별

해설
후대검정은 연속변이를 하는 양적형질의 유전성 여부를 확인하고자 할 때 사용되는 검정방법이다.

37 다음 중 조합 육종이 아닌 것은?
① 단간품종과 다수성 품종을 교배하여 단간 다수성 품종을 육성한다.
② A저항성 품종과 B저항성 품종을 교배하여 복합저항성 품종을 교배하여 단간조숙성 품종을 육성한다.
③ 단간품종과 조생품종을 교배하여 극 조생종을 육성한다.
④ 조생품종과 조생품종을 교배하여 극 조생종을 육성한다.

해설
조합육종은 교배육종에서 두 개의 품종이 각각 별도로 가지고 있는 유용 형질을 한 개체 속에 새롭게 조합시킬 목적으로 교배하는 것인데 같은 조생품종끼리의 교배는 해당되지 않는다.

38 변이와 육종관계에 대한 내용으로 옳지 않은 것은?
① 육종소재가 되는 변이의 존재야말로 육종의 기본이 된다.
② 환경에 의한 변이도 육종과정을 통하여 고정 시킬 수 있다.
③ 육종의 대상이 되는 농업상 중요한 실용형질은 대부분이 연속적 변이를 나타내는 양적형질이다.
④ 변이의 유발빈도가 높아지고 인위돌연변이 유발의 방향성까지 조절될 수 있다면 육종사업은 비약적인 발전을 가져오게 될 것이다.

해설
환경에 의한 변이는 유전적 변이에 해당되지 않으며 육종과정을 통해 고정시킬수 없다.

39 다음 중 균일도가 가장 높은 것은?
① 단교잡종   ② 3원교잡종
③ 복교잡종   ④ 합성품종

해설
단교잡종은 각 형질이 균일하고 불량형질이 나타나는 일이 적다.

40 다음 중 교잡에 관한 설명으로 옳은 것은?
① 여교잡을 시키면 자식시킨 것보다 F_2에서 유전자형의 출현이 단순해진다.
② 여교잡에서 목표형질이 우성인 경우에는 F_2를 생산하고, 거기에 개량하고자하는 품종을 교배시켜 나간다.
③ 복교잡은 유용한 유전자를 풍부하게 도입 할 수 있으며, 단교잡에 비해 유전자 구성이 단순해진다.
④ 옥수수와 같은 타가수정 작물은 복교잡을 만들 수 없다.

해설
여교잡은 자식에 비해 분리되는 유전자형의 종류수가 적고 단순해진다.

정답 36 ③ 37 ④ 38 ② 39 ① 40 ①

제3과목 재배원론

41 수목의 묘목(苗木)을 기르는 곳을 자칭하는 용어는?
① 묘대 ② 묘상
③ 못자리 ④ 묘포

해설
묘포는 수목의 묘목을 양성하는데 이용되는 토지 및 장소를 말한다.

42 다음 중 천연 옥신류에 해당하는 것은?
① GA_2 ② IAA
③ CCC ④ BA

해설
천연옥신류에는 IAA, PAA, IAN 가 있다.

43 다음 중 장일식물로만 나열된 것은?
① 도꼬마리, 코스모스
② 시금치, 아마
③ 목화, 벼
④ 나팔꽃, 들깨

해설
장일식물에는 보리, 시금치, 양파, 당근, 양배추, 아마 등이 있다.

44 다음에서 설명하는 것은?

- 이랑을 세우고 이랑에 파종하는 방식이다.
- 배수와 토양통기가 좋게 된다.

① 평휴법 ② 휴립구파법
③ 성휴법 ④ 휴립휴파법

해설
휴립휴파법은 이랑을 세우고 이랑에 파종하는 방법으로 배수와 통기성을 양호하게 하여 고구마에 적합한 방법이다.

45 다음 중 작물의 기지 정도에서 휴작을 가장 적게 하는 것은?
① 당근 ② 토란
③ 참외 ④ 쑥갓

해설
벼, 맥류, 조, 수수, 옥수수, 담배, 무, 당근, 양파, 호박, 순무, 아스파라거스, 딸기, 미나리, 양배추 등은 연작의 피해가 적은 작물로 휴작을 적게 할수 있다.

46 고립상태일 때 광포화점(%)이 가장 낮은 것은?(단, 조사광량에 대한 비율임)
① 고구마 ② 콩
③ 사탕무 ④ 무

해설
광포화점(%) 의 경우 무, 사탕무, 고구마는 40~60%, 콩은 20~23% 로 콩이 낮다.

47 다음 중 자연교잡률(%)이 가장 높은 것은?
① 벼 ② 수수
③ 보리 ④ 밀

해설
벼, 보리, 밀 등은 자연교잡률이 4% 이하로 낮은 편이며 수수는 5% 정도로 보기 중에서 가장 높다.

48 작물의 내열성에 대한 설명으로 틀린 것은?
① 늙은 잎은 내열성이 가장 작다.
② 내건성이 큰 것은 내열성도 크다.
③ 세포 내의 결합수가 많고, 유리수가 적으면 내열성이 커진다.
④ 당분함량이 증가하면 대체로 내열성은 증대한다.

해설
늙은 잎의 내열성이 어린 잎보다 크다.

정답 41 ④ 42 ② 43 ② 44 ④ 45 ① 46 ② 47 ② 48 ①

49 다음 중 감온형에 해당하는 것은?
① 그루콩 ② 올콩
③ 그루조 ④ 가을메밀

해설
감온형 작물로 조생종, 올콩, 봄조, 여름메밀 등이 있다.

50 공기 속에 산소는 약 몇 %정도 존재하는가?
① 약 35% ② 약 32%
③ 약 28% ④ 약 21%

해설
대기의 조성은 질소 78%, 산소 21%, 이산화탄소 0.03% 및 기타로 구성되어 있다.

51 다음 중 작물의 주요온도에서 '최고온도'가 가장 높은 것은?
① 밀 ② 옥수수
③ 호밀 ④ 보리

해설
옥수수의 발아 최적온도는 32~34℃, 최고온도는 40℃ 내외로 높은편에 속한다.

52 논토양의 산화와 환원의 정도를 나타내는 기호는?
① Eμ ② E⊘
③ Eh ④ pF

해설
논토양의 산화와 환원의 정도를 산화환원전위(Eh)라 한다.

53 종묘로 이용되는 기관이 맞게 연결된 것은?
① 덩이뿌리 – 다알리아, 감자, 뚱딴지
② 덩이줄기 – 감자, 토란, 마늘
③ 비늘줄기 – 마늘, 백합, 생강
④ 땅속줄기 – 생강, 박하, 호프

해설
땅속줄기는 지하경이라 하며 생강, 박하, 호프, 연 등이 있다.

54 인조 합성비료와 농약이 발달함에 따라 유리하다고 생각되는 작물을 자유로이 재배하는 방식은?
① 대전법 ② 휴한농법
③ 3포식 농법 ④ 자유경작

해설
비료와 농약이 발달함에 따라 유리하다고 생각되는 작물을 그때그때 자유로이 재배하는 방식을 자유경작이라 한다.

55 친환경농업에 관련된 설명으로 옳지 않은 것은?
① 유기농업: 농약과 화학비료를 사용하지 않고 안전한 농산물을 얻는 농업
② 생태농업: 지역폐쇄시스템에서 작물양분과 병해충 종합관리기술을 이용하여 생태계 균형 유지에 중점을 두는 농업
③ 저투입. 지속농업: 환경에 부담을 주지 않고 영원히 유지할 수 있는 농업
④ 자연농업: 지력을 토대로 한 포장에 종자, 비료, 농약 등을 달리하여 환경문제를 최소화하는 농업

해설
자연농업은 비료를 주지 않고 자연의 힘을 이용하는 농업이다.

정답 49 ② 50 ④ 51 ② 52 ③ 53 ④ 54 ④ 55 ④

56 작물의 종류와 시비방법에 대한 설명이 바르게 된 것은?
① 콩과인 알팔파는 벼과인 오처드그라스에 비하여 질소, 칼륨, 석회 등을 훨씬 빨리 흡수한다.
② 혼파 하였을 때 질소를 많이 주면 콩과가 우세해진다.
③ 담배, 사탕무는 암모니아태질소의 효과가 크고, 질산태 질소를 주면 해가 되는 경우도 있다.
④ 고구마의 3요소 흡수량의 크기는 인산>질소>칼륨의 순위이다.

해설
알팔파는 오처드그라스에 비하여 양분의 흡수율이 높다.

57 작물이 영양생장에서 생식생장으로 전환하는데 가장 크게 관여하는 요인은?
① C/N율
② CO_2/O_2의 비
③ 수분과 양분
④ 온도와 일장

해설
생식기관의 발육단계인 생식생장의 경우 일장, 온도, 양분 등이 영향을 준다.

58 중북부지방의 맥류재배에서 한해와 동해를 방지할 목적으로 실시되는 작휴법은?
① 성휴법   ② 이랑재배
③ 휴립휴파법 ④ 휴립구파법

해설
휴립구파법은 이랑을 세우고 낮은 골에 파종하는 방법으로 맥류의 한해와 동해를 동시에 방지할수 있다.

59 다음 중 종자발아의 필요한 수준흡수량이 가장 많은 것은?
① 호밀   ② 옥수수
③ 벼   ④ 콩

해설
발아에 필요한 종자의 수분 흡수량은 종자무게 대비 벼 23%, 밀 30%, 콩 100% 정도이다.

60 잡초로 인한 피해가 아닌 것은?
① 경합으로 인해 작물의 영양분이 부족하게 한다.
② 병해충을 매개하여 작물에 병해충 피해를 입힌다.
③ 상호대립억제작용에 의해 작물 생육을 방해한다.
④ 잡초가 작물보다 우세한 경우 토양 침식이 가중되어 토양이 황폐화된다.

해설
잡초의 경우 토양의 침식을 방지해준다.

제4과목 식물보호학

61 다음 중 우리나라에서 월동하지 못하는 비래 해충으로만 짝지어진 것은?
① 벼멸구, 흰등멸구
② 애멸구, 흰등멸구
③ 벼멸구, 이화명나방
④ 끝동매미충, 이화명나방

해설
멸강나방, 벼멸구, 흑명나방 등은 비래해충으로 국내에서 월동하지 않는다.

정답 56 ① 57 ④ 58 ④ 59 ④ 60 ④ 61 ①

62 완전변태를 하는 곤충 중 날개가 1쌍인 것은?
① 벌목　② 파리목
③ 나비목　④ 날도래목

해설
파리목은 1쌍의 날개를 가지며 뒷날개는 평균곤으로 변형되어 몸의 균형 유지와 감각기근을 담당한다.

63 벼의 즙액을 빨아먹어 직접 피해를 주고, 간접적으로는 바이러스를 매개하여 벼 줄무늬잎마름병을 유발시키는 것은?
① 애멸구　② 벼멸구
③ 벼잎벌레　④ 흰등멸구

해설
애멸구는 줄무늬잎마름병, 검은줄무늬오갈병 등의 식물병을 매개하는 매개충이다.

64 해충방제에 있어서 생물적 방제의 장점은?
① 비용이 저렴하다.
② 방제효과가 빠르다.
③ 천적 생물의 유지가 용이하다.
④ 해충이 농약에 내성이 생길 염려가 없다.

해설
생물적 방제는 화학적 방제에 해당하는 농약을 이용하지 않기에 내성이 생길 가능성이 없다.

65 잡초의 번식에 대한 설명으로 옳은 것은?
① 올방개는 인경으로 영양번식을 한다.
② 야생마늘은 직근으로 영양번식을 한다.
③ 냉이는 이듬해에 종자를 맺는 유성생식을 한다.
④ 버뮤다그래스는 다년생 잡초로서 유성생식을 한다.

해설
냉이는 월년생 잡초로서 이듬해 종자를 맺는 유성생식을 한다.

66 다음 중 작물 피해의 원인이 되지 않는 것은?
① 응애　② 바이러스
③ 방화곤충　④ 대기오염

해설
방화곤충은 화분을 운반하는 곤충으로 작물에 도움을 준다.

67 식물병을 일으키는 비기생성의 원인으로 가장 거리가 먼 것은?
① 양분 부족　② 유해 물질
③ 바이로이드　④ 산업폐기물

해설
바이로이드는 생물성 병원으로 기생성에 해당된다.

68 배추 무사마귀병균에 대한 설명으로 옳은 것은?
① 산성 토양에서 많이 발생한다.
② 주로 건조한 토양에서 발생한다.
③ 전형적인 병징은 주로 꽃에서 발생한다.
④ 병원균을 인공배양하여 감염여부를 알 수 있다.

해설
배추 무사마귀병은 산성토양이며 다습한 경우 많이 발생한다.

정답　62 ②　63 ①　64 ④　65 ③　66 ③　67 ③　68 ①

69 잡초의 생육 특성에 대한 설명으로 옳지 않은 것은?
① 잡초는 생육의 유연성이 크다.
② 대부분의 문제 잡초들은 C_4 식물이다.
③ 일반적으로 잡초는 종자 크기가 작아서 발아가 빠르다.
④ 일반적으로 잡초는 독립 생장은 늦지만 초기 생장은 빠른 편이다.

해설
잡초는 이유기가 빨라 독립생장을 통한 초기 생장이 빠르다.

70 밭에 발생하는 일년생 잡초는?
① 쑥, 망초　　② 메꽃, 쇠비름
③ 쇠뜨기, 까마중　④ 명아주, 바랭이

해설
1년생 밭잡초로 바랭이, 쇠비름, 명아주, 닭의장풀 등이 있다.

71 유기인계 농약이 아닌 것은?
① 포레이트 입제
② 페니트로티온 유제
③ 클로르피리포스메틸 유제
④ 감마사이할로트린 캡슐현탁제

해설
감마사이할로트린 캡슐현탁제는 피레트로이드계 살충제이다.

72 광엽잡초와 작물이 경합하는 요소가 아닌 것은?
① 양분　　② 수분
③ 온도　　④ 햇빛

해설
잡초와 작물의 경합 요인에는 양분, 수분, 광, 밀도가 있다.

73 작물의 생육을 우세하도록 환경을 유도해 주는 동시에 잡초의 생육을 재배적으로 억제하여 작물의 생산성을 높이도록 관리해 주는 방법은?
① 물리적 방제법　② 생태적 방제법
③ 생물적 방제법　④ 화학적 방제법

해설
잡초의 생태적 혹은 경종적 방제법은 작물이 잡초와의 경합에서 유리하도록 해주어 작물의 생산력을 높이도록 관리하는 방법이다.

74 벼 도열병 방제 방법으로 옳은 것은?
① 만파와 만식을 실시한다.
② 질소 거름을 기준량보다 더 준다.
③ 종자소독보다 모판소독이 더 중요하다.
④ 생육기에 찬물이 유입되지 않도록 한다.

해설
벼 도열병의 방제를 위해 찬물을 직접 논에 넣지 않고 얕게 대되 마르지 않게 한다.

75 화본과 1년생 밭잡초에 속하는 것은?
① 여뀌　　② 명아주
③ 토끼풀　④ 강아지풀

해설
종자로 번식하는 1년생 밭잡초에서 강아지풀이 있으며 화본과 잡초에 속한다.

76 벼룩에 대한 설명으로 옳지 않은 것은?
① 완전변태 한다.
② 외부기생성 해충이다.
③ 날개가 없는 무시아강에 속한다.
④ 사람은 물론 고양이나 개에도 해를 가한다.

해설
벼룩은 유시아강에 속한다.

77 괴경번식을 하는 잡초는?
① 벗풀   ② 네가래
③ 한련초   ④ 쇠비름

해설
괴경 번식하는 잡초에는 올방개, 매자기, 벗풀, 향부자, 너도방동사니, 올미 등이 있다.

78 곤충의 다리 마디를 몸통부터 순서대로 나열한 것은?
① 밑마디 - 넓적다리마디 - 종아리마디 - 도래마디 - 발목마디
② 밑마디 - 넓적다리마디 - 도래마디 - 종아리마디 - 발목마디
③ 밑마디 - 도래마디 - 넓적다리마디 - 종아리마디 - 발목마디
④ 밑마디 - 도래마디 - 종아리마디 - 넓적다리마디 - 발목마디

해설
다리 구조는 흉부 부착점에서 밑마디(기절), 도래마디(전절), 넓적다리마디(퇴절), 종아리마디(경절), 발목마디(부절)로 5마디로 분류한다.

79 약제를 가스화하여 방제하는 방법으로 수입농산물의 검역방법에 주로 사용되는 것은?
① 훈증법   ② 살립법
③ 연무법   ④ 미스트법

해설
훈증법은 밀폐된 곳에 넣고 약제를 가스화시켜 방제하는 방법이다.

80 해충이 살충제에 대하여 저항성을 갖게 되는 기작이 아닌 것은?
① 더듬이의 변형
② 표피층 구성의 변화
③ 피부 및 체내 지질의 함량 증가
④ 살충제에 대한 체내 작용점의 감수성 저하

해설
곤충의 더듬이는 감각기관으로 살충제 저항성에 의한 기작과는 관련이 없다.

CBT 4회 종자산업기사

** 본문제는 수험생들의 기억을 바탕으로 작성 된 것으로 실제 문제와 차이가 있을 수 있습니다.

제1과목 종자생산학 및 종자법규

01 종자업의 정의로 맞는 것은?
① 종자의 생산 및 판매를 업(業)으로 하는 것을 말한다.
② 종자의 매매를 업(業)으로 하는 것을 말한다.
③ 종자생산시설을 관리하는 업(業)을 말한다.
④ 종자보증을 업(業)으로 하는 것을 말한다.

해설
"종자업"이란 종자를 생산·가공 또는 다시 포장(包裝)하여 판매하는 행위를 업(業)으로 하는 것을 말한다.

02 다음 중 발아 시 광 조건과 무관한 불감수성 종자는?
① 양파   ② 상추
③ 담배   ④ 옥수수

해설
광 불감수성 종자에는 화곡류, 옥수수 및 대부분의 콩과 작물이 해당된다.

03 기본식물에서 유래된 종자를 무엇이라 하는가?
① 원종   ② 원원종
③ 보급종   ④ 장려품종

해설
원원종은 품종 고유의 특성을 보유하고 종자의 증식에 기본이 되는 종자를 말한다.

04 종자검사요령상 시료추출에서 소집단과 시료의 중량에 대한 내용이다. ( )에 알맞은 내용은?

작물	시료의 최소중량 순도검사
당근	( )g

① 7   ② 4
③ 3   ④ 2

해설
종자검사에서 당근의 시료 최소 중량은 순도검사 기준 3g 이며, 제출시료 기준 30g 이다.

05 겉보리 포장검사 시 표본 10,000주 중 겉깜부기병 10주, 속깜부기병 20주, 흰가루병 30부, 붉은곰팡이병 40주가 조사되었다. 이 때 특정병의 비율은?
① 0.1%   ② 0.3%
③ 0.6%   ④ 1.0%

해설
겉보리의 특정병은 겉깜부기병, 속깜부기병 및 보리줄무늬병을 말한다. 즉 표본 10,000 주에서 겉깜부기병 10주, 속깜부기병 20주가 특정병에 해당되기에 특정병의 비율은 $<\frac{30}{10,000} \times 100 = 0.3(\%)>$ 이다.

06 등숙기의 저온감응이 차대식물의 화아분화에 영향을 미칠 수 있는 것은?
① 무   ② 가지
③ 오이   ④ 상추

해설
배추, 무 등 호냉성 채소는 저온감응성으로 최아종자의 시기에 저온에 감응해야 개화를 한다.

정답 01 ① 02 ④ 03 ② 04 ③ 05 ② 06 ①

07 종자검사 용어 중 소집단에서 추출한 모든 1차 시료를 혼합하여 만든 시료는 무엇인가?

① 제출시료(Submitted sample)
② 합성시료(composite sample)
③ 검사시료(Working sample)
④ 분할시료(Sub-sample)

해설
합성시료(composite sample)는 소집단에서 추출한 모든 1차시료를 혼합하여 만든 시료를 말한다.

08 성숙한 종자에 없었던 휴면이 외부의 환경조건에 의해, 일어나는 휴면을 무엇이라고 하는가?

① 자발휴면   ② 강제휴면
③ 제1차 휴면 ④ 제2차 휴면

해설
성숙한 종자가 적합한 발아조건이 되어도 발아되지 않고 새로이 발생되는 휴면 상태를 2차 휴면이라 한다. 즉, 발아환경이 부적당하면 2차 휴면을 한다.

09 다음 중 화아유도에 영향을 미치는 요인으로 가장 거리가 먼 것은?

① 습도   ② 일장
③ 온도   ④ 화학물질

해설
화아분화에 영향을 주는 요인으로 일장, 온도(춘화처리 등), 습도 등의 외부환경요인이 있으며 내적요인으로는 식물의 성숙도, 영양상태(C/N율 등), 식물호르몬 등이 있다.

10 종자 발아검정시 사용하는 발아시험지(종이배지)의 구비여건에 해당하지 않는 것은?

① 흡습성이 충분해야 한다.
② 뿌리가 뚫고 들어가기 쉬워야 한다.
③ 젖은 상태에서 잘 찢어지지 않아야 한다.
④ 유독물질이 없어야한다.

해설
종자 발아검정시 사용하는 발아시험지는 시험 조작 중 찢어짐에 견디도록 충분한 강도를 가져야 한다.

11 종자의 수분상태에 따른 안전건조온도의 범위에 대한 내용이다. ( )에 가장 알맞은 내용은?

> 완두 최소수분함량이 24%이상일 때 적정온도는 ( )이다.

① 약 10°C   ② 약 18°C
③ 약 38°C   ④ 약 60°C

해설
완두는 최초수분함량이 24% 이상일 때 적정온도는 약 38°C 이며 최초수분함량이 24% 미만일 때는 적정온도는 약 43°C 이다.

12 품종보호권·전용실시권 또는 질권의 상속이나 그 밖의 일반승계의 취지를 신고하지 아니한 자에게는 얼마 이하의 과태료가 부과되는가?

① 50만원   ② 100만원
③ 200만원   ④ 300만원

해설
품종보호권·전용실시권 또는 질권의 상속이나 그 밖의 일반승계의 취지를 신고하지 아니한 자는 50만원 이하의 과태료를 부과한다.

정답 07 ② 08 ④ 09 ① 10 ② 11 ③ 12 ①

13 다음에서 설명하는 것은?

> 배낭을 만들지 않고 포자체의 조직세포가 직접 배를 형성한다.

① 무포자생식 ② 부정배생식
③ 복상포자생식 ④ 웅성단위생식

해설
배낭을 둘러싸고 있는 많은 체세포들이 여러 개의 배가 발생하는 경우 부정배형성이라 한다. 자자연상태에서 감귤류의 주심세포나 주피의 세포가 단위생식으로 부정배를 형성하기도 한다.

14 성숙한 자방이 꽃이 아닌 다른 식물부위나 변형된 포엽에 붙어있는 것을 무엇이라 하는가?

① 복과 ② 취과
③ 위과 ④ 장과

해설
성숙한 자방이 꽃이 아닌 다른 식물부위나 변형된 포엽에 붙어있는 것을 위과라 한다. 위과는 꽃받침이 발달해 과실이 되는 것으로 사과, 배, 무화과 등이 있다.

15 다음 중 안전저장을 위한 종자의 최대 수분함량의 한계가 가장 높은 것은?

① 고추 ② 양배추
③ 시금치 ④ 겨자

해설
안전하게 저장하기 위한 종자의 최대수분함량은 일반종자 5~7%, 유지종자 3~5% 정도이다. 시금치의 경우 최대수분함량이 약 9% 정도로 매우 높은 편에 속한다.

16 종자검사 순도분석시 정립에 해당되는 것은?

① 떨어진 불임소화
② 콩과에서 분리된 자엽
③ 원래 크기의 1/2보다 큰 종자 쇄립
④ 원래크기의 절반 미만인 쇄립

해설
정립은 이종종자, 잡초종자 및 이물을 제외한 종자를 말하며 다음의 것을 포함한다
· 미숙립, 발아립, 주름진립, 소립
· 원래크기의 1/2이상인 종자쇄립
· 병해립(맥각병해립, 균핵병해립, 깜부기병해립 및 선충에 의한 충영립을 제외한다)
· 목초나 화곡류의 영화가 배유를 가진 것

17 다음 중 과실 저장시 알맞은 온도와 습도는?

① 0~4도, 85~90%
② 0~4도, 80%이하
③ 5도 이상, 80~95%
④ 12~15도, 80~95%

해설
과실 저장시 온도는 0°C 내외, 상대습도는 90% 내외를 권장한다.

18 종자업자에 대한 행정처분의 세부 기준에서 거짓이나 그 밖의 부정한 방법으로 종자업 등록을 한 경우, 1회 위반 시 행정처분은?

① 영업정지 7일 ② 영업정지 15일
③ 영업정지 30일 ④ 등록취소

해설
거짓 및 부정한 방법으로 종자업을 등록한 경우 등록을 취소한다.

정답 13 ② 14 ③ 15 ③ 16 ③ 17 ① 18 ④

19 빛에 의해 발아가 촉진되는 작물은?
① 상추　　② 파
③ 가지　　④ 수박

해설
상추, 담배, 우엉 등은 호광성 종자로 광을 주어야 발아를 한다.

20 거짓이나 그 밖의 부정한 방법으로 품종보호결정 또는 심결을 받은 자는 몇 년 이하의 징역에 처하는가?
① 3년　　② 5년
③ 7년　　④ 10년

해설
거짓이나 그 밖의 부정한 방법으로 품종보호결정 또는 심결을 받은 자는 7년 이하의 징역 또는 1억원 이하의 벌금에 처한다.

제2과목　식물육종학

21 변이 중 유전하지 않는 변이는?
① 장소변이　　② 아조변이
③ 교배변이　　④ 돌연변이

해설
환경변이 및 장소변이 등은 비유전적 원인에 의한 변이에 해당되며 유전을 하지 않는 변이이다.

22 자웅이주 식물로 가장 옳은 것은?
① 벼　　② 보리
③ 콩　　④ 호프

해설
자웅이주 식물에는 시금치, 호프 등이 있다.

23 유전자의 상호작용 중에서 대립유전자 내의 작용인 것은?
① 복대립 유전자　　② 보족유전자
③ 억제유전자　　　④ 변경유전자

해설
대립유전자 상호작용에는 불완전우성, 공동우성, 복대립유전자 등이 해당된다.

24 다음 중 두 개의 다른 품종을 인공교배하기 위해 가장 우선적으로 고려해야 할 사항은?
① 개화시기　　② 수량성
③ 종자탈립성　④ 도복저항성

해설
두 개의 다른 품종을 인공교배하기 위해서는 먼저 개화기가 다른 두 품종에 대한 개화기 조절이 필요하다.

25 여교배육종에서 반복친과 1회친에 대한 설명으로 옳은 것은?
① 반복친은 한 가지 결점만 가지고, 도입하고자하는 유전자는 폴리진인 것이 좋다.
② 반복친은 한 가지 결점만 가지고, 도입하고자하는 유전자는 소수의 주동유전자인 것이 좋다.
③ 반복친과 1회친은 서로 원연품종이 바람직하다.
④ 반복친은 비실용품종으로 하고, 1회친은 실용품종으로 하는 것이 바람직하다.

해설
여교잡육종법은 양친의 제1대 잡종에 양친 중 한쪽의 유전자형을 가진 개체를 교잡하고 이것을 수세대 반복하여 우량개체를 선발하는 방법이다.

정답　19 ①　20 ③　21 ①　22 ④　23 ①　24 ①　25 ②

26 다음 중 잡종(hetero)의 자가 수정작물을 계속해서 재배하면 어떻게 되는가?
① 동형접합성이 증가한다.
② 이형접합성이 증가한다.
③ 아무변화도 없다.
④ 환경에 따라 호모나 헤테로 어느 하나가 증가한다.

해설
완전히 자가수정하는 작물의 한 개체에서 나온 자손을 순계라 하며 순계는 유전적으로 동형접합체이다. 자식성 작물이 자가수정을 계속하면 동형접합성이 증가하게 된다.

27 ( )에 가장 알맞은 내용은?

> 자식 또는 근친교배로 인한 근교약세가 더 이상 진행되지 않는 수준을 ( )(이)라 한다.

① 선발   ② 초우성
③ 잡종강세   ④ 자식극한

해설
자식극한은 자식 또는 근친교배로 인한 자식약세가 더 이상 진행되지 않는 수준을 말한다.

28 고등식물 유전자의 구조 중에서 단백질을 합성하는 유전정보를 가지고 있는 부위는?
① 프로모터   ② 리보솜
③ 인트론   ④ 엑손

해설
DNA 염기서열에서 단백질의 구성정보를 담고 있는 부분을 엑손(exon)이라 하고 엑손의 총합을 엑솜(exome)이라 한다.

29 여교배 세대에 따른 반복친과 1회친의 비율에서 BC_1F_1일 때 반복친의 비율은?
① 50%   ② 75%
③ 87.5%   ④ 93.75%

해설
- $1-(1/2)^{n+1}$, n : 여교잡 횟수
- $1-(1/2)^{n+1}=1-(1/2)^{1+1}=1-(1/2)^2=75(\%)$

30 염색체의 수적 이상에 해당하는 것은?
① 역위   ② 상호전좌
③ 삼염색체성   ④ 결실

해설
염색체 조성이 2n 인 개체에서 감수분열 과정에서 한 두 개의 상동염색체가 완전히 분리되지 않아 염색체의 수적 이상이 발생하는 경우 이수성이라하며 이러한 결과물을 단염색체, 삼염색체, 사염색체 등이 있다.

31 염색체 배가의 가장효과적인 방법은?
① Colchicine처리
② N-Mustard의 처리
③ X-처리
④ 방사선 동위원소 처리

해설
인위적으로 염색체를 배가시켜 동질배수체를 작성하려면 콜히친(colchicine)처리법을 이용해야 한다.

정답 26 ① 27 ④ 28 ④ 29 ② 30 ③ 31 ①

32 배우체형 자가불화합성과 포자체형 자가불화합성의 차이를 옳게 설명한 것은?
① 불화합성이 배우체형은 화주 내에서, 그리고 포자체형은 주두의 표면에서 발현된다.
② 불화합성 관련 대립유전자 간에 배우체형은 우열관계, 포자체형은 공우성 관계가 성립된다.
③ 주두 표면의 특성 비교 시 배우체형 식물의 주두는 건성이고, 포자체형 식물의 주두는 습성(점성)이다.
④ 불화합성에 관련된 유전자가 배우체형은 한 쌍이고, 포자체형은 여러 쌍이다.

해설
배우체형 자가불화합성은 화분과 체세포로 이루어진 암술의 암술머리나 암술대간의 상호작용에 의해서 나타나며 주로 화주 내에서 이루어진다. 포자체형 자가불화합성은 주두의 표면에서 발현이 된다.

33 수정에 의해서 종자가 생기지 않았는데도 과실이 형성되는 현상은?
① 우수정 ② 단위결과
③ 영양생식 ④ 처녀생식

해설
수정이 되고 종자가 생기지 않아도 과실이 형성되는 경우가 있는데 이를 단위결과라 한다.

34 돌연변이육종에 고려해야 할 사항으로 가장 적절하지 않은 것은?
① 현실적인 육종규모를 설정한다.
② 주로 양적 형질을 육종목표로 설정한다.
③ 효과적인 돌연변이 유발원을 선택한다.
④ M_1 및 그 이후 세대의 효율적 육종방법을 설정한다.

해설
돌연변이육종은 인위적 돌연변이를 통해 만들어진 유용한 형질을 이용하는 육종법이다.

35 다음 중 유전적 원인에 의한 변이가 아닌 것은?
① 불연속변이 ② 대립변이
③ 환경변이 ④ 연속변이

해설
변이는 유전성에 따라 유전적 변이, 비유전적 변이로 분류된다. 유전적 원인에 의한 변이에는 불연속변이, 대립변이, 연속변이 등이 있으며 환경변이나 장소변이 등은 비유전적 원인에 의한 변이에 해당한다.

36 1대 잡종 품종의 교배친이 갖추어야 할 조건으로 틀린 것은?
① 유전적으로 고정되어 있어야 한다.
② 조합능력이 우수해야 한다.
③ 병해충 저항성 같은 실용적 형질을 지니고 있어야 한다.
④ 두 교배친 간 유전적 거리가 가까워야 한다.

해설
두 교배친 간 유전조성이 유사해야 한다.

37 연속적으로 자가수정한 자식성 집단의 유전적 특성은?
① 동형접합체가 많다.
② 이형접합체가 많다.
③ 돌연변이체가 많다.
④ 배수체가 많다.

해설
연속적으로 자가수정한 자식성 집단은 세대가 진전함에 따라 동형접합체가 증가한다.

정답 32 ① 33 ② 34 ② 35 ③ 36 ④ 37 ①

38 목표 형질에 대해 육종가에 의한 개체 선발 시기가 가장 늦은 육종방법은?
① 계통육종법 ② 집단육종법
③ 파생계통육종법 ④ 돌연변이육종법

해설
집단육종법은 수세대 후 개체를 선발하기에 선발시기가 가장 늦은 육종방법이다.

39 유전자의 재조합빈도에 대한 설명으로 틀린 것은?
① 두 연관유전자 사이의 재조합빈도는 0~50%의 범위에 있다.
② 재조합빈도가 50%이면 독립적임을 나타낸다.
③ 재조합빈도가 50%에 가까울수록 연관이 강하다.
④ 재조합빈도는 검정교배나 F2의 표현형 분리비에 의해 구한다.

해설
재조합빈도가 0에 가까울수록 연관이 강하고 50에 가까울수록 연관이 약하다.

40 상위성이 있는 경우 양성잡종 F_2 분리비가 15:1인 것은?
① 보족유전자 ② 중복유전자
③ 억제유전자 ④ 피복유전자

해설
중복유전자의 F_2 분리비는 15:1 이다.

제3과목 재배원론

41 논에 심층시비를 하는 효과에 대한 설명으로 가장 옳은 것은?
① 질산태 질소비료를 논 토양의 환원층에 주어 탈질을 막는다.
② 질산태 질소비료를 논 토양의 산화층에 주어 용탈을 막는다.
③ 암모니아태 질소비료를 논 토양의 환원층에 주어 탈질을 막는다.
④ 암모니아태 질소비료를 논 토양의 산화층에 주어 용탈을 막는다.

해설
심층시비는 암모니아태 질소비료를 논 토양의 환원층에 주어 탈질을 막아준다.

42 생육기간의 적산온도가 가장 낮은 작물은?
① 벼 ② 담배
③ 조 ④ 메밀

해설
작물별로 적산온도의 경우 메밀은 1000~1200℃, 감자는 1300~3000℃, 추파맥류는 1700~2300℃, 완두는 2100~2800℃, 콩은 2500~3000℃, 담배는 3200~3600℃ 벼는 3500~4500℃ 정도이다.

43 다음 중 요수량이 가장 큰 작물은?
① 감자 ② 완두
③ 옥수수 ④ 보리

해설
요수량이 큰 식물로 알팔파, 클로버, 완두 등이 있으며 요수량이 적은 식물로 수수, 기장, 옥수수 가 대표적이다. 그중에서도 명아주는 요수량이 매우 크다.

정답 38 ② 39 ③ 40 ② 41 ③ 42 ④ 43 ②

44 공예작물 중 유료작물로만 나열된 것은?
① 목화, 삼   ② 모시풀, 아마
③ 참깨, 유채   ④ 어저귀, 왕골

해설
공예작물 중 유료작물에는 참깨, 들깨, 유채, 땅콩, 해바라기, 아주까리, 오일팜 등이 있다.

45 다음에서 설명하는 것은?

- 배출원은 질소질 비료의 과다사용이다.
- 잎 표면에 흑색 반점이 생긴다.
- 잎 전체에 백색 또는 황색으로 변한다.

① 아황산가스   ② 불화수소가스
③ 암모니아가스   ④ 염소계 가스

해설
암모니아가스는 질소질 비료가 과다사용되었을 경우 다량 발생하는데 잎 전체에 영향을 주고 수시간후 잎 전체가 갈변 혹은 검게 한다.

46 엽채류의 안전저장 조건으로 가장 옳은 것은?
① 온도 : 0~4℃, 상대습도 : 90~95%
② 온도 : 5~7℃, 상대습도 : 80~90%
③ 온도 : 0~4℃, 상대습도 : 70~80%
④ 온도 : 5~7℃, 상대습도 : 70~80%

해설
배추와 같은 엽채류의 안전저장 온도는 0~4℃, 상대습도는 90~95% 이다.

47 다음 중 작물별로 구분할 때 K의 흡수비율이 가장 높은 것은?
① 콩   ② 고구마
③ 옥수수   ④ 벼

해설
고구마와 같은 작물은 칼륨의 흡수비율이 높은 편인데 칼륨이 양분을 지하부로 이동하는 것을 촉진하여 덩이뿌리가 굵어지도록 도와주는 역할을 한다.

48 작물의 도복을 경감시키는 요인이 아닌 것은?
① 규소를 사용한다.
② 지베렐린을 처리한다.
③ 칼륨을 사용한다.
④ 인을 사용한다.

해설
지베렐린은 생장을 촉진시켜 도복이 증가한다.

49 습해의 대책으로 적합하지 않은 것은?
① 배수시설을 설치한다.
② 밭에서는 휴립휴파 재배를 한다.
③ 과산화석회(CaO_2)를 종자에 분의하여 파종한다.
④ 미숙 유기물과 황산근 비료를 사용하여 입단형성을 촉진시킨다.

해설
습해의 대책으로 완숙유기물을 이용하면 입단형성이 촉진되어 통기성과 투수성이 좋아지지만 미숙 유기물을 사용할 경우 입단형성 효과가 떨어진다.

정답 44 ③ 45 ③ 46 ① 47 ② 48 ② 49 ④

50 파이토크롬의 설명으로 틀린 것은?
① 광흡수색소로서 일장효과에 관여한다.
② Pr은 호광성종자의 발아를 억제한다.
③ 파이토크롬은 적색광과 근적외광을 가역적으로 흡수할 수 있다.
④ 굴광현상을 나타내는 호르몬의 일종으로 식물 생육에 필수적인 물질이다.

해설
식물에 존재하는 색소단백질인 파이토크롬(phytochrome)은 특정 파장을 흡수하여 광가역 반응을 일으킨다.

51 작물의 생태적 특성에 의한 분류에 해당되지 않는 것은?
① 생존연한에 따른 분류
② 생존계절에 따른 분류
③ 생육형에 따른 분류
④ 식용가능에 따른 분류

해설
작물의 생태적 분류 기준에는 생존연한, 생육계절, 생육형, 생육온도, 저항성 등이 있다.

52 다음 중 ( )에 알맞은 호르몬은?

( )은 양조산업에서 배가 없는 보리종자의 효소활성 증진과 전분의 가수분해 작용을 촉진하는데 이용되고 있다.

① 옥신 ② 지베렐린
③ 사이토키닌 ④ 에스렐

해설
지베렐린은 양조산업에서 배가 없는 보리 종자의 효소활성 증진과 전분의 가수분해작용을 촉진한다.

53 다음 중 산성토양에 적응성이 가장 강한 내산성 작물은?
① 감자 ② 사탕무
③ 부추 ④ 콩

해설
산성토양에 저항성이 강한 작물로는 벼, 귀리, 조, 옥수수, 감자, 수박 등이 있다.

54 과실을 수확한 직후부터 수일간 서늘한 곳에 보관하여 몸을 식히는 것이며, 저장, 수송중 부패를 최소화하기 위해 실시하는 것은?
① 후숙 ② 큐어링
③ 예냉 ④ 음건

해설
예랭(예냉)은 수확 직후 청과물의 품질 유지에 좋은 방법으로 호흡량을 줄이고 저장양분의 소모를 감소시킨다.

55 내습성이 가장 강한 작물은?
① 고구마 ② 감자
③ 옥수수 ④ 당근

해설
작물의 내습성은 미나리, 벼, 옥수수 등이 높은 편이며 파, 양파, 고추, 당근 등은 낮은 편이다.

56 중경의 특징에 대한 설명으로 틀린 것은?
① 작물종자의 발아 조장
② 동상해 억제
③ 토양통기의 조장
④ 잡초의 제거

해설
중경은 파종이나 이식 이후에 작물 생육 기간에 작물 사이 토양의 표토를 긁어 부드럽게 하는 토양관리로서 발아조장, 통기성증진, 수분증발억제, 비효증진 등의 효과가 있으나 동상해가 발생하는 단점이 있다.

정답 50 ④ 51 ④ 52 ② 53 ① 54 ③ 55 ③ 56 ②

57 다음 중 장과류에 해당하는 것으로만 나열된 것은?
① 포도, 무화과 ② 감, 귤
③ 배, 사과 ④ 밤, 호두

해설
포도, 무화과, 딸기 등은 장과류에 해당한다.

58 다음 중 작물의 요수량이 가장 높은 것은?
① 감자 ② 귀리
③ 완두 ④ 보리

해설
요수량이 높은 작물로 알팔파, 완두, 클로버 등이 있다.

59 한해(旱害) 때 밭작물 재배 대책에 대한 설명으로 틀린 것은?
① 뿌림골을 낮게 한다.
② 뿌림골을 넓힌다.
③ 칼리를 증시한다.
④ 밀밭이 건조할 때에는 답압을 한다.

해설
한해의 방지를 위해 질소질 과용을 피하고 인산, 칼륨을 사용해 주고 재식밀도를 낮추고 뿌림골을 낮추는 것이 좋다.

60 작물과 온도와의 관계를 바르게 설명한 것은?
① 고등식물의 열사 온도는 대략 80~90℃이다.
② 밤이나 그늘의 작물체온은 기온보다 높아지기 쉽다.
③ 고구마는 변온보다 항온조건에서 덩이뿌리의 발달이 촉진된다.
④ 혹서기에 토양온도는 기온보다 10℃ 이상 높아질 수 있다.

해설
혹서기에는 지온의 온도가 기온보다 높게 유지될 수 있다.
① 고등식물의 열사 온도는 대략 50~60℃ 이다.
② 밤이나 그늘의 작물체온은 기온보다 낮다.
③ 고구마는 변온조건에서 덩이뿌리의 발달이 촉진된다.

제4과목 식물보호학

61 잡초 종자 발아 생리 조건과 거리가 먼 것은?
① 영양 ② 산소
③ 수분 ④ 온도

해설
잡초의 출현에 영향을 주는 요인에는 산소, 수분, 온도, 비옥도, 산도 등이 있다.

62 잡초의 생태적 방제방법으로 옳은 것은?
① 연작시킨다.
② 작물을 선점시킨다.
③ 전체적으로 시비한다.
④ 작물의 재식밀도를 낮춘다.

해설
작물을 선점시키면 잡초의 생육공간이 줄어들게 되는데 이는 생태적 방제법에 해당된다.

63 작물에 피해를 미치는 잡초의 공통적인 속성이 아닌 것은?
① 종자의 장구한 수명
② 가축용 사료로 이용가능
③ 다양한 환경조건에 대한 적응성
④ 개화에서 결실까지 빠른 생장 특성

해설
잡초의 경우 가축용 사료로 이용 가능한 것도 있으나 어려운 것도 있으며 잡초에 식물병균이 있을 경우 가축에 중독 증상을 일으킬 수 있다.

정답 57 ① 58 ③ 59 ② 60 ④ 61 ① 62 ② 63 ②

64 다음 설명에 해당하는 것은?

> 약독계통의 바이러스를 기주에 미리 접종하여 같은 종류의 강독계통 바이러스의 감염을 예방하거나 피해를 줄인다.

① 파지 ② 교차보호
③ 기주교대 ④ 효소결합

[해설] 교차보호는 어떤 바이러스에 감염된 식물이 통상 동종의 바이러스에 다시 감염되지 않는 현상을 말한다. 병원성이 약화된 식물바이러스가 침입한 기주에 병원성이 강한 식물바이러스에 의한 병의 확산이 억제되는 현상으로 바이러스의 간섭작용을 이용한다.

65 흰가루병균과 같이 살아있는 기주에 기생하여 기주의 대사산물을 섭취해서만 살아갈 수 있는 병원균은?

① 순사물기생균 ② 반사물기생균
③ 반활물기생균 ④ 순활물기생균

[해설] 순활물기생균은 절대기생체라 하며 살아있는 조직에만 생활한다. 순활물기생균에는 흰가루병균, 붉은별무늬병균, 녹병균 등이 있다.

66 벼 도열병균의 주요 전염 방법으로 옳은 것은?

① 토양 ② 잡초
③ 바람 ④ 관개수

[해설] 벼 도열병균은 균사나 분생포자가 볏짚 혹은 병든 종자에서 월동하고 바람에 의해 전반된다.

67 식물 병원체의 변이 기작이 아닌 것은?

① 이핵 현상 ② 일액 현상
③ 준유성생식 ④ 이수체 형성

[해설] 병원체도 변이를 일으키기도 하는데 기작으로 돌연변이, 교잡, 이핵, 준유성교환이 있다.

68 다음 설명에 해당하는 식물병은?

> 병든 것으로 의심되는 토마토의 줄기를 잘라 물 속에 넣었더니 우유빛 즙액이 선명하게 흘러 나왔다.

① 돌림병 ② 오갈병
③ 시들음병 ④ 풋마름병

[해설] 풋마름병에 감염된 토마토의 줄기를 절단하면 우유빛의 점액성 물질이 흘러나온다.

69 2%의 2,4-D 농도는 몇 ppm인가?

① 200ppm ② 2000ppm
③ 20000ppm ④ 200000ppm

[해설] ppm 은 백만분의 1 로서 1% 가 10,000 ppm 이므로 2% 의 경우 20,000 ppm 이다.

70 여름철 밭작물에 발생하는 1년생 화본과 잡초가 아닌 것은?

① 개기장 ② 바랭이
③ 강아지풀 ④ 나도겨풀

[해설] 나도겨풀은 다년생 화본과 논잡초이다.

정답 64 ② 65 ④ 66 ③ 67 ② 68 ④ 69 ③ 70 ④

71 각종 피해 원인에 대한 작물의 피해를 직접피해, 간접피해 및 후속피해로 분류할 때 간접적인 피해에 해당하는 것은?
① 수확물의 질적 저하
② 수확물의 양적 감소
③ 수확물 분류, 건조 및 가공비용 증가
④ 2차적 병원체에 대한 식물의 감수성 증가

해설
간접피해에는 수확의 어려움이 발생하는 것으로 수확물을 분류하거나 건조 및 가공에 비용이 증가하게 된다.

72 창고에 보관중인 100kg의 콩에 살충제를 10ppm 농도로 처리하려고 할 때 살충제의 소요약량은? (단, 살충제는 50% 유제이며, 비중은 1이다.)
① 0.02mL   ② 0.2mL
③ 2mL   ④ 20mL

해설
소요약량(ppm 살포)
$= \dfrac{\text{추천농도}(ppm) \times \text{살포대상량}(kg) \times 100}{1,000,000 \times \text{비중} \times \text{원액 농도}}$
$= \dfrac{10 \times 100 \times 100}{1,000,000 \times 1 \times 50} = 0.002L = 2ml$

73 채소류에 발생하는 잿빛곰팡이병에 대한 설명으로 옳은 것은?
① 기주 범위가 좁다.
② 균핵을 형성하지 않는다.
③ 기주의 상처로 침입이 가능하다.
④ 약제에 대한 내성균 발생이 적다.

해설
잿빛곰팡이병은 대부분 상처를 통해 침입한다.

74 세포벽에 섬유소를 함유하는 균류는?
① 난균류   ② 병꼴균류
③ 자낭균류   ④ 담자균류

해설
난균류는 균사는 잘 발달하여 분지가 많다. 세포벽은 셀룰로오스, 글루칸으로 이루어지며 유주자에 의해 무성생식한다.

75 대추나무 빗자루병 방제를 위해 가장 적합한 것은?
① 페니실린   ② 가나마이신
③ 테트라싸이클린 ④ 스트렙토마이신

해설
파이토플라스마는 세포막이 없고 일종의 원형질막이 존재하며 대표적으로 대추나무 빗자루병, 오동나무 빗자루병, 뽕나무 오갈병의 병원체이다. 파이토플라스마의 방제를 위해 테트라사이클린계 약제를 활용한다.

76 우리나라 씨감자 생산은 대관령과 같은 고랭지에서 생산하게 되는데, 이는 씨감자를 주로 어떤 병원으로부터 보호하기 위해서인가?
① 세균   ② 곰팡이
③ 바이러스 ④ 파이토플라스마

해설
감자 등과 같은 영양번식성 작물이 바이러스병에 의해 퇴화되는 것을 방지하기 위해 고랭지 재배를 한다.

정답 71 ③ 72 ③ 73 ③ 74 ① 75 ③ 76 ③

77 주로 풍매전반을 하는 병은?
① 배추 무사마귀병
② 배나무 붉은별무늬병
③ 오이 모자이크바이러스병
④ 식물의 모잘록병

해설
바람에 의한 전반은 배나무 붉은별무늬병균, 도열병균, 잣나무 털녹병균, 감자 역병균 등이 있다.

78 세균에 의해 발생하는 병은?
① 토마토 역병   ② 배추 무름병
③ 오이 흰가루병 ④ 딸기 시들음병

해설
세균에 의해 발생하는 식물병에는 벼 흰잎마름병, 벼 세균성알마름병, 감자둘레썩음병, 풋마름병, 채소 세균성무름병 등이 있다.

79 식물병원체가 생산하는 것으로 사람이나 가축에 생리적 장애를 주는 것은?
① 옥신   ② 균독소
③ 일리시타   ④ PR-단백질

해설
균독소는 사람이나 가축에 중독 증상 등의 생리적 장애를 일으킨다.

80 물에 녹지 않는 원제를 증량제 계면활성제 등과 혼합하여 분말화 시킨 것은?
① 유제   ② 수용제
③ 수화제   ④ 액상수화제

해설
수화제는 물에 녹지 않는 주제를 벤토나이트 등의 점토광물과 계면활성제 등을 배합하여 혼합 분쇄하여 제제한다.

CBT 5회 종자산업기사

** 본문제는 수험생들의 기억을 바탕으로 작성 된 것으로 실제 문제와 차이가 있을 수 있습니다.

제1과목 종자생산과 법규

01 종자전염성 병의 방제법을 가장 옳게 설명한 것은?
① 파종 직전 종자처리로 완전 방제가 가능하다.
② 종자저장 중 방제로 모든 병해충을 방제할 수 있다.
③ 종자수확 후 방제에 의하여 전염원을 완전히 제거할 수 있다.
④ 종자수확 전 방제가 가장 중요하다.

해설
종자전염성 병의 경우 종자수확 전 사전에 미리 방제를 하는 것이 가장 효과적이다.

02 다음 중 발아 시 광 조건과 무관한 불감수성 종자는?
① 양파   ② 상추
③ 담배   ④ 옥수수

해설
광 불감수성 종자에는 화곡류, 옥수수 및 대부분의 콩과 작물이 해당된다.

03 기본식물에서 유래된 종자를 무엇이라 하는가?
① 원종   ② 원원종
③ 보급종   ④ 장려품종

해설
원원종은 품종 고유의 특성을 보유하고 종자의 증식에 기본이 되는 종자를 말한다.

04 다음 중 녹체춘화형식물(green plant vernalization type)은?
① 양배추   ② 완두
③ 추파맥류   ④ 수박

해설
녹체춘화형 식물에는 양배추, 당근, 양파, 사리풀 등이 있다.

05 우리나라에서 현재 배추의 일대교잡종 채종에 보편적으로 이용하는 유전적 특성은?
① 자가화합성   ② 자가불화합성
③ 교잡불화합성   ④ 웅성불임성

해설
자가불화합성의 이용에서 잡종강세를 나타내는 작물의 1대잡종(F_1) 종자를 대량 생산할 수 있어 국내의 경우 무, 배추, 양배추 종자 생산에 이용된다.

06 다음 중 종자의 수명에 가장 큰 영향을 미치는 것은?
① 종자의 수분함량
② 종자의 청결도
③ 종자저장고의 온도
④ 종자저장고의 밀폐도

해설
종자의 수명에 관여하는 요인으로 종자의 유전성 및 성숙도, 종자의 기계적 손상 정도, 종자 저장고의 공기조성 및 환경, 온도 및 상대습도, 종자의 수분함량 등이 있으며 그중 가장 큰 영향을 미치는 요인은 종자의 수분함량이다.

정답 01 ④ 02 ④ 03 ② 04 ① 05 ② 06 ①

07 장일조건에서 화아분화가 촉진되는 작물은?
① 무 ② 배추
③ 양배추 ④ 시금치

해설
보리, 시금치, 상추, 양파, 당근, 감자 등은 장일식물로 장일조건에서 화아가 분화된다.

08 포장 및 종자 검사 기준의 용어 정의로 옳은 것은?
① 1차시료란 소집단의 한 부분으로부터 얻어진 적은 양의 시료를 말한다.
② 합성시료란 검사실에서 제출시료로부터 취한 분할시료로 품위검사에 제공되는 시료이다.
③ 품종순도란 동일품종 내에서 유전적 형질이 그 품종 고유의 특성을 갖지 아니한 개체를 말한다.
④ 정립이란 이종종자, 잡초종자 및 이물을 포함한 종자를 말한다.

해설
1차시료는 소집단의 한부분으로부터 얻어진 적은 양의 시료를 말한다.

09 꽃에서 발육하여 나중에 종자가 되는 부분은?
① 자방 ② 수술
③ 꽃받침 ④ 배주

해설
과실은 성숙한 씨방으로 씨방은 배주를 가지고 있고 이 배주가 종자로 발달하게 된다.

10 품종보호 출원을 하고자 할 때 제출할 사항이 아닌 것은?
① 품종보호 출원인의 성명과 주소
② 품종보호 출원인의 대리인이 있을 경우에는 그 대리인의 성명·주소 또는 영업소 소재지
③ 품종보호 출원인의 영농실적
④ 품종의 사진 및 시료

해설
품종보호 출원서에는 다음과 같은 사항을 적어 제출해야 한다.
• 품종보호 출원인의 성명과 주소(법인인 경우에는 그 명칭, 대표자 성명 및 영업소의 소재지)
• 품종보호 출원인의 대리인이 있는 경우에는 그 대리인의 성명 · 주소 또는 영업소 소재지
• 육성자의 성명과 주소
• 품종이 속하는 식물의 학명 및 일반명
• 품종의 명칭
• 제출 연월일

11 국제적인 인정을 받기 위하여 발아검사를 할 때의 최소시료는 어느 정도여야 하는가?
① 50립씩 2반복 ② 50립씩 4반복
③ 100립씩 2반복 ④ 100립씩 4반복

해설
발아검사를 할 때의 최소시료는 100립씩 4반복 하도록 한다.

12 종자의 발아과정의 순서로 옳은 것은?

㉠ 효소의 활성	㉡ 수분의 흡수
㉢ 배의 생장개시	㉣ 유묘의 출아
㉤ 과피의 파열	

① ㉡-㉠-㉢-㉤-㉣
② ㉡-㉤-㉠-㉢-㉣
③ ㉤-㉡-㉠-㉢-㉣
④ ㉤-㉠-㉡-㉢-㉣

해설
종자의 발아과정은 수분흡수, 효소활성, 배의 생장, 종피의 파열, 유묘의 형성 및 출아의 과정을 거친다.

정답 07 ④ 08 ① 09 ④ 10 ③ 11 ④ 12 ①

13 발아시험을 다시 실시해야 하는 경우는?
① 반복간 발아율 차이가 최대 허용오차 범위를 넘을 때
② 반복간 발아율 차이가 5%를 넘을 때
③ 휴면을 타파시킨 종자의 발아율이 50% 미만일 때
④ 한 개 이상의 정상묘가 자란 복수발아종자가 있을 때

해설
발아시험을 다시 실시해야 하는 경우는 다음과 같다
- 휴면으로 여겨질 때(신선종자)
- 시험결과가 독물질이나 진균, 세균의 번식으로 신빙성이 없을 때
- 상당수의 묘에 대해 정확한 평가를 하기 어려울 때
- 시험조건, 묘평가, 계산에 확실한 잘못이 있을 때
- 100입씩 반복간 차이가 최대허용오차를 넘을 때

14 작물별 채종지의 조건에 관한 설명으로 틀린 것은?
① 배추를 채종할 경우 봄부터 여름에 걸쳐 기온의 상승이 완만한 조건하에서 채종량이 많고 대립의 종자가 생산된다.
② 배추, 무 등은 늦가을에 화아가 분화되고 겨울철이 온난한 남부지방에서 채종하는 것이 좋다.
③ 개화기부터 종자 등숙기까지의 강우는 종자의 수량과 품질에 크게 영향을 미치므로 이 시기에 건조한 곳이 적당하다.
④ 개화기의 월 강우량이 300m이하 이어야 양파의 채종적지가 될 수 있다.

해설
양파 채종적지의 개화기 월 강우량은 150mm 이하이다.

15 품종보호의 요건이 아닌 것은?
① 신규성   ② 구별성
③ 다수성   ④ 균일성

해설
품종보호 요건을 심사함에 있어 구별성, 균일성, 안정성으로 구분하여 판정한다.

16 다음의 품종 중 그 육성방법이 다른 하나는?
① 밀양콩   ② 진품콩
③ 제초제저항성콩   ④ 남해콩

해설
유전자 변형 육종을 통해 해충, 제초제, 바이러스에 저항성을 가진 작물을 개발하고 있다.

17 반수체가 생성될 수 없는 생식법은?
① apogamy   ② 단위생식
③ 무핵란생식   ④ 영양생식

해설
영양생식은 모체와 같은 형질을 이어 받기에 반수체가 생성될 수 없다.

18 채종포의 시비방법으로 적절한 것은?
① 질소시비량만 늘린다.
② 질소시비량만 줄인다.
③ 질소시비량은 일반포장과 같이 하고, 인산과 칼리를 줄인다.
④ 질소시비량은 일반포장과 같이 하고, 인산과 칼리를 늘린다.

해설
채종포의 경우 질소시비량의 과용을 피하고 일반포장과 유사하게 공급한다. 인산과 칼리를 충분히 공급하도록 한다.

19 성숙 종자 중 배유가 배의 무게보다 훨씬 큰 작물로만 짝지어진 것은?
① 참외, 무, 참깨 ② 콩, 완두, 녹두
③ 밀, 옥수수, 보리 ④ 벼, 수박, 오이

해설
배유가 배의 무게보다 큰 작물은 배유종자로 밀, 옥수수, 보리, 벼, 당근, 토마토 등이 있다.

20 벼 종자의 정선과정으로 옳은 것은?
① 대략정선 → 건조 → 정밀정선 → 비중정선 → 소독 → 포장
② 대략정선 → 정밀정선 → 비중정선 → 소독 → 건조 → 포장
③ 대략정선 → 소독 → 건조 → 비중정선 → 정밀정선 → 포장
④ 애략정선 → 비중정선 → 정밀정선 → 건조 → 소독 → 포장

해설
종자를 정선할 때는 보통 대략정선, 건조, 정밀정선, 비중정선, 소독, 포장의 순서로 실시한다.

제2과목 육종

21 직접 발아시험을 하지 않고 배의 환원력으로 종자 발아력을 검사하는 방법은?
① X선 검사법
② 전기전도도 검사법
③ 테트라졸리움 검사법
④ 수분함량 측정법

해설
테트라졸리움 검사법은 테트라졸리움 용액을 이용하여 살아 있는 종자 조직의 착색 정도를 통해 종자의 발아력을 검사한다.

22 배우자에 의한 불화합성에서 $S_1S_1(♀) \times S_1S_2(♂)$를 교배하여 얻을 수 있는 개체의 유전자형은?
① $S_1S_2 \times S_2S_3$ ② $S_1S_1 \times S_1S_3$
③ S_1S_3 ④ S_1S_2

해설
자방친의 불화합유전자 S_1과 화분의 불화합유전자 S_1이 같기에 화분의 S_1의 불화합은 $S_1S_1(♀) \times S_1S_2(♂) \rightarrow S_1S_2$ 이다.

23 씨감자를 고랭지에 재배하는 주된 이유는?
① 자연교잡 방지 ② 병리적 퇴화 방지
③ 돌연변이 방지 ④ 유전적 퇴화 방지

해설
감자 등과 같은 영양번식성 작물이 바이러스병에 의해 퇴화되는 것을 방지하기 위해 고랭지 재배를 한다.

24 타식성 식물 중 자웅이주식물로만 나열된 것은?
① 양배추, 구마, 삼
② 호프, 시금치, 메밀
③ 아스파라거스, 호프, 삼
④ 메밀, 클로버, 은행나무

해설
암꽃과 수꽃이 서로 다른 개체에 있는 경우 자웅이주라 하며 시금치, 아스파라거스, 호프, 삼 등이 해당된다.

25 멘델(Mendel)이 발견 및 정리한 주요 유전법칙에 직접적으로 해당되지 않는 것은?
① 잡종강세 현상
② 우성과 열성
③ 표현형과 유전자형
④ 독립유전

해설
멘델의 유전법칙에는 지배의 법칙, 독립의 법칙, 분리의 법칙이 있으며 이에 관련되나 잡종강세 현상은 멘델의 유전법칙에 직접적으로 해당되지 않는다.

26 아조변이에 대한 설명으로 옳지 않은 것은?
① 환경에 의한 일시적 변이이다.
② 체세포적인 변이이다.
③ 과수류 육종에 적합하다.
④ 감귤류에 자연변이가 많다.

해설
아조변이는 돌연변이의 일종으로 일시적 변이에는 해당되지 않는다.

27 3계 교잡을 나타내는 것은?
① A × B
② (A × B) × (C × D)
③ (A × B) × C
④ [(A × B) × (C × D)] × [(E × F) × (G × H)]

해설
삼계교잡은 단교배 F_1과 어떤 품종과 교배로 (A×B)×C 이다.

28 벼의 조생종과 만생종을 교배시키려고 한다. 가장 알맞은 방법은?
① 조생종을 장일처리 한다.
② 만생종을 단일처리 한다.
③ 조생종을 단일처리 한다.
④ 만생종을 저온처리 한다.

해설
벼의 조생종과 만생종을 교배시키는 경우 벼는 단일식물이므로 만생종을 단일처리하여 개화를 촉진한다.

29 품종퇴화를 방지하고 품종의 특성을 유지하는 방법으로 틀린 것은?
① 개체집단선발법 ② 계통집단선발법
③ 방임 수분   ④ 격리재배

해설
품종의 특성을 유지하기 위한 방법에는 개체집단선발법, 계통집단선발법, 주보존재배, 격리재배, 종자갱신 등의 방법이 있다.

30 생물학적 분류의 최소 단위는?
① 계통   ② 품종
③ 종   ④ 속

해설
생물학적 분류의 최소 단위는 종이다.

31 유전자의 다면발현(pleiotropy)이란?
① 한 개의 유전자가 여러개의 형질 발현에 관여하는 것
② 유전자 두 개가 극도로 연관되어 있는 것
③ 유전자가 환경변화에 부응하여 형질 발현이 달라지는 것
④ 여러개의 유전자가 한 개의 형질 발현에 관여하는 것

해설
한 개의 유전자가 여러 형질을 발현하는 경우 다면발현이라 한다.

정답 25 ① 26 ① 27 ③ 28 ② 29 ③ 30 ③ 31 ①

32 친환경 재배에 가장 유리한 품종은?
① 병충해와 각종 재해에 강한 저항성 품종
② 생육 기간이 단축된 단기성 품종
③ 품질이 우수한 양질성 품종
④ 수량성이 높은 다수성 품종

해설
병해충 및 각종 재해에 강한 품종에 별도의 약품 등의 처리가 필요없기에 친환경 재배에 유리하다.

33 완전연관의 경우 조환가는?
① 0%   ② 25%
③ 50% ④ 100%

해설
완전연관의 조환가는 0% 이고 부분연관의 조환가는 0~50% 이다.

34 유전자원의 설명으로 옳은 것은?
① 환경에 의한 유전자 변이
② 실용성이 없는 유전자의 총칭
③ 재배하는 품종만을 모은 집단
④ 육종재료로 쓸 각종변이의 집합체

해설
유전자원은 육종재료로 쓸 각종변이의 집합체이다. 유전자 다양성이 급격하게 감소하고 있어 이를 보존하고자 노력하고 있다.

35 다음 중 유전하는 변이는?
① 일시적 변이   ② 교배변이
③ 장소 변이   ④ 환경변이

해설
유전적 변이는 돌연변이, 교배변이, 생물의 유성생식 과정 등에서 발생한다.

36 조합능력을 올바르게 설명한 것은?
① 교배조합에 따른 유전자와 환경의 상호작용
② 교배조합에 따른 F_1의 잡종강세를 일으킬 수 있는 정도
③ 교배조합에 따른 잡종세대의 유전력의 크기
④ 교배조합에 따른 유전분리비

해설
잡종 F_1이 나타내는 잡종강세 정도를 조합능력이라 하고 일반조합능력과 특정조합능력이 있다.

37 꽃가루의 인공적 배양을 하는 가장 중요한 목적은?
① 현재 존재하지 않는 완전히 새로운 작물을 만들기 위하여
② 4배체 식물을 만들어 과실의 크기를 크게 하기 위하여
③ 씨 없는 과실을 만들기 위해서
④ 동형접합율이 높은 계통을 단시일에 얻기 위하여

해설
꽃가루를 인공배양하여 동형접합률이 높은 계통을 얻어 결실률과 품질이 높일수 있다.

38 식량작물의 종자갱신체계로 맞는 것은?
① 보급종 → 원종 → 원원종 → 기본종
② 기본종 → 원원종 → 원종 → 보급종
③ 원종 → 원원종 → 기본종 → 보급종
④ 원원종 → 원종 → 보급종 → 기본종

해설
작물의 종자생산 관리 및 증식체계는 기본식물, 원원종, 원종, 채종포(보급종), 농가의 순이다.

정답 32 ① 33 ① 34 ④ 35 ② 36 ② 37 ④ 38 ②

39 2개의 형질을 지배하는 2개의 유전자좌가 매우 근접해 있을 때 이를 분리하여 재조합형을 얻는데 가장 효과적인 방법은?

① 방사선처리 ② 교잡
③ 고온처리   ④ 저온처리

해설
2개의 서로 다른 두 세포의 유전자를 방사선 처리로 분리하여 재조합하여 새로운 형질전환세포를 만들 수 있다.

40 유전자 전환에 의한 형질전환 육종과정이 옳은 것은?

① 플로토플라스트 융합 - 유전자클로닝 - 벡터에 도입 - 식물체 재분화 - 형질전환품종육성
② 플로토플라스트 융합 - 형질전환캘러스선발 - 벡터에 도입 - 형질전환품종육성
③ 유전자클로닝 - 벡터에 도입 - 형질전환캘러스선발 - 식물체 재분화 - 형질전환품종육성
④ 유전자클로닝 - 형질전환캘러스선발 - 벡터에 도입 - 식물체 재분화 - 형질전환품종육성

해설
유전자 클로닝은 생물체 게놈에 한 특정 유전자나 특정 DNA 절편을 분리하여 세균이나 박테리오파지의 복제기구를 이용하여 대량 복제하는 기술이다. 클로닝될 유전자를 가진 DNA 단편을 벡터라 불리는 원형의 DNA 내부에 삽입한다. 유용 유전자가 도입된 형질전환체는 조직배양 방법을 통해 선발과정과 재분화 과정을 거친 다음 완전한 형질전환식물체가 된다.

제3과목 재배

41 다음 중 밀을 춘화처리(春化處理)하여 추파성을 소거하는 방법은?

① 저온처리
② 고온처리
③ 저온처리 후 고온처리
④ 고온처리 후 광처리

해설
추파성인 밀과 보리는 저온처리로 추파성을 소거해야 한다.

42 다음 중 낙과의 방지법이 아닌 것은?

① 환상박피   ② 합리적 시비
③ 수광상태의 향상 ④ 수분의 매조

해설
환상박피는 화성을 유도하는 효과가 있으나 낙과의 방지법은 아니다.

43 버널리제이션의 재배적 이용에 관한 설명이 옳지 않은 것은?

① 증수효과가 있다.
② 춘파 맥류의 추파성화가 가능하다.
③ 육종 연한을 단축시킬 수 있다.
④ 화아분화를 촉진시켜 촉성재배를 할 수 있다.

해설
버널리제이션은 맥류의 추파성을 소거하는 방법으로도 적합하다. 저온처리를 하면 추파성을 춘파성으로 변화시킬수 있다.

정답 39 ① 40 ③ 41 ① 42 ① 43 ②

44 토양의 과습에 의한 습해의 직접적인 피해는?
① 양분흡수 저해 ② 호흡 장해
③ 유해가스 피해 ④ 유기산 피해

해설
습해 발생시 토양의 산소가 부족으로 환원성물질이 발생하고 이로 인해 증산 및 광합성 작용의 저해를 야기한다.

45 품종개량의 효과로 가장 보기 힘든 것은?
① 순종의 보존
② 경제적 이익
③ 재배한계의 확대
④ 재배안정성의 증대

해설
품종개량은 유전형질을 개량하는 것으로 순종의 보존은 어렵다.

46 C/N율(C-N ratio)의 설명으로 가장 바르게 된 것은?
① 탄수화물보다 광물질양분이 풍부하면 화성 및 결실이 양호하다.
② 탄수화물과 다른 양분이 동시에 풍부하면 화성 및 결실이 양호하다.
③ 수분과 질소의 공급이 약간 쇠퇴하고 탄수화물이 풍부해지면 화성 및 결실이 양호하지만 생육은 약간 감소한다.
④ C/N율은 화성 유도의 주요 외적 요인이다.

해설
식물의 탄수화물과 질소의 비율을 C/N 율 이라 하는데 C 는 탄수화물, N 은 질소를 의미하며 C/N 율이 높으면 화성을 유도하고 낮으면 영양생장이 지속된다.

47 풍해의 생리적 장해에서 옳지 않은 것은?
① 광합성 감퇴 ② 호흡감소
③ 작물체온 저하 ④ 수분탈취

해설
바람이 강할 경우 물리적 손상에 의한 상처가 발생하여 병해충에 취약해지고 작물의 호흡이 증가되어 양분의 소모가 증가된다.

48 아주 미세한 종자를 종자코팅물질과 혼합하여 반죽을 만들고 이를 일정한 크기의 구멍으로 압축하여 원통형 일정크기로 잘라 건조 처리한 종자는?
① 테이프종자 ② 매트종자
③ 피막종자   ④ 장환종자

해설
장환종자는 코팅 종자로 일정 크기의 구멍으로 압출하여 원통형으로 절단한 종자이다.

49 작물생육의 최저·최적·최고의 세 온도를 무엇이라고 하는가?
① 유효온도 ② 생육온도
③ 주요온도 ④ 삼온도

해설
작물생육이 가능한 최저온도, 최적온도, 최고온도를 주요온도라 한다.

50 다음 중 대공극이 많고, 투기력 및 투수력이 가장 큰 토양은?
① 사양토 ② 사질토
③ 양토   ④ 점질토

해설
사질토는 모래질 흙으로 공극이 많으며 그만큼 투기력과 투수력이 큰 토양이다.

정답 44 ② 45 ① 46 ③ 47 ② 48 ④ 49 ③ 50 ②

51 식물의 화성유도에 대한 설명으로 틀린 것은?
① 작물이 영양생장에서 생식생장으로 이행하여 화성(花成)을 이루도록 유도하는 것이다.
② 온도와 일장이 식물의 화성에 영향을 미친다.
③ 추파맥류는 저온 감온상과 장일 감광상이 뚜렷하다.
④ 벼의 단일 감광형 품종을 장일환경에서 생육시키면 출수가 촉진된다.

해설
벼의 단일 감광형 품종은 단일환경에서 생육시키면 출수가 촉진된다.

52 작물의 생장저해물질로 담배의 액아억제 등에 사용된 것은?
① MH(maleic hydrazide)
② IAA(β-indole acetic acid)
③ Gibbeellin
④ MCPA

해설
말릭하이드라자이드(Malelc hydrazide, MH)은 생장 억제물질에 해당하며 담배의 액아억제 등에 사용된다.

53 육묘 중 상토의 EC가 낮게 나타날 때의 원인이나 대책이 아닌 것은?
① 원인 - 관수량이 적어 식물체의 무기염 흡수가 많아질 때
② 원인 - 시비량이 지나치게 부족할 때
③ 대책 - 시비량을 늘린다.
④ 대책 - 시비 횟수를 늘린다.

해설
관수량이 적어 식물체의 무기염 흡수가 많아지면 염류가 누적되어 EC는 높아지게 된다.

54 방사성동위원소의 농업적 이용에 해당되지 않는 것은?
① 추적자로서의 이용
② 식품저장에 이용
③ 육종적 이용
④ 생리활성물질로 이용

해설
방사선동위원소의 경우 방사선동위원소를 이용한 이동의 조사, 식물 영양기관의 장기저장, 병해충의 방제에 대한 연구, 지하수의 조사, 육종적 연구 등 다양한 분야에서 활용된다. 그러나 영양기관에 감마선을 조사하면 휴면이 연장되는 등의 현상이 나타나며 생리활성물질로 이용되는 것은 아니다.

55 다음 중 연작장해가 가장 적은 작물은?
① 딸기   ② 인삼
③ 참외   ④ 수박

해설
딸기는 연작 피해가 적은 작물에 속하며 인삼은 10년 이상의 휴작이 요구되며 연작의 피해가 가장 크다.

56 식물체의 정아우세현상을 발현하는 식물호르몬은?
① 옥신   ② 지베렐린
③ 사이토키닌   ④ 아브시스산

해설
옥신은 식물의 신장에 관여하는 호르몬으로 줄기나 뿌리의 선단부에서 만들어져 세포의 신장촉진에 도움을 주며 측아의 발달을 억제하는 기능을 하는 정아우세 현상이 나타난다.

정답 51 ④ 52 ① 53 ① 54 ④ 55 ① 56 ①

57 작물의 내동성 증대요인이 아닌 것은?
① 원형질 단백질에 -SH(thiol)기가 많아야 한다.
② 지유함량이 높아야 한다.
③ 당분함량이 높아야 한다.
④ 전분함량이 높아야 한다.

해설
전분함량이 적을수록 내동성이 증가한다.

58 기체성 식물호르몬인 것은?
① 사이토키닌 ② 옥신
③ 지베렐린   ④ 에틸렌

해설
에틸렌은 과실의 성숙을 촉진하는 물질로 주로 기체상태로 존재한다.

59 관리가 편리하고 통풍, 통광이 양호하나 결과수가 적어지는 결점이 있는 정지법은?
① 원추형   ② 변칙주간형
③ 배상형   ④ 울타리형

해설
배상형은 수형이 술잔 모양이 되게 하는 정지법으로 관리가 편리하고 수관내로의 통풍 및 통광이 좋다. 그러나 가지가 늘어지기 쉽고 과실의 수가 적어지는 단점이 있다.

60 목초의 하고 원인에 대한 설명으로 옳은 것은?
① 한지형 목초는 고온에서 생육이 왕성하여 하고현상이 덜하다.
② 한지형 목초는 요수량이 작아 건조에 견디는 힘이 적어서 하고가 심하다.
③ 월동목초는 대부분 장일식물이며 초여름의 장일조건에 의해서 생식생장이 촉진되어 하고현상을 조장한다.
④ 고온다습한 상태는 병충해의 발생이 억제되어 하고현상이 덜하다.

해설
하고현상은 내한성이 강하여 월동을 하는 북방형 목초가 여름철과 같은 고온으로 인하여 생육장해를 일으키는 현상을 말한다.

제4과목 작물보호

61 다음 중 성충은 8월경에 콩꼬투리와 잎자루에 산란하고, 부화한 유충은 콩꼬투리를 뚫고 들어가서 종실을 갉아먹는 해충은?
① 콩나방   ② 콩잎말이명나방
③ 콩은무늬밤나방 ④ 콩풍뎅이

해설
콩나방은 1년에 1회 발생하고 땅속의 고치안에서 성장한 유충으로 월동하여 8월경 우화한다. 유충은 콩의 어린 꼬투리를 가해하여 종실까지 피해를 주는데 가해초기에는 발견이 어렵다.

62 다음 중 작물과 잡초의 직접적인 경쟁요인이 아닌 것은?
① 수분   ② 양분
③ 광선   ④ 바람

해설
작물과 잡초의 경쟁요인으로 수분, 양분, 광선, 공간이 있다.

정답 57 ④ 58 ④ 59 ③ 60 ③ 61 ① 62 ④

63 다음 중 곤충 행동의 제어가 이루어지는 방식이 아닌 것은?
① 신경에 의한 제어
② 호르몬에 의한 제어
③ 유전적 제어
④ 무작위적 제어

해설
곤충 행동의 제어에는 신경에 의한 제어, 호르몬에 의한 제어, 유전적 제어가 있다.

64 다음 중 병원균이 형성하는 포자로서 무성포자에 해당하는 것은?
① 자낭포자 ② 담자포자
③ 분생포자 ④ 접합포자

해설
분생포자는 무성포자에 해당되고 자낭포자는 유성포자에 해당된다.

65 불완전변태를 하는 곤충에서 거치지 않는 과정은?
① 알   ② 유충
③ 번데기   ④ 성충

해설
불완전변태는 알→유충→성충 의 과정을 거친다.

66 다음 논 잡초 중 다년생 잡초는?
① 알방동사니   ② 참방동사니
③ 너도방동사니 ④ 바람하늘지기

해설
논잡초 중에서 다년생 잡초는 너도방동사니, 올미, 가래, 나도겨풀 등이 있다.

67 어떤 곤충이 다른 곤충을 잡아먹는 식성을 무엇이라고 하는가?
① 포식성(捕食性) ② 기생성(寄生性)
③ 부식성(腐食性) ④ 균식성(菌食性)

해설
곤충을 잡아먹는 식성을 포식성이라 하며 포식성 천적의 종류로 풀잠자리류, 무당벌레류, 거미류, 꽃노린재, 칠레이리응애, 오이이리응애 등이 있다.

68 1840년대 유럽의 아일랜드 지역의 감자에 대 발생한 병해는?
① 탄저병   ② 더뎅이병
③ 역병   ④ 잿빛곰팡이병

해설
1845년에 아일랜드에 감자역병이 발생하여 100만명이 사망하는 역사적 사건이 있다.

69 다음 중 잡초발생량이 가장 많은 논은?
① 담수직파재배 논
② 건답직파재배 논
③ 무논골뿌림재배 논
④ 어린모 기계이앙재배 논

해설
이앙보다는 직파에서 경합력이 낮아 잡초 발생량이 많다. 또한 담수직파의 경우 특정 잡초만 발생하지만 건답직파의 경우 발생하는 잡초의 종류 및 수량이 많다.

70 작물의 피해원인 중 생물에 의한 피해가 아닌 것은?
① 병원균에 의한 피해
② 해충에 의한 피해
③ 바람에 의한 피해
④ 잡초에 의한 피해

해설
바람에 의한 피해는 환경적 요인에 의한 피해이다.

정답 63 ④ 64 ③ 65 ③ 66 ③ 67 ① 68 ③ 69 ② 70 ③

71 무시아강에 속하는 곤충의 목(目)은?
① 돌좀목　② 집게벌레목
③ 사마귀목　④ 파리목

해설
무시아강(무시류)에는 톡토기목, 낫발이목, 좀붙이목, 좀목(좀, 돌좀) 등이 있다.

72 이 병에 걸린 곡물을 가축에게 먹였을 때 중독 증상을 일으키는 맥류의 병해는?
① 깜부기병　② 녹병
③ 붉은곰팡이병　④ 흰가루병

해설
붉은곰팡이병에 감염된 보리, 밀 등을 섭취한 사람, 동물 등은 심한 중독 증상을 일으키기도 한다.

73 곤충체벽의 구성부위가 아닌 것은?
① 표피층　② 진피층
③ 하피층　④ 기저막

해설
곤충체벽의 구성부위는 표피층, 원표피, 진피층, 기저막 등이 있다.

74 나용을 만들지 않는 것은?
① 딱정벌레목　② 나비목
③ 벼룩목　④ 벌목

해설
나용은 벼룩목, 부채벌레목, 대부분의 딱정벌레목과 벌목, 파리목의 일부에서 그 예를 볼 수 있다. 나비목의 경우 피용이 관찰된다.

75 생태계에서 그 지위가 분해자의 역할을 하는 부식성 해충은?
① 송장벌레　② 명주잠자리유충
③ 땅강아지　④ 개미사돈

해설
다른 동물의 사체를 먹는 시식성, 부식성 해충에는 송장벌레과, 반날개과, 풍뎅이붙이과가 있다.

76 노린재목(매미목)이 아닌 것은?
① 벼메뚜기　② 벼멸구
③ 애멸구　④ 끝동매미충

해설
벼메뚜기는 메뚜기목에 속하며 진딧물, 멸구, 매미충, 깍지벌레 등은 매미목에 속한다.

77 음성 주광성을 지닌 곤충은?
① 나비　② 바퀴
③ 파리　④ 나방

해설
구더기, 바퀴 등은 음성주광성이다.

78 곤충의 분산과 이동에 관계하는 것으로 가장 거리가 먼 것은?
① 환경요인　② 먹이
③ 짝찾기　④ 휴면

해설
곤충의 휴면은 불리한 환경 조건을 극복하고자 발육을 일시적으로 정지하는 현상으로 곤충의 분산 및 이동과는 관련이 적다.

정답 71 ① 72 ③ 73 ③ 74 ② 75 ① 76 ① 77 ② 78 ④

79 벼 키다리병에 관한 설명으로 맞는 것은?
① 병원균은 Gibberella zeae이다.
② 육묘기 때는 발생하지 않는다.
③ 벼가 웃자라는 것은 Fusaric acid 때문이다.
④ 대표적인 종자전염성 병해로 종자소독이 주요한 방제법이다.

해설
벼 키다리병은 종자를 통해 전염되기에 종자소독을 통해 방제가 가능하다.

80 식물병원 바이러스(virus)의 설명으로 옳지 않은 것은?
① 단백질로 된 외피를 가지고 있다.
② 핵산으로 구성되어 있다.
③ 인공배지에서 증식이 가능하다.
④ 생물에 기생하며 병을 일으킨다.

해설
바이러스는 인공배양이 어렵다.

정답 79 ④ 80 ③

 **이러닝 강의 및 교재내용 문의**

올배움 홈페이지 www.kisa.co.kr 에
방문하시면 본 교재의 저자직강 강의를 통하여
자격증 단기합격을 할 수 있습니다.
또한 본 교재의 정오표는
올배움 홈페이지를 통해 확인이 가능하며
그 밖의 다른 의견 및 오탈자를 제보해주시면
더 좋은 강의와 교재로 보답하겠습니다.

www.kisa.co.kr

1544-8509   카톡 ID : kisa

올배움BOOK
홈페이지
바로가기 >

종자기사 · 산업기사 과년도 필기

1판1쇄 발행 2023년 1월 10일   2판1쇄 발행 2024년 1월 10일
3판1쇄 발행 2025년 1월 10일   4판1쇄 발행 2026년 1월 10일

지 은 이 • 권 현 준
펴 낸 이 • 이 정 훈
펴 낸 곳 •
주   소 • 서울시 금천구 가산디지털1로 168 B동 B105(가산동, 우림라이온스밸리)
전   화 • 1544-8509 / FAX 0505-909-0777
홈페이지 • www.kisa.co.kr

법인등록번호 • 110111-5784750
I S B N • 979-11-6517-191-9 (13520)

정가 25,000원

이 책에서 내용의 일부 또는 도해를 다음과 같은 행위자들이 사전 승인없이 인용할 경우에는
저작권법 제93조「손해배상청구권」에 적용 받습니다.
① 단순히 공부할 목적으로 부분 또는 전체를 복제하여 사용하는 학생 또는 복사업자
② 공공기관 및 사설교육기관(학원, 인정직업학교), 단체 등에서 영리를 목적으로 복제・배포
   하는 대표, 또는 당해 교육자
③ 디스크 복사 및 기타 정보 재생 시스템을 이용하여 사용하는 자

※ 파본은 구입하신 서점에서 교환해 드립니다.